中国工程院院士文集

朱伯芳院士文集

下 册

朱伯芳 ◎ 著

中国电力出版社
CHINA ELECTRIC POWER PRESS

图书在版编目（CIP）数据

朱伯芳院士文集：全 2 册/朱伯芳著. —北京：中国电力出版社，2016.2
（中国工程院院士文集）
ISBN 978-7-5123-5956-7

Ⅰ. ①朱… Ⅱ. ①朱… Ⅲ. ①水利工程－文集 Ⅳ. ①TV-53

中国版本图书馆 CIP 数据核字（2014）第 108577 号

中国电力出版社出版、发行

（北京市东城区北京站西街 19 号 100005 http://www.cepp.sgcc.com.cn）
北京盛通印刷股份有限公司印刷
各地新华书店经售

*

2016 年 2 月第一版 2016 年 2 月北京第一次印刷
787 毫米×1092 毫米 16 开本 114.75 印张 2788 千字 4 插页
定价 480.00 元（上、下册）

自　序

　　在 1949 年以前，我国未自行设计和建造过一座混凝土坝。新中国成立后，我国水利水电事业蓬勃发展，从无到有、白手起家，自行建造了大量混凝土坝。截至 2013 年年底，我国已建和在建混凝土坝的数量居世界首位，已建和在建混凝土坝的高度也居世界首位，如锦屏一级拱坝（高 305m）、小湾拱坝（高 292m）、溪洛渡拱坝（高 278m）的高度均超过了之前世界最高的英古里拱坝（高 272m），龙滩碾压混凝土重力坝的高度（216m）在 RCC 坝中也居世界第一。一个国家同时兴建世界上最高的 4 座混凝土坝是史无前例的，而且除了这 4 座世界最高的坝以外，我国同时还已建和在建了一大批高度不等的混凝土坝，如拉西瓦拱坝（高250m）等。我国混凝土坝的设计、施工、科研工作都是依靠本国科技人员自行完成的，在完成混凝土坝建设的同时，也造就了一支高水平的科技队伍，积累了丰富的设计、施工和科研经验。笔者有幸参加了这一伟大建坝事业的全过程。1951～1957 年，笔者参加了淮河佛子岭连拱坝、梅山连拱坝和响洪甸拱坝的设计，1957 年调至中国水利水电科学研究院以后，一直从事混凝土坝的研究和咨询工作，屈指算来，至今已 64 年。本书共收集笔者亲自撰写并公开发表的论文 205 篇。笔者在坝工技术方面做了以下一些工作：

　　1．参与设计了我国第一批三座混凝土坝，掌握了现代高坝设计技术

　　从 1952 年开始，在汪胡桢先生领导下，我国自行设计建造了第一批三座混凝土坝：佛子岭连拱坝是我国第一座混凝土坝；梅山连拱坝是当时世界最高连拱坝；响洪甸拱坝是我国第一座拱坝。当时除了汪胡桢先生留学美国时见过混凝土坝外，曹楚生、盛正方、薛兆炜和我们这些具体承担设计工作的人，没有一个人见过真实的水坝。我们都是土木系的，没有学过水工结构，但对于能亲自参加新中国的伟大水利建设感到万分荣幸，工作热情非常高，日以继夜地边学习边工作，在短短数年内顺利完成了佛子岭、梅山、响洪甸等大坝的设计和建造工作，不但掌握了现代高坝设计技术，而且提出了许多计算方法，并有重要创新。

　　2．首次提出大坝混凝土标号分区，节省大量水泥

　　在 1952 年以前，全世界的混凝土坝都是全坝采用同一种混凝土标号，其数值取决于坝体的最大应力，但坝体应力是不均匀的，坝体的大部分混凝土标号实际是偏高的。1952 年笔者首次提出大坝混凝土标号分区的新理念，并应用于佛子岭连拱坝，全坝分区采用高、中、低三种不同标号的混凝土，节省了大量水泥。这一新理念迅速在全国推广，沿用至今，目前已为全世界混凝土坝所采用。由于这一重要创新，1954 年笔者被评为"治淮功臣"并被授予"安徽省治淮优秀青年团员"称号。

　　3．首次建立了混凝土坝温度应力理论体系，解决了混凝土坝裂缝问题

　　混凝土坝裂缝是长期困扰人们的一个老问题，虽然过去提出了改善混凝土抗裂性能、分缝分块、水管冷却、预冷骨料等温度控制措施，但实际上国内外仍然是"无坝不裂"，主要是由于缺乏温度应力理论的指导。过去国内外关于混凝土坝温度应力的研究成果极少，缺少精细计算方法，经过多年努力，笔者已建成了比较完整的混凝土温度应力理论体系，首次提出了混凝土坝温度应力的精细计算方法，编制了计算软件。计算中可以考虑当地气候条件、施工过程、材料性能和各种温度控制措施的影响，只要在设计阶段进行详细的温度应力计算，并采取相应的温度控制措施，使施工期和运行期混凝土的最大拉应力都小于允许拉应力，同时在施工中严格执行，就可以防止混凝土裂缝。经验表明，这一理论体系是比较合理、切实可行并实际有效的，纠正了过去只重视早期表面保护而忽视了后期表面保护的错误，提出了"全面温控、长期保温"以结束"无坝不裂"的关键理念。目前我国已有多座混凝土坝竣工后未出现裂缝，在世界上最先结束了混凝土坝"无坝不裂"的历史。基础混凝土允许温差是混凝土坝最重要的温度控制指标，笔者提出了关于基础混凝土温差控制的两个原理并据此提出了一套新的基础混凝土允许温差。此外，还提出了船坞、船闸、水闸、弹性地基梁、隧洞、管道和孔口等各种水工结构温度应力的计算方法。

1956 年我国部分专家提出了混凝土坝高块浇筑的方法，笔者当即在《水力发电》杂志上表示了不同意见，一座大坝通常分为几十个坝段，各坝段轮流浇筑，分层施工，可利用间歇时间从层面散热，高块浇筑对全坝进度没有实际意义，而且立模困难，施工不便，又不利于散热。但 1958 年被"拔白旗"之后又受水电总局的邀请被安排参与有关工作，在当时的形势下，处于弱势地位的笔者，未能再坚持自己的见解。但我们只为有关工程进行温度应力计算，提出温控措施，从未主动建议任何工程进行高块浇筑。当时全国兴起"大跃进"运动，各水电工程局要真正把工程施工进度大幅度提高是不容易的，但单独在一两个坝段浇筑高块是比较容易的，于是各水电工程局你追我赶纷纷进行高块浇筑的竞赛，直到 1964 年中央提出"巩固、充实、提高"的方针后，才冷静下来。

4. 建立了拱坝体形优化理论、方法与软件，节省坝体混凝土 10%～30%

传统的拱坝体形设计是采用方案比较的方法，从几个方案中选择一个满足设计要求而坝的体积又较小的方案。显然，这样得到的是一个可行方案，而不是最优方案。重力坝由于体形简单、设计变量少（通常只有两三个变量），通过方案比较而求得的方案与最优方案比较接近。拱坝体形复杂、设计变量多达四五十个，通过方案比较而求得的方案与最优方案相差较远。笔者及其团队建立了拱坝优化的数学模型，用最优化方法分别求出单心圆、多心圆、抛物线、椭圆、统一二次曲线、对数螺线等拱型的最优体形，然后从中选出最好的线型和体形。与传统设计方法相比，一般可节省 10%～15%，最多曾节省 30.6% 坝体混凝土。

在用优化方法求解时，一般要进行上千次应力分析，因而需耗费大量机时，笔者提出内力展开法，使计算效率大幅度提高。拱坝优化已应用于小湾拱坝等 100 多个实际工程，既节省了投资，又大大提高了工效。

5. 提出混凝土坝数值监控新理念，建立混凝土坝安全监控新平台

仪器观测只能给出测点的应力，不可能给出全坝的应力状态和安全系数，目前混凝土坝安全评估还是采用传统的拱梁分载法（拱坝）和材料力学方法（重力坝），不能考虑从施工期到运行期所积累的宝贵的大量观测成果。笔者提出混凝土坝数值监控新理念，把仪器观测与数值分析结合起来，利用仪器观测成果校正计算参数，从基础开挖、浇筑第一方混凝土开始，与大坝施工同步进行混凝土坝仿真计算，得到从施工到运行不同时间段坝体温度状态、应力状态和安全系数。坝体施工过程和各种实际因素在计算中都得到了考虑，计算结果充分反映了实际影响，如发现问题，可采取对策加以解决。在设计阶段，按照施工计划进行预先仿真计算，有利于发现问题并预先处理。

6．提出有限元等效应力方法及控制标准，使有限元方法可实际应用于拱坝设计

有限元法具有强大的计算功能，但由于应力集中，计算得到的坝踵拉应力太大，远远超过混凝土抗拉强度，限制了其应用。实际上由于基岩存在着裂隙等原因，坝踵拉应力不像计算得到的那么大。笔者提出有限元等效应力法及相应的应力控制标准，为 SL 282—2003《混凝土拱坝设计规范》所采用，为有限元法在拱坝中的应用扫清了障碍。

7．提出拱坝温度荷载与库水温度计算方法

库水温度过去无法计算，笔者提出一个计算公式，已获广泛应用。拱坝温度荷载以前采用美国垦务局经验公式 $T_m = 57.57/(L + 2.44)$ 计算，T_m 是坝体平均温度，L 是坝体厚度，计算中只考虑了坝体厚度影响，忽略了当地气候条件，也没有考虑上下游温差。笔者与黎展眉合作，提出了一套新的合理计算方法，已为我国拱坝设计规范采用，此外笔者提出了水位变化时拱坝温度荷载的计算方法。笔者对拱坝灌浆时间等问题进行了探讨，并提出了拱坝应力水平系数与安全水平系数，比柔度系数更为合理。

8．提出渗流场分析夹层代孔列法

如何考虑排水孔作用是坝基渗流场分析的一个难点，过去提过一些计算方法，都不太理想，笔者提出了夹层代孔列法，分析了排水孔直径、间距及深度对排水效果的影响，计算很方便，效果也较好。笔者还提出了非均匀各向异性体温度场的有限元解法。由于混凝土的渗透系数很小，正常情况下渗流对混凝土温度的影响很小，可忽略不计，但坝内有裂缝时，缝内漏水对温度场的影响就比较大，笔者提出了考虑裂缝漏水对混凝土温度场影响的计算方法。

9．提出了混凝土坝仿真分析方法

由于体积庞大，混凝土坝是分层施工的，每个浇筑层的厚度为 1.5～3.0m，间歇 5～10d。一个 150m 高的坝段，可分为 50～100 层，施工时间长达数年，各层的龄期、弹性模量、水化热、徐变、初始温度、外部温度都不同，而冷却水管的半径只有 0.01～0.02m，用有限元方法考虑各种因素进行仿真计算是十分困难的。笔者提出了一系列新的计算方法，包括并层算法、分区异步长算法、水管冷却等效热传导方程、温度场接缝单元、有限厚度带键槽接缝单元等，使计算效率大大提高，三维有限元混凝土坝仿真计算切实可行。

1972 年，笔者与宋敬廷合作在国内外首次进行了混凝土坝的仿真计算，在全国广泛应用至今。

10．提出了混凝土坝反分析与反馈设计概念与方法

室内混凝土试件要筛除大骨料，改变了混凝土成分，增加了单位体积内水泥含量。室内试件是在 20℃左右恒温条件下养护的，与坝体实际条件也有差别。大坝有接缝，岩基条件较复杂，事先的勘测有一定局限，因此设计阶段对坝体的计算结果与坝体实际情况存在一定差距，笔者提出坝体建设中和建成后应根据实测成果对坝体的性能进行反分析。如在施工过程中通过反分析发现坝体和坝基性能有较大变化，必要时可对坝体和坝基设计与运行方案进行一定修改，以保证坝体安全。

11．提出了混凝土坝水管冷却的新方法与算法

笔者提出了水管冷却的新方式——小温差早冷却缓慢冷却，在不影响施工进度的前提下，可大幅度削减温度应力；提出了水管冷却自生应力计算方法；系统研究了冷却高度、水管间距及水温调控对温度应力的影响；提出了利用塑料水管易于加密的特点，克服钢管不易加密的缺点，从而大大强化水管冷却的效果；提出了水管冷却仿真计算的复合算法，首次研究了高温季节进行坝体后期冷却存在的问题；提出了在高温季节进行后期冷却必须采用强力表面保温，否则靠近表面 3～5m 内的混凝土很难冷却到预定的灌缝温度；首次提出对于软基上的水闸、涵洞、船坞等建筑物，利用水管或表面加温也可达到防止裂缝目的，而加温比冷却在施工上要简单得多。

12. 提出了黏弹性与混凝土徐变与山岩压力计算方法

混凝土与岩基都是黏弹性材料，材料性质与混凝土龄期和加荷时间有关，笔者提出了两个定理，阐明徐变对结构变位和应力的影响，提出了黏滞介质内山岩压力形成的机制和算法，给出了徐变应力分析的隐式解法及钢筋混凝土徐变应力计算方法。

13. 提出了支墩坝计算方法与重力坝加高新方法与新算法

笔者首次提出了双向变厚度支墩应力的理论解和大头坝纵向弯曲稳定性计算方法。

重力坝加高时存在着两个问题：一是新混凝土的温度控制；二是新老混凝土结合面在竣工后大部分将被拉开，削弱了大坝的整体性。笔者提出了一整套解决上述问题的新思路和新技术，并已被丹江口大坝加高工程所采纳。

14. 混凝土坝抗地震

国内外每次大地震之后，大量房屋桥梁等结构被毁，但混凝土坝损害轻微，笔者首次从理论上阐明了混凝土坝耐强烈地震而不垮的机理。1999 年 9 月 21 日，在日月潭附近发生了一次百年来台湾省最大的地震，震中实测水平加速度达到 $1.01g$，附近有许多水利水电工程，笔者对此次地震引起的水利水电工程的灾害进行了详细介绍，对水工结构特别是混凝土坝的抗震有一定参考价值。在国内外拱坝抗震计算中，以前都未考虑接缝灌浆前坝体冷却对跨缝钢筋的影响，笔者提出了这个问题及计算方法，计算结果表明，其影响比较大。

15. 微膨胀混凝土筑坝技术

利用氧化镁混凝土的微膨胀变形简化温控措施，是我国首创的筑坝技术。目前国内关于氧化镁混凝土筑坝存在着两种指导思想：第一种指导思想是，氧化镁可以取代一切温控措施；第二种指导思想是，氧化镁可以适当地简化温控措施，但不能取代一切温控措施。笔者指出了第一种指导思想的错误所在，按第一种指导思想建设的沙老河拱坝竣工后产生 6 条严重的贯穿裂缝，缝宽达到罕见的 8mm。按第二种指导思想建设的三江河拱坝，竣工后未产生裂缝。笔者对氧化镁混凝土筑坝的基本规律进行了分析，指出存在着 6 大差别：室内外差别（室外实际膨胀变形只有室内试验值的一半左右），地区差别（南方应用难度小，北方应用难度大），时间差别（氧化镁膨胀与混凝土冷缩不同步），坝型差别（重力坝难度小，拱坝难度大），温差差别（只能补偿基础温差、不能补偿内外温差）及内含氧化镁与外掺氧化镁的差别。认识并掌握这些差别，才能做好氧化镁混凝土坝的设计和施工。笔者还提出了氧化镁混凝土膨胀变形的三参数计算模型。

16. 混凝土的半熟龄期

笔者提出了一个新理念：混凝土的半熟龄期，即混凝土强度、绝热温升等达到其最终值一半时的龄期，它代表绝热温升和强度增长的速度。研究表明，适当改变半熟龄期，可以显著提高混凝土的抗裂能力，为提高混凝土抗裂能力找到了一个新的途径。

17. 综合研究

2008 年是中国水利水电科学研究院结构材料研究所建所 50 周年，笔者对研究所在水工混凝土温度应力和混凝土坝体形优化、数字监控等领域的研究成果进行了综述，仅笔者本人多年共发表论文 200 余篇，提出了大量研究成果，在实际工程中获广泛应用，先后获国家自然科学奖 1 项、国家科技进步奖 2 项、部级奖 8 项和国际大坝会议终身荣誉会员称号。

18．用英文发表的论文

笔者多次应邀参加国际学术会议进行学术交流，也曾经在国外期刊上发表不少论文。本书收集了笔者在国际会议和国外期刊上用英文发表的 28 篇论文。

19．回忆与自述

笔者曾应邀做过一些报告，介绍自己的学习、工作经历和经验，也介绍过访苏印象，还写了一篇怀念潘家铮院士的文章。

20．同行人士的评述

潘家铮院士和水利界的一些人士和记者曾经写过一些文章对笔者进行鼓励和关怀，笔者十分感谢，这些文章也都收入本文集。

除了论文以外，笔者还撰写并出版了 9 本书籍，分别为《大体积混凝土温控应力与温控控制》（1999 年 1 版，2012 年 2 版）、《有限单元法原理与应用》（1979 年 1 版、1998 年 2 版、2009 年 3 版第 5 次印刷）、《Thermal Stresses and Temperature Control of Mass Concrete》（2014 年在美国纽约出版）、《水工混凝土结构的温度应力与温度控制》（1976 年）、《结构优化设计原理与应用》（1984 年）、《混凝土坝理论与技术新进展》（2009 年）、《拱坝设计与研究》（2002 年）、《水工结构与固体力学论文集》（1988 年）、《朱伯芳院士文选（1997 年）》，据中国科学院信息中心发布的统计资料，其中第 1、第 2 本书被列入我国建筑专业和水利专业被引用最多的 10 本书。

上海交通大学土木系培养目标是土木工程师，测量课程很重，有平面测量、大地测量、应用天文、测量平差、路线测量等 5 门课程，专业课程也很重，但数学力学课程很浅，数学只有微积分和常微分方程，力学只有结构力学、材料力学和水力学。笔者参加工作以后，从事水工结构的设计和研究，大学里学到的那点数学力学知识当然是远远不够的，只好利用业余时间不断学习现代数学力学，可以说，笔者在研究工作中所用到的数学力学工具，95%以上都是参加工作以后利用业余时间自学得到的。例如，笔者在 1956 年发表的第一、二篇论文中用到的积分变换、特殊函数、积分方程、差分方程等数学工具都是业余时间突击自学掌握的，1961 年左右曾托人找来了一份北京大学数学力学系课程表，想看看他们学些什么，结果发现，除了微分几何外，其他课程笔者都学习过了，笔者学得似乎更多一些。当然笔者学习是为了研究水工结构服务的，面宽而不精，工作中需要用到什么就学习什么，用完就丢了，但可以看出北大数学力学系的课程安排是符合现代工程技术研发需要的。笔者只读过三年大学，根基是很浅的，但参加工作以来一直坚持"白天好好工作，晚上好好学习"，因而一直能不断提出一些科研成果，不断提高自己的科研能力。根据中国科学院信息中心发布的统计资料，笔者在年过八旬之后，仍然是我国水利水电行业中每年提出新成果最多的一人。笔者毕生的信念就是勤于工作、勤于学习、勤于思考；做一个平凡的人，一个勤劳的人，一个有益于社会的人。

时间过得真快，从 1951 年参加工作，不知不觉之间，已经 60 多年了。本书收集的这些论文，完全是 60 多年来工作和学习的一些心得体会，内容浅薄，但是本书能够出版，笔者首先要感谢祖国伟大的水利水电建设事业！

混凝土坝建设中许多问题十分复杂，限于本人的精力和水平，书中难免有许多不妥之处，欢迎读者批评指正。

朱伯芳

2015 年 8 月

于中国水利水电科学研究院

作 者 简 介

朱伯芳（1928.10—），江西余江人，中国工程院院士，水工结构和固体力学专家。1951年毕业于上海交通大学土木系，1951～1957年参加我国第一批混凝土坝（佛子岭、梅山、响洪甸）的设计，1957年年底调至中国水利水电科学研究院从事混凝土高坝研究，1969年下放到黄河三门峡水电部第十一工程局工作，1978年调回重建的水科院工作至今。1995年当选为中国工程院院士，曾任国家南水北调专家委员会委员，水利部科技委员会委员，水科院科技委副主任，小湾、龙滩、白鹤滩等世界最高混凝土坝顾问组成员。曾任第八、九届全国政协委员、中国土木工程学会及中国水力发电学会常务理事、中国土木工程计算机应用学会理事长、国际土木工程计算机应用学会理事，以及清华大学、天津大学、大连理工大学、南昌工程学院兼职教授。

参加了我国第一批三座混凝土坝，即佛子岭坝、梅山坝和响洪甸坝的设计和施工，为我国掌握现代高坝设计技术做出了贡献，并有重要创新。

建立了混凝土坝标号分区、混凝土温度应力、拱坝优化、混凝土坝数值监控、混凝土坝仿真、混凝土坝徐变应力、混凝土坝半熟龄期等一系列新理论和新技术，并获广泛应用。

建立了混凝土温度应力与温度控制完整的理论体系，包括拱坝、重力坝、船坞、水闸、浇筑块、氧化镁混凝土坝等各种水工混凝土结构温度应力的变化规律和主要特点，拱坝温度荷载、库水温度、水管冷却、浇筑块、基础梁、寒潮、重力坝加高等一整套计算方法以及温度控制方法和准则。提出了全面温控、长期保温、结束"无坝不裂"历史的新理念，并在我国首先实现了这一理念，在世界上首先建成了数座无裂缝的混凝土坝。

提出了高拱坝优化数学模型和内力开展等高效解法，已在小湾、拉西瓦、江口、瑞洋等100多个实际工程中成功应用，可节约混凝土量10%～30%，并大幅度提高拱坝体形设计的效率。

开辟了混凝土坝仿真分析，提出了复合单元、分区异步长、水管冷却等效热传导方程等一整套高效解法。提出了有限元等效应力算法及其控制标准，为拱坝设计规范所采纳，为有限元法取代多拱坝梁法创造了条件。提出了混凝土徐变的两个基本定理，阐明了徐变对非均质结构应力与变形的影响，提出了混凝土徐变的隐式解法、弹性模量和徐变度的新表达式。

提出了混凝土坝数字监控的新理念，弥补了仪器监控只能给出大坝变位场而不能给出应力场和安全系数的缺点，为改进混凝土坝的安全监控找到了新途径。

提出了混凝土半熟龄期的新理念，为改善混凝土抗裂性能找到了一条新途径。

为三峡、小湾、龙滩、溪洛渡、三门峡、刘家峡、新安江等一系列重大水利水电工程进行了大量研究。研究成果在实际工程中获得广泛应用，有十几项成果已纳入重力坝、拱坝、船坞、水工荷载等设计规范。

出版著作《有限单元法原理与应用》（第一版1979年，第二版1998年，第三版2009年）、《大体积混凝土温度应力与温度控制》（第一版1999年，第二版2012年）、《水工混凝土结构的温度应力与温度控制》（1976年）、《结构优化设计原理与应用》（1984年）、《拱坝设计与研究》（2002 年）、《混凝土坝理论与技术新进展》（2009 年）及《Thermal Stresses and Temperature Control of Mass Concrete》（2014 年在美国出版），出版本人论文集《水工结构与固体力学论文集》（1988 年）与《朱伯芳院士文选》（1997 年）；以第一作者发表论文 200 余篇。

　　1982 年"水工混凝土温度应力研究"成果获国家自然科学三等奖；1984 年获首批国家级有突出贡献科技专家称号；1988 年"拱坝优化方法、程序与应用"研究成果获国家科技进步二等奖；2001 年"混凝土高坝仿真分析及温度应力研究"成果获国家科技进步二等奖；2004 年"拱坝应力控制标准研究"成果获中国电力科技进步一等奖，均为第一完成人；2007 年在圣彼得堡获国际大坝会议荣誉会员称号。

About the Author

Zhu Bofang, the academician of the Chinese Academy of Engineering and a famous scientist of hydraulic structures and solid mechanics in China, was born in October 17,1928 in Yujiang country, Jiangxi Province. In 1951, he graduated in civil engineering from Shanghai Jiaotong University, and then participated in the design of the first three concrete dams in China (Foziling dam, Meishan dam and Xianghongdian dam). In 1957, he was transferred to the China Institute of Water Resources and Hydropower Research where he was engaged in the research work of high concrete dams. He was awarded China National Outstanding Scientist in 1984 and was elected the academician of the Chinese Academy of Engineering in 1995. He is now the consultant of the technical committee of the Ministry of Water Resources of China, the member of the consultant group of the three very high dams in the world: the Xiaowang dam, the Longtan dam and the Baihetan dam. He was the member of the 8th and the 9th Chinese People's Consultative Conference, the board chairman of the Computer Application Institute of China Civil Engineering Society, the member of the standing committee of the China Civil Engineering Society and the standing committee of the China Hydropower Engineering Society.

Before 1952, all the concrete dams in the world adopt one kind of concrete in one dam, in 1952, he first proposed to use different kinds of concrete in different parts of the same dam, as a result, a large amount of cement may be saved.

He had participated in the design and construction of the first three concrete dams in China, Fuzhiling dam is the first concrete dam in China, Meishan dam was the highest multiple arch dam in the world at that time, Xianghongdian dam is the first concrete arch dam in China. All the dams have been working well until present.

He is the founder of the theory of thermal stresses and temperature control of mass concrete, the shape optimization of arch dams, the numerical monitoring and the simulating computation of concrete dam. He has developed the theory and applications of creep of concrete.

He has established a perfect system of the theory of thermal stress and temperature control of mass concrete, including two basic theorems of creep of nonhomogeneous concrete structures, the law of variation and the methods of computation of the thermal stresses of arch dams、gravity dams、docks、sluices、tunnels and various massive concrete structures, the method of computation of temperature in reservoirs and pipe cooling、thermal stress in beams on foundation、cold wave、heightening of gravity dam and the methods and criteria for control of temperatures. He proposed the idea of "long time thermal insulation as well as comprehensive temperature control" which ended the history of "no concrete dam without crack" and some concrete dams without crack had been first constructed in China in recent years, including the Sanjianghe concrete arch dam and the third stage of the famous Three Gorge concrete gravity dam.

He proposed the mathematical model and methods of solution for shape optimization of arch dams, which was realized for the first time in the world and up to now had been applied to more than 100 practical dams, resulting in 10%-30% saving of dam concrete and the efficiency of design was raised a great deal.

He had a series of contributions to the theory and applications of the finite element method.

He proposed a lot of new methods for finite element analysis, including the compound element、different time increments in different regions、the equivalent equation of heat conduction for pipe cooling and the implicit method for computing elastocreeping stresses by FEM.

He had developed the method of simulating computation of high concrete dams by FEM. All the factors, including the course of construction、the variation of ambient temperatures、the heat hydration of cement、the change of mechanical and thermal properties with age of concrete、the pipe cooling、precooling and surface insulation etc can be considered in the analysis of the stress state. If the tensile stress is larger than the allowable value, the methods of temperature control must be changed, until the maximum tensile stress is not bigger than the allowable valne. Thus cracks will not appear in the dam. Experience show that this is an important contribution in dam technology.

He proposed the equivalent stress for FEM and its allowable values which had been adopted in the design specifications of arch dams in China, thus the condition for substituting the trial load method by FEM is provided.

The instrumental monitoring can give only the displacement field but can not give the stress field and the coefficient of safety of concrete dams. In order to overcome this defect, he proposed the new method of numerical monitoring by FEM which can give the stress field and the coefficient of safety and raise the level of safety control of concrete dams. and had been applied in practical projects in China.

The new idea for semimature age of concrete has been proposed. The crack resistance of concrete may be promoted by changing its semimature age.

A vast amount of scientific research works had been conducted under his direction for a series of important concrete dams in China, such as Three Gorges、 Xiaowan、 Longtan, Xiluodu、Sanmenxia、Liujiaxia、Xing'anjiang,etc. More than ten results of his scientific research were adopted in the design specifications of gravity dams、arch dams、docks and hydraulic concrete structures.

He has published 9 books: Theory and Applications of the Finite Element Method (lst ed. in 1979, 2nd ed. in 1998,3rd ed.in 2009)、Thermal Stresses and Temperature Control of Mass Concrete (lst ed.1999, 2nd ed.2012)、Thermal Stresses and Temperature Control of Hydraulic

Concrete Structures (1976)、Theory and Applications of Structural Optimization (1984)、Design and Research of Arch Dams (2002)、Collected Works on Hydraulic Structures and Solid Mechanics (1988)、Selected Papers of Academician Zhu Bofang (1997) and New Developments in Theory and Technology of Concrete Dams (2009) and Thermal Stresses and Temperature Control of Mass Concrete (written in English, 2014 published in USA). He has published more than 200 scientific papers.

He was awarded the China National Prize of Natural Science in 1982 for his research work in thermal stresses in mass concrete, Academician Zhu was awarded the title of China National Outstanding Scientist in 1984; the China National Prize of Scientific Progress in 1988 for his research work in the optimum design of arch dams and the China National Prize of Scientific Progress in 2001 for his research works in simulating computation and thermal stresses. He was awarded the ICOLD (International Congress On Large Dams) Honorary Member at Saint Petersburg in 2007.

目　录

第3篇　拱坝体形优化

第4篇　混凝土坝温度应力与"无坝不裂"历史的结束

第5篇　混凝土坝数字监控

第 6 篇 混凝土坝仿真分析

第 7 篇 混凝土坝反分析与反馈设计

下　　　册

第 8 篇 混凝土结构的水管冷却

第9篇　混凝土坝抗地震

第10篇　微膨胀混凝土筑坝技术

第11篇　渗流场分析

第12篇　黏弹性与混凝土徐变

第 13 篇　支墩坝应力分析与重力坝加高

第 14 篇　混凝土的力学与热学性能

第 15 篇　综合研究

第 16 篇　用英文发表的论文

第17篇　自述与回忆

第18篇　同行人士评述

CONTENTS

Preface
About the Author

Volume 1

Part 1　Modernization of Design Methods of Concrete Dams

Part 2　Design and Study on High Concrete Arch Dams

Part 3   Optimum Design of Shape of Arch Dam

Part 4 Thermal Stresses in Concrete Dams and the Termination of the History of "No Concrete Dam without Cracking"

Part 5   Numerical Monitoring of Concrete Dams

Part 6   Simulating Analysis of Concrete Dams

Part 7　Back Analysis and Feedback Design of Concrete Dam

Volume 2

Part 8　Pipe Cooling of Concrete Structures

Part 9   Earthquake Resistance of High Concrete Dams

Part 10   Construction of Dam by Concrete with Gentle Volume Expansion

Part 11   Analysis of Seepage Field

Part 12　Visco-elasticity and Creep of Concrete

Part 13　Stress Analysis of Buttress Dam and Heightening of Gravity Dam

Part 14   Mechanical and Thermal Properties of Concrete

Part 15   Comprehensive Studies

Part 16   Papers Published in English

Part 17　Memory and Account of the Own Words of the Writer

Part 18　Comments of Colleagues

第 8 篇

混凝土结构的水管冷却

Part 8　Pipe Cooling of Concrete Structures

有内部热源的大块混凝土用埋设
水管冷却的降温计算❶

摘 要： 本文首先利用导热微分方程的线性性质，说明有内部热源的冷却问题可分解为一个初温均匀的无热源问题与一个初温为零的有热源问题之和，然后采用拉普拉斯变换求出平面问题的严格数学解答。在这个基础上考虑水温的沿途变化，得到空间问题的近似解。并按无因次量制备一套曲线供设计人员查用，以避免极其繁重的计算工作。

关键词： 水管冷却；内部热源；大块混凝土

Effect of Pipe Cooling in Mass Concrete
with Internal Source of Heat

Abstract: It is proposed to resolve the problem into two problems： one without internal source of heat but with uniform initial temperature，another with internal source of heat but with zero initial temperature . Then the problems with constant water temperatures are solved by means of Laplace transform. On basis of these results，an approximate solution of varying water temperature is obtained and a series of curves are prepared in order to avoid the laborious calculation work.

Key words: pipe cooling, internal source of heat, mass concrete

　　在混凝土高坝的设计和建造过程中，散热降温是一个极为重要的技术课题。经验证明埋设冷却水管是最为有效的降温措施。为了设计上的需要，有必要研究出一套完整的计算方法。在这方面格罗佛（R. E. Glover）等人曾经做过一些工作，他们采用分离变量法得到了无内部热源平面问题的严格解答和空间问题的近似解答[1]，可用以计算两期冷却中第二期的温度，至于一期冷却及两期冷却中的第一期由于水泥水化热的陆续发生已是影响温度场的主要因素，在计算温度时必须考虑连续作用的内部热源，数学处理上比较困难。笔者采用拉普拉斯变换已经得到这个问题的平面解答[2]，现更进一步考虑水温的沿途上升，得到空间问题的近似解，计算工作甚为繁重，因此按无因次的量计算并制就一套曲线供设计人员查用。

　　水管布置呈梅花形，因此每根水管所担负的冷却体积是一个正六角形的空心柱体，如图 1 所示。由于对称，在柱体的表面没有热流通过，温度梯度等于零，在空洞边缘保持为水温。为了计算上的方便，我们把这个正六角形的柱体设想为一个空心圆柱体，外半径为 b，内半

---

　　❶ 原载《水利学报》1957 年第 4 期及《Scientia Sinica》1961. No.4.

径为 c，如图 2。

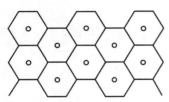

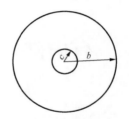

图 1　水管布置　　　　　　　　　　　　图 2　简化剖面

混凝土单位体积在单位时间内所放出的水化热可用下式表示

$$A = A_0 e^{-\beta t} \tag{1}$$

式中：t 为时间；A_0 和 β 均为常数，决定于水泥及混凝土的热学性质。首先研究平面问题，采用极坐标，热传导方程为

$$\frac{\partial T}{\partial t} = a\left(\frac{\partial^2 T}{\partial r^2} + \frac{1}{r}\frac{\partial T}{\partial r}\right) + \frac{A_0}{c_0 \rho} e^{-\beta t} \tag{2}$$

式中：r 为半径；a 为导温系数；c_0 为比热；ρ 为密度；T 为温度；t 为时间。

以水温为计算温度的起点，即计算中假定水温为零，又设混凝土初温为 T_0，则边值条件为

$$\left.\begin{array}{l} t=0, c \leqslant r \leqslant b, T=T_0 \\ t>0, r=c, \qquad T=0 \\ t>0, r=b, \qquad \dfrac{\partial T}{\partial r}=0 \end{array}\right\} \tag{3}$$

由于式（2）是线性偏微分方程，为了数学运算上的方便，我们可以把式（2）、式（3）两式分解为两个问题来研究。令

$$T = U + V \tag{4}$$

其中 U 满足以下各式

$$\frac{\partial U}{\partial t} = a\left(\frac{\partial^2 U}{\partial r^2} + \frac{1}{r}\frac{\partial U}{\partial r}\right) \tag{5}$$

$$\left.\begin{array}{l} t=0, c \leqslant r \leqslant b, U=T_0 \\ t>0, r=c, U=0 \\ t>0, r=b, \dfrac{\partial U}{\partial r}=0 \end{array}\right\} \tag{6}$$

V 满足以下两式

$$\frac{\partial V}{\partial t} = a\left(\frac{\partial^2 V}{\partial r^2} + \frac{1}{r}\frac{\partial V}{\partial r}\right) + \frac{A_0}{c_0 \rho} e^{-\beta t} \tag{7}$$

$$\left.\begin{array}{l} t=0, c \leqslant r \leqslant b, V=0 \\ t>0, r=c, \qquad V=0 \\ t>0, r=b, \qquad \dfrac{\partial V}{\partial r}=0 \end{array}\right\} \tag{8}$$

可见初温为 T_0 并有热源 $A_0 e^{-\beta t}$ 的冷却问题可以分解成两个问题，一个是初温为 T_0 的无热源的冷却问题，另一个是初温为零但有热源 $A_0 e^{-\beta t}$ 的冷却问题，叠加后即得到我们所要求的解答。

利用拉普拉斯变换，得到式（5）、式（6）两式的解如下

$$
\begin{aligned}
U = T_0 \sum_{n=1}^{\infty} \frac{2\mathrm{e}^{-a\alpha_n^2 t}}{\alpha_n} \\
\times [J_1(\alpha_n b)Y_0(\alpha_n r) - Y_1(\alpha_n b)J_0(\alpha_n r)] \\
\div \{c[J_1(\alpha_n b)Y_1(\alpha_n c) - J_1(\alpha_n c)Y_1(\alpha_n b)] \\
+ b[J_0(\alpha_n c)Y_0(\alpha_n b) - J_0(\alpha_n b)Y_0(\alpha_n c)]\}
\end{aligned}
\tag{9}
$$

工程上最感兴趣的是平均温度，其值为

$$
\begin{aligned}
U_{\mathrm{m}} = \frac{4T_0 bc}{b^2 - c^2} \sum_{n=1}^{\infty} \frac{\mathrm{e}^{-\alpha_n^2 b^2 \cdot at/b^2}}{a_n^2 b^2} \\
\times [Y_1(\alpha_n b)J_1(\alpha_n c) - Y_1(\alpha_n c)J_1(\alpha_n b)] \\
\div \left\{ \frac{c}{b}[J_1(\alpha_n b)Y_1(\alpha_n c) - J_1(\alpha_n c)Y_1(\alpha_n b)] \right. \\
\left. + [J_0(\alpha_n c)Y_0(\alpha_n b) - J_0(\alpha_n b)Y_0(\alpha_n c)] \right\}
\end{aligned}
\tag{10}
$$

式（7）、式（8）两式的解为

$$
\begin{aligned}
V = \theta_0 \mathrm{e}^{-(b\sqrt{\beta/a})^2 at/b^2} \\
\times \left[\frac{Y_1(b\sqrt{\beta/a})J_0(r\sqrt{\beta/a}) - J_1(b\sqrt{\beta/a})Y_0(r\sqrt{\beta/a})}{Y_1(b\sqrt{\beta/a})J_0(r\sqrt{\beta/a}) - J_1(b\sqrt{\beta/a})Y_0(c\sqrt{\beta/a})} - 1 \right] \\
+ 2\theta_0 \sum_{n=1}^{\infty} \frac{\mathrm{e}^{-\alpha_n^2 b^2 \cdot at/b^2}}{[1 - \frac{\alpha_n^2 b^2}{(b\sqrt{\beta/a})^2}]\alpha_n b} \\
\times [Y_0(\alpha_n r)J_1(\alpha_n b) - Y_1(\alpha_n b)J_0(\alpha_n r)] \\
\div \left\{ \frac{c}{b}[J_1(\alpha_n b)Y_1(\alpha_n c) - J_1(\alpha_n c)Y_1(\alpha_n b)] \right. \\
\left. + [J_0(\alpha_n c)Y_0(\alpha_n b) - J_0(\alpha_n b)Y_0(\alpha_n c)] \right\}
\end{aligned}
\tag{11}
$$

平均温度为

$$
\begin{aligned}
V_{\mathrm{m}} = \theta_0 \mathrm{e}^{-(b\sqrt{\beta/a})^2 \cdot at/b^2} \left[\frac{2bc}{(b^2 - c^2)b\sqrt{\beta/a}} \right. \\
\times \frac{J_1(b\sqrt{\beta/a})Y_1(c\sqrt{\beta/a}) - J_1(c\sqrt{\beta/a})Y_1(b\sqrt{\beta/a})}{J_0(c\sqrt{\beta/a})Y(b\sqrt{\beta/a}) - J_1(b\sqrt{\beta/a})Y_0(c\sqrt{\beta/a})} - 1 \Bigg] \\
+ \frac{4\theta_0 bc}{b^2 - c^2} \sum_{n=1}^{\infty} \frac{\mathrm{e}^{-(\alpha_n b)^2 \cdot at/b^2}}{\left[1 - \frac{\alpha_n^2 b^2}{(b\sqrt{\beta/a})^2}\right]\alpha_n^2 b^2} \\
\times [J_1(\alpha_n c)Y_1(\alpha_n b) - J_1(\alpha_n b)Y_1(\alpha_n c)] \\
\div \left\{ \frac{c}{b}[J_1(\alpha_n b)Y_1(\alpha_n c) - J_1(\alpha_n c)Y_1(\alpha_n b)] + [J_0(\alpha_n c)Y_0(\alpha_n b) - J_0(\alpha_n b)Y_0(\alpha_n c)] \right\}
\end{aligned}
\tag{12}
$$

式中：$\theta_0 = \int_0^\infty \dfrac{A_0 e^{-\beta t}}{c\rho}\mathrm{d}t = \dfrac{A_0}{c\rho\beta}$ 是无水管冷却时混凝土的最终绝热温升；α_n 是下列特征方程的根

$$J_0(\alpha_n c)Y_1(\alpha_n b) - J_1(\alpha_n b)Y_0(\alpha_n c) = 0 \qquad (13)$$

当 $b/c = 100$ 时，上式的前 5 个根为 $a_1 b = 0.7167, a_2 b = 4.290, a_3 b = 7.546, a_4 b = 10.766$ 及 $a_5 b = 13.972$；J_0 和 J_1 分别是零阶和一阶第一类贝塞尔函数；Y_0 和 Y_1 分别是零阶和一阶第二类贝塞尔函数。

以上我们所研究的是平面问题，即假定水温在混凝土柱体的全部长度内是不变的，但实际上沿途吸收混凝土所放出的热量后，水的温度将逐渐上升，因此我们所研究的问题实质上是一个三向导热问题。由于问题过于复杂，要求出严格的数学解答是非常困难的。但我们可以在上述平面问题的基础上得出一个近似解，以满足设计上的需要。

由于问题是线性的，热流可以分解为两部分：①Q_1，水温保持为零时由混凝土流向冷却水的热量；②Q_2，水温上升后自冷却水流向初温为零的混凝土的热量。

由式（11），单位时间内单位长度混凝土柱体流向冷却水的热量为（图3）

$$\frac{\partial Q_1}{\partial L} = 2\pi c\lambda\left[-\frac{\partial V}{\partial r}\right]_{r=c} \qquad (14)$$

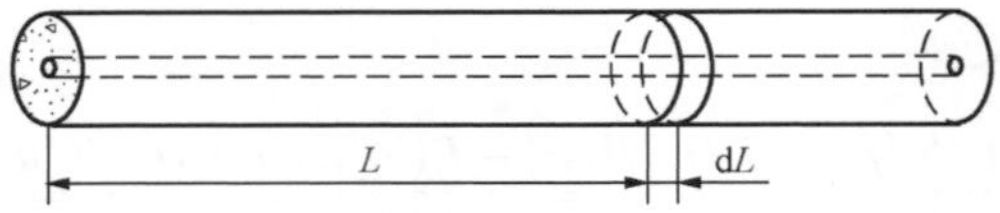

图3　水管冷却空间问题

若在时间 τ 水温上升 1℃，即在时间 τ 混凝土初温为 $T_0 = -1$℃，那么由式（10）可知在时间 t，单位管长单位时间内由冷却水流入混凝土的热量为

$$\pi(b^2 - c^2)C_0\rho\left[-\frac{\mathrm{d}U_m}{\mathrm{d}t}\right]_{T_0=1}$$

设水温为 $Y\theta_0$，Y 是时间 t 和管长 L 的函数。单位时间单位长度内混凝土柱体吸收热量为

$$\frac{\partial Q_2}{\partial L} = \pi(b^2 - c^2)C_0\rho\theta_0\int_0^t\left[-\frac{\mathrm{d}U_m}{\mathrm{d}t}\right]_{T_0=1}\frac{\partial Y}{\partial\tau}\mathrm{d}\tau \qquad (15)$$

冷却水在 0～L 区间所吸收的热量为

$$Q_3 = q_w C_w \rho_w \theta_0 Y$$

式中：q_w、C_w、ρ_w 依次是水的流量、比热和密度。

上述三部分热量必须保持平衡

$$Q_3 = \int_0^L\frac{\partial Q_1}{\partial L}\mathrm{d}L - \int_0^L\frac{\partial Q_2}{\partial L}\mathrm{d}L$$

即

$$\begin{aligned}
&C_w\rho_w q_w\theta_0 Y + 2\pi c\lambda L\left[\frac{\partial V}{\partial r}\right]_{r=c}\\
&-\pi(b^2 - c^2)C_0\rho\theta_0\int_0^L\int_0^L\left[\frac{\mathrm{d}U_m(t-\tau)}{\mathrm{d}t}\right]_{T_0=1}\\
&\times\frac{\partial Y}{\partial\tau}\mathrm{d}\tau\mathrm{d}L = 0
\end{aligned} \qquad (16)$$

上式是一个积分方程。令

$$\xi = \frac{\lambda L}{C_w \rho_w q_w}, \mathrm{d}\xi = \frac{\lambda \mathrm{d}L}{C_w \rho_w q_w}$$

代入式（16），得到下列无量纲方程

$$Y + \frac{2\pi c\xi}{\theta_0}\left[\frac{\partial V}{\partial r}\right]_{r=c} - \frac{\pi(b^2 - c^2)}{a}$$
$$\times \int_0^t \int_0^\varepsilon \left[\frac{dU_m(t-\tau)}{dt}\right]_{T_0=1} \frac{\partial Y}{\partial \tau} \mathrm{d}\xi \mathrm{d}L = 0 \tag{17}$$

对上式用数值方法求解，可得到水温 $Y\theta_0$，然后可计算至进水口距离为 L 的混凝土断面平均温度 $Z\theta_0$ 如下

$$Z\theta_0 = V_m + \int_0^t \left\{ 1 - \left[\frac{\mathrm{d}U_m(t-\tau)}{\mathrm{d}t}\right]_{T_0=1} \right\} \frac{\partial Y}{\partial \tau} \mathrm{d}\tau \tag{18}$$

设全长为 L 的混凝土柱体的总平均温度为 $X\theta_0$，X 可由下式计算

$$X = \frac{1}{\xi}\int_0^\xi Z\mathrm{d}\xi \tag{19}$$

由于积分方程（17）要用数值方法求解，计算工作很繁重。为了便于应用，作者算出了两套曲线，如图 4 和图 5 所示，一套是 $b/c = 100, b\sqrt{\beta/a} = 2.0$；另一套是 $b/c = 100, b\sqrt{\beta/a} = 1.5$。若 $b/c \neq 100$，则可按下式求折算的导温系数 a_f。

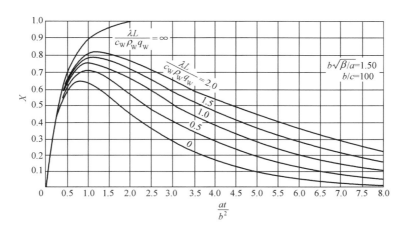

图 4 系数 $X(b\sqrt{\beta/a} = 1.50)$

$$a_f = a\frac{\log 100}{\log(b/c)}, 10 \leqslant b/c \leqslant 100$$

下面列举两个算例。

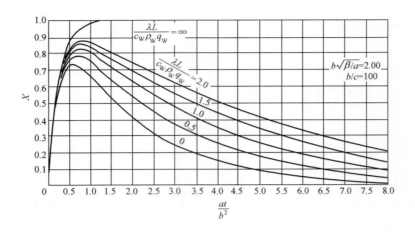

图 5 系数 $X(b\sqrt{\beta/a}=2.00)$

【算例 1】 水初温等于混凝土初温，$\lambda=7.74\text{kJ}/(\text{m}\cdot\text{h}\cdot\text{℃})$，$a=0.0035\text{m}^2/\text{h}$，$C=0.921\text{kJ}/(\text{kg}\cdot\text{℃})$，$\rho=2400\text{kg}/\text{m}^3$，$b=0.845\text{m}$，$C_w=4.19\text{kJ}/(\text{kg}\cdot\text{℃})$，$\rho_w=1000\text{kg}/\text{m}^3$，$q_w=15\text{L}/\text{min}=0.90\text{m}^3/\text{h}$，$b/c=66.5$，水管长度 $L=200\text{m}$，$\theta_0=30\text{℃}$，$\beta=0.384(1/\text{d})=0.0160(1/\text{h})$。求第 20 天的平均混凝土温度。

$$\xi=\frac{\lambda L}{C_w\rho_w q_w}=\frac{7.74\times200}{4.19\times1000\times0.90}=0.411$$

$$a_f=0.0035\times\frac{\log100}{\log66.5}=0.00384(\text{m}^2/\text{h})$$

$$\frac{a_f t}{b^2}=\frac{0.00384\times20\times24}{(0.845)^2}=2.58$$

$$b\sqrt{\beta/a_f}=0.845\sqrt{\frac{0.0160}{0.00384}}=1.72$$

查图 4、图 5，并插值，得

$$b\sqrt{\beta/a}:2.00,1.50,1.72$$
$$X:\qquad 0.41,0.44,0.43$$

故混凝土总平均温度上升为

$$X\theta_0=0.43\times30=12.9(\text{℃})$$

【算例 2】水初温 15℃，混凝土初温 25℃，其余同上例，计算第 20 天混凝土总平均温度。

由于问题是线性的，这个问题可分解成下面两个问题：

（1）有热源，但水初温等于混凝土初温，计算结果同算例 1，即在第 20 天混凝土平均温度上升 12.9℃；

（2）无热源，但冷却水初温比混凝土初温低

$$T_0=25-15=10(\text{℃})$$

$$\frac{a_f t}{b^2}=2.58,\qquad \frac{\lambda L}{C_w\rho_w q_w}=0.411$$

由文献［1］查得 X'=0.37，故这种情况下混凝土平均温度上升为

$$X'T_0 =0.37\times10=3.7（℃）$$

把以上两种情况的计算结果叠加，并注意到我们上面是以水初温15℃为温度计算的起点，得到第 20 天混凝土的平均温度为

$$T=15+12.9+3.7=31.6（℃）$$

参 考 文 献

［1］U.S Bureau of Reclamation. Cooling of Concrete Dams，1949.

［2］朱伯芳. 混凝土坝的温度计算. 中国水利，1956，（11、12）.

混凝土坝水管冷却效果的有限元分析[❶]

摘　要： 在国内外混凝土坝施工中，广泛采用了水管冷却以控制坝体温度。但水管冷却与浇筑层面散热联合作用的计算问题目前尚未很好解决。本文用有限单元法对这个问题进行了计算，分析了一些主要因素对冷却效果的影响。根据计算结果还整理出一套实用计算图表供工程单位参考。

关键词： 水管冷却；混凝土坝；有限元分析

Finite Element Analysis of the Effect of Pipe Cooling in Concrete Dams

Abstract： Pipe cooling is now widely adopted to control temperature rise in the construction of concrete dams. In this paper，a method is proposed to analyze the effect of simultaneous cooling through the concrete surface and the pipe. Some problems encountered in engineering practice are investigated. A practical computational method and relevant charts are presented for the convenience of the engineers.

Key words: pipe cooling, concrete dam, finite element analysis

一、前言

　　水管冷却是混凝土坝的重要冷却方法。水管冷却时混凝土温度场的分析是一个较为复杂的问题。尤其是施工期间的一期冷却，起冷却作用的不仅有冷却水管，同时还有浇筑层面的散热，从而使得问题的分析更为困难。

　　自 30 年代美国在胡佛坝首次采用水管冷却以来，随着这种冷却方式的广泛采用，单独考虑水管冷却作用的冷却计算问题相继得到了解析解答[1, 2, 3]。由于数学处理上的困难，施工期间水管冷却与浇筑层面散热的联合作用问题一直未能得到很好的解决。本文利用有限单元法研究这个问题，提出了相应的计算公式，编制了通用电算程序，对各种因素的影响进行了系统的分析。本文还提出了一个实用计算方法及相应的计算图表，以满足一般工程设计之用。

---

　　❶　原载《水利学报》1985 年第 4 期及 Journal of Construction Engineering，AS CE. V. 115，No.4，1989，由作者与蔡建波联名发表。

二、温度场计算原理

水管冷却问题实质上是一个空间温度场问题。若采用三维有限元计算，其计算量将十分庞大。与混凝土浇筑块的长度和宽度相比，水管间距通常都比较小，所以混凝土浇筑块内部的热传导主要在与水管正交的平面内进行。由于平行于水管方向上的混凝土温度梯度比较小，按传统做法，我们忽略平行于水管方向的混凝土温度梯度，沿水管长度方向取一系列垂直截面，按平面问题计算各截面混凝土温度场。考虑冷却水与混凝土之间的热量平衡，求出冷却水沿途吸热后的温度上升，从而得到空间温度场的近似解。

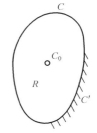

图 1 求解域

（一）平面温度场的计算

有冷却水管的平面不稳定温度场应满足下列基本方程、初始条件和边界条件（图 1）：

域 R 内
$$\Delta^2 T + \left(\frac{\partial \theta}{\partial t} - \frac{\partial T}{\partial \tau}\right)\Big/ a = 0 \tag{1}$$

$\tau=0$
$$T = T_0(x, y) \tag{2}$$

$\tau>0$
$$C' \text{ 上} \quad T = T_b$$
$$C_0 \text{ 上} \quad T = T_w \tag{3}$$

$$C \text{ 上} \quad \partial T/\partial n + \bar{\beta}(T - T_a) = 0 \tag{4}$$

式中：T 为温度；τ 为时间；θ 为混凝土绝热温升；$\bar{\beta} = \beta/\lambda$，$\beta$ 为表面放热系数；λ 为导热系数；a 为导温系数；T_a、T_b 为气温及边界温度；T_w 为冷却水温度。

上述温度场问题等价地转化成泛函求极值的变分问题之后，即可用有限元求解。在空间域用有限单元离散，在时间域用差分法离散，最后可得到如下的线性方程组

$$\left([H] + \frac{1}{\Delta\tau}[R]\right)\{T\}_{\tau+\Delta\tau} - \frac{1}{\Delta\tau}[R]\{T\}_\tau + \{F\}_{\tau+\Delta\tau} = 0 \tag{5}$$

式中：$\{T\}_\tau$ 和 $\{T\}_{\tau+\Delta\tau}$ 分别是时刻 τ 和 $\tau+\Delta\tau$ 的结点温度向量；矩阵 $[H]$ 和 $[R]$ 及向量 $\{F\}_{\tau+\Delta\tau}$ 的定义见文献 [4]。求解这个方程组，即可得到各结点的温度。

我们曾分别用常规单位[4, 5]和杂交单元[6]求解上述平面问题，计算结果是一致的。杂交单元计算速度快些，但计算程序复杂。常规单元计算速度慢一些，但计算程序简单，易于推广。

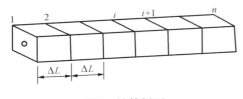

图 2 计算剖面

（二）空间温度场的计算

如图 2 所示，在混凝土中沿水管长度方向取一系列垂直截面。在每个截面上，当水温已知后即可按平面问题求出其温度分布。可见问题的关键在于正确地计算水温。现逐步计算如下：

1. 水温增量的计算

在间距为 ΔL 的两截面之间，根据热量平衡，冷却水的温度增量 ΔT_w 可按下式计算

$$\Delta T_w = \frac{\lambda \Delta L}{c_w \rho_w q_w} \int \frac{\partial T}{\partial r} \mathrm{d}s \tag{6}$$

式中：c_w、ρ_w、q_w 分别为冷却水的比热、密度和流量；$\partial T/\partial r$ 为水管外缘的混凝土径向温度梯度；c_0 为水管外缘，即混凝土与水管的接触边界。

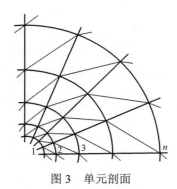

图 3　单元剖面

用杂交单元求解时，特殊单元中用的是解析解，可直接计算孔口边缘的 $\partial T/\partial r$。用常规单元求解时，温度梯度的计算精度低于结点温度的精度。为了提高此时 $\partial T/\partial r$ 的精度，我们采取了两项方法：第一，在孔口附近采用密集的计算网络；第二，孔口附近的结点沿半径方向布置，如图 3 所示，在求出结点温度以后，用拉格朗日插值公式去逼近半径方向上的温度分布

$$T_n(r) = \sum_{k=1}^{n} T_k \left(\prod_{\substack{j=1 \\ j \neq k}}^{n} \frac{r-r_j}{r_k-r_j} \right) \tag{7}$$

其中 n 为在该半径方向上所取的结点数，计算中 n 可取为 5～7。再求 $T_n(r)$ 对 r 的导数得

$$\frac{\mathrm{d}T_n(r)}{\mathrm{d}r} = \sum_{k=1}^{n} T_k \frac{\sum\limits_{j=1, j\neq k}^{n} \left[\prod\limits_{i=1, i\neq j, i\neq k}^{n} (r-r_i) \right]}{\prod\limits_{j=1, j\neq k}^{n} (r_k-r_j)} \tag{8}$$

代入 $r=r_0$ 即得到该半径方向上管边温度梯度的近似值。设沿管周等距地布有 m 个结点，则有

$$\int_{c_0} \frac{\partial T}{\partial r}\mathrm{d}s \approx \Delta s \sum_{j=1}^{m} \left[\mathrm{d}T_n(r)/\mathrm{d}r \right]_{r=r_0} \tag{9}$$

其中，Δs 为两相邻结点之间的管周弧长。

计算结果表明，经这样处理后，温度梯度的计算精度得到显著提高。

2. 冷却水沿途温升的推算

对冷却水温度的推算，我们提出了下列 3 种算法：

（1）简单算法。仍如图 2 所示，设第 i 截面水温为 $T_{w,i}$，第 i 和 $i+1$ 截面之间的水温增量为 $\Delta T_{w,i}$，则

$$T_{w,i+1} = T_{w,i} + \Delta T_{w,i} \tag{10}$$

$$\Delta T_{w,i} = \frac{\lambda \Delta L}{c_w \rho_w q_w} \left(\int_{c_0} \frac{\partial T}{\partial r}\mathrm{d}s \right)_i \tag{11}$$

在式（11）中，认为在 i 和 $i+1$ 截面之间积分 $\int_{c_0} \frac{\partial T}{\partial r}\mathrm{d}s$ 沿水管长度方向为常数且等于 i 截面上的积分值。这种算法最简单，但要求 ΔL 不能太大，在 3 种算法中计算量最大。

（2）迭代算法

$$\Delta T_{w,i} = \frac{\lambda \Delta L}{2c_w \rho_w q_w} \left[\left(\int_{c_0} \frac{\partial T}{\partial r}\mathrm{d}s \right)_i + \left(\int_{c_0} \frac{\partial T}{\partial r}\mathrm{d}s \right)_{i+1} \right] \tag{12}$$

$$T_{w,i} = T_{w,1} + \sum_{k=1}^{i-1} \Delta T_{w,k}, \quad i = 2, 3, 4, \cdots \tag{13}$$

在式（12）中，认为在 i，$i+1$ 截面之间积分值 $\int_{c_0} \frac{\partial T}{\partial r}\,\mathrm{d}s$ 沿水管长度成线性变化。当 $T_{\mathrm{w},i}$ 已知时，$T_{\mathrm{w},i+1}$ 及 $i+1$ 截面上的混凝土温度分布都是未知的。用式（12）、式（13）计算时，要采用迭代法。方法如下：

第一次迭代，先在各截面设一冷却水初始温度 $T_{\mathrm{w},i}^0$ 并求出各截面温度分布。利用式（12）、式（13）求出各截面间水温增量及各截面冷却水温度。以此水温作为新的初始水温，重复上述过程，求出各截面新的混凝土温度分布及冷却水温度。最后，当各截面混凝土温度及冷却水温度趋于稳定时，即可结束迭代过程。控制指标为

$$\max_{i=1,2,\cdots}\left(\left|\frac{T_{\mathrm{w},i}^k - T_{\mathrm{w},i}^{k+1}}{T_{\mathrm{w},i}^{k+1}}\right|\right)\leqslant\varepsilon,\ \varepsilon>0 \tag{14}$$

式中：k 为迭代次数；ε 为一指定的微量。

在实际计算中，当 $\varepsilon=0.01$ 时，迭代次数一般为 3～4 次。在施工中，浇筑层内冷却水管布置方式如图 4 所示。对这种情况可用迭代算法计算。

计算 A、B、C 等不同管段在各截面之间的水温增量时仍用式（12），但在计算平面混凝土温度分布时，每一截面上将同时出现 A、B、C 等多个水管边界。在图示情况下，我们假定 $T_{\mathrm{wA}_n} = T_{\mathrm{wB}_n}$，$T_{\mathrm{wB}_1} = T_{\mathrm{wC}_1}$，…，等。用式（13）推算冷却水温度时，可按 $\mathrm{A}_1{\rightarrow}\mathrm{A}_n{\rightarrow}\mathrm{B}_n{\rightarrow}\mathrm{B}_1{\rightarrow}\mathrm{C}_1{\rightarrow}\mathrm{C}_n{\rightarrow}\mathrm{D}_n{\rightarrow}\mathrm{D}_1$ 的顺序进行。

另外，迭代算法还可以计算改变冷却水流向的情况。在引用式（13）时，应根据冷却水流向确定 $T_{\mathrm{w}1}$，也即确定冷却水管的入水口。

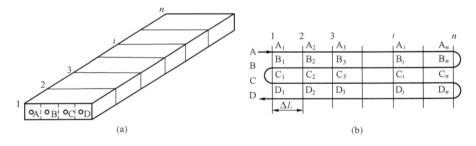

图 4　冷却水管布置示意

（3）预报算法。迭代算法适应性强，精度也比较高，但计算时间比较长。根据冷却水温度变化在空间和时间上的连续性，我们构造了下列预报算法。

计算简图仍如图 2 所示，设当前计算时段为第 k 个时段，计算公式为

$$T_{\mathrm{w},i+1} = T_{\mathrm{w},i} + \alpha_k\Delta T_{\mathrm{w},i}^0 \ (i=1,\ 2,\ 3\cdots) \tag{15}$$

$$\alpha_k = \begin{cases} \alpha_0 & k=1, i=1 \\ (\Delta T_{\mathrm{w},i-1}^1)_k/(\Delta T_{\mathrm{w},i-1}^0)_k & k\geqslant1, i\geqslant2 \\ (\Delta T_{\mathrm{w},i}^1)_{k-1}/(\Delta T_{\mathrm{w},i}^0)_{k-1} & k\geqslant2, i=1 \end{cases} \tag{16}$$

式中：α_k 为一预报修正系数；α_0 为一经验值，取 $0.8\leqslant\alpha_0\leqslant1$ 或直接取为 1；上角标 "0" 表

示由式（11）求得的 $\Delta T_{w,i}$，"1"表示由式（12）求得的 $\Delta T_{w,i}$。在计算第 k 时段第 i 截面时，该时段第 $i-1$ 截面或第 $k-1$ 时段第 i 截面的混凝土温度分布都是已知的。因此，用式（12）计算水温增量不必进行迭代。

预报算法综合了简单算法和迭代算法的长处，计算速度较快且具有和迭代算法基本相同的精度。在一般情况下应采用这种算法。在研究一些特殊问题时，如弯管取直、改变水流方向的影响等，则应采用迭代算法。

施工期间的浇筑层面散热也是浇筑块散热的一个重要途径。浇筑层面散热的影响以平面温度场第三类边界条件的形式考虑。由于不同边界条件在有限元处理上并无多大区别，这里不再详述浇筑层面散热的计算。

三、水管冷却效果分析

根据上述的计算原理我们编制了几个电算程序，对施工期间不同情况下的混凝土浇筑块温度状态进行了计算分析。

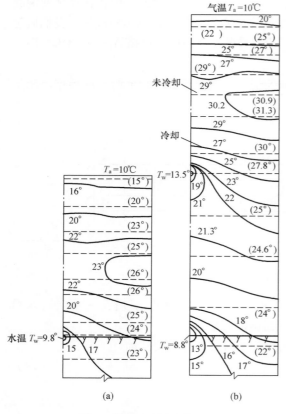

图 5　截面温度分布情况

（a）$\tau=7d$；（b）$\tau=9d$

（一）水管冷却对混凝土浇筑层温度状态的影响

模拟实际施工情况做了计算：从基岩开始，以 7d 的间歇浇筑 3 层混凝土，每层厚 1.5m。为计算方便，冷却水初温取为 0℃，基岩初温和气温均为 10℃，混凝土浇筑初温为 20℃，混凝土最终绝热温升为 27.3℃。计算中把同一浇筑层内蛇形布置（如图 4 所示）的水管简化为同样长度的直管（如图 2 所示）进行计算。为便于比较，还计算了无水管冷却的浇筑块温度状态。

算例的主要结果如图 5、图 6 所示。

图 5 是某断面分别在 7d（只浇 1 层）和 9d（已浇 2 层）两个时刻的温度分布情况。整个截面混凝土温度较无水管冷却时普遍下降。时间为 7d 时，第一层混凝土靠近浇筑层面的区域内温度比较低，待其上又浇一层新混凝土后，由于浇筑层之间的热量交换，该区域的温度又有回升。但在有水管冷却时，回升幅度要小一些。

图 6 反映了水管冷却对截面水平线平均温度随高度变化的影响，其中的 L 是指定截面到入水口截面之间水管长度。可以看出，没有冷却水管时各截面水平线平均温度的变化是一样的。由于水管冷却的影响，混凝土内部

温度比无水管时低得多，在水温较低的截面上尤为明显。在新浇的混凝土层上半部由于水管冷却作用较小，几条曲线比较接近。

（二）定期改变冷却水流向对混凝土温度状态的影响

在施工过程中，通常定期改变冷却水流向。为了解这种冷却方式对混凝土温度状态的影响，我们也做了计算。根据计算结果可得出以下结论：

（1）改变流向可使得整个混凝土层平均温度趋于均匀，这与人们的判断是一致的，也是采取这种方式的主要目的。沿水管长度方向不同截面上的混凝土平均温度的变化情况见图 7。在变换流向时，截面平均温度沿水管长度基本保持平稳，这时温度控制是有利的。

（2）如果以混凝土浇筑层总平均温度的下降作为冷却效果的指标，则这种冷却方式并没有提高冷却效果。由图 8 可以看出，两种方式下混凝土层总平均温度是十分接近的。

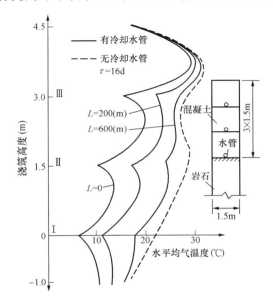

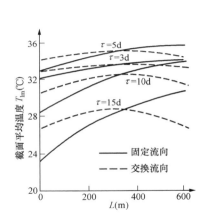

图 6 截面水平方向的线平均温度沿高度的变化 　　图 7 混凝土截面平均温度沿管长变化

（3）流向变换间隔时间不宜太长。如间隔越长，换水初期新入水口附近混凝土与冷却水的温差则越大，是不利的。

（三）弯管取直计算的影响

施工中冷却水管实际为蛇形布置（图 4）。在同一层内，由于各个管段冷却水温度不同，在与水管正交的截面上，每根水管担负的冷却面积之间［如图 4（a）中的虚线上］存在着一定程度的热交换。

这种热交换的影响，用过去的解析解法是不能计算的。用有限元虽然可以计算，但同一截面内水管数目越多则单元数目越多，计算量也就越大。为了实用，我们忽略这种热交换的影响，以便把蛇形布置的水管简化为具有同样长度的直管（冷却棱柱体的两侧绝热）计算。对这两种情况的比较计算的结果表明，两者差别很小。因此，蛇形水管完全可以取直计算。图 9 表示了按弯管计算与按直管计算的入口和出口处混凝土截面平均温度的变化情况。由图可见，弯管取直计算对平均温度的影响是很小的。

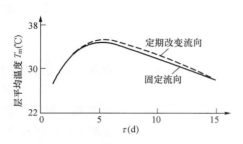

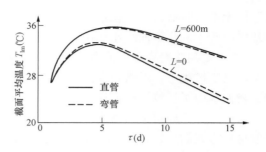

图 8　改变流向对混凝土层平均温度的影响　　　图 9　弯管按直管计算对混凝土平均温度的影响

四、水管冷却效果的实用计算

根据本文所述方法，我们编制了通用电算程序，重要工程可利用这个程序进行计算。下面我们再提出一个实用算法，供一般工程设计之用。

设自基岩表面向上分层浇筑混凝土，每层厚度为 h，层面上铺设 1 层冷却水管。每层水管的长度为 L，间距等于层厚，浇筑间歇时间为 τ_J。考虑水管冷却和层面散热的共同作用，要求计算每层混凝土的平均温度 T_m（水管全长 L 范围内的平均温度值）。

利用编制的电算程序，我们模拟实际浇筑过程，对从基岩起以一定层厚和间隔时间连续浇筑的情况进行了多层次的大量计算，并将结果整理出几组曲线。第一、二层混凝土的温度状态与基岩的情况有很多关系。从第三层以后受基岩影响很小，每一层浇筑后即重复前一层的温度变化过程。限于篇幅，下面我们只列出反映第三层以后各浇筑层平均温度 T_m 变化的曲线图。

根据热传导方程，初始条件及边界条件的线性性质，混凝土浇筑层温度状态可分解为 3 种简单的状态：

（1）混凝土浇筑初始温度为 T_0，无热源，浇筑层的边界气温为零。令此种状态下当 $T_0=1$ 时的 T_m 值为 X_1。

（2）浇筑初温为零，有热源且最终绝热温升为 θ_0，边界气温为零。令此种状态下当 $\theta_0=1$ 时的 T_m 值为 X_2。

（3）浇筑初温为零，无热源，浇筑层面边界气温为 T_a。令此种状态下当 $T_a=1$ 时的 T_m 值为 X_3。

一般情况下的混凝土浇筑层的冷却问题都可以分解为以上 3 种状态下的冷却问题。

影响混凝土浇筑层温度状态的因素是众多的。在计算中，我们根据施工情况取水管间距为 1.5m 和 3.0m 两种情形；浇筑间歇时间分别取为 4、7 和 10d；混凝土绝热温升表达式为 $\theta=\theta_0\tau/(\tau+n)$ 其中 τ 为时间变量，反映水泥水化热释放速度的 n 值取为 0.5、1.0、2.0d；其余因素取为定值：管径 2.5cm，导温系数 $a=0.1m^2/d$，导热系数与表面放热系数之比 $\lambda/\beta=0.2m$。另外假定基岩的热性能与混凝土相同并设其初温与气温相同。根据以上 3 种简单温度状态及诸因素取值的不同组合，需进行 30 次计算。

图 10～图 12 分别是根据计算结果整理出的反映 T_m 随变量 τ 和 e 变化的 X_1、X_3、X_2 值，其中 $e=\lambda L/c_w\rho_w q_w$。

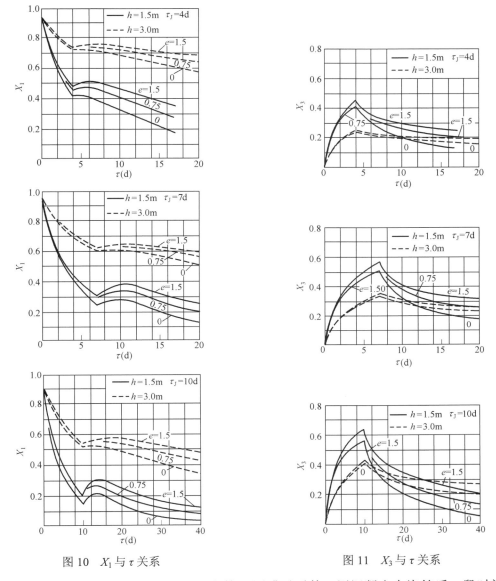

图 10 X_1 与 τ 关系　　　　图 11 X_3 与 τ 关系

根据以上图表可以近似计算基岩以上第 3 层或以后某一层混凝土在浇筑后一段时间（包括在其上继续浇筑后的时间）内的平均温度 T_m

$$T_m = T_w + X_1(T_0 - T_w) + X_2\theta_0 + X_3(T_a - T_w) \tag{17}$$

式中 T_w 为冷却水的初始温度。对于具体问题，按最接近的 τ_J、h 及 n 值查出 X_1、X_2、X_3，再把实际的 T_w、T_0、T_a、θ_0 代入式（17）即可。在间隔了很长时间老混凝土上重新开始浇筑，也可以近似看作从基岩上开始浇筑。

【算例 1】混凝土初温 $T_0=20℃$，气温及基岩温度 $T_a=10℃$，入口水温 $T_w=2.0℃$，混凝土最终绝热温升 $\theta_0=27.3℃$，$n=2d$，$\lambda=237kJ/（m·d·℃）$，$a=0.10m^2/d$，$\lambda/\beta=0.20m$，间歇时间 $\tau_J=7d$，浇筑层厚及水管间距 $h=1.5m$，$q_w=21.6m^3/d$，$c_w=4.187kJ/（kg·℃）$，$\rho_w=1000kg/m^3$，水管长度 $L=200m$，求浇筑后第 3d 的混凝土平均温度。

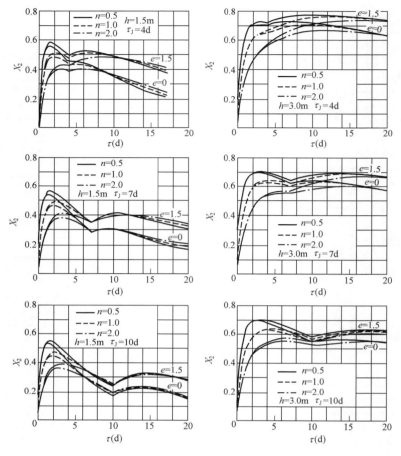

图 12 X_2 与 τ 关系

先计算

$$e=\lambda L/c_w \rho_w q_w=0.524$$

由 $\tau_J=7d$，$h=1.5m$，$\tau=3d$，$n=2d$，查图 10～图 12 得到 $X_1=0.497$，$X_2=0.402$，$X_3=0.405$。由式（17）可得混凝土平均温度：$T_m=25.16℃$。

【算例 2】基本资料与例 1 相同，但 $n=1.8d$。

这时 X_1 和 X_3 同前，但 X_2 要用插值方法计算。由图 12 插值得到，当 $n=1.8$ 时，$X_2=0.414$，再由式（17）得出 $T_m=25.49℃$。

从以上两例，可见计算很方便。

五、结束语

目前，在大体积混凝土工程中广泛采用冷却水管，水管与浇筑层面的共同散热问题是一个一直未能很好解决的问题。本文解决了这个问题，提供了一套计算方法，编制了通用电算程序，并提出了一个实用计算方法和图表。对于重要工程，可利用本文提供的方法和程序进行计算。对于一般工程，可用本文提供的实用方法进行计算。

参 考 文 献

[1] 美国内务部垦务局. 混凝土坝的冷却. 北京：水利电力出版社，1958.

[2] 朱伯芳. 混凝土坝的温度计算. 中国水利，1956，（11、12）.

[3] 朱伯芳. 有内部热源的大块混凝土用埋设水管冷却的降温计算. 水利学报，1957，（4）；中国科学，1961，（4）.

[4] 朱伯芳，等. 水工混凝土结构的温度应力与温度控制. 北京：水利电力出版社. 1976.

[5] 朱伯芳. 有限单元法原理与应用. 北京：水利电力出版社，1979.

[6] 蔡建波. 用杂交元求解有冷却水管的平面不稳定温度场. 水利学报. 1984，（5）.

考虑水管冷却效果的混凝土等效热传导方程[❶]

摘　要： 在用有限元方法计算水管冷却效果时，由于水管附近的温度梯度很大，在水管周围必须布置密集的网格，常因计算机内存的限制而使计算发生困难。本文把冷却水管看成负热源，建立了大体积混凝土的等效热传导方程，给出了有关计算公式，可在平均意义上考虑水管冷却的效果。采用本文方法，只要布置比较稀疏的网格，就可以考虑水管冷却的效果，计算混凝土的温度场和温度应力。

关键词： 水管冷却；大体积混凝土；等效热传导方程

Equivalent Equation of Heat Conduction in Mass Concrete Considering the Effect of Pipe Cooling

Abstract: Since the temperature gradient near the cooling pipe is great, it is necessary to adopt a very fine mesh in finite element computation to consider the effect of pipe cooling in mass concrete. As a result, the required capacity of memory is very large and the time of computation is long. Considering the cooling pipe as a negative source of heat, an equivalent equation of heat conduction is established in this paper. Formulas are given to take into account the effect of pipe cooling in average. By this method, the conventional mesh of computation may be used to calculate the temperature and stress field in mass concrete.

Key words: pipe cooling, mass concrete, equivalent equation of heat conduction

一、前言

在大体积混凝土施工中，目前国内外广泛采用冷却水管以控制温度、减小温度应力。在设计和施工中经常需要计算冷却水管对温度和应力的影响。单独一根水管的冷却问题，已在文献［1～3］中解决。混凝土表面和水管共同冷却的问题，则十分复杂，作者在文献［4］中给出了有限元解法，可以较准确地进行计算，但由于水管附近的温度梯度很大，必须布置密集的网格，如只计算温度场，则问题不大，如果需要同时计算温度场和应力场时，则往往由于计算机内存的限制，实际上无法计算。作者在文献［2、5］中提出了一个近似解法，即把冷却水管看成热汇，在平均意义上考虑水管冷却的效果，使问题得到了极大的简化。但热汇的效果要通过查表求得，在利用电子计算机进行计算时，颇不方便。

---

❶ 原载《水利学报》1991 年第 3 期。

本文给出一套计算冷却水管效果的公式，使考虑水管冷却效果的等效热传导方程趋于完善，可直接利用电子计算机进行计算，具有较大的使用价值。

二、无热源水管冷却问题

如图 1 所示，考虑单独一根水管的冷却问题。设混凝土圆柱体的直径为 D，长度为 L，无热源，混凝土初温为 T_0，水管进口处的冷却水温度为 T_w，由文献［1、2］可知，混凝土的平均温度可计算如下

$$T = T_w + (T_0 - T_w)\,\Phi \tag{1}$$

式中：函数 Φ 即文献［2］中的 X_1，其计算十分复杂，但已有图表可查。为了以后建立等效热传导方程时使用，下面给出函数 Φ 的两种表达式。

（一）函数 Φ 的第一种表达式

设 Φ 可表示如下

$$\Phi = \exp(-k_1 z^s) \tag{2}$$

式中：$z = a\tau/D^2$；a 为混凝土的导温系数；τ 为时间；D 为混凝土冷却柱体的直径。

对式（2）两边取两次对数，得到

$$\log k_1 + s\log z = \log(-\log\phi) \tag{3}$$

水管冷却效果与无量纲参数 η 有关

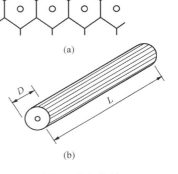

(a)

(b)

图 1　冷却柱体

$$\eta = \lambda L / c_w \rho_w q_w \tag{4}$$

式中：λ 为混凝土导热系数；L 为冷却柱体长度；c_w 为冷却水的比热；ρ_w 为水的密度；q_w 为冷却水流量。

笔者发现，当参数 η 固定时，以 $\log z$ 为横坐标，以 $\log(-\log\phi)$ 作为纵坐标，ϕ 的点子基本上落在一条直线上，如图 2 所示。这一事实表明，式（2）可以很好地描述混凝土的冷却过程。由图 2 中直线的斜率可计算 s，由直线的截距 $\log k_1$ 可以计算 k_1。对于不同的 η，分别求出相应的 k_1 和 s，然后得到 k_1 和 s 的表达式如下

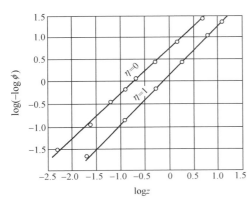

图 2　$\log z$ 与 $\log(-\log\phi)$ 关系

$$\kappa_1 = 2.08 - 1.174\eta + 0.256\eta^2 \tag{5}$$

$$s = 0.971 + 0.1485\eta - 0.0445\eta^2 \tag{6}$$

【算例1】　设 $\eta = \lambda L/c_w\rho_w q_w = 0.50$，$a\tau/D^2 = 0.20$，由式（5）、式（6）两式，$\kappa_1 = 1.557$，$s = 1.0341$，代入式（2）得

$$\phi = \exp(-1.557 \times 0.20^{1.0341}) = 0.7447$$

由文献［2］查表得 $\phi = 0.743$，与计算值 0.7447 很接近。

为了全面检查式（2）的计算精度，对各种不同的 η 和 z 进行了验算，验算结果见表 1。由表可见，式（2）的计算精度很好，可满足实际工程需要。

把 $z = a\tau/D^2$ 代入式（2），得到

$$\phi = \exp(-b_1\tau^s) \tag{7}$$

式中

$$b_1 = k_1(a/D^2)^s \tag{8}$$

表1 按式（2）计算的 ϕ 与查表 ϕ 对比

z	$\eta=0$		$\eta=1.0$		$\eta=2.0$	
	ϕ_1	ϕ_2	ϕ_1	ϕ_2	ϕ_1	ϕ_2
0.10	0.801	0.808	0.906	0.897	0.940	0.940
0.20	0.647	0.655	0.814	0.808	0.877	0.875
0.30	0.524	0.532	0.727	0.727	0.816	0.822
0.50	0.346	0.352	0.576	0.585	0.701	0.715
0.75	0.207	0.212	0.426	0.438	0.576	0.590
1.00	0.125	0.125	0.313	0.327	0.470	0.485
2.00	0.017	0.018	0.087	0.095	0.200	0.203
3.00	0.002	0.000	0.023	0.025	0.082	0.075

注　ϕ_1 为计算值；ϕ_2 为查表值。

（二）函数 ϕ 的第二种表达式

在一期水管冷却中，通常冷却时间不超过 15d，$z = a\tau/D^2 \leqslant 0.75$（例如，当 $a=0.10\text{m}^2/\text{d}$，$\tau=15\text{d}$，$D=1.5\text{m}$ 时，$z=0.667$；当 $a=0.10\text{m}^2/\text{d}$，$\tau=15\text{d}$，$D=3.0\text{m}$ 时，$z=0.1667$），在这种情况下，函数 ϕ 可表示如下

$$\phi = \text{e}^{-kz} \tag{9}$$

式中

$$k = 2.09 - 1.35\eta + 0.320\eta^2 \tag{10}$$

按式（9）计算的 ϕ 与由文献［2］查表所得 ϕ 值对比见表2，可见计算误差一般不超过 2%。

把 $z = a\tau/D^2$ 代入式（9），得到

$$\phi = \text{e}^{-b\tau} \tag{11}$$

式中

$$b = ka/D^2 \tag{12}$$

在一期水管冷却中，因 $z \leqslant 0.75$，可用式（9）、式（11）两式计算 ϕ。在二期冷却中，因 z 可能超过 1.00，按式（9）计算，误差可能较大，应按式（2）、式（7）计算。

表2 按式（9）计算 ϕ 与查表 ϕ 对比

z	$\eta=0$		$\eta=1.0$		$\eta=2.0$	
	ϕ_1	ϕ_2	ϕ_1	ϕ_2	ϕ_1	ϕ_2
0.10	0.811	0.808	0.899	0.897	0.935	0.940
0.20	0.658	0.655	0.809	0.808	0.875	0.875
0.30	0.534	0.532	0.728	0.727	0.818	0.822
0.50	0.352	0.352	0.589	0.585	0.715	0.715
0.75	0.209	0.212	0.451	0.438	0.605	0.590

注　ϕ_1 为按式（9）计算值；ϕ_2 为查表值。

三、有热源的水管冷却问题

今考虑有热源混凝土单根水管的冷却问题。

首先研究冷却水温度 T_w 等于混凝土初温 T_0 的情况，设冷却柱体的长度为 L，直径为 D，混凝土绝热温升为 $\theta(\tau)$，如图 3 所示。在时间 τ 的绝热温升增量为 $\Delta\theta(\tau)$，由于水管冷却，到时间 t 时，温升为 $\Delta\theta(\tau)\,\phi(t-\tau)$。

由 0 到 t 积分，在时间 t 时混凝土平均温度为

$$T(t) = \int_0^t \phi(t-\tau)\frac{\partial\theta}{\partial\tau}\mathrm{d}\tau \qquad (13)$$

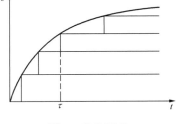

图 3　绝热温升

把式（11）代入上式，得到混凝土平均温度如下

$$T(t) = \int_0^t \mathrm{e}^{-b(t-\tau)}\frac{\partial\theta}{\partial\tau}\mathrm{d}\tau \qquad (14)$$

下面按三种情况分别推导。

（一）指数型绝热温升

设绝热温升公式为

$$\theta(\tau) = \theta_0(1-\mathrm{e}^{-m\tau}) \qquad (15)$$

式中：θ_0 为最终绝热温升；m 为常数。

由上式微分，得

$$\frac{\partial\theta}{\partial\tau} = \theta_0 m\mathrm{e}^{-m\tau} \qquad (16)$$

代入式（14），积分后得到

$$T(t) = \theta_0\psi(t) \qquad (17)$$

$$\psi(t) = \frac{m}{m-b}(\mathrm{e}^{-bt}-\mathrm{e}^{-mt}) \qquad (18)$$

【算例2】水管方形排列，间距为 1.5m×1.5m，混凝土导温系数 a=0.10m²/d，导热系数 λ = 226.1 kJ/（m·d·℃），冷却水比热 c_w=4.187kJ/（kg·℃），密度 ρ_w=1000kg/m²，冷却水流量 q_w=0.90m³/h=21.6m³/d，水管长度 L=200m，m=0.315（1/d）

$$\eta = \frac{\lambda L}{c_w\rho_w q_w} = \frac{226.1\times200}{4.187\times1000\times21.6} = 0.500$$

等效直径 D=1.692m，由式（10）

$$k = 2.09-1.35\times0.50+0.320\times0.50^2 = 1.495$$

由式（12），$b = 1.495\times0.10/1.692^2 = 0.0522$

由式（17），得到

$$\psi(t) = T/\theta_0 = 1.1986(\mathrm{e}^{-0.0522t}-\mathrm{e}^{-0.315t})$$

冷却柱体半径 $b_1 = 1.692/2 = 0.846$m，$b_1\sqrt{m/a} = 0.846\times\sqrt{0.315/0.10} = 1.50$，由文献［3］可查出 ψ 值。由上式计算的 $\psi(t)$ 与由文献得出的 $\psi(t)$ 对比如表 3。由表可见，本文式（18）的计算精度是很高的。如用作图方法对比，实际上 2 条曲线将完全重合。

表3　　　　　　　　　　　　　　　　　　$\psi(t)$ 值比较表

t（d）	1	2	4	6	8	10	12	14
本文计算 $\psi(t)$	0.263	0.441	0.633	0.695	0.693	0.659	0.613	0.562
文献[3] $\psi(t)$	0.270	0.430	0.630	0.700	0.690	0.666	0.610	0.560

本文推得式（18）有如下优点：①文献［3］中只给出了 $b_1\sqrt{m/a}=1.50$ 及 $b_1\sqrt{m/a}=2.0$ 两种情况下的图表，本文式（18）不受这个限制；②因不必查表，可直接按公式计算，便于利用计算机进行计算。

（二）双曲线型绝热温升

设混凝土绝热温升为

$$\theta = \theta_0\tau/(n+\tau) \tag{19}$$

式中：n 为常数。

由式（19）得

$$\frac{\partial\theta}{\partial\tau} = n\theta_0/(n+\tau)^2$$

代入式（14），得到 $T(t)=\theta_0\psi(t)$，而

$$\psi(t) = nbe^{-b(n+t)}\left\{\frac{e^{bn}}{nb} - \frac{e^{b(n+t)}}{b(n+t)} + E_i(bn) - E_i[b(n+t)]\right\} \tag{20}$$

式中

$$E_i(bx) = \int\frac{e^{bx}}{x}dx$$

指数积分 $E_i(bx)$ 见函数手册，如文献［6］，也可用下式进行数值积分

$$\int_c^d\frac{e^{bx}}{x}dx = \sum e^{b(x+0.50\Delta x)}\ln\left(\frac{x+\Delta x}{x}\right)$$

（三）任意绝热温升

混凝土绝热温升为

$$\theta(\tau) = \theta_0 f(\tau) \tag{21}$$

式中：$f(\tau)$ 是任意函数，可直接采用试验值。

由式（14）可知

$$T(t) = \sum e^{-b(t-\tau)}\Delta\theta(\tau) = \theta_0\psi(t) \tag{22}$$

为提高精度，计算 $\psi(t)$ 时采用中点龄期 $\tau+0.5\Delta\tau$ 如下

$$\psi(t) = \sum e^{-b(t-\tau-0.5\Delta\tau)}\Delta f(\tau) \tag{23}$$

式中

$$\Delta f(\tau) = f(\tau+\Delta\tau) - f(\tau)$$

上述计算工作可直接由计算机完成，只需输入 $\Delta f(x)$。

下面再考虑混凝土初温不等于水温的单根水管冷却问题，设混凝土初温为 T_0，绝热温升为 $\theta(\tau)$，进口处冷却水温度为 T_w，混凝土平均温度按下式计算

$$T(t) = T_w + (T_0-T_w)\varphi(t) + \theta_0\psi(t) \tag{24}$$

式中：$\varphi(t)$ 见式（11）、式（7），$\psi(t)$ 见式（18）、式（20）、式（23）。

四、考虑水管冷却效果的混凝土等效热传导方程

在上述单根水管冷却计算中，假定冷却柱体外表面为绝热边界，只考虑了冷却水管的散

热作用。实际上，除了水管外，混凝土与空气、水、岩石等介质的接触面也会传递热量，也具有散热作用。例如，一期冷却中，混凝土浇筑层面的散热作用是显著的，二期冷却中，上下游表面及岩石接触面都具有传热作用。这些问题是十分复杂的，理论方法难以求解。为了用数值方法求出近似解，可以把冷却水管看成负热源，在平均意义上考虑冷却水管作用，由此可得混凝土等效热传导方程如下

$$\frac{\partial T}{\partial \tau} = a\nabla^2 T + (T_0 - T_w)\frac{\partial \varphi}{\partial \tau} + \theta_0 \frac{\partial \psi}{\partial \tau} \tag{25}$$

式中 $\varphi(\tau)$ 见式（11）、式（7），$\psi(t)$ 见式（18）、式（20）、式（23）。∇^2 为拉普拉斯算子，如下

三维问题

$$\nabla^2 = \frac{\partial^2}{\partial x^2} + \frac{\partial^2}{\partial y^2} + \frac{\partial^2}{\partial z^2}$$

二维问题

$$\nabla^2 = \frac{\partial^2}{\partial x^2} + \frac{\partial^2}{\partial y^2}$$

一维问题

$$\nabla^2 = \frac{\partial^2}{\partial x^2}$$

对于二维和三维问题，可用有限元方法计算，对于一维问题，可把式（25）写成差分方程如下

$$T_{i,\tau+\Delta\tau} = T_{i,\tau}\left(1 - \frac{2a\Delta\tau}{\Delta x^2}\right) + \frac{a\Delta\tau}{\Delta x^2}(T_{i-1,\tau} + T_{i+1,\tau}) + (T_0 - T_w)\Delta\varphi + \theta_0\Delta\psi \tag{26}$$

式中增量 $\Delta\varphi$、$\Delta\psi$ 按下式计算

$$\Delta\varphi = \varphi(\tau + \Delta\tau) - \varphi(\tau)$$
$$\Delta\psi = \psi(\tau + \Delta\tau) - \psi(\tau)$$

计算开始时，混凝土初温为 T_0，以后即按时段逐一计算。在冷却水管停止后，混凝土的绝热温升增量按式（15）、式（19）计算。

根据等效热传导方程式（25），利用现有的有限元程序就可以很方便地考虑冷却水管和混凝土表面的共同散热作用进行计算，因而具有较大的实用价值。

【算例3】 混凝土浇筑在岩基上，每层厚度 1.50。冷却水管的水平和铅直间距均为 1.50m，各浇筑层间的间歇时间为 4d。冷却水管长度 $L=200$m。$\eta = \lambda L / c_w\rho_w q_w = 0.50$，$\theta(\tau) = 25\tau/(1.0+\tau)$ 用考虑水管冷却的等效差分方程计算混凝土的温度场。初温、气温及进口处冷却水温均假定为零。第三浇筑层的平均温度 T_m 用实线表示于图 4 中。图中虚线是用有限元法计算的结果，可见两者相当接近。

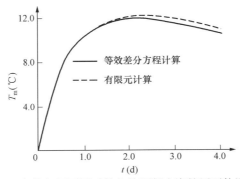

图 4　水管与层面同时散热的混凝土浇筑层平均温度

五、结束语

　　冷却水管和混凝土表面共同散热问题一直是人们所关心的，根据本文方法，可以利用现有程序进行计算，因而十分方便。本文方法是在平均意义上考虑水管冷却效果，带有一定近似性，但考虑到混凝土施工过程中温度应力的复杂性，这种近似处理在实用上还是允许的，不失为一个有用的计算方法。

参 考 文 献

［1］U. S. Bureau of Reclamation. Cooling of Concrete Dams. 1949.

［2］朱伯芳，等. 水工混凝土结构的温度应力与温度控制. 北京：水利电力出版社，1976.

［3］朱伯芳. 有内部热源的大块混凝土用埋设水管冷却的降温计算. 水利学报，1957，（4）.

［4］朱伯芳，蔡建波. 混凝土坝水管冷却效果的有限元分析. 水利学报，1985，（4）.

［5］朱伯芳. 混凝土坝一期水管冷却效果的近似分析. 水利水电技术，1986，（5）.

［6］Beyer W H. CRC Standard Mathematical Tables.1985.

［7］Korn GA. Mathematical Handbook for Scientists and Engineers. 1961.

小温差早冷却缓慢冷却是混凝土坝水管冷却的新方向[●]

摘　要： 本文提出混凝土坝水管冷却的新方式：小温差、早冷却、缓慢冷却，与大温差、晚冷却、短促冷却的传统冷却方式相比，它可以把混凝土与水温之差从目前的 20～25℃ 减少到 4～6℃，从而可大幅度提高抗裂安全度。过去人们对水管冷却自生温度应力重视不够，笔者提出了计算方法，它能引起相当大的拉应力，采用小温差可以减小这种应力，目前往往限制后期冷却在龄期 120d 后开始，采用小温差可取消这一限制，从而赢得了几个月时间。本文提出的这种新冷却方式，在不影响施工进度的前提下，不但减小了自生应力，也减小了约束应力，是今后混凝土坝水管冷却的发展方向，文中还提出了一整套实用计算公式。

关键词： 混凝土坝；水管冷却；温差；温度应力；冷却时间

A New Method for Pipe Cooling of Concrete Dams – Cooling from Earlier Age with Smaller Temperature Difference and Longer Time

Abstract： A new type of pipe cooling for concrete dam is suggested: the cooling is conducted from earlier age with longer time of cooling and the temperature difference between the concrete and the water is reduced from 20～25℃ to 4～6℃, so the thermal stresses are reduced remarkablely.

Key words： concrete dams, pipe cooling, temperature difference, thermal stresses, cooling time

1　前言

　　人们过去对混凝土坝后期冷却重视不够，实践经验表明，后期冷却可能引起严重裂缝。在文献［1］中笔者提出，后期冷却是一个比较复杂的问题，不能等闲视之，必须进行细致的分析和规划以选定正确的冷却方案。本文进一步研究水管冷却问题，提出小温差、早冷却、缓慢冷却的新冷却方式，在不影响施工进度的前提下，它可大幅度提高混凝土坝抗裂安全度。

　　水管冷却时在水管附近的温度梯度很大，可引起相当大的拉应力，过去人们没有重视这个问题，实际施工中允许混凝土初温与水温之差 $T_0-T_w=20～25$℃，现在看来，这个温差太

---

　❶　原载《水利水电技术》2009 年第 1 期。

大。本文给出了水管冷却自生应力计算方法，计算结果表明，在水管附近自生应力相当大，解决的办法是小温差多期冷却。

目前不少工程规定后期冷却必须在混凝土龄期 120d 以后开始，为了在有限时间内把混凝土温度降至目标温度，有时不得不降低水温，从而加大了温差、加大了温度应力，对防裂不利。如采用笔者提出的小温差冷却方案，可以从早龄期开始冷却，既争取了冷却时间，又降低了温度应力，一举两得。

采用小温差、早冷却、缓慢冷却方式，由于温差减小了，冷却时间拉长了，徐变可充分发挥，温度应力可显著减小，是今后混凝土坝水管冷却的发展方向。

2　小温差、早冷却、缓慢冷却的新冷却方式

目前混凝土坝水管冷却有 3 种方式：①一期冷却，在龄期 120d 后通水冷却，使混凝土温度降至规定的目标温度，以便进行接缝灌浆。②两期冷却，在浇筑混凝土 1d 后通水 20d 进行一期冷却，降低水化热温升；在龄期 120d 后，进行二期冷却，使坝体温度降至目标温度。③三期冷却，在浇筑混凝土 1d 后通水 20d 进行一期冷却，降低最高温度；在龄期 120d 后进行二期冷却，在接缝灌浆前再进行三期冷却。以上三种方式中，混凝土初温与水温之差 T_0-T_w 控制在 20～25℃。

笔者建议采用小温差、早冷却、缓慢冷却或连续冷却的新冷却方法如下：①一期冷却在浇筑混凝土时即开始进行，水管最好布置在浇筑层中间，如布置在老混凝土层面上，水温与老混凝土初温之差尽量小些，例如不超过 5℃。采用小温差，一期冷却持续时间可不受 20d 限制。②由于温差小，后期冷却开始时间可提前到龄期 30d 左右，或与一期冷却连接起来，初期冷却与后期冷却连续进行，水温由高到低分为多期，逐步降低。这一冷却方式的特点是：温差小，后期冷却提前，冷却时间延长，徐变得到充分发挥，温度应力小，有利于防裂，实际上可从浇筑混凝土开始即连续进行水管冷却，水温由高到低逐步降低，尽量延长冷却时间，尽量减小混凝土与水温之差，从而最大限制地减小了温度应力，抗裂安全度比传统冷却方式有本质上的提高。由于后期冷却提前，小温差并不影响施工进度，施工中无非多改变几次水温，并不费事，而减小温度应力、防止裂缝的效果却十分显著。

3　水管冷却的自生温度应力

水管冷却引起的温度应力由自生应力与约束应力两部分组成，关于水管冷却引起的约束应力笔者在文献［1］中进行了详细分析。过去对水管冷却引起的自生应力缺乏分析，施工中考虑也不够，实际上它是引起裂缝的一个重要因素。下面进行较细致的分析。

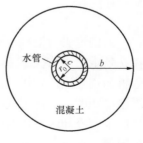

图 1　冷却柱体横剖面

3.1　自生弹性温度应力

考虑无约束等效圆柱体，其横剖面如图 1，首先分析温度场，按轴对称问题计算，热传导方程为

$$\frac{\partial T}{\partial \tau} = a\left(\frac{\partial^2 T}{\partial r^2} + \frac{1}{r}\frac{\partial T}{\partial r}\right) \tag{1}$$

边值条件为

当 $\tau=0, c \leqslant r \leqslant b$ 时 $\qquad T(r,0)=T_0$

当 $\tau>0, r=c$ 时 $\qquad -\lambda\dfrac{\partial T}{\partial r}+kT=0$ $\qquad$ (2)

当 $\tau>0, r=b$ 时 $\qquad \dfrac{\partial T}{\partial r}=0$

$$k=\frac{\lambda_1}{c\ln(c/r_0)} \tag{3}$$

式中：a 为混凝土导温系数；λ 为混凝土导热系数；T_0 为混凝土初温；λ_1 为水管的导热系数；c 为水管的外半径；r_0 为水管的内半径。采用拉普拉斯变换，得到解答如下[2]

$$T=T_0\sum_{n=1}^{\infty}\frac{2\mathrm{e}^{-a\alpha_n^2\tau}}{\alpha_n b}\frac{J_1(\alpha_n b)Y_0(\alpha_n r)-Y_1(\alpha_n b)J_0(\alpha_n r)}{R_1(\alpha_n b)} \tag{4}$$

$$R_1(\alpha_n b)=-\frac{\lambda}{kb}\alpha_n b\left\{\frac{c}{b}\left[J_1(\alpha_n b)Y_0(\alpha_n c)-J_0(\alpha_n c)Y_1(\alpha_n b)\right]\right.$$

$$\left.+\left[J_0(\alpha_n b)Y_1(\alpha_n c)-J_1(\alpha_n c)Y_0(\alpha_n b)\right]\right\}+\frac{c}{b}\left[J_1(\alpha_n b)Y_1(\alpha_n c)\right. \tag{5}$$

$$\left.-J_1(\alpha_n c)Y_1(\alpha_n b)\right]+\left[J_0(\alpha_n c)Y_0(\alpha_n b)-J_0(\alpha_n b)Y_0(\alpha_n c)\right]$$

式中：J_0、J_1、Y_0、Y_1 分别为零阶和一阶第一、第二类贝塞尔函数；而 $\alpha_n b$ 为下列特征方程的根

$$-\frac{\lambda}{k}\alpha_n\left[J_1(\alpha_n c)Y_1(\alpha_n b)-J_1(\alpha_n b)Y_1(\alpha_n c)\right]+\left[J_1(\alpha_n b)Y_0(\alpha_n c)-J_0(\alpha_n c)Y_1(\alpha_n b)\right]=0 \tag{6}$$

平均温度为 $\qquad T_{\mathrm{m}}=T_0\displaystyle\sum_{n=1}^{\infty}H_n\mathrm{e}^{-\alpha_n^2 b^2\alpha\tau/b^2} \tag{7}$

$$H_n=\frac{4bc}{b^2-c^2}\frac{Y_1(\alpha_n b)J_1(\alpha_n c)-J_1(\alpha_n b)Y_1(\alpha_n c)}{\alpha_n^2 b^2 R_1(\alpha_n b)} \tag{8}$$

式（7）收敛极快，实际计算时只需取第一项，已足够准确，误差小于 1%，而且 $H_1\approx1.00$，因此可按下式计算平均温度

$$T_{\mathrm{m}}=T_0\mathrm{e}^{-\alpha_1^2 b^2 a\tau/b^2} \tag{9}$$

式（6）的特征根 $\alpha_1 b$ 由下式计算[3]

$$\alpha_1 b=0.926\exp\left[-0.0314\left(\frac{b}{r_1}-20\right)^{0.48}\right],20\leqslant\frac{b}{r_1}\leqslant130 \tag{10}$$

$$r_1=c\left(\frac{r_0}{c}\right)^{\eta},\eta=\lambda/\lambda_1 \tag{11}$$

弹性模量为常量时，弹性应力计算[2]如下

$$\sigma_r = \frac{E\alpha}{1-\mu}\left(\frac{r^2-c^2}{b^2-c^2}\int_c^b Tr\mathrm{d}r - \int_c^r T_r\mathrm{d}r\right)$$

$$\left.\sigma_\theta = \frac{E\alpha}{(1-\mu)r^2}\left(\frac{r^2+c^2}{b^2-c^2}\int_c^b Tr\mathrm{d}r + \int_c^r Tr\mathrm{d}r - Tr^2\right)\right\} \tag{12}$$

$$\sigma_z = \frac{E\alpha}{1-\mu}(T_\mathrm{m}-T)$$

式中：σ_r、σ_θ、σ_z 依次为径向、切向和轴向应力。由式（4）得到式（12）中的积分如下

$$\int_c^r Tr\mathrm{d}r = T_0\sum\frac{2be^{-a\alpha_n^2r}}{\alpha_n^2 b^2 R_1(\alpha_n b)}\{r[J_1(\alpha_n b)Y_1(\alpha_n r)-Y_1(\alpha_n b)J_1(\alpha_n r)] \tag{13}$$
$$+ c[Y_1(\alpha_n b)J_1(\alpha_n c)-J_1(\alpha_n b)Y_1(\alpha_n c)]\}$$

由式（12）、式（13）可计算任一点应力，但通常以混凝土孔口内缘 $r=c$ 处应力最大，内缘应力为

$$\sigma = \sigma_\theta = \sigma_z = \frac{E\alpha}{1-\mu}(T_\mathrm{m}-T_c), \sigma_r = 0 \tag{14}$$

式中：T_m 为平均温度，见式（9），T_c 为 $r=c$ 处混凝土温度，可计算如下

$$T_c = T_0\sum m_n e^{-a_1^2 b^2 \alpha\tau/b^2} \tag{15}$$

$$m_n = \frac{2[J_1(\alpha_n b)Y_0(\alpha_n c)-Y_1(\alpha_n b)J_0(\alpha_n c)]}{\alpha_n b R_1(\alpha_n b)} \tag{16}$$

设混凝土初温为 T_0，水温为 T_w，式（15）收敛极快实际只需取一项，由式（14），可得孔边应力如下

$$\sigma(t) = \frac{E\alpha(T_\mathrm{w}-T_0)(1-m_1)}{1-\mu}e^{-p_1(t-n)} \tag{17}$$

$$p_1 = \alpha_1^2 b^2 a/b^2 \tag{18a}$$

当采用内半径 14mm 外半径 16mm 的聚乙烯水管时，可取 $m_1=0.20$；采用钢管时，$m_1=0$。在式（18a）中未考虑进口与出口水温之差，如考虑此因素，应按下式计算 p_1

$$p_1 = k_1 d_1 a/D^2 \tag{18b}$$

式中：$D=2b$，k_1 考虑水管长度及流速等影响，见式（30）；$d_1=(\alpha_1 b/0.7167)^2$，考虑管材及 b/c 影响，当用钢管且 $b/c=100$ 时，$\alpha_1 b=0.7167$。也可近似地用式（31）的 d 代替 d_1。

设混凝土初温为 T_0，水温阶梯形变化，在 $t=\tau_1$、τ_2、$\tau_3\cdots$ 时，水温依次为 $T_{\mathrm{w}1}$、$T_{\mathrm{w}2}$、$T_{\mathrm{w}3}\cdots$，则孔口边缘弹性应力为

$$\sigma(t) = -\sum_i\frac{E\alpha(1-m_1)\Delta T_i}{1-\mu}e^{-p_1(t-\tau_i)} \tag{19}$$

式中：$\Delta T_1=T_{\mathrm{w}1}-T_0$，$\Delta T_2=T_{\mathrm{w}2}-T_{\mathrm{w}1}$，$\Delta T_3=T_{\mathrm{w}3}-T_{\mathrm{w}2}\cdots$

3.2 自生弹性徐变应力

由式（17）可见，虽然水温为常量，由于温度场是随时间 t 而变化的，应力也是变化的，先考虑第一挡水温 $T_{\mathrm{w}1}$，在 Δt_j 内孔边应力增量为

$$\Delta\sigma_{1j} = \sigma(t_j + \Delta t_j) - \sigma(t_j) = -\frac{E(t_j)(1-m_1)\alpha\Delta T_1}{1-\mu}(e^{-p_1\Delta t_j} - 1)e^{-p_1(t_j-\tau_1)} \tag{20}$$

在阶梯形水温 T_{w1}、T_{w2}、$T_{w3}\cdots$ 作用下，弹性徐变应力为

$$\sigma^*(t) = -\sum_i \frac{(1-m_1)\alpha\Delta T_i}{1-\mu}\sum_j E(t_j)(e^{-p_1\Delta t_j}-1)e^{-p_1(t_j-\tau_i)}K(t,t_j) \tag{21}$$

式中：$K(t, t_j)$ 为应力松弛系数[2]。

计算结果表明，水管周围拉应力深度与水管间距有关，约为 35cm（1.5m×1.5m 水管间距）至 75cm（3m×3m 水管间距），与寒潮引起的拉应力深度相近。

3.3 孔口边缘自生弹性徐变应力实用算式

混凝土初温 T_0，水温 T_w，对于 $\tau > 20d$ 后期冷却，孔口边缘拉应力可用下列实用公式计算

$$\sigma^*(t) = -\frac{E(\tau)\alpha(T_w-T_0)(1-m_1)k_2}{1-\mu}e^{-p_1s(t-\tau)} \tag{22}$$

式中系数 k_2 和 s 用以考虑混凝土徐变影响，对于聚乙烯水管，外半径 16mm，内半径 14mm，可取参数 $k_2=0.81$，$m_1=0.20$，$s=1.30$。对于钢水管，可取 $k_2=1.00$，$m_1=0$，$s=1.30$。如水温分挡，可用叠加法由式（22）计算，以水温差 ΔT_w 代替式中 T_w-T_0。

【算例1】 水管间距 1.5m×1.5m，聚乙烯水管，内半径 14mm，外半径 16mm，混凝土 $a=0.10m^2/d$，初温 30℃，水温分两挡，$\tau=90\sim110d$，$T_w=19$℃，$\tau=110\sim150d$，$T_w=9$℃。

解 由式（22）算得孔口边缘弹性徐变应力见图 2。同时用三维有限元精细网格进行计算，两种方法计算结果列于表 1，可见式（22）的计算精度可满足实用需要。

表 1		算例 1，水管边缘弹性徐变应力对比				（单位：MPa）	
τ（d）	90	100	110	120	130	140	150
式（22）	2.52	1.00	2.75	1.09	0.43	0.17	0.07
三维有限元	2.46	0.95	2.80	1.15	0.49	0.15	0.02

3.4 水化热温升与水管冷却共同作用下的自生弹性徐变应力

设混凝土绝热温升为 $\theta(\tau)$，混凝土初温及水温均为零，孔口边缘的弹性徐变应力为

$$\sigma(t) = -\sum_i \frac{(1-m_1)\alpha\Delta\theta(\tau_i)}{1-\mu}\sum_j E(t_j)(e^{-p_1\Delta t_j}-1)e^{-p_1(t_j-t_i)}K(t,t_j) \tag{23}$$

在水化热与水管共同作用下，混凝土平均温度先升后降，孔口边缘应力先拉后压，令 $t\to\infty$，在式（23）中以 $K(\infty, t)$ 代替 $K(t, t_j)$，可计算孔口边缘最终压应力 $\sigma(\infty)$，也可估算如下

$$\sigma(\infty) = \frac{(1-m_1)E(\tau_1)\alpha\eta\theta_0 k_r K_p}{1-\mu} \tag{24}$$

式中：η 为水化热温升系数，即 T_r/θ_0，可从文献 [3] 图 2 中查得；τ_1 为温度下降时的平均龄期，可取 $\tau_1=10d$；k_r 为早期升温影响系数；K_p 为应力松弛系数。

例如，水管间距 1.5m×1.5m，η =0.75，取 k_r =0.60，K_p =0.40，E（10）=20000MPa，由式（24），孔口边缘后期压应力为–0.86MPa。

4　水管冷却的组合温度应力

坝内实际应力 $\sigma(t)$ 是自生应力 $\sigma_1(t)$ 与约束应力 $\sigma_2(t)$ 的组合

$$\sigma(t)= \sigma_1(t)+ \sigma_2(t) \tag{25}$$

$$\sigma_2(t)=- \frac{R}{1-\mu} \sum E(\tau_i)\alpha\Delta T_{mi}K(t,\tau_i) \tag{26}$$

式中：$\sigma_1(t)$ 为前面计算的无约束圆柱体由水管冷却而产生的自生应力；$\sigma_2(t)$ 为当混凝土温度由 T_0 降至平均温度 T_m 时，由于外部约束而产生的应力；R 为约束系数。

由于 $\sigma_1(t)$ 为在圆柱坐标系（r, θ, z）内计算的，而 $\sigma_2(t)$ 为在直角坐标系（x, y, z）内计算的，计算应力时应注意坐标系的协调，在水管周围的不同方向，约束系数 R 数值是不同的。因此约束应力最好用有限元法计算，组合应力为

$$\sigma_z(t)=\sigma_{1z}(t) +\sigma_{2z}(t)， \quad \sigma_\theta(t)=\sigma_{1\theta}(t) +\sigma_{2\theta}(t) \tag{27}$$

5　小温差多期冷却可减小温度应力

过去忽略了水管边缘附近局部应力的危害性，后期冷却常一次取 T_0-T_w=20～25℃，引起很大拉应力，有必要予以缓解，最有效的缓解办法就是后期冷却采用小温差多期冷却。

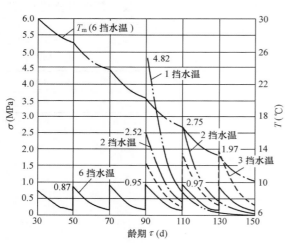

图 2　算例 2 后期冷却时水管边缘混凝土弹性徐变应力（拉应力为正）

【算例2】 混凝土初温 T_0=30℃，坝体稳定温度 T_f=10℃。水管间距 1.5m×1.5m，a=0.10m²/d，聚乙烯水管内外半径 14mm 及 16mm，计算 4 个方案。方案 1，1 挡水温，τ_1=90～150d，T_{w1}=9℃。方案 2，2 挡水温，τ_1=90～110d，T_{w1}=19℃；τ_2=110～150d，T_{w2}=9℃。方案 3，3 挡水温，τ_1=90～110d，T_{w1}=23℃；τ_2=110～130d，T_{w2}=16℃；τ_3=130～150d，T_{w3}=9℃。方案 4，6 挡水温，τ_1=30～50d，T_{w1}=26℃；τ_2=50～70d，T_{w2}=22.5℃；τ_3=70～90d，T_{w3}=19.0℃；τ_4=90～110d，T_{w4}=15.5℃；τ_5=110～130d，

T_{w5} =12℃；τ_6 =130～150d，T_{w6} =9℃

由式（22）计算，各方案孔口边缘应力过程线及方案 4（6 挡水温）的混凝土平均温度变化见图 2。各方案孔口边缘最大弹性徐变应力见表 2。可见，水温分为 6 挡，使最大弹性应力从 4.82MPa 减小到 0.97MPa。

表 2   算例 2 孔口边缘最大弹性徐变应力

水温分挡	1	2	3	6
孔边应力（MPa）	4.82	2.50	1.97	0.97

从式（19）可知，利用水温分挡来减轻温度应力，应力缓解的效果与时间差 $\tau_i - \tau_{i-1}$ 有关，也与系数 p_1 有关，即与水管间距有关，当水管间距较大时，时间差 $\tau_i - \tau_{i-1}$ 也应较大。

6 小温差早冷却有利于温控防裂

由于混凝土极限拉伸随着龄期而增长，目前不少工程规定必须在混凝土龄期大于 120d 后才能开始进行后期冷却。这就浪费了 4 个月的宝贵时间，而为了赶进度，后期有时不得不降低水温以加快冷却速度，其结果是加大了温度应力，甚至引起裂缝。按照我们提出的小温差早冷却缓慢冷却的概念，应该从早龄期开始不断地利用小温差连续进行冷却，既可及时使坝体冷却到设计规定的灌缝温度，又可减小温度应力。在小温差早冷却连续冷却中，前期冷却水温较高，还可充分利用河水进行冷却，从而节约制冷能耗。

例如，某工程按传统冷却方式在 120d 龄期开始后期冷却，当时极限拉伸 $\varepsilon_p = 0.98 \times 10^{-4}$，温差 $T_0 - T_w = 21℃$；如改用新冷却方式，28d 龄期开始分 4 期进行后期冷却，温差 6℃；极限拉伸 0.90×10^{-4}；后者与前者相比，极限拉伸为 92%，而温差只有 28%，抗裂安全度显著提高。

过去一期冷却往往限制冷却持续时间不超过 20d，这个问题应与水温联系起来考虑，如果冷却水温太低。为了防止过早过度的冷却，限制冷却时间是必要的；如果采用小温差高水温，一期冷却时间的限制是不必要的；一期冷却与后期冷却可连续进行。

7 水管间距与温差的协调

过去有的工程采用 3.0m×3.0m 水管间距，现在看来，这个间距太大了，为了在有限的时间内达到预定的降温效果，往往被迫采用较大的混凝土与冷水之间的温差 $T_0 - T_w$，从而产生较大的拉应力。如采用小间距小温差，在达到同样的降温效果的同时，由于温差小，温度应力小得多，而聚乙烯水管价格不贵，所费不多，防裂效果明显。兹分析如下。

7.1 初期冷却

在浇筑新混凝土后立即通水进行初期冷却，其目的是压低混凝土的最高温度。设混凝土浇筑温度为 T_p，混凝土绝热温升 $\theta(\tau) = \theta_0(1 - e^{-m\tau})$，不考虑层面散热，只考虑水管冷却，混凝土的平均温度 T_1 可计算如下

$$T_1 = T_w + (T_p - T_w)e^{-pt} + \frac{\theta_0 m}{m - p}(e^{-pt} - e^{-mt}) \tag{28}$$

$$p = dk_1 a / D^2 \tag{29}$$

$$k_1 = 2.09 - 1.35\xi + 0.32\xi^2 \tag{30}$$

$$d = \frac{\ln 100}{\ln(b/c) + (\lambda/\lambda_1)\ln(c/r_0)} \tag{31}$$

$$D = 2b = 2 \times 0.5836\sqrt{s_1 s_2} \tag{32}$$

式中：t 为冷却时间；a 为导温系数；$\xi = \lambda L/(c_w \rho_w q_w)$；$D$、$b$、$c$ 分别为等效冷却柱体的直径、外半径、内半径；r_0 为聚乙烯水管内半径；λ、λ_1 分别为混凝土及水管的导热系数。

【**算例3**】 设 θ_0=25℃，m=0.40（1/d），λ/λ_1=5.04，c=0.016m，r_0=0.014m。

解 由式（29）计算得到混凝土温升 $T_1 - T_w$ 如表3，以 $T_p - T_w$=5℃为例，3m×3m 水管，只能降低温升 2.8℃，而 1.5m×1.5m 及 1.0m×1.0m 水管，可分别降低 7.5℃ 及 12℃，可见采用小间距水管可以有效地降低混凝土最高温度，从而降低温度应力。

表3　　　　　　　　　初期冷却的水化热温升 $T_1 - T_w$（℃）（$\theta_0 = 25$℃）

$T_p - T_w$ （℃）	水管间距（m×m）					
	3.0×3.0	1.5×1.5	1.5×1.0	1.0×1.0	1.0×0.5	0.5×0.5
0	22.8	18.7	17.0	15.0	11.3	7.7
5	22.2	17.5	15.4	13.0	8.6	4.4
10	21.8	16.4	14.0	11.3	6.4	1.9

7.2　后期冷却效果

1．一挡水温所需冷却时间

混凝土初温为 T_0，水温为 T_w，冷却结束时混凝土平均温度为 T_m，则

$$T_m = T_w + (T_0 - T_w)e^{-pt} \tag{33}$$

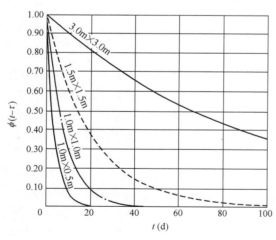

混凝土导温系数 a =0.10m²/d。聚乙烯水管外半径 16mm，内半径 14mm，水冷函数 $\phi(t) = e^{-pt}$ 如图 3 所示。由图可见，水管间距对冷却速度影响很大。

由式（33）反算，可得到冷却时间 t 如下

$$t = -\frac{1}{p}\ln\left(\frac{T_m - T_w}{T_0 - T_w}\right) \tag{34}$$

2．断续冷却所需冷却时间

如果把后期冷却分为 n 期，相邻两期之间有一段时间停水，在停冷的间歇期内，混凝土温度已趋均匀，并等于上次冷却结束时的平均温度，因此总的冷却时间（不包括停冷间歇时间）可计算如下

图 3　聚乙烯水管的水冷函数 $\phi(t) = e^{-pt}$

$$t = -\frac{1}{p}\sum_{i=1}^{n}\ln\left(\frac{T_{mi} - T_{wi}}{T_{0i} - T_{wi}}\right) \tag{35}$$

设每次冷却结束时目标温度 T_{mi} 与水温之差相等，即 $T_{mi} - T_{wi} = \Delta T_{mw}$，而每次冷却的初温

与水温之差为

$$T_{0i} - T_{wi} = \frac{T_0 - T_f}{n} + \Delta T_{mw} \tag{36}$$

式中：T_f 为最终目标温度，则总的冷却时间 t 为

$$t = -\frac{n}{p} \ln \left[\frac{\Delta T_{mw}}{(T_0 - T_f)/n + \Delta T_{mw}} \right] \tag{37}$$

3. 阶梯形水温连续冷却所需冷却时间

设混凝土初温为 T_0，水温阶梯形变化，当 $t = \tau_0 - \tau_1$ 时，$T_w = T_{w1}$，当 $t = \tau_{n-1} - \tau_n$ 时，$T_w = T_{wn}$，则混凝土温度可计算如下

$$T_{mn}(t) = T_0 + \sum_{i=1}^{n} \Delta T_i \left[1 - e^{-p(t - t_{i-1})} \right] \tag{38}$$

式中：$\Delta T_i = T_{wi} - T_0$，当 $i \geqslant 2$ 时，$\Delta T_i = T_{wi} - T_{wi-1}$。冷却时间可计算如下

$$\tau_n = \tau_{n-1} - \frac{1}{p} \left\{ 1 - \frac{1}{T_{wn} - T_{wn-1}} \left[T_0 - \sum_{i=1}^{n-1} \Delta T_i (1 - e^{-p(t_n - t_{n-1})}) \right] \right\} \tag{39}$$

上式右边包含有 t_n，要用迭代方法求解，但收敛极快。

通常经过 10d 以上冷却，混凝土温度已接近均匀分布，故以上两种方法计算结果很接近，实用上可用断续冷却公式（37）计算。

【算例 4】 设 $T_0 - T_f = 20℃$，$a = 0.10m^2/d$，聚乙烯水管，外半径 16mm，内半径 14mm。

分析 由式（37）算得所需总的冷却时间 t 如表 4，可以看出以下几点：

表 4　　　　　　　　　　　　　　算例 4 后期冷却所需时间　　　　　　　　　　（单位：d）

ΔT_{mw}	后期冷却分期 n	水管间距（m×m）					
		3.0×3.0	1.5×1.5	1.5×1.0	1.0×1.0	1.0×0.5	0.5×0.5
1℃	1	291	63	40	26	12	5.4
	2	459	100	64	41	19	8.5
	4	686	149	95	60	28	12.7
	6	842	183	117	74	34	15.6
	10	1051	229	146	93	43	19.4
	15	1216	265	169	107	49	22.5
	20	1327	289	184	117	54	24.5
2℃	1	229	50	32	20	9	4.2
	2	343	75	48	30	14	6.3
	4	480	104	67	42	19	8.9
	6	563	123	78	50	23	10.4
	10	663	144	92	58	27	12.3
	15	733	160	102	65	30	13.6
	20	776	169	108	68	32	14.4
p		0.01045	0.04802	0.07537	0.1186	0.2575	0.5651

（1）后期冷却分期越多，则每次冷却时混凝土初温与水温之差 $T_{mi} - T_{wi}$ 越小，温度应力越小，但总的冷却时间越长。

（2）水管间距大小对冷却时间具有决定性影响，间距越大，冷却时间越长。如水管间距为 3m×3m，$\Delta T_{mw} = 2℃$，后冷分 2 次，t=343d，即使只分 1 次，冷却时间也长达 229d，对工程进度影响较大，为了及时进行接缝灌浆必须降低水温，加大温差 $T_0 - T_w$，从而加大温度应力，可见一般应避免采用 3m×3m 间距水管，采用聚乙烯水管，即使浇筑层厚 3m，浇筑层中间也可铺水管，可不采用 3m 间距。

（3）如果采用 1.5m×1.5m 间距，后期冷却分 6 次，$\Delta T_{mw} = 2℃$，冷却时间 123d，从 $\tau = 30$d 开始冷却，到 $\tau = 153$d 结束，还是可以接受的，每期冷却温差 $T_{0i} - T_{wi}$=20/6+2=5.3（℃），与目前 20～25℃温差相比，温差小多了。

（4）如果采用 1.5m×1.0m 间距，$\Delta T_{mw} = 1℃$，冷却分 6 次，t=117d，$T_{0i} - T_{wi}$=20/6+1=4.3（℃）。如从 $\tau = 30$d 开始后期冷却，冷却到龄期 147d 结束，是可以接受的。

（5）如采用 1m×1m 水管间距，后期冷却分 20 挡，$\Delta T_{mw} = 1℃$，每挡冷却温差 $T_{0i} - T_{wi}$=20/20+1=2（℃），t=117d，从龄期 30d 冷却到 147d，是可行的。如果后期冷却取一挡水温，$T_0 - T_w = 22℃$，冷却 20d 结束，温差太大，冷却太快。

（6）如果为了压低早期水化热温升，采用小于 1.5m 间距，后期冷却一定要采用小温差，否则降温速度太快，不利于防裂。

8　水管布置方式及初期通水时间

一般水管都布置在浇筑层顶面上，取其施工方便，但有两个缺点，一是冷却效果较差，二是如水温较低，在靠近水管的老混凝土内会引起相当大的拉应力。目前采用聚乙烯水管，最好布置在浇筑层中间，浇筑层内中间温度最高，水管布置在中间，冷却效果较好。另外，水管离老混凝土面较远，水温较低时也不至在老混凝土内引起大的拉应力。而新混凝土早期弹性模量较低，可以采用较低的水温，因而冷却效果较好。

应重视初期冷却开始时间，目前不少工程在混凝土浇筑 1d 后才开始通水冷却，此时混凝土水化热温升已升高了 6～10℃。实际上等于加大初始温度 6～10℃，目前采用聚乙烯水管，应争取水管铺好并经压水试验后，立即通水冷却，效果较好。

9　关于混凝土坝水管冷却的几个原则

（1）小温差缓慢冷却有利于防裂。

（2）尽量减小混凝土与冷却水之间的温差 $T_0 - T_w$，目前采用的温差 20～25℃太大，有必要也有可能大幅度减小，最多不宜超过 8～10℃。

（3）尽可能延长人工冷却的时间，一方面是为了减小混凝土与冷水温差，另一方面是为了使混凝土缓慢冷却从而徐变可充分发挥作用，温度应力可减小。

（4）在采用小温差的前提下，混凝土的冷却可以提前，一浇筑混凝土就可开始冷却，并且初期冷却与后期冷却可连接起来，进行连续冷却，水温由高到低逐步降低。由于冷却时间提前了，采用小温差和缓慢冷却并不影响施工进度。

（5）如果进行间断冷却，第一次后期冷却区的高度应不小于浇筑块长度的 0.4 倍[1]。

10 结论

（1）与大温差、晚冷却、短促冷却的传统冷却方式相比，本文提出的小温差、早冷却、缓慢冷却的新冷却方式，在不影响工程进度的前提下，混凝土与水温之差可从 20～25℃减小到 4～6℃，最多不宜超过 8～10℃，温度应力可大幅度减小，可显著提高混凝土抗裂安全度。

（2）由于采用小温差，后期冷却可提前开始，延长了冷却时间，但对施工进度并无影响；在施工措施上，无非是多调节几次水温，施工并不费事，而且早期冷却水温较高，可充分利用河水，可节约制冷能耗。

（3）建议不要采用太大的水管间距，因为水管间距太大，温差控制与冷却时间之间存在一定矛盾，不利于减小温差和降低温度应力。

（4）当采用 1.5m×1.5m 水管间距时，混凝土与水温之差可控制在 4～6℃；如水管间距小于 1.5m×1.5m，可以而且必须进一步减小混凝土与水温之差，防止混凝土降温过快。

（5）水管冷却引起的应力包括自生应力和约束应力两部分，过去人们不重视自生应力，本文提出了计算方法，计算结果表明，它可以引起相当大的拉应力，采用小温差早冷却缓慢冷却方式，可以大幅度减小自生应力，同时可减小约束应力，有利于防裂。

（6）本文总的思路是：减小混凝土与水温之差，提前进行后期冷却，延长总的冷却时间，进行小温差、早冷却、缓慢冷却，在不影响施工进度的前提下大幅度减小温度应力、提高抗裂安全度。

参 考 文 献

[1] 朱伯芳，吴龙珅，杨萍，张国新. 后期水管冷却的规划. 水利水电技术，2008，（7）.

[2] 朱伯芳. 大体积混凝土温度应力与温度控制. 北京：中国电力出版社，1999.

[3] 朱伯芳，吴龙珅，杨萍，张国新. 利用塑料水管易于加密以强化混凝土冷却. 水利水电技术，2008，（5）.

混凝土坝水管冷却自生温度
徐变应力的数值分析❶

摘　要：本文用三维有限元计算了混凝土坝水管冷却产生的自生温度徐变应力。计算模型分为三种，模型 A 为均质混凝土，模型 B 包含新老两种混凝土，模型 C 包含混凝土和岩石。计算结果表明，水管冷却时在孔口边缘产生相当大的拉应力，足以引起裂缝，改用小温差早冷却缓慢冷却方式后，拉应力即大幅度减小。

关键词：自生温度应力；水管冷却；混凝土坝

Numerical Analysis of Self – born Thermal Stresses
Around Cooling Pipe in Concrete Dams

Abstract：The thermal stresses arround cooling pipes in concrete dams are analysed by FEM. Remarkable tensile stresses may be induced around the cooling pipes which may lead to cracking. If the cooling is conducted from earlier age with smaller temperature difference between concrete and water，the thermal stresses are reduced remarkablely.

Key words：self-born thermal stress, pipe cooling, concrete dam

1　前言

水管冷却是混凝土坝重要温控措施，过去对水管冷却自生温度应力重视不够，在文献[1]中笔者提出了其理论解法。计算结果表明，自生温度应力数值相当大，足以引起混凝土裂缝，但理论解只适用均质混凝土，只能应用于埋设在浇筑层中间的水管，实际工程中，水管有时埋设在老混凝土面上或基岩面上，因而冷却柱体包含了新老两种混凝土或混凝土与基岩，是非均质结构，理论解不再适用。本文用三维有限元法计算了混凝土坝水管冷却的自生温度徐变应力，计算模型有 3 种，即均质混凝土、新老混凝土及混凝土与岩石。

2　计算模型

计算模型取为高度 S_1、宽度 S_2、长度 28m 的棱柱体，S_1 和 S_2 分别等于水管的间距，水

---

❶ 原载《水利水电技术》2009 年第 2 期，由笔者与吴龙珅、张国新联名发表。

管位于棱柱体中心，如图1所示。计算模型横剖面如图2所示，模型A为同一种混凝土，模型B包含新老两种混凝土，间歇20d，模型C下半部为岩石，上半部为混凝土。

混凝土导温系数 a=0.10m²/d，导热系数 λ=8.37kJ/（m·h·℃），线胀系数 $\alpha = 1 \times 10^{-5}$ ℃$^{-1}$，泊松比 μ=0.167，混凝土外表面绝热，弹性模量为 $E(\tau) = 35000\left[1 - \exp(-0.40\tau^{0.34})\right]$（MPa），徐变度为

$$C(t,\tau) = 6.50 \times 10^{-6}(1 + 9.20/\tau^{0.45})[1 - e^{-0.30(t-\tau)}]$$
$$+ 14.8 \times 10^{-6}(1 + 1.70/\tau^{0.45})[1 - e^{-0.0050(t-\tau)}] \quad (1/\text{MPa})$$

基岩 E=35000MPa，μ=0.25，$C（t，\tau）$=0。冷却水管为聚乙烯水管，外半径16mm，内半径14mm。导热系数 λ=1.66kJ/（m·h·℃）。考虑对称性，取出棱柱体的1/4用三维有限元计算，水管附近单元宽度和厚度只有12mm，向外逐步放大，水管附近计算网格见图3。

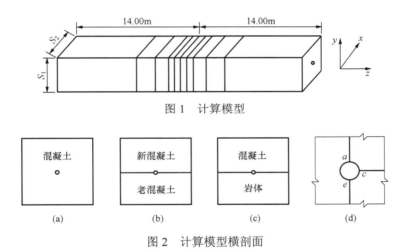

图1 计算模型

图2 计算模型横剖面

（a）模型A；（b）模型B；（c）模型C；（d）孔口边缘

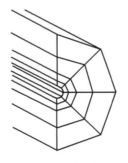

图3 水管附近计算网格（局部）

3 初期水管冷却的自生弹性徐变应力

考虑初期水管冷却，初温 T_0=0，水温 T_w=0，混凝土绝热温升 $\theta（\tau）$=25τ/（2.1+τ）℃，龄期 τ 以 d 计，水管间距1.5m×1.5m。平均温度见图4，孔口边缘 a、e、c 三点的弹性徐变应

力见图 5、图 6、图 7。

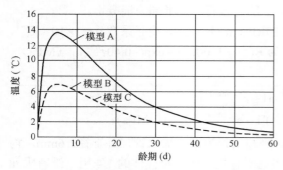

图 4 初期冷却平均温度过程线（水管间距 1.5m×1.5m，θ_0=25℃）

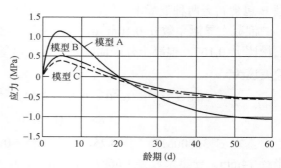

图 5 初期冷却 a 点切向弹性徐变应力 σ_x 过程线（水管间距 1.5m×1.5m，θ_0=25℃）

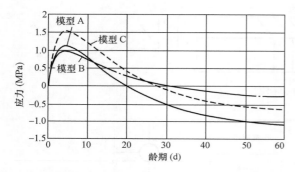

图 6 初期冷却 e 点切向弹性徐变应力 σ_x 过程线（水管间距 1.5m×1.5m，θ_0=25℃）

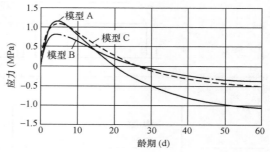

图 7 初期冷却 c 点切向弹性徐变应力 σ_y 过程线（水管间距 1.5m×1.5m，θ_0=25℃）

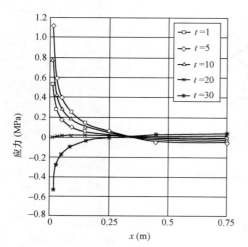

图 8 初期冷却模型 A 剖面 aa 切向应力应力 σ_x 分布（水管间距 1.5m×1.5m，θ_0=25℃）

在文献［1］理论分析中，计算模型是均质轴对称的空心圆柱体，在孔口边缘上各点均有 $\sigma_r = \sigma_\theta$，目前的计算模型 A 虽然是均质混凝土，但几何形状是内圆外方，不是轴对称的，因此径向应力与切向应力不再相等，但变化规律和应力数值都很接近，σ_z 比 σ_θ 略大；计算模型 B 和模型 C，是非均质的，a、c、e 三点应力不再相等。模型 A 由于双向对称，a、c、e 三点应力相等。

当水管间距为 1.5m×1.5m 时，从图 5～图 7 可见，孔边最大拉应力发生在龄期 4～6d，约为 1.10MPa，以后逐渐减小，到龄期 20d 时接近于零；如继续冷却，孔边应力即转变为压应力，到 τ=50～60d 时，模型 A 约为 −1.0MPa 压应力，模型 B、模型 C 约为−0.5MPa 压应力。

在图 8 中表示了初期冷却模型 A 剖面 aa

上切向应力分布（水管间距 1.5m×1.5m），可见孔口边缘附近拉应力深度约为 33cm。

4 后期冷却自生弹性徐变应力

设混凝土初温 $T_0=30℃$，目标（稳定）温度 $T_f=10℃$，冷却水温 $T_w=9℃$。从 $\tau=90d$ 开始进行后期冷却，平均温度见图 9，由于计算中采用的混凝土与岩石导温系数相同，所以模型 A、模型 B、模型 C 平均温度曲线重合。a 点切向应力 σ_x 见图 10，由于新老混凝土与岩石的弹性模量和徐变度有一定差别，三种计算模型的应力值略有不同。c 点切向应力 σ_y 和 e 点切向应力 σ_x 见图 8、图 11 和图 12。计算模型 A 在剖面 aa 上切向应力分布见图 13（a），当水管间距为 1.5m×1.5m 时，拉应力深度为 33cm；当水管间距为 3m×3m 时，拉应力深度约为 70cm。两种水管间距的孔边拉应力数值相近。

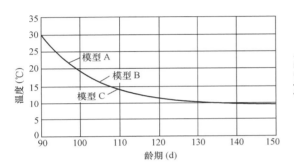

图 9 后期冷却平均温度过程线
（$T_0=30℃$，$T_w=9℃$，水管间距 1.5m×1.5m）

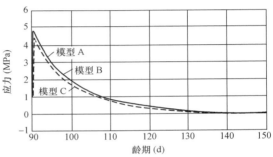

图 10 后期冷却 a 点切向弹性徐变应力 σ_x 过程线
（$T_0=30℃$，$T_w=9℃$，水管间距 1.5m×1.5m）

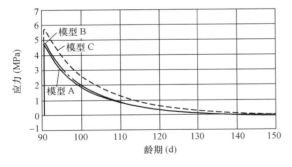

图 11 后期冷却 c 点切向弹性徐变应力 σ_y 过程线
（$T_0=30℃$，$T_w=9℃$，水管间距 1.5m×1.5m）

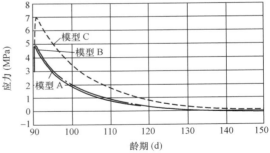

图 12 后期冷却 e 点切向弹性徐变应力 σ_x 过程线
（$T_0=30℃$，$T_w=9℃$，水管间距 1.5m×1.5m）

由文献［1］可知，对于均质轴对称冷却柱体，孔边切向应力 σ_θ 与轴向应力 σ_z 相等，目前计算模型外面是方形的，轴向应力与切向应力不再相等，计算结果表明，轴向应力略大于切向应力。孔边最大弹性徐变应力出现在刚通水时，数值见表 1，其后逐渐减小。

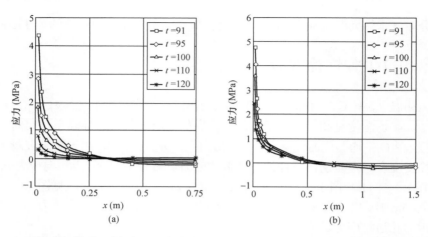

图 13　后期冷却模型 A 剖面 aa 切向应力 σ_x 分布（T_0=30℃，T_w=9℃，t=90d 开始冷却）

（a）水管间距 1.5m×1.5m；（b）水管间距 3.0m×3.0mm

表 1	后期冷却孔边最大弹性徐变应力（T_0=30℃，T_w=9℃）					（单位：MPa）
水管间距（m×m）	计算模型		A	B	C	拉应力深度（m）
1.5×1.5	轴向应力	a 点 σ_z	5.00	5.00	4.96	0.43
		c 点 σ_z	5.00	5.06	6.00	
		e 点 σ_z	5.00	5.09	7.12	
	切向应力	a 点 σ_x	4.81	4.81	4.52	0.33
		c 点 σ_y	4.81	4.86	5.76	
		e 点 σ_x	4.81	4.86	7.05	
3.0×3.0	轴向应力	a 点 σ_z	5.25	5.25	5.23	0.87
		c 点 σ_z	5.25	5.33	6.40	
		e 点 σ_z	5.25	5.36	7.73	
	切向应力	a 点 σ_x	5.05	5.06	4.74	0.70
		c 点 σ_θ	5.05	5.11	6.12	
		e 点 σ_x	5.05	5.14	7.58	

5　小温差后期冷却自生弹性徐变应力

计算结果表明，当混凝土初温 30℃、水温 9℃、龄期 90d 开始后期冷却时，孔口边缘最大弹性徐变应力约为 5MPa 的拉应力，拉应力深度约为 0.33m（水管间距 1.5m×1.5m）至 0.70m（水管间距 3m×3m），这一拉应力足以引起裂缝。为了防止裂缝，最好的办法就是采用笔者在文献［1］中提出的小温差、早冷却、缓慢冷却的新的冷却方式，以取代大温差、晚冷却、短促冷却的传统冷却方式。在文献［1］中已用理论方法证明新冷却方式可使拉应力大为降低，本文再用有限元方法进行计算。

设水管间距为 1.5m×1.5m，采用计算模型 A，初温 T_0=30℃，目标温度 T_f=10℃，计算工况如下：

（1）1 挡水温，τ=90～160d，T_w=9℃；

（2）2 挡水温，τ=90～120d，T_w=19℃；τ=120～160d，T_w=9℃；

（3）4 挡水温，τ=30～60d，T_w=24℃；τ=60～90d，T_w=19℃；τ=90～120d，T_w=14℃；τ=120～160d，T_w=9℃。

计算结果见图 14。1 挡水温，最大切向拉应力 4.78MPa；2 挡水温，最大切向拉应力 2.52MPa；4 挡水温，最大拉应力 1.17MPa。可见，采用小温差早冷却的新冷却方式，可使拉应力大幅度下降，这一结论与文献 [1] 中理论分析结果完全一致。拉应力减小主要是由于温差减小，另外，提早冷却，弹性模量减小也有关系。

水温分挡的时间间隔与水管间距有关，水管间距越大，水温分挡时间间隔也应越长，可用文献 [1] 理论公式进行计算。

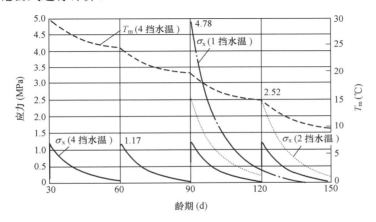

图 14　大小温差比较，模型 A 后期水管冷却孔边弹性徐变应力 σ_x 及平均温度 T_m

（初温 30℃，水温 9℃，水管间距 1.5m×15m）

6　结束语

（1）在初期冷却中，早期由于水化热温升在孔口边缘引起拉应力，当水管间距 1.5m×15m 时，最大拉应力发生在 4～5d，模型 A 最大拉应力数值约为 1 MPa，其后随着平均温度的下降，孔边拉应力逐渐减小，到龄期 20d 时趋于零，如初期冷却继续进行，其后即转变为压应力，最大值约为 −1.0MPa。计算模型 B、模型 C 的应力变化规律相似，数值略有不同。

（2）在后期冷却中，如果采用 1 挡水温，初温 30℃，水温 9℃，τ=90d 开始冷却，孔边最大拉应力约为 5MPa，深度为 0.33m（水管间距 1.5m×1.5m）至 0.70m（水管间距 3m×3m）。这一拉应力足以引起裂缝，如采用 4 挡水温，从 τ=30d 开始冷却，孔边最大拉应力下降到 1.2MPa。

（3）本文计算结果表明，以前采用的温差 T_0-T_w=20～25℃ 实在太大，足以引起裂缝，应改用小温差、早冷却、缓慢冷却的方式，不但可防止裂缝，也不影响工程进度，施工也很方便，无非是多改变几次水温。

参 考 文 献

［1］ 朱伯芳. 小温差早冷却缓慢冷却是混凝土水管冷却的新方向. 水利水电技术，2008.

［2］ 朱伯芳. 大体积混凝土温度应力与温度控制. 北京：中国电力出版社，1999.

混凝土坝后期水管冷却的规划❶

摘　要：过去对后期水管冷却的安排比较简单，根据施工进度确定开始冷却日期及冷却水温，冷却到规定温度时停冷灌缝。现在看来，后期冷却对坝体温度应力有重要影响，尽管温差相同，不同的冷却安排产生的温度应力相差很大。本文首次系统地研究了冷却区高度、水管间距、冷却分期及水温控制对温度应力的影响。根据本文研究结果，笔者建议对后期冷却进行细致的分析和规划，在相同的温差和水管布置条件下，可显著减小温度应力、提高混凝土坝抗裂安全度。

关键词：后期水管冷却；冷却区高度；冷却分期；冷却规划

Planning of Pipe Cooling of Concrete Dams in the Later Age

Abstract：The smaller the spacing between cooling pipes, the smaller the ratio of the height of region of cooling to the length of dam block, the bigger will be the thermal stresses under the action of the same temperature difference. The stresses in three stages of pipe cooling will be smaller than those in two stages of pipe cooling. The thermal stresses will be reduced a great deal after the planning of the temperature of cooling water.

Key words：pipe cooling later age, height of cooling, stage of cooling, planning of cooling

1　前言

过去对混凝土坝后期水管冷却的安排比较简单，根据施工进度决定开始冷却日期及冷却水温，冷却到规定的温度时停止冷却进行接缝灌浆。现在看来，后期冷却对坝体温度应力有重要影响，尽管温降相同，不同的冷却安排产生的温度应力相差很大，稍有不慎即可能引起坝体裂缝。如果把工作做细一些，进行合理安排，可使温度应力大幅度降低。

混凝土坝后期水管冷却的目的，是把坝体温度降低到设计规定的灌浆温度，以便进行接缝灌浆。因此，它与坝体接缝灌浆有密切关系。DL/T 5148—2001《水工建筑物水泥灌浆施工技术规范》[1]第 8.1 及 8.2 节规定："每个灌区的高度以 9～12m 为宜，面积以 200～300m² 为宜"，"灌区两侧坝块混凝土的温度必须达到设计规定值；……灌区上部混凝土厚度不宜小于 6m，其温度应达到设计规定值。"笔者在文献［2］中已指出，冷却高度 b 与坝块长度 L 比值对温度应力有较大影响，过去坝块长度一般只有 $L=15～25m$。按照上述规定，冷却高度 $b=12～$

---

❶ 原载《水利水电技术》2008 年第 7 期，由笔者与吴龙珅、杨萍、张国新联名发表。

18m，b/L=0.5～1.0，对温度应力影响不大。现在坝块长了，受灌区面积限制，灌区高度有时小于 9m。例如某高拱坝，坝块长度达到 69m，灌区高度 6m，后期冷却区高度 b=12m，比值 b/L=0.17m，b/L 值这么小，对温度应力影响是否有影响？本文首先研究了这个问题，研究结果表明，b/L<0.30 时，温度应力将明显加大。

笔者在文献［3］中已指出，利用塑料水管易于加密的特点，通过加密水管，可以强化降温效果。本文进一步研究水管间距与温度应力的关系，研究结果表明，水管间距减小后，冷却速度加快，徐变变形较小，对于相同的温差，温度应力增加。

水管加密后，用传统的两期冷却方法，温差虽然减小了，但温度应力仍不易过关。为此，本文首先研究了改两期冷却为三期冷却对应力的影响，结果表明温度应力可减小。然后进一步研究了水温规划问题，即每一冷却时期中，水温并非常数，而是逐步降低，这实质上相当于三期以上的多期冷却。研究结果表明，水温规划可使温度应力进一步明显减小，不但小于允许应力，还有相当富裕，在相同水管布置条件下，可使混凝土坝抗裂安全度显著提高。

因此，水管后期冷却这个问题，过去人们不太重视，实际上是一个重要问题，大有文章可做。笔者建议，对后期水管冷却应进行规划，即考虑冷却区高度、水管间距、冷却分期及水温控制，进行细致分析和多方案比较，从中选择最优方案，减少温度应力，提高抗裂安全度。

2　后期水管冷却高度及水管间距与坝体温度应力关系

2.1　弹性应力

图 1 表示两个并列的浇筑块，长度为 L，高度为 $H=2L$，自基岩向上，冷却区高度为 b，冷却区内温度为 ΔT，均匀分布，冷却区上、下温度均为零。混凝土弹性模量为 E_c，泊松比 μ_c=0.167，线膨系数 $\alpha=1\times10^{-5}\,℃^{-1}$；基岩弹性模量 $E_f=E_c$，泊松比 μ_c=0.25，线胀系数 $\alpha_f=\alpha$。用有限元法按平面应变问题计算。

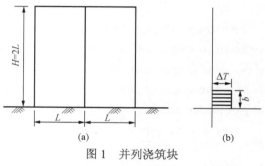

图 1　并列浇筑块

（a）并列浇筑块；（b）温差

图 2 表示了浇筑块中央剖面上弹性应力系数（η），弹性应力按下式计算

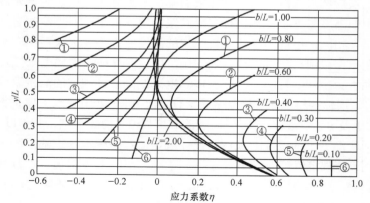

图 2　并列浇筑块局部冷却时水平应力系数 η（H=2L）

$$\sigma_s = \frac{\eta E \alpha \Delta T}{1-\mu} \tag{1}$$

由图 2 可见，第一次后期冷却高度 $b \leq 0.40L$ 时，应力系数随着 b/L 的减小而迅速加大。如某坝，坝块长度 $L=69\text{m}$，第一次冷却高度 $b=12\text{m}$，$b/L=0.17$，由图 2，$\eta=0.79$，比均匀冷却时的应力系数 0.562 加大了 40%。如果第一次后期冷却高度加大到 $b=0.40L$，则 η 减小到 0.61，与 $b/L=0.17$ 时相比，应力系数减小 30%。由此可见，第一次后期冷却高度（b）不应小于 0.4L。后续冷却中，冷却高度（b）逐渐加大，应力有所缓和。

后期冷却结束时，接缝张开度可计算如下

$$\delta = \rho \alpha L \Delta T \tag{2}$$

式中：δ 为接缝开度；ρ 为接缝开度系数；α 为线胀系数；L 为浇筑块长度；ΔT 为温差。

图 3 表示了接缝开度系数（ρ），由图 3 可见，接缝开度系数与 b/L 也有密切关系。如 $b/L \leq 0.60$，接缝不能充分张开。

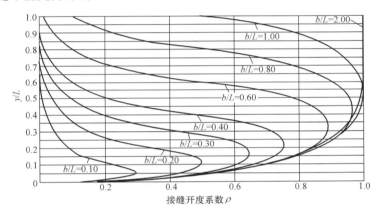

图 3　并列浇筑块局部冷却时接缝开度系数 ρ

2.2　弹性徐变应力

上面我们分析了均匀温差作用下坝块温度应力和接缝张开度的变化规律。实际情况当然更复杂一些。例如，温度不完全是均匀分布，由于混凝土徐变的影响，温度应力与降温速度也有关系。下面我们进一步分析这些问题。

考虑图 4 所示岩基上的混凝土坝块，坝块长度 $L=60\text{m}$，高度 $H=60\text{m}$，混凝土弹性模量 $E(\tau)$ 及徐变度 $C(t, \tau)$ 为

$$E(\tau) = 35000\left[1 - \exp(-0.40\tau^{0.34})\right] \tag{3}$$

$$\begin{aligned} C(t,\tau) = &6.50 \times 10^{-6}(1+9.20)/\tau^{0.45}\left[1 - e^{0.30(t-\tau)}\right] \\ &+ 14.80 \times 10^{-6}(1 + 1.70/\tau^{0.45})\left[1 - e^{0.0050(t-\tau)}\right] \quad (1/\text{MPa}) \end{aligned} \tag{4}$$

允许拉应力　　　　　$[\sigma_t] = 2.10\tau/(7.0 + \tau)$　　（MPa）　　　　（5）

线胀系数 $\alpha=1 \times 10^{-5}\,℃^{-1}$，导温系数 $a=0.10\text{m}^2/\text{d}$，表面放热系数 $\beta=70\text{kJ}/(\text{m}^2 \cdot \text{h} \cdot ℃)$，泊松比 $\mu=0.167$，基岩弹性模量为 $E_f=35000\text{MPa}$，无徐变，泊松比 $\mu=0.25$。

在混凝土后期水管冷却中，冷却区高度和水管间距都对温度应力有影响，下面分别进行分析。

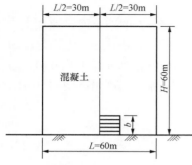

图4 混凝土坝块

2.2.1 冷却区高度对弹性徐变应力的影响

如图4所示，后期水管冷却第一区高度为 b，由于下部受基岩约束而上部又受非冷却区混凝土约束，如上节所述，冷却区高度对温度应力有重大影响。今设混凝土和基岩初温 $T_0=30℃$，坝体稳定温度 $T_f=10℃$，冷却水温 $T_w=8℃$，从 $\tau=90d$ 开始冷却，冷到稳定温度时结束，水管间距为 1.5m×1.5m，$b/L=0.10$、0.20、0.30、0.40。图5表示了冷却结束时浇筑块中央剖面上的温度应力（σ_x）。在水管冷却时，冷却是渐进的，在冷却区与非冷却区分界面上的温度不是突变而是渐变的。因此，温度应力也是渐变的，应力数值小于突变的矩形分布温差；但冷却区高度对温度应力的影响仍然十分明显。在 $T_0-T_f=20℃$ 温差作用下，当 $b/L=0.40$、0.30，0.20、0.10 时，最大弹性徐变拉应力分别为 $\sigma_x=2.75$、3.05、3.51、3.90MPa。

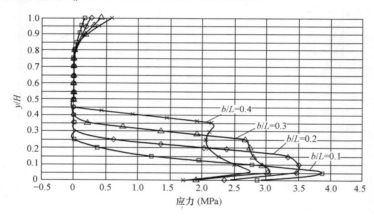

图5 冷却结束后浇筑块中央剖面上的弹性徐变应力

如果按上节应力系数计算，不考虑徐变的最大弹性应力 $\sigma_x=5.15$、5.62、6.33、7.33MPa。

由上述计算成果可以看出：①约束高度比 b/L 越小，拉应力越大；②由于浇筑块长达 60m，在温差 20℃ 作用下，4 种情况下，拉应力都超过了允许拉应力。

2.2.2 水管间距对应力的影响

水管间距不同、冷却速度不同、在相同温差作用下，弹性徐变应力是不同的。水管间距越密、冷却速度越快、徐变作用越小、在相同温差作用下的温度应力就越大。

下面用有限元进行计算。$H=L=60m$，$b/L=0.30$，水管间距分别为 1.0m×0.50m、1.0m×1.0m、1.5m×1.5m、3.0m×3.0m 共 4 种，从初温 $T_0=30℃$ 冷却到 $T_f=10℃$，温差 20℃，冷却结束时浇筑块中央剖面上的应力分布见图6。对应于 4 种不同的水管间距，最大拉应力分别为 $\sigma_x=3.49$、3.26、3.05、2.03MPa。可见水管间距对温度应力的影响很大。这个问题过去人们没有注意，实际是很重要的。如加上早期因水化热温升而引起的拉应力，显然超过了允许拉应力 2.10MPa。为了满足允许拉应力的要求，必须采取适当的温控措施。包括：改变水管间距、降低初始温差及对冷却水温进行合理调控。

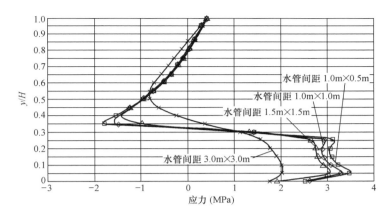

图 6 冷却结束时不同水管间距浇筑块中央剖面上的应力分布

3 二期水管冷却与三期水管冷却的比较

当初由二期水管冷却改为三期水管冷却，主要是为了减小冬季内外温差，这一作用当然是肯定的。本文将着重说明，由二期冷却改为三期冷却，还将使最大拉应力有较大的减小，这主要是由于混凝土徐变的作用。

二期冷却的温差为 $\Delta T_1 + \Delta T_2$，三期冷却的温差为 $\Delta T_1 + \Delta T'_2 + \Delta T'_3$，一般 $\Delta T_2 = \Delta T'_2 + \Delta T'_3$，虽然温差数值相等，但因为三期冷却总的冷却时间拉长了，徐变得到较充分的发挥，因而总的温度应力将明显减小。下面用一个算例加以说明。

【算例 1】 坝块长度 $L=60\text{m}$，高度 $H=60\text{m}$，浇筑层厚 3.0m，间歇 7d，绝热温升 $\theta(\tau)$ $=25\tau/(1.7+\tau)$℃，浇筑温度 $T_0=25$℃，气温 $T_a=25$℃，基岩初温 25℃。水管间距：下部 $y=0\sim$ 6m，1.0m×0.5m；$y=6\sim60\text{m}$，1.5m×1.5m。

（1）二期冷却方案：第一期冷却，$\tau=0\sim20\text{d}$，$T_w=20$℃；第二期冷却，从 $\tau=240\text{d}$ 开始，水温 $T_w=10$℃，冷到 $T_f=12$℃结束。

（2）三期冷却方案：第一期冷却，$\tau=0\sim20\text{d}$，$T_w=20$℃；第二期冷却，从 $\tau=150\sim200\text{d}$，$T_w=15$℃；第三期冷却，$\tau=240\text{d}$ 开始，$T_w=10$℃，冷到 $T_f=12$℃结束。

图 7 表示了两个冷却方案的应力包络图。二期冷却方案最大拉应力 2.73MPa，超过了允许拉应力 2.10MPa；三期冷却方案，最大拉应力 1.90MPa，低于允许拉应力。

图 8 表示了二期冷却方案中基岩上第 1、2、3 层中点应力过程线。为了压低水化热温升，第 1、2 层水管较密，间距为 1.0m×0.5m；在二期冷却开始时，因冷却较快，应力迅速上升，以致超过允许拉应力。图 9 表示了三期冷却方案的应力过程线，在二期冷却中，第 1、2 层应力仍迅速上升，但因水温较高 $T_w=15$℃，最大温度应力未超过允许应力；由于徐变，应力逐步降低，到三期冷却开始后，虽然应力迅速上升，但并未超过允许拉应力，高峰过后，应力也逐渐降低。

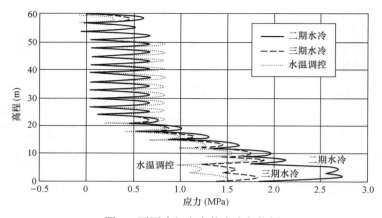

图 7　不同冷却方案的应力包络图

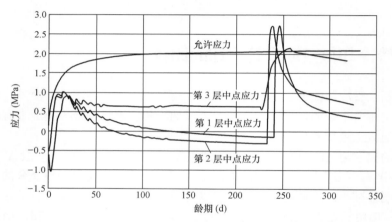

图 8　二期冷却基岩上第 1、第 2、第 3 层中点应力过程线

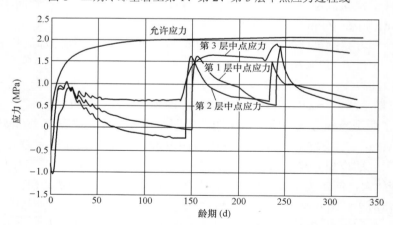

图 9　三期冷却基岩上第 1、第 2、第 3 层中点应力过程线

4　冷却水温调控

从上节计算中时以看出，水温的变化对温度应力有重要影响。把二期冷却改为三期冷却，

最大拉应力就从 2.73MPa 减少到 1.90MPa。从图 8 可以看出，进一步调整水温变化规律，还可以使最大拉应力降至更低。第一个办法是采用四期或五期冷却，第二个办法是在三期冷却的每一冷却期内，水温逐步降低。这种水温变化规律的优选可称为水温规划。做好水温规划，可以在相同水管布置条件下，使温度应力变得最小。下面给出一个水温规划算例。

【算例2】 分三期冷却。第一期冷却，$\tau=0\sim25d$，$T_w=20℃$；第二期冷却，$\tau=150\sim200d$，$T_w=16℃$；第三期冷却分两阶段：$\tau=240\sim270d$，$T_w=13℃$；$\tau>270d$，$T_w=11℃$，冷却到 $T_f=12℃$ 结束。

计算结果，应力包络图见图 7。岩基上第 1、第 2、第 3 层中点应力过程线见图 10。最大拉应力进一步降低到 1.72MPa。表 1 列出了水管冷却方式与最大拉应力的关系。如果每一冷却期中，水温再分为几挡，逐步降低，效果更好。

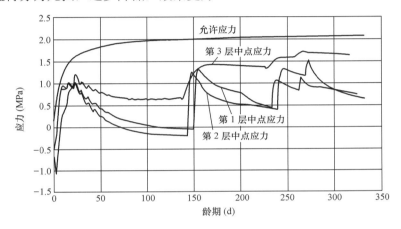

图 10　按水温规划冷却基岩上第 1、第 2、第 3 层中点应力过程线

表 1　　　　　　　　　　　后期水管冷却方式与最大拉应力　　　　　　　　　（单位：MPa）

冷却方式	二期冷却	三期冷却	三期冷却加水温调控
最大拉应力	2.73	1.90	1.72

过去控制混凝土初温与水温之差 T_0-T_w 为 20℃，现在看来这一温差太大，它实际上相当于一次冷击，最好在每一冷却期中，把水温分为几挡，逐步降低。建议控制 $T_0-T_w\leqslant8\sim10℃$，最好控制 $T_0-T_w\leqslant4\sim6℃$，施工中无非多改变几次水温，实行并不困难。

5　结束语

（1）过去对混凝土坝后期冷却的安排比较简单，本文研究结果表明，后期冷却对温度应力有重要影响，稍有不妥，可能引起裂缝。笔者建议，应进行后期冷却的规划，对冷却区高度、水管间距、冷却分期及冷却水温调控进行细致的计算分析、方案比较和优选。在相同温差条件下，可使温度应力大为降低，抗裂安全度显著提高。

（2）后期水管冷却中，冷却区高度与坝块长度比值 b/L 对温度应力有较大影响，b/L 不宜小于 0.40。目前有的工程坝块长度达到 60~70m，冷却区高度只有 12m，欠妥。

（3）在相同温差作用下，水管间距越密，冷却越快，徐变变形越小，冷却区边界上温度梯度越大，因而温度应力越大。

（4）由于徐变变形的作用，三期冷却的应力小于二期，通过水温调控，可使温度应力进一步减小。算例表明，在相同的温差和水管布置下，二期冷却、三期冷却和经水温规划的最大拉应力分别为 2.73、1.90、1.72MPa。

（5）总之，后期第一次冷却区高度不宜小于 $0.40L$，应分三期冷却，每一冷却期内水温分为几挡，由高到低逐步降低，建议控制 $T_0-T_w \leqslant 8\sim10℃$，冷却时间尽量拉长，应进行多方案比较，以有利于降低温度应力，提高抗裂安全度。

参 考 文 献

［1］中华人民共和国国家经济贸易委员会．DL/T 5148—2001　水工建筑物水泥灌浆施工技术规范［S］．北京：中国电力出版社，2002．

［2］朱伯芳，李玥，吴龙珅，张国新．关于混凝土坝基础混凝土允许温差的两个原理［J］．水利水电技术，2008，（7）．

［3］朱伯芳，吴龙珅，杨萍，张国新．利用塑料水管易于加密以强化混凝土冷却［J］．水利水电技术，2008，（5）．

利用塑料水管易于加密以强化混凝土冷却❶

摘　要： 水管冷却是混凝土坝温度控制的重要措施，以前采用钢管，由于接头多，通常铺设在浇筑层面上，浇筑层中间很难铺设；塑料水管接头很少，管质柔软，在浇筑混凝土的过程中也能铺设，有利于改变水管间距。本文通过理论分析和实际计算表明，充分利用塑料水管易于加密的优点，可以大幅度地强化混凝土的冷却，降低混凝土温度应力，加快混凝土坝施工速度。计算结果说明，水管充分加密后，即使不预冷骨料，高温季节浇筑层厚 3.0m 的混凝土坝块也可防止裂缝。

关键词： 混凝土冷却；塑料水管；小间距

Strengthen the Cooling of Concrete by Polyethylene Pipes with Smaller Spacing

Abstract： Pipe cooling is an important measure for temperature control in mass concrete. If the poly ethylene pipes are used，the spacing between pipes may be changed easily in the vertical as well as the horizontal directions. It is shown that the effect of pipe cooling may be strengthened a great deal by using small spacings between pipes.

Key words： cooling of concrete, polyethylene pipe, small spacing

1　前言

水管冷却是混凝土坝温度控制的重要措施，以前采用钢管，由于接头多，通常铺设在浇筑层顶面上，在浇筑混凝土的过程中很难铺设水管，因此，水管的铅直间距等于浇筑层厚度，很难随意改变。近年塑料水管已成功地应用于混凝土坝施工，塑料水管长度 200～400m，接头很少，管质较柔软，在浇筑混凝土的过程中也能铺设，不限于铺设在浇筑层面上，因此，可以根据需要而改变塑料水管的铅直和水平间距。

影响水管冷却效果的因素有水管间距、直径、流速、水温、管质（钢管或塑料管）等，其中水管间距的影响最大[1]。本文通过计算表明，充分利用塑料水管易于加密的优点，可以大幅度地强化混凝土的冷却，降低混凝土温度应力，防止裂缝，并加快混凝土坝施工速度。

---

❶　原载《水利水电技术》2008 年第 5 期，由笔者与吴龙珅、杨萍、张国新联名发表。

2 水管冷却计算方法

混凝土水管冷却效果较细致的分析可采用复合算法[2]，一般性分析，以采用等效热传导方程为方便[3, 4]

$$\frac{\partial T}{\partial \tau} = a\left(\frac{\partial^2 T}{\partial x^2} + \frac{\partial^2 T}{\partial y^2} + \frac{\partial^2 T}{\partial z^2}\right) + (T_0 - T_w)\frac{\partial \varphi}{\partial \tau} + \theta\frac{\partial \phi}{\partial \tau} + \frac{\partial \eta}{\partial \tau} \tag{1}$$

$$\varphi(\tau) = e^{-p\tau} \tag{2}$$

$$\psi(t) = \int_0 e^{-p(t-\tau)}\frac{\partial f}{\partial \tau}d\tau = \sum e^{-p(t-\tau-0.5\Delta\tau)}\Delta f(\tau) \tag{3}$$

$$\eta(t) = (T_a - T_w)\sum_j [e^{-p(t-t_j)} - 1]\Delta\text{erf}\left(\frac{h}{2\sqrt{at_j}}\right) \tag{4}$$

$$p = \frac{kda}{1.362 s_1 s_2} \tag{5}$$

$$k = 2.09 - 1.35\xi + 0.320\xi^2 \tag{6}$$

$$\xi = \frac{\lambda L}{c_w \rho_w q_w} \tag{7}$$

$$\Delta f(\tau) = f(\tau + \Delta\tau) - f(\tau)$$
$$\Delta\text{erf}u = \text{erf}(u + \Delta u) - \text{erf}u$$

式中：T 为温度；t、τ 为时间；T_0 为混凝土初始温度；T_w 为冷却水温度；λ 为混凝土导热系数；L 为水管长度；c_w、ρ_w、q_w 为冷却水的比热、容重和流速；s_1 为水管铅直间距；s_2 为水管水平间距；$h = h' + \lambda/\beta$，h' 为混凝土表面至水管距离；θ_0 为混凝土的最终绝热温升；$\text{erf}u$ 为误差函数；d 为塑料水管影响系数。

混凝土绝热温升表示如下

$$\theta(\tau) = \theta_0 f(\tau) \tag{8}$$

式中：$f(\tau)$ 为任意函数，通常多表示如下：

指数函数 $$f(\tau) = 1 - e^{-m\tau} \tag{9}$$

双曲函数 $$f(\tau) = \frac{\tau}{n + \tau} \tag{10}$$

其中 m、n 为常数。误差函数的表达式为无穷级数，但在温度场计算中，可采用笔者给出的下列近似公式（误差不到 2%）

$$\text{erf}u = 1 - \exp(-1.80u^{1.25}) \tag{11}$$

如采用指数函数式（9）表示绝热温升，由式（3）可得

$$\psi(t) = \frac{m}{m - p}(e^{-pt} - e^{-mt}) \tag{12}$$

气温通过热传导影响水管附近温度梯度，从而影响水管内水温，再反过来，影响到混凝土温度，因而 $\eta(\tau)$ 是二次影响，其影响小于 $\varphi(\tau)$ 和 $\psi(\tau)$，一般可忽略。

笔者在文献［1］曾给出塑料水管影响系数（d）的一个精确算法和三个简化算法，下面是第三个简化算法

$$d = \frac{\ln 100}{\ln(b/c) + (\lambda/\lambda_1)\ln(c/r_0)} \tag{13}$$

式中：λ、λ_1 分别为混凝土和塑料水管的导热系数；c 和 r_0 分别为塑料水管的外半径和内半径；b 为冷却柱体的外半径，由下式计算

$$b = 0.5836\sqrt{s_1 s_2} \tag{14}$$

对于双曲函数式（10），当 $\tau = n$ 时，$f(\tau) = 1/2$，绝热温升 $\theta(\tau)$ 达到 θ_0 的一半；对于指数函数式（9），$\tau = 0.693/m$ 时，$f(\tau) = 1/2$，绝热温升 $\theta(\tau)$ 达到 θ_0 的一半；因此，若取

$$m = 0.693/n \tag{15}$$

则指数函数式（9）和双曲函数式（10）将在相同时间达到 $f(\tau) = 1/2$。换句话说，若 m 和 n 满足式（15），则指数函数式（9）和双曲函数式（10）具有大体相近的发热速率。

3　水管间距对冷却效果的影响

水管冷却效果受到下列各种因素的影响：水管间距、直径、流速、水温、管材品种等。其中以水管间距的影响最为显著[1]。下面从理论上来分析采用塑料水管后，加密水管间距对冷却效果的影响。

设混凝土导温系数 $a = 0.10\text{m}^2/\text{d}$，导热系数 $\lambda = 8.37\text{kJ}/（\text{m} \cdot \text{h} \cdot ℃）$，聚乙烯水管外半径 $c = 1.60\text{cm}$，内半径 $r_0 = 1.4\text{cm}$，导热系数 $\lambda_1 = 1.66\text{kJ}/（\text{m} \cdot \text{h} \cdot ℃）$，$\xi = \lambda L/（c_\text{w}\rho_\text{w}q_\text{w}） = 0.50$，由式（5）得到系数 p 如表 1 所示。

表 1　系　　数　　p

水管间距（m×m）	3.0×3.0	1.5×1.5	1.0×1.0	1.0×0.5	0.5×0.5
p	0.01045	0.04802	0.11836	0.2575	0.5651

函数 $\varphi(\tau)$ 见图 1。设混凝土绝热温升用双曲指数函数表示如式（9），取 $m = 0.40$，由式（12），得到函数 $\psi(\tau)$ 如图 2 所示。

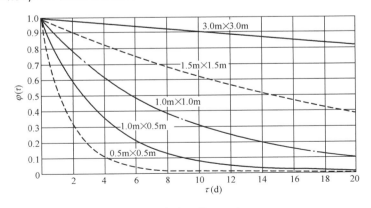

图 1　水冷函数 $\varphi(\tau)$

在等效热传导方程（1）中，右边第一大项代表热传导的作用，右边第二、第三两项分别代表考虑水管冷却作用后初始温差及绝热温升的影响，第四项代表气温对水管冷却效果的影响。今考虑外表面绝热的封闭空间，其中温度变化由下式决定

$$\frac{\partial T_1}{\partial \tau} = (T_0 - T_w)\frac{\partial \varphi}{\partial \tau} + \theta_0 \frac{\partial \psi}{\partial \tau} \tag{16}$$

对时间（τ）积分，得到封闭空间内考虑水管冷却作用的温度如下

$$T_1 = T_w + (T_0 - T_w)\varphi(\tau) + \theta_0 \psi(\tau) \tag{17}$$

式（17）右边第二项代表初始温差 $T_0 - T_w$ 的影响，第三项代表绝热温升的影响。

用指数函数表示 $f(\tau)$ 如式（9），则

$$T_1 - T_w = (T_0 - T_w)e^{-pt} + \frac{\theta_0 m}{m - p}(e^{-pt} - e^{-mt}) \tag{18}$$

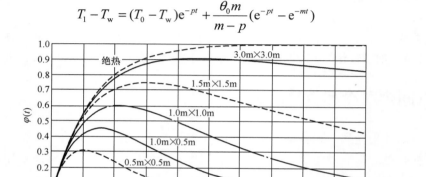

图 2 水冷温升函数 $\phi(t)$，指数型绝热温升（$m=0.40$）

今设 $\theta_0=25℃$，$m=0.40$，初始温差 $T_0-T_w=10℃$，得到 T_1-T_w 如图 3 所示，可以看出，加密水管对于降低温度具有巨大影响。

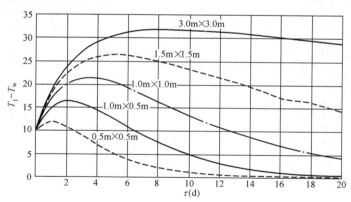

图 3 外表绝热时水冷水化温升 T_1-T_w（$\theta_0=25℃$，$T_0-T_w=10℃$，$m=0.40$）

4 水管加密对混凝土温度及应力的影响

下面全面分析水管加密对混凝土温度及应力的影响。考虑岩基上多层混凝土浇筑块，长

度 L=60m，高度 H=60m，层厚 3.0m，间歇 7d，混凝土导温系数 a=0.10m²/d，表面放热系数 β=70kJ/（m²·h·℃），泊松比 μ=0.167，弹性模量 E（τ）=35000［1−exp（−0.40$\tau^{0.34}$）］MPa，有徐变（参数从略），线胀系数 α=1×10^{-5}（1/℃），允许拉应力 ［σ_t］=2.10τ/（7.0+τ）MPa，绝热温升 θ（τ）=25.0τ/（1.70+τ）℃，时间 τ 以 d 计。基岩无徐变，弹性模量 E_f=35000MPa，μ=0.25。混凝土与基岩初始温度 T_0=25.0℃，气温 T_a=25.0℃。

水管间距：高程 y=0～6m，1.0m×0.50m，y=6～60m，1.5×1.5m。分三次冷却，一期冷却：τ=0～20d，水温 T_w=20℃；二期冷却，τ=150～200d，水温 T_w=15℃；三期冷却，τ=240d 开始，水温 T_w=11.5℃，冷到稳定温度 T_f=12℃为止。

用有限元计算，图 4～图 7 表示了计算结果，虽然浇筑块长 60m，层厚 3m，上升速度较快，混凝土初温和气温高达 25℃，但混凝土早期和后期最大拉应力都小于允许值。表明在基岩上 6m 范围内采用加密塑料水管，可有效控制温度应力，而增加费用很少。

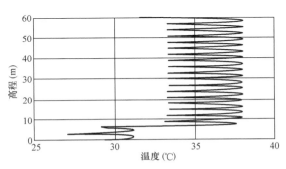

图 4 浇筑块中央剖面温度包络图

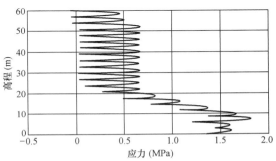

图 5 浇筑块中央剖面应力包络图
（允许拉应力 2.1MPa）

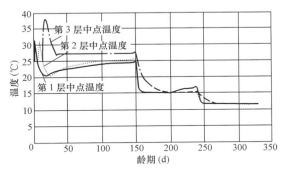

图 6 基岩上第 1、第 2、第 3 层中点温度过程线

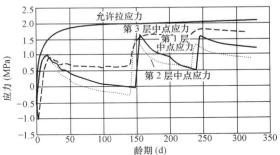

图 7 基岩上第 1、第 2、第 3 层中点应力过程线

5 控制水管间距和温差 T_0-T_w 的原则

一期冷却中降低混凝土最高温升的办法有两个：加密水管和降低水温，但水温太低，T_0-T_w 太大，容易引起较大拉应力，因此，一期冷却的原则是，水管间距充分小，而温差 T_0-T_w 适度，应通过详细计算予以确定。对本文算例来说，在气温和初温 25℃条件下，下部 6m 内水

管间距 1.0m×0.5m，温差 $T_0-T_w=5℃$ 是合适的。在二期冷却中，当水管密集时，要严格掌握温差 T_0-T_w，水温应逐步降低，避免 T_0-T_w 过大，引起过大拉应力。

6 结束语

（1）混凝土坝水管冷却，过去采用钢管，垂直间距通常等于浇筑层厚度，混凝土浇筑过程中难以铺设水管。现在改用塑料水管，接头很少，管质柔软，在浇筑混凝土的过程中也能铺设水管，有利于改变水管的间距。

（2）从本文的理论分析和实际算例可以看出，充分利用塑料水管易于加密的优点，可以大幅度地强化水管冷却效果，降低混凝土温差和应力。算例表明，即使不预冷骨料，块长 60m、间歇 7d 条件下，在下部 6m 范围内，水管充分加密后，仍可控制温度和应力在允许范围内，可防止裂缝。如同时采用预冷骨料，则可使抗裂安全度有较大幅度的提高。

参 考 文 献

[1] 朱伯芳. 大体积混凝土温度应力与温度控制 [M]. 北京：中国电力出版社，1999.

[2] 朱伯芳. 混凝土坝水管冷却仿真计算的复合算法 [J]. 水利水电技术，2003，（11）：47-50.

[3] 朱伯芳. 考虑水管冷却效果的混凝土等效热传导方程 [J]. 水利学报，1991，（3）.

[4] 朱伯芳. 考虑外界温度影响的水管冷却等效热传导方程 [J]. 水利学报，2003，（3）：49-54.

混凝土坝水管冷却仿真计算的复合算法❶

摘　要： 水管冷却是混凝土坝施工中的主要温度控制措施，在混凝土坝施工过程仿真计算中如何考虑水管冷却效应是一个重要而又困难的问题，直接用三维有限元法求解，计算量太大；用近似解法，在某些情况下，计算精度可能不够。本文提出一套复合算法，计算效率高，计算精度也较好。

关键词： 复合算法；混凝土坝；水管冷却

Compound Methods for Computing the Effect of Pipe Cooling in Concrete Dams

Abstract： Pipe cooling is an important measure for controlling the temperature in concrete dams. How to consider the effect of pipe cooling in the computation simulating the construction Process of concrete dams is an important but rather difficult problem. If the effect of pipe cooling is analysed directly by 3D finite element method，the amount of computation is too large，because very fine net work is required rear the pipe. Four compound method are proposed in this paper to consider the effect of pipe cooling in the computation simulating the construction process. They are efficient and accurate for application in practical engineering problems.

Key words： compound method, concrete dam, pipe cooling

1　对现有计算方法的分析及复合算法基本思路

水管冷却是混凝土坝施工中的重要温度控制措施，美国垦务局曾提出无热源单根水管冷却的求解方法[1]，笔者曾提出有热源单根水管冷却的求解方法[2]，为了同时考虑浇筑层面和水管的散热作用，笔者在文献［3，4］中曾建议用平面有限元进行计算，刘宁等建议用三维有限元和子结构法进行计算[5]，笔者在文献［6，7］中建立了水管冷却的等效热传导方程。

直接用三维有限元计算水管冷却效应，从计算方法来说是比较精确的，但据笔者所知，这个方法还没有在实际工程中得到应用。目前在混凝土坝仿真计算中，主要采用笔者建立的等效热传导方程[6，7]，虽然它是一个近似方法，但得到广泛应用。下面对直接用三维有限元计算水管冷却的难点进行分析。

用有限元计算冷却水管时，如何划分单元是一个重要问题，要考虑以下两个因素：①由

---

❶　原载《水利水电技术》2003 年第 11 期。

于水管半径只有 1～2cm，如图 1 所示，在水管附近温度梯度很大，为了保证计算精度，在水管附近必须采取密集网格。如采用线性单元，单元尺寸必须与水管半径保持同一量级，虽可向外逐渐放大，但单元数目很大。②图 2 表示了一个混凝土浇筑块无水管冷却时沿厚度方向的温度分布图，为了反映沿厚度的温度变化，在厚度方面单元应有 4～6 层。在文献［4］的研究过程中，我们曾对网格剖分密度做过大量对比分析，发现为了保证必要的计算精度，必须在水管附近采用密集网格。

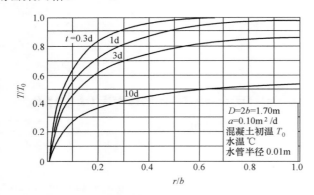

图 1 初温均匀的混凝土圆柱体受水管冷却
时的温度分布

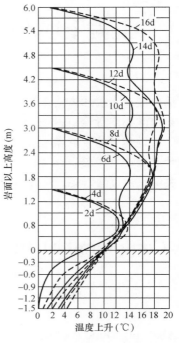

图 2 基岩上混凝土水化热温升
（层厚 1.5m，间歇 4d）

例如，设水管间距为 1.50m，浇筑层厚为 1.50m，为了保证计算精度，最好采用图 3（a）精细网格；即使为了节省计算量，网格也不能比图 3（b）更稀。图 3（a）精细网格，1.5m×1.5m 范围内有 104 个结点，设浇筑块宽 18m，在 18m×1.5m 范围内有 12 根水管共 1171 结点，若浇筑块长 30m，在长度方向截取 12 个剖面，每个浇筑层共有 14052 结点。设在高度方向共有

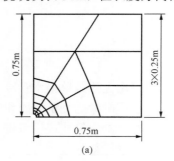

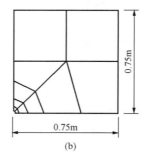

图 3 水管附近有限元网格
（a）细网格；（b）粗网格

n 层，结点总数为 $S=14003n+49$，即每层约 1.4 万结点，设共有 100 层，结点总数为 1400349，约 140 万。

对于图 3（b）粗略网格，1.5m×1.5m 范围内为 56 结点，18m×1.50m 剖面内为 617 结点，30m×18m×1.5m 浇筑层内有 7404 结点，n 个浇筑层内共有 $S=7355n+49$ 结点，若 $n=100$ 层，共有 73.5 万结点。

对于 100 层的浇筑块，采用细网格，有 140 万结点，采用粗网格，也有 73.5 万结点，在现有常用计算机条件下，实际上是难以计算的。如果用相同网格同时进行温度场和应力场的仿真计算，难度就更大了。我国现在 150～300m 高坝很多，100 层以上的浇筑块很多，直接用三维有限元计算水管冷却效应，目前仍困难较大。如考虑实际冷却水管的蛇形弯曲，结点数还将进一步增加。

蛇形水管的弯曲部分，三维网格的剖分也较费事，特别是重力坝下游斜坡部分，由下向上，弯管位置逐层错动。

子结构法可使计算效率明显提高，排水孔子结构法在渗流计算中得到应用就是一个例子。但在渗流计算中，每个排水孔都是直的，子结构程序比较简单，而混凝土坝是变断面，每根水管又是弯曲的，单元剖分和子结构程序都较复杂，增加了应用的难度。

用考虑水管冷却的等效热传导方程进行计算时十分方便，对于后期冷却，计算精度也是好的；对于初期冷却计算，如果水管位于浇筑层中心，计算精度也是好的。但实际工程中，冷却水管大多放在浇筑层面上，而等效热传导方程是以水管位于冷却柱体的中心为前提的。因此，这种情况下，初期冷却计算的精度较低。至于后期计算，因水化热已散发完毕，从温度场看，浇筑层面已不存在，等效热传导方程计算精度是好的。

在混凝土坝施工过程中，通常上部 2 个浇筑层进行一期冷却，中部 10～20 个浇筑层进行二期冷却，下部 10～20 个浇筑层进行三期冷却。本文提出的复合算法的基本思路是，在坝段上部用较精细方法计算一期水管冷却的效果，在坝段下部的广大范围内，以常规稀疏网格用等效热传导方程进行二期和三期冷却的计算。这样，计算效率较高，计算精度也较好，具体计算方法有 4 种，分述于后。

2　复合算法 I

如图 4 所示，自上向下，分为 3 个区域，区域 a，采用图 3 所示网格，用三维有限元直接计算有冷却水管的温度场，区域 a 通常包含 3 个浇筑层，下面区域 b 和 c，用等效热传导方程计算，区域 c 为常规较稀疏网格，区域 b 为过渡区。

如前所述，对于 18m×30m×1.5m 的浇筑层，设区域 a 中共有 3 个浇筑层，如采用图 3（a）细网格，3 层共有 4.2 万结点，如采用图 3（b）粗网格，3 层共 2.2 万结点。

对于 180m 高的通仓浇筑重力坝，从上游到下游，如共取 36 个断面，区域 a 的 3 个浇筑层，共有 12.6 万（细网格）～6.6 万（粗网格）个结点，如考虑水管的弯曲，结点数还将增加。

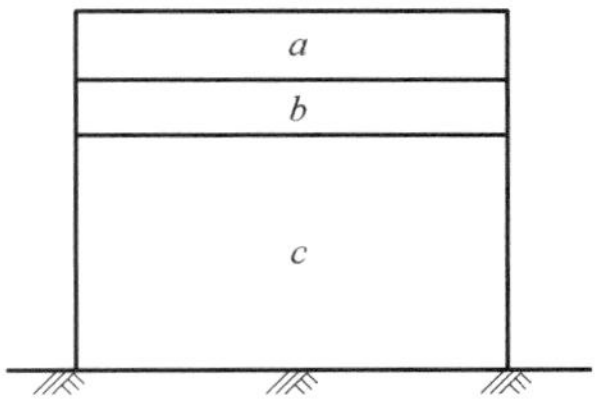

图 4　复合算法 I

本算法只在上部区域 a 直接用三维有限元以密集网格计算有冷却水管的温度场，其余的广大区域仍以稀疏网格采用等效热传导方程计算，计算效率已大大提高，在目前已可进行实际工程的计算。当然，由于结点数仍很大，计算量仍较大，前处理也较复杂。

3　复合算法 II

如图 5 所示混凝土坝段，考虑以下两种情况：

情况 1：无冷却水管，考虑全部施工过程，包括初始温度、气温、绝热温升等等的变化，温度场为 $T_1（x，y，z，t）$。

情况 2：有冷却水管，其余情况同情况 1，温度场为 $T_2（x，y，z，t）$。

水管冷却引起的温差为

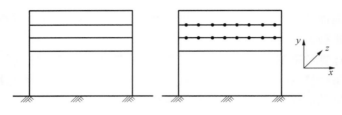

图 5　复合算法 Ⅱ

$$\Delta T(x,y,z,t) = T_1(x,y,z,t) - T_2(x,y,z,t) \tag{1}$$

由式（1）可知，有冷却水管的温度场为

$$T_2(x,y,z,t) = T_1(x,y,z,t) - \Delta(x,y,z,t) \tag{2}$$

直接用三维有限元计算无水管的温度场 $T_1(x,y,z,t)$ 并无困难，但直接用三维有限元计算有水管的温度场则计算量太大。算法 Ⅱ 的实质就是直接以常规网格用三维有限元计算无水管冷却的温度场 $T_1(x,y,z,t)$，用一个有相当精度而比较简便的方法计算水管冷却引起的温差 $\Delta T(x,y,t)$，再由式（2）计算有冷却水管的温度场 $T_2(x,y,t)$。

从热传导理论可知，在固体中热波传播速度与距离的平方成反比，水管间距通常为 1.5～3.0m，水管长度为 200～300m，水管冷却作用主要在与水管正交的平面内进行，平行于水管方向的温度梯度是很小的。因此，我们不妨忽略平行于水管长度方向的温度梯度，参阅图 6，在区域 a 中如虚线所示，把原来蛇形水管简化成折线形水管，在与水管正交的方向，切取一系列垂直剖面 $A-A$ 和 $B-B$，按平面问题计算各截面的温度场，并根据热量平衡原理计算水温的沿途上升。

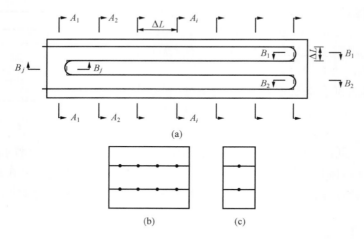

图 6　复合算法 Ⅱ，顶部几个浇筑层的水管布置和计算剖面

（a）水管平面布置示意；（b）$A-A$ 剖面；（c）$B-B$ 剖面

例如，设区域 a 内有 3 个 18m×1.5m 的浇筑层，每个 $A-A$ 剖面内共有 3500（细网格）～1850（粗网格）结点；每个 $B-B$ 剖面有 310（细网格）～170（粗网格）结点，按平面问题计算，速度是快的。水管水温有 3 种计算方法：简单算法、迭代算法和预报算法，其中预报算法效率高，精度也好[4]。

先用平面有限元计算无水管冷却的温度场 $T_3(x, y, z, t)$，再用平面有限元并考虑水温的沿途升高计算有水管冷却的温度场 $T_4(x, y, z, t)$，由下式计算水管冷却引起的温差

$$\Delta T'(x,y,z,t) = T_3(x,y,z,t) - T_4(x,y,z,t) \qquad (3)$$

$\Delta T'(x,y,z,t)$ 与 $\Delta T(x,y,z,t)$ 是很接近的，即 $\Delta T'(x,y,z,t) \cong \Delta T(x,y,z,t)$，以 $\Delta T'(x,y,z,t)$ 代替 $\Delta T(x,y,z,t)$，由式（2）可知有冷却水管的温度场为

$$T_2(x,y,z,t) = T_1(x,y,z,t) - \Delta T'(x,y,z,t) \qquad (4)$$

由式（3）计算的温差 $\Delta T'(x,y,z,t)$ 是随着坐标 x，y 而变化的，而且每个剖面也不同，但水管冷却过程中，通常每半天或一天即改变一次冷却水的流向，这就使得冷却效果沿水管长度方向 z 平均化了。另外，应力计算网格在 x 方向通常是比较较稀的，内部单元尺寸通常大于水管间距。因此，温差 $\Delta T'$ 在 x 方向也应平均化，实际采用的冷却温差是在 x，z 两个方向平均化以后的温差

$$\Delta T(y,t) = \frac{1}{L\Delta x} \iint \Delta T'(x,y,z,t)\,\mathrm{d}x\mathrm{d}z \qquad (5)$$

式中：L 为水管长度；Δx 为水管水平间距；$\Delta T(y,t)$ 只是铅直坐标 y 和时间 t 的函数。在浇筑块的侧面，在与侧面正交的方向，温差 $\Delta T'$ 的变化也较大，可只沿水管长度方向平均而采取下式计算温差

$$\Delta(x,y,t) = \frac{1}{L} \int \Delta T'(x,y,z,t)\,\mathrm{d}z \qquad (6)$$

式中：z 为沿水管长度方向。

4 复合算法Ⅲ

浇筑层厚度和水管间距通常为 1.5～3.0m，浇筑块平面尺寸一般为 20～30m 甚至更大，

初期水管冷却时间通常为 14d 左右。计算经验表明，无水管冷却条件下，早期浇筑块中央广大范围内，等温面基本是水平的，在有水管冷却时，等温面在水管附近当然会有所变化。200m 长冷却水管的进出口水温差约 3～8℃，相邻 2 根水管的水温差约 1℃左右，而水温与铅直方向混凝土最高温度的差值常在 10～20℃。基于这一事实，在浇筑块中央部分，可以忽略 2 根水管之间的相互影响，取出单根水管进行计算。假定 2 水管中间平面是绝热的，由于对称，只需取出一半计算，如图 7（a）所示。即在铅直方向取 3～4 个浇筑层，水平方向取水管间距的一半，采

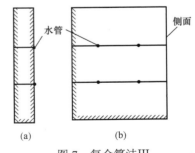

图 7 复合算法Ⅲ

(a) 中部；(b) 侧面

用图 3 所示网格，计算水管冷却的温度场 $T_4(x, y, z, t)$，同时用普通网格计算无水管冷却温度场 $T_3(x, y, z, t)$，由式（5）计算在 x，z 两个方向平均化以后的水管冷却温差 $\Delta T(y, t)$，无水管温度场 $T_3(x, y, t)$ 与水管长度无关，在水平方向只需一层有限元网格，是非常简单的计算，有水管温度场 $T_4(x, y, z, t)$ 的计算，由于结点数很少，计算也很快，对于不同水管间距，可采用与图 3 相似网格，水管附近两圈结点局部坐标固定不变。其他结点的

x，y 坐标，则根据水管的水平间距 b 铅直间距 c 按比例放大。如图 3，以水管中心作为局部坐标原点，结点 i 的新老局部坐标分别为 (x'_i, y'_i) 和 (x_i, y_i)，按比例放大，有 $x'_i/x_i = b'/b$，$y'_i/y_i = c'/c$。

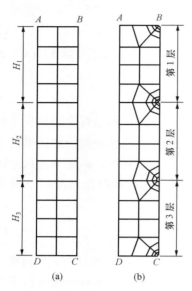

图 8　浇筑块中部计算网格

（a）计算 T_3（x, y, z, t）；（b）计算 T_4（x, y, z, t）

靠近侧面，如图 7（b）所示，在水平方向可取水管间距的两倍进行计算，靠近侧表面，因温度梯度大，单元水平尺寸应减小。

浇筑块中部计算网格如图 8 所示，其中图 8（a）为计算无水管温度场 T_3（x, y, z, t）的网格，图 8（b）为计算有水管温度场 T_4（x, y, z, t）的网格，计算温度场的边界条件如下：

在顶边 AB
$$-\lambda\frac{\partial T}{\partial y} = \beta(T - T_a) - R \tag{7}$$

在金属水管边缘
$$T = T_w \tag{8}$$

在其余边界
$$\frac{\partial T}{\partial n} = 0 \tag{9}$$

在塑料水管边缘
$$\lambda\frac{\partial T}{\partial r} = k(T - T_w) \tag{10}$$

$$k = \frac{\lambda_1}{c\ln(c/r_0)} \cong \frac{\lambda_1}{c - r_0} \tag{11}$$

式中：λ_1 为塑料水管的导热系数；c 为水管外半径；r_0 为水管内半径；T_a 为外界气温；λ 为混凝土导热系数；β 为表面放热系数；R 为太阳辐射热。

5　复合算法 IV

为了使水管冷却效果趋于均匀，在冷却过程中，冷却水流的方向每隔半天或一天即改变一次，水温沿水管长度的变化见文献 [3] 图 23-2-4，由图可见，在常用 $\xi = \lambda L/c_w\rho_w q_w \le 0.60$ 范围内，水温用沿水管长度的分布接近于直线。因此，在计算水管冷却温度场 T_4（x, y, z, t）时，可把水管水温取为进口水温 T_{w0} 与出口水温 T_{wL} 的平均值如下

$$T_w = (T_{w0} + T_{wL})/2 \tag{12}$$

这样，就不必一个断面、一个断面地去计算水管水温，计算大为简化。

水管出口水温是随着时间而不断变化的，在计算机上计算水温显然不能再用查表的方法，为此，笔者给出了如下计算公式

$$T_{wL} = T_{w0} + (T_0 - T_{w0})w(\xi,z) + \sum\Delta\theta(\tau)w(\xi,z') \tag{13}$$

$$w(\xi,z) = (1 - e^{-2.70\xi})\exp\left[-2.40z^{0.50}e^{-\xi}\right] \tag{14}$$

$$w(\xi,z') = (1 - e^{-2.70\xi})\exp\left[-2.40(z')^{0.50}e^{-\xi}\right] \tag{15}$$

式（13）～式（15）中：$z = at/D^2$；$z' = a(t-\tau)/D^2$；T_{w0} 为进口水温；T_{wL} 为管长 L 处水温；$\xi = \lambda L/c_w\rho_w q_w$；$\lambda$ 为混凝土导热系数；L 为水管长度；C_w 为水比热；ρ_w 为水容重；q_w 为水流量；a 为混凝土导温系数；D 为冷却圆柱体直径。

当冷却水管放在浇筑层面上时，混凝土初温 T_0 和绝热温升增量$\Delta\theta(\tau)$都应取上、下层的平均值。

在初期冷却的常用范围$0 \leqslant \xi \leqslant 2.0$及$0 \leqslant z \leqslant 0.60$内由式（9）计算的$w(\xi,z)$值与查表值列于表 1 中，由于$w(\xi,z)$是与两个变量$\xi$，$z$有关的曲线族，拟合相当困难。但由表 1 可见，式（14）的计算精度是比较好的。式（14）适用于钢管，对于塑料水管，可用等效导温系数a，见参考文献［8］。

表 1   函数 $w(\xi, z)$

z		0		0.10		0.20		0.40		0.50		0.60	
		$w1$	$w2$	$w1$	$w2$	$w1$	$w2$	$w1$	$w2$	$w1$	$w2$	$w1$	$w2$
ξ	0.20	0.415	0.417	0.217	0.224	0.187	0.173	0.135	0.120	0.112	0.104	0.098	0.091
	0.40	0.660	0.660	0.400	0.397	0.332	0.322	0.262	0.239	0.222	0.212	0.192	0.190
	0.60	0.802	0.802	0.540	0.529	0.480	0.445	0.375	0.349	0.325	0.316	0.287	0.289
	1.00	0.935	0.933	0.736	0.706	0.675	0.628	0.562	0.534	0.507	0.500	0.464	0.471
	2.00	0.995	0.995	0.936	0.898	0.903	0.861	0.836	0.811	0.800	0.791	0.760	0.774

注　w_1为查表值；w_2为计算值。

6　结束语

（1）当冷却水管放在浇筑层面上时，后期冷却仍可采用等效热传导方程，但初期冷却，以采用本文提出的几个新算法为宜。

（2）复合算法Ⅰ的计算精度是好的，但计算量大，考虑弯曲水管的单元剖分也较复杂，只能用于个别特别重要的工程。

（3）复合算法Ⅱ、Ⅲ、Ⅳ的计算效率都比较高，前处理也较简单，可以用于实际工程计算，其中复合算法Ⅳ尤为方便，可用于一般的混凝土坝仿真计算。

参 考 文 献

［1］U.S Bureau of　Reclamation. Cooling of Concrete Dams ［M］. 1949.

［2］朱伯芳. 有内部热源的大块混凝土用埋设水管冷却的降温计算［J］. 水利学报，1957，（4）.

［3］朱伯芳，等. 水工混凝土结构的温度应力与温度控制［M］. 北京：水利电力出版社，1976.

［4］朱伯芳，蔡建波. 混凝土坝水管冷却效果的有限元分析［J］. 水利学报，1985，（4）.

［5］刘宁，刘光廷. 水管冷却效应的有限元子结构模拟技术［J］. 水利学报，1997，（12）：43-49.

［6］朱伯芳. 考虑水管冷却效果的混凝土等效热传导方程［J］. 水利学报，1991，（3）.

［7］朱伯芳. 考虑外界温度影响的水管冷却等效热传导方程［J］. 水利学报，2003，（3）：49-54.

［8］朱伯芳. 大体积混凝土温度应力与温度控制［M］. 北京：中国电力出版社，1999.

考虑外界温度影响的水管冷却等效热传导方程❶

摘　要：水管冷却是大体积混凝土温度控制的重要措施，由于水管附近温度梯度很大，直接用有限元法计算水管冷却效果，必须采用密集网络，有较大困难。目前广泛采用笔者在文献［3］中提出的等效热传导方程，该方程已考虑了混凝土的初始温度和绝热温升，但没有考虑外界温度的影响。本文给出在水管冷却等效热传导方程中考虑外界温度影响的计算方法，使等效热传导方程趋于完善。

关键词：水管冷却；等效热传导方程；外界温度影响

Influence of External Temperature on the Equivalent Equation of Heat Conduction in Mass Concrete Considering the Effect of Pipe Cooling

Abstract：Because the temperature gradient near the cooling pipe is great，it is necessary to adopt a very fine mesh in finite element computation to consider the effect of pipe cooling in mass concrete. An equivalent equation of heat conduction is established in Ref.［3］in which the influence of initial temperature and adiabatic temperature rise have been considered. But the influence of external temperature is not considered. In this paper，a method of computation is given to take into account the influence of external temperature in the equivalent equation of heat conduction for pipe cooling in mass concrete.

Key words：pipe cooling, equivalent equation of heat conduction influence of external temperature

1　前言

水管冷却是大体积混凝土施工中控制温度的重要措施，在进行大体积混凝土结构的仿真计算时，必须考虑水管冷却的影响。笔者在文献［1，2］中给出了用有限元方法计算水管冷却效果的方法，计算精度是好的，但由于水管附近温度梯度很大，水管的半径只有1cm左右，如采用线性单元，水管附近有限元的尺寸也只能是1～2cm，尽管可以逐步放大单元，仍然需要很多结点。例如，平面尺寸15m×20m的混凝土浇筑快，如采用1.5m×1.5m水管间距，在

---

❶　原载《水利学报》2003 年第 3 期。

1.5m 高的一个浇筑层内即需要约 1 万个结点，如计算 15 个浇筑层，需要约 15.0 万个结点，如计算 100 个浇筑层，需要约 100 万结点，而且混凝土高坝仿真计算历时往往长达数年，在现有计算条件下，实际上难以实现。采用笔者在文献［3］中提出的等效热传导方程，水管的作用在函数 $\varphi(t)$ 和 $\psi(t)$ 中考虑，采用通常的有限元网格即可进行计算，因而为混凝土高坝的仿真计算提供了极大的方便。在混凝土坝仿真计算过程中，初始温差和绝热温升是两个主要因素，在文献［3］中已经考虑了外界温度对水管冷却效果也有一定影响，但计算较复杂，原来没有考虑。本文给出在水管冷却等效热传导方程中外界温度影响的计算方法，使等效热传导方程趋于完善。

2 单面冷却时外界温度的影响

2.1 单面冷却、外界温度为常量

如图 1 所示半无限大体，设初温为 T_w，边界温度为 T_a，按第一类边界条件计算，传导方程为

$$\frac{\partial T}{\partial t} = a\frac{\partial^2 T}{\partial x^2} \tag{1}$$

边值条件为

$$\left.\begin{array}{l} 当 t=0, T(x,0)=T_w \\ 当 x=0, T(0,t)=T_a \end{array}\right\} \tag{2}$$

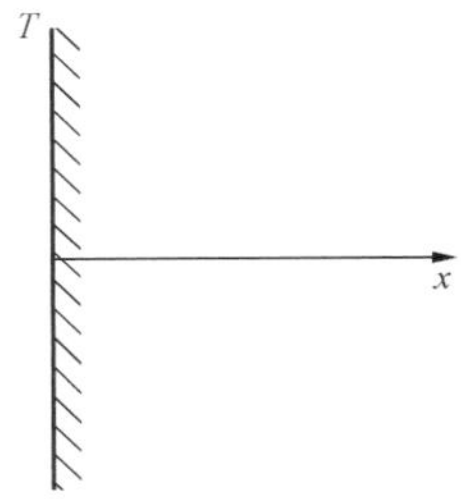

图 1　半无限体

上述问题的解为[5]

$$T(x,t)=T_a+(T_w-T_a)\operatorname{erf}\left(\frac{x}{2\sqrt{at}}\right) \tag{3}$$

式中：$\operatorname{erf}u=\dfrac{2}{\sqrt{\pi}}\displaystyle\int_0^u e^{-u^2}du$，$\operatorname{erf}u$ 称为误差函数；a 为导温系数。误差函数的表达式为无穷级数，实用上可按笔者给出的下列近似公式计算（误差小于 2.0%）

$$\operatorname{erf}u\cong 1-\exp(-1.80u^{1.25}) \tag{4}$$

对于第三类边界条件，在混凝土外面增加虚拟厚度 λ/β，其中 λ 为混凝土导热系数，β 为表面放热系数，再作变换

$$x=x'+\lambda/\beta \tag{A}$$

经过这样变换后，仍可按第一类边界条件计算[4]。

在推导水管冷却等效热传导方程时，是以水管水温 T_w 作为温度场的基准的，如图 2 所示。考虑单侧表面冷却与水管冷却的作用，设混凝土初温为 T_w，外界温度（气温或水温）为 T_a，水管至表面的距离为

$$h=h'+\lambda/\beta \tag{5}$$

式中：h' 为水管外面混凝土真实厚度；λ/β 为虚拟厚度。

由式（3）在水管附近时刻 t 的混凝土温度为

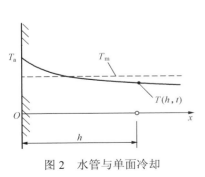

图 2　水管与单面冷却

$$T(h,t) = T_a - (T_a - T_w)\,\text{erf}\left(\frac{h}{2\sqrt{at}}\right) \tag{6}$$

如图 2，设混凝土的平均温度为 T_m，显然，$T_m > T(h,t)$。冷却水管附近的温度梯度比较大，离水管越远，其影响越小。因此，在计算水管冷却效果时，用 $T(h, t)$ 比较合适，有的作者采用平均温度（T_m）则明显偏大，将夸大水管冷却的效果。

在时刻 t 与 $t+\Delta t$ 之间，外界温度在水管附近引起的温度增量为

$$\Delta T(h,t) = T(h,t+\Delta t) - T(h,t) = (T_a - T_w)\left[\text{erf}\left(\frac{h}{2\sqrt{at}}\right) - \text{erf}\left(\frac{h}{2\sqrt{a(t+\Delta t)}}\right)\right] \tag{7}$$

考虑水管冷却效果后，温度增量为

$$\Delta T(h,t_j)\varphi(t-t_j) = \Delta T(h,t_j)\,\text{e}^{-p(t-t_j)} \tag{8}$$

$$\left.\begin{array}{l} p = ka/D^2 \\ K = 2.09 - 1.35\xi + 0.320\xi^2 \\ \xi = \lambda L/c_w\rho_w q_w \end{array}\right\} \tag{9}$$

式中：D 为冷却柱体直径；L 为冷却水管长度；c_w、ρ_w、q_w 为冷却水的比热、容重和流量。

由于冷却水管的作用，使温度下降了

$$\Delta T(h,t_j)\left[\varphi(t-t_j) - 1\right] = \Delta T(h,t_j)\left[\text{e}^{-p(t-t_j)} - 1\right]$$

从 0 到 t 积分，由于水管冷却作用，在平均意义上，混凝土温度下降了

$$\eta(t) = (T_a - T_w)\sum_j\left[\text{e}^{-p(t-t_j)} - 1\right]\Delta\text{erf}\left(\frac{h}{2\sqrt{at_j}}\right) \tag{10}$$

式中

$$\Delta\text{erf}\left(\frac{h}{2\sqrt{at_j}}\right) = \text{erf}\left(\frac{h}{2\sqrt{at_j}}\right) - \text{erf}\left(\frac{h}{2\sqrt{a(t_j+\Delta t_j)}}\right) \tag{11}$$

$$= \frac{1}{\sqrt{\pi}}\int_{h/2\sqrt{a(t_j+\Delta t_j)}}^{h/2\sqrt{at_j}}\text{e}^{-(h/2\sqrt{at})^2}\,\text{d}\left(\frac{h}{2\sqrt{at}}\right)$$

$\text{erf}\infty = 1.00$，$\text{erf}\,4.0 = 0.999,999,988$，在 $h/2\sqrt{at} = \infty$ 与 $h/2\sqrt{at} = 4.0$ 之间，$\Delta\text{erf}(h/2\sqrt{at}) = 0.000,000,0.12 \cong 0$，即在 $\tau = 0$ 与 $\tau = h^2/64a$ 之间，$\Delta\text{erf}\left(h/2\sqrt{at}\right) \cong 0$。因此，$\Delta\text{erf}\left(h/2\sqrt{at}\right)$ 可以从 t_{01} 开始计算，而 $t_{01} = h^2/(64a)$。例如，设 $h = 1.60\text{m}$，$a = 0.10\text{m}^2/\text{d}$，则 $t_{01} = 0.40d$，即可从 0.40d 开始计算 $\Delta\text{erf}\left(h/2\sqrt{at}\right)$。

如以中点龄期 $t_j + 0.50\Delta t_j$ 代替 t_j，则

$$\eta(t) = (T_a - T_w)\sum_j\left[\text{e}^{-p(t-t_j-0.5\Delta t_j)} - 1\right]\Delta\text{erf}\left(\frac{h}{3\sqrt{at_j}}\right) \tag{12}$$

2.2 单面冷却、外界温度随时间而变化

外界温度本来是随时间而连续变化的，今用阶梯形变化代替之，如图 3 所示。设在时间

$t=t_0$、t_1、…、t_i、t_{i+1}、…，相应的外界温度增量为 ΔT_{a0}、ΔT_{a1}、…、ΔT_{ai}、$\Delta T_{a,i+1}$、…。

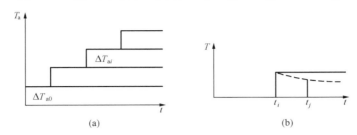

图 3 外界温度变化

（a）外界温度；（b）温度增量

对于 $t=t_i$ 的外界温度增量 ΔT_{ai}，由式（10）、式（11），冷却水管的影响如下

$$\eta_i(t)=\Delta T_{ai}\sum_j\left[e^{-p(t-t_j)}-1\right]\Delta\mathrm{erf}\left(\frac{h}{2\sqrt{a(t_j-t_i)}}\right) \tag{13}$$

式中

$$\Delta\mathrm{erf}\left(\frac{h}{2\sqrt{a(t_j-t_i)}}\right)=\mathrm{erf}\left(\frac{h}{2\sqrt{a(t_j-t_i)}}\right)-\mathrm{erf}\left(\frac{h}{2\sqrt{a(t_j+\Delta t_i-t_i)}}\right) \tag{14}$$

从 0 到 t 积分，对于外界温度变化的全部历程，冷却水管的影响计算如下

$$\eta(t)=\sum_j\eta_i=\sum_i\Delta T_{ai}\sum_j\left[e^{-p(t-t_j)}-1\right]\Delta\mathrm{erf}\left(\frac{h}{2\sqrt{a(t_j-t_i)}}\right) \tag{15}$$

3 两面冷却

在坝块的边缘上，存在着两面冷却问题，如图 4 所示。根据热传导理论中的乘积定理，可知

$$\frac{T(x,y,t)-T_a}{T_w-T_a}=\frac{T(x,t)-T_a}{T_w-T_a}\frac{T(y,t)-T_a}{T_w-T_a}=\mathrm{erf}\left(\frac{x}{2\sqrt{at}}\right)\mathrm{erf}\left(\frac{y}{2\sqrt{at}}\right) \tag{16}$$

由此得到 x、y 点的温度如下

$$T(x,y,t)=T_a-(T_a-T_w)\mathrm{erf}\left(\frac{x}{2\sqrt{at}}\right)\mathrm{erf}\left(\frac{y}{2\sqrt{at}}\right) \tag{17}$$

在时间 t 与 $t+\Delta t$ 之间，不考虑水管冷却的作用，在 $x=h_1$、$y=h_2$ 点的温度增量为

$$\Delta T(h_1,h_2,t)=(T_a-T_w)\Delta\mathrm{erf}\left(\frac{h_1h_2}{2\sqrt{at}}\right) \tag{18}$$

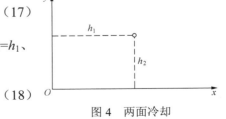

图 4 两面冷却

式中

$$\Delta\mathrm{erf}\left(\frac{h_1h_2}{2\sqrt{at}}\right)=\mathrm{erf}\left(\frac{h_1}{2\sqrt{at}}\right)\mathrm{erf}\left(\frac{h_2}{2\sqrt{at}}\right)-\mathrm{erf}\left(\frac{h_1}{2\sqrt{a(t+\Delta t)}}\right)\mathrm{erf}\left(\frac{h_2}{2\sqrt{a(t+\Delta t)}}\right) \tag{19}$$

以 $\Delta\mathrm{erf}\left(h_1 h_2 / 2\sqrt{at}\right)$ 代替式（15）中的 $\Delta\mathrm{erf}\left(h/2\sqrt{at}\right)$，在两面散热条件下，对于外界温度变化的全过程，冷却水管的影响可计算如下

$$\eta(t) = \sum_i \Delta T_{\mathrm{ai}} \sum_j \left[\mathrm{e}^{-p(t-t_j)} - 1 \right] \Delta\mathrm{erf}\left(\frac{h_1 h_2}{2\sqrt{a(t_j - t_i)}} \right) \qquad (20)$$

式中

$$\Delta\mathrm{erf}\left(\frac{h_1 h_2}{2\sqrt{a(t_j - t_i)}} \right) = \mathrm{erf}\left(\frac{h_1}{2\sqrt{a(t_j - t_i)}} \right) \mathrm{erf}\left(\frac{h_2}{2\sqrt{a(t_j - t_i)}} \right)$$
$$- \mathrm{erf}\left(\frac{h_1}{2\sqrt{a(t_j + \Delta t_j - t_i)}} \right) \mathrm{erf}\left(\frac{h_2}{2\sqrt{a(t_j + \Delta t_j - t_i)}} \right) \qquad (21)$$

4 三面冷却

在坝块尖角上，存在着三面冷却问题，如图 5 所示。根据热传导理论中的乘积定理，x、y、z 点的温度可计算如下

$$T(x, y, z, t) = T_{\mathrm{a}} - (T_{\mathrm{a}} - T_{\mathrm{w}}) \mathrm{erf}\left(\frac{x}{2\sqrt{at}} \right) \mathrm{erf}\left(\frac{y}{2\sqrt{at}} \right) \mathrm{erf}\left(\frac{z}{2\sqrt{at}} \right) \quad (22)$$

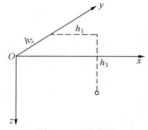

仿照上节的推导，在三面冷却条件下，对于外界温度变化的全过程，冷却水管的影响可计算如下

$$\eta(t) = \sum_i \Delta T_{\mathrm{ai}} \sum_j \left[\mathrm{e}^{-p(t-t_j)} - 1 \right] \Delta\mathrm{erf}\left(\frac{h_1 h_2 h_3}{2\sqrt{a(t_j - t_i)}} \right) \qquad (23)$$

图 5   三面冷却

式中

$$\Delta\mathrm{erf}\left(\frac{h_1 h_2 h_3}{2\sqrt{a(t_j - t_i)}} \right) = \mathrm{erf}\left(\frac{h_1}{2\sqrt{a(t_j - t_i)}} \right) \mathrm{erf}\left(\frac{h_2}{2\sqrt{a(t_j - t_i)}} \right) \mathrm{erf}\left(\frac{h_3}{2\sqrt{a(t_j - t_i)}} \right)$$
$$- \mathrm{erf}\left(\frac{h_1}{2\sqrt{a(t_j + \Delta t_j - t_i)}} \right) \mathrm{erf}\left(\frac{h_2}{2\sqrt{a(t_j + \Delta t_j - t_i)}} \right)$$
$$\mathrm{erf}\left(\frac{h_2}{2\sqrt{a(t_j + \Delta t_j - t_i)}} \right) \qquad (24)$$

5 大体积混凝土水管冷却的等效热传导方程

现在我们得到大体积混凝土水管冷却的等效热传导方程如下

$$\frac{\partial T}{\partial t} = a\left(\frac{\partial^2 T}{\partial x^2} + \frac{\partial^2 T}{\partial y^2} + \frac{\partial^2 T}{\partial z^2}\right) + (T_0 - T_{\text{w}})\frac{\partial \varphi}{\partial t} + \theta_0\frac{\partial \psi}{\partial t} + \frac{\partial \eta}{\partial t} \tag{25}$$

式中：$\partial \varphi/\partial t$ 考虑初始温差 $T_0 - T_{\text{w}}$ 的影响，$\partial \psi/\partial t$ 考虑混凝土绝热温升的影响，$\partial \eta/\partial t$ 考虑外界温度的影响，由文献［3］可知

$$\varphi(t) = \text{e}^{-pt} \tag{26}$$

式中：p 见式（9），当绝热温升为

$$\theta(t) = \theta_0\left(1 - \text{e}^{-mt}\right) \tag{27}$$

时，$\psi(t)$ 为

$$\psi(t) = \frac{m}{m-p}\left(\text{e}^{-pt} - \text{e}^{-mt}\right) \tag{28}$$

$\eta(t)$ 见式（15）、式（20）、式（23）。

如无水管冷却，混凝土绝热温升为 $\theta(t) = \theta_0\left(1 - \text{e}^{-mt}\right)$；有水管冷却时，混凝土的温升为 $\theta_0\psi(t)$。因此，对于混凝土绝热温升，水管冷却在单位时间内所吸收的热量为

$$\theta_0\frac{\partial \psi}{\partial t} - \frac{\partial \theta}{\partial t} = \frac{\theta_0 m}{m-p}\left(m\text{e}^{-mt} - p\text{e}^{-pt}\right) - \theta_0 m\text{e}^{-mt} = \frac{\theta_0 mp}{m-p}\left(\text{e}^{-mt} - \text{e}^{-pt}\right) \tag{29}$$

对于混凝土初始温差，水管冷却在单位时间内吸收的热量为 $(T_0 - T_{\text{w}})\partial \varphi/\partial t$；对于外界气温影响，水管冷却在单位时间内吸收的热量为 $\partial \eta/\partial t$。

【算例】设混凝土冷却柱体直径 $D = 1.692\text{m}$，导温系数 $a = 0.10\text{m}^2/\text{d}$，导热系数 $\lambda = 226.1\text{kJ}/$（$\text{m} \cdot \text{d} \cdot \text{℃}$），冷却水比热 $c_{\text{w}} = 4.187\text{kJ}/$（$\text{kg} \cdot \text{℃}$），水温 5℃，密度 $\rho_{\text{w}} = 1000\text{kg/m}^3$，流量 $q_{\text{w}} = 0.90\text{m}^3/\text{h} = 21.6\text{m}^3/\text{d}$。水管长度 $L = 200\text{m}$，混凝土初始温度 $T_0 = 25\text{℃}$，外界气温 $T_{\text{a}} = 25\text{℃}$，表面放热系数 $\beta = 2261\text{kJ}/$（$\text{m}^2 \cdot \text{d} \cdot \text{℃}$），混凝土绝热温升为

$$\theta(\tau) = 25.0\left(1 - \text{e}^{-0.315\tau}\right)$$

$$\xi = \frac{\lambda L}{c_{\text{w}}\rho_{\text{w}}q_{\text{w}}} = \frac{226.1 \times 200}{4.187 \times 1000 \times 21.6} = 0.500$$

由式（9）

$$k = 2.09 - 1.35 \times 0.500 + 0.320 \times 0.500^2 = 1.495$$

$$p = ka/D^2 = 1.495 \times 0.10/1.692^2 = 0.0522$$

$$\varphi(t) = \text{e}^{-pt} = \text{e}^{-0.0522t}$$

$$\psi(\tau) = \frac{m}{m-p}\left(\text{e}^{-pt} - \text{e}^{mt}\right) = \frac{0.315}{0.315 - 0.0522}\left(\text{e}^{-0.0522t} - \text{e}^{-0.315t}\right)$$

$$= 1.1986\left(\text{e}^{-0.0522t} - \text{e}^{-0.315t}\right)$$

由式（29），对于混凝土绝热温升，水管冷却在单位时间内所吸收的热量为

$$\theta_0\frac{\partial \psi}{\partial t} - \frac{\partial \theta}{\partial t} = \frac{\theta_0 mp}{m-p}\left(\text{e}^{-mt} - \text{e}^{-pt}\right) = 1.5642\left(\text{e}^{-0.315t} - \text{e}^{-0.0522t}\right)$$

由于初始温差 $T_0 - T_{\text{w}}$，在单位时间内水管吸取的热量为

$$(T_0 - T_{\text{w}})\frac{\partial \varphi}{\partial t} = -(T_0 - T_{\text{w}})p\text{e}^{-pt} = -(25.0 - 5.0) \times 0.0522\text{e}^{-0.0522t} = -1.044\text{e}^{-0.0522t}$$

水管至混凝土表面距离 $h'=1.50\text{m}$，$\lambda/\beta=0.10$，$h=h'+\lambda/\beta=1.60\text{m}$，由式（10），由于外界温度影响，水管在单位时间内吸收的热量为

$$\frac{\partial \eta}{\partial t}=-\left(T_{\mathrm{a}}-T_{\mathrm{w}}\right)p\sum \mathrm{e}^{-p(t-t_j)}\Delta\mathrm{erf}\left[\frac{h}{2\sqrt{at_j}}\right]$$

$$=-1.044\sum \mathrm{e}^{-0.0522(t-t_j)}\Delta\mathrm{erf}\left[\frac{0.80}{\sqrt{0.10t_j}}\right]$$

计算结果见图 6。

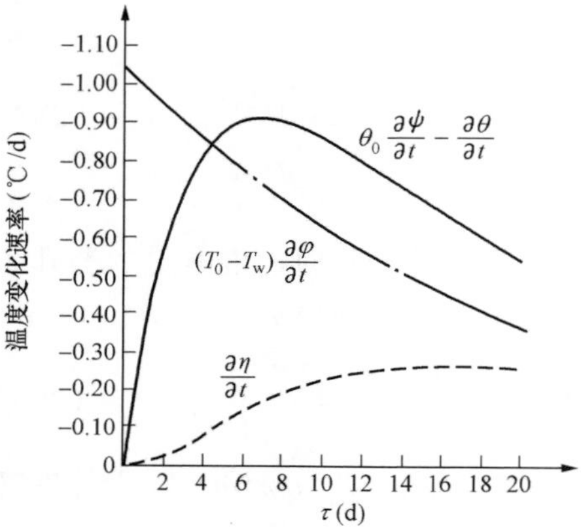

图 6 算例

由图 6 可见，对于本算例来说，冷却水管对于混凝土初始温差及绝热温升的影响比较大，而受外界气温的影响相对较小，如果表面暴露时间不超过 5d，即使忽略其影响，误差也不大。这是由于在水管附近的温度 $T(h,t)$ 远小于气温 T_{a} 的缘故。例如，当 $t=6\text{d}$，在混凝土表面，$T_{\mathrm{a}}-T_{\mathrm{w}}=25.0-5.0=20.0$（℃），而在水管附近，$h=1.60\text{m}$ 处，$T(h,t)-T_{\mathrm{w}}=7.884-5.0=2.884$（℃），只有表面温差 T_a-T_{w} 的 0.144 倍。由于这个原因，只有靠近表面的水管需要考虑气温影响，内部水管不必考虑。

误差函数 erf$u$ 是无穷级数，可用笔者给出的下列近似式计算，误差<2%

$$\mathrm{erf}u=1-\exp\left(-1.80u^{1.25}\right) \tag{30}$$

有的学者按普通有限元计算气温影响，然后每一时段末积分求平均温度 T_{mi}，并以 T_{mi} 作为下一时段的初始温度进行计算，这一算法是不正确的，气温影响在表面部分大而在水管附近小，平均以后就夸大了水管附近的气温与水温之差。

6 结束语

本文给出的水管冷却等效热传导方程（25）考虑了初始温差、绝热温升和外界温度变化的影响，考虑的因素比较全面。冷却水管的作用分别用 3 个函数 $\varphi(t)$、$\psi(t)$、$\eta(t)$ 考虑，采用一般的有限元网格即可进行计算，为混凝土高坝的仿真计算带来了极大的方便。

参 考 文 献

[1] 朱伯芳，等．水工混凝土结构的温度应力与温度控制 [M]．北京：水利水电出版社，1976.

[2] 朱伯芳，蔡建波．混凝土坝水管冷却效果的有限元分析 [J]．水利学报，1985，（4）：27-36.

[3] 朱伯芳．考虑水管冷却效果的混凝土等效热传导方程 [J]．水利学报，1991，（3）：28-34.

[4] 朱伯芳．大体积混凝土温度应力与温度控制 [M]．北京：中国电力出版社，1999.

[5] A·B·雷柯夫．热传导理论 [M]．裘烈钧，等，译．北京：高等教育出版社，1955.

聚乙烯冷却水管的等效间距❶

摘 要： 水管冷却是混凝土坝温度控制的重要手段，过去采用钢管或铝管，近年国内外不少工程采用高强聚乙烯水管，已有取代金属水管的趋势，人们关心的一个问题是两种水管的冷却效果和经济比较。为此笔者提出了聚乙烯水管等效间距的计算方法，为两种水管冷却的效果和经济比较提供了依据。

关键词： 等效间题；聚乙烯；冷却水管

The Equivalent Spacing between Polyethylene Water–cooling Pipes

Abstract： The cooling by water pipe is an important tool for the temperature control of concrete dam. In the past，steel pipe or aluminum pipe were used as cooling pipe. In recent years, many projects at home and abroad have used high-strength polyethylene water pipe as its cooling pipe to replace metallic pipe，which has become a trend. But the important problems concerned by the people are the cooling effectiveness and economic benefits of such two kinds of pipes. For this reason，this paper puts forward the calculation method of the equivalent spacing between polyethylene water pipes and provides the basis for the cooling effectiveness and economy comparison of such two kinds of pipes.

Key words: equivalent spacing, polyethylene cooling pipe

1 前言

1931 年美国垦务局在欧瓦希（Owyhee）拱坝进行了混凝土水管冷却的现场试验，结果满意。两年后胡佛（Hoover）拱坝开始施工，全面采用水管冷却，效果良好，此后在全世界得到广泛应用。我国于 1956 年兴建第一座混凝土拱坝——响洪甸拱坝时，开始采用水管冷却，以后成为混凝土坝温度控制的重要手段。

过去冷却水管大多采用钢管，外直径 19mm 或 25mm，管壁厚 1.5～1.8mm，国外有的工程采用铝管。钢管和铝管的冷却效果好，但钢管接头多，施工较费事；铝管施工方便，但价格昂贵。原苏联萨扬舒申斯克坝、加拿大雷维尔斯托克（Revelstoke）坝、洪都拉斯的埃尔卡洪（El Cajon）坝先后成功地在混凝土内埋设高强聚乙烯管进行冷却。从 1995 年开始，在我

---

❶ 原载《水利发电》2002 年第 1 期。

国二滩拱坝工程也采用高强聚乙烯管进行人工冷却，获得成功[1]，其管外直径 32mm，壁厚 2mm，白色，导热系数 1.66kJ/（m·h·℃），水管每卷长度 200m，可直接在仓面上铺设成蛇形管，减少了大量接头，便于施工。与外径 25mm、壁厚 1.5mm 钢管相比，按 1995 年价格，塑料管材料费用可节省 1.40 元/m，但塑料管冷却效果较低，因此，这种经济比较，缺乏合理的基础。本文提出与钢管具有相同冷却效果的塑料水管等效间距的计算方法，为两种水管的经济比较提供了合理的基础。

2 塑料水管冷却效果的简化算法

笔者在文献 [2] 中对塑料冷却水管的冷却效果进行了较全面的分析，提出了 1 个精确算法和 3 个简化算法，3 个简化算法的精度与精确算法很接近，本文采用第 3 个简化算法进行分析。如果水管是梅花形排列的，如图 1 所示，水平间距为 S_1，铅直间距为 S_2，可以把它转换成一个外半径为 b 的混凝土空心圆柱体进行计算，根据面积相等原则，外半径 b 按下式计算

$$b = \sqrt{S_1 S_2 / \pi} \tag{1}$$

实际工程中水管多采用矩形排列，与梅花形排列相比，冷却效果有所降低，据分析，为了考虑这一因素，在计算冷却柱体半径 b 时，应把面积加大 7%，故对矩形排列水管[2]

$$b = \sqrt{1.07 S_1 S_2 / \pi} = 0.5836 \sqrt{S_1 S_2} \tag{2}$$

目前金属水管冷却效果计算图表是按照 $b/c = 100$ 计算的，当 $b/c \neq 100$ 时，可采用等效导温系数 a''，并计算如下

$$a'' = \frac{a \ln 100}{\ln(b/c)} \tag{3}$$

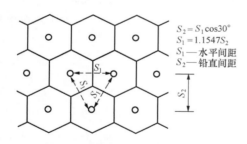

图 1 梅花形布置的水管

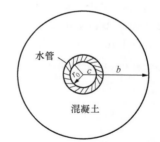

图 2 聚乙烯冷却水管计算模型

对塑料水管，设水管外半径为 c，内半径为 r_0，导热系数为 λ_1，冷却柱体外半径为 b，如图 2 所示。现在用一个等效的均质混凝土圆柱体代替原问题，外半径（b），内半径（r_1），混凝土导热系数（λ），在 $r = r_1$ 处，边界温度等于水温。因此，对于这个等效冷却柱体可用常规方法计算，关键在于如何求出 r_1。在文献 [2] 中笔者曾给出求 r_1 的准确方法，下面给出较简单的近似算法（精度可满足实用需要）。假定

$$\frac{\ln(b/r_1)}{\lambda} = \frac{\ln(b/c)}{\lambda} + \frac{\ln(c/r_0)}{\lambda_1} \tag{4}$$

于是

$$\ln(b/r_1) = \ln(b/c) + \frac{\lambda}{\lambda_1}\ln(c/r_0) \tag{5}$$

以 $\ln(b/r_1)$ 代替式（3）中的 $\ln(b/c)$，得到塑料水管冷却时的等效导温系数 a' 如下

$$a' = \frac{a\ln 100}{\ln(b/c) + (\lambda/\lambda_1)\ln(c/r_0)} \tag{6}$$

为了提高塑料水管的冷却效率，一种办法是加大水管半径，另一种办法是减小水管间距，经验表明，减小水管间距的效果较好。通常水管铅直间距等于混凝土浇筑层厚度，多调整水管的水平间距。考虑下面两种情况：

（1）塑料水管，外半径（c），厚度（t），内半径（$r_0 = c-t$），水管水平间距（S_1），铅直间距（S_2），混凝土冷却柱体外半径 $b = 0.5836\sqrt{S_1 S_2}$，混凝土导温系数为 a，混凝土导热系数为 λ，塑料水管导热系数为 λ_1。

（2）金属水管，外半径为 r_1，水平间距为 S_1'，铅直间距为 S_2'，混凝土冷却柱体的外半径为 $b' = 0.5836\sqrt{S_1'S_2'}$，混凝土导温系数为 a。

今假定情况（1）与情况（2）具有相同的冷却速度，在铅直间距 $S_2 = S_2'$ 的条件下，要求计算情况（1）的水管水平间距 S_1。

情况（1）的等效导温系数（a'）由式（6）计算，情况（2）的等效导温系数由下式计算

$$a'' = \frac{a\ln 100}{\ln(b'/r_1)} \tag{7}$$

在文献[2]中曾给出 $a' = a''$ 的等效水平间距的计算方法，在水管间距不变的条件下，冷却速度与导温系数成正比，如 $a' = a''$，则冷却速度相同。目前的条件，水管间距改变了，为了使两种情况的冷却速率相同，必须具有相同的傅里叶准数，即

$$\frac{a't}{b^2} = \frac{a''t}{(b')^2} \tag{8}$$

约去时间（t），得到

$$\frac{a'}{b^2} = \frac{a''}{(b')^2} \tag{9}$$

即

$$\frac{a\ln 100}{\ln(b/c) + (\lambda/\lambda_1)\ln(c/r_0)}\frac{1}{b^2} = \frac{a\ln 100}{\ln(b'r_1)}\frac{1}{(b')^2} \tag{10}$$

以 $b = 0.5836\sqrt{S_1'S_2'}$，$b' = 0.5836\sqrt{S_1'S_2'}$，及 $S_2 = S_2'$ 代入式（10），得到

$$S_1 = \frac{S_1'\ln\left(0.5836\sqrt{S_1'S_2'}/r_1\right)}{\ln\left(0.5836\sqrt{S_1 S_2}/c\right) + (\lambda/\lambda_1)\ln(c/r_0)} \tag{11}$$

由此即可计算聚乙烯水管的等效水平间距（S_1），由于式（11）右边分母中出现了未知数 S_1，所以需要采用迭代算法。首先，假定右边分母中 $S_1 = S_1'$，求出第一近似值 $S_1^{(1)}$；再把 $S_1^{(1)}$ 代入右边，求出第二近似值 $S_1^{(2)}$，直至前后两次求出的 S_1 充分接近为止。经验表明，计算收敛很快，只需迭代一、二次就可结束计算。

【算例】 聚乙烯水管外半径 $c=1.60$cm，内半径 $r_0=1.40$cm，导热系数 $\lambda_1=1.66$kJ/（m·h·℃），水管铅直间距 $S_2=1.50$m，要求计算水管水平间距 S_1，使它与外半径 $r_1=1.25$cm，水平间距 $S_1'=1.50$m，铅直 $S_2'=1.50$m 的金属水管具有相同的冷却速率，混凝土的导热系数 $\lambda=8.37$kJ/（m·h·℃），混凝土的导温系数 $a=0.004$m²/h。

先以 $S_1=S_1'=1.50$m 代入式（11）右边，求得 S_1 第一近似值如下：$S_1^{(1)}=1.363$m；以 $S_1^{(1)}=1.363$m 代入式（11），求得第二近似值 $S_1^{(2)}=1.377$m；再以第二近似值 $S_1^{(2)}=1.377$m 代入，求得第三近似值 $S_1^{(3)}=1.376$m。可见计算收敛很快，实际上迭代一次，求出第二近似值即可结束计算。

计算结果表明，对于本例，为了取得相同的冷却速度，聚乙烯水管的水平间距应为 $S_1=1.376$m，为钢管间距 1.50m 的 0.917 倍。

校核：金属水管间距 1.50m×1.50m，$b'=0.5836\sqrt{1.50\times1.50}=0.8754$m，$a''=0.004\ln100/\ln（0.8754/0.0125）=0.004335$m²/h，$a''/(b')^2=0.004335/0.8754^2=0.005657$。

聚乙烯水管间距 1.50m×1.376m，$b'=0.5836\sqrt{1.50\times1.376}=0.8384$m，$a'=0.004\ln100/[\ln(0.8384/0.016)+(8.37/1.66)\ln(1.60/1.40)]=0.003976$m²/h，$a'/b^2=0.003976/0.8384^2=0.005657$。

可见 $a'/b^2=a''/.b'^2$，满足式（9），符合要求。

对于本例，如果聚乙烯水管也采用 1.50m×1.50m 的间距，由式（6）可得等效导温系数 $a'=0.00394$m²/h。

金属水管的等效导温系数为 $a''=0.004335$m²/h，在水管间距相同的条件下，冷却速率与等效导温系数成正比，故聚乙烯水管的冷却速率为金属水管的 0.00394/0.004335＝0.909 倍。

总之，对于本例来说，如果两种水管采用相同的间距，则聚乙烯水管的冷却速率要降低 10%。相反，如果希望两种水管具有相同的冷却速率，则聚乙烯水管的水平间距应从 1.50m 改为 1.376m。

参 考 文 献

[1] 王成祥. 高强聚乙烯管在二滩拱坝混凝土水管冷却中的应用 [J]. 水电站设计，1995，（11）：4.

[2] 朱伯芳. 大体积混凝土温度应力与温度控制 [M]. 北京：中国电力出版社，1999.

高温季节进行坝体二期水管冷却时的表面保温[❶]

摘　要： 在高温季节进行坝体二期水管冷却时，受到外界气温的影响，在表面 5～7m 范围内，很难降低到规定的温度，接缝不能充分张开，影响到接缝灌浆质量。本文首次针对这个问题进行分析，提出了简便的计算方法。应用此方法进行水管冷却计算，根据所得结果表明，必须采取特别厚的保温板进行表面保温，方可得到较好的表面保温效果。

关键词： 高温季节；二期水管冷却；表面保温

Effect of Superficial Thermal Insulation for Pipe Cooling in Hot Seasons

Abstract： When pipe cooling is conducted in hot seasons, the temperature of concrete near the surface will not drop. In this case, the superficial thermal insulation is needed. A computation method is proposed in this paper and an example is given to show the effect of superficial thermal insulation.

Key words: hot seasons, second stage pipe cooling, superficial thermal insulation

1　前言

当坝内设有纵缝时，在接缝灌浆前必须将坝体温度降低到设计规定的灌浆温度，因而需要进行水管冷却。坝体灌浆温度通常等于坝体的稳定温度，在坝体的下部，灌浆温度一般是比较低的。由于坝体人工冷却的工作量比较大，在实际工程中，很难把全部水管冷却都安排在低温季节进行，因而有时难免要在高温季节进行水管冷却。在这种情况下，受到外界气温的影响，在坝体表面 5～7m 范围内，混凝土温度很难降低到设计规定的灌浆温度，接缝不能充分张开，影响到接缝灌浆质量。对于拱坝坝型，这个问题尤为重要。为了使坝体表面部分的温度也能大幅度地降低，必须采取相应的表面保温措施。

在这种情况下，水管冷却和表面传热两种作用同时存在，问题的分析是比较困难的。较好的分析方法是笔者提出的考虑水管冷却的有限元方法[1.2]，但需要专门的软件。本文提出一种实用的、较简便的计算方法，并用一个实例来说明表面保温的必要性和保温的效果。

---

❶　原载《水利水电技术》1997 年第 4 期。

2 计算方法

在水管冷却开始前，坝内温度一般是比较高的，水管冷却开始后，如果坝体表面是绝热的，在水管冷却过程中，坝体水平断面上各处温度将基本上同步降低；如果表面暴露在空气中，而气温又较高，那么靠近表面的混凝土温度将保持较高的水平，难以降低到规定的温度，即使延长冷却时间，也无济于事。通常水管冷却时间不会超过 3 个月，表面温度的影响深度不会超过 10m。如果坝体厚度不到 20m，考虑到温度场的对称性，可取出坝体厚度的一半按无限平板进行计算，一面与空气接触，一面由于对称而绝热，如图 1（a）所示。如果坝体厚度大于 20m，考虑到表面温度影响深度不超过 10m，可以只取出 10m 厚度，按平板计算，一边与空气接触，一边绝热，见图 1（b）。

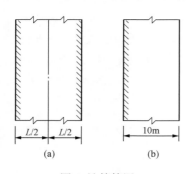

图 1 计算简图

（a）$L<20m$；（b）$L>20m$

我们分析的对象是一块混凝土平板，一边与空气接触，另一边绝热，内部存在着冷却水管。这个问题的难点在于，同时存在着水管冷却和表面传热。根据笔者提出的考虑水管冷却的等效热传导方程[3]，将这个问题归结于如下问题。

热传导方程

$$\frac{\partial T}{\partial \tau} = a\frac{\partial^2 T}{\partial x^2} + (T_0 - T_w)\frac{\partial \varphi}{\partial \tau} \tag{1}$$

初始条件：当 $\tau=0$ 时

$$T = T_0 \tag{2}$$

边界条件：当 $x=0$ 时

$$-\lambda\frac{\partial T}{\partial x} + \beta(T - T_a) = 0 \tag{3}$$

当 $x=L$ 时

$$\frac{\partial T}{\partial x} = 0 \tag{4}$$

式中：T 为温度；τ 为时间；a 为混凝土导温系数；T_0 为混凝土初始温度；T_w 为进口处冷却水温度；φ 为考虑水管冷却效果的函数；λ 为混凝土导热系数；β 为表面放热系数；T_a 为气温；L 为冷却水管长度。

φ 函数可表示如下

$$\varphi = e^{-p\tau} \tag{5}$$

$$p = ka/D^2 \tag{6}$$

$$k = 2.09 - 1.35\xi + 0.320\xi^2 \tag{7}$$

$$\xi = \frac{\lambda L}{c_w\rho_w q_w} \tag{8}$$

式中：D 为冷却柱体的直径；L 为冷却水管长度；C_w 为水的比热；ρ_w 为水的密度；q_w 为冷却水的流量。

把计算域划分为 n 层，共有 $n+1$ 个结点，即点 0，1，2，$\cdots$，$n-1$，n。将式（1）写成差

分方程，得到

$$T_{i,\tau+\Delta\tau} = T_{i,\tau}\left(1 - \frac{2a\Delta\tau}{\Delta x^2}\right) + \frac{a\Delta x}{\Delta x^2}\left(T_{i-1,\tau} + T_{i-1,\tau}\right) + \Delta T(\tau) \tag{9}$$

$$\Delta T(\tau) = (T_0 - T_w)\left[\varphi(\tau+\Delta\tau) - \phi(\tau)\right] \tag{10}$$

式中：Δx 为差分网格的间距；ΔT 为水管冷却引起的温降。

由边界条件式（3），得到左边界上 0 点温度如下

$$T_{0,\tau+\Delta\tau} = \frac{\Delta x T_a + (\lambda/\beta)T_{1,\tau+\Delta\tau}}{\Delta x + \lambda/\beta} \tag{11}$$

由边界条件式（4），得到右边界上 n 点温度如下

$$T_{n,\tau+\Delta\tau} = T_{n,\tau}\left(1 - \frac{2a\Delta x}{\Delta x^2}\right) + \frac{2a\Delta\tau}{\Delta x^2}T_{n-1,\tau} + \Delta T(\tau) \tag{12}$$

为了保证计算的稳定性，必须使

$$a\frac{\Delta\tau}{\Delta x^2} \leqslant \frac{1}{2} \tag{13}$$

在表面有保温板时，等效表面放热系数按下式计算[1]

$$\beta = \frac{1}{(1/\beta_0) + h/\lambda_1} \tag{14}$$

式中：β_0 为保温板向空气放热的系数；h 为保温板厚度；λ_1 为保温板的导热系数。

利用以上各式，即可同时考虑水管冷却和表面传热的两种作用，计算坝内温度场。

【算例】 混凝土坝体厚度 30m，取出 10m 进行分析，左边与空气接触，右边绝热。混凝土导温系数 $a=0.10\text{m}^2/\text{d}$，导热系数 $\lambda=200\text{kJ}/(\text{m}\cdot\text{d}\cdot\text{℃})$，表面放热系数 $\beta_0=1000\text{kJ}/(\text{m}^2\cdot\text{d}\cdot\text{℃})$。冷却水管长度 $L=200\text{m}$，水平间距 $S_1=1.50\text{m}$，铅直间距 $S_2=3.00\text{m}$，进口水温 $T_w=2\text{℃}$，水比热 $C_w=4.187\text{kJ}/(\text{kg}\cdot\text{℃})$，水密度 $\rho_w=1000\text{kg}/(\text{m}^3\cdot\text{℃})$，冷却水流量 $q_w=21.6\text{m}^3/\text{d}$，钢管外半径 $c=1.25\text{cm}$，混凝土初温 $T_0=25\text{℃}$，气温 $T_a=25\text{℃}$。

对于矩形排列的水管，计算冷却柱体外径时，应将面积加大 7%[1]，故冷却柱体直径为

$$D = 2\times\sqrt{1.07\times1.5\times3.0/\pi} = 2.476\,(\text{m})$$

半径 $b=D/2=1.238\text{m}$。

等效导温系数 a' 为

$$a' = a\ln100/\ln(b/c) = 0.10\times\ln100/\ln(1.238/0.0125) = 0.1002\,(\text{m}^2/\text{d})$$

$$\xi = \frac{\lambda L}{c_w\rho_w q_w} = \frac{200\times200}{4.187\times1000\times21.6} = 0.442$$

由式（7）得

$$k = 2.09 - 1.35\times0.442 + 0.320\times0.442^2 = 1.556$$

由式（5）和式（6）得

$$p = ka'/D^2 = 1.556\times0.1002/2.476^2 = 0.0254$$

$$\varphi = \text{e}^{-p\tau} = \text{e}^{-0.0254\tau}$$

由式（10）得

$$\Delta T = (25.0 - 2.0)[\text{e}^{-0.0254(\tau+\Delta\tau)} - \text{e}^{-0.0254\tau}]$$

今取 $\Delta x = 1.0$m，$\Delta \tau = 4.0$d

$$a\Delta\tau/\Delta x^2 = 0.10 \times 4.0/1.0^2 = 0.400$$

由式（9），计算温度场的差分方程为

$$T_{i,\tau,\Delta\tau} = 0.200T_{i,\tau} + 0.400\left(T_{i-1,\tau} + T_{i+1,\tau}\right) + \Delta T$$

我们共计算 3 种边界条件如下：①表面无保温板，混凝土直接与空气接触，$\beta = 1000$kJ/ $(m^2 \cdot d \cdot \text{℃})$；②表面有 5cm 厚泡沫塑料（聚苯乙烯）板保温，其导热系数为 $\lambda_1 = 3.00$kJ/ $(m \cdot d \cdot \text{℃})$；③表面有 10cm 厚泡沫塑料板保温。

以 10cm 厚保温板为例，由式（14）可得等效表面放热系数为

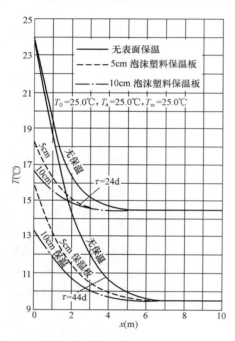

图 2　高温季节水管冷却的表面保温效果

$$\beta = \frac{1}{(1/1000) + (0.10/3.00)} = 29.13[\text{kJ}/(m^2 \cdot d \cdot \text{℃})]$$

$$\lambda/\beta = 200/29.13 = 6.866(\text{m})$$

由式（11），左边界上 0 点温度由下式计算

$$T_{o,\tau,\Delta\tau} = \frac{1.0 \times 25.0 + 6.866T_{1,\tau+\Delta\tau}}{1.0 + 6.866}$$
$$= 3.18 + 0.873T_{1,\tau+\Delta\tau}$$

由式（12），右边界上结点 10 的温度计算如下

$$T_{10,\tau+\Delta\tau} = 0.200T_{10,\tau} + 0.800T_{9,\tau} + \Delta T$$

由以上各式，温度场计算结果如表 1 所列。

高温季节水管冷却的表面保温效果，如图 2 所示。从图 2 可看出以下几点：①经过 44d 冷却，内部温度已降至 9.52℃，但如无表面保温措施（气温 $T_a = 25.0$℃，$\lambda/\beta = 0.20$m），表面混凝土温度仍可达 23.9℃，在表面 6m 范围内的混凝土均高于 9.52℃；②如采用 10cm 厚泡沫塑料板进行表面保温，表面部分混凝土温度将显著降低，在 44d 的表面温度为 13.42℃，与无表面保温时的 23.9℃相比，降低了 10.5℃，表面保温的效果是显著的；③通常寒潮历时为 2～4d，相比之下，水管冷却历时较长，因此，所需保温板的厚度较大。

表 1　　　　　　　　　**表面有 10cm 厚泡沫塑料保温板时的水管冷却计算**　　　　　　（单位：℃）

τ (d)	T_0	T_1	T_2	T_3	T_4	T_5	T_6	T_7	T_8	T_9	T_{10}	ΔT
0	25.00	25.00	25.00	25.00	25.00	25.00	25.00	25.00	25.00	25.00	25.00	-2.22
4	23.06	22.782	22.78	22.78	22.78	22.78	22.78	22.78	22.78	22.78	22.78	-2.01
8	21.40	0.88	20.77	20.77	20.77	20.77	20.77	20.77	20.77	20.77	20.77	-1.81
12	19.97	19.23	18.96	18.96	18.96	18.96	18.96	18.96	18.96	18.96	18.96	-1.64
16	18.72	17.80	17.34	17.34	17.32	17.32	17.32	17.32	17.32	17.32	17.32	-1.48
20	17.62	16.54	15.89	15.89	15.85	15.84	15.84	15.84	15.84	15.84	15.84	-1.34
24	16.66	15.44	14.61	14.61	14.52	14.51	14.50	14.50	14.50	14.50	14.50	-1.21
28	15.82	14.48	13.46	13.46	13.34	13.30	13.29	13.29	13.29	13.29	13.29	-1.21
32	15.09	13.64	12.45	12.45	12.28	12.23	12.21	12.20	12.20	12.20	12.20	-0.99
36	14.45	12.91	11.54	11.54	11.34	11.26	11.23	11.22	11.22	11.21	11.21	-0.89
40	13.90	12.28	10.76	10.76	10.50	10.39	10.35	10.33	10.32	10.32	10.39	-0.80
44	13.42	11.73	10.06	10.06	9.76	9.61	9.55	9.52	9.52	9.52	9.52	-0.73

3 结束语

通过本文的计算，对于高温季节进行坝体二期水管冷却时的表面保温总结如下几点：

（1）在高温季节进行水管冷却，如无表面保温措施，表面部分混凝土温度很难降低到设计规定的温度。

（2）本文提出的计算方法是方便而实用的。

（3）表面保温的效果是显著的，但保温板的厚度与保温时间的长短有关，通常寒潮的历时为 2～4d，相比之下，水管冷却的时间较长，因此，所需保温板的厚度较大。

参 考 文 献

［1］朱伯芳，等．水工混凝土结构的温度应力与温度控制［M］．北京：水利电力出版社，1976．

［2］朱伯芳，蔡建波. Finite element analysis of effect of pipe cooling in concrete dams ［J］. Journal of Construction Engineering，ASCE，Vol.115.1989，4.

［3］朱伯芳．考虑水管冷却效果的混凝土等效热传导方程［J］．水利学报，1991，（3）.

加热下部混凝土以防止上部混凝土
结构裂缝的探索❶

摘　要：本文提出一种新的混凝土结构温控防裂方法，利用水管加热、表面热水或表面热风，以加热下部混凝土，减少上、下部温差，防止混凝土裂缝。制冷设备复杂，而加热设备简单，因此，在一定条件下可取代冷却措施。

关键词：加热；下部混凝土；防止裂缝；上部混凝土

Researches on Prevention of Cracking in the Upper Part
of Concrete Structure by Heating the Lower Part
of the Structure

Abstract：Up to present，cooling methods，such as pipe cooling and precooling，are used to con-trol the maximum temperatures in mass concrete to prevent cracking. A new method is proposed in this paper to prevent cracking in concrete structures：the temperatures in the lower part of the structures are raised by pipe heating or superficial hot water or hot wind, thus the temperature differences between the upper and lower parts are reduced and cracking may be avoided.

Key words: heating, lower concrete, prevention of cracking, upper concrete

1　前言

到目前为止，大体积混凝土温度控制主要依靠冷却措施，如水管冷却、预冷骨料、加冰拌和等，以降低混凝土的最高温度、减小温差、防止裂缝。本文提出一个新的温控防裂方法，利用加温来减小混凝土温度应力。即通过水管加温、表面流热水或表面吹热风等方法，加热下部混凝土以降低上、下层温差，从而防止上部混凝土裂缝。制冷需要复杂设备，费用较高；而加热设备简单，费用较低，因此，本文建议的这种新的温控方法有一定的应用前景。

2　加热方法

2.1　水管加温

如图 1 所示，老混凝土内预埋塑料水管，通热水加温，为防止加热时内热外冷，出现表

---

❶　原载《水利水电技术》2009 年第 2 期，由笔者与吴龙珅、李玥、张国新联名发表。

面裂缝，外表面也在相应位置铺设塑料水管，外面用保温被覆盖，在浇筑新混凝土之前，水管内通热水加温，水温不必太高，比老混凝土当时温度高 10℃ 左右即可。温度场可用等效热传导方程计算如下[1]

$$\frac{\partial T}{\partial t} = a\left(\frac{\partial^2 T}{\partial x^2} + \frac{\partial^2 T}{\partial y^2} + \frac{\partial^2 T}{\partial z^2}\right) + (T_0 - T_w)\frac{\partial \varphi}{\partial \tau} \tag{1}$$

式中：T_0 为混凝土初温；T_w 为水温；a 为导温系数；$\varphi = e^{-pt}$；系数 p 见文献 [1]。式（1）可用有限元计算，初步计算中也可用单向差分法沿深度（y）方向计算温度分布。

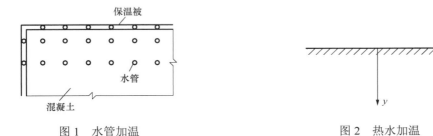

图 1 水管加温　　　　　　　　　　　图 2 热水加温

2.2 热水加温

有两种办法提高老混凝土温度，一种是在混凝土表面不断地流淌热水，另一种办法是在混凝土表面积蓄一定深度的水，水中用电热器加热。如图 2 所示，求解问题归结为

热传导方程
$$\frac{\partial T}{\partial t} = a\frac{\partial^2 T}{\partial y^2} \tag{2}$$

初始条件　　　　　　　　当 $t=0$，　$T(y, 0) = T_0$ $\tag{3}$

边界条件　　　　　　　　当 $y=0$，　$T(0, t) = T_w$ $\tag{4}$

$$当 \ y = \infty, \frac{\partial T}{\partial y} = 0 \tag{5}$$

用拉普拉斯变换可得解答如下[1]

$$\frac{T(y,t) - T_0}{T_w - T_0} = v = 1 - \mathrm{erf}u \tag{6}$$

式中

$$u = \frac{y}{2\sqrt{at}} \tag{7}$$

$\mathrm{erf}u = \frac{2}{\sqrt{\pi}} \int_0^u e^{-u^2} \mathrm{d}u$ 为误差函数，是一无穷级数，计算温度场可用笔者给出的下列近似算式（误差<2.0%）

$$\mathrm{erf}u \cong 1 - e^{-1.8u^{1.25}} \tag{8}$$

由此可知

$$\frac{T(y,t) - T_0}{T_w - T_0} = v = e^{-1.80u^{1.25}} \tag{9}$$

由式（9）可反算由初温（T_0）加温到 $T(y, t)$ 所需时间（t）如下

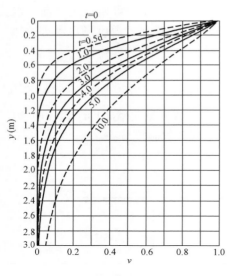

图3 热水加温函数 v

$$t = \frac{1}{a}\left(\frac{y}{2u}\right)^2$$
$$u = \exp\left[\frac{1}{1.25}\ln\left(-\frac{1}{1.8}\ln v\right)\right] \quad (10)$$

设 $a=0.10\text{m}^2/\text{d}$，得到 v 与深度（y）及时间（t）的关系如图3。

例如：设 $a=0.10\text{m}^2/\text{d}$，$t=2.0\text{d}$，$y=0.25\text{m}$，$u=y/(2\sqrt{at})$ $=0.25/(2\times\sqrt{0.10\times2.0})=0.2795$，准确值 erf0.2975=0.307，由式（8），近似值 erf0.2795=0.306。$v=1-\text{erf}u=0.693$，故 $T(0.25, 2.0)=T_0+0.693(T_w-T_0)$

再设 $v=0.693$，由式（10），反算达到上述温度的时间

$$u = \exp\left[\frac{1}{1.25}\ln\left(-\frac{1}{1.80}\ln 0.693\right)\right] = 0.280$$

$$t = \frac{1}{0.10}\left(\frac{0.25}{2\times0.280}\right)^2 = 1.993(\text{d}) \cong 2.0(\text{d})$$

反算所需加热时间 1.993d 与原定时间 2.0d 很接近，计算误差只有 0.35%。

2.3 热风加温

在混凝土表面覆盖帆布，帆布下面吹热风，风温为 T_a，此时求解的边界条件为

当 $x=0$
$$\lambda\frac{\partial T}{\partial x} = \beta[T(0,t) - T_a] \quad (11)$$

式中：λ 为导热系数；β 为表面放热系数。式（11）可改写为

$$\frac{\partial T}{\partial x} = \frac{T(0,t) - T_a}{\lambda/\beta} \quad (12)$$

如图4所示，把混凝土向外延拓虚厚度 λ/β，在新边界上，$T(0, t)=T_a$，因此，令
$$y'=y+\lambda/\beta \quad (13)$$

就可用式（9）计算如下

$$\frac{T(y',t)-T_0}{T_a-T_0} = v = 1-\text{erf}u \quad (14)$$

$$u = \frac{y'}{2\sqrt{at}} = \frac{y+\lambda/\beta}{2\sqrt{at}} \quad (15)$$

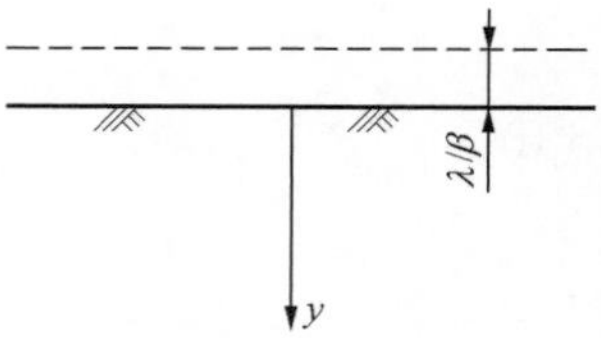

令 $y'=y+\lambda/\beta$，可由图3查得热风加温的函数（v），也可由式（10）反算由初温 T_0 加热到 $T(y', t)$ 所需时间（t）。

图4 热风加温

3 工程应用

3.1 混凝土坝上、下层温差裂缝的防止

第一种情况：由于泄洪等原因，大坝被迫停工，在恢复浇筑新混凝土之前，对下部混凝土适当加温（见图5），可减少上、下层温差，防止上层混凝土裂缝。如老混凝土内有水管，

可利用水管加温，如老混凝土内无水管，可用表面加温方法。加温时间需 3～5d，表面升温 10℃ 左右即可。

第二种情况：寒冷地区，冬季大坝停工，混凝土表面一般都有保温层，次年春季气温回升浇筑新混凝土时，通常老混凝土表层温度仍很低，为减小上、下层温差，对老混凝土可进行加温（见图 5），方法同上。

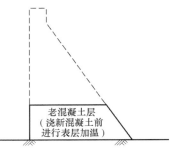

图 5　混凝土坝

3.2　软基上水闸、船坞、涵管防裂问题

混凝土的弹性模量约为 30000～40000MPa，而土基的弹性模量只有 10～50MPa，软基对混凝土结构温度变形的约束作用很小，软基上水闸、船坞、涵管的底板一般不出现贯穿性裂缝。但闸墩、坞墙和侧墙往往出现贯穿性裂缝，其原因就是，浇筑坞墙、闸墩时，先行浇筑的底板已充分冷却，对坞墙和闸墩的温度变形已有较强的约束作用[4]。

在浇筑坞墙、闸墩、涵管侧墙之前，用水管加温、热水加温或热风加温等方法，对底板混凝土进行加温，可以减小上、下部温差，降低坞墙、闸墩或涵管侧墙的温度应力。

3.3　工业、民用建筑中地下室及水池墙壁防裂

为了防止工业、民用建筑中地下室及水池等墙壁产生温度裂缝，一般可在浇筑底板之前，采用帆布下吹热风办法加热底板，由图 3 或式（14）可决定加热时间，对于较薄底板，加热 1d 左右即可。如底板厚度超过 0.7m，也可采用埋塑料水管通热水加温。

【算例】　如图 6 所示，土基上水闸，闸墩长 10.5m，高 6.0m，厚 1.0m，底板厚 1.30m，土基弹性模量 E_f=50MPa，泊松比 μ=0.25，无徐变。混凝土 $E(\tau)$=35000τ/（3.30+τ）MPa，μ=0.167，α=1×10^{-5}℃$^{-1}$，a=0.10m^2/d，有徐变。无保温时，β=70kJ/（m^2·h·℃）；有模板时，β=38kJ/（m^2·h·℃）。3cm 泡沫塑料板保温时，β=4.40kJ/（m^2·h·℃）；θ=30τ/（1.70+τ）℃，时间以 d 计，气温 T_a=12℃，混凝土初温 T_0=12℃。

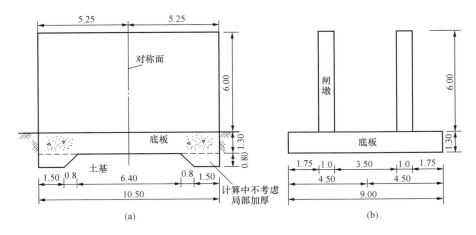

图 6　算例水闸（单位：m）

（a）纵剖面；（b）横剖面

【方案一：底板水管加温】　①t=0 浇筑底板混凝土，表面无保温，无冷却措施。从第 10d

开始，表面保温 β=4.40kJ/（m^2·h·℃），内部水管（间距 1.30m×0.50m）开始通热水，水温 T_w=20℃，比初温高 8℃，到第 20d 结束。②第 15d 浇闸墩混凝土，两边有模板，顶面暴露在空气中，第 30d 拆模。闸墩中央横剖面上最终水平应力 σ_x 见图 7（a），闸墩外侧面全部为压应力，闸墩中面上最大拉应力只有 0.18MPa。

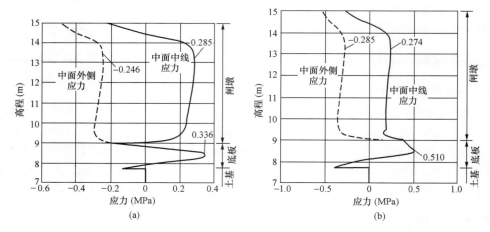

图 7　水闸中央横剖面上施工温度变化引起的最终应力（闸墩高程 9.0～15.0m，底板高程 7.7～9.0m）

（a）底板水管加温方案；（b）底板表面热风加温方案

【**方案二：底板顶面热风加温**】底板浇筑同前，表面无保温，从 t=14d 到 t=16d，底板表面盖帆布，帆布下面吹 30℃热风，t=15d 浇闸墩，余同前。闸墩中央横剖面上最终水平应力 σ_x 见图 7（b），闸墩（高程 9～15m）外侧面基本为压应力，中面下部为压应力，上部为拉应力，最大拉应力为 0.40MPa。风温与气温差为 18℃。

闸墩厚 1.0m，两面暴露，底板厚 1.3m，顶面暴露，在气温年变化作用下，闸墩温度变幅大于底板，因而产生应力。图 8 表示气温年变化（变幅 15℃）引起的应力，图 9 表示施工应力与气温年变化应力叠加后的冬季应力。闸墩最大拉应力：水管加温方案为 0.68MPa，热风加温方案为 0.70MPa，远小于混凝土的抗拉强度。本算例主要目的是说明加温方法可有效控制闸墩拉应力，并不是全面研究水闸的温度应力。

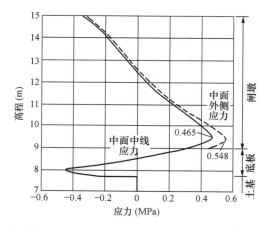

图 8　冬季由气温年变化（变幅 15℃）引起的闸墩水平应力

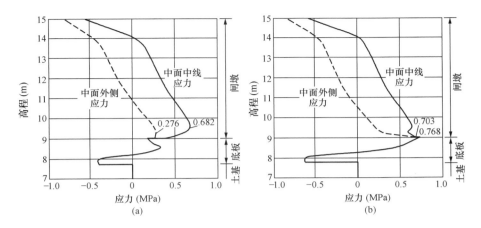

图 9　冬季闸墩应力（施工应力与气温年变化应力叠加）

（a）底板水管加温方案；（b）底板表面热风加温方案

4　结束语

（1）几十年来混凝土温控防裂主要依靠水管冷却、预冷骨料、加冰拌和等冷却措施，但制冷设备复杂，费用较贵。本文提出加热下部混凝土、减小上、下层温差以防止裂缝的新方法，由于加热设备简单，费用低廉，在一定条件下可取代冷却措施。

（2）计算结果表明，本文提出的方法是有效的。

参 考 文 献

[1] 朱伯芳. 大体积混凝土温度应力与温度控制 [M]. 北京：中国电力出版社，1999.

[2] 朱伯芳. 考虑水管冷却效果的等效热传导方程 [J]. 水利学报，1991，（3）：28-34.

[3] 朱伯芳. 混凝土坝水管冷却的复合算法 [J]. 水利水电技术，2003，（11）：47-50.

[4] 朱伯芳. 软基上船坞与水闸的温度应力 [J]. 水利学报，1980，（6）：23-33.

大体积混凝土非金属水管冷却的降温计算[❶]

摘　要：目前的水管冷却计算方法只适用于金属水管，近年在实际工程中已开始采用非金属冷却水管，如塑料管，本文给出用非金属管进行人工冷却的计算方法。

关键词：非金属水管；人工冷却；大体积混凝土

Effect of Artificial Cooling of Mass Concrete by Nonmetal Pipe

Abstract：A method is proposed for computing the effect of artificial cooling of mass concrete by nonmetal pipe. An equivalent coefficient of diffusivity of concrete is given as follows：

$$a' = 1.947a(\alpha_1 b)^2 \tag{15}$$

where a'-equivalent coefficient of diffusivity, a-coefficient of diffusivity of concrete, $\alpha_1 b$-charateristic root of Eq.(7), given in Fig.2.

Key words: nonmetal pipe, artificial cooling, mass concrete

一、前言

中国水利水电科学研究院（简称水科院）在 20 世纪 50 年代末曾研究过混凝土坝埋设竹管进行人工冷却，当时笔者曾给出有关计算方法。因竹管冷却未在实际工程中推广，故未公开发表。近年在实际工程中已采用塑料管进行人工冷却，不但节省钢材，还减少了水管的接头，便于施工。目前还缺乏合适的计算方法。竹管冷却计算方法也可用于塑料水管，因此笔者把这个计算方法加以整理，并增加了一些新内容，予以发表，以供实际工程中应用。

二、坝体二期冷却的计算

设水管按梅花形排列，每一水管负担的冷却范围是一个正六面棱柱体，计算中简化为一个空心圆柱体，如图 1 所示，混凝土圆柱体外半径为 b，内半径为 c，混凝土内表面与非金属水管接触，水管外半径为 c，内半径为 r_0。

当采用金属冷却水管时，一般忽略水管本身的热阻，假定混凝土柱体内表面温度等于水温。对于非金属水管，热阻较大，不能忽略，因此混凝土内表面温度不等于水温。

---

❶　本项目得到国家攀登计划 FB—1 的资助。原载《水力发电》1996 年第 12 期。

非金属水管内表面与水接触，温度等于水温。如以水温作为温度坐标的起点，则内表面温度为零，水管外表面温度等于混凝土内表面温度 T_c，因此，水管的边界条件为

当 $r=r_0$ 时，$T=0$；当 $r=c$ 时，$T=T_c$

在 $r=c$ 表面上，水管径向热流量为

$$q = \frac{\lambda_2 T_c}{c\ln(c/r_0)} = -kT_c \tag{1}$$

式中

$$k = \frac{\lambda_2}{c\ln(c/r_0)} \tag{2}$$

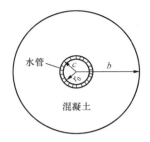

图 1　计算简图

式中：λ_2 为水管的导热系数。由式（1）计算的 q 必须等于混凝土内表面的热流量：$-\lambda\left[\partial T/\partial r\right]_{r=c}$ 因此，混凝土柱体的边值条件为

$$\left.\begin{array}{lll} \text{当 } \tau=0 \text{时} & & T=T_0 \\[2mm] \text{当 } \tau>0,\ r=c \text{时} & & -\lambda\dfrac{\partial T}{\partial r}+kT=0 \\[2mm] \text{当 } \tau>0,\ r=b \text{时} & & \dfrac{\partial T}{\partial r}=0 \end{array}\right\} \tag{3}$$

热传导方程为

$$\frac{\partial T}{\partial r} = a\left(\frac{\partial^2 T}{\partial r^2} + \frac{1}{r}\frac{\partial T}{\partial r}\right) \tag{4}$$

式中：a 为混凝土导温系数；λ 为混凝土导热系数；T_0 为混凝土初温。

采用拉普拉斯变换，笔者得到式（3）、式（4）的解为

$$T = T_0\sum_{n=1}^{\infty}\frac{2\mathrm{e}^{-a\alpha_n^2\tau}}{\alpha_n b}\cdot\frac{J_1(\alpha_n b)Y_0(\alpha_n r)-Y_1(\alpha_n b)J_0(\alpha_n r)}{R(\alpha_n b)} \tag{5}$$

$$\begin{aligned} R(\alpha_n b) = &-\frac{\lambda}{kb}\alpha_n b\{\frac{c}{b}[J_1(\alpha_n b)\ Y_0(\alpha_n c)-J_0(\alpha_n c)\ Y_1(\alpha_n b)] \\ &+[J_0(\alpha_n b)Y_1(\alpha_n c)-J_1(\alpha_n c)Y_0(\alpha_n b)]\}+\frac{c}{b}[J_1(\alpha_n b)Y_1(\alpha_n c) \\ &-J_1(\alpha_n c)Y_1(\alpha_n b)]+[J_0(\alpha_n c)Y_0(\alpha_n b)-J_0(\alpha_n b)Y_0(\alpha_n c)] \end{aligned} \tag{6}$$

$\alpha_n b$ 是下列特征方程的根

$$\begin{aligned} &-\frac{\lambda}{k}\alpha_n[J_1(\alpha_n c)Y_1(\alpha_n b)-J_1(\alpha_n b)Y_1(\alpha_n c)] \\ &+[J_1(\alpha_n b)Y_0(\alpha_n c)-J_0(\alpha_n c)Y_1(\alpha_n b)]=0 \end{aligned} \tag{7}$$

式中：J_0、J_1 为零阶及一阶第一类贝塞尔函数；Y_0、Y_1 为零阶及一阶第二类贝塞尔函数。

平均温度为

$$T_{\mathrm{m}} = T_0\sum_{n=1}^{\infty}H_n\mathrm{e}^{-\alpha_n^2 b^2 a\tau/b^2} \tag{8}$$

$$H_n = \frac{4bc}{b^2-c^2}\cdot\frac{Y_1(\alpha_n c)\ J_1(\alpha_n c)-J_1(\alpha_n b)\ Y_1(\alpha_n c)}{\alpha_n^2 b^2 R(\alpha_n b)} \tag{9}$$

式（8）收敛极快，实际计算时只需取第一项已足够准确，误差在 1.2% 以下，而且 $H_1\cong1.00$，

故实际上可按下式计算平均温度

$$T_m = T_0 e^{-\alpha_1^2 a \tau} \tag{10}$$

三、坝体一期冷却计算

在时间 $d\tau$ 内的绝热温升为 $d\theta$，相当于此时产生了初始温差 $d\theta$，由于水管的散热，按式（10），到时间 t 的剩余温度为

$$dT_m = e^{-\alpha_1^2 a(t-\tau)} d\theta \tag{11}$$

自 $0 \sim t$ 积分，得到一期冷却的平均温度如下

$$T_m = \int_0^t e^{-\alpha_1^2 a(t-\tau)} \cdot \frac{\partial \theta}{\partial \tau} d\tau \tag{12}$$

设混凝土绝热温升为

$$\theta(\tau) = \theta_0(1 - e^{-\beta\tau}) \tag{13}$$

代入式（12），得到一期冷却中平均温度如下

$$T_m = \frac{\beta \theta_0}{\beta - a\alpha_1^2}(e^{-a\alpha_1^2 t} - e^{-\beta t}) \tag{14}$$

四、空间问题的近似计算

上述两节讨论的是平面问题，以上述解答为基础，考虑水温的沿途上升，可得到一个积分方程，解之，即得到空间问题的解，对于金属水管的冷却问题，已进行过详细研究，并对 $b/c=100$，$a_1 b=0.716691$ 的情况编制了实用图表[1]，对于非金属水管，由式（10）可知，不必另行制表，只要在降温计算中用一个混凝土等效导温系数 a' 代替 a 如下

$$a' = a\left(\frac{\alpha_1 b}{0.716691}\right)^2 = 1.947(\alpha_1 b)^2 a \tag{15}$$

$\alpha_1 b$ 是特征方程（7）的根，见表 1 及图 2。由式（2）计算 k，由图 2 查得 $\alpha_1 b$，再由式

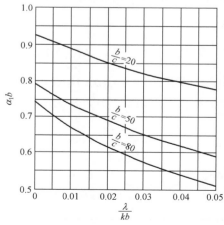

图 2 特征根 $\alpha_1 b$ 值

（15）计算等效导温系数 a'，然后就可利用金属水管冷却的图表进行计算，见文献 [1]，因此，计算是十分方便的。

表 1   特征方程（7）的根 $\alpha_1 b$

b/c	λ/kb					
	0	0.010	0.020	0.030	0.040	0.050
20	0.926	0.888	0，857	0.827	0.800	0.778
50	0.787	0.734	0.690	0.652	0.620	0.592
80	0.738	0.668	0.617	0.576	0.542	0.512

对于金属管，$k=\infty$，$\lambda/kb=0$，据此及 b/c 值，由图 2 查得特征根为 $\alpha_1'' b$，相应等效导温系数为

$$a'' = a\left(\frac{\alpha_1'' b}{0.716691}\right)^2 \tag{16}$$

两种水管的冷却时间与等效导温系数成反比，故

$$t'/t'' = a''/a' = (\alpha_1'' b/\alpha_1 b)^2 \tag{17}$$

式中：t'、t''为非金属管与金属管的冷却时间；a'、a''为用非金属管与金属管时混凝土的等效导温系数。

【算例 1】混凝土导温系数 $a=0.0040\text{m}^2/\text{h}$，导热系数$\lambda=8.37\text{kJ/}（\text{m}\cdot\text{h}\cdot℃）$，混凝土外半径 $b=0.845\text{m}$，内半径 $c=1.60\text{cm}$，聚乙烯水管外半径 1.60cm，内半径 1.40cm，导热系数$\lambda_2=1.66\text{kJ/}（\text{m}\cdot\text{h}\cdot℃）$。

$$k = \frac{\lambda_2}{c\ln（c/r_0）} = \frac{1.66}{0.016\ln（0.016/0.014）} = 777.1$$

$$\frac{\lambda}{kb} = \frac{8.37}{777.1\times0.845} = 0.01275$$

$$b/c = 0.845/0.016 = 52.8$$

由图 2 查得 $\alpha_1 b=0.712$

故用塑料水管冷却时混凝土的等效导温系数为

$$a' = 1.947\times0.712^2\times0.0040 = 0.00395(\text{m}^2/\text{h})$$

如采用同半径金属水管冷却，根据 $b/c=52.8$，$\lambda/kb=0$，由图 2 查得 $\alpha_1'' b = 0.785$，故

$$a'' = 1.947\times0.785^2\times0.0040 = 0.00480(\text{m}^2/\text{h})$$

非金属管与金属管冷却时间比值为

$$t'/t'' = a''/a' = 0.00480/0.00395 = 1.215$$

故非金属管与同半径金属管相比，冷却时间延长 21.5%。如金属水管半径 $c=1.25\text{cm}$，$\alpha_1'' b = 0.758$，则冷却时间延长 13.3%。

五、简化计算

设有一空心圆柱体，内缘 $r=r_0$ 处，$T=0$；外缘 $r=c$ 处，$T=T_c$。其稳定温度的解为

$$T(r) = T_c \frac{\ln (r/r_0)}{\ln (c/r_0)} \qquad (18)$$

温度梯度为

$$\frac{\partial T}{\partial r} = \frac{T_c}{r \ln (c/r_0)} \qquad (19)$$

我们求解的原问题是：组合圆柱体，外面是混凝土圆柱体，其外半径 b，内半径 c，导热系数 λ。里面是水管，其外半径 c，内半径 r_0，导热系数 λ_2。现在提出一个新问题：用一个等效的均质混凝土圆柱体代替原问题：外半径 b，内半径 r_1，导热系数 λ，在 $r=1$ 处，边界温度等于水温。因此，新问题可用内半径为 r_1 的常规方法去计算，关键在于如何求出半径 r_1。

当水管厚度不大时，可以忽略其热容量，因此可用式（19）计算温度梯度。

我们要求在接触面 $r=c$ 处，新问题与原问题的热流量相等：

当 $r=c$ 时，
$$\frac{\lambda T_c}{c \ln (c/r_1)} = \frac{\lambda_2 T_c}{c \ln(c/r_0)} \qquad (20)$$

即
$$\ln (c/r_1) = \eta \ln(c/r_0) = \ln(c/r_0)^\eta$$

由此得到

$$r_1 = c \left(\frac{r_0}{c}\right)^\eta \qquad (21)$$

式中 $\eta = \lambda/\lambda_2$，由于 $r_0/c < 1$，当非金属管为绝热材料时，$\eta \to \infty$，有 $r_1 \to 0$。

图 3 是笔者在文献 [1] 中给出的内缘为水温时均质圆柱体的特征值 $\alpha_1 b$。在求出 r_1 后，由图 3 可查得 $\alpha_1 b$，也可由下式计算 $\alpha_1 b$。

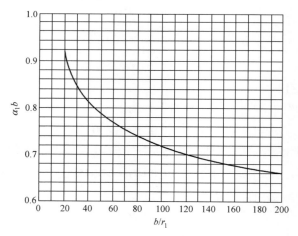

图 3　内缘为水温时均质圆柱体的特征值 $\alpha_1 b$

$$\alpha_1 b = 0.926 \exp\left[-0.0314\left(\frac{b}{r_1} - 20\right)^{0.48}\right] \quad 20 \leqslant \frac{b}{r_1} \leqslant 130 \qquad (22)$$

再代入式（15），即可求出等效导温系数。也可由下式直接计算等效导温系数

$$a' = a\frac{\ln 100}{\ln (b/r_1)} \tag{23}$$

为进一步简化计算，令

$$\frac{\ln (b/r_1)}{\lambda} = \frac{\ln (b/c)}{\lambda} + \frac{\ln (c/r_0)}{\lambda_2}$$

代入式（23），得到

$$a' = \frac{a\ln 100}{\ln (b/c) + (\lambda/\lambda_2)\ln(c/r_0)} \tag{24}$$

【算例 2】 基本资料与算例 1 相同，$\eta = \lambda/\lambda_2 = 8.37/1.66 = 5.04$，由式（21）

$$r_1 = 0.016\left(\frac{0.014}{0.016}\right)^{5.04} = 0.00816\text{(m)}$$

$b/r_1 = 0.845/0.00816 = 103.55$，由图 3 查得 $\alpha_1 b = 0.713$，由式（22）算得 $\alpha_1 b = 0.712$，由式（15），等效导温系数为

$$a' = 0.0040\left(\frac{0.713}{0.7167}\right)^2 = 0.00396\text{(m}^2/\text{h)}$$

如由式（23），则

$$a' = 0.0040\frac{\ln 100}{\ln (0.845/0.00816)} = 0.00397\text{(m}^2/\text{h)}$$

由式（24），得到

$$a' = \frac{0.0040\ln 100}{\ln (0.845/0.016) + (8.37/1.66)\times\ln(0.016/0.014)} = 0.00397\text{(m}^2/\text{h)}$$

六、等效非金属管外半径

若金属水管外半径为 r_1，今要求计算与它具有相同冷却效果的非金属管的外半径 c，设非金属管的厚度为 t，显然，内径 $r_0 = c - t$，代入式（21）得到

$$\frac{r_1}{c} = \left(\frac{c-t}{c}\right)^\eta = \left(1-\frac{t}{c}\right)^\eta \tag{25}$$

把上式展成级数，得到

$$\frac{r_1}{c} = 1 - \eta\frac{t}{c} + S\frac{t^2}{c^2} + \cdots \tag{26}$$

式中

$$S = \eta(\eta-1)/2$$

在式（26）右边取两项，得到第一近似值

$$c_1 = r_1 + \eta t \tag{27}$$

在式（26）右边取三项，得到第二近似值如下

$$c = (c_1 + \sqrt{c_1^2 - 4St^2})/2 \tag{28}$$

【算例 3】 塑料管厚度 $t = 0.2\text{cm}$，要求计算与 $r_1 = 1.25\text{cm}$ 的钢管具有相同冷却效果的塑料

管的外半径 c，$\eta = \lambda / \lambda_2 = 5.04$。

由式（27），第一近似值为

$$c_1 = r_1 + \eta t = 0.0125 + 5.04 \times 0.002 = 0.0226\text{m}$$

由式（28），第二近似值为

$$c = 0.0206\text{m}$$

即外半径为 2.06cm 的塑料管，其冷却效果与外半径为 1.25cm 的钢管相同。

校核：$c = 0.0206\text{m}$，$r_0 = c - t = 0.0186\text{m}$，由式（21），得到

$$r_1 = c\left(\frac{r_0}{c}\right)^y = 0.0206\left(\frac{0.0186}{0.0206}\right)^{5.04} = 0.0123\text{m}$$

与 0.0125m 很接近，误差 1.6%。

七、非金属水管的等效水管间距

为了提高塑料水管的冷却效率，一种办法是加大水管半径，另一种办法是减小水管间距，考虑下面两种情况：

情况 1：塑料水管，外半径 c，厚度 t，内半径 $r_0 = c - t$，冷却水管水平间距 S_1，铅直间距 S_2，冷却柱体外半径 $b = 0.5836\sqrt{S_1 S_2}$，导温系数为 a。

情况 2：金属水管，外半径 r_1，水平间距为 S_1'，铅直间距为 S_2，冷却柱体外半径 $b' = 0.5836\sqrt{S_1' S_2}$，导温系数为 a。

今假设情况 1 与情况 2 具有相同的冷却速度，要求算出情况 1 的水管水平间距 S_1。

情况 1 的等效导温系数为 a'，由式（24）

$$a' = \frac{a\ln 100}{\ln(b/c) + (\lambda/\lambda_2)\ln(c/r_0)}$$

情况 2 的导温系数为 a''，由式（23）

$$a'' = \frac{a\ln 100}{\ln(b'/r_1)}$$

令 $a' = a''$，得到

$$\ln(b/c) + (\lambda/\lambda_2)\ln(c/r_0) = \ln(b'/r_1)$$

由此得到

$$\frac{b}{b'} = \frac{c}{r_1}\left(\frac{r_0}{c}\right)^{\lambda/\lambda_2} \tag{29}$$

由 $b = 0.5836\sqrt{S_1 S_2}$ 及 $b' = 0.5836\sqrt{S_1' S_2}$，当 S_2 不变时，可知

$$S_1 = S_1'\left(\frac{b}{b'}\right)^2 \tag{30}$$

【算例 4】 塑料水管外半径 $c = 1.60\text{cm}$，内半径 $r_0 = 1.40\text{cm}$，导热系数 $\lambda_1 = 1.66\text{kJ}/(\text{m}\cdot\text{h}\cdot\text{℃})$，水管铅直间距 $S_2 = 1.50$，要求计算水管水平间距 S_1，使它与外半径 $r_1 = 1.25\text{cm}$，水

平间距 $S_1'=1.50\text{cm}$，铅直间距 $S_2=1.50\text{m}$ 的金属水管具有相同的冷却效率，混凝土的导热系数 $\lambda=8.37\text{kJ/(m·h·℃)}$。

由式（29）

$$\frac{b}{b'}=\frac{1.60}{1.25}\left(\frac{1.40}{1.60}\right)^{8.37/1.66}=0.6528$$

由式（30）

$$S_1=1.50\times0.6528^2=0.6393(\text{m})$$

可见，为了半径 1.60cm 的塑料水管与半径 1.25cm 的金属水管具有相同的冷却效率，塑料水管的水平间距应为 0.6393m，$b=0.5715\text{m}$。

校核：由式（24），塑料水管的等效导温系数为

$$a'=\frac{0.0040\times\ln100}{\ln(0.5715/0.016)+(8.37/1.66)\ln(1.60/1.40)}=0.004335(\text{m}^2/\text{h})$$

由式（23），金属水管的等效导温系数为

$$a''=\frac{0.0040\times\ln100}{\ln(0.875/0.0125)}=0.004335(\text{m}^2/\text{h})$$

八、结束语

塑料水管不但节省材料和投资，而且减少了大量接头，便于施工，看来有可能取代金属水管。本文给出的这套计算方法，不但是严格的，而且计算很简单，便于在实际工程中应用。

参 考 文 献

[1] 朱伯芳，等. 水工混凝土结构的温度应力与温度控制. 北京：水利电力出版社，1976.

混凝土坝后期水管冷却方式研究[1]

摘　要： 近年在混凝土特高坝施工中，有些坝块经后期水管冷却之后在非基础约束区出现了贯穿性裂缝。通过大量分析计算之后得出结论，这种裂缝的出现与后期水管冷却方式有密切关系，然后提出避免出现这种严重裂缝的新的后期冷却方式：多次后期冷却和台阶形后期冷却，并对上述两种后期冷却方式的应力状态和优缺点进行了深入分析，给出了详细算例，说明其温度与应力变化规律。

关键词： 混凝土坝；后期水管冷却；冷却方式；温度应力；多次后期冷却；台阶形后期冷却

Research on the Type of Post Pipe Cooling of Concrete Dams

Abstract： The influences of the type of post pipe cooling on the stresses in concrete dams are researched.It is shown that the type of post pipe cooling has great influence on the stress of concrete dam and sometimes may lead to cracking. Two new types of post pipe cooling: the multi-stage in time post cooling and the multi-step in temperature post cooling are proposed. They can reduce the thermal stress a great deal.

Key words： concrete dam, pipe cooling, multi-stage cooling, multi-step cooling

1　引言

水管冷却是混凝土坝施工中控制温度防止裂缝的重要措施，自美国胡佛坝首次采用以来至今已有 70 年历史。但国内外对水管冷却的研究是很不够的，过去只对水管冷却温度场的计算方法进行过一些研究，对水管冷却应力场的研究基本上是空白。在实际施工中，只注意到水管冷却可有效降低坝体温度的有利的一面，而忽略了水管冷却可能引起较大拉应力，甚至可能引起裂缝的不利的一面。

近年在混凝土特高坝施工中，一些坝块经过后期水管冷却之后在脱离基础约束的非约束区出现了一些较大的贯穿性裂缝，但在基础约束区内并未出现贯穿性裂缝，裂缝出现在脱离基础约束的中上部位。事后分析，裂缝的产生与下列因素有关：①这些坝块只进行了一次

---

❶　原载《水利水电技术》2009 年第 7 期，由作者与吴龙珅、张国新联名发表。

初期冷却和一次后期冷却，初期冷却以后，混凝土温度继续上升了 5～6℃，在进行后期冷却时，混凝土初始温度与冷却水温度之差较大；②坝块宽度达到 L=80m；③后期冷却区的高度一般只有 b=12m，$b//L$=0.15，偏小。

如何把水管冷却用好是目前坝工界关心的一个热点，笔者在文献 [1～6] 中研究了水管间距、冷却区高度、水管周围局部应力、水温规划等问题，并提出了采用小温差早冷却缓慢冷却的建议。本文进一步研究后期水管冷却方式对温度应力的影响。过去国内外对这个问题的研究很少。本文研究结果表明，水管冷却方式对温度应力有巨大影响，适当改变后期水管冷却方式，可以降低温度应力，提高抗裂安全度。

2 全域后期冷却与局域后期冷却

2.1 全域后期冷却

对于中小型拱坝，可以在坝段浇筑到顶后，从基岩到坝顶同时进行冷却，冷却可以一次进行，也可以分为几次进行。从防止裂缝考虑，多次冷却较好，因为：①多次冷却时，混凝土初温与水温之差 T_0-T_w 较小，水管周围局部拉应力较小；②如不考虑徐变，多次冷却与一次冷却的整体温度应力相近，但实际上混凝土是有徐变的，考虑徐变影响，多次冷却的整体温度应力小于一次冷却。

2.2 局域后期冷却

对于比较高的拱坝，很难等到坝段浇筑到顶后进行全域后期冷却再灌缝，一般在施工过程中即进行局部冷却，即冷却高度 b 小于坝段高度 H。

2.2.1 全域冷却与局域冷却的差别

基础约束区的温度应力变化规律已在文献 [1，5，6] 中分析，本节着重分析非基础约束区的温度应力，因此假定温差在高度方向均匀分布。

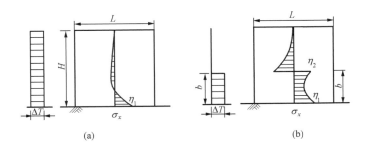

图 1 全域冷却与局域冷却的比较

（a）全域后期冷却；（b）局域后期冷却

从图 1 可以看出全域冷却与局域冷却的重大差别。在全域冷却中，只在基础约束区内存在拉应力，脱离基础约束区后，温度应力很小；在局域冷却中，不但在基础约束区内存在拉应力，在 $y=b$ 即温度突变处也存在着拉应力，以 b=0.5L 且 $E_f=E$ 为例，底部（y=0）约束系

数 $\eta_1 = 0.58$，$y=b$ 处约束系数 $\eta_2 = 0.51$，二者数值相近。实际工程中，基岩弹性模量 E_f 往往小于混凝土弹性模量 E，因此 η_2 有时反而大于 η_1。

实际工程中，人们对基础约束区温度控制比较重视，脱离基础约束以后，只重视上部温度高于下部的上下层温差，根据上述分析可知，即使温度分布上下均匀，由于局域冷却，在冷却层顶面 $y=b$ 处仍可产生相当大的拉应力，可能引起裂缝，不能忽视。

2.2.2 局部冷却高度与应力系数的关系

考虑一浇筑块，高度 H，宽度 L，$H=3L$，$E=E_f$，当 $y=0\sim6$，$\Delta T=1$；当 $y=b\sim H$，$\Delta T=0$；用有限元计算，中线上应力系数 $\eta = (1-\mu)\,\sigma_x / E\alpha\Delta T$，见图2及表1，表2列出了冷却层顶部和底部的应力系数，可见冷却区高宽比 b/L 对应力系数有重要影响。

2.2.3 冷却区高度增量与应力系数关系不大

实际工程中，冷却区高度是逐层增加的。例如，第一冷却层高度 b，第二冷却层高度增量为 c，如前所述，第一冷却层高宽比 b/L 对应力系数影响很大，那么后续冷却层高度增量 c 与 L 比值对应力系数如何？

考虑三种情况：①$b/L=0.50$，$c/L=0.10$，（$b+c$）/$L=0.60$，由表1，$\eta_2 = 0.50$；②$b/L=0.50$，$c/L=0.20$，（$b+c$）/$L=0.70$，$\eta_2 = 0.49$；③$b/L=0.50$，$c/L=0.50$，（$b+c$）/$L=1.00$，$\eta_2 = 0.49$。可见，当冷却层高宽比 $b/L=0.50$ 时，冷却层高度增量与宽度比值 c/L 对应力系数实际没有影响。

如图3（a）所示，冷却高度 $b=0.5L$，下部受拉，上部受压，在 $y/L=0.5$、0.6、0.7 处，$\eta = -0.50$、-0.32、-0.18。图3（b）表示，在 $y=$（0.5~0.6）L 局部冷却时，$\eta = 0.82$，$y=$（0.5~0.7）L 局部冷却时，$\eta=0.67$。图3（c）表示两次冷却叠加后的效果。当 $b+c=0.6L$ 时，$\eta=0.83-0.32=0.50$；当 $b+c=0.7L$ 时，$\eta=0.67-0.18=0.49$。两个应力系数相近。

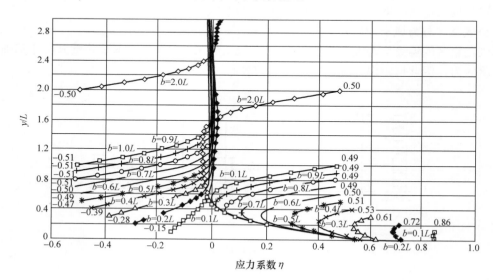

图2　局部均匀冷却时浇筑中线应力系数 η 与冷却高度关系

（$H=3L$，$E=E_f$，$y=0\sim b$，$\Delta T=1$，$y>b$，$\Delta T=0$）

表1　　　　　　　　　　　　　　　　　　局部冷却应力系数

y/L	b/L											
	0.1	0.2	0.3	0.4	0.5	0.6	0.7	0.8	0.9	1	2	3
0.00	0.851	0.7183	0.6247	0.5694	0.5421	0.5318	0.5306	0.5334	0.5376	0.5416	0.5518	0.562
0.10	0.85,−0.15	0.692	0.5557	0.4612	0.4057	0.3784	0.368	0.3668	0.3696	0.3737	0.388	0.391
0.20	−0.1192	0.72,−0.28	0.5478	0.4069	0.3097	0.2527	0.2245	0.2138	0.2124	0.2151	0.2341	0.238
0.30	−0.0807	−0.2161	0.61,−0.39	0.2946	0.1957	0.1378	0.1092	0.0983	0.0968	0.119	0.119
0.40	−0.046	−0.1391	−0.2808	0.54,−0.46	0.3674	0.2223	0.1227	0.0644	0.0356	0.0246	0.0455	0.049
0.50	−0.0217	−0.076	−0.1734	−0.3177	0.51,−0.49	0.3278	0.1822	0.0822	0.0238	−0.005	0.0047	0.056
0.60	−0.0072	−0.0338	−0.0907	−0.1898	−0.3352	0.49,−0.51	0.3093	0.1634	0.0634	0.005	−0.0149	−0.011
0.70	0.0003	−0.0095	−0.0376	−0.0956	−0.1953	−0.3411	0.49,−0.51	0.3031	0.1572	0.0571	−0.0224	−0.020
0.80	0.0035	0.0025	−0.008	−0.0366	−0.0949	−0.1949	−0.3408	0.49,−0.51	0.3033	0.1573	−0.0242	−0.019
0.90	0.0043	0.0073	0.0061	−0.0047	−0.035	−0.0919	−0.1919	−0.3379	0.49,−0.51	0.3062	−0.024	−0.016
1.00	0.004	0.0083	0.0112	0.0099	−0.001	−0.0298	−0.0882	−0.1882	−0.3342	0.49,−0.51	−0.024	−0.0124
1.10	0.0033	0.0074	0.0117	0.0147	0.0133	0.0024	−0.0264	−0.0848	−0.1848	−0.3308	−0.0249	−0.0090
1.20	0.0024	0.0059	0.0101	0.0145	0.0174	0.0161	0.0052	−0.0236	−0.082	−0.1821	−0.0265	−0.0062
1.30	0.0017	0.0044	0.0079	0.0122	0.0165	0.0195	0.0182	0.0073	−0.0215	−0.0799	−0.0274	−0.0042
1.40	0.0012	0.003	0.0058	0.0093	0.0136	0.018	0.021	0.0197	0.0088	0.0201	−0.0246	−0.0026
1.50	0.0007	0.002	0.004	0.0067	0.0103	0.0146	0.019	0.022	0.0206	0.0098	−0.0128	−0.0017
1.60	0.0004	0.0013	0.0026	0.0046	0.0073	0.0109	0.0152	0.0196	0.0226	0.0213	0.0166	−0.0011
1.70	0.0002	0.0008	0.0016	0.0029	0.0049	0.0077	0.0113	0.0156	0.02	0.023	0.0753	−0.0007
1.80	0.0001	0.0004	0.0009	0.0018	0.0031	0.0051	0.0079	0.0115	0.0158	0.0202	0.1755	−0.0005
1.90	0.0001	0.0002	0.0005	0.001	0.0019	0.0033	0.0052	0.008	0.0116	0.0159	0.3214	−0.0004
2.00	0	0.0001	0.0003	0.0006	0.0011	0.002	0.0033	0.0053	0.0081	0.0117	0.50,−0.50	−0.0004
2.10	0	0	0.0001	0.0003	0.0006	0.0011	0.002	0.0033	0.0053	0.0081	−0.3231	−0.0004
2.20	0	0	0	0.0001	0.0003	0.0006	0.0011	0.0019	0.0033	0.0053	−0.1774	−0.0004
2.30	0	0	0	0	0.0001	0.0003	0.0006	0.0011	0.002	0.0033	−0.0778	−0.0004
2.40	0	0	0	0	0	0.0001	0.0002	0.0006	0.0011	0.002	−0.0196	−0.0004
2.60	0	0	0	0	0	0	0	0.0001	0.0003	0.0006	0.0211	−0.0002
2.80	0	0.0001	0.0001	0.0001	0.0001	0.0001	0.0001	0.0001	0.0002	0.0003	0.0265	−0.0005
3.00	0.0002	0.0004	0.0005	0.0007	0.0008	0.0009	0.001	0.001	0.0011	0.0011	0.475	−0.0041

表2　　　　　　　　　　　　冷却区高宽比 b/L 不同时的应力系数η

冷却区高宽比 b/L	0.1	0.2	0.3	0.4	0.5	0.6	0.7	0.8	0.9	1.0	2.0
冷却层顶部 η_2	0.85	0.72	0.61	0.53	0.51	0.50	0.49	0.49	0.49	0.49	0.50
冷却层底部 η_1	0.86	0.73	0.64	0.57	0.56	0.56	0.56	0.56	0.56	0.56	0.56

可见自基岩向上，第一次冷却层高度 b 对最大温度应力影响很大，后续冷却层高度增量 c 对最大温度应力影响很小。

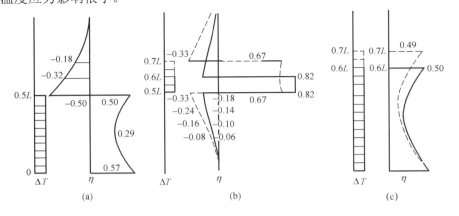

图3　冷却层高度增量对应力影响

（a）第一次冷却，$b=0.5L$；（b）第二次冷却，$C=0.1L$，$0.2L$；（c）综合效果

3 多次局域后期冷却

3.1 多次局域后期冷却可有效降低温度应力

在局域后期冷却中，冷却层顶部 $y=b$ 处应力系数 $\eta=0.50$，实际经验表明，这种拉应力足以引起裂缝，为了降低后期冷却引起的拉应力，一个有效办法是把后期冷却分成几次，冷却层顶面高程互相错开（见图4）。

在坝块底部，弹性温度应力是叠加的，分 n 次冷却并不能降低底部弹性温度应力；但因为冷却时间拉长了，徐变可以较充分地发展，分多次冷却后，底部的弹性徐变应力有所减小。

冷却层顶面高程错开后，当错开高度 $c \geqslant 0.3L$ 时，顶部弹性温度应力实际已接近于互相独立，设后期冷却分为 n 次，每次温差相等，则冷却层顶部应力系数为

$$\eta' = \eta / n \tag{1}$$

例如，设 $n=1$、2、3、4，则 $\eta'=0.50$、0.25、0.167、0.125。可见温度应力明显降低。当然，如果前后两次冷却层高度和冷却时间错开得不够多，前后两次冷却应力叠加，拉应力就要大些。

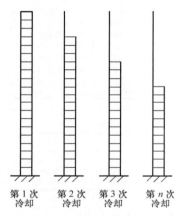

图4 多次局域后期冷却

3.2 多次冷却的温度控制流程

以 $n=3$ 为例，说明多次后期冷却的温度控制流程如图5所示。

（1）初期冷却，分为两个阶段，第一阶段从浇筑混凝土时间 $t=t_0$ 开始，水温为 T_{w0}，混凝土初温 $T_0=T_P$（浇筑温度），最高温度 T_P+T_r 出现后结束，历时 Δt_{01}；第二阶段历时 Δt_{02}，水温 T'_{w0}，初冷结束时温 T_{0e}。

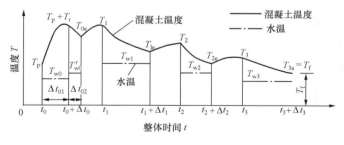

图5 温度控制

（2）第一次后期冷却在 $t=t_1$ 时开始，当时混凝土温度 T_1，水温 T_{w1}，$t_1+\Delta t_1$ 时结束；混凝土温度 T_{1e}。

（3）第二次后期冷却在 $t=t_2$ 时开始，当时混凝土温度 T_2，水温 T_{w2}，$t_2+\Delta t_2$ 时结束，当

时混凝土温度 T_{2e}。

（4）第三次后期冷却在 $t=t_3$ 时开始，当时混凝土温度 T_3，水温 T_{w2}，当混凝土温度降至目标温度 T_f 时结束。

3.3 冷却区高度及后期冷却次数的控制

设自基岩向上，后期冷却分为 m 个冷却区，一般情况下，笔者建议基岩上面第一个冷却区高度 $b \geqslant 0.4L$，后续各冷却区高度 $c \geqslant 0.2L$，L 为坝块长度，即

$$b \geqslant 0.4L, c \geqslant 0.2L \tag{2}$$

从理论上看，冷却区高度 b、c 的控制应与温差挂钩，在应力相等的条件下，由于应力系数 η 与 b/L 及 c/L 大致成反比，b/L、c/L 的控制严格说来应与温差成反比，与后期冷却次数 n 成正比。因此，一般情况下，建议按式（2）控制，遇到特殊情况，可根据实际温差适当调整 b/L 和 c/L。

后期冷却次数的控制实际也是一个重要问题。从已有经验看来，后期冷却 1 次肯定不行，2 次似乎也嫌少，建议用 $n=3$ 次，即后冷 3 次，加上初冷共 4 次。

3.4 温差控制

过去后期冷却中，混凝土初温与水温之差 T_0-T_w 按 20°～25° 控制，现在看来这一温差太大，是引起非约束区裂缝的重要原因。

笔者在文献 [2，3] 中研究了 T_0-T_w 对温度应力的影响，温差 T_0-T_w 对坝体实际是一次冷击，计算结果表明，$T_0-T_w=21℃$，在水管周边的混凝土中可引起 4.8 MPa 的拉应力，水管两边的拉应力深度可达 0.7（1.5m×1.5m 管距）～1.4m（3m×3m 管距）。

在水管冷却过程中，冷却水温度的每次变化，对混凝土来说，都是一次冷击，因此对每次水温的变化值都应该加以控制。

建议各阶段温差控制如下：①初始温差 T_0-T_{w0}，即初期冷却中混凝土初温 T_0 与水温 T_{w0} 之差，初期冷却开始时，新浇混凝土弹性模量为零，从这一角度考虑，T_0-T_{w0} 可以大一些，但初始温差越大，降温越快，而且如果水管铺在老混凝土顶面上，初始温差过大，在老混凝土中可能引起较大拉应力。建议如水管铺在岩基上或铺在新混凝土中央，控制 $T_0-T_{w0} \leqslant 15℃$；

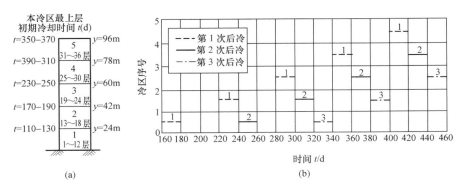

图 6 算例 多次后期冷却进度（时间 t 从坝块开始浇筑算起，间歇 10d）

（a）坝块；（b）进度

如水管铺在老混凝土顶上，控制 $T_0-T_{w0} \leqslant 10℃$。②第一次后期冷却开始时混凝土温度 T_1 与水温 T_{w1} 之差，建议控制 $T_1-T_{w1} \leqslant 10℃$。③后续水温变差，建议控制 $T_{w,i+1}-T_{w,i} \leqslant 5℃$。

3.5 多次后期冷却的进度安排

设自基岩向上共分 m 个冷却区，其序号依次为 1、2…m。令 $t_{ij}=$ 第 i 冷却区第 j 次冷却开始时间，$j=0$ 表示初期冷却，$j=1$、2、3 表示第 1、2、3 次后期冷却。安排冷却进度时应满足下列条件。

时间衔接条件

$$t_{i,j+1} \geqslant t_{ij} + \Delta t_{ij} \tag{3}$$

式中：Δt_{ij} 为第 i 冷却区第 j 次冷却时间。

上下冷却区衔接条件

$$t_{i,j+1} \geqslant t_{i+1} + \Delta t_{i+1,j} \tag{4}$$

上式表示上一冷却区第 j 次冷却结束后才能开始下一冷却区的第 $j+1$ 次冷却，上式避免上下冷却区 j 次与 $j+1$ 次冷却的重叠。

设冷却区 i 最后一个浇筑层序号 m（自基岩面算起），第 i 冷却区初期冷却结束时间（即 m 层开始浇混凝土时间+冷却时间）为

$$t_{i0} + \Delta t_{i0} = \sum_{j=1}^{m} t_j + t_{i0} \tag{5}$$

式中：t_j 为第 j 层间歇时间。

图 6 表示一算例，浇筑层面间歇时间 10d，初期冷却时间为 20d，初期冷却后停冷 30d。第 1 冷却区含有 12 层共高 24 m（8×1.5m+4×3.0m），第 12 层初期冷却时间为 110～130d，第 1 冷却区第 1 次后冷时间为 $t=160～180d$，第 2 冷却区第 1 次后冷时间为 $t=220～240d$，第 1 冷却区第 3 次后冷时间为 $t=320～340d$。

上述温控方法与过去相比，有了本质上的改进，温度应力明显下降。当可避免贯穿性裂缝的出现，但施工还是比较简单的，主要特点是要有 3 种不同温度的冷却水。

4 台阶形局域后期冷却

4.1 台阶形冷却的应力系数

另一种降低后期冷却拉应力方法是台阶形局域冷却，后期冷却一次完成，但在铅直方向温差呈台阶形，如图 7 所示。

下面用有限元法分析 $H=3L$ 坝块在台阶形温差作用下的弹性温度应力系数 $\eta = (1-\mu) \times \sigma/E\alpha\Delta T$，显然，影响温度应力的有两个因素，即台阶数目的多少及台阶高度 c 与坝块宽度 L 的比值 c/L。

图 8 列出了 4 种台阶形温差（c/L=0.10, b/L=0.50）的应力系数分布，可见温度改变处（y=b=0.5L）的最大应力系数 η 与台阶个数 n 有密切关系，当 $n=1$、2、3、4 时，$\eta=0.51$、0.41、0.33、0.27。

图 2 表示了一阶台阶形温差作用下 b/L 对应力系数的影响。图 9 表示 2 阶台阶形温差作

用下，台阶高度 c/L 对应力系数的影响（$b/L=0.50$，$H=3/$，$E=E_f$），当 $c/L=0.10$、0.20、0.30、0.40、0.50 时，$\eta=0.41$、0.34、0.29、0.26、0.25。图 10 表示了 3 阶台阶形温差作用下台阶高度对应力系数的影响，当 $c/L=0.10$、0.20、0.30 时，$\eta=0.33$、0.23、0.19。图 11 表示了 4 阶台阶形温差作用下台阶高度对应力系数的影响，当 $c/L=0.05$、0.10、0.20、0.30、0.40 时，$\eta=0.37$、0.27、0.17、0.14、0.13。可见台阶高度对温度应力有重要影响。

4.2 形成台阶形冷却的方法

在实际施工中形成台阶形温差可用以下两种方法。

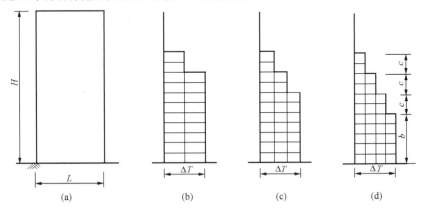

图 7 台阶形后期冷却

（a）浇筑块；（b）二阶台阶形温差；（c）三阶台阶形温差；（d）四阶台阶形温差

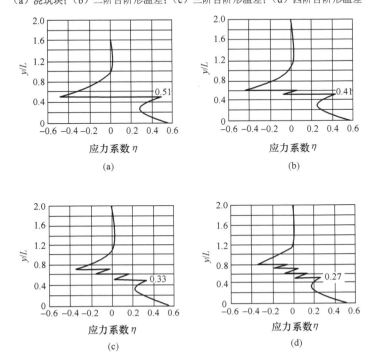

图 8 台阶形温差（$c/L=0.10$，$H=3L$）应力系数 η

（a）一阶台阶形温差；（b）二阶台阶形温差；（c）三阶台阶形温差；（d）四阶台阶形温差

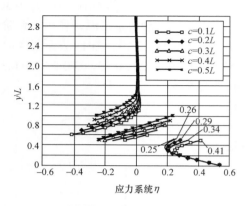

图 9　二阶台阶形后期冷却的应力系数 η 与 c/L

（$b=0.5L$，$H=3L$，$E=E_f$）

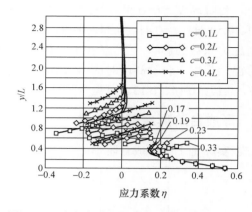

图 10　三阶台阶形后期冷却的应力系数 η 与 c/L

（$b=0.5L$，$H=3L$，$E=E_i$）

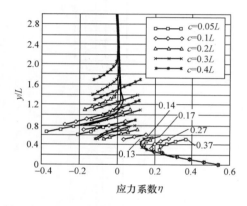

图 11　四阶台阶形后期冷却的应力系数 η 与 c/L

（$b=0.5L$，$H=3L$，$E=E_f$）

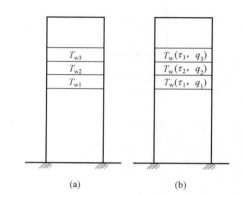

图 12　水温分档形成铅直向温差

（a）水温分档；（b）调节冷却时间和流量

4.2.1　水温分挡法

如图 12（a）所示，把冷却区分为 3 个子域，各子域采用不同的水温 T_{w1}、T_{w1}、T_{w1}。显然在各子域将产生不同的降温效果。

4.2.2　调节冷却时间与流量法

各冷却子域采用相同进口水温 T_w，调节开始冷却时间和冷却持续时间及冷水流量，可以在不同区域产生不同冷却效果［见图 12（b）］。

以上两种方法，都可以形成台阶形温差，水温分挡法施工方便，但需要提供几种不同的水温。调节冷却时间与流量法，好处是只需要一种水温，但有两个缺点，第一是施工较费事，第二个也是更重要的缺点是混凝土初温 T_0 与水温 T_w 之差 T_0-T_w 过大，在水管附近将产生过大的温度应力。例如，设混凝土初温 $T_0=30°$，水温 $T_w=9℃$，如果采用调节冷却时间法 $T_0-T_w=30-9=21℃$，孔口边缘最大拉应力 $\sigma=4.82MPa$；如果采用水温分挡法，水温分为 3 挡：$T_w=23$、16、9℃，则最大拉应力只有 1.97MPa [2]。

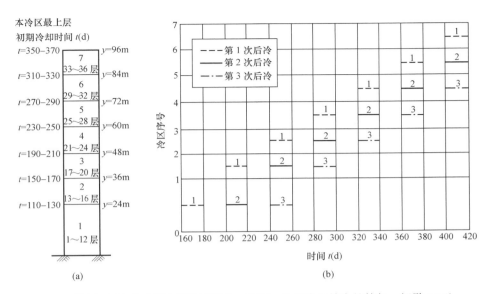

图 13　算例　台阶形后期冷却进度安排（时间 t 从坝块开始浇筑算起，间歇 10 d）

（a）坝块冷却区；（b）后期冷却进度

4.3　台阶形冷却的温差控制和进度安排

自基岩向上第一冷却区高度可按 $b \geqslant 0.4L$ 控制，台阶高度 c，当然 c 越大对应力越有利，但进度较慢，建议按 $c \geqslant (0.2\sim0.3)L$ 控制。

混凝土初温与水温之差的控制非常重要，第一次后期冷却开始时，建议控制温差 $T_1-T_{\omega 1} \leqslant 5℃$。

图 13 表示一算例，$L=60\text{m}$，下部 8 层厚 1.5m，上部层厚 3.0m，间歇 10d。基岩上面第一后冷区高度 $b=24\text{m}=0.4L$，向上温度台阶高度 $c=12\text{m}=0.2L$。后冷区最上一层初期冷却结束后停冷 30d，然后开始后冷，进度如图 13 所示。

台阶形冷却进度比多期冷却快一些，当然，实际上进度决定于 b、c 取值。

5　多次后期冷却与台阶形后期冷却的比较

表 3 中列出了多次后期冷却与台阶形后期冷却最大应力系数的比较，可以看出，一般情况下，台阶形冷却的应力系数大于多次冷却的应力系数，只有当 $c/L \geqslant 0.40$ 时，台阶形冷却的应力系数才接近于多次冷却的应力系数。以 $n=3$ 为例，当 $c/L=0.10$ 时，3 次台阶形冷却最大应力系数 $\eta=0.33$，而 3 次后期冷却的应力系数 $\eta=0.167$，故应力较小。进一步考虑徐变影响，多次冷却，由于总的冷却时间比较长，徐变可以较充分的发挥作用，两种冷却方式的弹性徐变应力的差距比弹性应力的差距还要大一些。

如果用水温分档方法形成台阶形温差，多次后冷法与台阶形温差法在施工工艺上是很接近的，两种方法在施工方面都没有什么问题，唯一的问题是要提供不同温度的冷水。

如果只采用一种水温，而用调节冷却时间与流量法形成台阶形温差，优点是只需一种水温，最大缺点是混凝土初温与水温之差 T_0-T_w 太大，产生的局部拉应力太大，另外，施工中不断调节冷却时间与流量，也比较费事。笔者建议尽量不要采用这种方法。

6 算例

如图 14 所示混凝土坝块，宽度 60m，高度 60m，下面 8 层厚度 1.5m，上面 16 层厚度 3.0m，层面间歇 10d，混凝土绝热温升 $\theta(\tau) = 25\tau/(1.80+\tau)$ ℃，弹性模量 $E(\tau) = 35000\tau/(5.0+\tau)$ MPa，徐变参数按文献 [1] 计算，μ=0.167。基岩 E=35000MPa，μ=0.250。混凝土和基岩初温 12℃，气温 12℃。水管间距 1.5m×1.5m，分 2 个方案，用有限元计算。τ 为各层混凝土龄期，t 为自开工算起的整体时间。

表 3　　　　　　　　多次后期冷却与台阶型后期冷却最大应力系数 η 比较

n	多次冷却应力系数	台阶形冷却应力系数 η				
		c/L=0.1	c/L=0.2	c/L=0.3	c/L=0.4	c/L=0.5
2	0.250	0.41	0.34	0.29	0.26	0.25
3	0.167	0.33	0.23	0.19	—	—
4	0.125	0.27	17	0.14	0.13	—

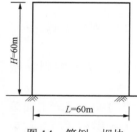

图 14　算例　坝块

方案 1，4 种水温：初期冷却 20d，水管间距 1.5m×1.5m，水温 9℃。后期冷却采用台阶形温差分区进行。冷却区 1 含 12 层（8×1.5m+4×3m），冷却区 2～5 各含 4×3m 层，冷却区 1 最上一层初冷时间 t=110～130d，停 30d 后，t=160～180d 进行冷区 1 第 1 次后冷，T_w=15℃；冷却区 2 最上一层初冷 t=150～170d，停 30d，t=200～220d 进行冷区 2 第 1 次后冷，T_w=15℃，同时进行下面冷区 1 的第 2 次后冷，T_w=13℃。冷区 3 最上层初冷时间 t=190～210d，停 30 d，第 1 次后冷 t=240～260d，T_w=15℃；同时下面冷区 2 进行第 2 次后冷，T_w=13℃，冷区 1 进行第 3 次后冷，T_w=11℃，冷至混凝土温度 12℃停止。进度见图 13，结果见图 15～图 19。

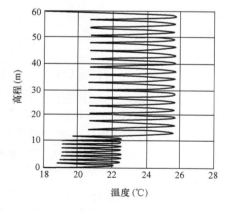

图 15　方案 1　4 种水温（初冷+台阶形后冷）
　　　　中线温度包络图

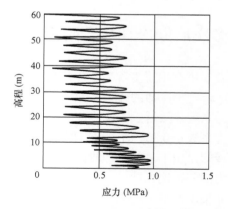

图 16　方案 1　4 种水温（初冷+台阶形后冷）
　　　　中线 σ_x 应力包络图

方案 2，两种水温：初期冷却 20d，水温 9℃。后期冷却分区同前，每区后冷分 3 次进行，水温分别为 14℃、14℃、9℃。冷却区 1 最上一层冷却时间 t=100～130d，停 30d 后，t=160～180d 进行冷区 1 第 1 次后冷，水温 14℃；冷却区 2 最上一层初冷 t=150～170d，停 30d，t=200～220d 进行冷却区 2 第一次后冷，T_w=14℃，同时进行下面冷区 1 的第 2 次后冷，T_w=14℃。冷却区 3 最上层初冷时间 t=190～211d，停 30d，第 1 次后冷 t=240～260d，T_w=14℃；同时其下面冷区 2 进行第 2 次后冷，T_w=14℃；冷区 1 进行第 3 次后冷，T_w=9℃，冷至混凝土温度 12℃ 停止，进度见图 13。图 20～24 给出了方案 2 以两种水温进行初期冷却和 3 次后冷的温度和应力，最高温度 25.6℃，最大拉应力 1.03MPa，比方案 1 的最大拉应力 0.98MPa 略大，但只用 2 种水温，施工简单一些。总之，以 2 种水温（9、11℃）进行初冷和 1 次后冷，最大拉应力 1.26MPa；以 2 种水温（9、11℃）进行初冷和 3 次后冷，最大拉应力 1.03MPa；以 4 种水温（9、15、13、11℃）进行初冷和 3 次后冷，最大拉应力 0.98MPa，可见进行多次后期冷却使拉应力明显减小。

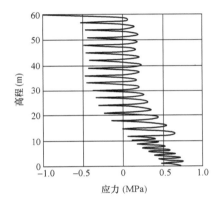

图 17　方案 1　4 种水温（初冷+台阶形后冷）中线最终 σ_x 应力图

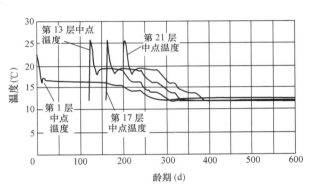

图 18　方案 1　4 种水温（初冷+台阶形后冷）中线温度过程线

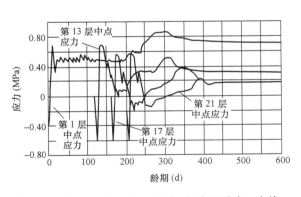

图 19　方案 1　4 种水温（初冷+台阶形后冷）中线 σ_x 应力过程线

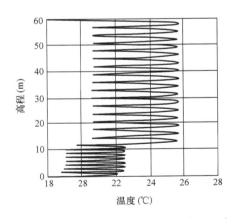

图 20　方案 2　两种水温（初冷+台阶形后冷）中线温度包络图

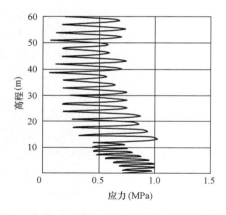

图 21　方案 2　两种水温（初冷+台阶形后冷）
中线 σ_x 应力包络图

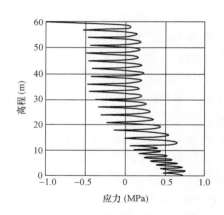

图 22　方案 2　两种水温（初冷+台阶形后冷）
中线最终 σ_x 应力图

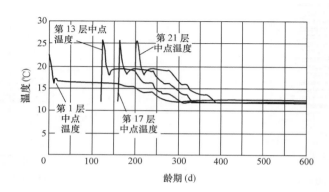

图 23　方案 2　两种水温（初冷+台阶形后冷）中线温度过程线

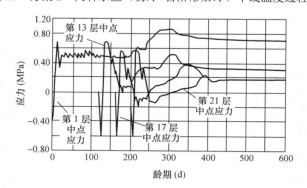

图 24　方案 2　两种水温（初冷+台阶形后冷）中线 σ_x 应力过程线

图 25 给出了方案 2 第 13 层中点的水管边缘局部混凝土温度 $T_1(t)$ 和整体温度场该点温度 $T_2(t)$，图 26 给出了方案 2 第 13 层中点的水管边缘混凝土局部应力 $\sigma_1(t)$ 和整体应力 $\sigma_2(t)$ 及 $\sigma_1(t)+\sigma_2(t)$。

本算例中在开始浇筑混凝土时即同时进行水管冷却，此时混凝土弹性模量小，在初期冷却结束后，停水期间，水管边缘混凝土温度回升，引起压应力，对于减小后期水管冷却时水管边缘混凝土拉应力发挥了重要作用，如果初期冷却开始时间晚于混凝土开始浇筑时间，甚至不进行初期冷却，情况即将有较大变化。

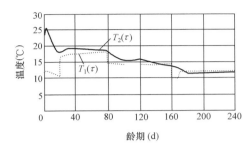

图 25　第 13 层中点孔口边缘温度 $T_1(t)$ 和整体温度 $T_2(t)$ 过程线

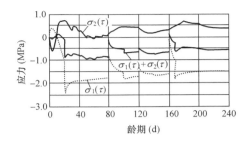

图 26　第 13 层中点孔口边缘自生应力 $\sigma_1(t)$ 和整体应力 $\sigma_2(t)$ 过程线

本文主要提供新的思路和理念，至于具体工程措施，应结合具体工程进行分析和优选。

7　结语

（1）从温度应力考虑，全域后期冷却，即从坝基到坝顶同时进行后期冷却，是最有利的，因为这种冷却方式只在基础约束区内产生拉应力，在非约束区内拉应力极小。为了减小混凝土初温 T_0 与水温 T_w 之差 T_0-T_w，仍应分为几次进行，但这种方法只适用于中小工程。

（2）对于比较高的拱坝，很难等到坝段浇筑到顶再进行接缝灌浆，一般在施工过程中即进行局部冷却。局部冷却与全域冷却的应力状态差别巨大，不但在基础约束区内存在拉应力，在冷却区顶部也存在着很大的拉应力，足以引起裂缝。过去在实际工程中，对这种拉应力重视不够。

（3）在局部冷却中，冷却区高度与底宽之比 b/L 对应力大小影响很大，但冷却区高度增量 c 与底宽之比 c/L 对应力值影响不大。

（4）把局部冷区分为多次进行，错开冷却区顶面高程，可有效降低冷却区顶部拉应力，同时也可减小混凝土温度与水温之差，可有效防止裂缝。

（5）台阶形冷却，也可降低冷却区顶部拉应力。形成台阶形温差有两种方法，一种是水温分档法，另一种是用一种水温而调节冷却开始及持续时间与流量。水温分档法施工方便，但需提供几种不同水温；调节冷却时间与流量法只需一种水温，但混凝土初温与水温之差过大，形成冷击，容易引起裂缝，因需要不断调节冷却时间，施工也较费事。

（6）总的说来，多次后冷和台阶形后冷两种方法都可有效低后期冷却产生的温度应力，达到预防裂缝的目的。

（7）坝块宽度 L 越大，温控要求越高，难度越大。特高拱坝厚度大，目前一般不设纵缝，坝块宽度达到 $60\sim80$ m，对温度控制的要求较严格，建议采用多次后冷或台阶形后冷，可有效控制温度应力。

（8）开始浇筑混凝土时，应立即进行初期冷却。

参 考 文 献

［1］朱伯芳. 大体积混凝土温度应力与温度控制［M］. 北京：中国电力出版社，1999.

［2］朱伯芳. 小温差早冷却缓慢冷却是混凝土坝水管冷却的新方向［J］. 水利水电技术，2009，40（1）：44-50.

［3］朱伯芳. 吴龙坤. 张国新. 混凝土坝水管冷却自生温度徐变应力的数值分析［J］. 水利水电技术，2009，40（2）：34-37.

［4］朱伯芳，吴龙坤，杨萍，等. 混凝土坝后期水管冷却的规划［J］. 水利水电技术，2008，39（7）：27-31.

［5］朱伯芳，吴龙坤，杨萍，等. 利用塑料水管易于加密以强化混凝土冷却［J］. 水利水电技术，2008，（5）：36-39.

［6］朱伯芳，李玥，吴龙坤，等. 关于混凝土坝基础混凝土允许温差的两个原理［J］. 水利水电技术，2008，39（7）：21-26.

混凝土坝水管冷却中水温的计算、调控与反馈分析❶

摘　要： 随着混凝土坝高度的增加，对水管冷却的要求也日趋严格和精细，已有的冷却水温计算方法已难以适应目前的要求。为此，提出了混凝土坝水管冷却中水温的理论解法、有限元解法及近似算法，给出了水温调控的原则和方法，指出了目前水管冷却中存在的问题及克服的方法。

关键词： 混凝土坝；水管冷却；水温计算；水温调控

Method of Computing and Control of Water Temperature and Back Analysis in the Pipe Cooling of High Concrete Dams

Abstract： Methods are given for computing and control of water temperature in the pipe cooling of high concrete dams. Some new problems encountered in the construction of high concrete dams and the methods to overcome them are pointed out.

Key words： concrete dam, pipe cooling, water temperature, method of computing and control

1　引言

我国目前正在兴建 3 座世界最高的混凝土拱坝，坝的高度分别达到 305、292m 和 278m，坝体最大厚度达到 70～80 m，坝内无纵缝，混凝土浇筑块长度达到 70～80m，其温度应力状态既不同于依靠天然冷却到达坝体稳定温度的通仓浇筑重力坝，也不同于设有纵缝柱状浇筑的拱坝，水管冷却虽是老方法，但用于这些特高拱坝，却遇到了一些新问题，在这些特高拱坝的施工中，对水管冷却要求更加严格、更加精细，已有的冷却水温的计算方法已难以适应当前的要求。本文提出了一套混凝土坝水管冷却水温计算方法，包括理论解法、有限元解法和近似算法。提出了水温调控的原则与方法，指出了目前混凝土坝水管冷却中存在的一些问题及克服的方法。

---

❶　本文依托中国工程院咨询项目"金沙江溪洛渡水电站高拱坝安全度评估"；该项目为国家自然科学基金项目及雅砻江水电开发联合基金重点项目（50539020）。

2 水管冷却水温理论解

2.1 水管冷却温度场基本解

考虑水管冷却圆柱体，其横剖面如图 1 所示，按轴对称问题计算，热传导方程为

$$\frac{\partial T}{\partial \tau} = a\left(\frac{\partial^2 T}{\partial r^2} + \frac{1}{r}\frac{\partial T}{\partial r}\right) \tag{1}$$

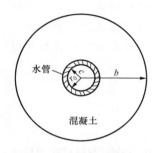

图 1   冷却柱体横剖面

边值条件为

$$\begin{cases} 当 \tau=0, \quad c \leqslant r \leqslant b 时 \quad T(r,0)=T_0 \\ \\ 当 \tau > 0, \quad r=c 时 \quad -\lambda\frac{\partial T}{\partial r} + kT = 0 \\ \\ 当 \tau>0, \quad r=b 时 \quad \frac{\partial T}{\partial r}=0 \end{cases} \tag{2}$$

$$k = \frac{\lambda_1}{c\ln(c/r_0)} \tag{3}$$

式中：a 为混凝土导温系数；λ 为混凝土导热系数；T_0 为混凝土初温；λ_1 为水管的导热系数；c 为水管的外半径；r_0 为水管的内半径。

采用拉普拉斯变换，笔者得到解答如下

$$T = T_0\sum_{n=1}^{\infty}\frac{2\mathrm{e}^{-a\alpha_n^2\tau}}{\alpha_n b}\cdot\frac{J_1(\alpha_n b)Y_0(\alpha_n r)-Y_1(\alpha_n b)J_0(\alpha_n r)}{R_1(\alpha_n b)} \tag{4}$$

$$R_1(\alpha_n b) = -\frac{\lambda}{kb}\alpha_n b\left\{\frac{c}{b}[J_1(\alpha_n b)Y_0(\alpha_n c)-J_0(\alpha_n c)Y_1(\alpha_n b)]+[J_0(\alpha_n b)Y_1(\alpha_n c)-J_1(\alpha_n c)Y_0(\alpha_n b)]\right\}$$
$$+\frac{c}{b}[J_1(\alpha_n b)Y_1(\alpha_n c)-J_1(\alpha_n c)Y_1(\alpha_n b)]+[J_0(\alpha_n c)Y_0(\alpha_n b)-J_0(\alpha_n b)Y_0(\alpha_n c)] \tag{5}$$

其中 J_0、J_1、Y_0、Y_1 分别是零阶和一阶第一、第二类贝塞尔函数，而 $\alpha_n b$ 是下列特征方程的根

$$-\frac{\lambda}{k}\alpha_n[J_1(\alpha_n c)Y_1(\alpha_n b)-J_1(\alpha_n b)Y_1(\alpha_n c)]$$
$$+[J_1(\alpha_n b)Y_0(\alpha_n c)-J_0(\alpha_n c)Y_1(\alpha_n b)]=0 \tag{6}$$

平均温度为

$$T_{\mathrm{m}} = T_0\sum_{n=1}^{\infty}H_n\mathrm{e}^{-\alpha_n^2 b^2 a\tau/b^2} \tag{7}$$

$$H_n = \frac{4bc}{b^2-c^2}\cdot\frac{Y_1(\alpha_n b)J_1(\alpha_n c)-J_1(\alpha_n b)Y_1(\alpha_n c)}{\alpha_n^2 b^2 R_1(\alpha_n b)} \tag{8}$$

式（7）收敛极快，实际计算时只需取第一项，已足够准确，误差小于 1%，而且 $H_1\approx1.00$，因此可按下式计算平均温度

$$T_{\mathrm{m}} = T_0\mathrm{e}^{-\alpha_1^2 b^2 a\tau/b^2} \tag{9}$$

式（6）的特征根 $\alpha_1 b$ 可用笔者下面给出的式（10）和式（12）两式之一计算

$$\alpha_1 b = 0.926 \exp\left[-0.0314\left(\frac{b}{r_1} - 20\right)^{0.48}\right],$$

$$20 \leqslant \frac{b}{r_1} \leqslant 130 \tag{10}$$

$$r_1 = c\left(\frac{\tau_0}{c}\right)^{\eta}, \eta = \lambda / \lambda_1 \tag{11}$$

或

$$\alpha_1 b = 0.7167\sqrt{s} \tag{12}$$

$$s = \frac{\ln 100}{\ln(a/b) + (\lambda/\lambda_1)\ln(c/r_0)} \tag{13}$$

2.2 后期冷却水温计算

当冷却水在水管中流动时，沿途将吸收混凝土放出的热量，水温逐渐升高。设混凝土初始温度为 T_0，进口处水温为 T_w，在管长 L 处水温为 T_{wL}，令

$$T_{wL} = T_w + Y(t,L)(T_0 - T_w) \tag{14}$$

设 Q_1 为当水温不变时，从混凝土流入水中的热量；Q_2 为从温度升高了的水中倒灌到初温为零的混凝土的热量；Q_3 为在长度 $0 \sim L$ 范围内水所吸收的热量。

单位时间内从单位长度混凝土柱体流入水中的热量为

$$\frac{\partial Q_1}{\partial L} = 2\pi c\lambda\left(-\frac{\partial T}{\partial r}\right)_{r=c} = \lambda(T_0 - T_w)R(t) \tag{15}$$

单位时间内流入水中的热量应等于混凝土平均温度下降所损失的热量，因此也可按下式计算

$$\frac{\partial Q_1}{\partial L} = \pi(b^2 - c^2)c_1\rho\left(-\frac{dT_m}{dt}\right) = \lambda(T_0 - T_w)R(t) \tag{16}$$

把温度 $T(r, t)$ 的式（4）代入式（15），或把平均温度 $T_m(t)$ 的式（7）代入式（16），得到相同结果，即

$$R(t) = \frac{4\pi c}{b}\sum\frac{e^{-\alpha_n^2 b^2 \alpha t/b^2}}{R_1(\alpha_n b)}\left[Y_1(\alpha_n b)J_1(\alpha_n c) - J_1(\alpha_n b)Y_1(\alpha_n c)\right] \tag{17}$$

式（17）收敛极快，工程计算中只须取 1 项，把平均温度简化式（9）代入式（16），得到

$$R(t) \cong \pi\left(1 - \frac{c^2}{b^2}\right)\alpha_n^2 b^2 e^{-\alpha_n^2 b^2 \alpha t/b^2} \tag{18}$$

从时间 τ 到 $\tau+d\tau$，水温升高为 $(T_0 - T_w)(\partial Y/\partial \tau)d\tau$，到时间 t，单位时间内它引起的由水流向混凝土柱体倒灌的热量为

$$\frac{\partial Q_2}{\partial L} = \lambda(T_0 - T_w)R(t-\tau)\frac{\partial Y}{\partial \tau}\mathrm{d}\tau \tag{19}$$

在时间 t，在 $0\sim L$ 范围内水流吸收的热量为

$$Q_3 = c_w\rho_w q_w(T_0 - T_w)Y(t, L) \tag{20}$$

由热量平衡

$$Q_3 = \int_0^L \frac{\partial Q_1}{\partial L}\mathrm{d}L - \int_0^L \frac{\partial Q_2}{\partial L}\mathrm{d}L \tag{21}$$

将式（16）、式（19）、式（20）代入式（21），约去 $T_0 - T_w$，得到计算水温的基本公式如下

$$\eta q_w Y(t, L) = LR(t) - \int_0^t \int_0^L R(t-\tau)\frac{\partial Y}{\partial \tau}\mathrm{d}\tau\mathrm{d}L \tag{22}$$

式（22）中 $\eta = c_w q_w / \lambda$，Y 同时出现在左端和右端的积分号内，因此，式（22）是一积分方程。把时间 t 分为 n 个时段 Δt_i，$i=1\sim n$；长度 L 分为 m 个区间 ΔL_j，$j=1\sim m$，有

$$\int_{t_{i-1}}^{t_i} \int_{L_{j-1}}^{L_j} R(t-\tau)\frac{\partial Y}{\partial \tau}\mathrm{d}\tau\mathrm{d}L \cong R(t-t_{i-0.5})\Delta Y(t_{i-0.5}, L_{j-0.5})\Delta L_j \tag{23}$$

代入式（22），得到

$$\eta q_w Y(t, L) = LR(t) - \sum_i \sum_j R(t-t_{i-0.5})\Delta Y(t_{i-0.5}, L_{j-0.5})\Delta L_j \tag{24}$$

由于 $\Delta Y(t_{i-0.5}, L_{j-0.5})$ 事先未知，故需用迭代方法求解，以第一时段第一区间（$t=0\sim t_1$，$L=0\sim L_1$）即（$i=1$，$j=1$）为例，由式（24）有

$$\eta q_w Y(t, L) = LR(t) - R(t-t_{i-0.5})\Delta Y(t_{0.5}, L_{0.5})\Delta L_1 \tag{25}$$

第一步，令 $\Delta Y(t_{0.5}, L_{0.5})=0$，由上式，$Y(t, L)$ 的第一近似值为

$$\eta q_w Y^{(1)}(t, L) = LR(t)$$

由此

$$Y^{(1)}(t_1, L_{0.5}) = \frac{1}{\eta q_w}L_{0.5}R(t)$$

从而得到 $\Delta Y(t_{0.5}, L_{0.5})$ 的第一近似值如下

$$\Delta Y^{(1)}(t_{0.5}, L_{0.5}) = \frac{L_{0.5}}{\eta q_w}[R(t_1) - R(0)] \tag{26}$$

将式（26）代入式（25），可求出 $Y(t, L)$ 的第二近似值，重复上述步骤，可不断求得 $Y(t, L)$ 的更高阶近似值。

注意，在基本公式（22）与（24）中，q_w 是已知值，但它不必是常值，它可以是随时间 t 而变化的已知值。

2.3 初期冷却水温计算

在混凝土坝初期水管冷却中，除了初始温差 $T_0 - T_w$ 外，还需要考虑混凝土绝热温升 $\theta(\tau)$，初始温差一般远小于绝热温升，甚至可能等于零，因此改用下式表示管长 L 处的水温

$$T_{wL} = T_w + U(t, L) \tag{27}$$

单位时间内冷却水吸收的热量为

$$Q_3 = c_w \rho_w q_w U(t, L) \tag{28}$$

在单位时间、单位长度内从混凝土流入水中的热量为

$$\frac{\partial Q_1}{\partial L} = \lambda (T_0 - T_w) R(t) + \lambda \int_0^t R(t - \tau) \frac{\partial \theta}{\partial \tau} d\tau \tag{29}$$

在时间 $\tau \sim \tau + d\tau$ 内，水温升高 $(\partial U / \partial \tau) d\tau$，到时间 t，在单位时间、单位长度内，它引起的由水流向混凝土柱体倒灌的热量为

$$\frac{\partial Q_2}{\partial L} = \lambda R(t - \tau) \frac{\partial U}{\partial \tau} d\tau \tag{30}$$

由热量平衡方程式（21），可得

$$c_w \rho_w q_w U(t, L) = \lambda (T_0 - T_w) L R(t) + \lambda \int_0^t \int_0^L R(t - \tau) \frac{\partial \theta}{\partial \tau} d\tau dL - \lambda \int_0^t \int_0^L R(t - \tau) \frac{\partial U}{\partial \tau} d\tau dL \tag{31}$$

改写成累积定差形式并取 $\eta = c_w \rho_w / \lambda$，得到

$$\eta q_w U(t, L) = L R(t) - \sum_i \sum_j R(t - t_{i-0.5}) \Delta \theta(t_{i-0.5}, L_{j-0.5}) \Delta L_j$$
$$- \sum_i \sum_j R(t - t_{i-0.5}) \times \Delta U(t_{i-0.5}, L_{j-0.5}) \Delta L_j \tag{32}$$

3 冷却水温的有限元解

取出含冷却水管的混凝土棱柱体如图 2 所示，其外表面可以是矩形、六角形或圆形，按三维问题用有限元法分析。

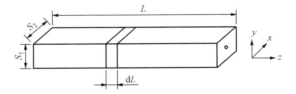

图 2 冷却棱柱体

热传导方程

$$\frac{\partial T}{\partial \tau} = a \left(\frac{\partial^2 T}{\partial x^2} + \frac{\partial^2 T}{\partial y^2} + \frac{\partial^2 T}{\partial z^2} \right) + \frac{\partial \theta}{\partial \tau} \tag{33}$$

初始条件

$$T(x, y, z, 0) = T_0(x, y, z, 0) \tag{34}$$

边界条件
在外部边界 C_1 上

$$-\lambda \frac{\partial T}{\partial n} + \beta(T - T_a) = 0 \tag{35}$$

在混凝土与水管接触的边界 C_2 上

$$-\lambda \frac{\partial T}{\partial r} + k(T - T_w) = 0 \tag{36}$$

式中：T_w 为水温；n 为外部边界的表面法线；β 为外表面放热系数；λ 为混凝土导热系数；k 为混凝土与水管接触面的放热系数，对于金属管，可取 $k=\infty$，对于塑料水管，k 由式（3）计算。

在空间域用有限元离散，时间域用向后差分离散，得到求解温度场的基本方程如下

$$\left([H] + \frac{1}{\Delta t}[C]\right)\{T_{n+1}\} - \frac{1}{\Delta t}[C]\{T_n\} = \{P_\theta\} + \{P_{c1}\} + \{P_{c2}\} \tag{37}$$

式中：$\{T_{n+1}\}$ 为时间 t_{n+1} 的结点温度向量；$\{T_n\}$ 为时间 t_n 的结点温度向量；$\{P_\theta\}$ 为与绝热温升 $\theta(\tau)$ 有关的向量；$\{P_{c1}\}$ 为与外边界 C_1 上气温 T_a 有关的向量；$\{P_{c2}\}$ 为与水管边界 C_2 上水温 T_w 有关的向量。分别计算如下

$$\{P_\theta\} = \frac{\Delta \theta_n}{\Delta t_n}\{f\}, \ \{P_{c1}\} = T_a^{n+1}\{g_1\}$$
$$\{P_{c2}\} = T_w^{n+1}\{g_2\} \tag{38}$$

$\{f_1\}$、$\{g_1\}$、$\{g_2\}$ 的元素计算如下

$$f_i = \iiint\limits_{\Delta R} N_i \mathrm{d}x\mathrm{d}y\mathrm{d}z, \ g_{1i} = \iint\limits_{\Delta c1} \frac{\beta}{c\rho} N_i \mathrm{d}s$$
$$g_{2i} = \iint\limits_{\Delta c2} \frac{\beta}{c\rho} N_i \mathrm{d}s \tag{39}$$

在计算水管冷却时，由于对称，通常假定外表面为绝热面，$\beta = 0$，故 $\{P_{1c}\} = 0$。由式（37）和式（38）可见，用三维有限元计算冷却水管，基本方程与一般热传导问题完全相同，唯一的差别是在荷载项中出现了第 $n+1$ 时间的水温 T_w^{n+1}，而 T_w^{n+1} 是未知的，为此，可采用笔者提出的迭代解法[1]。在垂直于水管方向切取两个截面 i 和 $i+1$，两处水温 $T_{w,i+1}$ 和 T_{wi} 可计算如下

$$T_{w,i+1} = T_{wi} + \Delta T_{wi} \tag{40}$$

$$\Delta T_{wi} = -\frac{\lambda \Delta L}{c_w \rho_w q_w} \int_{c_2} \frac{\partial T}{\partial \tau} \mathrm{d}s \tag{41}$$

式中：C_2 是混凝土与水管接触面。最简单的算法是，第一步假定管内水温全部等于进口水温，用有限元算出温度场，用式（40）和式（41）计算各点水温第一近似值 $T_{wi}^{(1)}$；第二步，假定 C_2 边界温度等于 $T_{wi}^{(1)}$，用有限元求出温度场，用式（40）和式（41）求出水温第二近似值 $T_{wi}^{(2)}$，重复上述步骤，直至前后两步计算的水温充分接近时为止。为提高计算效率，可在第一步假定管内水温等于本文后面式（42）计算的水温，这样可加快计算，一般只需迭代一次。

4 冷却水温的近似计算

在混凝土坝设计和施工中，需要一个简捷的水温计算公式，笔者在文献［10］第 430 页中给出了一个适用于钢管的水温计算公式，下面再给出一个同时适用于钢管和塑料水管的水温计算公式

$$T_{wL} = T_w + (T_0 - T_w)w(\xi, z) + \sum \Delta\theta(\tau)w(\xi, z') \tag{42}$$

$$w(\xi, z) = \left[1 - (1-s)e^{-\xi}\right](1 - e^{-2.70\xi})\exp(-2.40z^{-0.50}e^{-\xi}) \tag{43}$$

$$w(\xi, z') = \left[1 - (1-s)e^{-\xi}\right](1 - e^{-2.70\xi})\exp(-2.40(z')^{-0.50}e^{-\xi}) \tag{44}$$

其中
$$z = sa(t)/D^2, z' = sa(t-\tau)/D^2$$
$$\xi = \lambda L / c_w \rho_w q_w, s = \ln 100 / [\ln(b/c) + (\lambda/\lambda_1)\ln(c/r_0)]$$
$$b = D/2$$

式中：b 为混凝土冷却柱体外半径，有 $b=0.5836\sqrt{s_1 s_2}$，其中 s_1、s_2 分别为水管的水平和垂直间距；c 为水管外半径；r_0 为水管内半径；a 为混凝土导温系数；λ 为混凝土导热系数；λ_1 为水管导热系数。

上述计算的前提是管中水流为紊流，产生紊流的临界流量 q_{cr} 与水管内半径 r_0 有关，当 $r_0=1.27$cm 时，$q_{cr}=0.23$m³/h，当 $r_0=1.91$cm 时，$q_{cr}=0.35$m³/h。当流量小于临界流量时，管内即为层流，冷却效果降低，据估计层流比紊流冷却时间要延长约 1/4，相当于混凝土导温系数降低 1/4。因此，出现层流时，管内水温会进一步升高。

【算例 1】 后期水管冷却，聚乙烯水管，间距 1.5m×1.5m，水管外半径 $c=0.016$ m，内半径 $r_0=0.014$ m，导热系数 $\lambda_1=1.66$kJ/（m·h·℃），管长 $L=300$m。混凝土导温系数 $a=0.10$m²/d，导热系数 $\lambda=8.37$kJ/（m·h·℃）。冷却水比热 $c_w=4.187$kJ/（kg·℃），密度 $\rho=1000$（kg/m³）。

由本文公式可得：$b=0.5836\sqrt{s_1 s_2}=0.875$m，$D=2b=1.75$m，$s=0.985$，$\xi=0.60/q_w$（$q_w$ 单位为 m³/h），$z=0.03216t$（t 单位为 d）。

由式（43），管长 $L=300$m 的水温系数为

$$w = (1 - 0.015e^{-0.60/q_w})(1 - e^{-1.62/q_w})\exp(-0.43\sqrt{t}e^{-0.60/q_w}) \tag{45}$$

计算结果见图 3。

【算例 2】 初期水管冷却，基本资料同算例 1，混凝土绝热温升 $\theta(\tau) = 25\tau/(2.0+\tau)$ ℃，混凝土初温 $T_0=12$℃，进口水温 $T_w=9$℃，计算 $L=300$m 处出口水温，计算两个方案：（a）方案一，$\tau=0\sim20$d，冷水流量 $q_w=2.0$m³/h；（b）方案二，$\tau=0\sim8$d，$q_w=2.0$m³/h；$\tau=8\sim20$d，$q_w=0.50$m³/h 及 0.30m³/h，由式（42）有

$$T_{wL} = 9.0 + (12.0 - 9.0)w(q_w, t-0) + \sum \Delta\theta(\tau_i)w(q_w, t-T_{i-0.5}) \tag{46}$$

$$w(q_w, t-\tau) = (1 - 0.015e^{-0.60/q_w})(1 - e^{-1.62/q_w}) \times \exp(-0.43\sqrt{t-\tau}e^{-0.60/q_w}) \tag{47}$$

$$\Delta\theta(\tau_i) = \theta(\tau_i) - \theta(\tau_{i-1})$$

计算结果见图 4，式（43）和式（44）的前提是冷水流量 q_w 为常量，用于 q_w 为变量时，

计算精度有所下降。以上忽略了层面散热，如考虑，可先用差分法计算温升 $\Delta T_r(\tau)$，再以它代替式（42）中的 $\Delta\theta(\tau)$。

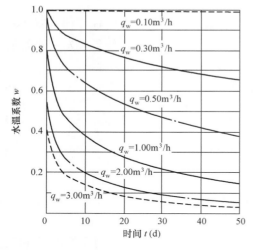

图 3　算例 1　后期冷却中的水温系数 $W(q_w, t)$
（间距 1.5m×1.5m，L=300m）

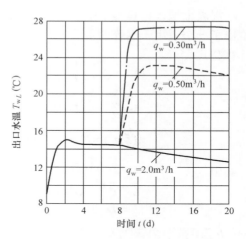

图 4　算例 2　初期冷却中的出口水温
（间距 1.5m×1.5m，L=300m）

5　冷却水温的调节

5.1　混凝土坝的温差及其控制

混凝土表面温度 T_s 和内部温度 T_i 都随着时间而变化。施工期间内部最高温度为

$$T_{im} = T_p + T_r \tag{48}$$

式中：T_p 为混凝土浇筑温度；T_r 为混凝土水化热温升。

经过充分散热以后，运行期坝体内部温度为

$$T_{i0} = T_f \pm \Delta T_q \tag{49}$$

式中：T_f 为坝体稳定温度；ΔT_q 为运行期混凝土温度年变幅，当坝体较厚时，$\Delta T_q = 0$。

坝体内部最高温度与最低温度之差为

$$\Delta T_i = T_p + T_r - T_f \tag{50}$$

混凝土内外温差 $\Delta T_s = T_i - T_s$ 是引起表面裂缝的主要原因。施工过程中出现的裂缝绝大多数是表面裂缝，人们对表面裂缝早就已经重视，但在认识上有误区。由于施工中往往是一次大寒潮以后出现一批裂缝，长期以来人们只重视混凝土早期的表面保护，如《水工混凝土施工规范》（DL/T 5144—2001）规定："28d 龄期内的混凝土，应在气温骤降前进行表面保护"。笔者的研究结果表明，为了防止混凝土坝的有害裂缝，只对 28d 龄期内的混凝土进行表面保护是不够的，必须全面温控、长期保温[2, 3]。

为了防止混凝土坝内部裂缝，目前已采用的措施：①通过预冷混凝土降低浇筑温度 T_p；②通过降低水泥用量、层面散热和水管冷却以降低水化热温升 T_r。水管冷却是其中十分重要的措施，本文对水管冷却问题将进行较详细的分析并提出一些新的观点。

5.2 初期水管冷却中的水温调节

初期水管冷却的目的是降低混凝土水化热温升 T_r，从而降低混凝土的内部最高温度。水管间距主要决定于对混凝土最高温度的要求。在初期水管冷却中，需重视以下几个问题。

（1）开始冷却时间，应与开始浇筑混凝土时间同步，混凝土早期水化热温升上升很快，开始冷却时间延滞 1d，混凝土温度即可上升 6～10℃之多。

（2）进口冷水温度 T_w，当然，T_w 越低，冷却效果越好，早期混凝土弹性模量很低，混凝土浇筑温度 T_p 与 T_w 之差对新浇筑混凝土应力的影响不大，但如水管铺在老混凝土面上，老混凝土表层在夏天的温度可能较高，进口水温过低，可能引起下面老混凝土的裂缝。

（3）冷却过程中的水温调节，如图 5 所示，水管间距 1.5m×1.5m，混凝土浇筑温度 T_p=12℃，进口水温 9℃，第 6d 达到最高温度 30℃，如进口水温 T_w 不变，继续冷却到 20d，混凝土温度下降到 21℃。设浇筑层厚度为 1.5m，浇筑块长度 30m，层面间歇时间通常为 10～20d，当浇筑层面间歇 20d 时，下面混凝土已停止冷却，由于后期水化热的释放，冷却结束后其温度实际上还略有回升，最上层 1.5m 混凝土从 30℃降至 21℃时，冷却高度 1.5m 与浇筑块长度 30m 之比值为 1/20，属于薄层冷却，会产生较大拉应力。即使间歇时间为 10d，上面 2 层混凝土同时降温，冷却高度与浇筑块长度之比为 1/10，仍然是薄块冷却，对温控不利。如果温度达到最高温度后即停止水管冷却，由于还有相当的水化热要继续释放，混凝土温度将继续升高，增加了后期温差。经计算，如 6d 后换用 T_w=29℃ 的冷水，则后期混凝土温度基本保持在 30℃ 上下，这种情况是最为理想的。如果设有 29℃ 冷却水，可以继续采用进口水温为 9℃ 的冷水，但把冷水流量减小，例如，q_w 减小到 0.30m³/h 以下，如图 4 所示出口水温可上升到 29℃ 左右，水管全长平均水温为（9+29）/2=19℃。温控效果不如 6d 后用 T_w=29℃ 的冷水，但比采用大流量 9℃ 低温水继续冷却要好。

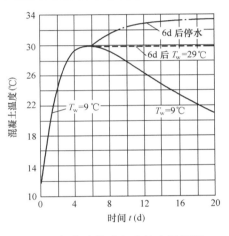

图 5 初期水管冷却中的水温调控

5.3 后期水管冷却中的水温调节

初期冷却结束后，由于还有一部分水泥水化热继续释放，混凝土温度还将有所升高，最高温度一般可达到 28～32℃，对于通仓浇筑重力坝，不再进行人工冷却，依靠天然冷却，经过几十年甚至数百年才能达到最终稳定温度。对于拱坝或有纵缝的重力坝，为了及时进行接缝灌浆，必须进行后期冷却，在接缝灌浆前把混凝土温度降低到坝体稳定温度 T_f，其值约等于大坝运行期年平均气温与年平均库水温度的平均值，大致为 4～16℃，北方低而南方高，后期冷却所需降低的温度幅度大致为 15～25℃。它引起的应力的大小，取决于以下几个因素：①温差大小；②约束条件，如浇筑块尺寸、形状、基岩变形模量等；③温度梯度；④降温速率，这最后一个条件，过去人们并未重视，实际上其影响巨大，根据笔者计算，在相同温差作用下，如以缓慢天然冷却产生拉应力为 100%，一次冷却应力为 160%，分三次冷却，应力为 123%。目前混凝土坝设计规范中规定的基础允许温差，重力坝与拱坝是相同的，实际上，在浇筑块尺寸相同、温差相同的条件下，拱坝内拉应力要大得多，对于这个问题今后应充分重视。

解决混凝土坝内部裂缝的方向是小温差早冷却缓慢冷却，具体做法就是两个分散：①时间上分散，实行多次后期冷却，把一个大温差，分散为几个小温差，延长冷却时间，使混凝土徐变得到充分发展；②空间上分散，在高度方向分区冷却，温差由大变小由突变改为渐变，详见文献［1～9］。本文着重说明，采用新的后期冷却方式后，水温如何调节。

把 1 次后期冷却改为 n 次后期冷却，n 以多少为宜？实践经验表明，$n=1$ 是肯定不好的，也就是说，应有 $n \geqslant 2$。从降低温度应力考虑，n 越大越有利，$n \to \infty$，即连续冷却当然最有利，但施工比较麻烦，经过多次试算，笔者个人初步意见，以 $n=3$ 为合适。设置 2 套输水干管，分别提供低温水 T_{w1} 和中温水 T_{w2}，另一水温 T_{w3} 通过调节流量 q_w 而得到。

6　水管冷却与混凝土高坝温控研究设计、施工及反馈分析

为了搞好特高混凝土坝的温度控制，当然首先要做好施工前的试验研究和设计工作，笔者特别指出以下几点：①在全面做好混凝土性能试验的基础上，特别需要做好混凝土绝热温升试验，目前 28d 试验龄期太短，对于最终选用的混凝土配比，应做 90d（至少 60d）龄期试验。目前一个试验温度也太少，最好做 3 种试验温度。②在特高混凝土坝施工中，许多问题是过去没有遇到过的，依靠现有规范不能解决问题，必须事先进行深入细致的研究才能发现问题解决问题，避免出现事先不研究，事后出了问题再补强的被动局面。③在设计阶段，应进行多方案分析研究。④目前抗裂安全系数偏低，有必要也可能适当提高。

在施工阶段，对实测资料需进行系统分析，并进行一些反分析和仿真分析，在详细分析研究的基础上，对温控方案进行必要的调整和改进[4]。

7　结语

（1）随着建坝高度的增加，对混凝土坝水管冷却的要求也趋于更加严格，更加细致，尤其是特高拱坝的水管冷却问题，更应慎重研究。

（2）本文给出了水管冷却水温的计算方法和水温调节方法，在混凝土坝的设计和施工中，可利用本文给出的方法对混凝土坝水管冷却方案进行计算分析，对水温进行调节。

（3）在特高拱坝施工中，许多问题是过去没有遇到过的，应加强施工前的试验研究工作，防患于未然。

（4）在施工过程中，应对实际温控情况不断进行分析研究，进行必要的反分析和仿真分析，然后对温控方案进行必要的修改。

参　考　文　献

［1］朱伯芳. 大体积混凝土温度应力与温度控制［M］. 北京：中国电力出版社，1999.

［2］朱伯芳，许平. 加强混凝土坝面保护、尽快结束"无坝不裂"历史［J］. 水力发电，2004，（3）.

［3］朱伯芳. 全面温控、长期保温、结束"无坝不裂"历史［A］. 第五届碾压混凝土坝国际研讨会论文集

[C]. 中国贵阳, 2007.

[4] 朱伯芳, 张国新, 许平, 等. 混凝土高坝施工期温度与应力控制决策支持系统 [J]. 水利学报, 2007, (12).

[5] 朱伯芳. 小温差早冷却缓慢冷却是混凝土坝水管冷却的新方向 [J]. 水利水电技术, 2009, (1).

[6] 朱伯芳, 吴龙珅, 张国新. 混凝土坝水管冷却自生温度徐变应力的数值分析 [J]. 水利水电技术, 2009, (2).

[7] 朱伯芳, 吴龙珅, 杨萍, 等. 混凝土坝后期水管冷却的规划 [J]. 水利水电技术, 2008, (7).

[8] 朱伯芳, 吴龙珅, 杨萍, 等. 利用塑料水管易于加密以强化混凝土冷却 [J]. 水利水电技术, 2008, (5).

[9] 朱伯芳, 吴龙珅, 张国新. 混凝土坝水管冷却方式研究 [J]. 水利水电技术, 2009, (7).

[10] 朱伯芳. 混凝土坝理论与技术新进展 [M]. 北京: 中国水利水电出版社, 2009.

利用预冷集料和水管冷却加快高碾压混凝土重力坝的施工速度[❶]

摘　要：碾压混凝土的抗裂能力略低于常态混凝土，坝体通常不设置纵缝，浇筑块较长，因此碾压混凝土重力坝的基础允许温差低于常态混凝土重力坝，目前碾压混凝土一般不埋设冷却水管，也不进行预冷，因而高温季节只好停工。本文提出，利用斜层铺筑法，可以在碾压混凝土施工中实现混凝土预冷，必要时辅以水管冷却，有可能实现全年浇筑碾压混凝土，使筑坝工期大为缩短。

关键词：碾压混凝土；预冷集料；水管冷却；全年施工

Quicken the Construction of High RCC Gravity Dams by Precooling and Pipe Cooling of Concrete

Abstract：There is no precooling and pipe cooling in the construction of RCC dams at present and the construction process is stopped in the time of high temperature. It is suggested in this paper to use precooling of concrete by taking advantage of casting inclined lifts of RCC, then the construction process may he continued in summer，and the time for construction of the RCC dam may be shortened a great deal.

Key words：RCC, precooling of concrete, pipe cooling, construction in summer

1　前言

碾压混凝土用水量较小，一般掺用大量粉煤灰，与常态混凝土相比，水泥用量大大减少，混凝土绝热温升相对较低，施工时分层厚度较薄，似乎易于散热。故在碾压混凝土问世初期，人们曾一度认为碾压混凝土已不存在温度控制的问题，因此国内外对碾压混凝土的温度应力和温度控制问题均不够重视。笔者研究发现：①碾压混凝土虽具有水泥用量少、绝热温升较低的优点，但因大量掺用粉煤灰，水化热散发推迟，而碾压混凝土上升速度快，施工中通过层面散热不多，因此碾压混凝土中的水化热温升并不太低；②由于水泥用量较少，碾压混凝土的徐变较低，极限拉伸变形也略低，故抗裂能力较低；③碾压混凝土重力坝一般不设纵缝，块体长，在同样温差作用下，温度应力较大；④除水化热外，浇筑温度高、寒潮、冬季低温等也是引起裂缝的重要原因，它们对常态混凝土和碾压混凝土的影响基本相同。由于上述原

---

❶　原载《水利水电技术》2001 年第 3 期。

因，碾压混凝土同样存在着温度控制问题。实际上，后来国内外不少碾压混凝土坝也确实出现了相当多的裂缝，目前人们对碾压混凝土坝的温度应力已普遍重视。

在常规混凝土坝施工中，温度控制的三大手段是水管冷却、预冷集料和表面保温。由于碾压混凝土每次摊铺厚度只有 0.30m，层面间歇时间又较长，如预冷集料，热量倒灌严重，效果不大；过去一般认为在碾压混凝土中埋设冷却水管也很困难。因此，到目前为止，在碾压混凝土坝施工中还未正式采用过预冷集料和水管冷却，混凝土坝温度控制的三大手段放弃了两个，在施工中难以有效地控制温度，只好听其自然，其结果是，高温季节只得停工，一般停工约 4～5 个月。今后，随着碾压混凝土坝高度的进一步增加，温控要求更趋严格，温度控制与施工进度的矛盾将更加突出。

碾压混凝土坝通常不设纵缝，不进行接缝灌浆前的人工冷却，内部温度降低十分缓慢，有的工程温度控制虽不十分严格，但在施工期间和蓄水初期裂缝不多，因此给人一种错觉，似乎可以放松碾压混凝土坝的温控，实际上这是一种假象。有的工程，如普定碾压混凝土坝，虽然施工期间和蓄水初期裂缝很少，但随着坝体内部温度的逐渐降低，后来却出现了很多裂缝，并出现了一些大裂缝，这种情况应该引起重视。

江垭碾压混凝土重力坝施工中创造性地实现了斜层铺筑法[1]，这一方法的提出，本来是为了缩短层面间歇时间，解决夏季施工中的初凝问题，但它却为在碾压混凝土坝施工中采用预冷集料创造了条件，因为层面暴露时间缩短，热量倒灌问题大大减轻。在水口水电站施工中，首次在碾压混凝土中埋设冷却钢管成功。近年来，成都勘测设计院在大朝山碾压混凝土重力坝施工中试用塑料冷却水管获得成功，由于塑料水管接头少，铺设方便，这就进一步为在碾压混凝土坝中采用冷却水管提供了可贵的经验。

碾压混凝土抗裂能力较弱，允许温差较常态混凝土为低，故不宜任意提高允许温差；利用预冷集料和水管冷却，可实现全年浇筑碾压混凝土，在保护质量的前提下使施工速度大大提高。

2　碾压混凝土的抗裂能力与允许温差

由于水泥用量较少，碾压混凝土的极限拉伸低于常态混凝土，如表 1 所列。

表 1　　　　　　　　　　　　碾压混凝土的极限拉伸

工　程	强度等级	极限拉伸（10^{-4}）
三峡	C15（90d） C20（90d）	0.65 0.70
龙滩	C15（180d） C20（180d） C25（180d）	0.70 0.75 0.85
铜街子	C10（90d） C15（90d） C20（90d）	0.55 0.65 0.70
天生桥一级 坑口 岛地川 美国高掺粉煤灰 RCC	C20（90d） C15（90d） C10（90d） C20（90d）	0.70 0.68 0.63 0.53～0.59

设混凝土的弹性模量为 $E(\tau)$，徐变度为 $C(t, \tau)$，其中 τ 为龄期，在徐变度 $C(t, \tau)$ 中令时间 $t \to \infty$，得到龄期 τ 加荷的最终徐变度 $C(\tau) = C(\infty, \tau)$，于是有

$$\phi(\tau) = E(\tau)C(\tau) = C(\tau) \div [1/E(\tau)] \tag{1}$$

$\phi(\tau)$ 称为徐变系数，它代表在龄期 τ 加荷后混凝土的最终徐变变形与弹性变形的比值。碾压混凝土与常态混凝土的徐变系数见表 2。由表 2 可见，碾压混凝土的徐变系数低于常态混凝土，因此在相同温差作用下，碾压混凝土中的温度应力较常态混凝土为大。

表 2 碾压混凝土与常态混凝土的徐变系数 $\phi(\tau)$

加荷龄期（d）	7	28	90
岩滩碾压混凝土	1.12	0.69	0.47
三峡围堰碾压混凝土	0.546	0.39	0.25
龙滩坝碾压混凝土	0.717	0.48	0.39
常态大坝混凝土（5 坝平均值）	1.36	1.08	0.77

在总结国内外经验的基础上，我国《混凝土重力坝设计规范》规定：对于常态混凝土，当极限拉伸不低于 0.85×10^{-4}，浇筑块长度 $L \geq 40\text{m}$ 时，基础允许温差：强约束区（$0 \sim 0.2L$）为 $14 \sim 16℃$，弱约束区（$0.2L \sim 0.4L$）为 $17 \sim 19℃$[2]。

我国《碾压混凝土坝设计导则》中，按极限拉伸 0.70×10^{-4} 折算，建议碾压混凝土坝基础允许温差见表 3[3]。

上述允许温差是按极限拉伸折算的，还没有考虑碾压混凝土徐变系数较小这一因素，考虑到碾压混凝土是通仓浇筑，内部温度降至稳定温度时，坝体早已竣工，自重和水压力所引起的压应力可以抵消一部分温度引起的拉应力，可以认为，表 3 大体是合适的。

表 3 碾压混凝土坝基础允许温差（$E_{\text{C}} \leq E_{\text{r}}$）

浇筑块最大边长 L（m）		30 以下	30～70	70 以上
允许温差（℃）	强约束区	18～15.5	14.5～12	12～10
	弱约束区	19～17	16.5～14.5	14.5～12

3 温度控制对高温下浇筑高碾压混凝土重力坝的制约

基础温差为

$$\Delta T = T_{\text{p}} + T_{\text{r}} - T_{\text{f}} \tag{2}$$

式中：T_{p} 为混凝土浇筑温度；T_{r} 为混凝土水化热温升；T_{f} 为坝体稳定温度。

设基础允许温差为 ΔT，由式（2）可知，混凝土浇筑温度必须满足下列条件

$$T_{\text{p}} \leq \Delta T + T_{\text{f}} - T_{\text{r}} \tag{3}$$

由表 3 可知，对于低坝，因浇筑块长度 L 不大，允许温差较大，故允许浇筑温度也较高；对于高坝，因浇筑块长度 L 较大，允许浇筑温度较低，故全年中不能进行碾压混凝土施工的时间较长。

以华中地区为例，全年各月平均气温如表 4 所列，考虑 3 种坝高：$H=100$，150，200m，由于混凝土强度等级的不同，对应的水化热温升分别为 $T_{\text{r}}=11.0$，12.0，13.0℃，强约束区允

许基础温差分别为 12.0，11.0，10.0℃，允许最高浇筑温度见表 5。由表 5 可见，对于高碾压混凝土重力坝，一年之中约有半年时间不能浇筑基础强约束区混凝土，对施工进度制约很大。

表4 各 月 平 均 气 温 ℃

月份	1	2	3	4	5	6	7	8	9	10	11	12	全年平均
气温	6.0	7.4	12.1	16.9	21.7	26.0	28.7	28.0	23.4	18.1	12.3	7.0	17.4

表5 高碾压混凝土重力坝允许最高浇筑温度 T_p

坝高 (m)	允许温差 (℃)	水化热温升 (℃)	坝体稳定温度 (℃)	允许浇筑温度 T_p（℃）	
				强约束区	弱约束区
100	12.0	11.0	16.0	17.0	19.0
150	11.0	12.0	16.0	15.0	17.0
200	10.0	13.0	16.0	13.0	15.0

4 利用预冷集料和水管冷却实现全年施工

对于通仓浇筑常态混凝土重力坝，利用预冷集料，并在基础约束区内辅以水管冷却，是可以全年浇筑混凝土的。至于碾压混凝土坝，过去采用 0.30m 薄层平面浇筑，层面间歇时间又长，热量倒灌严重，无法进行预冷集料，高温季节只好停工。

江垭碾压混凝土重力坝采用的斜层铺筑法为在碾压混凝土坝中实行预冷集料创造了条件。下面对利用斜层铺筑法实行预冷集料的可行性进行分析。

4.1 浇筑强度

如图 1 所示，设浇筑层高度为 ΔH，斜层坡度为 1:n，铺筑层厚度为 b，浇筑块长度为 B，斜坡层的宽度为 $n\Delta H$，体积为 $Bbn\Delta H$，设斜面暴露时间为 $\Delta\tau$，则混凝土浇筑强度为

$$q = \frac{Bbn\Delta H}{\Delta\tau} \qquad (4)$$

设浇筑块高度 ΔH =1.50m，顺水流方向全断面铺筑，层面暴露 $\Delta\tau$ =2h，铺筑层厚度 b=0.30m，所需混凝土浇筑强度如表 6 所列。目前常见斜层坡度为 1:10～1:20，江垭成功地用过的最陡坡度为 1:8.3，如果采用 1:10 坡度，当坝高 H=200m、层面暴露 $\Delta\tau$ =2h 时，所需浇筑强度为 360m³/h，相当于 8640m³/d。对于 200m 高坝的大型工程来说，这种强度是不难做到的。如果浇筑强度实在达不到，也可以分区浇筑。图 2 表示了沿上下游方向分成两区浇筑的情况，在断面上，分区缝应该错开，如图 2（b）所示。

表6 混 凝 土 浇 筑 强 度

坝高 H（m）	底宽 B（m）	不同坡度浇筑强度 q（m³ · h⁻¹）	
		1:10	1:15
100	80	180	270
150	120	270	405
200	160	360	540

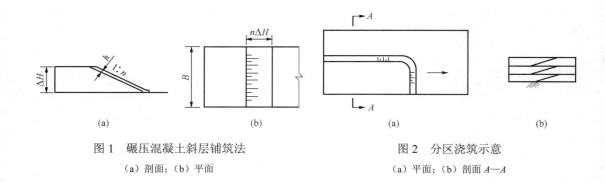

图 1　碾压混凝土斜层铺筑法　　　　　　　图 2　分区浇筑示意

（a）剖面；（b）平面　　　　　　　　　　（a）平面；（b）剖面 A—A

4.2　浇筑温度

现在我们来分析一下，利用斜层铺筑法，在高温季节浇筑碾压混凝土，浇筑温度能否满足温控要求。

混凝土浇筑温度计算如下

$$T_{\mathrm{p}} = T_0 + (T_{\mathrm{a}} - T_0)\sum \phi_i \tag{5}$$

式中：T_0 为出机口温度；T_{a} 为周围介质温度，即气温；ϕ_i 为运输、平仓、碾压过程中的热量倒灌系数。

热量倒灌系数 ϕ_i 与施工中的实际温度条件密切相关，在施工中应在现场实测，下面根据已有经验，给出一组平均意义上的系数 ϕ_i。

混凝土入仓前，装料时 $\phi_1 = 0.03$，运输时 $\phi_2 = 0.04$，卸料时 $\phi_3 = 0.03$，有 $\phi_1 + \phi_2 + \phi_3 = 0.10$；混凝土入仓后，摊铺平仓 20min，$\phi_4 = 0.003 \times 20 = 0.06$，碾压 2h，$\phi_5 = 0.16$，$\phi_4 + \phi_5 = 0.22$。碾压时的热量倒灌系数 ϕ_5 系根据层厚 0.30m、$\lambda/\beta = 0.10$m 可由图 3 求出，其中 λ 为导热系数，kJ/（$\mathrm{m}^2 \cdot \mathrm{h} \cdot \mathrm{°C}$）；$\beta$ 为表面放热系数，kJ/（$\mathrm{m}^2 \cdot \mathrm{h} \cdot \mathrm{°C}$）。

由式（5），混凝土浇筑温度为

$$T_{\mathrm{p}} = T_0 + 0.320(T_{\mathrm{a}} - T_0) \tag{6}$$

如果加大浇筑强度，或如图 2 实行分区浇筑，使层面暴露时间减少到 $\Delta\tau = 1\mathrm{h}$，则 $\phi_5 = 0.085$，浇筑温度由下式计算

$$T_{\mathrm{p}} = T_0 + 0.245(T_{\mathrm{a}} - T_0) \tag{7}$$

气温在 1d 之内是随着时间 τ 而变化的，可按下式计算

$$T_{\mathrm{a}} = T_{\mathrm{am}} + A\cos\left[\frac{\pi(\tau - \tau_0)}{12}\right] \tag{8}$$

式中：T_{am} 为日平均气温；A 为日气温变幅；τ_0 为气温最高时间，一般 $\tau_0 = 14$ 时；τ 为浇筑时间，以时计。

水管一般冷却所降低的温度与水管间距、冷却时间、混凝土与冷水的温差、浇筑层面间歇时间等因素有关，可用文献［4］方法进行计算，表 7 是一组近似值，可用于初步估算[5]。

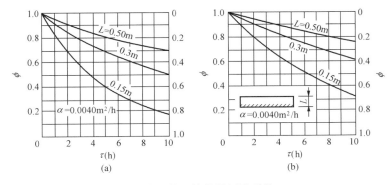

图 3 铺筑薄层的热量倒灌系数 ϕ_l

(a) $\lambda/\beta=0.10\text{m}$；(b) $\lambda/\beta=0.20\text{m}$

表 7		水管一期冷却削减的温度ΔT		
水管间距（m×m）	1.0×1.5	1.5×1.5	1.5×3.0	3.0×3.0
ΔT（℃）	5～7	3～5	2～4	1～3

下面通过一组算例来探讨利用预冷集料和水管冷却实现高碾压混凝土坝全年施工的可行性。

算例 1：机口混凝土温度 T_0=7.0℃，4 月中旬，日平均气温 16.9℃，日气温变幅 6.0℃，在 14 时气温最高时浇筑混凝土，由式（8），计算得浇筑温度 T_a=22.9℃。设层面暴露时间$\Delta\tau$=2h，由式（6）得 T_p=12.1℃。由表 5 可见，4 月中旬浇筑温度可满足要求。

算例 2：机口混凝土温度 T_0=7.0℃，7 月中旬，日平均气温 28.7℃，日气温变幅 6.0℃，上午 6 时浇筑混凝土，由式（8）得 T_a=25.7℃，设层面暴露$\Delta\tau$=2h，由式（7）得 T_p=13.0℃。由表 5 可见，刚可满足要求。如果在 6 时以后浇筑混凝土，则不能满足要求。因此 7 月只能在夜间浇筑基础约束区混凝土，如果要在白天浇筑混凝土，则必须采取进一步的降温措施。

算例 3：7 月中旬，下午 2 时浇筑混凝土，机口温度 7.0℃，日气温变幅 6.0℃，日平均气温 28.7℃，则由式（8）得 T_a=34.7℃。若层面暴露$\Delta\tau$=24，由式（6）得 T_p=15.9℃；若层面暴露$\Delta\tau$=1h，由式（7）得 T_p=13.8℃。由表 5 可见，层面暴露 2h，浇筑温度不能满足 200m 高坝基础约束区要求，但辅以水管冷却，则可满足要求，如能把层面暴露时间压缩到$\Delta\tau$=1，并辅以水管冷却，则还留有一定余地。

由上述分析可见，利用斜层铺筑法进行混凝土预冷，夏季浇筑时在基础强约束区辅以一期水管冷却，有可能实现高碾压混凝土重力坝的全年施工，夏季不必停浇，大坝施工进度可大大加快。

在上述计算中没有考虑太阳辐射热的影响，晴天浇筑混凝土时，其影响相当显著，可用文献［4］方法进行计算，并采用必要的进一步的温控措施。

5 结束语

目前在碾压混凝土坝施工中，夏季一般停止施工约 4～5 个月，根据本文分析，利用斜层铺筑法进行预冷集料并在基础约束区辅以一期水管冷却，有可能实现高碾压混凝土坝的全年施工，大大加快高碾压混凝土坝的施工速度，根据以往经验，温控费用约占混凝土坝造价的 2%，所费不多，而收效十分显著，工期可能缩短 30%～50%。

上述侧重于宏观的分析，在高碾压混凝土坝施工中具体采用预冷和水管冷却时，当然还需进行更细致的施工组织设计，最大限度地减少每一个施工环节中的冷却损失，获取最大的冷却效果，必要时还应进行一定的现场试验。

参 考 文 献

[1] 姜长全，杜志达，等. 碾压混凝土的斜层平推铺筑法［C］. RCC'99 碾压混凝土筑坝技术国际会议论文集，成都：1999：630-636.

[2] 水利电力部. 混凝土重力坝设计规范［S］. 北京：水利电力出版社，1979.

[3] 能源部，水利部. 碾压混凝土坝设计导则［M］. 北京：水利电力出版社，1992.

[4] 朱伯芳. 大体积混凝土温度应力与温度控制［M］. 北京：中国电力出版社，1999.

[5] 谭靖夷. 中国水力发电工程（施工卷）［M］. 北京：中国电力出版社，2000.

[6] 董福品，朱伯芳. 碾压混凝土坝温度徐变应力研究［J］. 水利水电技术，1987，（10）：22-30.

第 9 篇

混凝土坝抗地震
Part 9　Earthquake Resistance
of High Concrete Dams

混凝土坝耐强烈地震而不垮的机理❶

摘　要：分析了国内外重大地震对混凝土坝造成的损害，结果表明与房屋、桥梁、道路等相比，混凝土坝具有更强的抗地震能力。首次从理论上阐明了混凝土坝所以具有较强的抗地震能力是由于平时即以水平荷载为主且安全系数较高。在我国继续兴建水坝，既是必要的，也是安全的，就混凝土坝抗震设计与抗震措施提出了一些建议。

关键词：混凝土坝；抗地震

The Reason Why Concrete Dams Can Resist Strong Earthquakes without Serious Damage

Abstract: Experiences show that concrete dams have bigger resistance to earthquake than houses and bridges.It is explained that this is due to the fact that concrete dams must resist remarkable horizontal loads at ordinary time with big coefficient of safety.

Key words：concrete dam, earthquake resistance

1　引言

2008 年 5 月 12 日四川汶川特大地震对人民生命财产造成了重大损失，此次地震中，有 1000 多座水坝受到一定损害，绝大部分是小型土石坝，损害主要是坝坡局部坍落、坝体裂缝等，未发生垮坝事故，但万一垮坝，大量库水下泄，灾害将异常巨大。因此，汶川地震后，人们对强震区内修建高坝大库的安全性特别关切是十分自然的。我国 100m 以上的高坝绝大部分是混凝土坝，近期在建或即将兴建的许多 200m 以上的高坝也多是混凝土坝，并且大多处于强烈地震区，本文着重讨论混凝土坝的抗地震问题。

首先分析国内外混凝土坝实际遭受的地震损害，每次强烈地震后，都有不少房屋、桥梁严重受损，甚至倒塌，但除了 1999 年台湾 "9·21" 大地震中石冈重力坝由于活断层穿过坝体而破坏外，至今还没有一座混凝土坝因地震而垮掉，许多混凝土坝遭受烈度Ⅷ、Ⅸ度强烈地震后，损害轻微，可以说在各种土木水利工程中，混凝土坝是抗地震能力最强的。

我们首次从理论上阐明了混凝土坝之所以具有较强的抗地震能力，是由于它在平时即以水平荷载为主且有较大安全系数。我国水资源十分短缺，而且时空分布极不均衡，国民经济的持续发展和人民生活水平的提高都离不开水利水电工程的建设，在我国继续兴建水坝，既

---

❶　原载《水利水电技术》2009 年第 1 期，由笔者与杨波联名发表。

是必要的又是可行的。当然，在强震区筑坝，应特别重视坝的安全，首先要尽量远离活动断层，要重视地基的稳定性和工程设计施工的质量，并采取必要的抗震措施。

2 国内外混凝土坝震害

2.1 1999年台湾"9·21"地震中的几座混凝土坝[1]

　　1999年9月21日在我国台湾省南投县发生了一次7.3级地震，震源深度8km，地震是由于车笼埔断层的破裂而引起的，破裂总长度105km，震中最大地面加速度1.01g。地震造成2295人死亡，房屋全倒20815户，半倒17978户，多栋12层以上的大楼拦腰折倒。多处大规模山崩阻塞河道造成堰塞湖。山崩及桥梁损坏致使600多处公路交通中断。由于土壤液化引发地面喷沙、地层下陷、结构倾斜。地震区内有多座水坝，有一座重力坝因活断层通过坝体而被毁，其他水坝损害轻微。

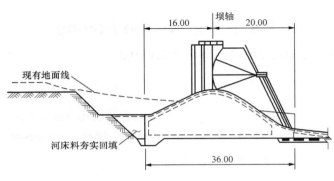

图1　石冈重力坝溢洪道标准断面图（单位：m）

　　（1）石冈重力坝。石冈混凝土重力坝，坝高21.4m，长352m，坝顶装有宽12.8m、高8.0m弧形闸门共18道，见图1。

　　地震前车笼埔断层在石冈坝下游3km处通过，"9·21"地震发生时，在坝址上下游附近新产生了8条次断层，引起地层破裂，其中1条次断层恰好通过石冈坝的右侧坝轴线，左侧断层上盘上升了约9.8m，下盘上升只有2.2m，使坝体两侧产生约7.6m的垂直错动，活断层通过处，三个坝段完全被毁，断层两边坝顶高程相差7.6m，但被毁三个坝段两边的坝体并未破坏，该坝施工时地质调查并未发现有断层通过。地震时附近地震台实测最大加速度，东西向0.581g，南北向0.418g，垂直向0.489g，这是到目前为止全世界唯一的被地震摧毁的混凝土坝。除坝体外，在坝址上游400m及1500m处，河床也分别隆起了约6m及3.5m，并在河床中形成了瀑布的奇观。

　　（2）雾社重力坝。雾社坝高114m，长213m，设计最高水位为1005.0m，"9·21"地震时水位为999.24m，在坝顶高程1005.85m处及坝底部廊道高程915.88m，设有地震仪，测得最大水平加速度分别为1.018g及0.282g（无铅直方向地震仪）。地震之后，坝体本身并无重大的损伤，只有一些轻微损害。

　　（3）谷关拱坝。谷关混凝土拱坝，坝高85.1m，坝顶长度149m，地震后下游坝面一条原有裂缝扩展成长约25m的斜裂缝，最大宽度1~2mm，另外还有一些较短的斜裂缝，最大水平加速度约0.4g，震后放空水库，对裂缝进行了修补。

　　（4）德基拱坝。德基双曲薄拱坝，坝高181m，坝顶长290m，坝顶拱冠厚度4.5m，坝底拱冠厚度20m，坝顶高程1411m，正常满水位1408m，正常运转低水位1361m，"9·21"地震发生时水位1394.6m。地震后大坝总体状态良好，唯一的异常是坝基渗水量明显增加，渗出的水是清水，1个月后渗水量即逐渐减小。地震前后，坝内垂线仪测得的坝体位移无异常现象，距坝址 2km 的一个强震台的实测记录，最大地面加速度为东西向 0.53g，南北向 0.52g，竖直向 0.23g，但强震台位于高山上，高程为 1510m，比德基坝基岩高程 1230m 高出 280m，有一定放大作用，估计德基坝基底实际最大水平加速度约为 0.4g～0.5g。

2.2 帕柯依马拱坝震害

美国加州的帕柯依马（Pacoima）拱坝是到目前为止全世界唯一的受地震损害较重的一座拱坝，坝高 113m，坝顶弧长 180m，1928 年建成，由于左岸地质条件差，有一剪切带，建成时的坝高比原设计降低约 3m，并在左岸设置重力式推力墩。该坝用纯拱法设计并用拱冠梁法校核，运行近 40 年后，于 1967～1968 年对坝体安全进行了复核，采用径向试载法计算，荷载包括全水头+自重+0.15g 水平地震，结果表明，坝体应力无问题，但在地震荷载作用下，左岸坝肩抗滑稳定处于边缘状态。

1971 年 2 月 9 日发生了一次由 San Fernando 断层破裂而引起的 6.6 级地震，震源深度 12.8km，震中在坝址北面 6.4km 处，发震断层在坝下深度为 4.8km，一台强震仪设置在左岸山脊上，离顶 37m，比坝顶高 15m。实测水平方向最大加速度 1.25g，竖向加速度 0.7g，由于强震仪设置在节理发育的陡峭山脊上，考虑地形地质条件推算河谷的地面峰值加速度为 0.50g。震后整个山体铅直方向上升了 1.28m，水平方向移动了 2.0m，坝轴线沿顺时针方向旋转了 30″角度。震后左坝肩与推力墩之间的收缩缝张开了 6.35～9.7mm，拱坝本身及大坝与基岩接触面均完好无损。如图 2，左坝肩受扰动的岩体分为 A 和 B 两部分，推力墩建在岩体 B 上，B 与 A 都沿破裂面 1 移动过，但岩体 B 只有轻微移动，而岩体 A 则沿破裂面 2 与岩体 B 分开，并沿破裂面 1 有较大移动，铅直方向移动 0.2m，水平方向移动了 0.25m，钻孔表明，左坝肩山体下部未受破坏。

按照地震时的实际水位（570m），考虑到地形和地质条件的影响，取实测地震加速度的 2/3，进行动力计算，最大压应力和拉应力为 6.31MPa 和 5.16MPa，坝体并无明显损伤或裂缝。

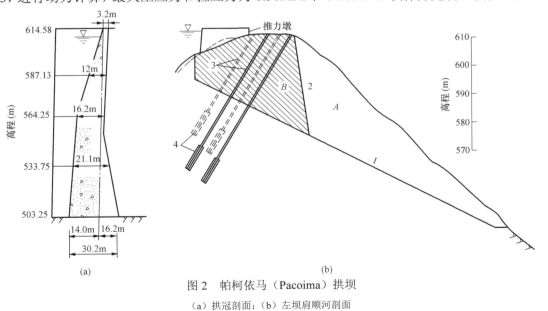

(a)　　　　　　　　　　　　　(b)

图 2　帕柯依马（Pacoima）拱坝

（a）拱冠剖面；（b）左坝肩顺河剖面

1、2—破裂面；3—锚索；4—锚固段

震后修补措施：①用 35 根预应力锚索将左岸岩体锚固，每根锚索作用力为 3087kN。②对坝与推力墩之间张开的接缝及推力墩上裂缝进行灌浆。③对左岸坝肩进行固结灌浆，对全坝基岩进行了新的帷幕灌浆。

1994 年 1 月中旬附近又发生了一次 6.6 级地震，地面加速度 0.49g，左坝肩与推力墩之间接缝又张开 47mm，推力墩也裂开了并沿铅直方向向下面移动 13mm，沿水平方向朝下游也移动 13mm，大坝未受到重大损伤。

帕柯依马拱坝提供了两点重要启示：①左坝肩 1971 年地震时移动了，经过加固，1994 年地震时又移动了，说明地质和地形条件对拱坝抗震十分重要。②1971 年地震时库水位低于坝顶 45m，坝体无损伤，说明低水位时拱坝仍有相当好的抗震性能。

2.3　其他混凝土坝的震害

2008 年 5 月 12 日发生的 8 级汶川大地震中，沙牌碾压混凝土拱坝，高 132m，距震中 30km，当地烈度Ⅸ度，震后大坝损害轻微。宝珠寺混凝土重力坝，高 130m，地震烈度Ⅶ度，未超过设计裂度，未受损害。其他多为低水头混凝土坝，坝体损害轻微。

我国广东省新丰江单支墩大头坝，最大坝高 105m，1959 年建成，1962 年 3 月 19 日发生的水库地震，震级 6.1，震中距坝 6km，坝址地震烈度Ⅷ度，震后右岸坝段在靠近顶部断面变化处出现了一条长达 82m 的水平裂缝，左岸同高程也有较小的不连续裂缝，事后对坝体进行了补强加固。

意大利北部的 Ambiesta 拱坝，最大坝高 59m，现坝长 145m，设有周边缝，1976 年 5 月 6 日附近发生 6.5 级地震，震中距坝 22km，坝址地震烈度达Ⅸ度，左坝座处实测最大加速度为 0.33g，经过地震该坝未受到任何损害。

智利北部的拉贝耳拱坝，最大坝高 112m，坝顶长 116.5m，顶部厚 5.5m，底部厚 18.45m，坝的两侧布置有带 3 孔溢洪道的推力墩。为了防止空库时坝受地震倒向上游，在坝内埋有一条由 144 根ϕ36mm 钢筋组成的钢筋带，分布在坝顶以下 38m 处，1985 年 3 月 3 日当地发生 7.7 级地震，震中距坝 80km，实测最大加速度横向 0.31g，顺河向 0.114g，垂直向 0.11g，坝体未受损伤。

日本的鸣子拱坝（高 95m），1964 年新潟地震时离震中 140km，拱坝的接缝和廊道有渗漏量增加和水质变浑现象，但以后又恢复正常。日本上椎叶拱坝（坝高 110m）和绫北拱坝（坝高 75m）也经受过中等程度地震，黑部第Ⅳ拱坝（坝高 186m）施工将结束时受到 0.18g 地震，均未受损害。

1967 年 12 月 11 日，在印度的柯印纳（Koyna）发生了一次水库地震，震级 6.4，距震中 15km 的柯印纳（Koyna）重力坝因受震而产生了严重裂缝。该坝由蛮石混凝土建造，坝高 103m，底宽 70.2m。地震时实测地面最大加速度顺坝轴方向为 0.63g，顺水流方向为 0.49g，竖直方向为 0.34g。地震以后，在一些坝体的上游面和下游面都产生了裂缝，主要水平裂缝是在坝体坡面改变处，事后在下游面建造支墩以加固坝体。

表 1 中列出了国内外混凝土坝震害情况。

表 1   国内外已建混凝土坝震害简表

坝名	国家	建成时间(年)	坝型	坝高(m)	地震日期(年.月.日)	震中距(km)	震级	烈度	地面加速度	震害
石冈	中国	1977	重力坝	21.4	1999.9.21		7.3		水平 0.57g 竖向 0.48g	活断层穿过坝轴线，3 个坝段被毁，断层两边坝体错动 7.6m
新丰江	中国	1959	大头坝	105	1962.3.19	1.1	6.1	Ⅷ		坝体上部断面突变处产生水平裂缝
西菲罗	伊朗	1967	大头坝	106	1990.6	32	7.3～7.7			断面突变处水平裂缝，缝宽 1cm，向下游错动 2cm
柯印纳	印度	1963	重力坝	103	1967.12.10	3.0	6.3		坝内廊道水平 0.51g，竖向 0.36g	坝体断面突变处水平裂缝
宝珠寺	中国		重力坝	132	2008.5.12		8.0	Ⅶ		无损害
雾社	中国	1959	重力坝	114	1999.9.21		7.3	Ⅷ	坝顶 1.02g 坝底 0.28g	无重大损害
沙牌	中国	2005	拱坝	132	2008.5.12	30	8.0	Ⅸ		损害轻微
谷关	中国	1961	拱坝	85.1	1999.9.21	51	7.3	Ⅸ	水平 0.4g	坝体老裂缝扩展，也产生了一些新裂缝
德基	中国	1974	拱坝	181	1999.9.21		7.3	Ⅸ	水平 0.4g～0.5g	坝基渗水增加，渗出清水
帕柯依马	美国	1928	拱坝	113	1971.2.9	6.4	6.6	Ⅸ	水平 1.25g 竖直 0.7g	损害较大，推力墩与坝体间接缝张开，推力墩本身裂开并略有移动，左坝肩岩体大面积坍塌
大吐君盖	美国	1932	拱坝	77	1971.2.9	32	6.6			渗漏增大
勃拉希溪	美国	1970	拱坝	65	1973		6.6			渗漏增大
吉勃拉塔	美国	1920	拱坝	50	1925.6.25		6.3	Ⅶ		渗漏增大
拉比	美国	1938	拱坝	76	1947.11.13			Ⅶ		无损伤
巴洛沙	奥地利	1902	拱坝	36	1954.3.1		5.5			坝体有裂缝
拉贝尔	智利	1968	拱坝	112	1985.3.3	80	7.7	Ⅷ	顺河 0.31g 横河 0.114g 114g	坝顶裂缝
卡勃里尔	葡萄牙	1954	拱坝	136	1969.2.28		8	Ⅵ		无损伤
奥迪克塞拉	葡萄牙	1958	拱坝	41	1969.2.28		8	Ⅶ		渗漏增大
帕特·多夫纳	罗马尼亚	1971	拱坝	108	1977.3.4			Ⅵ		无损伤
维德·阿吉斯	罗马尼亚	1965	拱坝	167	1977.6.4			Ⅶ		无损伤
西里斯	南非	1953	拱坝	24	1969.9.29	6.4	6.6			开裂，漏水

3 混凝土坝抗震能力较强是由于平时以水平荷载为主且安全系数较高

实际经验表明，每次强烈地震之后，都有大量房屋、桥梁、道路受损乃至倒塌，但除了石冈重力坝因活断层穿过坝体而破坏外，至今还没有一座混凝土坝因地震而垮坝，许多混凝土坝在遭受烈度Ⅷ～Ⅸ度地震后，损害轻微，可见，在各种土木水利工程中，混凝土坝的抗地震能力是最强的，这是为什么？下面笔者从理论上加以分析。

任何建筑物承受的荷载都可归纳为铅直荷载 W 和水平荷载 Q，如图3，对于房屋或烟囱等工业民用建筑

$$\left.\begin{array}{l} W = W_1 + W_2 \pm W_3 \\ Q = Q_1 + Q_2 \end{array}\right\} \tag{1}$$

式中：W_1 为自重、设备重等呆荷载；W_2 为活荷载；W_3 为铅直向地震惯性力；Q_1 为风荷载；Q_2 为水平地震荷载。对于水坝，则

$$\left.\begin{array}{l} W = W_1 \pm W_2 - U \\ Q = Q_1 + Q_2 \end{array}\right\} \tag{2}$$

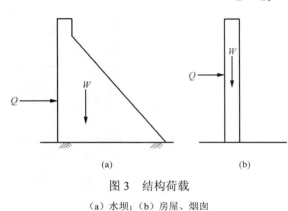

图3　结构荷载

（a）水坝；（b）房屋、烟囱

式中：W_1 为坝体自重；W_3 为铅直向地震惯性力；U 为扬压力；Q_1 为静水推力；Q_2 为地震荷载，包括动水压力和坝体水平惯性力。

对于一般的工业和民用建筑来说，铅直荷载是主要荷载，水平荷载中，风荷载远小于地震荷载。例如，高度100m、直径5.0m、厚度0.30m的钢筋混凝土烟囱，风荷载 Q_1=350kN，烈度Ⅶ、Ⅷ、Ⅸ度地震水平荷载 Q_2=1627、3255、6510kN，Q_2/Q_1=4.65、9.30、18.60，如果设计中未考虑地震，只考虑了风荷载，并按传统取安全系数1.8，如遭遇Ⅶ度地震时，地震水平荷载 Q_2 为风荷载的4.65倍，结构难以承受。又如设计中只考虑了Ⅶ度地震，实际遭遇Ⅸ度地震，实际水平荷载为设计值的4倍，也难免失事。

混凝土坝的情况则截然不同。建坝的目的就是为了挡水，因此库水引起的巨大的水平推力是混凝土坝必须承受的基本荷载，设计规范中采用的安全系数也较大，抗滑安全系数不小于3.0，抗压安全系数不小于4.0[6、7]，这意味着正常设计和施工的混凝土坝可以承担约相当于3倍水荷载的水平推力，地震破坏力主要来自水平力，例如，一座高150m的混凝土重力坝，静水压力 Q_1=108000kN，Ⅶ、Ⅷ、Ⅸ度地震的水平推力（包括动水压力和坝体惯性力）Q_2=44300、88600、177200kN，Q_2/Q_1=0.41、0.82、1.64，即使满库时发生Ⅷ度地震，$(Q_1 + Q_2)/Q_1 = 1.82 < 3.0$，坝体仍是安全的。这就是在Ⅷ、Ⅸ度地震作用下大量房屋、桥梁倒塌而混凝土坝却安然无恙的根本原因。表2给出了高100m烟囱与高150m重力坝由地震引起的水平荷载与平时水平荷载（烟囱为风荷载，重力坝为静水推力）的比值 Q_2/Q_1，可见两者相差11.3倍之多。

表2　　　　　地震引起的水平荷载 Q_2 与平时水平荷载 Q_1 的比值 Q_2/Q_1

地震烈度		Ⅶ	Ⅷ	Ⅸ
Q_2/Q_1	烟囱	4.65	9.30	18.60
	重力坝	0.41	0.82	1.64

下面用 2 个算例来说明。

【算例 1】 混凝土重力坝，如图 4，坝高 155m，坝顶宽 15m，坝底宽 120m，上游水深 150m，淤沙深 50m，下游水深 30m，坝体抗滑稳定系数按下式计算

$$K = \frac{f(W-U)+CA}{Q_1+Q_2} \tag{3}$$

式中：f 为摩擦系数；C 为黏着力；A 为面积；Q_1 为静水平推力；Q_2 为动水平推力；W 为自重；U 为扬压力。地震荷载按 DL 5073—1997《水工建筑物抗震设计规范》[6] 计算。坝体应力按材料力学公式计算。

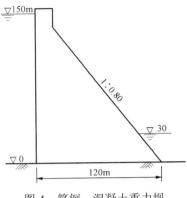

图 4 算例 混凝土重力坝

表 3 列出了建基面上动态剪力与静态剪力比值 Q_2/Q_1 及动态弯矩与静态弯矩比值 M_2/M_1。坝体动态与静态抗滑稳定系数 K 决定于 Q_2/Q_1，坝体应力则大体决定于 M_2/M_1，在静荷载作用下，根据混凝土坝设计规范[6, 7]，抗滑稳定系数不小于 3.0，抗压安全系数不小于 4.0。如果按照水工建筑物抗震设计规范[8] 取地震荷载作用折减系数 $\xi=0.25$，由表 3 可知，在Ⅸ度地震作用下，剪力比 $(Q_1+Q_2)/Q_1=1.41<3.0$，弯矩比 $(M_1+M_2)/M_1=1.56<4.0$，这意味着即使原来设计中没有考虑地震，在遭遇Ⅸ度地震时也是安全的。如果采用系数 $\xi=1.00$，在Ⅷ度地震时，$(Q_1+Q_2)/Q_1=1.82<3.0$，$(M_1+M_2)/M_1=2.12<4.0$，坝是安全的。在Ⅸ度地震时，$(Q_1+Q_2)/Q_1=2.64<3.0$，$(M_1+M_2)/M_1=3.23<4.0$，坝体抗剪和抗压也是安全的，但安全余度不大。另外，拉应力可能超过抗拉强度，可能产生一些裂缝，但因抗剪和抗压没有问题，坝不至于垮掉。

表 3 　　　　　　　　　重力坝建基面上动态与静态剪力与弯矩比值

地震烈度	Ⅷ（0.2g）		Ⅸ（0.4g）	
地震作用折减系数 ξ	1.00	0.25	1.00	0.25
动静剪力比 Q_2/Q_1	0.82	0.21	1.64	0.41
动静弯矩比 M_2/M_1	1.12	0.28	2.23	0.56

表 4 中列出了按抗剪断公式（3）计算的抗滑安全系数。通常混凝土坝，尤其是高坝，多建筑在Ⅰ、Ⅱ类岩基上，由表 4 可见，即使取 $\xi=1.00$，在满库+Ⅸ度地震条件下，K 仍大于 1。但如基岩条件很差，例如，在Ⅳ、Ⅴ类岩基上，则 $K<1.0$ 此时必须修改坝体断面，实际上按 1:0.80 坝坡，在静荷载作用下，$K<3.0$，也必须修改剖面。

表 4 　　　　　　　　　　重力坝建基面抗滑安全系数 K

岩体分类	Ⅰ	Ⅱ	Ⅲ	Ⅳ	Ⅴ
岩体变形模量 E_0（GPa）	40~20	20~10	10~5	5~2	2~0.2
摩擦系数 f	1.50	1.30	1.10	0.90	0.70
黏着力 C（MPa）	1.50	1.30	1.10	0.70	0.30
满库静力抗滑安全系数	3.85	3.34	2.82	2.10	1.37

续表

岩体分类		I	II	III	IV	V
满库+Ⅷ度地震	$\xi=1/4$	3.20	2.78	2.35	1.75	1.14
	$\xi=1$	2.13	1.85	1.56	1.16	0.76
满库+Ⅸ度地震	$\xi=1/4$	2.75	2.38	2.01	1.50	0.98
	$\xi=1$	1.48	1.28	1.08	0.80	0.53

表 5 列出了坝体应力，如取 $\xi=0.25$，应力无问题，如取 $\xi=1.00$，压应力也无问题，Ⅸ度地震时，坝踵拉应力偏大，但因地震是反复荷载，实际经验表明，坝体拉应力稍大，问题不大。

表 5　　　　　　　重力坝建基面上下游面正应力 σ_y（MPa）（压应力为正）

荷 载		上游面 $\sigma_{\text{上}}$	下游面 $\sigma_{\text{下}}$
静荷载（自重+水压）		0.65	2.17
满库+Ⅷ度地震（0.2g）	$\xi=1.00$	−1.97	4.79
	$\xi=0.25$	−0.01	2.82
满库+Ⅸ度地震（0.4g）	$\xi=1.00$	−4.59	7.41
	$\xi=0.25$	−0.66	3.48

【算例 2】 混凝土拱坝，如图 5 所示，坝高 220m，坝顶弧长 385m，坝基为 II 类岩体，建基面 $f=1.08$，$C=1.12$MPa，混凝土设计标号为 $C_{180}35$。

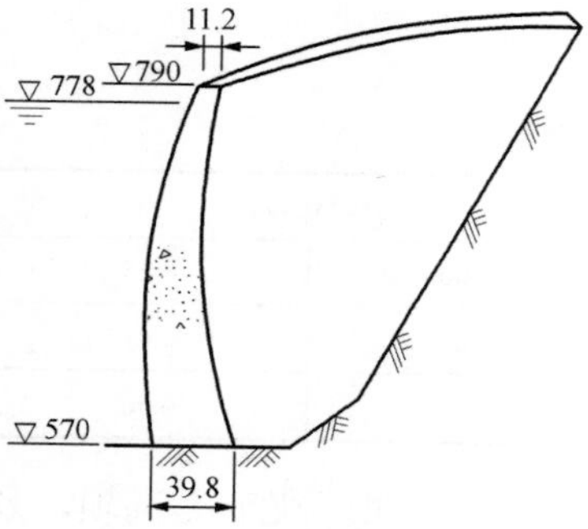

图 5　算例 2　混凝土拱坝
（高程单位：m）

表 6 列出了该坝最大主应力，静荷载作用下，最大压应力 7.54MPa，最大拉应力−1.02MPa。静荷载+Ⅷ度地震（$\xi=1.00$），最大压应力 9.81MPa，最大拉应力−3.14MPa，坝体当无问题。静荷载+Ⅸ度地震（$\xi=1.00$），最大压应力 12.16MPa，与设计强度 35MPa 相比，安全系数 2.88，当无问题。最大主拉应力−6.36MPa，超过了混凝土抗拉强度，有可能出现一些裂缝，但经过接缝调整，也可能不出现裂缝，总之，应力问题不大。

表 7 列出了拱坝拱端建基面径向抗剪断安全系数 K。在拱坝上部，由于动力放大作用，地震对 K 影响较大，但上部 K 值本身较大，问题不大。在拱坝下部，地震对 K 影响较小，在Ⅸ度地震作用下，最小 $K=2.90$，可见当地基条件较好时，抗滑问题不大。

表 6　　　　　　　　拱坝最大主应力（压应力为正，$\xi=1.00$）　　　　　（单位：MPa）

荷 载	应力	上 游 面		下 游 面	
		拉应力	压应力	拉应力	压应力
静荷载（正常水位+自重+温降）	应力	−0.78	6.99	−1.02	7.54
	位置	630 右	660 冠	570 左	630 右

荷 载	应力	上 游 面		下 游 面	
		拉应力	压应力	拉应力	压应力
静荷载+Ⅷ度地震（0.2g）（ξ=1.00）	应力	−3.14	8.70	−2.65	9.81
	位置	750 右	750 冠	600 右	630 右
静荷载+Ⅸ度地震（0.4g）（ξ=1.00）	应力	−6.1	12.54	−6.36	12.16
	位置	780 右	750 冠	750 左	630 右

表 7   拱坝拱端建基面径向抗剪断安全系数 K（$ξ=1.00$）

高程（m）	静荷载（正常水位+自重+温降）		静荷载+Ⅷ度地震		静荷载+Ⅸ度地震	
	左端	右端	左端	右端	左端	右端
780	62.67	11.63	10.34	6.10	6.70	4.71
720	6.13	5.66	4.04	4.00	3.22	3.31
660	3.86	4.52	3.28	3.76	2.92	3.31
600	3.29	3.30	3.10	3.07	2.95	2.90

4   关于混凝土坝抗震设计与抗震措施的几点建议

如前所述，由于混凝土平时承受着巨大的水平荷载，而且采用的安全系数较大，与房屋、桥梁等相比，混凝土坝的抗地震能力较强。到目前为止，除了因活断层穿过坝体而被毁的石冈重力坝以外，世界上还没有一座混凝土坝因地震而被毁。但是混凝土坝万一失事，库水下泄，造成的灾害是十分严重的，因此对混凝土坝的抗震设计与科研及抗震措施，必须十分重视。

4.1   坝址尽量远离活断层

实际经验表明，只要没有活断层穿过坝体，混凝土坝一般不至于垮坝。我国台湾省车笼埔断层原在石冈坝下游 3km 处通过，1999 年"9·21"地震发生时，在坝址附近新产生了 8 条次断层，其中一条穿过坝体，使该坝失事，这就说明，混凝土坝应尽量远离活断层，高坝大库尤应重视这一点。

4.2   重视坝址地质条件

混凝土坝抗压安全系数不小于 4，基岩良好时抗剪断安全系数不小于 3，抗拉安全系数较小，因此，在强烈地震作用下，混凝土坝有可能产生一些裂缝，而不至于垮坝。但若基岩地质条件不好，如基岩内存在软弱夹层，抗剪断安全系数就很难达到 3.0，有时甚至可能很低，若遭遇强烈地震，就有可能产生坝体滑动，如美国的帕柯依马（Pacoima）拱坝的左坝肩，情况严重时，不能排除垮坝的可能性，因此应尽量避开大的软弱结构面，实在无法避开时，应进行严格的处理，确保遭遇严重地震时，不至出现大的滑动事故。

4.3   厢式空心坝顶

重力坝是悬臂式结构，地震时坝顶振幅大，动力放大作用很强，在大坝顶部断面突变处，

加上应力集中，很容易出现大的水平裂缝，如印度的柯印纳坝。考虑顶部外荷载很小，笔者

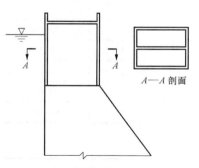

建议，重力坝采用钢筋混凝土厢式空心坝顶，如图6，断面可用口字形、日字形、田字形或其他形式，根据具体条件选定，铅直钢筋插入下部，大体积混凝土水平表面下面也布置适量钢筋，采用这种空心坝顶，当可防止水平裂缝。

图6　钢筋混凝土厢式空心坝顶

4.4　高拱坝上部适当配筋

高水位运行时，拱圈被压紧，抗压安全系数较大，只要地质条件较好，即使遇到强烈地震，坝体安全当无问题，如我国台湾省"9·21"地震中高181m的德基拱坝未受损害。低水位运行时，当地震惯性力指向上游时，悬臂梁上可能出现较大拉应力。高113m的美国帕柯依马拱坝，1991年遭遇Ⅸ度地震时，库水位低于坝顶45m，坝体无损伤。200m以上特高拱坝，目前尚无经历地震的实例，为保证安全，在坝内设置一些跨越横缝的钢筋是必要的，但应注意接缝灌浆前坝体人工冷却有可能使有效钢筋应力减小1/3左右[5]。

4.5　加强支墩坝侧向抗震能力

在顺河向地震力作用下，支墩坝安全无问题，但在横河向地震力作用下，支墩坝侧向安全度是较低的，因此，地震区兴建支墩坝，应采取措施加强侧向抗震能力。例如，封闭下游坝面，或在支墩间设置侧向支撑横梁。

4.6　抛弃纯摩公式

对于混凝土坝的抗地震问题，抗滑安全至关重要。混凝土坝的抗滑安全系数有纯摩和剪摩两种算式，纯摩公式存在下列问题：①试验成果和实践经验表明，良好岩基上的混凝土坝，$C=1.1\sim1.5$MPa，$f=1.1\sim1.5$，纯摩公式中假定$C=0$，并人为地把f降到$0.65\sim0.85$，完全脱离实际。②纯摩公式中把基本荷载组合时的稳定系数取为$K=1.05\sim1.10$，特殊荷载组合（包括地震）$K=1.00\sim1.05$，两种荷载组合安全系数只相差5%，这也是脱离实际的。由表3可见，即使取折减系数$\xi=0.25$，动静剪力比$Q_2/Q_1=20\%$（Ⅷ度地震）$\sim40\%$（Ⅸ度地震）；如地震荷载不打折扣，取$\xi=1.00$，则$Q_2/Q_1=80\%\sim160\%$。因此，纯摩公式，抗滑参数的取值和安全系数的取值都脱离实际，不宜用于抗震安全评估。

4.7　关于地震荷载折减系数ξ的讨论

早期混凝土坝抗震设计中，地面加速度取值较低，Ⅸ度地震取为$0.10g$后来大量实测资料表明此值偏低，Ⅸ度地震对地面加速度约为$0.40g$左右。我国工业与民用建筑抗震设计中，Ⅸ度地震改取地面加速度为$0.40g$，但过去国内外按$0.10g$设计的混凝土坝，经Ⅷ、Ⅸ度地震后损害轻微，因此我国水工建筑物抗震设计中，Ⅸ度地震时地面加速度取为$0.40g$，与工民建保持一致，但在应力与稳定复核中，乘以折减系数$\xi=0.25$，设计考虑的地面加速度回到了$0.10g$了。实际上在Ⅸ度地震中，地面加速度应为$0.40g$左右，混凝土坝损害轻微并不是因为地面加速度只有$0.10g$，而是因为大坝在平时承受了巨大水平推力，而且安全系数较大，实质上是

混凝土坝的抗震已利用了静水压力的安全余度，比较合理的抗震设计，应是荷载和抗力都较符合实际。

5 结束语

（1）每次强烈地震后，都有不少房屋、桥梁、道路受损甚至倒塌，但除了因活断层穿过坝体而破坏的石冈重力坝外，国内外至今还没有一座混凝土坝因地震而垮掉，许多混凝土坝遭受烈度Ⅷ、Ⅸ度地震后损害轻微，说明在各种土木水利工程中，混凝土坝的抗地震能力是最强的。

（2）混凝土坝平时即以水平荷载为主而且安全系数较大，是混凝土坝具有较强抗震能力的根本原因。

（3）在我国继续兴建高坝大库，既是必要的，又是可行的，但在强震区筑坝，一定要避开活断层，要重视地基的稳定性和设计施工质量并采取必要的抗震措施。

参 考 文 献

[1] 朱伯芳. 1999 年台湾 9·21 集集大地震中的水利水电工程 [J]. 水力发电学报，2003（1）：21-33.

[2] 朱伯芳. 论混凝土坝的抗地震问题 [J]. 水利水电技术，1963（3）：17-29.

[3] 陈厚群. 混凝土坝的抗震 [A]. 水利水电科技进展. 第二册 [C]. 北京：电力工业出版社，1981.

[4] 朱伯芳，高季章，陈祖煜，厉易生. 拱坝设计与研究 [M]. 北京：中国水利水电出版社，2002.

[5] 朱伯芳. 强地震区高拱坝抗震配筋问题 [J]. 水力发电，2000（7）：18-21.

[6] 混凝土重力坝设计规范（SL 319—2005）[S]. 北京：中国水利水电出版社，2005.

[7] 混凝土拱坝设计规范（SL 282—2003）[S]. 北京：中国水利水电出版社，2003.

[8] 水工建筑物抗震设计规范（DL 5073—1997）[S]. 北京：中国电力出版社，1997.

1999 年台湾 "9·21" 集集大地震中的水利水电工程[❶]

摘　要：1999 年 9 月 21 日台湾中部发生了一次 7.3 级大地震，震中地区实测最大水平加速度达到 1.01g，房屋、桥梁、道路等建筑物受到极大损害。本文介绍水利水电工程在此次地震中遭受损害的情况。

关键词：水利工程；损害；1999 年 9·21；台湾地震

Damages to Hydraulic Structures Caused by 9·21 Earthquake of Taiwan in 1999

Abstract: Many buildings, bridges and roads were injured by the great earthquake occurred in Taiwan on 21 September, 1999. In this paper, the damages caused by this earthquake to hydraulic structures, such as dams, tunnels, sluices and dikes are reviewed.

Key words: hydraulic structures, damage, 1999 9·21, Taiwan earthquake

1 "9·21" 集集地震概况

1999 年 9 月 21 日凌晨 1 时 47 分 12.6 秒，台湾发生了 100 年来规模最大的强烈地震。震中位于北纬 23.85°、东经 120.78°，即位于日月潭西南方 12.5km 的南投县集集镇柴桥头段附近，因此，名为集集地震。震源深度 8.0km，震级 7.3，本次地震释放的能量相当于 40 颗 1945 年投掷在日本广岛原子弹的威力。

根据设于全省的 700 台强震仪测得的资料，震中附近加速度极大，距震中 9.7km 的日月潭测站地表水平加速度最大达 989gal（cm/s²），已超过 1g（重力加速度 1g=980cm/s²），见图 1。距震中 134km 的新街测站水平加速度也达 984gal，垂直加速度达 335gal。沿车笼埔断层两侧测站测到的加速度大多在 300～600gal，而断层上盘的加速度大于下盘的加速度，东西向最大加速度等值线分布见图 2。

大地震都是由于断层的破裂而引起的，台湾地质调查所将台湾岛内 51 条活断层分为三类：第一类活断层为在 1 万年内曾经发生错移的断层；第二类活断层为在 10 万年内曾经发生错移的断层；第三类为存疑性活断层，属于根据文献资料无法纳入前两类的断层。这次引发 "9·21" 集集地震的是车笼埔断层和双冬断层，其中车笼埔断层原来列入第二类断层，而双冬断层原来列入第三类断层，两者都不属于最活跃的第一类活断层，可见断层复发性与活动性难以预测。

---

❶　原载《水力发电学报》2003 年第 1 期。

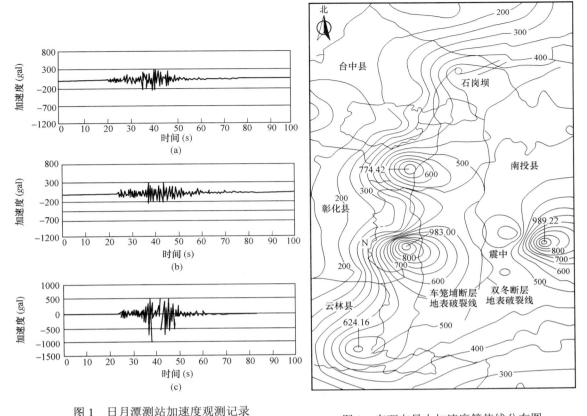

图 1　日月潭测站加速度观测记录

（a）垂直向；（b）南北向；（c）东西向

图 2　东西向最大加速度等值线分布图

台湾位于欧亚大陆板块与菲律宾海板块的交界线上。目前菲律宾海板块以每年 6～8cm 的速率朝西北方向挤压欧亚大陆板块，由于板块的挤压而蕴蓄应变能，当应变能超过地壳物质所能承受的极限，即引起断层的破裂而形成地震。在这次"9·21"地震中，相距约 10km 的车笼埔断层和双冬断层都产生了错动。有的学者认为是双冬断层先错动，引发车笼埔断层错动；有的学者认为是车笼埔断层先错动，引起双冬断层错动；也有的学者认为是 2 条断层同时错动，目前尚无定论。2 条断层的相对位置见图 2 及图 3，都呈南北走向，车笼埔断层向东倾斜 15°～40°，属低角度逆冲断层；双冬断层向东倾斜 50°～55°，属高角度逆冲断层，见图 3。

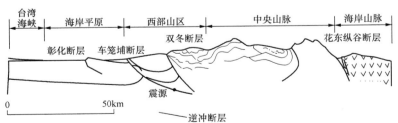

图 3　车笼埔断层及双冬断层

"9·21"地震前，车笼埔断层露出地表长度约 50km，"9·21"地震后，露出地表破裂长度约 105km，为全世界突出地表长度最长的裸露断层。此次地震造成地层垂直位移最大 11m，水平位移最大达 10m，平均错动量约 4m，也创下了全世界活动断层活动量的新纪录。由于车笼埔断层和双冬断层的错动，超过 88 万 hm² 的土地（约占全台湾三分之一的土地面积）已经移位，其中台湾的地理中心——南投虎子山移位2.3m。车笼埔断层在地震发生后由震源向南北两个方向破裂，破裂时间约 30s，破裂速度约 2.5km/s，向北破裂经过丰原后向东偏转约 70°，并分裂成 3 条断层，由震源向南破裂长度约 30km，向北破裂长度约 75km，破裂总长 105km。双冬断层除在南端集集和北端东势附近有些微破裂外，地表错动并不明显，可能与该断层大部沿山区穿越有关，在山区地面是否有显著断裂尚待今后进一步查明。

"9·21"集集地震造成 2295 人死亡，38 人失踪，重伤 4139 人，房屋全倒 20815 户，半倒 17978 户，多栋 12 层以上的大楼拦腰折倒。两条断层的错动引起沿线多处大规模山崩，造成河道阻塞成堰塞湖。山崩及桥梁损坏，致 600 多处公路交通中断。由于土壤液化引发地面喷砂、地层下陷、结构倾斜。下面说明水利水电工程的损害情况。

2 混凝土坝

2.1 石冈重力坝

石冈混凝土重力坝，位于大甲溪下游，于 1977 年完工，坝高 21.4m，长 352m，坝顶装有宽 12.8m、高 8.0m 弧形闸门共 18 道，见图 4。

车笼埔断层在石冈坝下游 3km 处通过，地震后经测量发现，"9·21"地震发生时，在坝址上、下游附近新产生了 8 条次断层，引起地层破裂，其中 1 条次断层恰好通过石冈坝的右侧坝轴线，左侧断层上盘上升了约 9.8m，下盘上升只有 2.2m，使坝体两侧产生约 7.6m 的垂直错动，活断层通过处，坝体完全被毁，断层两边坝顶高程相差 7.6m，三扇弧形闸门完全毁坏，库水大量流失，见图 5。被毁 3 个坝段两边的坝体并未损坏，震后做一围堰挡住 3 个被毁坝段，水库继续使用。该坝施工时地质调查并未发现有断层通过。

附近地震台实测最大加速度，东西向 570gal，南北向 410gal，垂直向 480gal。这是到目前为止，全世界唯一的被地震摧毁的混凝土坝。经过地震，该坝平均向北位移 7.0m，向西位移 0.98m。

除坝体外，在坝址上游 400m 及 1500m 处，河床也分别隆起了约 6m 及 3.5m，并在河床中形成了瀑布的奇观。

2.2 雾社重力坝

雾社坝位于台湾中部浊水溪上游支流雾社溪上，1959 年完工，为混凝土弧形重力坝，高 114m，长 213m，设计最高水位为 1005.0m，"9·21"地震时水位为 999.24m，见图 6。在坝顶高程 1005.85m 处及坝底部廊道高程 915.88m，设有地震仪，"9·21"地震时测得最大水平加速度分别为 $1.018g$ 及 $0.282g$（无铅直方向地震仪）。地震之后，坝体本身并无重大的损伤，只有一些轻微损害，如左岸坝基与坝体接触面发现有数处渗出清水，坝顶加铺的水泥砂浆路面在横缝处有裂痕等。

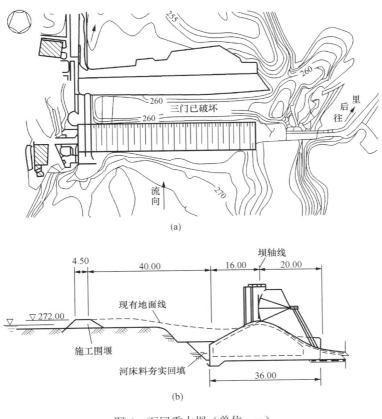

图 4 石冈重力坝（单位：m）

（a）平面布置；（b）溢洪道标准断面图

图 5 石冈重力坝破坏情况

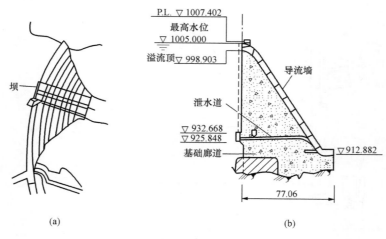

图6 雾社重力坝（单位：m）

（a）平面；（b）坝剖面

2.3 谷关拱坝

谷关混凝土拱坝，坝高85.1m，坝顶长度149m，1961年建成。全坝分为14坝段，每个坝段长11.8m，坝体为单曲拱坝，铅直剖面为阶梯形，坝顶至高程933m间厚度为4.0m，高程933～913m间厚度为8.3m，高程913m以下厚度为10.81m。坝体中部设4个泄洪中孔，在坝体断面突变处及孔口四周均配有钢筋，见图7。坝址无区域性大断层通过，施工中在左、右岸都遇到剪裂带及数条小规模断层构造，施工过程中曾采取将断层带挖除、回填混凝土、打岩锚、压力灌浆、开挖横坑并回填钢筋混凝土及设置支墩等处理措施，以改善岩基条件。

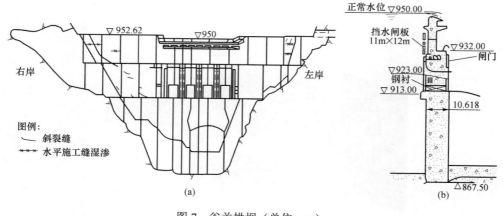

图7 谷关拱坝（单位：m）

（a）谷关坝下游立视；（b）谷关坝断面

地震后在右岸坝顶距右拱端约2.5m处发现一条裂缝，垂直穿越坝顶路面，在距胸墙约5cm处停止，该裂缝往坝体下游面延伸，在下游坝面形成长约25m的斜裂缝，最大宽度为1～2mm，部分区域并有混凝土剥落，但该裂缝在水库放空后，呈现明显碳酸钙沉积，表明部分斜裂缝可能在地震前已存在，而在地震中裂缝延伸发展，该裂缝在库水位较高时有局部湿渗痕迹。对该坝进行的动力分析表明，该裂缝位于地震时坝体较大拉应力区域。除上述大裂缝外，还有一些较短的斜裂缝，但其中 2 条有明显的碳酸钙沉积，表明在震前即已存在，另外，还有一些水平施工缝有湿渗现象。

地震后，该坝水工机械和机电设备均能正常运行，只有泄洪门角隅处水封略有破损和变形，闸门全闭时，闸门顶部水封处漏水较大，地震后外接的电网电源已损坏，水工机械操作由柴油发电机供电。

附近的白冷地震台位于谷关坝址以西 16km，距震中约 38km，"9·21"地震时白冷地震台测得的最大加速度为：东西向 $0.41g$，南北向 $0.53g$，垂直向 $0.33g$，但谷关坝址距震中约 51km，地震时的加速度当小于上述数值。根据对附近几个地震测站资料的综合分析，谷关坝址"9·21"地震的水平方向最大加速度在 $0.17g \sim 0.53g$，从图 2 估计，水平最大加速度为 $0.4g$。谷关坝于坝基处未安装强震仪，但在坝体高程 933m 平台上设有强震仪，实测的 3 个最大加速度为切向 $0.768g$，径向 $0.397g$，垂直向 $0.373g$，但此值已包含坝体放大效应，不代表自由场加速度。处理措施为放空水库，对裂缝进行修补。

2.4 德基拱坝

德基双曲变厚度薄拱坝，坝高 181m，坝顶长 290m，坝顶拱冠厚度 4.5m，坝底拱冠厚度 20m，坝顶高程 1411m，正常满水位 1408m，正常运转低水位 1361m，"9·21"地震发生时水位 1394.6m。该坝位于大甲溪与支流必坦溪汇合点下游约 50m，有效库容 1.83 亿 m^3，坝体共分 22 坝块，分块之间垂直收缩缝在接近坝底时转向成斜缝，坝体与坝基之间设有边缘缝，边缘缝以半径为坝体厚度 2.5 倍的圆弧做成，上游设两道止水，下游一道止水，边缘缝下为基础垫块，见图 8。该坝由意大利设计公司设计，于 1969 年 12 月开工，1974 年 9 月完工。

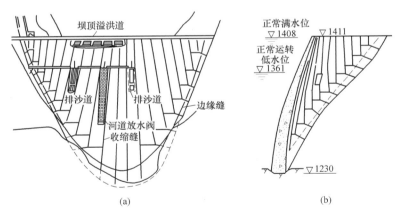

图 8 德基拱坝（单位：m）

（a）上游立视；（b）大坝主剖面

地震之后检查，坝顶道路良好，未发现裂缝及错动，女儿墙及栏杆也完好，大坝下游面未发现新裂缝，老裂缝也无恶化现象，在坝体廊道内检查，接缝处也未发现明显错动或变位，两岸大坝下游面混凝土与基岩接触带未发现岩块崩落、剪裂与渗水等现象，坝顶边坡也无明显滑落现象。总之，地震后大坝总体状态良好，唯一的异常是坝基渗水量明显增加，地震后与地震前总渗水量比较，河床坝段坝基处平均增加 41.7 倍，左坝座平均增加 8.2 倍，右坝座平均增加 6.1 倍，个别孔由 2.3L/min 增加到 197L/min，增大 85 倍，估计系坝基灌浆帷幕及坝体混凝土与岩石接触面受强震振动所致。但渗出的水是清水，而且 1 个月后，渗水量即逐渐减小。地震前后，坝内垂线仪测得的坝体位移无异常现象。处理措施：从原灌浆孔重新钻孔灌浆，为避免扰动岩体，采用旋钻，不用冲击钻。根据距坝址 2km 的一个强震台的实测记录，最大地面加速度为东西向 0.53g，南北向 0.52g，竖直向 0.23g，但强震台位于高山上，高程为 1510m，比德基坝基岩高程 1230m 高出 280m，有一定放大作用，估计德基坝基底实际最大水平加速度约为 0.4g～0.5g。

2.5　武界重力坝

武界坝位于浊水溪，系混凝土重力坝，坝高 58m，坝长 86.5m，坝顶装有 6 扇弧形闸门，见图 9。该坝于 1934 年建成，主要任务是自浊水溪引水到日月潭。

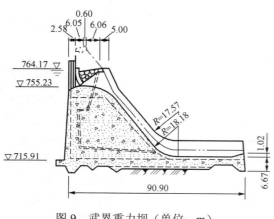

图 9　武界重力坝（单位：m）

"9·21" 地震后，经过检查，未发现该坝有新裂缝，只在右岸坝座下游面发现有一些渗水，但不严重，不影响坝的正常运用。

明潭抽水蓄能电站下池坝为混凝土重力坝，坝高 61.5m，坝长 319m。震后检查基本正常，只发现第 14 坝段的扬压力由地震前的 0.19MPa 增至震后的 0.355MPa，超过警戒值 0.25MPa。据分析是由于附近排水孔被堵塞，于是对原有排水孔进行洗孔，并在原有排水孔间加钻 5 个排水孔，经钻至第 3 孔时，扬压力已恢复正常。

3　土石坝

1934 年建成的水社及头社两座土石坝所形成的水库即为日月潭，库容 1.40 亿 m³，当时主要引水供大观（100MW）及钜工（50MW）两水电站发电之用，后来于 1985 年及 1993 年以日月潭为上池，建成了两座抽水蓄能电站，即明湖电站（1000MW）及明潭电站（1600MW）。"9·21" 地震时，这两座土石坝均位于强震区。

3.1　水社坝

水社坝是钢筋混凝土心墙土石坝，坝高约 35m，上游坝坡 1:4，下游坝坡 1:3.7，见图 10。

"9·21" 地震后，水社坝体检查结果如下：

（1）在坝顶出现了 3 条新裂缝，经挖坑与目视检查，发现坝顶中央新裂缝位于钢筋混凝土心墙正上方，深度约 1.6m。

（2）坝顶中央有凸起一处，经挖试坑检查，得知此处正下方有混凝土浇筑的施工用涌水集水管，因此，当地震时坝顶发生沉陷，混凝土管因刚度大无法一起沉陷，以致产生相对位移而凸起。将试坑扩大以检查钢筋混凝土心墙，并未发现裂缝，再用透地雷达和震波检查，发现钢筋混凝土心墙内部结构完好，并未受损。

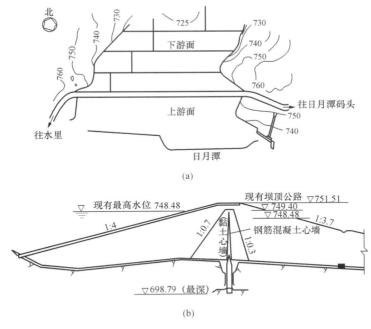

图 10　水社土石坝（单位：m）

（a）平面布置；（b）坝剖面

（3）坝体下游面有一条新裂缝，挖坑检查，深 2.3m。

（4）坝体上游面浆砌块石护坡，有 3 条接缝裂开，经检查未向坝体延伸，只是面板滑动所造成。

（5）用二极电位探测法检查坝体，得知坝体局部表层，深度约 3～4m，比较松弛，据分析系由于地震作用，使坝坡面略有变形，但松弛层限于表面的浅层，对于坝体的稳定不至于有影响。

（6）为了解坝体土壤的湿润情况，利用自然电位进行探测，发现坝体湿度情况与 1992 年安全评估时的结果雷同，据此判断，地震后坝体内的透水情形没有显著的变化，坝体稳定不至于有问题。

3.2　头社坝

头社坝坝高约 22m，坝顶长 140m，也是钢筋混凝土心墙土石坝，上、下游坝坡均为 1:3，见图 11。根据观测资料，地震之后，坝下游面量得的渗漏量略有增加，但测井口水位无显著上升，据此判断，坝体内部结构不至于有损害。

坝体上游面有 3 条新开裂接缝，以水泥砂浆充填封闭。坝顶及坝下游面也有裂缝，分别用沥青混凝土（坝顶路面）及黏土先予封闭，然后以 1:1 的水泥加膨润土的浆液进行低压灌浆。

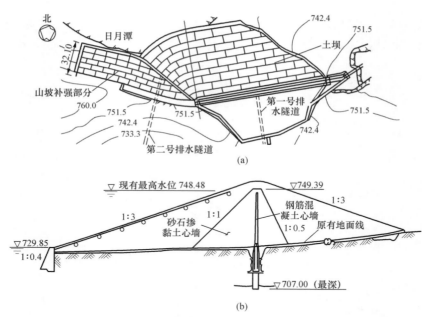

图 11　头社土石坝（单位：m）

（a）平面布置；（b）坝剖面

4　隧洞

当活断层穿过隧洞时，断层的错动将引起隧洞最严重的破坏，如图 12。石冈坝的引水隧
洞位于坝体上游左侧，全段覆盖深度约 10～20m，属于浅覆盖隧洞。活断层通过隧洞，由于断层的错动造成隧洞在垂直方向错动达 4m 左右，隧洞已丧失其输水功能。

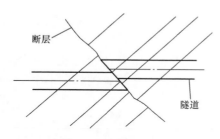

图 12　断层错动引起的隧洞破坏

如图 13 所示，在压应力波的作用下，隧洞衬砌在 A 点容易因受拉而裂开，在 B 点容易因受压而致混凝土压碎、钢筋受压屈曲而内弯，实际情况当然比较复杂，除了纵波外还有横波和面波。隧洞的损坏与周围岩体特性关系甚大，如围岩刚硬，地震波传递较快，能量消耗较少，隧洞衬砌不易损坏；反之，如围岩较软弱，地震波能量消耗较多，

且隧洞结构将抵抗部分地盘变形，衬砌较易损坏。尤其在软硬岩体交界处，由于地震行为反应不同，隧洞衬砌更易损坏。在隧洞进出口，由于山坡岩石崩落，往往使进出口部分甚至大部分被堵塞。地震破坏力在地表最大，随着深度的增加而迅速衰减，因此，埋藏深度较大的隧洞受损较轻，而浅埋隧洞损害较重。

新天轮水电厂引水隧洞：为圆形隧洞，长 10km，内径 5.6m，衬砌厚 0.4m，"9・21"地震后放空检查，发现隧洞衬砌有多种损坏，如图 14 所示，衬砌混凝土裂开，部分脱落，部分环向钢筋屈曲而内弯。

大观一厂输水隧洞：也是圆形隧洞，长 35km，内径 5.2m，衬砌厚 0.3m。地震后放水检查，有一处混凝土裂开损坏，另有 4 条长约 200m 的纵向裂缝，沿底部仰拱及顶拱工作缝裂开，宽 0.5～1.0cm。

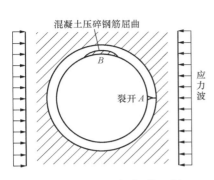

图 13 地震波引起的隧洞破坏

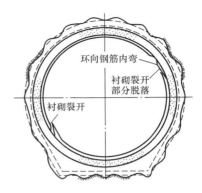

图 14 新天轮水电厂隧洞衬砌损坏情况

新天轮水电厂和大观一厂输水隧洞的修复措施如图 15 所示，将压碎松动的混凝土凿除后，涂以湿面附着树脂，再喷混凝土填补，内含 φ3.2mm 钢丝。对衬砌外围岩体进行固结灌浆。对衬砌裂缝，在缝口凿除三角形并以树脂砂浆回填，在裂缝两侧打斜孔进行高压树脂灌浆。

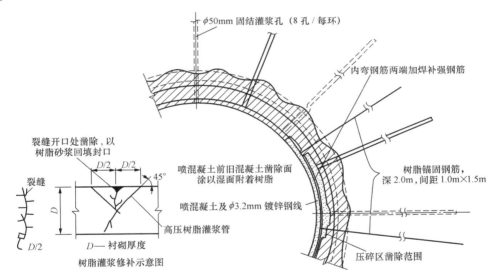

图 15 新天轮水电厂输水隧洞修复措施

5 山崩阻塞河道

地震时多处发生山崩，大量土石崩落于河谷中，堆积成天然土石坝，阻断河道的通水能力，于上游形成堰塞湖。这种天然土石坝，结构松软，以后遇到洪水侵袭时，因无完备的排洪措施，洪水自坝顶溢流，极易导致天然坝的溃决，造成下游的又一次灾难。

"9·21" 地震引发的山崩在多处形成了堰塞湖，如清水溪草岭堰塞湖，九份二山韭菜湖溪堰塞湖及涩子坑溪堰塞湖等。下面说明草岭堰塞湖的情况。

清水溪草岭村附近过去曾多次因地震或大雨发生山崩形成堰塞湖，第一次于 1862 年因大地震引起草岭堀山坍崩，形成堰塞湖，于 13 年后即 1875 年溃决。第二次堰塞湖形成时间不详，于 1898 年溃决，洪水泛滥，改变了下游河道。第三次于 1941 年 12 月 17 日因大地震引起草岭崛山崩塌，形成天然土石坝，高约 100m，至 1942 年 8 月 10 日，该地区连降豪雨，三日共降雨 770mm，致草岭堀山又发生大规模滑动，塌落土石使天然坝由原来坝高 100m 骤增为 200m，堰塞湖库容达 1.2 亿 m³，其后曾在天然坝上建造溢流道及跌水工等以稳定天然坝。1951 年 5 月中旬当地连日暴雨总雨量达 775mm，5 月 18 日堰塞湖水位暴涨超过溢流口 4m，致下游溢流道破坏经 6h 即刷深 70m，再经 2h，半天然坝即全面溃决，洪水瞬时宣泄而下，造成巨灾，死亡 437 人。第四次于 1979 年 8 月 15 日，堀山又发生滑动，阻塞河道形成一天然坝，高约 90m，蓄水量约 0.4 亿 m³，同月 24 日又因台风过境连日暴雨，降水量达 623mm，洪水漫过坝顶，造成溃决，这次天然坝存在仅 9d。

1999 年"9·21"大地震，再次引起草岭堀山大规模崩塌，崩塌面积约 400hm²，崩塌土石方约 1.2 亿 m³，清水溪再次被阻塞，阻断河流长度约 4.8km，天然坝高度约 50m，上游又形成新的堰塞湖，蓄水容积约 0.45 亿 m³。曾经研究过把此堰塞湖改造成永久水库的可行性，需建造排洪设施、引水设施、土石坝安定防护措施及堀山边坡稳定措施，估计需台币 100 亿（合人民币 25 亿）元以上，经济上不合算。目前为防止天然坝的溃决，已在坝上整理成一条溢洪道，溢洪道入口以抛石铺面防止水流冲刷。今后并拟加高下游河道堤防，以便万一堰塞湖溃决时可防止洪水泛滥，并设置天然坝的监测和报警系统。

堀山系砂岩页岩互层，层面有 22° 倾角，层面抗剪强度低，坡脚又早已被河水冲刷掉，失去支撑，因此极易崩塌，见图 16。

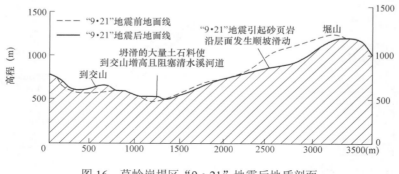

图 16　草岭崩塌区"9·21"地震后地质剖面

6　河堤、海堤及农田水利设施

地震时，因土壤液化而造成堤防塌陷；因地表开裂或地层隆起，而引起堤防断裂、堤防表面裂缝及堤防位移。车笼埔断层附近河堤和海堤损坏相当严重，如浊水溪河堤及海堤损坏 16 处，鸟溪堤防损坏 20 处。

"9·21"地震引起的农田水利设施损坏可归纳为：灌排渠道衬砌开裂损坏、隆起或下陷、移位，渠道被崩落土石阻塞，堤防塌陷，分水工损坏、取水口损坏等。

此次地震造成地表高程相当大的变化，有的地方隆起，有的地方下陷，改变了河道和渠系的坡度,因此,应重新进行测量,并进行河道洪水演算,校核堤防的防洪标准,并需重新核算渠系的输水能力。

7 结束语

"9·21"地震是台湾本岛 100 年来遭遇的最严重的一次地震,房屋、道路、桥梁受损严重,至于水坝,除了石冈坝因活断层通过坝轴线而溃决外,其他水坝并未受到严重损害。文献 [1] 认为应归功于设计与施工质量的严谨。当然,两座土坝比较低,并设置了钢筋混凝土心墙,也有利于抗震。此次地震的震中为集集,邻近震中的集集拦河堰,经过地震,并未发生明显的损坏,也无异常的变位、裂缝与渗漏。与石冈坝的破坏相比,可见良好的地质条件对水坝抗震十分重要。除了石冈坝的引水隧洞因活断层通过而被毁外,其他水工隧洞所受损害也不算严重。"9·21"地震的经验告诉我们,对于水坝、水闸、隧洞等水工建筑物来说,在选择工程地址时,远离活断层实为最重要的一点。当然,精心设计、精心施工也十分重要。

参 考 文 献

[1] 谢季寿,陈敏村. 大坝水利灾害破坏模式探讨 [A]. 集集大震结构物破坏模式研讨会论文集 [C]. 台湾:土木技师公会,1999. 11,231-248.

[2] 徐振煌. 震害现象与地质因素 [A]. 集集大震结构物破坏模式研讨会论文集 [C]. 台湾:土木技师公会,1999. 11,134-163.

[3] 黄富国,郑清江,等. 大地工程震害之破坏机制与防治对策 [A]. 震殇与重建——九二一集集大地震周年纪念专辑 [C]. 台湾:土木技师公会,2000. 8,59-106.

[4] 陈富胜,王文通,等. 集集大地震隧洞灾害概况及处理对策 [A]. 震殇与重建——九二一集集大地震周年纪念专辑 [C]. 台湾:土木技师公会,2000. 8,107-132.

[5] 谢季寿,陈敏村. 新草岭潭之形成与探讨 [A]. 震殇与重建——九二一集集大地震周年纪念专辑 [C]. 台湾:土木技师公会,2000. 8,219-230.

[6] 魏嘉甫. 从九份二山治理殷监九二一大地震的重建 [A]. 震殇与重建——九二一集集大地震周年纪念专辑 [C]. 台湾:土木技师公会,2000. 8,1-20.

[7] 许铭照,谢志毅,邓慰先. 9·21 集集大地震水利设施震灾调查 [A]. 第五届海峡两岸水利科技交流研讨会论文集 [C]. 中国水利水电科学研究院,台湾大学,2000. 10,都江堰,638-653.

强地震区高拱坝抗震配筋与横缝温度变形问题❶

摘　要： 在强地震区建造高拱坝，为减小地震时横缝的张开度，增强坝的整体性，有必要在拱和梁两个方向配置适当的钢筋。但拱向钢筋要跨越拱坝横缝，在接缝灌浆前的人工冷却阶段，要求横缝能充分张开；而在地震时，希望横缝的张开度不要太大，这两项要求互相矛盾。到目前为止，在跨越横缝抗震钢筋设计中，还未考虑温度变形。为此，提出一种新的设计原则和计算方法，兼顾两方面的要求来进行钢筋的设计。计算结果表明，如采用Ⅰ号热轧钢筋，难以同时满足两方面的要求，如采用Ⅲ号热轧钢筋，则可以同时满足两方面的要求。此外，温度年变化对抗震钢筋也有一定的影响，可改变钢筋自由段长度后对配筋率加以调整。

关键词： 高拱坝；抗震配筋；横缝温度变形

Influence of Thermal Deformation of Transverse Joint on the Reinforcement Across Joint of Arch Dam During Earthquake

Abstract: For reducing the opening of joint and strengthening the dam body during earthquake, it is necessary to put steel reinforcements across the transverse joints of an arch dam.A method is given in this paper to consider the influence of opening of joint due to cooling of dam before joint grouting in the design of steel reinforcement across the transverse joint to resist the action of a severe earthquake.

Key words： high concrete dam, reinforcement, transverse joint, thermal deformation

1　前言

我国近期将在强地震区建造几座高拱坝，例如，高 292m 的小湾拱坝，水平地震加速度达到 0.308g，抗震问题是设计中的一个难点。计算和试验结果表明，低水位遭遇强地震时，梁与拱两个方向的拉应力都很大，横缝难免被拉开。为了安全起见，在拉应力较大的部分，

---

❶ 原载《水力发电》2000 年第 7 期。

在梁与拱两个方向配置一定的钢筋是必要的。

在梁方向配置钢筋没有什么特殊困难，在拱方向配置钢筋就遇到了一个特殊问题：在横缝灌浆前，坝体应进行人工冷却，此时希望横缝能充分张开，以利于接缝灌浆。地震时又希望接缝张开度尽可能小一些。这两个要求是矛盾的，为了解决这个矛盾，英古里拱坝拱向钢筋在横缝两侧各长 1.6m 范围内加一套筒，使总长 7.2m 的钢筋有长度为 3.2m（2×1.6m）的自由段。横缝灌浆前进行坝体人工冷却时，自由段钢筋产生的变形使横缝张开，钢筋两端是锚固的，地震时钢筋可承受拉力，以减小横缝的张开度并有利于保持坝的整体性。但钢筋的配置与坝的尺寸及地震烈度有关，并不能简单地照搬，而到目前为止还没有看到考虑横缝温度变形的跨缝钢筋设计原则和计算方法。本文提出一套考虑横缝温度变形的跨缝抗震钢筋设计原则和计算方法，可用以设计跨越横缝的抗震钢筋。

2 设计原则和计算方法

地震时横缝将反复开合，如果钢筋应力达到屈服强度，随着横缝的反复开合，钢筋将不断产生残余变形，且这些残余变形会逐渐累积，震后将阻碍横缝的闭合。因此，我们应使钢筋应力低于屈服强度，并留有一定裕度。

在大坝施工期间，接缝灌浆前的坝体冷却使横缝张开，并促使跨缝钢筋产生初始应力（σ_0），竣工以后，遭遇地震时，横缝被拉开，钢筋又承受应力增量（σ_1），总应力达到 $\sigma_0+\sigma_1$（σ_0 是静应力，σ_1 是动应力）。它们均不应达到屈服点。为此，钢筋应满足以下两个要求

$$\sigma_0 \leqslant \sigma_{y0}/k_0 \tag{1}$$

$$\sigma_0+\sigma_1 \leqslant \sigma_{y1}/k_1 \tag{2}$$

式中：σ_{y0} 为钢筋静态屈服强度；$\sigma_{y1}=c\sigma_{y0}$ 为钢筋动态屈服强度，系数 c 与应变速率有关；k_0 为静态安全系数；k_1 为动态安全系数。

如图 1 所示，考虑相邻两个坝段，其宽度分别为 B_1 和 B_2，横缝灌浆前坝体温降分别为 ΔT_{01} 和 ΔT_{02}，混凝土线胀系数为 α，灌缝前钢筋锚固点之间的张开度为

$$\Delta_0 = \left(\frac{B_1}{2} - L_1\right) a\Delta T_{01} + \left(\frac{B_2}{2} - L_2\right) a\Delta T_{02} \tag{3}$$

如果 $B_1=B_2=B$，$\Delta T_{01}=\Delta T_{02}=\Delta T_0$，则

$$\Delta_0 = (B-2L_1)\alpha\Delta T_0 \tag{3a}$$

跨缝钢筋的长度为

$$L=2(L_1+L_2) \tag{4}$$

式中：L_1 为自由段长度（在钢筋外加套筒，使钢筋可自由变形，不受混凝土约束）；L_2 为锚固长度。

坝块的冷却和横缝灌浆是由下而上逐层进行的，由于坝块的刚度很大，钢筋对坝块局部冷却时接缝的张开度影响不大，可以忽略。在横缝灌浆前，横缝张开 Δ_0，使钢筋产生初应力（σ_0），由式（1）可知

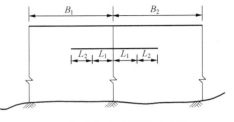

图 1 相邻坝段跨缝钢筋布置

$$\sigma_0 = \frac{E_s \Delta_0}{2L_1} \leqslant \frac{\sigma_{y0}}{k_0} \tag{5}$$

在进行拱坝三维动应力分析时，混凝土接缝单元是非线性的，但钢筋应力应保持在线性范围内，因此，钢筋应力是可以叠加的，应把上述初应力（σ_0）与动应力（σ_1）叠加，并使 σ_0 和 $\sigma_0+\sigma_1$ 分别满足式（1）、式（2）；如不满足式（1）、式（2），就应该按照本文后面给出的办法修改自由段长度和配筋率。

据笔者所知，目前国内外拱坝动应力计算中都没有考虑初应力（σ_0），建议按下列方法进行跨缝钢筋的设计。设在拱坝三维有限元计算中已考虑横缝不抗拉并用杆元代替钢筋[1]，算得地震时横缝张开度为 Δ_1，它所引起的钢筋动应力为

$$\sigma_1 = \frac{E_s \Delta_1}{2L_1} \tag{6}$$

由式（2）可知

$$\sigma_0 + \sigma_1 = \frac{E_s \Delta_0}{2L_1} + \frac{E_s \Delta_1}{2L_1} \leqslant \frac{\sigma_{y1}}{k_1} = \frac{c\sigma_{y0}}{k_1} \tag{7}$$

为了满足式（5）、式（7）两式，可采取以下技术措施：①用屈服点较高的钢筋，它具有较大的 σ_{y0} 和 σ_{y1}；②加大自由段长度 $2L_1$；③加强温度控制，尽量减小初始温差（ΔT_0）；④增加配筋，减少地震时横缝张开度 Δ_1。

从式（5）、式（7）两式可得到计算钢筋自由段长度 $2L_1$ 的下列两式

或

$$2L_1 \geqslant \frac{k_0 E_s \Delta_0}{\sigma_{y0}} \tag{8}$$

$$2L_1 \geqslant \frac{k_1 E_s}{\sigma_{y1}}(\Delta_0 + \Delta_1) \tag{9}$$

以上两式必须同时满足，因此，钢筋自由段长度应取其中较大者。因 Δ_0 含有 L_1，准确计算需用迭代法，但收敛极快。

由图 1 可知，应有 $L_2 \geqslant S$，其中 S 为规范规定的钢筋锚固长度。在钢筋的布置上，应避免全部钢筋在一个平面内断开，建议把钢筋分为四部分：第一部分，取 $L_2=S$；第二部分，取 $L_2=C_1 S$，$C_1>1.0$，例如 $C_1=1.5$；第三部分，取 $L_2=C_2 S$，$C_2>1.0$，例如 $C_2=2.0$；第四部分，钢筋跨越全坝段。

【算例1】拱坝横缝间距 $B_1=B_2=20$m，横缝灌浆前坝体降温 $\Delta T_{01}=\Delta T_{02}=20℃$，线胀系数 $\alpha=1\times10^{-5}$（1/℃），钢筋自由段 $2L_1=2\times2.5=5.0$（m），$B-2L_1=15$m，安全系数 $k_0=1.80$，$k_1=1.40$，Ⅰ号热轧钢筋静态屈服强度 $\sigma_{y0}=240$MPa，动态屈服强度 $\sigma_{y1}=1.3\times240=312$（MPa），地震时横缝张开度 $\Delta_1=6.6$mm，$E_s=20\times10^4$MPa，校核钢筋应力是否满足式（5）、式（7）两式。

由式（5）得

$$\sigma_0 = 20\times10^4 \times 15\times10^{-5} \times 20/(2\times2.5) = 120(MPa) < \sigma_{y1}/k_0 = 133MPa$$

由式（7）得

$$\sigma_0 + \sigma_1 = 120 + 20\times10^4 \times 0.0066/(2\times2.50) = 120 + 264 = 384(MPa) \geqslant \sigma_{y1}/k_0 = 223MPa$$

可见，采用Ⅰ号热轧钢筋，式（5）、式（7）两式均不满足。

今改用Ⅲ号热轧钢筋

$$\sigma_{y0} = 400\text{MPa}$$
$$\sigma_{y1} = 1.3 \times 400 = 520(\text{MPa})$$

$$\frac{\sigma_{y0}}{k_0} = \frac{400}{1.80} = 222(\text{MPa}) > 160\text{MPa} = \sigma_0$$

$$\frac{\sigma_{y1}}{k_1} = \frac{520}{1.40} = 371(\text{MPa}) < 384\text{MPa} = \sigma_0 + \sigma_1$$

可见，如改用Ⅲ号热轧钢筋，可满足静态应力要求，但仍不满足动态应力要求，表明钢筋自由段长度不够。

【算例 2】 基本数据同前，采用Ⅰ号热轧钢筋，$\sigma_{y0} = 240\text{MPa}$，$\sigma_{y1} = 312\text{MPa}$。由式（8）、式（9）计算钢筋自由段长度。

静态：$2L_1 = \dfrac{1.80 \times 20 \times 10^4 \times 15 \times 10^{-5} \times 20}{240} = 4.50(\text{m})$

动态：$2L_1 = \dfrac{1.40 \times 20 \times 10^4 \times (15 \times 10^{-5} \times 20 + 0.0066)}{312} = 8.62(\text{m})$

可见采用Ⅰ号热轧钢筋，自由段长度应为 8.62m，与坝段宽度 $B = 20\text{m}$ 相比，自由段长度似乎太长了一些。

【算例 3】 基本数据同前，采用Ⅲ号热轧钢筋，$\sigma_{y0} = 400\text{MPa}$，$\sigma_{y1} = 520\text{MPa}$。由式（8）、式（9）计算自由段长度。

静态：$2L_1 = \dfrac{1.80 \times 20 \times 10^4 \times 15 \times 10^{-5} \times 20}{400} = 2.70(\text{m})$

动态：$2L_1 = \dfrac{1.40 \times 20 \times 10^4 \times (15 \times 10^{-5} \times 20 + 0.0066)}{520} = 5.17(\text{m})$

采用Ⅲ号热轧钢筋，自由段长度为 5.17m。

3 运行期坝体温度变化对跨缝钢筋的影响

地震可能在任意时间发生，过去人们已经注意到地震时坝前水位的影响，一般来说，在低水位时发生地震，对拱坝最为不利；但人们似乎没有注意到季节温度变化对拱坝抗震的影响，实际上，发生地震的季节对拱坝抗震也有一定影响。要仔细研究这个问题，最好用有限元法计算运行期坝体不稳定温度场。根据发生地震时的坝体温度场与封拱温度的差值、自重、水荷载，计算拱坝静应力，再与地震时的动荷载叠加，用三维非线性有限元即可计算接缝开度及钢筋应力。但这样计算比较费事，下面给出一个比较实用的近似算法。

如图 2 所示，设运行期拱坝上游面温度为 T_U，下游面温度为 T_D，并分别表示如下

$$\left. \begin{array}{l} T_U = T_{UM} + A_U \cos \omega(\tau - \tau_0 - \varepsilon) \\ T_D = T_{DM} + A_D \cos \omega(\tau - \tau_0) \end{array} \right\} \quad (10)$$

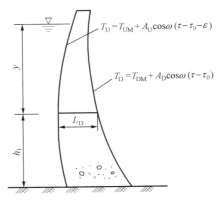

图 2 拱坝运行期温度场的边界条件

式中：T_{UM}、T_{DM} 分别为上、下游坝面年平均温度；A_U、A_D 分别为上、下游坝面温度年变幅；ε 为上游面与下游面温度的相位差；$\omega=2\pi/P$，P 为温度变化周期，年；τ 为时间，月；τ_0 为气温最高时的时间，月。T_{UM}、T_{DM}、A_U、A_D、ε 等均随高程而变化。

拱坝有 3 个特征温度场：封拱温度场 $T_0(x,\bar{y})$，运行期年平均温度场 $T_1(x,\bar{y})$，运行期变化温度场 $T_2(x,\bar{y},\tau)$。式中 x 为沿厚度方向的水平坐标，$\bar{y}$ 为垂直坐标 [2]。

今沿拱坝半径方向切取断面，任一径向断面沿厚度方向的平均温度（T_m）和等效线性温差（T_d）可计算如下 [2]

$$\left.\begin{array}{l} T_m = T_{m1} + T_{m2} - T_{m0} \\ T_d = T_{d1} + T_{d2} - T_{d0} \end{array}\right\} \tag{11}$$

式中：T_{m0}、T_{d0} 分别为封拱温度场的平均值和等效温差；T_{d1}、T_{d2} 分别为运行期年平均温度场 $T_2(x,\bar{y})$ 沿厚度的平均温度和等效温差；T_{m2}、T_{d2} 分别为运行期年变化温度场 $T_2(x,\bar{y},\tau)$ 沿厚度的平均温度和等效温差。

拱坝年平均温度场 $T_1(x,\bar{y})$ 沿厚度方向（x）的分布可以认为是线性的，因此 T_{m1} 和 T_{d1} 可计算如下

$$\left.\begin{array}{l} T_{m1} = \frac{1}{2}(T_{UM}+T_{DM}) \\ T_{d1} = (T_{DM}-T_{UM}) \end{array}\right\} \tag{12}$$

式中：T_{DM} 为下游坝面年平均温度，等于年平均水温加日照影响；T_{UM} 为上游坝面年平均温度，等于年平均水温。

根据图 2 所示边界条件，T_{M2} 和 T_{d2} 可计算如下

$$\left.\begin{array}{l} T_{m2} = \frac{\rho_1}{2}[A_D\cos\omega(\tau-\tau_0-\theta_1)+A_U\cos\omega(\tau-\tau_0-\varepsilon-\theta_1)] \\ T_{d2} = \rho_2[A_D\cos\omega(\tau-\tau_0-\theta_2)-A_U\cos\omega(\tau-\tau_0-\varepsilon-\theta_2)] \end{array}\right\} \tag{13}$$

$$\left.\begin{array}{l} \rho_1 = \frac{1}{\eta}\sqrt{\frac{2(\mathrm{ch}\eta-\cos\eta)}{\mathrm{ch}\eta+\cos\eta}} \\ \rho_2 = \sqrt{a_1^2+b_1^2} \\ \theta_1 = \frac{1}{\omega}\left[\frac{\pi}{4}-\arctan\left(\frac{\sin\eta}{\mathrm{sh}\eta}\right)\right] \\ \theta_2 = \frac{1}{\omega}\arctan\left(\frac{b_1}{a_1}\right) \\ a_1 = \frac{6}{\rho_1\eta^2}\sin\omega\theta_1 \\ b_1 = \frac{6}{\eta^2}\left(\frac{1}{\rho_1}\cos\omega\theta_1-1\right) \\ \eta = L_D\sqrt{\frac{\pi}{aP}} \end{array}\right\} \tag{14}$$

式中：L_D 为坝体厚度；a 为导温系数。

如 τ 以日历时间计，因气温以 7 月中旬为最高，可取 $\tau_0 = 6.5$ 月，在式（13）中给以不同的 τ，即可求出由于气温和水温的年变化而在不同时间产生的 T_{m2} 和 T_{d2}。实际上坝上游的水位是变化的，根据全年各月的上游水位，并假定水位以上坝面温度等于气温，水位以下坝面温度等于水温（与水深 y 有关），便可求出上游坝面不同高程各月的温度，再用余弦函数表示如式（10）。考虑坝体温度年变化后，钢筋应力计算如下

$$\sigma_0 + \sigma_1 = \frac{E_s B \alpha \Delta T_0}{2L_1} + \frac{E_s \Delta_1}{2L_1} - \frac{E_s B \alpha \Delta T_b}{2L_1} \leqslant \frac{\sigma_{y1}}{k_1} \qquad (15)$$

式中表面温差 ΔT_b 计算如下

$$\left.\begin{array}{ll} \text{上游面} & \Delta T_b = T_m - \dfrac{1}{2} T_d \\[2mm] \text{下游面} & \Delta T_b = T_m + \dfrac{1}{2} T_d \end{array}\right\} \qquad (16)$$

T_m、T_d 见式（11）。

钢筋自由段长度可计算如下

$$2L_1 \geqslant \frac{k_1}{\sigma_{y1}}(E_s B \alpha \Delta T_0 + E_s \Delta T_1 - E_s B \alpha \Delta T_b) \qquad (17)$$

【算例 4】 基本资料同算例 1，坝体厚度 $L_D = 12\text{m}$，温度周期 $P = 12$ 月，下游年变幅（气温加日照影响）$A_D = 6.6℃$，上游年变幅 $A_U = 5.6℃$，二月末 $\tau = 2.0$ 月发生地震，导温系数 $a = 3.0\text{m}^2/$月，相位差 $\varepsilon = 0.85$ 月，$\eta = L_D\sqrt{\pi/(aP)} = 3.545$，$\omega = 2\pi/P = \pi/6$，$\rho_1 = 0.4207$，$\theta_1 = 1.5433$ 月，$\theta_2 = 0.6830$ 月，$a_1 = 0.8204$，$b_1 = 0.3066$，$\rho_2 = 0.8759$，$T_{m2} = -2.439℃$，$T_{d2} = -0.3557℃$，$T_{DM} = 21.0℃$，$T_{UM} = 20.6℃$，$T_{m0} = 20.8℃$，$T_{d0} = 0$，$T_{m1} = 20.8℃$，$T_{d1} = 0.40℃$，$T_m = -2.439℃$，$T_d = 0.044℃$，坝体上游面 $\Delta T_b = -2.439 - \dfrac{1}{2} \times 0.044 = -2.461℃$，采用Ⅲ号热轧钢筋。

由式（17）得钢筋自由段长度为

$$2L_1 \geqslant \frac{1.40}{512} \times 20 \times 10^4 \times (20 \times 10^{-5} \times 20 + 0.0066 + 20 \times 10^{-5} \times 2.461) = 6.07 \text{ (m)}$$

与算例 3 相比，考虑温度年变化影响后，钢筋自由段长度由 5.71m 增加到 6.70m。本例中，因气温年变幅只有 5.6℃，坝体又较厚，所以温度年变化的影响不算显著。如果在北方，气温年变幅达到 20℃ 以上，坝体再薄一些，温度变化的影响就将明显增加。

4 钢筋断面积的调整

横缝张开以后，地震时横缝张开度的减小完全依靠钢筋的拉力。对于特定的缝开度，钢筋的拉力与自由段长度有关，自由段长度改变后，必须相应地调整钢筋的断面积，以保持钢筋总拉力不变。设沿横缝长度方向在上游或下游坝面单位长度的钢筋断面积为 A_s，地震作用下缝的张开度为 Δ_1，自由段长度为 $2L_1$，由于横缝张开而引起的钢筋拉力为

$$F_1 = \frac{E_s A_s \Delta_1}{2L_1}$$

令自由段长度改为 $2L_1'$，钢筋断面积改为 A_s'，由于横缝张开 Δ_1 而产生的钢筋拉力为

$$F_2 = \frac{E_s A'_s \Delta_1}{2L'_1}$$

为保证横缝开度不变，必须使 $F_1=F_2$，由此得到

$$\frac{A'_s}{A_s} = \frac{L'_1}{L_1}$$

例如，算例 2 中，采用 I 号热轧钢筋，$\sigma_{y0}=240$MPa，要求自由段长度 $2L'_1=9.51$m。为保证地震时产生相同的横缝张开度，$A'_s/A_s=9.51/5.00=1.902$，即钢筋断面积应增加 90.2%。又如算例 3 中，采用III号热轧钢筋，$\sigma_{y0}=400$MPa，$2L'_1=5.71$m，$A'_s/A_s=5.71/5.00=1.142$，即钢筋断面积只需增加 14.2%。就算例 2、算例 3 而言，如采用 I 号热轧钢筋，自由段长度达 9.51m，钢筋断面积又增加 90%，从配筋和施工来看不太合适。如采用III号热轧钢筋，自由段长度为 5.71m，与横缝间距 20m 相比，不算太长，钢筋断面积也只增加 14.2%，比较合适。

5 结束语

（1）高拱坝在低水位时遭遇强地震，横缝被拉开几乎难以避免，在拱和梁两个方向适当配置钢筋，有利于减少横缝的张开度和增强坝的整体性。

（2）必须重视拱向跨缝钢筋的设计。如果钢筋应力达到屈服应力，将产生残余变形，地震时横缝是反复开合的，钢筋残余变形将逐次累积，地震之后，将阻止横缝闭合，因此，应使钢筋应力保持在弹性范围以内。

（3）横缝灌浆以前，坝体要经过人工冷却，降温幅度经常在 20℃左右，有时甚至更大一些。如果钢筋自由段长度为 5.0m，20℃温降在钢筋中产生的初应力为 160MPa，如果自由段长度为 3.2m，初应力为 250MPa，与 I 号热轧钢筋屈服强度 240MPa 相比，初应力是相当大的，再加上地震时横缝张开产生拉应力，肯定要超过屈服应力。因此，跨缝钢筋以采用屈服强度较大的 II 号或III号热轧钢筋为宜。

（4）在气温变化剧烈的北方，温度年变化对跨缝钢筋的影响是相当大的，设计中应认真加以考虑。本文提出的设计准则和计算方法，可以较好地解决强地震区高拱坝跨缝钢筋的设计问题。

参 考 文 献

[1] 侯顺载，涂劲. 有缝大坝的动态数值分析 [J]. 计算技术与计算机应用，1999，（1）.

[2] 朱伯芳. 大体积混凝土温度应力与温度控制 [M]. 北京：中国电力出版社，1999.

[3] 朱伯芳. 有限单元法原理与应用 [M]. 2 版. 北京：中国水利水电出版社，1998.

地震时地面运动相位差引起的结构动应力❶

摘 要：本文提出了一个方法，可用以计算地震时地面运动相位差引起的结构动应力。

关键词：地震；相位差；动应力

Dynamic Response of Structures due to Phase Difference of the Displacement of the Earth's Surface in an Earthquake

Abstract: In this paper, a method is given to compute the dynamic response of long structures due to the phase difference of the displacement of the earth's surface in an earthquake.

Key words： earthquake, phase difference, dynamic stress

地震时地面上不同地点的位移是不一致的，在像水坝这样的大跨度结构内，有必要考虑这一因素。这个问题是十分复杂的，为了实用，我们做一些简化。假设在建筑物 R 的边界 C_1 上作用着如下的随时间 t 而变化的基座位移（见图1）

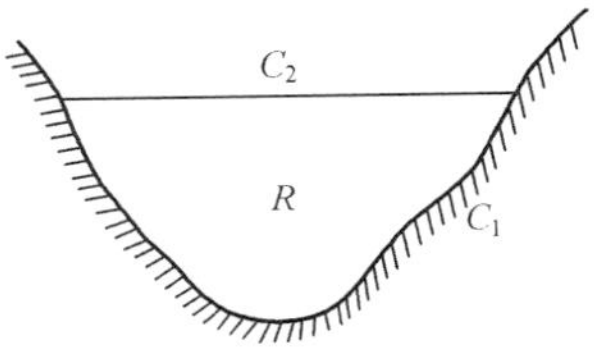

$$u(\xi,t) = G_1(\xi)F(t), v(\xi,t) = G_2(\xi)F(t)$$
$$w(\xi,t) = G_3(\xi)F(t) \tag{1}$$

图 1 水坝纵剖面

式中：$G_1(\xi)$、$G_2(\xi)$、$G_3(\xi)$ 为边界坐标 ξ 的函数；边界 C_2 为自由边。

在建筑物 R 内，位移 u，v，w 必须满足下列运动方程

$$\left. \begin{array}{l} L_1(u,v,w) + k_1 \dfrac{\partial^2 u}{\partial t^2} = 0 \\[2mm] L_2(u,v,w) + k_2 \dfrac{\partial^2 v}{\partial t^2} = 0 \\[2mm] L_3(u,v,w) + k_3 \dfrac{\partial^2 w}{\partial t^2} = 0 \end{array} \right\} \tag{2}$$

式中：L_1，L_2，L_3 为 x，y，z 的微分算子；k_1，k_2，k_3 为常数。

在边界 C_1 上

---

❶ 本文摘自"拱坝、壳体和平板的振动及地面运动相位差的影响"一文，原载《水利学报》1963 年第 2 期。

$$u + \alpha_1 P_1(u, v, w) = G_1(\xi) F(t) \atop v + \alpha_2 P_2(u, v, w) = G_2(\xi) F(t) \atop w + \alpha_3 P_3(u, v, w) = G_3(\xi) F(t)} \tag{3}$$

式中：α_1，α_2，α_3 为地基变形系数；P_1，P_2，P_3 为 x，y，z 的微分算子；$\alpha_1 P_1$ 为结构反力在 x 方向引起的基座位移。

令

$$u = u_0 + u_1, v = v_0 + v_1, w = w_0 + w_1 \tag{4}$$

而

$$u_0(x, y, z, t) = U_0(x, y, z) F(t) \atop v_0(x, y, z, t) = V_0(x, y, z) F(t) \atop w_0(x, y, z, t) = W_0(x, y, z) F(t)} \tag{5}$$

则 U_0，V_0，W_0 满足下列方程

在区域 R 内

$$L_1(U_0, V_0, W_0) = 0, L_2(U_0, V_0, W_0) = 0$$
$$L_3(U_0, V_0, W_0) = 0 \tag{6}$$

在边界 C_1 上

$$U_0 + \alpha_1 P_1(U_0, V_0, W_0) = G_1(\xi) \atop V_0 + \alpha_2 P_2(U_0, V_0, W_0) = G_2(\xi) \atop W_0 + \alpha_3 P_3(U_0, V_0, W_0) = G_3(\xi)} \tag{7}$$

又 u_1，v_1，w_1 满足下列方程：

在区域 R 为

$$L_1(u_1, v_1, w_1) + k_1 \frac{\partial^2 u_1}{\partial t^2} = -k_1 \frac{\partial^2 u_0}{\partial t^2} = -k_1 U_0 \ddot{F}(t) \atop L_2(u_1, v_1, w_1) + k_2 \frac{\partial^2 v_1}{\partial t^2} = -k_2 \frac{\partial^2 v_0}{\partial t^2} = -k_2 V_0 \ddot{F}(t) \atop L_3(u_1, v_1, w_1) + k_3 \frac{\partial^2 w_1}{\partial t^2} = -k_3 \frac{\partial^2 w_0}{\partial t^2} = -k_3 W_0 \ddot{F}(t)} \tag{8}$$

$$u_1 + \alpha_1 P_1(u_1, v_1, w_1) = 0 \atop v_1 + \alpha_2 P_2(u_1, v_1, w_1) = 0 \atop w_1 + \alpha_3 P_3(u_1, v_1, w_1) = 0} \tag{9}$$

由于问题是线性的，因此式（6）～式（9）与式（2）、式（3）是等效的。但式（6）、式（7）代表当边界 C_1 受到基础强迫位移 $G_1(\xi)$，$G_2(\xi)$，$G_3(\xi)$ 后无重结构的平衡条件，与静力平衡方程相同。而式（8）、式（9）代表受到干扰力 $U_0 \ddot{F}(t)$，$V_0 \ddot{F}(t)$，$W_0 \ddot{F}(t)$ 后基座无强迫位移时结构的动力平衡条件。

由此得到这样结论：当建筑物在边界上受到随时间变化的强迫位移 $G_i(\xi) F(t)$ 时，其动力

反应可分为两步分析，首先用静力法计算在基础强迫位移 $G_i(\xi)$ 作用下无重结构的变位 U_0, V_0, W_0。然后计算在干扰力 $U_0 \ddot{F}(t)$，$V_0 \ddot{F}(t)$ 及 $W_0 \ddot{F}(t)$ 作用下，基础无强迫位移时结构的动力反应。叠加之，如式（4）、式（5），即得到建筑物的真正位移和应力。

经过上述处理后，采用有限元法或格栅法[1]，不难计算各种复杂结构由于地面运动相位差而产生的动应力。

参 考 文 献

[1] 黄文熙. 格栅法在拱坝、壳体和平板分析中的应用. 水利学报. 1962，5.

论混凝土坝的抗地震问题[①]

摘　要：本文全面论述了混凝土的抗地震问题，给出了地震时地面最大加速度等资料，重力坝、支墩坝和拱坝振动计算方法，动力作用下混凝土的强度，以及对地面运动相位差的影响。

关键词：混凝土坝；地震；加速度；相位差；计算方法

On the Earthquake Resistance of Concrete Dams

Abstract: The problem about concrete dam how to resist earthquake is discussed comprehensively in this paper. The data about the maximum acceleration of the ground surface during earthquake are given. The method for computing the response of gravity dam, buttress dam and arch dam are proposed. The strength of concrete under dynamic loading and the influence of the phase difference of ground motion on the vibration of dams are given.

Key words：concrete dam，earthquake，acceleration，phase difference，computing methods.

地震是具有巨大破坏力的自然现象，它往往给人类带来重大灾害，特别是混凝土高坝受地震影响万一失事，大量库水一泻千里，更将造成不可估量的损失。我国兴建的混凝土高坝较多，这些地区绝大部分都有频繁的地震活动，因此研究混凝土坝的抗震问题具有重要意义。本文就混凝土坝的抗地震问题进行比较全面的讨论、回顾已经取得的成就、并提出一些个人研究成果和看法，供读者指正。

一、地震时地面运动的主要特征

地震时地面运动的规律是一切抗震研究和设计工作的基础。地震时地面运动是不规则的，振幅和周期都不断变化。一般在地震开始阶段属于纵波，振幅较小，周期较短。在主振阶段，则主要是横波和表面波，并具有很大的加速度，振动周期也较大。现将地震时地面运动的几个主要特征分述如下：

（一）地面运动的卓越周期

地震时地面振动的周期是变化的，以往关于地震周期为 1s 的概念是不全面的。所谓地面运动的卓越周期系指地震时地面振动频数较多的周期。卓越周期与当地的地质条件有关，已有的实测资料表明：岩石地基为 0.10～0.15s；坚硬土为 0.15～0.20s；中等土为 0.20～0.40s；软土为 0.40～0.60s；极软土为 0.60～1.20s。此外，震中的远近也影响卓越周期。由于阻尼作

[①]　原载《水利水电技术》1963 年第 3 期。

用，在地震波传播过程中短周期的波衰减较快，长周期的波衰减较慢，因此随着震中距的加大，长周期的振动渐占优势。图 1 是日本在上椎叶坝址附近实测的地震频度分布曲线。

（二）地面最大水平加速度

半世纪前，康康尼（Cancani）根据当时收集到的资料，得到地面最大水平加速度与地震烈度的关系

$$\log a = \frac{I}{3} - 1 \tag{1}$$

式中 a——加速度，cm/s^2；

I——烈度。

根据式（1）计算的地面最大水平加速度列入表 1。该数值一般偏小，这是因为当时的测震仪器不够精密，仪器自身周期较长，测量不到周期短、振幅小、但却具有最大加速度的地震波。

谷登堡（B. Gutenberg）和李雪特（C. F. Richter）在整理了 1930 年以后美国的实测地震加速度资料（见图 2）的基础上，提出了地面最大水平加速度与地震烈度的新关系[1]，即

$$\log a = \frac{I}{3} - \frac{1}{2} \tag{2}$$

根据式（2）计算的地面最大水平加速度列入表 1。

麦德维捷夫（C. B. Медведев）也会整理了一百多个地震记录[3]，提出了当地震周期在 0.50s 以下时地面最大水平加速度（见表 1）

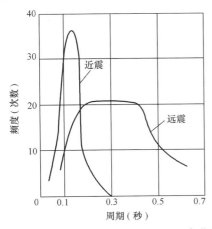

图 1　日本上维叶坝址地震波周期频度曲线

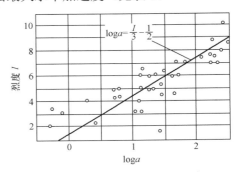

图 2　美国加州实测地震加速度

表 1 　地震时地面最大水平加速度

地震烈度	麦德维捷夫提出的数值	按谷登堡和李雪特公式计算的数值	按康康尼公式计算的数值
6	0.025~0.05g	0.03g	0.01g
7	0.05~0.10g	0.07g	0.022g
8	0.10~0.20g	0.15g	0.048g
9	0.20~0.40g	0.32g	0.102g

另外，表 2 是一部分实测强震资料。不论从表 1 或表 2 均不难看出地震时地面水平加速度是很大的。

（三）地面最大铅直加速度

地震时地面加速度有两个水平分量和一个铅直分量。以往人们对水平分量研究较多，对铅直加速度研究很少。笔者根据 138 个实测地震资料，整理了最大铅直加速度与最大水平加

速度的比值如图3所示（最大铅直加速度与最大水平加速度不一定发生在同一时间）。经分析可以看出以下几点：

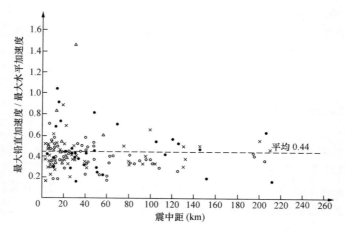

图3　最大铅直加速度与最大水平加速度的比值

（△—8度；○—7度；×—6度；●—5度）

（1）竖向加速度一般均小于水平加速度，总平均比值为 0.44，即竖向（铅直向）加速度约为水平加速度的一半。

（2）个别情况下竖向加速度可接近甚至超过水平加速度，特别大的竖向加速度多发生在距震中较近的地区。但在离震中很远的地区竖向加速度仍然可达到水平加速度的一半左右。在离震中较近的地区，两种加速度的比值的离散性较大。

（四）地面位移和速度

根据日本实测资料，地震时地面的位移 u、速度 v 和加速度 a 可由以下的经验公式求出[5]

表2　　　　　　　　　　强 烈 地 震 实 测 资 料

编号	地震发生日期	烈度	震中距（km）	水平分量之一			水平分量之二			铅直分量	
				周期（s）	加速度 a/g	方位角	周期（s）	加速度 a/g	方位角	周期（s）	加速度 a/g
1	1933年3月10日	8	56	0.23	0.100	33	0.70	0.150	57	0.25	0.090
				0.70	0.140		1.20	0.055			
2	1933年3月10日	8	29	0.30	0.130	46				0.21	0.190
				1.35	0.045					1.31	0.070
3	1940年5月18日	8	12	0.18	0.314	52	0.14	0.120	38	0.14	0.260
				0.73	0.116		0.26	0.169			
4	1941年6月30日	8	16	0.24	0.172	80	0.21	0.126	10	0.13	0.076
				0.33	0.155						
5	1949年4月13日	8	18	0.41	0.170	70	0.34	0.321	20	0.10	0.107
6	1949年3月9日	8	22	0.32	0.120	21	0.29	0.191	69	0.22	0.075
7	1952年7月21日	8	18	0.24	0.158	40	0.28	0.186	50	0.54	0.100
				0.54	0.118		0.41	0.120			
8	1954年12月21日	8	7	0.40	0.129	80	0.40	0.225	10	0.14	0.079

编号	地震发生日期	烈度	震中距（km）	水平分量之一			水平分量之二			铅直分量	
				周期（s）	加速度 a/g	方位角	周期（s）	加速度 a/g	方位角	周期（s）	加速度 a/g
9	1933 年 3 月 10 日	7	62	0.60	0.050	80	0.90	0.060	10	0.20	0.020
10	1933 年 10 目 2 日	7	6	0.25	0.080	30	0.28	0.108	60	0.26	0.050
11	1935 年 10 月 31 日	7	6	0.20	0.110	40	0.26	0.105	50	0.23	0.078
12	1943 年 10 月 25 日	7	12	0.16	0.132	82	0.36	0.138	8	0.18	0.054
13	1945 年 9 月 13 日	7	102	0.29	0.131	50	0.17	0.067	40	0.14	0.043
14	1948 年 11 月 18 日	7	195	0.25	0.062	81	0.25	0.081	9	0.20	0.035
15	1952 年 7 月 24 日	7	12	0.20	0.090	35	0.20	0.075	55	0.30	0.030
16	1952 年 9 月 22 日	7	42	0.46	0.052	30	0.43	0.071	60	0.32	0.025
17	1952 年 8 月 26 日	7	11	0.35	0.150	40	0.30	0.110	50	0.15	0.055
18	1954 年 12 月 21 日	7	40	0.55	0.142	40	0.50	0.153	50	0.90	0.035

$$u = 0.034T\Phi, \quad \upsilon = 0.213\Phi$$

$$a = \frac{1.34\Phi}{T} \tag{3a}$$

$$\Phi = 10^{0.61M-1.73\log\Delta} \times \left\{1 + \left\{\left[\frac{1+c}{1-c}\left(1-\frac{T^2}{T_0^2}\right)\right]^2 + \left[\frac{0.3}{\sqrt{T_0}}\left(\frac{T}{T_0}\right)\right]^2\right\}^{-\frac{1}{2}}\right\} \tag{3b}$$

式中 T——地震波周期；

T_0——卓越周期；

Δ——震中距；

M——李雪特震级。

按上式计算的数值见图 4。

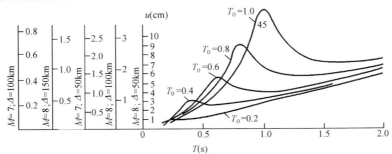

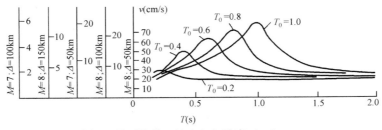

图 4 地面位移、速度与加速度（一）

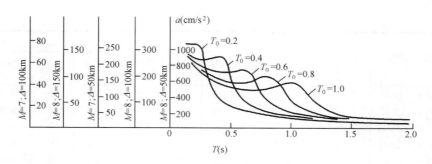

图4 地面位移、速度与加速度（二）

二、地震时重力坝的水平振动

以前，日本烟野正曾求出刚性基础上三角形坝体的弯曲振动或剪切振动的解答；苏联纳别瓦里泽（Щ. Г. Напетваридзе）曾求出刚性基础上梯形坝体剪切振动的解答。但我们发现纳氏的解答是错误的，不能满足坝顶边界条件。对于重力坝来说，弯曲、剪切和基础变形三者都是很重要的因素，但如何同时考虑这些因素来进行理论分析，将是很困难的一件事。根据我们的经验，以采用下面介绍的方法最为方便。

（一）坝体自由振动

将重力坝视为具有 n 个集中质量 W_i/g 的变截面悬臂梁，如图5所示。坝体自由振动时的水平变位为 $u(x,t)=u(x)e^{ipt}$，式中 p 为自振圆频率，惯性力为 $F_j=-p^2 W_j U_j e^{ipt}/g$。据此建立运动方程，经过简化得到下列频率方程

$$\left.\begin{array}{l} U_1 g/p^2 = W_1 C_{11} U_1 + W_2 C_{12} U_2 + \cdots + W_n C_{1n} U_n \\ \cdots \\ U_n g/p^2 = W_1 C_{n1} U_1 + W_2 C_{n2} U_2 + \cdots + W_n C_{nn} U_n \end{array}\right\} \quad (4)$$

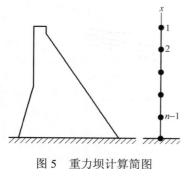

图5 重力坝计算简图

式中：C_{jk} 是 k 点单位力在 j 点引起的位移。利用斯托多拉（Stodola）迭代法可从上式求得自振圆频率 p 及振型函数 U。具体计算步骤是：

（1）令 $U_1=1$，并近似地假定 U_2、U_3、…、U_n 值（可用水压力作用下变位值），从式（4）的第一式算出 p^2 零次近似值；

（2）根据 p^2 零次近似值从其余各式算出 U_2、U_3、…、U_n 的第一近似值，并将这些 U_j 第一近似值代入第一式求出 p^2 第一近似值；

（3）根据 p^2 第一近似值，求 U_j 第二近似值。如此逐步推算，至前后两次求出的数值充分接近时为止。这种迭代方法收敛很快，一般 3～5 次即可得到满意结果。如此算出的是第一振型和第一频率，为了求取第二振型需利用下述振型正交条件

$$\sum_{j=1}^{n} W_j U_{j1} U_{j2} = 0 \quad (5)$$

式中 U_{j1} 是已求出的第一振型值；U_{j2} 是待求的第二振型值，以式（5）代入式（4）可消去一个未知项（如 U_{12}），于是得到一个 $n-1$ 元的新的频率方程，并用斯托多拉迭代法计算，可得第二振型和第二振型。至于更高次的振型，因对坝体动应力影响很小，一般不必计算。

（二）在不规则地震作用下坝体的动力反应

采用按振型展开的方法可以分析在不规则地震作用下坝体的动力反应。设地面位移为 $u_0(t)$，坝体位移为

$$u_0 + u_i = \sum_{j=1}^{n} U_{ij} q_j(t) \tag{6}$$

式中 U_{ij} 为自振振型值；$q_j(t)$ 为广义坐标，可利用拉格朗日方程确定

$$\frac{\mathrm{d}}{\mathrm{d}t} \frac{\partial T}{\partial q_j} - \frac{\partial T}{\partial q_j} + \frac{\partial \Pi}{\partial q_j} + \frac{\partial D}{\partial q_j} = 0 \tag{7}$$

式中　　∂q_j —— q_j 对时间的微商；

　　　　T —— 动能；

　　　　Π —— 位能；

　　　　D —— 阻尼消耗的能量。

以式（6）代入式（7），可得

$$q_j = \eta_j \delta_j \tag{8}$$

$$\delta_j = -\frac{1}{p_j} \int_0^t \ddot{u}_0(\xi) \sin p_j(t-\xi) \mathrm{e}^{-h'(l-\xi)} \mathrm{d}\xi \tag{9}$$

$$\eta_j = \frac{\sum\limits_{i=1}^{n} W_i U_{ij}}{\sum\limits_{i=1}^{n} W_i U_{ij}^2} \tag{10}$$

式中　　h' —— 阻尼系数；

　　　　η_j —— 振型参与系数。

将地震时实测地面加速度 $\ddot{u}_0(\xi)$ 代入式（9），求出积分 $\delta_j(t)$ 就解决了在不规则地震作用下坝体动力反应这样一个很复杂的问题。在抗震设计上最感兴趣的是结构反应在时间坐标上的最大值，如令

$$\left. \begin{aligned} \Delta_j &= 最大 \delta_j(t)，称为位移谱曲线 \\ \Delta_j &= p_j^2 \Delta_j，称为加速度谱曲线 \\ B_j &= \frac{A_j}{K_c g}，称为放大系数 \end{aligned} \right\} \tag{11}$$

式中：$K_c g$ 为地面最大加速度。由此得第 j 振型最大变位为

$$u_{ij} = \frac{\eta_j B_i K_c g}{p_j^2} U_{ij} \tag{12}$$

坝体变位的上限为

$$(u_i)_{上限} = \Sigma |u_{ij}| \tag{13}$$

但不同振型的最大变位不一定发生在同一时间，根据罗森布鲁斯（Rossenblueth）的研究[4]，

可按下式确定各振型的综合反应。即

$$(u_i)_{\max} = \sqrt{\Sigma|u_{ij}|^2} \qquad (14)$$

由式（12）确定 u_{ij} 乘以 ω_j^2 即得到第 j 振型最大加速度为 $\omega_j^2 u_{ij}$，由此，即可求出相应的惯性力并从而可计算第 j 振型动应力，参照式（13）、式（14）可计算动应力的上限及综合应力。在以上分析中，库水的影响可作为坝面上附加质量加以考虑。

（三）加速度谱曲线与阻尼

从上面的分析可以看出地震虽然是十分复杂的不规则运动，但在采用谱曲线概念以后，仍然可以进行理论分析。根据地震加速度记录求出的加速度谱曲线，可用下列积分式表示，即

$$A_j = \left| p_j \int_0^t \ddot{u}_0(\xi)\sin p_j(t-\xi)e^{-h'(t-\xi)}d\xi \right|_{\max} \qquad (15)$$

由式（15）可看出影响加速度谱曲线的因素是地面运动特征、结构自振频率及阻尼等。麦德维捷夫分析了约 100 个实际地震资料，得出

$$A_j = A_0\varepsilon(\lambda) \qquad (16)$$

式中：A_0 为 $\lambda = 0.50$ 时的谱曲线，见图 6；λ 为对数衰减率，$\lambda = 2\pi n$；n 为临界阻尼比，$n = h'/h'_{cr}$；h'_{cr} 为临界阻尼。$\varepsilon(\lambda)$ 值见图 7。图 8 是根据日本塚原坝址实测地震记录算出的放大系数 β。表 3 是实测几个混凝土坝的阻尼数值。由这些图表可看出在发生 9 度地震时坝体受到的加速度可达到 $0.5g \sim 1.0g$。

表 3　　　　　　　　　　　　混 凝 土 坝 实 测 阻 尼

坝　　名		临界阻尼比 n	对教衰减率 λ
塚原重力坝		0.10～0.12	0.63～0.75
莫里斯重力坝		0.081	0.51
上椎叶拱坝	水库全满 水库 3/4 满	0.035～0.050 0.035～0.045	0.22～0.31 0.22～0.28
犹又拱坝	库满 库空	0.102 0.083	0.64 0.52
殿山拱坝（库满）	对称振动 反对称振动	0.03～0.04 0.06～0.07	0.19～0.25 0.38～0.44

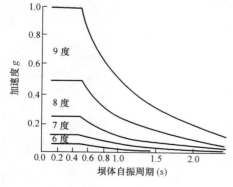

图 6　加速度谱曲线（$\lambda = 0.5$）

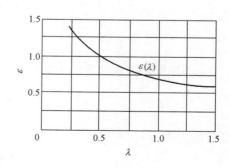

图 7　$\varepsilon(\lambda)$ 值

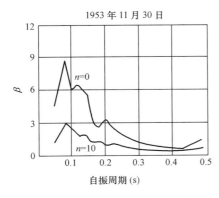
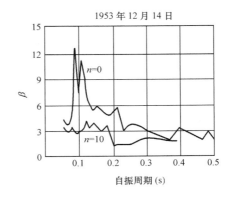

图 8   由塚原坝址两次实际地震记录算出的放大系数 β

三、地震时支墩坝的水平振动

在顺河向地震作用下，支墩坝的动力反应与重力坝是相仿的，可按上节所谈方法分析。在侧向地震作用下支墩坝也可能产生强烈振动，如何分析支墩坝在侧向地震作用下所产生的动力反应，目前还缺少办法。笔者曾提过一个分析方法，兹简述如下：

在地震区建筑支墩坝既简便而又有效的措施是封闭上下游面，并进行接缝灌浆，使支墩在上下游边得到有力支持。在采取这种措施以后，上下游面板对支墩侧向位移的约束是很大的，但对角变形的约束则比较有限，因此我们取上下游边为简支边。支墩底部是随着基础岩石而起伏的不规则边界，过去一般近似地用一段直线代表，为了便于使用极坐标，近似地用一段圆弧代表（见图 9），并按弹性嵌固边处理。由于支墩顶角较小，圆弧与直线的差别是不大的。

图 9   支墩坝侧向振动计算简图

设支墩高度为 H，由面积相等，得扇形板的半径为

$$R = \left(\frac{\tan \frac{\alpha}{2}}{\alpha/2} \right)^{\frac{1}{2}} H \tag{17}$$

式中，α 为支墩顶部夹角。例如上下游坡度各为 0.45 时，$\alpha = 0.846$，则 $R = 1.031H$，即 R 比 H 大 3.1%。

首先分析侧向自由振动，运动方程为

$$\left(\frac{\partial^2}{\partial r^2} + \frac{1}{r}\frac{\partial}{\partial r} + \frac{1}{r^2}\frac{\partial^2}{\partial \theta^2} \right)^2 w + \frac{\gamma h}{gD}\frac{\partial^2 w}{\partial t^2} = 0 \tag{18}$$

$$D = \frac{Eh^3}{12(1-\mu^2)}$$

式中 w ——挠度；

γ ——混凝土容重；

r —— 半径；

h —— 支墩厚度；

μ —— 泊松比。

令 $w(r,\theta,t)=W(\rho,\theta)\mathrm{e}^{ipt}$，$\rho=r/R$，$p$ 为自振圆频率，代入式（18），得无因次方程

$$\left(\frac{\partial^2}{\partial\rho^2}+\frac{1}{\rho}\ \frac{\partial}{\partial\rho}+\frac{1}{\rho^2}\ \frac{\partial^2}{\partial\theta^2}\right)^2 W-\lambda^4 W=0 \tag{19}$$

$$\lambda^4=\gamma h R^4 p^2/gD \tag{20}$$

边界条件为

$$\left.\begin{array}{l}\text{当}\theta=0\text{及}\theta=\alpha\text{时，}\qquad W=\dfrac{\partial^2 W}{\partial\theta^2}=0\\[2mm]\text{当}\rho=1\text{时，}\ W=0,\qquad M_r=k_0\ \dfrac{\partial W}{\partial r}\end{array}\right\} \tag{21}$$

由此得频率方程

$$\left(1-\mu-\frac{k_0 R}{D}\right)\left[I_\nu(\lambda)J_{\nu+1}(\lambda)+J_\nu(\lambda)I_{\nu+1}(\lambda)\right]-2\lambda I_\nu(\lambda)J_\nu(\lambda)=0 \tag{22}$$

及振型函数

$$W_{nm}(\rho,\theta)=\sin\frac{n\pi\theta}{\alpha}\left[I_\nu(\lambda_{nm})J_\nu(\lambda_{nm}\rho)-J_\nu(\lambda_{nm})I_\nu(\lambda_{nm}\rho)\right] \tag{23}$$

式中　J_ν —— ν 阶贝塞尔函数；

　　　I_ν —— ν 阶变质贝塞尔函数；

　　　k_0 —— 基础角变形系数，可按伏格脱公式计算。

对应于每一个 $\nu=\dfrac{n\pi}{\alpha}$，频率方程式（22）有无穷多个特征值 λ_{nm}，$n=1、2、3\cdots$；$m=1、2、3\cdots$。

其中 $n=1$、$m=1$ 时为基本振型；$n=1$、$m=2$ 时为第二振型。

若底边为固定边，令 $k_0=\infty$，由式（22）得频率方程

$$I_\nu(\lambda)J_{\nu+1}(\lambda)+J_\nu(\lambda)I_{\nu+1}(\lambda)=0 \tag{24}$$

由此求得的 λ_{nm} 列入表4。自振圆频率 p 及周期 T 为

$$\left.\begin{array}{l}p_{nm}=\dfrac{\lambda_{nm}^2 h}{R^2}\sqrt{\dfrac{Eg}{12\left(1-\mu^2\right)\gamma}}\\[4mm]T_{nm}=\dfrac{2\pi}{p_{nm}}\end{array}\right\} \tag{25}$$

参照上节所述的方法，按振型展开，可求出在地震作用下支墩侧向动力反应。振型参与系数为

$$\eta_j=\frac{\iint W_j(\rho,\theta)\rho\mathrm{d}\rho\mathrm{d}\theta}{\iint[W_j(\rho,\theta)]^2\rho\mathrm{d}\rho\mathrm{d}\theta}=\frac{b_j}{c_j} \tag{26}$$

$$c_j=2I_\nu^2(\lambda)J_\nu^2(\lambda)+I_\nu^2(\lambda)J_{\nu+1}^2(\lambda)-J_\nu^2(\lambda)I_{\nu+1}^2(\alpha)$$

表 4   底边固定时第一、二、三振型的 λ_{nm} 和 λ_{nm}^2 值

上游边坡	下游边坡	顶部夹角 α	λ_{nm} 振型			λ_{nm}^2 振型		
			$n=1$ $m=1$	$n=1$ $m=2$	$n=2$ $m=1$	$n=1$ $m=1$	$n=1$ $m=2$	$n=2$ $m=1$
0.45	0.45	0.846	8.02	11.48	12.42	64.3	131.7	154.3
0.50	0.50	0.928	7.63	11.06	11.67	58.2	122.2	136.0
0.55	0.55	1.006	7.31	10.71	11.05	53.5	114.9	122.1

$$-\frac{2}{\lambda}\left(1+\frac{n\pi}{2}\right)I_\nu(\lambda)J_\nu(\lambda)\left[I_\nu(\lambda)J_{\nu+1}(\lambda)+J_\nu(\lambda)I_{\nu+1}(\lambda)\right] \tag{27}$$

当 $n=2$、4、6、$\cdots$ 时，$b_j=0$

当 $n=1$、3、5、$\cdots$ 时

$$b_j=\frac{8R^2}{n\pi}[I_\nu(\lambda)\sum_{s=0}^{\infty}\frac{(-1)^s\,\lambda^{\nu+2s}}{(2)^{\nu+2s}(\nu+2s+2)(s!)\,\Gamma(\nu+s+1)}$$
$$-J_\nu(\lambda)\sum_{s=0}^{\infty}\frac{\lambda^{\nu+2s}}{(\nu+2s+2)(s!)\,\Gamma(\nu+s+1)(2)^{\nu+2s}}] \tag{28}$$

式中 $\Gamma(\nu+s+1)$——喀马函数。

第 j 振型的最大挠度、弯矩、扭矩分别为

$$w_j=\frac{\beta_j K_c g}{p_j^2}\sin\frac{n\pi\theta}{\alpha}\eta_j[I_\nu(\lambda)J_\nu(\lambda\rho)-J_\nu(\lambda)I_\nu(\lambda\rho)]$$
$$=\frac{\beta_j K_c g}{p_j^2}\sin\frac{n\pi\theta}{\alpha}(\eta_j\overline{W}_j) \tag{29}$$

$$(M_r)_j=-\frac{\beta_j D}{p_j^2 R^2}K_c g\sin\frac{n\pi\theta}{\alpha}\eta_j\overline{M}_{rj} \tag{30}$$

$$(M_0)_j=\frac{\beta_j D}{p_j^2 R^2}K_c g\sin\frac{n\pi\theta}{\alpha}\eta_j\overline{M}_{0j} \tag{31}$$

$$(M_{r\theta})_j=\frac{\beta_j D}{p_j^2 R^2}K_c g\cos\frac{n\pi\theta}{\alpha}\eta_j\overline{M}_{r\theta j} \tag{32}$$

$$\overline{M}_{rj}=\frac{\nu(\nu-1)(1-\mu)}{\rho^2}\left[I_\nu(\lambda)J_\nu(\lambda\rho)-J_\nu(\lambda)I_\nu(\lambda\rho)\right]+\frac{\lambda(1-\mu)}{\rho}$$
$$\times\left[I_\nu(\lambda)J_{\nu+1}(\lambda\rho)+J_\nu(\lambda)I_{\nu+1}(\lambda\rho)\right]-\lambda^2\left[I_\nu(\lambda)J_\nu(\lambda\rho)+J_\nu(\lambda)I_\nu(\lambda\rho)\right] \tag{33}$$

$$\overline{M}_{\theta j} = \frac{v(v-1)(1-\mu)}{\rho^2}\left[I_v(\lambda)J_v(\lambda\rho) - J_v(\lambda)I_v(\lambda\rho)\right] + \frac{\lambda(1-\mu)}{\rho}$$
$$\times\left[I_v(\lambda)J_{v+1}(\lambda\rho) + J_v(\lambda)I_{v+1}(\lambda\rho)\right] \tag{34}$$
$$+ \mu\lambda^2\left[I_v(\lambda)J_v(\lambda\rho) + J_v(\lambda)J_v(\lambda\rho)\right]$$

$$\overline{M}_{r\theta j} = \frac{v(v-1)(1-\mu)}{\rho^2}\left[I_v(\lambda)J_v(\lambda\rho) - J_v(\lambda)I_v(\lambda\rho)\right] - \frac{\lambda(1-\mu)v}{\rho}$$
$$\times\left[I_v(\lambda)J_{v+1}(\lambda\rho) + J_v(\lambda)I_{v+1}(\lambda\rho)\right] \tag{35}$$

式中，$\overline{M}_j$、$\overline{M}_{rj}$ 等是无因次量。

兹举一算例加以说明。设坝体上下游坡度均为 0.48，$\alpha = 0.898$，$\mu = 0.16$。

（1）若底部为固定边，则由式（24）求出，$\lambda_1 = 7.82$，$\lambda_2 = 11.24$；由式（26）、式（33）～式（35）求得的 $\eta_j\overline{W}_j$、$\eta_j\overline{M}_{rj}$ 等如图 10 所示。这些曲线是用无因次量表示的，如将坝体具体尺寸代入，即可算出任一点应力。例如，坝高 $R = 100\text{m}$，厚度 6m，$E = 3\times10^6\text{t/m}^2$，$K_c g = 0.2g, \beta = 3.0$，则第一振型自振周期 $T_1 = 0.1554\text{s}$，最大挠度 4.80mm，最大弯曲应力 30.2kg/cm^2。第二振型 $T_2 = 0.0751\text{s}$，最大挠度 0.186mm，最大弯曲应力 2.06kg/cm^2。

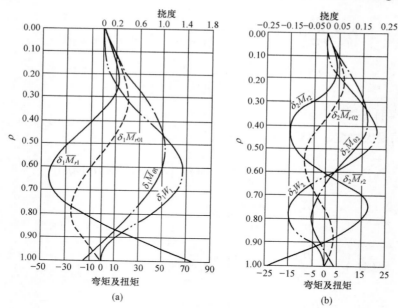

图 10　支墩坝侧向振动的挠度、弯矩及扭矩

（a）第一振型；（b）第二振型

（2）若底部为弹性嵌固边，则由式（22）求得的特征值 λ_1 和 λ_2 如图 11 所示。根据这些特征值可求出相应的应力和挠度，具体计算步骤同上所述。

为了比较扇形板与三角形板的差别，我们计算了在侧向静力作用下简支 60 度扇形板与简支等边三角形板的挠度，如图 12 所示，可看出二者是相当接近的。扇形板最大挠度为 $0.00092\dfrac{qR^4}{D}$，三角形板最大挠度为 $0.00087\dfrac{qR^4}{D}$，相差仅 6%，扇形板偏于安全方面，实际上支墩顶角一般都小于 $60°$，差别还要更小些。

如果除上下游面板外，在支墩中部还建筑一铅直撑墙，仍可按上述方法进行分析，只须取 $n=2$、$m=1$ 为第一振型；$n=2$、$m=2$ 为第二振型即可。

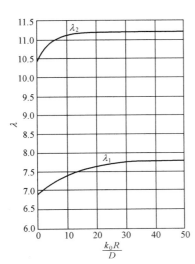

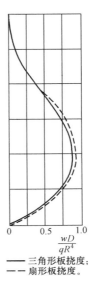

——三角形板挠度；
- - - 扇形板挠度。

图 11　弹性基础上支墩侧向振动特征值　　图 12　侧向静力作用下简支扇形板与三角形板挠度比较

顺便提及，根据笔者的研究，侧向振动对于支墩坝纵向弯曲的临界荷重是没有影响的。

四、地震时重力坝和支墩坝的竖向振动

地面振动的铅直分量在高坝内会引起强烈的竖向振动。兹提出弹性基础上三角形坝体竖向振动分析方法（参见图 13）。

首先分析自由振动，运动方程为

$$\frac{\partial}{\partial x}\left(AE\frac{\partial u}{\partial x}\right) - \frac{A\gamma}{g}\frac{\partial^2 u}{\partial t^2} = 0 \qquad (36)$$

假设断面面积按直线变化即 $A = mx$，又令 $u(x,t) = U(x)\mathrm{e}^{ipt}$，$P$ 为圆频率，代入式（36）得

$$\frac{\mathrm{d}^2 U}{\mathrm{d}x^2} + \frac{I}{x}\frac{\mathrm{d}U}{\mathrm{d}x} + k^2 U = 0 \qquad (37)$$

此处 $k = \sqrt{\dfrac{\gamma}{Eg}}\, p$。

边界条件是

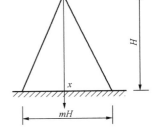

图 13　竖向振动计算简图

$$\left.\begin{array}{ll} \text{当}\,x=0\,\text{时}, & \dfrac{\mathrm{d}U}{\mathrm{d}x} = 0 \\[3mm] \text{当}\,x=H\,\text{时}, & EmH\dfrac{\mathrm{d}U}{\mathrm{d}x} = -\dfrac{E_0 U}{\alpha_0} \end{array}\right\} \qquad (38)$$

式中　E_0 ——基础弹性模量；

α_0——基础竖向变位系数，实用上可按伏格脱公式计算。

由此得频率方程

$$J_0(kH) - \lambda kH J_1(kH) = 0 \tag{39}$$

振型函数为

$$U(x) = J_0(kx) \tag{40}$$

振型参与系数为

$$\eta_j = \frac{2}{k_j \cdot H \cdot J_1(k_j H)[1 + (\lambda k_j H)^2]} \tag{41}$$

式中，$\lambda = \alpha_0 mE/E_0$。图 14、图 15 是我们编制的特征值 k 和振型参与系数 η_j 的计算曲线。

设地面最大竖向加速度为 $k_c g$，放大系数为 β，则第 j 振型的最大竖向位移和应力分别为

$$u_j = \frac{\eta_j \beta_j k_c g}{p_j^2} J_0(k_j x) \tag{42}$$

$$\sigma_j = \frac{\eta_j \beta_j K_c g}{p_j^2} E k_j J_1(k_j x) \tag{43}$$

动应力上限为 $\Sigma|\sigma_j|$，组合应力为 $\sigma_d = \sqrt{\Sigma \sigma_j^2}$。

例如坝高 100m，坝坡 m=0.95，E=3×10^{6}t/m^2，$k_c g$=0.20g，β=3.0，分别按刚性基础及弹性基础算得坝内应力列入表 5。由表 5 可看出基础变形对竖向动应力和周期影响很大。若为刚性基础，在坝顶将出现拉应力。若为弹性基础则不出现拉应力。

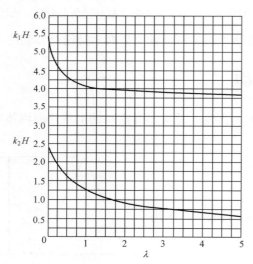

图 14　三角形坝体竖向振动的特征值

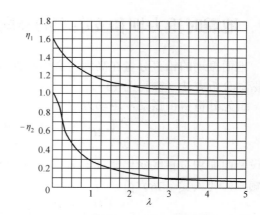

图 15　三角形坝体竖向振动的振型参与系数

表 5　　　　　　　　　在竖向地震作用下支墩坝内的动应力（t/m^2）

至坝顶距离（m）	x	10	20	30	40	50	60	70	80	90	100	自振周期（s）	地基弹性模量
刚性基础 第一振型应力	σ_1	11.38	22.2	32.2	40.8	47.6	52.4	55.2	55.4	53.4	49.6	T_1=0.0745	$E_0=\infty$
第二振型应力	σ_2	7.30	13.0	15.8	15.2	11.6	6.0	−0.31	−5.7	−8.9	−9.3	T_2=0.0324	
组合应力	σ	13.51	25.8	35.9	43.5	49.0	52.7	55.2	55.6	54.1	50.5		
自重应力	σ_r	12.00	24.00	36.0	48.0	60.0	72.0	84.0	96.0	108.0	120.0		
剩余应力	$\sigma_r - \sigma$	−1.5	−1.8	0.1	4.5	11.0	19.3	28.8	40.4	53.9	69.5		

续表

至坝顶距离（m）		x	10	20	30	40	50	60	70	80	90	100	自振周期（s）	地基弹性模量
弹性基础	第一振型应力	σ_1	4.11	8.21	12.22	16.15	19.90	23.5	26.9	30.2	33.2	35.8	$T_1=0.1710$	$E_0=E$
	第二振型应力	σ_2	0.74	1.40	1.88	2.16	2.16	1.97	1.55	0.99	0.36	-0.25	$T_2=0.0449$	
	组合应力	σ	4.18	8.33	12.40	16.30	20.0	23.6	26.9	30.2	33.2	35.8		
	剩余应力	$\sigma_r-\sigma$	7.8	15.7	23.6	31.7	40.0	48.4	57.1	65.8	74.8	84.2		

五、地震时拱坝的振动

拱坝是比较复杂的空间结构，分析地震时拱坝的动应力是十分困难的。笔者根据结构动力反应的基本理论，曾将黄文熙教授的拱坝分析方法〔8〕推广应用于拱坝动应力分析，兹简述如下：采用该方法是用具有 n 个结点的格栅去代替实际坝体，并假定结构的质量集中在结点上，在每一结点有 3 个线变位和 2 个角变位，即水平切向变位 u、径向变位 w、竖向变位 v、绕 x 轴角变位 ϕ 及绕 y 轴角变位 ψ。根据弹性力和惯性力平衡的条件建立形变方程，视惯性力为自由项，并用赛得尔（Seidel）迭代法解之，得如下频率方程

$$\left.\begin{array}{l} u_1 = p^2(a_{11}u_1 + \cdots + a_{1,2n}v_n + \cdots + a_{1,3n}w_n) \\ \cdots \\ v_n = p^2(a_{2n,1}u_1 + \cdots + a_{2n,2n}v_n + \cdots + a_{2n,3n}w_n) \\ \cdots \\ w_n = p^2(a_{3n,1}u_1 + \cdots + a_{3n,2n}v_n + \cdots + a_{3n,3n}w_n) \end{array}\right\} \quad (44)$$

用斯托多拉迭代法解上式可求出第一振型和第一频率。我们证明了在三向振动条件下各振型具有如下振型正交条件，即若 $m \neq j$

$$\sum_{i=1}^{n} m_i(u_{im}u_{ij} + v_{im}v_{ij} + w_{im}w_{ij}) = 0 \quad (45)$$

利用上述正交条件及已求出的第一振型的频率方程可从中消去一个方程，得到一个新的频率方程，从而可求出第二振型及频率。

假定地震时地面运动在 x、y、z 方向的位移分量分别为 u_0、v_0、w_0 则

$$\left.\begin{array}{l} u_0 = \varepsilon_0(t)f_x(i) \\ v_0 = \varepsilon_0(t)f_y(i) \\ w_0 = \varepsilon_0(t)f_z(i) \end{array}\right\} \quad (46)$$

于是由拉格朗日方程求得拱坝振型参与系数

$$\eta_j = \frac{\sum_{i=1}^{n} m_i[u_{ij}f_x(i) + v_{ij}f_y(i) + w_{ij}f_z(i)]}{\sum_{i=1}^{n} m_i(u_{ij}^2 + v_{ij}^2 + w_{ij}^2)} \quad (47)$$

由此第 j 振型的最大位移为

$$\left.\begin{array}{l}(u_{ij})_{\max}=\dfrac{\eta_j\beta_j}{p_i^2}k_c g u_{ij}\\[2mm](v_{ij})_{\max}=\dfrac{\eta_j\beta_j}{p_i^2}k_c g v_{ij}\\[2mm](w_{ij})_{\max}=\dfrac{\eta_j\beta_j}{p_i^2}k_c g w_{ij}\end{array}\right\}\qquad(48)$$

利用黄文熙教授的拱坝分析方法中的应力公式即可确定第 j 振型的应力，把这些应力加以组合即得到坝内动应力。这个方法可以计算拱坝纵向、横向及竖向地震应力，也可以计算其他壳体和平板的动应力。

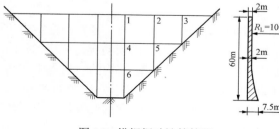

图 16 拱坝振动计算简图

兹以图 16 拱坝为例，试求该拱坝在顺河地震作用下各振型的变位。该坝所处为 V 形河谷，坝高 60m，上游面半径 $R=100$m，混凝土 $E=253000$kg/cm^2，岩石 $E_0=E/1.8$，混凝土和岩石波桑比 $\mu=0.15$，左右岸对称，地面最大水平加速度为 $0.1g$，放大系数 $\beta=3.0$。算得顺河地震作用下各振型的变位列入表 6。

表 6 拱坝在顺河水平地震作用下的变位

	结点	变 位（cm）						自振周期	振型参与系数
		1	2	3	4	5	6		
第一振型	w	+0.513	−0.187	−0.247	+0.312	−0.136	+0.105	0.371s	+0.498
	u	+0.0536	+0.0685	+0.0172	+0.0334	+0.0347	+0.0095		
	v	+0.00816	+0.00475	+0.00296	+0.00135	+0.0066	+0.0204		
第二振型	w	−0.0107	−0.0693	+0.0996	+0.0296	−0.0359	+0.0216	0.247s	−0.1498
	u	+0.00165	−0.00498	−0.00554	+0.00320	+0.00092	+0.00129		
	v	+0.00326	+0.00150	−0.00007	+0.00288	+0.00124	+0.00300		

六、地面运动相位差引起的坝体动应力

目前各国在分析地震对结构的影响时，假定地面是整体移动的，但实际上地震时地面上不同地点的移动是不一致的。地震时在岩石内地震波的半波长大约是 250～500m，相距半波长的两点在地震时移动的方向是相反的（见图 17），因此像混凝土坝这样的大跨度结构在地震时基础上各点的移动也是不一致的。这个问题相当复杂，目前国外还缺乏这方面的分析。笔者曾提出过一个分析方法，兹简述如下。

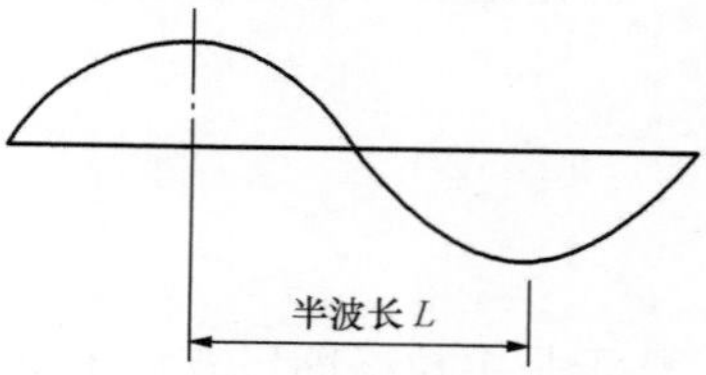

半波长 L

图 17

设在建筑物 R 的边界 C_1（见图 18）上作用着如下的随时间变化的位移

$$\left.\begin{array}{l}u(\xi,t)=G_1(\xi)F(t)\\v(\xi,t)=G_2(\xi)F(t)\\w(\xi,t)=G_3(\xi)F(t)\end{array}\right\}\qquad(49)$$

式中 $G_1(\xi)$、$G_2(\xi)$、$G_3(\xi)$ 是边界坐标 ξ 的函数；$F(t)$ 是时间的函数。边界 C_2 是自由边（见图 18）。则在建筑物 R 内的位移 u、v、w 须满足下列运动方程

$$\left.\begin{array}{l} L_1(u,v,w)+k_1\dfrac{\partial^2 u}{\partial t^2}=0 \\[2mm] L_2(u,v,w)+k_2\dfrac{\partial^2 v}{\partial t^2}=0 \\[2mm] L_3(u,v,w)+k_3\dfrac{\partial^2 w}{\partial t^2}=0 \end{array}\right\} \tag{50}$$

式中：L_1、L_2、L_3 为 x、y、z 的微分算子；k_1、k_2、k_3 为常数。

在边界 C_1 上

$$\left.\begin{array}{l} u+\alpha_1 P_1(u,v,w)=G_1(\xi)F(t) \\[2mm] v+\alpha_2 P_2(u,v,w)=G_2(\xi)F(t) \\[2mm] w+\alpha_3 P_3(u,v,w)=G_3(\xi)F(t) \end{array}\right\} \tag{51}$$

式中 α_1、α_2、α_3 为基础变形系数；P_1、P_2、P_3 为 x、y、z 的微分算子。由于式（50）、式（51）二式是个线性微分方程，据此我们证明了如下结论：当坝体在边界上受到随时间变化的强迫位移 $G_1(\xi)F(t)$、$G_2(\xi)F(t)$ 及 $G_3(\xi)F(t)$ 时，其动力反应可分为两步分析，首先用静力方法计算在基础强迫位移 $G_1(\xi)$、$G_2(\xi)$、$G_3(\xi)$ 作用下无重结构的变位 U_0、V_0、W_0；然后用动力方法计算在干扰力 $U_0\ddot{F}(t)$、$V_0\ddot{F}(t)$ 及 $W_0\ddot{F}(t)$ 作用下基础无强迫位移时坝体的变位 u_1、v_1、w_1；叠加之得坝体真正位移即

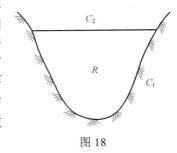

图 18

$$\left.\begin{array}{l} u(x,y,z,t)=U_0(x,y,z)F(t)+u_1(x,y,z,t) \\[2mm] v(x,y,z,t)=V_0(x,y,z)F(t)+v_1(x,y,z,t) \\[2mm] w(x,y,z,t)=W_0(x,y,z)F(t)+w_1(x,y,z,t) \end{array}\right\} \tag{52}$$

七、地震时坝面动水压力

根据韦斯特加德（Westegaard）的假定，即坝体是刚性的、水是不可压缩的、地面作简谐运动，得到动水压力的计算公式，即

$$p \cong \frac{7}{8}k_c w\sqrt{hy} \tag{53}$$

式中 p ——动水压力；

w ——水容重；

h ——坝高（水面至基础）；

y ——水深。

日本畑野正曾假定坝体是弹性的、水是可压缩的、地面作简谐运动、坝体和水体共同振动，亦得到了动水压力的解答。图 19 是当坝高 $h=100\mathrm{m}$，坝坡为 0.92 时根据韦斯特加德公式及畑野正假定分别求出的动水压力。图中实线表示按畑野正公式求出的动水压力；图中虚线

表示按韦斯特加德公式计算的动水压力。该坝在 T=0.278s 至 T=0.30s 之间存在着动水压力的共振周期，所以此时动水压力特别大。但实际上地震时地面运动是不规则的，并非简谐运动，因此畑野正氏计算的结果与实际情况是有距离的。小坪清真曾在假定地面作不规则运动的情况下对动水压力作过一些初步研究，他发现当地震周期小于动水压力的共振周期时，动水压力与坝体振动之间存在着 90°的相位差，因而动水压力是阻尼力，对坝体稳定反而有利。显然根据坝体和水体的实际动力特性研究在不规则地震作用下的动水压力是一个应该继续深入研究的重要课题。

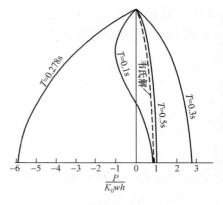

图19　地面简谐运动时弹性
坝体所受动水压力
T——地震周期

八、在动力作用下混凝土的强度

混凝土在动力作用下的强度略高于在静力作用下的强度。瓦特斯登（Watstein）曾用普通混凝土和高强度混凝土进行了在不同变形速度下的混凝土抗压试验，试验结果如图20所示。

畑野正曾进行过动力作用下混凝土抗压及抗拉试验，主要结论是：

（1）加荷越快，混凝土抗压及抗拉强度越高，例如水灰比为 0.65 的试件

$$\frac{1}{R_p} = (4.11 + 0.281 \ln t) \times 10^{-2}$$

式中　　R_p——抗拉强度；

　　　　t——加荷时间，试验范围 0.03s<t<100s。

（2）加荷越快弹性模数越高。

（3）混凝土的极限拉伸变形和极限压缩变形与加荷速度无关（在试验时间范围内）。

室内试件与野外真实坝体之间是有区别的。重要的区别之一是坝体内存在着大量接缝，使坝体强度有所削弱。根据美国垦务局在马歇尔·福特坝收缩缝灌浆以后，穿过接缝钻斜孔取芯进行抗压实验结果表明，三个穿过灌浆缝的钻芯均沿接缝破坏，平均强度为无缝试件强度的 85.1%。显然，如果灌浆质量不高，接缝强度可能更低。另外，关于水平建筑缝的强度，根据齐斯克列里的试验，如果接缝表面经过细致处理并采取措施保证新老混凝土的连接，则接缝上的抗拉强度约为混凝土抗拉强度的 75%。

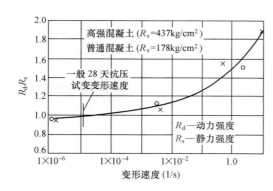

图20　动力作用下混凝土的抗压强度
○—高强混凝土；×—普通混凝土

九、关于抗震设计和研究的几个问题

在坝体的抗震设计中，坝体的设计地震荷载与采用的安全系数、计算方法等有关。表7、表8所列是美国和日本一些混凝土坝设计所采用的地震加速度指标。从以上各节的分析中可以看出地震时坝体实际受到的动力荷载是很大的，设计的坝体地震荷载与坝体实际上可能受到的动力荷载是可以不一致的。在这里，我们应注意到两方面的情况：一方面，现有的设计方法对坝体承载能力可能估计不足（如在稳定计算中忽略了黏着力等），坝体的动力荷载计算值与真实情况有一定的出入；另一方面，由于以往对混凝土坝的抗震问题研究不够，实测的坝体地震资料不多，所以在进行混凝土坝抗震设计时，一般是参照工业及民用建筑抗震规范来制定混凝土坝的地震荷载。混凝土坝与工业及民用建筑是有很大差别的，它们的基础条件、结构形式、材料性能以及设计和施工方法等等都不相同。因此对于重要工程除了按现行规范进行分析外，还必须进行动力分析，对于坝体实际上可能受到的动力荷载和实际上可能具有的抗震能力也应给以足够的合理的估计。

表7 美国几个混凝土坝的设计地震加速度

坝　名	坝　型	水平加速度	铅直加速度
夏斯塔	重力坝	0.1g	0.1g
马歇尔福特	重力坝	0.1g	0.1g
菲利峡	重力坝	0.1g	0.1g
弗里安	重力坝	0.1g	0.1g
包尔德	重力拱坝	0.1g	0.1g
塞明诺	拱坝	0.1g	—
派克	拱坝	0.1g	—

表8 日本的几个混凝土坝设计地震加速度

坝　名	坝　型	坝高（m）	水平加速度	
			库　满	库　空
八桑	重力坝	97.0	0.12g	0.06g
有峰	重力坝	140.0	0.12g	0.06g
丸山	重力坝	98.2	0.15g	0.075g
三浦	重力坝	84.1	0.15g	0.075g
小牧	重力坝	75.0	0.15g	0.075g
塚原	重力坝	87.0	0.12g	0.06g
佐久间	重力坝	155.5	0.12g	0.06g
田子仓	重力坝	145.0	0.12g	0.06g
殿山	拱坝	64.5	0.12g	—
御苏泽	拱坝	190.0	0.12g	0.06g
上椎叶	拱坝	110.0	0.12g	0.06g

续表

坝　名	坝　型	坝高（m）	水平加速度	
			库　满	库　空
绫北	拱坝	73.3	0.12g	0.06g
井川	大头坝	103.6	0.12g	0.06g
大森川	大头坝	70.0	0.12g	0.06g
渚塚	大头坝	61.0	0.12g	0.06g

为了提高混凝土坝的抗震设计水平，笔者认为还必须进行以下几方面的工作：

（1）在地震区已建坝或将建坝的重要坝址附近的岩石基础上设置强震观测设备，收集岩石基础地震资料。

（2）在地震区的坝体上设置动力测量设备，观测地震时坝体的动力反应。

（3）实测各种坝型的动力特征，如振型、阻尼、自振周期等等。

（4）研究在动力作用下的材料强度和结构承载能力。

（5）建立在地震作用下混凝土坝的动力计算理论及动力模型试验技术。

参 考 文 献

［1］B Gutenberg，C F Richter. Earthquake, Magnitude, Intensity, Energy and Acceleration. Bul. Seis. Soc. Amer., V 32，N 3，July，1942.

［2］G W Housner，etc. Spectrum Analysis of Strong Motion Earthquakes. BSSA，V 43，N 2，April，1953.

［3］С В Медведев，ин Ж енерная сейсмология，1962.

［4］Proc. World Conference on Earthquke Engineering，1956.

［5］Proc. Second World Conference on Earthquake Engineering，1960.

［6］小坪清真. 重力ゲムノ耐震性ニツイコ. 土木学会论文集，第 55 号.

［7］畑野正. 地震力对重力坝的影响. 水利译丛，1957，2、3、4.

［8］黄文熙. 拱坝、壳体和平板的结构分析. 水利学报，1962，5.

拱坝、壳体和平板的振动及地面
运动相位差的影响❶

摘　要：本文给出了拱坝、壳体和平板振动的计算方法。水坝的长度有时会超过地震时地震波的波长，计算水坝地震反应时必须考虑地震波相位差的影响。本文给出了相应的计算方法。

关键词：拱坝；壳体；平板；振动；相位差

Vibration of Arch Dam，Shell and Plate and the
Influence of the Phase Difference of Ground
Surface during Earthquake

Abstract: The method for computing the vibration of arch dam，shell and plate are given. Sometimes the length of dam may bigger than the length of wave of earthquake，in this case, the influence of the phase difference of earthquake wave must be considered in the computation of earthquake stress of the dam. The computing method is proposed in this paper.

Key words: arch dam, shell, plate, vibration, phase difference

本文系根据多自由度结构系统的动力反应基本理论，将黄文熙教授的拱坝、壳体和平板的结构分析方法推广应用于拱坝、壳体和平板的振动与动应力分析，用具有 n 个结点的格栅去代替实际结构，可以推得一组代表具有 $3n$ 个自由度的结构系统的频率方程组。结合本文所推得的在三向振动条件下的振型正交条件，可用迭代法或数字计算机解算这个 $3n$ 元齐次代数方程组，从而确定系统的各个自振频率和振型，然后在求出三向振动条件下的振型参与系数后，可按振型展开，求出系统在地震或其他干扰力作用下的动力反应，这个方法可以分析变厚度、变曲率及正交各向异性的拱坝、壳体和平板的动应力。

本文又研究了地面运动的相位差所引起的结构动应力。证明当结构在边界上受到时变强迫位移 $G(\xi)F(t)$ 时，可先分析在强迫位移 $G(\xi)$ 作用下无重结构的静力变位 U_0, V_0, W_0；然后视 $U_0\ddot{F}(t), V_0\ddot{F}(t)$，及 $W_0\ddot{F}(t)$ 为干扰力，计算边界上无强迫位移时结构的动力反应 U_1, V_1, W_1，叠加之，得到结构的真正变位为 $U_1 + U_0F(t), V_1 + V_0F(t)$ 及 $W_1 + W_0F(t)$。

---

❶　原载《水利学报》1963 年 2 期。

本文承黄文熙教授、赵佩钰、朱可善、陈厚群等同志审阅讨论与指正，谨致谢忱。

一、自振频率与振型

如图 1 所示，用具有 n 个结点的正交格栅代替实际结构[1]，在每一结点有 3 个线变位和 2 个角变位，即水平切向变位 u，径向变位 w，竖向变位 v，绕 x 轴角变位 ϕ 及绕 y 轴角变位 ψ。结构的质量假定集中在结点上。在每个结点 a 上可以建立 5 个动力平衡方程

$$\sum (F_{xa})_t = -m_a \frac{\partial^2 u}{\partial t^2} \qquad \sum (F_{ya})_t = -m_a \frac{\partial^2 v}{\partial t^2} \qquad \sum (F_{za})_t = -m_a \frac{\partial^2 w}{\partial t^2} \left.\right\}$$

$$\sum (M_{xa})_t = 0 \qquad \sum (M_{ya})_t = 0 \tag{1}$$

上式左端代表各杆件加在结点 a 上的内力和弯矩，右端代表惯性力（略去转动惯量的影响）。m_a 为 a 点集中质量。

设自振圆频率为 p，令

$$u(x, y, t) = u(x, y)e^{ipt} \left.\right\}$$
$$v(x, y, t) = v(x, y)e^{ipt} \left.\right\}$$
$$w(x, y, t) = w(x, y)e^{ipt} \tag{2}$$

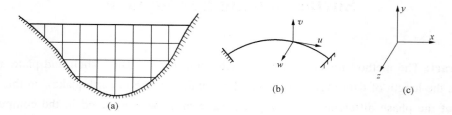

图 1　拱坝的代用格栅、位移及坐标系统

（a）代用格栅；（b）位移；（c）整标系统

$$(F_{xa})_t = F_{xa}e^{ipt} \left.\right\}$$
$$\cdots$$
$$(M_{ya})_t = M_{ya}e^{ipt} \tag{3}$$

代入式（1），消去 e^{ipt} 后，得到

$$\sum F_{xa} = p^2 m_a u_a \qquad \sum F_{ya} = p^2 m_a v_a \qquad \sum F_{za} = p^2 m_a w_a \left.\right\}$$

$$\sum M_{xa} = 0 \qquad \sum M_{ya} = 0 \tag{4}$$

根据文献 [1]，可将上式左方的内力和弯矩用各结点的位移表示，再利用式（4）的最后两个方程以消去前面三个方程中的角变位 ϕ_i 和 ψ_i，得到一个代表频率方程的 $3n$ 元齐次代数方程组

$$p^2 u_1 = a_{11}u_1 + a_{12}u_2 + \cdots + a_{1,n+1}v_1 + \cdots + a_{1k}w_n \left.\right\}$$
$$\cdots$$
$$p^2 w_n = a_{k1}u_1 + a_{k2}u_2 + \cdots + a_{k,n+1}v_1 + \cdots + a_{kk}w_n \tag{5}$$

式中：$k=3n$，上式决定了系统的 k 个频率：$p_1^2 < p_2^2 < \cdots < p_k^2$。在用迭代法求解时，上式恒向最高频率 p_k^2 收敛。但实用上需要的是最低频率，为此，令

$$p^2 = a^2 - q^2, \quad a^2 = \sum_{i=1}^{k} a_{ij}$$

其中 a^2 为式（5）右方对角线上各系数之和。将上式代入式（5），得到新的频率方程为

$$\left. \begin{array}{l} q^2 u_1 = \left(a^2 - a_{11}\right)u_1 - a_{12}u_2 - \cdots - a_{1,n+1}v_1 - \cdots - a_{1k}w_n \\ \dot{q}^2 \dot{w}_n = -a_{k1}u_1 - a_{k2}u_2 - \cdots - a_{k,n+1}v_1 - \cdots + \left(a^2 - a_{kk}\right)w_n \end{array} \right\} \quad (6)$$

再应用迭代法解上式得出 q^2，由此即可求得最低振型及最低频率 $p_1^2 = a^2 - q^2$，详见文献［2］。

可以证明在任何两个振型之间具有下述的正交条件。今设在每一个结点 i 上均作用着相应于第 j 振型的特征荷重 $p_j^2 m_i u_{ij}$，$p_j^2 m_i v_{ij}$ 及 $p_j^2 m_i w_{ij}$。令结构产生相应于第 m 振型的虚位移 u_{im}，v_{im}，w_{im}，则结构所做的功为

$$w_1 = \sum_{i=1}^{n} m_i p_j^2 (u_{im}u_{ij} + v_{im}v_{ij} + w_{im}w_{ij})$$

又设在结构每一节点上均作用着相应于第 m 振型的特征荷重 $p_m^2 m_i u_{im}$，$p_m^2 m_i v_{im}$ 及 $p_m^2 m_i w_{im}$。令结构产生相应于第 i 振型的虚位移 u_{ij}，v_{ij} 及 w_{ij}，则所作虚功为

$$w_2 = \sum_{i=1}^{n} m_i p_m^2 (u_{im}u_{ij} + v_{im}v_{ij} + w_{im}w_{ij})$$

根据贝蒂互逆定理，$w_1 = w_2$，因此

$$(p_m^2 - p_j^2) \sum_{i=1}^{n} m_i (u_{im}u_{ij} + v_{im}v_{ij} + w_{im}w_{ij}) = 0$$

由此得到在三向振型条件下振型正交条件：若 $m \neq i$，则

$$\sum_{i=1}^{n} m_i (u_{im}u_{ij} + v_{im}v_{ij} + w_{im}w_{ij}) = 0 \quad (7)$$

由式（6），利用斯托多拉（Stodola）迭代法可求得第一振型和频率，再利用正交条件式（7）清除第一振型的影响后，可求出第二振型和频率，实用上只需二个振型，根据我们的经验，使用计算尺即可算出最终成果。计算振型和频率的其他方法见文献［3，4］。

二、系统的动力反应

假定在地振作用下，地面运动 ξ_0 在 x，y，z 方向所产生的位移分量为 u_0，v_0，w_0；任一时刻在结点 i 的绝对位移为

$$u_0 + u_i = u_0(t) + \sum_{j=1}^{3n} u_{ij} q_j(t) \quad (8)$$

式中，q_j 为广义坐标。令

$$u_0 = \xi_0(t) f_x(i), \quad v_0 = \xi_0(t) f_y(i), \quad w_0 = \xi_0(t) f_z(i) \quad (9)$$

将式（8）、式（9）代入下列拉格朗日方程

$$\frac{\mathrm{d}}{\mathrm{d}t}\frac{\partial T}{\partial \dot{q}_i}-\frac{\partial T}{\partial q_i}+\frac{\partial N}{\partial q_i}+\frac{\partial D}{\partial q_i}=0 \tag{10}$$

式中：T ——动能；

N ——位能；

D ——阻尼消耗能。

由此得

$$q_i=\eta_i\delta_i(t) \tag{11}$$

$$\eta_i=\frac{\displaystyle\sum_{i=1}^{n}m_i\left[u_{ij}f_x(i)+v_{ij}f_y(i)+w_{ij}f_z(i)\right]}{\displaystyle\sum_{i=1}^{n}m_i\left(u_{ij}^2+v_{ij}^2+w_{ij}^2\right)} \tag{12}$$

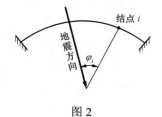

图 2

$$\delta_i(t)=-\frac{1}{p_i}\int_0^t\xi_0\mathrm{e}^{-h(t-r)}\sin p_i(t-\tau)\mathrm{d}\tau \tag{13}$$

例如，地震时地面沿水平方向运动，坝体第 i 结点的半径方向与地震方向的夹角为 ϕ_i，则

$$f_x(i)=\sin\phi_i,\ f_y(i)=0,\ f_z(i)=\cos\phi_i$$

代入式（12），即可求出振型参与系数为（见图 2）

$$\eta_i=\frac{\displaystyle\sum_{i=1}^{n}\left(u_{ij}\sin\phi_i+w_{ij}\cos\phi_i\right)m_i}{\displaystyle\sum_{i=1}^{n}m_i\left(u_{ij}^2+v_{ij}^2+w_{ij}^2\right)}$$

在求出自振频率、振型及振型参与系数后，即可利用谱曲线来计算在不规则地震作用下结构的动力反应[5, 6, 7]。据我们的经验，在计算水平振动时，可忽略竖向位移，只须求解 $2n$ 个未知数。

三、地面运动相位差引起的结构动应力

地震时地面上不同地点的位移是不一致的，在水坝这样的大跨度结构内，有必要考虑到这一因素。这个问题是十分复杂的，为了实用目的，我们作一些简化。假设在建筑物 R 的边界 C_1 上作用着如下的时变基座位移（见图3）

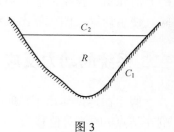

图 3

$$u(\xi,t)=G_1(\xi)F(t),v(\xi,t)=G_2(\xi)F(t),w(\xi,t)=G_3(\xi)F(t) \tag{14}$$

式中，$G_1(\xi)$，$G_2(\xi)$，$G_3(\xi)$ 是边界坐标 ξ 的函数。边界 C_2 为自由边。

在建筑物 R 内，位移 u，v，w 必须满足下列运动方程

$$\left.\begin{array}{l}L_1(u,v,w)+k_1\dfrac{\partial^2 u}{\partial t^2}=0\\[2mm]L_2(u,v,w)+k_2\dfrac{\partial^2 v}{\partial t^2}=0\\[2mm]L_3(u,v,w)+k_2\dfrac{\partial^2 w}{\partial t^2}=0\end{array}\right\} \tag{15}$$

式中　L_1，L_2，L_3 ——x，y，z 的微分算子；

$\qquad k_1$，k_2，k_3 ——常数。

在边界 C_1 上

$$
\left.
\begin{aligned}
u + \alpha_1 P_1(u,v,w) &= G_1(\xi)F(t) \\
v + \alpha_2 P_2(u,v,w) &= G_2(\xi)F(t) \\
w + \alpha_3 P_3(u,v,w) &= G_3(\xi)F(t)
\end{aligned}
\right\}
\tag{16}
$$

式中　α_1，α_2，α_3 ——地基变形系数；

$\qquad P_1$，P_2，P_3 ——x，y，z 的微分算子；

$\qquad \alpha_1 P_1$ ——结构反力在 x 方向引起的基座位移。

令

$$
u = u_0 + u_1, v = v_0 + v_1, w = w_0 + w_1
\tag{17}
$$

而

$$
\left.
\begin{aligned}
u_0(x,y,z,t) &= U_0(x,y,z)F(t) \\
v_0(x,y,z,t) &= V_0(x,y,z)F(t) \\
w_0(x,y,z,t) &= W_0(x,y,z)F(t)
\end{aligned}
\right\}
\tag{18}
$$

则 U_0，V_0，W_0 满足下列方程：

在区域 R 内

$$
L_1(U_0,V_0,W_0)=0,\ \ L_2(U_0,V_0,W_0)=0,\ \ L_3(U_0,V_0,W_0)=0
\tag{19}
$$

在边界 C_1 上

$$
\left.
\begin{aligned}
U_0 + \alpha_1 P_1(U_0,V_0,W_0) &= G_1(\xi) \\
V_0 + \alpha_2 P_2(U_0,V_0,W_0) &= G_2(\xi) \\
W_0 + \alpha_3 P_3(U_0,V_0,W_0) &= G_3(\xi)
\end{aligned}
\right\}
\tag{20}
$$

又 u_1，v_1，w_1 满足下列方程：

在区域 R 内

$$
\left.
\begin{aligned}
L_1(u_1,v_1,w_1) + k_1 \frac{\partial^2 u_1}{\partial_t^2} &= -k_1 \frac{\partial^2 u_0}{\partial_t^2} = -k_1 U_0 \ddot{F}(t) \\
L_2(u_1,v_1,w_1) + k_2 \frac{\partial^2 v_1}{\partial_t^2} &= -k_2 \frac{\partial^2 v_0}{\partial_t^2} = -k_2 V_0 \ddot{F}(t) \\
L_3(u_1,v_1,w_1) + k_3 \frac{\partial^2 v_1}{\partial_t^2} &= -k_3 \frac{\partial^2 v_0}{\partial_t^2} = -k_3 W_0 \ddot{F}(t)
\end{aligned}
\right\}
\tag{21}
$$

在边界 C_1 上

$$
u_1 + \alpha_1 P_1(u_1,v_1,w_1)=0,\ \ v_1 + \alpha_2 P_2(u_1,v_1,w_1)=0,\ \ w_1 + \alpha_3 P_3(u_1,v_1,w_1)=0
\tag{22}
$$

由于问题是线性的，因此式（19）～式（22）与式（15）、式（16）是等效的。但式（19），式（20）代表当边界 C_1 受到基础强迫位移 $G_1(\xi)$，$G_2(\xi)$，$G_3(\xi)$ 后无重结构的平衡条件，与静力平衡方程相同。而式（21）、式（22）代表受到干扰力 $U_0\ddot{F}(t)$，$V_0\ddot{F}(t)$，$W_0\ddot{F}(t)$ 后基座无强迫位移时结构的动力平衡条件。

由此得到这样结论：当建筑物在边界上受到随时间变化的强迫位移 $G_i(\xi)F(t)$ 时，其动力反应可分为两步分析，首先用静力法计算在基础强迫位移 $G_i(\xi)$ 作用下无重结构的变位 U_0，V_0，W_0。然后计算在干扰力 $U_0\ddot{F}(t)$，$V_0\ddot{F}(t)$ 及 $W_0\ddot{F}(t)$ 作用下，基础无强迫位移时结构的动力反应。叠加之，如式（17）、式（18），即得到建筑物的真正位移和应力。

参 考 文 献

［1］黄文熙. 拱坝、壳体与平板的结构分析. 水利学报，1962，（5）.

［2］Бабаков И М. Теорня колебаний，1958.

［3］Bisplinghoff R L，etc. Aeroelasticity，1955.

［4］Norris，etc. Structural Design for Dynamic Loads，1959.

［5］Медведев С. В，Инженрная сейсмологня，1962.

［6］Housner G W，esc.，Spectrum Analysis of Strong-Motion Earthquakes.Bull. Seis. Soc. Amer.，43（2），1953.

［7］Rosenblueth E. Some Application of Probability Theory in Aseismic Design. Proc. World Conference on Earthquake Engineering，1956.

第 10 篇

微膨胀混凝土筑坝技术
Part 10　Construction of Dam by Concrete with Gentle Volume Expansion

论微膨胀混凝土筑坝技术[1]

摘　要：微膨胀混凝土筑坝可在一定程度上简化温控，提高建坝速度，如能进一步改进，有可能使混凝土筑坝技术发生较大的改观。本文全面分析了微膨胀混凝土筑坝技术中的问题及对策。分析了氧化镁含量、混凝土温度、室内外差别等对自生体积变形的影响，指出了氧化镁混凝土筑坝的室内外差别、地区差别、时间差别、温差的差别、坝型差别及内含与外掺的差别。文中分析了微膨胀混凝土应用于碾压混凝土重力坝、常态混凝土重力坝和拱坝时的问题和解决途径，指出如仍保持氧化镁掺率不超过5%，可用氧化镁混凝土在南方全年建筑常态通仓重力坝和在中南地区利用冬季修建中小型无横缝拱坝；如能突破掺率5%的限制，则有可能在全国把氧化镁混凝土应用于高拱坝和碾压混凝土重力坝，使混凝土筑坝技术有较大改观，但事关重大，为此应进行大量科学试验。文中提出了改善氧化镁品质、改进掺混工艺、研制具有不同膨胀速率的膨胀剂等意见。对微膨胀混凝土筑坝应采取积极而慎重的方针。

关键词：氧化镁混凝土；微膨胀变形；适度简化混凝土温度控制

On Construction of Dams by Concrete with Gentle Volume Expansion

Abstract: Construction of dams by concrete with gentle volume expansion is a new technique developed in China, which can simplify the temperature control and quicken the construction of concrete dams. In this paper, the problem is reviewed comprehensively and some suggestions are made. The influence of the unit content of MgO, the temperature of concrete, and the difference between the conditions in the laboratory and those in the field on the value of self-expansion of concrete are analyzed. The problems in the application of gentle expansive concrete to RCC gravity dams, the conventional concrete gravity dams and arch dams are investigated and methods of solution are suggested. It is pointed out that if the ratio of weight of MgO to that of cement is not greater than 5%, MgO may be used in the construction of conventional concrete gravity dams without longitudinal joint in whole year in south China, and in spring, summer, and autumn in other parts of China, and in the construction of small arch dams without transverse joint in winter in south China. If the raio of MgO to cement is greater than 5%, it is possible to use MgO in the construction of RCC gravity dams and high arch dams without artificial cooling. Suggestions are made for improving the quality of MgO, improving the method of mixing MgO in the production of concrete and for

---

❶　原载《水力发电学报》2000年第3期。

producing expansive agents with different speed of expansion. It is suggested to adopt an active and careful principle in the application of gentle expansive concrete in dam construction.

Key words: MgO concrete, gentle volume expansion, simplification of temperature control of concrete dam

1 前言

普通混凝土的自生体积变形大多为微收缩，近年来随着膨胀水泥混凝土的研究和发展，人们逐渐认识到如能调节水泥的矿物成分，使混凝土产生膨胀性的自生体积变形，将有可能改善混凝土的抗裂性能，简化大体积混凝土的温控防裂措施。能产生膨胀性自生体积变形的有以下几种类型的水泥：钙矾石型（CSA）、氧化钙型（CaO）和氧化镁（MgO）型。长江科学院刘崇熙等于 20 世纪 70 年代中期研制了钙矾石型低热微膨胀水泥，因其膨胀量的 90%发生在龄期 3d 以前，其时混凝土的弹性模量小，徐变度大，产生的补偿应力很小。因此，实际应用价值较小，但他们的研究引起了人们对水工微膨胀混凝土的重视，功不可没。

1982 年建成的白山重力拱坝，当地气候严寒，温度条件恶劣，但建成后裂缝不多，从原型观测资料中发现，白山拱坝混凝土具有微膨胀性能，对减少大坝裂缝有重要作用。后经大量研究证明，白山大坝采用的抚顺大坝水泥中含有 4.28%～4.38%氧化镁（MgO）是产生膨胀的根本原因。而且氧化镁混凝土的膨胀主要产生在中期，大约 80%膨胀发生在龄期 20～1000d，早期膨胀较小，后期趋于稳定。这种膨胀变形有利于在大体积混凝土内产生有效的压应力，以补偿降温所引起的拉应力。

在唐明述、曹泽生、李承木及有关单位的努力下，关于氧化镁混凝土曾经做过大量的室内和现场试验研究工作[7]，除水泥内含氧化镁外，还研制了外掺轻烧氧化镁。MgO 混凝土在东风、普定、铜头等水电站曾用于基础深槽、基础垫层及导流洞的回填和封堵，在红石、青溪、水口等大坝曾用于基础约束区。在 1999 年 1～3 月还曾用氧化镁混凝土浇筑一座中型拱坝（广东阳春长沙拱坝）[4]，但经过一冬已出现裂缝，今后应加强监测研究。

氧化镁混凝土应用于浇筑大坝，曾经引起工程界的广泛注意，但也有不少专家抱有一定疑虑。本文对氧化镁混凝土筑坝技术进行比较全面的分析，提出一些看法和建议，希望这项技术能得到改进，以利于建坝速度的进一步提高。

2 氧化镁混凝土性能

2.1 内含氧化镁与外掺氧化镁的差别

内含氧化镁由正规水泥厂生产，产品质量好，但因煅烧温度高，自生膨胀变形较小。外掺氧化镁煅烧温度较低，自生膨胀变形较大，但目前多由小水泥厂用立窑生产，生产工艺较落后，产品质量难以保证，主要用于中、小工程。

2.2 氧化镁混凝土的自生体积变形

方镁石（MgO）晶体水化生成氢氧化镁时体积膨胀，常温下方镁石水化缓慢，所以膨胀变形出现较晚。温度对方镁石水化速率影响较大，因此，温度对氧化镁混凝土膨胀变形的速率也有重要影响。李承木在掺有 30%粉煤灰的峨眉 525 号硅酸盐大坝水泥中、外掺 4%MgO，进行了不同试验温度条件下的自生体积变形试验，结果见图 1[3]，从中可以看出氧化镁在不同龄期的自生体积变形及环境温度的影响。

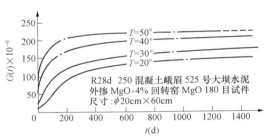

图 1　大坝水泥外掺 4%氧化镁混凝土的自生体积变形

除了 MgO 掺量和温度对氧化镁混凝土的自生体积变形有重要影响外，水泥品种、粉煤灰掺量、氧化镁的煅烧温度和粉磨粒度也有一定影响。

根据李承木资料，国内各工程使用外掺 MgO 混凝土的自生体积变形见表 1[4]，由表 1 可见，一年的膨胀量大多在（80～120）×10⁻⁶ 左右，只有 3 个工程超过 125×10⁻⁶，但其水泥用量较多。

2.3　自生体积变形与单位体积氧化镁含量的关系

混凝土中 MgO 含量多少（kg/m^3）显然是影响自生体积变形的一个重要因素。笔者整理了混凝土自生体积变形 ε（10^{-6}）与 MgO 含量 M（kg/m^3）之间的关系。如图 2 所示，总的趋势是 ε 与 M 成正比，在平均意义上的近似关系为

$$\varepsilon = 13.59（M-0.500）\times 10^{-6} \tag{1}$$

由图 2 可见，点子比较分散，这是由于除了 MgO 掺量外，环境温度、水泥品种、粉煤灰掺量等其他多种因素都对混凝土的自生体积变形有影响。因此，在 MgO 应用于实际工程之前，一定要进行自生体积变形的实验。

2.4　室内试验与实际工程的差别

在应用室内试验成果于实际工程时，一定要注意到室内试验条件与实际工程的差别。引起差别的原因，除了温度等环境因素外，一个重要的因素是单位体积内氧化镁含量的不同。现场混凝土含有大骨料，水泥用量和氧化镁含量较少，室内试件经过湿筛，剔除了大骨料，单位体积内氧化镁含量较高，因此，实际工程中的自生体积变形将少于室内试验值。目前现场埋设观测仪器时，无应力计周围的混凝土也经过湿筛，因而现场测出的自生体积变形也偏大。建议今后在无应力计周围采用原级配混凝土。重要工程在设计阶段应进行全级配混凝土自生体积变形试验，在缺乏全级配试验资料时，建议按照下列方法进行修正。设龄期 S 年时自生体积变形为

$$G_s = Kf_1(T)f_2(M) \tag{2}$$

$$f_1(T) = 1 - \exp(-aT^b) \tag{3}$$

$$f_2(M) = e(M-g) \tag{4}$$

式中：K 为试验参数；T 为试验温度；M 为混凝土中氧化镁含量，kg/m^3；a、b、e、g 为试验常数。设 S_1 年现场混凝土自生体积变形为 G_{S1}，温度为 T_1，氧化镁含量为 M_1；S_2 年室内试验自生体积变形为 G_{S2}，温度为 T_2，氧化镁含量为 M_2，由式（2）可得

$$G_{S1} = G_{S2}\frac{f_1(T)f_2(M_1)}{f_1(T_2)f_2(M_2)} = \frac{G_{S2}(M_1-g)[1-\exp(-aT_1^b)]}{(M_2-g)[1-\exp(-aT_2^b)]} \tag{5}$$

根据已有的 20～50℃试验资料，当 $S=4$ 年时，$a=0.0424$，$b=1.065$；当 $S=1$ 年时，$a=0.01066$，$b=1.374$。根据目前试验资料，可暂取 $g=0.50kg/m^3$。

表1

各工程使用外掺 MgO 混凝土的自生体积变形

序号	工程	水泥品种及标号	混凝土标号	水胶比	砂率 (%)	胶材用量 (kg/m³) 水泥	胶材用量 (kg/m³) 粉煤灰	级配	MgO掺量 (%)	自生体积膨胀变形 $G(t)\times10^{-6}$ 3d	7d	30d	90d	180d	365d	730d
1	白山（基础）	抚顺大坝525	$R_{180}250$	0.47	20.5	206	—	4	内含4.28	8.0	10.3	7.2	10.2	14.9	25.8	34.6
2	白山（内部）	抚顺矿渣425	$R_{90}200$	0.53	21.5	191	—	4	内含4.28	7.2	11.8	29.5	54.5	64.9	79.6	92.2
3	石塘	江山普硅525	$R_{90}200$	0.55	22.5	180	45	3	4.4	10.6	21.0	30.0	40.0	56.0	80.0	
4	铜街子	略阳低热425	$R_{90}250$	0.54	41	290	—	2	4.5	192.4	181.6	207.5	230.0	236.3	237.4	240.0
5	东风	贵州硅酸盐525	$R_{90}300$	0.50	22	129	55	4	3.5	15.4	29.0	55.0	98.8	112.7	121.0	
6	青溪（基础）	文福普硅425	$R_{90}150$	0.60	25	150.5	64.5	4	2~5	21.0	38.0	76.6	92.9	99.8	114.4	
7	青溪（内部）	文福普硅425	$R_{90}100$	0.75	28	120.4	51.6	4	5.0	18.0	32.0	64.7	92.2	95.5	100.0	
8	水口	顺昌硅酸盐525	$R_{90}200$	0.55	22.3	123	41	3	4.4~4.8	20.0	34.2	64.0	84.0	93.0	99.0	110.0
9	普定	贵州硅酸盐525	$R_{90}200$	0.55	26	95	78	3	3.2	25.3	35.4	58.5	66.7	70.0	80.0	
10	东西关	合川普硅425	$R_{90}200$	0.49	17	117	78	3	4.0	12.8	27.0	50.1	53.8	55.8	70.0	
11	铜头（基础）	夹江中热425	$R_{90}200$	0.65	23	129.6	32.4	4	3.0	11.0	14.1	20.0	24.0	32.4	45.0	51.0
12	铜头（左道洞）	夹江中热425	$R_{90}200$	0.45	40	273	82	2	5.0	24.4	48.6	77.2	88.1	101.0	112.0	122.0
13	飞来峡	英德普硅425	$R_{90}200$	0.60	24.5	142.3	61	4	1.75~3.5	15.8	32.0	68.5	75.0	95.0	114.0	
14	龙潭	白国普硅425	$R_{90}200$	0.58	42	365	—	2	4.5	23.0	42.3	53.0	55.2	71.0	84.9	110.0
15	黄兰溪	宁国硅熟料425	$R_{90}200$	0.45	38	315	50	2	3~4	18.0	31.0	49.0	66.0	85.0	95.0	
16	二滩	渡口硅酸盐525	$R_{90}300$	0.45	44	230	99	2	2.6~3	12.6	22.0	31.0	54.0	60.0	66.0	
17	花滩	夹江中热425	$R_{90}200$	0.61	22	135.8	47.5	4	3.5	7.5	19.5	22.5	31.5	50.0	70.3	96.0
18	花滩（防渗体）	夹江中热425	$R_{90}250RCC$	0.50	36	118	118	4	3.5	5.3	13.2	16.0	22.0	32.0	40.0	50.0
19	红叶I级	夹江硅酸盐425	$R_{90}200$	0.46	45	365	—	1	5.0	24.0	48.0	77.0	78.0	85.0	98.0	118.1
20	莲花	略阳低热425	$R_{90}150$	0.55	46	305	—	1	4.5	232.2	248.0	253.2	245.5	240.0	240.0	
21	莲花	略阳低热425	$R_{90}150$	0.55	30	204	—	3	4.5	197.4	210.8	212.2	208.7	204.0	200.0	
22	黑土坡	夹江中热425	$R_{90}200$	0.50	41	340	—	2	5.5	27.8	44.9	74.5	96.4	119.0	143.0	
23	长沙	云浮金鹰525	$R_{90}200$	0.49	27	145	60	3	3.5~4.5	16.0	26.0	72.0				
24	沙牌（垫层）	白花中热425	$R_{90}200$	0.54	29	136.5	73.5	3	2.6~3.1	30.2	44.5	68.6	97.6	120.0	125.3	
25	沙牌（垫座）	白花中热425	$R_{90}200$	0.517	34	89	89	3	2.6~3.1	30.2	29.8	43.4	60.5	87.5	90.0	100.0

2.5 氧化镁混凝土自生体积变形与温度变形的本质差别

必须指出，氧化镁混凝土自生体积膨胀与混凝土温升引起的变形，虽然宏观上相似，但微观上却有本质的差别。混凝土由于温度变化而产生变形时，水泥石与骨料的变形基本是同步的，而氧化镁混凝土的自生膨胀则不同，氧化镁产生膨胀，而水泥石和骨料本身并不膨胀。因而当氧化镁掺量超过一定值时，水泥石本身及其与骨料的界面可能产生破坏，从而影响到混凝土的强度、极限拉伸、抗渗性、耐久性等基本性能，根据文献 [5]，当 MgO 含量不超过 5%时，氧化镁对混凝土的力学特性和耐久性影响不大。但总的来说，这方面的试验资料目前还比较少。

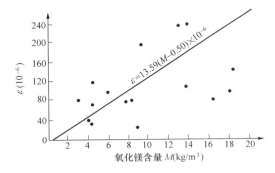

图 2 混凝土中氧化镁含量 M 与 365d 自
生体积变形 ε 的关系

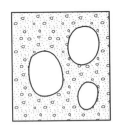

图 3 混凝土内部结构

3 氧化镁混凝土筑坝时的温度差别和地区差别

3.1 温差的差别

氧化镁混凝土对于基础温差和内外温差的反应是不同的，氧化镁混凝土的微膨胀在受到外界约束时才产生压应力，自生体积变形在宏观上是近乎均匀的。所以，对于寒潮及内外温差引起的温度应力是没有补偿作用的。寒潮和内外温差主要靠表面保温解决问题；氧化镁混凝土的自生体积变形，只能用来解决因基础约束而引起的温度应力问题。

必须指出，大体积混凝土内部温度通常高于表面温度，氧化镁混凝土在高温时膨胀量大于低温时，因此，实际上氧化镁混凝土自生体积变形将使坝体内外温差应力有所加大。

3.2 地区差别

当坝体较厚时，坝体内部的最低温度为稳定温度（T_f），无冷却水管时，混凝土最高温度为 T_p+T_r。其中，T_p 为浇筑温度，T_r 为水化热温升。因此，坝体内部混凝土经历的温差为

$$\Delta T=T_p+T_r-T_f \qquad (6)$$

在不采取任何冷却措施的条件下，混凝土浇筑温度（T_p）为

$$T_p=T_a+\Delta T_s \qquad (7)$$

式中：T_a 为气温；ΔT_s 为由日照等因素引起的温度增量，与当时当地气候条件有关，在无冷却措施时，$\Delta T_s=3\sim5℃$。

由式（7）可知，在无冷却措施时，混凝土浇筑温度（T_p）随气温而变化。气温年较差（最高月平均气温与最低月平均气温的差值）随地区而不同，大致为：东北 40℃；华北、西北约 30℃；华中 22~25℃；华南、西南 15~20℃。即北方大于南方。

坝体稳定温度决定于坝体边界年平均温度，即上游坝面的年平均水温，下游坝面的年平均气温加日照影响。水库下部水温低于上部，故下部稳定温度低于上部。北方年平均水温和气温均低于南方，因此，北方的坝体稳定温度低于南方。坝体稳定温度大致为：东北 5~10℃；华北、西北 8~14℃；华中 14~18℃；华南、西南 17~20℃。

在不采取冷却措施时，坝体内外温差大致为：①冬季浇筑部分，东北 7~20℃，华北、西北 3~17℃，华中 2~16℃，华南、西南 2~15℃；②夏季浇筑部分，东北 27~48℃，华北、西北 22~46℃，华中 27~44℃，华南、西南 18~36℃。总之，北方温差大，而南方温差小。

氧化镁混凝土的自生体积变形依赖于温度。在 MgO 掺量相同的条件下，南方因混凝土温度高，膨胀量大；在北方，混凝土温度低，膨胀量小。

综上所述，可见利用氧化镁混凝土自生体积变形简化温度控制，在南方较易实现，而在北方则相对难度较大。在应用 MgO 混凝土筑坝时，应重视这一"地区差别"，即①温差北方大，而南方小；②相同 MgO 掺量下，自生体积膨胀北方小而南方大。

4　微膨胀混凝土应用于混凝土重力坝

4.1　常态混凝土重力坝

微膨胀混凝土应用于柱状浇筑常态混凝土重力坝的基础约束区，可适当放宽基础允许温差，简化混凝土预冷措施，但因需进行接缝灌浆，冷却水管不能省去。

当基础浇筑块的温度从最高温度 T_p+T_r 降温到坝体稳定温度 T_f 时，由于基岩的约束，浇筑块的最大温度应力可计算如下（见文献［1］p.472）

$$\sigma = \frac{KRE\alpha(T_p-T_f)}{1-\mu} + \frac{C_r KAE\alpha T_r}{1-\mu} - \frac{KRC_g EG(\tau)}{1-\mu} \leqslant \frac{E\varepsilon_t}{k} \tag{8}$$

式中：K 为应力松弛系数；E 为弹性模量；μ 为泊松比；α 为混凝土线胀系数；C_r 为考虑早期升温影响的系数，其值约为 0.85，但因问题比较复杂，实际工程中通常取 $C_r=1.0$；$C_g=1.0$；$G(\tau)$ 为进行二期冷却时的自生体积膨胀；τ 为二期冷却时混凝土龄期；ε_t 为混凝土极限拉伸；k 为安全系数；R 为基础约束系数；A 为基础影响系数。当混凝土与基岩弹性模量相等时，$R=0.61$，而

$$A = 1 - \exp(-0.18392L^{0.3518}), 15m \leqslant L \leqslant 100m \tag{9}$$

式中：L 为浇筑块长度，m。如取 $C_r=C_g=1.0$，对式（8）两边乘以 $(1-\mu)/(KRE\alpha)$，得到

$$T_p - T_f + \frac{AT_r}{R} \leqslant \frac{\varepsilon_t(1-\mu)}{kK\alpha} + \frac{G(\tau)}{\alpha} \tag{10}$$

混凝土重力坝规范中允许温差随浇筑块长度而变，就是由于式（10）左边 A/R 的影响。由式（10）可知，对于微膨胀混凝土，基础允许温差可放宽 $G(\tau)/\alpha$℃。其中，τ 是进行二期冷却时的混凝土龄期。

由上述分析可知，利用重力坝规范中规定的允许温差（ΔT），可由下式计算混凝土的允许浇筑温度（T_p）

$$T_p = T_f - T_r + \Delta T + G(\tau)/\alpha \qquad (11)$$

设东北、华北、华中、华南地区 4 个重力坝下部的稳定温度（T_f）依次为 6、10、15、19℃，采用混凝土重力坝规范中规定的允许温差。由式（11）算得混凝土的允许浇筑温度如表 2 所示。一年中的最低与最高月平均温度约为东北 $-17\sim21$℃；华北 $-8\sim25$℃；华中 $6\sim28$℃；华南 $10\sim28$℃。

表 2   氧化镁混凝土重力坝约束区内的允许浇筑温度

浇筑方式	分缝方式	坝块长度（m）	允许温差（℃）	水化温升（℃）	允许浇筑温度（℃）					允许浇筑温度（℃）				
					G/α	东北	华北	华中	华南	G/α	东北	华北	华中	华南
常态	柱状	15	26	15	10	27	31	36	40	20	37	41	46	50
		25	21	15	10	22	26	31	35	20	32	36	41	45
	通仓	100	15	15	10	16	20	25	29	20	26	30	35	40
碾压	通仓	60	13	13	5	11	15	20	24	10	16	20	25	29
		100	11	13	5	9	13	18	22	10	14	18	23	27

注　计算中采用的坝体稳定温度（T_f）：东北 6℃，华北 10℃，华中 15℃，华南 19℃。

由表 2，可得到如下结论：

（1）如混凝土有 100×10^{-6} 自生体积膨胀，华南地区全年均可进行重力坝的通仓浇筑，在其他地区，则夏季不能浇筑。如混凝土中有 200×10^{-6} 自生体积膨胀，则全国各地区均可全年进行重力坝的通仓浇筑。

（2）如混凝土有 100×10^{-6} 自生体积膨胀，对于 25m 以下的柱状坝块，除东北外，全国各地全年都可浇筑。东北可全年浇筑 15m 柱状块。

换句话说，只要混凝土有 100×10^{-6} 自生膨胀变形，在华南地区可省去预冷骨料和冷却水管，进行通仓浇筑；在其他地区，只有当混凝土自生体积膨胀达到 $150\times10^{-6}\sim200\times10^{-6}$ 时，才可省去预冷骨料和冷却水管。至于混凝土的养护和表面保温，任何时候都是必需的。一些费钱不多，又不影响施工进度的简单温控措施，则仍应尽量采用，因为温差总是越小越好。

对于 $L\leqslant25$m 的柱状浇筑块，只需考虑基础温差，一般情况下上下层温差不起控制作用。对于通仓浇筑重力坝，由于坝块很长，除基础温差外，上、下层温差往往也会引起相当大的拉应力，需要进行适当控制[1]。

4.2 碾压混凝土重力坝

碾压混凝土水泥用量少、粉煤灰掺量大，而大掺量粉煤灰对混凝土的自生体积变形有一定抑制作用。因此，到目前为止，在碾压混凝土重力坝坝体本身并未应用氧化镁混凝土，只有四川荥经县花滩 RCC 重力坝在基础垫层常态混凝土和 RCC 坝体上游防渗体中掺用了氧化镁。

4.2.1 基础垫层常态混凝土、时间差

为了进行基岩固结灌浆，基础垫层常态混凝土浇筑以后常常要停歇 $40\sim60$d，形成薄层

长间歇，极易产生裂缝。在其中掺用氧化镁，是希望利用氧化镁引起的自生体积膨胀来补偿垫层中的拉应力，但笔者发现，这里存在着一个时间差别问题。

在图 4 中表示了垫层混凝土中心温度变化过程和花滩坝氧化镁混凝土自生体积变形的发展过程，在龄期 60d 时，1m 和 2m 厚的垫层混凝土（花滩坝为 2m）的冷却过程已基本结束。但此时 MgO 混凝土的自生体积变形只有 27×10^{-6}，占 730d 变形 96×10^{-6} 的 28%，$G/\alpha=2.7℃$，应力补偿作用不大。也就是说，基础垫层混凝土很薄，冷却得很快，氧化镁混凝土自生体积变化发展缓慢，来不及充分补偿垫层混凝土中的拉应力。为了解决这个问题，应设法提高氧化镁混凝土自生体积变形的速率，并适当增加垫层混凝土的厚度。

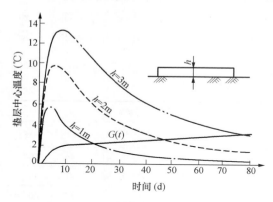

图 4　基础垫层混凝土冷却与
自生体积变形的时间差

4.2.2　上游防渗体

碾压混凝土重力坝上游面往往出现劈头裂缝。花滩重力坝，高 85m，上游防渗体顶厚 3m，底厚 6m，采用二级配碾压混凝土，并掺 3.5%氧化镁，730d 的自生体积变形为 50×10^{-6}，由于受到坝体（未掺 MgO）的约束，在上游面会产生一定压应力，有利于防止劈头裂缝[5]。这个想法是好的，但笔者认为应注意两点：①防渗体厚度与坝体横缝间距的比例最好不超过 0.25，否则坝体表面压应力不大[1]；②上游面最好仍采取保温措施，一则可防止表面裂缝，另外避免表面混凝土温度过低，不利于自生体积变形的发展。在寒冷地区，这一点尤为重要。

4.2.3　碾压混凝土重力坝本身

目前碾压混凝土重力坝在夏季多停工，为了进一步提高碾压混凝土重力坝的施工速度，最好能在坝体本身采用氧化镁混凝土，利用自生体积膨胀，提高碾压混凝土的允许浇筑温度。但碾压混凝土的水泥用量少，如仍采用 5%MgO 掺率，能掺入的氧化镁不多，而碾压混凝土中粉煤灰掺率很大。对自生体积变形有一定抑制作用，因此，膨胀量不可能很大。如果能打破国家标准关于水泥中 MgO 掺率的规定，把 MgO 掺率提高到 8%～10%，则有可能在碾压混凝土中得到较大的膨胀量。但此事关系重大，应进行大量的长期的科学研究和现场试验，以论证其是否可行。

碾压混凝土与常态混凝土相比，弹性模量和线膨胀系数相近，抗拉强度和极限拉伸则略低，徐变度则低得较多。总的看来，碾压混凝土的抗裂能力较常态混凝土为低，因而其允许温差较小。采用我国《碾压混凝土坝设计导则》中规定的允许温差，算得碾压混凝土重力坝允许浇筑温度如表 2 所示。

5　微膨胀混凝土应用于拱坝

5.1　拱坝与重力坝的差别

（1）重力坝因有横缝，混凝土体积变形只在基础约束区和老混凝土约束区内引起应力，脱离约束区后,均匀体积变形即不引起应力。拱坝则不同,全坝从上到下都受到两岸基岩的约束,均匀体积变形都会引起应力。

(2)在重力坝内,温降引起拉应力,温升引起压应力;拱坝的中面在空间是曲面,不但温降引起拉应力,温升也引起拉应力。对拱圈来说,温升在两端下游面和拱冠上游面引起拉应力。从坝的整体来说,温升时,梁被推向上游变位,在坝体下部下游面会引起拉应力。例如,我国丰乐拱坝因温升而在下游面出现平行于基础的大裂缝,瑞士车伊齐尔拱坝因两岸岩石相对变位(相当于温升)而在坝体下游面引起平行于基础的裂缝[1]。因此,对于拱坝,不但要控制温降,也要控制温升。

(3)拱坝不但要控制施工期的温度,还要控制运行期的温度,包括温降和温升。

5.2 有横缝拱坝

在有横缝拱坝中,为了灌缝前的人工降温,冷却水管是必需的,灌缝前坝体温度的调节主要靠水管。氧化镁混凝土可用于各坝段基础温差或新老混凝土温差的控制。

对于设有横缝的常规拱坝,温度荷载 T_m(T_d 类似,从略)按下式计算

$$T_m = T_{m0} - T_{m1} - T_{m2} \tag{12}$$

式中:T_{m0} 为封拱时平均温度,通常取为准稳定温度场沿厚度平均值;T_{m1} 为运行期年平均温度沿厚度平均值;T_{m2} 为运行期年变化温度沿厚度平均值。

5.3 无横缝拱坝

对于无横缝的氧化镁混凝土拱坝,温度荷载(T_m)按下式计算

$$T_m = T_{mi} - G/\alpha - T_{m1} - T_{m2} \tag{13}$$

式中:G 为混凝土自生体积膨胀;T_{mi} 为混凝土最高温度平均值,$T_{mi} = T_p + C_r T_r$,其中 C_r 是考虑早期升温影响的系数,在初步计算中可以取 $C_r = 1.0$,即 $T_{mi} = T_p + T_r$,$T_p = T_a + \Delta T_s$ 见式(7)。

实际工程设计中,应根据式(13)计算温度荷载,再计算拱坝应力,通过试算决定采用的 G/α。为了从宏观上了解全国情况,下面进行一些近似分析。实际经验表明,无论高拱坝还是低拱坝,允许拉应力都是控制坝体断面的关键因素。因此,为了保持大致相同的坝体断面,就需要保持大体相同的温度荷载。从式(12)、式(13)可知,为了保持相同的温度荷载,需要的自生体积膨胀量如下

$$G/\alpha = T_{mi} - T_{m0} = T_p + C_r T_r - T_{m0} \tag{14}$$

由式(14)可计算为了取消横缝和水管所必需的自生体积膨胀量。T_{mi} 与浇筑的气温、日照、水泥用量、浇筑层厚、间歇时间等有关;T_{m0} 通常采用准稳定温度场沿厚度平均值,与地区及水深有关,根据当地具体条件,不难计算。

【算例 1】 假定某拱坝在施工中采取了一些简单温控措施,如加冰拌和,地笼取料等,使式(7)中的 $\Delta T_s = 0$,于是 $T_p = T_a$,在寒冷地区,为防冻,冬季取 $T_p = 5.0℃$,又设 $C_r = 1.0$,$T_r = 19.0℃$。

由式(14)算得我国不同地区用 MgO 混凝土建筑拱坝所需 G/α,如表 3 所示。

表3 氧化镁混凝土建筑拱坝所需自生体积膨胀

地区	坝体部位	T_{m0}（℃）	各月所需 G/α（℃）											
---	---	---	1	2	3	4	5	6	7	8	9	10	11	12
华南	底部	19.0	10.6	12.4	17.1	21.2	24.9	26.4	28.0	27.7	25.9	22.0	17.9	12.2
	顶部	23.5	6.1	7.9	12.6	16.7	20.4	21.9	23.5	23.2	21.4	17.5	13.4	7.7
华中	底部	14.0	11.0	12.4	17.1	25.9	26.7	31.0	33.2	33.0	28.4	23.1	17.3	12.0
	顶部	19.0	6.0	7.4	12.1	16.9	21.7	26.0	28.7	28.0	23.4	18.1	12.3	7.0
华北	底部	10.0	14.0	14.0	15.1	21.2	24.7	29.3	31.4	30.1	25.5	18.6	14.0	14.0
	顶部	12.0	12.0	12.0	13.1	19.2	22.7	27.3	29.4	28.1	23.2	16.6	12.0	12.0
华北	底部	6.5	17.5	17.5	17.5	18.8	25.6	30.3	33.7	32.7	25.6	18.3	17.5	17.5
	顶部	9.5	14.5	14.5	14.5	15.8	22.6	27.0	30.7	29.7	22.6	15.3	14.5	14.5

由表3可以看出以下几点：①冬季气温低，所需 G/α 小于夏季；②运行期坝体平均温度（T_{m0}）在坝体下部较低，因此，坝体下部所需 G/α 高于坝体上部；③南方 T_{m0} 高于北方，因此，南方所需 G/α 小于北方；④如果混凝土 $G/\alpha=15.0$℃，在华南、华中、华北等地区，每年12月至次年3月可浇筑混凝土，同一时期，在东北则需 $G/\alpha=17.5$℃；⑤如要全年施工，则华南地区需要 $G/\alpha=28.0$℃，其他地区需要 $G/\alpha=35.0$℃，这大约相当于目前 MgO 混凝土自生体积变形的2~3倍。另外应注意，北方温度低，在相同 MgO 掺量下，其 G/α 小于南方。

拱坝是分层浇筑的，由于水泥的水化热，通常在浇筑后6~12d出现最高温度；其后，如边界温度不变，由于向两侧面散热，坝体即逐渐冷却，冷却速率与坝体厚度的平方成反比。

设初温均匀分布，边界温度保持为常数，不同厚度的混凝土坝体平均温度的变化过程如图5所示。图5中同时表示了 $1-G(t)/G_0$，其中 G_0 为 MgO 混凝土最终自生体积变形。由图5可知，当坝体厚度 $L=10$~20m 时，坝体的冷却与氧化镁引起的膨胀变形大体是同步的；对于更薄的坝体，如 $L=5$m，当坝体冷却基本结束时，自生体积膨胀尚未充分发展；对于更厚的坝体，例如 $L=50$m，坝体冷却很慢，当自生体积膨胀已相当大时坝体冷却还不够，因而拱坝要承受相当大的挤压变形。这就是坝体冷却与自生体积变形的时间差别。

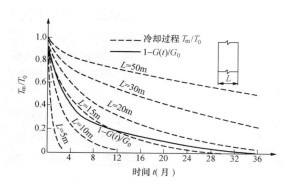

图5 不同厚度坝体的冷却过程

【算例2】 算例（如图6所示），说明当气温变化时，混凝土浇筑以后，不同厚度坝体的温度变化与自生体积变形变化的关系，当地年平均气温 20.6℃，气温年变幅 8.9℃，初始温差 18℃。

由图6可见：①对于7月浇筑的5m厚的坝体，经过6个半月后，坝体温度达到最低点，但这时自生体积变形尚未充分发展；由于运行期冬季水温高于气温，施工期出现的这种最低温度可能低于运行期的最低温度。②对于 7 月浇筑的 50m 厚的坝体，经过 5 个月后，T_1+G_1/α 达到最大值，而且此时的 T_1+G_1/α 大于 $t=0$ 时的 T_1，表明自生体积变形引起拱坝的挤压变形。在工程设计中，应重视时间差别对坝体应力的影响，用有限元方法进行仿真分析。

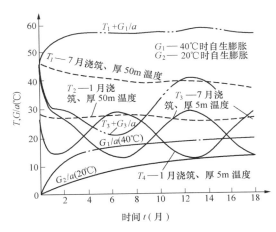

图 6　华南地区不同厚度坝体的温度与自生体积变形的变化

6　推广微膨胀混凝土筑坝技术必须重视的几个问题

为了推广微膨胀混凝土筑坝技术，必须着重解决以下几个问题。

6.1　研究氧化镁含量的合理限制

如果根据现有国家水泥标准，把外掺氧化镁掺量控制在 5%以内，一年的自生体积膨胀大多在 125×10^{-6} 以内，只有华南地区，可利用 MgO 混凝土建筑通仓常态混凝土重力坝并全年施工，或在冬季 3 个月内浇筑中、小型常态混凝土拱坝；从全国范围来看，筑坝水平难有大的改观。如果能突破 5%掺率的限制，把混凝土 1 年的自生体积膨胀提高到 $200\times10^{-6}\sim300\times10^{-6}$，那么在全国范围内常态混凝土重力坝，可以取消纵缝、通仓浇筑并全年施工；常态混凝土拱坝也有可能取消横缝并全年施工。如果能突破 5%的限制，碾压混凝土重力坝的施工速度也可能进一步提高。可见，5%掺率的限制能否突破是 MgO 混凝土筑坝技术能否改观的关键。笔者就这个问题专门请教过水泥专家唐明述院士。他的意见：国家水泥标准中关于 MgO 掺量的规定包括了各种混凝土，特别是包括钢筋混凝土，它的水泥用量高，按照水泥用量 5%所掺的 MgO，远比水工混凝土多。因此，对于水工混凝土而言，MgO 掺率突破 5%是可能的，应抛弃老规范，通过试验，制定水工混凝土 MgO 掺量的新规定。

考虑到水工混凝土骨料粒径大，水泥石膨胀时在界面上产生的破坏可能较大，水工混凝土的工作条件也不同于钢筋混凝土，而突破规范是一个大问题。因此，笔者建议进行大量的室内和现场试验，然后总结经验，如果切实可行，可根据试验研究结果，制定新的规定。在缺乏充分试验研究前，切不可贸然行事。

6.2　改善掺混工艺

氧化镁混凝土的另一个重要问题，就是膨胀要均匀。如果膨胀不均匀，就可能破坏混凝土内部结构，降低混凝土质量。掺加氧化镁的方式有水泥内含、水泥厂内掺和水泥厂外掺等 3 种。对于前两种方式，均匀性一般是有保证的，但对水泥厂外掺能否做到均匀，目前存在着不同意见，有人认为厂外掺可以均匀，但不少人对此抱有疑虑。在施工现场掺加氧化镁，可以根据需要而调整掺量，是一大优点。鉴于掺混是否均匀是一个重要问题，笔者认为，可以研究在拌和楼中增加一套设备，先把氧化镁与水泥掺混均匀，然后再进入搅拌机。

6.3　改善氧化镁品质

氧化镁的煅烧温度、磨细粒度等对氧化镁混凝土质量有重要影响。目前国内氧化镁的生产设备和制造工艺比较落后，难以满足大规模应用的需要，应采用先进的生产设备和工艺，改善氧化镁品质。为满足今后大规模应用的需要，氧化镁应在严格的生产程序下产出，能严格保证产品质量，并能广泛而稳定地供应市场。

6.4　研制具有不同膨胀速率的膨胀剂

除了氧化镁外，氧化钙和钙矾石等也可引起自生体积膨胀，但它们具有与氧化镁不同的膨胀速率；另外，粉末粒度也影响水化速率从而影响膨胀速率。因此，适当地改变掺加料的成分和粒度，有可能得到不同速率的膨胀剂系列，以适应不同的结构需要。

7　结束语

（1）微膨胀混凝土如控制得合适，有可能简化温控措施、提高施工速度，但膨胀剂如果控制不当，有可能影响混凝土质量，历来为工程师所禁忌。因此，对于微膨胀混凝土筑坝技术的研究和应用，应采用尊重科学、重视实践、积极而慎重的方针。

（2）如果仍保持 5%以内的氧化镁掺率，只能在南方用氧化镁混凝土修建通仓常态混凝土重力坝或在冬季浇筑中、小型常态混凝土拱坝，难以在全国范围内大规模应用。如能突破5%掺率的限制，则有可能在全国范围内大量应用，使混凝土坝施工面貌有所改观。但这是从结构上的需要而言，至于是否切实可行，因事关重大，应在大量科学试验和实践的基础上进行论证、决策。

（3）应改善氧化镁生产设备和工艺，提高氧化镁质量，改进掺混工艺，保证掺混均匀。

（4）应重视微膨胀混凝土筑坝中的六大差别。室内外差别、地区差别、时间差别、温差的差别、坝型差别及内含与外掺氧化镁的差别。应设法研制具有不同膨胀速率的膨胀剂，以适应不同的结构需要。

参　考　文　献

［1］朱伯芳. 大体积混凝土温度应力与温度控制［M］. 北京：中国电力出版社，1999.
［2］吴耒峰，储传英，张锡祥. 补偿收缩混凝土在筑坝中的应用［J］. 水力发电，1985（11）.

[3] 李承木. 不同试验温度条件下 MgO 混凝土的自生体积变形研究 [J]. 水电工程研究，1998（3）.

[4] 李承木. MgO 微膨胀混凝土筑坝技术综述 [J]. 水电工程研究，1999（2）.

[5] 李承木. 氧化镁混凝土自生体积变形的长期观测结果 [J]. 水电工程研究，1998（1）.

[6] 袁美栖，唐明述. 吉林白山大坝混凝土自生体积膨胀机理的研究 [J]. 南京化工学院学报，1984（2）.

[7] 水利水电规划设计总院. 氧化镁筑坝技术文集 [C]. 1994（1）.

应用氧化镁混凝土筑坝的两种指导思想
和两种实践结果❶

摘　要： 目前关于氧化镁混凝土的应用存在着两种指导思想，第一种指导思想是，只要掺入 4%～5% 的氧化镁，就可以取消一切温控措施，用于拱坝，可不分横缝，全年施工且不受坝高和地区的限制。第二种指导思想是，掺 4%～5% 的氧化镁，可适当简化温控，但不能取代一切温控措施，除了华南地区冬季施工中的中、小拱坝外，拱坝不设横缝，全年施工，很难避免裂缝。沙老河拱坝按照第一种指导思想设计和施工，结果产生了有史以来拱坝最严重的温度裂缝。三江河拱坝按照第二种指导思想设计和施工，没有出现大裂缝。实践结果证明了第一种指导思想是错误的，第二指导思想是正确的。

关键词： 氧化镁混凝土；适当简化温控；不能取代温控

Two Kinds of Guiding Thought and Two Results of Practical Engineering for Application of MgO Concrete to Dams

Abstract: There are two kinds of guiding thought for application of MgO concrete to dams, The first kind of guiding thought is that affer mixing 4%～5% MgO, the transverse joints and all measures for temperature control may be abandoned. The second kind of guiding thought is that after mixing 4%～5% MgO, the measures for temperature control may be simplified but it is not suggested to abandon all the measures for temperature control. The experience of two practical arch dams shows that the first kind of guiding thought is wrong and the second kind of guiding thought is correct.

Key words: MgO concrete, necessity of temperature control, simplification of temperature control

1　前言

氧化镁混凝土的自生体积膨胀，可以补偿混凝土坝的一部分温度拉应力，从而减轻温度控制的难度，利用氧化镁混凝土筑坝是我国自主开发的重要新技术。唐明述、曹泽生、李承木等曾做过大量奠基性的工作，但关于如何应用氧化镁混凝土筑坝，目前在指导思想上还存

---

❶　原载《水利水电技术》2005 年第 6 期，由笔者与张国新、杨卫中、杨波、许平联名发表。

在着较大的分歧。这对于今后如何正确地应用氧化镁混凝土筑坝，是一个至关重要的问题，本文对此进行较深入的讨论。

2 应用氧化镁混凝土筑坝两种指导思想

2.1 第一种指导思想

我国部分专家，对于应用氧化镁混凝土筑坝，持过分乐观的态度。他们主张：只要胶凝材料中含有 3.5%～5.0%氧化镁，它所产生的自生体积膨胀就可以充分地补偿混凝土坝中的温度拉应力，可以"替代传统的预冷、加冰、埋冷却水管及夏天高温停工的旧温控方法"；应用于混凝土拱坝，可以取消横缝、冷却水管和预冷骨料，全年通仓浇筑，不受地区限制，既适用于南方，也适用于北方。不受坝高限制，既适用于中、低拱坝，也适用于高拱坝；"即使在北方极端严酷的气温条件下"，同样可修建不分横缝的氧化镁混凝土拱坝，甚至 100m 以上的高拱坝。

2.2 第二种指导思想

我国另一些专家，赞成应用氧化镁混凝土，但对其作用，持较谨慎、较实际的态度，其指导思想如下：

2.2.1 氧化镁不能"包打天下"

胶凝材料中掺入 3.5%～5.0%氧化镁，可以补偿一部分温度拉应力，可以适当简化混凝土坝的温控措施。但在大多情况下，不能因为用了氧化镁，就取消横缝和其他各种温控措施，氧化镁不能"包打天下"。

2.2.2 应重视氧化镁混凝土的四大差别

本文第一作者在文献 [1] 中首次提出了氧化镁筑坝的四大差别：

（1）室内外差别。室内混凝土试件，经过湿筛，剔除了大骨料，单位体积内氧化镁含量偏大。测得的膨胀变形偏大。如四级配混凝土，室内试验测得的膨胀为原型混凝土的 1.9 倍；无应力计周围混凝土，也剔去了大骨料，测出的变形为原型混凝土的 1.3 倍。

（2）时间差别。混凝土的冷却速率与坝体厚度的平方成反比，而氧化镁混凝土的膨胀变形只依赖于温度和龄期，与坝体厚度没有直接的关系，自生体积膨胀与坝体冷却存在着时间差别。例如，3～5m 厚的薄拱坝，如在 8～9 月浇筑混凝土，温度很高，进入冬季，短期内温度急剧下降，而此时龄期尚短氧化镁引起的膨胀变形还很少，远远不能补偿温降引起的拉应力。

（3）地区差别。在我国南方，年平均气温高（18～20℃），坝体稳定温度高，气温年变幅小（6～10℃）；在我国北方，年平均气温低（4～10℃），坝体稳定温度低，气温年变幅大（14～20℃）；严寒地区，冬季又往往不能浇筑混凝土，因此，在北方用氧化镁混凝土筑坝，温度控制的难度远大于南方。

（4）坝型差别。无纵缝通仓浇筑的重力坝，坝体较厚，降温缓慢，氧化镁混凝土的膨胀变形可以充分利用。拱坝因厚度较薄，坝体急剧降温而产生很大拉应力时，氧化镁引起的膨胀变形往往还比较小，不能充分补偿温度拉应力。另外，拱坝在平面上呈弧形，过大的膨胀变形也是不利的。因此，氧化镁混凝土兴建重力坝时，温控的难度较小，而兴建拱坝时，温控的难度较大。

2.2.3 取消横缝敝大而利小

本文第一作者在文献［2］中特别强调了氧化镁混凝土拱坝中设置横缝（可重复灌浆的诱导缝或断开缝）的好处，不但可以释放施工期拉应力，还可以减小运行期的拉应力。近年成缝技术有长足进步，带止水和重复灌浆设备的诱导缝，施工方便，造价低廉，不影响施工进度，但却具有巨大的防裂作用。即使设置可重复灌浆的断开横缝，如沙牌拱坝那样用预制混凝土块成缝，基本不影响施工进度。取消横缝和各种温控措施，在我国南方，如为中、小拱坝，利用冬季浇完全坝，温控问题有可能解决；如为高拱坝，全年施工，夏季浇筑的混凝土，温差就可能偏大。至于东北严寒地区，即使是中、小拱坝，因为冬季通常不能浇筑混凝土，夏天浇筑的混凝土，冬季温度急剧下降，当地气温年变幅又大，单纯依靠氧化镁很难避免裂缝。某些专家夸大了取消横缝的好处，而忽略了它所带来的巨大危害性。他们主张：掺入

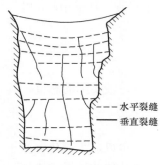

图 1 野牛嘴拱坝裂缝
（下游立视图）

3.5%～5.0%氧化镁后，即可取消横缝，取消温控，在全国各地浇筑各种高度的拱坝，实为谋小利而冒大险，图虚名而得实害。

拱坝无缝通仓浇筑并非新技术，20 世纪 20 年代前浇筑的拱坝多无横缝，但多产生严重裂缝。图 1 表示美国垦务局 1910 年建成的野牛嘴拱坝，因无横缝而产生严重裂缝的情况。为了避免裂缝，20 世纪 30 年代以后兴建的拱坝，通常都设置横缝。现在人们是否因为掺用 3.5%～5.0%氧化镁就回到无缝通仓浇筑的老路上去呢？我们认为，除了华南地区一个冬季可以浇完的中、小拱坝外，一般来说其可行性是值得怀疑的。

2.2.4 应重视表面保护

氧化镁混凝土高温时膨胀快、低温时膨胀慢。施工期间混凝土坝内部温度高而表面温度低，氧化镁引起的膨胀变形内部大而外部小，从而在表面引起附加拉应力。因此，应用氧化镁混凝土筑坝更应重视表面保护，决不能因为用了氧化镁而放松表面保护。

3 应用氧化镁混凝土筑坝的两种实践结果

3.1 沙老河氧化镁混凝土拱坝

沙老河拱坝，位于贵阳市郊区，由贵州省水利水电设计院设计，为三心圆双曲拱坝，最大坝高 62.4m，坝顶弧长 184.8m，坝顶厚 4.0m，坝底厚 13.0m，坝体混凝土 5.3 万 m^3。当地年平均气温 15.3℃，1 月平均气温 5.1℃，7 月平均气温 24.0℃，极端最高气温 35.4℃，极端最低气温−7.8℃。

该坝在持第一种指导思想的专家指导下，利用其基于伏格特系数和多拱梁法的"仿真程序"进行温控设计，取消横缝，盛夏全坝通仓浇筑，并取消一切温控措施，只采用辽宁海城轻烧氧化镁，其掺量随时间而调整：3 月 4.0%，4～5 月 4.7%，6～7 月 4.7%，后因现场实测膨胀量小于室内试验值，从 9 月 3 日开始氧化镁掺量增加为 5%～5.5%（均为胶凝材料总量

的百分比）。

现场实测混凝土膨胀量：3 月浇筑的氧化镁掺量 4.0%的混凝土，90d 膨胀 $52.8×10^{-6}$～$53.3×10^{-6}$，180d 膨胀 $56.8×10^{-6}$～$57.7×10^{-6}$；4 月底 5 月初浇筑氧化镁掺量 4.7%的混凝土，90d 膨胀 $64.0×10^{-6}$～$76.8×10^{-6}$。由于无应力计周围混凝土经过湿筛，坝体混凝土膨胀量实际要小于上述数值。

模板高 2.5m，分为 5 个台阶浇筑，约 7d 上升 2.5m，该坝于 2001 年 3 月开始浇筑混凝土，9 月完工，施工中未进行表面保温。10 月底开始筹备在上、下游表面挂贴保温板，至 11 月底完成全坝的表面保温。在 11 月初发生了一次寒潮，低温持续到 11 月 9 日。11 月 6 日距左坝肩 16.6m 处发现第 1 第自基础至坝顶的贯穿性裂缝，缝长约 11.2m，缝宽 3～4mm，最大宽度 5～6mm。11 月 7 日在距第 1 条缝 11.1m 处又出现第 2 条自基础至坝顶贯穿性裂缝，缝长约 22.2m，缝宽 2～3mm。11 月 27 日在距右坝肩 16.8m 处，发现第 3 条自基础到坝顶的贯穿性裂缝，缝长约 15.2m，缝宽 4～5mm，最大宽度 7～8mm。到次年 3 月 14 日进行大坝帷幕灌浆时，又发现第 4 条裂缝，距第 3 条缝 18.2m，缝长约 23.8m，缝宽 1～2mm（此时气温已较高）。于 2002 年 4 月中旬对 4 条裂缝进行了水泥灌浆处理。2002 年 12 月底一次寒潮后，原已灌浆处理的 1～4 号裂缝重新被拉开，并又在拱冠下游面出现长 20m 的 5 号裂缝和右岸 6 号贯穿裂缝，其开度为 3～4mm，见图 2。1～4 号已灌浆裂缝被拉开和出现 5 号、6 号裂缝时，混凝土龄期已有 14～21 个月，氧化镁膨胀变形已基本结束，还不能阻止新裂缝的产生和已灌浆老裂缝的重新拉开。国内外混凝土坝温度裂缝的宽度大都不到 1mm，最宽的也不过 2mm 左右，该坝最大裂缝宽度达到 8mm，实属罕见。

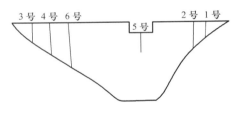

图 2　沙老河氧化镁混凝土拱坝裂缝情况

裂缝原因：

（1）该坝产生严重裂缝的根本原因是取消横缝和全部温控措施，盛夏季节也全坝通仓浇筑，8、9 月浇筑的混凝土，温度很高，由于坝体很薄，10 月以后，坝体温度迅速降低，当时龄期尚短，氧化镁膨胀变形还来不及充分发展。根据我们用三维有限元仿真程序计算结果，9 月中旬浇筑的混凝土内部的最高温度为 33.5℃，到 11 月中旬和次年 1 月中旬已分别降至 14.5℃和 7.5℃，产生的温差分别为 19.0℃和 26.0℃，而氧化镁膨胀变形所能补偿的温差约分别为 5.0℃和 6.9℃，难以有效地补偿巨大的温降收缩变形。

（2）该坝温控设计中没有考虑室内外差别，直接用室内湿筛试件测量的膨胀变形，它为实际变形的 1.9 倍，夸大了氧化镁的作用。

（3）该坝所用基于伏特系数和多拱梁法仿真程序，算出的拉应力偏小，计算结果失真。根据我们用三维有限元仿真计算结果，出现严重裂缝是必然的。

当地年平均气温 15.3℃，气温年变幅 9.45℃，从全国来看，气候条件并不算太坏，虽不如广东，但比华北、东北要好得多。某些专家主张掺入 3.5%～5.0%氧化镁后，可取消横缝全年施工，并可不受地区和坝高限制，显然是不符合实际的。

3.2　三江河氧化镁混凝土拱坝

三江河拱坝位于贵阳市北郊，为单心圆双曲拱坝，坝高 71.5m，坝顶弧长 115.5m，坝顶厚 4.0m，坝底厚 10.44m，由贵州省水利水电设计院设计。由于沙老河拱坝产生了严重裂缝，贵州省水利水电设计院委托中国水利水电科学研究院承担三江河氧化镁拱坝的温度控制研究，采用第二种指导思想进行温控设计。

当地月平均气温 1 月为 4.4℃，7 月为 23.5℃。为了利用冬季低温的有利条件，在 2002 年 11 月中至次年 4 月底浇筑全部混凝土。允许拉应力按 $\sigma=E\varepsilon_p/K$ 计算，取安全系数 $K=1.65$。首先假定不设横缝，全坝通仓浇筑，用三维有限元仿真程序计算，为了拉应力不超过允许值，要求氧化镁掺量为 3%～4%（坝高 0～30m）和 8%～10%（坝高 30m 以上）。掺量 8%～10% 已大大超过了规范要求，因此，放弃了无缝方案，决定设置 2 条诱导缝，如图 3 所示。经计算，应力满足要求，最后采用的温控措施如下：①全坝掺 4.5% 氧化镁；②设置 2 条诱导缝；③全坝在低温季节浇筑（计划浇筑时间 2002 年 11 月～次年 4 月，实际浇筑时间为 2002 年 12 月～次年 5 月）；④喷雾、洒水养护；⑤坝高 25m 以下堆渣保温，25m 以上低温季节挂泡沫塑料板保温。

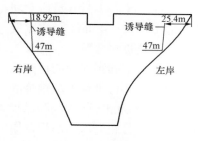

图 3　三江河氧化镁拱坝诱导缝

该坝按照上述方案进行施工，竣工已经 2 年，坝体只发现一条长约 1.5m 极细的表面裂缝，如果表面保护做得更好些，这条表面裂缝也可避免；2 条诱导缝都张开了，计算诱导缝最大张开度 5.8mm，实测 5.6mm。该坝是国内外裂缝最少的拱坝之一。

在设计、施工、科研单位的共同努力下，三江河拱坝的温度控制取得了成功。

4　结束语

（1）沙老河氧化镁混凝土拱坝，全面体现了第一种指导思想，掺入 4.0%～5.5% 氧化镁后，取消横缝和各种温控措施，盛夏期间浇筑混凝土，结果产生了严重贯穿性裂缝，通常混凝土坝裂缝宽度大多不超过 1mm，最宽也不过 2mm 左右，该坝裂缝宽度达到 8mm，是有史以来最宽的混凝土坝裂缝。该坝的实践结果，表明第一种指导思想是错误的，不符合实际的。

（2）三江河氧化镁混凝土拱坝，全面体现了第二种指导思想，除了掺入 4.5% 氧化镁外，还设置了 2 条诱导缝，并在低温季节浇筑全部混凝土。竣工 2 年来，除 1 条长约 1.5m 轻微的表面裂缝外，未发现一条大裂缝。2 条诱导缝都已张开，实测张开度 5.6mm 与计算张开度 5.8mm 很接近。该坝实践结果，表明第二种指导思想是正确的、符合实际的。

（3）近年混凝土坝成缝技术有长足进步，取消横缝敝大而利小，应重视横缝的作用。

（4）大坝工程质量乃百年大计。在研究发展坝工新技术的过程中应始终把质量问题放在第一位，切忌浮躁。沙老河和三江河两拱坝的实践经验表明：发展新技术，既要高瞻远瞩，又要脚踏实地；既要勇于开拓，又要尊重科学。

参　考　文　献

[1] 朱伯芳. 论微膨胀混凝土筑坝技术 [J]，水力发电学报，2000（3）.

[2] 朱伯芳，等. 拱坝设计与研究 [M]. 北京：中国水利水电出版社，2002.

[3] 张国新，金锋. 考虑温度历程效应的氧化镁微膨胀混凝土仿真分析模型 [J]. 水利学报，2002（8）.

［4］朱伯芳．微膨胀混凝土自生体积变形的增量型计算模型［J］．水力发电，2003（2）．

［5］陈正作，刘蕾．MgO 微膨胀混凝土拱坝经验的初步总结及其研究方向的讨论［A］．《全国拱坝新技术研讨会》论文集［C］．南京：河海大学出版，2001（10）．

［6］何育文，黄绪通．采用微膨胀混凝土促进筑坝技术创新［A］．《全国拱坝新技术研讨会》论文集［C］．南京：河海大学出版，2001．

［7］刘振威．外掺 MgO 混凝土快速筑拱坝新技术应用与研究［A］．《全国拱坝新技术研讨会》论文集［C］．南京：河海大学出版，2001．

微膨胀混凝土自生体积变形的
增量型计算模型[❶]

摘　要： 在水泥中掺入适量氧化镁后能产生一定膨胀变形，可补偿一部分温度应力，从而简化大坝温度控制措施，加快施工速度。微膨胀混凝土膨胀变形的变化规律比较复杂，全量型计算模型难以反映其膨胀变形的复杂规律。本文提出增量型计算模型的几种计算方法，可以较好地反映微膨胀混凝土十分复杂的变形规律，计算也较简单。

关键词： 计算模型；　自生体积变形；　微膨胀混凝土

Incremental Type of Computing Model for the Volume Expansion of Concrete with Gentle Volume Expansion

Abstract: Five incremental types of computing model for the volume expansion of concrete with gentle volume expansion are proposed. These types of computing models can present the complex phenomena of volume expansion during rapid variation of concrete temperature.

Key words: computing model, volume expansion, concrete with gentle expansion

1　前言

用普通硅酸盐水泥拌制的混凝土的自生体积变形通常都是收缩，其值多在 $(20\sim60)\times10^{-6}$ 范围内。如在水泥中掺入适量氧化镁，它在水化生成氢氧化镁时体积膨胀，能产生微量自生体积膨胀，可以补偿大体积混凝土温降过程中产生的拉应力，从而简化大体积混凝土的温度控制措施，加快施工速度[1]。以往主要用于基础填塘、隧洞堵头和重力坝，近年已用这种微膨胀混凝土修建了 2 座中型拱坝。

微膨胀混凝土自生体积变形的规律比较复杂，在把微膨胀混凝土应用于实际工程时，对自生体积变形计算的不准确，可能导致对温度应力补偿作用估计的错误，实际工程中曾因此而产生严重裂缝。因此，如何正确计算微膨胀混凝土的自生体积变形是一个关键问题。计算模型可以是全量型模型，即直接以膨胀变形为计算对象；也可以是增量型模型，即以变形速

---

❶　原载《水力发电》2003 年第 2 期。

率为计算对象。事实证明，全量型模型表达能力较差，难以充分反映微膨胀混凝土十分复杂的变形规律。本文提出增量型模型的几个计算方法，能较好地反映微膨胀混凝土自生体积变形的复杂变化规律，计算也比较简单。

2 全量型计算模型与增量型计算模型的比较

李承木在掺有 30%粉煤灰的峨嵋 525 号硅酸盐大坝水泥中，外掺 4%的氧化镁，进行了不同试验温度条件下的自生体积变形试验，结果见《论微膨胀混凝土筑坝技术》图 1[5]。

试验结果表明，微膨胀混凝土的自生体积变形具有下列特性：

（1）变形速率强烈依赖于混凝土温度，混凝土温度越高，变形速率越大，而且二者之间的关系是非线性的。

（2）变形速率与氧化镁水化反应的累积完成程度有关，它不但与当时温度有关，还与过去的温度及所经历时间的长短有关。

（3）变形速率依赖于混凝土龄期，早期变形速率大，后期变形速率逐渐减小，最终趋于零。

（4）氧化镁的水化作用是一个不可逆的过程，因此氧化镁混凝土的膨胀变形是单调递增的。

（5）氧化镁混凝土的变形速率强烈依赖于当时的温度，当混凝土温度发生突变时，如图 1 中的 $A \rightarrow B$ 和 $C \rightarrow D$，变形速率也随之发生突变。

全量型计算模型的表达能力较弱，现有的全量型计算模型，难以完全反映上述氧化镁混凝土的变形规律。本文提出增量型计算模型的几种计算方法，表达能力较强，可以较好地反映氧化镁混凝土的上述十分复杂的变形变化规律，而且计算也比较简单。

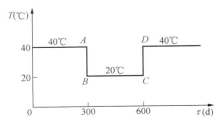

图 1 算例温度变化过程

3 增量型计算模型

氧化镁混凝土应用于水工结构时，目前一般通过仿真计算以分析其对温度应力的补偿作用，在仿真计算中需要用到的是氧化镁混凝土自生体积变形的增量，可表示如下

$$\Delta G(\tau, T) = k(M) \frac{\mathrm{d}F}{\mathrm{d}\tau} \Delta \tau \tag{1}$$

式中：$\Delta G(\tau, T)$ 为坝体混凝土的自生体积变形增量；M 为混凝土单位体积内氧化镁含量，kg/m^3；$F(\tau, T)$ 为室内混凝土试件测得的自生体积变形；T 为温度；τ 为时间；$k(M)$ 为坝体原级配混凝土与室内试件混凝土自生体积变形的比值，由下式计算

$$k(M) = \frac{M_d - g}{M_s - g} \tag{2}$$

式中：M_d 为坝体原级配混凝土中氧化镁含量，kg/m^3；M_s 为试件混凝土（湿筛后）氧化镁含量，kg/m^3；g 为试验常数，计算方法见文献 [2]。

问题的关键在于变形速率 $dF/d\tau$ 的合适表达式。今给出以下几种表达式

（1）第一种 $dF/d\tau$ 表达式

$$\frac{dF}{d\tau} = \sum_{i=1}^{N} m_i T^{\beta_i} \tau^{-s_i} e^{-p_i R} \tag{3}$$

$$R = \int_0^{\tau} T^{\beta_i} \tau^{-s_i} d\tau \tag{4}$$

式中：m_i、β_i、s_i、p_i 等为计算参数，R 为氧化镁水化函数，它反映氧化镁累积完成的水化程度。

（2）第二种 $dF/d\tau$ 表达式

$$\frac{dF}{d\tau} = \sum_{i=1}^{N} m_i T^{\beta_i} \tau^{-s_i} \exp(-p_i R \tau^{q_i}) \tag{5}$$

$$R = \int_0^{\tau} T^{\beta_i} d\tau \tag{6}$$

（3）第三种 $dF/d\tau$ 表达式

$$\frac{dF}{d\tau} = \sum_{i=1}^{N} m_i T^{\beta_i} \tau^{-s_i} \exp(-p_i R^{q_i}) \tag{7}$$

$$R = \int_0^{\tau} T^{\gamma_i} d\tau \tag{8}$$

（4）第四种 $dF/d\tau$ 表达式

$$\frac{dF}{d\tau} = \sum_{i=1}^{N} m_i T^{\beta_i} \tau^{-s_i} \exp(-p_i R^{q_i} \tau^{h_i}) \tag{9}$$

$$R = \int_0^{\tau} T^{\gamma_i} \tau^{-\eta_i} d\tau \tag{10}$$

（5）第五种 $dF/d\tau$ 表达式

设

$$F = \sum_{i=1}^{N} F_i(\tau, T) = \sum_{i=1}^{N} F_{i0} f_i(\tau, T) \tag{11}$$

用 $F_i(\tau,T)/F_{i0}$ 表示氧化镁水化反应累积完成程度，把变形速率表示如下

$$\frac{dF}{d\tau} = \sum_{i=1}^{N} m_i T^{\beta_i} \tau^{-s_i} \left[1 - \frac{F_i(\tau,T)}{F_{i0}} \right]^{\gamma_i} \tag{12}$$

计算结果表明，以上 5 种表达式都可以较好地表示氧化镁混凝土的变形规律，但第一、第二、第五 3 种表达式似略优于其他表达式。

4　参数计算方法

下面说明如何计算 $dF/d\tau$ 式中的参数 m_i、β_i、s_i、p_i、q_i 等，有以下几种计算方法。

4.1　从变形速率实验值计算参数

设 $dF(\tau_j, T_j)/d\tau$ 为点 j 变形速率的实验值，或由变形实验曲线通过对时间的差商求出的变形速率，$dF(\tau_j, T_j)/d\tau$ 为点 j 由式（3）、式（5）、式（7）、式（9）、式（12）等式计算的

变形速率。令 $x_1=m_1$，$x_2=\beta_1$，$x_3=s_1$，$x_4=p_1$，$\cdots$，并以 W 代表各点计算值与实际值误差的平方和，用优化方法可求出有关参数 x_1、x_2、$\cdots$ 如下：

求 $\boldsymbol{x}=[x_1, x_2, x_3, \cdots]^T$，使

$$W = \sum_j \left[\frac{dF(\tau_j, T_j)}{d\tau} - \frac{dF^*(\tau_j, T_j)}{d\tau} \right]^2 \rightarrow 极小$$

$$满足约束条件 \quad \underline{x}_j \leqslant x_j \leqslant \overline{x}_j \tag{13}$$

式中：$\underline{x}_j$ 和 $\overline{x}_j$ 分别为 x_j 的下限和上限。

4.2 从变形实验值计算参数

设 $F^*(\tau_j, T_j)$ 为点 j 变形的实验值，$F(\tau_j, T_j) = \int_0^{\tau_j} [dF(\tau_j, T_j)/d\tau] d\tau$ 为利用式（3）、式（5）、式（7）、式（9）、式（12）经过积分而计算的点 j 变形，用优化方法可计算有关参数 x_1、x_2、$\cdots$ 如下：

求 $\boldsymbol{x}=[x_1, x_2, x_3, \cdots]^T$，使

$$W = \sum_j \left[F(\tau_j, T_j) - F^*(\tau_j, T_j) \right]^2 \rightarrow 极小$$

$$满足约束条件 \quad \underline{x}_j \leqslant x_j \leqslant \overline{x}_j \tag{14}$$

4.3 从恒温实验变形计算参数

对于恒温条件下氧化镁混凝土自生体积变形的实验曲线，笔者曾给出如下表达式[2]

$$F(\tau, T) = \sum_{i=1}^N F_{i0} \left[1 - \exp(-a_i T^{b_i} \tau^{c_i}) \right] \tag{15}$$

$$\sum F_{i0} = F_0 \tag{16}$$

式中：F_0 为最终变形值，通常可从实验曲线上直接查得；a_i、b_i、c_i、F_{i0} 等为计算参数，可用优化方法计算如式（14）。经验表明，式（15）与实验资料符合得相当好。

由式（15）对时间（τ）求微商，并注意到实验是在恒温下进行的，$dT/d\tau=0$，有

$$\frac{dF}{d\tau} = \sum_{i=1}^N a_i c_i F_{i0} T^{b_i} \tau^{c_i-1} \exp(-a_i T^{b_i} \tau^{c_i}) \tag{17}$$

利用式（17）中已经求出的参数 a_i、b_i、c_i、F_{i0} 等，可以直接计算式（3）、式（5）、式（7）、式（9）、式（12）中的有关参数如下。

（1）第一种 $dF/d\tau$ 表达式中的参数：因温度 $T=$ 常数，由式（4）得

$$R = \frac{1}{1-s_i} T^{\beta_i} \tau^{1-s_i} \tag{18}$$

将式（18）代入式（3）得

$$\frac{dF}{d\tau} = \sum_{i=1}^N m_i T^{\beta_i} \tau^{-s_i} \exp\left[-\left(\frac{p_i}{1-s_i} \right) T^{\beta_i} \tau^{1-s_i} \right] \tag{19}$$

对比式（3）与式（19），可知

$$m_i = a_i c_i F_{i0}, \quad \beta_i = b_i, \quad s_i = 1-c_i, \quad p_i = a_i c_i, \quad p_i/(1-s_i) = a_i \tag{20}$$

故

$$\frac{\mathrm{d}F}{\mathrm{d}\tau} = \sum_{i=1}^{N} F_{i0} a_i c_i T^{b_i} \tau^{c_i-1} \exp(-a_i c_i R) \tag{3a}$$

$$R = \int_0^\tau T^{b_i} \tau^{c_i-1} \mathrm{d}\tau \tag{4a}$$

（2）第二种 $\mathrm{d}F/\mathrm{d}\tau$ 表达式中的参数：由式（6），有

$$R = T^{\beta_i} \tau \tag{21}$$

代入式（5）

$$\frac{\mathrm{d}F}{\mathrm{d}\tau} = \sum_{i=1}^{N} m_i T^{\beta_i} \tau^{-s_i} \exp(-p_i T^{\beta_i} \tau^{1+q_i}) \tag{22}$$

对比式（5）与式（20），可知

$$m_i = a_i c_i F_{i0}, \quad \beta_i = b_i, \quad s_i = 1-c_i, \quad p_i = a_i, \quad q_i = c_i - 1 \tag{23}$$

（3）第三种 $\mathrm{d}F/\mathrm{d}\tau$ 表达式中的参数：以 $R = T^{\gamma_i} \tau$ 代入式（7）得

$$\frac{\mathrm{d}F}{\mathrm{d}\tau} = \sum_{i=1}^{N} m_i T^{\beta_i} \tau^{-s_i} \exp(-p_i T^{\gamma_i q_i} \tau^{q_i}) \tag{24}$$

对比式（15）与式（24），可知

$$m_i = a_i c_i F_{i0}, \quad \beta_i = b_i, \quad s_i = 1-c_i, \quad p_i = a_i, \quad q_i = c_i, \quad \gamma_i = b_i / c_i \tag{25}$$

（4）第四种 $\mathrm{d}F/\mathrm{d}\tau$ 表达式中的参数：由式（9），当温度（T）为常数时，有

$$R = T^{\gamma_i} \tau^{1-\eta_i} / (1-\eta_i)$$

将上式代入式（9）得

$$\frac{\mathrm{d}F}{\mathrm{d}\tau} = \sum_{i=1}^{} m_i T^{\beta_i} \tau^{-s_i} \exp\left[-\frac{p_i}{(1-\eta_i)^{q_i}} T^{\gamma_i q_i} \tau^{(1-\eta_i)q_i+h_i} \right] \tag{26}$$

对比式（16）与式（26）两式得

$$m_i = a_i c_i F_{i0}, \quad \beta_i = b_i, \quad s_i = 1-c_i, \quad p_i/(1-\eta_i)^{q_i} = a_i, \quad \gamma_i q_i = b_i, \quad (1-\eta_i)q_i+h_i = c_i \tag{27}$$

（5）第五种 $\mathrm{d}F/\mathrm{d}\tau$ 表达式中的参数：由式（11）、式（15）两式可知

$$1 - \frac{F_i(\tau,T)}{F_{i0}} = \exp(-a_i T^{b_i} \tau^{c_i}) \tag{28}$$

由式（12）、式（17）、式（28）三式，可知

$$\frac{\mathrm{d}F}{\mathrm{d}\tau} = \sum_{i=1}^{N} F_{i0} a_i c_i T^{b_i} \tau^{c_i-1} \left[1 - \frac{F_i(\tau,T)}{F_{i0}} \right] \tag{29}$$

即

$$m_i = F_{i0} a_i c_i, \quad \beta_i = b_i, \quad s_i = 1-c_i, \quad \gamma_i = 1 \tag{30}$$

实际计算时，可以式（20）、式（23）、式（25）、式（27）、式（29）五式计算结果作为初值，然后进行全面试算。根据试算结果，对有关参数再进行微量调整，使整体计算结果趋于最优。

5 计算步骤

下面以第一种表达式为例，说明本文计算步骤：

（1）根据试验资料，决定式（3）中计算参数 m_i、β_i、s_i、p_i 等。

（2）根据温度变化过程，由式（4）计算氧化镁水化函数 R。

（3）由式（3）计算变形速率 $dF/d\tau$。

（4）由式（1）计算微膨胀混凝土自生体积变形增量 ΔG。

【算例】 经验表明，笔者给出的式（15）与试验资料符合得相当好，实际上只需取一项，即可满足实用需要，对于文献［1］图 1 所示实验资料，可取

$$F(\tau,T) = 220 \times 10^{-6}[1 - \exp(-0.000018 T^{2.14} \tau^{0.680})] \tag{31}$$

即 $F_{10} = F_0 = 220 \times 10^{-6}$，$a_1 = 0.000018$，$b_1 = 2.14$，$c_1 = 0.680$。

由此得到以下各种 $dF/d\tau$ 表达式。

第一种表达式

$$\frac{dF}{d\tau} = 0.002693 \times 10^{-6} T^{2.14} \tau^{-0.320} e^{-0.00001224 R} \tag{32}$$

$$R = \int_0^\tau T^{2.14} \tau^{-0.320} d\tau \tag{33}$$

第二种表达式

$$\frac{dF}{d\tau} = 0.002693 \times 10^{-6} T^{2.14} \tau^{-0.331} \exp(-0.0000180 R \tau^{-0.320}) \tag{34}$$

$$R = \int_0^\tau T^{2.14} d\tau \tag{35}$$

第三种表达式

$$\frac{dF}{d\tau} = 0.002693 \times 10^{-6} T^{2.14} \tau^{-0.320} \exp(-0.000018 R^{0.680}) \tag{36}$$

$$R = \int_0^\tau T^{3.147} d\tau \tag{37}$$

第四种表达式

取 $q_i = 1$，$\eta_i = 1.20 s_i$，$\gamma_i = \beta_i$，由式（27）得

$$\frac{dF}{d\tau} = 0.002693 \times 10^{-6} T^{2.14} \tau^{-0.320} \exp(-0.00000936 R \tau^{0.160}) \tag{38}$$

$$R = \int_0^\tau T^{2.14} \tau^{-0.48} d\tau \tag{39}$$

第五种表达式

$$\frac{dF}{d\tau} = 0.002693 \times 10^{-6} T^{2.14} \tau^{-0.320}[1 - F(\tau,T)/220 \times 10^{-6}] \tag{40}$$

$$F(\tau,T) = \sum \frac{dF}{d\tau} \Delta\tau \tag{41}$$

下面以第一种表达式计算图 1 中 A、B、C、D 各点的 $dF/d\tau$。

由式（33），得

$$R = \sum_i \frac{1}{0.680} T^{2.14}(\tau_{i+1}^{0.680} - \tau_i^{0.680})$$

点 A
$$R = \frac{1}{0.680} \times 40^{2.14} \times 300^{0.680} = 190700$$

$$\frac{\mathrm{d}F}{\mathrm{d}\tau} = 0.002693\times10^{-6}\times40^{2.14}\times300^{-0.320}\mathrm{e}^{-0.00001224\times190700}$$

$$= 0.1128\times10^{-6}(1/\mathrm{d})$$

点 B

$$\frac{\mathrm{d}F}{\mathrm{d}\tau} = 0.002693\times10^{-6}\times20^{2.14}\times300^{-0.320}\mathrm{e}^{-0.00001224\times190700}$$

$$= 0.02559\times10^{-6}(1/\mathrm{d})$$

点 C

$$R = \frac{1}{0.680}\times40^{2.14}\times300^{0.680} + \frac{1}{0.680}\times20^{2.14}(600^{0.680}-300^{0.680}) = 216700$$

$$\frac{\mathrm{d}F}{\mathrm{d}\tau} = 0.002693\times10^{-6}\times20^{2.14}\times600^{-0.320}\mathrm{e}^{-0.00001224\times216700}$$

$$= 0.01491\times10^{-6}(1/\mathrm{d})$$

点 D

$$\frac{\mathrm{d}F}{\mathrm{d}\tau} = 0.002693\times10^{-6}\times40^{2.14}\times600^{-0.320}\mathrm{e}^{-0.00001224\times216700}$$

$$= 0.06572\times10^{-6}(1/\mathrm{d})$$

如果从 τ=0 到 τ=600d，始终保持温度 T=40℃，则 R=305500，$\mathrm{d}F/\mathrm{d}\tau$=0.02216×10^{-6}（1/d），由于氧化镁水化函数 R 较大，所以 $\mathrm{d}F/\mathrm{d}\tau$ 小于点 D 的值（$\mathrm{d}F/\mathrm{d}\tau$=0.06572×10^{-6}）。

表 1 中列出了本算例用 5 种表达式计算的变形速率 $\mathrm{d}F/\mathrm{d}\tau$。可以看出：①5 种表达式计算结果的规律性都是合理的；②早期 5 种表达式计算结果很接近，后期略有差异，考虑到问题十分复杂，这种差异还不算太大，适当地调整计算公式中的参数，可以使计算结果更接近；③只要适当选择计算参数，5 种表达式都可采用，但总的看来，第一、第二、第五 3 种表达式似更为合理而简洁。

表 1　　　　　　　算例：**5 种表达式计算的 d F/dτ**　　　　　　（单位：10^{-6}/d）

点　子	A	B	C	D
第一种表达式（32）	0.1128	0.0256	0.0149	0.0657
第二种表达式（34）	0.1059	0.0240	0.0198	0.0876
第三种表达式（36）	0.1175	0.0266	0.0172	0.0758
第四种表达式（38）	0.1128	0.0256	0.0137	0.0813
第五种表达式（40）	0.1128	0.0256	0.0144	0.0636

6　结束语

（1）微膨胀混凝土的工程应用日益受到重视，但其自生体积变形受到多种因素的影响，变化规律十分复杂，以前已经提出的计算模型多是全量型模型，难以反映十分复杂的变化规律。

（2）本文提出了微膨胀混凝土自生体积变形的增量型计算模型和 5 种表达式，计算中考虑了室内试件与坝体混凝土的差别、当前混凝土温度的影响、混凝土历史温度及氧化镁水化程度的影响。5 种表达式计算都很方便。

（3）计算结果表明，5 种表达式计算成果的变化规律都是合理的，只要适当选取计算参数，5 种表达式都可采用。但总的看来，第一、第二、第五 3 种表达式似更为合理而简洁，尤以第五种表达式（29）最为简洁。

参 考 文 献

[1] 朱伯芳. 论微膨胀混凝土筑坝技术 [J]. 水力发电学报，2000（3）：1-12.

[2] 朱伯芳. 微膨胀混凝土自生体积变形的计算模型和试验方法 [J]. 水利学报，2002（12）.

[3] 张国新. 金峰，等. 考虑温度历程效应的氧化镁微膨胀混凝土仿真分析模型 [J]. 水利学报，2002（8）.

[4] 张国新. 考虑温度过程效应的 MgO 微膨胀混凝土热积模型 [J]. 水力发电，2002（11）.

[5] 李承木. 不同试验温度条件下 MgO 混凝土的自生体积变形研究 [J]. 水电工程研究，1998（3）.

微膨胀混凝土自生体积变形的计算
模型和试验方法●

摘　要： 本文首先提出微膨胀混凝土的室内外差别的计算方法和考虑室内外差别的微膨胀混凝土自生体积变形的计算模型，然后指出后期膨胀的重要影响，最后提出了改进氧化镁混凝土试验的方法。

关键词： 微膨胀混凝土；自生体积变形；计算模型；试验方法

A Computing Model for the Volume Expansion and Some Remarks on the Method of Experimentation of Concrete with Gentle Volume Expansion

Abstract: A method is given for estimating the difference between the self-expansive volume strain in the dam concrete and that in the laboratory experimental specimen. A formula is derived for computing the increments of self-expansive volume strain at different ages. The importance of the self-expansive volume strain in the later period is discussed. It is pointed out how to improve the test method of the concrete with gentle volume expansion.

Key words: concrete with gentle volume expansion, computing model, method of expansion

1　氧化镁混凝土的室内外差别

笔者整理了龄期365d的混凝土自生体积变形 G（10^{-6}）与 MgO 含量 M（kg/m³）之间的关系，如本篇《论微膨胀混凝土筑坝技术》图 2 所示，在平均意义上的近似关系为

$$G(365) = 13.59(M - g) \times 10^{-6} \tag{1}$$

由图可见，点子比较分散，这是由于除了 MgO 掺量外，环境温度、水泥品种、粉煤灰掺量等其他多种因素都对混凝土的自生体积变形有影响。因此，在 MgO 应用于实际工程之前，一定要进行自生体积变形的实验。

室内试件经过湿筛，剔除了大骨料（例如 $\phi20 \times 60$cm 试件，内部埋设应变计，要剔除 40mm 以上的大骨料），单位体积内氧化镁含量较高，因此，实际工程中的自生体积变形将少于室内试验值。目前现场埋设观测仪器时，无应力计周围的混凝土也经过湿筛，因而现场测出的自

●　原载《水利学报》2002 年第 12 期。

生体积变形也偏大，这个重要因素过去为人们所忽略。

由式（1），在相同温度、相同材料条件下，氧化镁含量分别为 M_1 和 M_2，则自生体积变形 G_1 和 G_2 大体符合下列比例关系

$$\frac{G_1}{G_2} = \frac{M_1 - g}{M_2 - g} \qquad (2)$$

显然，g 的数值主要取决于水泥品种，与粉煤灰掺量、外加剂等因素也有一定关系。下面给出一个估算方法，设混凝土龄期为 τ（一般可取 τ=1 年或 3 年），当 $M=M_1$ 时，$G=G_1$；$M=M_2$ 时，$G=G_2$；由插值关系可得

$$g = \frac{1}{2}\left[(M_1 + M_2) - \frac{(G_1 + G_2)(M_1 - M_2)}{G_1 - G_2} \right] \qquad (3)$$

例如，龄期 1 年混凝土，当 M_1=9.90kg/m³ 时，G_1=80×10⁻⁶；当 M_2=0（不掺 MgO）时，G_2=−30×10⁻⁶（收缩）。由式（3）可得

$$g = \frac{1}{2}\left[9.90 + 0 - \frac{(80-30)\times10^{-6}\times(9.90-0)}{(80+30)\times10^{-6}} \right] = 2.70\,\text{kg/m}^3$$

下面取 g=2.50kg/m³，由式（2）计算湿筛对混凝土自生体积变形的影响。

【算例1】 四级配混凝土，MgO 掺量 5.5%，每立方米混凝土含材料如下：水 90kg，水泥 119kg，粉煤灰 51kg，减水剂 1.19kg，氧化镁 9.4kg，砂 510kg，碎石：5～20mm 的 359kg、20～40mm 的 359kg、40～150mm 的 1077kg，每立方米混凝土重 2575.6kg，试件混凝土剔去 40～150mm 大石后，总重 1498.6kg，设面干饱和石子容重为 2700kg/m³，大石体积为 0.399m³，湿筛后混凝土体积为 0.601m³，湿筛后混凝土每立方米含 MgO 为

$$9.4\times1.00/0.601=15.64\,\text{kg}$$

在式（2）中取 g=2.50kg/m³，试件与坝体混凝土自生体积变形之比为

$$\frac{G_1}{G_2} = \frac{15.64 - 2.50}{9.40 - 2.50} = 1.904$$

试件的自生体积变形为原级配混凝土的 1.904 倍。

【算例2】 四级混凝土，级配与算例1相同，无应力计周围混凝土剔去 80～150mm 大骨料，其含量为 537kg/m³，大骨料体积为 537/2700=0.199m³，剔去大骨料后的混凝土体积为 1−0.199=0.801m³，其 MgO 含量为 9.40×1.00/0.801=11.74kg/m³，无应力计测得的自生体积变形与原级配混凝土自生体积变形之比为 G_1/G_2=（11.74−2.50）/（9.40−2.50）=1.339 倍。

【算例3】 三级配混凝土，MgO 掺量 5.5%，每立方米混凝土含材料：水 138kg，水泥 160.3kg，粉煤灰 68.7kg，减水剂 1.6kg，MgO12.6kg，砂 654kg，石子：5～20mm 的 290kg、20～40mm 的 435kg、40～80mm 的 725kg，剔除 40mm 以上大石后，每立方米混凝土 MgO 含量为 17.23kg，由式（2）得，G_1/G_2=（17.23−2.50）/（12.6−2.50）=1.46，湿筛后的混凝土试件的自生体积变形为原级配混凝土的 1.46 倍。

由以上三例可见，经过湿筛，试件和无应力计周围混凝土的自生体积变形比坝体中原级配混凝土增幅相当大。这一差别可称为室内外差，过去为人们所忽略。

2 考虑室内外差别的微膨胀混凝土自生体积变形计算模型

微膨胀混凝土坝应力分析中需要用到自生体积变形增量。令自生体积变形为

$$G(\tau, T) = k(M)F(\tau, T) \tag{4}$$

式中：$G(\tau, T)$ 为坝体混凝土自生体积变形；$k(M)$ 为 MgO 含量修正系数；$F(\tau, T)$ 为室内混凝土试件测得的自生体积变形。由式（2）可知，$k(M)$ 可按下式计算

$$k(M) = \frac{M_d - g}{M_s - g} \tag{5}$$

式中：M_d 为坝体原级配混凝土 MgO 含量，kg/m^3；M_s 为试件混凝土（湿筛后）MgO 含量，kg/m^3；g 为试验常数，由式（3）计算。

笔者把函数 $F(\tau, T)$ 表示如下

$$F(\tau, t) = F_0[1 - \exp(-aT^b\tau^c)] \tag{6}$$

式中：F_0 为试件最终膨胀量，一般由试验曲线可以查得；a、b、c 为三个参数。因此，式（6）为一个三参数表达式，对式（6）取两次自然对数后得

$$\ln a + b\ln T + c\ln \tau = \ln[-\ln(1 - F/F_0)] \tag{7}$$

以 $\ln T$ 为横坐标，$\ln[-\ln(1-F/F_0)]$ 为纵坐标，取 $\tau = \tau_1$ 及 $\tau = \tau_2$，过试验点子做两条平行直线，由直线斜率可求出 b，由两直线在纵坐标上的截距可求出 a 和 c，求出 a、b、c 后可以进行一些适当的修正，使计算值与试验值符合得更好一些。

李承木在掺有 30% 粉煤灰的峨眉 525 号硅酸盐大坝水泥中，外掺 4% 的 MgO，进行了不同试验温度条件下的自生体积变形试验，结果见文献 [3] 图 1。下面以该图试验结果为例，说明如何计算式（6）中的参数 a、b、c。

以 $\ln T$ 为横坐标，$\ln[-\ln(1-F/F_0)]$ 为纵坐标，作图如图 1。考虑到 $t=100d$ 的试验成果较重要，过 $t=100d$ 的点做一直线，如图 1 中实线所示。在此直线上取出 $\ln T=3.0$ 和 $\ln T=4.0$ 两点，得到

$$\tau = 100d, \quad \ln T = 3.0: \quad b \times 3.0 + \ln a + c\ln \tau = -1.51$$
$$\ln T = 4.0: \quad b \times 4.0 + \ln a + c\ln \tau = 0.63$$

由以上二式相减，求得 $b=2.14$。

为了求 c 和 a，过 $\tau=200d$ 的点子，作一条平行于第一条直线的第二条直线（图中虚线）。在第一、第二两条直线上，取出以下两点

$$\tau = 100d, \quad \ln T = 3.0: \quad 3.0b + \ln a + c \times \ln 100 = -1.51$$
$$\tau = 200d, \quad \ln T = 3.0: \quad 3.0b + \ln a + c \times \ln 200 = -1.05$$

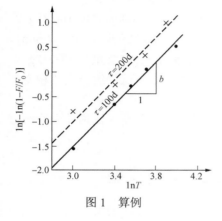

图 1 算例

两式相减，求得 $c=0.664$，再把 b、c 代入上式，求得 $a=0.000017$，于是得到 $F(\tau, T)$ 表达式如下

$$F(\tau, T) = 220[1 - \exp(-0.000017T^{2.14}\tau^{0.664})] \tag{A}$$

对 a、b、c 略做修改，得到

$$F(\tau, T) = 220[1 - \exp(-0.000018T^{2.14}\tau^{0.680})] \tag{B}$$

计算结果见表 1，从《论微膨胀混凝土筑坝技术》图 1 可见，如果认为 $T=20℃$ 和 $T=40℃$ 的试验结果是正确的，那么 $T=30℃$ 的试验结果明显偏小，这一因素为计算参数的拟合带来了一定困难，考虑到这个因素，应该说式（A）、式（B）的计算结果与试验资料的符合是比较好的，其中

式（B）似更好一些。

表1　　　　　　　　　　　　自 生 体 积 变 形 算 例　　　　　　　　（单位：10^{-6}）

τ(d)	100			200			400			600		
	A	B	C	A	B	C	A	B	C	A	B	C
T(℃) 20	45	49	42	68	73	80	97	104	120	118	126	130
30	94	98	90	127	135	120	165	172	145	184	190	160
40	141	147	145	176	182	165	203	207	190	212	215	220
50	178	183	180	204	207	205	216	217	210	219	219	220

注：A 为式（A）计算值；B 为式（B）计算值；C 为试验值。

3　变温条件下自生体积变形计算

变温条件下自生体积变形应采用增量法计算如下

$$\Delta G(\tau,T)=k(M)\frac{dF}{d\tau}\Delta\tau \tag{8}$$

$$\frac{dT}{d\tau}=F_0 acT^b\tau^{c-1}[1-F(\tau,T)/F_0] \tag{9}$$

式（6）中的系数 a、b、c 是在不同温度、不同龄期下求出的，仍可近似地用于此处。

4　氧化镁混凝土后期膨胀的影响

由于氧化镁混凝土的最终膨胀取决于 MgO 完全水化后所产生的体积膨胀，所以对于给定配合比的氧化镁混凝土，其最终膨胀变形只与氧化镁含量有关；但达到最终膨胀量所需时间则与温度有关，若混凝土温度较低，可能需要很多年时间。例如，混凝土温度20℃，达到最终膨胀量就需要 20 年以上时间。一般的工程试验，自生体积变形历时很少超过 3 年，但氧化镁混凝土在 3 年以后还有一定的膨胀。

对于本篇《论微膨胀混凝土筑坝技术》图 1 所示，大坝水泥外掺 4%MgO 混凝土自生体积变形，当 T=50℃、τ=3a 时，变形已趋于稳定，可以认为，当 T=50℃最终自生体积变形 G_0=G（3a），由此可算得其他温度条件下变形比 $G_0/G(\tau)$见表2。

表2　　　　　　　　大坝水泥外掺 4%MgO 混凝土自生体积变形比

T℃	50	40	30	20
G_0/G（3 年）	1.00	1.08	1.31	1.53
G_0/G（1 年）	1.02	1.18	1.60	1.91
G_0/G（6 月）	1.08	1.30	1.85	2.68

5　关于氧化镁混凝土试验

对于坝体应力来说，不但膨胀速率有影响，膨胀总量也有影响，温度对氧化镁混凝土膨胀有重要影响。目前有的工程，只做 20℃ 一组试验，时间只有半年就用来做设计，这不但不能了解温度对膨胀速率的影响，也不知道最终膨胀量有多大，如何计算坝体后期的应力状态？从文献 [3] 图 2 可知，温度 50℃ 时的试验也需 3 年左右才能求出最终膨胀量，为了在 1 年内求出最终膨胀量，应提高试验温度到 70～80℃。为此，建议扩大试验的温度范围，例如，做 20、40、60、80℃ 共 4 组试验，龄期 1 年左右，基本上可以了解温度对膨胀的影响及最终膨胀量，当然以后试验时间还可以延长。但为了抢时间，在 20～80℃ 温度范围、有 1 年的试验资料估计已可满足设计需要。对于北方工程，试验温度可定为 10、30、50、80℃。最后一组 80℃ 试验，主要是为了在较短时间内求得最终膨胀量，实际坝内温度没有这么高。当温度达到 80℃ 时，估计有半年时间就可求得最终膨胀量。

6　结束语

笔者指出了微膨胀混凝土筑坝技术中存在着室内外差别、时间差和地区差。过去人们没有注意到这三大差别，实际上它们对氧化镁混凝土筑坝的影响是十分重要的。本文给出了室内外差别计算方法，给出了考虑室内外差别的微膨胀混凝土自生体积变形的计算模型，指出了后期膨胀的影响，提出了如何改进氧化镁混凝土试验方法，这些有利于提高我国氧化镁混凝土筑坝的技术水平。

参　考　文　献

[1] 朱伯芳. 论微膨胀混凝土筑坝技术 [J]. 水力发电学报，2000（3）：1-12.

[2] 朱伯芳. 大体积混凝土温度应力与温度控制 [M]. 北京：中国电力出版社，1999.

[3] 李承木. 不同试验温度条件下 MgO 混凝土的自生体积变形研究 [J]. 水电工程研究，1998（3）.

兼顾当前温度与历史温度效应的氧化镁混凝土双温计算模型❶

摘　要： 氧化镁混凝土的微膨胀变形可以补偿一部分温度应力，从而简化大体积混凝土的温度控制措施，加快施工进度。氧化镁混凝土的膨胀变形与氧化镁含量、当前温度及历史温度等因素有关，笔者提出了全面考虑上述因素的氧化镁混凝土双温计算模型。

关键词： 氧化镁混凝土；膨胀变形；当前温度；历史温度；氧化镁含量

Double Temperature Computing Model of MgO Concrete Considering the Effect of Present Temperature and Histrorical Temperature

Abstract: Both the present temperature and the historical temperature have remarkable influence on the deformation of MgO concrete. A computing model considering the influence of both the present temperature and the historical temperature is proposed in this paper.

Key words: MgO concrete，present temperature，historical temperature，computing model

氧化镁混凝土是我国自主开发的新技术，以往主要用于基础填塘、隧洞堵头和重力坝，近年已开始用于拱坝[1]。在氧化镁混凝土应用于实际工程时，其膨胀变形到底有多大、变化规律如何，显然是关键因素。从已有的试验资料来看，氧化镁混凝土受到以下几个因素的影响：①单位体积内氧化镁含量 M。室内混凝土试件经过湿筛，氧化镁含量较实际工程为大，因此室内试验求出的膨胀变形偏大。一个实例表明，四级配混凝土，经过湿筛的试件的膨胀变形约为原级配混凝土的 1.9 倍。②氧化镁混凝土的膨胀变形来自方镁石的水化作用，因此变形的大小和变化速率强烈依赖于温度，包括当前温度和历史温度。

笔者于 2002 年 6 月提出了一个氧化镁混凝土膨胀变形的计算模型[2]，考虑了氧化镁含量和当前温度的影响，计算很简单，与试验资料也符合得比较好，但没有考虑历史温度的影响。文献 [3] 提出了一个计算模型，考虑了历史温度的影响，但没有考虑氧化镁含量室内外差别及当前温度的影响，本文提出一个新的双温计算模型，全面考虑了上述三个因素，计算简便，并与试验资料符合得相当好。

---

❶　原载《水利水电技术》2003 年 4 期。

1 计算模型

氧化镁混凝土自生体积变形表示如下

$$G(\tau,T) = k(M)F(\tau,T) \tag{1}$$

式中　$G(\tau,T)$——坝体混凝土的自生体积变形；

M——单位体积内氧化镁含量，kg/m^3；

$k(M)$——坝体混凝土与室内试件混凝土膨胀变形修正系数；

$F(\tau,T)$——室内试件测得的自生体积变形。

$k(M)$由式（2）计算

$$k(M) = \frac{M_d - g}{M_s - g} \tag{2}$$

式中　M_d——坝体原级配混凝土 MgO 含量，kg/m^3；

M_s——试件混凝土（湿筛后）MgO 含量，kg/m^3；

g——试件常数，如不掺 MgO，混凝土通常是收缩的，所以 g 实际上是抵消混凝土自生收缩变形所需的 MgO 含量。

设有两组试件，一组 MgO 含量为 M_1，膨胀量为 C_1；另一组 MgO 含量为 M_2，膨胀量为 C_2，由插值关系可得 g 值如下

$$g = \frac{1}{2}\left[(M_1 + M_2) - \frac{(G_1 + G_2)(M_1 - M_2)}{G_1 - G_2} \right] \tag{3}$$

氧化镁混凝土应用于水工结构时，目前一般通过仿真计算以分析其补偿作用，在仿真计算中需要用到的是氧化镁混凝土自生体积变形的如下增量

$$\Delta G(\tau,T) = k(M)\frac{dF}{d\tau}\Delta\tau \tag{4}$$

文献［4］中，在掺有30%粉煤灰的峨眉525号硅酸盐大坝水泥中，外掺4%的氧化镁，进行了不同试验温度条件下的自生体积变形试验，结果见图1。

氧化镁混凝土的自生体积变形具有下列特性：①氧化镁的水化是一个不可逆的过程，因此氧化镁混凝土的膨胀变形是单调递增的；②变形总量是一定的并与单位体积内氧化镁含量有关；③变形速率强烈依赖于当时混凝土温度，温度越高，水化反应越快，变形速率越大；④早期变形速率大，随着水化作用的逐步发展，变形速率逐渐减小，当氧化镁全部水化时，变形结束，变形速率趋于零。

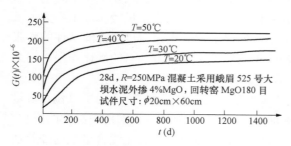

图 1　氧化镁混凝土的自生体积变形

根据上面的分析，氧化镁混凝土变形速率具有下列性质：

（1）变形速率与当时混凝土温度有关，温度越高，变形速率越大；

（2）变形速率与氧化镁水化反应的累积完成程度有关，它不但与过去的温度有关，还与

经历的时间有关。考虑到变形速率与温度的非线性关系，用函数 S 表示它的影响，即

$$S = \int_0^\tau T^{b_i} \mathrm{d}\tau \tag{5}$$

式中 τ ——时间；

       T ——温度。

随着 S 的增大，变形速率逐渐减小，并最终趋于零。

对于室内氧化镁混凝土试件的膨胀变形速率，建议取计算模型如下

$$\frac{\mathrm{d}F}{\mathrm{d}\tau} = \sum_{i=1}^n a_i c_i F_i T^{b_i} \tau^{c_i-1} \exp(-a_i S \tau^{c_i-1}) \tag{6}$$

$$\sum_{i=1}^n F_i = F_0 \tag{7}$$

式中 F_0 ——混凝土最终膨胀变形，可直接从试验曲线中查得；

a_i、b_i、c_i、F_i ——均为计算参数。

式（6）既反映了当前温度 T 的影响，又通过式（5）反映了历史温度的影响。

通常室内试验是在恒温下进行的，当温度 T 为常数时，由式（5），有

$$S = T^{b_i} \tau \tag{8}$$

将式（8）代入式（6），经过积分，可得到

$$F(\tau,T) = \sum_{i=1}^n F_i \left[1 - \exp(-a_i T^{b_i} \tau^{c_i})\right] \tag{9}$$

根据式（9）和试验资料，用优化方法很容易求出计算参数 a_i、b_i、c_i、F_i。

在实际工程中，混凝土温度是不断变化的，因此，应由式（5）计算函数 S，由式（6）计算湿筛后混凝土的变形速率，再由式（4）计算坝体混凝土的自生体积变形增量 $\Delta G(\tau,T)$。

式（9）是笔者在 2002 年 5 月首先提出的[2]，经验表明，这个式子收敛得非常快，实际上只取一项就与试验资料符合得相当好。例如，对于图 1 所示试验资料，可取

$$F(\tau,T) = 220 \times 10^{-6} \left[1 - \exp(-0.000018 T^{2.14} \tau^{0.680})\right] \tag{10}$$

即 $F_0 = 220 \times 10^{-6}$, $a = 0.000018$, $b = 2.14$, $c = 0.680$

2   算例

下面给出一个算例，说明如何计算氧化镁混凝土的自生体积变形速率 $\mathrm{d}F/\mathrm{d}\tau$，取 $n=1$，把 $F_0 = 220 \times 10^{-6}$, $a = 0.000018$, $b = 2.14$, $c = 0.680$ 代入式（6），得到

$$\frac{\mathrm{d}F}{\mathrm{d}\tau} = 0.002693 \times 10^{-6} T^{2.14} \tau^{-0.320} \exp(-0.000018 S \tau^{-0.320}) \tag{11}$$

设温度变化过程如图 2 所示，当 $\tau = 0 \sim 150\mathrm{d}$ 时，T=40℃；当 $\tau = 150 \sim 300\mathrm{d}$ 时，T=20℃；当 $\tau \geq 300\mathrm{d}$ 时，T= 40℃。根据式（11）计算 A、B、C、D 各点变形速率如下

点 A：S=402250，T=40℃，τ =150d

$$\frac{\mathrm{d}F}{\mathrm{d}\tau} = 0.338 \times 10^{-6} (1/\mathrm{d})$$

点 B：S=402250，T=20℃，τ =150d

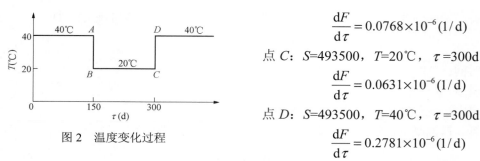

$$\frac{\mathrm{d}F}{\mathrm{d}\tau}=0.0768\times10^{-6}(1/\mathrm{d})$$

点 C：$S=493500$，$T=20\,℃$，$\tau=300\mathrm{d}$

$$\frac{\mathrm{d}F}{\mathrm{d}\tau}=0.0631\times10^{-6}(1/\mathrm{d})$$

点 D：$S=493500$，$T=40\,℃$，$\tau=300\mathrm{d}$

$$\frac{\mathrm{d}F}{\mathrm{d}\tau}=0.2781\times10^{-6}(1/\mathrm{d})$$

图 2　温度变化过程

不难看出，上述计算结果是很合理的，它们既反映了当前温度的影响，又反映了历史温度的影响，实际工程的仿真计算中，温度变化是不规则的，可利用数值积分，由式（5）计算 S，再由式（6）计算 $\mathrm{d}F/\mathrm{d}\tau$。

3　变形模型与变形速率模型的比较

微膨胀混凝土自生体积变形的计算模型有两种表示方式，即变形模型和变形速率模型。由于微膨胀混凝土的变形速率强烈依赖于当时的混凝土温度，而混凝土温度又可能发生剧烈变化，因此变形速率模型明显优于变形模型。例如，如图 2 所示，从点 A 到点 B，温度发生突变，变形速率随之发生突变，这种变化在变形速率模型中比较容易表示，而在变形模型中要表示它就比较困难。

参　考　文　献

[1] 朱伯芳. 论微膨胀混凝土筑坝技术 [J]. 水力发电学报，2000，(3)：1-12.

[2] 朱伯芳. 微膨胀混凝土自生体积变形的计算模型和试验方法 [J]. 水利学报，2002，(12).

[3] 李承木. 不同试验温度条件下 MgO 混凝土的自生体积变形研究 [J]. 水电工程研究，1998，(3).

[4] 张国新. 考虑温度过程效应的 MgO 微膨胀热积模型 [J]. 水力发电，2002，(11)：28-32.

第 11 篇

渗流场分析
Part 11　Analysis of
Seepage Field

渗流场中考虑排水孔作用的杂交元❶

摘　要： 排水孔是经常采用的、比较重要的工程措施。在渗流场的有限元分析中如何考虑排水孔的作用是一个比较困难和尚未解决的问题。本文提出一个解法，可在渗流场中有效地考虑排水孔的作用。对平面流场、空间流场和准平面流场分别给出了计算方法和公式。

关键词： 排水孔；杂交元；渗流场

The Analysis of the Effect of Draining Holes in the Seepage Field by Means of Hybrid Elements

Abstract: Draining holes are frequently used in rock foundations. The effect of draining holes in the seepage field is quite remarkable. A hybrid element is designed in this paper to take into account the effect of draining holes in the finite element analysis of seepage field. The methods of computation and relevant formulae are given respectively for the two dimensional problem, the three dimensional problem and the quasi two dimensional problem.

Key words: draining holes, hybrid element, seepage field

一、前言

实践经验表明，有限元是分析渗流场的有效工具[1, 2]，但在渗流场中如何考虑排水孔作用却是一个尚未解决的问题。在渗流场的有限元网格中，单元尺寸通常在 5～10m，排水孔的半径一般只有 5～10cm，如采用通常的单元分析排水孔作用，在排水孔附近单元尺寸也必须减小到 5～10cm，即单元网格必须加密 100 倍，单元数量必然急剧增加，因此实际上无法采用。此外，还存在一个更加难以克服的困难：重力坝和支墩坝基础渗流场通常按平面问题分析，但在排水孔附近的渗流场却是三维的，在平面渗流场有限元分析中用通常方法考虑三维的排水孔作用是根本不可能的。正是由于存在着上述困难，在渗流场有限元分析中目前无法考虑排水孔作用。但排水孔又是经常采用的、比较重要的工程措施，因此在渗流场的有限元分析中如何考虑排水孔作用是一个急待解决的问题。

本文建议用杂交元来解决这个问题。在排水孔附近，设计一种特殊单元以考虑排水孔作用，在其余部分采用通常的单元，在单元与单元之间的接触面上，引用拉格朗日乘子，使连续条件得到满足。按平面流场、空间流场及准平面流场分别给出了计算方法和

---

❶　原载《水利学报》1982 年第 9 期及 Proc. Symposium on Finite Element Method，Shanghai，1984。

公式。

二、平面渗流场

设水头函数为（见图 1）

$$\phi = y + p/\gamma \tag{1}$$

式中：γ 为流体容重；p 为流体压力；y 为自某基准面算起的高度；y 轴铅直向上。

根据达西定律，在 x、y 方向的流速为

$$v_x = -k\partial\phi/\partial x, v_y = -k\partial\phi/\partial y \tag{2}$$

式中：k 为渗透系数。连续方程为

在 A 内 $\qquad \nabla^2\phi = (\partial^2\phi/\partial x^2) + (\partial^2\phi/\partial y^2) = 0 \tag{3}$

引入记号

$$V_x = u = \partial\phi/\partial x, V_y = v = \partial\phi/\partial y \tag{4}$$

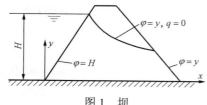

图 1　坝

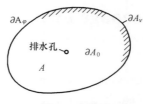

图 2　求解域

参照图 2，边界条件可表示为

在边界 ∂A_ϕ 上 $\qquad\qquad \phi = \overline{\phi} \tag{5}$

在排水孔边缘 ∂A_0 上 $\qquad\qquad \phi = \phi_0 \tag{6}$

在边界 ∂A_v 上 $\qquad\qquad V \cdot v = -q/k = \overline{\phi_v} \tag{7}$

式中：$\overline{\phi}$、$\overline{\phi_0}$、$\overline{\phi_v}$ 为已知值；q 为通过边界 ∂A_v 的已知流量；v 为边界外法线的单位矢量。

根据变分原理[1]，这个问题可转化为泛函极值问题：在 ∂A_ϕ 上 $\phi = \overline{\phi}$，在 ∂A_0 上 $\phi = \phi_0$，而且泛函

$$\Pi = \frac{1}{2}\int_A (\nabla\phi)^2 \mathrm{d}A - \int_{\partial A_v} \phi\overline{\phi_v}\mathrm{d}s = 极小 \tag{8}$$

为了引入杂交元，把上式改写成[3]

$$\Pi = \iint_A \left[V \cdot \nabla\phi - \frac{1}{2}(u^2 + v^2) \right]\mathrm{d}A - \int_{\partial A_v} \phi_0\overline{\phi_v}\mathrm{d}s = 极小 \tag{9}$$

根据 Green 定理，有 $\int_A V \cdot \nabla\phi\mathrm{d}A = -\int_A \phi\nabla \cdot V\mathrm{d}A + \int_{\partial A}\phi V \cdot v\mathrm{d}s$，把此式代入式（9），并注意 $\partial A = \partial A_v + \partial A_\phi + \partial A_0$，而且在 ∂A_ϕ 上 $\phi = \overline{\phi}$，在 ∂A_0 上 $\phi = \phi_0$，得到

$$\Pi = -\iint_A \left[\phi\nabla \cdot V + \frac{1}{2}(u^2 + v^2) \right]\mathrm{d}A + \int_{\partial A_v} \phi(V \cdot v - \overline{\phi_v})\mathrm{d}s$$
$$+ \int_{\partial A_\phi} \overline{\phi}\, V \cdot v\mathrm{d}s + \int_{\partial A_0} \phi_0 V \cdot v\mathrm{d}s \tag{10}$$

把 A 划分为有限个单元，则泛函

$$\Pi = \sum_{\text{全部单元}} \left\{ -\int\limits_{A_m} \left[\phi \nabla \cdot V + \frac{1}{2}(u^2 + v^2) \right] dA + \int\limits_{(\partial A_v)_m} \phi(V \cdot v - \overline{\phi_v}) ds \right. \tag{11}$$

$$\left. + \int\limits_{(\partial A_\phi)_m} \phi V \cdot v ds + \int\limits_{(\partial A_0)_m} \phi_0 V \cdot v ds \right\}$$

式中：下标 m 代表第 m 个单元。在单元之间的公共边界上，要求 $V \cdot v$ 连续，即

$$(V \cdot v)_I + (V \cdot v)_{II} = 0$$

引入拉格朗日乘子 $\tilde{\phi}$，在 ∂A_v 上等于 ϕ，在 ∂A_ϕ 上等于 $\overline{\phi}$，定义

$$\Pi' = \int\limits_{\text{全部单元间边界}} \tilde{\phi}[(V \cdot v)_I + (V \cdot v)_{II}] ds \tag{12}$$

$$= \sum_{\text{全部单元}} \left\{ \int\limits_{(\partial A)_m} \tilde{\phi} V \cdot v ds - \int\limits_{(\partial A_v)_m} \phi V \cdot v ds - \int\limits_{(\partial A_\phi)_m} \overline{\phi} V \cdot v ds \right\}$$

把 Π' 与 Π 相加，得到

$$\Pi_h = \Pi + \Pi' = \sum_m \Pi_{hm} \tag{13}$$

式中

$$\Pi_{hm} = \int\limits_{(\partial A)_m} \tilde{\phi} V \cdot v ds - \int\limits_{A_m} \left[\phi \nabla \cdot V + \frac{1}{2}(u^2 + v^2) \right] dA$$

$$- \int\limits_{(\partial A_v)_m} \tilde{\phi} \overline{\phi_v} ds + \int\limits_{(\partial A_0)_m} \phi_0 V \cdot v ds \tag{14}$$

在每个单元内，要求下式成立

$$\nabla \cdot V = \nabla^2 \phi = 0 \tag{15}$$

代入式（14），得到

$$\Pi_{hm} = \int\limits_{(\partial A)_m} \tilde{\phi} V \cdot v ds - \int\limits_{A_m} \frac{1}{2}(u^2 + v^2) dA$$

$$- \int\limits_{(\partial A_v)_m} \tilde{\phi} \overline{\phi_v} ds + \int\limits_{(\partial A_0)_m} \phi_0 V \cdot v ds \tag{16}$$

在式（10）~式（16）中，如果把包含 ∂A_0 的项删去，则退化为不考虑排水孔的一般杂交元的公式，见文献［3］。

我们在有排水孔的地方采用特殊单元，在其余地方，采用一般单元[3]。一般单元的计算方法和公式见文献［3］。下面给出有排水孔的特殊单元的计算方法和公式。

采用极坐标，在单元内部要求

$$\nabla^2 \phi = \frac{1}{r} \frac{\partial}{\partial r} \left(r \frac{\partial \phi}{\partial r} \right) + \frac{1}{r^2} \frac{\partial^2 \phi}{\partial \theta^2} = 0 \tag{17}$$

在排水孔边缘上，即

当 $r = a$ 时 $\phi = \phi_0$ $\tag{18}$

式中：a 为排水孔半径；ϕ_0 为已知常数。

令 $\phi(r, \theta) = f(r)g(\theta)$

代入式（17），分离变量，得到两个常微分方程

$$r^2(\mathrm{d}^2 f/\mathrm{d}r^2)+r(\mathrm{d}f/\mathrm{d}r)-n^2 f=0 \tag{19}$$
$$(\mathrm{d}^2 g/\mathrm{d}\theta^2)+n^2 g=0$$

函数 $g(\theta)$ 必须满足周期性条件

$$g(\theta\pm 2\pi)=g(\theta)$$

由上式推知，n 等于零或正整数，因此满足式（17）、式（18）的解为

$$\phi = \phi_0 + \beta_1 \ln(r/a)+(\beta_2\sin\theta+\beta_3\cos\theta)(r-a^2/r)+\cdots$$
$$+(\beta_{2n}\sin n\theta+\beta_{2n+1}\cos n\theta)(r^n-a^{2n}/r^n) \tag{20}$$

由上式分别对 r 和 θ 求导数，得到

$$V=\begin{Bmatrix} V_r \\ V_\theta \end{Bmatrix}=\begin{Bmatrix} \partial\phi/\partial r \\ \partial\phi/r\partial\theta \end{Bmatrix}=\boldsymbol{P}\boldsymbol{\beta} \tag{21}$$

式中

$$\boldsymbol{P}=\begin{bmatrix} 1/r,(1+a^2/r^2)\sin\theta,(1+a^2/r^2)\cos\theta,\cdots \\ 0,(1-a^2/r^2)\cos\theta,-(1-a^2/r^2)\sin\theta,\cdots \end{bmatrix}$$

$$\boldsymbol{\beta}=[\beta_1,\beta_2,\cdots,\beta_n,\cdots]^{\mathrm{T}}$$

在单元边界上，假定

$$\tilde{\phi}=\boldsymbol{L}\boldsymbol{q} \tag{22}$$

式中：$\boldsymbol{q}=[q_1 q_2 q_3 \cdots]^{\mathrm{T}}$ 为单元结点值；$\boldsymbol{L}$ 为沿着单元边界的插值函数阵。

$$\boldsymbol{L}=[1-s/s_{12},\quad s,\quad 0,\quad 0]\quad 在结点 1 与 2 之间$$
$$=[0,\quad 1-s/s_{23},\quad s,\quad 0]\quad 在结点 2 与 3 之间$$
$$\cdots\cdots$$

其中 s 是从结点 1 算起的距离坐标，而 s_{12} 是点 1 与 2 之间的距离。

由式（21）可知

$$V\cdot v=v^{\mathrm{T}}\boldsymbol{P}\boldsymbol{\beta} \tag{23}$$

其中 $v=\begin{Bmatrix} v_r \\ v_\theta \end{Bmatrix}$。

把式（21～23）代入式（16），得到

$$\Pi_{hm}=\boldsymbol{\beta}^{\mathrm{T}}\boldsymbol{G}\boldsymbol{q}-\boldsymbol{\beta}^{\mathrm{T}}\boldsymbol{H}\boldsymbol{\beta}/2-\boldsymbol{q}^{\mathrm{T}}\boldsymbol{Q}'+\boldsymbol{\beta}^{\mathrm{T}}\boldsymbol{F} \tag{24}$$

式中

$$\boldsymbol{H}=\int_{A_m}\boldsymbol{P}^{\mathrm{T}}\boldsymbol{P}\mathrm{d}A;\quad \boldsymbol{G}=\int_{(\partial A)_m}\boldsymbol{P}^{\mathrm{T}}\boldsymbol{v}\boldsymbol{L}\mathrm{d}s$$

$$\boldsymbol{Q}'=\int_{(\partial A_v)_m}\overline{\phi_v}\boldsymbol{L}^{\mathrm{T}}\mathrm{d}s;\quad \boldsymbol{F}^{\mathrm{T}}=[2\pi\phi_0,0,0,\cdots]^{\mathrm{T}}$$

其中 $\boldsymbol{H}$ 是通过面积分而得到的，可以排水孔中心为顶点，把单元划分为几个三角形，如图 3 所示，然后积分如下

$$\boldsymbol{H}=\int_{A_m}\boldsymbol{P}^{\mathrm{T}}\boldsymbol{P}\mathrm{d}A=\int_{012}\boldsymbol{P}^{\mathrm{T}}\boldsymbol{P}\mathrm{d}A+\int_{023}\boldsymbol{P}^{\mathrm{T}}\boldsymbol{P}\mathrm{d}A+\cdots$$

$$=\int_{\theta_1}^{\theta_2}\int_a^{r(\theta)}\boldsymbol{P}^{\mathrm{T}}\boldsymbol{P}r\mathrm{d}r\mathrm{d}\theta+\int_{\theta_2}^{\theta_3}\int_a^{r(\theta)}\boldsymbol{P}^{\mathrm{T}}\boldsymbol{P}r\mathrm{d}r\mathrm{d}\theta+\cdots$$

$\boldsymbol{G}$ 和 $\boldsymbol{Q}'$ 是通过线积分得到的，可沿着单元的几条边界分别进行线积分，然后累加。

由式（24）的 Π_{hm} 对 $\boldsymbol{\beta}$ 取极值，$\partial\Pi_{hm}/\partial\boldsymbol{\beta}=0$，于是得到 $\boldsymbol{H}\boldsymbol{\beta}-\boldsymbol{G}\boldsymbol{q}-\boldsymbol{F}=0$。解之，得到

$$\boldsymbol{\beta}=\boldsymbol{H}^{-1}(\boldsymbol{Gq}+\boldsymbol{F}) \qquad (25)$$

把上式代入式（24），得到

$$\Pi_{hm}=(\boldsymbol{q}^{\mathrm{T}}\boldsymbol{k}^e\boldsymbol{q}/2)+\boldsymbol{q}^{\mathrm{T}}\boldsymbol{Q}''+\boldsymbol{F}^{\mathrm{T}}\boldsymbol{H}^{-1}\boldsymbol{F}/2 \qquad (26)$$

式中：$\boldsymbol{Q}''=\boldsymbol{G}^{\mathrm{T}}\boldsymbol{H}^{-1}\boldsymbol{F}-\boldsymbol{Q}'$; $\boldsymbol{k}^e=\boldsymbol{G}^{\mathrm{T}}\boldsymbol{H}^{-1}\boldsymbol{G}$, $\boldsymbol{k}^e$ 即为单元刚度矩阵。

现在式（13）可写成

$$\Pi_h = \sum_{\text{全部单元}} \left(\frac{1}{2}\boldsymbol{q}^{\mathrm{T}}\boldsymbol{k}^e\boldsymbol{q} + \boldsymbol{q}^{\mathrm{T}}\boldsymbol{Q}'' + \frac{1}{2}\boldsymbol{F}^{\mathrm{T}}\boldsymbol{H}^{-1}\boldsymbol{F}\right) \qquad (27)$$

至此，用常规方法即可得到问题的解[1, 3]。

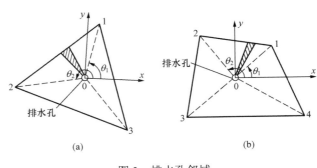

图 3　排水孔邻域

（a）三角形单元；（b）四边形单元

三、空间渗流场

在三维区间 R 内，连续方程为

$$\nabla^2\phi = \partial^2\phi/\partial x^2 + \partial^2\phi/\partial y^2 + \partial^2\phi/\partial z^2 = 0 \qquad (28)$$

边界条件为

在 ∂R_v 上　　　　　　　　　$\partial\phi/\partial v = \overline{\phi_v}$

在 ∂R_ϕ 上　　　　　　　　$\phi = \overline{\phi}$ $\qquad (29)$

在孔口边缘 ∂R_0 上　　　　　$\phi = \phi_0$

根据变分原理，转化为极值问题：在 ∂R_ϕ 上 $\phi = \overline{\phi}$，在 ∂R_0 上 $\phi = \phi_0$，且泛函

$$\Pi = \frac{1}{2}\int_R(\nabla\phi)^2\mathrm{d}R - \int_{\partial R_v}\phi\overline{\phi_v}\mathrm{d}s = \text{极小} \qquad (30)$$

记

$$V = \begin{Bmatrix} V_x \\ V_y \\ V_z \end{Bmatrix} = \begin{Bmatrix} u \\ v \\ w \end{Bmatrix} = \begin{Bmatrix} \partial\phi/\partial x \\ \partial\phi/\partial y \\ \partial\phi/\partial z \end{Bmatrix} \qquad (31)$$

则式（30）可写成

$$\Pi = \int_R\left[V \cdot \nabla\phi - \frac{1}{2}(u^2 + v^2 + w^2)\right]\mathrm{d}R - \int_{\partial R_v}\phi\overline{\phi_v}\mathrm{d}s = \text{极小} \qquad (32)$$

对上式右端第一个积分中的第一项应用三维 Green 定理，得到

$$\Pi = -\int_R\left[\phi\nabla \cdot V + \frac{1}{2}(u^2 + v^2 + w^2)\right]\mathrm{d}R + \int_{\partial R_v}\phi(v \cdot V - \overline{\phi_v})\mathrm{d}s$$

$$+ \int_{\partial R_\phi}\overline{\phi_v}V \cdot v\mathrm{d}s + \int_{\partial R_0}\phi_0\, V \cdot v\mathrm{d}s \qquad (33)$$

把区域 R 划分成有限个单元，在单元之间的公共边界上要求 $V \cdot v$ 连续，并引入拉氏乘

子 $\tilde{\phi}$，在 ∂R_v 上等于 ϕ，在 ∂R_ϕ 上等于 $\tilde{\phi}$，与平面流场情况类似，得到

$$\Pi_h = \sum_m \Pi_{hm} \tag{34}$$

式中：

$$\Pi_{hm} = \int_{(\partial R)_m} \tilde{\phi} \, V \cdot v \mathrm{d}s - \int_{K_m} \left[\phi \nabla \cdot V + \frac{1}{2}(u^2 + v^2 + w^2) \right] \mathrm{d}R$$
$$- \int_{(\partial R_v)_m} \tilde{\phi} \, \overline{\phi}_v \mathrm{d}s + \int_{\partial R_0} \phi_0 \, V \cdot v \mathrm{d}s \tag{35}$$

与平面流场一样，要求在每个单元内 ϕ 满足连续方程，于是式（35）可写成

$$\Pi_{hm} = \int_{(\partial R)_m} \tilde{\phi} \, V \cdot v \mathrm{d}s - \int_{R_m} \frac{1}{2}(u^2 + v^2 + w^2) \mathrm{d}R - \int_{(\partial R_v)_m} \tilde{\phi} \, \overline{\phi}_v \, \mathrm{d}s + \int \phi_0 V \cdot v \mathrm{d}s \tag{36}$$

在有排水孔处采用特殊单元，在其余地方采用一般单元。下面给出有排水孔处的特殊单元的计算方法和公式。

采用柱坐标，在有排水孔的特殊单元内部，要求

$$\nabla^2 \phi = \frac{1}{r} \frac{\partial}{\partial r}\left(r \frac{\partial \phi}{\partial r} \right) + \frac{1}{r^2} \frac{\partial^2 \phi}{\partial \theta^2} + \frac{\partial^2 \phi}{\partial z^2} = 0 \tag{37}$$

在排水孔边缘上，要求当 $r = a$ 时

$$\phi = \phi_0 \tag{38}$$

今以 z' 作为铅直方向整体坐标，据定义，可取 $\phi = z' + h/\gamma$，以 z 作为排水孔轴向坐标，有 $z' = c + z\cos\varphi$，其中 φ 为 z 与 z' 之间的夹角，故可取

$$\phi_0 = p_1 + p_2 z$$

其中 p_1 和 p_2 为给定的常数。

令

$$\phi(r, \theta, z) = f(r)g(\theta)h(z)$$

代入式（37），分离变量，得到

$$\frac{1}{fr}\frac{\partial}{\partial r}\left(r\frac{\partial f}{\partial r} \right) + \frac{1}{gr^2}\frac{\partial^2 g}{\partial \theta^2} + \frac{1}{h}\frac{\partial^2 h}{\partial z^2} = 0 \tag{39}$$

上式中前两项与 z 无关，而第三项又与 r、θ 无关，故应等于常数，令

$$\frac{1}{h}\frac{\partial^2 h}{\partial z^2} = -c^2$$

下面分三种情况，给出式（37）的解。

（1）$c = 0$ 此时满足式（37）且当 $r = a$ 时 $\phi = \phi_0 = p_1 + p_2 z$ 的解为

$$\phi_1 = (p_1 + p_2 z)[1 + \beta_1 \ln(r/a) + (\beta_2 \sin\theta + \beta_3 \cos\theta)(r - a^2/r)$$
$$+ \cdots + (\beta_{2n} \sin n\theta + \beta_{2n+1} \cos n\theta)(r^n - a^{2n}/r^n)] \tag{40}$$

（2）$c^2 = -c_m^2 < 0$ 此时满足式（37）且当 $r = a$ 时 $\phi = 0$ 的解为

$$\phi_2 = \sum_m \beta_m [J_0(c_m r)Y_0(c_m a) - J_0(c_m a)Y_0(c_m r)](\mathrm{sh}c_m z + \beta_m' \mathrm{ch}c_m z)$$
$$+ \sum_m \sum_m \beta_m''[J_n(c_m r)Y_n(c_m a) - J_n(c_m a)Y_n(c_m r)](\sin n\theta + \beta''' \cos n\theta) \tag{41}$$
$$(\mathrm{sh}c_m z + \beta_m'' \mathrm{ch}c_m z)$$

式中 $J_n(c_m r)$、$Y_n(c_m r)$ 分别是第一及第二类贝塞尔函数。

（3）$c^2 = c_m^2 > 0$ 此时满足式（37）且当 $r=a$ 时 $\phi = 0$ 的解为

$$\phi_3 = \sum_m \overline{\beta}_m [I_0(c_m r)K_0(c_m a) - I_0(c_m a)K_0(c_m r)](\sin c_m z + \overline{\beta}'_m \cos c_m z)$$

$$+ \sum_n \sum_m \overline{\beta}''_m [I_n(c_m r)K_n(c_m a) - I_n(c_m a)K_n(c_m r)] \tag{42}$$

$$(\sin n\theta + \overline{\beta}'''_m \sin n\theta)(\sin c_m z + \overline{\beta}^{m'}_m \cos c_m z)$$

式中，$I_n(c_m r)$、$K_n(c_m r)$ 分别为第一及第二类变质贝塞尔函数。

由式（40）～式（42）三式叠加，得到式（37）、式（38）的解为

$$\phi = \phi_1 + \phi_2 + \phi_3$$

从解的性质可以看出，在 ϕ_1、ϕ_2、ϕ_3 中，ϕ_1 是主要的，而在 ϕ_1 中，β_1、β_2、β_3 三项又是主要的，因此在 ϕ 中只要包含了 β_1、β_2、β_3 三项，就反映了排水孔的主要作用。

由 ϕ 分别对 r、θ、z 求导数，得到

$$V = \begin{Bmatrix} V_r \\ V_\theta \\ V_z \end{Bmatrix} = \begin{Bmatrix} \partial\phi/\partial r \\ \partial\phi/r\partial\theta \\ \partial\phi/\partial z \end{Bmatrix} = \boldsymbol{P\beta} \tag{43}$$

由上式得到

$$\boldsymbol{V} \cdot v = v^{\mathrm{T}} \boldsymbol{P\beta} \tag{44}$$

其中

$$v = [v_r v_\theta v_z]^{\mathrm{T}}$$

在单元边界上取拉氏乘子

$$\tilde{\phi} = \boldsymbol{Lq} \tag{45}$$

式中：$q = [q_1 q_2 \cdots]^{\mathrm{T}}$ 是单元结点 q 值；$\boldsymbol{L}$ 是沿着单元边界的插值函数阵。插值函数可采用二维形函数[1]，例如，对于 8 结点空间单元，在边界面 1234 上，可取

$$\boldsymbol{L} = [N_1, N_2, N_3, N_4, 0, 0, 0, 0],$$

式中 $N_1 = (1-\xi)(1-\eta)/4$；$N_2 = (1+\xi)(1-\eta)/4$；$N_3 = (1-\xi)(1+\eta)/4$；$N_2 = (1+\xi)(1+\eta)/4$

把式（43）～式（45）代入式（36），得到

$$\Pi_{hm} = \boldsymbol{\beta}^{\mathrm{T}} \boldsymbol{Gq} - (\boldsymbol{\beta}^{\mathrm{T}} \boldsymbol{H\beta}/2) - \boldsymbol{q}^{\mathrm{T}} \boldsymbol{Q}' + \boldsymbol{\beta}^{\mathrm{T}} \boldsymbol{F} \tag{46}$$

式中

$$G = \int_{(\partial R)_m} \boldsymbol{P}^{\mathrm{T}} \boldsymbol{v}^{\mathrm{T}} \boldsymbol{L} \mathrm{d}s ; \quad H = \int_{R_m} \boldsymbol{P}^{\mathrm{T}} \boldsymbol{P} \mathrm{d}R$$

$$\boldsymbol{Q}' = \int_{(\partial R_v)_m} \boldsymbol{L}^{\mathrm{T}} \overline{\phi}_v \mathrm{d}s; \quad \boldsymbol{\beta}^{\mathrm{T}} \boldsymbol{F} = 2\pi a \int \phi_0 \left[\frac{\partial\phi}{\partial r}\right]_{r=a} \mathrm{d}z \tag{47}$$

剩下的计算与前述平面流场相似，此处从略。

四、准平面渗流场

以重力坝为例，基础排水孔往往沿坝轴线方向以等间距（如 3m）布置，如图 4 所示。在排水孔附近的渗流场虽是三维的，但在离排水孔较远的广大范围内，却接近于平面流场。

沿着各排水孔之间的中面将求解区域 R 切开，得到一系列子域 ΔR。在子域内，沿着排水孔设置一串特殊的单元，其渗流场是三维的，如图 5 所示。子域 ΔR 的其余部分，采用平面渗流单元。

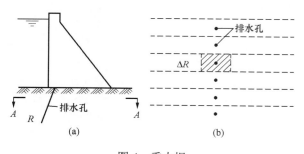

图 4　重力坝

（a）铅直剖面；（b）水平剖面 A-A

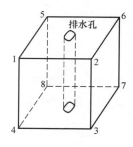

图 5　带排水孔单元

对于图 5 所示的带排水孔单元，由于对称，存在下列关系

$$q_1 = q_5; \quad q_2 = q_6; \quad q_3 = q_7; \quad q_4 = q_8 \tag{48}$$

由于对称，越过对称表面 1234 及 5678 的流量应等于零，因而不必计算面积分 G 及 Q' 中的相应元素。在其余 4 个表面，由于式（48），面积分的计算也可简化，例如在 2367 表面上

$$\tilde{\phi} = \overline{\boldsymbol{L}\boldsymbol{q}} = s_{26}[0,(1-\xi)/2,(1+\xi)/2,0]\begin{Bmatrix} q_1 \\ q_2 \\ q_3 \\ q_4 \end{Bmatrix}$$

式中：s_{26} 为单元厚度；ξ 为局部坐标。以 $\overline{L}$ 代替式（47）中的 L，可计算出相应的 G 和 Q'。

重力坝基础渗流场问题，本是空间流场问题，经过上述处理以后，就可按平面流场分析，计算工作得到很大的简化。

五、算例

下面给出两个平面渗流场杂交元算例。图 6 表示厚壁圆管中的渗流场，圆管外径 10m，

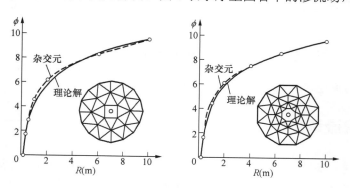

图 6　厚壁圆管

内径 0.15m，图 6（a）为方形特殊元，图 6（b）为八角形特殊元。由图可见，在两种情况下，杂交元计算结果与理论解都符合得相当好，其中八角形特殊元的结果符合得更好。特殊元中的通解只要取三项（即取 β_1、β_2、β_3）就够。

图 7 为大头坝头部渗流场杂交元计算结果。排水孔半径为 0.10m。可以看出，计算结果是合理的（这两个算例是蔡建波同志协助计算的）。

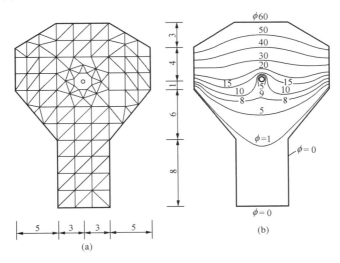

图 7　大头坝

（a）计算网格；（b）计算结果

六、结束语

根据本文提出的方法，可在平面的、空间的及准平面的渗流场中，有效地考虑排水孔的作用。解决了当前渗流场有限元分析中的一个难点。

参　考　文　献

［1］朱伯芳．有限单元法原理与应用。北京：水利电力出版社，1979．

［2］Zienkiewicz O C. The Finite Element Method. 1977.

［3］Pin Tong, Rossettos J N. Finite Element Method, Basic Technique and Implementation. The MIT Press. 1977.

渗流场分析的夹层代孔列法❶

摘　要： 排水孔是降低渗透压力以增强水工建筑物抗滑稳定性的重要措施，如何考虑排水孔的作用，是渗流场分析中的一个难点。本文提出夹层代孔列法，以等效排水夹层代替排水孔列，适当选择夹层的渗透系数，使排水夹层与排水孔列的排水效果总体上相等。采用本方法利用通常的三维有限元网格，就可以分析含排水孔列的全坝三维渗流场，计算方便，效果良好。

关键词： 排水夹层；排水孔；渗流场

Substitution of the Curtain of Drainage Holes by a Seeping Layer in the Three Dimensional Finite Element Analysis of Seepage Field

Abstract: How to consider the effect of drainage holes is a difficult problem in the analysis of seepage field. It is suggested in this paper to substitute the curtain of drainage holes by a seeping layer the coefficient of permeability of which is so chosen that the draining effects of them are equal to each other. The results of computation show that the effect of equivalent seeping layer is practically equal to that of drainage holes but the computation is simplified remarkably.

Key words: seeping layer, drainage holes, seepage field

1　前言

利用排水孔降低水工建筑物基础中的渗透压力，是增强抗滑稳定性的重要工程措施。但排水孔是渗流场中的奇点，如何考虑排水孔的作用是渗流场有限元分析中的一个难点。早期，曾有人在计算中直接令结点水头等于排水孔的水头，计算中水头在结点之间线性变化，但排水孔附近的实际水头是非线性变化的，这种算法夸大了排水孔的降压作用。为了使计算水头接近实际水头，必须减小孔附近单元的尺寸，通常排水孔半径为 0.05～0.10m。为了保证计算精度，孔附近单元尺寸应减小到 0.05～0.10m；不考虑排水孔作用时，地基单元尺寸通常为 5～20m，为了考虑排水孔效果，单元尺寸必须从 5～20m 逐步缩小到 0.05～0.10m，前处理工作量和结点数急剧增加。为了解决这个矛盾，朱伯芳提出杂交元法[1]，张有天提出边界元与有

---

❶　原载《水利水电技术》2007 年第 10 期，由笔者与李玥、许平、张国新联名发表。

限元耦合法[2]，王镭等提出子结构法[3]，这些方法用来分析单个坝段是方便的，但用来分析全坝的渗流场，仍有困难。例如，小湾拱坝，坝轴线长约 900m，每 3m 一个排水孔，共有 300 个排水孔，用子结构法计算就有 300 个子结构，前处理及计算量仍然过于庞大。王恩志等提出以缝代孔列，计算工作量得以减小，但王文提出以三维空间中的面状单元模拟缝的作用，计算仍较费事，文中以流量相等为条件确定膜单元的渗透系数，排水效果的计算精度也可能偏低。本文提出以等效排水夹层代替排水孔列，利用普通三维渗流程序，即可分析有排水孔的三维渗流场，计算很方便；本文还提出根据平均水头相等的条件来决定夹层的渗透系数，使计算精度得以显著提高。

2　计算方法

如图 1（a）所示，地基中设有排水孔列，排水孔间距为 $2b$，孔半径为 r_w。今用图 1（b）所示排水夹层代替排水孔列，夹层厚度为 e，深度与排水孔相同，夹层的水平渗透系数与岩体相同，适当改变其竖向渗透系数 k_z，使排水夹层的排水效果总体上与排水孔列相同。

图 2 表示了一坝基纵剖面，坝基内设有 3 列排水孔，设排水孔间距为 $2b$，从基础内切取厚度为 b，长度、高度分别为 2～3 倍坝高的一块岩体，考虑对称性，厚度只取为排水孔间距的一半。如图 3 所示，用三维有限元计算排水孔效果，以水平距离 x_1～x_8、排水孔半径 r_1～r_3、排水孔长度 l_1～l_3、斜率 s_1～s_3、基岩渗透系数 k_0、帷幕渗透系数 k_1、夹层竖向渗透系数 k_z 及坝高 h 为参数，编制有限元通用程序，计算有排水孔的渗流场。

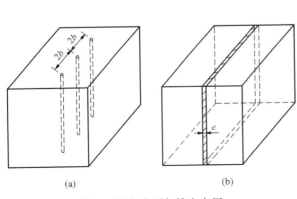

图 1　排水孔列与排水夹层

（a）排水孔列；（b）等效排水夹层

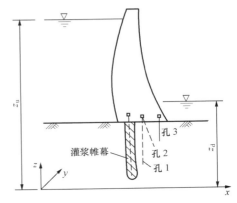

图 2　坝基灌浆帷幕和排水孔列

定义水头函数

$$H = z + p/\gamma$$

式中：z 为竖向坐标；p 为水压力；γ 为水容重。

对于 3 列排水孔，在相应位置，代以 3 个排水夹层，其厚度 e 可等于排水孔直径，按空间或平面有限元计算，求解方法如下：

2.1　夹层顶部边界条件

夹层顶部边界条件有以下 3 种表示方法：

（1）方法 A。如图 4（a）所示，计算域包含一部分坝体，混凝土渗透系数可取为 $k_c=0$，夹层顶部位于排水廊道底部，夹层顶部边界条件为 $p=0$，故水头函数为

$$H_i = z_i + p_i/\gamma = z_i \tag{1}$$

式中：H_i 为第 i 夹层顶部水头；z_i 为第 i 排水孔所在廊道底部高度。

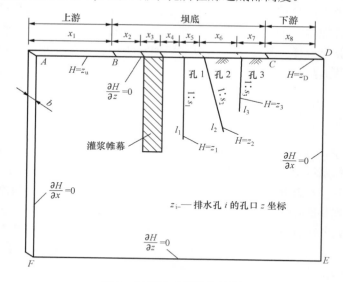

图 3　三维渗流场计算简图

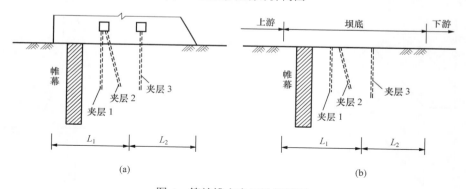

（a）　　　　　　　　　　　　　（b）

图 4　等效排水夹层计算简图

（a）方法 A；（b）方法 B、方法 C

（2）方法 B。如图 4（b）所示，所有夹层出口均位于建基面上，第 i 夹层在建基面上的压力为 $p_i=\gamma(z_i-z_0)$，其中 z_0 为建基面竖向坐标，第 i 夹层在建基面上的水头函数为

$$H_i = z_0 + p_i/\gamma = z_i \tag{2}$$

式（2）与式（1）形式上相同，但式（1）中 H_i 表示排水廊道底部的水头，而式（2）中 H_i 表示建基面上的水头，方法 B 与方法 A 相比，少了 z_i-z_0 段的渗透阻力。

（3）方法 C。如图 4（b）所示，夹层出口位于建基面上，令夹层 i 在出口处的压力等于三维计算中的排水孔 i 在建基面上沿坝轴方向的平均压力，即

$$H_i = z_0 + p_{mi}/\gamma \tag{3}$$

式中：H_i 为夹层 i 在建基面上的水头；z_0 为建基面竖向坐标；p_{mi} 为排水孔 i 在建基面上沿坝

轴方向的线平均压力。

2.2 夹层竖向渗透系数 k_z

夹层水平渗透系数与岩基相同，适当选择夹层竖向渗透系数 k_z，使夹层与排水孔列的排水效果总体相等，方法如下。

（1）方法 1。选择夹层 i 的竖向渗透系数 k_{zi}，使夹层 i 的渗水量 Q_i 等于排水孔 i 的渗水量 $\overline{Q}_i$，即

$$Q_i = \overline{Q}_i \tag{4}$$

（2）方法 2。选择夹层 i 的竖向渗透系数 k_{zi}，使图 4 中相应范围 L_1 或 L_2 内平均水头 $\overline{H}_i$，等于图 3 三维渗流场中相应范围内的平均水头 H_i'，即

$$\overline{H}_i = H_i' \tag{5}$$

式中：$\overline{H}_i$ 为按夹层计算时，相应范围 L_i 内的平均水头；H_i' 为按排水孔（图 3）计算时，相应范围 L_i 内的平均水头。

如果只有一列排水孔，L_1 即为整个坝底面。

3 种夹层顶部边界条件 A、B、C 可分别与上述两种渗透系数算法 1、2 相配合，共有 $A1$、$A2$、$B1$、$B2$、$C1$、$C2$ 等 6 种算法。全面分析各种算法的优缺点后，笔者认为以方法 $C2$ 为最优，即按式（3）、式（5）两式求解夹层 i 竖向渗透系数 k_{zi} 为最好方法。理由如下：①夹层 i 顶部水头等于三维计算中排水孔 i 沿坝轴方向的线平均水头，因此，夹层顶部边界条件与排水孔顶部边界条件在力学上作用相等。②选择夹层竖向渗透系数 k_z，使坝底范围内夹层法的面平均水头等于三维排水孔计算中的面平均水头，因此，排水夹层的减压作用与排水孔的减压作用整体上相等。工程上最感兴趣的是排水孔的减压作用而不是渗流量，虽然渗流量的大小可以间接地反映排水效果，但直接采用式（5）使两者具有相同的减压作用，效果当然更好。因此，笔者建议采用 $C2$ 方法。

求出排水夹层竖向等效渗透系数后，用夹层代替排水孔列，在三维渗流场计算中，计算网格就不受排水孔半径和间距的影响了，计算得到极大的简化，前处理量和计算量都大大减少。

【算例】拱坝横剖面如图 5 所示，坝底宽 50m、灌浆帷幕宽 12m、深 100m、排水孔直径 0.10m、间距 3.0m、深 50m，坝上游水位 500m，下游水位 350m、建基面高程 300m、排水廊道底部高程 310m，基岩渗透系数 k_0=1.0m/d、灌浆帷幕渗透系数 k_1=0.1m/d。

第一步，取含排水孔地基三维计算模型如图 6，考虑对称性，厚度为 1.5m，长度 450m，高度

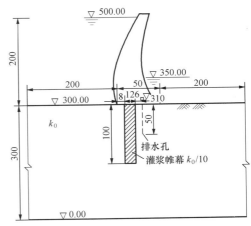

图 5 算例拱坝横剖面（单位：m）

300m。边界条件：地基顶面，上游面 H=500m，下游面 H=350m，坝底面 $\partial H/\partial z$=0；其余五面均为不透水面。排水孔内缘 H=310m，排水孔附近采取密集网格，向外逐步加大，如图 7 所示，整个计算模型共 12016 结点。计算结果，排水孔顶部沿厚度（坝轴）方向线平均水头

H=312.58m，坝底的面平均水头为 H_m=367.8m。

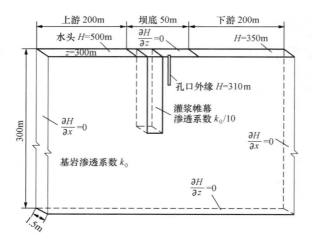

图6　算例地基三维计算模型与边界条件

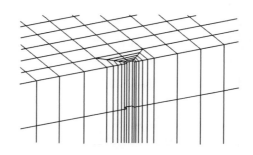

图7　算例含排水孔地基渗流场三维有限元网格（局部）

　　第二步，取夹层代孔列计算模型如图8所示，用深50m，厚0.10m的排水夹层代替原来的排水孔。基岩渗透系数 k_0=1m/d，灌浆帷幕渗透系数0.10m/d，排水夹层水平渗透系数1m/d，给竖向渗透系数 k_z 一系列数值，求得渗透系数 k_z 与坝底平均水头的关系如图9所示，由 H_m=367.8m 与曲线的交点，得到 $\log k_z$=4.70，即夹层竖向渗透系数 k_z=50000m/d。然后，取 k_z=50000m/d，用图8夹层法模型再进行一次计算。

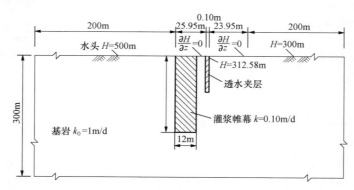

图8　算例排水夹层计算简图

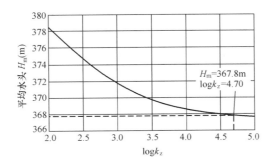

图 9　算例坝底平均水头 H_m 与夹层竖向渗透系数 k_z 关系

表 1	建基面上顺河方向水头分布			（单位：m）
到坝踵距离 x	按排水孔计算			等效夹层法计算
	沿顺河对称面	过排水孔顺河剖面	厚度（横河）方向平均水头	
0.00	500.0	500.0	500.0	500.0
8.00	473.8	473.8	473.8	474.0
20.00	319.9	319.9	319.9	319.9
25.00	313.8	313.6	313.7	313.7
26.00	313.3	310.0	312.6	312.6
27.00	313.8	313.5	313.6	313.7
30.00	317.1	317.1	317.1	317.2
40.00	329.5	329.5	329.5	329.5
50.00	350.0	350.0	350.0	350.0

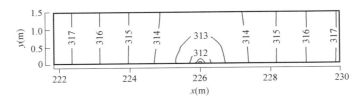

图 10　排水孔附近建基面上水头等值线（单位：m）

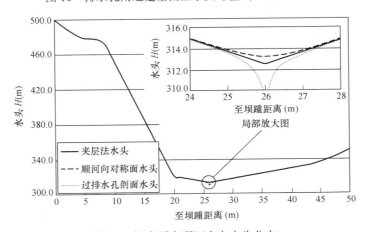

图 11　坝底面上顺河方向水头分布

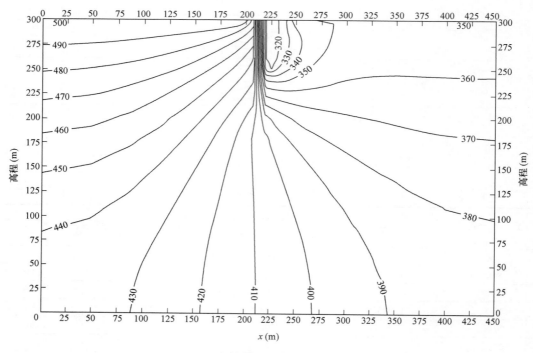

图 12　横向（顺河向）铅直对称面水头等值线分布

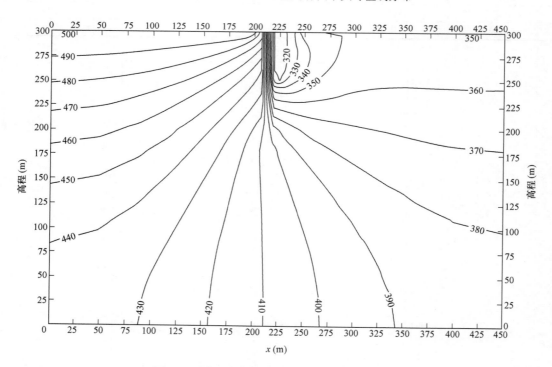

图 13　过排水孔横向铅直剖面水头等值线分布

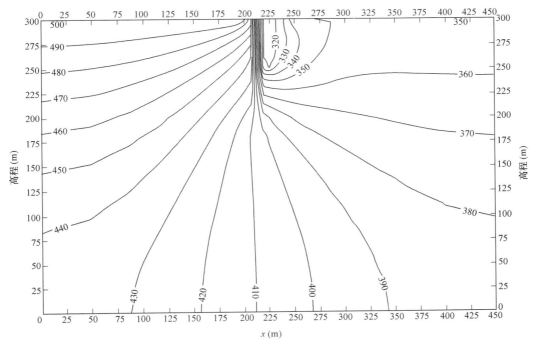

图 14 等效夹层法横向铅直剖面水头等值线分布

计算结果分析：

（1）图 10 表示了建基面上水头等值线分布，由于排水孔间距只有 3.0m，虽然排水孔附近水头分布是不均匀的，离开排水孔 1.5m 以外，水头在坝轴方向即接近于均匀分布。这是夹层法计算精度很高的重要原因。

（2）建基面上顺河方向水头 H 分布见表 1 及图 11，在离开排水孔 1.5m 以外的广大范围内，等效夹层法计算的水头函数与含排水孔三维有限元计算的水头函数十分接近。由表 1 可见，即使在排水孔附近，按含排水孔的三维有限元计算沿厚度的平均水头与等效夹层法计算的水头完全相等。换句话说，在整个建基面上，包括排水孔在内，等效夹层法计算的水头与按排水孔计算的沿厚度平均水头完全一致，最多相差 0.20m，与上下游水头差 150m 相比，误差只有 0.13%。表明在建基面上，两种计算结果，不但竖向力相等，而且弯矩也相等。

（3）顺坝轴方向过排水孔切取纵剖面，各高程水头函数见表 2，可见在高程 260～300m，按排水孔计算的沿厚度平均水头与按夹层法计算的水头几乎完全相等，最大差值 0.16m；在排水孔末端高程 250m 处，相差也只有 3.1m。在高程 250～300m 的面平均水头，按排水孔计算为 312.83m，按夹层计算为 312.56m，相差仅 0.27m，两者十分接近，表明夹层法与排水孔的排水效果很接近。

（4）图 12～图 14 表示了地基横向（顺河向）剖面上的水头等值线分布，在地基广大范围内，水头分布曲线十分接近。

（5）综上所述，以排水夹层代替排水孔列，不但在建基面上排水效果相同，实际上在整个地基内，排水效果都十分接近。

表2　　　　　　　　　　　　　　过排水孔竖向纵剖面水头分布　　　　　　　　　　（单位：m）

高程	按排水孔计算的水头			按夹层法计算的水头
	过排水孔	过对称面	沿厚度平均水头	
300	310	313.27	312.58	312.58
290	310	313.19	312.52	312.42
280	310	313.03	312.40	312.48
270	310	313.06	312.41	312.56
260	310	313.29	312.59	312.66
250	310	317.68	315.90	312.77
平均	310	313.62	312.83	312.56

3　结束语

（1）排水孔是渗流场有限元计算中的一个难点，以前虽有不少学者进行过研究，提出了一些计算方法，但尚不够满意。本文提出夹层代孔列法，即以排水夹层代替排水孔列，适当选取夹层竖向渗透系数，使两者具有相近的排水效果。

（2）计算结果表明，以夹层代孔列法计算的渗流场，与按实际排水孔计算的渗流场相比，力学作用几乎完全相同，误差极小，但计算网格不受排水孔半径与间距影响，计算得到了极大的简化。前处理量和计算量都大为减少。

（3）本文建议的夹层代孔列法，计算简单，精度良好，具有极好的应用前景。

参　考　文　献

[1] 朱伯芳. 渗流场中考虑排水孔作用的杂交元 [J]. 水利学报，1982（9）.

[2] 张有天. 用边界元求解有排水孔的渗流场 [J]. 水利学报，1982（7）.

[3] 王镭，刘中，张有天. 有排水孔幕的渗流场分析 [J]. 水利学报，1992（4）.

[4] 王恩志，王洪涛，王慧明. "以缝代井列"——排水孔幕模拟方法探讨 [J]. 岩石力学与工程学报，2002（1）：98-101.

渗流场中排水孔直径、间距及深度
对排水效果的影响❶

摘 要：本文用三维有限元分析了大坝地基渗流场中排水孔直径、间距及深度对排水效果的影响。分析结果表明，孔径对排水效果的影响很小，而孔距和孔深的影响都较大。当孔深小于 20m 时，孔深的影响超过孔距；当孔深超过 20m 时，两者影响相近。

关键词：排水孔；直径；间距；深度；排水效果；渗流场

The Influences of the Diameter、Spacing and Depth of Drain Holes on the Effect of Draining in the Seepage Field

Abstract: The influences of the diameter、spacing and depth of drain holes on the effect of draining in the seepage field of dam foundation are analysed by the three dimensional FEM. The results of computation show that the influence of diameter of drain hole is small, but the influences of spacing and depth of drain hole are remarkable. When the depth is less than 20m, the influence of depth is bigger than that of spacing and when the depth exceeds 20m the influences of depth and spacing are close to each other.

Key words: drain hole, diameter, spacing, depth, effect of draining, seepage field

1 前言

排水孔是降低水工建筑物地基中渗透压力的重要工程措施。显然，排水孔的直径、间距和深度对排水效果是有影响的，本文用三维有限元法进行研究。

2 计算原理

设水头函数为

$$H = z + \frac{p}{\gamma} \tag{1}$$

---

❶ 原载《水利水电技术》2007 年第 12 期，由笔者与李玥、张国新联名发表。

式中：H 为水头函数；γ 为流体容重；p 为流体压力；z 为自某基准面算起的高度，z 轴是铅直向上的。根据广义达西定理，在 x、y、z 方向的流速分量分别为

$$V_x = -k_{xx}\frac{\partial H}{\partial x} - k_{xy}\frac{\partial H}{\partial y} - k_{xz}\frac{\partial H}{\partial z}$$
$$V_y = -k_{yx}\frac{\partial H}{\partial x} - k_{yy}\frac{\partial H}{\partial y} - k_{yz}\frac{\partial H}{\partial z} \tag{2}$$
$$V_z = -k_{zx}\frac{\partial H}{\partial x} - k_{zy}\frac{\partial H}{\partial y} - k_{zz}\frac{\partial H}{\partial z}$$

式中：k_{xx}、k_{xy} 等为渗透系数，如渗流各向同性，则 $k_{xx}=k_{xy}=\cdots=k$。对于不可压缩的流体，连续方程为

$$\frac{\partial V_x}{\partial x} + \frac{\partial V_y}{\partial y} + \frac{\partial V_z}{\partial z} = 0 \tag{3}$$

边界条件有以下 3 种：

（1）在边界 B 上水头 H_B 已知

$$H = H_B \tag{4}$$

（2）在边界 C 上法向流速已知

$$l_x V_x + l_y V_y + l_z V_z = V_n \tag{5}$$

式中：l_x、l_y、l_z 分别为边界表面法线的方向余弦。

（3）边界 D 为自由面，压力 $p=0$ 且无法向渗流，必须同时满足下列条件

$$H=z \quad 及 \quad V_n = 0 \tag{6}$$

用有限元法离散，得到连续方程如下[1]

$$[K]\{H\}-\{F\}=0 \tag{7}$$

式中：$[K]$ 为传导矩阵，$\{F\}$ 为边界 C 上法向流速 V_n 引起的已知项。根据相应的边界条件由式（7）可解出渗流场。

3 计算模型

图 1 为拱坝的一个横剖面，建基面高程为 300m，上游库水位为 500m，下游库水位为 350m，坝底宽度 50m，排水廊道底部高程为 310m，地基中灌浆帷幕深度为 100m，厚度为 6m。灌浆帷幕至上游坝面距离为 8m，灌浆帷幕至排水孔距离为 6m。

岩基渗透系数为 1.0m/d，灌浆帷幕渗透系数为 0.1m/d，排水孔间距为 $2b$、深度为 s、直径为 D，混凝土渗透系数 $k=0$。下面用三维有限元分析排水

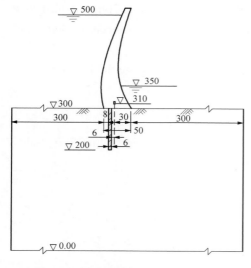

图 1　拱坝地基横剖面（单位：m）

孔直径、间距及深度对排水效果的影响。

取含排水孔地基三维计算模型如图2所示，考虑对称性，取厚度为排水孔间距的一半即 b，其长度为 650m，高度为 300m。

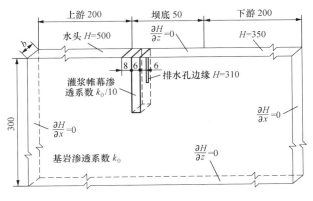

图 2　计算模型与边界条件（单位：m）

边界条件：地基顶面，上游面 H=500m、下游面 H=350m、坝底面 $\partial H/\partial z$=0，其余五面均为不透水面；排水孔边缘，H=310m。

用三维有限元法计算，排水孔附近单元尺寸为直径的 0.4 倍左右，向外逐渐加大，见图 3。

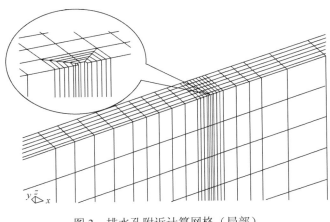

图 3　排水孔附近计算网格（局部）

4　排水孔间距及深度的影响

根据计算，无排水孔时坝底面平均水头为 414.74m。取排水孔直径 D=0.10m，间距 $2b$=1.5、3.0、4.5、6.0m，深度 s=0、10、20、40、60m，共 20 个方案，计算结果见表 1 及图 4，排水孔深度为零表示地基内无排水孔，但坝体混凝土内有排水孔，即建基面上排水孔周边的水头为 310m。过去在工程计算中，为了近似地考虑排水孔效果，取建基面上相应于排水孔位置的结点水头等于排水廊道高程，即属于这种情况，由图 4 可见，这种近似计算是不合适的，因为它完全忽略了排水孔深度的影响。

表1　　　　　　　　　　排水孔间距及深度对坝底面平均水头的影响

排水孔深度（m）	排水孔间距			
	1.5m	3.0m	4.5m	6.0m
0	392.469	397.651	402.429	404.752
10	370.977	372.972	375.826	378.088
20	367.267	368.695	370.8	372.564
40m	364.858	365.988	367.558	368.928
60m	364.016	365.074	366.451	367.683

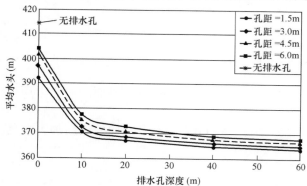

图4　排水孔间距及深度对坝底面平均水头的影响

由图4可见，排水孔深度对排水效果的影响是比较大的，但当孔深超过20m时，影响即逐渐减小。排水孔间距对排水效果也有影响，但当深度小于20m时，孔距的影响小于深度的影响。

下面进行较细致的分析。

（1）孔距3.0m、孔深10m时，坝底平均水头 $\overline{H}$ =372.97m，若孔距不变，孔深加大1倍为20m时，$\overline{H}$ =368.70m，水头差 $\Delta\overline{H}_1$ =4.27m。若孔深仍为10m，孔距改为1.5m，则 $\overline{H}$ =370.98m，$\Delta\overline{H}_2$ =1.99m，两种情况排水孔总长度均增加1倍，但此时增加孔深的效果优于加密间距的效果。

（2）孔距3.0m、孔深20m时，$\overline{H}$ =368.70m；孔距不变，孔深加到40m，$\overline{H}$ =365.99m，$\Delta\overline{H}_3$ =2.71m；若孔深20m不变，孔距改为1.5m，$\overline{H}$ =367.27m，$\overline{H}_4$ =1.43m。此时增加孔深的效果仍优于减小孔距的效果，但与孔深10m时相比，$\Delta\overline{H}_3 < \Delta\overline{H}_1$，$\Delta\overline{H}_4 < \Delta\overline{H}_2$，可见随着孔深的增加，排水效果改善幅度下降。

为了对孔距与孔深的影响进行较细致的分析，兹引入一个新概念，即排水孔化引深度

$$l = \frac{s}{2b} \qquad (8)$$

式中：l 为排水孔化引深度，即单位长度坝轴线所拥有的排水孔深度；s 为排孔深度，$2b$ 为排水孔间距。

表2　　　　　　　　　　排　水　孔　方　案　分　析

方　案	1	2	3
孔深（m）	10	20	40
孔距（m）	1.5	3.0	6.0
化引孔深（m）	6.67	6.67	6.67
坝底平均水头（m）	370.98	368.69	368.93

现在考察3个方案见表2，孔深分别为10、20、40m，孔距分别为1.5、3.0、6.0m，3个

方案的化引孔深相等，但坝底平均水头不同，即排水效果不同。

排水孔造价与化引孔深大致成正比，从表 2 可见：在化引深度相等、造价大体相同的情况下，孔深 10m 的方案 1 的排水效果不如孔深 20m 和 40m 的方案 2、方案 3，坝底平均水头高出约 2m；但孔深分别为 20m 与 40m 的方案 2、方案 3 的排水效果则相近，差别不大。深入一步分析，可知这是由于当深度小于 20m 时，孔深对排水效果的影响大于孔距影响；但当孔深超过 20m 时，孔深和孔距对排水效果的影响相近（见图 4）。

5 排水孔直径的影响

取排水孔间距为 3m、深度为 40m，而直径分别为 D=5、10、15、20cm 及 30cm，共 5 个方案进行计算，结果如表 3 及图 5，排水孔直径从 5cm 增加到 30cm，即增大 6 倍，坝底平均水头只降低 1.27m，可知排水孔直径对排水效果的影响是很小的，直径越小，造价越低，但排水孔直径太小，容易堵塞。所以排水孔直径主要从防堵及便于清淤考虑，与排水效果关系不大。

表 3　排水孔直径对排水效果的影响

排水孔直径（cm）	坝底平均水头（m）
5	366.44
10	365.99
15	365.69
20	365.47
30	365.17

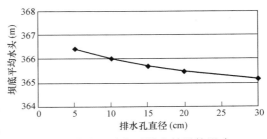

图 5　排水孔直径对排水效果的影响
（孔距 3m、孔深 40m）

6 结束语

（1）排水孔直径对排水效果的影响很小。

（2）排水孔深度对排水效果的影响较大，但深度超过 20m 后，影响即趋于减小。

（3）排水孔间距对排水效果也有较大影响。

（4）当孔深小于 20m 时，孔深的影响大于间距的影响；当孔深大于 20m 时，孔深与孔距的影响相近。

参 考 文 献

[1] 朱伯芳. 有限单元法原理与应用 [M]. 2 版. 北京：中国水利水电出版社，1998.

[2] 朱伯芳，高季章，陈祖煜，厉易生. 拱坝设计与研究 [M]. 北京：中国水利水电出版社，2002.

非均质各向异性体温度场的有限元解
及裂缝漏水对温度场的影响❶

摘　要： 本文给出非均质各向异性体温度场有限元解法的通用公式。利用这套公式，既可以计算混凝土坝体，也可以计算坝体接缝，把混凝土坝体的计算和接缝的计算统一起来了。文中还给出了裂缝漏水对温度场影响的计算方法。

关键词： 温度场；各向异性体；有限元；裂缝漏水

Finite Element Method for Analysing Temperature Field of Non–Homogeneous and Anisotropic Body and the Influence of Flow in Cracks

Abstract: The author proposed the finite element method for analysing the temperature field of nonhomogeneous and anisotropic body. By this method，the temperature field of the concrete dam as well as the cracks may be computed. The method for computing the influence of the water flowing in cracks is also given.

Key words: temperature field, anisotropic body, finite element, flow in cracks

1　前言

目前混凝土坝温度场有限元分析普遍采用笔者在文献［1，2］中给出的一套公式，在文献［3］中笔者给出了混凝土坝接缝单元的算法。本文给出非均质各向异性体温度场有限元分析的通用公式。这套公式既可用于混凝土坝体的计算，也可用于坝体接缝的计算，把混凝土坝体的计算和接缝的计算统一起来了。文中也给出了接缝漏水对温度场影响的计算方法。

2　非均质各向异性体温度场的有限元解法

设物体是各向异性的，在 x、y、z 三个方向的导热系数分别为 λ_x、λ_y、λ_z，热传导方程为

$$\frac{\partial}{\partial x}\left(\lambda_x\frac{\partial T}{\partial x}\right)+\frac{\partial}{\partial y}\left(\lambda_y\frac{\partial T}{\partial y}\right)+\frac{\partial}{\partial z}\left(\lambda_z\frac{\partial T}{\partial z}\right)+c\rho\left(\frac{\partial\theta}{\partial\tau}-\frac{\partial T}{\partial\tau}\right)=0 \tag{1}$$

---

❶　原载《水利水电技术》2007 年第 3 期。

初始条件为 $\qquad T(x,y,z,0)=T_0(x,y,z)$ （2）

在边界 B 上满足第一类边界条件 $\qquad T(x,y,z,\tau)=T_b(\tau)$ （3）

在边界 C 上满足第三类边界条件 $\qquad \lambda_x\dfrac{\partial T}{\partial x}l_x+\lambda_y\dfrac{\partial T}{\partial y}l_y+\lambda_z\dfrac{\partial T}{\partial z}l_z=-\beta(T-T_c)$ （4）

式中：T 为温度；τ 为时间；T_c 为周围介质温度；β 为表面放热系数；c 为比热；ρ 为容重；λ_x、λ_y、λ_z 为 x、y、z 三个方向的导热系数；θ 为绝热温升；l_x、l_y、l_z 为边界表面向外法线的方向余弦。

取泛函

$$I(T)=\iiint\limits_{R}\left\{\frac{1}{2}\left[\lambda_x\left(\frac{\partial T}{\partial x}\right)^2+\lambda_y\left(\frac{\partial T}{\partial y}\right)^2+\lambda_z\left(\frac{\partial T}{\partial z}\right)^2\right]+c\rho\left(\frac{\partial T}{\partial\tau}-\frac{\partial\theta}{\partial\tau}\right)T\right\}\mathrm{d}x\mathrm{d}y\mathrm{d}z$$

$$+\iint\limits_{C}\beta\left(\frac{1}{2}T^2-T_cT\right)\mathrm{d}s \tag{5}$$

式中：R 为求解域；C 为第三类边界表面；T 为满足初始条件式（2）及第一类边界条件式（3）的温度，由变分原理可以证明，实现极值条件 $\delta I(T)=0$ 的解必然满足式（1）～式（4）。

今利用有限单元法进行离散，单元内温度表示为

$$T^e(x,y,z,\tau)=N_i(x,y,z)T_i(\tau)+N_j(x,y,z)T_j(\tau)+\cdots \tag{6}$$

式中：$N_i(x,y,z)$ 为形函数；$T_i(\tau)$、$T_j(\tau)$、$\cdots$ 为结点温度，由极值条件

$$\sum_e\frac{\partial\Delta I^e}{\partial T_i}=0 \tag{7}$$

得到温度场的控制方程如下：

$$[H]\{T\}+[R]\left\{\frac{\partial T}{\partial\tau}\right\}+\{F\}=0 \tag{8}$$

$$\left.\begin{aligned}H_{ij}&=\sum_e(h_{ij}^e+g_{ij}^e)\\ R_{ij}&=\sum_e r_{ij}^e\\ F_i&=\sum_e\left(f_i^e\frac{\partial\theta}{\partial\tau}+p_i^eT_c\right)\end{aligned}\right\} \tag{9}$$

式中：$\sum\limits_e$ 表示绕结点 i 的各单元求和。

$$\left.\begin{aligned}h_{ij}^e&=\iiint\limits_{\Delta R}\left(\lambda_x\frac{\partial N_i}{\partial x}\frac{\partial N_j}{\partial x}+\lambda_y\frac{\partial N_i}{\partial y}\frac{\partial N_j}{\partial y}+\lambda_z\frac{\partial N_i}{\partial z}\frac{\partial N_j}{\partial z}\right)\mathrm{d}x\mathrm{d}y\mathrm{d}z\\ r_{ij}^e&=\iiint\limits_{\Delta R}c\rho N_iN_j\mathrm{d}x\mathrm{d}y\mathrm{d}z\\ g_{ij}^e&=\iint\limits_{\Delta C}\beta N_iN_j\mathrm{d}s\\ f_i^e&=-\iiint\limits_{\Delta R}c\rho N_i\mathrm{d}x\mathrm{d}y\mathrm{d}z\\ p_i^e&=-\iint\limits_{\Delta C}\beta N_i\mathrm{d}s\end{aligned}\right\} \tag{10}$$

式（10）中，热性能λ_x、λ_y、λ_z、c、ρ、β等都在积分号后面，表示这些公式可用于复合单元的积分。对式（10）中各项除以$c\rho$，即得到笔者在文献［1］中给出的均质各向异性公式。如果令$\lambda_x=\lambda_y=\lambda_z=\lambda$，并对式（10）中各项除以$\lambda$，就得到笔者在文献［2］中给出的均质各向同性通用公式。由于式（7）是对全部单元求和，对于非均质体，因各子域ΔR具有不同的热性能，不能在式（9）中对各式除以本子域的热常数，但式（7）是一个等式，故可对全域除以统一的常数，设混凝土的导热系数、导温系数、比热、容重分别为λ_c、a_c、c_c、ρ_c，积分子域ΔR内的热性能为λ_x、λ_y、λ_z、a_x、a_y、a_z、c、ρ，鉴于文献［2］中的通用公式已得到普遍应用，为了与之保持协调，对式（10）中各项除以混凝土导热系数λ_c，得到非均质各向异性体温度场有限元计算的单元系数如下

$$\left.\begin{array}{l} h_{ij}^e = \iiint\limits_{\Delta R}\left(b_x\dfrac{\partial N_i}{\partial x}\dfrac{\partial N_j}{\partial x}+b_y\dfrac{\partial N_i}{\partial y}\dfrac{\partial N_j}{\partial y}+b_z\dfrac{\partial N_i}{\partial z}\dfrac{\partial N_j}{\partial z}\right)\mathrm{d}x\mathrm{d}y\mathrm{d}z \\[2mm] r_{ij}^e = \iiint\limits_{\Delta R}\dfrac{k}{a_c}N_iN_j\mathrm{d}x\mathrm{d}y\mathrm{d}z \\[2mm] g_{ij}^e = \iint\limits_{\Delta C}\dfrac{\beta}{\lambda_c}N_iN_j\mathrm{d}s \\[2mm] f_i^e = -\iiint\limits_{\Delta R}\dfrac{k}{a_c}N_i\mathrm{d}x\mathrm{d}y\mathrm{d}z \\[2mm] p_i^e = -\iint\limits_{\Delta C}\dfrac{\beta}{\lambda_c}N_i\mathrm{d}s \end{array}\right\} \tag{11}$$

式中

$$b_x=\frac{\lambda_x}{\lambda_c},\ b_y=\frac{\lambda_y}{\lambda_c},\ b_z=\frac{\lambda_z}{\lambda_c},\ k=\frac{c\rho}{c_c\rho_c} \tag{12}$$

式（11）与文献［2］中通用公式结构完全相同，通过系数b_x、b_y、b_z、k考虑非均质及各向异性的影响。就混凝土坝来说，对于计算主体混凝土，$b_x=b_y=b_z=k=1$，式（11）即目前通用的文献［2］公式，对于接缝单元或岩基，可按式（12）计算b_x、b_y、b_z、k等系数，再由式（11）计算单元系数。

3 有限厚度接缝单元

如图1所示温度场接缝单元，设单元厚度为$s=d+e$，其中d为混凝土厚度，e为缝隙厚度，d可取5～20cm。IJMR为接缝面，由于缝的存在，缝单元的材料是各向异性的，在x、y、z三个方向的导热系数λ_x、λ_y、λ_z及比热c、容重ρ计算如下[3]

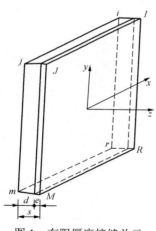

图1 有限厚度接缝单元

$$\left.\begin{array}{l} \lambda_z=\dfrac{d+e}{d/\lambda_c+e/\lambda_a},\ \lambda_x=\lambda_y=\dfrac{d\lambda_c+e\lambda_a}{d+e} \\[3mm] c=\dfrac{d\rho_c c_c+e\rho_a c_a}{d\rho_c+e\rho_a},\ \rho=\dfrac{d\rho_c+e\rho_a}{d+e} \end{array}\right\} \tag{13}$$

式中：λ_c、c_c、ρ_c分别为混凝土的导热系数、比热、容重，λ_a、c_a、ρ_a分别为缝隙介质（空气

或水）的导热系数、比热和容重。

将式（13）代入式（12），得

$$b_x = b_y = \frac{d + e\lambda_a / \lambda_c}{d + e}, \quad b_z = \frac{d + e}{d + e\lambda_c / \lambda_a}, \quad k = \frac{c\rho}{c_c \rho_c} \tag{14}$$

再代入式（11）即得到接缝单元的各项系数，最后与周围混凝土单元的系数进行组合，即得到温度场控制方程式（8），这样，接缝单元的计算与普通坝体单元的计算完全统一起来了，计算十分方便。下面列举两个算例。

【算例1】 缝隙中为空气，缝单元中混凝土厚度 d=10cm，缝隙厚度 e=0.2cm，混凝土热性能为 λ_c=10.0kJ/（m·h·℃），c_c=1.0kJ/（kg·℃），a_c=0.0041m²/h，ρ_c=2440kg/m³；空气热性能为 λ_a=0.0874kJ/（m·h·℃），a_a=0.0673m²/h，c_a=1.005kJ/（kg·℃），ρ_a=1.29kg/m³。

由式（14）算得：b_z=0.310，b_x=b_y=0.98，k=1.00。可见由于接缝的存在，在 z 方向的导热能力下降较多。

【算例2】 缝隙中为静水，水的热性能为 ρ=1000kg/m³，c=4.187kJ/（kg·℃），λ=2.17kJ/（m·h·℃），a=0.000518m²/h。

由式（14）算得：b_z=0.922，b_x=b_y=0.971，k=0.986，可见静水对缝单元的影响较小。

4 裂缝漏水对温度场的影响

如缝隙内为动水，由于水流会带走热量，对温度场的影响就较大，混凝土本身渗透系数极小，忽略混凝土本身内部的流速，只考虑缝隙内水流，热传导方程为

$$\frac{\partial}{\partial x}\left(\lambda_x \frac{\partial T}{\partial x}\right) + \frac{\partial}{\partial y}\left(\lambda_y \frac{\partial T}{\partial y}\right) + \frac{\partial}{\partial z}\left(\lambda_z \frac{\partial T}{\partial z}\right) + c\rho\left(\frac{\partial \theta}{\partial \tau} - \frac{\partial T}{\partial \tau}\right) - \frac{c_w \rho_w}{s}\left[\frac{\partial (eV_x T)}{\partial x} + \frac{\partial (eV_y T)}{\partial y}\right] = 0 \tag{15}$$

式中：V_x、V_y 为 x、y 方向缝隙水的平均流速；s 为缝单元宽度；e 为裂缝宽度；z 轴与缝面正交；ρ_w 为水容重；c_w 为水比热；c 为单元比热；ρ 为单元容重。与式（1）比较，可见反映流水影响的上式右边最后一项相当于一负热源。

设水头函数 φ 如下：

$$\varphi = z + \frac{p}{\gamma} \tag{16}$$

$$V_x = -K(e)\frac{\partial \varphi}{\partial x}, V_y = -K(e)\frac{\partial \varphi}{\partial y} \tag{17}$$

式中：z 为铅直坐标；p 为水压力；γ 为水容重；$K(e)$ 为缝隙渗水系数，是缝宽度 e 的已知函数。e 和 $K(e)$ 均为已知值，缝隙水流的连续方程为

$$\frac{\partial}{\partial x}(eV_x) + \frac{\partial}{\partial y}(eV_y) = 0 \tag{18}$$

令

$$\psi = eK(e) \tag{19}$$

把式（16）、式（17）、式（19）代入式（18），得

$$\frac{\partial^2 \varphi}{\partial x^2} + \frac{\partial^2 \varphi}{\partial y^2} = -\frac{1}{\psi}\left(\frac{\partial \phi}{\partial x}\frac{\partial \psi}{\partial x} + \frac{\partial \phi}{\partial y}\frac{\partial \psi}{\partial y}\right) \tag{20}$$

边界条件见文献［1］，式（20）可用有限元迭代方法求解，$\varphi(x, y)$ 和 $\psi(x, y)$ 均用形函数表示，先忽略右端，由左边及边界条件求得第一近似解 $\varphi^{(1)}$，代入式（20）右边，再求得第二近似解 $\varphi^{(2)}$，逐步逼近，求出 φ 后，由式（17）及式（15）即可计算动水对温度场的影响。

参 考 文 献

［1］朱伯芳. 有限单元法原理与应用［M］. 北京：水利电力出版社，1979.

［2］朱伯芳. 大体积混凝土温度应力与温度控制［M］. 中国电力出版社，1999.

［3］朱伯芳. 温度场有限元分析的接缝单元［J］. 水利水电技术，2005（11）：45-47.

渗透水对非均质重力坝应力状态的影响❶

提　要： 在非均质重力坝内，布拉兹理论不再适用。本文给出了渗透水对非均质重力坝应力状态影响的理论解和简化算法。研究结果表明，在计算有效应力时，可将渗透压力看成是作用于断面上的外力。

关键词： 渗透水；非均质重力坝；应力状态

Effect of Pore Pressure on the Stress Distribution in a Nonhomogeneous Gravity Dam

Abstract: The author points out that, to a nonhomogeneous hydraulic structure, the generally accepted theory of J. H. A. Brahtz is no longer applicable. Based on the relation between the pore pressure and the strain of concrete, the solution for the stress condition in a nonhomogeneous gravity dam is given together with two numerical examples. It is proved that, on the assumption that the cross section of the dam remains plane after deformation, the Poisson's ratio $\mu=0$ and the bulk modulus of solid particles of the skeleton of the concrete $K=\infty$, the pore pressure may be calculated as external force acting on the cross section.

Key words: pore pressure, nonhomogeneous gravity dam, stress state

一、前言

实验资料[1~4]表明，混凝土和岩石都是透水的多孔结构，渗透水对其应力状态有重要影响。文献[5~7]曾对均质重力坝的渗透应力进行过研究，但实际上重力坝往往是非均质的。在非均质重力坝内，布拉兹（J. H. A. Brahtz）理论不再适用，即使渗透压力满足调和方程，但有效应力并不等于不透水坝体的应力与渗透压力之差。本文将根据渗压—应变关系，研究渗透水对非均质重力坝应力状态的影响。

二、渗透压力—应力—应变关系

混凝土和岩石在微观上都是多孔结构，由骨架和孔隙组成。当无渗透水时，应力由骨架传递，此时求出的弹性模量 E 和泊松比 μ 只代表骨架结构受力后的变形特征。当孔隙中充满

---

❶　原载《水利学报》1965 年第 2 期。

了压力水后，有一部分应力通过渗透水传递，剩余的应力才由骨架传递。设毛应力为 σ_x、σ_y、σ_z、τ_{xy}，渗透压力为 p，如图1所示，可将毛应力分解为以下两个系统：

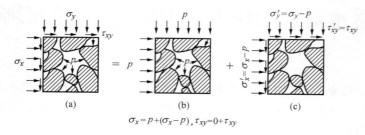

$$\sigma_x = p + (\sigma_x - p), \tau_{xy} = 0 + \tau_{xy}$$

图1　应力的分解 $[\sigma_x = p + (\sigma_x - p), \tau_{xy} = 0 + \tau_{xy}]$

（a）毛应力；（b）孔隙压力；（c）有效应力

第一系统——各方向受到相同的压力 p，内部有孔隙压力 p，剪应力为零，此时应变为

$$\varepsilon_x'' = p/3K, \tau_{xy}'' = 0$$

式中：K 为骨架的固体颗粒的体变模量。

第二系统——$\sigma_x' = \sigma_x - p$, $\tau_{xy}' = \tau_{xy}$，无孔隙压力，此时应力—应变关系为

$$\varepsilon_x' = \frac{\sigma_x' - \mu(\sigma_y' + \sigma_z')}{E} = \frac{\sigma_x - \mu(\sigma_y + \sigma_z)}{E} - \frac{p(1-2\mu)}{E}, \ \tau_{xy}' = \frac{2(1+\mu)\tau_{xy}}{E}$$

由叠加原理，可得毛应力、渗透压力与毛应变之间的关系如下

$$\varepsilon_x = \varepsilon_x' + \varepsilon_x'' = \frac{\varepsilon_x - \mu(\sigma_y + \sigma_z)}{E} - P\left[\frac{1-2\mu}{E} - \frac{1}{3K}\right], \ \tau_{xy}' = \frac{2(1+\mu)}{E}\tau_{xy}$$

在上述分析中，以压应力和压应变为正，以后改用弹性力学符号，以拉应力和拉应变为正，则渗压—应力—应变关系为

$$\varepsilon_x = \frac{\sigma_x - \mu(\sigma_y + \sigma_z)}{E} + \beta p,$$

$$\tau_{xy}' = \frac{2(1+\mu)}{E}\tau_{xy}, \ (x, y, z) \tag{1}$$

式中
$$\beta = \frac{1-2\mu}{E} - \frac{1}{3K} \tag{2}$$

符号 (x, y, z) 表示依次置换 x, y, z 可以得到其他几个类似关系。如鲁宾斯基（A. Lubinski）[8] 所指出，式（1）与温度—应力—应变关系是相似的，渗压 p 对应于温度 T，系数 β 对应于线胀系数 α。在鲁氏原作中 β 还包括了渗压面积系数 η，但蒋克维茨（O. C. Zienkiewicz）[9] 指出这是不必要的。不过，蒋氏却误将 β 写成了 $(1-2\mu)/E + 1/3K$。实验资料表明 K 值很大，实际上可忽略 $1/K$，可近似地取

$$\beta \cong \frac{1-2\mu}{E} \tag{3}$$

在非均质结构中，即使渗透压力满足调和方程 $\nabla^2 p = 0$，由于 β 不是常数，$\nabla^2(\beta p) \neq 0$，因此布拉兹理论不能成立。必须首先根据给定的边界条件和渗压—应力—应变关系式（1），求出毛应力 σ_x，σ_{xy} 等，然后才能根据下式计算有效应力

$$\sigma'_x = \sigma_x + p, \tau'_{xy} = \tau_{xy}, (x, y, z) \tag{4}$$

三、渗透水对非均质重力坝应力状态的影响

现按平面形变问题分析渗透水对非均质重力坝应力状态的影响。

（一）渗透压力

如图 2，设 OB 为两种混凝土的接触面，AOB 部分的渗透系数为 k_1，BOC 部分的渗透系数为 k_2，又设 OB 面上有排水孔。在稳定渗透条件下，渗透压力须满足调和方程

$$\nabla^2 p = 0 \tag{5}$$

其边界条件是

$$\left. \begin{array}{l} 当 x' = ny 时 \quad p' = \gamma_o y \\ 当 x'' = my 时 \quad p'' = 0 \\ 当 x' = 0 时 \quad p' = p'', k_1 \dfrac{\partial p'}{\partial x'} = -k_2 \dfrac{\partial p''}{\partial x''} + Q \end{array} \right\} \tag{6}$$

式中：γ_0 为水的容重；Q 为排水量。满足式（5）、式（6）的解是：

上游部分 $$p' = f_1 x' + f_2 y \tag{7}$$

下游部分 $$p'' = f_3 x'' + f_4 y \tag{8}$$

式中 $$f_1 = \frac{k_2 \gamma_0 + mQ}{nk_2 + mk_1}, f_2 = f_4 = \frac{m(k_1 \gamma_0 - nQ)}{nk_2 + mk_1}$$

$$f_3 = \frac{nQ - k_1 \gamma_0}{nk_2 + mk_1}$$

如排水系统充分有效，$Q = k_1 \gamma_0 / n$，则 $f_2 = f_4 = f_3 = 0$，$f_1 = \gamma_0 / n$，$p' = r_0 x' / n$，$p'' = 0$，渗透压力如图 2（b）所示，在区域 Ⅰ 内为三角形分布，在区域 Ⅱ 内为零。如排水系统失效，且 $k_1 = k_2$，则 $f_1 = \lambda_0 /(n+m) = -f_3$，$f_2 = f_4 = m\gamma_0 /(n+m)$，渗透压力如图 2（c）所示，自上游至下游呈直线分布。在一般情况下，自上游面至下游面的渗透压力呈折线分布，如图 2（a）所示。总之，在二维稳定渗透条件下，对于本文所研究的复合楔形体，渗透压力是分区线性分布的。采用式（7）、式（8）表示渗透压力，可概括各种可能的情况。

（二）接触面上的变形连续条件

现分析当坝内有渗透水时，非均质坝在接触面上的变形连续条件。取坐标如图 3，在区域 Ⅰ 内，弹性模量为 E_1，泊松比为 μ_1，渗透压力 p' 见式（7），应力为 $\sigma'_x, \sigma'_y, \sigma'_{xy}$，位移为 u'、v'。在区域 Ⅱ 内弹性模量为 E_2，泊松比为 μ_2，渗透压力 p'' 见式（8），应力为 σ''_x、σ''_y、τ''_{xy} 位移为 u''、v''。在接触面上作用着正应力 q 和切应力 t。

由力的平衡，在 oy 面上

$$\sigma'_x = \sigma''_x = q, \tau'_{xy} = -\tau''_{xy} = t \tag{9}$$

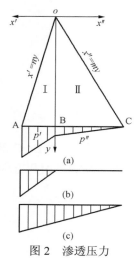

图 2 渗透压力

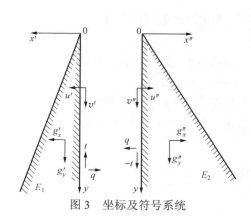

图 3 坐标及符号系统

由变形连续，在 oy 面上

$$v' = v''　　　　　　　　　　　　　　　　　　　　　　　　　　（10）$$

$$u' = -u''　　　　　　　　　　　　　　　　　　　　　　　　（11）$$

由式（10）对 y 求微商，得

$$\varepsilon_y' = \varepsilon_y''　　　　　　　　　　　　　　　　　　　　　　　　（12）$$

将 $\sigma_z = +\mu(\sigma_x + \sigma_y) - E\beta p$ 代入式（1），再代入式（12），经过整理后得到第一个变形连续条件为

$$\frac{1-\mu_1^2}{E_1}S' - \frac{1-\mu_2^2}{E_2}S'' = (1+\mu_2)\beta_2 p'' - (1+\mu_1)\beta_1 p' + \left(\frac{1+\mu_1}{E_1} - \frac{1+\mu_2}{E_2}\right)q　　（13）$$

式中

$$S' = \sigma_x' + \sigma_y', S'' = \sigma_x'' + \sigma_y''　　　　　　　　　　　　　　（14）$$

再由式（11）对 y 微分两次，得

$$\frac{\partial^2 u'}{\partial y^2} = \frac{\partial^2 u''}{\partial y^2}　　　　　　　　　　　　　　　　　　　（15）$$

由 $\gamma_{xy} = (\partial u / \partial y) + (\partial v / \partial x)$，两边对 y 微分，得

$$\frac{\partial^2 u}{\partial y^2} = \frac{\partial \gamma_{xy}}{\partial y} - \frac{\partial}{\partial y}\left(\frac{\partial v}{\partial x}\right) = \frac{\partial \gamma_{xy}}{\partial y} - \frac{\partial \varepsilon_y}{\partial x}$$

将应力应变关系代入上式，再代入式（15），并利用平衡方程 $(\partial \sigma_x / \partial x) + (\partial \tau_{xy} / \partial y) + g_x = 0$ 化简，得到接触面上的第二个变形连续条件为

$$\frac{1-\mu_1^2}{E_1}\frac{\partial S'}{\partial x'} + \frac{1-\mu_2^2}{E_2}\frac{\partial S''}{\partial x''} = -(1+\mu_1)\frac{\partial(\beta_1 p')}{\partial x'} - (1+\mu_2)\frac{\partial(\beta_2 p'')}{\partial x''} - \frac{1+\mu_1}{E_1}g_x' - \frac{1+\mu_2}{E_2}g_x''　（16）$$

式中，g_x'、g_x'' 是区域Ⅰ、Ⅱ在 x' 及 x'' 方向的重力。混凝土的泊松比一般变化不大，若令 $\mu_1 = \mu_2 = \mu$，则接触条件可简化为（当 $x' = x'' = 0$ 时）

$$\frac{S'}{E'} - \frac{S''}{E_2} = \frac{\beta_2 p'' - \beta_1 p'}{1-\mu} + \frac{q}{1-\mu}\left(\frac{1}{E_1} - \frac{1}{E_2}\right)　　　　　　（17）$$

$$\frac{1}{E_1}\frac{\partial S'}{\partial x''} + \frac{1}{E_2}\frac{\partial S''}{\partial x'} = -\frac{1}{1-\mu} \times \left[\frac{\partial(\beta_1 p')}{\partial x'} + \frac{\partial(\beta_2 p'')}{\partial x''}\right] - \frac{1}{1-\mu}\left(\frac{g'_x}{E_1} + \frac{g''_x}{E_2}\right) \tag{18}$$

（三）渗透水对坝体应力的影响

由无限楔的经典解答可知，在自重及齐顶水压力作用下，坝内应力是坐标的线性函数。现渗透压力也是坐标的线性函数。故可推知接触力 q 和 t 是 y 的线性函数。如令

$$q = q_1 y, \quad t = t_1 y \tag{19}$$

则区域 I 在上游面水压力 $\gamma_0 y$，自重 g'_x、g'_y 及接触力 $q_1 y$、$t_1 y$ 的作用下，其应力为

$$\left.\begin{array}{l}
\sigma'_x = -(t_1 + g'_x)x' + q_1 y \\[2mm]
\sigma'_y = \left(\dfrac{2q_1}{n^3} - \dfrac{3t_1}{n^2} + \dfrac{2-n^2}{n^3}\gamma_0 + \dfrac{g'_y}{n} - \dfrac{2g'_x}{n^2}\right)x' - \left(\dfrac{q_1}{n^2} - \dfrac{2t_1}{n} + \dfrac{\gamma_0}{n^2} + g'_y - \dfrac{g'_x}{n}\right)y \\[4mm]
\tau'_{xy} = \left(\dfrac{q_1}{n^2} - \dfrac{2t_1}{n} + \dfrac{\gamma_0}{n^2} - \dfrac{g'_x}{n}\right)x' + t_1 y
\end{array}\right\} \tag{20}$$

区域 II 在自重 g''_x、g''_y 及接触力 $q_1 y$、$t_1 y$ 作用下，其应力为

$$\left.\begin{array}{l}
\sigma''_x = (t_1 - g''_x)x'' + q_1 y \\[2mm]
\sigma''_y = \left(\dfrac{2q_1}{m^3} + \dfrac{3t_1}{n^2} + \dfrac{g''_y}{m} - \dfrac{2g''_x}{m^2}\right)x'' - \left(\dfrac{q_1}{m^2} + \dfrac{2t_1}{m} + g''_y - \dfrac{g''_x}{m}\right)y \\[4mm]
\tau''_{xy} = \left(\dfrac{q_1}{m_2} + \dfrac{2t_1}{m} - \dfrac{g''_x}{m}\right)x'' - t_1 y
\end{array}\right\} \tag{21}$$

由式（20）、式（21）求出 $S' = \sigma'_x + \sigma'_y$ 及 $S'' = \sigma''_x + \sigma''_y$，代入接触面连续条件式（17）、式（18），得到以 q_1 和 t_1 为未知量的两个代数方程，解之得

$$q_1 = \frac{a_3 b_2 - a_2 b_3}{a_1 b_2 - a_2 b_1}, \quad t_1 = \frac{a_1 b_3 - a_3 b_1}{a_1 b_2 - a_2 b_1} \tag{22}$$

式中

$$\left.\begin{array}{l}
a_1 = \dfrac{1}{E_2}\left(\dfrac{\mu}{1-\mu} + \dfrac{1}{m^2}\right) - \dfrac{1}{E_1}\left(\dfrac{\mu}{1-\mu} + \dfrac{1}{n^2}\right) \\[4mm]
a_2 = \dfrac{2}{nE_1} + \dfrac{2}{mE_2} \\[4mm]
a_3 = \dfrac{\beta_2 f_4 - \beta_1 f_2}{1-\mu} + \dfrac{\gamma_0}{n^2 E_1} + \dfrac{1}{E_1}\left(g'_y - \dfrac{g'_x}{n}\right) - \dfrac{1}{E_2}\left(g''_y - \dfrac{g''_x}{m}\right) \\[4mm]
b_1 = 2\left(\dfrac{1}{n^3 E_1} + \dfrac{1}{m^3 E_2}\right) \\[4mm]
b_2 = \dfrac{1}{E_2}\left(1 + \dfrac{3}{m^2}\right) - \dfrac{1}{E_1}\left(1 + \dfrac{3}{n^2}\right) \\[4mm]
b_3 = -\dfrac{2-n^2}{n^3}\cdot\dfrac{\gamma_0}{E_1} - \dfrac{1}{1-\mu}(\beta_1 f_1 + \beta_2 f_3) + \dfrac{1}{E_1}\left(\dfrac{2g'_x}{n^2} - \dfrac{\mu g'_x}{1-\mu} - \dfrac{g'_y}{n}\right) + \dfrac{1}{E_2}\left(\dfrac{2g''_x}{m^2} - \dfrac{\mu g''_x}{1-\mu} - \dfrac{g''_y}{m}\right)
\end{array}\right\} \tag{23}$$

由式（22）算出 q_1 和 q_1，代入式（20）、式（21）即得毛应力，其中正应力 σ_x 和 σ_y 加上 p，即得有效应力。

现举两个算例：水的容重 $\gamma_0=1.00\text{t/m}^3$，混凝土自重 $g_y'=g_y''=2.40\text{t/m}^3$，$g_x'=g_x''=0$，$E_1/E_2=2.00$，$\beta$ 按式（3）计算。这里计算了两种情况［图 4（a），（b）］：

（1）渗透压力自上游至下游呈直线分布，如图 4（a）-1 所示，精确解给出上游面应力 $\sigma_y=$ 0.565y，按布拉兹理论算得上游面应力 $\sigma_y=0.426y$，偏小 24.6%。

（2）渗透压力在区域 I 内呈三角形分布，如图 4（b）-1 所示，精确解所给出的上游面应力是压应力 $\sigma_y=-0.049y$，而按布拉兹理论算得的上游面应力则为拉应力 $\sigma_y=0.426y$。

上述计算结果表明，布拉兹理论应用于非均质重力坝所带来的误差是比较大的，不但影响到应力的大小，而且有时还影响到应力的符号。

（四）简化计算

今作以下三个假设：①坝体的截面在变形前后保持为平面；②泊松比 $\mu=0$；③混凝土骨架的固体颗粒的体变模量 $K=\infty$。

由假设（1）得 $\varepsilon_y=A+Bx$ 其中 A，B 为常数；由假设式（2），式（3）得 $\beta=1/E$；再由式（1）得

$$\sigma_y=E(A+Bx)-p \tag{24}$$

取断面的加权形心 ξ 为坐标原点（图 5），则

$$\xi=\frac{(E_2h_2^2/2)+E_1h_1[h_2+(h_1/2)]}{E_2h_2+E_1h_1} \tag{25}$$

由平衡条件，有

$$\int\sigma_y\text{d}x=N,\int\sigma_yx\text{d}x=M \tag{26}$$

式中，N 和 M 分别为截面上所受的轴向力和力矩（不包括渗透力），将式（24）代入式（26）得

$$A=\frac{N+\int p\text{d}x}{E_1h_1+E_2h_2}$$

$$B=\frac{M+\int px\text{d}x}{\dfrac{E_1}{3}[(h_1+h_2-\xi)^3-(h_2-\xi)^3]+\dfrac{E_2}{3}[(h_2-\xi)^3+\xi^3]} \tag{27}$$

故有效应力为

$$\sigma_y'=\sigma_y+p=E_i(A+Bx),i=1,2 \tag{28}$$

式（27）中，$\int p\text{d}x$ 和 $\int px\text{d}x$ 分别是渗透压力所引起的轴向力和力矩，由此得到重要结论：根据以上所作的三个假设，在计算有效应力时，可将渗透压力看成是作用于断面上的外力。

在图 4 及图 5 中也画出了简化计算的结果，由图可见，简化计算给出的应力与精确解十分接近。

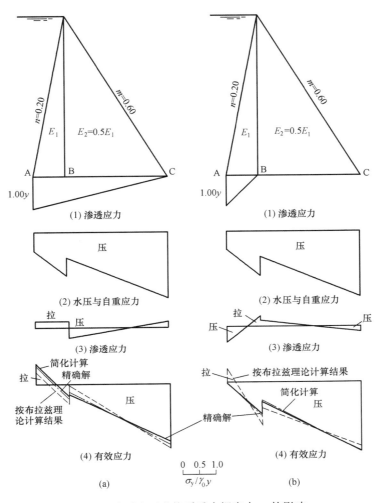

图 4 渗透水对非均质重力坝应力 σ_y 的影响

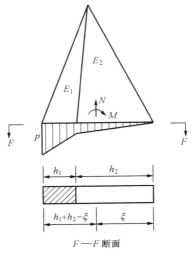

图 5 简化计算简图

参 考 文 献

［1］Leliavsky S. Experiments on Effective Uplift Area in Gravity Dams. Trans. ASCE, V. 112, 1947.

［2］Terzaghi K. Stress Conditions for the Failure of Saturated Concrete and Rock. Proc. ASTM, V. 45, 1945.

［3］Harza L F. The Significance of Pore Pressure in Hydraulic Structures. Trans., ASCE, 1949.

［4］Leliavsky S. Uplift in Gravity Dams. 1958.

［5］Brahtz J H A. Pressures due to Percolating Water and Their Influence upon Stresses in Hydraulic Structures. Trans. Second Intern. Cong, on Large Dams, V. 5, 1936.

［6］Zienkiewicz O C The Effect of Pore Pressures on Stresses in Gravity Dams. Proc. ASCE, po. 4, 1956.

［7］Zienkiewicz O C, Park J. Effect of Pore Pressures on Stress Distribution in Some Porous Elastic Solids. Water Power, Jan., 1958.

［8］Lubinski A. The Theory of Elasticity for Porous Bodies Displaying a Strong Pore Structures. Proc. Second U. S. Nat. Congr. of Appl. Mech., 1954.

［9］Zienkiewicz O C. Stress Analysis of Hydraulic Structures Including Pore Pressure Effects. Water Power, March, 1963.

第 12 篇

黏弹性与混凝土徐变
Part 12　Visco−elasticity and Creep of Concrete

蠕变引起的非均质结构应力重分布❶

摘 要：不同的材料往往具有不同的蠕变特性，在承受荷载以后，非均质结构的不同材料产生的蠕变变形是不同的，从而引起结构应力的重新分布。本文给出了相应的计算方法。

关键词：蠕变；应力重分布；非均质结构

Redistribution of Stresses in Nonhomogeneous Structure due to Creep

Abstract: The properties of creep of different materials are different. Under the action of loading，the creep deformations of different material of the non-homogeneous structure are different，which will induce the redistribution of stresses in the structure. The method for computation is proposed in this paper.

Key words： creep，redistribution of stress，non-homogeneous structure

混合结构是工程上广泛采用的结构形式，如钢筋混凝土，预应力混凝土和钢木混合结构等。由于建筑材料如混凝土、石膏、塑料、木材等大多具有蠕变特性，因而结构内部应力将随着时间而重新分布。另外，有许多结构本身是均质的，但支承在弹性支座上，即边界条件是混合的，这种结构的内部应力也会随着时间而重新分布。因此蠕变引起的应力重分布是工程上广泛存在的一个问题。目前已有的一些计算方法都十分复杂，不切实用。本文研究了由蠕变引起应力重新分布的普遍情况，采用长期弹性模量的概念，论证了因蠕变而重新分布后的长期应力状态决定于长期弹性模量，正如瞬时应力状态决定于瞬时弹性模量一样。这一结论具有重要实际意义，因为设计人员依靠普通建筑力学就可以解决应力重分布问题，而不必去解蠕变理论的积分方程组了，事实上在许多情况下这些积分方程组的求解是困难的。对于一些复杂结构的应力重分布，理论分析往往无法进行。根据这里所提的结论，只要进行两个模型实验，其中一个采用瞬时弹性模量，另一个采用长期弹性模量，就可以进行实验分析。

一、一阶超静定结构

今有一阶超静定结构，共有 n 个内力，它们取决于 $n-1$ 个平衡方程和一个变形协调方程。

---

❶ 原载建筑学报，1961，1，14-18。

这 $n-1$ 个平衡方程总可以归结于一个方程，其中包括两个内力 $X_1^*(t)$ 和 $X_2^*(t)$ 及外荷重 P

$$X_2^*(t) = L_1 X_1^*(t) + L_0 P \tag{1}$$

变形协调方程在普遍条件下可表示为

$$D_1 \varepsilon_1^*(t) + D_2 \varepsilon_2^*(t) = 0 \tag{2}$$

式中　$\varepsilon_1^*(t)$ 及 $\varepsilon_2^*(t)$ ——在内力作用方向上的变形；

　　$X_1^*(t)$ 和 $X_2^*(t)$ ——随时间而改变的内力；

　　L_1，L_0，D_1 及 D_2 ——几何坐标的微分算子。

瞬时的弹性应力与变形关系为

$$\varepsilon_1(t) = \frac{X_1(t)}{F_1 E_1} + \varepsilon_{10} \tag{3}$$

$$\varepsilon_2(t) = \frac{X_2(t)}{F_2 E_2} + \varepsilon_{20}$$

式中　F_1 和 F_2 ——构件的几何特微，对于中心受力的最简单情况 F_1 和 F_2 即为构件的截面积；

　　E_1 和 E_2 ——构件瞬时弹性模量；

　　ε_{10} ——ε_{20} 强迫变形（温度，收缩，预加应变及基础沉陷等）。

根据线性蠕变理论，构件受力后包括蠕变及弹性变形在内的总变形为

$$\left. \begin{aligned} \varepsilon_1^*(t) &= \frac{1}{F_1}\left[\frac{X_1^*(t)}{E_1} - \int_0^\tau X_1^*(\tau) \frac{\partial}{\partial \tau} \delta_2(t,\tau) \mathrm{d}t \right] + \varepsilon_{10} \\ \varepsilon_2^*(t) &= \frac{1}{F_2}\left[\frac{X_2^*(t)}{E_2} - \int_0^\tau X_2^*(\tau) \frac{\partial}{\partial \tau} \delta_2(t,\tau) \mathrm{d}t \right] + \varepsilon_{20} \end{aligned} \right\} \tag{4}$$

式中　$\delta_1(t,\tau)$ 及 $\delta_2(t,\tau)$ ——时间 τ 加上单位应力后至时间 t 的相对总变形，可表示如下

$$\left. \begin{aligned} \delta_t(t,\tau) &= \frac{1}{E_i} + C_i[1 - \mathrm{e}^{-k_i}(t-\tau)] \\ \frac{\partial}{\partial \tau} \delta_t(t,\tau) &= -C_i k_i \mathrm{e}^{-k_i}(t-\tau), i = 1, 2 \end{aligned} \right\} \tag{5}$$

代入式（4）得

$$\left. \begin{aligned} \varepsilon_1^*(t) &= \frac{1}{F_1}\left[\frac{X_1^*(t)}{E_1} + C_1 k_1 \int_0^t X_1^*(\tau) \mathrm{e}^{-k_1}(t-\tau) \mathrm{d}\tau \right] + \varepsilon_{10} \\ \varepsilon_2^*(t) &= \frac{1}{F_2}\left[\frac{X_2^*(t)}{E_2} + C_2 k_2 \int_0^t X_2^*(\tau) \mathrm{e}^{-k_2}(t-\tau) \mathrm{d}\tau \right] + \varepsilon_{20} \end{aligned} \right\} \tag{6}$$

由式（1）、式（2）、式（6）得到决定赘余力 $X_1^*(t)$ 的方程如下：

$$A X_1^*(t) + \int_0^t [B_1 \mathrm{e}^{-k_1}(t-\tau) + L_1 B_2 \mathrm{e}^{-k_2}(t-\tau)] X_1^*(t) \mathrm{d}\tau$$

$$= -\left[\frac{D_1}{F_1} \varepsilon_{10} + \frac{D_2}{F_2} \varepsilon_{20} \right] - \frac{L_0 D_0}{F_2}\left[\frac{P}{E_2} + C_2 k_2 \int_0^t P \mathrm{e}^{-k_2}(t-\tau) \mathrm{d}t \right] \tag{7}$$

式中

$$A = \frac{D_1}{F_1 E_1} + \frac{D_2 L_1}{F_2 E_2}, \quad B_1 = \frac{C_1 k_1 D_1}{F_1}, \quad B_2 = \frac{C_2 k_2 D_2}{F_2} \tag{8}$$

上列式（7）是一个伏特拉积分方程。对此式进行拉普拉斯变换，得

$$\left[A + \frac{B_1}{S+k_1} + \frac{L_1 B_2}{S+k_2}\right]\int_0^\infty X_1^*(t)e^{-st}\,dt = -\frac{1}{S}\left[\frac{D_1\varepsilon_{10}}{F_1} + \frac{D_2\varepsilon_{20}}{F_2} + \frac{L_0 D_2 P}{F_2 E_2}\right] - \frac{L_0 D_2 C_2 k_2 P}{F_2 S(S+k_2)} \tag{9}$$

对上式进行拉普拉斯反变换，得

$$X_1^*(t) = -\Sigma Res\,\frac{est}{S} \times \frac{\left(\dfrac{D_1\varepsilon_{10}}{F_1} + \dfrac{D_2\varepsilon_{20}}{F_2} + \dfrac{L_0 D_2 P}{F_2 E_2}\right)(S+k_1)(S+k_2)}{AS^2 + (k_1 + k_2 + B_1 + L_1 B_2)S}$$
$$+ \frac{\dfrac{L_0 D_2 C_2 k_2 P}{F_2}(S+k_1)}{+(Ak_1 k_2 + B_1 k_2 + L_1 B_2 k_1)} \tag{10}$$

式中 Res——留数。

上式在 $S=0$，$S=-S_1$ 及 $S=-S_2$ 处共有三个一阶极点

$$S_1 = \frac{H_1 + \sqrt{H_1^2 - 4AH_2}}{2A}, \quad S_2 = \frac{H_1 - \sqrt{H_1^2 - 4AH_2}}{2A}$$
$$H_1 = k_1 + k_2 + B_1 + L_1 B_2, \quad H_2 = Ak_1 k_2 + Bk_2 + L_1 B_2 k_1$$

因此

$$X_1^*(t) = -\frac{\left(\dfrac{D_1\varepsilon_{10}}{F_1} + \dfrac{D_2\varepsilon_{20}}{F_2} + \dfrac{L_0 D_2 P}{F_2 E_2}\right)k_1 k_2 + \dfrac{L_0 D_2 C_2 k_2 k_1 P}{F_2}}{Ak_1 k_2 + B k_2 + L_1 B_2 k_1}$$
$$+ \frac{H_3(k_1 - S_1)(k_2 - S_1) + H_4(k_1 - S_1)}{AS_1(S_2 - S_1)}e^{-s_1 t} - \frac{H_3(k_1 - S_2)(k_2 - S_2) + H_4(k_1 - S_2)}{AS_2(S_2 - S_1)}e^{-s_2 t} \tag{11}$$

式中，$H_3 = \dfrac{D_1\varepsilon_{10}}{F_1} + \dfrac{D_2\varepsilon_{20}}{F_2} + \dfrac{L_0 D_1 P}{F_2 E_2}$，$H_4 = \dfrac{L_0 D_2 C_2 k_2 P}{F_2}$。

当时间充分长时（对混凝土来说，一年左右），$t \to \infty$，$e^{-s_1 t} = e^{-s_2 t} = 0$，于是由式（11）及式（8），经过简化，得

$$X_1^*(\infty) = -\frac{\dfrac{D_1\varepsilon_{10}}{F_1} + \dfrac{D_2\varepsilon_{20}}{F_2} + \dfrac{L_0 D_2 P}{F_2} + \dfrac{1 + E_2 C_2}{E_2}}{\dfrac{D_1}{F_1}\left(\dfrac{1 + E_1 C_1}{E_1}\right) + \dfrac{D_2 L_1}{F_2}\left(\dfrac{1 + E_2 C_2}{E_2}\right)} \tag{12}$$

引入长期弹性模量 E_1^* 及 E_2^*，令

$$E_1^* = \frac{E_1}{1 + E_1 C_1}, E_2^* = \frac{E_2}{1 + E_2 C_2} \tag{13}$$

代入式（12），得长期应力为

$$X_1^*(\infty) = -\frac{\dfrac{D_1\varepsilon_{10}}{F_1} + \dfrac{D_2\varepsilon_{20}}{F_2} + \dfrac{L_0 D_2 P}{F_2 E_2^*}}{\dfrac{D_1}{F_1 E_1^*} + \dfrac{L_1 D_2}{F_2 E_2^*}} \tag{14}$$

我们回到前面决定赘余力的式（7），式中系数 A 代表瞬时变形，系数 B_1 及 B_2 代表蠕变变形，令 $B_1=B_2=0$，解之得瞬时弹性应力为

$$X_1(0) = -\frac{\dfrac{D_1\varepsilon_{10}}{F_1} + \dfrac{D_2\varepsilon_{20}}{F_2} + \dfrac{L_0D_2P}{F_2E_2}}{\dfrac{D_1}{F_1E_1} + \dfrac{L_1D_2}{F_2E_2}} \tag{15}$$

比较式（14）、式（15）。可见两式完全相似，只是弹性模量 E_1、E_2 与 E_1^*、E_2^* 不同。因此我们得到一个重要结论：蠕变使非均质结构应力重新分布，最终应力状态可按照决定瞬时弹性应力同样的方法进行计算或实验，但必须采用长期弹性模量以代替瞬时弹性模量。

下面再讨论两种简单情况：

1. 只有强迫变形的作用

在式（14）中令 $P=0$，

则

$$X_1^*(\infty) = -\frac{\dfrac{D_1\varepsilon_{10}}{F_1} + \dfrac{D_2\varepsilon_{20}}{F_2}}{\dfrac{D_1}{F_1E_1^*} + \dfrac{L_1D_2}{F_2E_2^*}}$$

因 $E_1^* \leqslant E_1$，$E_2^* \leqslant E_2$，故 $X_1^*(\infty) \leqslant X_1(0)$。

因此在强迫变形（温度、收缩、预加应力、基础沉陷等）作用下，蠕变使应力减小。

2. 只有外力作用

令 $\varepsilon_{10} = \varepsilon_{20} = 0$，由式（14）得

$$X_1^*(\infty) = -\frac{\dfrac{L_0D_2P}{F_2}\dfrac{E_1^*}{E_2^*}}{\dfrac{D_1}{F_1} + \dfrac{L_1D_2}{F_2}\dfrac{E_1^*}{E_2^*}} = -\frac{\dfrac{L_0D_2P}{F_2}\dfrac{E_1}{E_2}\dfrac{1+E_2C_2}{1+E_1C_1}}{\dfrac{D_1}{F_1} + \dfrac{L_1D_2}{F_2}\dfrac{E_1}{E_2}\dfrac{1+E_2C_2}{1+E_1C_1}}$$

因此可分为以下三种情况：

（1）若 $E_1C_1 > E_2C_2$，则 $X_1^*(\infty) < X_1(0)$ 而由平衡条件，一般地 $X_2^*(\infty) > X_2(0)$。

（2）若 $E_1C_1 < E_2C_2$，则 $X_1^*(\infty) > X_1(0)$，由平衡条件，一般地 $X_2^*(\infty) < X_2(0)$。

（3）若 $E_1C_1 = E_2C_2$，则 $X_1^*(\infty) = X_1(0)$，$X_2^*(\infty) = X_2(0)$。

总之，在外力作用下，若 $E_1C_1 \neq E_2C_2$，则由于蠕变，内部应力将重新分布，其中有的增大，有的减小。一般来说，蠕变大的杆件的应力将减小，而蠕变小的杆件的应力将增大。例如钢筋混凝土结构中钢筋应力将增大而混凝土应力将减小。若 $E_1C_1 = E_2C_2$，则不产生应力重分布。

二、多阶超静定结构

今有 n 阶超静定结构，共有 $m+n$ 个内力。这些内力必须满足 m 个平衡方程和 n 个变形协调方程。

平衡方程 m 个：

$$X^*_{n+1}(t) = L_{11}X^*_1(t) + L_{12}X^*_2(t) + \cdots + L_{1n}X^*_n(t) + L_{10}P$$
$$X^*_{n+2}(t) = L_{21}X^*_1(t) + L_{22}X^*_2(t) + \cdots + L_{2n}X^*_n(t) + L_{20}P \qquad (16)$$
$$\cdots$$
$$X^*_{n+m}(t) = L_{m1}X^*_1(t) + L_{m2}X^*_2(t) + \cdots + L^*_{mn}X^*_n(t) + L_{m0}P$$

变形协调方程 n 个

$$D_{11}\varepsilon^*_1(t) + D_{12}\varepsilon^*_2(t) + \cdots + D_{1(n+m)}\varepsilon^*_{n+m}(t) = 0$$
$$D_{21}\varepsilon^*_1(t) + D_{22}\varepsilon^*_2(t) + \cdots + D_{2(n+m)}\varepsilon^*_{n+m}(t) = 0 \qquad (17)$$
$$\cdots$$
$$D_{n1}\varepsilon^*_1(t) + D_{n2}\varepsilon^*_2(t) + \cdots + D_{n(n+m)}\varepsilon^*_{n+m}(t) = 0$$

瞬时弹性变形为

$$\varepsilon_i = \frac{X_i(t)}{F_i E_i} + \varepsilon_{10}, \quad i = 1, 2, \cdots m+n \qquad (18)$$

包括蠕变和弹性变形在内的总变形为

$$\varepsilon^*_t(t) = \frac{1}{F_t}\left[\frac{X^*_t(t)}{E_t} + c_i k_i \int_0^t X^*_i(\tau)\mathrm{e}^{-k_i(\tau-1)}\mathrm{d}\tau\right] + \varepsilon_{i0} \qquad (19)$$
$$i=1, 2, 3, \cdots, m+n$$

由式（16）、式（17）、式（19），得到决定 n 个赘余力的积分方程组如下

$$\left[\frac{D_{g1}}{F_1 E_1} + \sum_{i=1}^m \frac{L_{i1}D_{g(n+i)}}{F_{n+i}E_{n+i}}\right]X^*_1(t) + \cdots + \left[\frac{D_{gn}}{F_n E_n} + \sum_{i=1}^m \frac{L_{in}D_{g(n+i)}}{F_{n+i}E_{n+i}}\right]X^*_n(t)$$
$$+ \int_0^t X^*_1(\tau)\left[\frac{D_{g1}C_1 k_1}{F_1}\mathrm{e}^{-k_1(t-\tau)} + \sum_{i=1}^m \frac{L_{i1}D_{g(n+i)}C_{n+i}k_{n+i}}{F_{n+i}}\mathrm{e}^{-k_{n+i}(t-\tau)}\right]\mathrm{d}\tau + \cdots \qquad (20)$$
$$+ \int_0^t X^*_n(\tau)\frac{D_{gn}C_n k_n}{F_n}\mathrm{e}^{-k_n(t-\tau)} + \left[\sum_{i=1}^m \frac{L_{\tau n}D_{g(n+i)}C_{n+i}k_{n+i}}{F_{n+i}}\mathrm{e}^{-k_{n+i}(t-\tau)}\right]\mathrm{d}\tau$$
$$= -\sum_{j=1}^{n+m} D_{gi^e j0} - \sum_{i=1}^m \frac{L_{t0}D_{g(n+i)}P}{F_{n+i}E_{n+i}} - \int_0^t P\left[\sum_{i=1}^m \frac{L_{i0}D_{g(n+i)}C_{n+i}k_{n+i}}{F_{n+\tau}}\mathrm{e}^{-k_{n+i}(t-\tau)}\right]\mathrm{d}\tau$$
$$g=1, 2, 3\cdots n; \text{ 共 } n \text{ 个方程。}$$

蠕变是单调增加的有界函数（指数函数），因此内力必然也是单调变化的有界函数，这点可从式（11）得到验证。可命

$$X^*_t(t) = X^*_i(\infty) + \sum_{j=1}^n \alpha_{ij}\mathrm{e}^{-\beta_{ji}t} \qquad (21)$$

代入式（20），完成所有运算后令 $t \to \infty$，整理之得决定赘余力 $X^*_1(\infty)$, $X^*_2(\infty)$,…, $X^*_n(\infty)$ 的 n 个方程如下

$$X^*_1(\infty)\left[\frac{D_{g1}}{F_1}\left(\frac{1+E_1 C_1}{E_1}\right) + \sum_{i=1}^m \frac{L_{t1}D_{g(n+i)}}{F_{n+i}}\left(\frac{1+E_{n+i}C_{n+i}}{E_{n+i}}\right) + \cdots\right.$$
$$\left. + X^*_n(\infty)\left[\frac{D_{gn}}{F_n}\left(\frac{1+E_n C_n}{E_n}\right) + \sum_{i=1}^m \frac{L_{in}D_{g(n+i)}}{F_{n+i}}\left(\frac{1+E_{n+i}C_{n+i}}{E_{n+i}}\right)\right.\right. \qquad (22)$$

$$= -\sum_{j=1}^{n+m} D_{gj}\varepsilon_{i0} - \sum_{i=1}^{m} \frac{PL_{i0}D_{g(n+i)}}{F_{n+i}}\left(\frac{1+E_{n+i}C_{n+i}}{E_{n+i}}\right)$$

$$g=1,\ 2,\ 3,\ \cdots,\ n;\ 共\ n\ 个方程$$

回到式（20），令蠕变度 $C_1=C_2=\cdots=C_{n+m}=0$，得到决定瞬时应力的方程组如下

$$\left[\frac{D_{g1}}{F_1 E_1} + \sum_{i=1}^{m} \frac{L_{i1}D_{g(n+i)}}{F_{n+i}E_{n+i}}\right]X_1(0) + \cdots + \left[\frac{D_{gn}}{F_n E_n} + \sum_{i=1}^{m} \frac{L_{in}D_{g(n+i)}}{F_{n+i}E_{n+i}}\right]X_n(0)$$

$$= -\sum_{j=1}^{n+m} D_{gi}\varepsilon_{j0} - \sum_{i=1}^{m} \frac{L_{i0}D_{g(n+i)}P}{F_{n+i}E_{n+i}}$$

(23)

$$g=1,\ 2,\ 3,\ \cdots,\ n$$

在式（22）中引入长期弹性模量

$$E_i^* = \frac{E_i}{1+E_i C_i}$$

则式（22）与式（23）完全相似，只是弹性模量不同。因此我们得到第一节中同样的结论：多阶超静定结构由于蠕变而重新分布后的应力状态可以按照决定瞬时弹性应力同样的方法进行计算或实验，但必须采用长期弹性模量以代替瞬时弹性模量。

在以上讨论中外力 P 和强迫变形 ε_{j0} 都是稳定的，即对时间是常量。进一步的验证发现当外力和强迫变形是单调变化的有界函数时上述结论仍然成立。即当

$$P(t) = P(\infty) + \sum_{i=1}^{n} \alpha_i \mathrm{e}^{-\beta_i t}$$

$$\varepsilon_{j0}(t) = \varepsilon_{j0}(\infty) + \sum_{i=1}^{n} \alpha'_{ij} \mathrm{e}^{-\beta' t_j t}$$

时，瞬时应力决定于瞬时弹性模量 E_i，瞬时荷重 $P(0)$ 及瞬时强迫变形 $\varepsilon_{j0}(0)$；长期应力决定于长期弹性模量 E_i^*、长期荷重 $P(\infty)$ 及长期强迫变形 $\varepsilon_{j0}(\infty)$。

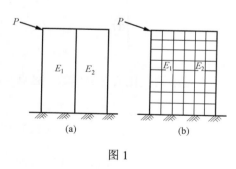

图 1

以上验证都是以杆件结构概念为基础，但所有的结论都可以推广到非杆件结构如板、壳及大体积结构，因为这些结构可以用等效的杆件结构去代替。例如图 1（a）所示的混凝土墙，可以用图 1（b）所示的等效刚架代替。格矩 h，水平及垂直杆件的截面积等于 h，而惯性矩 $J = \frac{h^3}{12(1+\mu)}$，见［6］。我们的结论适用于图 1（b）的杆件结构，由于它们中间的等效关系，因而我们的结论也适用于图 1（a）的混凝土墙。余类推。在我们的分析中没有考虑波桑比的影响，在一般工程结构中波桑比对应力的影响是很小的，可以忽略。

三、算例

为了说明各种工程结构的应力重分布，举例如下。

1. 钢筋混凝土压杆的应力重分布

设混凝土和钢筋的瞬时弹性模量分别为 E_c 和 E_s，蠕变度分别为 C_c 和 C_s，含钢率为 μ，则瞬时应力为

$$\sigma_c = \frac{N}{F_c\left[1+\mu\left(\dfrac{E_s}{E_c}-1\right)\right]}, \quad \sigma_s = \frac{E_s}{E_c}\sigma_c$$

长期应力为

$$\sigma_c^* = \frac{N}{F_c\left[1+\mu\left(\dfrac{E_s^*}{E_c^*}-1\right)\right]}, \quad \sigma_s^* = \frac{E_s^*}{E_c^*}\sigma_c^*$$

式中

$$E_c^* = \frac{E_c}{1+E_cC_c}, \quad E_s^* = \frac{E_s}{1+E_sC_s}$$

在常温及不太高的应力条件下，钢筋无蠕变，即 $C_s=0$。普通工业及民用建筑中混凝土 $C_c \cong \dfrac{2.0}{E_c}$，故 $E_s^*=E_s$，$E_c^*=\dfrac{E_c}{3}$。取 $E_s=2000000\text{kg/cm}^2$，$E_c=240000\text{kg/cm}^2$，算得钢筋和混凝土应力的变化如表 1。

表 1　　　　　钢筋混凝土压杆的应力重分布

含钢率 μ	1.0%	1.5%	2.0%	2.5%	3.0%
钢筋应力变化 σ_s^*/σ_s	2.61	2.46	2.31	2.22	2.13
混凝土应力变化 σ_c^*/σ_c	0.87	0.82	0.77	0.74	0.71

可见钢筋应力增长一倍以上，混凝土应力减小了 13%～29%。

2. 预应力钢筋混凝土梁的应力损失

平衡条件

$$N_c+N_s=0, \quad M_c+M_s=0$$

变形协调条件，当 $z=h_1$ 时

$$\varepsilon_c + \Delta - S = \varepsilon_s$$

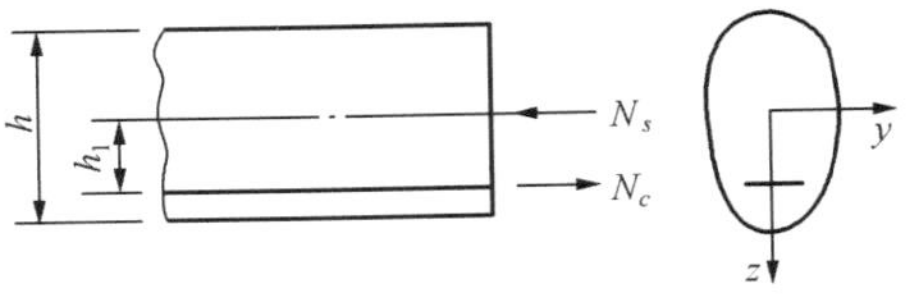

式中　ε_c ——混凝土应变；

　　　ε_s ——钢筋应变；

　　　Δ ——预应力钢筋应变；

　　　S ——混凝土收缩。

由此得应力损失后的钢筋应力为

图 2

$$\sigma_s^* = \frac{E_s^*(\Delta-S)}{1+\dfrac{E_s^*}{E_c^*}\left(\mu+\dfrac{F_ah_1^2}{J}\right)}$$

式中，$E_s^* = \dfrac{E_s}{1+E_sC_s}$，先张法 $E_c^* = \dfrac{E_c}{1+E_cC_c}$，后张法 $E_c^* = \dfrac{E_c}{E_cC_c} = \dfrac{1}{C_c}$。今取 $E_s = 2000000\text{kg/cm}^2$，

$$\Delta = \frac{\sigma_s}{E_s} = \frac{10000}{2000000} = 0.0050, E_s = 340000 \text{kg/cm}^2, h = 60\text{cm}, h_1 = 10\text{cm}, C_s = \frac{0.03}{E_s}, C_c = \frac{2.0}{E_c}, S =$$

0.00015，算得应力损失见表 2（先张法）。

表 2   预应力钢筋混凝土梁的应力损失

含钢率	0.25%	0.50%	1.00%
应力损失	10.8%	15.6%	23.4%

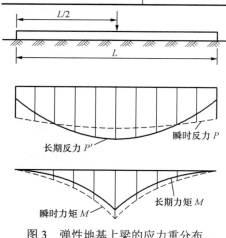

图 3   弹性地基上梁的应力重分布

3. 弹性地基上梁的应力重分布

今设地基的瞬时弹性模量为 300kg/cm^2，长期弹性模量为 200kg/cm^2，梁的瞬时弹性模量为 240000kg/cm^2，长期弹性模量为 80000kg/cm^2，梁的长度为 14m，高度为 0.95m。蠕变使梁与地基的相对柔度随时间而改变。根据瞬时及长期相对柔度，由文献[8]可算得瞬时及长期应力状态如图 3。

4. 水工隧洞衬砌应力重分布

隧洞内半径 $r_B = 3.00\text{m}$，衬砌外半径 $r_H = 3.50\text{m}$，内水压力 $P = 50\text{t/m}^2$，混凝土弹性模量 $E_c = 240000\text{kg/cm}^2$，水工混凝土 $E_c C_c \cong 1.00$，故 $E_c^* = 120000\text{kg/cm}^2$，岩石弹性模量 $E_0 = E_0^* = 100000\text{kg/cm}^2$，钢筋弹性模量 $E_s = E_s^* = 2000000\text{kg/cm}^2$，由此可算得瞬时及长期应力如表 3。

表 3   隧洞衬砌应力重分布   kg/cm²

	瞬时应力	长期应力
混凝土应力	10.60	6.17
钢筋应力	82.0	95.6

5. 拱坝的应力重分布

设混凝土拱坝，两端支承在弹性岩石基础上，由于混凝土的蠕变，支座的水平反力 $X(t)$ 及力矩 $M(t)$ 均随时间而改变。但由于对称，垂直反力 Y 不随时间而改变。这是一个二阶超静定问题，变形协调条件归结为一个二元积分方程组。拱坝半径 $r = 100\text{m}$，厚度 25m，中心角 40°，混凝土瞬时弹性模量 $E_c = 200000\text{kg/cm}^2$，蠕变度 $C_c = 0.50 \times 10^{-5}\text{kg/cm}^2$，$k_c = 0.0301/\text{d}$，岩石弹性模量 $E_0 = 200000\text{kg/cm}^2$，蠕变度 $C_0 = 0$，水头 100m，在水压力及温度作用下坝体应力变化见表 4 及表 5。

图 4

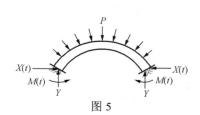

图 5

表 4　　　　　　　　静水压力作用下拱坝内力与力矩变化

时间（d）	拱　座		拱　冠	
	水平力 $X(t)$（t）	力矩 $M(t)$（t·m）	轴向力 $N_0(t)$（t）	力矩 $M_0(t)$（t·m）
0	800	30200	1478	−28800
7	822	31300	1500	−27500
14	837	32100	1515	−26600
28	857	33000	1535	−25600
90	878	33700	1556	−24800
180	880	33800	1558	−24700
360	880	33800	1558	−24700
∞	880	33800	1558	−24700

表 5　　　　　　　　稳定温度作用下拱坝内力与力矩变化

时间（d）	拱　座		拱　冠	
	水平力 $X(t)$（t）	力矩 $M(t)$（t·m）	轴向力 $N_0(t)$（t）	力矩 $M_0(t)$（t·m）
0	−211	648	−211	−624
7	−192	615	−192	−542
14	−178	588	−178	−484
28	−161	548	−161	−423
90	−142	495	−142	−361
180	−141	491	−141	−360
360	−141	490	−141	−360
∞	−141	490	−141	−360

6. 各向异性板的应力重分布

今考虑一正交异性平夹边椭圆板在均布荷重作用下的应力重分布。长轴 a，短轴 b，$\dfrac{a}{b}=1.10$，瞬时弹性模量为 $E_x=200000\text{kg/cm}^2$，$E_y=100000\text{kg/cm}^2$，$G=75000\text{kg/cm}^2$，$v_x=v_y=0$。长期弹性模量为 $E_x^*=160000\text{kg/cm}^2$，$E_y^*=40000\text{kg/cm}^2$，$G^*=30000\text{kg/cm}^2$，$v_x^*=v_y^*=0$。均布荷重为 q。应力重分布见表 6。

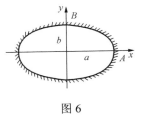

图 6

表 6　　　　　　　　正交各向异性板的应力重分布

	瞬时挠矩 M	长期挠矩 M^*	M^*/M
A 点 M_x	$-0.1424qa^2$	$-0.200qa^2$	140%
B 点 M_y	$-0.0862qa^2$	$-0.0605qa^2$	70%

7. 混凝土浇筑块温度应力的重新分布

以往水工设计人员在计算混凝土浇筑块的温度应力时，没有考虑基础岩石与混凝土的不

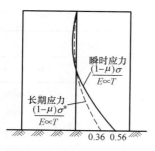

同变形特性。根据本文概念可以考虑这个因素。混凝土和岩石的瞬时弹性模量分别为 E 及 E_0。它们的长期弹性模量分别为 E^* 及 E_0^*。今设岩石无蠕变 $E_0^*=E_0$；而混凝土的长期弹性模量为其瞬时弹性模量之半，即 $E^*=\dfrac{E}{2}$。一般情况岩石与混凝土瞬时弹性模量相差不多，故 $E \cong E_0$，$E^* \cong \dfrac{E_0^*}{2}$。由此用弹性力学数值方法算得浇筑块温度应力如图7。

图7 混凝土浇筑块温度应力的重分布

参 考 文 献

［1］Н.Х.Арутюнян. Некоторые вопросы теории ползучести，1952.

［2］Н.Я.Панарин. Некоторые воцросы расчета армированного и неармированного бетона с учетом ползучести бетона，1957.

［3］И Е Прокопович. О влиянии ползучести на распредопонис внутроних усипий в системах, состоящих из неоднородных элементов，ндвш，стро.，1958，1.

［4］M Reiner. Twelve Lectures on Rheology，1949.

［5］M Reiner. Building Materials，Their Elasticity and Inelasticity. 1956.

［6］L E Grinter. Numerical Methods of Analysis in Engineering，Chap. 2，1949.

［7］И А 西姆武利迪. 连续弹性地基上梁的计算，1957.

［8］С Г 列赫尼茨基. 各向异性板，1955.

［9］К С Карапстян. Впиянис анизотропии на деформацин ползучести бетона，изв. Ан Арм.ССР，Ф-М.，1957，6.

［10］朱伯芳. 拱坝温度应力分析，水利学报，1958，2.

蠕变引起的拱坝应力重新分布[1]

摘 要： 拱坝是最安全最经济的一种混凝土坝，但到目前为止，对拱坝的研究存在着一个共同的缺点，即没有考虑时间的因素，认为在静荷重作用下坝内应力是恒定不变的。事实上，由于混凝土的蠕变，坝内应力将随着时间而重新分布。本文对这个问题进行比较全面的研究，建立了基本方程，并求出了在静荷重及温度作用下的具体解答。从文中算例可以看出，在静荷重作用下，混凝土蠕变使拱座应力逐渐增加而拱冠应力逐渐减小，根据基础弹性模量的不同，应力变化幅度为 10%～50%，温度应力则普遍降低 20%～45%。

关键词： 蠕变；拱坝；应力重新分布

Redistribution of Stresses in Arch Dams
due to Creep of Concrete

Abstact: In this paper, the author offers a method to analyse an arch dam as a visco-elastic body. A system of Volterra integral equations is obtained and solved for static loads with temperature variations. Due to creep of concrete，the stresses vary with time. Under the hydrostatic pressure, the stresses at the abutment increase and the stresses at the crown decrease with time. The amplitude of stress variation is about 10% to 50%，as the ratio of modulus of elasticity of concrete to that of foundation varies from 1 to 8. The reduction of temperature stresses is about 20% to 45%.

Key words: creep, arch dam, redistribution of stress

一、基本方程

今考虑图 1 所示拱坝。由于蠕变，拱座反力 $X(t)$ 及 $M(t)$ 都是时间 t 的函数。但因拱坝承受的水压力和温度变化是左右对称的，反力 Y 与时间无关。根据弹性蠕变理论的叠加原理，可将超静定拱（a）分解为数个静定结构之和，即（a）=（b）+（c）+（d）+（e）。

（a）超静定拱，两端与弹性基础连接，拱座反力 $M(t)$ 及 $X(t)$ 为时间 t 的函数。（b）静定拱，两端为辊轴支座。拱座变位 $\Delta(p,t)$ 及 $\theta(p,t)$ 为时间 t 的函数。（c）静定拱，两端为辊轴支座，受水平力 $X(t)$ 的作用，拱座变位为 $\Delta[X(t)]$ 及 $\theta[X(t)]$。（d）静定拱，两端为辊轴支座，受力矩 $M(t)$ 的作用，拱座变位为 $\Delta[X(t)]$ 及 $\theta[X(t)]$。（e）弹性基础，在水平力 $X(t)$ 及力矩 $M(t)$ 作用下，角变

---

❶ 原载力学学报，1962 年 1 期。

形为$\alpha M(t)$，水平变位为$\beta X(t)$。引用 Vogt 公式，$\alpha = \dfrac{5.075}{E_2 h^2}$，$\beta = \dfrac{1.556}{E_2}$；$E_2$ 为基础弹性模量，h 为拱厚度。由于对称，y 方向的变位不引起拱应力。另外，$X(t)$和 $Y(t)$引起的基础角变位及 $M(t)$引起的基础线变位均甚微小，可以忽略（原则上可以考虑，并无困难，不过计算稍繁冗。）

在任何时间，拱座混凝土与岩石的变形必须连续，由此得

$$\left.\begin{array}{l}\Delta(p,t) + \Delta[X(t)] + \Delta[M(t)] + \beta X(t) = 0 \\ \theta(p,t) + \theta[X(t)] + \theta[M(t)] + \alpha M(t) = 0\end{array}\right\} \tag{1}$$

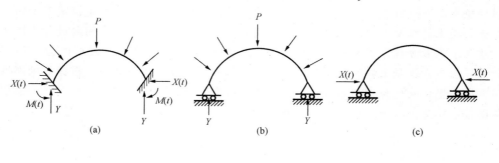

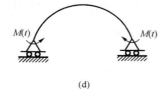

图 1

混凝土龄期超过 28 天以后，龄期对蠕变的影响已不显著[2]。拱坝受力一般在浇筑半年至一年以后，因此不必考虑混凝土龄期，蠕变度可用下式表示

$$C(t,\tau) = c_1[1 - e^{-k_1(t-\tau)}]$$

式中 c_1 及 k_1 为常数，τ 为加荷时间，$t-\tau$ 为荷重持续时间，混凝土弹性模量为 E_1。以上变形规律可用图 2 所示模型代表。根据实验，水工混凝土可近似地取 $c_1 = \dfrac{1}{E_1}$，$k_1 = 0.0301/\text{d}$。今设Δ_x＝单位水平力[$X(t)$=1]作用下拱座的弹性水平变位，θ_x＝单位水平力[$X(t)$=1]作用下拱座的弹性角变形，Δ_m 为单位力矩[$M(t)$=1]作用下拱座的弹性水平变位，θ_m 为单位力矩[$M(t)$=1]作用下拱座的弹性角变形（Δ_x，θ_x 等算式见附录）。可以证明，当蠕变变形的泊松比等于弹性变形的泊松比时，在 $X(t)$作用下，拱座总水平变位及总角变位（包括蠕变及弹性变形）分别为

图 2

$$\Delta[X(t)] = \Delta_x \cdot \left\{ X(t) - E_1 \int_0^t X(\tau) \frac{\partial}{\partial \tau} c(t,\tau)\mathrm{d}\tau \right\} = \Delta_x \cdot \left\{ X(t) + E_1 c_1 k_1 \int_0^t X(\tau) e^{-k_1(t-\tau)}\mathrm{d}\tau \right\}$$

$$\theta[X(t)] = \theta_x \cdot \left\{ X(t) + E_1 c_1 k_1 \int_0^t X(\tau) e^{-k_1(t-\tau)}\mathrm{d}\tau \right\}$$

在 $M(t)$ 作用下，拱座的总水平变位及总角变位分别为

$$\Delta[M(t)] = \Delta_m \cdot \left\{ M(t) + E_1 c_1 k_1 \int_0^t M(\tau) e^{-k_1(t-\tau)} d\tau \right\}$$

$$\theta[M(t)] = \theta_m \cdot \left\{ M(t) + E_1 c_1 k_1 \int_0^t M(\tau) e^{-k_1(t-\tau)} d\tau \right\}$$

以上各式代入式（1），得变形连续条件如下

$$\left. \begin{aligned} &\Delta(p,t) + \Delta_x \left[X(t) + E_1 c_1 k_1 \int_0^t X(\tau) e^{-k_1(t-\tau)} d\tau \right] \\ &+ \Delta_m \left[M(t) + E_1 c_1 k_1 \int_0^t M(\tau) e^{-k_1(t-\tau)} dt \right] + \beta X(t) = 0 \\ &\theta(p,t) + \theta_x \left[X(t) + E_1 c_1 k_1 \int_0^t X(\tau) e^{-k_1(t-\tau)} d\tau \right] \\ &+ \theta_m \left[M(t) + E_1 c_1 k_1 \int_0^t M(\tau) e^{-k_1(t-\tau)} dt \right] + \alpha M(t) = 0 \end{aligned} \right\} \tag{2}$$

上式是一个第二类伏特拉（Volterra）积分方程组，自由项 $\Delta(p,t)$ 及 $\theta(p,t)$ 是已知的。因此我们得到结论：混凝土蠕变引起的拱坝应力重分布问题归结于求解积分方程组（2）。

如果岩石也产生蠕变，只要将式（2）中的 $\beta X(t)$ 及 $\alpha M(t)$ 分别换成

$$\beta\left[X(t) + E_2 c_2 k_2 \int_0^t X(\tau) e^{-k_2(t-\tau)} d\tau \right] \text{及} \alpha\left[M(t) + E_2 c_2 k_2 \int_0^t M(\tau) e^{-k_2(t-\tau)} d\tau \right]$$

但岩石蠕变甚小，一般不必考虑。

今采用运算微积法解上述积分方程组。对式（2）进行拉普拉斯变换，得

$$\left. \begin{aligned} &L[\Delta(p,t)] + L[X(t)] \cdot \left[\Delta_x + \frac{E_1 c_1 k_1 \Delta_x}{s + k_1} + \beta \right] + L[M(t)] \cdot \left[\Delta_m + \frac{E_1 c_1 k_1 \Delta_m}{s + k_1} \right] = 0 \\ &L[\theta(p,t)] + L[X(t)] \cdot \left[\theta_x + \frac{E_1 c_1 k_1 \theta_x}{s + k_1} \right] + L[M(t)] \cdot \left[\theta_m + \frac{E_1 c_1 k_1 \theta_m}{s + k_1} + \alpha \right] = 0 \end{aligned} \right\} \tag{3}$$

解之，得

$$\left. \begin{aligned} L[X(t)] &= \frac{U_2(s)L[\theta(p,t)] - V_2(s)L[\Delta(p,t)]}{U_1(s) \cdot V_2(s) - U_2(s)V_1(s)} \\ L[M(t)] &= \frac{V_1(s)L[\Delta(p,t)] - U_1(s)L[\theta(p,t)]}{U_1(s)V_2(s) - U_2(s)V_1(s)} \end{aligned} \right\} \tag{4}$$

式中

$$U_1(s) = \Delta_x \left(1 + \frac{E_1 c_1 k_1}{s + k_1} \right) + \beta, \ U_2(s) = \Delta_m \left(1 + \frac{E_1 c_1 k_1}{s + k_1} \right)$$

$$V_1(s) = \theta_x \left(1 + \frac{E_1 c_1 k_1}{s + k_1} \right), \ V_2(s) = \theta_m \left(1 + \frac{E_1 c_1 k_1}{s + k_1} \right) + \alpha$$

在式（2）中令蠕变度 $c_1 = 0$，得到不考虑蠕变的弹性解如下

$$\left. \begin{aligned} X(0) &= \frac{\Delta_m \theta_p - \Delta_p \theta_m - \alpha \Delta_p}{\Delta_x \theta_m - \Delta_m \theta_x + \alpha \Delta_x + \beta \theta_m + \alpha \beta} \\ M(0) &= \frac{\theta_x \Delta_p - \theta_p \Delta_x - \beta \theta_p}{\Delta_x \theta_m - \Delta_m \theta_x + \alpha \Delta_x + \beta \theta_m + \alpha \beta} \end{aligned} \right\} \tag{5}$$

二、水压力作用下的应力重分布

设在水压力及其他静荷重作用下拱座瞬时弹性变形为Δ_p及θ_p，可证明，当蠕变变形泊松比等于弹性变形泊松比时，拱座总变形为

$$\left.\begin{array}{l} \Delta(p,t) = \Delta p \cdot [1 + E_1 c_1 (1 - e^{-k_1 t})] \\ \theta(p,t) = \theta p [1 + E_1 c_1 (1 - e^{-k_1 t})] \end{array}\right\} \tag{6}$$

代入式（4），并进行拉普拉斯反变换，整理后得

$$\begin{aligned} X(t) = &\frac{(1 + E_1 c_1)[(1 + E_1 c_1)(\Delta_m \theta_p - \Delta_p \theta_m) - \alpha \Delta_p]}{(1 + E_1 c_1)^2 (\Delta_x \theta_m - \Delta_m \theta_x) + (1 + E_1 c_1)(\alpha \Delta_x + \beta \theta_m) + \alpha \beta} \\ &+ \frac{e^{-s_1 t}(E_1 c_1 k_1 + k_1 - s_1)[(k_1 - s_1)(\Delta_m \theta_p - \Delta_p \theta_m - \alpha \Delta_p) + E_1 c_1 k_1 (\Delta_m \theta_p - \Delta_p \theta_m)]}{A_1 s_1 (s_1 - s_2)} \\ &- \frac{e^{-s_2 t}(E_1 c_1 k_1 + k_1 - s_2)[(k_1 - s_2)(\Delta_m \theta_p - \Delta_p \theta_m - \alpha \Delta_p) + E_1 c_1 k_1 (\Delta_m \theta_p - \Delta_p \theta_m)]}{A_1 s_2 (s_1 - s_2)} \end{aligned} \tag{7a}$$

$$\begin{aligned} M(t) = &\frac{(1 + E_1 c_1)^2 (\theta_x \Delta_p - \Delta_x \theta_p) - \beta \theta_p (1 + E_1 c_1)}{(1 + E_1 c_1)^2 (\Delta_x \theta_m - \Delta_m \theta_x) + (1 + E_1 c_1)(\alpha \Delta_x + \beta \theta_m) + \alpha \beta} \\ &+ \frac{e^{-s_1 t}(E_1 c_1 k_1 + k_1 - s_1)[(k_1 - s_1)(\theta_x \Delta_p - \Delta_x \theta_p - \beta \theta_p) + E_1 c_1 k_1 (\theta_x \Delta_p - \Delta_x \theta_p)]}{A_1 s_1 (s_1 - s_2)} \\ &- \frac{e^{-s_2 t}(E_1 c_1 k_1 + k_1 - s_2)[(k_1 - s_2)(\theta_x \Delta_p - \Delta_x \theta_p - \beta \theta_p) + E_1 c_1 k_1 (\theta_x \Delta_p - \Delta_x \theta_p)]}{A_1 s_2 (s_1 - s_2)} \end{aligned} \tag{7b}$$

式中

$$\left.\begin{array}{l} s_1 \\ s_2 \end{array}\right. = \frac{A_2 \pm \sqrt{A_2^2 - 4 A_1 A_3}}{2 A_1}, \quad A_1 = \Delta_x \theta_m - \Delta_m \theta_x + \alpha \Delta_x + \beta \theta_m + \alpha \beta$$

$$A_2 = k_1 [2(1 + E_1 c_1)(\Delta_x \theta_m - \Delta_m \theta_x) + (2 + E_1 c_1)(\alpha \Delta_x + \beta \theta_m) + 2 \alpha \beta]$$

$$A_3 = k_1^2 [(1 + E_1 c_1)^2 (\Delta_x \theta_m - \Delta_m \theta_x) + (1 + E_1 c_1)(\alpha \Delta_x + \beta \theta_m) + \alpha \beta]$$

由此可以计算任意时间t拱座反力与力矩，从而计算全拱应力。当时间趋于无限$t \to \infty$时，$e^{-s_1 t} = e^{-s_2 t} = 0$，故

$$\left.\begin{array}{l} X(\infty) = \dfrac{(\Delta_m \theta_p - \Delta_p \theta_m)(1 + E_1 c_1)^2 - \alpha \Delta_p (1 + E_1 c_1)}{(\Delta_x \theta_m - \Delta_m \theta_x)(1 + E_1 c_1)^2 + (\alpha \Delta_x + \beta \theta_m)(1 + E_1 c_1) + \alpha \beta} \\[4mm] M(\infty) = \dfrac{(\theta_x \Delta_p - \Delta_x \theta_p)(1 + E_1 c_1)^2 - \beta \theta_p (1 + E_1 c_1)}{(\Delta_x \theta_m - \Delta_m \theta_x)(1 + E_1 c_1)^2 + (\alpha \Delta_x + \beta \theta_m)(1 + E_1 c_1) + \alpha \beta} \end{array}\right\} \tag{8}$$

令混凝土的长期弹性模量为$E^* = \dfrac{E_1}{1 + E_1 c_1}$，则得长期的静定弹性变形：

$\Delta_m' = \Delta_m (1 + E_1 c_1)$，　$\Delta_p' = \Delta_p (1 + E_1 c_1)$，　…由式（8）得

$$X(\infty) = \frac{\Delta'_m \theta'_p - \theta'_m \Delta'_p - \alpha \Delta'_p}{\Delta'_x \theta'_m - \Delta'_m \theta'_x + \alpha \Delta'_x + \beta \theta'_m + \alpha \beta} \Bigg\}$$

$$M(\infty) = \frac{\theta'_x \Delta'_p - \Delta'_x \theta'_p - \beta \theta'_p}{\Delta'_x \theta'_m - \Delta'_m \theta'_x + \alpha \Delta'_x + \beta \theta'_m + \alpha \beta} \Bigg\} \tag{9}$$

比较式（9）和式（5）可知，$M(\infty)$ 和 $X(\infty)$ 等于按照长期弹性模量 E^* 计算的弹性解。当岩石弹性模量趋于无限大时，$\alpha=\beta=0$。在式（5）、式（8）中，令 $\alpha=\beta=0$，此时二式完全相同。可知，当岩石无限刚固时，拱坝在静荷重作用下应力不随时间而改变。

举一算例来具体说明拱坝应力随时间而改变的情况。拱坝半径 $r=100\text{m}$，厚度 25m，中心角 40°，水头 100m，$E_1=2\times10^6\text{t/m}^2$，$c_1=0.50\times10^{-6}\text{m}^2/\text{t}$，$k_1=0.0301/\text{d}$，$E_2=2\times10^6\text{t/m}^2$。计算结果见表 1。

岩石弹性模量不同时，应力变化幅度也不同。野外实测资料说明岩石弹性模量一般。

表 1 　　　　　　　　静水压力作用下拱内力与力矩的变化

时间（d）	拱　　座		拱　　冠	
	水平力 $X(t)$（t）	力矩 $M(t)$（t·m）	轴向力 $N_0(t)$（t）	力矩 $M_0(t)$（t·m）
0	800	30200	1478	−28800
7	822	31300	1500	−27500
14	837	32100	1515	−26600
28	857	33000	1535	−25600
90	878	33700	1556	−24800
180	880	33800	1558	−24700
360	880	33800	1558	−24700
∞	880	33800	1558	−24700

表 2 　　　　　　　　基础弹性模量不同时拱座反力的变化

$\dfrac{E_r}{E_c}$	$\dfrac{1}{8}$	$\dfrac{1}{4}$	$\dfrac{1}{2}$	1	2	4	8	∞
$\dfrac{M(\infty)}{M(0)}$	152%	136	122	112	107	103	102	100
$\dfrac{X(\infty)}{X(0)}$	151%	133	120	110	105	102	101	100

注　下角 r 指岩石，c 指混凝土不高于混凝土的弹性模量，从表 2 可见，内力重分布的幅度为 10%～50%。

三、稳定温度作用下的应力重分布

坝内温度分布一般是非线性的，根据平面截面假设，可将温度应力分解为三部分，即非线性温度，上下游线性温差及均匀温度，如图 3，（a）＝（b）＋（c）＋（d）。

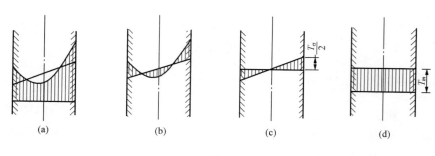

图 3

（1）非线性温度引起的应力。这些应力在任一断面都是本身自相平衡而且不引起拱座变位，故可按均质体计算

$$\sigma^*(t) = \frac{\sigma_0}{1+E_1 c_1}[1+E_1 c_1 \mathrm{e}^{-gt}] \tag{10}$$

式中

$$g = (1+E_1 c_1)k_1$$

（2）上下游线性温差引起的应力

$$\theta(p,t) = \frac{\alpha_1 T_\sigma r \varphi_0}{h} = \theta_1, \quad \Delta(p,t) = \frac{\alpha_1 r^2 T_\sigma}{h}(\sin\varphi_0 - \varphi_0 \cos\varphi_0) = \Delta_1$$

α_1=线膨胀系数。据此由式（4）得

$$X(t) = a_0 + a_1 \mathrm{e}^{-s_1 t} + a_2 \mathrm{e}^{-s_2 t} \tag{11}$$

$$a_0 = \frac{(\Delta_m \theta_1 - \theta_m \Delta_1)(1+E_1 c_1) - \alpha\Delta_1}{(\Delta_x \theta_m - \Delta_m \theta_x)(1+E_1 c_1)^2 + (\alpha\Delta_x + \beta\theta_m)(1+E_1 c_1) + \alpha\beta}$$

$$a_1 = \frac{(k_1 - s_1)[(\Delta_m \theta_1 - \theta_m \Delta_1)(E_1 c_1 k_1 + k_1 - s_1) - \alpha\Delta_1(k_1 - s_1)]}{A_1 s_1(s_1 - s_2)}$$

$$a_2 = \frac{-(k_1 - s_2)[(\Delta_m \theta_1 - \theta_m \Delta_1)(E_1 c_1 k_1 + k_1 - s_2) - \alpha\Delta_1(k_1 - s_2)]}{A_1 s_2(s_1 - s_2)}$$

$$M(t) = b_0 + b_1 \mathrm{e}^{-s_1 t} + b_2 \mathrm{e}^{-s_2 t} \tag{12}$$

$$b_0 = \frac{(\theta_x \Delta_1 - \Delta_x \theta_1)(1+E_1 c_1) - \beta\theta_1}{(\Delta_x \theta_m - \Delta_m \theta_x)(1+E_1 c_1)^2 + (\alpha\Delta_x + \beta\theta_m)(1+E_1 c_1) + \alpha\beta}$$

$$b_1 = \frac{(k_1 - s_1)[(\theta_x \Delta_1 - \Delta_x \theta_1)(E_1 c_1 k_1 + k_1 - s_1) - \beta\theta_1(k_1 - s_1)]}{A_1 s_1(s_1 - s_2)}$$

$$b_2 = \frac{-(k_1 - s_2)[(\theta_x \Delta_1 - \Delta_x \theta_1)(E_1 c_1 k_1 + k_1 - s_2) - \beta\theta_1(k_1 - s_2)]}{A_1 s_2(s_1 - s_2)}$$

（3）均匀温度引起的应力。在均匀温度作用下，拱座的静定变形为

$$\Delta(p,t) = \alpha T_m r \sin\phi_0 = \Delta_0, \quad \theta(p,t) = 0$$

因此在式（11）和式（12）中令 $\theta_1 = 0$，$\Delta_1 = \Delta_0$，则得到均匀温度作用下的应力解。

当时间趋于无限 $t \to \infty$ 时，$\mathrm{e}^{-s_1 t} = \mathrm{e}^{-s_2 t} = 0$，可证在稳定温度作用下，混凝土蠕变使温度应力不断降低，经过长时间后降低到按混凝土长期弹性模量计算的应力。

表 3 是具体数例，基本数据同前。

表3 　　　　　　　稳定温度作用下拱坝温度蠕变应力

时间 (d)	非线性温度 $\dfrac{\sigma^*(t)}{\sigma_0}$	上下游线性温差				均匀温度			
		拱座		拱冠		拱座		拱冠	
		$X(t)$	$M(t)$	$N_0(t)$	$M_0(t)$	$X(t)$	$M(t)$	$N_0(t)$	$M_0(t)$
0	1.000	−8.03	−776	−8.03	−824	−211	648	−211	−624
7	0.828	−6.28	−674	−6.28	−712	−192	615	−192	−542
14	0.716	−5.14	−602	−5.14	−633	−178	588	−178	−484
28	0.593	−3.88	−518	−3.88	−541	−161	548	−161	−423
90	0.502	−3.04	−446	−3.04	−464	−142	495	−142	−361
180	0.500	−3.04	−443	−3.04	−461	−141	491	−141	−360
360	0.500	−3.04	−443	−3.04	−461	−141	490	−141	−360
∞	0.500	−3.04	−443	−3.04	−461	−141	490	−141	−360

四、温度正弦变化时的应力重分布

外界气温和水温的变化均在坝内引起正弦变化的温度场，考虑蠕变的应力重分布可计算如下。

（1）非线性分布温度引起的应力。弹性应力为

$$\sigma(t) = \sigma_0 \sin \omega t$$

由式（10）得蠕变应力

$$\sigma^*(t) = \frac{1}{1 + E_1 c_1} \int_0^t [1 + E_1 c_1 e^{-g(t-\tau)}] \frac{\partial \sigma(\tau)}{\partial \tau} d\tau$$
$$= \frac{\sigma_0}{1 + E_1 c_1} \left[\sin \omega t + E_1 c_1 \omega \cdot \frac{(g \cos \omega t + \omega \sin \omega t)}{g^2 + \omega^2} (1 + e^{-gt}) \right] \tag{13}$$

当 $t \to \infty$ 时，$e^{-gt} = 0$。

（2）上下游线性温差引起的应力。拱座静定变形为

$$\Delta(p,t) = \Delta_1 \sin \omega t, \ \theta(p,t) = \theta_1 \sin \omega t \tag{14}$$

$$\frac{1}{\Delta_1} \frac{\partial \Delta(p,t)}{\partial t} = \frac{1}{\theta_1} \frac{\partial \theta(p,t)}{\partial t} = \omega \cos \omega t$$

由式（11）及式（12），得

$$X(t) = \int_0^t [a_0 + a_1 e^{-s_1(t-\tau)} + a_2 e^{-s_2(t-\tau)}] \frac{1}{\Delta_1} \frac{\partial \Delta(p,t)}{\partial t} d\tau$$
$$= \left(a_0 + \frac{a_1 \omega^2}{s_1^2 + \omega^2} + \frac{a_2 \omega^2}{s_2^2 + \omega^2} \right) \sin \omega t + \left(\frac{a_1 s_1 \omega}{s_1^2 + \omega^2} + \frac{a_2 s_2 \omega}{s_2^2 + \omega^2} \right) \cos \omega t \tag{15}$$
$$- \left(\frac{a_1 s_1 \omega}{s_1^2 + \omega^2} e^{-s_1 t} + \frac{a_2 s_2 \omega}{s_2^2 + \omega^2} e^{-s_2 t} \right)$$

同理，

$$M(t) = \left(b_0 + \frac{b_1 \omega^2}{s_1^2 + \omega^2} + \frac{b_2 \omega^2}{s_2^2 + \omega^2} \right) \sin \omega t + \left(\frac{b_1 s_1 \omega}{s_1^2 + \omega^2} + \frac{b_2 s_2 \omega}{s_2^2 + \omega^2} \right) \cos \omega t$$
$$- \left(\frac{b_1 s_1 \omega}{s_1^2 + \omega^2} e^{-s_1 t} + \frac{b_2 s_2 \omega}{s_2^2 + \omega^2} e^{-s_2 t} \right) \tag{16}$$

当时间趋于无限（$t \to \infty$）时，以上各式中的 $e^{-s_1 t} = e^{-s_2 t} = 0$。

（3）均匀温度引起的应力。拱座静定变形为

$$\Delta(p,t) = \Delta_0 \sin \omega t, \quad \theta(p,t) = 0$$

与式（14）比较，可见上节 $X(t)$ 和 $M(t)$ 的公式均可用于本节，只是在计算系数 a_0，a_1，a_2 及 b_0，b_1，b_2 时令 $\theta_1 = 0, \Delta_1 = \Delta_0$。

根据前面同样的具体数据，我们算得以一年为周期的正弦变化温度应力的弹性解和蠕变解如下：

1）非线性温度引起的应力。弹性解

$$\sigma(t) = \sigma_0 \sin \omega t$$

蠕变解

$$\sigma^*(t) = 0.555 \sin(\omega t + 13°50')$$

2）上下游线性温差引起的应力。弹性解

$$X(t) = -8.03 \sin \omega t, \quad M(t) = -776 \sin \omega t$$

蠕变解

$$X^*(t) = -3.59 \sin(\omega t + 20°30')$$
$$M^*(t) = -486 \sin(\omega t + 11°40')$$

3）均匀温度引起的应力。弹性解

$$X(t) = -211 \sin \omega t, \quad M(t) = 648 \sin \omega t$$

蠕变解

$$X^*(t) = -151.4 \sin(\omega t + 8°50')$$
$$M^*(t) = 523 \sin(\omega t + 6°50')$$

比较弹性解与蠕变解，可见蠕变使温度应力普遍降低，降低幅度为 20%～45%。

附　　录

在各种荷重作用下拱座弹性变形的算式。

在单位水平力 $X(t)=1$ 作用下

$$\Delta_x = \frac{r^3}{E_1 J} \left[\frac{\phi_0}{2} - \frac{3}{4} \sin 2\phi_0 + \varphi_0 \cos^2 \phi_0 \right] + \frac{r}{2 E_1 A} \left[\varphi_0 + \frac{\sin 2\phi_0}{2} \right]$$
$$+ \frac{1.25 r}{2 A G_1} \left[\varphi_0 - \frac{\sin 2\varphi_0}{2} \right]$$

$$\theta_x = \frac{r^2}{E_1 J}(\sin\varphi_0 - \varphi_0\cos\varphi_0)$$

在单位力矩 $M(t)=1$ 作用下

$$\Delta_m = \theta_x = \frac{r^2}{E_1 J}(\sin\varphi_0 - \varphi_0\cos\varphi_0), \quad \theta_m = \frac{r\varphi_0}{E_1 J}$$

在均布水压力 p 作用下

$$\begin{aligned}
\Delta_p = {} & \frac{pR_u r^3}{E_1 J}\left(-\varphi_0\cos^3\varphi_0 + \frac{3}{2}\sin\varphi_0\cos^2\varphi_0 - \frac{\varphi_0\cos\varphi_0}{2}\right) \\
& + \frac{pR_u r}{AE_1}\left(\sin\varphi_0 - \frac{1}{2}\sin\varphi_0\cos^2\varphi_0 - \frac{\varphi_0}{2}\cos\varphi_0\right) \\
& + \frac{pR_u r^6}{AG_1}\cos\varphi_0\left(-\frac{\varphi_0}{2} + \frac{1}{4}\sin 2\varphi_0\right)
\end{aligned}$$

$$\theta_p = \frac{pR_u r^2}{E_1 J}\cos\varphi_0(-\sin\varphi_0 + \varphi_0\cos\varphi_0)$$

式中：R_u 为拱坝上游面半径；r 为拱中心半径；φ_0 为拱坝中心角之半；A 为拱截面面积；J 为拱截面之转动惯量。

参 考 文 献

［1］Арутюнян Н Х. Некоторые вопросы теории ползучести，1952.

［2］Панарин Н Я. Некоторые воцросы расчета армированного и неармированного бетона с учетом ползучести бетона，1957.

［3］Арутюнян Н Х. Теория уцругого нацряженного состояния бетона с учетом ползучести，ПММ，т. ХЩ，вып. 6，1949.

［4］朱伯芳. 拱坝温度应力分析，水利学报，1958，2.

再论混凝土弹性模量的表达式 ❶

提　要：笔者在 1985 年曾提出混凝土弹性模量的双曲线公式和复合指数公式，并指出对于常规混凝土，复合指数公式与试验资料吻合较好。近年来碾压混凝土的应用渐多，本文在分析实际工程资料后提出，因碾压混凝土早期弹性模量发展较慢，双曲线公式与试验资料吻合更好一些。

关键词：碾压混凝土；弹性模量；双曲线公式

Discussion Again on the Formula for Modulus of Elasticity of Concrete

Abstract: The merits of the formula for the modulus of elasticity of concrete proposed by the author are explained. This new formula is simple but agrees well with the experimental results, so it is better than all the old formulas.

Key words: computing formula, modulus of elasticity, concrete

混凝土弹性模量 $E(\tau)$ 是龄期 τ 的函数，在混凝土温度应力和仿真应力计算中，$E(\tau)$ 是一个基本公式。以前人们曾经提出过一些计算公式，但有的与试验资料符合不够好，有的公式中的参数不易确定，都不能令人满意。1985 年笔者提出了以下两个公式[1]

双曲线公式
$$E(\tau) = \frac{E_0\tau}{c+\tau} \tag{1}$$

复合指数公式
$$E(\tau) = E_0(1 - \mathrm{e}^{-a\tau^b}) \tag{2}$$

式中：E_0——最终弹性模量，τ——龄期（d），a、b、c——常数。笔者当时曾指出，对于常规水工混凝土，复合指数公式（2）与试验资料吻合得较好。自文献 [1] 发表以来，式（2）得到了广泛的应用。

式（1）、式（2）中的常数都很容易确定。

式（1）可改写如下

$$\frac{\tau}{E(\tau)} = \frac{c}{E_0} + \frac{\tau}{E_0} \tag{3}$$

因此，以 τ 为横坐标，$\tau/E(\tau)$ 为纵坐标，过试验点作一直线，其截距为 c/E_0，其斜率为 $1/E_0$，

---

❶ 原载《水利学报》1996 年 3 期。

如图 1 所示。

对于复合指数公式，由式（2）可知

$$a\tau^b = -\ln\left[1 - \frac{B(\tau)}{B_0}\right]$$

对上式两边取对数，可得

$$\ln a + b\ln\tau = \ln\left\{-\ln\left[1 - \frac{E(\tau)}{B_0}\right]\right\} \tag{4}$$

因此，以 $\ln\tau$ 为横坐标，以 $\ln\{-\ln[1-E(\tau)/E_0]\}$ 为纵坐标，过试验点画一直线，其截距为 $\ln a$，其斜率为 b，如图 2 所示。

现在用以上方法整理岩滩工程的 150 号碾压混凝土及 20 号常规混凝土，三峡工程的 150号、200 号碾压混凝土及 200 号常规混凝土（均为 90d 龄期标号）的弹性模量试验资料（岩滩工程试验资料见文献 [2]，三峡工程试验资料系长江水利委员会提供）。整理后得到两种计算公式中的有关常数见表 1。碾压混凝土弹性模量的试验值与计算值的比较见表 2。由表 2可见，对于碾压混凝土的弹性模量，以双曲线公式与试验资料吻合得更好一些。在表 3 中列出了两工程常规混凝土弹性模量的试验值与计算值，从表 3 可见，对于常规混凝土，以复合指数公式与试验资料符合得更好一些。

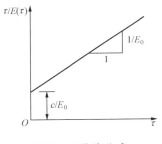

图 1　双曲线公式

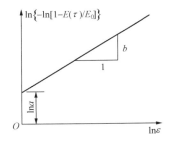

图 2　复合指数公式

总之，对于混凝土弹性模量，当试验完成后，可同时用两种公式整理，从中选用与试验资料符合较好的一种。根据目前的资料来看，对于碾压混凝土，因大量掺用粉煤灰，早期弹性模量发展较慢，双曲线公式似与试验资料吻合较好，对于常规混凝土，复合指数公式与试验资料符合得更好一些。

表 1　　　　　　　　　　　　计 算 公 式 中 的 常 数

混凝土品种			双曲线公式		复合指数公式		
			E_0（GPa）	c（d）	E_0（GPa）	a	b
碾压混凝土	岩滩	150 号	32.80	8.20	36.07	0.24	0.45
	三峡	150 号	35.60	28.00	35.00	0.061	0.700
	三峡	200 号	37.90	25.63	38.00	0.065	0.700
常规混凝土	岩滩	200 号	35.91	6.46	35.70	0.28	0.520
	三峡	200 号	34.25	8.59	34.25	0.24	0.495

表 2　　　　　　　　　　　碾压混凝土弹性模量计算值与试验值比较

公式类型	龄期 (d)	岩滩 150 号			三峡 150 号			三峡 200 号		
		试验 (GPa)	计算 (GPa)	误差 (%)	试验 (GPa)	计算 (GPa)	误差 (%)	试验 (GPa)	计算 (GPa)	误差 (%)
双曲线公式	7	15.09	15.10	0.06	6.76	7.12	5.32	7.69	8.13	5.72
	28	24.63	25.37	3.00	18.84	17.80	5.52	21.02	19.79	5.85
	90	30.06	30.06	0.00	28.82	27.15	5.79	29.51	29.50	0.03
	180	—	—	—	29.15	30.81	5.69	33.21	33.18	0.09
复合指数公式	7	15.09	15.79	4.67	6.76	7.42	9.76	7.69	8.51	10.74
	28	24.63	23.76	3.53	18.84	16.33	13.32	21.02	18.55	11.75
复合指数公式	90	30.06	30.21	0.50	28.82	26.57	7.81	29.51	29.66	0.51
	180	—	—	—	29.15	31.53	8.16	33.21	34.76	4.66

表 3　　　　　　　　　　　常规混凝土弹性模量计算值与试验值比较

公式类型	龄期 (d)	岩滩 200 号			三峡 200 号		
		试验 (GPa)	计算 (GPa)	误差 (%)	试验 (GPa)	计算 (GPa)	误差 (%)
双曲线公式	7	19.00	18.67	1.74	16.10	15.38	4.47
	28	28.76	29.18	1.46	24.20	26.21	8.31
	90	33.50	33.50	0.00	30.80	31.26	1.49
复合指数公式	7	19.00	19.17	0.89	16.10	15.99	0.68
	28	28.76	28.37	1.35	24.20	24.43	0.95
	90	33.50	33.74	0.71	30.80	30.55	0.81

参 考 文 献

[1] 朱伯芳. 混凝土的弹性模量、徐变度与应力松弛系数. 水工结构与固体力学论文集（朱伯芳论文集），水利电力出版社，1988.

[2] 惠荣炎，等. 岩滩大坝混凝土变形性能试验（阶段报告）. 中国水利水电科学研究院，1987.

在混合边界条件下非均质黏弹性体的应力与位移 ❶

提　要：本文首先提出了非均质黏弹性体的比例变形条件，然后给出并证明了非均质黏弹性体的两个定理。在以下三个方面推广了黏弹性理论中的 Alfrey[1] 定理：①Alfrey 处理的是简单边界条件，本文处理了混合边界条件，并分别分析了刚性基础和黏弹性基础的情况；②Alfrey 处理的是均质黏弹性体，本文处理了非均质黏弹性体；③ Alfrey 处理的是比例加载，本文处理了一般加载。此外文中讨论了在分析黏弹性体的温度应力时采用松弛系数法的条件，并讨论了 Арутюнян 将定理应用到非均质体时的一个错误。

关键词：混合边界条件；非均质黏弹性；应力；位移

Stresses and Deformations in the Nonhomogeneous Visco–elastic Media under Mixed Boundary Conditions

Abstract: In this paper，the condition of proportional deformation and two theorems for nonhomogeneous visco-elastic media are given. Generalizations of Alfrey's theorems for visco-elastic media are made in the following respects: ①Alfrey dealt with homogeneous media, the author deals with nonhomogeneous media. ②Alfrey dealt with simple boundary conditions, the author deals with mixed boundary conditions. ③Alfrey dealt with proportional loading, the author deals with general loading.

Key words: mixed boundary condition, nonhomogeneous, visco-elastic body, stress, deformation

一、前言

在工程上人们很关心蠕变变形如何影响结构的应力和位移。这个问题与结构的边界条件有密切关系。工程上出现的边界条件可概括在表 1 中。Alfrey[1]、钱学森[2] 和 Арутюнян[3] 研究了表 1 的第 1、2 两种情况，提出了可按照弹性体的应力和位移去判断黏弹性体的应力和位移的两个定理。这两个定理具有很大的实用价值，目前已在工程界广泛应用。但在工程实践中还经常出现表 1 中的其他 4 种情况。本文讨论了第 6 种情况，所有其他情况都可以看成

---

❶　原载于《力学学报》1964 年第 2 期。

是它的特殊情况。

表1   黏弹性体的边界条件

	第一类边界条件	第二类边界条件	混合边界条件
均质黏弹性体			
非均质黏弹性体			

二、比例变形条件

设在蠕变条件下物体变形的 Poisson 比 v 为常量，并具有如下的应力 σ_{ij} 与应变 ε_{ij} 关系

$$
\left.\begin{array}{l}
在区域 I\ \mathscr{P}_1(D)\sigma_{ij}=\dfrac{1}{2G_1}\mathscr{Q}_1(D)\times[\lambda_1\delta_{ij}\varepsilon_{kk}+2G_1\varepsilon_{ij}-3k_1\delta_{ij}\alpha T]\\[2mm]
在区域 II\ \mathscr{P}_2(D)\sigma_{ij}=\dfrac{1}{2G_2}\mathscr{Q}_2(D)\times[\lambda_2\delta_{ij}\varepsilon_{kk}+2G_2\varepsilon_{ij}-3k_2\delta_{ij}\alpha T]
\end{array}\right\} \tag{1}
$$

式中：λ 为 Lamé系数；G 为剪切模量；k 为体变模量。

$\delta_{ij}=1$，当 $i=j$ 时；$\delta_{ij}=0$，当 $i\neq j$ 时。$\mathscr{P}(D)$ 和 $\mathscr{Q}(D)$ 为如下形式的算子

$$
a_0(t)+a_1(t)D+a_2(t)D^2+\cdots+a_n(t)D^n \tag{2}
$$

式中 $D=\dfrac{\partial}{\partial t}$。式（1）也可改写为如下的等价形式

$$
\left.\begin{array}{l}
在区域 I\ \mathscr{Q}_1[\varepsilon_{ij}-\delta_{ij}\alpha T]=\mathscr{P}_1\left[\sigma_{ij}-\dfrac{\lambda_1}{3k_1}\delta_{ij}\sigma_{kk}\right]\\[3mm]
在区域 II\ \mathscr{Q}_2[\varepsilon_{ij}-\delta_{ij}\alpha T]=\mathscr{P}_2\left[\sigma_{ij}-\dfrac{\lambda_2}{3k_2}\delta_{ij}\sigma_{kk}\right]
\end{array}\right\} \tag{3}
$$

假定物体的变形符合下列比例

$$
\left(\dfrac{\mathscr{Q}_1}{\mathscr{P}_1}\right)\Big/\left(\dfrac{\mathscr{Q}_2}{\mathscr{P}_2}\right)=\dfrac{G_1}{G_2} \tag{4}
$$

上式表示区域 I 和区域 II 的蠕变变形与相应的弹性变形成比例，我们称之为"比例变形"。此外，与文献［1，2］一样，也假定在初始瞬时物体处于自然状态。

三、刚性基础上非均质黏弹性体在甲种混合边界条件下的应力与位移

设物体满足下列甲种混合边界条件：

在 B_1 上作用着外力 q_i，即 $\qquad \sigma_{ij}n_j = q_i$

在 B_2 上位移为零，即 $\qquad u_i = 0$ $\qquad\qquad\qquad$ （5）

将式（3）代入应变协调方程

$$\varepsilon_{ij,kl} + \varepsilon_{kl,ij} - \varepsilon_{ik,jl} - \varepsilon_{jl,ik} = 0$$

式中撇号 "，" 表示微分。利用平衡条件进行简化，得到黏弹性体的应变协调方程如下

$$\mathscr{P}\left[\sigma_{ij,kk} + \frac{1}{1+\nu}\sigma_{kk,ij} + \frac{\delta_{ij}\nu}{1-\nu}f_{i,i} + f_{i,j} + f_{j,i}\right] + \mathscr{P}\left[\delta_{ij}\frac{1+\nu}{1-\nu}(\alpha T)_{,kk} + (\alpha T)_{,ij}\right] = 0$$

式中，f_i 为体积力。现在设温度 $T=0$，于是应变协调方程为

在区域 I $\qquad \mathscr{P}_1\left[\sigma_{ij,kk} + \frac{1}{1+\nu_1}\sigma_{kk,ij} + \frac{\delta_{ij}\nu_1}{1-\nu_1}f_{i,i} + f_{i,j} + f_{j,i}\right] = 0$

在区域 II $\qquad \mathscr{P}_2\left[\sigma_{ij,kk} + \frac{1}{1+\nu_2}\sigma_{kk,ij} + \frac{\delta_{ij}\nu_2}{1-\nu_2}f_{i,i} + f_{i,j} + f_{j,i}\right] = 0$ $\qquad$ （6）

平衡方程为

$$\sigma_{ij,j} + f_i = 0 \qquad\qquad\qquad （7）$$

在接触面 S 上取曲线坐标 x_1、x_2、x_3，其中 x_3 与曲面 S 正交。由位移连续推知 $\dfrac{\partial u_1}{\partial x_1}$、$\dfrac{\partial u_2}{\partial x_2}$

及 $\dfrac{\partial^2 u_3}{\partial x_1^2}$、$\dfrac{\partial^2 u_3}{\partial x_2^2}$ 连续，又在接触面上应力必须平衡，从而推得接触条件。在曲面 S 上

$\sigma_{ij}^{\mathrm{I}}n_j = \sigma_{ij}^{\mathrm{I}}n_j$ （i，j 任意方向）

$$\mathscr{P}_1\left\{\frac{1}{G_1}\left[\sigma_{ii}^{\mathrm{I}} - \frac{\lambda_1}{3k_1}g_{ii}\sigma_{kk}^{\mathrm{I}}\right] - \frac{1}{G_2}\left[\sigma_{ii}^{\mathrm{I}} - \frac{\lambda_2}{3k_2}g_{ii}\sigma_{kk}^{\mathrm{I}}\right]\right\} = 0$$

$$\mathscr{P}_1\left\{\frac{1}{G_1}\left[\sigma_{ij,i}^{\mathrm{I}} - \sigma_{ii,j}^{\mathrm{I}} - \frac{\lambda_1}{3k_1}(g_{ij}\sigma_{kk,i}^{\mathrm{I}} - g_{ii}\sigma_{kk,j}^{\mathrm{I}})\right] - \frac{1}{G_2}[\sigma_{ij,i}^{\mathrm{I}} - \sigma_{ii,j}^{\mathrm{I}} - \frac{\lambda_2}{3k_2}(g_{ij}\sigma_{kk,i}^{\mathrm{I}} - g_{ii}\sigma_{kk,j}^{\mathrm{I}})]\right\} = 0$$

（8）

（i 在曲面 S 内，σ_{ii} 不累积，j 与 S 正交）

式中：g_{ij} 为 Euclid 度量张量。边界条件为

在 B_1 上 $\qquad \sigma_{ij}n_j = q_i$（$i$，$j$ 任意方向）

在 B_2 上 $\qquad \mathscr{P}\left[\sigma_{ii} - \frac{\lambda}{3k}g_{ii}\sigma_{kk}\right] = 0$

$$\mathscr{P}\left[\sigma_{ij,i} - \sigma_{ii,j} - \frac{\lambda}{3k}(g_{ij}\sigma_{kk,i} - g_{ii}\sigma_{kk,j})\right] = 0$$

（9）

（i 在边界面 B_2 内，σ_{ii} 不累积，j 与 B_2 正交）

弹性体的应力张量 $\overset{*}{\sigma}_{ij}$ 必须满足以下各方程：

应变协调方程：

在区域 I

$$\overset{*}{\sigma}_{ij,kk} + \frac{1}{1+v_1}\overset{*}{\sigma}_{kk,ij} + \frac{\delta_{ij}v_1}{1-v_1}f_{i,i} + f_{i,j} + f_{j,i} = 0 \Bigg\}$$

在区域 II

$$\overset{*}{\sigma}_{ij,kk} + \frac{1}{1+v_2}\overset{*}{\sigma}_{kk,ij} + \frac{\delta_{ij}}{1-v_2}f_{i,i} + f_{i,j} + f_{j,i} = 0 \Bigg\}$$

（6a）

平衡方程

$$\overset{*}{\sigma}_{ij,j} + f_i = 0 \tag{7a}$$

接触条件：在曲面 S 上

$$\overset{*}{\sigma}^{\mathrm{I}}_{ij}n_j = \sigma^{\mathrm{I}}_{ij}n_j \quad (i, j\text{任意方向})$$

$$\frac{1}{G_1}\left[\overset{*}{\sigma}^{\mathrm{I}}_{ii} - \frac{\lambda_1}{3k_1}g_{ii}\overset{*}{\sigma}^{\mathrm{I}}_{kk}\right] - \frac{1}{G_2}\left[\overset{*}{\sigma}^{\mathrm{I}}_{ii} - \frac{\lambda_2}{3k_2}g_{ii}\overset{*}{\sigma}^{\mathrm{I}}_{kk}\right] = 0$$

$$\frac{1}{G_1}\left[\overset{*}{\sigma}^{\mathrm{I}}_{ii,i} - \overset{*}{\sigma}^{\mathrm{I}}_{ii,j} - \frac{\lambda_1}{3k_1}(g_{ij}\overset{*}{\sigma}^{\mathrm{I}}_{kk,i} - g_{ii}\overset{*}{\sigma}^{\mathrm{I}}_{kk,j})\right] - \frac{1}{G_2}\left[\overset{*}{\sigma}^{\mathrm{I}}_{ij,i} - \overset{*}{\sigma}^{\mathrm{I}}_{ii,j} - \frac{\lambda_2}{3k_2}(g_{ij}\overset{*}{\sigma}^{\mathrm{I}}_{kk,i} - g_{ii}\overset{*}{\sigma}^{\mathrm{I}}_{kk,j})\right] = 0 \Bigg\}$$

（8a）

（i 方向在曲面S内，$\overset{*}{\sigma}_{ii}$ 不累积，j 方向与S正交）

边界条件：

在B_1上

$$\overset{*}{\sigma}_{ij}n_j = q_i(i, j\text{任意方向})$$

在B_2上

$$\overset{*}{\sigma}_{ii} - \frac{\lambda}{3k}g_{ii}\overset{*}{\sigma}_{kk} = 0$$

$$\overset{*}{\sigma}_{ij,i} - \overset{*}{\sigma}_{ii,j} - \frac{\lambda}{3k}(g_{ij}\overset{*}{\sigma}_{kk,i} - g_{ij}\overset{*}{\sigma}_{kk,j}) = 0 \Bigg\}$$

（9a）

（i 方向在边界面B_2内，$\overset{*}{\sigma}_{ii}$ 不累积，j 方向与B_2正交）

比较式（6）～式（9）与式（6a）～式（9a），易见弹性体应力张量 $\overset{*}{\sigma}_{ij}$ 完全满足黏弹性体的方程，因此

$$\sigma_{ij} = \overset{*}{\sigma}_{ij} \tag{10}$$

将上式代入式（3）并令 $T=0$，得

$$Q\varepsilon_{ij} = \mathscr{H}\left[\overset{*}{\sigma}_{ij} - \frac{\lambda}{3k}\delta_{ij}\overset{*}{\sigma}_{kk}\right] \tag{11}$$

将弹性体的应力应变关系 $2G\overset{*}{\varepsilon}_{ij} = \overset{*}{\sigma}_{ij} - \frac{\lambda}{3k}\delta_{ij}\overset{*}{\sigma}_{kk}$ 代入上式，得

$$\frac{1}{2G}\mathscr{D}(D)\varepsilon_{ij} = \mathscr{H}(D)\overset{*}{\dot{\varepsilon}}_{ij} \tag{12}$$

从而

$$\frac{1}{2G}\mathscr{Q}(D)u_i = \mathscr{H}(D)\overset{*}{u}_i \tag{13}$$

综上所述，可得如下定理。

定理一：对于在蠕变条件下 Poisson 比为常量的均质黏弹性体，或 Poisson 比为常量且服从式（4）的非均质黏弹性体，若温度为零，部分边界给定外力，部分边界位移为零，则在体积力和边界力的作用下，其应力与弹性体应力相同，而任一点的位移可根据该点的弹性位移由式（13）确定。

四、刚性基础上非均质黏弹性体在乙种混合边界条件下的应力与位移

设物体的体积力为零，并满足下列乙种混合边界条件

在 B_1 上外力为零，即

$$\sigma_{ij}n_j = 0$$

在 B_2 上给定位移，即

$$u_i = U_i$$

$$(14)$$

黏弹性体的位移必须满足以下各方程：

平衡方程

在区域 I

$$\mathcal{Q}_1[(\lambda_1 + G_1)u_{k,ki} + G_1 u_{i,kk} - 3k_1(\alpha T)_{,i}] = 0$$

在区域 II

$$\mathcal{Q}_2[(\lambda_2 + G_2)u_{k,ki} + G_2 u_{i,kk} - 3k_2(\alpha T)_{,i}] = 0$$

$$(15)$$

接触条件：在曲面 S 上

$$u_i^{\mathrm{I}} = u_i^{\mathrm{II}}$$

$$\mathcal{Q}_1\{[\delta_{ij}\lambda_1 u_{k,k}^{\mathrm{I}} + G_1(u_{i,j}^{\mathrm{I}} + u_{j,i}^{\mathrm{I}}) - 3k_1\delta_{ij}\alpha T]n_j$$

$$-[\delta_{ij}\lambda_2 u_{k,k}^{\mathrm{II}} + G_2(u_{i,j}^{\mathrm{II}} + u_{j,i}^{\mathrm{II}}) - 3k_2\delta_{ij}\alpha T]n_j\} = 0$$

$$(16)$$

边界条件

在 B_1 上

$$\mathcal{Q}[\delta_{ij}\lambda u_{k,k} + G(u_{i,j} + u_{j,i}) - 3k\delta_{ij}\alpha T]n_j = 0$$

在 B_2 上

$$u_i = U_i$$

$$(17)$$

将弹性体的相应各方程（从略）与式（15）～式（17）比较后推知，弹性体的位移完全满足黏弹性体各方程，因此

$$u_i = \overset{*}{u}_i \tag{18}$$

由上式可知

$$\varepsilon_{ij} = \frac{1}{2}(u_{i,j} + u_{j,i}) = \frac{1}{2}(\overset{*}{u}_{i,j} + \overset{*}{u}_{j,i}) = \overset{*}{\varepsilon}_{ij} \tag{19}$$

将上式代入式（1），得

$$\mathcal{P}\sigma_{ij} = \frac{\mathcal{Q}}{2G}[\lambda\delta_{ij}\overset{*}{\varepsilon}_{kk} + 2G\overset{*}{\varepsilon}_{ij} - 3k\delta_{ij}\alpha T] \tag{20}$$

将弹性体的应力应变关系 $\overset{*}{\sigma}_{ij} = \lambda\delta_{ij}\overset{*}{\varepsilon}_{kk} + 2G\overset{*}{\varepsilon}_{ij} - 3k\delta_{ij}\alpha T$ 代入上式，得

$$\mathcal{P}(D)\sigma_{ij} = \frac{1}{2G}\mathcal{Q}(D)\overset{*}{\sigma}_{ij} \tag{21}$$

综上所述，可得如下定理。

定理二：对于在蠕变条件下 Poisson 比为常量的均质黏弹性体，或服从式（4）的非均质黏弹性体，若体积力为零，部分边界给定位移，部分边界外力为零，则在温度和边界位移作用下，其位移与弹性体完全相同，而任一点的应力可根据该点的弹性应力由式（21）确定。

五、在一般条件下非均质黏弹性体的应力与位移

对于刚性基础的情况，由于应力与变形之间存在线性关系，叠加原理适用，由前述两种

特殊的混合边界条件加以组合，可得到任意的混合边界条件。

对于黏弹性基础的情况，可以将基础看成是物体的一部分，它嵌固于无穷远处。如果在蠕变条件下基础的 Poisson 比也是常量，并且基础变形与物体变形之间也符合式（4），则前述结论仍然适用。

六、关于比例变形的讨论

黏弹性体的应力分析是比较复杂的，目前只对一些简单情况得出了数值结果[3, 4]。对比较复杂的情况实际上很难求出具体解答。上述结论使我们可以根据弹性体的应力和位移去判断黏弹性体的工作状态。为了得到这些结论，我们对物体的变形特性提出了两个充分条件（我们讨论的是空间问题，对于平面问题，在某些情况下 Poisson 比为常量的条件是不必要的）。

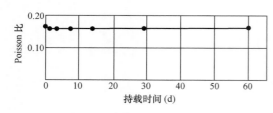

图 1 混凝土在蠕变条件下的 Poisson 比

各种材料是否满足这些条件，决定于材料本身的特性。下面我们讨论混凝土的变形特性。

君岛博次用高度 1.50m、直径 0.75m 的大型试件测定了混凝土在蠕变条件下的 Poisson 比，其值接近于常量（图 1）❶。

在大型混凝土工程中，往往在应力较大的部位使用强度较高、水灰比较小的混凝土，而在应力较小的部位使用强度较低、水灰比较大的混凝土。水灰比不同，混凝土的变形也不同。图 2 是美国垦务局的试验资料[5]。由图可见，三种水灰比不同的混凝土的蠕变在不同时间都保持同一比值。

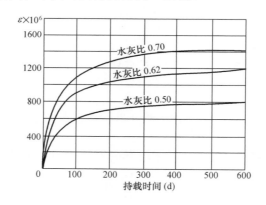

图 2 水灰比不同时混凝土的蠕变（加载龄期 28d）

前苏联全苏水利科学研究院[6]对不同标号的水工混凝土的蠕变度曾总结出如下的表达式：

$$C_i(t,\tau) = C_i\left(1+\frac{2.0}{\tau}\right)[1-\mathrm{e}^{-\lambda(t-\tau)}] \tag{22}$$

---

❶ 见君岛博次，关于大坝混凝土蠕变的研究，（日本）电力研究所所报，10 卷 5、6 期，1960 年。

式中：$C_i = 1/E_i$，$\lambda = 0.030$（1/d）＝（常量）；E_i 为瞬时弹性变形模量。C_i 和 E_i 随混凝土的强度而不同，但保持了 $C_i = 1/E_i$ 的关系，由此有

$$C_i(t, \tau) / C_2(t, \tau) = E_2 / E_1$$

即不同强度的混凝土是符合比例变形条件的。

总之，用同一品种水泥、以不同水灰比拌制的不同强度的混凝土，大体上是符合本文提出的两个充分条件的。

七、关于著作［3］的一个错误

Арутюнян[3] 曾独立地提出类似于 Alfrey 的两个定理，由于著作［3］的广泛传播，这两个定理在工程界已被广泛应用。但 Арутюнян 对定理所依据的边界条件缺乏充分的探讨，并把定理误用到非均质结构中。他计算了图 3 所示的双层等厚混凝土梁的温度应力，建议用文献［3］的式（3.42）计算考虑蠕变后的温度应力。他假定两层混凝土具有不同的弹性模量但却具有相同的蠕变度，因此，梁不满足比例变形条件（4），在两层中分别具有不同的应力衰减系数。本来弹性温度应力是满足应变协调条件和平衡条件的，但分别乘上不同的应力衰减系数后就不再满足平衡条件了。Арутюнян 还假定梁的两端是自由的，因此温度应力本应自相平衡。但从他的计算结果（图 3）中可明显地看出不满足平衡条件，因为（1.15+1.59）>（1.16+1.19）。

由于 Арутюнян[3] 和 Васильев[7] 等的倡议，目前在分析混凝土温度应力时广泛采用松弛系数（即应力衰减系数）法。实质上这就是利用本文的式（21）。因此，只有当材料变形特性和结构边界条件满足本文提出的条件时，才能保证结果的合理性。否则就可能导致错误的结果。

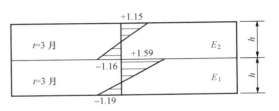

图 3　Арутюнян 计算的非均质
黏弹性梁的温度应力

参 考 文 献

［1］Alfrey T. Non-homogeneous stresses in visco-elastic media, *Quart. Appl. Math.*, 2，1944.

［2］Tsien H S（钱学森）. A generalization of Alfrey's theorem for viscoelastic media. *Quart. Appl. Math.*，8，1950.

［3］Арутюнян Н Х. Некоторые вопросы теории ползучести，Гостехиздат，М.-Л.，1952（邬瑞锋等译.蠕变理论中的若干问题.北京：科学出版社，1961）.

［4］Lee E H. Stress analysis in visco-elastic bodies. *Quart. Appl. Math*，13，1955.

［5］U. S. Bureau of Reclamation，Concrete manual，1956.

［6］Всес.Научно исслед, иинститут гидротехникн. Рекомендации по определению температурных напряжений в бетонных массивах，1958.

［7］Васильев П И.Приближенный метод учета деформаций ползучести приопределении температурных напряжений в бетонных массивных плитах，*ИЗВ. ВНИИГ*，47，1952，120.

黏弹性介质内地下建筑物所受的山岩压力[❶]

摘　要： 山岩压力是地下建筑物所受的主要荷载之一，目前主要采用普氏公式计算，把岩体看成是松散介质，与实际情况相差较远。本文开辟一个新的研究途径，把岩体看成是连续介质，考虑山岩初应力、岩体蠕变和建造衬砌的时间来计算山岩压力。对于最一般的空间问题给出了最终山岩压力计算方法，对于圆形隧洞给出了非轴对称初应力作用下山岩压力的算式。这些算式很好地反映了山岩压力随时间而增长的特性，从算例可以看出，计算结果与实测结果在基本趋势方面符合得很好。

关键词： 山岩压力；地下建筑物；黏弹性介质

Rock Pressure on the Underground Structure in Visco–elastic Media

Abstract: A new method is offered for the computation of the rock pressure on the underground structures. The surrounding rock mass is considered as a visco-elastic body. The basic factors considered in the computation are the initial stress and creep of the rock and the time lag between blasting and lining. The peculiarity of rock pressure increasing with time is reflected in the formula. The results of computation are close to the measured values in practical engineering.

Key words: rock pressure, underground structure, visco-elastic media

引言

山岩压力是地下建筑物（隧洞、巷道、地下水电站、竖井等）所受的主要荷载之一。目前主要采用普氏公式计算。这个公式把岩体看成是松散介质，与岩体的实际情况相差较远。本文开辟一个新的研究途径，把岩体看成是连续介质，考虑山岩初应力、岩体蠕变和建造衬砌的时间来计算山岩压力。用本文方法算得的山岩压力并不是静止的，而是随着时间的推移而逐渐增长，并最终趋于稳定。这种山岩压力与时间的关系已为近年的实测资料所证实[1~3]，但现有的各种计算方法都不能反映山岩压力的这一重要特性。

山岩压力有时是由岩体裂隙发展和坍方所引起的，但在完整岩体内也存在着山岩压力，

---

❶ 本文于 1960 年由水利水电科学研究院以 "论地下建筑物的山岩压力" 为题提交三峡科研会议交流，后以目前题目发表于《水利水电科学研究院科学研究论文集》第 5 集，中国工业出版社，1965 年。

这是近年实测资料已揭示出来的事实。由于岩体自重及造山运动等原因，山岩内存在着初应力，如美国包尔德水电站在隧洞中实测到的山岩初应力达到 3200～24600kPa，数值相当大。在开挖岩石时，原始平衡条件被破坏了，出现了应力干扰。除了在开挖的瞬时产生弹性变形外，开挖以后还将产生蠕变变形；建造衬砌以后，岩体蠕变变形受到衬砌的阻止，即在岩体与衬砌之间产生山岩压力。

图 1 表示了野外实测的山岩压力[1]。由图可见，山岩压力是随时间而逐步增长的，经过三四个月后才趋于稳定。显然，当山岩初应力较大并有显著的蠕变时，这种山岩压力可以达到可观的数值。

一、基本概念

采用图 2 所示的坐标系统。设在开挖岩石以前，岩体中存在着初应力 σ_{ij}^*，并设由于已有了千百年的历时，初始应力和变形均处于稳定状态。此时沿开挖面 B 上存在着边界力

$$q_i^* = \sigma_{ij}^* n_j (i = 1, 2, 3) \tag{1}$$

式中，n_j 为开挖面 B 的法线的单位向量。在开挖以前 q_i^* 与初应力 σ_{ij}^* 保持着平衡。在开挖后，开挖面 B 变成自由边界，边界力由 q_i^* 减小到零。这相当于在开挖面 B 上施加了一组相反的边界力 $-q_i^*$，因而在孔口附近的应力发生了干扰。设干扰应力为 σ_{ij}^0，它必须满足如下条件

在开挖面B上　　　　　　　　$\left.\begin{array}{l} \sigma_{ij}^0 n_j = -q_i^* \\ \sigma_{ij}^0 = 0 \end{array}\right\}$ （2）

在无穷远处

平衡条件　　　　　　　　　　$\sigma_{ij,j}^0 = 0$ （3）

式中撇号"，"表示微分●。

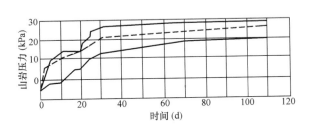

图 1　实测的山岩压力

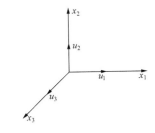

图 2　坐标及位移

由于干扰应力 σ_{ij}^0，在开挖的瞬时将产生瞬时弹性位移 u_i^0，在开挖以后还要产生蠕变位移 $u_i^0(t')$，它随着时间 t' 而逐渐发展（图 3）。今设在 $t' = t_0$ 时建造衬砌，此后开挖面 B 不再是自

● 为了节省篇幅，采用张量符号

$$\sigma_{ij,j} = \frac{\partial \sigma_{i1}}{\partial x_1} + \frac{\partial \sigma_{i2}}{\partial x_2} + \frac{\partial \sigma_{i3}}{\partial x_3}$$

$$\sigma_{ij} n_j = \sigma_{i1} n_1 + \sigma_{i2} n_2 + \sigma_{i3} n_3$$

当 $i = j$，σ_{ij} 为正应力；当 $i \neq j$，σ_{ij} 为剪应力。

由的了，山岩的蠕变位移要受到衬砌的阻止。因而在岩体与衬砌之间引起山岩压力 $p_i(t)$，它是时间 t 的函数。t 自建造衬砌时算起，故

$$t' = t_0 + t$$

设在山岩压力 $p_i(t)$ 作用下：

山岩的应力为 $\sigma_{ij}^1(t)$，位移为 $u_i^1(t)$；

衬砌的应力为 $\sigma_{ij}^2(t)$，位移为 $u_i^2(t)$。

于是在接触面 B 上，变形协调条件为

$$-u_i^1(t) + u_i^2(t) = u_i^0(t_0 + t) - u_i^0(t_0) = \Delta u_i^0(t_0, t) \tag{4}$$

式中：$u_i^0(t_0 + t)$ 是前述干扰应力 σ_{ij}^0 引起的山岩蠕变位移；$\Delta u_i^0 = u_i^0(t_0 + t) - u_i^0(t_0)$，是在建造衬砌前后的位移差值；根据变形协调条件（4）及其他边界条件，可以确定山岩压力 $p_i(t)$。

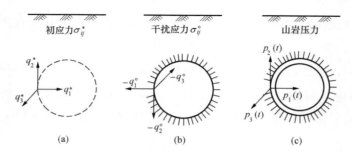

图 3　开挖前后山岩受力状态

（a）开挖前的初应力；（b）开挖时的应力干扰；（c）建造衬砌后的山岩压力

二、问题的解

我们首先以拉普拉斯变换给出空间问题的解的一般形式，然后给出最终山岩压力及刚性衬砌山岩压力的计算公式。

（一）一般解

今采用图 4 所示标准黏弹性体模型，并用积分方程描写应力—应变关系。设山岩变形特性为：

瞬时弹性模量 E_1，瞬时剪切模量 G_1，轴向变形蠕变度

$$C_1(t, \tau) = C_1[1 - e^{-\lambda_1(t-\tau)}] \tag{5a}$$

剪切变形蠕变度

$$W_1(t, \tau) = W_1[1 - e^{-\beta_1(t-\tau)}] \tag{6a}$$

衬砌变形特性为：

瞬时弹性模量 E_2，瞬时剪切模量 G_2；

轴向变形蠕变度

$$C_2(t, \tau) = C_2[1 - e^{-\lambda_2(t-\tau)}] \tag{5b}$$

剪切变形蠕变度

$$W_2(t, \tau) = W_2[1 - e^{-\beta_2(t-\tau)}] \tag{6b}$$

式中，C_j、W_j、λ_j、$\beta_j(j=1,2)$ 为常数。

至于瞬时变形泊松比 μ_j 及蠕变泊松比 $\mu_j(t,\tau)$，可由以下两式确定[5]

$$2(1+\mu_j) = E_j/G_j \tag{7}$$

$$2[1+\mu_j(t,\tau)] = W_j(t,\tau)/c_j(t,\tau) \tag{8}$$

又令

$$\sigma = \sigma_{11} + \sigma_{22} + \sigma_{33} \tag{9}$$

则山岩和衬砌的应力和位移必须满足以下方程。

1. 山岩
   应力—应变关系[6]

$$\varepsilon_{ij}(t) = \frac{\sigma_{ij}(t)}{G_1} + \int_0^t \sigma_{ij}(\tau) W_1 \beta_1 \mathrm{e}^{-\beta_1(t-\tau)} \mathrm{d}\tau \; (i \neq j) \tag{10a}$$

$$\varepsilon_{ij} = \frac{(1+\mu_1)\sigma_{ii}(t) - \mu_1\sigma(t)}{E_1} + \int_0^t \left\{ \sigma_{ii}(\tau) \frac{W_1\beta_1}{2} \mathrm{e}^{-\beta_1(t-\tau)} \right.$$
$$\left. - \sigma(\tau)\left[\frac{W_1\beta_1}{2}\mathrm{e}^{-\beta_1(t-\tau)} - c_1\lambda_1\mathrm{e}^{-\lambda_1(t-\tau)} \right] \right\}\mathrm{d}\tau + \alpha T \tag{11a}$$

（ii 不累积）

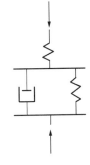

图 4　标准黏弹性体模型

式中，T 为温度。

平衡方程

$$\sigma_{ij,j}(t) = 0 \tag{12a}$$

边界条件

$$\left. \begin{array}{l} \text{在B上} \quad \sigma_{ij}(t)n_j = p_i(t) \\ \text{无穷远处} \quad \sigma_{ij}(t) = 0 \end{array} \right\} \tag{13a}$$

应变—位移关系

$$\varepsilon_{ij}(t) = \frac{1}{2}[u_{i,j}(t) + u_{j,t}(t)] \tag{14a}$$

2. 衬砌
   应力—应变关系

$$\varepsilon_{ij}(t) = \frac{\sigma_{ij}(t)}{G_2} + \int_0^t \sigma_{ij}(\tau) W_2 \beta_2 \mathrm{e}^{-\beta_2(t-\tau)} \mathrm{d}\tau \tag{15a}$$

$$\varepsilon_{ii}(t) = \frac{(1+\mu_2)\sigma_{ii}(t) - \mu_2\sigma(t)}{E_2}$$
$$+ \int_0^t \left\{ \sigma_{ii}(\tau) \frac{W_2\beta_2}{2} \mathrm{e}^{-\beta_2(t-\tau)} - \sigma(\tau)\left[\frac{W_2\beta_2}{2}\mathrm{e}^{-\beta_2(t-\tau)} - c_2\lambda_2\mathrm{e}^{-\lambda_2(t-\tau)} \right] \right\}\mathrm{d}\tau + \alpha T \tag{16a}$$

平衡方程

$$\sigma_{ij,j}(t) = f_i \tag{17a}$$

式中，f_i 为体积力。

边界条件

$$\left. \begin{array}{l} \text{在B上} \quad \sigma_{ij}(t)n_j = p_i(t) \\ \text{在衬砌内缘} \quad \sigma_{ij}(t)n_j = 0 \end{array} \right\} \tag{18a}$$

应变—位移关系

$$\varepsilon_{ij}(t) = \frac{1}{2}[u_{i,j}(t) + u_{j,t}(t)] \tag{19a}$$

3. 接触面 B 上的变形协调条件

$$-u_i^1(t) + u_i^2(t) = \Delta u_i^0(t_0,t) \tag{20a}$$

兹令

$$\overline{\sigma}_{ij}(s) = L[\sigma_{ij}(t)] = \int_0^\infty \sigma_{ij}(t)\mathrm{e}^{-st}\mathrm{d}t \tag{21}$$

对式（10）～式（20）进行拉氏变换，得到以下各式：

1. 山岩

应变—应变关系

$$\overline{\varepsilon}_{ij} = \frac{\overline{\sigma}_{ij}}{G_1}(i \neq j) \tag{10b}$$

$$\overline{\varepsilon}_{ij} = (1 + \overline{\mu}_i)\overline{\sigma}_{ii} - \frac{\overline{\mu}_1}{E_1}\overline{\sigma} + \alpha\overline{T} \tag{11b}$$

平衡方程

$$\overline{\sigma}_{ij,j} = 0 \tag{12b}$$

边界条件

$$\left.\begin{array}{l} 在B上 \quad \overline{\sigma}_{ij}n_j = \overline{p}_i \\ 无穷远处 \quad \overline{\sigma}_{ij} = 0 \end{array}\right\} \tag{13b}$$

应变—位移关系

$$\overline{\varepsilon}_{ij} = \frac{1}{2}[\overline{u}_{i,j} + \overline{u}_{j,i}] \tag{14b}$$

2. 衬砌

应变—应变关系

$$\overline{\varepsilon}_{ij} = \frac{\overline{\sigma}_{ij}}{G_2}(i \neq j) \tag{15b}$$

$$\overline{\varepsilon}_{ii} = (1 + \overline{\mu}_2)\overline{\sigma}_{ii} - \frac{\overline{\mu}_2}{E_2}\overline{\sigma} + \alpha\overline{T} \tag{16b}$$

平衡方程

$$\overline{\sigma}_{ij,j} = \overline{f}_i \tag{17b}$$

边界条件

$$在 B 上 \quad \overline{\sigma}_{ij}n_j = \overline{p}_i \tag{18b}$$

应变—位移关系

$$\overline{\varepsilon}_{ij} = \frac{1}{2}[\overline{u}_{i,j} + \overline{u}_{j,i}] \tag{19b}$$

3. 接触面 B 上的变形协调条件

$$-\overline{u}_i^1 + \overline{u}_i^2 = \Delta\overline{u}_i^0 \tag{20b}$$

式中

$$\left.\begin{array}{l} \overline{E}_j = \dfrac{E_j(s + \lambda_j)}{s + \lambda_j(1 + E_jC_j)} \\[3mm] \overline{G}_j = \dfrac{G_j(s + \beta_j)}{s + \beta_j(1 + G_jW_j)} \\[3mm] 2(1 + \overline{u}_j) = \dfrac{\overline{E}_j}{\overline{G}_j} \end{array}\right\} \tag{22}$$

以上对于山岩 $j=1$，对于衬砌 $j=2$；s 为拉氏变换参数。

考察式（10b）～式（20b），可以看出，它们与一个弹性体的接触问题完全相似，接触条件是式（20b）。所不同的是弹性模量 $\overline{E}_j$、剪切模量 $\overline{G}_j$ 和泊松比 $\overline{\mu}_j$ 必须采取式（22）表示的数值。利用弹性力学方法求出接触力 $\overline{p}_i$ 后，经过反演即得到山岩压力为

$$p_i(t) = \frac{1}{2\pi i}\int_{\gamma - i\infty}^{\lambda + i\infty} \overline{p}_i\mathrm{e}^{st}\mathrm{d}s$$

（二）最终山岩压力

由图 1 可见，山岩压力随着时间而逐渐增长，因此工程上最感兴趣的是当 $t \to \infty$ 时的最终山岩压力 $p_i(\infty)$。现在我们利用拉氏变换的基本性质来确定 $p_i(\infty)$。在式（10b）的两端各乘以参数 s，得

$$s\bar{\varepsilon}_{ij} = \frac{s\bar{\sigma}_{ij}}{\bar{G}_1}$$

由拉氏变换的终值定理[8]有

$$\lim_{s \to 0}[s\bar{\varepsilon}_{ij}] = \varepsilon_{ij}(\infty)$$

$$\lim_{s \to 0}[s\bar{\sigma}_{ij}] = \sigma_{ij}(\infty)$$

从而得到

$$\varepsilon_{ij}(\infty) = \frac{\sigma_{ij}(\infty)}{G_1(\infty)}$$

式中

$$G_1(\infty) = \frac{G_1}{1 + G_1 W_1}$$

对式（10b）～式（20b）进行上述运算后，得到下列关系：

1. 山岩

应力—应变关系

$$\varepsilon_{ij}(\infty) = \frac{\sigma_{ij}(\infty)}{G_1(\infty)} (i \neq j) \tag{10c}$$

$$\varepsilon_{ii}(\infty) = [1 + \mu_1(\infty)]\sigma_{ii}(\infty) - \frac{\mu_1(\infty)}{E_1(\infty)}\sigma(\infty) + \alpha T(\infty) \tag{11c}$$

平衡方程

$$\sigma_{ij,j}(\infty) = 0 \tag{12c}$$

边界条件

$$\left. \begin{array}{l} 在B上 \quad \sigma_{ij}(\infty)n_j = p_i(\infty) \\ 无穷远处 \quad \sigma_{ij}(\infty) = 0 \end{array} \right\} \tag{13c}$$

应变—位移关系

$$\varepsilon_{ij}(\infty) = \frac{1}{2}[\mu_{i,j}(\infty) + \mu_{j,i}(\infty)] \tag{14c}$$

2. 衬砌

应力—应变关系

$$\varepsilon_{ij}(\infty) = \frac{\sigma_{ij}(\infty)}{G_2(\infty)} \tag{15c}$$

$$\varepsilon_{ii}(\infty) = [1 + \mu_2(\infty)]\sigma_{ii}(\infty) - \frac{\mu_2(\infty)}{E_2(\infty)}\sigma(\infty) + \alpha T(\infty) \tag{16c}$$

平衡方程

$$\sigma_{ij}(\infty) = f_i \tag{17c}$$

边界条件

$$\left. \begin{array}{l} 在B上 \sigma_{ij}(\infty)n_j = p_i(\infty) \\ 在内缘 \sigma_{ij}(\infty)n_j = 0 \end{array} \right\} \tag{18c}$$

应变—位移关系

$$\varepsilon_{ij}(\infty) = \frac{1}{2}\left[u_{i,j}(\infty) + u_{j,i}(\infty)\right] \tag{19c}$$

3. 接触面 B 上变形协调条件

$$-u_i^1(\infty) + u_i^2(\infty) = \Delta u_i^0(t_0, \infty) = u_i^0(\infty) - u_i^0(t_0) \tag{20c}$$

式中
$$E_j(\infty) = \frac{E_j}{1+E_jC_j}; G_j(\infty) = \frac{G_j}{1+G_jW_j}$$
$$2\left[1+\mu_j(\infty)\right] = \frac{E_j(\infty)}{G_j(\infty)} \qquad (j=1,2)$$
(23)

将 $E_j(\infty)$、$G_j(\infty)$、$\mu_j(\infty)$ 分别称为长期弹性模量、长期剪切模量及长期泊松比，均为实数。考察（10c）～（20c）各式，可见它们与弹性体接触问题完全相同。因此我们得到一个重要结论：采用长期弹性模量 E_1、E_2，长期剪切模量 G_1、G_2，及最终位移差值 $u_i^0(\infty) - u_i^0(t_0)$，所确定的接触力 $p_i(\infty)$ 为衬砌受到的最终山岩压力。确定最终山岩压力可以采取计算方法，也可以采用弹性模型试验方法。

（三）刚性衬砌所受山岩压力

如果衬砌是刚性的，则

$$u_i^2(t) = 0$$
(24)

因而接触条件式（20a）简化为

$$-u_i^1(t) = \Delta u_i^0(t_0, t)$$
(25)

此时山岩压力的计算简化为一个沿孔口边缘受到已知位移的均质黏弹性体问题。

众所周知，在塑性力学中为了简化计算，往往假定物体是不可压缩的，即泊松比 $\mu = 0.50$。现在我们也引入一个假定：山岩的蠕变泊松比不随时间变化，即等于常量（据君岛博次[8]试验，混凝土蠕变泊松比实际上接近于常量。关于山岩尚缺乏试验资料，但不妨作为一个近似处理手段）。于是山岩压力问题，类似于一个应力松弛问题。

在干扰应力 σ_{ij}^0 作用下的弹性位移为 u_i^e，由于蠕变泊松比保持常量，蠕变位移等于

$$u_i^0(t_0+t) = u_i^e E_1 C_1[1-e^{-\lambda_1(t_0+t)}]$$

建造衬砌以后的蠕变位移差值为

$$\Delta u_i^0(t_0,t) = u_i^0(t_0+t) - u_i^0(t_0) = u_i^e E_1 C_1 e^{-\lambda_1 t_0}(1-e^{-\lambda_1 t})$$
(26)

在建造刚性衬砌以后，山岩变形完全被阻止，由式（25）可见，这相当于在衬砌边缘施加一相反的位移

$$u_i^1(t) = -\Delta u_i(t_0,t) = -u_i^e E_1 C_1 e^{-\lambda_1 t_0}(1-e^{-\lambda_1 t})$$
(27)

式中，弹性位移 u_i^e 是干扰应力 σ_{ij}^0 引起的。可见为了产生位移 $-u_i(t_0,t)$ 所需的弹性应力为

$$-\sigma_{ij}^0 E_1 C_1 e^{-\lambda_1 t_0}(1-e^{-\lambda_1 t})$$
(28)

设考虑山岩蠕变后的应力为 $-\sigma_{ij}^0 F(t)$，根据埃弗勒—阿鲁久涅扬（Alfrey—Арутюняи）[6]、[9]定理，函数 $F(t)$ 应满足下列积分方程

$$F(t) = E_1 C_1 e^{-\lambda_1 t_0}(1-e^{-\lambda_1 t}) - E_1 C_1 \lambda_1 \int_0^t F(\tau)e^{-\lambda_1(t-\tau)}d\tau$$
(29)

解之，得

$$F(t) = \frac{E_1 C_1 e^{-\lambda_1 t_0}}{1+E_1 C_1}[1-e^{-g_1 t}]$$
(30)

式中
$$g_1 = \lambda_1(1+E_1 C_1)$$
(31)

由式（1）、式（2）和式（28）可知刚性衬砌所受山岩压力为

$$p_i(t) = -\sigma_{ij}^0 n_j F(t) = \sigma_{ij}^* n_j F(t) = q_i^* F(t) \tag{32}$$

由此可见，刚性衬砌所受山岩压力等于开挖面上在岩石开挖前存在的初始边界力 $\sigma_{ij}^0 n_j$ 乘上时间函数 $-F(t)$。因此只要知道山岩初应力，由式（32）就可直接计算刚性衬砌所受山岩压力。

三、算例

兹以圆形隧洞衬砌为例，计算在轴对称及非轴对称两种初应力条件下的山岩压力。

（一）圆形隧洞在轴对称初应力作用下的山岩压力

今按照海姆（Heim）理论，假设开挖前山岩中存在着均匀初应力 $\sigma_x^0 = \sigma_y^0 = q$，$\tau_{xy}^0 = 0$。因此开挖时的应力干扰也是由开挖面 B 上的均布边界力 $\sigma_r = q$ 引起的。设隧洞开挖半径为 R，则开挖时由干扰应力引起的径向瞬时变形是

$$u_r^e = \frac{q\delta_1}{E_1}$$

式中，$\delta_1 = (1+\mu_1)R$，是变形系数。又设蠕变泊松比为常量，则干扰应力引起的径向蠕变位移差为

$$\Delta u_r^0(t_0, t) = u_r^0(t_0 + t) - u_r^0(t_0) = q\delta_1 c_1 e^{-\lambda_1 t_0}(1 - e^{-\lambda_1 t})$$

利用拉氏变换，得

$$\overline{\Delta u_r^0} = q\delta_1 c_1 e^{-\lambda_1 t_0}\left(\frac{1}{s} - \frac{1}{s+\lambda_1}\right) \tag{33}$$

又在山岩压力 $\overline{p}$（变换映像）作用下，山岩径向位移为

$$\overline{u_r^1} = -\frac{\overline{p}\delta_1}{\overline{E_1}} \tag{34}$$

衬砌在山岩压力 $\overline{p}$ 作用下的径向位移为

$$\overline{u_r^2} = -\frac{\overline{p}\delta_2}{\overline{E_2}} \tag{35}$$

式中，δ_2 为衬砌变形系数，可由拉梅公式计算（从略）。将式（33）～式（35）代入式（20b），解之，得

$$\overline{p} = \frac{q\delta_1 c_1 e^{-\lambda_1 t_0}\left(\dfrac{1}{s} - \dfrac{1}{s+\lambda_1}\right)}{\dfrac{\delta_1}{\overline{E_1}} + \dfrac{\delta_2}{\overline{E_2}}} \tag{36}$$

式中，$\overline{E_1}$、$\overline{E_2}$ 由式（21）表示。反演之，得

$$p(t) = a + be^{-s_1 t} + ce^{-s_2 t} \tag{37}$$

式中

$$a = \frac{q\delta_1 c_1 e^{-\lambda_1 t_0}}{A_1 + c_1\delta_1 + c_2\delta_2}$$

$$b = \frac{q\delta_1 c_1 \lambda_1 (\lambda_2 - s_1) \mathrm{e}^{-\lambda_1 t_0}}{A_1 s_1 (s_1 - s_2)}$$

$$c = \frac{q_1 \delta_1 c_1 \lambda_1 (s_2 - \lambda_2) \mathrm{e}^{-\lambda_1 t_0}}{A_1 s_2 (s_1 - s_2)}$$

$$s_1 = \frac{A_2 + \sqrt{A_2^2 - A_1 A_3}}{A_1}$$

$$s_2 = \frac{A_2 - \sqrt{A_2^2 - A_1 A_3}}{A_1}$$

$$A_1 = \frac{\delta_1}{E_1} + \frac{\delta_2}{E_2}$$

$$A_2 = \frac{1}{2}\left[A_1(\lambda_1 + \lambda_2) + c_1\lambda_1\delta_1 + c_2\delta_2\lambda_2\right]$$

$$A_3 = \lambda_1\lambda_2(A_1 + c_1\delta_1 + c_2\delta_2)$$

【算例1】 设开挖半径 $R=10\mathrm{m}$，在开挖 30d 以后建造衬砌，衬砌厚度 1m，山岩弹性模量 $E_1=2.0\times10^7\mathrm{kPa}$，蠕变度 $C_1=5.0\times10^{-8}$（kPa）$^{-1}$，蠕变速率 $\lambda_1=0.02\mathrm{d}^{-1}$，衬砌弹性模量 $E_2=2.5\times10^7\mathrm{kPa}$，蠕变度 $C_2=4.0\times10^{-8}$（kPa）$^{-1}$，蠕变速率 $\lambda_2=0.03\mathrm{d}^{-1}$。山岩初应力 $\sigma_x^* = \sigma_y^* = 1000\ \mathrm{kPa}$，$\tau_{xy}^* = 0$，由式（37）得山岩压力为

$$p = 3.91 - 188\mathrm{e}^{-0.021t} - 203\mathrm{e}^{-0.0576t} \tag{38}$$

计算结果见图5。与图1比较，可见计算的山岩压力与实测山岩压力在基本趋势方面符合得很好。

（二）在非轴对称初应力作用下圆形隧洞衬砌的山岩压力

今设在岩石开挖以前，在岩体中存在着如下初应力（见图6）

$$\sigma_y^* = -q, \ \sigma_x^* = \tau_{xy}^* = 0 \tag{39}$$

至于 $\sigma_x^* \neq 0$ 的情况，可由叠加法得之。此时在开挖面上也存在着初应力 $\sigma_y^* = -q$，$\sigma_x^* = \tau_{xy}^* = 0$，或

$$\sigma_r^* = -q\sin^2\theta, \tau_{r\theta}^* = q\sin\theta\cos\theta \tag{40}$$

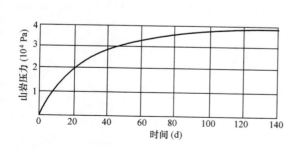

图5　圆形隧洞衬砌在轴对称初应力作用
下的山岩压力（计算值）

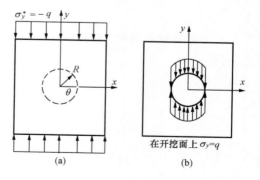

图6　在非轴对称初应力作用下的圆形隧洞
（a）初应力；（b）干扰力

岩石开挖后，沿开挖面上 $\sigma_r = 0$，$\tau_{r\theta} = 0$。故在开挖面上的应力干扰为

$$\sigma_r^0 = q\sin^2\theta, \ \tau_{r\theta}^0 = -q\sin\theta\cos\theta \tag{41}$$

由复变函数方法求得在干扰应力作用下开挖面上由山岩蠕变引起的位移差值为

$$\left.\begin{aligned}
\Delta u_r^0(t_0, t) &= -\frac{Rq}{4G_1}(1 - k_1\cos 2\theta) \times E_1 C_1 e^{-\lambda_1 t_0}(1 - e^{-\lambda_1 t}) \\
\Delta u_\theta^0(t_0, t) &= -\frac{Rq}{4G_1}\sin 2\theta \times E_1 C_1 e^{-\lambda_1 t_0}(1 - e^{-\lambda_1 t})
\end{aligned}\right\} \tag{42}$$

作拉氏变换后，得

$$\left.\begin{aligned}
\Delta\bar{u}_r^0 &= -\frac{Rq}{4G_1}(1 - k_1\cos 2\theta) \times E_1 C_1 e^{-\lambda_1 t_0}\left(\frac{1}{s} - \frac{1}{s+\lambda_1}\right) \\
\Delta\bar{u}_\theta^0 &= -\frac{Rq}{4G_1}\sin 2\theta \times E_1 C_1 e^{-\lambda_1 t_0}\left(\frac{1}{s} - \frac{1}{s+\lambda_1}\right)
\end{aligned}\right\} \tag{43}$$

式中：$k_1 = 3 \sim 4\mu_1$；u_r 表示径向位移；u_θ 表示切向位移。现采用复变函数方法来求解经过拉氏变换的辅助弹性问题，取穆斯海里什维里复变函数[10]如下

$$\left.\begin{aligned}
\text{在山岩中} \quad & \varphi(z) = \bar{\alpha}_{-1}\frac{R}{z}; \ \psi(z) = \bar{\beta}_{-1}\frac{R}{z} + \bar{\beta}_{-3}\frac{R^3}{z^3} \\
\text{在衬砌中} \quad & \varphi_1(z) = \bar{a}_3\frac{z^3}{R^3} + \bar{a}_1\frac{z}{R} + \bar{a}_{-1}\frac{R}{z} \\
& \psi_1(z) = \bar{b}_1\frac{z}{R} + \bar{b}_{-1}\frac{R}{z} + \bar{b}_{-3}\frac{R^3}{z^3}
\end{aligned}\right\} \tag{44}$$

式中，$\bar{\alpha}_{-1}$、$\bar{a}_3\cdots$ 表示 α_{-1}、$a_3\cdots$ 的拉氏变换映像。应力和位移的边界条件是：在开挖面上（$r=R$）

$$\left.\begin{aligned}
\bar{\sigma}_r^1 - i\bar{\tau}_{r\theta}^1 &= \bar{\sigma}_r^2 - i\bar{\tau}_{r\theta}^2 \\
-(\bar{u}_r^1 + i\bar{u}_\theta^1) + (\bar{u}_r^2 + i\bar{u}_\theta^2) &= \Delta\bar{u}_r^0 + i\Delta\bar{u}_\theta^0
\end{aligned}\right\} \tag{45}$$

在无穷远处（$r = \infty$） $\bar{\sigma}_r^1 - i\bar{\tau}_{r\theta}^1 = 0$ \qquad (46)

在衬砌内缘（$r = P$） $\bar{\sigma}_r^2 - i\bar{\tau}_{r\theta}^2 = 0$ \qquad (47)

式中上标"1"表示山岩；上标"2"表示衬砌；$i = \sqrt{-1}$。

由这些边界条件确定式（44）中的系数 $\bar{\alpha}_{-1}$、$\bar{a}_3\cdots\bar{b}_{-3}$ 等，于是得到山岩压力的映像如下

$$\left.\begin{aligned}
\bar{p}(s) &= \sigma_r^2\big|_{r=R} \\
&= (2\bar{a}_1 + \bar{b}_{-1}) - (4\bar{a}_{-1} + \bar{b}_1 - 3\bar{b}_{-3})\cos 2\theta \\
\bar{\tau}(s) &= \bar{\tau}_{r\theta}^2\big|_{r=R} \\
&= (6\bar{a}_3 - 2\bar{a}_{-1} + \bar{b}_1 + 3\bar{b}_{-3})\sin 2\theta
\end{aligned}\right\} \tag{48}$$

式中
$$\overline{a}_1 = -\frac{\overline{G}_2 q \overline{f}(s)}{4\overline{G}_1\left[\dfrac{k_2-1}{2} + \dfrac{\overline{G}_2}{\overline{G}_1} + \dfrac{1}{n^2}\left(1-\dfrac{\overline{G}_2}{\overline{G}_1}\right)\right]}$$

$$\overline{a}_3 = -\frac{n^2 \overline{G}_2 k_1 B(s) q \overline{f}(s)}{2D(s)\overline{G}_1}$$

$$\overline{b}_1 = -\frac{n^2 \overline{G}_2 k_1 A(s) q \overline{f}(s)}{2D(s)\overline{G}_1}$$

$$\overline{a}_{-1} = -\frac{3\overline{a}_3}{n^4} - \frac{\overline{b}_1}{n^2}, \quad \overline{b}_{-1} = -\frac{2\overline{a}_1}{n^2}$$

$$\overline{b}_{-3} = -\frac{4\overline{a}_3}{n^6} - \frac{\overline{b}_1}{n^4}$$

$$B(s) = n^2(n^2-1)\left(1-\frac{\overline{G}_2}{\overline{G}_1}\right)$$

$$\overline{f}(s) = \frac{E_1 c_1 \lambda_1 e^{-\lambda_1 t_0}}{s(s+\lambda_1)}$$

$$A(s) = \left(k_2 + \frac{\overline{G}_2}{\overline{G}_1}\right)n^6 - \left(1-\frac{\overline{G}_2}{\overline{G}_1}\right)(3n^2-4)$$

$$D(s) = 3B(s)\left[n^2\left(1+\frac{k_1\overline{G}_2}{\overline{G}_1}\right) + \frac{1}{n^2}\left(k_2 - \frac{k_1\overline{G}_2}{\overline{G}_1}\right)\right]$$
$$+ A(s)\left[n^2\left(1+\frac{k_1\overline{G}_2}{\overline{G}_1}\right) + k_2 - \frac{k_1\overline{G}_2}{\overline{G}_1}\right]$$

$$\overline{G}_j = \frac{G_j(s+\beta_j)}{s+\beta_j(1+G_j W_j)}; \quad n = \frac{R}{\rho}$$

（49）

式中：R 为衬砌外径；ρ 为衬砌内径。由式（48）经过反演，即得到山岩压力 $p(t)$ 和剪力 $\tau(t)$。将 $\overline{G}_1(s)$、$\overline{G}_2(s)$ 及式（49）代入式（48）得到的 $\overline{p}(s)$ 和 $\overline{\tau}(s)$ 表达式具有分式形式，分子分母都是 s 的多项式，因此可按展开定理反演，计算是初等的，但比较冗繁。也可采用如下的待定系数法反演[12]，令

$$p(t) = (d_0 + d_1 e^{-k_1 t} + d_2 e^{-k_2 t}) - (h_0 + h_1 e^{-m_1 t} + h_2 e^{-m_2 t} + \cdots)\cos 2\theta \qquad （50）$$

$\cos 2\theta$ 前的系数本来应该有五项，但作为近似处理，根据已有的经验，采取前三项就已足够。令

$$t \to \infty, \quad p(\infty) = d_0 - h_0 \cos 2\theta \qquad （51）$$

因此，采取长期变形模量 $G_1(\infty)$、$G_2(\infty)$ 确定最终山岩压力 $p(\infty)$ 后，由上式即可决定 d_0 和 h_0。

又令 $t=0$

$$p(0) = (d_0 + d_1 + d_2) - (h_0 + h_1 + h_2)\cos 2\theta = 0$$

由此得

$$d_0 + d_1 + d_2 = 0, \quad h_0 + h_1 + h_2 = 0 \qquad （52）$$

为了确定式（50）中其余系数，尚须有三个条件。

为此，对式（50）进行拉氏变换，得

$$\bar{p}(s) = \left(\frac{d_0}{s} + \frac{d_1}{s+k_1} + \frac{d_2}{s+k_2} \right) - \left(h_0 + \frac{h_1}{s+m_1} + \frac{h_2}{s+m_2} \right) \times \cos 2\theta \tag{53}$$

今在区间 $(0,\infty)$ 上给定三个 s 值：s_1、s_2、s_3，由此可得 $\bar{G}_1(s_1)$、$\bar{G}_2(s_1)$ 等，代入式（49）可确定系数 $\bar{a}_1(s_1)$、$\bar{b}_{-3}(s_1)$ 等，再代入式（48）即可求得 $\bar{p}(s_1)$、$\bar{p}(s_2)$、$\bar{p}(s_3)$，由此可得三个方程。于是可确定式（53）中的全部系数，由式（50）即得山岩压力 $p(t)$。剪力 $\tau(t)$ 也可用同样方法得到。对于给定的 $s=0$、s_1、s_2、s_3 来说，$\bar{G}_1(s)$ 和 $\bar{G}_2(s)$ 都是实数，$\bar{p}(s)$ 和 $\bar{\tau}(s)$ 也是实数，因而也可采用弹性模型实验方法确定 $\bar{p}(s)$。为了确定最终山岩压力 $p(\infty)$，只须一个弹性模型。如果要确定随时间而发展的过程，则需要四个弹性模型。

【算例2】 基本数据同算例1，但初应力为 $\sigma_y^* = q = 1000\text{kPa}$，$\sigma_x^* = \tau_{xy}^* = 0$，由式（48）反演，得山岩压力及剪力如下

$$p(t) = (19.60 - 9.40\mathrm{e}^{-0.021t} - 10.2\mathrm{e}^{-0.0576t}) - (9.70 - 4.30\mathrm{e}^{-0.0261t} - 5.40\mathrm{e}^{-0.0534t})\cos 2\theta$$

$$\tau(t) = (12.39 - 5.63\mathrm{e}^{-0.0224t} - 6.76\mathrm{e}^{-0.0564t})\sin 2\theta$$

计算结果如图7。

【算例3】 基本数据同算例2，但假定衬砌是刚性的。这时计算十分简单，由式（32）直接得到山岩压力及剪力为

$$p(t) = 275(1 - \mathrm{e}^{-0.040t})\sin^2\theta = 137.5(1 - \mathrm{e}^{-0.040t})(1 - \cos 2\theta)$$

$$\tau(t) = 275(1 - \mathrm{e}^{-0.040t})\sin\theta\cos\theta = 137.5(1 - \mathrm{e}^{-0.040t})\sin 2\theta$$

四、结束语

（1）山岩压力是一个十分复杂的问题，它与山岩流变、初应力、衬砌刚度、建造衬砌时间、孔口形状及地质构造等许多因素有关。其中山岩流变和初应力都是重要因素。

（2）本文以拉氏变换给出了山岩压力空间问题的解的一般形式，提出了最终山岩压力及刚性衬砌山岩压力

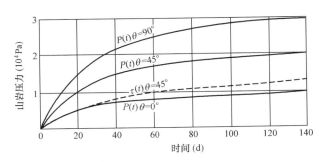

图7 在非轴对称初应力作用下圆形隧洞衬砌的山岩压力及剪力（计算值）

的计算方法，并给出了圆形隧洞在轴对称及非轴对称初应力作用下的山岩压力算式。这些算式很好地反映了山岩压力随时间而增长的特性，计算结果与实测结果在基本趋势方面符合得很好。

（3）根据本文所提供的方法，对于一些比较复杂的地下建筑物，在野外测定岩石初应力和蠕变特性以后，由式（32）可直接计算刚性衬砌所受的山岩压力，显然这是各种衬砌可能受到的山岩压力的上限。在室内再进行一个弹性模型试验或计算，即可确定柔性衬砌的最终山岩压力。

（4）本文研究的是黏弹性介质内由初应力和蠕变引起的山岩压力，文中计算结果与近年来野外实测结果是一致的。但除此以外，在比较破碎的岩石中，开挖以后岩石裂隙的进一步

扩展和坍方，也会在地下建筑物上引起山岩压力，这个问题有待于今后进一步研究。

参 考 文 献

［1］Talobre. La Mechanique des Roches，1955.

［2］Завриев ГП. Испытания горного давления в туннеля，Гидротех. Строит.，1954.

［3］Завриев ГП. Исследования в натурных условиях горного давления в туннелях，проходящих в поллувающих породах，Известия тнисгэи. 1958，Т. 11.

［4］USBR Stress Studies for Boulder Dam，Final Reports，Boulder Canyon Project，1939.

［5］Арутюнян НХ. Некоторые вопросы теории ползучести，1952.

［6］Lee E H. Stress Analysis in Visco-elastie Bodies，Quartly Appl. Mathe.，1955.

［7］Carslaw HS and Jaeger JC. Operational Methods in Applied Mathematics，1948.

［8］君島博次. ダムコンクリートのクリープに關する研究，电力研究所所报，1960，10：5-6.

［9］Alfrey T. Nonhomogeneous Stresses in Visco-Elastic Media，Quartly Appl. Mathe.，1944.

［10］穆斯海里什维里. 数学弹性力学的几个基本问题. 赵惠元译. 北京：科学出版社，1958.

［11］Schapery RA. Approximate Methods of Transform Inversion for Visco-elastic Stress Analysis，Proc. Fourth U.S. Nat. Cong. Appl. Mech.，1962，2.

关于混凝土徐变理论的几个问题[❶]

摘　要：本文研究了混凝土徐变理论中的三个问题：①建议应用优化理论来选定徐变参数，把混凝土徐变参数的确定放在一个坚实的数学基础上；②给出混凝土不可复徐变产生的初应变计算公式；③给出混凝土松弛系数的一个普通计算公式。

关键词：混凝土徐变；徐变参数；优化理论；初应变；松弛系数

Some Problems in the Theory of Creep in Concrete

Abstract: This paper deals with three problems concerning the theory of creep in concrete: ①Suggestion has been made to determine the creep parameters of concrete by the method of nonlinear programming. ②A method is offered to compute the initial strain due to the irreversible creep of concrete. ③A simple and generalized formula is given to calculate the relaxation coefficient of concrete.

Key words: creep of concrete, creep parameters, optimization method, initial strain, relaxation coefficient

一、用优化理论选定混凝土徐变参数

根据线性徐变理论，混凝土徐变度 $C(t, \tau)$ 可用下式表示[1, 2]

$$C(t, \tau) = C_1(t, \tau) + C_2(t, \tau) \tag{1}$$

式中：$C_1(t, \tau)$ 为可复徐变，即卸荷后可恢复的徐变变形；

$\quad\quad C_2(t, \tau)$ 为不可复徐变，即卸荷后不可恢复的徐变变形；

$\quad\quad t$ 为时间；

$\quad\quad \tau$ 为加荷龄期。

从已有的试验资料来看，可复徐变及不可复徐变可分别用下列两式表示

$$C_1(t, \tau) = \sum_{i=1}^{n} \left(A_i + \frac{B_i}{\tau^{G_i}} \right) [1 - \mathrm{e}^{-s_i(t-\tau)}] \tag{2}$$

$$C_2(t, \tau) = \sum_{i=1}^{m} D_i (\mathrm{e}^{-r_i\tau} - \mathrm{e}^{-r_i t}) \tag{3}$$

式中：A_i、B_i、G_i、D_i、s_i、r_i 等都是常数，决定于材料性质，通常可取 $m=1$，$n=2$，即

---

❶ 原载《水利学报》1982 年第 3 期。

$$C(t,\tau) = \left(A_1 + \frac{B_1}{\tau^{G_1}}\right)[1 - e^{-s_1(t-\tau)}] + \left(A_2 + \frac{B_2}{\tau^{G_2}}\right)[1 - e^{-s_2(t-\tau)}] + D(e^{-r\tau} - e^{-rt}) \tag{4}$$

上式中共包含 10 个参数，由于参数很多，方程又比较复杂，通常的最小二乘法及回归分析法已不适用。如何根据试验资料来确定这些参数是混凝土徐变问题中的一个难点。目前主要采用反复凑合的办法，要得到比较满意的结果比较困难，而且同一组试验资料，不同的人去整理，会得出不同的结果。本文建议用优化理论来选定徐变参数，把徐变参数的确定放在一个坚实的数学基础上，计算结果是唯一的，不会因人而异，而且可采用电子计算机，计算简便迅速，不必反复凑合。

设试验中观测到的徐变变形为

$$C'(t,\tau) = C_1'(t,\tau) + C_2'(t,\tau)$$

我们分别确定 $C_1(t,\tau)$ 和 $C_2(t,\tau)$ 中的参数。下面先求 $C_1(t,\tau)$ 的参数。设计算值与实测值的误差为

$$Q = C_1(t,\tau) - C_1'(t,\tau) \tag{5}$$

每一观测点有一个误差，令 F 为全部实测点的误差的平方和，即

$$F = \Sigma Q^2 \tag{6}$$

例如取 $n=2$，并令 $x_1=A_1$, $x_2=B_1$, $x_3=G_1$, $x_4=s_1$, $x_5=A_2$, $x_6=B_2$, $x_7=G_2$, $x_8=s_2$，由式（2）

$$C_1(t,\tau) = (x_1 + x_2/\tau^{x_3})[1 - e^{-x_4(t-\tau)}] + (x_5 + x_6/\tau^{x_7})[1 - e^{-x_8(t-\tau)}] \tag{7}$$

所以 $F(x)$ 是 $\{x\} = [x_1 \quad x_2 \quad \cdots \quad x_8]^T$ 的函数

$$F(x) = \Sigma Q^2 = \Sigma[C_1(t,\tau) - C_1'(t,\tau)]^2 \tag{8}$$

我们这样选取 $\{x\}$，使 $F\{x\}$ 取极小值，即

$$\partial F/\partial x_1 = 0, \ \partial F/\partial x_2 = 0, \ \cdots, \partial F/\partial x_8 = 0$$

由于 $C_1(t,\tau)$ 的式子很复杂，这样得到的是高度非线性的方程组，很难直接求解。今建议采用优化理论来选取参数 $\{x\}$。

我们的任务是选取 $\{x\}$，使得

$$F(x) = \Sigma Q^2 = \Sigma[C_1(t,\tau) - C_1'(t,\tau)]^2 = \min \tag{9}$$

这是一个无约束优化问题，可采用最速下降法、共轭斜量法、单形法或变尺度法求解[3]。为了使电算程序较简单、计算效率较高，建议用无交叉项的二次函数逼近 $F(x)$，即命

$$F(x) \simeq a + \sum_{i=1}^{8}\left[b_i(x_i - x_i^{(k)}) + c_i(x_i - x_i^{(k)})^2\right] \tag{10}$$

式中：$x_i^{(k)}$ 代表第 k 次迭代中的 x_i 值。在 $x_i^{(k)}$ 领域作摄动 $\pm\delta_i$，由差商公式可求得系数 a_i、b_i、c_i。并从而可求得梯度 ∇F 和海色（Hessian）矩阵 $[H] = \nabla^2 F$，由此得到搜索极小点的迭代公式如下

$$\{x^{(k+1)}\} = \{x^{(k)}\} + \alpha\{s^{(k)}\} \tag{11}$$

式中

$$\{s^{(k)}\} = -[H]^{-1}\nabla F / \|[H]^{-1}\nabla F\|$$

其中 α 为步长，由一维搜索决定，$\{s^{(k)}\}$ 是搜索方向，$[H]^{-1}$ 是 $[H]$ 的逆矩阵，$\|[H]^{-1}\nabla F\|$ 代表 $[H]^{-1}\nabla F$ 的模。

由于式（10）中无交叉项，$[H]$ 是对角方阵，故式（11）的计算特别简单。按式（11）

迭代,至预定的精度即可结束计算。在式(8)中把 $C_1(t,\tau)$ 和 $C_1'(t,\tau)$ 分别换以 $C_2(t,\tau)$ 和 $C_2'(t,\tau)$,用类似方法即可求出 $C_2(t,\tau)$ 中的各参数。

二、不可复徐变产生的初应变

混凝土徐变所引起的结构应力重新分布是人们所关心的课题,从 30 年代开始,即不断有人研究,曾提出过各种计算方法。但由于问题十分复杂,不少计算方法,不是失之过于粗糙,就是失之过于冗繁。到目前为止,经过实践检验,比较满意的计算方法有两个,即松弛系数法和初应变法。均质结构可采用松弛系数法。至于非均质结构,如果满足作者在文献 [4] 中提出的比例变形条件,也可采用松弛系数法;否则,只能采用初应变法。

由于混凝土徐变不仅与当时的应力而且与历史的应力有关,计算过程中必须记录应力历史。这在理论上虽无困难,但却要占用大量存储单元。通常要计算 50～200 个时段,即使是大型计算机,利用内存也难以记录整个应力历史,如利用外存储器,又会因反复取数而影响运算速度。因此在计算徐变引起的初应变时,如何压缩计算机的存储容量是关键所在。关于可复徐变,O.C. Zienkiewicz 等曾建议一个方法,利用指数函数的特点,压缩计算机存储量,但他们的方法只适用于等时段的情况[5],作者改进了这个方法,使之可用于变时段的情况,可大大加快计算速度[1, 6]。考虑三个相邻的时刻: t_{i-2}, t_{i-1}, t_i。它们中间的时间步长为

$$\Delta\tau_{i-1} = t_{i-1} - t_{i-2}, \Delta\tau_i = t_i - t_{i-1}$$

可复徐变用下式表示

$$C_1(t,\tau) = \varphi(\tau)[1 - e^{-s_1(t-\tau)}] + \psi(\tau)[1 - e^{-s_2(t-\tau)}] \tag{12}$$

式中

$$\varphi(\tau) = A_1 + B_1/\tau^{G_1}, \psi(\tau) = A_2 + B_2/\tau^{G_2}$$

即

$$\varphi_i = \varphi(\tau_i), \quad \psi_i = \psi(\tau_i)$$

由文献 [1,6],可复徐变产生的初应变可计算如下

$$\Delta\varepsilon_i' = \varepsilon_{t_i}' - \varepsilon_{t_{i-1}}' = \omega_i(1 - e^{-s_1\Delta\tau_i}) + \rho_i(1 - e^{-s_2\Delta\tau_i}) \tag{13}$$

式中

$$\omega_i = \omega_{i-1}e^{-s_1\Delta\tau_{i-1}} + \Delta\sigma_{i-1}\varphi_{i-1}$$

$$\rho_i = \rho_{i-1}e^{-s_2\Delta\tau_{i-1}} + \Delta\sigma_{i-1}\psi_{i-1}$$

$$\omega_1 = \Delta\sigma_0\varphi_0, \quad \rho_1 = \Delta\sigma_0\psi_0 \tag{14}$$

今不可复徐变为

$$C_2(t,\tau) = D(e^{-r\tau} - e^{-rt}) \tag{15}$$

如直接对 $(e^{-r\tau} - e^{-rt})$ 用前述方法进行运算,不可能得到上述递推公式,今作变换如下

$$C_2(t,\tau) = D[e^{-r\tau} - e^{-r(r-\tau+\tau)}] = De^{-r\tau}[1 - e^{-r(t-\tau)}]$$

令

$$\beta(\tau) = De^{-r\tau} \tag{16}$$

则

$$C_2(t,\tau) = \beta(\tau)[1 - e^{-r(t-\tau)}] \tag{17}$$

经过上述变换,式(17)与式(12)具有类似的结构,于是得到不可复徐变产生的初应变的计算公式如下

$$\Delta\varepsilon_i'' = \varepsilon_{t_i}'' - \varepsilon_{t_{i-1}}'' = \eta_i(1 - e^{-r\Delta\tau_i}) \tag{18}$$

$$\eta_i = \eta_{i-1}e^{-r\Delta\tau_{i-1}} + \Delta\sigma_{i-1}\beta_{i-1}$$

$$\beta_i = \beta(\tau_i) = De^{-\tau_i}$$

$$\eta_1 = \Delta\sigma_0\beta_0 \qquad (19)$$

由式（13）、式（18）可得混凝土徐变产生的初应变如下

$$\Delta\varepsilon_i^c = \Delta\varepsilon_i' + \Delta\varepsilon_i'' = \omega_i(1-e^{-s_1\Delta\tau_i}) + \rho_i(1-e^{-s_2\Delta\tau_i}) + \eta_i(1-e^{-r\Delta\tau_i}) \qquad (20)$$

式中 ω_i、ρ_i、η_i 由递推公式（14）和式（19）计算，不必记录应力历史。不可复徐变约占徐变总量的 30%～40%，故其影响不容忽视。

三、松弛系数计算

如前所述，对于均质结构及满足比例变形条件的非均质结构，可用松弛系数法计算由强迫变形而产生的应力。由现场实测的混凝土应变换算为应力，需要考虑徐变影响，也可采用松弛系数法。通过试验直接确定混凝土松弛系数虽是可行的，但比较费事。目前一般都是进行徐变试验，然后由徐变计算松弛系数。

设混凝土在龄期 τ_0 时开始受到单位应力 $\sigma_0 = 1$，当时产生弹性应变 $1/E(\tau_0)$ 在变应力 $\sigma(\tau)$ 作用下，为了保持应变等于常量，应满足下列方程[1]

$$C(t,\tau_0) + \int_{\tau_0}^t \left[\frac{1}{E(\tau)} + C(t,\tau)\right]\frac{\partial\sigma}{\partial\tau}d\tau = 0 \qquad (21)$$

式中：$E(\tau)$ 为混凝土的瞬时弹性模量。

由上式算出的 $\sigma(\tau)$ 即为松弛系数。把式（4）代入上式，得到一个伏台拉积分方程，经过一些运算，上式可变换为一个变系数二阶微分方程，然后可用级数方法求解，从而得到松弛系数[7, 8]，但计算十分冗繁，在实际工程中应用有一定困难。在此，作者给出一个简便而通用的计算方法。

如图 1 所示，在 $t = \tau_0$ 时施加应力 $\sigma_0 = 1$，当时产生弹性应变，$\varepsilon_0 = 1/E(\tau_0)$，此后不断调整应力 $\sigma(\tau)$，使应变 $\varepsilon(t)$ 保持不变，即

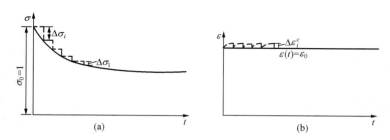

图 1　松弛系数计算

$$\varepsilon(t) = \varepsilon_0 = 1/E(\tau_0) = 常数 \qquad (22)$$

由于徐变，满足上述条件的应力将是随着时间而衰减的一条曲线，如图 1(a)所示。$\sigma(\tau)$ 本是一条光滑曲线，现在用一条阶梯形曲线去代替它，将时间划分为 n 个时段

$$\Delta\tau_1 = \tau_1 - \tau_0, \Delta\tau_2 = \tau_2 - \tau_1, \cdots, \Delta\tau_n = \tau_n - \tau_{n-1}$$

在时间 $t=\tau_0$ 时施加应力 $\sigma_0=1$，当时产生瞬时弹性应变 ε_0，在第一个微小时段 $\Delta\tau_1$ 内，假定应力保持不变，到 $t=\tau_1$ 时，应变增加到

$$\varepsilon(\tau_1) = \varepsilon_0 + \Delta\varepsilon_1^c > \varepsilon_0$$

这时我们进行一次应力调整，施加应力增量 $\Delta\sigma_1$，使应变回到原来水平 ε_0，即

$$\varepsilon_0 + \Delta\varepsilon_1^c + \Delta\sigma_1/E(\tau_1) = \varepsilon_0$$

由上式得到

$$\Delta\sigma_1 = -E(\tau_1)\Delta\varepsilon_1^c$$

在第二微小时段 $\Delta\tau_2$ 内，再次假定应力不变，到 $t=t_2$ 时，应变为

$$\varepsilon(\tau_2) = \varepsilon_0 + \Delta\varepsilon_2^c > \varepsilon_0$$

于是进行第二次应力调整，施加应力增量 $\Delta\sigma_2$，再次使应力回到原来的水平 ε_0，即

$$\varepsilon_0 + \Delta\varepsilon_2^c + \Delta\sigma_2/E(\tau_2) = \varepsilon_0$$

由此得到

$$\Delta\sigma_2 = -E(\tau_2)\Delta\varepsilon_2^c$$

一般地，在第 i 个时段末的应力增量为

$$\Delta\sigma_i = -E(\tau_i)\Delta\varepsilon_i^c \tag{23}$$

由于 $\sigma_0=1$，所以在时间 t 的应力松弛系数为

$$K_p(t,\tau) = \sigma(t)/\sigma_0 = 1 + \sum_{i=1}^{n}\Delta\sigma_i = 1 - \sum_{i=1}^{n}E(\tau_i)\Delta\varepsilon_i^c \tag{24}$$

把式（20）代入上式，得到松弛系数的普遍计算公式如下

$$K_p(t,\tau) = 1 - \sum_{i=1}^{n}E(\tau_i)[\omega_i(1-e^{-s_1\Delta\tau_i}) + \rho_i(1-e^{-s_2\Delta\tau_i}) + \eta_i(1-e^{-r\Delta\tau_i})] \tag{25}$$

由于 ω_i、ρ_i、η_i 是用递推公式（14）、式（19）计算的，在电算时可充分利用循环技巧，因而程序设计特别简单，输入数据也很少。而且由于不必记录整个应力历史，计算量也比较少，计算效率比较高。

【算例1】 采用文献［2］的试验资料，在式（2）、式（3）中取 $n=1$，$m=3$。与徐变试验资料匹配的徐变参数如下：

$A_1=8.93\times10^{-7}$，$B_1=0$，$G_1=1.0$，$s_1=0.800(1/d)$，$D_1=1.089\times10^{-3}$，$r_1=3.0(1/d)$，$D_2=4.05\times10^{-7}$，$r_2=0.15(1/d)$，$D_3=0.0764\times10^{-7}$，$r_3=0.0040(1/d)$。

混凝土瞬时弹性模量为

$$E(\tau) = 1\times10^7(29.4 + 2800e^{-3.14\tau} + 11.1e^{-0.10\tau})$$

利用本文方法，作者编制了 FORTRAN 语言程序。松弛系数计算结果见表1。表中也列入了松弛系数的试验值及用级数方法计算的结果[8]，以资比较。

松弛试验是一项比较难做的试验，试验本身有一定的误差。可以看出，本文提供的计算方法具有较好的精度。在水利水电科学研究院 M160 计算机上，计算一条松弛曲线所花费时间，如取 $\Delta\tau=0.01d$，为 4.67s；如取 $\Delta\tau=0.1d$，则为 0.75s。由表1可见，取 $\Delta\tau=0.1d$ 已有

足够精度，所以计算一条松弛曲线只需 0.75s 时间。计算速度是快的，这是由于本文所述方法不必记录应力历史从而简化了计算的结果。

表1　　　　　　　　　松弛系数计算值与实验值比较（$\tau=6.75d$）

$t-\tau$（d）	0	1	8	28	58
实验值	1.000	0.790	0.679	0.576	0.576
级数方法计算值	1.000	0.801	0.615	0.558	0.534
本文方法计算值（$\Delta\tau=0.10d$）	1.000	0.806	0.632	0.574	0.546
本文方法计算值（$\Delta\tau=0.10d$）	1.000	0.808	0.632	0.574	0.546

参 考 文 献

［1］朱伯芳等. 水工混凝土结构的温度应力与温度控制. 北京：水利电力出版社，1976.

［2］Яшин AB. Ползучесть бетона в раннем возрасте. Труды НИИЖБ. Вып. 4. Nсследование свойств бетоиа и желеэобетонных конструкций，1959.

［3］Himmelblau D M. Applied Nonlinear Programming. McGraw-Hill，1972.

［4］朱伯芳. 在混合边界条件下非均质黏弹性体的应力与位移. 力学学报. 1964，2.

［5］Zienkiewicz O C. Watson M Some Creep Effects in Stress Analysis with Particular Reference to Concrete Pressure Vessels. Nucl. Engineering and Design. 1966.

［6］朱伯芳. 有限单元法原理与应用. 北京：水利电力出版社，1979.

［7］阿鲁久涅扬. 蠕变理论中的若干问题. 邬瑞锋，等译. 北京：科学出版社，1962.

［8］赵祖武. 混凝土的徐变、松弛与弹性后效. 力学学报，1962，3.

混凝土结构徐变应力分析的隐式解法❶

摘　要： 混凝土结构徐变应力分析目前主要采用初应变法，在每一时段内假定应力为常量，为了保证计算精度，必须把时间步长取得比较小，因而要消耗较多的计算时间。本文假定在每一时段内应力为线性变化，应力的时间导数为常量，给出一套隐式解法。文中主要包括三部分内容：①假定在一个时段内应力的时间导数为常量，利用指数函数的特性，给出弹性应变、可复徐变及不可复徐变的应变增量的算式；②给出非均质混凝土结构的隐式解法；③给出混凝土松弛系数的隐式算法。从文中给出的结果可见，与显式解法相比，隐式解法并不复杂，在每一步的计算中，两种解法的计算量基本相同，但由于假定每一时段内应力是线性变化的，隐式解法比显式解法具有高一级的计算精度。如果保持同样的计算精度，隐式解法可采用较大的时间步长，从而可节省大量计算时间。

关键词： 混凝土结构；徐变；应力分析；隐式解法

An Implicit Method for the Stress Analysis of Concrete Structures Considering the Effect of Creep

Abstract: An implicit method is offered for the stress analysis of concrete structures considering the effect of reversible and irreversible creep. It is as simple as the method of initial strain，now widely used in practice，but it is more accurate and more efficient than the latter. An implicit formula is also given for computing the relaxation coefficient of concrete.

Key words: concrete structure, creep, stress analysis, implicit method

一、前言

混凝土的徐变变形约为其弹性变形的 100%～250%，因此对结构的应力和位移有显著影响。从 20 世纪 30 年代开始，即不断有人进行研究，曾提出过各种计算方法。由于问题十分复杂，不少计算方法，不是失之过于粗糙，就是失之过于冗繁。到目前为止，经过实践检验，比较满意的计算方法有两个，即松弛系数法和初应变法。均质结构可采用松弛系数法[1]，至于非均质结构，如果满足作者在文献 [2] 中提出的比例变形条件，也可采用松弛系数法；实际的工程结构多是不满足比例变形条件的非均质结构，因而只能采用初应变法。

由于混凝土徐变不仅与当时的应力有关，而且与历史的应力有关，计算过程中必须记录

应力历史，因此在计算中如何压缩计算机的存储容量是关键所在。关于可复徐变，Zienkiewicz 等曾建议一个方法，但他们的方法只适用于等步长的情况[3]。作者在文献[4，5]中改进了这个方法，使之可用于变步长的情况，可大大加快计算速度，在实际工程中已得到广泛应用。在文献[6]中作者给出了不可复徐变的计算方法及松弛系数的一个普遍计算方法。目前采用的上述算法是一种显式算法，计算虽然比较简单，但由于假定在每时段内应力为常量，故计算精度较低，为了保证必要的计算精度，必须把时间步长取得比较小，因而计算量较大，下面给出一套隐式解法，假定在每一时段$\Delta\tau$内应力是线性变化的，可有效地提高计算精度和计算效率。利用指数函数的特点，不必记录应力历史，这不仅可节省大量存储容量，也减少了计算工作量。

二、应变增量的计算

在显式计算中，假定在每一个时段$\Delta\tau$内，应力为常量，因而应力历时曲线呈台阶形，如图 1（a）所示。这种台阶形的应力曲线与真实的应力曲线偏离较大。所以计算误差较大。为

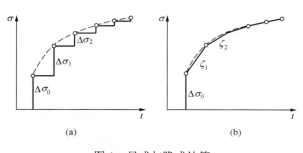

了提高计算精度，我们假定在每一时段$\Delta\tau_i$内，应力呈线性变化，应力对时间的导数为常数，即在$\Delta\tau_i$内

$$\partial\sigma/\partial\tau = \xi_i = 常数 \qquad (1)$$

应力历时曲线是一条折线，计算误差的大小决定于计算应力曲线与实际应力曲线之间偏差的大小，如图 1（b）所示。用一条折线去代表真实的应力历时曲线，其误差当然比图 1（a）所示的台阶形要小得多。

图 1　显式与隐式计算

（a）显示计算；（b）隐式计算

混凝土的弹性模量$E(\tau)$是龄期τ的函数，可用指数函数表示如下

$$\frac{1}{E(\tau)} = L + \sum_{i=1}^{a} M_i \mathrm{e}^{-\alpha_i\tau} \qquad (2)$$

其中L、M_i、α_i等可由试验资料决定，a一般取二项即可。

在$\Delta\tau_i$内的弹性应变增量可计算如下

$$\Delta\varepsilon_i^e = \int_{t_{i-1}}^{t_i} \frac{1}{E(\tau)}\frac{\partial\sigma}{\partial\tau}\mathrm{d}\tau = \frac{\Delta\sigma_i}{E_i^*} \qquad (3)$$

其中
$$E_i^* = 1/g_i \qquad (4)$$

$$g_i = L + \sum_{i=1}^{a} \frac{M_i \mathrm{e}^{-\alpha_i t_{i-1}}}{\alpha_i \Delta\tau_i}(1-\mathrm{e}^{-\alpha_i\Delta\tau_i}) \qquad (5)$$

在一般的工程计算中，混凝土的徐变度可表示如下[6]

$$C(t,\tau) = \varphi(\tau)[1-\mathrm{e}^{-s(t-\tau)}] \qquad (6)$$

其中$\varphi(\tau) = A + B/\tau^G$；$A$，$B$，$G$，$s$等都是由试验资料决定的常数，与文献[1]的徐变度参数相比，作者在上式中增加了一个参数G，以便更好地符合试验资料。

从t_0开始受力，到时间t的混凝土徐变变形为

$$\varepsilon^c(t) = \Delta\sigma_0 C(t,t_0) + \int_{t_0}^{t} C(t,\tau)\frac{\partial\sigma}{\partial\tau}\mathrm{d}\tau \tag{7}$$

$$= \Delta\sigma_0 C(t,t_0) + \sum_{i=1}^{n}\int_{t_{i-1}}^{t_i} C(t,\tau)\frac{\partial\sigma}{\partial\tau}\mathrm{d}\tau$$

取三个相邻的时刻 t_{n-1}、t_n、t_{n+1}，步长为 $\Delta\tau_n = t_n - t_{n-1}$，$\Delta\tau_{n+1} = t_{n+1} - t_n$，由上式得到在这三个时刻的徐变变形分别为（图2）

$$\varepsilon^c(t_{n-1}) = \Delta\sigma_0\phi_0[1-\mathrm{e}^{-s(t_n-\Delta\tau_n-t_0)}] + \Delta\sigma_1\phi_1^*[1-f_1\mathrm{e}^{-s(t_n-\Delta\tau_n-t_0)}] \tag{a}$$
$$+\cdots + \Delta\sigma_{n-1}\phi_{n-1}^*(1-f_{n-1}\mathrm{e}^{-s\Delta\tau_{n-1}})$$

$$\varepsilon^c(t_n) = \Delta\sigma_0\phi_0[1-\mathrm{e}^{-s(t_n-t_0)}] + \Delta\sigma_1\phi_1^*[1-f_1\mathrm{e}^{-s(t_n-t_0)}] \tag{b}$$
$$+\cdots + \Delta\sigma_{n-1}\phi_{n-1}^*[1-f_{n-1}\mathrm{e}^{-s(\tau_{n-1}+\Delta\tau_n)}] + \Delta\sigma_n\phi_n^*(1-f_n\mathrm{e}^{-s\Delta\tau_n})$$

$$\varepsilon^c(t_{n+1}) = \Delta\sigma_0\phi_0[1-\mathrm{e}^{-s(t_n+\Delta\tau_{n+1}-t_0)}] + \Delta\sigma_1\phi_1^*[1-f_1\mathrm{e}^{-s(t_n+\Delta\tau_{n+1}-t_0)}] \tag{c}$$
$$+\cdots + \Delta\sigma_{n-1}\phi_{n-1}^*[1-f_{n-1}\mathrm{e}^{-s(\Delta\tau_{n-1}+\Delta\tau n+\Delta\tau_{n+1})}]$$
$$+ \Delta\sigma_n\phi_n^*[1-f_n\mathrm{e}^{-s(\Delta\tau_n+\Delta\tau_{n+1})}] + \Delta\sigma_{n+1}\phi_{n+1}^*(1-f_{n+1}\mathrm{e}^{-s\Delta\tau_{n+1}})$$

式中：$f_i = (\mathrm{e}^{s\Delta\tau_i}-1)/s\Delta\tau_i$，$\phi_i^* = \phi(t_{i-1}+\Delta\tau_i/2)$；$\Delta\tau_i = t_i - t_{i-1}$。

由式（c）减去式（b），得到徐变变形增量如下

$$\Delta\varepsilon_{n+1}^c = \varepsilon^c(t_{n+1}) - \varepsilon^c(t_n) \tag{8}$$
$$= (1-\mathrm{e}^{-s\Delta\tau_{n+1}})\omega_{n+1} + \Delta\sigma_{n+1}\phi_{n+1}^* h_{n+1}$$

式中
$$h_{n+1} = 1 - f_{n+1}\mathrm{e}^{-s\Delta\tau_{n+1}} \tag{9}$$

$$\omega_{n+1} = \Delta\sigma_0\phi_0\mathrm{e}^{-s(t_n-t_0)} + \Delta\sigma_1\phi_1^* f_1\mathrm{e}^{-s(t_n-t_0)} + \cdots \tag{10}$$
$$+ \Delta\sigma_{n+1}\phi_{n-1}^* f_{n-1}\mathrm{e}^{-s(\Delta\tau_n+\Delta\tau_{n-1})} + \Delta\sigma_n\phi_n^* f_n\mathrm{e}^{-s\Delta\tau_n}$$

由式（b）减去式（a），得到

$$\Delta\varepsilon_n^c = \varepsilon^c(t_n) - \varepsilon^c(t_{n+1}) \tag{11}$$
$$= (1-\mathrm{e}^{-s\Delta\tau_n})\omega_n + \Delta\sigma_n\phi_n^* h_n$$

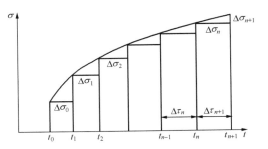

图2　应力增量

式中
$$\omega_n = \Delta\sigma_0\phi_0\mathrm{e}^{-s(t_n-t_0-\Delta\tau_n)} + \Delta\sigma_1\phi_1^* f_1\mathrm{e}^{-s(t_n-t_0-\Delta\tau_n)} + \cdots$$
$$+\Delta\sigma_{n-1}\phi_{n-1}^* f_{n-1}\mathrm{e}^{-s\Delta\tau_{n-1}} \tag{12}$$

把式（10）与式（12）比较，得到 ω_n 的递推算式如下

$$\left.\begin{array}{l}\omega_{n+1} = \omega_n\mathrm{e}^{-s\Delta\tau_n} + \Delta\sigma_n\phi_n^* f_n\mathrm{e}^{-s\Delta\tau_n} \\ \omega_1 = \Delta\sigma_0\phi_0 \quad \phi_0 = \phi(t_0)\end{array}\right\} \tag{13}$$

这样，就不必记录应力历史，只要由上述递推公式计算 ω_{n+1}，代入式（8）即可算出徐变变形增量。

在比较重要的工程计算中，混凝土徐变度可采用比较精确的表达式如下

$$C(t,\tau) = \sum_{r=1}^{R}\varphi_r(\tau)[1-\mathrm{e}^{-s_r(t-\tau)}] \tag{14}$$

通常 R 取至三项已足够准确。可用前两项表示可复徐变

$$\varphi_1(\tau) = A_1 + B_1/\tau^{G_1}$$

$$\varphi_2(\tau) = A_2 + B_2/\tau^{G_2}$$

用第三项表示不可复徐变[6]

$$\varphi_3(\tau) = De^{-s_3\tau}$$

这里，A_1、B_1、G_1、A_2、B_2、G_2、D、s_1、s_2、s_3 等是由试验资料决定的常数。

由式（11）、式（13）等式可知，在目前情况下，徐变应变增量可表示如下

$$\Delta\varepsilon_n^c = \varepsilon^c(t_n) - \varepsilon^c(t_{n-1}) = \eta_n + q_n\Delta\sigma_n \tag{15}$$

$$\left.\begin{array}{l}
\eta_n = \sum_{r=1}^R p_{rn}\omega_{rn} \\[2mm]
q_n = \sum_{r=1}^R \phi_{rn}^* h_{rn} \\[2mm]
p_{rn} = 1 - e^{-s_r\Delta\tau_n} \\[2mm]
h_{rn} = 1 - f_{rn}e^{-s_r\Delta\tau_n} \\[2mm]
f_{rn} = (e^{s_r\Delta\tau_n} - 1)/s_r\Delta\tau_n \\[2mm]
\phi_{rn}^* = \phi_r(t_{n-1} + \Delta\tau_n/2) \\[2mm]
\omega_{rn} = \omega_{r,n-1}e^{-s_r\Delta\tau_{n-1}} + \Delta\sigma_{n-1}\phi_{r,n-1}^* f_{r,n-1}e^{-s_r\Delta\tau_{n-1}} \\[2mm]
\omega_{r1} = \Delta\sigma_0\phi_{r0}, \qquad \phi_{r0} = \phi_r(t_0), \qquad \Delta\tau_n = t_n - t_{n-1}
\end{array}\right\} \tag{16}$$

三、非均质结构的徐变应力分析

工程结构多为非均质结构，例如，由于基础和坝体属于不同材料，混凝土坝就是非均质结构。如果采用不同标号的混凝土，坝体本身也是非均质的。工程结构多数不满足比例变形条件，因而要采用有限元法进行分析。

在上节给出了单向应力作用下的应变增量计算公式。下面以平面问题为例，给出复杂应力作用下的应力—应变增量关系。应变增量包括弹性应变增量、徐变应变增量、温度应变增量三部分

$$\{\Delta\varepsilon_n\} = \{\Delta\varepsilon_n^e\} + \{\Delta\varepsilon_n^c\} + \{\Delta\varepsilon_n^I\} \tag{17}$$

式中：$\{\Delta\varepsilon_n\}$ 为应变增量列阵；$\{\Delta\varepsilon_n^e\}$ 为弹性应变增量列阵；$\{\Delta\varepsilon_n^c\}$ 为徐变应变增量列阵；$\{\Delta\varepsilon_n^I\}$ 为温度应变增量列阵。

由式（3），有

$$\{\Delta\varepsilon_n^e\} = [Q]\{\Delta\sigma_n\}/E_n^* \tag{18}$$

平面应力问题

$$[Q] = \begin{bmatrix} 1 & -\mu & 0 \\ -\mu & 1 & 0 \\ 0 & 0 & 2(1+\mu) \end{bmatrix}, \quad \{\Delta\varepsilon_n^I\} = \begin{Bmatrix} \alpha\Delta T_n \\ \alpha\Delta T_n \\ 0 \end{Bmatrix} \tag{19}$$

平面应变问题

$$[Q] = (1+\mu)\begin{bmatrix} 1-\mu & -\mu & 0 \\ -\mu & 1-\mu & 0 \\ 0 & 0 & 2 \end{bmatrix}$$

$$\{\Delta\varepsilon_n^I\} = \begin{cases} (1+\mu)\alpha\Delta T_n \\ (1+\mu)\alpha\Delta T_n \\ 0 \end{cases} \tag{19a}$$

式中：ΔT_n 为第 n 时段的温度增量；α 为线膨胀系数；μ 为泊松比。

根据试验资料，混凝土徐变变形泊松比基本上等于其弹性变形泊松比[4]，由线性弹性徐变理论及式（15），可得到复杂应力状态下的徐变应变增量列阵如下

$$\{\Delta\varepsilon_n^c\} = \{\eta_n\} + q_n[Q]\{\Delta\sigma_n\} \tag{20}$$

其中

$$q_n = \sum_{r=1}^{R}\varphi_{rn}^* h_{rn} , \quad \{\eta_n\} = \sum_{r=1}^{R} p_{rn}\{\omega_{rn}\}$$

$$\{\omega_{rn}\} = \{\omega_{r,n-1}\}e^{-s_r\Delta\tau_{n-1}} + [Q]\{\Delta\sigma_{n-1}\}\phi_{r,n-1}^* f_{r,n-1} e^{-s_r\Delta\tau_{n-1}} \tag{20a}$$

由式（17）及式（18）可得到

$$\{\Delta\sigma_n\} = [D_n]\{\Delta\varepsilon_n^e\} = [D_n](\{\Delta\varepsilon_n\} - \{\Delta\varepsilon_n^c\} - \{\Delta\varepsilon_n^I\}) \tag{21}$$

式中：$[D_n]$ 是弹性矩阵，$[D_n] = E_n^*[Q]^{-1}$；由文献［5］可知

$$\{\Delta\varepsilon_n\} = [B]\{\Delta\delta_n\} \tag{22}$$

式中：$\{\Delta\delta_n\}$ 为位移增量列阵；$[B]$ 为几何矩阵[5]。

把式（20）、式（22）两式代入式（21），整理后得到

$$\{\Delta\sigma_n\} = [\overline{D}_n]([B]\{\Delta\delta_n\} - \{\eta_n\} - \{\Delta\varepsilon_n^I\}) \tag{23}$$

式中

$$[\overline{D}_n] = ([I] + q_n[D_n][Q])^{-1}[D_n] = [D_n]/(1+q_n E_n^*)$$

其中 $[I]$ 是单位矩阵。在有限单元法中，平衡方程是

$$\int [B]^T\{\Delta\sigma_n\}\mathrm{d}V = \{\Delta P_n\} \tag{24}$$

上式左边是一个体积分，右边是外荷载增量，把式（23）代入，得到基本方程

$$[K]\{\Delta\delta_n\} = \{\Delta P_n\} + \{\Delta P_n^c\} + \{\Delta P_n^I\} \tag{25}$$

式中：$[K]$ 为结构的刚度矩阵，$[K] = \int [B]^T[\overline{D}_n][B]\mathrm{d}V$；$\{\Delta P_n^c\}$ 为徐变变形产生的当量荷载增量，$\{\Delta P_n^c\} = \int [B]^T[\overline{D}_n]\{\eta_n\}\mathrm{d}V$；$\{\Delta P_n^I\}$ 为温度荷载增量，$\{\Delta P_n^I\} = \int [B]^T[\overline{D}_n]\{\Delta\varepsilon_n^I\}\mathrm{d}V$。

由式（25）求得位移增量 $\{\Delta\delta_n\}$ 后，代入式（23）即可求出应力增量 $\{\Delta\sigma_n\}$。

众所周知，在有限单元分析中，主要的计算量是消耗在刚度矩阵的求逆上。以一个 500 结点的中等规模的平面问题为例，共有 1000 个自由度，而 $[K]$ 是 1000×1000 阶矩阵，其求逆要花费较多的计算机时间，相比之下，$\{\Delta P_n^c\}$ 的计算所费计算时间是很少的。因此，只要有足够的实验资料（通常大型工程都有这些资料），徐变度公式应尽量采用比较准确的式（14），与式（6）相比，总的计算时间增加很少，但由于徐变度公式（14）能更好地符合实验资料，总的计算精度要高得多。从上面的分析还可以看出，隐式算法与显式算法相比，每一步的计算量基本相同，但从数学上看隐式解法具有高一级的精度，在保持相同的计算精度时，隐式解法可增大步长、节省大量计算时间。

四、松弛系数的隐式计算

对于均质结构及满足作者在文献［2］中提出的比例变形条件的非均质结构，可采用松弛系数法计算，作者在文献［6］中给出了一个松弛系数通用的显式算法。下面给出一个通用的隐式算法。

在松弛系数显式计算中，假定每个时段内应力为常量，应力曲线呈台阶形。在松弛系数的隐式计算中，假定每个时段中应力变化速率为常数，应力线性变化。松弛系数计算的基本方程是

$$\varepsilon(t) = \varepsilon_0 = 常数 \tag{26}$$

其中 ε_0 是在 $t=t_0$ 时施加单位应力 $\Delta\sigma_0 = 1$ 引起的应变。在第一时段 $\Delta\tau_1$ 末，由上式

$$(\Delta\sigma_1 / E_1^*) + \eta_1 + q_1\Delta\sigma_1 = 0$$

解之，得到

$$\Delta\sigma_1 = -\eta_1(q_1 + 1/E_1^*)$$

在第二时段 $\Delta\tau_2$ 内，为了保持应变为常数，必须有

$$\Delta\varepsilon_2 = (\Delta\sigma_2 / E_2^*) + \eta_2 + q_2\Delta\sigma_2 = 0$$

故有

$$\Delta\sigma_2 = -\eta_2 / (q_2 + 1/E_2^*)$$

一般地有

$$\Delta\sigma_i = -\eta_i / (q_i + 1/E_i^*)$$

由此得到松弛系数通用的隐式计算公式如下 $(\sigma_0 = 1)$

$$K(t,\tau) = \frac{\sigma(t)}{\sigma_0} = 1 + \sum_{i=1}^{n} \Delta\sigma_i = 1 - \sum_{i=1}^{n} \frac{\eta_i}{q_i + 1/E_i^*} \tag{27}$$

上式与作者在文献［6］中给出的计算公式一样，不必记录应力历史，因而较目前采用的计算方法具有更高的计算效率。而本文给出的式（27）由于是隐式算法，比文献［6］给出的显示算法将具有更高的计算精度。如果保持同样的精度，则可采用较大的时间步长，从而节省较多的计算时间。

五、简化计算

把指数函数展开，$e^x = 1 + x + x^2/2 + x^3/6 + \cdots$，据此，有

$$\frac{1 - e^{-\alpha\Delta\tau}}{\alpha\Delta\tau} = 1 - \frac{\alpha\Delta\tau}{2} + \frac{(\alpha\Delta\tau)^2}{6} - \cdots$$

$$= e^{\frac{-\alpha\Delta\tau}{2}} + \frac{(\alpha\Delta\tau)^2}{24} + \cdots$$

通常 $\alpha\Delta\tau < 1$，如果忽略 $(\alpha\Delta\tau)^2 / 24$，则有

$$\frac{1 - e^{-\alpha\Delta\tau}}{\alpha\Delta\tau} \cong e^{\frac{-\alpha\Delta\tau}{2}}$$

代入式（4）、式（5）两式，得到

$$E_i^* = E(\tau_{i-1} + \Delta \tau_i / 2) \tag{28}$$

同理，有 $f_i = \dfrac{e^{s\Delta\tau_i - 1}}{s\Delta\tau_i} = e^{s\Delta\tau_i/2} + \dfrac{(s\Delta\tau_i)^2}{24} + \cdots \cong e^{s\Delta\tau_i/2}$ 代入式（16）及式（20a），有

$$q_n = C(t_n, t_{n-1} + \Delta \tau_n / 2) \tag{29}$$

$$\{\omega_{rn}\} = \{\omega_{r,n-1}\} e^{-s_r \Delta\tau_{n-1}} + [Q]\{\Delta\sigma_{n-1}\} \varphi_r(t_{n-1} + \Delta\tau_n / 2) e^{-s_r \Delta\tau_n/2} \tag{30}$$

在全部计算中，这种简化所节省的计算量是微不足道的，对新编程序建议仍采用前面所述的较精确的计算公式。但简化后的计算公式与目前采用的初应变法在结构上很接近，对已有的计算程序，只要略加修改即可改为隐式计算程序，这是简化算法的一个优点。

可以看出，与目前采用的初应变法相比，本文提出的计算方法并不复杂很多，但由于计算应力曲线与实际应力曲线更接近，具有更高的计算精度，如保持同样的精度，则可以加大时间步长，加快计算速度约 5 倍。

参 考 文 献

[1] 阿鲁久涅扬. 蠕变理论中的若干问题. 邬瑞锋，等，译. 北京：科学出版社，1962.

[2] 朱伯芳. 在混合边界条件下非均质黏弹性体的应力和位移. 力学学报，1964.

[3] Zienkiewicz O C, et al. Some Creep Effects in Stress Analysis with Particular Reference to Concrete Pressure Vessels. Nucl. Engineering and Design，1966.

[4] 朱伯芳，等. 水土混凝土结构的温度应力与温度控制. 北京：水利电力出版社，1976.

[5] 朱伯芳. 有限单元法原理与应用. 北京：水利电力出版社，1979.

[6] 朱伯芳. 关于混凝土徐变理论的几个问题. 水利学报，1982.

混凝土的弹性模量、徐变度与应力松弛系数[❶]

摘 要：弹性、徐变和应力松弛是混凝土的基本力学性质，这些表达式结构简洁，与实验资料符合得比较好，式中参数与混凝土龄期有关，文中给出确定这些参数的方法。本文提出了混凝土弹性模量、徐变度和松弛系数的几个表达式。

关键词：混凝土；弹性模量；徐变度；松弛系数；计算公式

Modulus of Elasticity，Unit Creep and Coefficient of Stress Relaxation of Concrete

Abstract: The elasticity, creep and stress relaxation are the basic mechanical properties of concrete. They are expressed by the modulus of elasticity, unitcreep and coefficient of stress relaxation . These parameters depend on the age of concrete and duration of loading. In this paper, formulas to determine these parameters are proposed. These formulas are compact in structure and agree well with the results of experiments.

Key words：concrete modulus of elasticity, unit creep, coefficient of stress relaxation, computing formula

一、前言

弹性模量、徐变度和应力松弛系数是混凝土的重要力学参数。在计算温度徐变应力、施工应力及预应力损失和整理混凝土结构的现场观测资料时都要用到这些参数。

混凝土是随着水泥水化作用的发展而逐步硬化的，所以它的弹性模量与加荷龄期有关。至于混凝土的徐变度与应力松弛系数，不但与加荷龄期有关，还与荷载持续时间有关，而且其关系相当复杂。为了取得这些参数，试验的工作量很大，且费时很久。因此，只能针对有限个龄期（通常为五六个龄期）进行试验，而计算应力时要用到任意龄期和任意持荷时间的数值。为了解决这个矛盾，需要提出一套计算公式，把弹性模量、徐变度和应力松弛系数与加荷龄期和持荷时间的关系用某种函数表示出来，函数中包含的一些系数则利用试验资料来决定。

过去已有的关于弹性模量[1]和徐变度的一些表达式，有的与试验资料符合得不够好，有的过于复杂，不便应用。至于应力松弛系数，目前还没有一个表达式，通常是对每个工程提出一套曲线，计算结构应力时从曲线上查取有关数值。但当前发展趋势是利用电子计算机进

---

❶ 原载《水利学报》1985 年第 9 期。

行计算. 过去那种查曲线的方法已不适用，需要提出一个计算公式。

本文提出混凝土弹性模量、徐变度和应力松弛系数的一套计算公式。计算结果表明，这些公式与试验资料符合得比较好，公式结构紧凑，易于计算，公式中的系数也易于从试验资料中整理和推算，便于在实际工程中应用。

在大型工程的初步设计阶段和一般工程的技术设计阶段，实际上很难进行推算公式中的系数所需的这种试验，因此，作者根据已有的试验资料，又提出一套简化公式，可用于大型工程的初步设计和一般工程的技术设计中。

二、混凝土的弹性模量

刚浇筑的流态混凝土，其弹性模量等于零，以后随着水泥水化作用的进展，弹性模量逐渐增长，最后达到一个稳定值。所以混凝土的弹性模量 $E(\tau)$ 应满足下列条件：

（1）当 $\tau=0$ 时，$E(\tau)=0$
（2）当 $\tau=\infty$ 时，$\partial E/\partial \tau = 0$ 　　　　　　　　　　　　　　　　　（1）
（3）$E(\tau)$ 单调增加

式中：τ 为混凝土的龄期，以天计。

笔者提出了以下两个公式：

双曲线公式
$$E(\tau) = \frac{E_0 \tau}{c + \tau} \tag{2}$$

复合指数公式
$$E(\tau) = E_0(1 - e^{-a\tau^b}) \tag{3}$$

式中：E_0 为最终弹性模量；τ 为龄期，d；a、b、c 为常数。

对于常规水工混凝土，复合指数公式（3）与试验资料吻合得较好。

取
$$f(\tau) = a\tau^b \tag{4}$$

对上式两边取对数，得到
$$\ln a + b\ln \tau = \ln f(\tau) = \ln[-\ln(1 - E/E_0)] \tag{5}$$

可见通过 $\ln f(\tau)$ 的点作一直线，它的截距是 $\ln a$，斜率是 b，由此可求得系数 a 和 b（图 1）。

由试验资料决定式（3）中各系数的计算步骤如下：

1）根据试验曲线的发展趋势可选定最终弹性模量 E_0，通常可按下式估算

$$E_0 \approx 1.05E(360)$$

或
$$E_0 \approx 1.20E(90)$$

其中 $E(360)$ 和 $E(90)$ 分别为 360d 和 90d 龄期的弹性模量。

2）计算 $f(\tau)$，$f(\tau) = -\ln[1 - E(\tau)/E_0]$。

3）计算 $\ln f(\tau)$ 和 $\ln \tau$。

4）以 $\ln f(\tau)$ 为纵坐标，$\ln \tau$ 为横坐标，作图，画一直线通过多数点（这一步也可用最小二乘法），由此直线的截距和斜率可求出 a 和 b。

据作者经验，通常试验点都落在一条直线附近。有时最后

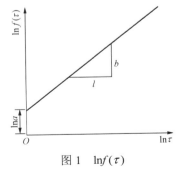

图 1　$\ln f(\tau)$

一两个点偏离直线远一些，这表示 E_0 的选择不太合适，可重新选取一个 E_0。作法如下：

设最后一个点是 $\tau=\tau_n$，从第二次所作直线上查出纵坐标为

$$\ln f(\tau_n) = y_n$$

由反对数计算出 $f(\tau_n) = \ln^{-1} y_n$，根据式（3），再由反对数计算出

$$\rho_n = 1 - E(\tau_n)/E_0 = \ln^{-1}[-f(\tau_n)]$$

于是可计算新的 E_0 如下

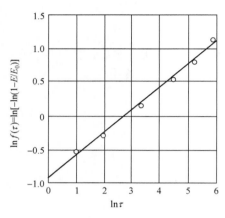

图 2　混凝土弹性模量算例

$$E_0 = E(\tau_n)/(1-\rho_n) \tag{6}$$

其中 $E(\tau_n)$ 是在 $\tau=\tau_n$ 时的试验值。根据新的 E_0，按前述步骤重新整理一次，就可以得到更好的系数 a、b。据计算经验，多数情况下只要计算一次就可以。

【算例 1】　515 大坝基础部分混凝土，弹性模量试验值见表 1[●]。取 $E_0=38.5$GPa，计算 $\ln f(\tau)$ 及 $\ln\tau$，作图如图 2，可见试验点基本上落在一条直线附近。由直线截距得 $\ln a = -0.91$，即 $\ln(1/a)=0.91$，$a=0.402$；由直线斜率得 $b=0.335$。由此得到该工程混凝土弹性模量计算公式如下

$$E(\tau) = 38.5\times10^4(1-e^{-0.402\tau^{0.335}}) \tag{7}$$

按上式计算的 $E(\tau)$ 值列于表 1。与试验值对比后可以看出，计算值与试验值符合得相当好。

近年发现对于碾压混凝土，因大量掺用粉煤灰，早期弹性模量发展较慢，双曲线公式似与试验资料吻合较好，见朱伯芳在《水利学报》1996 年第 3 期发表的"再论混凝土弹性模量的表达式"一文。

表 1		混凝土弹性模量 $E(\tau)$ 计算值				GPa
龄期 $\tau(d)$	3	7	28	90	180	360
试验值[2]	17.3	20.4	26.5	31.4	34.3	36.5
计算值	17.0	20.7	27.2	32.2	34.6	36.4

三、混凝土的徐变度

混凝土徐变度 $C(t, \tau)$ 不仅与加荷龄期 τ 有关，而且与荷载持续时间 $t-\tau$ 有关。徐变度 $C(t, \tau)$ 应满足下列条件：

（1）当 $t-\tau=0$ 时，$C(t, \tau)=0$；

（2）当 $t\to\infty$ 时，$\partial C(t,\tau)/\partial t = 0$；　　　　　　　　　　　　（8）

（3）当 $t-\tau=$ 常量时，$\partial C(t,\tau)/\partial t \leqslant 0$；

（4）当 $\tau=$ 常量时，$C(t, \tau)$ 单调增加。

徐变试验曲线不是单一的曲线，而是互相联系的曲线簇。下面给出两种计算公式。

---

❶　见水利电力部成都勘测设计院科学试验所"五一五工程大坝混凝土徐变试验报告"，1973 年 6 月。

（一）混凝土徐变度第一种计算公式

建议的徐变度第一种计算公式具有如下形式

$$C(t,\tau) = (\varphi_0 + \varphi_1\tau^{-p})[1 - e^{-(r_0 + r_1\tau^{-q})(t-\tau)^s}] \tag{9}$$

或

$$C(t,\tau) = \varphi(\tau)[1 - e^{-r(\tau)(t-\tau)^s}] \tag{10}$$

式中：t 为时间；τ 为加荷龄期；φ_0，φ_1，r_0，r_1，s，p，q 等都是常数，由试验资料决定

$$\varphi(\tau) = \varphi_0 + \varphi_1\tau^{-p} \tag{11}$$

$$r(\tau) = r_0 + r_1\tau^{-q} \tag{12}$$

不难看出，式（9）是满足前述 4 个条件的。下面说明如何由试验资料整理并决定式（9）中的 7 个常数 φ_1、r_0、r_1 等。

徐变试验是按加荷龄期分组的，设共进行了 n 组试验，加荷龄期依次为 $\tau = \tau_1, \tau_2, \cdots, \tau_n$。在式（10）中令 $\tau = \tau_i$，得到在龄期 τ_i 时加荷的徐变度如下

$$C(t,\tau_i) = \varphi(\tau_i)[1 - e^{-r(\tau_i)y^s}] \tag{13}$$

式中：$y = t - \tau_i$；$\varphi(\tau_i)$ 是在龄期 τ_i 加荷的最终徐变度，从试验曲线可以估计其数值，由式（13）得到

$$\rho(y) = r(\tau_i)y^s = -\ln[1 - C(t,\tau_i)/\varphi(\tau_i)] \tag{14}$$

对上式再取对数，得到

$$\ln\rho(y) = \ln r(\tau_i) + s\ln y \tag{15}$$

以 $\ln\rho(y)$ 为纵坐标，$\ln y$ 为横坐标，试验点基本落在一条直线上。由此直线的截距可求出 $r(\tau_i)$，由直线的斜率可求出 s。

对于全部试验资料依次整理如上，可得到 n 组 $\varphi(\tau_i)$，$r(\tau_i)$ 和 s 值。通常 s 值变化范围不大，可取为 n 个数值的平均值。下面再说明如何根据 n 个 $\varphi(\tau_i)$ 值决定式（11）中的 φ_0，φ 和 p。

当 $\tau \to \infty$ 时，$\varphi(\tau) = \varphi_0$，因此把 $\varphi(\tau_i)$ 画成曲线后，从其发展趋势可估计出 φ_0 值，再由式（11）可知

$$-\ln[\varphi(\tau) - \varphi_0] = \ln(1/\varphi_1) + p\ln\tau \tag{16}$$

作图，通过各点作一直线，它的截距是 $\ln(1/\varphi_1)$，它的斜率是 p。

用类似方法可求出 r_0，r_1 和 q。

表 2　　　　　　　　混凝土徐变度 $C(t,\tau)$ 计算值与试验值　　　　　　　　10^{-5}/MPa

加荷龄期 τ（d）			3	7	28	90	180	360
试验值[2]	$t-\tau$（d）	3	2.50	1.88	1.22	0.85	0.66	0.53
		7	3.34	2.58	1.80	1.15	0.89	0.71
		28	4.98	3.83	2.71	1.79	1.36	1.09
		90	6.26	4.70	3.52	2.44	1.84	1.52
		360	7.01	5.26	4.35	3.21	2.57	2.27
		720	7.25	5.50	4.97	3.81	3.16	—
计算值	$t-\tau$（d）	3	2.77（2.79）	1.73（2.05）	0.95（1.30）	0.69（0.95）	0.60（0.81）	0.54（0.71）
		7	3.67（4.17）	2.34（3.06）	1.30（1.95）	0.96（1.42）	0.83（1.22）	0.74（1.07）
		28	5.40（5.05）	3.61（3.75）	2.09（2.43）	1.56（1.80）	1.37（1.56）	1.22（1.38）
		90	6.73（5.81）	4.67（4.38）	2.90（2.94）	2.20（2.26）	1.93（1.99）	1.75（1.80）
		360	7.65（7.35）	5.71（5.67）	3.77（3.99）	2.94（3.19）	2.61（2.87）	2.38（2.65）
		720	7.81（7.80）	5.96（6.04）	4.06（4.29）	3.21（3.46）	2.88（3.13）	2.63（2.89）

注　括号内数值系按第二种计算公式计算的结果。

【算例2】 515 大坝基础混凝土，共进行了 6 组徐变试验，加荷龄期及徐变度试验值见表 2。根据式（14）、式（15）二式整理这些资料，在图 3 中表示了 $\tau=3d$ 及 $\tau=360d$ 的计算结果，试验点基本上落在直线附近。由此求得各组 $\varphi(\tau_i)$、$r(\tau_i)$ 和 s 的数值。再按式（16）整理出 φ_0、φ_1 及 p 值，最后得到该工程混凝土徐变度计算公式如下（单位：$10^{-5}/MPa$）

$$C(t,\tau) = (2.30 + 9.16\tau^{-0.45})[1 - e^{-(0.118 + 0.296\tau^{-0.625})(t-\tau)^{0.440}}] \tag{17}$$

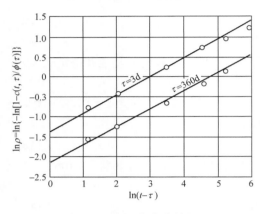

图 3　混凝土徐变度算例

按上式计算的结果列于表 2。徐变试验历时两三年，试验精度及试验值的规律性通常都不如瞬时弹性模量试验。用一个统一公式去拟合一曲线簇也比拟合单一曲线更为困难。考虑到这些因素，应该说计算值与试验值符合得相当好。

（二）混凝土徐变度第二种计算公式

上述徐变度第一种计算公式，结构紧凑，只须取一大项，即与试验值符合得相当好，但这种公式应用于有限单元法时，计算过程中必须把各单元的应力历史全部记录下来，实际上那是很难做到的。因此当采用有限单元法进行应力分析时，还以采用作者在文献［3］中建议的下列公式为宜

$$C(t,\tau) = (f_1 + g_1\tau^{-P_1})[1 - e^{-r_1(t-\tau)}] + (f_2 + g_2\tau^{-P_2})[1 - e^{-r_2(t-\tau)}] + D(e^{-r_3\tau} - e^{-r_3t}) \tag{18}$$

上式应用于有限单元法时，利用指数函数的特点，不必记录应力历史[2]，这是一个重要优点。式中共有 10 个参数，可采用作者建议的优化方法决定[3]。上式右边第三大项 $D(e^{-r_3\tau} - e^{-r_3t})$ 是为了考虑不可复徐变。为了决定不可复徐变，试验工作要成倍地增加，所以除了一些研究性质的试验外，在实际工程的试验中，目前一般都忽略不可复徐变，即忽略式（18）右边的第三大项。不难看出，阿鲁久涅扬徐变度公式[5]是式（18）的一个特殊情况，即只取一项，并令 $P_1=1$。

【算例3】 515 大坝基础混凝土，徐变试验资料同算例 2，按第二种计算公式计算，经整理后得到

$$C(t,\tau) = (0.70 + 6.44\tau^{-0.45})[1 - e^{-0.30(t-\tau)}] + (1.60 + 2.72\tau^{-0.45})[1 - e^{-0.0050(t-\tau)}] \quad (10^{-5}MPa) \tag{19}$$

按上式计算的结果见表 2。

四、混凝土应力松弛系数

混凝土应力松弛系数 $K(t,\tau)$ 既与加荷龄期 τ 有关，又与荷载持续时间 $t-\tau$ 有关，它应满足下列条件：

（1）当 $t-\tau=0$ 时，$K(t,\tau)=1$；

（2）当 $t\to\infty$ 时，$\partial K(t,\tau)/\partial t=0$；

（3）当 $t-\tau=$ 常量时，$\partial K(t,\tau)/\partial t \geqslant 0$； \qquad (20)

（4）当 $\tau=$ 常量时，$K(t,\tau)$ 单调减小。

现在提出一个满足上述条件的混凝土应力松弛系数计算公式如下

$$K(t,\tau) = 1 - [\psi_0 + (1-\psi_0)e^{-f\tau^g}] \times [1 - e^{-(m_0+m_1\tau^{-\lambda})(t-\tau)^n}] \tag{21}$$

或
$$K(t,\tau) = 1 - \psi(\tau)[1 - e^{-m(\tau)(t-\tau)^n}] \tag{22}$$

式中
$$\psi(\tau) = \psi_0 + (1-\psi_0)e^{-f\tau^g} \tag{23}$$

$$m(\tau) = m_0 + m_1\tau^{-\lambda} \tag{24}$$

ψ_0、f、g、m_0、m_1、λ、n 等都是常数，决定于试验资料。

不难看出，式（21）满足前述 4 个条件。

现在说明如何根据试验资料决定式（21）中有关常数。在式（22）中令 $t \to \infty$

得到
$$K(\infty,\tau) = 1 - \psi(\tau)$$

所以 $\psi(\tau)$ 代表最终的应力损失值，对于每一加荷龄期，都可从试验资料中估计出 $\psi(\tau)$ 的数值。将式（22）移项并对两边取对数，得到

$$z = -\ln\left[\frac{K(t,\tau)+\psi(\tau)-1}{\psi(\tau)}\right] = m(\tau)(t-\tau)^n \tag{25}$$

再对上式两边取对数，得到

$$\ln z = \ln m(\tau) + n\ln(t-\tau) \tag{26}$$

以 $\ln z$ 为纵坐标，$\ln(t-\tau)$ 为横坐标，作图，可得一直线，其截距为 $\ln m(\tau)$，斜率为 n。

依次对各组试验资料，用上述方法整理，可得到相应于不同龄期 τ_i 的 $\psi(\tau_i)$，$m(\tau_i)$ 和 n 的数值。由式（23）可知，当 $\tau \to \infty$ 时，$\psi(\tau) = \psi_0$，因此从 $\psi(\tau_i)$ 的发展趋势可估计出 ψ_0，再由式（23）移项并取对数，得到

$$u = -\ln\left[\frac{\psi(\tau)-\psi_0}{1-\psi_0}\right] = f\tau^g$$

再对上式取对数，得到

$$\ln u = \ln f + g\ln\tau \tag{27}$$

由此可决定 f 和 g。用类似方法可决定式（24）中的 m_0，m_1 和 λ 等常数，指数 n 也可取为龄期 τ 的函数如下

$$n = n(\tau) = n_0 + n_1\tau^{-\beta} \tag{28}$$

作者建议的第二个松弛系数计算公式如下

$$K(t,\tau) = 1 - \sum_{i=1}^{n}(a_i + b_i\tau^{-d_i})[1 - e^{-h_i(t-\tau)}] \tag{29}$$

【算例 4】 515 大坝基础混凝土，松弛系数试验值见表 3，先由式（25）、式（26）求得不同龄期的 $\psi(\tau)$、$m(\tau)$、n 值，再由式（27）求出 f、g，并用类似方法求出 m_0、m_1、λ。最后得到应力松弛系数计算公式如下

$$K(t,\tau) = 1 - (0.47 + 0.53e^{-0.623\tau^{0.170}}) \times [1 - e^{-(0.20+0.271\tau^{-0.225})(t-\tau)^{0.355}}] \tag{30}$$

用上式计算的结果列入表 3。对比试验值与计算值，可见两者符合得相当好。如果指数 n 取为龄期 τ 的函数，如式（29），可得到

$$n = 0.326 + 0.125\tau^{-0.583} \tag{31}$$

表3　　　　　　　　　　　混凝土应力松弛系数 $K(t, \tau)$ 计算值与试验值

	$t-\tau$（d）		3	7	28	90	360	720
试验值	τ（d）	3	0.663	0.584	0.438	0.334	0.296	0.287
		7	0.692	0.612	0.485	0.392	0.343	0.320
		28	0.739	0.656	0.558	0.482	0.412	0.362
		90	0.784	0.726	0.622	0.543	0.462	0.406
		180	0.810	0.760	0.668	0.596	0.504	0.455
		360	0.834	0.788	0.705	0.632	0.530	—
计[①]算值	τ（d）	3	0.672（0.662）	0.596（0.578）	0.467（0.437）	0.374（0.345）	0.305（0.291）	0.290（0.283）
		7	0.705（0.703）	0.634（0.630）	0.511（0.502）	0.415（0.406）	0.340（0.334）	0.321（0.318）
		28	0.751（0.754）	0.689（0.694）	0.572（0.583）	0.481（0.491）	0.399（0.407）	0.374（0.381）
		90	0.783（0.787）	0.727（0.735）	0.621（0.636）	0.531（0.550）	0.446（0.463）	0.418（0.432）
		180	0.799（0.803）	0.746（0.754）	0.646（0.662）	0.557（0.579）	0.472（0.492）	0.444（0.460）
		360	0.812（0.817）	0.763（0.771）	0.667（0.684）	0.581（0.604）	0.496（0.518）	0.467（0.485）

① 括号外数值为 $n=0.355$，括号内数值为 $n=0.326+0.125\tau^{-0.583}$ 的计算成果。

以此式代替式（30）中的指数 $n=0.355$ 进行计算。计算值（表3括号内数值）与试验值吻合得更好一些。

五、用于初步计算的公式

混凝土徐变试验，工作量大，历时久，一般需要两年以上时间。虽是大型工程，在初步设计阶段，也很少做徐变试验。至于一般工程，即使在技术设计阶段，往往也缺乏徐变试验资料。但在施工应力和温度徐变应力计算中，却需要用到混凝土弹性模量、徐变度和应力松弛系数，因此需要有一套计算公式供缺乏试验资料时应用。

根据本文前面几节所提出的基本公式及国内外的试验资料，作者建议用于初步计算中的水工混凝土弹性模量、徐变度及应力松弛系数的计算公式如下

$$E(\tau) = E_0(1 - e^{-0.40\tau^{0.34}}) \tag{32}$$

$$C(t,\tau) = c_1(1 + 9.2\tau^{-0.45})[1 - e^{-0.30(t-\tau)}] + c_2(1 + 1.7\tau^{-0.45})[1 - e^{-0.0050(t-\tau)}] \tag{33}$$

$$K(t,\tau) = 1 - (0.40 + 0.60e^{-0.62\tau^{0.17}}) \times [1 - e^{-(0.20+0.27\tau^{-0.23})(t-\tau)^{0.36}}] \tag{34}$$

式中：$c_1=0.23/E_0$；$c_2=0.52/E_0$；$E_0 \approx 1.05E(360)$ 或 $E_0 \approx 1.20E(90)$，$E(90)$ 和 $E(360)$ 分别为龄期90d和360d的弹性模量。

当然，作为简化公式，我们不能要求它们具有太高的计算精度。但实际计算经验表明，本文给出的上述简化公式，还是具有一定的计算精度的。下面以白山、515、上椎叶、诸家等工程的混凝土弹性模量为例，按本文简化公式（32）和文献［5］简化公式的计算结果列入表4❶。与试验结果对比后可见，本文简化公式具有较好的计算精度，最大误差为12%；而文献［5］简化公式的计算精度是很差的，最大误差达到41%。

❶ 白山试验资料引自水利电力部东北勘测设计院科学试验所"白山电站混凝土徐变试验报告"，1978年3月。

表 4　　　　按简化公式计算的弹性模量 $E(\tau)$ 与试验值比较　　　　GPa

龄期 τ（d）	白山工程			515 工程		
	试验值	计算值		试验值	计算值	
		本文公式（32）	文献［5］公式		本文公式（32）	文献［5］公式
3	16.7	15.6	9.8	17.3	16.9	10.7
7	19.8	19.0	17.9	20.4	20.7	19.6
28	24.7	25.1	28.1	26.5	27.2	30.7
90	28.7	29.7	28.7	31.4	32.2	31.4
180	31.2	31.9	28.7	36.3	34.6	31.4
360	33.6	33.5	28.7	34.5	36.3	31.4

龄期 τ（d）	上椎叶工程			诸冢工程		
	试[6]验值	计算值		试[6]验值	计算值	
		本文公式（32）	文献［5］公式		本文公式（32）	文献［5］公式
3	20.7	18.7	12.1	10.4	11.7	7.6
7	24.6	22.8	22.1	15.4	14.1	13.9
28	29.2	30.1	34.6	17.9	18.9	21.8
90	35.3	35.6	35.3	22.3	22.4	22.3
180	36.7	38.2	35.3	—	—	—
360	—	—	—	—	—	—

参 考 文 献

［1］朱伯芳，等．水工混凝土结构的温度应力与温度控制．北京：水利电力出版社，1976.

［2］朱伯芳．混凝土结构徐变应力分析的隐式解法．水利学报．1983，5.

［3］朱伯芳．关于混凝土徐变理论的几个问题．水利学报．1982，3.

［4］阿鲁久涅扬．蠕变理论中的若干问题．邬瑞锋，等，译．北京：科学出版社，1961.

［5］ВНИИТ. Реконмендации по определению температурных напряжений в бетонных массивах．1958.

［6］金学龙．大坝混凝土受压徐变试验研究：水利水电科学研究院科学研究论文集（第 5 集）．北京：中国工业出版社，1965.

分析晚龄期混凝土结构简谐温度徐变应力的等效模量法和等效温度法[❶]

摘　要：由于外界温度的变化，实际工程中经常出现简谐变化的温度徐变应力。目前有两种计算方法，一种是复模量法，只能用于比较简单的结构；另一种是数值方法，计算很费事。本文提出等效模量法和等效温度法，用本文给出的公式计算等效弹性模量或等效温度，然后可按通常的弹性体计算其温度应力。计算十分简便，并具有相当高的计算精度，可满足一般设计的要求。

关键词：混凝土结构；简谐温度应力；等效模量法；等效温度法

Method of Equivalent Modulus and Method of Equivalent Temperature for Analyzing Stresses in Matured Concrete and Other Viscoelastic Bodies due to Harmonic Variation of Temperatures

Abstract: Due to variation of the temperature of ambient air and water, temperature in concrete structures varies harmonically with time. In this paper two methods are offered for analyzing stresses in matured concrete and other viscoelastic bodies due to harmonic variation of temperatures. The equivalent modulus or the equivalent temperature may be computed by eq. (7) and (8), then the original elasto-creeping solids could be analyzed as if it were an elastic body. Some examples are given. The computation is quite simple. The results are rather accurate.

Key words: concrete structure, harmonic temperature stress, method of equivalent modulus, method of equivalent temperature

　　水温和气温的周期性变化，如年变化，在混凝土结构内部会引起周期性变化的温度应力。在拱坝、隧洞衬砌等超静定结构内，这种温度应力可以达到相当大的数值。由于混凝土徐变对温度应力有重要的影响，计算中必须考虑徐变。对于比较简单的结构，利用复模量法或积分变换法，可以得到理论解答[1, 2]。对于比较复杂的实际结构，解析方法已无能为力，目前主要利用有限单元法求解，由于计算中有时间变量，要划分一系列时段，逐步求解，计算量很大。采用文献［3，4］所提出的隐式解法和子结构法，计算工作得到了极大的简化，但比通常的弹性

---

　　❶　原载《水利学报》1986 年第 8 期。

体应力分析还是要复杂得多。文献［5］曾证明，当荷载单调递增或递减，且最终趋于一稳定值时，结构的最终应力状态可用长期弹性模量计算。简谐温度场因是不稳定的，不能用长期弹性模量计算。为了简化在简谐温度作用下结构的应力分析，本文提出等效模量法和等效温度法。根据文中给出的公式，计算等效模量或等效温度，然后按一般弹性体，用结构力学方法或有限单元法计算结构的徐变应力，计算十分方便。计算量减少到与通常的弹性应力分析相同。

一、计算原理

按照弹性徐变理论，在变荷载作用下，混凝土的应变—应变关系可表示如下[1]

$$\varepsilon_x(t) = \frac{\sigma_x(t)}{E(t)} - \int_{\tau_0}^t \sigma_x(\tau) \frac{\partial}{\partial \tau} \left[\frac{1}{E(\tau)} + C(t,\tau) \right] d\tau \tag{1}$$

式中：$\varepsilon_x(t)$ 为在时刻 t 的轴向应变；$\sigma_x(t)$ 为在时刻 t 的轴向应力；$E(\tau)$ 为在龄期 τ 的弹性模量；$C(t,\tau)$ 为徐变度，τ 为混凝土的龄期；t 为时间；τ_0 为开始受力的混凝土龄期。在这里，我们只考虑了受力变形，因为只有受力变形与徐变有关。

外界温度的变化是年复一年、周而复始的。由于混凝土在早期弹性模量较小，而徐变度较大，所以在同样变幅的周期性温度作用下，早期温度应力较小，晚期温度应力较大。在实际工程中，为偏于安全，只需计算晚期的温度应力，即初始影响已经消失后的准稳定状态下的温度应力，因此可取 $\tau_0 = -\infty$，式（1）即成为

$$\varepsilon_x(t) = \frac{\sigma_x(t)}{E(t)} - \int_{-\infty}^t \sigma_x(\tau) \frac{\partial}{\partial \tau} \left[\frac{1}{E(\tau)} + C(t,\tau) \right] d\tau \tag{2}$$

对于晚期混凝土，其弹性模量和徐变度可分别表示如下

$$E(\tau) = E = 常数$$

$$C(t,\tau) = \sum_{i=1}^R C_i [1 - e^{-s_i(t-\tau)}] \tag{3}$$

式中：E、C_i、s_i 等都是常数，决定于试验条件。一般情况下，R 取两项已够。

把式（3）代入式（2），得到

$$\varepsilon_x(t) = \frac{\sigma_x(t)}{E} + \int_{-\infty}^t \sigma_x(\tau) \left[\sum_{i=1}^R C_i s_i e^{-s_i(t-\tau)} \right] d\tau \tag{4}$$

通常外界水温和气温的变化可用时间的余弦函数表示，当初始影响已经消失、达到准稳定状态后，作为晚期弹性徐变体，结构内部任一点的温度、应力、应变必然都作简谐变化，都可用时间的余弦函数表示。今设结构内部某一点的弹性徐变应力可表示为

$$\sigma_x(t) = \sigma_{x0} \cos \omega(t + \eta) \tag{5}$$

式中：σ_{x0} 为应力变幅；η 为相位差；ω 为圆频率，$\omega = 2\pi/P$，P 为温度变化周期。显然，在结构内部，σ_{x0} 和 η 都是坐标 x、y、z 的函数。

以式（5）代入式（4），整理后得到

$$\varepsilon_x(t) = \frac{\sigma_{x0}}{\rho E} \cos \omega(t + \eta - \xi) \tag{6}$$

式中

$$\rho = 1/\sqrt{a^2 + b^2}, \quad \xi = \frac{1}{\omega} \arctan(b/a)$$

$$a = 1 + \sum_{i=1}^{R} \frac{EC_i s_i^2}{s_i^2 + \omega^2}, \quad b = \sum_{i=1}^{R} \frac{EC_i s_i \omega}{s_i^2 + \omega^2} \tag{7}$$

其中 ξ 是应变峰值滞后于应力峰值的相位差。

令

$$E^* = \rho E, t^* = t - \xi \tag{8}$$

式中：E^* 为等效弹性模量

代入式（6），得到

$$\varepsilon_x(t) = \frac{\sigma_{x0}}{E^*} \cos \omega(t^* + \eta) \tag{9}$$

上式与通常弹性体的应变—应变关系在形式上是一致的。由此可得出结论：对于在简谐应力作用下的弹性徐变体，可用一个等效弹性体去代替它。以等效弹性模量 E^*，用弹性体方法计算其应力 σ_{x0}、应变 ε_{x0}，于是 σ_{x0}、ε_{x0} 就分别近似地等于原来的弹性徐变体的应力和应变的峰值。这种计算方法，我们称为等效模量法。

用等效模量法计算弹性徐变体的简谐温度应力时，温度不作变换。

由于温度应力取决于 $\rho E \alpha T$，我们也可以不变换弹性模量 E，而把温度 T 变换为等效温度 T^* 如下

$$T^* = \rho T, t^* = t - \xi \tag{10}$$

然后即可用弹性体方法计算其应力，我们称这种方法为等效温度法。

到目前为止，全部推导过程都是严格的。参照文献 [6] 可知，对于刚性基础上的均质结构，本文的计算方法是精确的，而且两种方法的计算结果相同。对于异质结构或弹性基础上的均质结构，如果满足文献 [6] 提出的比例变形条件，不难证明，各区域的 ρ 和 ξ 是相同的，因此本文计算方法是严格成立的，而且两种方法的计算结果相同。如果不满足比例变形条件，那么，结构不同部位的 ρ 和 ξ 不同。在这种情况下，本文计算方法是近似的，而且两个方法的计算会有一定出入。其中等效模量法的精度要高一些，因为它反映了徐变变形引起的结构各部位相对刚度的变化，而等效温度法不能反映结构各部位这种相对刚度的变化。在实际工程设计中，常常需要计算温度荷载与其他荷载组合作用下的应力状态，这时，采用等效温度法可以先把荷载组合起来，然后计算应力，计算简单一些。如采用等效模量法，温度荷载与其他荷载必须分开计算。这里指的是徐变对在外荷载作用下的应力影响比较小的情况。否则，应采用长期弹性模量计算外荷载作用下的应力 [5]。

二、算例

（一）半无限体的简谐温度徐变应力

如图 1 所示，半无限体 $z \geq 0$，给定表面温度为：

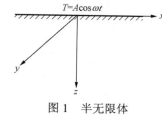

图 1　半无限体

当 $z=0$ 时

$$T = A \cos \omega t$$

式中：A 为表面温度变幅。

由热传导理论可求出物体内部任一点（深度为 z）的温度是

$$T(z,t) = A e^{-pz} \cos(\omega t - pz) \tag{11}$$

式中：$p = \sqrt{\omega/2a'}$，a' 为物体的导温系数。

在这种温度作用下，弹性温度应力是

$$\sigma_x = \sigma_y = -\frac{E\alpha T}{1-\mu} = -\frac{E\alpha A e^{-pz}}{1-\mu}\cos(\omega t - pz) \tag{12}$$

今设物体是弹性徐变体，其弹性模量为 E，徐变度为

$$C(t,\tau) = C_1[1 - e^{-s_1(t-\tau)}] \tag{13}$$

式中：$C_1 = 1/E$；$s_1 = 0.030$（1/d）。

取周期 $P=365$（d），$\omega = 2\pi/365 = 0.017214$，$a' = 0.10$（m²/d）由式（7）

$a=1.752$，$b=0.4317$，$\rho=0.554$，$\omega\xi=13.83°$，$p=\sqrt{\omega/2a'}=0.2934$

根据等效模量法，考虑徐变影响后，温度应力为

$$\sigma_x = \sigma_y = -\frac{0.554E\alpha A e^{-0.2934z}}{1-\mu} \times \cos(\omega t - 0.2934z + 13.83°) \tag{14}$$

这与文献［1］用复模量法求得的理论解完全相同。对于本例题，因属均质体，采用等效温度法将得到相同的结果。

在用复模量法寻求本题的理论解时，计算过程中要用到复变数。而采用本文提出的等效模量法求解时，只要进行一些简单的算术运算。

（二）混凝土板的温度徐变应力

图 2 所示的无限大混凝土板，两侧表面温度为：

当 $x=\pm L/2$ 时，$T= A\cos\omega t$

在这种情况下，板的温度应力以表面为最大。在任意时刻 t，板表面的弹性温度应力为[1]

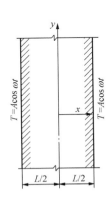

图 2　无限大混凝土板

$$\sigma_y = \sigma_z = -\frac{E\alpha A}{1-\mu} \times [\Omega\cos(\omega t - \theta) - \cos\omega t] \tag{15}$$

式中

$$\Omega = \frac{1}{\zeta}\sqrt{\frac{2(\operatorname{ch}\zeta - \cos\zeta)}{\operatorname{ch}\zeta + \cos\zeta}}$$

$$\theta = (\pi/4) - \arctan(\sin\zeta / \operatorname{sh}\zeta) \tag{16}$$

$$\zeta = \sqrt{\pi / a'PL}$$

式中：L 为板的厚度；P 为温度变化的周期。

设混凝土弹性模量为 E，徐变度为

$$C(t,\tau) = C_1[1 - e^{-s_1(t-\tau)}] + C_2[1 - e^{-s_2(t-\tau)}] \tag{17}$$

式中：$C_1 = 023/E$；$C_2 = 0.52/E$；$s_1 = 0.30$（1/d）；$s_2 = 0.0050$（1/d）。

由式（7）：$a=1.2697$，$b=0.15245$，$\rho=0.782$，$\omega\xi=6.85°$。

根据等效模量法，板表面的弹性徐变温度应力为

$$\sigma_y = \sigma_z = -\frac{0.782E\alpha A}{1-\mu} \times [\Omega\cos(\omega t - \theta + 6.85°) - \cos(\omega t + 6.85°)] \tag{18}$$

（三）拱坝三维温度徐变应力有限元分析❶

某拱坝，最大坝高为 175m，最大坝厚为 80m，坝体部分采用 48 个 20 结点等参数单元（图 3），基础部分采用伏格特单元。坝体混凝土弹性模量为 $E_c=20000$MPa，基础弹性模量根

❶ 本算例的计算工作由申杰华完成。

据地质条件分区，采用 $6000 \sim 20000$MPa，混凝土徐变度为

$$C(t, \tau) = \phi_1[1 - e^{-s_1(t - \tau)}] + \phi_2[1 - e^{-s_2(t - \tau)}]$$

式中：$\phi_1 = 0.115 \times 10^{-4}$（1/MPa）；$\phi_2 = 0.260 \times 10^{-4}$（1/MPa）；$s_1 = 9.0$（1/月）；$s_2 = 0.15$（1/月）。气温年变幅为 18℃，表面水温年变幅为 13℃。温度变化按文献［7］计算。应力计算采用以下 3 种方法：

（1）弹性徐变理论隐式解法[3]（取 $\Delta \tau = 0.5$ 月）；

（2）等效模量法；

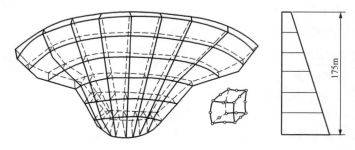

图 3　某拱坝有限元剖分

（3）等效温度法。

计算结果表明，3 种方法计算的应力十分接近，坝顶拱冠的应力变化过程见图 4。

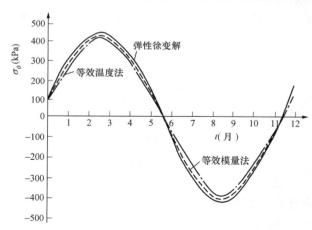

图 4　某拱坝温度应力计算结果比较

三、结束语

（1）对于简谐温度作用下的混凝土结构，用本文提出的等效模量法和等效温度法计算温度徐变应力，计算十分方便，不必利用复杂的数学工具，而且计算量减小到与通常的弹性应力计算相同。

（2）本文方法不仅可用于简单结构，而且可用于各种复杂结构。

（3）对于均质结构及满足比例变形条件的异质结构，等效模量法和等效温度法的计算结

果相同，并与精确解一致。对于不满足比例变形条件的异质结构，计算结果是近似的。等效模量法因反映了徐变引起的结构各部位的刚度比的变化，计算精度更高一些。从算例看来，等效模量法的计算结果与理论解很接近，完全可以满足设计上的要求。

参 考 文 献

[1] 朱伯芳，等. 水工混凝土结构的温度应力与温度控制. 北京：水利电力出版社，1976.

[2] 朱伯芳. 蠕变引起的拱坝应力重新分布. 力学学报，1962，1.

[3] 朱伯芳. 混凝土结构徐变应力分析的隐式解法. 水利学报，1983，5.

[4] 朱伯芳. 异质弹性徐变体应力分析的广义结构法. 水利学报，1984，2.

[5] 朱伯芳. 蠕变引起的非均质结构应力重新分布. 建筑学报，1961，1.

[6] 朱伯芳. 在混合边界条件下非均质黏弹性体的应力与位移. 力学学报，1964，2.

[7] 朱伯芳，黎展眉. 拱坝温度荷载计算（混凝土拱坝设计规范附录）：混凝土拱坝设计规范 SD 145—1985. 北京：水利电力出版社，1985.

混凝土徐变方程参数拟合的约束极值法❶

摘　要：混凝土徐变方程包含的参数较多，方程本身又比较复杂。如何根据试验资料来确定方程中的参数，历来被认为是一个难点。本文提出用约束极值方法来决定这些参数，把徐变参数的决定放在一个比较坚实的数学基础上，计算结果合理，而且结果是唯一的，不会因人而异。

关键词：混凝土；徐变参数；约束极值法

Method of Mathematical Programming for Determing the Parameters in the Equation of Unit Creep of Concrete

Abstract: The equation of unit creep of concrete is complicated and possesses many parameters. A method of mathematical programming is proposed in this paper for determing the parameters in the equation of unit creep of concrete.

Key words： concrete, creep parameters, mathematical programming

混凝土徐变方程比较复杂，包含的参数又多，如何根据试验资料来确定这些参数，是混凝土徐变问题中的一个难点。过去主要采用反复凑合的办法，要得到比较满意的结果比较困难，而且同一组试验资料，不同的人去整理，往往会得出不同的结果。1982年作者建议用优化理论选定徐变参数[1]，把徐变参数的确定放在一个比较坚实的数学基础上，计算结果是唯一的，不会因人而异，而且可用电子计算机求解，计算简便，不必反复凑合。目前这个方法在国内已广泛应用，总的来说，效果是不错的，但实际应用中也出现过一些问题。混凝土徐变参数，从物理概念上看，都应该是正数，但实际计算结果，有时会出现部分负值。分析其原因，主要由于当时采用的是无约束极值法，对参数的取值，并未限制。为了克服这一缺点，建议改用约束极值法来决定这些参数。

混凝土徐变度表示如下

$$C(t,\tau) = \sum_{i=1}^{n}\left(A_i + \frac{B_i}{\tau^{G_i}}\right)[1 - e^{-s_i(t-\tau)}] \tag{1}$$

式中：$C(t, \tau)$为徐变度；t为时间；τ为加荷龄期；A_i、B_i、G_i、S_i等都是常数，从物理概念判断，它们都应为正值。

---

❶　原载《水利学报》1992年第7期。

例如，取 $n=2$，并令 $x_1=A_1$，$x_2=B_1$，$x_3=G_1$，$x_4=S_1$，$x_5=A_2$，$x_6=B_2$，$x_7=G_2$，$x_8=S_2$，代入式（1），得到

$$C(t,\tau) = (x_1 + x_2 / \tau^{x_3})[1 - e^{-x_4(t-\tau)}] + (x_5 + x_6 / \tau^{x_7})[1 - e^{-x_8(t-\tau)}] \qquad (2)$$

设试验中观测到的徐变变形为 $C'(t,\tau)$。计算值与实际值的误差为

$$Q = C(t,\tau) - C'(t-\tau) \qquad (3)$$

每一观测点有一个误差，令 F 为全部实测点误差的平方和，即

$$F = \Sigma Q^2 = \Sigma [C(t,\tau) - C'(t,\tau)]^2 \qquad (4)$$

显然，$F(x)$ 是 $\{x\} = [x_1 \quad x_2 \quad \dots \quad x_8]^{\mathrm{T}}$ 的函数。我们这样选取 $\{x\}$

$$\left.\begin{array}{l} F(x) = \Sigma Q^2 \to 极小 \\ x_i \geqslant 0, i = 1 \sim 8 \end{array}\right\} \qquad (5)$$

满足约束条件：

上式是一个非线性规划中的约束极值问题，可用非线性规划中的方法求解，如复形法、罚函数法、序列线性规划法、可行方向法等[2]。由于未知量通常只有 8～12 个，一般可用复形法求解，因为它的程序比较简单，当然也可用其他方法求解，程序见文献［3］。

这样求得的全部参数，既可使误差平方和最小，又都是正值，符合我们的要求。

参 考 文 献

［1］朱伯芳．关于混凝土徐变理论的几个问题．水利学报，1982，3.

［2］朱伯芳，黎展眉，张壁诚．结构优化设计原理与应用．北京：水利电力出版社，1984.

［3］万耀青，等．最优化计算方法常用程序汇编．北京：工人出版社，1983.

混凝土徐变柔量的幂函数——对数函数表达式和插值式❶

摘　要：本文提出混凝土徐变柔量的幂函数——对数函数表达式，只要用 5 个材料参数就可以描述混凝土弹性模量和徐变度随加载龄期与持载时间而变化的情况，表达式的计算结果与试验资料符合得比较好，材料参数比较少，而且容易从试验资料中整理出来。另外，本文还提出用二次插值公式表示混凝土徐变柔量、绝热温升及自生体积变形。

关键词：混凝土；徐变柔量；表达式

The Power–logarithmic Law for Creep Compliance of Concrete

Abstract: A power-Logarithmic law for creep compliance of concrete is proposed as follows

$$J(t,\tau) = \frac{1}{E(\tau)} + C(t,\tau) = \frac{1}{a\ln(\tau^b+1)} + (C_0 + C_1\tau^{-S})\ln(t-\tau+1)$$

where t-time, τ-age of concrete, a, b, C_0, c_1, s—prameters. Only 5 parameters are required to describe the variation of elastic modulus $E(\tau)$ and unit creep $C(t,\tau)$ with the age of concrete and the duration of loading. Experience shows that this formula is in good agreement with the results of creep rest.

Key words：concrete, creep, formula

一、前言

徐变柔量是大体积混凝土的基本性能，它不仅与混凝土的加载龄期有关，还与持载时间有关，关系比较复杂。目前已经提出过不少表达式，但有的公式比较粗糙，与试验资料符合得不好，有的式子过于复杂，公式中包含的材料参数太多而且不易确定。本文提出混凝土徐变柔量的幂函数——对数函数表达式，公式结构紧凑，与试验资料符合得比较好，公式中包含的参数较少，总共只有 5 个参数，而且比较容易从试验资料中整理出来。

本文还提出用二次插值公式表示混凝土的徐变柔量、绝热温升和自生体积变形。

---

❶　本项目得到国家自然科学基金、中国长江三峡开发总公司和国家攀登计划的资助。

二、混凝土的弹性模量

混凝土的徐变柔量 $J(t, \tau)$ 定义为

$$J(t,\tau) = \frac{1}{E(\tau)} + C(t,\tau) \tag{1}$$

式中：$E(\tau)$ 为弹性模量；$C(t,\tau)$ 为徐变度；t 为时间；τ 为加载龄期。

本节先讨论弹性模量的表达式，刚浇筑的混凝土是流态的，其弹性模量为零，因此当 $\tau=0$ 时

$$E(0) = 0 \tag{2}$$

大体积混凝土的温度应力通常是从 $\tau=0$ 开始计算的，因此式（2）是弹性模量 $E(\tau)$ 表达式必须满足的一个重要条件。

以前曾有人用过下式表示 $E(\tau)$ 与 τ 关系[1]

$$E(\tau) = a + b\ln\tau \tag{3}$$

式中：a、b 为试验常数，当 $\tau \to 0$ 时，$\ln\tau \to -\infty$，所以上式不满足条件（2）。

笔者建议用下式表示弹性模量

$$E(\tau) = \sum_{i=1}^{n} a_i \ln(\tau^{b_i} + 1) \tag{4}$$

式中：a_i、b_i 为试验常数，显然上式满足条件（2）。通常在（4）式中取一项就够了，即

$$E(\tau) = a\ln(\tau^b + 1) \tag{5}$$

例如，龚嘴重力坝混凝土弹性模量的试验资料，用简单对数式（3）和修正对数式（5）分别拟合的结果如下：

简单对数公式 $\qquad E(\tau) = 7.00\ln(\tau + 1)(\text{GPa}) \tag{6}$

修正对数公式 $\qquad E(\tau) = 20.1\ln(\tau^{0.285} + 1)(\text{GPa}) \tag{7}$

计算结果见表 1，由表可见，简单对数公式的精度很差，而修正对数公式的精度是相当好的。

表 1　　　　　　　　　　　　龚嘴重力坝弹性模量　　　　　　　　　　　　GPa

龄期 τ（d）	3	7	28	90	180	360
$E(\tau)$ 试验值	17.3	20.4	26.5	31.4	34.3	36.5
简单对数式（6）	9.70	14.55	23.6	31.5	36.4	41.2
修正对数式（7）	17.30	20.3	25.7	30.7	33.9	37.1

三、混凝土的徐变度

美国垦务局建议用下式表示混凝土的徐变度❶

$$C(t,\tau) = F(\tau)\ln(t - \tau + 1) \tag{8}$$

---

❶ 见 US Bureau of Reclamation, Creep of concrete under high intensity loading, Concrete Laboratory Report No.C-820, Denver, Colorado, 1956.

式中：$t-\tau$ 为持载时间，美国垦务局未给出 $F(\tau)$ 的表达式，而是对各个加载龄期单独进行拟合，求出 $F(\tau)$ 的具体数值。

笔者建议用下式表示 $F(\tau)$

$$F(\tau) = C_0 + C_1 \tau^{-S_1} + C_2 \tau^{-S_2} \tag{9}$$

式中：C_0、C_1、C_2、S_1、S_2 等为试验常数，通常在上式中取 2 项就够了，于是

$$F(\tau) = C_0 + C_1 \tau^{-S_1} \tag{10}$$

如用式（5）表示 $E(\tau)$，用式（10）表示 $C(t,\tau)$，则混凝土的徐变柔量为

$$J(t,\tau) = \frac{1}{a\ln(\tau^b + 1)} + (C_0 + C_1\tau^{-S})\ln(t-\tau+1) \tag{11}$$

式中共包含 a、b、C_0、C_1、S 等 5 个参数，参数的数量是比较少的。

根据菲利峡坝的试验资料，笔者得到以下各式

$$E(\tau) = 24.0\ln(\tau^{0.30} + 1) \quad (\text{GPa}) \tag{12}$$

$$C(t,\tau) = (10.20 + 11.0\tau^{-0.29})\ln(t-\tau+1) \quad (10^{-6}/\text{MPa}) \tag{13}$$

$$J(t,\tau) = \frac{1000}{24.0\ln(\tau^{0.30}+1)} + (10.20 + 11.0\tau^{-0.29})\ln(t-\tau+1) \quad (10^{-6}/\text{MPa}) \tag{14}$$

在图 1 中表示了菲利峡坝混凝土的徐变柔量，其中实线是美国垦务局对各条试验曲线单独拟合的结果，虚线是笔者用式（14）对全域进行整体拟合的结果，可以看出，全域拟合的式（14）与试验资料吻合得相当好。

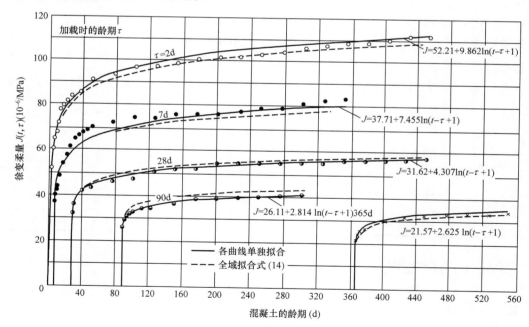

图 1　菲利峡坝的徐变柔量

四、$E(\tau)$、$F(\tau)$、$\theta(\tau)$、$G^0(\tau)$的二次插值

混凝土徐变柔量中的 $E(\tau)$、$F(\tau)$ 以及绝热温升 $\theta(\tau)$ 和自生体积变形 $G^0(\tau)$ 等量都与龄期 τ 有关，这些量用插值公式表示，在计算机上进行计算时也是很方便的。线性插值公式为

$$E(\tau)=E_0+(E_1-E_0)\frac{\tau-\tau_0}{\tau_1-\tau_0},\tau_0\leqslant\tau\leqslant\tau_1 \tag{15}$$

式中：$E_0=E(\tau_0)$，$E_1=E(\tau_1)$ 是已知的试验点子。

二次插值公式为

$$E(\tau)=E_0+\frac{(E_1-E_0)(\tau-\tau_0)}{(\tau_1-\tau_0)}$$
$$+\left(\frac{E_2-E_0}{\tau_2-\tau_0}-\frac{E_1-E_0}{\tau_1-\tau_0}\right)\frac{(\tau-\tau_0)(\tau-\tau_1)}{\tau_2-\tau_1} \tag{16}$$

E_0、E_1、E_2、τ_0、τ_1、τ_2 等见图2。

二次插值每次在两个相邻时段内插值，线性插值每次在一个时段内插值。二次插值的精度较高，早龄期 $E(\tau)$ 变化较快，最好用二次插值。例如，已知 $\tau=0$，3，7，14，28，90，180，360d 的弹性模量，可以在 $\tau=0\sim7$，$7\sim28$，$28\sim180$d 等区间用二次插值，最后剩下一个时段 $180\sim360$d，可用一次插值。实际上，在计算程序中可以只设置二次插值公式，当最后一个区间只有一个时段时，可由程序自动增加一个中间节点：$\tau_1=(\tau_0+\tau_2)/2$，$E_1=(E_0+E_2)/2$，便于采用二次插值公式。

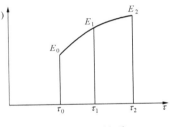

图 2　$\tau\sim E(\tau)$关系

五、结束语

本文给出的混凝土徐变柔量的幂函数——对数函数表达式，与试验资料符合得比较好，公式中包含的材料参数比较少，也易于从试验资料中整理出来。

混凝土的弹性模量、绝热温升、自生体积变形等，用插值公式表示也是方便的。

参 考 文 献

[1] 水利水电科学研究院结构材料研究所. 大体积混凝土. 北京：水利电力出版社，1990.

混凝土松弛系数与徐变系数的关系式[❶]

摘　要：根据大量试验资料，本文提出了混凝土松弛系数与徐变系数之间的一个新的关系式。它不但与试验资料符合得比较好，而且能满足初始条件。

关键词：混凝土；松弛系数；徐变系数；关系式

The Relation between the Coefficient of Stress Relaxation and the Coefficient of Creep

Abstract: On the basis of data of experiments, a new formula to represent the relation between the coefficient of stress relaxation, $K(t, \tau)$, and the coefficient of creep, Φ, is given as follows

$$K(t,\tau) = \exp(-a\phi^b)$$

where a and b are constants, For example, a=0.80, b=0.85, so

$$K(t,\tau) = \exp(-0.80\phi^{0.85})$$

Key words：concrete, relaxation coefficient, creep coefficient, relation

当龄期为 τ 时对混凝土试件施加单向应力 $\sigma(\tau)$，以后保持应变为常数，到时间 t 时，应力将减小为 $\sigma(t)$，$K(t,\tau)=\sigma(t)/\sigma(\tau)$ 称为应力松弛系数，简称松弛系数。

当龄期为 τ 时对混凝土施加应力 $\sigma(\tau)$，当时产生的瞬时弹性应变为 $\varepsilon^e = \sigma(\tau)/E(\tau)$，其中 $E(\tau)$ 为弹性模量。如以后保持应力不变，即 $\sigma(\tau)$=常数，则应变将逐渐增加，这后来增加的应变称为徐变，其值可表示为

$$\varepsilon^c(t) = \sigma(\tau)C(t,\tau) = \frac{\sigma(\tau)\varphi(t,\tau)}{E(\tau)} \tag{1}$$

式中　$C(t,\tau)$ ——徐变度；

　　　$\varphi(t,\tau)$ ——徐变系数。

由上式可知

$$\varphi(t,\tau) = E(\tau)C(t,\tau) = C(t,\tau)：[1/E(\tau)] \tag{2}$$

可见 $\varphi(t,\tau)$ 代表常应力作用下混凝土的徐变变形与弹性变形之比。

Neville 把几个不同作者进行的松弛试验结果与徐变系数 $\varphi(t,\tau)$ 的关系整理如图 1，根据回归直线，得到[1]

---

❶　本文得到国家自然科学基金委员会、中国长江三峡开发总公司和国家攀登计划的资助。原载《计算技术与计算机应用》1996 年第 2 期。

$$\ln[1/K(t,\tau)] = 0.090 + 0.686\varphi(t,\tau) \tag{3}$$

由此式得到

$$K(t,\tau) = 0.914\mathrm{e}^{-0.686\varphi(t,\tau)} \tag{4}$$

上式的计算结果在图 1 中用实线表示。

笔者建议采用下式

$$K(t,\tau) = \mathrm{e}^{-a[\varphi(t,\tau)]^b} \tag{5}$$

由上式

$$\ln(1/K) = a\varphi^b \tag{6}$$

对上式两边再取对数，得到

$$\ln[\ln(1/K)] = \ln a + b\ln\varphi \tag{7}$$

因此，以 $\ln[\ln(1/K)]$ 为纵坐标，$\ln\varphi$ 为横坐标，过多数试验点子作一直线，该直线在纵坐标轴上的截距为 $\ln a$，该直线的斜率为 b。由此可以决定常数 a 和 b。

根据 Neville 的统计资料，笔者得到

$$K(t,\tau) = \mathrm{e}^{-0.80[\varphi(t,\tau)]^{0.85}} \tag{8}$$

上式计算结果如图 1 中虚线所示，与实验结果符合得更好一些，尤其是在持载早期。

当 $t-\tau = 0$ 时，$\varphi(t,\tau) = 0$，这时应有

$$K(t,\tau) = 1.00 \tag{9}$$

笔者给出的式（5）、式（8）是满足上述条件的，但 Neville 的式（3）不满足上述条件，当 $t-\tau = 0$ 时，$K(t,\tau)=0.914\neq1.00$，故不能用于持载早期。

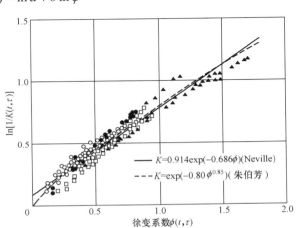

图 1　$\ln(1/K)$ 与徐变系数 $\varphi(t,\tau)$ 的关系

黄国兴等人根据水利水电科学研究院（简称水科院）对刘家峡、丹江口、柘溪、桓仁及潘家口等五个大坝混凝土的松弛系数与徐变系数的资料，统计得出[2]

$$\ln(1/K) = 0.066 + 0.638\varphi \tag{10}$$

即

$$K = 0.936\mathrm{e}^{-0.638\varphi} \tag{11}$$

根据上述水科院资料，笔者得到下式

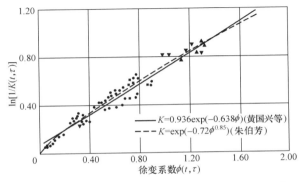

图 2　由水科院实验资料得出的 $\ln(1/K)$ 与 φ 的关系

$$K(t,\tau) = e^{-0.72\varphi^{0.85}} \qquad (12)$$

根据上式，当 $\varphi = 0$ 时，$K = 1.00$。

式（11）、式（12）计算结果与试验结果的对比见图 2。可见式（12）与试验资料符合得更好一些，特别是在持载早期。

参 考 文 献

［1］Neville A M and Diger W H. Creep of concrete, plain, reinforced and prestressed. Amsterdam: North-Holland, 1970.

［2］惠荣炎，黄国兴，易冰若．混凝土的徐变．北京：中国铁道出版社，1988.

混凝土极限拉伸变形与混凝土龄期
及抗拉、抗压强度的关系❶

摘　要： 混凝土极限拉伸变形是大体积混凝土温度控制设计中的一个重要指标，本文给出了它与混凝土龄期及抗拉、抗压强度之间关系的一组计算公式，并据此给出了混凝土极限拉伸变形的估算方法。

关键词： 混凝土；极限拉伸；龄期；抗拉强度；抗压强度

Relation among Extensibility，Age and Tensile and Compressive Strength of Concrete

Abstract: The extensibility is an important index for temperature control of mass concrete. In this paper a series of formulas are given to determine the relation among the extensibility, the age and the tensile and compressive strength of concrete and a method is proposed for estimating the extensibility of concrete.

Key words： concrete, extensibility, age, tensile strength, compressive strength

一、前言

混凝土极限拉伸变形是混凝土轴向受拉断裂时的应变值，通常简称为极限拉伸，它是混凝土抗裂能力的一个重要指标，在大体积混凝土温度控制设计中，它是一个重要参数[1]。

本文将给出混凝土极限拉伸与混凝土龄期、抗拉及抗压强度之间关系的一组计算公式，并据此给出了混凝土极限拉伸变形的估算方法，以供在缺乏混凝土极限拉伸变形时应用。

二、混凝土极限拉伸与龄期的关系

试验资料表明，混凝土极限拉伸随着混凝土龄期的增加而增加，笔者提出以下三个公式来描述极限拉伸与龄期之间的关系：

双曲线式
$$\varepsilon_t(\tau) = \frac{\varepsilon_{t0}\tau}{s+\tau} \qquad （1）$$

❶ 本项目得到国家自然科学基金、中国长江三峡开发总公司和国家攀登计划的资助。原载《土木工程学报》1996 年第 5 期。

修正对数式 $\qquad \varepsilon_t(\tau)=C\ln(\tau^r+1)$ （2）

复合指数式 $\qquad \varepsilon_t(\tau)=\varepsilon_{10}(1-\mathrm{e}^{-a\tau^b})$ （3）

式中 $\quad \varepsilon_t(\tau)$ ——龄期 τ 时的极限拉伸；

$\qquad \varepsilon_{10}$ ——最终极限拉伸；

$\qquad \tau$ ——龄期；

s、r、a、b——材料常数。

以上三个公式与试验资料符合得都不错，但双曲线公式特别简单、材料参数 ε_{10} 和 s 也特别容易确定，所以下面采用双曲线公式。

对于文献［5］给出的不同龄期常规混凝土的极限拉伸值，得到下式

$$\varepsilon_t(\tau)=1.141\tau/(6.24+\tau) \quad (10^{-4}) \tag{4}$$

对于文献［4］给出的观音阁碾压混凝土 KA-5 组极限拉伸，得到下式

$$\varepsilon_t(\tau)=0.860\tau/(5.10+\tau) \quad (10^{-4}) \tag{5}$$

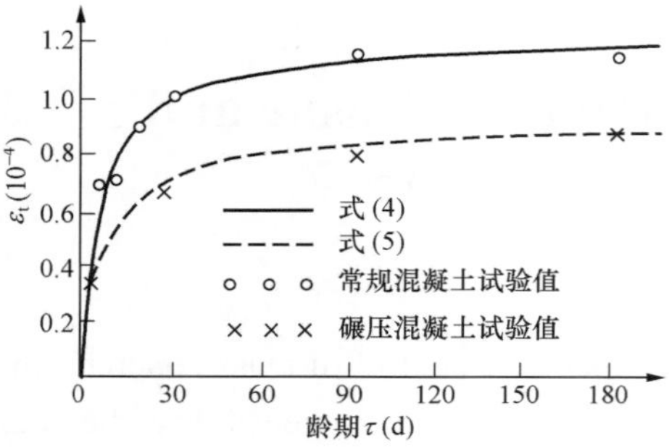

计算值与试验值的对比见图 1，可见计算值与试验值符合得相当好。

图 1　混凝土极限拉伸与龄期的关系

三、混凝土极限拉伸与抗拉强度的关系

大量试验资料表明，混凝土的极限拉伸变形 ε_t 随着抗拉强度 R_t 的增加而增长，过去曾有人用线性公式表示其关系如下

$$\varepsilon_t=(0.29+0.32R_t)\times10^{-4} \tag{6}$$

从物理概念上看，当抗拉强度 $R_t\to0$ 时，应有 $\varepsilon_t\to0$，但按上式，当 $R_t\to0$ 时，$\varepsilon_t\to0.29\times10^{-4}$。这点显然与实际情况不符。

笔者建议用下式描述极限拉伸 ε_t 与抗拉强度 R_t 之间的关系

$$\varepsilon_t=aR_t^b \tag{7}$$

式中 a、b 为常数，根据大量试验资料，笔者取 $a=55.0$，$b=0.50$。

则

$$\varepsilon_t=55.0R_t^{0.50} \quad (10^{-6}) \tag{8}$$

在图 2 中表示了吕宏基和杨德福所进行的常规混凝土的试验结果[3]，从图中可以看出，上式与试验结果符合得相当好。在图 3 中表示了姜福田进行的碾压混凝土极限拉伸变形与抗拉强度的关系[4]，从以上两图可以看出，笔者给出的式（8）对于常规混凝土和碾压混凝土都符合得比较好。

姜福田曾建议用下式表示混凝土极限拉伸变形与抗拉强度之间的关系[4]

$$\varepsilon_t=90.0\mathrm{e}^{-0.40/R_t} \tag{9}$$

四、混凝土极限拉伸与抗压强度的关系

首先，建立抗拉强度与抗压强度之间的关系。

中国《钢筋混凝土设计规范》（TJ10—74）建议用下式表示抗拉强度 R_t 与抗压强度 R_c 的关系

$$R_t = 0.232 R_c^{2/3} \tag{10}$$

根据大量试验资料，笔者建议用下式表示混凝土抗拉强度 R_t 与抗压强度 R_c（立方体强度）的关系

$$R_t = 0.332 R_c^{0.60} \tag{11}$$

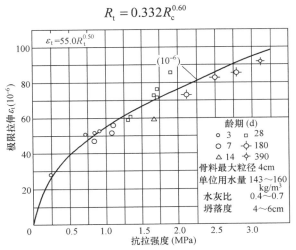

图 2　常规混凝土极限拉伸变形与抗拉强度的关系

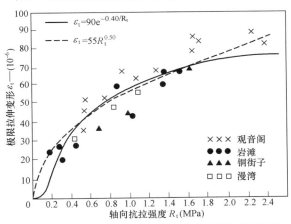

图 3　碾压混凝土极限拉伸变形与抗拉强度的关系

在图 4 表示了中国水利水电科学研究院的试验结果，由图可见，笔者给出的式（11）与试验结果符合得更好。

把式（11）代入式（8），得到混凝土极限拉伸 ε_t 与抗压强度 R_c 之间关系如下

$$\varepsilon_t = 31.7 R_c^{0.30} \quad (10^{-6}) \tag{12}$$

在表 1 中列出了由上式计算的混凝土极限拉伸与抗压强度的关系，表中也列出了前苏联建筑法规（СНИЛ II —56—77）中给出的数值。

表 1　　　　　　　混凝土极限拉伸变形与抗压强度的关系

抗压强度 R_c（MPa）		5	10	15	20	25	30
极限拉伸 ε_t（10^{-6}）	笔者公式（12）	51.4	63.2	71.4	77.8	83.3	87.9
	前苏联建筑法规	—	—	—	70.0	80.0	90.0

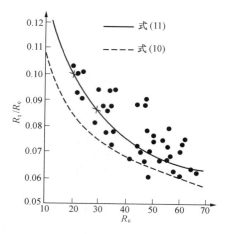

图 4　混凝土抗拉强度与抗压强度的关系

为了后面计算中的需要，下面给出混凝土抗压强度与龄期的关系[2]

$$R_c(\tau) = R_{c28}[1 + m\ln(\tau/28)] \tag{13}$$

式中：$R_c(\tau)$ 为龄期 τ 时混凝土抗压强度；R_{c28} 为 28d 龄期抗压强度；τ 为龄期，d；m 为系数，与水泥品种有关，根据中国水利水电科学院试验结果（$\tau=7\sim365$d），m 值如下[2]

矿渣硅酸盐水泥：$m=0.2471$

普通硅酸盐水泥：$m=0.1727$

普通硅酸盐水泥掺 60%粉煤灰：$m=0.3817$

五、混凝土极限拉伸变形的估算

混凝土极限拉伸变形是温度控制设计中的重要参数，一般应通过试验测定。但在中小工程设计或大工程的初步设计阶段，经常需要有一个估算方法。下面说明如何进行估算。

第一种情况，已有一组不同龄期的抗拉强度试验资料，这时可用式（8）估算不同龄期的混凝土极限拉伸变形。

第二种情况，已有一组不同龄期的抗压强度试验资料，这时可用式（10）估算不同龄期的混凝土极限拉伸变形。

第三种情况，没有试验资料，只定了一个混凝土设计标号，下面通过一个算例，说明在这种情况下如何估算不同龄期的极限拉伸变形。

设有矿渣硅酸盐水泥混凝土，龄期 28d 设计标号为 150，离差系数 $C_v=0.15$，保证率 80%，强度富裕系数 $K=1.14$，实际配制的混凝土的 28d 抗压强度为 $1.5\times1.14=17.1$（MPa）。

首先利用抗压强度 R_c 来估算混凝土最终极限拉伸 ε_{t0}，理论上应采用龄期 τ 为无限大的最终抗压强度，但因式（13）中采用自然对数，不便 $\tau=\infty$，实际上用 $\tau=1000$d 也就差不多了，取 $\tau=1000$d，$m=0.2471$，由式（13）得到

$$R_c(1000)=17.1\times[1 + 0.2471\ln(1000/28)] = 32.2(\text{MPa})$$

再以 $R_c=32.2$MPa 代入式（12），得到

$$\varepsilon_{t0} = 31.7\times32.2^{0.30} = 89.8\times10^{-6}$$

由于是常规混凝土，取 $s=6.24d$，得到估算不同龄期 τ 极限拉伸变形公式如下

$$\varepsilon_t(\tau) = 89.8 \times 10^{-6} \tau / (\tau + 6.24)$$

由上式，得到不同龄期混凝土极限拉伸值如表 2

表 2 算　例

龄期（d）	3	7	14	28	90	180	360
极限拉伸（10^{-6}）	29.1	47.4	62.1	73.4	84.0	86.8	88.2

由于材料性质变化较大，这种估算的误差较大，但在没有资料时，毕竟可以提供一些参考数据。当然，在使用这些数据时，应适当加大安全系数，以便留有余地。

六、结束语

（1）本文给出了一组公式，可以较好地描述混凝土极限拉伸与龄期、抗拉及抗压强度之间的关系。

（2）本文给出了混凝土极限拉伸的估算方法，在缺乏试验资料时，可供参考。

参　考　文　献

[1] 朱伯芳，王同生，丁宝瑛，郭之章. 水工混凝土结构的温度应力与温度控制. 北京：水利电力出版社，1976.

[2] 水利水电科学研究院结构材料研究所. 大体积混凝土. 北京：水利电力出版社，1990.

[3] 吕宏基，杨德福. 关于水泥混凝土极限拉伸变形性能的探讨. 水利水电科学研究院科学研究论文集. 北京：中国工业出版社，1965.

[4] 姜福田，碾压混凝土. 北京：中国铁道出版社，1991.

[5] Kaplan. M F Strains and stresses of concrete at initiation of cracking and near failure，J A CI，1963，2.

黏弹性地基梁（非文克尔假定）[1]

提　要： 本文根据黏弹性体与弹性体的比拟关系，利用拉普拉斯变换，将黏弹性地基梁转化为辅助的弹性地基梁，然后将地基与梁之间的反力展为多项式，由变形协调条件确定其系数，反演之即得到黏弹性地基梁的解。这个方法既避免了文克尔假定的缺点，又便于利用现有弹性地基梁的大量研究成果，对有限与无限梁及各种荷载均能迅速求解。

关键词： 黏弹性；地基；梁；计算方法

Viscoelastic Beam on a Viscoelastic Foundation

Abstract: A method is proposed to analyze the viscoelastic beam on a viscoelastic foundation without using Winker's hypothesis. The foundation is considered as a viscoelastic half plane. By means of Laplace transformation, the viscoelastic beam and foundation are converted into the auxiliary elastic beam and foundation. Then the pressure between the beam and the foundation is expressed by a polynomial, the coefficients of which are determined by the compatibility condition of displacements of the beam and the foundation. After inverting to the real domain, the viscoelastic solution is obtained. The paper gives a numerical example to show that, due to the viscous deformation, the pressure between the beam and the foundation varies markedly with the time.

Key words： viscoelastic, foundation, beam, computing method

近代土力学的发展证实了地基往往是非弹性的，其变形多随时间而逐渐增长。从流变学观点，可近似地以黏弹性体代表之。因此研究黏弹性地基梁的应力与变形具有重要的实际意义。尔然尼采和弗里登沙耳等曾按文克尔假定研究过黏弹性地基梁[1, 2]，可应用于垫层较薄时。但在垫层较厚时，文克尔假定是不适合的。

今设梁与地基均为黏弹性体，分别具有如下的应力—应变关系：

在梁内

$$P_1(D)\, s_{ij} = Q_1(D)\, e_{ij}, \quad M_1(D)\, \sigma_{ii} = N_1(D)\, (\varepsilon_{ii} - 3\alpha T) \tag{1}$$

在地基内

$$P_2(D)\, s_{ij} = Q_2(D)\, e_{ij}, \quad M_2(D)\, \sigma_{ii} = N_2(D)\, (\varepsilon_{ii} - 3\alpha T) \tag{2}$$

式中，$P_1(D)$、$P_2(D)$、$\cdots$、$M_2(D)$、$N_2(D)$ 等均为

$$b_0 + b_1 D + \cdots + b_n D^2$$

型的算子，$D=\partial/\partial t$，系数 b_i 为常数，t 为时间，幂次 n 对不同的算子可以是不同的、σ_{ij} 和 ε_{ij} 分别为应力张量和应变张量，s_{ij} 和 e_{ij} 分别是应力偏量和应变偏量，定义如下

$$\left.\begin{array}{c} s_{ij} = \sigma_{ij} - \dfrac{1}{3}\delta_{ij}\sigma_{kk}, \ e_{ij} = \varepsilon_{ij} - \dfrac{1}{3}\delta_{ij}\sigma_{kk} \\[2mm] 当 i=j, \ \delta_{ij}=1; \quad 当 i \neq j, \ \delta_{ij}=0 \end{array}\right\} \tag{3}$$

假定在初始瞬时，地基和梁均处于自然状态，令

$$\overline{\sigma}_{ij} = L[\sigma_{ij}] = \int_0^\infty \sigma_{ij} e^{-\delta\tau} d\tau \tag{4}$$

对式（1）、式（2）两式进行拉普拉斯变换，得到：

在梁内

$$\overline{s}_{ij} = 2\overline{G}_1 \overline{e}_{ij}, \quad \overline{\sigma}_{ii} = 3\overline{K}_1 \left(\overline{\varepsilon}_{ij} - 3\alpha\overline{T}\right) \tag{5}$$

在地基内

$$\overline{s}_{ij} = 2\overline{G}_2 \overline{e}_{ij}, \quad \overline{\sigma}_{ii} = 3\overline{K}_2 \left(\overline{\varepsilon}_{ii} - 3\alpha\overline{T}\right) \tag{6}$$

式中

$$\overline{G}_1 = \frac{Q_1(s)}{2P_1(s)}, \quad \overline{K}_1 = \frac{N_1(s)}{3M_1(s)}, \quad \overline{G}_2 = \frac{Q_2(s)}{2P_2(s)}$$

$$\overline{K}_2 = \frac{N_2(s)}{3M_2(s)} \tag{7}$$

式（5）、式（6）两式与一般弹性体的应力应变关系在形式上是相似的[7]。由此可知，经过拉氏变换，黏弹性地基梁可转换成一辅助的弹性地基梁，其切变模量为 $\overline{G}_1$、$\overline{G}_2$，体变模量为 $\overline{K}_1$、$\overline{K}_2$，如式（7）所示。采用弹性地基梁方法求出辅助量 $\overline{\sigma}_{ij}$ 和 $\overline{\varepsilon}_{ij}$ 后，经过反演，即可求出黏弹性地基梁中的应力 σ_{ij} 和应变 ε_{ij}。

目前分析弹性地基梁有三种通用的方法，即文克尔法，链杆法和多项式法。这三种方法都可用来计算辅助弹性地基梁的 $\overline{\sigma}_{ij}$ 和 $\overline{\varepsilon}_{ij}$，但文克尔法只适用于垫层很薄时。在垫层较厚时与实际情况相差较远。而用链杆法需要求解联立方程，计算较繁。因此我们参照文献［3］所建议的方法，将辅助地基与辅助梁之间的反力 $\overline{p}(x, s)$ 展为多项式如下（见图1）

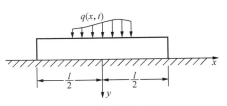

图 1　黏弹性地基梁

$$\overline{p}(x,s) = \overline{a}_0 + \overline{a}_1\left(\frac{x}{l}\right) + \overline{a}_2\left(\frac{x}{l}\right)^2 + \overline{a}_3\left(\frac{x}{l}\right)^3 \tag{8}$$

由变形协调条件确定系数 $\overline{a}_0$、$\overline{a}_1$、$\overline{a}_2$、$\overline{a}_3$。这些系数是辅助柔度指标 $\overline{f}$ 的函数，一般 $\overline{f}$ 具有如下形式

$$\overline{f} = \frac{\overline{E}_2(1-\overline{v}_1^2)}{\overline{E}_1(1-\overline{v}_2^2)} \tag{9}$$

式中

$$\overline{E}_i = \frac{9\overline{K}_i\overline{G}_i}{3\overline{K}_i + G_i}, \ \overline{v}_i = \frac{3\overline{K}_i - 2\overline{G}_i}{6\overline{K}_i + 2\overline{G}_i}, \quad i = 1、2 \tag{10}$$

若地基与梁均处于平面应力状态，则辅助柔度指标为

$$\overline{f'} = \overline{E}_2 / \overline{E}_1 \tag{11}$$

又若梁与地基的切变与其体变成比例，则泊松比 ν_1、ν_2 为常数，因而 $\overline{\nu}_1 = \nu_1$，$\overline{\nu}_2 = \nu_2$，于是式（9）成为

$$\overline{f} = \frac{1-\nu_1^2}{1-\nu_2^2} \cdot \frac{\overline{E}_2}{\overline{E}_1} \tag{12}$$

上式与式（11）相似，只差一常数。

把式（7）、式（10）两式代入式（9）、式（11）两式，得到

$$\overline{f} = \frac{\overline{E}_2(1-\overline{\nu}_1^2)}{\overline{E}_1(1-\overline{\nu}_2^2)}$$

$$= \{P_1(s)Q_2(s)[2P_2(s)N_2(s)+M_2(s)Q_2(s)] \times [N_1(s)P_1(s)+2M_1(s)Q_1(s)]\}/$$
$$\{P_2(s)Q_1(s)[2P_1(s)N_1(s)+M_1(s)Q_1(s)] \times [N_2(s)P_2(s)+2M_2(s)Q_2(s)]\} \tag{13}$$

$$\overline{f'} = \frac{\overline{E}_2}{\overline{E}_1} = \frac{Q_2(s)N_2(s)[2P_1(s)N_1(s)+M_1(s)Q_1(s)]}{Q_1(s)N_1(s)[2P_2(s)N_2(s)+M_2(s)Q_2(s)]} \tag{14}$$

从文献〔3〕可以看出，$\overline{p}(x,s)$ 的系数 $\overline{a}_0$、$\overline{a}_1$、$\overline{a}_2$、$\overline{a}_3$ 通常具有如下形式

$$\overline{a}_1 = \frac{\beta_1 + \beta_2 \overline{f}}{\beta_3 + \beta_4 \overline{f}} \cdot \overline{q}, \quad \overline{q} = L[q(t)] \tag{15}$$

若荷载不随时间而变化，即 $q(t) = q_0$，则 $\overline{q} = q_0 / s$，又 β_1、β_2、β_3、β_4 均为常数，决定于荷载形式。以 $\overline{f}$ 或 $\overline{f'}$ 之值代入式（15），反演之，即得到黏弹性地基梁的真实反力为

$$p(x,t) = L^{-1}[\overline{p}(x,s)]$$

$$= L^{-1}[\overline{a}_0] + L^{-1}[\overline{a}_1]\left(\frac{x}{l}\right) + L^{-1}[\overline{a}_2]\left(\frac{x}{l}\right)^2 + L^{-1}[\overline{a}_3]\left(\frac{x}{l}\right)^3 \tag{16}$$

即

$$p(x,t) = a_0(t) + a_1(t)\left(\frac{x}{l}\right) + a_2(t)\left(\frac{x}{l}\right)^2 + a_3(t)\left(\frac{x}{l}\right)^3 \tag{17}$$

确定反力以后，梁内弯矩、剪力等都可由平衡条件得出。关于拉氏变换及反演的细节可参阅有关专著，此处从略。只须指出式（15）所示的系数 $\overline{a}_i$ 具有分式型式，是比较易于反演的。

如果不必计算应力变化过程，而只要求出 $t=0$ 时的初始应力状态及 $t=\infty$ 时的最终应力状态，可以不经过反演，而利用拉氏变换的极限定理简化求解过程。例如设荷载为常量 q_0，由式（15），系数 $\overline{a}_i$ 具有如下形式：

$$\overline{a}_i = \frac{\beta_1 + \beta_2 \overline{f}(s)}{\beta_3 + \beta_4 \overline{f}(s)} \cdot \frac{q_0}{s} \tag{18}$$

由拉氏变换的极限定理，有下述关系：

$$\lim_{s\to\infty} s\overline{a}_i(s) = \lim_{t\to 0} a_i(t), \quad \lim_{s\to 0} s\overline{a}_i(s) = \lim_{t\to 0} a_i(t)$$

由此可知：

当 $t=0$ 时

$$a_i(0) = \lim_{s\to\infty}\frac{1}{4}ks\overline{a}_i(s) = \lim_{s\to\infty}\frac{1}{4}k\frac{\beta_1 + \beta_2 \overline{f}(s)}{\beta_3 + \beta_4 \overline{f}(s)} \cdot q_0 \tag{19}$$

当 $t = \infty$ 时

$$a_i(\infty) = \lim_{s \to 0} \frac{1}{4} ks\overline{a_i}(s) = \lim_{s \to 0} \frac{1}{4} k \frac{\beta_1 + \beta_2 \overline{f}(s)}{\beta_3 + \beta_4 \overline{f}(s)} \cdot q_0 \qquad (20)$$

兹举一算例，以说明求解步骤。

设梁为弹性体，地基具有弹性体变及伏格特（Voigt）型的黏弹性切变如图 2，即 $P_1 = 1$，$Q_1 = 2G_1$，$M_1 = 1$，$N_1 = 3K_1$；$P_2 = 1$，$Q_2 = 2G_2 + 2\eta_2 D$，$M_2 = 1$，$N_2 = 3K_2$。将 D 换为 s，由式（13）得到

$$\overline{f} = c_0 \cdot \frac{(c_1 + s)(c_2 + s)}{c_3 + s} \qquad (21)$$

式中

$$c_0 = \frac{\eta_2(3K_1 + 4G_1)}{4G_1(3K_1 + G_1)}, c_1 = \frac{G_2}{\eta_2}, c_2 = \frac{3K_2 + G_2}{\eta_2}$$

$$c_3 = \frac{3K_2 + G_2}{4\eta_2} \qquad (22)$$

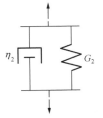

图 2　伏格特模型

又设梁上作用着常量集中荷载 P，于是反力的辅助系数 $\overline{a_i}$ 具有如下形式

$$\overline{a_i} = \frac{\beta_1 + \beta_2 \overline{f}}{\beta_3 + \beta_4 \overline{f}} \cdot \frac{\overline{P}}{\iota} = \frac{\beta_1 + \beta_2 \overline{f}}{\beta_3 + \beta_4 \overline{f}} \cdot \frac{P}{sl} \qquad (23)$$

把式（21）、式（22）两式代入上式，经过整理后得到

$$\overline{a_i} = \frac{\beta_2 s^2 + e_1 s + e_2}{\beta_4(s^2 + e_3 s + e_4)} \cdot \frac{P}{sl} \qquad (24)$$

式中，$e_1 = \beta_2(c_1 + c_2) + \beta_1/c_0$，$e_2 = \beta_2 c_1 c_2 + \beta_1 c_3/c_0$，$e_3 = c_1 + c_2 + \beta_3/c_0\beta_4$，$e_4 = c_1 c_2 + \beta_3 c_3/c_0\beta_4$。

将式（24）反演，得到梁底地基反力系数如下

$$a_i(t) = \left[\frac{e_2}{\beta_4 e_4} + \frac{\beta_2 s_1^2 - e_1 s_1 + e_2}{\beta_4 s_1(s_1 - s_2)} e^{-s_1 t} - \frac{\beta_2 s_2^2 - e_1 s_2 + e_2}{\beta_4 s_2(s_1 - s_2)} e^{-s_2 t} \right] \cdot \frac{P}{l} \qquad (25)$$

式中

$$s_1 = \frac{1}{2}(e_3 + \sqrt{e_3^2 - 4e_4})$$

$$s_2 = \frac{1}{2}(e_3 - \sqrt{e_3^2 - 4e_4})$$

以不同的 β_i 值代入式（25），可以求出 $a_0(t)$、$a_1(t)$、$a_2(t)$、$a_3(t)$，代入式（17），即得到地基反力。

设梁的切变模量为 $G_1 = 1 \times 10^7 \text{kPa}$，体变模量为 $K_1 = 1.33 \times 10^7 \text{kPa}$，土基的切变模量为 $G_2 = 10^4 \text{kPa}$，体变模量为 $K_2 = 2.50 \times 10^4 \text{kPa}$，黏滞系数 $\eta_2 = 10^8 \text{kPa} \cdot \text{d/cm}^2$，代入以上各式，算得地基反力变化如图 3（b），由图可以看出地基反力随时间而变化的情况。

采用上述方法，由于可以利用已有的弹性地基梁的大量研究成果，对工程实践中所遇到的有限梁和无限梁及各种荷载形式，都能迅速求解，很便于实用。

可以看出本文所述方法对于黏弹性地基板也是适用的。辅助的弹性地基板的解可以自文献［5，6］取得，比文献［8］提出的方法更为方便，在板的计算中，系数 $\overline{a_i}$ 的计算采用近

似方法更为方便[9]。

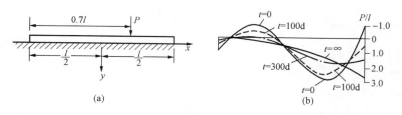

图3 算例

文献［10］在分析弹性地基上的梁与圆板时用切贝雪夫多项式表示地基反力，取得了比较简洁的结果。可以看出，对于黏弹性地基上的梁和圆板，用切贝雪夫多项式表示地基反力，也可以取得比较简洁的结果。

参 考 文 献

［1］А Р Ржанидын. Некоторые Водросы Механикя Систем. Дефомируюдися во Времени，1949.

［2］A M Freudenthal，H G Lorsch. The Infinite Beam on a Linear Viscoelastic Foundation. Proc ASCE，EMl，1957：1158.

［3］И А Симвулиди. Расчет Балок ца Сплошном Уп ругом Основании（增订版），1958.

［4］西姆武利迪. 连续弹性地基上梁的计算. 钱家欢，译. 北京：水利出版社，1957.

［5］M H Торбунов-Посадов. Расчет Конструкпий На Упугом Основаниие，1953.

［6］В Н Жемочкин. Практические Метод Расчета Фундаментых Валок д Плита на Упугом Основании，1962.

［7］D R Bland. The Theory of Linear Viscoelasticity. Pergamon Press，1960.

［8］K S Pister. Viscoelastic Plate on a Viscoelastic Foundation. Proc. ASCE，EMl，1961.

［9］R A Schapery. Approximate Methods of Transform Inversion for Viscoelastic Stress Analysis. Proc.4tb U. S. Nat. Congr. Appl. Mech.，1962，2.

［10］П И Клубин. Расчёт Балочных И Круглых Плит на Упугом Основани，Инженерной Сборник，Т.12，1952.

钢筋混凝土和预应力混凝土构件的徐变分析❶

摘 要：目前用弹性徐变理论对钢筋混凝土和预应力混凝土进行徐变分析，要先建立一个积分方程或者积分方程组，然后求解，比较费事。本文另外开辟一条途径。先在弹性徐变理论基础上给出混凝土和钢筋的应力——应变的增量关系和递推公式，然后提出钢筋混凝土和预应力混凝土徐变分析的通用公式，避免了积分方程的建立和求解。由于利用了递推关系，公式结构简单。计算中考虑了混凝土的徐变、收缩以及高应力下钢材的徐变。

关键词：钢筋混凝土；预应力混凝土；构件；徐变

Creep Analysis of Reinforced Concrete and Prestressed Concrete Members

Abstract: A numerical method, based on the theory of elasto creeping solid, is proposed for creep analysis of reinforced and prestressed concrete members. The redistribution of stresses in the reinforced concrete and the loss of the prestress in the prestressed concrete can be calculated with consideration of the effect of the creep and shrinkage of the concrete and the creep of the steel.

Key words：reinforced concrete, prestressed concrete, member, creep

前言

混凝土的徐变变形约为其弹性变形的 1～3 倍。在钢筋混凝土中，徐变会引起应力重新分布。在预应力混凝土中，徐变会使预应力有所损失。这些问题一直是人们所关心的课题，对这个问题的分析，有两类方法。一类是以 TB 法为代表的近似方法，计算比较简便，但基本假定比较粗略。另一类是基于弹性徐变理论的精细方法，基本假定比较严密。对于单层配筋构件，归结于一个积分方程。对于多层配筋构件，归结于一个联立的积分方程组。求解比较费事。本文另外开辟一条途径，提供一个新的精细分析方法。先在弹性徐变理论的基础上，给出混凝土和钢筋的应力—应变的增量关系和递推公式，然后提出钢筋混凝土和预应力混凝土徐变分析的通用公式，避免了积分方程的建立和求解。由于利用了递推关系，公式结构简单。另外，由于徐变度是用狄里希勒级数表示的，只要取用足够的项数，计算公式可以充分逼近试验资料，公式还可以同时考虑可复徐变和不可复徐变。因此，本文方法的计算精度是可以控制的。

---

❶ 原载《水工结构与固体力学论文集》，水利电力出版社，1988.

一、单层配筋钢筋混凝土构件

（一）混凝土应力—应变的增量关系

根据弹性徐变理论[1]，混凝土的应力—应变关系为

$$\varepsilon(t,\tau) = \sigma(t_0)\left[\frac{1}{E(t_0)} + C(t,t_0)\right] + \int_{t_0}^{t}\left[\frac{1}{E(\tau)} + C(t,\tau)\right]\frac{d\sigma}{d\tau}d\tau \tag{1}$$

式中：t 为时间；τ 为龄期；$E(\tau)$ 为弹性模量；$C(t,\tau)$ 为混凝土的徐变度。

混凝土的弹性模量可表示如下[2]

$$E(\tau) = E_0(1 - e^{-a\tau^m}) \tag{2}$$

其中 E_0、a、m 等为常数，E_0 为最终弹性模量（$\tau \to \infty$ 时），通常可取 $E_0 = 1.20E(90)$ 或 $E_0 = 1.05E(360)$，其中 $E(90)$、$E(360)$ 分别是龄期 90d 和 360d 的弹性模量。

混凝土的徐变度可表示为[3]

$$C(t,\tau) = \sum_{j=1}^{n}\phi_j(\tau)\left[1 - e^{-r_j(t-\tau)}\right] \tag{3}$$

对于可复徐变，可取

$$\phi_j(\tau) = f_j + g_j\tau^{-p_j} \tag{4}$$

其中 f_j、g_j、p_j 等是由试验资料决定的常数。对于不可复徐变，由文献 [3] 可知，可取

$$\phi_j(\tau) = De^{-r_j\tau} \tag{5}$$

其中 D、r_j 为常数。徐变度公式（3）中的全部常数，可用优化方法选取，见文献 [3]。作者建议的公式（3）的概括能力较强，Н.Х.Арутюнян.А.В.Яшин 等人的公式，可以看做是式（3）的特例。

由式（1）可知，混凝土的应变可分为弹性应变 $\varepsilon^e(t)$ 和徐变应变 $\varepsilon^c(t)$ 两部分，分别计算如下

$$\varepsilon^e(t) = \frac{\sigma(t_0)}{E(t_0)} + \int_{t_0}^{t}\frac{1}{E(\tau)}\frac{d\sigma}{d\tau}d\tau \tag{6}$$

$$\varepsilon^c(t) = \sigma(t_0)C(t,t_0) + \int_{t_0}^{t}C(t,\tau)\frac{d\sigma}{d\tau}d\tau \tag{7}$$

把时间划分为一系列时段，如图 1 所示。在每一时段 Δt 内，假设应力变化速度 $d\sigma/d\tau$ 为常数，可得到计算弹性应变增量 $\Delta\varepsilon_n^e$ 和徐变应变增量 $\Delta\varepsilon_n^c$ 公式如下[4, 5]

$$\Delta\varepsilon_n^e = \varepsilon^e(t_n) - \varepsilon^e(t_{n-1}) = \Delta\sigma_n / E_n^* \tag{8}$$

$$\Delta\varepsilon_n^c = \varepsilon^c(t_n) - \varepsilon^c(t_{n-1}) = \eta_n + q_n\Delta\sigma_n \tag{9}$$

式中

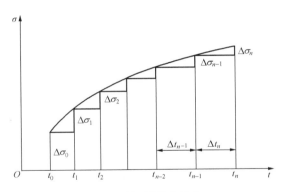

图 1　时间域的离散化

$$E_n^* = E\left(t_{n-1} + \frac{1}{2}\Delta t_n\right)$$
$$\eta_n = \sum_{j=1}^{R}(1 - e^{-r_j \Delta t_n})\omega_{jn} \tag{10}$$
$$q_n = \sum_{j=1}^{R}\phi_j\left(t_{n-1} + \frac{1}{2}\Delta t_n\right)(1 - e^{-r_j \Delta t_n/2})$$

其中 ω_{jn} 可由下列递推公式计算

$$\omega_{jn} = \omega_{j,n-1}e^{-r_j \Delta t_{n-1}} + \Delta\sigma_{n-1}\phi_j\left(t_{n-2} + \frac{1}{2}\Delta t_{n-1}\right)e^{-r_j \Delta t_{n-1}/2}$$
$$\omega_{j1} = \Delta\sigma_0 \phi_j(t_0) \tag{11}$$

混凝土的应变包括弹性应变、徐变应变和初应变三部分，故

$$\Delta\varepsilon_n = \Delta\varepsilon_n^e + \Delta\varepsilon_n^c + \Delta\varepsilon_n^I \tag{12}$$

其中 $\Delta\varepsilon_n^e$ 为弹性应变增量，$\Delta\varepsilon_n^c$ 为徐变应变增量，$\Delta\varepsilon_n^I$ 为初应变增量，可计算如下

$$\Delta\varepsilon_n^I = \alpha\Delta T_n + \Delta\varepsilon_n^{sh} \tag{13}$$

上式右端第一项为混凝土温度变形增量，第二项为混凝土收缩变形增量，α 为线胀系数，ΔT_n 为温度增量。

把式（8）、式（9）代入式（12），得到

$$\Delta\varepsilon_n = \Delta\sigma_n / E_n^* + \eta_n + q_n\Delta\sigma_n + \Delta\varepsilon_n^I \tag{14}$$

化简后，得到混凝土的应力—应变增量关系如下

$$\Delta\varepsilon_n = \Delta\sigma_n / \overline{E}_n + \eta_n + \Delta\varepsilon_n^I \tag{15}$$

或

$$\Delta\sigma_n = \overline{E}_n(\Delta\varepsilon_n - \eta_n - \Delta\varepsilon_n^I) \tag{16}$$

式中

$$\overline{E}_n = E_n^* / (1 + E_n^* q_n) \tag{17}$$

（二）单层配筋钢筋混凝土构件应力计算通用公式

在混凝土与钢筋的接触面上，应变应保持协调，因此有

$$\varepsilon(t) = \varepsilon_s(t) \tag{18}$$

其中 $\varepsilon(t)$ 和 $\varepsilon_s(t)$ 分别为混凝土和钢筋在任意时刻 t 的应变，对上式取增量，得到

$$\Delta\varepsilon_n = \Delta\varepsilon_{sn} \tag{19}$$

在常温下，普通钢筋混凝土中的钢筋无徐变，故钢筋应变增量可表示如下

$$\Delta \varepsilon_{sn} = \Delta \sigma_{sn} / E_s + \Delta \varepsilon_{sn}^I \tag{20}$$

式中：$\Delta \varepsilon_{sn}$ 为钢筋应变增量；$\Delta \sigma_{sn}$ 为钢筋应力增量；E_s 为钢的弹性模量；$\Delta \varepsilon_{sn}^I$ 为钢筋的初应变增量，一般即为温度变形增量 $\alpha_s \Delta T_{sn}$。

把式（15）、式（20）两式代入应变协调条件式（19），得到

$$\Delta \sigma_{sn} / E_s + \Delta \varepsilon_{sn}^I = \Delta \sigma_n / \overline{E}_n + \eta_n + \Delta \varepsilon_n^I \tag{21}$$

从本文后面的分析可知，钢筋与混凝土的平衡条件可表示为

$$\sigma_{sn} = f_n - b\sigma_n \tag{22}$$

式中：b 是与构件截面形状有关的常数；f_n 是与构件受力条件有关的量。对上式取增量，得到用增量表示的平衡条件如下

$$\Delta \sigma_{sn} = \Delta f_n - b\Delta \sigma_n \tag{23}$$

把平衡条件式（23）代入应变协调条件式（21），经过整理，得到单层配筋钢筋混凝土构件中混凝土应力增量的通用计算公式如下

$$\Delta \sigma_n = k(\Delta f_n / E_s + \Delta \varepsilon_{sn}^I - \eta_n - \Delta \varepsilon_s^I) \tag{24}$$

式中

$$k = E_s \overline{E}_n / (E_s + b\overline{E}_n) \tag{25}$$

在时间 t_n 的混凝土应力为

$$\sigma_n = \sigma_{n-1} + \Delta \sigma_n \tag{26}$$

把 σ_n 代入式（22），即得到钢筋应力 σ_{sn}。

在初始瞬时 $t = t_0$，徐变尚未发生，故 $\eta_n = q_n = 0$，$\overline{E}_n = E(t_0)$，由式（24），得到计算混凝土初始应力公式如下

$$\sigma_0 = \frac{E_s E(t_0)}{E_s + bE(t_0)} \left(\frac{\Delta f_0}{E_s} + \Delta \varepsilon_{s0}^I - \Delta \varepsilon_0^I \right) \tag{27}$$

以后重复利用式（24），即可求出任意时间的应力。由此可见，计算单层配筋钢筋混凝土构件中混凝土应力变化过程的基本公式就是式（24），它考虑了混凝土徐变、收缩、温度变形等各种因素的影响，但公式十分简单。

（三）钢筋混凝土中心受力构件

考虑图2所示的中心受力构件，轴力为 N，混凝土净截面积为 F_c，钢筋截面积为 $F_s = \mu F_c$，μ 为配筋率。

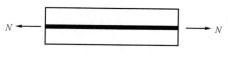

图2　中心受力构件

平衡条件为

$$\sigma_s F_s + \sigma F_c = N \tag{28}$$

由上式得到

$$\sigma_s = \frac{N}{F_s} - \frac{F_c}{F_s}\sigma \tag{29}$$

把上式与式（22）比较，可知对于中心受压构件，有

$$f_n = N/F_s, b = F_c/F_s = 1/\mu, \Delta f_n = \Delta N_n/F_s \tag{30}$$

把上式代入式（24）、式（22），即可得到混凝土和钢筋的应力。

（四）钢筋混凝土偏心受力构件

考虑图 3 所示钢筋混凝土偏心受力构件，混凝土净截面积为 F_c，惯性矩为 J_c，钢筋截面积为 $F_s = \mu F_c$，钢筋至混凝土净截面形心的距离为 h_s，构件受到的轴力为 N，弯矩为 M。

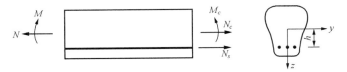

图 3　钢筋混凝土偏心受力构件

平衡条件为

$$\left.\begin{array}{l} N_s(t) + N_c(t) = N \\ M_s(t) + M_c(t) = M \end{array}\right\} \tag{31}$$

其中 $N_c(t)$、$M_c(t)$ 分别为混凝土净截面所承受的轴力和弯矩，$N_s(t)$、$M_s(t)$ 分别为钢筋承受的轴力和弯矩。显然

$$N_s(t) = \sigma_s(t)F_s, \quad M_s(t) = \sigma_s(t)F_s h_s$$

把上式代入式（31），得到

$$\left.\begin{array}{l} N_c(t) = N - \sigma_s(t)F_s \\ M_c(t) = M - \sigma_s(t)F_s h_s \end{array}\right\} \tag{32}$$

由平截面假设，可知在 z 点的混凝土应力为

$$\sigma(t) = \frac{N - \sigma_s(t)F_s}{F_c} + \frac{M - \sigma_s(t)F_s h_s}{J_c}z \tag{33}$$

在上式中令 $z = h_s$，得到 $z = h_s$ 处混凝土应力为

$$\sigma(t) = \frac{N - \sigma_s(t)F_s}{F_c} + \frac{[M - \sigma_s(t)F_s h_s]h_s}{J_c} \tag{34}$$

由上式解出 $\sigma_s(t)$，可知在 $z = h_s$ 处，有

$$\sigma_s(t) = \left[\left(\frac{N}{F_c} + \frac{Mh_s}{J_c}\right) - \sigma(t)\right] \bigg/ \left(\frac{F_s}{F_c} + \frac{F_s h_s^2}{J_c}\right) \tag{35}$$

把上式与式（22）对比，可知对于偏心受力构件，有

$$f_n = b \left(\frac{N}{F_c} + \frac{Mh_s}{J_c} \right), b = \left(\frac{F_s}{F_c} + \frac{F_s h_s^2}{J_c} \right)^{-1} \Bigg\}$$

$$\Delta f_n = b \left(\frac{\Delta N}{F_c} + \frac{h_s}{J_c} \Delta M \right) \Bigg\}$$

（36）

把上式代入式（24）、式（22），即可计算混凝土和钢筋应力。

二、单层配筋预应力混凝土构件的预应力损失

设预应力混凝土构件也如图 3 所示，在 $t = t_0$ 时施加预应力，此时没有外荷载，故

$$N = M = 0$$

在混凝土与钢材接触面上，应变连续条件为

$$\varepsilon = \varepsilon_s - \Delta$$

（37）

式中 ε——混凝土应变；

ε_s——钢的应变；

Δ——钢的预加应变。

可见施加预应力相当于对钢材施加初应变如下

$$\varepsilon_s^{\mathrm{I}} = -\Delta$$

（38）

如果不考虑钢材的徐变，取钢的初应变如上式，并令 $N = M = 0$，就可利用式（24）计算预应力混凝土的预应力损失。常温下的钢材在低应力作用下是没有徐变的，但在高应力作用下，钢也会产生徐变。为了保证有效的预应力值，在预应力混凝土中，钢材的应力通常是比较高的，因而钢材也会产生徐变，其影响不容忽视。

根据试验资料，当 $\sigma_s \leqslant \sigma_p$ 时，钢材无徐变，σ_p 是一个材料参数。当 $\sigma_s > \sigma_p$ 时，钢会产生徐变，徐变度为 $C_s(t,\tau)$。在预应力混凝土中，钢的应力比较大，通常 $\sigma_s > \sigma_p$。在计算预应力损失时，应力变化幅度一般也不太大。不妨假定，在整个计算过程中 $\sigma_s > \sigma_p$。因此，钢的应力—应变关系可表示如下

$$\varepsilon_s(t) = \frac{\sigma_s(t_0)}{E_0} + \left[\sigma_s(t_0) - \sigma_p \right] C_s(t,t_0) + \int_{t_0}^{t} \left[\frac{1}{E_s} + C_s(t,\tau) \right] \frac{\mathrm{d}\sigma_s}{\mathrm{d}\tau} \mathrm{d}\tau$$

（39）

钢的徐变度可表示如下

$$C_s(t,\tau) = \sum_{j=1}^{Q} C_{sj} \left[1 - \mathrm{e}^{-s_j(t-\tau)} \right]$$

（40）

式中，C_{sj}、s_j 等是由试验资料缺乏的常数。

经过与式（9）类似的推导，在时段 Δt_n 内，钢的弹性应变增量 $\Delta \varepsilon_{sn}^e$ 和徐变应变增量 $\Delta \varepsilon_{sn}^c$ 可计算如下

$$\Delta \varepsilon_{sn}^e = \Delta \sigma_{sn} / E_s$$

（41）

$$\Delta \varepsilon_{sn}^c = \eta_{sn} + q_{sn} \Delta \sigma_{sn}$$

（42）

$$
\left.\begin{aligned}
\eta_{sn} &= \sum_{j=1}^{Q}(1-e^{-s_j \Delta t_n})\rho_{jn} \\
q_{sn} &= \sum_{j=1}^{Q} C_{sj}(1-e^{-s_j \Delta t_n / 2}) \\
\rho_{jn} &= \rho_{j,n-1}e^{-s_j \Delta t_{n-1}} + \Delta\sigma_{s,n-1}C_{sj}e^{-s_j \Delta t_{n-1}/2} \\
\rho_{j1} &= \left[\sigma(t_0)-\sigma_p\right]C_{sj}
\end{aligned}\right\}
\tag{43}
$$

式中

钢的应变增量为

$$
\Delta\varepsilon_{sn} = \Delta\varepsilon_{sn}^{e} + \Delta\varepsilon_{sn}^{c} + \Delta\varepsilon_{sn}^{I}
\tag{44}
$$

其中 $\Delta\varepsilon_{sn}^{I}$ 为初应变增量。把式（41）、式（42）两式代入上式，得到钢的应力—应变增量关系如下

$$
\Delta\varepsilon_{sn} = \Delta\sigma_{sn}/\overline{E}_s + \eta_{sn} + \Delta\varepsilon_{sn}^{I}
\tag{45}
$$

或

$$
\Delta\sigma_{sn} = \overline{E}_s(\Delta\varepsilon_{sn} - \eta_{sn} - \Delta\varepsilon_{sn}^{I})
\tag{46}
$$

式中

$$
\overline{E}_s = E_s/(1+E_s q_{sn})
\tag{47}
$$

把式（45）、式（15）两式代入钢与混凝土的应变协调条件 $\Delta\varepsilon_n = \Delta\varepsilon_{sn}$，得到

$$
\Delta\sigma_{sn}/\overline{E}_s + \eta_{sn} + \Delta\varepsilon_{sn}^{I} = \Delta\sigma_n/\overline{E}_n + \eta_n + \Delta\varepsilon_n^{I}
\tag{48}
$$

再把平衡条件式（23）代入上式，整理后得到在 $z=h_s$ 处混凝土的应力增量如下

$$
\Delta\sigma_n = k_1(\Delta f_n/\overline{E}_s + \eta_{sn} + \Delta\varepsilon_{sn}^{I} - \eta_n - \Delta\varepsilon_n^{I})
\tag{49}
$$

式中

$$
k_1 = \overline{E}_s \overline{E}_n/(\overline{E}_s + b\overline{E}_n)
\tag{50}
$$

在初始瞬时 $t=t_0$，徐变尚未发生，故 $\eta_n = \eta_{sn} = 0$，$\Delta\varepsilon_n^{I} = 0$，$\Delta\varepsilon_{sn}^{I} = -\Delta$，$\overline{E}_s = E_s$，$\overline{E}_n = E(t_0)$，由式（49）得到初始瞬时应力如下

$$
\sigma_0 = -\frac{E_s E(t_0)\Delta}{E_s + bE(t_0)}
\tag{51}
$$

由上式求得混凝土初始瞬时应力后，重复利用式（49），可得到以后不同时间的混凝土应力。再由式（22），可得到不同时间的钢应力。在计算预应力损失时，构件尚未承受外力，故 $f_n = 0$，由式（22）可知 $\sigma_{sn} = -b\sigma_n$，因此有

$$
\sigma_s(t)/\sigma_s(t_0) = \sigma(t)/\sigma(t_0)
\tag{52}
$$

上式表明，在计算预应力损失时，钢的应力与混凝土的应力按同一比例衰减。

式（49）是计算预应力混凝土中预应力损失的基本公式，它考虑了混凝土的徐变、收缩和钢的徐变，但计算公式很简单。

三、多层配筋的钢筋混凝土和预应力混凝土构件

考虑图 4 所示多层配筋的钢筋混凝土和预应力混凝土构件。根据平截面假定，应变增量可表示如下

$$
\Delta\varepsilon = B_1 + B_2 z
\tag{53}
$$

其中 B_1、B_2 为常数。由式（15）、式（45）两式，混凝土和钢筋的应变增量统一表示如下

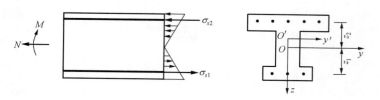

图4 多层配筋构件

$$\Delta\varepsilon = \Delta\sigma/\overline{E} + \eta + \Delta\varepsilon^{\mathrm{I}} \tag{54}$$

当然，对于钢筋和混凝土要分别采用相应的 $\overline{E}$、η、$\Delta\varepsilon^{\mathrm{I}}$，如式（15）、式（45）两式。

把式（53）代入式（54），得到

$$\Delta\sigma = \overline{E}(B_1 + B_2 z - \eta - \Delta\varepsilon^{\mathrm{I}}) \tag{55}$$

由平衡条件可知

$$\Delta N = \int \Delta\sigma \mathrm{d}A, \ \Delta M = \int \Delta\sigma z \mathrm{d}A \tag{56}$$

把式（55）代入上式，得到

$$\left.\begin{array}{l} B_1 \int \overline{E}\mathrm{d}A + B_2 \int \overline{E}z\mathrm{d}A = \Delta N + R \\ B_1 \int \overline{E}z\mathrm{d}A + B_2 \int \overline{E}z^2\mathrm{d}A = \Delta M + S \end{array}\right\} \tag{57}$$

式中

$$R = \int \overline{E}(\eta + \Delta\varepsilon^{\mathrm{I}})\mathrm{d}A, \ S = \int \overline{E}(\eta + \Delta\varepsilon^{\mathrm{I}})z\mathrm{d}A \tag{58}$$

混凝土应力是线性分布，故 η 也是线性分布，上式中的积分不难根据截面形状求出并用上、下缘的 η 值表示。

目前 $\overline{E}$ 是坐标 z 的函数，把坐标原点放在以 $\overline{E}$ 为权的截面形心上，则有

$$\int \overline{E}z\mathrm{d}A = 0 \tag{59}$$

在图4中，混凝土净截面的形心为 O'，钢筋混凝土混合截面的加权形心为 O，由式（59），OO'距离 d 由下式决定

$$d = \sum \overline{E}_s F_{si} z_i /(\overline{E}_c F_c) \tag{60}$$

其中 F_c 为混凝土净截面积，F_{si} 为第 i 层钢筋面积。

由式（57）、式（59）两式可知

$$B_1 = \frac{\Delta N + R}{\overline{E}_c F_n}, \quad B_2 = \frac{\Delta M + S}{\overline{E}_c J_n} \tag{61}$$

式中

$$F_n = F_c + \lambda \sum F_{si}, J_n = J_c + F_c d^2 + \lambda \sum F_{si} z_i^2 \tag{62}$$

其中 J_c 为混凝土净截面的惯性矩，$\lambda = \overline{E}_s/\overline{E}_c$，把式（61）代入式（55），得到混凝土的应力增量为

$$\Delta\sigma_{cn} = \frac{\Delta N + R}{F_n} + \frac{(\Delta M + S)z}{J_n} - \overline{E}_n(\eta_n + \Delta\varepsilon_n^{\mathrm{I}}) \tag{63}$$

第 i 层钢筋应力增量为

$$\Delta\sigma_{sni} = \frac{\lambda(\Delta N + R)}{F_n} + \frac{\lambda(\Delta M + S)z_i}{J_n} - \overline{E}_s(\eta_{sni} + \Delta\varepsilon_{sni}^{\mathrm{I}}) \tag{64}$$

在初始瞬时，徐变尚未发生，故 $\eta_n = \eta_{sni} = 0$，$\overline{E}_n = E(t_0)$，$\overline{E}_s = E_s$，由以上各式可计算 $t = t_0$ 时的混凝土和钢筋的应力，以后重复利用式（63）、式（64）二式，可计算不同时间混凝土和钢筋的应力。

四、有裂缝的钢筋混凝土构件

在上述计算中，没有考虑混凝土裂缝，只适用于中心受压、小偏心受压及预应力混凝土构件。至于受弯及大偏心受力构件，通常会出现裂缝。考虑裂缝影响对钢筋混凝土进行徐变分析是一个十分困难的问题，下面给出一个解法。

考虑如图 5 所示的钢筋混凝土构件。假定受拉区混凝土开裂不承受应力，受压区混凝土应力线性分布，边缘最大应力为 $\sigma(t)$，钢筋应力为 $\sigma_s(t)$，受压区高度为 ξ。由于徐变的影响，即使在常荷载作用下，$\sigma(t)$、$\sigma_s(t)$ 和 ξ 都是时间的函数。

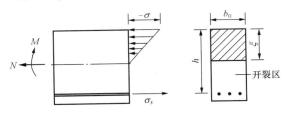

图 5　有裂缝的钢筋混凝土构件

由平衡条件可知

$$N = F_s\sigma_s + \frac{1}{2}b_0\xi\sigma \tag{65}$$

$$M = F_s(h - \xi)\sigma_s - \frac{1}{3}b_0\xi^2\sigma \tag{66}$$

混凝土最大应变发生在受压区外缘，设其值为 $\varepsilon(t)$，根据平截面假定，应变协调条件为

$$\varepsilon(t)/\varepsilon_s(t) = -\xi/(h - \xi)$$

即

$$(h - \xi)\varepsilon(t) + \xi\varepsilon_s(t) = 0 \tag{67}$$

对式（65）～式（67）三式取增量，得到

$$\Delta N = F_s\Delta\sigma_s + \frac{1}{2}b_0\xi\Delta\sigma + \frac{1}{2}b_0\sigma\Delta\xi \tag{68}$$

$$\Delta M = F_s(h - \xi)\Delta\sigma_s - \frac{1}{3}b_0\xi^2\Delta\sigma - (F_s\sigma_s + \frac{2}{3}b_0\xi\sigma)\Delta\xi \tag{69}$$

$$\Delta\xi = [(h - \xi)\Delta\varepsilon + \xi\Delta\varepsilon_s]/(\varepsilon - \varepsilon_s) \tag{70}$$

把式（15）、式（20）代入式（70）（此处省去下标 n），得到

$$\Delta\xi = \beta_1\Delta\sigma_s + \beta_2\Delta\sigma + \beta_3 \tag{71}$$

式中

$$\left.\begin{array}{l} \beta_1 = \xi/[E_s(\varepsilon - \varepsilon_s)], \quad \beta_2 = (h - \xi)/[\overline{E}_n(\varepsilon - \varepsilon_s)] \\ \beta_3 = [(h - \xi)(\eta_n + \Delta\varepsilon_n^{\mathrm{I}}) + \xi\Delta\varepsilon_{sn}^{\mathrm{I}}]/(\varepsilon - \varepsilon_s) \end{array}\right\} \tag{72}$$

把式（71）代入式（68）、式（69）中，得到

$$\left.\begin{array}{l} a_1\Delta\sigma_s + a_2\Delta\sigma = a_3 \\ b_1\Delta\sigma_s + b_2\Delta\sigma = b_3 \end{array}\right\} \tag{73}$$

式中

$$\left.\begin{array}{l} a_1 = F_s + \dfrac{1}{2}b_0\beta_1\sigma, \quad a_2 = \dfrac{1}{2}b_0(\xi + \beta_2\sigma) \\[2mm] a_3 = \Delta N - \dfrac{1}{2}b_0\beta_3\sigma \\[2mm] b_1 = F_s(h - \xi) - \beta_1\left(F_s\sigma_s + \dfrac{2}{3}b_0\xi\sigma\right) \\[2mm] b_2 = -\dfrac{1}{3}b_0\xi^2 - \beta_2\left(F_s\sigma_s + \dfrac{2}{3}b_0\xi\sigma\right) \\[2mm] b_3 = \Delta M + \beta_3\left(F_s\sigma_s + \dfrac{2}{3}b_0\xi\sigma\right) \end{array}\right\} \tag{74}$$

由式（73）得到混凝土应力增量 $\Delta\sigma$ 及钢筋应力增量 $\Delta\sigma_s$ 算式如下

$$\left.\begin{array}{l} \Delta\sigma_s = (a_3b_2 - a_2b_3)/(a_1b_2 - a_2b_1) \\ \Delta\sigma = (a_1b_3 - a_3b_1)/(a_1b_2 - a_2b_1) \end{array}\right\} \tag{75}$$

在初始瞬时，徐变尚未发生，故可按弹性体计算 $t = t_0$ 时的应力。以后，重复利用式（75），即可计算任一时间的应力。

五、算例

下面列举两个算例。

【算例 1】 钢筋混凝土中心受压构件，在 $t=28\mathrm{d}$ 时开始受力，轴力 $N = -400\mathrm{kN}$，混凝土截面积 $F_c = 400\mathrm{cm}^2$，钢筋截面积 $F_s = 8\mathrm{cm}^2$，钢的弹性模量 $E_s = 2\times10^5\mathrm{MPa}$，钢无徐变，混凝土弹性模量为

$$E(\tau) = 33000\times(1 - \mathrm{e}^{-0.40\tau^{0.34}}) \qquad \mathrm{MPa} \tag{76}$$

混凝土的徐变度为

$$\begin{aligned} C(t, \tau) = {}& 0.1045\times10^{-4}\times(1 + 9.2\tau^{-0.45})[1 - \mathrm{e}^{-0.30(t-\tau)}] \\ & + 0.236\times10^{-4}\times(1 + 1.7\tau^{-0.45})[1 - \mathrm{e}^{-0.005(t-\tau)}] \qquad (\mathrm{MPa})^{-1} \end{aligned} \tag{77}$$

试计算混凝土和钢筋的应力变化过程。

由式（30），$b = F_c/F_s = 400/8 = 50$。

在初始瞬时，$t = t_0 = 28\,d$，由式（62），$E(28) = 23469\text{MPa}$，$\Delta N_0 = -400\text{kN}$。由式（30），$\Delta f_0 = \Delta N_0 / F_s = -400/8\,\text{kN}/\text{cm}^2$，初应变为零。由式（27），得到初始瞬时混凝土应力如下（以拉应力为正）

$$\sigma_0 = \frac{E(\zeta_0)}{E_s + bE(t_0)}\Delta f_0 = \frac{23469}{2 \times 10^5 + 50 \times 23469} \times \left(-\frac{400}{8}\right)$$
$$= -0.8544\,(\text{kN}/\text{cm}^2)$$
$$= -8.544\,(\text{MPa})$$

由式（22），钢筋初始应力为

$$\sigma_{s0} = f_0 - b\sigma_0 = -\frac{400}{8} + 50 \times 0.8544 = -7.28(\text{kN}/\text{cm}^2) = -72.8(\text{MPa})$$

本例中荷载为常数，加荷以后，$\Delta N = 0$，$\Delta f_n = 0$，又无初应变，由式（24），混凝土应力增量为

$$\Delta \sigma_n = -k\eta_n$$

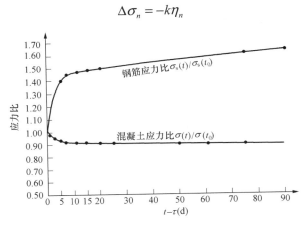

图 6　算例 1，钢筋混凝土中心受压构件的应力变化

由式（23），钢筋应力增量为

$$\Delta \sigma_{sn} = -b\Delta \sigma_n$$

由以上两式，可计算不同时间的混凝土应力 $\sigma(t)$ 和钢筋应力 $\sigma_s(t)$ 以及应力比 $\sigma(t)/\sigma(t_0)$ 和 $\sigma_s(t)/\sigma_s(t_0)$。计算结果见图 6。由图可见，混凝土徐变使混凝土应力有所减少，而使钢筋应力有所增加，即徐变使一部分荷载由混凝土转移到钢筋上去了。

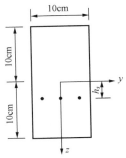

图 7　算例 2

【算例 2】　单层配筋预应力混凝土构件，如图 7 所示，混凝土截面为 $10\text{cm} \times 20\text{cm}$，高强度碳素钢丝束截面积为 $F_s = 2\text{cm}^2$，$h_s = 3\text{cm}$，$E_s = 2 \times 10^5\text{MPa}$，$\sigma_p = 800\text{MPa}$，在 $t = 28d$ 时施加预应力，钢丝初应变 $\Delta = 0.00750$，钢丝徐变度为

$$C_s(t,\tau) = 0.215 \times 10^{-5} \times [1 - e^{-0.970(t-\tau)}] + 0.742 \times 10^{-6} \times [1 - e^{-0.032(t-\tau)}] \quad (\text{MPa})^{-1}$$

混凝土的弹性模量和徐变度同［算例 1］，混凝土在 28d 龄期后的收缩变形为

$$\varepsilon_{sh} = \frac{(t-28)\times 10^{-3}}{180+2.50(t-28)}$$

试计算混凝土的徐变、收缩和钢的徐变所引起的预应力的变化。

由式（36）得
$$b = \left(\frac{2}{200} + \frac{2\times 3^2}{6666.67}\right)^{-1} = 78.74$$

由式（51），在初始瞬时 $t=28\text{d}$，混凝土的应力为

$$\sigma_0 = -\frac{2\times 10^5 \times 23469 \times 0.00750}{2\times 10^5 + 78.74 \times 23469} = -17.19(\text{MPa})$$

由式（22），钢丝的初始应力为

$$\sigma_{s0} = f_0 - b\sigma_0 = 0 - 78.74 \times (-17.19) = 1353(\text{MPa})$$

下面重复利用式（49），可算出不同时间的混凝土应力增量和应力比 $\sigma(t)/\sigma_0$。在本例中，如式（52）所示，钢丝的应力比等于混凝土的应力比。计算结果见图 8。由图可见，收缩和徐变使预应力混凝土中的预应力有所损失。

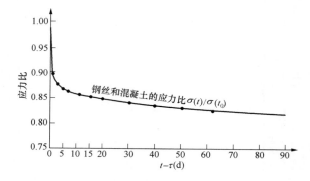

图 8　算例 2，预应力混凝土中钢丝和混凝土的应力变化

六、结束语

（1）本文提出的计算方法避免了积分方程的建立和求解，而且公式结构简单，通用性强。它考虑了混凝土和钢筋的各项性能，包括弹性、徐变、收缩、温度等等。它适用于各种不同的受力情况，只要根据平衡条件给出 Δf_n 和 b 的值，就可直接利用式（24）、式（49）两式计算不同情况下的应力变化。

（2）由于徐变度是用狄里希勒级数表示的，在级数中多取几项，计算公式可以充分逼近试验资料。公式中可以同时考虑可复徐变和不可复徐变，计算精度是可以拉制的。本文计算方法可用来检验一些近似方法的精度。

参 考 文 献

[1] 阿鲁久涅扬. 蠕变理论中的若干问题. 科学出版社，1961 年.

[2] 朱伯芳. 混凝土的弹性模量、徐变度与应力松弛系数. 水利学报，1985，9.

［3］朱伯芳. 关于混凝土徐变理论的几个问题. 水利学报，1982，3.

［4］朱伯芳. 混凝土结构徐变应力分析的隐式解法. 水利学报，1983，5.

［5］Zhu Bofang. Computation of Thermal Stresses in Mass Concrete with Consideration of Creep Effect. Transaction of 15th International Congress on Large Dams，Vol. II ，Lausanne，1985.

异质弹性徐变体应力分析的广义子结构法 ❶

摘　　要：异质弹性徐变体，如异质混凝土结构，由于其弹性模量和徐变度都与龄期有关，分析应力时必须将时间划分为一系列时段，在每一时段都要建立一个大型刚度矩阵并求出其逆阵，计算量十分庞大。本文提出异质弹性徐变体应力分析的广义子结构法，设结构共有 m 个区域，分别属于 m 种不同材料，建议把每一区域作为一个子结构，由于每一子结构本身是一均质体，与子结构有关的矩阵运算只要计算一次，在以后各时段可以重复利用，从而使计算工作得到极大的简化。

关键词：异质；弹性徐变体；应力分析；子结构法

Substructure Method for Stress Analysis of Nonhomogeneous Elasto–Creeping Solids

Abstract: In the stress analysis of a nonhomogeneous elasto-creeping solid, such as a concrete structure on elastic foundation, it is necessary to compute a stiffness matrix and its inverse matrix for every time increment. The computation is quite lengthy. In this paper, a substructure method for the nonhomogeneous elasto-creeping solid is offered. It is assumed that the structure consisting of m zones of different materials, is divided into m substructures, one for each zone. As every substructure is a homogeneous solid, the computation relevant to the substructure is required at the beginning only and can be utilized repeatedly thereafter. Thus the computation can be simplified remarkably.

Key words：nonhomogeneous, elasto-creeping solids, stress analysis, substructure method

前言

　　工程结构很多是异质的。有的结构本身是异质的，如采用不同标号的混凝土坝。有的结构本身虽是均质的，但由于结构与基础的材料性质不同，把结构与基础作为一个整体来看，它又是异质结构。一般的异质弹性徐变体，如岩基上的混凝土结构，大多不能满足作者在文献 [1] 中提出的比例变形条件，因此结构的应力和位移都受到徐变变形的影响，而且这种影响并不能用松弛系数法计算。目前国内外都用有限单元法进行计算，并用初应变法考虑徐变影响。作者在文献 [2] 中提出隐式解法，其计算速度和精度都有显著提高。但不论初应变法还是隐式解法，在每一时段都要建立一个大型刚度矩阵并求出其逆阵，计算量仍然比较大。本文提出的广

---

❶　原载《水利学报》1984 年第 2 期。

义子结构法，它把属于同一材料的区域作为一个子结构。由于子结构本身是均质体，与子结构有关的矩阵运算只要计算一次，在以后各时段可以重复利用，从而使计算工作得到极大简化。

一、计算原理

由于徐变的影响，异质弹性徐变体的应力随时间而变化，将时间划分为一系列时段，用有限元法求解，在时段 $\Delta \tau_n = \tau_n - \tau_{n-1}$ 内，结点位移增量列阵 $\Delta \delta_n$ 取决于下列平衡方程

$$K_n \Delta \delta_n = \Delta P_n \tag{1}$$

式中　K_n——结构整体刚度矩阵；ΔP_n——荷载增量列阵，见附录。刚度矩阵由下式计算[2]

$$K_n = \int B^T \overline{D}_n B dV \tag{2}$$

式中：$\overline{D}_n = \overline{E}_n Q^{-1}$；$\overline{E}_n = E_n^* / (1 + q_n E_n^*)$；$E_n^* = E(\tau_{n-1} + \Delta \tau_n / 2)$；$B$ 为几何矩阵[3]，B^T 为 B 的转置矩阵；Q^{-1} 及 q_n 见附录。

由于 K_n 与弹性模量 $E(\tau)$ 及徐变度 $C(t, \tau)$ 有关，所以 K_n 也与材料龄期 τ 有关。设结构共有 2000 个自由度，则每一时段都要建立一个 2000×2000 阶的刚度矩阵并求出其逆矩阵，因而计算量十分庞大。现在我们把原结构划分为 m 个同一种材料组成的子结构，它具有相同的弹性模量和徐变度，从而具有相同的 $\overline{E}_n$。因此，对于一个子结构来说，式（2）可写成

$$K_n = \overline{E}_n \lambda \tag{3}$$

式中，$\lambda = \int B^T Q^{-1} B dV$。

值得注意的是，λ 矩阵只与几何尺寸有关，与材料性质无关，因此与时间 τ 无关。

取出一个子结构，把它的结点分为两类，一类是内部和自由边界上的结点，另一类是相邻子结构公共边界及结构的约束边界上的结点，子结构的结点力增量 ΔF_n 与结点位移增量 $\Delta \delta_n$ 之间存在下列关系

$$\begin{Bmatrix} \Delta F_{ni} \\ \Delta F_{nb} \end{Bmatrix} = \overline{E}_n \begin{bmatrix} \lambda_{ii} & \lambda_{ib} \\ \lambda_{bi} & \lambda_{bb} \end{bmatrix} \begin{Bmatrix} \Delta \delta_{ni} \\ \Delta \delta_{nb} \end{Bmatrix} \tag{4}$$

$$\Delta F_n = [\Delta F_{ni} \quad \Delta F_{nb}]^T; \Delta \delta_n = [\Delta \delta_{ni} \quad \Delta \delta_{nb}]^T$$

式中：下标"i"表示子结构的内部及自由边界；下标"b"表示子结构的公共边界及结构的约束边界；下标"n"表示第 n 个时段。把上式展开，得到

$$\Delta F_{ni} = \overline{E}_n (\lambda_{ii} \Delta \delta_{ni} + \lambda_{ib} \Delta \delta_{nb}) \tag{5}$$

$$\Delta F_{nb} = \overline{E}_n (\lambda_{bi} \Delta \delta_{ni} + \lambda_{bb} \Delta \delta_{nb}) \tag{6}$$

以子结构内部结点荷载增量 ΔP_{ni} 代替式（5）中的内部结点力增量 ΔF_{ni}，并求逆，得到

$$\Delta \delta_{ni} = \lambda_{ii}^{-1} \left(\frac{1}{\overline{E}_n} \Delta P_{ni} - \lambda_{ib} \Delta \delta_{nb} \right) \tag{7}$$

把上式代入式（6），得到

$$\Delta F_{nb} = \overline{E}_n \lambda_{sb} \Delta \delta_{nb} + R_{sb} \tag{8}$$

式中：$\lambda_{sb} = \lambda_{bb} - \lambda_{bi} \lambda_{ii}^{-1} \lambda_{ib}$；$R_{sb} = \lambda_{bi} \lambda_{ii}^{-1} \Delta P_{ni}$。

对各子结构加以集合后，得到消去了内部自由度以后的结构整体平衡方程如下

$$K_{nb} \Delta \delta_{nb} = \Delta P_{nb} - R_{nb} \tag{9}$$

式中

$$K_{nb} = \sum_s \overline{E_n} \lambda_{sb} \; ; \quad R_{nb} = \sum_s R_{sb} \tag{10}$$

其中 $\sum\limits_s$ 表示对有关子结构的集合，K_{nb} 是缩减了的结构整体刚度矩阵；$\Delta\delta_{nb}$ 是子结构公共边界及结构约束边界的结点位移增量；ΔP_{nb} 是边界结点荷载增量；R_{nb} 是由子结构内部荷载及非约束边界荷载引起的边界反力增量。

由式（9）求出 $\Delta\delta_{nb}$ 后，代入式（7）可求得 $\Delta\delta_{ni}$，各单元应力增量由下式计算

$$\Delta\sigma_n = \overline{D}_n (B\Delta\delta_n - \eta_n - \Delta\varepsilon_n^I) \tag{11}$$

式中：η_n 和 $\Delta\varepsilon_n^I$ 的算式见附录。

用上述方法分析异质弹性徐变体，有下列特点：

（1）由于 λ_{sb} 与时间无关，可事先算好并储存起来，由式（10）可知，以后每个时段只要经过简单的集合即可求得整体刚度矩阵 K_{nb}，不必每次都去建立一个大型刚度矩阵 K_n。

（2）现在每次只要求 K_{nb} 的逆阵，而不是求 K_n 的逆阵，由于边界结点数目通常远远小于整个结构的结点数目，K_{nb} 远比 K_n 为小，所以求 K_{nb}^{-1} 的运算量也远远小于求 K_n^{-1} 的运算量。由于上述原因，用上述方法计算异质弹性徐变体应力时，其计算量比目前通用方法要小得多。

计算步骤如下：

（1）先计算并储存子结构的 $\lambda_{sb} = \lambda_{bb} - \lambda_{bi} \lambda_{ii}^{-1} \lambda_{ib}$ 及 $\lambda_{bi} \lambda_{ii}^{-1}$；

（2）计算 $R_{sb} = \lambda_{bi} \lambda_{ii}^{-1} \Delta P_{ni}$ 及 $R_{nb} = \sum\limits_s R_{sb}$；

（3）计算 $K_{nb} = \sum\limits_s \overline{E_n} \lambda_{sb}$；

（4）计算 $\Delta\delta_{nb} = K_{nb}^{-1} (\Delta P_{nb} - R_{nb})$；

（5）计算子结构内部结点位移增量 $\Delta\delta_{ni} = \lambda_{ii}^{-1} \left(\dfrac{1}{E_n} \Delta P_{ni} - \lambda_{ib} \Delta\delta_{nb} \right)$；

（6）由 $\Delta\delta_{nb}$ 及 $\Delta\delta_{ni}$ 计算各单元应力增量 $\Delta\sigma_n$。

为了降低 K_{nb} 的阶次，各子结构公共边界上的结点应连续编号。以图 1 为例，设共有 3 个子结构，每个子结构各有 300 个结点，约束边界 $ABCD$ 上位移等于零，其自由度可略去。公共边界 GH 上的结点编号为 301～315，另一公共边界 LM 上的结点编号为 316～330。因此 $\Delta\delta_{nb}$ 只包含 30 个结点 60 个自由度。K_{nb} 是 60×60 阶矩阵。而 K_n 是 1800×1800 阶矩阵。设共分为 50 个时段，采用通常方法计算时，每一时段都要建立一个 1800×1800 阶的矩阵 K_n，并求其逆阵 K_n^{-1}。采用本文方法，每次只要求解一个 60×60 阶矩阵 K_{nb} 的逆阵。计算量当然大大减小。

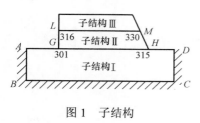

图 1　子结构

通常弹性体应力分析的子结构法，目的是减少计算机的存储量。本文建议的广义子结构法，虽然也可减少计算机存储量，但主要目的不在于减少存储量，而在于减少计算量，以加快计算速度。

二、结束语

工程结构大多是异质弹性徐变体，目前在用有限单元法计算应力时，每一时段都要建立

一个大型刚度矩阵，并求出其逆阵，计算量十分庞大。如采用本文提出的广义子结构法，由于与子结构有关的矩阵运算只要进行一次，以后各时段可重复利用，计算工作量可得到极大的简化。一般平面问题的计算固然可大大加快，过去不敢轻易问津的空间问题也可迎刃而解。

参 考 文 献

[1] 朱伯芳. 在混合边界条件下非均质黏弹性体的应力与位移. 力学学报，1964，2.

[2] 朱伯芳. 混凝土结构徐变应力分析的隐式解法. 水利学报，1983，5.

[3] 朱伯芳. 有限单元法原理与应用. 北京：水利电力出版社，1979.

附 录

荷载增量计算公式

$$\Delta P_n = \Delta P_n^q + \Delta P_n^c + \Delta P_n^I$$
$$\Delta P_n^C = \int B^{\mathrm{T}} \overline{D_n} \eta_n \mathrm{d}V \tag{12}$$
$$\Delta P_n^I = \int B^{\mathrm{T}} \overline{D_n} \Delta\varepsilon_n^I \mathrm{d}V$$

式中 ΔP_n——荷载增量；

     ΔP_n^q——外荷载增量；

     ΔP_n^c——徐变变形产生的荷载增量；

     ΔP_n^I——温度变形产生的荷载增量；

     $\Delta\varepsilon_n^I$——温度变形增量。

对于一般的工程，徐变度可取为

$$C(t,\tau) = \phi(\tau)[1 - \mathrm{e}^{-s(t-\tau)}] \tag{13}$$

于是存在着下列算式

$$\eta_n = (1 - \mathrm{e}^{-s\Delta\tau_n})\omega_n \tag{14}$$

$$\omega_n = \omega_{n-1}\mathrm{e}^{-s\Delta\tau_{n-1}} + Q\Delta\sigma_{n-1}\phi(\tau_{n-2} + \Delta\tau_{n-1}/2)\mathrm{e}^{-s\Delta\tau_{n-1}/2} \tag{15}$$

$$\omega_1 = Q\Delta\sigma_0\phi_i(\tau_0) \tag{16}$$

$$q_n = C(t_n, t_{n-1} + \Delta\tau_n/2) \tag{17}$$

式中，η_n、ω_n 和 $\Delta\sigma_n$ 都是向量。

对于重要工程，徐变度可取为

$$C(t,\tau) = \sum_{r=1}^{R} \phi_r(r)[1 - \mathrm{e}^{-s_r(t-\tau)}] \tag{18}$$

通常 R 取至三项已足够准确，这时存在着下列算式

$$\eta_n = \sum_{r=1}^{R} (1 - \mathrm{e}^{-s_r\Delta\tau_n})\omega_{rn} \tag{19}$$

$$\omega_{rn} = \omega_{r,n-1}\mathrm{e}^{-s_r\Delta\tau_{n-1}} + Q\Delta\sigma_{n-1}\phi_r(t_{n-2} + \Delta\tau_{n-1}/2)\mathrm{e}^{-s_r\Delta\tau_{n-1}/2} \tag{20}$$

$$\omega_{r1} = Q\Delta\sigma_0\phi_r(t_0) \tag{21}$$

$$q_n = C(t_n, t_{n-1} + \Delta\tau_n/2) \tag{22}$$

Q^{-1} 和 $\Delta\varepsilon_n^I$ 按下列公式计算：

平面应力问题

$$Q^{-1} = \frac{1}{1-\mu^2}\begin{bmatrix} 1 & \mu & 0 \\ \mu & 1 & 0 \\ 0 & 0 & \dfrac{1-\mu}{2} \end{bmatrix}, \quad \Delta\varepsilon_n^I = \begin{Bmatrix} \alpha\Delta T_n \\ \alpha\Delta T_n \\ 0 \end{Bmatrix} \tag{23}$$

平面应变问题

$$Q^{-1} = \frac{1-\mu}{(1+\mu)(1-2\mu)}\begin{bmatrix} 1 & \dfrac{\mu}{1-\mu} & 0 \\ \dfrac{\mu}{1-\mu} & 1 & 0 \\ 0 & 0 & \dfrac{1-2\mu}{2(1-\mu)} \end{bmatrix}, \quad \Delta\varepsilon_n^I = \begin{Bmatrix} (1+\mu)\alpha\Delta T_n \\ (1+\mu)\alpha\Delta T_n \\ 0 \end{Bmatrix} \tag{24}$$

空间问题

$$Q^{-1} = \frac{1-\mu}{(1+\mu)(1-2\mu)} \times \begin{bmatrix} 1 & \dfrac{\mu}{1-\mu} & \dfrac{\mu}{1-\mu} & 0 & 0 & 0 \\ & 1 & \dfrac{\mu}{1-\mu} & 0 & 0 & 0 \\ & & 1 & 0 & 0 & 0 \\ & & & \dfrac{1-2\mu}{2(1-\mu)} & 0 & 0 \\ \text{对} & & & & \dfrac{1-2\mu}{2(1-\mu)} & 0 \\ & \text{称} & & & & \dfrac{1-2\mu}{2(1-\mu)} \end{bmatrix}$$

$$\Delta\varepsilon_n^I = \begin{bmatrix} \alpha\Delta T_n \\ \alpha\Delta T_n \\ \alpha\Delta T_n \\ 0 \\ 0 \\ 0 \end{bmatrix} \tag{25}$$

式中　α ——线胀系数；

μ ——泊松比；

ΔT_n ——温度增量。

第 13 篇

支墩坝应力分析与重力坝加高
Part 13　Stress Analysis of Buttress Dam and Heightening of Gravity Dam

变厚度支墩坝的应力分析❶

摘　要：本文提出按弹性力学平面问题分析双向变厚度支墩坝的计算方法，给出了应力函数及应力的计算公式，并应用于佛子岭和梅山两连拱坝。

关键词：变厚度支墩坝；应力分析方法

Stress Analysis of Buttress Dams with Variable Thickness

Abstract: The buttress dam with variable thickness is analysed by the theory of elasticity. The stress function and the formulas for the stresses are given in this paper.

Key words: buttress dam, variable thickness, stress analysis method

设支墩厚度沿两个方向变化，如图 1 所示，任一点 (r, Φ) 的厚度为

$$t = t_0 + mr\cos\Phi + nr\sin\Phi$$

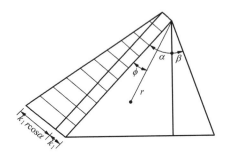

图 1　支墩坝

上游面任一点的荷重为

$$p = k_1 + k_2 r\cos\alpha$$

任一点的应力成分为 σ'_r、σ'_Φ、$\tau'_{r\Phi}$，令

$$\sigma_r = t\sigma'_r, \quad \sigma_\Phi = t\sigma'_\Phi, \quad \tau_{r\Phi} = t\tau'_{r\Phi}$$

又设 r_b 为混凝土容重，令

$$A_1 = r_b t_0$$

---

❶　本文摘自《连拱坝的应力分析》一文，原文载《中国水利》，1957 年第 2 期。

$$B_1 = \frac{r_b}{4}(m\cos\alpha - n\sin\alpha)$$

$$A_2 = \frac{r_b}{8}(m\cos\alpha + n\sin\alpha)$$

$$B_2 = \frac{r_b}{4}(m\sin\alpha + n\cos\alpha)$$

$$A_3 = \frac{r_b}{8}(m\sin\alpha - n\cos\alpha)$$

由力的平衡条件 $\Sigma F_r = 0$ 及 $\Sigma F_\Phi = 0$ 得两个平衡方程式

$$\left.\begin{array}{l}\dfrac{\partial \sigma_r}{\partial r} + \dfrac{\sigma_r - \sigma_\Phi}{r} + \dfrac{1}{r}\cdot\dfrac{\partial \tau_{r\Phi}}{\partial \Phi} = A_1\cos(\alpha - \Phi) + 4A_2 r + 2B_1 r\cos 2\Phi + 2B_2 r\sin 2\Phi \\[2mm] \dfrac{1}{r}\dfrac{\partial \sigma_\Phi}{\partial \Phi} + \dfrac{2\tau_{r\Phi}}{r} + \dfrac{\partial \tau_{r\Phi}}{\partial r} = A_1\sin(\alpha - \Phi) + 4A_3 r - 2B_1 r\sin 2\Phi + 2B_2 r\cos 2\Phi \end{array}\right\} \quad (1)$$

用代入法可以证明下列各式能满足式（1）

$$\left.\begin{array}{l}\sigma_r = \dfrac{1}{r^2}\dfrac{\partial^2 F}{\partial \Phi^2} + \dfrac{1}{r}\dfrac{\partial F}{\partial r} + A_1 r\cos(\alpha - \Phi) + B_1 r^2\cos 2\Phi + B_2 r^2\sin 2\Phi + A_2 r^2 \\[2mm] \sigma_\Phi = \dfrac{\partial^2 F}{\partial r^2} + A_1 r\cos(\alpha - \Phi) - A_2 r^2 + B_1 r^2\cos 2\Phi + B_2 r^2\sin 2\Phi \\[2mm] \tau_{r\Phi} = \dfrac{1}{r^2}\dfrac{\partial F}{\partial \Phi} - \dfrac{1}{r}\dfrac{\partial^2 F}{\partial \Phi^2} + A_3 r^2 = -\dfrac{\partial}{\partial r}\left(\dfrac{1}{r}\dfrac{\partial F}{\partial \Phi}\right) + A_3 r^2 \end{array}\right\} \quad (2)$$

式中：F 为应力函数。

近似地假定通常平面问题的应变相容方程仍然适用（否则，问题将大为复杂化）

$$\left(\frac{\partial}{\partial r^2} + \frac{1}{r}\frac{\partial}{\partial r} + \frac{1}{r^2}\frac{\partial^2}{\partial \Phi^2}\right)\left(\frac{\partial^2 F}{\partial r^2} + \frac{1}{r}\frac{\partial F}{\partial r} + \frac{1}{r^2}\frac{\partial^2 F}{\partial \Phi^2}\right) = 0 \quad (3)$$

这个方程式的解是

$$\begin{array}{l} F = r^2\left(\dfrac{1}{2}a_1\cos 2\Phi + \dfrac{a_2}{2}\sin 2\Phi + \dfrac{a_3}{2} + \dfrac{a_4}{2}\Phi\right) + r^3\left(\dfrac{b_1}{6}\cos 3\Phi + \dfrac{b_2}{6}\sin 3\Phi + \dfrac{b_3}{2}\cos\Phi + \dfrac{b_4}{2}\sin\Phi\right) \\[2mm] \quad + r^4\left(\dfrac{c_1}{12}\cos 4\Phi + \dfrac{c_2}{12}\sin 4\Phi + \dfrac{c_3}{3}\cos 2\Phi + \dfrac{c_4}{3}\sin 2\Phi\right) \end{array} \quad (4)$$

其中 a、b、c 等都是由边界条件决定的常数。以式（4）代入式（2）得

$$\left.\begin{array}{l} \sigma_r = [-a_1\cos 2\Phi - a_2\sin 2\Phi + a_3 + a_4\Phi] + r[-b_1\cos 3\Phi - b_2\sin 3\Phi + b_3\cos\Phi + b_4\sin\Phi] \\[2mm] \quad + r^2[-c_1\cos 4\Phi - c_2\sin 4\Phi] + A_1 r\cos(\alpha - \Phi) + A_2 r^2 + B_1 r^2\cos 2\Phi + B_2 r^2\sin 2\Phi \\[2mm] \sigma_\Phi = [a_1\cos 2\Phi + a_2\sin 2\Phi + a_3 + a_4\Phi] + r[b_1\cos 3\Phi + b_2\sin 3\Phi + 3b_3\cos\Phi + 3b_4\sin\Phi] \\[2mm] \quad + r^2[c_1\cos 4\Phi + c_2\sin 4\Phi + 4c_3\cos 2\Phi + 4c_4\sin 2\Phi] + A_1 r\cos(\alpha - \Phi) - A_2 r^2 + B_1 r^2\cos 2\Phi \\[2mm] \quad + B_2 r^2\sin 2\Phi \\[2mm] \tau_{r\Phi} = \left[a_1\sin 2\Phi - a_2\cos 2\Phi - \dfrac{a_4}{2}\right] + r[b_1\sin 3\Phi - b_2\cos 3\Phi + b_3\sin\Phi - b_4\cos\Phi] \\[2mm] \quad + r^2[c_1\sin 4\Phi - c_2\cos 4\Phi + 2c_3\sin 2\Phi - 2c_4\cos 2\Phi] + A_3 r^2 \end{array}\right\} \quad (5)$$

边界条件如下

$$\left.\begin{aligned}
\sigma_\Phi\big|_{\Phi=0} &= k_1 + k_2 r \cos\alpha \\
\tau_{r\Phi}\big|_{\Phi=0} &= 0 \\
\sigma_\Phi\big|_{\Phi=\alpha+\beta} &= 0 \\
\tau_{r\Phi}\big|_{\Phi=\alpha+\beta} &= 0
\end{aligned}\right\} \tag{6}$$

由式（5）及式（6）得诸系数如下

$$\left.\begin{aligned}
a_1 &= \frac{k_1}{2} \cdot \frac{1-\cos 2(\alpha+\beta)}{1-\cos 2(\alpha+\beta)-(\alpha+\beta)\sin 2(\alpha+\beta)} \\
a_2 &= -\frac{k_1}{2} \cdot \frac{\sin 2(\alpha+\beta)}{1-\cos 2(\alpha+\beta)-(\alpha+\beta)\sin 2(\alpha+\beta)} \\
a_3 &= k_1 - a_1 \\
a_4 &= -2a_2 \\
b_1 &= (k_2-A)\cos\alpha\left[3-2\cos 2(\alpha+\beta)-\cos 4(\alpha+\beta)\right] \\
&\quad + 3A\cos\beta\left[\cos(\alpha+\beta)-\cos 3(\alpha+\beta)\right] \\
&\quad \div\left\{2\left[3-4\cos 2(\alpha+\beta)+\cos 4(\alpha+\beta)\right]\right\} \\
b_2 &= \left\{(k_2-A)\cos\alpha\cos(\alpha+\beta)+A_1\cos\beta\right. \\
&\quad \left.-\left[\cos(\alpha+\beta)-\cos 3(\alpha+\beta)\right]b_1\right\} \\
&\quad \div\left[3\sin(\alpha+\beta)-\sin 3(\alpha+\beta)\right] \\
b_3 &= \frac{1}{3}\left[(k_2-A)\cos\alpha - b_1\right] \\
b_4 &= -b_2 \\
c_1 &= \left\{\left\{A_2\left[1-\cos 2(\alpha+\beta)\right]-(2A_3+B_2)\sin 2(\alpha+\beta)\right\}\right. \\
&\quad \left[\cos 4(\alpha+\beta)-\cos 2(\alpha+\beta)\right]\Big\} \\
&\quad \div\left[2+\frac{1}{4}\cos 6(\alpha+\beta)-\frac{9}{4}\cos 2(\alpha+\beta)\right] \\
&\quad -\left\{\left\{A_3\left[1-\cos 2(\alpha+\beta)\right]+\frac{1}{2}(A_2-B_1)\sin 2(\alpha+\beta)\right\}\right. \\
&\quad \left[\sin 4(\alpha+\beta)-2\sin 2(\alpha+\beta)\right]\Big\} \\
&\quad \div\left[2+\frac{1}{4}\cos 6(\alpha+\beta)-\frac{9}{4}\cos 2(\alpha+\beta)\right] \\
c_2 &= \left\{C_1\left[\sin 4(\alpha+\beta)-\frac{1}{2}\sin 2(\alpha+\beta)\right]\right. \\
&\quad \left.+A_3\left[1-\cos 2(\alpha+\beta)\right]+\frac{1}{2}(A_2-B_1)\sin 2(\alpha+\beta)\right\} \\
&\quad \div\left[\cos 4(\alpha+\beta)-\cos 2(\alpha+\beta)\right] \\
c_3 &= \frac{1}{4}(A_2-B_1-C_1) \\
c_4 &= \frac{1}{2}(A_3-C_2)
\end{aligned}\right\} \tag{7}$$

应用本法计算不能考虑隔墙、面板和拱截面积；应变相容方程（3）也不完全适合，因此计算成果只可能是近似的，但计算简便。在佛子岭坝设计中，除采用本法外，还曾截取几个水平断面。假定正应力按直线分布，逐点推算内部主应力，工作是很繁复的。表1为水深33m断面，用两种算法所得成果的比较。可见两种算法的计算结果比较接近，但本文方法的计算简单很多，实用价值较高。图2为用本文方法计算的结果。

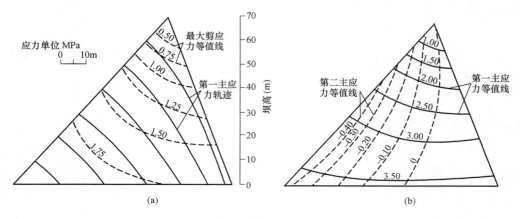

图2　佛子岭连拱坝支墩应力

表1 支墩内部应力两种算法比较　　　　　　　　0.1MPa

点　次	逐点推算法		应力函数法	
	σ_1	σ_2	σ_1	σ_2
1	20.3	0.12	22.0	0.1
2	20.8	0.14	22.5	0.2
3	21.4	−0.15	22.8	−0.1
4	21.9	−0.37	23.2	−0.6
5	23.0	−1.29	23.7	−1.1
6	23.8	−2.02	24.6	−1.8
7	24.6	−2.83	25.3	−2.6
8	25.4	−3.66	26.2	−3.7

大头坝纵向弯曲的稳定性[❶]

摘　要：大头坝由于断面单薄、纵向弯曲问题比较重要。本文提出了一套实用的计算方法。

关键词：大头坝；纵向弯曲；稳定性；计算方法

Elastic Stability of Buttress Dams

Abstract: Elastic stability is important for buttress dams as they are very thin. Practical methods for computing the critical loads of buttress dams with double walls and those with single wall are offered in this paper.

Key words: buttress dam, elastic stability, computing method

由于坝体断面单薄，人们对于大头坝纵向弯曲的稳定性问题一向比较关心。但据笔者所知，到目前为止还缺乏一套合适的计算方法。本文提出一套计算方法。

全文分为两部分。第一部分给出双支墩大头坝弹性稳定性的计算方法；第二部分给出单支墩大头坝弹性稳定性的计算方法。

一、双支墩大头坝的一向计算

下面给出双支墩大头坝纵向弯曲稳定性的计算方法。首先切取刚架进行一向计算，主要目的在于了解支承条件的影响如何，并用以鉴定以后所用近似方法的误差。然后考虑到支墩的整体性、变厚度及分布荷重，用能量法进行计算。

（一）一向计算、有侧移的情况

在低温季节，由于温度下降，坝面收缩，各支墩在坝面的收缩缝处脱开，因此可以发生侧移。脱开的距离是一定的，所以侧移也是有限的，这点使得支墩对第二类纵向弯曲（丧失承载能力）的稳定性比上端完全自由的构件有所提高，但对第一类纵向弯曲（欧拉型）的稳定性则是相同的。从设计观点来看，我们不希望发生第一类纵向弯曲（它的临界荷重比第二类纵向弯曲要小），所以本节计算中把支墩的上游边看成完全自由。

我们大体上沿着第一主应力线的方向截取断面如图 1，其中紧靠下游面的第一个断面在

---

❶　原以《双支墩大头坝纵向弯曲的稳定性》为题发表于《水利水电建设》，1959 年第 10 期。

构造上与槽形柱相似如图 2，设柱的高度为 L，则有效翼缘的长度 $\lambda = 0.19L \sim 0.38L$；为安全计可取 $\lambda = 0.19L$。对于这样一个槽形柱，可采用一般柱的计算方法，由于它的惯性矩极大，它的纵向弯曲稳定性很大。例如对于图 1 所示的高度 150m 的大头坝的紧靠下游面的第一个断面，假定荷重集中于顶部，纵向弯曲的安全系数为 6.75，如考虑到支墩的整体性、变厚度及荷重沿高度分布，安全系数应当更大。可见纵向弯曲的危险断面不是 CD 而是 AB 或 A′B′。这些断面可简化为图 3 所示的刚架，为了计算方便，假定墙的厚度均匀而且荷重作用在顶部，这些假定均偏于安全方面。底部假定是弹性支承，基础的角变系数是 α，顶部的角变系数为 β。

纵向弯曲的平衡方程为

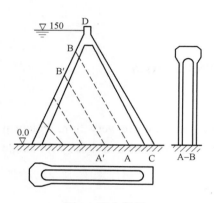

图 1　双支墩坝

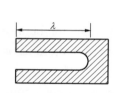

图 2　紧靠下游面的剖面

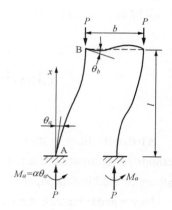

图 3　刚架

$$EJ\frac{\mathrm{d}^2 y}{\mathrm{d}x^2} + Py = M_a \tag{1}$$

令 $k^2 = \dfrac{P}{EJ}$，则

$$\frac{\mathrm{d}^2 y}{\mathrm{d}x^2} + k^2 y = \frac{M_a}{EJ} \tag{2}$$

边界条件为

$$\left.\begin{array}{l}\text{当 } x=0 \text{ 时，} y=0, \quad \alpha\dfrac{\mathrm{d}y}{\mathrm{d}x}=M_a \\[2mm] \text{当 } x=l \text{ 时，} \beta\dfrac{\mathrm{d}y}{\mathrm{d}x}=M_b \end{array}\right\} \tag{3}$$

由式（2）、式（3）两式获得决定临界荷重的方程式如下

$$\tan Kl = \frac{\left(1+\dfrac{\alpha}{\beta}\right)Kl}{\dfrac{EJ}{\beta l}(Kl)^2 - \dfrac{\alpha l}{EJ}} = f(Kl) \tag{4}$$

用图解法可迅速决定满足式（4）的 Kl 值如图 4，于是临界荷重为 $P_{kp} = (Kl)^2 EJ/l^2$。假定基础为半无限体，引用 Vogt 公式，可得

$$\alpha = \frac{E_r d^2}{5.50}$$

式中　d——墙的厚度；

　　　E_r——岩石弹性模数。

坚固岩石 $E_r = 2.0 \sim 3.0 \times 10^7 \text{kPa}$，轻微裂缝岩石 $E_r = 1.0 \sim 2.0 \times 10^7 \text{kPa}$，严重裂缝岩石 $E_r = 0.2 \sim 0.5 \times 10^7 \text{kPa}$。

有人认为只有墩墙充分嵌入新鲜岩石中，基础才能看做弹性固定端，否则即为铰接端。这种看法是不完全正确的，因为支墩底部沿厚度方向的应力分布本来是矩形的，受力矩以后，应力改为梯形或三角形分布如图 5，这与铰接端是完全不同的，而看做弹性固定端是符合实际情况的。主要原因是坝内存在着很大的纵向力 P，而且坝的厚度比坝可能发生的侧移要大得多，因为在支墩上可能发生的侧移，通常不过几厘米而已，侧移再大，上端即互相挤紧，临界荷重将大大提高。

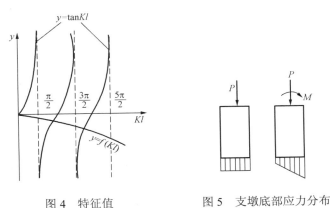

图 4　特征值　　　　　　　图 5　支墩底部应力分布

【算例1】从图 1 所示高度 150m 的支墩中切取刚架 AB 如图 3。顶端墙厚 d_B=3.40m，底部墙厚 d_H=6.65m，平均厚度 d_m=5.03m，混凝土的弹性模数为 $E=10^7 \text{kPa}$，基础岩石 E_r=0.5×10^7kPa，跨度 b=12.50m，l=135m，坝面最小厚度为 5.80m，荷重为 27500kN，求纵向弯曲的安全系数。

基础角变系数 $\alpha = E_r \times 6.65^2 / 5.50 = 8.04 E_r$；$E_r = 0.5E$，故 $\alpha = 4.02E$。

顶端 B 点的角变系数 β，初看起来似乎可看做变截面梁用柱比法计算，但由于坝面厚度变化太快，跨度较小，材料力学的平面截面假设不十分适用，按变截面梁算出的 β 是偏大的。如简化为等截面架，并假定接头部分混凝土无应变，则 $\beta = 6EJ_1 b^2 / (b-d)^3 = 20.2E$，如假定接头部分也有应变，则 $\beta = 6EJ_1 / b = 7.78E$，由于跨度太小，净跨度与高度之比 $(b-d)/d_1 = (12.50 - 3.40) / 5.8 = 1.4$，上述方法算出的 β 仍然偏大。如近似地引用 Vogt 公式，则 $\beta = E \times 3.40^2 / 5.50 = 2.10E$。但从表 1 可看出，尽管 β 值在 $2.10E \sim 20.2E$ 之间变化，它对临界荷重的影响并不大。

为了比较各种支承条件的影响，我们计算了不同 α 和 β 值时的临界荷重，成果见表 1。

从表 1 可以看出以下几点：

（1）尽管基础岩石 E_r 低至 $5 \times 10^6 \text{kPa}$，基础的支承条件仍与固定端相近，相差仅 4.5%（K=1.85 与 K=1.93 比较）。

（2）β 在 $2.10E$ 至无限大之间的变化，对临界荷重的影响并不大，相差为 8.1%。

表1 各种支承条件下刚架的临界荷重

1	α	β	$\dfrac{P_{kp}l^2}{\pi^2 EJ}$	安全系数 K
2	∞	∞	1.00	2.08
3	0	∞	0.25	0.52
4	0	$2.10E$	0.23	0.48
5	∞	0	0.25	0.52
6	$4.02E$	0	0.24	0.50
7	$4.02E$	$2.10E$	0.89	1.85
8	$4.02E$	$7.78E$	0.95	1.97
9	$4.02E$	$20.2E$	0.96	2.00
10	$4.02E$	∞	0.96	2.00
11	$8.04E$	$2.10E$	0.91	1.89
12	∞	$2.10E$	0.93	1.93

（3）弹性固定端刚架（$\alpha=4.02E$，$\beta=2.10E$）的临界荷重远较铰接端刚架（$\alpha=0$，$\beta=2.10E$）的临界荷重为大，相差达 3.85 倍。

（二）一向计算，无侧移的情况

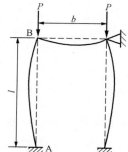

图6 夏季支墩支承条件

夏季气温升高时，各支墩在上游面互相挤紧，不可能发生侧移，故可将上端按铰接处理，如图6。这种情况可利用铁木先柯所著弹性稳定理论一书中的一些成果，但 α 的计算公式不同。

A 点的连续条件为

$$-\frac{M_a}{\alpha}=\frac{M_a l}{3EJ}\Psi(kl)+\frac{M_b l}{6EJ}\Phi(kl) \tag{5}$$

B 点的连续条件为

$$-\frac{M_b}{\beta}=\frac{M_b l}{3EJ}\Psi(kl)+\frac{M_a l}{6EJ}\Phi(kl) \tag{6}$$

产生纵向弯曲时，由式（5）、式（6）两式算出的弯矩为无限大，因而它们的行列式必须为零。由此获得决定临界荷重的方程式如下

$$\left[\frac{1}{\alpha}+\frac{l\psi(kl)}{3EJ}\right]\left[\frac{1}{\beta}+\frac{l\psi(kl)}{3EJ}\right]-\left[\frac{l\Phi(kl)}{6EJ}\right]^2=0 \tag{7}$$

式中

$$\psi(kl)=\frac{3}{kl}\left(\frac{1}{kl}-\frac{1}{\tan kl}\right)$$

$$\Phi(kl)=\frac{6}{kl}\left(\frac{1}{\sin kl}-\frac{1}{kl}\right)$$

用试算法从式（7）求出 kl 后，则

$$P_{kp}=\frac{(kl)^2 EJ}{l^2}$$

【算例2】 $\alpha=4.02E$，$\beta=2.10E$，$l=135\text{m}$，$J=10.56\text{m}^3$，$E=10^7\text{kPa}$，$P=27500\text{kN}$（刚架尺寸与例一相同），求纵向弯曲的安全系数。

用试算法，由式（7）得 $kl = 1.888\pi = 5.93$

$$P_{kp} = \frac{(1.888\pi)^2 EJ}{l^2} = \frac{3.56\pi^2 EJ}{l^2}$$
$$= 203500 \text{kN}$$

$$K = \frac{P_{kp}}{P} = 7.40$$

与表 1 第 7 行比较，可知无侧移条件下纵向弯曲的安全系数比有侧移条件下大 4 倍 $\left(\frac{7.40}{1.85} = 4.00\right)$。在我国水文条件下一般最高水位发生在夏季，这时由于坝面挤紧并不至于发生纵向弯曲，危险的是低温季节坝面收缩缝脱开时，这时水位低于夏季最高水位。因此按照有侧移的支墩计算纵向弯曲时不必按照夏季的最高水位，只要按照低温季节的最高水位。

二、双支墩大头坝的两向计算

在以上计算中我们忽略了支墩的整体性、变厚度及荷重的沿高度分布。这些因素的影响将在本节予以解决。双支墩大头坝结构复杂，它的纵向弯曲实质上是一个三向问题，要严格地计算事实上是较困难的。因此问题的关键在于如何加以适当的简化，以便提出一个切合实际、实用的计算方法。

笔者曾经考虑过以下几个方案：

（1）把支墩当做三角形变厚度板处理，上下游面均为弹性支承边，底部为固定边，将纵向弯曲的平衡方程写成差分方程，用松弛法计算。由于计算工作过于繁重，这个方案不切实用。

（2）将支墩切成图 7 所示的网格，其中 CD 和 1-1 是槽形柱体，而其余断面如 AB 及 2-2 均为刚架。它们的厚度是阶梯形的，如图 8。荷重 P_1、P_2 等作用在各个节点上。支墩的整体性由节点上的大小相等方向相反的一组内力 Q_1、Q_2、…，内力矩 M_1、M_2、…及内扭矩 T_1、T_2、…等来考虑。采用初参数法进行计算。如果忽略 M_1、M_2、…，T_1、T_2、…，只考虑 Q_1、Q_2、…，则与第一个方案比较起来，这个方案是易于实现的。但从实用观点来看，计算仍然过于繁重。

（3）把 1-1、2-2 等构件看做是 AB、CD 等构件的弹簧支承。而刚架 AB 等是弹簧基垫上的变厚度刚架，荷重沿高度分布，如图 9，用能量法计算。这一方案虽在计算公式的推导过程中要花费较多时间，但公式推导完毕以后，计算时极为方便。而且从实用的观点来看，在精确度上可以满足设计的需要。因此笔者最后决定采用这一计算方案。

首先大体上沿着第二主应力线方向切取断面 1-1、2-2 等（图 7），断面 1-1 是槽形柱，有效翼缘 $\lambda = 0.19L \sim 0.38L$，为安全计，取 $\lambda = 0.19L$，它的惯性矩很大，由结构力学方法算出它的弹簧常数 S_1 和抗扭刚度 C_1。断面 2-2、3-3 等是单位宽度的刚架，由结构力学方法可计算它的弹簧常数 S_2 和抗扭刚度 C_2。由于高度和厚度均在变化，S_2 和 C_2 是变值，为了简化计算，假定它们是常数并

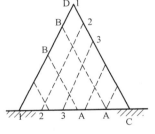

图 7 计算网格

取较小的数值，以偏于安全方面。计算这些常数时应考虑 AB 与 2-2 之间的夹角 θ，乘以 $\sin^2\theta$。

今对图 9 所示的弹簧基垫上的刚架 AB 进行分析，它在顶部受到集中荷重 P，沿高度受到梯形分布荷重 q，顶端为 q_B，底部为 q_H，平均为 q_m。墙的厚度按直线变化，顶部为 d_B，底部为 d_H，平均为 d_m。这个刚架在顶端受到一个弹簧支承的作用（槽形柱 1-1），其抗压缩及抗扭转的常数为 S_1 及 C_1。沿着高度受到弹簧基垫的作用（由于刚架 2-2，3-3 等），它的抗压缩及抗扭转常数为 S_2 及 C_2。根据第二节计算成果，刚架底部可假定为固定端。又一般情况下 $\dfrac{S_2 L^4}{EJ} < 1000$（在算例 3 中，$\dfrac{S_2 L^4}{EJ} = 21.9$）。故可设刚架的侧向位移为（图 10）。

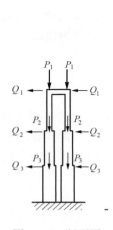

图 8　AB 断面图

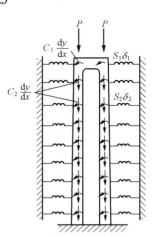

图 9　弹性支承刚架

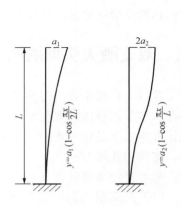

图 10　侧向位移

$$y = a_1\left(1 - \cos\frac{\pi x}{2l}\right) + a_2\left(1 - \cos\frac{\pi x}{l}\right) \tag{8}$$

刚架变形时集中荷重所做的功为

$$T_1 = \frac{P}{2}\int_0^L\left(\frac{\mathrm{d}y}{\mathrm{d}x}\right)^2\mathrm{d}x = \frac{\pi^2 P}{16L}\left(a_1^2 + \frac{32}{3\pi}a_1 a_2 + 4a_2^2\right) \tag{9}$$

分布荷重 $q_x = q_H\left(1 - \xi\dfrac{x}{L}\right)$ 所做之功为

$$
\begin{aligned}
T_2 &= \frac{1}{2}\int_0^L q_x \int_0^x\left(\frac{\mathrm{d}y}{\mathrm{d}x}\right)^2 (\mathrm{d}x)^2 \\
&= \frac{\pi^2 q_H}{8}\left\{a_1^2\left[\frac{1}{4} - \frac{1}{\pi^2} - \xi\left(\frac{1}{6} - \frac{1}{2\pi^2}\right)\right] + a_1 a_2\left[\frac{64}{9\pi^2} - \frac{448\xi}{27\pi^3}\right] + a_2^2\left[1 - \xi\left(\frac{2}{3} + \frac{1}{2\pi^2}\right)\right]\right\}
\end{aligned} \tag{10}
$$

令

$$q_m = \frac{q_H + q_B}{2} = \frac{q_H}{2}(2 - \xi), \quad \xi = \frac{q_H - q_B}{q_H}$$

$$P = f q_m L$$

则全部外力所做的功为

$$T = T_1 + T_2 = \frac{\pi^2 q_m}{4(2 - \xi)}(t_1 a_1^2 + t_2 a_1 a_2 + t_3 a_2^2) \tag{11}$$

式中

$$t_1 = \frac{1}{4} - \frac{1}{\pi^2} - \xi\left(\frac{1}{6} - \frac{1}{2\pi^2}\right) + \frac{f(2-\xi)}{4} \tag{12a}$$

$$= 0.148679 - 0.116006\xi + \frac{f(2-\xi)}{4}$$

$$t_2 = \frac{64}{9\pi^2} - \frac{448\xi}{27\pi^3} + \frac{8f(2-\xi)}{3\pi} \tag{12b}$$

$$= 0.720506 - 0.535137\xi + \frac{8f(2-\xi)}{3\pi}$$

$$t_3 = 1 - \xi\left(\frac{2}{3} + \frac{1}{2\pi^2}\right) + (2-\xi)f \tag{12c}$$

$$= 1 - 0.717327\xi + (2-\xi)f$$

刚架本身及弹簧支垫的应变能为

$$\begin{aligned} V &= V_1 + V_2 + V_3 + V_4 + V_5 + V_6 \\ &= \frac{S_1}{2}(y_x - L)^2 + \frac{1}{2}C_1\theta_b^2 + \frac{S_2}{2}\int_0^L y^2 \mathrm{d}x \\ &\quad + \frac{C_2}{2}\int_0^L\left(\frac{\mathrm{d}y}{\mathrm{d}x}\right)^2 \mathrm{d}x + \frac{E}{2}\int_0^L J_x\left(\frac{\mathrm{d}^2 y}{\mathrm{d}x^2}\right)^2 \mathrm{d}x + \frac{\beta}{2}\theta_b^2 \end{aligned} \tag{13}$$

式中：V_1 为顶端弹簧支座的压缩变形能；V_2 为顶端弹簧支座的扭转变形能；V_3 为沿高度分布的弹性基垫的压缩变形能；V_4 为沿高度分布的弹性基垫的扭曲变形能；V_5 为墩墙的弯曲变形能；V_6 为墩顶转角变形能（即横梁的弯曲变形能）。

今墙顶厚度为 d_B，墙底厚度为 d_H，$\theta = \dfrac{d_H - d_B}{d_H}$，平均厚度 $d_m = \dfrac{d_H + d_B}{2} = \dfrac{2-\theta}{2}d_H$，故

任一点的厚度为 $d_x = d_H\left(1 - \theta\dfrac{x}{L}\right) = \dfrac{2d_m}{2-\theta}\left(1 - \theta\dfrac{x}{L}\right)$，任一点的转动惯量为

$$J_x = \frac{d_x^3}{12} = \frac{8J_m}{(2-\theta)^3}\left(1 + B_1\frac{x}{L} + B_2\frac{x^2}{L^2} + B_3\frac{x^3}{L^3}\right) \tag{14}$$

式中，$B_1 = -3\theta$，$B_2 = 3\theta^2$，$B_3 = -\theta^3$。

将式（8）及式（14）代入式（13），整理之得

$$\begin{aligned} V &= V_1 + V_2 + V_3 + V_4 + V_5 + V_6 \\ &= \frac{4EJ_m}{(2-\theta)^3 L^3}(r_1 a_1^2 + r_2 a_1 a_2 + r_3 a_2^2) \end{aligned} \tag{15}$$

式中

$$\begin{aligned} r_1 &= K_1 + \frac{(3\pi-8)(2-\theta)^3 S_2 L^4}{16\pi EJ_m} \\ &\quad + \frac{(2-\theta)^3 S_1 L^3}{8EJ_m} + \frac{(2-\theta)^3 \pi^2 C_2 L^2}{64EJ_m} + \frac{(2-\theta)^3 \pi^2(C_1+\beta)L}{32EJ_m} \end{aligned} \tag{16a}$$

$$r_2 = K_2 + \frac{(3\pi-4)(2-\theta)^3 S_2 L^4}{12\pi EJ_m} + \frac{(2-\theta)^3 S_1 L^3}{2EJ_m} + \frac{(2-\theta)^3 \pi C_2 L}{6EJ_m} \tag{16b}$$

$$r_3 = K_3 + \frac{3(2-\theta)^3 S_2 L^4}{16EJ_\mathrm{m}} + \frac{(2-\theta)^3 S_1 L^3}{2EJ_\mathrm{m}} + \frac{(2-\theta)^3 \pi^2 C_2 L^2}{16EJ_\mathrm{m}} \tag{16c}$$

式中

$$K_1 = \frac{\pi^4}{32} + \frac{\pi^2}{16}\left(\frac{\pi^2}{4}-1\right)B_1 + \frac{\pi^2}{16}\left(\frac{\pi^2}{6}-1\right)B_2 + \frac{B_3}{8}\left(3 - \frac{3\pi^2}{4} + \frac{\pi^4}{16}\right)$$

$$= 3.044034 + 0.905167B_1 + 0.397828B_2 + 0.210733B_3 \tag{17a}$$

$$K_2 = \frac{\pi^3}{3} + \frac{2\pi^2}{9}\left(\frac{3\pi}{2}-5\right)B_1 + \frac{8\pi}{27}\left(\frac{9\pi^2}{8}-13\right)B_2 + \frac{B_3}{27}(656 - 312\pi + 9\pi^3)$$

$$= 10.335426 - 0.630801B_1 - 1.765524B_2 - 1.671127B_3 \tag{17b}$$

$$K_3 = \frac{\pi^4}{2} + \frac{\pi^4}{4}B_1 + \frac{\pi^2}{4}\left(1 + \frac{2\pi^2}{3}\right)B_2 + \frac{\pi^2}{8}(3+\pi^2)B_3$$

$$= 48.704545 + 24.352273B_1 + 18.702248B_2 + 15.877237B_3 \tag{17c}$$

由式（11）、式（15）两式及 $T = V$，得

$$q_\mathrm{m} = \frac{16(2-\xi)EJ_\mathrm{m}}{(2-\theta)^3\pi^2 L^3} \cdot \frac{r_1 a_1^2 + r_2 a_1 a_2 + r_3 a_2^2}{t_1 a_1^2 + t_2 a_1 a_2 + t_3 a_2^2}$$

令 $z = \dfrac{a_2}{a_1}$，总荷重 $F = P + q_\mathrm{m}L = (1+f)q_\mathrm{m}L$，则

$$F = \frac{16(1+f)(2-\xi)EJ_\mathrm{m}}{(2-\theta)^3\pi^2 L^2} \cdot \frac{r_1 + r_2 z + r_3 z^2}{t_1 + t_2 z + t_3 z^2}$$

必须这样选择 z 值，使 F 值为最小，由 $\dfrac{\mathrm{d}F}{\mathrm{d}z} = 0$ 得

$$(t_2 r_3 - r_2 t_3)z^2 + 2(t_1 r_3 - r_1 t_3)z + (t_1 r_2 - t_2 r_1) = 0$$

解上式得

$$z_{1-2} = \frac{r_1 t_3 - r_3 t_1}{t_2 r_3 - t_3 r_2} \pm \sqrt{\left(\frac{t_3 r_1 - t_1 r_3}{t_2 r_3 - t_3 r_2}\right)^2 + \frac{t_2 r_1 - r_2 t_1}{t_2 r_3 - r_2 t_3}} \tag{18}$$

求出 z 后即可计算临界总荷重

$$\left. \begin{array}{l} F_{kp} = \psi \dfrac{EJ_\mathrm{m}}{L^2} \\[2mm] \psi = \dfrac{16(1+f)(2-\xi)}{(2-\theta)^3\pi^2} \cdot \dfrac{r_1 + r_2 z + r_3 z^2}{t_1 + t_2 z + t_3 z^2} \end{array} \right\} \tag{19}$$

对应于 z_1 和 z_2 有两个 F_{kp}，取其中较小的一个。能量法有很大的灵活性，如不考虑支墩的整体性，只要令 $S_1 = C_1 = S_2 = C_2 = 0$。

【算例3】 从图 1 所示支墩切取断面 AB，考虑支墩的整体性、变厚度及荷重分布情况，计算临界荷重。$d_B = 3.40\mathrm{m}$，$d_H = 6.65\mathrm{m}$，$\theta = (6.65 - 3.40)/6.65 = 0.488$，$J_\mathrm{m} = 10.56\mathrm{m}^3$，$L = 135\mathrm{m}$，顶端集中荷重 $P = 1090\mathrm{kN}$，底部总荷重 $P + q_\mathrm{m}L = 27500\mathrm{kN}$，分布荷重沿高度直线变化，$q_B = 175\mathrm{kN/m}$，$q_H = 216\mathrm{kN/m}$，$\xi = (216 - 175)/216 = 0.19$，$f = P/q_\mathrm{m}L = 0.041$。

表2 各种不同计算条件下支墩的临界荷重（$\alpha = \infty$，$\beta = 2.10E$）

厚度	荷重作用方式	计算方法		$\dfrac{F_{kp}L^2}{\pi^2 EJ_m}$	安全系数 K
等厚度	集中于顶端	一向计算	严密解	0.930	1.93
	集中于顶端	一向计算	能量法	0.944	1.96
变厚度	集中于顶端	一向计算	能量法	1.127	2.34
	均布于全长	一向计算	能量法	2.30	4.78
	实际分布	一向计算	能量法	2.30	4.78
	实际分布	两向计算	能量法	10.20	21.2

为了便于比较，我们按照不同的计算条件进行了计算，成果如表2。

从表2可以看出以下几点：

（1）能量法的误差是很小的，如表2第二行与第三行比较，误差只有1.5%。

（2）按平均厚度计算是偏于安全方面的（$2.34/1.96 = 1.20$）。

（3）均匀分布荷重作用下的稳定性较集中荷重为大（$4.78/2.34 = 2.05$）。

（4）由于 q_B（175）与 q_H（216）很接近，再加上顶端的集中荷重 P，在本算例中，实际分布荷重与均布荷重的稳定性很接近。

（5）考虑到支墩的整体性，纵向弯曲的安全系数将大为增加，在本算例中增加了 $21.2/4.78 = 4.44$ 倍。

三、单支墩大头坝纵向弯曲的稳定性

下面给出单支墩大头坝纵向弯曲稳定性的计算方法。假定支墩是底边固定、上下游边自由的三角形板，上游边坡度为 n，下游边坡度为 m，厚度为 h（常量），高度为 H，如图11所示。两个支墩中心的跨度为 L_1。支墩在上游面承受着水压力，内部作用着自重，并假定在侧向发生振动。

在水压力和自重作用下，根据无限楔的经典解答，支墩的内力为

$$\left.\begin{array}{l} N_x = \gamma(ax + by) \\ N_y = \gamma(cx + dy) \\ N_{xy} = -\gamma(ex + ay) \end{array}\right\} \tag{20}$$

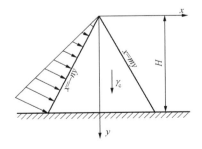

图11 单支墩大头坝计算简图

式中

$$a = \frac{h\gamma_c}{\gamma} \cdot \frac{mn(m-n)}{(m+n)^2} + L_1 \cdot \frac{mn(mn-m^2-2)}{(m+n)^3}$$

$$b = \frac{h\gamma_c}{\gamma} \cdot \frac{2m^2n^2}{(m+n)^2} - L_1 \cdot \frac{m^2(2mn^2-3n-m)}{(m+n)^3}$$

$$c = -\frac{h\gamma_c}{\gamma} \cdot \frac{m-n}{(m+n)^2} - L_1 \cdot \frac{n^2+3mn-2}{(m+n)^3} \qquad (21)$$

$$d = \frac{h\gamma_c}{\gamma} \cdot \frac{m^2+n^2}{(m+n)^2} - L_1 \cdot \frac{m-n-2m^2n}{(m+n)^3}$$

$$e = d - \frac{h\gamma_c}{\gamma} = -\frac{h\gamma_c}{\gamma} \cdot \frac{2mn}{(m+n)^2} - L_1 \cdot \frac{m-n-2m^2n}{(m+n)^3}$$

式中：γ 为水的容重；γ_c 为混凝土的容重；L_1 为支墩的跨度。

现在考虑支墩发生侧向自由振动的情况。假定振动时支墩侧向挠度如下

$$w = (H-y)^2 \left[k_1 + k_2x + k_3(H-y) + k_4x(H-y) + \cdots \right] \cos\omega t \qquad (22)$$

根据能量守恒律及极值原理可确定上式中的系数 k_1、k_2、k_3 等。为了简化计算，在下一步的计算中我们只取前面两项，这无损于问题的一般性，因为取更多的项时计算原理完全一样，在用能量法确定结构的临界荷重和自振频率时取至二项一般已具有一定的精度。

当 $\cos\omega t = 1$ 时，坝体具有最大应变能如下[1]

$$V = \frac{D}{2} \int_0^H \int_{-ny}^{my} \left[\left(\frac{\partial^2 w}{\partial x^2}\right)^2 + \left(\frac{\partial^2 w}{\partial y^2}\right)^2 + 2\mu \frac{\partial^2 w}{\partial x^2} \frac{\partial^2 w}{\partial y^2} + 2(1-\mu)\left(\frac{\partial^2 w}{\partial x \partial y}\right)^2 \right] dxdy$$

$$= Dk_1^2 H^2 \times (r_1 + r_2 f + r_3 f^2) \qquad (23)$$

式中
$$f = k_2H/k_1, \quad r_1 = m+n, \quad r_2 = \frac{2}{3}(m^2-n^2)$$

$$r_3 = \frac{1}{6}\left[m^3+n^3+2(1-\mu)(m+n) \right]$$

$$D = \frac{Eh^3}{12(1-\mu^2)} \qquad (24)$$

其中 μ 为泊松比。

当 $\cos\omega t = 1$ 时，外力所作的功也达到最大值

$$T = \frac{1}{2} \int_0^H \int_{-ny}^{my} \left[N_x \left(\frac{\partial w}{\partial x}\right)^2 + N_y \left(\frac{\partial w}{\partial y}\right)^2 + 2N_{xy} \frac{\partial w}{\partial x} \frac{\partial w}{\partial y} \right] dxdy$$

$$= k_1^2 \gamma H^5 (s_1 + s_2 f + s_3 f^2) \qquad (25)$$

式中
$$s_1 = \frac{1}{30}c(m^2-n^2) + \frac{1}{15}d(m+n)$$

$$s_2 = \frac{a}{30}c(m+n) + \frac{c}{45}(m^3+n^3) + \frac{d}{30}\times(m^2-n^2) + \frac{e}{60}(m^2-n^2) \qquad (26)$$

$$s_3 = \frac{a}{105}(m^2-n^2) + \frac{b}{210}(m+n) + \frac{c}{210}\times(m^4-n^4) + \frac{2d}{315}(m^3+n^3) + \frac{e}{210}\times(m^3+n^3)$$

当 $\sin\omega t=1$ 时，动能达到最大值

$$K=\frac{\gamma_c h}{2g}\int_0^H\int_{-ny}^{my}\left[\left(\frac{\partial w}{\partial t}\right)^2\right]\mathrm{d}x\mathrm{d}y=\frac{p^2\gamma_c hk_1^2H^6}{g}+(u_1+u_2f+u_3f^2)\tag{27}$$

式中

$$u_1=\frac{m+n}{60},\quad u_2=\frac{m^2-n^2}{210},\quad u_3=\frac{m^3+n^3}{560}\tag{28}$$

由能量守恒律

$$V=T+K\tag{29}$$

将式（4）、式（6）和式（8）三式代入上式，得到

$$D(r_1+r_2f+r_3f^2)=\gamma H^3(s_1+s_2f+s_3f^2)$$
$$+\frac{p^2\gamma_c hH^4}{g}(u_1+u_2f+u_3f^2)\tag{30}$$

从而，在有水压力和自重作用时，支墩自振频率为

$$\omega^2=\frac{Dg(r_1+r_2f+r_3f^2)}{\gamma_c hH^4(u_1+u_2f+u_3f^2)}\times\left[1-\frac{\gamma H^3(s_1+s_2f+s_3f^2)}{D(r_1+r_2f+r_3f^2)}\right]\tag{31}$$

现在我们分析两个特殊情况。首先考虑没有水压力和自重时支墩的自由振动，此时外力所做的功 $T=0$，由 $V=K$，得无外力时支墩自振频率 ω_0 如下

$$\omega_0^2=\frac{Dg(r_1+r_2f+r_3f^2)}{\gamma_c hH^4(u_1+u_2f+u_3f^2)}\tag{32}$$

其次，考虑没有振动的情况，动能 $K=0$，设支墩侧向挠度为

$$\omega=(H-y)^2\left[k_1+k_2x+k_3(H-y)+k_4x(H-y)+\cdots\right]\tag{33}$$

采用能量法，由 $V=T$，得到在水压力及自重作用下支墩失去弹性稳定的临界荷载为

$$\gamma_{\mathrm{cr}}H=\frac{D(r_1+r_2f+r_3f^2)}{H^2(s_1+s_2f+s_3f^2)}\tag{34}$$

比较式（31）、式（32）、式（34）三式，可见在有水压力和自重作用时，支墩的自振频率可表示如下

$$\omega=\omega_0\sqrt{1-\frac{\gamma H}{\gamma_{\mathrm{cr}}H}}\tag{35}$$

上式表明，水压力和自重的存在使支墩侧向自振频率有所降低，在水压力 γH 达到临界压力 $\gamma_{\mathrm{cr}}H$ 以前，支墩在侧向仍然可以产生弹性振动。换句话说，在地震力作用下，侧向振动具有往复的、周而复始的弹性振动的特征。当水压力 γH 达到临界压力 $\gamma_{\mathrm{cr}}H$ 时，由式（35）得到

$$\omega=0\tag{36}$$

上式表明此时支墩不再具有产生往复的弹性振动的能力，失去了稳定性。在侧向力作用下，产生侧向挠度后不能恢复到 $\omega=0$ 的情况。但是在式（31）中令 $\omega=0$ 所确定的在侧向振动条件下的纵向临界压力 $\gamma_{\mathrm{cr}}H$，与由式（34）确定的在静力条件下的纵向临界压力 $\gamma_{\mathrm{cr}}H$ 是相同的。这表明纵向临界压力并不会因侧向振动而有所降低。

下面我们讨论临界压力的计算问题。根据式（34），由

$$\frac{\mathrm{d}(\gamma_{cr}H)}{\mathrm{d}f} = 0 \qquad (37)$$

得到

$$(r_3s_2 - r_2s_3)f^2 + 2(r_3s_1 - r_1s_3)f + (r_2s_1 - r_1s_2) = 0 \qquad (38)$$

解上式，得两个根

$$\left.\begin{array}{c} f_1 \\ f_2 \end{array}\right\} = \frac{r_1s_3 - r_3s_1}{r_3s_2 - r_2s_3} \pm \sqrt{\left(\frac{r_1s_3 - r_3s_1}{r_3s_2 - r_2s_3}\right)^2 + \frac{r_1s_2 - r_2s_1}{r_3s_2 - r_2s_3}} \qquad (39)$$

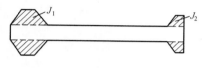

图 12　单支墩大头坝横断面

将 f_1、f_2 代入式（34），可得到两个 $\gamma_{cr}H$ 值，其中较小的一个即为临界压力。

实际工程中支墩的头部断面往往是扩大的，为了考虑头部断面扩大的影响，可以在计算应变能时把图 12 阴影部分的应变能也计算进去。设 J_1 和 J_2 分别是上、下游扩大部分所形成的惯性矩，在发生侧向变位时，大头部分的应变能由下式计算

$$V' = \frac{1}{2}\int_0^{l_1} EJ_1 \left(\frac{\mathrm{d}^2 w}{\mathrm{d}\xi_1^2}\bigg|_{x=-ny}\right)^2 \mathrm{d}\xi_1 + \frac{1}{2}\int_0^{l_2} EJ_2 \left(\frac{\mathrm{d}^2 w}{\mathrm{d}\xi_2^2}\bigg|_{x=my}\right)^2 \mathrm{d}\xi_2$$

$$= \frac{1}{2\beta_1^3}\int_0^H EJ_1 \left(\frac{\partial^2 w}{\partial y^2} - 2n\frac{\partial^2 w}{\partial x\partial y} + n^2\frac{\partial^2 w}{\partial x^2}\right)^2 \mathrm{d}y + \frac{1}{2\beta_2^3}\int_0^H EJ_2 \left(\frac{\partial^2 w}{\partial y^2} + 2m\frac{\partial^2 w}{\partial x\partial y} + m^2\frac{\partial^2 w}{\partial x^2}\right)^2 \mathrm{d}y \qquad (40)$$

$$= Dk_1^2 H^2 (r_1' + r_2'f + r_3'f^2)$$

式中

$$r_1' = \frac{2E}{DH}\left(\frac{J_1}{\beta_1^3} + \frac{J_2}{\beta_2^3}\right)$$

$$r_2' = \frac{2E}{DH}\left(\frac{nJ_1}{\beta_1^3} - \frac{mJ_2}{\beta_2^3}\right)$$

$$r_3' = \frac{2E}{DH}\left(\frac{n^2J_1}{\beta_1^3} + \frac{m^2J_2}{\beta_2^3}\right)$$

$$\beta_1 = \sqrt{1+n^2} \quad \beta_2 = \sqrt{1+m^2} \qquad (41)$$

式中：n、m 分别是上、下游坝面坡度；ξ_1、ξ_2 分别是沿上、下游坝面的积分路径。

为了考虑头部的影响，须将这一部分应变能加到式（23）中去，即用 $V+V'$，r_1+r_1'，r_2+r_2'，r_3+r_3' 分别代替式（23）中的 V、r_1、r_2、r_3。

四、结束语

（1）尽管基础弹性模量较小，底边的支承条件与固定边很接近；

（2）高温季节由于坝面挤紧，顶端不能发生侧移，支墩的临界荷重比低温季节顶端可自由侧移时要大 4 倍左右。故一般以低温季节支墩能发生侧移时为危险；

（3）从我们计算的高度 150m 的例子来看，如假定荷重全部集中于顶部并按平均厚度计算，安全系数为 1.93。如考虑到荷重的实际分布情况及变厚度，安全系数为 4.78。再进一步考虑到支墩的整体性，则安全系数高达 21.2。可见对于高度不大于 150m 的双墩大头坝来说，具有足够的纵向弯曲稳定性。对于高度超过 150m 的大头坝，可用本文建议的方法进行计算。

参 考 文 献

［1］ S Timoshenko. Theory of Elastic Stability. Mc Graw. Hill，1936.

解决重力坝加高温度应力问题的新思路与新技术[❶]

摘 要： 重力坝加高时，老坝块已充分冷却，由于水泥水化热及浇筑温度等原因，新浇坝块的温度将超过老坝块，形成新老坝块之间的温差，这种温差不但在新坝块中引起拉应力，还将在老坝块的坝踵部位引起拉应力，使坝体应力恶化，甚至引起裂缝。本文提出一套新思路和新技术，综合应用弹性力学圣维南原理、水管超冷和强力保温，解决了这个重力坝加高的温度应力难题，对丹江口重力坝加高的分析结果表明，这一套新的思路和技术是有效的。

关键词： 重力坝；加高；温度应力问题；新思路；新技术

New Concept and New Techniques for Solving the Thermal Stress Problem in Heightening of Concrete Gravity Dam

Abstract: When a concrete gravity dam is heightened, due to the temperature difference between the new and the old concrete, tensile stresses will be induced in the dam heel and new concrete. The stress state in the dam may be worsened and cracks may appear in the new concrete. New concept and new techniques are proposed in this paper for solving this problem. The Saint-Venant's principle in the theory of elasticity, the long time pipe cooling and the strong superficial thermal insulation are used comprehensively to solve this problem. After applied to Danjiangkou dam, they are proved to be very useful.

Key words: gravity dam, heightening, problem of thermal stress, new concept, new technique

1 前言

在南水北调中线工程中，丹江口重力坝将加高 14.60m 使坝顶高程由 162.00m 加高到 176.60m。经过多年运行，老坝体已充分冷却，而由于水泥水化热及浇筑温度等原因，新浇混凝土的温度将超过老坝体的温度，形成新老混凝土坝块之间的温差。这一温差不但将在新混凝土内引起拉应力甚至裂缝，还将在老坝体的坝踵部位引起拉应力，使坝体应力恶化。

图 1 表示了一座重力坝加高的温度应力分布，老坝高 38.0m，底宽 25.5m，加高前后下游

---

❶ 原载《水力发电》2003 年第 11 期，由笔者与张国新、徐麟祥、杨树明联名发表。

坝面平行，新坝块内具有均匀温度（T），老混凝土内温度为零，用弹性力学方法算得铅直方向温度应力（σ_y）如图 1[1]所示。由图 1 可见，不但在新混凝土内有拉应力，在老坝体坝踵部位也存在着拉应力，使坝体应力恶化。

在进行重力坝加高时，如何解决新老混凝土温差引起的温度应力问题是一个关键问题，过去解决这个问题的办法有以下几种。

（1）在浇筑新混凝土时，利用预制混凝土模板在新老混凝土之间形成一条可滑动的接缝，以解除新老混凝土之间的约束，等到新混凝土充分冷却后，再在接缝内进行灌浆。

（2）用铅直收缩缝把新混凝土划分成一系列柱状块体，埋设冷却水管，待新混凝土充分冷却后进行接缝灌浆。

（3）委内瑞拉的古里坝，地处赤道地区，年平均温度高达 27℃，利用预冷骨料和水管冷却，使新混凝土的最高温度不高于年平均气温 27℃。

在以上 3 种办法中，第一、二两种办法，滑动缝和柱状分缝，施工都极费事；第三种办法施工简便多了，但古里坝地处赤道地区，年平均气温高达 27℃，控制混凝土最高温度不超过 27℃在技术上容易做到。我国各地

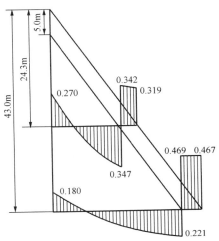

图 1　重力坝加高的温度应力 $\sigma_y/E\alpha T$

年平均气温见表 1。丹江口坝址年平均气温 15.8℃。从我国当前混凝土坝施工技术水平来看，把混凝土最高温度控制到不超过 15.8℃实际上是十分困难的，例如，以施工技术设备最好的三峡大坝来说，二期工程中夏季施工大坝混凝土的最高温度一般为 30～35℃，个别达到 37～38℃，远远超过了表 1 所示各地年平均气温，因此，通过控制新混凝土温度的办法来解决重力坝加高的温度应力问题，需要新的思路和新的技术措施。

表 1　　　　　　　　　　　　　　我国各地年平均气温

地　区	东北	华北、西北	华中	华南、西南
年平均气温（℃）	4～5	6～11	14～17	16～20

2　重力坝加高时引起应力的温差

温度应力来自温差，为了较好地解决重力坝加高的温度应力问题，首先需要比较细致地分析引起应力的温差。如图 2 所示，设加高前坝体原稳定温度为 T_f，加高后初始温度为 T^0，加高后最终稳定温度为 T'_f，则加高后产生的温差为

$$\Delta T = T^0 - T'_f = \begin{cases} T_1^0 - T'_{f1} & \text{（老坝块）} \\ T_2^0 - T'_{f2} & \text{（新坝块）} \end{cases} \tag{1}$$

今把温差（ΔT）分解如下

$$\Delta T = (T^0 - T_f) + (T_f - T'_f) \tag{2}$$

在宽河谷，存在关系

$$\nabla^2(T_f - T_f') = \nabla^2 T_f - \nabla^2 T_f' = 0 \tag{3}$$

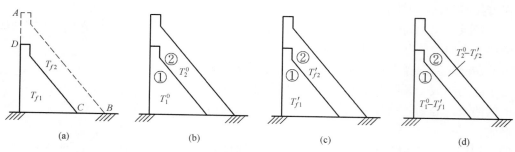

图2　重力坝加高的温差

(a) 加高前稳定温度 T_f；(b) 加高后初始温度 T^0；(c) 加高后稳定温度 T_f'；(d) 温差 $\Delta T = T^0 - T_f'$

根据弹性力学基本理论（文献 [1] §20.1），上述温差因满足二维拉普拉斯方程 $\nabla^2 T = 0$，不引起应力，只需考虑温差 $T^0 - T_f$。实际上，除了老坝块下游很浅的表层外，在老坝块内 T_1^0 与 T_{f1} 很接近，可近似假定：

在老坝块内

$$T_1^0 - T_{f1} = 0 \tag{4}$$

因此，引起应力的温差只剩下新坝坝块内的 $T_2^0 - T_{f2}$。在这里，T_2^0 是加高后新坝块的初始温度，而 T_{f2} 是加高前在新坝块内的虚拟稳定温度场，它是把加高前老坝块的稳定温度场（T_{f1}）延拓到新坝块而得到的，详细计算方法见文献 [1] §20.7。

除了坝踵和坝趾两个角缘部分外，在坝体的大部分范围内，稳定温度（T_f）在水平方向是线性分布的。根据这一事实，可以由老坝块上、下游表面稳定温度线性外推，得到新坝块下游面虚拟稳定温度（T_{f2}）。

总之，在宽河谷，由于式（3）成立，重力坝加高的温差为

$$\Delta T = T^0 - T_f \tag{5}$$

而且由于式（4）近似成立，实际上的温差为

$$\Delta T = \begin{cases} 0 & \text{（老坝块）} \\ T_2^0 - T_{f2} & \text{（新坝块内）} \end{cases} \tag{6}$$

值得注意的是，在新坝块内，T_{f2} 略高于 $T_f'_2$。因此，在新坝体下游面 T_{f2} 略高于当地年平均气温加日照影响。

3　解决重力坝加高温度应力问题的新思路和新技术

3.1　弹性力学圣维南原理的应用

如图3所示，设混凝土浇筑温度为 T_p，水化热温升为 T_r，混凝土最高温度为 $T_p + T_r$，经过人工和天然冷却，最终达到稳定温度（T_f）。岩基上混凝土浇筑块的基础温差（ΔT_1）通常按下式计算

$$\Delta T_1 = T_p + T_r - T_f \tag{7}$$

重力坝加高的温度应力，主要是由于新老坝块之间的互相约束而产生的。设加高至封顶时即新老混凝土齐平时，新坝块的平均初始温度为封顶温度（T_2^0），由式（6），重力坝加高的温差可按下式计算

$$\Delta T_2 = T_2^0 - T_{f2} \tag{8}$$

为什么重力坝加高的温差不从最高温度 T_p+T_r 计算呢？从图 4 可见，当新混凝土从最高温度下降时，浇筑层顶面还是自由的，在新混凝土内部以及新老混凝土接触面上会引起一些应力，但这是小范围内的自平衡力系。根据弹性力学圣维南原理，其影响是局部的，对坝体整体应力的影响是极小的，可以忽略不计。以丹江口重力坝为例，新浇混凝土上升速度约 6m/月，水管冷却 20d，人工冷却区的高度只有 4m 左右，不到坝体高度的 7%。

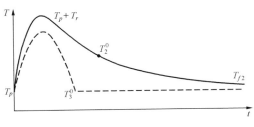 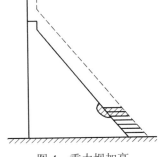

图 3　新浇混凝土温度变化　　　　　　图 4　重力坝加高

基于上述原理，如果我们能设法在施工过程中把封顶温度（T_2^0）降低到等于 T_{f2} 甚至低于 T_{f2}，如图 3 中的 T_3^0。那么，重力坝加高的温度应力问题就基本解决了，坝踵不会产生拉应力，甚至还可产生压应力，新混凝土内拉应力也不大，不会出现裂缝。

3.2　水管超冷

经验表明，高温季节浇筑混凝土，控制混凝土的最高温度（T_p+T_r）是比较困难的，但如适当延长水管冷却时间，加密水管间距，在 20～30d 时间内，可以把混凝土温度 T_3^0 降得很低。

例如，设年平均气温 17℃，7 月份浇筑混凝土，当时气温 28.7℃，混凝土绝热温升 25$(1-e^{-0.38\tau})$，浇筑温度 $T_p=25$℃，浇筑层厚度 1.50m，层面间歇 9d，水管间距 1.5m×1.5m，进口水温 $T_w=5$℃，新混凝土层内平均温度见图 5。混凝土在第 3d 达到最高温度 34.2℃，但由于水管冷却，到第 20d 已降至 17℃，如果延长冷却时间，还可以使温度降得更低。

3.3　强力保温

在高温季节施工时，单纯依靠水管冷却降低混凝土温度，遇到一个困难，热量不断从表面输入，在表面 5～6m 范围内温度很难降下来，而且当水管冷却停止后，已经冷却的混凝土温度将逐步回升。

图 6 表示一个算例：10m 厚平板，左边与空气接触，

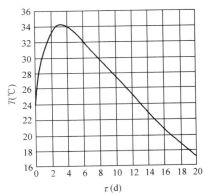

图 5　重力坝加高时新混凝土浇筑层的平均温度（水管间距 1.5m×1.5m）

右边绝热，混凝土初温 25℃，气温 25℃，冷却水管间距 1.5m×3.0m，长度 200m，进口水温 T_w=2℃，流量 21.6m³/d，不考虑水化热温升，如图 6 所示，经过 24d 冷却，内部温度已降至 14.4℃，但如无表面保温板，靠近表面 5m 范围内的温度很难降下来，设置 10cm 泡沫塑料保温板后，温度才能比较明显地降下来。

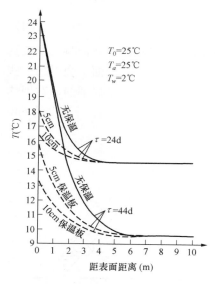

图 6　高温季节坝体水管冷却
的表面保温效果

因此，在高温季节，下游坝面要有强力保温措施。水平施工层面，当气温高于混凝土温度时，也要保温，保温层厚度可根据层面暴露时间的长短通过计算决定。

总之，重力坝加高时，通过水管超冷和强力保温，可以把加高时新坝块的封顶温度（T_2^0）控制到等于甚至低于运行期下游坝面年平均温度（T_{f2}），使大坝加高带来的温度应力问题得以解决。

4　丹江口重力坝加高温度应力问题的解决

丹江口大坝加高问题，自 1993 年起开始进行设计，围绕加高对坝踵应力、新混凝土应力及新老混凝土结合等问题进行了大量计算分析；并自 1994 年起进行过 3 次原型试验，取得了大量成果。但由于问题的复杂性，加高所引起的问题仍需要进行进一步的研究。

本文前面所述解决重力坝加高温度应力的思路和方法是在文献[1]中首次提出的。我们采用这一套思路和方法具体研究了丹江口重力坝加高的温度应力问题，完全模拟实际施工过程，用有限元法进行了全过程仿真分析。分析结果证明这一套新思路和新方法是确实有效的，取得了比较满意的成果，下面予以简约介绍。

选取 7 号坝段作为分析对象，用有限元方法进行全过程仿真分析。7 号坝段宽 17m，横剖面尺寸见图 7，建基面高程 100m，初期坝体底宽（顺水流方向）48m，下游坝坡 1:0.80，坝顶高程 162m，坝顶宽度 16m。加高以后，坝体底宽 60m，下游坝坡 1:0.80，坝顶高程 176.6m，坝顶宽度 16m，高程 167m 平台宽 5m。

当地年平均气温 15.80℃，考虑日照影响后下游坝面年平均温度为 17.80℃，气温年变幅 13.5℃。任意时间气温表示如下：

$$T(\tau)=15.8+13.5\sin\left[\frac{2\pi}{365}(\tau+198)\right]$$

式中：τ 为时间，以 11 月 1 日为原点，单位为 d。

水库表面年平均水温为 18.2℃，年变幅 11.0℃，随着水深的增加，年平均水温和水温年变幅均逐渐减小，并与气温之间有一定滞后。

新混凝土从第 1 年 10 月 1 日开始浇筑，月上升 6.0m，温度控制措施如下：

（1）浇筑温度。当气温 T_a+2℃<12℃时，按 T_a+2℃计算；当气温 T_a+2>12℃时，进行预冷，按浇筑温度 T_p=12℃计算。

（2）水管冷却。水管间距 1.5m×1.5m，水温 8℃，混凝土浇筑后第一天开始通水冷却，冷却时间 20d。

（3）浇筑层面保温。当气温高于年平均气温时，浇筑层表面用 3cm 厚泡沫塑料板保温；当气温低于年平均气温时，层面不保温。

（4）下游坝面保温。在新混凝土模板内贴 8cm 厚聚苯乙烯泡沫塑料板，拆模后苯板粘贴在混凝土表面保温。具体计算了两种方案：①长期保温，苯板不拆除，②短期保温，在大坝加高全部完工并经过一个冬天后的次年 5 月初拆除保温板，下游坝面直接与空气接触。

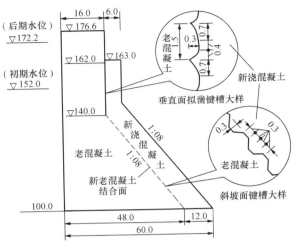

图 7　丹江口 7 号坝段剖面图（单位：m）

我们用平面有限元模拟施工过程进行了大量仿真计算，大坝加高工程竣工并经过 3 年运行后的应力状态如下：

（1）下游面长期保温。图 8 表示竣工 3 年后由于温度在坝内引起的铅直向应力（σ_y），坝踵为 0.40～0.90MPa 压应力，坝体下游面，夏天为压应力，冬天有 0.17～1.08MPa 拉应力，这是外界气温年变化所引起的。图 9 表示竣工后综合荷载（水压＋自重＋温度）作用下坝内铅直向应力，新老坝体绝大部分都是压应力，只是下游表面附近冬天有局部拉应力，最大值为 0.73MPa，拉应力范围也很小。

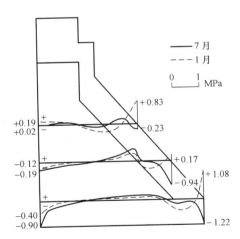

图 8　竣工后温度引起的铅直向应力 σ_y
（二维仿真计算，拉应力为正，单位：MPa）

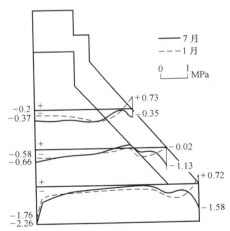

图 9　竣工后综合荷载作用下铅直向应力 σ_y
（二维仿真计算，拉应力为正，单位：MPa）

（2）下游面短期保温（竣工后次年 5 月拆除保温板）。短期保温在竣工后的应力状态，坝踵始终是压应力，与长期保温的应力状态相比，坝体内部应力相近，但下游坝面附近应力有一定变化，这是下游面气温年变化所引起的应力，所有重力坝都存在这个问题，并不是坝体加高所带来的问题。

我们还用三维有限元进行了大量全过程仿真计算，无论长期保温还是短期保温，在坝踵都是压应力，与平面有限元计算结果相近，如图 10、图 11 所示。但如采用短期保温，在靠近下游坝面，主要由于气温年变化的影响，应力比较复杂。冬天，坝块外侧（靠横缝面）产生拉应力，中部产生较小压应力；夏天，外侧产生压应力，中部产生较小拉应力。这种应力状态不是加高带来的，主要是下游面温度年变化带来的。非线性计算结果表明，靠近坝块外侧的结合面冬天可能局部脱开，但中间部分不会脱开，加上键槽的作用，坝段整体性仍可得到保证，不致影响坝的运行。如果在下游面进行长期保温，就可避免结合面的脱开。

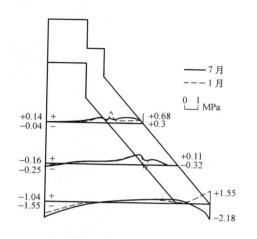

图 10　长期保温竣工后温度引起的坝段外侧面（横缝面）铅直向应力 σ_y（三维仿真计算，拉应力为正，单位：MPa）

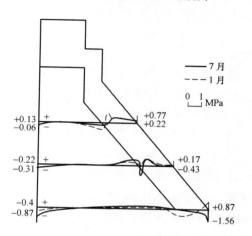

图 11　长期保温竣工后温度引起的坝段中面铅直向应力 σ_y（三维仿真计算，拉应力为正，单位：MPa）

5　结束语

（1）通常混凝土坝基础温差的计算起点是混凝土最高温度 T_p+T_r，但重力坝加高的温差计算起点不是最高温度 T_p+T_r，而是加高时新混凝土的封顶温度 T_2^0。因为在加高过程中，当新混凝土从最高温度下降时，浇筑层顶面还是自由的，在新混凝土内部及新老混凝土接触面上会产生一些应力，但这是小范围的自平衡力系。根据弹性力学圣维南原理，其影响是局部的，对坝体整体应力的影响极小，可以忽略不计。

（2）重力坝加高的温差可按 $\Delta T_2 = T_2^0 - T_{f2}$ 计算，其中 T_2^0 是加高时新混凝土的封顶温度，T_{f2} 为新坝块的稳定温度，大约相当于年平均气温加日照影响。

（3）通过水管超冷和强力保温，可以把加高时新混凝土封顶温度（T_2^0）控制到等于甚至低于 T_{f2}，使得重力坝加高的温差 $\Delta T_2 \leqslant 0$，而且 T_2^0 小于 T_{f2} 的幅度可以人工控制，从而使我们有可能对加高所引起的重力坝温度应力进行主动控制。

（4）通过对丹江口大坝加高的仿真分析，证明上述解决重力坝加高温度应力问题的新的思路和技术是切实可行的。加高后的重力坝，在坝踵不但不出现有害的拉应力，反而出现压应力。新混凝土内的拉应力也不大，不致出现裂缝。

（5）表面保温是一个重要因素，如果下游坝面长期保温，竣工后新混凝土内拉应力很小。

如果竣工后次年拆除下游保温板，新混凝土内会出现一些拉应力，这不是加高所引起，主要是下游坝面温度年变化所引起的应力，在常规重力坝内也存在这种应力。非线性三维有限元分析表明，由于这种应力的作用，冬季新老混凝土结合面可能脱开。我们下一步拟进一步研究保证接缝不脱开的结构和温度控制措施。

（6）本文为解决重力坝加高问题提出了一套新的方法，就是通过水管超冷和强力保温，使封顶温度不超过下游面稳定温度，丹江口经验表明，这套方法既是切实可行的，又是非常有效的。

参 考 文 献

[1] 朱伯芳. 大体积混凝土温度应力与温度控制 [M]. 北京：中国电力出版社，1999.

重力坝加高中减少结合面开裂研究[❶]

摘　要： 重力坝加高后，新老混凝土结合面绝大部分将被拉开，使大坝整体性降低。本文阐明气温年变化及新老混凝土温差是结合面开裂的主要原因，首次提出在新混凝土内进行横向分缝并在下游面进行永久保温，使结合面开裂面积大幅度下降，大坝整体性得到加强。在超载条件下，坝体应力显著改善。文中研究了缝端应力集中问题。分析结果表明，年温变化影响深度只有 5m 左右。当横缝深度超过 6m 时，缝端应力集中不显著，横缝不至于扩展。文中还探讨了在新混凝土中造缝方法及永久保温板构造。

关键词： 重力坝；加高；新老混凝土结合面；减少开裂方法

Researches on Reducing the Cracking of the Surface between the New and the Old Concrete after the Heightening of a Gravity Dam

Abstract: Most part of the surface between the new and the old concrete will crack after the heightening of a concrete gravity dam and the integrity of the structure is reduced . It is shown that the annual variation of air temperature in the downstream face and the temperature difference between the new and the old concrete are the main causes for the cracking . It is suggested to cut a transverse joint in the new concrete and set permanent superficial thermal insulation on the downstream face of the dam，then the area of cracking of the surface between the old and new concrete will be reduced from 62.3% to 12.7% .

Key words: gravity dam, heightening, surface between new and old concrete, measures to reduce cracking

1　前言

丹江口水库为南水北调中线工程的龙头，丹江口重力坝计划加高 14.6m，是南水北调中线的关键工程[1]。

经过多年运行，老坝体已充分冷却，而由于水泥水化热及浇筑温度等原因，新浇筑混凝土的温度将超过老坝体的温度，形成新老混凝土坝块之间的温差。这一温差不但将在新混凝土内引起拉应力甚至裂缝，还将在老坝体的坝踵部位引起拉应力，使坝体应力恶化。经过我们与长江水利委员会设计院和长江科学院共同研究，通过强力水管冷却控制新混凝土温度，

---

❶　原载《水利学报》2007 年第 6 期，由笔者与张国新、吴龙珅联名发表。

使问题得到解决[2]。

仿真计算和长江水利委员会现场试验结果都表明，丹江口大坝加高后，新老混凝土结合面绝大部分将被拉开，使大坝整体性和安全性降低。受国务院南水北调建设委员会办公室委托，我们对这个问题进行了研究。研究结果表明，结合面强度低，气温年变化和新老混凝土温差是引起结合面开裂的主要原因。为了减少结合面开裂的面积、增强大坝整体性，本文首次提出了在新老混凝土中进行横向分缝并在下游坝面进行永久保温等措施。三维有限元仿真计算结果表明，采用上述措施后，可使新老混凝土结合面裂开面积大为减少，从而使大坝整体性得到显著改善。

本文研究了横缝端部的应力状态，分析结果表明，由于气温年变化的影响深度只有5m左右，当横缝深度大于 6m 时，终端应力集中并不显著，横缝不至于扩展。文中探讨了在新混凝土中造缝方法及下游坝面永久保温板构造。

2　新老混凝土结合面裂开的原因

新老混凝土结合面裂开的原因，一方面是结合面上抗拉强度较低；另一方面是由于下游面气温年变化和新老混凝土温差在结合面上引起较大的拉应力。今在垂直于下游坝面方向切取剖面，计算下游面气温年变化引起的正应力，如图 1 所示。在新老混凝土接触面上，冬季侧面（靠近横缝）为拉应力，中部为压应力；夏季则相反，侧面为压应力，内部为拉应力。应力的大小与各点至下游表面的距离有关，图 2 表示了下游气温年变化在坝段侧面（横缝面）上引起的拉应力（σ_y）与深度的关系。斜坡段新混凝土在垂直于下游面方向的厚度，上部为8.00m，下部为11.14m，都处在受拉范围内。

新混凝土的最高温度超过老混凝土的温度，在充分冷却后，这一温差在结合面的法线方向也引起拉应力，如图 3 所示。新老混凝土单位温差引起的法向应力，在结合面法线方向，侧面为拉应力，中部为压应力。

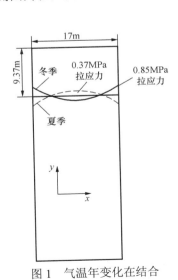

图 1　气温年变化在结合面上引起的应力

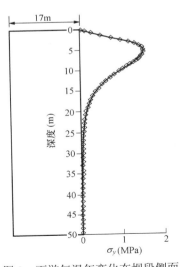

图 2　下游气温年变化在坝段侧面引起的拉应力与深度关系

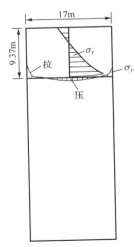

图 3　新老混凝土单位温差引起的应力

3 减少结合面开裂的技术措施

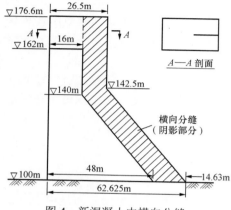

图4 新混凝土中横向分缝

为了解决大坝加高后新老混凝土结合面的裂开问题，使结合面基本不裂开，以加强大坝的整体性。我们研究了以下3种工程措施：

（1）新混凝土横向分缝：我们首次提出大坝加高工程中在新混凝土中进行横向分缝，缝面上释放了温度年变化引起的应力，从而减小了新老混凝土结合面上的拉应力，减少裂开面积。我们曾研究3种分缝方案，如图4所示，第一种是从高程162m下切；第二种是从高程142.5m下切；第三种是从坝顶下切。

（2）下游坝面永久保温：永久保温板如图5所示。由聚苯乙烯泡沫板与保护层组成，保护层有3种，第一种为聚合物水泥砂浆，厚约5mm；第二种为普通硅酸盐水泥砂浆，厚约20mm；第三种为钢筋混凝土板，厚度为5～10cm，可兼做浇筑混凝土的模板[3]。

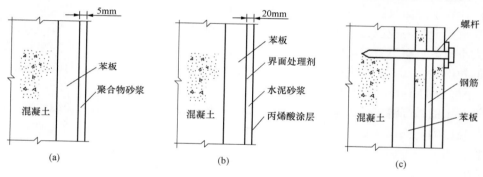

图5 永久保温板

（a）聚合物水泥砂浆保护层；（b）普通硅酸盐水泥砂浆保护层；（c）钢筋混凝土板保护层

（3）分缝+永久保温：综合采用分缝和永久保温两种措施，可进一步降低结合面上的拉应力。

我们用平面有限元分析分缝和保温对减小结合面上拉应力的效果，分缝位置和深度见图6，计算结果见图7及表1，分缝与保温的效果十分显著。

表1 气温年变化引起的新老混凝土接触面最大拉应力 （单位：MPa）

分缝情况		无保温	5cm 保温板	10cm 保温板
无 缝		0.85	0.36	0.22
单 缝	2/3 深	0.30	0.12	0.08
	全 深	0.24	0.10	0.06
双 缝	2/3 深	0.15	0.06	0.04
	全 深	0.08	0.03	0.02

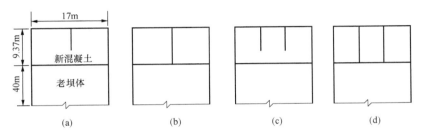

图 6　新混凝土横向分缝位置和深度

（a）单缝（2/3 深）；（b）单缝（全厚度深）；（c）双缝（2/3 深）；（d）双缝（全厚度深）

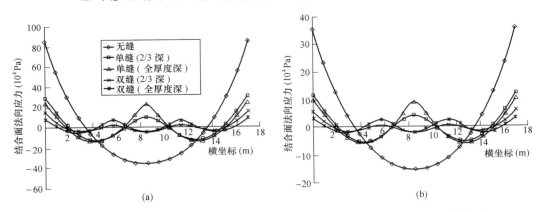

图 7　切缝及保温对新老混凝土接触面上冬季拉应力的影响（第 10 年 1 月 22 日应力）

（a）无保温；（b）保温板厚 5cm

4　终端附近应力

为了研究横缝是否会扩展，对缝端附近应力进行了分析。首先在与下游坝面垂直的方向切取平面，用平面有限元法计算下游面气温年变化在缝端附近引起的水平正应力。图 8 表示了冬季下游坝面附近的温度分布及无缝时坝段中面上的水平应力（σ_x）分布，冬季下游面最大拉应力 σ_x =1.4MPa，深度大于 2.5m 后，即将变为压应力，到了夏季则刚好相反，表面为压应力，而内部出现一定的拉应力。

图 9 为新混凝土设缝后应力分布等值线。由图 9 可见，设缝后，冬季表面的应力由原来的 1.4MPa 减小到 0.3MPa，深度 3～11m 处原来的压应力相应减小，原缝端部位的压应力几乎消失。4 月份在缝端出现拉应力，但计算拉应力很小，仅为 0.2MPa 左右。由此可以断定，所设应力释放缝不会因缝端应力集中超标而扩展。

再从三维全过程仿真分析成果中，在不同高程，从缝端部老坝的表面（老坝下游面）上取出若干点，其顺坝轴方向最大正应力的过程线见图 10。由图 10 可见，大坝加高前，由于气温年变化在下游面产生的最大拉应力为 1.2MPa，大坝加高后，缝端部老坝面最大拉应力只有 0.65MPa，这是由于加高后，老坝下游面位于坝体内部，温度年变化已很小；另外，缝的深度也较大。可见缝张开时，不至于拉开老坝。

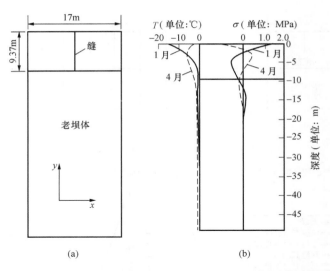

图 8　与下游坝面正交平面内由气温年变化引起的正应力 σ_x（拉应力为正）

（a）缝布置；（b）温度分布及无温时中面上的应力 σ_x

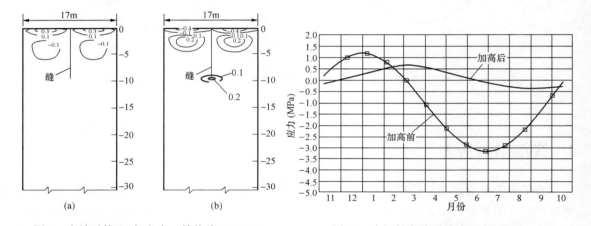

图 9　有缝时第 10 年应力 σ_x 等值线（MPa）

（a）第 10 年 1 月的 σ_x；（b）第 10 年 4 月的 σ_x

图 10　大坝加高前后缝端相应部位老
混凝土顺坝轴向正应力过程线

5　新混凝土中造缝方法

在新混凝土中造缝有如下数种方法：

（1）涂沥青钢板造缝。如图 11 所示，浇筑新混凝土之前，在铅直方向设置一块涂有沥青的钢板，混凝土浇筑后，即形成温度缝。设浇筑层厚 2.0m，竖向角钢长约 2.60m，下端固定在预埋于下层混凝土中的角钢上，浇筑一层混凝土后，上面露出 0.6m，留有螺孔，可用螺栓固定新的竖向角钢。钢板夹在竖向角钢与水平角钢之间，用螺栓固定。

从前面的计算可知，缝端部老混凝土内的拉应力并不大，温度缝不至于向老坝体扩展。但为了偏于安全，可在新混凝土中沿缝端布设一排并缝钢筋，钢板与老坝体之间预留 10cm 左右缝隙，以便钢筋通过。

（2）涂沥青钢筋混凝土板造缝。把钢板换成涂沥青的预制钢筋混凝土板，固定在预埋的角钢上，如图12所示。

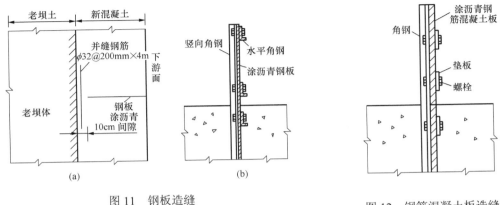

图 11　钢板造缝

（a）平面图；（b）局部纵向剖面图

图 12　钢筋混凝土板造缝

（3）简易沥青隔板造缝。在每坯厚约 30cm 的流态混凝土平仓振捣后，人工挖沟埋入涂有沥青的木板及混凝土板造缝。

（4）预制 L 形钢筋混凝土块造缝。预制 L 形钢筋混凝土块如图13，在一侧（立面）涂有沥青。

（5）预制混凝土块造缝。如图 14（a）所示，30cm×30cm×30cm 预制混凝土块，一侧面涂有沥青，内部留有两个圆孔，浇完一坯 30cm 厚的混凝土后立好一排混凝土块，槽钢支架上的 2 根圆钢伸入孔内，在浇筑新混凝土时，帮助混凝土块定位。浇完一坯后，槽钢支架取走，再立好一排混凝土块，重复上升。

另一种办法，如图 14（b）所示，利用 40cm×30cm 矩形断面的预制混凝土块，侧面涂有沥青，混凝土块的上表面留有凹槽，下表面留有突起，便于互相嵌固，上下块之间缝面上抹水泥砂浆。

（6）混合法造缝。在下游坝面附近（1m 左右）用钢板造缝，以达到平直美观的效果，坝内部则人工挖埋简易沥青隔板造缝。

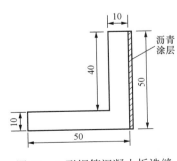

图 13　L 形钢筋混凝土板造缝

（单位：cm）

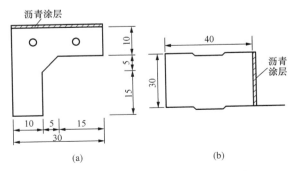

图 14　预制混凝土块造缝（单位：cm）

（a）平面图；（b）立面图

6 全过程非线性三维有限元仿真计算

为了比较真实地反映大坝加高前后的工作状态，在研究加高方案时进行非线性三维有限元全过程仿真计算，计算坝段宽 17m，坝体横剖面见图 15。混凝土容重 2.45kN/m³。

对施工期及运行期坝体应力进行计算时，考虑上游水位随时间的变化。施工期限制水位为 152.0m，加高完工后开始蓄水，水位每天上升 0.20m，达到多年平均水库水位过程线后，即按多年平均水库水位过程线运行。

新混凝土绝热温升：$\theta(\tau) = 26.6[1 - \exp(-0.699\tau^{0.532})]$，℃；新混凝土弹性模量：$E(\tau) = 38.8[1 - \exp(-0.2\tau^{0.59})]$，MPa。新混凝土有徐变度 $C(t,\tau)$，基岩与老混凝土不考虑徐变。老混凝土 E=48.0GPa，基岩 E=21.0GPa。当地气温：$T_a(\tau) = 15.8 + 13.5\sin[2\pi(\tau+198)/365]$℃。式中，$\tau$ 为时间，d，以 11 月 1 日为起点。库水温度按丹江口水库实测值计算。

图 15　坝体横剖面

新老混凝土结合面用接触单元模拟，当法向应力（σ_n）和剪应力（τ）满足下列条件时，接触单元开裂，法向和切向刚度置零，并消除单元内不平衡力。

$$
\left.
\begin{array}{ll}
\text{法向拉裂：} \sigma_n \geqslant \sigma_l & \\
\text{剪切破坏：} |\tau| \geqslant \sigma_n \tan\phi + C, & \sigma_n < 0 \text{ 时} \\
\quad\quad\quad\quad |\tau| \geqslant C, & \sigma_n > 0 \text{ 时}
\end{array}
\right\}
\quad (1)
$$

式中：σ_l=1.0MPa；ϕ=45°；C=1.0MPa。曾经开裂过的接触面，σ_l=C=0。接触单元的张开和闭合，用累积应变控制，计算采用 SAPTS 程序。

7 施工方案

从第一年 10 月初开始浇筑混凝土，混凝土浇筑一般按 2m 层厚控制，上升速度按 8m/月控制，高温季节 5～9 月停浇。计算中采用的温控措施如下：

（1）浇筑温度 T_p。当 T_a＋2℃<12℃时，T_p= T_a+2℃（T_a 为气温）；当 T_a＋2℃>12℃时，T_p=12℃（预冷）。

（2）浇筑层厚度 2.0m，每月浇筑 4 层。

（3）水管冷却。混凝土收仓后 12h 内通水，水温 8℃，通水时间 20d。塑料水管间距 1.5m×2.0m。

（4）新混凝土顶面保温。气温低于年平均气温时，顶面不保温，利用顶面散热，β=70kJ/（m²·h·℃）。气温高于年平均气温时，平时用 3cm 厚，冬季用 5cm 厚聚乙烯泡沫塑料卷材外包防水帆布套做成保温被保温。

（5）下游面保温，两种方式：①短期保温：5cm 聚苯乙烯板保温，β=2.69kJ/（m²·h·℃），全坝浇筑完毕，经过一个冬天后，5 月初拆除保温，β=70kJ/（m²·h·℃）；②长期保温：5cm 聚苯乙烯板保温，β=2.69kJ/（m²·h·℃），不拆除保温板，永久保温。

8 加高方案及分析

用三维非线性有限元全过程仿真方法，共计算了34个不同方案，最后从中选择了两个推荐方案G22和D3。原方案A1及两个推荐方案如下（参照图16）。

（1）原方案A1：无横缝，下游坝面5cm苯板临时保温，竣工1年后拆除。11月开始浇筑新混凝土，层厚2m，间歇7.5d，塑料水管间距1.5m×2m，一期冷却20d。5～9月停止浇筑，高程162m冷天并纵缝。

（2）第一推荐方案G22：高程112.4～176.6m新混凝土中分一条横缝，下游面5cm苯板永久保温。11月开始浇筑新混凝土，层厚2m，间歇7.5d，塑料水管，间距1.5m×2.0m，热天浇筑时改为1.0m×2.0m，一期冷却20d。5～9月上游水位超过152m时停止浇筑（实际6月21日～9月停止浇筑），二次冷却，高程162m冷天并纵缝。

（3）第二推荐方案D3：高程100～162m新混凝土分1条横缝，下游面5cm苯板永久保温。11月开始浇筑新混凝土，全年施工（5～9月不停工），层厚2m，间歇7.5d，塑料水管间距离1.5m×2.0m，热天改为1.0m×2.0m，高程162m设宽槽，冷天回填。

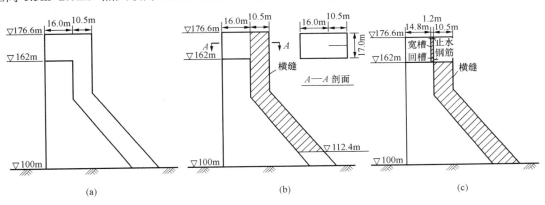

图16 加高方案

（a）原方案A1；（b）第一推荐方案G22；（c）第二推荐方案D3

主要计算结果见表2及图17、图18。可见本文提出的在新混凝土中横向分缝及下游面永久保温两项措施，使大坝加高后，新老混凝土结合面的裂开面积由原方案A1的62.3%减少到15.3%（方案D3）和12.7%（方案G22），效果十分显著。

表2   各方案主要计算结果

方案编号	冬季结合面裂开比（%）			坝踵中面竖向应力（MPa）		坝踵侧面竖向应力（MPa）		新混凝土施工期最大拉应力（MPa）	
	未裂	先裂后合	裂开	冬季	夏季	冬季	夏季	基础约束区	非约束区
G22	85.77	1.46	12.76	−1.80	−2.21	−1.16	−1.38	0.90	0.50
D3	84.51	0.14	15.35	−1.84	−2.21	−1.37	−1.27	0.90	0.50
A1	36.35	1.35	62.30	−1.16	−1.85	−0.02	0.52	1.20	1.00

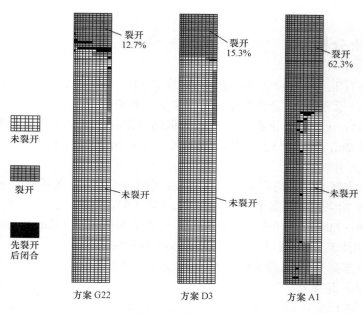

图 17　新老混凝土结合面冬季裂开图

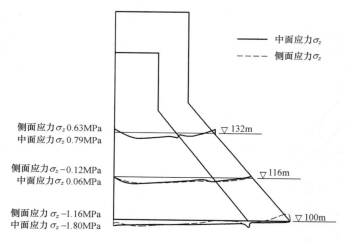

图 18　推荐方案 G22 第 10 年冬季坝体水平剖面竖向应力 σ_z 分布

9　超载分析

为了分析结合面脱开对坝体的影响，对推荐方案 D3 和原方案 A1 进行了超载分析。

从浇筑混凝土开始，到第 10 年冬季以前，计算条件与以前计算完全相同。第 10 年冬季超载，即上游水位上升到 180m，大坝上游面承受梯形分布的水压力，自重、温度等其他荷载不变。

超载计算结果表明：

（1）在正常荷载作用下，原方案 A1 结合面大部分裂开，在超载时，结合面上部原先裂开的部分有些又重新闭合了，但在从裂开到闭合的过程中，坝体应力恶化了，坝体上游面在不同高程都出现了拉应力，高程 100m 竖向拉应力最大达到 2.03MPa，上游面竖向拉应力深度达到 2.0m 左右（采用弹性力学符号，拉应力为＋，压应力为－）。

（2）方案 D3 因为原来 84.5%未裂开，超载时结合面没有从裂开到闭合的变化过程，因而减轻了坝踵应力的恶化，在超载时坝踵竖向拉应力为 0.58（中面）～1.10MPa（侧面），拉应力深度为 0.6～1.0m，高程 116m 及 132m 无拉应力。

（3）表 3 中列出了超载时两种方案坝踵竖向应力及受拉深度对比。在建基面上，方案 D3 的拉应力和受拉深度都只有方案 A1 的一半左右，在高程 116m 及 132m，原方案 A1 上游面均受拉，而方案 D3 已无拉应力。

表 3　　　　　第 10 年冬季超载（上游水位 180m）时上游面竖向应力 σ_z 及受拉深度

剖面高程		100m		116m		132m	
方案		A1	D3	A1	D3	A1	D3
上游面竖向应力 σ_z（MPa）	坝段中面	1.09（拉）	0.58（拉）	0.68（拉）	−0.26（压）	0.97（拉）	−0.14（压）
	坝段侧面	2.03（拉）	1.10（拉）	0.56（拉）	−0.32（压）	0.92（拉）	−0.12（压）
上游面受拉深度（m）	坝段中面	1.00	0.60	1.90	0	3.60	0
	坝段侧面	2.00	1.00	2.00	0	3.50	0

10　结束语

（1）重力坝加高工程中，结合面抗拉强度较低、下游面气温年变化及新老混凝土温差是引起结合面脱开的主要原因。

（2）本文首次提出的新混凝土中横向分缝及下游面永久保温，可使结合面裂开面积由原来的 62.3%减少到 12.7%（方案 G22）至 15.3%（方案 D3），效果十分显著。

（3）超载计算表明，结合面脱开对大坝整体性影响较大，原方案 A1 由于结合面绝大部分脱开了，在正常荷载作用下，坝踵已出现 0.52MPa 拉应力，在超载条件下，坝踵出现的拉应力更大，受拉范围也更大，不利于大坝抵抗地震等意外荷载，降低了大坝的安全度。

参 考 文 献

[1] 汉江丹江口水利枢纽后期续建工程初步设计报告. 长江水利委员会设计院 [R]. 1994.

[2] 朱伯芳，张国新，徐麟祥，杨树明. 解决重力坝加高时温度应力的新思路和技术 [J]. 水力发电，2003（11）.

[3] 朱伯芳，买淑芳. 混凝土坝的复合式永久保温防渗板 [J]. 水利水电技术，2006（4）.

重力坝加高工程全年施工可行性研究[❶]

摘　要：某重力坝加高工程中，为了减少温度应力，每年5～9月份停工，损失了近一半施工时间。本文研究了大坝加高中全年施工的可行性。首先，从理论上阐明，大坝加高中新混凝土温度应力不同于基础约束问题，而接近于上、下层约束问题，其温度应力小于基础约束块，而且温差计算起点较高，因此，温度应力较小，夏季施工是可能的。然后，严格模拟实际施工条件进行三维有限元仿真应力分析，计算结果表明，大坝加高工程中在采取必要措施后，热天不必停工，可以全年浇筑新混凝土，使施工进度有较大提高。但汛期应满足上游库水位限制的要求，文中给出了大坝加高中热天施工的技术措施。

关键词：重力坝；加高；全年施工；可行性

On the Possibility of Pouring Concrete in the Whole Year in the Heightening of Concrete Gravity Dams

Abstract: In order to reduce thermal stresses in the construction process of the heightening of a gravity dam, the construction is ceased from May to September, losing 5 months a year in the construction period. The possibility of pouring concrete in the whole year in the heightening of gravity dam is discussed in this paper. First, in the heightening of a gravity dam, the thermal stress in the new concrete is different from that in the concrete block on the rock foundation, and is somewhat similar to the thermal stresses in the upper and lower layers in a high concrete block. Secondly, the starting point of temperature difference is the mean temperature of the downstream face of the dam which is higher than the steady temperature in the lower part of the upstream face of the dam. Thus, the thermal stress in the new concrete will be low and it is possible to pour concrete in the whole year. Strictly simulating the practical construction conditions，3D finite element simulating computation are carried out for more than 20 schemes. The results of computation show that it is possible to pour concrete in the whole year with some technical measures being taken, but the limit height of water level in the upstream face must be obeyed.

Key words: gravity dam, heightening, pouring concrete in whole year, possibility

1　前言

某重力坝加高工程目前施工方案，为减小温度应力，每年5～9月停止混凝土浇筑，对施

---

❶　原载《水利水电技术》2006年第10期，由笔者与张国新、吴龙珅、胡平、杨萍联名发表。

工进度有较大影响。本文首先从理论上阐明，大坝加高中新混凝土温度应力问题不同于基础约束问题，而接近于上、下层约束问题，其温度应力小于基础约束坝块，而且温差计算起点较高，因此温度应力较小，夏季施工是可能的；然后严格模拟实际施工条件，用三维有限元进行仿真分析，计算结果表明，在采取必要措施后，重力坝加高工程夏季不必停工，可以全年浇筑混凝土，施工进度可有较大提高。但在汛期要受到上游限制库水位的制约。文中给出了夏季施工的技术措施。

2　大坝加高中新混凝土温度应力的特点

2.1　大坝加高中新混凝土温度应力大体相当于柱状浇筑块上下层约束问题

如果新混凝土是顺着老坝下游坡面浇筑的，如图 1（a）所示。由于老坝下游面长度达 80～90m，新混凝土浇筑层厚度与老坝下游面长度的比值很小，因此，老混凝土对新混凝土的约束作用是很大的，在新混凝土中会产生比较大的拉应力。对于这种情况，热天施工是不妥的。

实际工程中采用的是水平分层浇筑方式，如图 1（b）所示，这种情况的温度应力与顺坡浇筑是完全不同的。设新混凝土分层浇筑厚度为 1.5m，间歇时间为 7d，混凝土浇筑后立即通水冷却 20d，各浇筑层中心的温度变化过程如图 2 所示。当第一层混凝土从最高温度开始下降时，第三层以下混凝土由于层面散热和水管冷却，其温度实际已降至年平均气温 16℃左右。这表明新混凝土在浇筑以后的降温过程中，冷却层的实际厚度只有 2×1.5＝3（m）左右，在坝坡方向的约束长度为 $s＝3.84m$。由于浇筑层顶面是自由的，在顺坡方向，老混凝土对新混凝土的约束作用是很小的。某大坝加高工程中，新混凝土的水平尺寸，顺水流方向约 12～14m，坝轴方向为 17m，冷却层厚度只有 3m 左右，约束作用主要来自下层已冷却的新混凝土及侧面的老混凝土。总的来说，在脱离基础约束高度后，大坝加高的温度应力，大体上相当于在宽 17m 老坝块上浇筑新混凝土的上、下层约束，温度应力不会很大，大量三维仿真计算成果也说明了这一点。

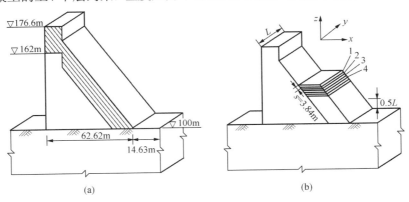

图 1　大坝加高工程中新混凝土浇筑方式

（a）顺坡浇筑；（b）水平分层浇筑

2.2　新混凝土温差计算起点较高

常规重力坝基础温差是施工期混凝土最高温度与近基础部分坝体稳定温度（T_f）之差，

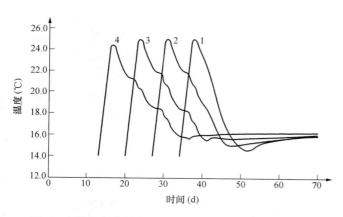

图2 大坝加高中新浇筑混凝土各层中心温度变化过程

如某坝在坝体上游面近基础处，坝体稳定温度（T_f）接近于库底水温，约为10℃，其值较低。在大坝加高工程中，新混凝土的温差是施工期混凝土最高温度与坝体下游面年平均温度之差，坝体下游面年平均温度为年平均气温加日照影响，约为18～19℃，比坝体上游下部的稳定温度高出8～9℃，有利于大坝加高的温度控制。

由于上述两个特点，除了基岩强约束区外，大坝加高工程中，新混凝土全年施工可行性是存在的。

3 热天施工时的混凝土保冷、层面间歇时间控制及第二次水管冷却

热天（5～9月）施工时，新混凝土内温度在水管冷却结束时已降至16℃，而外界气温可能高达30℃，存在着热量倒流问题，为防止内部温度回升，必须进行表面保冷。设相邻坝块高差10m、宽度17m的坝块，初温16℃，外界气温30℃，表面不同保温条件时，有限元计算的不同时间的温度分布见图3。由图3可见，内部温度回升显著，顶面和侧面必须采用不同厚度的聚乙烯保温被进行保冷。

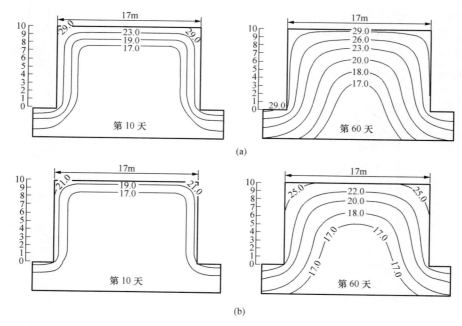

图3 夏季热量倒灌引起的温度场（单位：℃）

（混凝土初温16℃，气温30℃）

（a）表面及侧面无保温；（b）表面及侧面5cm厚聚乙烯保温被

热天施工时，外界气温高于混凝土温度，因此，浇筑层面间歇时间越短越好。间歇时间越长越不利，计算结果表明，层面间歇时间应控制在 5～7d，不宜超过 10d。

夏季停工后，到 10 月份恢复浇筑混凝土时，虽然当时日平均气温已降至 16～18℃，但经过几个月间歇期间的热量倒灌，混凝土内部温度仍然很高，远大于运行期的准稳定温度。例如，11 月开始浇筑基岩上混凝土，每月上升 4×2＝8m，一期水管冷却 20d，次年 4 月底停工，水平表面用 3cm 厚聚乙烯泡沫被保温，下游面用 5cm 厚聚苯乙烯泡沫板保温，次年 10 月 1 日复工，复工前夕（9月 30 日）坝体温度分布，见图 4。上部 10m 范围内温度均超过 18℃，因此，必须进行第二次水管冷却。第二次冷却开始时间可以在复工前一周内，不宜太早，否则停水后温度又回升；也不宜迟于开始浇筑上层新混凝土时，直至内部温度降至 17～18℃为止。

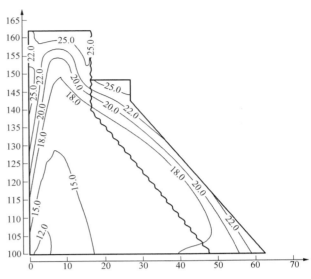

图 4　5～9 月停工后 9 月底坝体温度分布（单位：℃）
（11 月开始浇筑，次年 5～9 月停工）

当夏季施工中混凝土水平顶面间歇时间较长时，在浇筑新混凝土前，对于下部温度较高的混凝土也应进行第二次冷却。

4　高程 162m 以上的浇筑方式

在高程 162m 以上，新混凝土并仓浇筑，浇筑块长度从 10m 增加到 26.5m，很易裂缝。如何浇筑混凝土是一个需要研究的问题，本文研究了以下几种方式（见图 5）：

（1）冷天合并纵缝浇筑（原方案 A1）：在 162m 以上合并纵缝浇筑，其优点是施工简单。其缺点：①浇筑块长度达到 26.5m；②形成新混凝土包围老混凝土，在尖角附近存在应力集中的不利约束状态，容易裂缝。

（2）不灌浆的纵缝（方案 D2）：在高程 162m 以上设一条不灌浆的纵缝，在 162m 以上坝高 14.6m，而上游侧甲块宽度达 16m，底宽与坝高比例为 1.1，甲块可以独立承担上游水压力，不必依靠下游侧乙块，可不灌缝。本方案的优点：①不存在应力集中，②浇筑块长度减少到 10.5m 和 16m，夏季可以继续上升，不必停工。缺点：甲、乙两块脱开，不利于抗地震。

（3）宽槽回填（方案 D3）：在 162m 高程以上设置 1.2m 宽槽，宽槽两边甲、乙块混凝土可以全年施工，而且甲块可单独承受上游水压力。当两边混凝土浇筑完毕并完全冷却后，选择一合适时间回填宽槽。

（4）宽槽＋顶部分缝（方案 E1）：在高程 162m 以上设置 1.2m 宽的宽槽，甲、乙两块可全年施工，甲块可单独承受上游水压力，可选一合适时间回填宽槽；为减少下游气温年变化引起的顺水流方向的水平应力，在乙块中面自坝顶向下切缝。

（5）冷天并纵缝+顶部分横缝（方案 G2）：在高程 162m 以上的下游坝块中面进行横向分缝，可减小运行期下游面气温年变化引起的顺水流向温度应力，并缝在冷天进行，应力小于方案 A1。

（6）空腔（方案 E3）：在高程 162m 以上的下游坝块中设置大空腔，上游甲块承受水压力，下游乙块只为坝顶布置及交通提供方便，可全年施工。

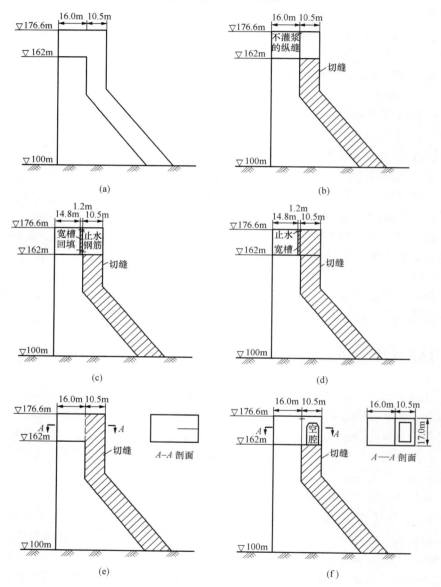

图 5 高程 162m 以上混凝土浇筑方案

（a）方案 A1，冷天并纵缝浇筑；（b）方案 D2，不灌浆的纵缝；（c）方案 D3，宽槽回填；（d）方案 E1，宽槽+分缝；（e）方案 G2，冷天并纵缝+顶部分横缝；（f）方案 E3，空腔

在以上 6 个方案中，如单纯从温度应力考虑，空腔方案 E3 和不灌浆纵缝方案 D2 最为有

利，它们把 26.5m 长的浇筑块分为两个短浇筑块，避免了应力集中，减小了施工期温度应力，也减小了运行期由上下游面水温和气温年变化引起的顺水流方向的拉应力。宽槽回填＋顶部分缝方案其次，它可减小施工期温度应力，也可适当减小运行期水温和气温年变化引起的拉应力。并缝浇筑方案 A1 则拉应力最大。从抗地震考虑，不灌浆纵缝方案 D2 是不利的。空腔方案 E3 减小了坝顶质量，对抗震是有利的，但结构较复杂，施工不便。全面分析结果，方案 D3 和方案 G2 最为有利。

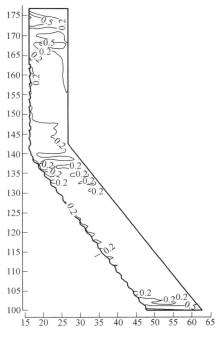

图 6 全年施工方案 D3 新混凝土
第一主拉应力 σ_1 等值线（单位：MPa）

5 大坝加高热天施工的技术措施

经过深入分析，大坝加高工程中热天（5～9 月）施工时，建议采用下列技术措施：

（1）浇筑层面间歇时间一般为 5～7d，最好不超过 10d。如间歇时间太长，在浇筑上层新混凝土前应进行第二次水管冷却。

（2）混凝土浇筑温度不超过 12℃。

（3）为了防止热量倒灌，水平浇筑层及两侧面的聚乙烯保温被的厚度，由平时的 3cm 改为 5cm。相邻坝块高差一般不超过 6m，否则侧面聚乙烯保温被厚度增加到 10cm。

（4）冷却水管间距由平时的 1.5m×2.0m 改为热天的 1.0m×2.0m，冷却水温度 8℃，平时施工新混凝土收仓后 12h 通水冷却，热天施工改为新混凝土收仓后立即通水冷却，一期冷却 20d。

（5）遇下列情况，必须进行第二次水管冷却：①第一次冷却 20d 结束后，如新混凝土平均温度（可由水管闷管测温）超过 17℃，在停止水管冷却 20d 以后，进行第二次冷却，直至混凝土平均温度降至 17℃为止；②由于长间歇，已浇混凝土温度如超过 17℃，在浇新浇混凝土之前一周内开始进行第二次水管冷却，至少在开始浇新混凝土时应开始第二次冷却，直至温度满足要求为止。

（6）5～9 月不能浇筑基岩约束区及高程 162m 以上并缝约束区的混凝土。

（7）仓面喷雾，必要时夏季晴天 9～17h 停止浇筑，以避免日照。

【算例】 为了研究大坝加高中全年施工的可行性，我们完全模拟工程实际条件，用三维有限元仿真方法计算了 20 多个方案，大量计算结果表明，大坝加高工程中新混凝土全年施工温度应力不大。图 6 是一个算例（方案 D3），新混凝土中最大拉应力只有 0.2～0.5MPa。

6 汛期上游库水位的制约

从坝体应力考虑，在浇筑新混凝土时上游限制水位为 152m，这点在冬季没有问题，在汛期特别是大汛期间就可能有困难。由于坝址下游防洪需求而限制下泄流量，或上游暴雨后进库流量过大，都可能使水库水位超过 152m，其时不能浇筑新混凝土。

总之，从温度应力考虑，采取一定措施后，5～9 月可以浇筑混凝土，不必停工。但要受到上游限制水位 152m 的制约，水位超过 152m 必须停工。初步看来，在 5 月初至 6 月中旬及 9 月中下旬，有可能浇筑混凝土。实际工程中可根据具体情况适当掌握。

7 结束语

重力坝加高工程中，新混凝土的温度应力大体上相当于柱状浇筑块的上、下层约束问题，温度应力小于基岩约束块，加之温差计算起点较高，因此，温度应力较小。实际计算结果表明，在采取一定温控措施后，全年施工时，新混凝土中最大拉应力只有 0.2～0.5MPa。从温度应力考虑，全年施工是可行的，5～9 月不必停工，但在汛期要受到上游库水位限制的约束。本文对于重力坝加高工程的施工都具有参考意义。

参 考 文 献

［1］朱伯芳，张国新，徐麟祥，杨树明. 解决重力坝加高时温度应力的新思路和技术［J］. 水力发电，2003（11）.

［2］朱伯芳. 大体积混凝土温度应力与温度控制［M］. 中国电力出版社，1999.

通仓浇筑常态混凝土和碾压混凝土重力坝的劈头裂缝和底孔超冷问题❶

摘　要： 不少重力坝在上游面产生了几十米深的严重劈头裂缝，首次指出这与通仓浇筑有密切关系，由于坝内没有纵缝，因而没有接缝灌浆前的二期水管冷却，水库蓄水时，坝内温度仍然很高，而水温较低，产生了较大的内外温差，使得在施工过程中上游面已出现的表面裂缝扩展成为深层劈头裂缝。目前，碾压混凝土重力坝的高度不大，似乎还没有报导过严重劈头裂缝，但碾压混凝土重力坝也是通仓浇筑的，没有二期水管冷却，今后随着坝高的增加，对碾压混凝土重力坝产生劈头裂缝的问题也应给予重视。对于通仓浇筑的常态混凝土重力坝和碾压混凝土重力坝，由于基础约束区域扩大，底孔超冷可能产生巨大的温度应力，并引起严重裂缝。为了防止裂缝，需要采取严格的温度控制措施。针对三峡大坝通仓浇筑方案，进行了详细的计算分析，计算结果证实了上述判断。

关键词： 通仓浇筑重力坝；碾压混凝土重力坝；劈头裂缝；底孔超冷

Some Problems of Transverse Cracks and Extracooling of Bottom Outlet in Concrete Gravity Dams without Longitudinal Joint

Abstract: Many severe transverse cracks had appeared on the upstream face of conventional concrete gravity dams. It is pointed out in this paper that this is due to the fact that there is no longitudinal joints in these dams and so there is no artifical pipe cooling for joint grouting. When the reservoir is filled, the temperature in the dam body is still very high, but the temperature of the water is low and the temperature difference between the upstream face and the interior of dam makes the existing superficial cracks extend to large cracks. There is no longitudinal joint in RCC gravity dams, so it is necessary to take precautions against the appearance of large transverse cracks on the upstream face of high RCC gravity dams. Furthermore, it is pointed out in this paper that the extracooling of the orifices in the conventional concrete gravity dams without longitudinal joint and RCC gravity dams may introduce severe tensile thermal stress and may promote the appearance of large cracks in the dam.

---

❶ 原载《水利水电技术》1998 年 10 期，由朱伯芳、杨萍联名发表。

Key words: concrete gravity dam without longitudinal joint, RCC gravity dam, transverse cracks on the upstream face, extracooling of bottom outlet in the dam.

1 前言

不少混凝土重力坝在上游面产生了严重的劈头裂缝，裂缝深度达到几十米，漏水严重，危及坝的安全。经过细致的分析，作者发现这种现象在柱状浇筑的混凝土重力坝中极少出现，主要出现在通仓浇筑的混凝土重力坝中，因此劈头裂缝的出现与通仓浇筑有密切关系。进一步深入分析后，作者发现主要是由于通仓浇筑的混凝土重力坝没有纵缝，因而没有接缝灌浆前的二期水管冷却，坝体蓄水时，内部温度仍很高，而水温较低，形成较大内外温差，促使施工过程中在上游表面产生的表面裂缝扩展成为深层劈头裂缝。

碾压混凝土重力坝目前似乎还没有报导过严重的劈头裂缝，但碾压混凝土重力坝也是通仓浇筑的，没有二期水管冷却，蓄水时坝体内部温度还很高，这些情况与通仓浇筑常态混凝土重力坝基本相似，如果施工过程中上游面出现了表面裂缝，在内外温差和缝内裂隙水的共同作用下，也存在着产生劈头裂缝的可能性。目前碾压混凝土重力坝的高度不大，问题较轻，今后随着坝高的增加，对碾压混凝土重力坝产生劈头裂缝的问题也应给予重视。

底孔超冷是引起混凝土坝裂缝的一个重要原因，柱状浇筑的常规混凝土重力坝也存在着这个问题，但本文首次指出，对于通仓浇筑的常态混凝土和碾压混凝土重力坝，由于基础约束范围的扩大，底孔超冷问题更加严重，为了防止裂缝，需要采取更为严格的温度控制措施。针对三峡大坝通仓浇筑方案，本文进行了详细的计算分析，计算结果证实了上述判断。

2 常态混凝土重力坝的劈头裂缝问题

2.1 劈头裂缝与通仓浇筑有密切关系

通仓浇筑的混凝土重力坝，虽然采取了预冷骨料、水管冷却、表面保温等温度控制措施，但不少坝体在上游面仍产生了严重的劈头裂缝，裂缝深度达几十米，引起严重漏水。

加拿大的雷威尔斯托克（Revelstoke）实体重力坝，高 175m，通仓浇筑，采取了掺 40%飞灰，预冷骨料，坝体下部埋设水管进行一期冷却，冬季停浇，表面保温的措施，放热系数不大于 5.0kJ/（m²·h·℃）等温控措施。1980 年 7 月开始浇混凝土，1983 年底竣工，坝体上游面裂缝如图 1 所示，绝大部分坝段上游面都出现了裂缝，初期都是表面裂缝，在坝体廊道内看不到，蓄水前都做了防渗处理，用聚氨酯弹性涂层粘贴在裂缝外面。该坝 1983 年 10 月开始蓄水，1984 年 3 月 12 日，水位到达 559m 时（正常蓄水位 573m），P3 坝段上游面裂缝突然扩展，切断了上游面 4 个廊道中的下面 3 个，裂缝宽度 6mm，裂缝深度约 30m，廊道内渗水量达 174L/min，从廊道内向裂缝钻排水孔后，裂缝宽度减

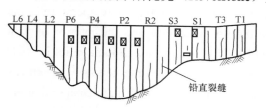

图 1　雷威尔斯托克坝上游面裂缝

铅直裂缝

小到 2mm，渗水量减小到 8L/min，本文第一作者 1988 年 7 月参观该坝时，廊道内渗水仍很严重。

美国德沃歇克（Dworshak）实体重力坝，最大坝高 219m，通仓浇筑，预冷骨料，整个施工期，混凝土入仓温度控制于 4.4～6.6℃，坝体下部还埋设冷却水管，进行一期冷却，春秋冬三季进行表面保温，春秋两季表面放热系数不大于 10kJ/（m²·h·℃），冬季不大于 5.0kJ/（m²·h·℃），上述各项措施在施工过程中得到了严格执行，施工期间未发现严重裂缝，被认为在温控上取得良好成绩。工程在 1968～1972 年建设，运行数年后，在 9 个坝段上游面出现了劈头裂缝，其中以 35 坝段的裂缝最为严重，裂缝张开 2.5mm，廊道内渗水量达 29m³/min。

实际工程经验表明，施工过程中在坝体上游面出现了表面裂缝，水库蓄水以后，经过一段时间，有的表面裂缝突然大范围地扩展，成为劈头裂缝，这种现象在通仓浇筑重力坝内经常出现，但在大量分缝柱状浇筑重力坝内却很少出现，人们过去并未发现这一差别，为探讨这种现象的偶然性或必然性，以及在通仓浇筑碾压混凝土重力坝内是否会出现劈头裂缝，我们用断裂力学观点来进行分析。在坝体上游面切取一水平剖面如图 2 所示。

图 2 中上游面有一条表面裂缝，长度为 L，缝内作用着均布的裂隙水压力 p，横缝止水至上游面距离为 b，在止水与上游坝面之间的横缝面上作用着水压力 p，坝内温度场为 $T(x, y, z, \tau)$，假定裂缝位于坝段中面上，该裂缝稳定（不扩展）的条件为

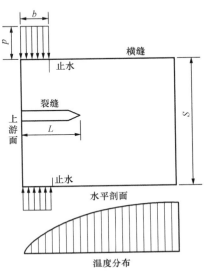

图 2 劈头裂缝剖面示意

$$K_{\text{I}} = K_{\text{IT}} + K_{\text{IP}} - K_{\text{IJ}} \leqslant K_{\text{IC}} \tag{1}$$

式中　K_{I} ——缝端应力强度因子；

　　　K_{IT} ——温度引起的张开型裂缝应力强度因子；

　　　K_{IP} ——缝内水压力引起的张开型裂缝应力强度因子；

　　　K_{IJ} ——止水与上游面之间横缝内水压力引起的应力强度因子；

　　　K_{IC} ——混凝土 I 型裂缝的断裂韧度。

当裂缝较浅时，按半平面表面裂缝计算，有

$$K_{\text{IP}} = 1.985 p \sqrt{L} \tag{2}$$

混凝土的 I 型断裂韧度可用下式估算，即

$$K_{\text{IC}} = 2.86 k R_{\text{t}} \tag{3}$$

式中　R_{t} ——混凝土劈裂抗拉强度；

　　　k ——尺寸效应系数，对于大体积混凝土可取 $k=1.9$。

K_{IT} 和 K_{IJ} 无理论解，但用有限元方法很容易计算。

式（1）表明，当 $K_{\text{I}} < K_{\text{IC}}$ 时，表面裂缝不扩展，而当 $K_{\text{I}} > K_{\text{IC}}$ 时，表面裂缝扩展为大的劈头裂缝，换句话说，$K_{\text{I}} > K_{\text{IC}}$ 是产生劈头裂缝的原因。

下面利用式（1）来说明实际工程中出现的一些复杂现象。

2.1.1 容易发展为大的劈头裂缝的表面裂缝

由式（2）可知，当水头较大即裂缝内水压力 p 较大，而裂缝又较深（L 较大）时，K_{IP} 较大，裂缝容易扩展；当内外温差较大，例如内部温度较高，而表面温度较低时，K_{IT} 较大，裂缝容易扩展；当混凝土标号较低，施工质量较差，抗拉强度低时，由式（3）可知，此时断裂韧度低，裂缝容易扩展。总之，当水头大、裂缝长、混凝土抗拉强度低时，表面裂缝容易扩展为劈头裂缝。

2.1.2 柱状浇筑重力坝很少出现劈头裂缝而通仓浇筑的重力坝容易出现劈头裂缝的原因

柱状浇筑重力坝，早期表面受拉，但浇筑完毕几个月后即进行二期水管冷却，使坝体温度降至稳定温度，此后上游表面将由受拉变为受压，因此表面裂缝将闭合，不会发展为劈头裂缝。当然，在严寒地区，冬季气温比坝体灌浆温度低得多，表面裂缝也可能扩展为深层裂缝，但因无裂隙水压力，不至于扩展为几十米深的劈头裂缝。通仓浇筑重力坝，因无纵缝，不进行二期冷却，水库蓄水时，坝体内部温度还很高，内外温差很大，温度引起的缝端应力强度因子 K_{IT} 较大，再加上缝内裂隙水的劈裂作用，容易使表面裂缝扩展为劈头裂缝。

2.1.3 刚蓄水时表面裂缝不扩展，而往往是过了一定时间，表面裂缝才扩展为劈头裂缝的原因

这种情况与温度场的变化及裂隙水的渗入速度有关，但更重要的因素是混凝土抗裂能力的时间效应。众所周知，在短期荷载作用下，混凝土抗拉强度较高，在长期荷载作用下，混凝土抗拉强度较低。同理，在短期荷载作用下，混凝土断裂韧度 K_{IC} 较高，在长期荷载作用下，混凝土断裂韧度较低。刚蓄水时，混凝土断裂韧度较高，表面裂缝不扩展；在荷载持续作用下，混凝土断裂韧度 K_{IC} 逐渐降低，到一定时候，$K_{IC} < K_{I}$，表面裂缝即扩展为劈头裂缝。

2.1.4 一些单支墩大头坝也出现了劈头裂缝的原因

深入一步分析之后不难发现，通仓浇筑重力坝之所以频繁出现劈头裂缝，通仓浇筑只是表面上的原因，根本原因在于没有二期冷却。水库蓄水时，坝体内部温度还相当高，出现了较大的内外温差，促使上游面的表面裂缝发展为劈头裂缝，有些单支墩大头坝，头部尺寸较大，散热很慢，又没有进行人工冷却，水库蓄水时，大头内部温度还比较高，出现了较大内外温差，加上裂隙水的劈裂作用，促使施工中已产生的表面裂缝发展为劈头裂缝。相反，双支墩大头坝，坝头较单薄，散热较容易，就没有出现劈头裂缝。

2.2 劈头裂缝的预防与处理

预防措施包括：①在坝体上游面采用较严格的保温措施，例如在上游模板内侧预贴泡沫塑料保温板，拆模后留在坝面上，防止出现表面裂缝，这是最根本的措施，泡沫塑料板的厚度应根据计算决定；②当坝内埋有冷却水管时，除了一期冷却，最好也进行适当的二期冷却，从而减小内外温差；③加大上游坝面至止水的距离，利用横缝内止水上游的水压力，在坝体表面产生一定压应力，阻止裂缝的扩展；④水库蓄水前对坝体上游面进行全面检查，对全部表面裂缝进行防渗处理，以便水库蓄水后能阻止压力水进入裂缝。

万一出现劈头裂缝，应进行如下处理：①打排水孔穿过裂缝，以便迅速降低缝内水压力；②进行上游面堵漏；③对裂缝进行化学灌浆。

3 碾压混凝土重力坝的劈头裂缝问题

到目前为止似乎还没有报导过碾压混凝土出现严重劈头裂缝的实例，但由于碾压混凝土重力坝内没有纵缝，不进行接缝灌浆前的人工冷却，坝前蓄水时，坝内温度仍高，这一基本情况与通仓浇筑常态混凝土重力坝是相同的。目前已建成的碾压混凝土重力坝还比较低，问题较轻，因为劈头裂缝大多是施工期间上游面产生的表面裂缝到坝体蓄水后在内外温差和缝内裂隙水的共同作用下扩展而成的。对于低坝，缝内裂隙水的水头较小，另外，低坝厚度较小，较易散热，蓄水时内外温差也较小，所以产生劈头裂缝的可能性较小。今后随着坝高的增加，碾压混凝土重力坝也可能产生劈头裂缝，对于这个问题似应给予重视。

4 底孔超冷问题

基础温差 ΔT 按下式计算，即

$$\Delta T = T_p + T_r - T_f \tag{4}$$

式中　T_p——浇筑温度；

　　　T_r——水化热温升；

　　　T_f——坝体稳定温度。

式（4）中，$T_p + T_r$ 代表混凝土的最高温度，T_f 代表最低温度，在实体重力坝内部，坝体稳定温度就是最低温度，因此按照式（4）计算基础温差是正确的。

当坝内设有孔口时，情况就不同了，孔口内壁与空气或水接触，冬季的水温或气温远低于坝体稳定温度，以三峡工程为例，坝体稳定温度为 14～18℃（上游面较低，下游面较高），而冬季 1 月平均水温为 9.3℃，1 月平均气温为 6.0℃，最低日平均气温 1.5℃，瞬时最低气温更低，它们远低于坝体稳定温度，因此在孔口附近出现了较大的温差，这种现象称为超冷。施工期间，孔口表面暴露在大气中，在寒潮作用下，容易出现表面裂缝，蓄水后，由于水温低于坝体内部温度，引起拉应力，加上缝内裂隙水的劈裂作用，往往促使扩展为大裂缝。

图 3 所示美国诺福克（Norfork）坝，为通仓浇筑的重力坝，坝内产生了一条铅直大裂缝，最大缝宽 4.7mm，从基础向上发展，裂缝高度达 25.9m。对于常规柱状浇筑的重力坝，也存在着底孔超冷问题不少柱状浇筑的混凝土重力坝在导流底孔的底板和边墙上都出现裂缝。但对于通仓浇筑的重力坝，其底孔超冷问题比常规柱状浇筑混凝土重力坝更为严重，其原因如下：①通仓浇筑重力坝基础约束范围大，如图 4 所示，重力坝高 200m，底宽 150m，设底孔底部离基础高度为 10m，若分 5 条纵缝，纵缝间距为 25m［见图 4（a）］，则底孔基本上已脱离基础约束范围，相反，若通仓浇筑，则整个底孔位于基础强约束区内；②施工期间产生的底孔表面裂缝在通仓浇筑重力坝内容易扩展为大裂缝，施工期间底孔表面有时会产生一些表面裂缝，对于通仓浇筑重力坝，通水后，由于水温低于坝体内部温度，底孔又位于强约束区内，表面裂缝很容易扩展为大裂缝，对于柱状浇筑的重力坝，由于通水前已进行二期冷却，底孔表面与坝体内部的温差较小，基础对底孔的约束作用又较小，表面裂缝扩展为大裂缝的几率较小，当然，如果底孔底板离基岩很近，表面裂缝也可能扩展。

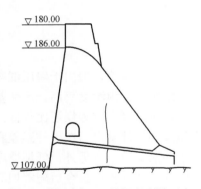

图 3　诺福克坝 16 号坝段裂缝示意
（高程单位：m）

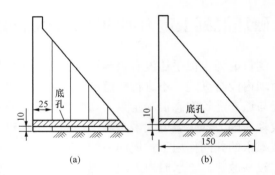

图 4　柱状浇筑和通仓浇筑重力坝中的底孔（单位：m）
（a）柱状浇筑重力坝；（b）通仓浇筑重力坝

我们对三峡大坝通仓浇筑方案进行了研究，该坝泄洪坝段在高程 90.00～103.00m 设有泄洪深孔，在高程 50.00～70.00m 设置骑横缝的导流底孔，坝底岩面高程为 10～45 m，当岩面高程为 45m 时，离底孔底部只有 5m，坝底长 105m，整个导流底孔处于基础强约束区，坝段宽 21m，由于对称，取半个坝段用三维有限元进行仿真计算，坐标系、有限元网格与剖面号见图 5。沿坝轴线（x）方向取 4 个剖面号：1-1 剖面为对称面，2-2 剖面为泄洪深孔侧壁，3-3 剖面为导流底孔侧壁，4-4 剖面为横缝面；沿上下游（z）方向取 5 个剖面号：A—A 剖面为上游面，E-E 剖面为下游面。互相垂直的两个剖面相交成"交线"，如 A1 交线为 A—A 剖面与 1-1

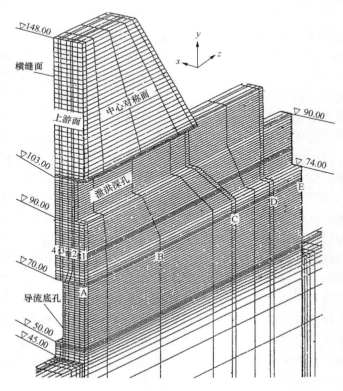

图 5　三峡泄洪坝段坐标系、有限元网格与剖面号（高程单位：m）

剖面的交线。共使用 8 节点空间等参单元 8204 个，节点总数 10708。

共计算了 5 个方案，其中方案一控制混凝土浇筑温度 T_p 如下：当气温不低于 12℃时，$T_p = 15$ ℃；当气温低于 12℃时，$T_p = 3$ ℃+气温。

此外，不采取其他温控措施。计算结果为，在导流底孔侧壁上最大拉应力达到 2.3MPa，如图 6 所示，表明底孔可能产生裂缝。

方案五除控制浇筑温度不超过 15℃外，还增加了如下温控措施：①在坝体上下游表面、孔口表面及横缝面采用 10 cm 厚聚苯乙烯泡沫板保温；②在基础强约束区（高程 24.00m 以下）进行水管冷却。计算结果见图 7，底孔表面拉应力已降至 0.75MPa。

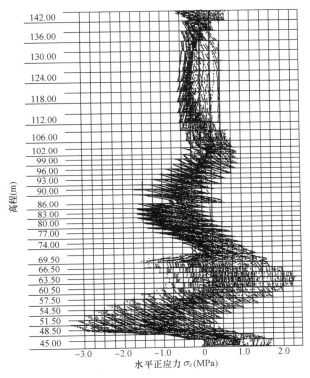

图 6　方案一 B3 交线不同时间的顺河向水平正应力 σ_z 分布（拉应力为正）

可见在通仓浇筑重力坝内，为了防止因底孔超冷而产生裂缝，必须采用比较严格的温控措施。通过上述分析，不难发现，通仓浇筑常态混凝土重力坝和碾压混凝土重力坝，在劈头裂缝及底孔超冷等方面，与分缝柱状浇筑重力坝都有重大差别。

总之，柱状浇筑重力坝很少出现劈头裂缝，通仓浇筑常态混凝土重力坝很容易出现劈头裂缝，这主要是由于坝内不设纵缝、不进行二期冷却所致。碾压混凝土重力坝目前坝高不大，尚未出现劈头裂缝，今后随着坝高的增加，应重视如何防止劈头裂缝的出现。在柱状浇筑重力坝内，也有由于底孔超冷而出现裂缝的，但在通仓浇筑的常态混凝土和碾压混凝土重力坝内，由于不设纵缝，基础约束范围大得多，底孔超冷所引起的温度应力更大，更容易出现裂缝。

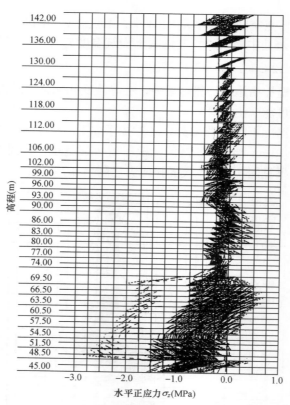

图 7　方案五 B3 交线不同时间的顺河向水平正应力 σ_z 分布（拉应力为正）

参 考 文 献

［1］朱伯芳，等. 水工混凝土结构的温度应力与温度控制. 北京：水利电力出版社，1976.

［2］W J Brunner，K H Wu. Cracking of the Revelstoke Concrete Gravity Dam Mass Concrete.15th International Congress on Large Dams，1985，2.

［3］D L Houghton. Measures being Taken for Prevention of Cracks in Mass Concrete at Dworshak and Libby Dam.10th International Congress on Large Dams，1970，3.

［4］Bofang Zhu，Ping Xu.Thermal Stresses in Roller Compacted Concrete Gravity Dams.Dam Engineering，1995，Ⅵ（3）.

第 14 篇

混凝土的力学与热学性能
Part 14　Mechanical and Thermal Properties of Concrete

混凝土的半熟龄期——改善混凝土抗裂能力的新途径❶

摘　要： 本文提出一个新的理念，混凝土的半熟龄期。混凝土由水、水泥、砂、石组成，在拌和以前，本为松散体，在拌和并振捣之后，由于水和水泥的水化作用而逐渐固化，混凝土的强度、弹性模量、极限拉伸及绝热温升等随着龄期的延长而逐渐增长，最终趋于定值。目前，还没有反映这些力学和热学性能增长速度的指标，笔者定义混凝土绝热温升、强度、弹性模量及极限拉伸达到最终值的一半时的龄期为半熟龄期，半熟龄期越小，表示混凝土成熟得越快。对于水坝等大体积混凝土结构，无论是天然散热，还是人工水管冷却，都有一个冷却的过程，如果混凝土绝热温升的半熟龄期太小，内部温度上升太快，天然散热和人工冷却还没有来得及充分发挥作用时，混凝土温度已上升到最高，随后产生较大的温差和温度应力，不利于结构的温控和防裂；反之，如半熟龄期较大，则有利于降温和防裂。因此，半熟龄期是混凝土的重要指标。目前在研究混凝土性能时，人们只重视降低水泥用量和水化热温升，并没有注意到混凝土成熟速度对其抗裂性能的影响，今后研究大体积混凝土时，除了降低水泥用量外，还应设法使混凝土具有合适的半熟龄期。本文探讨了调整混凝土半熟龄期的技术途径。半熟龄期的提出，为改善水工混凝土抗裂能力找到了一个新途径。

关键词： 半熟龄期；混凝土；成熟速度

Semi- Mature Age of Concrete—a New Method for Improving the Crack Resistance of Mass Concrete

Abstract: In this paper a new idea is proposed: the semi-mature age of the mechanical and thermal properties of concrete. Concrete consists of water、cement、sand and stone, which are solidified after mixing and vibration. The strength、modulus of elasticity and adiabatic temperature rise increase gradually with age and reach their limits finally. There is no index for expressing the rates of growth of them. The ages when the strength、the modulus of elasticity or adiabatic temperature rise reach the halves of their final values are defined as the semi-mature ages of them. The smaller the semi-mature age, the rate of growth will be bigger. Temperature control is necessary for mass concrete structure for crack prevention. If the semi-mature age of adiabatic temperature rise is small, the temperatures in the interior of the structure increases quickly and the

---

❶ 原载《水利水电技术》2008 年第 5 期，由笔者与杨萍联名发表。

effect of natural cooling and artificial pipe cooling will be limited and this is unfavourable for the control of temperature and prevention of crack in mass concrete structures. Thus, the semi-mature age is an important index for mass concrete. The measures for changing the semi-mature age of concrete are described.

Key words: semi-mature age, concrete, rate of mature

1　前言

　　混凝土由水、水泥、砂、石组成，在拌和以前，本为松散体，在拌和并振捣之后，由于水泥和水的化合作用而逐渐固化，混凝土的强度（抗拉、抗压、抗剪）、弹性模量、极限拉伸及绝热温升等性能均随着龄期的延长而逐渐增长，最终趋于定值。目前，还没有反映这些力学和热学性能增长速度的指标，笔者定义混凝土强度、弹性模量、极限拉伸及绝热温升达到最终值的一半时的龄期为半熟龄期，并用 $\tau_{1/2}$ 表示。半熟龄期 $\tau_{1/2}$ 的大小，反映了混凝土成熟的速率，$\tau_{1/2}$ 越小，混凝土成熟得越快；反之，$\tau_{1/2}$ 越大，混凝土成熟得越慢。

　　不同的结构，对于半熟龄期的要求是不同的，工业与民用钢筋混凝土结构，如建成后不久即可能承受较大荷载，半熟龄期即不能太大；相反，对于水坝等大体积混凝土结构，承受全部荷载时，混凝土龄期一般较大，强度没有问题。但这类结构有温控防裂要求，无论是通过混凝土表面的天然散热，还是利用埋设于混凝土内部水管的人工冷却，它们发挥作用都需要一定的时间。如果混凝土绝热温升的半熟龄期太小，混凝土温度上升太快，表面自然散热和内部水管人工冷却还没有充分发挥作用，混凝土已达到最高温度，当最终降到稳定温度时，就会产生较大的拉应力，甚至引起裂缝；相反，如半熟龄期较大，绝热温升上升缓慢，表面自然散热和内部人工冷却有充分时间发挥作用，混凝土达到的最高温度就比较低，后期由于充分冷却而产生的拉应力也较小，有利于结构的温控与防裂。混凝土弹性模量的半熟龄期对温度应力也有较大的影响，如弹性模量的半熟龄期较大，早期弹性模量较小，早期天然冷却和水管冷却引起的拉应力都较小，对于防裂显然是有利的。

　　过去国内外在降低水泥用量、水管冷却、预冷混凝土等方面做过大量工作，并取得了显著成绩。但到目前为止，还没有注意到通过改变混凝土固化速率来控制温度、防止裂缝。通过本文的分析可以看出，在水泥用量和冷却措施完全相同的条件下，只要适当改变混凝土的半熟龄期，就可以显著降低混凝土温差和拉应力，这就为大体积混凝土提供了一个新的温控防裂途径。可以预期，半熟龄期将成为混凝土的一个重要指标，今后在研制大体积混凝土时，应设法使它具有合适的半熟龄期，以利于结构的温控和防裂。

2　半熟龄期定义及其计算

　　设混凝土性能 $y(\tau)$ 是龄期 τ 的函数，通常混凝土性能是龄期 τ 的单调递增函数，最终趋于定值，即

　　当 $\tau=0$ 时，$y(\tau)=0$；当 $\tau \to \infty$ 时，$y(\tau)=y_0$；当 $0 \leqslant \tau \leqslant \infty$ 时，$\mathrm{d}y/\mathrm{d}\tau=0$ 　　　　　（1）

　　兹定义半熟龄期 $\tau_{1/2}$ 为 $y(\tau)$ 达到最终值 y_0 的一半时的龄期，即（见图1）。

$$当 \tau= \tau_{1/2} 时，y(\tau_{1/2})=y_0/2$$ 　　　　　（2）

混凝土性能试验结果出来后，以龄期为横坐标，性能为纵坐标，作一曲线通过各试验点，不难用作图方法，求出半熟龄期。但实际工程中，一般都根据试验结果拟合性能曲线，由此曲线很易求出半熟龄期。设混凝土性能 $y(\tau)$ 为龄期 τ 的函数，并表示如下

$$y(\tau) = y_0 f(\tau) \tag{3}$$

式中：y_0 为最终性能值；τ 为混凝土龄期。例如，强度、弹性模量、极限拉伸、绝热温升及自生体积变形等可分别表示如下

$$R(\tau) = R_0 f(\tau), \quad E(\tau) = E_0 f(\tau), \quad \varepsilon_p(\tau) = \varepsilon_{p0} f(\tau), \quad \theta(\tau) = \theta_0 f(\tau), \quad \varepsilon^0(\tau) = \varepsilon_0^0 f(\tau) \tag{4}$$

式中：$R(\tau)$、$E(\tau)$、$\varepsilon_p(\tau)$、$\theta(\tau)$、$\varepsilon^0(\tau)$ 依次为混凝土的强度、弹性模量、极限拉伸、绝热温升及自生体积变形；而 R_0、E_0、ε_p^0、θ_0、ε_0^0 依次为最终强度、最终弹性模量、最终极限拉伸、最终绝热温升及最终自生体积变形。

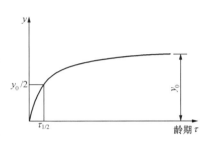

由式（3），半熟龄期 $\tau_{1/2}$ 由下式决定

$$f(\tau_{1/2}) = 1/2 \tag{5}$$

图 1　半熟龄期 $\tau_{1/2}$

下面对工程中常用的混凝土性能函数 $f(\tau)$ 给出半熟龄期 $\tau_{1/2}$ 的计算公式

（1）指数式

$$f(\tau) = 1 - e^{-m\tau} \tag{6}$$

式中：m 为常数；τ 为龄期。这是过去应用得比较多的一个公式，由于它与实验资料符合得比较差，目前在实际工程中应用较少，但它在数学运算上比较方便，在理论分析中仍用得较多[1]。

由式（4），有 $1 - \exp(-m\tau_{1/2}) = 1/2$，故 $\exp(-m\tau_{1/2}) = 0.5$，两边取对数，半熟龄期为

$$\tau_{1/2} = \frac{0.693}{m} \tag{7}$$

（2）双曲线函数

$$f(\tau) = \frac{\tau}{n + \tau} \tag{8}$$

式中：n 为常数。双曲线公式（8）由蔡正咏首先引入混凝土学，用来表示混凝土绝热温升[2]，笔者后来用它表示弹性模量和极限拉伸[3, 4]，与试验结果符合得也比较好，由式（8）可知，半熟龄期为

$$\tau_{1/2} = n \tag{9}$$

（3）复合指数

$$f(\tau) = 1 - \exp(-a\tau^b) \tag{10}$$

式中：a、b 为常数，上式由笔者首先引入混凝土学，用来表示混凝土弹性模量和极限拉伸[3, 4]，后来姜福田用它表示绝热温升[5]，均与试验资料符合得比较好。把式（10）代入式（5），得 $\exp(-a\tau^b) = 0.5$，两边取对数，得到 $a\tau^b = -\ln 0.500 = 0.693$，再次两边取对数，得到半熟龄期如下：

$$\tau_{1/2} = \exp\left[\frac{1}{b}\ln\left(\frac{0.693}{a}\right)\right] \tag{11}$$

【算例1】　常态混凝土，标号 $C_{180}30$，四级配，粉煤灰掺量 30%。

根据试验资料，拟合性能计算公式，由相应公式可计算各种性能的半熟龄期如下：

轴拉强度 R_f=3.02 [1-exp (-0.30$\tau^{0.59}$)] (MPa)，由式 (11)，轴拉强度的半熟龄期 $\tau_{1/2}$=4.13d；

弹性模量 E=39050 [1-exp (-0.51$\tau^{0.46}$)] (MPa)，由式 (11)，弹性模量的半熟龄期 $\tau_{1/2}$=1.95d；

极限拉伸 ε_p=92.1×10^{-6} [1-exp (-0.12$\tau^{0.93}$)]，由式 (11)，极限拉伸的半熟龄期 $\tau_{1/2}$=6.59d；

绝热温升 θ=27.3τ/ (1.64+τ) (℃)，由式 (9)，绝热温升的半熟龄期 $\tau_{1/2}$=1.64d。

国内几个工程混凝土的半熟龄期见表 1，混凝土各种力学和热学性能之所以随着龄期而变化，都是由于水泥水化作用的结果。因此，同一混凝土各种性能的半熟龄期之间有一定内在联系，但其数值并不相等。以上述算例来说，绝热温升的半熟龄期为 1.64d，表示龄期 1.64d 以前水化已发生一半，但轴拉强度达到终值的一半需要 4.13d。另外，由于影响因素较复杂，不同工程之间，各种性能的半熟龄期并非按同一比例而变化。

表 1 几个工程的混凝土半熟龄期

坝名	配合比	混凝土标号	半熟龄期（d）			
			绝热温升	弹性模量	抗拉强度	极限拉伸
小湾	1	$C_{180}45$	1.35	3.30	6.80	1.20
	2	$C_{180}40$	1.25	4.79	7.43	1.70
	3	$C_{180}35$	1.30	6.86	6.87	2.40
	4	$C_{180}30$	1.30	6.70	—	3.00
溪落渡	1	$C_{180}35$	2.58	7.76	1.95	3.71
	2	$C_{180}30$	2.46	6.92	5.72	2.65
	3	$C_{180}25$	2.58	5.71	6.67	3.51
锦屏	1	$C_{180}40$	3.63	5.41	—	7.76
	2	$C_{180}35$	3.59	5.72	—	7.64
	3	$C_{180}30$	3.47	5.26	—	7.71

从材料试验方法来看，混凝土绝热温升试验结果是连续曲线，半熟龄期计算精度最高；弹性模量、抗拉强度、极限拉伸等一般给出的是龄期 7、28、90、180d 的试验结果，决定半熟龄期的精度低一些。对于较重要的工程，最好增加龄期 3d 和 14d 的试验，至少增加一组 3d 的试验。

龄期是混凝土成熟速度的最主要的影响因素，但除了龄期以外，养护温度也有一定影响，对特别重要的工程，应研究养护温度对半熟龄期的影响。

3 半熟龄期的工程意义

半熟龄期小，表示混凝土的水泥水化作用发展迅速，绝热温升、强度等均发展得快；反之，半熟龄期大，表示混凝土水泥水化作用发展缓慢，绝热温升和强度发展得慢。对于不同的混凝土结构，对半熟龄期的要求是不同的。对于施工期短、结构开始承受全部荷载的龄期短的结构，要求混凝土的半熟龄期短一些；反之，对于水坝等大体积混凝土结构，施工周期长、结构开始承受全部荷载的龄期长，而且这类结构有散热防裂要求，半熟龄期太小，不利于结构的散热和防裂。因此，对于大体积混凝土结构，半熟龄期太小是对结构不利的。

大体积混凝土的散热主要有两个途径：一是依靠混凝土表面向外散热；二是利用埋设在

混凝土内部的水管通水冷却散热。这两种散热作用的发挥都有一个时间的过程，如混凝土半熟龄期太短，混凝土绝热温升和弹性模量上升太快，在表面散热和水管冷却充分发挥作用之前，混凝土内部温度已经很高，形成了较大水化热温升，冷却之后，温度应力较大；反之，如果半熟龄期大一些，混凝土绝热温升和弹性模量发展较慢，有充分时间让表面散热和水管冷却发挥作用，混凝土内部的最高温度和冷却过程中的拉应力都比较小，对于混凝土防裂比较有利。

下面以水管冷却为例，先进行理论分析，考虑水管冷却的等效热传导方程为[1]

$$\frac{\partial T}{\partial \tau} = a\left(\frac{\partial^2 T}{\partial x^2} + \frac{\partial^2 T}{\partial y^2} + \frac{\partial^2 T}{\partial z^2}\right) + (T_0 - T_w)\frac{\partial \varphi}{\partial \tau} + \theta_0 \frac{\partial \psi}{\partial \tau} \tag{12}$$

式中
$$\varphi(\tau) = e^{-p\tau} \tag{13}$$

$$\psi(t) = \int_0^t e^{-p(t-\tau)}\frac{\partial f}{\partial \tau}d\tau = \Sigma e^{-p(t-\tau-0.5\Delta\tau)}\Delta f(\tau) \tag{14}$$

$$\Delta f(\tau) = f(\tau + \Delta\tau) - f(\tau) \tag{15}$$

$$\theta(\tau) = \theta_0 f(\tau) \tag{16}$$

如取 $f(\tau) = 1 - e^{-m\tau}$，由式（14），有

$$\psi(t) = \frac{m}{m-p}(e^{-pt} - e^{-mt}) \tag{17}$$

$\psi(t)$ 为外表面绝热条件下，有水管冷却时，由于水化热而升高的温度函数。

今设水管间距为 1.5m×1.5m，混凝土导温系数 $a = 0.10 \text{m}^2/\text{d}$，$p = 0.04802$（1/d），$f(\tau) = 1 - e^{-m\tau}$，考虑两种半熟龄期：

（1）$\tau_{1/2} = 1.0$d，$m = 0.693$　　$\psi_1(t) = 1.074$（$e^{-0.04802t} - e^{-0.693t}$）

（2）$\tau_{1/2} = 3.0$d，$m = 0.231$　　$\psi_2(t) = 1.262$（$e^{-0.04802t} - e^{-0.231t}$）

计算结果见图 2。如 $\theta_0 = 25$℃，由图可知，当 $\tau_{1/2} = 1.0$d 时，最大 $\psi = 0.82$，最高温升为 20.5℃；如 $\tau_{1/2} = 3.0$d，最大 $\psi = 0.66$，最高温升为 16.5℃。两种情况，最高温度相差 4.0℃，可见绝热温升的半熟龄期对于混凝土温度影响相当大，如设法把半熟龄期由 $\tau_{1/2} = 1.0$d 改变为 $\tau_{1/2} = 3.0$d，在相同的条件下，就可使最高温度下降 4.0℃。

下面用一组算例说明半熟龄期对大体积混凝土结构温度和应力的影响。

考虑半熟龄期不同的两种混凝土 A 与 B，力学和热学性能见表 2，导热系数 $a = 0.10 \text{m}^2/\text{d}$，

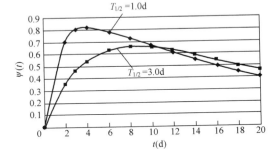

图 2　外表面绝热条件下有水管冷却的混凝土水化热温升函数 $\psi(t)$（水管间距 1.5m×1.5m）

表面放热系数 $\beta = 70 \text{kJ}/（\text{m}^2 \cdot \text{h} \cdot ℃）$。

表 2	混 凝 土 性 能		
项目	混凝土 A	混凝土 B	基岩
绝热温升（℃）	$\theta = 25.0\tau/(1.2+\tau)$	$\theta = 25.0\tau/(3.6+\tau)$	$\theta = 0$
弹性模量（MPa）	$E = 35000\tau/(1.5+\tau)$	$E = 35000\tau/(4.5+\tau)$	35000

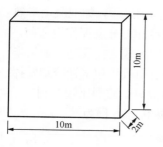

图3　算例：自由墙

【**算例2**】　如图3所示，自由墙，长度×宽度×厚度=10m×10m×2m，混凝土初温均 T_0=10℃，气温 T_a=10℃。

图4表示墙中心点温度过程线，在其他条件相同的条件下，由于绝热温升半熟龄期不同，混凝土A的最高温度比混凝土B约高4℃，图5表示墙表面应力过程线，可见混凝土A的初期拉应力和后期压应力均大于混凝土B。

【**算例3**】　如图6所示，岩基上的混凝土浇筑块，自然冷却，混凝土块长度×宽度×厚度=20m×20m×1.5m，岩基长度、宽度、厚度分别取120、120、50m，弹模 E_f=35000MPa，无徐变，泊松比0.25，混凝土有徐变，力学与热学参数见表2。

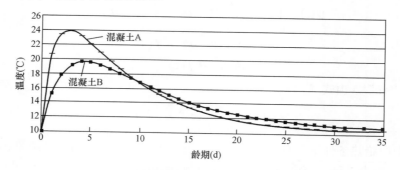

图4　自由墙中心点温度过程线

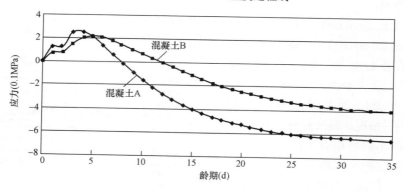

图5　自由墙表面应力过程线

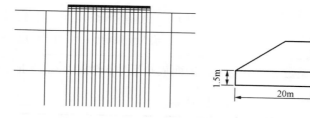

图6　岩基上的浇筑块计算网格（20结点单元，岩基只示意一部分）

混凝土与岩基初温均为20℃，气温20℃，用有限元计算温度徐变应力。图7是浇筑块中点温度过程线，图8是浇筑块中线温度包络线。可见，在相同条件下，由于绝热温升半熟龄期不同，混凝土 B 的温度比混凝土 A 低 3.8℃。图 9 是浇筑块中点应力过程线，图 10 是浇筑块中线上应力包络图。由图可见，由于绝热温升和弹性模量的半熟龄期不同，混凝土 B 的拉应力比混凝土 A 减小 0.38MPa。

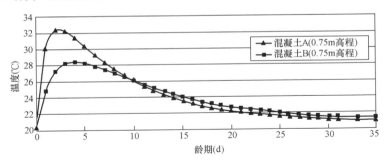

图 7　自然冷却时岩基上浇筑块中心温度过程线比较

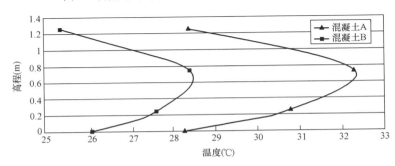

图 8　自然冷却时岩基上浇筑块中线温度包络图比较

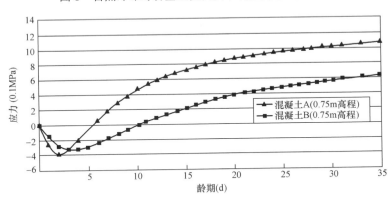

图 9　自然冷却时岩基上浇筑块中点应力过程线比较

【算例 4】　岩基上的混凝土浇筑块，自然冷却+水管冷却，水管间距 1.5m×1.5m，气温 20℃，混凝土初温 20℃，水温 5℃，冷却 10d。

图 11 表示有水管冷却浇筑块中心温度过程线，图 12 表示水管冷却浇筑块中线温度包络图。可见，由于绝热温升半熟龄期不同，混凝土 B 的最高温度比混凝土 A 低 4.3℃。

图 13 表示有水管冷却浇筑块中心应力过程线，图 14 表示水管冷却浇筑块中线应力包络图，由于半熟龄期不同，混凝土 B 的拉应力比混凝土 A 低 0.57MPa。

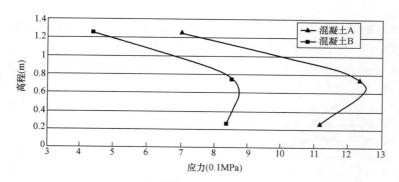

图 10　自然冷却时岩基上浇筑块中线应力包络图比较

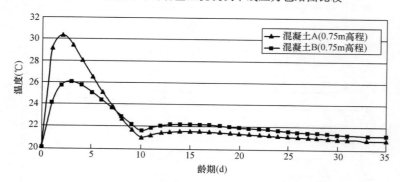

图 11　有水管冷却时岩基上浇筑块中心温度过程线比较

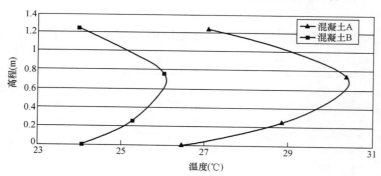

图 12　有水管冷却时岩基上浇筑块中线温度包络图比较

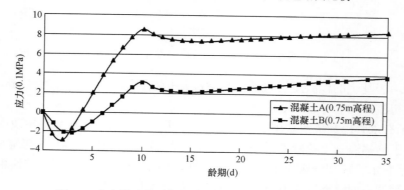

图 13　有水管冷却时岩基上浇筑块中点应力过程线比较

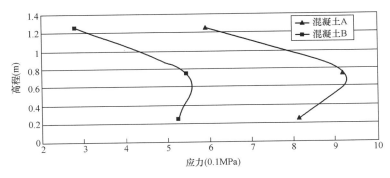

图 14　有水管冷却时岩基上浇筑块中线应力包络图比较

综合比较两个算例，在自然冷却时，两种混凝土最高温度相差 3.8℃，最大拉应力相差 0.38MPa；在有水管冷却时，两种混凝土最高温度相差 4.3℃，最大应力相差 0.57MPa。可见，在有水管冷却时，由于半熟龄期较大，混凝土 B 对混凝土 A 的优势比单独天然冷却时更大。总的看来，半熟龄期改变带来的降温效果约相当于掺 50% 粉煤灰。

4　改变混凝土半熟龄期的途径

如前所述，对于大体积混凝土，半熟龄期大一些，有利于温控和防裂。为了改变半熟龄期，可从以下几个方面着手。

4.1　改变水泥矿物成分与水泥细度

水泥熟料主要成分如表 3 所示：①硅酸三钙（C_3S），含量 32%～64%，它的水化速率快，含量越高，早期强度越高；②硅酸二钙（C_2S），含量 14%～28%，水化速率低，水化热也小，是水泥产生后期强度的成分；③铝酸三钙（C_3A），它的水化作用最快，发热量最高，强度发展快而不高；④铁铝酸四钙（C_4AF），含量 2.5%～15%，它的水化作用较快，仅次于 C_3A，水化热及强度均属中等。

表 3　　　　　　　　　　　　　水泥熟料单矿物的强度与水化热

矿物	抗压强度（MPa）			水化热（J/g）		
	3d	28d	180d	3d	28d	180d
C_3S	29.6	49.6	62.6	410	477	507
C_2S	1.4	4.6	28.6	80	184	222
C_3A	6.0	4.0	8.0	712	846	913
C_4AF	15.4	18.6	19.6	121	201	306

大体积混凝土较理想的性能是：后期强度高（早期强度不太低），总热量低、发热缓慢。为了满足这些要求，从表 3 可知，应尽量减少 C_3A 含量、适当压低 C_3S 含量、提高 C_2S 含量。

水泥细度对水化速度也有重要影响，水泥越细，水化反映越快。

在 20 世纪 30 年代，普通硅酸盐水泥中 C_3S 含量仅 30% 左右，比表面积约 220m²/kg，这样的水泥水化速率和强度发展速率均较低，有利于温控与防裂；由于工业与民用建筑工程的设计龄期多为 28d，在市场需求规律的驱动下，水泥厂追求 28d 龄期较高强度，C_3S 含量越来越高，水泥的比表面越来越大。我国大型水泥厂目前生产的硅酸盐水泥的 C_3S 含量超过 50%，比表面积为 340～370m^2/kg，水化热和强度的发展都较快，不利于温控和防裂，应适当降低 C_3S 含量，减小水泥比表面积。

4.2　采用混合材料与外加剂

我国在掺用粉煤灰方面做过大量工作，掺用粉煤灰在保证后期强度不变的条件下，可以降低水泥用量及水化热上升速度，延长混凝土半熟龄期。

掺用外加剂也可以调节水化速率，但过去多着重于改变初凝和终凝时间，今后应研究利用外加剂延长混凝土半熟龄期。

5　结束语

（1）本文定义混凝土绝热温升、弹性模量、强度和极限拉伸达到最终值一半时的龄期为半熟龄期，半熟龄期越小，混凝土成熟得越快。

（2）对于大体积混凝土结构，无论是天然散热，还是人工冷却，都有一个时间过程，如果混凝土半熟龄期太小，内部温度上升太快，天然散热和人工冷却还没有充分发挥作用时，混凝土温度已上升得很高，产生较大的温差和温度应力，不利于结构的温控和防裂。

（3）计算结果表明，在相同条件下，混凝土绝热温升的半熟龄期由 1.2d 改为 3.6d，就可使混凝土最高温度下降 4℃左右，降温效果约相当于掺 50%粉煤灰。

（4）半熟龄期的提出为改善混凝土抗裂性能提供了一个新的途径。我国目前正兴建大量混凝土坝，但过去在研究混凝土原材料和级配时没有注意混凝土的成熟速度。今后应重视利用半熟龄期来控制混凝土成熟速度，以改善混凝土抗裂性能。

（5）改变混凝土半熟龄期可从掺混合材、外加剂、改变水泥矿物成分和水泥细度等方面着手。目前我国硅酸盐水泥中 C_3S 含量偏高、水泥比表面积偏大，使混凝土半熟龄期偏小，不利于温控与防裂。

参　考　文　献

[1] 朱伯芳. 大体积混凝土温度应力与温度控制 [M]. 北京：中国电力出版社，1999.

[2] 蔡正咏. 混凝土性能 [M]. 北京：中国建筑工业出版社，1979.

[3] 朱伯芳. 混凝土的弹性模量、徐变度与应力松弛系数 [J]. 水利学报，1985（9）.

[4] 朱伯芳. 混凝土极限拉伸变形与混凝土龄期及抗拉抗压强度的关系 [J]. 土木工程学报，1996（5）.

[5] 姜福田. 碾压混凝土 [M]. 北京：中国铁道出版社，1991.

论坝工混凝土标号与强度等级❶

摘　要： 我国水坝工程过去一直采用混凝土标号，自 1997 年电力行业发布的《水工混凝土结构设计规范》提出改用混凝土强度等级。目前已经出版和正在编制的坝工设计规范，有的继续采用混凝土标号，有的已改用强度等级，颇为混乱。本文对此进行了较深入的分析，认为根据水坝工程的特点，坝工混凝土仍以采用混凝土标号为宜。

关键词： 混凝土；标号；强度等级

On the Mark and Strength Class of Dam Concrete

Abstract: The concrete mark is the compressive strength of 15cm cubic specimens at 90d age of concrete with 80% rate of security and the strength class is the compressive strength at 28d age of concrete with 95% rate of security.As the period of construction of dam is rather long and the rate of increase of strength is big，so concrete mark is more suitable for dam concrete.

Key words: concrete mark, strength class

1　前言

我国是全世界修建水坝最多的一个国家，目前在建的混凝土坝数量之多、规模之大，均居世界首位。如小湾拱坝是全世界最高的混凝土坝。龙滩重力坝是全世界最高的碾压混凝土坝。在今后几十年中，还要继续兴建一大批混凝土坝，其中不少是世界水平的工程。

在混凝土坝的设计和施工中，如何正确地决定混凝土强度指标是一个十分重要的问题，过去数十年，我国一直采用混凝土标号，1997 年发布的 DL/T 5057—1996《水工混凝土结构设计规范》[1] 提出必须停止使用混凝土标号、改用混凝土强度等级。由于混凝土标号和混凝土强度等级在设计龄期、强度保证率等方面都存在着很大的差别，对这一改变是否合理，在我国水工界存在着较大争议。目前已经出版和正在编制中的有关混凝土坝的设计规范，有的继续使用混凝土标号[3]，有的已改用混凝土强度等级[2]，这不但在混凝土坝的设计和施工中造成一定的混乱，而且还可能带来一定的技术经济上的损失。2004 年 2 月 20～23 日，水利部水利水电规划设计院主持审议水利行业《混凝土重力坝设计规范》送审稿，经过深入讨论，接受笔者建议，决定不采用混凝土强度等级，继续采用混凝土标号。这一决定对我国今后混凝土坝设计和施工将产生重要影响。今根据笔者在会上的发言，整理成文，予以发表，以就

---

❶　原载《水利水电技术》2004 年第 8 期。

正于读者。

2 混凝土标号（R）与混凝土强度等级（C）的关系

混凝土标号（R）是混凝土强度指标，它与试件尺寸和形状、设计龄期及强度保证率等三个因素有关。我国早期采用 20cm 立方体试件，后来已改用 15cm 立方体试件，设计龄期 τ 常态混凝土坝多用 90d，也有用 180d 的；碾压混凝土坝则多用 180d；强度保证率都用 80%。

混凝土标号 R_τ 系指龄期 τ、15cm 立方体试件、保证率 80% 的抗压强度，由下式计算

$$R_\tau = f_{C\tau}(1.0 - 0.842\delta_{C\tau}) \tag{1}$$

式中：R_τ 为龄期 τ 的混凝土标号，$f_{C\tau}$ 为龄期 τ 时 15cm 立方体试件平均抗压强度；$\delta_{C\tau}$ 为龄期 τ 混凝土抗压强度的离差系数；0.842 为保证率 80% 的概率度系数。

混凝土强度等级（C）系指 28d 龄期、15cm 立方体试件、保证率 95% 的抗压强度，由下式计算

$$C = f_{C28}(1 - 1.645\delta_{C28}) \tag{2}$$

式中：f_{C28} 为 28d 龄期 15cm 立方体试件平均抗压强度；δ_{C28} 为 28d 龄期混凝土抗压强度离差系数；1.645 为保证率 95% 的概率度系数。

混凝土强度等级（C）与混凝土标号（R）之间在试验龄期和强度保证率两个方面存在着差别。由式（1）、式（2）两式可知混凝土标号（R_τ）与强度等级（C）的比值为

$$\frac{R_\tau}{C} = a(\delta)b(\tau) \tag{3}$$

$$a(\delta) = \frac{1.0 - 0.842\delta_{C\tau}}{1.0 - 1.645\delta_{C28}} \tag{4}$$

$$b(\tau) = \frac{f_{C\tau}}{f_{C28}} \tag{5}$$

式中：$a(\delta)$ 为保证率影响系数；$b(\tau)$ 为抗压强度增长系数。离差系数 δ_C 主要与生产管理水平有关，一般当平均抗压强度 f_C 在 25MPa 以上时，δ_C 约为 0.10～0.15；f_C 在 25MPa 以下时，δ_C 约为 0.16～0.23。令 $\delta_{C28} = \delta_{C\tau} = \delta_C$，若 $\delta_C = 0.23$，则 $a(\delta) = 1.30$；若 $\delta_C = 0.10$，则 $a(\delta) = 1.10$。因此，当 $\delta_C = 0.23 \sim 0.10$ 时

$$R_\tau = (1.30 \sim 1.10)b(\tau)C \tag{6}$$

即由于保证率的不同，混凝土标号（R_τ）与强度等级（C）相差约 10%～30%。

强度增长系数 $b(\tau)$ 与水泥品种、掺合料、外加剂等多种因素有关。对于 90d 龄期，大约 $b(90) = 1.20 \sim 1.55$；对于 180d 龄期，大约 $b(180) = 1.30 \sim 1.85$，因此 $R_\tau / C = 1.30 \sim 2.40$。

可见，混凝土标号（R_τ）与强度等级（C）的比值变化相当大，而且与水泥品种、掺合料、外加剂、设计龄期、混凝土生产水平等多种因素有关。

3 混凝土强度等级（C）应用于水坝工程的问题

混凝土强度等级（C）应用于工业与民用建筑工程是合适的。一方面其施工期较短，另一方面，它们多采用普通硅酸盐水泥，龄期 28d 以后混凝土强度增加不多。但混凝土强度等

级（C）应用于水坝工程是不合适的，下面予以分析。

3.1 设计龄期问题

坝工混凝土强度等级（C）规定设计龄期为 28d，这是完全脱离实际的，水坝的施工期往往长达数年，即使是一座 30m 高的小型混凝土坝，也不可能在 28d 内建成并蓄水至正常蓄水位。过去几十年中，混凝土坝设计龄期一直采用 90d 或 180d，常态混凝土坝多数采用 90d，部分采用 180d；碾压混凝土坝因掺用粉煤灰较多，混凝土强度增长较缓慢，多采用 180d。

混凝土强度增长速率受到多种因素的影响，表 1 列出了各种因素对坝工混凝土抗压强度增长系数 $b(\tau)$ 的影响，表 2 列出了一些实际工程中的抗压强度增长系数。从表 1 和表 2 可以看出：①强度增长系数的变化范围相当大，如 $b(90)$ 小的只有 1.20，大的可达 1.63，相差达 36%；②影响混凝土强度增长系数的因素较多，如水泥品种、掺合料品种和掺量、外加剂品种和掺量等都有较大影响。

表 1　　　　各种因素对坝工混凝土抗压强度增长系数 $b(\tau)$ 的影响

资　料　来　源	影　响　因　素		混凝土龄期			
			7d	28d	90d	180d
《水工建筑物混凝土及钢筋混凝土工程施工技术规范》（1980）	水泥品种	普通硅酸盐水泥	0.60	1.00	1.20	1.25
		矿渣水泥	0.50	1.00	1.40	1.50
		火山灰水泥	0.50	1.00	1.30	1.35
小湾拱坝常态混凝土（四级配，525 中热硅酸盐水泥，水胶比 0.40），水科院试验资料	粉煤灰掺量	0	0.774	1.00	1.10	1.18
		10%	0.725	1.00	1.24	1.40
		20%	0.69	1.00	1.27	1.49
		30%	0.65	1.00	1.43	1.57
		40%	0.68		1.53	1.94
龙滩重力坝混凝土（525 中热水泥，水胶比 0.39，粉煤灰掺量 55%），水科院试验资料	减水剂型号	ZB-1	0.615	1.00	1.396	1.500
		JG3	0.649	1.00	1.386	1.742
		FDN 9001	0.567	1.00	1.297	1.457
		R 561	0.730	1.00	1.415	1.657
		JM 11	0.559	1.00	1.418	1.543
		SK-2	0.601	1.00	1.406	1.547

表 2　　　　混凝土坝的抗压强度增长系数 $b(\tau)$

	工　程	混凝土标号或配比号	水　泥	水胶比	粉煤灰掺量（%）	外　加　剂	龄期（d）			
							7	28	90	180
常态混凝土	二滩	R_{180} 35	525 大坝	0.45	30	减水剂，引气剂	0.512	1.00	1.384	1.613
		R_{180} 30	525 大坝	0.49	30	减水剂，引气剂	0.550	1.00	1.349	1.644
		R_{180} 2	525 大坝	0.5	3	减水剂，引气剂	0.473	1.00	1.631	2.024
	三峡二期	R_{90} 15	525 中热	0.55	40	减水剂，引气剂	0.533	1.00	1.410	—
		R_{90} 20	525 中热	0.50	35	减水剂，引气剂	—	1.00	1.300	—
	龙羊峡	R_{90} 20	525 硅酸盐大坝	0.53	30	减水剂	0.505	1.00	—	1.307
		R_{90} 25	525 硅酸盐大坝	0.45	0	减水剂，破乳剂，引气剂	0.766	1.00	—	1.434

续表

工程		混凝土标号或配比号	水 泥	水胶比	粉煤灰掺量（%）	外 加 剂	龄期（d）			
							7	28	90	180
常态混凝土	漫湾	R_{90} 15 R_{90} 20	矿渣 425 矿渣 425	0.73 0.60	35 35	糖蜜，松香热聚合物 糖蜜	0.425 0.403	1.00 1.00	1.50 1.456	1.72 —
	五强溪	R_{90} 15	525 硅酸盐	0.65	35	木钙，引气剂 801	0.626	1.00	1.388	1.727
	东江	R_{90} 30 R_{90} 30	525 硅酸盐 525 硅酸盐	0.47 0.45	10 20	木钙，引气剂 801 木钙，引气剂 801	0.505 0.520	1.00 1.00	1.449 1.401	1.610 1.699
	茶州	R_{90} 15	425 普硅	0.60	0	无	0.741	1.00	1.50	1.525
碾压混凝土	桃林口	R_{90} 15 R_{90} 20	525 硅酸盐 525 硅酸盐	0.47 0.44	55 38	减水剂，引气剂 减水剂，引气剂	0.629 0.612	1.00 1.00	1.296 1.16	1.48 1.274
	岩滩		525 硅酸盐	0.60	70	减水剂	0.686	1.00	1.50	—
	龙滩	R_{180} 25 R_{180} 20	525 中热 525 中热	0.50 0.50	55 58	减水剂，引气剂 减水剂，引气剂	0.62 0.53	1.00 1.00	1.39 1.34	1.59 1.63
	三峡围堰		525 中热 525 中热 525 中热 525 中热	0.50 0.50 0.50 0.50	40 50 60 70	减水剂，引气剂 减水剂，引气剂 减水剂，引气剂 减水剂，引气剂	— — — —	1.00 1.00 1.00 1.00	1.315 1.426 1.439 1.679	— — — —

3.2 安全系数问题

已建工程的实际经验是决定设计安全系数的重要依据，现有设计安全系数取值的基础是 90d 龄期 80%保证率，如改为 28d 龄期 95%保证率，安全系数必须修改，如何修改是一个较难课题，因为过去很少有混凝土坝是按 28d 龄期 95%保证率设计的。DL 5108—1999《混凝土重力坝设计规范》在改用基于 28d 龄期 95%保证率的混凝土强度 C_{28} 后，在安全系数取值中实际上仍然采用混凝土标号（R），其办法是由 C_{28} 换算成 R_{90}（常态混凝土）或 R_{180}（碾压混凝土），然后在设计中根据混凝土标号（R）来决定安全系数（混凝土强度标准值等），见文献［2］第 8.4.3 条及说明。由于坝的设计龄期为 28d，缺乏 90d 和 180d 的试验资料，文献［2］表 7 和表 8 中的混凝土标号是由 28d 龄期 95%保证率的强度等级 C_{28} 换算来的，由本文表 1 和表 2 可知，强度增长系数 $b(90)$ 和 $b(180)$ 变化范围很大，而且受到多种因素的影响。换算的办法无非两种，第一种是取过去试验资料的平均值，第二种是取过去试验资料的下包值。采用第一种办法，意味着有一半工程的实际标号将低于设计标号，这当然是不允许的。因此，文献［2］采用的是第二种办法，即采用过去试验资料的下包值进行换算，但这样一来，实际工程的混凝土标号将全部超标。

安全系数的换算除了混凝土龄期增长系数外，还与混凝土强度离差系数有关，而强度离差系数又与混凝土标号、施工水平等多种因素有关。从表 3 可见，离差系数的变化范围也是相当大的，这又增加了安全系数换算的误差。

表 3   坝工混凝土抗压强度离差系数

混凝土标号 R（MPa）	10	15	20	25	30	35	40
全国 28 个水利水电工程合格混凝土统计值	0.23	0.20	0.18	0.16	0.14	0.12	0.10
二滩坝	—	0.20	—	—	0.185	—	0.21
三峡二期工程	—	—	0.22	0.18	—	0.15	0.14

3.3 工程施工质量验收问题

DL/T 5144—2001《水工混凝土施工规范》[5]规定："混凝土质量验收取用混凝土抗压强度的龄期应与设计龄期相一致"，并规定在设计龄期每1000m³混凝土应成型一组试件用于质量评定。采用混凝土强度等级（C）后，设计龄期改为28d，工程施工中没有90d和180d龄期的试件，而设计中实际上又利用了90d（常态混凝土）和180d（碾压混凝土）的后期强度，用28d龄期的试验资料进行验收，实际上难以保证90d或180d龄期混凝土在各种可能情况下都是合格的。

4 坝工混凝土改用强度等级的必要性置疑

DL 5108—1999《混凝土重力坝设计规范》[2]改用混凝土强度等级是为了与DL/T 5057—1996《水工混凝土结构设计规范》[1]保持协调，而后者的所以改用混凝土强度等级是为了与GB 50010—2002《混凝土结构设计规范》[4]保持一致。文献[4]的运用范围主要是工业与民用建筑工程，它采用混凝土强度等级（C）是合理的。由混凝土标号改为混凝土强度等级，并不是简单的名称的改变，而关系到设计龄期和保证率等实质性内容的变化。如前所述，坝工混凝土改用强度等级（C）存在着不少问题，仅仅为了与工业民用建筑工程保持一致，而改用混凝土强度等级的必要性值得探讨。

抗压强度只是混凝土性能的一个指标，除了抗压强度外，抗拉强度、极限拉伸、抗冻性、抗渗性、抗腐蚀性、耐久性等也是混凝土的重要性能。工业与民用钢筋混凝土结构中，拉应力多由钢筋承担，对混凝土的抗拉强度、极限拉伸、抗裂、抗渗、低热等一般无特殊要求，室内建筑物对抗冻也无要求；而坝工混凝土，除了抗压外，对抗拉强度、极限拉伸、抗裂性、抗冻性、抗渗性、低热性等均有严格要求。另外，坝工混凝土与工业民用建筑混凝土在水泥、掺合料、外加剂、骨料、坍落度等方面的差别也很大。坝工混凝土水泥用量只有50~180kg/m³，粉煤灰掺量30%~60%，除减水剂外一般还掺引气剂，骨料最大粒径150mm，坍落度0~5cm，绝热温升16~25℃；而工业与民用混凝土结构，水泥用量300~500kg/m³，粉煤灰掺量0~20%，一般不掺引气剂，骨料最大粒径40mm，坍落度18~20cm（泵送混凝土），绝热温升60~80℃。两种混凝土性能和成分差别甚大，即使坝工混凝土改用强度等级（C），其性能也无法与工业与民用混凝土保持一致。

作为一个例子，表4中比较了C25大坝混凝土和C25房屋混凝土，由表4可见，除了28d龄期抗压强度（95%保证率）相同外，所有其他混凝土成分和性能都不同，而且到了后期，两种混凝土的抗压强度也不相同了，虽然它们具有相同的强度等级，但实际上却是两种完全不同的混凝土，所有性能和成分都不同。

由此可见，即使改用混凝土强度等级（C），坝工混凝土与工业民用混凝土还是两种不同的混凝土，根本无法保持一致，但却给坝工混凝土带来了一系列的问题，因此，坝工混凝土改用强度等级是不必要的。

表4　　　　　　　　　　　　C25 大坝混凝土与 C25 房屋混凝土比较

用途	抗压强度（MPa）		抗渗标号	抗冻标号	极限拉伸（10^{-4}）	水泥品种、用量（kg/m³）		粉煤灰掺量（%）	最大骨料粒径（mm）	减水剂（%）	引气剂（%）	含气量（%）	坍落度（cm）	绝热温升（℃）
	28d	90d				品种	用量							
大坝	25	40	S8	D300	0.90	525 大坝	115	30	150	0.7	0.02	3～5	3～5	25
房屋	25	30	—	—	—	525 普硅	370	0	30	0.5		0	18～20	70

5　混凝土坝采用强度等级是坝工技术上的倒退

坝工混凝土由混凝土标号（R）改为强度等级（C），不但脱离工程实际，而且是坝工技术上的倒退。

5.1　混凝土坝采用强度等级（C）必然带来经济上的浪费和技术上的不合理

混凝土坝施工周期较长，设计龄期采用 28d 是不合理的，电力行业 DL 5108—1999《混凝土重力坝设计规范》虽然设计龄期采用 28d，但安全系数仍然采用 90d（常态混凝土）和 180d（碾压混凝土），先由 C_{28} 换算成 R_{90} 和 R_{180}，再由 R_{90} 和 R_{180} 决定设计强度标准值。问题是比值 R_{90}/C_{28} 和 R_{180}/C_{28} 受到多种因素的影响，变化范围很大，表5 和图1 中列出了 R_{90}/C_{28} 比值的变化。从图1 可看出，文献［2］采用了 R_{90}/C_{28} 的下包值，实际工程中 R_{90}/C_{28} 远远超过了文献［2］建议值。

表5　　　　　　坝工常态混凝土强度等级（C）与对应的混凝土标号（R）

对比项目		$b(\tau)$	C						
			5	7.5	10	15	20	25	30
DL 5108—1999《混凝土重力坝设计规范》		—	—	11.3	14.6	21.2	27.5	33.0	38.6
普通硅酸盐水泥		1.20	8.34	12.1	15.6	22.3	28.9	35.2	41.3
矿渣水泥		1.40	9.73	14.1	18.2	26.0	33.7	41.1	48.1
火山灰水泥		1.30	9.04	13.1	16.9	24.2	31.3	38.1	44.7
三峡	配比（A）：$R_{90}15$	1.41	9.80	14.2	18.3	26.2	34.0	41.4	48.5
	配比（B）：$R_{90}20$	1.30	9.04	13.1	16.9	24.2	31.3	38.1	44.7
五强溪	$R_{90}15$	1.39	9.66	14.0	18.0	25.6	33.5	40.7	47.7
漫湾	配比（A）：$R_{90}15$	1.50	10.4	15.1	19.5	27.9	36.2	44.0	51.6
	配比（B）：$R_{90}20$	1.46	10.1	14.6	18.9	27.1	35.1	42.7	50.1
二滩	配比（A）：$R_{180}35$	1.38	9.59	13.9	18.0	25.7	33.4	40.6	47.6
	配比（B）：$R_{180}30$	1.35	9.38	13.6	17.5	25.1	32.5	39.6	46.4
	配比（C）：$R_{180}25$	1.63	11.3	16.4	21.2	30.3	39.3	47.8	56.1

例如，假定设计中采用强度等级 C=10MPa，文献［2］查得 R_{90}=14.6MPa，由图1 可知，几个实际工程相应的混凝土标号为：三峡坝配比 B：R_{90}=16.9MPa；五强溪坝 R_{90}=18.0MPa；漫湾坝配比 A：R_{90}=19.5MPa；二滩坝配比 C：R_{90}=21.2MPa。如表6 所示，这些实际工程所达到

的混凝土标号比文献［2］推荐值分别高出 16%、23%、33.6%、45.2%。实际的混凝土标号超出这么多，不但增加水泥用量造成严重的浪费，而且增加了温度控制的难度。

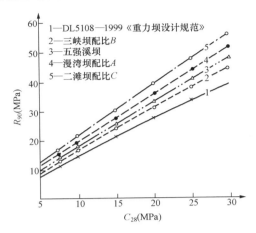

图 1　常态混凝土强度等级 C_{28} 与混凝土标号 R_{90}

表 6　　　实际工程达到的 R_{90} 与 DL 5108—1999《混凝土重力坝设计规范》
建议的 R_{90}（对应于 C10）

项目	DL 5108—1999《混凝土重力坝设计规范》建议值	三峡配比 B	五强溪	漫湾配比 A	二滩配比 C
R_{90}（MPa）	14.6	16.9	18.0	19.5	21.2
增幅	0	15.8%	23.3%	33.6%	45.2%

5.2　采用强度等级（C）可能误导混凝土坝技术的发展方向

设计龄期对水泥和混凝土技术的发展方向是有影响的。在 20 世纪 30 年代，普通硅酸盐水泥的 C_3S 含量仅 30%左右，比表面积约 220m²/kg。这样的水泥早期强度低，强度发展速率也低。用这种水泥配制的混凝土，损坏原因主要是破碎，而结构开裂较少。由于工业与民用建筑工程的设计龄期多为 28d，在市场需求规律的驱动下，追求早期较高强度，硅酸盐水泥的 C_3S 含量越来越高，水泥的比表面积越来越大。我国大型水泥厂目前生产的硅酸盐水泥的 C_3S 含量超过 50%，比表面积为 340～370m²/kg。水泥性质的改变，使混凝土早期强度较高，为了达到同样的 28d 龄期强度，可以比过去采用较大的水灰比和较少的水泥。据英国资料，配制 30～35MPa 的混凝土，在 1960 年，需用 0.45 水灰比、350kg/m³ 水泥；在 1985 年，只需 0.6 水灰比、250kg/m³ 水泥[7]。这两种混凝土的强度相同，但从微结构的角度看，两种混凝土的孔隙率和渗透性就不同了，水灰比大的混凝土的孔隙率和渗透性大于水灰比小的混凝土，因而耐久性较差。

坝工混凝土标号的设计龄期一向为 90d 和 180d，为了降低混凝土的绝热温升、提高混凝土的抗裂能力和耐久性，在掺用粉煤灰和外加剂等方面近年做了大量工作，取得了显著进步。目前常态混凝土粉煤灰掺量为 30%～40%，碾压混凝为土为 50%～60%。大量掺用粉煤灰的结果，强度发展速率缓慢，早期强度低，但后期强度可满足设计要求，绝热温升降低，有利于抗裂。如果改用 28d 为设计龄期，掺用粉煤灰的优点就要受到影响。

因此，如果采用混凝土强度等级（C），把坝工混凝土的设计龄期和竣工验收龄期都改为28d，在市场规律的驱动下，有可能追求早期强度，从而误导坝工混凝土技术的发展方向。

6 结束语

（1）由混凝土标号（R）改为混凝土强度等级（C），并不是简单的名称的改变，而意味着设计龄期由90d（或180d）改为28d，强度保证率由80%改为95%。

（2）水坝施工期较长，采用28d设计龄期不符合实际。

（3）长期积累的工程经验是水坝设计安全系数取值的基础，混凝土坝过去一直采用混凝土标号（R），设计龄期为90d，保证率为80%；改用强度等级（C）后，DL 5108—1999《混凝土重力坝设计规范》由 C_{28} 换算成 R_{90} 和 R_{180}，再据以决定强度标准值，但影响 R/C 比值的因素很多，包括水泥品种、掺合料、外加剂、施工水平等，R/C 比值变化范围很大，规范中采用的单一换算值显然难以反映复杂多变的实际情况，换算误差很大；为安全计，文献［2］取下包值，实际工程中 R_{90} 可能超标 15%～45%，不仅浪费资金，还增加了温度控制的难度。

（4）工程竣工验收是以设计龄期混凝土试件资料为依据的，改用强度等级（C）后，工程设计中实际上利用了后期强度，但竣工验收时只有28d龄期的试验资料，难以保证在各种复杂情况下后期混凝土的合格率。

（5）工业与民用建筑工程采用基于28d龄期的混凝土强度等级（C）是合理的，水坝工程采用混凝土强度等级（C）是不合理的，应该继续采用基于90d或180d龄期的混凝土标号（R）。

注：文中引用资料，除已注明出处者外，都引自中国水利水电科学研究院甄永严、姜福田、惠荣炎、纪国晋、王秀军等人的试验报告，特此致谢。

参 考 文 献

［1］DL/T 5057—1996《水工混凝土结构设计规范》［S］. 北京：中国电力出版社，1997.

［2］DL 5108—1999《混凝土重力坝设计规范》［S］. 北京：中国电力出版社，2000.

［3］SL 282—2003《混凝土拱坝设计规范》［S］. 北京：中国水利水电出版社，2003.

［4］GB 50010—2002《混凝土结构设计规范》［S］. 北京：中国建筑工业出版社，2002.

［5］DL/T 5144—2001《水工混凝土施工规范》［S］. 北京：中国电力出版社，2002.

［6］李嘉进. 二滩拱坝混凝土生产和质量控制现状［J］. 水电站设计，1995（12）.

［7］姚燕主. 新型高性能混凝土耐久性的研究与工程应用［C］. 北京：中国建材工业出版社，2004.

混凝土绝热温升的新计算模型与反分析[❶]

摘　要： 本文提出混凝土绝热温升新的三参数计算模型，不但可以考虑混凝土龄期的影响，还可以考虑混凝土温度的影响和水泥水化反应完成程度的影响，计算也较方便。文中给出了如何根据实验资料决定计算参数的方法，并给出了根据工程实测温度进行反分析以求出计算参数的方法。实际算例表明，本文给出的计算模型具有相当好的计算精度。

关键词： 混凝土；绝热温升；计算模型；反分析方法

A New Computing Model for the Adiabatic Temperature Rise of Concrete and the Method of Back Analysis

Abstract: A new computing model for the adiabatic temperature rise of concrete is proposed. Not only the age of concrete, but also the temperature of concrete and the degree of hydration of cement are considered in this model. The method for determining the parameters in the formula from the laboratory test results or from the observed temperatures in the concrete structures are given. The temperatures computed by this model agree well with the test results.

Key words: concrete, adiabatic temperature rise, computing model, method of back analysis

1　前言

混凝土绝热温升是大体积混凝土温度控制的一个重要因素，它影响到混凝土的水化热温升、最高温度、基础温差和内外温差。但目前常用的绝热温升表达式，只考虑了混凝土龄期的影响，而没有考虑混凝土温度和水化反应完成程度的影响，使得计算的温度场不能完全反应实际情况。例如，混凝土内部的温度较高、水泥水化反应较快、混凝土绝热温升上升较快，而表面温度较低，混凝土绝热温升上升较慢，现有计算方法忽略了这个因素，使得算出的内外温差偏小。目前混凝土绝热温升公式多是根据初始养护温度 15～20℃的试验资料整理出来的，如实际混凝土浇筑温度高于 15～20℃时，绝热温升上升较快，实际的混凝土水化热温升将高于计算值；反之，当浇筑温度低于 15～20℃时，实际的水化热温升将低于计算值。

本文提出一套新的计算模型，不但考虑了混凝土龄期的影响，还考虑了混凝土温度的影响和水泥水化反应累计完成程度的影响，考虑的因素全面，计算精度相当好，计算也很简便。

❶　原载《水力发电》2003 年第 4 期。

2　计算模型

图 1 是在不同初始养护温度下混凝土绝热温度变化的试验结果[1]。从此图可见，混凝土绝热温升具有下列特性：

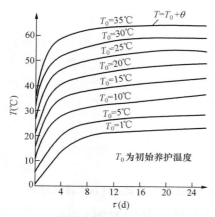

图 1　不同初始养护温度下的混凝土绝热温度

（1）温度变化速率强烈依赖于混凝土温度，混凝土温度越高，温度上升速率越大，而且二者之间的关系是非线性的。

（2）温度上升速率与水泥水化反应的累计完成程度有关，它不但与当时温度有关，还与过去的温度及所经历时间的长短有关。

（3）温度上升速率依赖于混凝土龄期，早期上升速率大，后期上升速率逐渐减小，最终趋于零。

（4）水泥的水化反应是一个不可逆的过程，因此，混凝土绝热温升是单调递增的。

（5）当混凝土温度发生突变时，水泥水化反应速率也发生突变，因此，混凝土绝热温升的上升速度也随之发生突变。

目前采用的混凝土绝热温升计算公式有以下几种[1]

$$\theta(\tau)=\theta_0(1-e^{-m\tau}),\ \theta(\tau)=\theta_0\tau/(n+\tau),\quad \theta(\tau)=\theta_0[1-\exp(-a\tau^b)]$$

$$\theta(\tau)=\theta_1(1-e^{-m_1\tau})+\theta_2(1-e^{-m_2\tau})$$

式中：τ 为龄期；θ_0 为最终绝热温升；m、n、a、b 等为常数。这些表达式只反映了混凝土龄期的影响，上述（1）、（2）、（4）、（5）等诸多因素的影响都没有考虑，可见其计算精度是很差的。

全量型计算模型的表达能力较弱，难以完全反映前述混凝土绝热温升的变化规律。本文下面提出增量型计算模型，表达能力较强，可以较好地反映混凝土绝热温升上述复杂的变化规律，而且计算也比较简单。

大体积混凝土仿真计算中所需要的是绝热温升增量如下

$$\Delta\theta_n=\left(\frac{d\theta}{d\tau}\right)_n\Delta\tau_n \tag{1}$$

而混凝土绝热温升为

$$\theta=\sum\Delta\theta_n=\sum\left(\frac{d\theta}{d\tau}\right)_n\Delta\tau_n \tag{2}$$

影响 $d\theta/d\tau$ 的因素包括：①混凝土龄期 τ；②混凝土当时温度 T；③水泥水化反应累计完成程度，用 $\theta(\tau,T)/\theta_0$ 表示。其中，θ_0 为最终绝热温升，当 $\theta(\tau,T)/\theta_0=1$ 时，表示水泥水化反应已全部完成，温度不再上升。

笔者建议取 $d\theta/d\tau$ 的一般表达式如下

$$\frac{d\theta}{d\tau}=\sum_{i=1}^{N}m_iT^{p_i}\tau^{-q_i}[1-\theta(\tau,T)/\theta_0]^{r_i} \tag{3}$$

式中：m_i、p_i、q_i、r_i 为计算参数，式（3）共有 $4N$ 个参数。

经验表明，实际上可取 $N=1$，即

$$\frac{\mathrm{d}\theta}{\mathrm{d}\tau} = mT^p\tau^{-q}[1-\theta(\tau,T)/\theta_0]^r \tag{4}$$

式（4）共有 4 个参数。

为了进一步简化，曾试取 $q=0$，即

$$\frac{\mathrm{d}\theta}{\mathrm{d}\tau} = mT^p[1-\theta(\tau,T)/\theta_0]^r \tag{5}$$

计算结果表明，式（5）不能充分反映 $\mathrm{d}\theta/\mathrm{d}\tau$ 的变化规律，计算精度较差。

今取 $r=1$，得到

$$\frac{\mathrm{d}\theta}{\mathrm{d}\tau} = mT^p\tau^{-q}[1-\theta(\tau,T)/\theta_0] \tag{6}$$

式中：T^p 为当前混凝土温度的影响；τ^{-q} 为混凝土龄期的影响；$1-\theta(\tau,T)/\theta_0$ 为水泥水化反应累积完成程度的影响，由于实际工程中，温度是不断变化的，用 $1-\theta(\tau,T)/\theta_0$ 表示水泥水化反应累计完成程度是比较合适的。式（6）是一个三参数公式，经验表明，式（6）的计算精度相当好，完全可以满足实际工程的需要。过去有的文献把 $\mathrm{d}\theta/\mathrm{d}\tau$ 单独表示为温度 T 的函数似欠妥。

3 从混凝土绝热温升试验资料求计算参数

对于图 1 所示混凝土绝热温升试验资料，可用下述方法求出式（6）中的计算参数 m、p、q。

第 1 步：取 $\tau=1\mathrm{d}$，$\tau^{-q}=1$，于是有

$$\theta'(1,T) = \frac{\mathrm{d}\theta}{\mathrm{d}\tau} = mT^p[1-\theta(\tau,T)/\theta_0] \tag{7}$$

由于是绝热温升试验，$T=T_0+\theta$，故有

$$\frac{\mathrm{d}\theta}{\mathrm{d}\tau} = \frac{\mathrm{d}T}{\mathrm{d}\tau} \tag{8}$$

设共有 n 条不同初始养护温度的试验曲线，对于其中第 i 条曲线，当 $\tau=1\mathrm{d}$ 时，$T=T_i$，用数值微分法可从试验曲线上求得温度变化速率如下

$$\theta'(1,T_i) = mT_i^p[1-\theta(\tau,T_i)/\theta_0] \tag{9}$$

对于第 j 条温度曲线，有

$$\theta'(1,T_j) = mT_j^p\left[1-\theta(1,T_j)/\theta_0\right] \tag{10}$$

由式（9）、式（10）两式相除，得到

$$\frac{\theta'(1,T_i)}{\theta'(1,T_j)} = \left(\frac{T_i}{T_j}\right)^p \frac{1-\theta(1,T_i)/\theta_0}{1-\theta(1,T_j)/\theta_0} \tag{11}$$

对式（11）两边取对数，得到

$$p\ln\left(\frac{T_i}{T_j}\right) = \ln\left[\frac{\theta'(1,T_i)}{\theta'(1,T_j)}\right] - \ln\left[\frac{1-\theta(1,T_i)/\theta_0}{1-\theta(1,T_j)/\theta_0}\right] = y_1 \tag{12}$$

以 $\ln(T_i/T_j)$ 为横坐标，y_1 为纵坐标，对于不同初始养护温度的每条试验曲线都有一点，作一直线通过各点，该直线的斜率即为 p。

第2步：任取一条试验曲线，在此曲线上，当 $\tau = \tau_i$ 时，$T=T_i$；当 $\tau = \tau_j$ 时，$T=T_j$，由式（6）可知

$$\frac{\theta'(\tau_i, T_i)}{\theta'(\tau_j, T_j)} = \left(\frac{T_i}{T_j}\right)^p \left(\frac{\tau_i}{\tau_j}\right)^{-q} \left[\frac{1-\theta(\tau_i, T_i)/\theta_0}{1-\theta(\tau_j, T_j)/\theta_0}\right]$$

对上式两边取对数，得到

$$q\ln\left(\frac{T_i}{T_j}\right) = p\ln\left(\frac{T_i}{T_j}\right) + \ln\left[\frac{1-\theta'(\tau_i, T_i)/\theta_0}{1-\theta'(\tau_j, T_j)/\theta_0}\right] - \ln\left[\frac{\theta'(\tau_i, T_i)}{\theta'(\tau_j, T_j)}\right] = y_2 \tag{13}$$

以 $\ln(\tau_i/\tau_j)$ 为横坐标，y_2 为纵坐标，作图，得一直线，其斜率即为 q。

第3步：从图中任取一点，把已求出的 p、q 代入式（8），即可求出 m。

4 从工程实测温度反分析求计算参数

混凝土热传导方程为

$$\frac{\partial T}{\partial \tau} = a\left(\frac{\partial^2 T}{\partial x^2} + \frac{\partial^2 T}{\partial y^2} + \frac{\partial^2 T}{\partial z^2}\right) + \frac{\partial \theta}{\partial \tau} \tag{14}$$

式中：a 为混凝土导温系数。把式（14）用有限元方法或差分法离散化，在已知 $\partial\theta/\partial\tau$ 及相应的边界条件和初始条件后，可以算出各点温度。

令 $x_1=m$，$x_2=p$，$x_3=q$，$x_4=r$，由式（4）表示 $\partial\theta/\partial\tau$，只要给出一组（$x_1$、$x_2$、$x_3$、$x_4$）值，用有限元方法就可求出相应的温度场。设 T_{ij} 为第 i 点在时间 τ_j 的计算温度，而 T_{ij}^* 为第 i 点在时间 τ_j 的实测温度，用优化方法可求计算参数如下：

求 $x=[x_1, x_2, x_3, x_4]^T$，使

$$\left.\begin{array}{l} W = \sum\left(T_{ij} - T_{ij}^*\right)^2 = 极小 \\ 满足约束：\underline{x_j} \leqslant x_j \leqslant \overline{x_j} \end{array}\right\} \tag{15}$$

式中：$\underline{x_j}$、$\overline{x_j}$ 为 x_j 的下限和上限。计算中如取 $x_4=r=1.00$，则得式（6）。

为提高计算精度，在计算 θ 时可采用中点法，即在式（6）中采用中点龄期 $\tau_{n+0.5} = \tau_n + 0.5\Delta\tau_n$，中点温度 $T_{n+0.5} = T_n + 0.5(dT/d\tau)_n\Delta\tau_n$ 和中点绝热温升 $\theta_{i,n+0.5}(\tau) = \theta_{i,n} + 0.5(d\theta/d\tau)_n\Delta\tau_n$，这时每一时段的 $\Delta\theta_n$ 计算分为两步，第一步以 T_n、$\tau_{n+0.5}$ 和 θ_n 计算 $(d\theta/d\tau)_n$，第二步以 $T_{n+0.5}$、$\tau_{n+0.5}$ 和 $\theta_{n+0.5}$ 计算 $(d\theta/d\tau)_{n+0.5}$。

在布置温度实测点时应遵循以下原则：

（1）部分测点位于冬季浇筑区，部分测点位于夏季浇筑区，部分测点位于春、秋浇筑区，使测点温度覆盖范围尽可能大一些。

（2）测点附近边界最好是阴面，无太阳辐射，因为太阳辐射热实际资料难以收集，影响又较大。

（3）部分测点位于深部，部分测点靠近表面。

【算例】 今根据图 1 所示试验资料，计算基本公式（6）中的有关参数。

第 1 步，取 τ=1d，由式（12）计算 y_1，以 $\ln(T_i/T_j)$ 为横坐标，y_1 为纵坐标，画上有关试验点，作一直线通过各点，如图 2，由该直线斜率得到 p =0.515。

第 2 步，取初始养护温度 T_0=20℃试验曲线，由式（13）计算 y_2，以 $\ln(\tau_i/\tau_j)$ 为横坐标，y_2 为纵坐标，作图得一直线，如图 3，该直线的斜率为 q=0.640。

第 3 步，取 T_0=20℃试验曲线，取 τ=1d，T=28℃，θ_0=30℃，$1-\theta/\theta_0$=0.733，$d\theta/d\tau$=6.88（℃/d），代入式（6），得

$$\frac{d\theta}{d\tau} = 6.88 = m \times 28^{0.515} \times 1^{-0.64} \times 0.733$$

由上式得到 m=1.69，故基本公式为

$$\frac{d\theta}{d\tau} = 1.69 T^{0.515} \tau^{-0.640}[1 - \theta(\tau,T)/30] \qquad (16)$$

图 4 表示了由式（16）计算的结果与实验结果。由图可见，虽然温度变化范围很大（从 T=5℃到 T=65℃），但计算结果与实验结果符合得相当好。

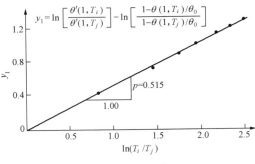

图 2　算例求参数 p

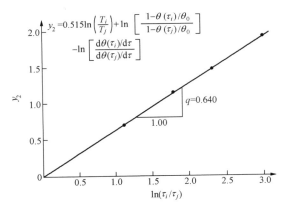

图 3　[算例] 求参数 q

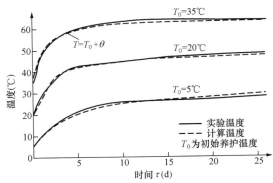

图 4　[算例] 计算温度与实验温度对比

5　结束语

（1）本文给出的混凝土绝热温升计算模型，不但反映了混凝土龄期的影响，还反映了混凝土温度和水泥水化反应累计完成程度的影响，考虑的因素比较全面。

（2）算例表明，利用本文方法计算的结果与试验资料符合得相当好。

（3）基本公式（6）只包含 3 个参数，计算公式简明方便。

（4）利用本文方法，可以很方便地进行温度场反分析。

（5）利用本文计算模型，可使混凝土高坝仿真计算结果更符合实际情况。

参 考 文 献

[1] 朱伯芳，大体积混凝土温度应力与温度控制 [M]．北京：中国电力出版社，1999．

第 15 篇

综 合 研 究

Part 15　Comprehensive Studies

水工混凝土温度应力与温度控制的研究与实践❶

——为纪念中国水利水电科学研究院建院 50 周年而作

摘　要：建立了水工混凝土温度应力比较完整的理论体系，包括重力坝、拱坝、船坞、水闸、隧洞、浇筑块等各种水工混凝土结构温度应力变化的基本规律、主要特点和计算方法，拱坝温度荷载、库水温度、水管冷却、基础梁、寒潮、重力坝加高等一整套计算方法、一套完整高效的有限元数值仿真计算方法和程序、温度应力控制准则及控制温度防止裂缝技术措施。提出了结束"无坝不裂"历史的关键技术并使我国在世界上首次实现了从"无坝不裂"到"无裂缝坝"的历史性跨越；提出了非均质弹性徐变体的两个基本定理，阐明了徐变对非均质结构应力与变形的影响。建立了混凝土坝全坝全过程温度和应力控制的决策支持系统。提出了混凝土半熟龄期的新理念，为改善混凝土抗裂性能找到了一个新途径。重视理论联系实际，研究成果获广泛应用。

关键词：水工混凝土；温度应力；温度控制；研究；实践

Researches on the Thermal Stresses and Temperature Control of Hydraulic Concrete Structures and Applications

——In Celebration of 50th Anniversary of Founding of China Institute of Water Resources and Hydropower Research

Abstract：We have established a comprehensive theory on the thermal stresses and temperature control of hydraulic mass concrete，including the basic rules and peculiarities of thermal stresses of various hydraulic concrete structures，the methods of computation，the criteria and measures for temperature control and crack prevention. It is suggested to end the history of "no concrete dam without cracking" by permanent superficial thermal insulation and comprehensive temperature control. There are three concrete dams without cracking after completion in China. We had proposed two basic theorems on heterogeneous elasto creeping solids which explain the influences of creep on the stresses and deformations of concrete structures. A temperature and stress simulation computation and decision support system for temperature and stress control of high

---

❶ 原载《混凝土坝理论与技术新进展（文选）》，中国水利水电出版社，2009.

concrete dams had been established. A new idea, the semimature age of concrete was proposed, which can improve the crack resistance of mass concrete. The results of researches have been applied widely in practical engineering projects.

Key words: hydraulic concrete, thermal stress, temperature control, research, practice

1　前言

到 20 世纪 50 年代初，国外虽发展了分缝分块、水管冷却、预冷骨料等温控措施，但对混凝土坝等水工结构温度应力的研究基本上是一片空白。美国垦务局出版的《混凝土坝的冷却》一书，只给出了平板和圆柱体温度计算方法，对于温度应力完全未触及。实际混凝土结构的温度应力是很复杂的，由于缺乏温度应力的指导，当时国外建造的所有混凝土坝是"无坝不裂"。我们从 1955 年开始对混凝土温度应力进行了系统的研究，建立了较完整的理论体系，研究成果获广泛应用。

1955 年进行响洪甸拱坝设计时，在我国首次进行了从施工期到运行期全面的温控计算，见文献 [1, 2]。这是我国在混凝土坝温度控制方面最早的两篇文章，引起了国内普遍关注。文中还首次提出了浇筑层水化热温升的理论解和有热源水管冷却的二维精确解和三维近似解，见图1。

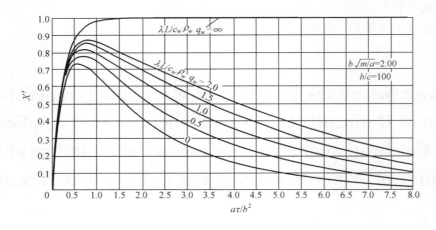

图 1　一期水管冷却的平均温度 $T_m = X'\theta_0$

1958 年水利水电科学研究院成立，在结构材料所内设立了一个温控研究组，成员有王同生、丁宝瑛、郭之章和笔者等人。当时一大批混凝土坝投入设计和施工，我们几个人几乎跑遍了全国大型混凝土坝工地。我们在这一阶段提出了非均质弹性徐变体的两个基本定理、基础块温度应力影响线、寒潮应力、相邻坝块高差等大量研究成果，并为一系列大型混凝土坝提出了温度应力和热学性能研究报告。1963～1964 年写出了第一本专著《水工混凝土结构的温度应力和温度控制》初稿，该书系统地阐述了水工混凝土温度应力和温度控制的基本原理和工程措施，并首次在国内介绍了有限元法和断裂力学（当时称为裂缝理论），1966 年 5 月已印出清样，本计划当年出书，不幸十年动乱开始，一直拖到 1976 年才出版。我们本来计划于 1965 年开始进行有限元法和断裂力学的试验研究，混凝土断裂韧度试模都已加工好了，但形势剧变，全组人员于 1965 年初下放到刘家峡水电站工地搞"设计革命"，有限元和断裂力学的研究计划胎死腹中，我国混凝土断裂力学的研究被推迟了 10 年。十年动乱中，研究工作被迫中断。1969年水科院被撤销，笔者被下放到三门峡工地，住在聊蔽风雨的土坯房中，无所事事，遂邀请宋敬廷同志合作进行有限元研究，编制了我国第一个有限元温度徐变应力仿真程序、弹性厚壳程序、非线性有限元程序等 5 个程序，为葛洲坝、乌江渡、龙羊峡及三门峡改建等工程提供了大量计算成果，并为三门峡坝进行了国内第一次仿真计算，充分展现了有限元的优势[9]。1979年水科院恢复后，温度应力专题也得以恢复，结合水利水电工程实践，进行了大量工作。

总的来说，我们完成了以下几方面的工作：

（1）建立了水工混凝土温度应力和温度控制比较完整的理论体系，包括：①重力坝、拱坝、水闸、船坞、隧洞、浇筑块、基础梁等各种水工混凝土结构温度应力变化的基本规律和主要特点；②拱坝温度荷载、库水温度、水管冷却、浇筑块、基础梁、寒潮、重力坝加高等一整套实用的温度场和温度应力计算方法；③一套完整、高效的有限元数值仿真计算方法和程序；④控制温度和应力的准则；⑤控制温度防止裂缝的技术措施。

（2）提出结束"无坝不裂"历史的关键技术，使我国在世界上首次实现了从"无坝不裂"到"无裂缝坝"的历史性跨越。

（3）提出了非均质弹性徐变体的两个基本定理，阐明了徐变对非均质结构应力和变形的影响。

（4）建立了混凝土坝从施工期到运行期全坝全过程温度和应力控制决策支持系统。

（5）提出了一个新理念——混凝土半熟龄期，为改善混凝土抗裂性能找到了一个新途径。

（6）为三峡、小湾、龙滩、溪洛渡、锦屏、沙牌、普定、拉西瓦、刘家峡、三门峡、新安江等一系列重大水利水电工程提供了大量研究成果，获广泛应用。

我们在 1976、1999 年分别出版了《水工混凝土结构温度应力与温度控制》及《大体积混凝土温度应力与温度控制》两书，如果说美国垦务局编写的《混凝土坝的冷却》（1949）一书代表着 20 世纪 50 年代混凝土坝温控的水平的话，那么不妨说，我们出版的上述"两书"基本上代表着当前水工混凝土温度应力与温度控制的水平。把这三本书加以对比，不难发现以水科院结构所为代表的我国学者和工程师们在混凝土温度应力和温度控制方面所做的工作。后者虽是当时世界上唯一的一本关于混凝土坝温度控制的书，但只有平板和水管冷却计算，没有涉及温度徐变应力；而前者则全面阐述了各种水工混凝土结构温度场及温度徐变应力的变化规律、计算方法、温度控制准则和各种温控防裂措施。

"水工混凝土温度应力研究"于 1982 年获国家自然科学三等奖，"混凝土高坝全过程仿真分析及温度应力的研究与应用"获 2000 年国家科技进步二等奖。此外，还曾获部级奖 3 项。

2   柱状浇筑块温度应力

2.1   基础温差引起的应力[8]

文献 [8] 研究了浇筑块形状对应力的影响。对于高浇筑块，基岩约束高度约为 $0.4L$，约束系数 R 约为 0.61，很薄的浇筑块，不但约束系数增大，而且全断面受拉，一旦遇到寒潮出现表面裂缝，极易发展为贯穿裂缝，"薄块长间歇"为温控大忌。对于 $H=L$ 的浇筑块，最大约束系数 R 与 E_C/E_R 的关系，可用下式计算[131]

$$R = \exp\left[-0.50\left(\frac{E_C}{E_R}\right)^{0.62}\right] \tag{1}$$

混凝土坝通常是分层浇筑的，浇筑层厚度远小于长度和宽度，施工中热量主要沿厚度方向（y 方向）散发，实用上可用一维差分法计算温度场，用影响线计算中央断面上 y 点的水平应力如下[8]

$$\sigma_x(y) = \frac{E\alpha}{1-\mu}\left[-T(y) + \frac{1}{L}\Sigma A_y(\xi)T(\xi_i)\Delta\xi_i\right] \tag{2}$$

式中，影响线 $A_y(\xi)$ 见图 2。利用影响线可分析温度梯度对应力的影响，新老混凝土重力坝和拱坝规范都采用了这套研究成果。

实际工程中需要一个近似算式，设混凝土浇筑温度为 T_p，由于水化热上升至最高温度 T_p+T_r，最终冷却到稳定温度（T_f），浇筑块内最大水平应力为[130]

$$\sigma_x = \frac{K_pRE\alpha}{1-\mu}(T_p - T_f) + \frac{k_rK_pAE\alpha}{1-\mu}T_r \tag{3}$$

式中：K_p 为应力松弛系数；R 为基岩约束系数，见式（1）；k_r 为考虑早期升温影响的折减系数，约为 0.70～0.85，在初步计算中可取 $k_r=1.0$；A 为水化热温度应力系数，见下式[131]

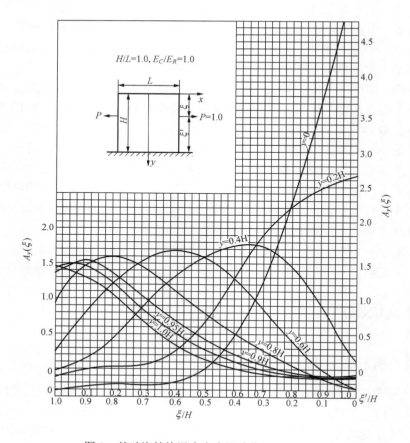

图 2　基础浇筑块温度应力影响线（$E_C/E_R=1$）

$$A = \exp\left[-0.50\left(\frac{E_C}{E_R}\right)^{0.75}\right]\left\{1 - 0.49\exp[-0.055(L-10)^{0.85}]\right\}, \quad L \geqslant 10\text{m} \qquad (4)$$

式中：L 为浇筑块长度。式（4）反映了浇筑块长度与温度应力的关系。

2.2 关于基础混凝土允许温差的两个原理

笔者在文献［130］中提出关于基础混凝土允许温差的两个原理：原理一，对于正台阶形温差，压缩强约束区高度并适当放宽弱约束区温差，有利于改善温度应力，也有利于施工。原理二，对于负台阶形温差，必须降低强约束区温差，并防止弱约束区出现过低温度。据此提出了两套新的允许温差，既方便了施工，又提高了抗裂安全度。

2.3 上、下层温差引起的应力 [131, 26]

我国混凝土重力坝和拱坝设计规范都规定上、下层允许温差为 15～20℃，与浇筑块长度无关，应该说这个规定不尽合理，上、下层允许温差与浇筑块长度有密切关系。笔者在文献［26］中研究了浇筑块长度（L）与上、下层温差应力的关系。当 $L=20$m 时，只在基岩附近产生较大温度应力，脱离基岩约束高度后，上、下层温差引起的应力不到 0.50MPa，不起控制作用；当 $L>80$m 后，上、下层温差引起的拉应力已超过基础约束引起的拉应力。可见对于通仓浇筑的常态和碾压混凝土坝，上、下层温差是起控制作用的。基岩变形模量有时低于混凝土弹性模量，但下层混凝土弹性模量一般不低于上层混凝土弹性模量，因此，上、下层混凝土间的约束作用有时可能超过基岩约束。

3 气温变化引起的温度应力 [14, 17, 22, 101, 104, 108, 110]

我们提出了一整套由气温变化引起的浇筑块、重力坝和拱坝的温度应力计算方法，包括气温日变化、寒潮和年变化。例如，设在龄期（τ_1）遇到寒潮，见图 3。混凝土表面最大温度应力为

$$\sigma = f_1\rho_1 E(\tau_m)\alpha A/(1-\mu) \qquad (5)$$

$$\left.\begin{array}{l} f_1 = 1/\sqrt{1 + 1.85u + 1.12u^2}, \quad \Delta = 0.4gQ \\[2mm] P = Q + \Delta, \quad g = \dfrac{2}{\pi}\tan^{-1}\left(\dfrac{1}{1+1/u}\right) \\[3mm] u = \dfrac{\lambda}{2\beta}\sqrt{\dfrac{\pi}{Qa}} = \dfrac{2.802\lambda}{\beta\sqrt{Q}}(\text{当}a=0.10\text{m}^2/\text{d}) \end{array}\right\} \qquad (6)$$

$$\rho_1 = \frac{0.830 + 0.051\tau_m}{1 + 0.051\tau_m}\exp[-0.095(P-1)^{0.60}], \quad P = 1\sim 8\text{d} \qquad (7)$$

式中：ρ_1 为徐变影响的系数；f_1 为温度折减系数；τ_m 为气温骤降降温期间混凝土的平均龄期；β 为表面放热系数。

考虑双向散热，坝块棱角上的应力计算如下

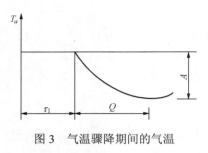

图 3 气温骤降期间的气温

$$\sigma_c = f_c \rho_1 E(\tau_m)\alpha A \qquad (8)$$

$$f_c = 1-(1-f_1)^2 \qquad (9)$$

上述算法已为新编拱坝和重力坝规范所采用。在文献［110］中给出了坝块越冬温度应力，文献［104，108］给出了运行期气温和水温年变化在重力坝和拱坝中引起的温度应力。利用这套计算方法，可以对施工期和运行期的表面保温层进行设计。

4 重力坝温度应力

国内外以前对重力坝温度应力缺乏系统研究，我们对之进行了深入研究。

4.1 通仓浇筑重力坝温度应力的特点[26]

以前人们对通仓浇筑重力坝温度应力的特点缺乏认识，在计算重力坝温度应力时，往往只取出下部一半按浇筑块计算，碾压混凝土重力坝横缝间距一般取 50m 左右。经过我们研究，认为这些做法欠妥，我们发现通仓浇筑重力坝的温度场与温度应力具有下列特点：

（1）内部温度降低缓慢，容易产生劈头裂缝。柱状分缝重力坝，在纵缝灌浆前已进行人工冷却，坝体内部温度已降至稳定温度，其后内外温差即减小。通仓浇筑重力坝，无纵缝，无灌缝前的人工冷却，坝体内部温度依靠天然冷却，需要几十年甚至几百年才能达到稳定温度。因此，长时间受到内外温差的作用，冬季遇上寒潮很容易产生较深的表面裂缝。竣工蓄水后，冬季水温较低，但坝体内部温度仍很高，在内外温差和裂隙水的劈裂作用下，原有的表面裂缝很容易发展成大而深的劈头裂缝，深度有时可达 30～50m，如德沃歇克坝[131]。内部降温缓慢，也有其有利的一面，徐变得到充分发挥，单位温差引起的应力较小。

（2）上、下层温差可产生较大拉应力。柱状分缝的重力坝，当纵缝间距在 20m 左右时，上、下层温差引起的拉应力不大，实际上不起控制作用；通仓浇筑重力坝，由于浇筑块较长，上、下层温差引起的拉应力较大，有时甚至可能超过基础温差应力。

（3）基础温差应与自重及最低水位叠加。通仓浇筑重力坝依靠天然冷却达到稳定温度时，坝体早已竣工蓄水，所以基础温差、自重和水荷载应该叠加，自重和水荷载都可使基础温差引起的拉应力有所减小。水头越高，拉应力减小得越多，为安全计，只能叠加运行期最低的上、下游水位。

（4）孔口超冷。孔口边缘与空气和水接触，冬季温度低于稳定温度，出现"超冷"。柱状分缝重力坝也存在超冷，但因有纵缝，基岩约束高度较低，蓄水时坝内温度也较低，问题较轻。通仓浇筑重力坝，坝块长度大，内部温度高，超冷问题较大。

（5）应采用较大的安全系数。通仓浇筑重力坝，浇筑块长，基础约束高度大，受拉范围大，遇到弱点的机会多；施工时期水平浇筑层面上因寒潮等原因产生的表面裂缝，到后期可能因受拉而发展成大裂缝，其危害性较大，因此应采用较大的抗裂安全系数。

4.2 劈头裂缝[31, 78]

劈头裂缝往往面积很大，而且很难处理，危害性极大。过去国内外对劈头裂缝研究不多，我们进行了较深入的研究。

（1）重力坝劈头裂缝原因分析。柱状分缝重力坝，接缝灌浆前坝体已充分冷却，蓄水时内外温差小，表面裂缝很少扩展为劈头裂缝。通仓浇筑的常态和碾压混凝土重力坝，蓄水时内部温度高，内外温差大，表面裂缝容易扩展为劈头裂缝。

（2）横缝止水至坝面距离对防止表面裂缝扩展的影响。如横缝止水至坝面距离取为横缝间距的 0.25～0.45 倍，则横缝内水压力可以抵消裂缝内水压力的影响。

（3）预防劈头裂缝的措施：①加强上游面表面保温；②缩小横缝间距；③增加止水至坝面距离；④尽可能降低坝内最高温度，减小内外温差。

根据我们的研究成果，碾压混凝土重力坝的横缝间距已由过去的 50m 减到目前 20m 左右。

4.3 碾压混凝土坝温度应力与温度控制

碾压混凝土坝问世之初，由于水泥用量很少，人们一度认为它不存在温度控制问题。经过研究，发现它也存在温度控制问题，并具有下列特点[37, 84]：

（1）水化热温升。碾压混凝土掺用大量粉煤灰，水泥用量小，绝热温升较低，但碾压混凝土上升速度快，施工期层面散热不多，而因大量掺用粉煤灰，水化热散发推迟，因此，碾压混凝土的水化热温升比常态混凝土低得不多。

（2）抗裂能力。碾压混凝土的弹性模量（E）和线胀系数（α）与常态混凝土相近，但极限拉伸和抗拉强度略低，徐变较低，因此，碾压混凝土的抗裂能力较常态混凝土略低。

（3）预冷混凝土。目前我国混凝土预冷技术，常态混凝土机口温度可降至 7℃，碾压混凝土机口温度只能降至 12℃。在浇筑过程中，碾压混凝土仓面大，暴露时间长，热量倒灌多，进一步降低了预冷效果。

（4）横向通仓浇筑。碾压混凝土重力坝也具有前述通仓浇筑重力坝的特点，上、下层温差应力较大，蓄水后内部温度较高，容易出现劈头裂缝，应加强表面保温，缩小横缝间距。

（5）纵向通仓浇筑。碾压混凝土通常事先不设横缝，在浇筑完成后再锯缝。浇筑方式多是在河谷两岸之间通仓平浇，一浇混凝土，在两岸就要在基岩约束区浇筑，这给温度控制带来一定困难。

（6）垫层混凝土。在基岩表面一般浇筑约 2m 厚的常态垫层混凝土，由于固结灌浆要停歇 40～60d，形成薄层长间歇，极易裂缝。

过去因不了解通仓浇筑重力坝温度应力的特点，在计算重力坝温度应力时往往只取出下面一半当做浇筑块计算，碾压混凝土重力坝横缝间距一般取 50m，现在通常进行全断面仿真计算，横缝间距取 20m 左右以避免劈头裂缝。关于通仓浇筑重力坝温度应力应同时考虑温降、自重和最低水位的概念被广泛接受和应用。

上述关于重力坝温度应力的研究成果对于指导重力坝的温度控制发挥了较大作用。

4.4 重力坝加高[69, 97, 107]

（1）重力坝加高温度应力的计算方法[158, 159]。笔者曾提出重力坝加高温度应力的弹性力学和材料力学两种算法[158, 159]，如图 4 所示。老坝下游面与铅直面的夹角为 ϕ，弹性模量为

E_1，新坝块弹性模量为 E_2，取出一水平剖面计算，剖面以 E 为权的加权形心至上游面距离 b_0 由 $\int Ex\mathrm{d}x = 0$ 决定，竖向应力（σ_y）计算如下

$$\sigma_y = E_i\left(\frac{N}{D} + \frac{M}{F}x\right) - E_i\alpha T(x)\cos^2\phi, \ i = 1.2 \tag{10}$$

$$\left.\begin{aligned}
&N = \cos^2\phi\int E_i\alpha T(x)\mathrm{d}x, \ M = \cos^2\phi\int E_i\alpha T(x)x\mathrm{d}x \\
&D = \int E\mathrm{d}x = E_1 b_1 + E_2 b_2 \\
&F = \int Ex^2\mathrm{d}x = \frac{E_1}{3}\left[(b_1 - b_0)^3 + b_0^3\right] + \frac{E_2}{3}\left[(b - b_0)^3 - (b_1 - b_0)^3\right]
\end{aligned}\right\} \tag{11}$$

（2）重力坝加高时温度控制准则。通常基础浇筑块的温差为 $\Delta T_1 = T_p + T_r - T_f$，但在重力坝加高中引起应力的温差为

$$\Delta T_2 = T_c - T_f \tag{12}$$

式中：T_c 笔者建议为封顶温度，即加高进行至封顶时新混凝土的温度；T_f 为稳定温度。

为什么重力坝加高的温差不从最高温度计算呢？当新混凝土从最高温度下降时，浇筑层顶面还是自由的，在新混凝土内部以及新老混凝土接触面上会引起一些应力，但这是小范围内的自平衡力系，根据弹性力学圣维南原理，其影响是局部的，对坝体整体应力的影响是极小的，可以忽略不计。

因此，我们得到重力坝加高的封顶温度控制准则如下

$$T_c \leqslant T_f \tag{13}$$

在我国气候条件下，要把混凝土施工中最高温度控制到不超过稳定温度（T_f），实际是不可能的，但把封顶温度控制到不超过稳定温度如式（13）却是可以做到的。过去在重力坝加高中，为了解决温度问题，绝大多数工程采用滑动缝和柱状分缝，施工都较复杂。根据式（13），只要采用常规的温控措施，如水管冷却、预冷骨料和表面保温等就可解决坝体应力恶化问题，使工程措施得到相当的简化[69]。

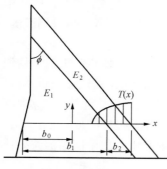

图 4　重力坝加高

（3）新老混凝土结合面脱开问题的解决。仿真计算表明，重力坝加高后，由于下游气温年变化的影响，新老混凝土结合面绝大部分将脱开，使大坝整体性有所削弱。为了解决这个问题，我们首次提出在新混凝土内横向切缝，使结合面上的拉应力大幅度下降。另一措施是在下游坝面用 5cm 厚聚苯乙烯泡沫板进行永久保温，可使结合面基本不脱开。

5　拱坝温度应力

5.1　拱坝温度荷载[12]

在 1985 年以前，我国拱坝温度荷载采用美国垦务局经验公式计算如下

$$T_m = \pm 57.57 / (L + 2.44) \tag{14}$$

式（14）存在着如下缺点：①只与坝体厚度（L）有关，完全脱离了当地气候条件；②只考虑平均温度（T_m），忽略了上下游温差；③忽略了接缝灌浆时的坝体温度。受《混凝土拱坝设计规范》编制组的委托，笔者研制了一套新的拱坝温度荷载计算公式，并为规范所采用。

（1）拱坝温度荷载计算公式[12]。笔者提出了拱坝 3 个特征温度场及温度荷载计算公式如下

$$\left.\begin{aligned} T_m &= T_{m1} + T_{m2} - T_{m0} \\ T_d &= T_{d1} + T_{d2} - T_{d0} \end{aligned}\right\} \tag{15}$$

式中：T_m、T_d 为拱坝的平均温度和等效线性温差；T_{m0}、T_{d0} 为封拱时的平均温度和等效线性温差；T_{m1}、T_{d1} 为运行期年平均温度场沿厚度的平均温度和等效线性温差；T_{m2}、T_{d2} 为运行期年变化温度场沿厚度的平均温度和等效线性温差。

（2）库水温度计算[13]。把气温和水温公式代入式（15），不难计算拱坝温度荷载，困难在于以前没有一个水温计算公式。在分析大量库水温度实测资料后，笔者提出库水温度计算公式如下

$$T_w(y, \tau) = T_{wm}(y) + A(y) \cos \omega (\tau - \tau_0 - \varepsilon) \tag{16}$$

$$\left.\begin{aligned} T_{wm}(y) &= c + (T_s - c) e^{-\alpha y} \\ A(y) &= A_0 e^{-\beta y} \\ \varepsilon &= d - f e^{-\gamma y} \end{aligned}\right\} \tag{17}$$

式中：y 为水深；τ 为时间；$\omega = 2\pi / P$；P 为水温变化周期，年；$T_w(y, \tau)$ 为深度 y 处在 τ 时的水温；$T_{wm}(y)$ 为年平均水温；$A(y)$ 为水温年变幅；A_0 为表面水温年变幅；ε 为水温与气温相位差；α、β、y、c、d、f 为常数。

这套计算方法为拱坝设计规范所采纳，经过 20 多年的运用，效果较好。水工建筑物荷载规范仍然采用了这套算法，只是对式中参数做了一些调整。

丁宝瑛和胡平研制了库水温度数值分析软件，可考虑水库运行条件预测库水温度的变化，得到广泛应用[133]。

（3）库水位变化对拱坝温度荷载的影响[99]。从美国垦务局公式（14）到新的计算方法式（15）、式（16）是一个较大的跨越。为了设计人员容易接受，当时做了一个简化假定：上游库水位固定在正常蓄水位。实际上库水位是变化时，笔者在文献［99］中对此进行了研究，上游坝面的温度 $T_u(z_0, \tau)$ 可计算如下

$$T_u(z_0, \tau) = \begin{cases} T_a(\tau), & \text{当} z < z_0 \\ T_w(y, \tau), & \text{当} z \geq z_0 \end{cases} \tag{18}$$

式中：$T_a(\tau)$ 为气温；$T_w(y, \tau)$ 为水温；z_0 为表面点的高度；z 为库水面高度；y 为水深，$y = z - z_0$。把坝面温度 $T_u(z_0, \tau)$ 按富氏级数展开，即可求出温度荷载。算例表明，库水位的变化对温度荷载的影响是相当大的。在实际工程中，富氏级数只需取一项。

笔者在文献［70］中给出了寒冷地区有永久保温板的拱坝温度荷载的计算方法。

5.2　碾压混凝土拱坝的温度荷载与接缝设计[24, 72]

世界上早期兴建的几座碾压混凝土拱坝，如我国的普定拱坝和南非的两座拱坝，都只设置了诱导缝而没有设置横缝，这是否是一个普遍适用的规律呢？这涉及碾压混凝土拱坝的温度荷载，笔者在文献[24]中探讨了这个问题。

如无横缝，碾压混凝土拱坝的温度荷载仍可用式（15）计算，此时，封拱温度实际上就是曾经达到的最高温度。施工过程中，沿厚度方向温度大体是对称的，故 $T_{d0}=0$，而最高平均温度 T_{m0} 可按下式计算

$$T_{m0} = T_p + k_r T_r \tag{19}$$

式中：T_p 为浇筑温度；T_r 为水化热温升；k_r 为考虑早期外温影响的折减系数，其值与混凝土和岩基的弹性模量、徐变度等因素有关，大致为 $k_r=0.65\sim0.85$。由于早期徐变资料不易准确，常规计算中可取 $k_r=1.0$。文献[24]中还给出了 T_r 的实用算法。

计算结果表明，如果不能在低温季节浇筑完全部混凝土，或者地处寒冷地区，坝体准稳定温度场较低，碾压混凝土拱坝不设横缝是不可行的。文献[24]还提出了碾压混凝土拱坝中设置横缝的原则、埋设水管的必要性，并建议利用预制混凝土块形成横缝，这些建议均为目前兴建的碾压混凝土拱坝所采纳。

6　船坞和水闸的温度应力[11]

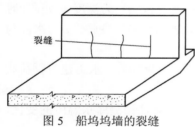

船坞和水闸多建筑在软基上，基础的约束作用很小，但实际上坞墙和闸墩往往产生不少贯穿裂缝，见图 5。这个问题过去很少研究，笔者在文献[11]中进行了研究，发现出现裂缝的根本原因是先行浇筑的底板已充分冷却，在它上面浇筑的坞墙或闸墩的温度变形受到底板的约束，产生拉应力和裂缝。笔者提出了一个级数解法和一个简化解法。图 6 给出了一个算例。图 7 是交通部四航局科研所给出的文冲Ⅱ号船坞计算值与实测值的比较。

图 5　船坞坞墙的裂缝

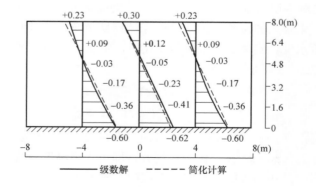

图 6　船坞坞墙的温度应力 $\sigma_x/E\alpha T$

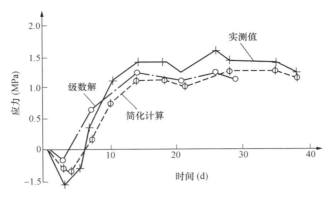

图 7　计算值与实测值比较

7　基础梁的温度应力

7.1　切贝雪夫多项式解法[10]

沿着梁与地基的接触面切开，梁的自生温度应力可用材料力学方法计算，为保持变形连续，接触面上存在着正应力 $p(x)$ 和剪应力 $\tau(x)$，它们可表示如下

$$p(x) = \frac{A_2 H_2(x)}{\sqrt{1-x^2}} + \frac{A_4 H_4(x)}{\sqrt{1-x^2}} + \cdots \left.\begin{array}{c}\\\\\end{array}\right\}$$
$$\tau(x) = \frac{A_1 H_1(x)}{\sqrt{1-x^2}} + \frac{A_3 H_3(x)}{\sqrt{1-x^2}} + \cdots$$

（20）

式中：$H_n(x)$ 为切贝雪夫多项式；由变形连续条件可决定系数 A_n。由于切贝雪夫多项式的特殊性质，上述表达式中只需各取 1 项即可满足精度要求，A_1 和 A_2 均可显示表示，计算十分方便，计算方法得到许多设计规范采用。

7.2　文克尔地基梁解法[80]

马斯洛夫教授提出了文克尔地基梁解法，但没有给出地基的抗力系数，因而在实际工程中未能应用。笔者用弹性力学给出了地基抗力系数，并根据梁与地基的相对刚度进行分类，发现绝大多数土基上的梁可按下式计算温度应力

$$\sigma_x = \frac{E\alpha}{1-\mu}\left[\frac{T_m}{\mathrm{ch}\lambda l} - T(y)\right]$$

（21）

式中：T_m 为平均温度；$\lambda = \sqrt{k_1(1-\mu^2)/2Eh}$；$k_1$ 为水平抗力系数；$2h$ 为梁厚度；$2l$ 为梁长度；$k_1 = E_f/(1-\mu_f^2)l$；E_f、μ_f 分别为地基弹性模量和泊松比。

经验表明，对于岩基上的梁，采用式（20）为宜，对于土基上的梁，采用式（21）为宜，因它更加简单。文献［80］指出了目前土木工程中采用的计算方法的不足。

8　氧化镁混凝土筑坝[55, 63, 65, 79, 91, 93, 116, 117, 125]

氧化镁混凝土筑坝是我国首创的技术，曹泽生、唐明述、李承木及有关单位做了大量工

作，水科院也做了一些工作。

8.1 氧化镁混凝土筑坝的六大差别

氧化镁筑坝的基本规律可归纳为六大差别如下[55]：

（1）室内外差别。坝体原型混凝土膨胀变形与室内试验变形的比值 r 小于 1。一个实例：氧化镁掺量 5.5%，四级配混凝土 $r=0.53$，三级配混凝土 $r=0.68$，四级配混凝土无应力计周围 $r=0.75$。

（2）地区差别。南方气温高，有利于氧化镁混凝土筑坝，北方气温低，效果较差。

（3）时间差别。薄壁混凝土如薄拱坝降温很快，氧化镁混凝土膨胀变形来不及发展，形成时间差别。

（4）基础温差与内外温差的差别。氧化镁混凝土膨胀变形对基础温差应力有补偿作用。在内外温差作用下，内部温度高，膨胀量大于表面，氧化镁将加大表面拉应力。

（5）坝型差别。重力坝有横缝，只在基础约束区内有拉应力，应用氧化镁混凝土补偿温度应力较容易。拱坝如不设横缝从底到顶都受到两岸基岩约束，平面为弧形，应力较复杂，薄拱坝还存在时间差别，故应用氧化镁混凝土较复杂。国内部分学者宣称应用氧化镁于拱坝，可取消温控，实践证明，不可行。

（6）内含与外掺氧化镁差别。内含氧化镁在正规水泥厂内生产，质量有保证，应用较成熟；外掺氧化镁目前主要由小型企业生产，产品质量难以保证，大型工程还很少采用。

8.2 膨胀变形计算

MgO 混凝土膨胀变形计算如下

$$G(\tau, T) = k(M)F(\tau, T) \tag{22}$$

$$k(M) = \frac{M_d - g}{M_s - g} \tag{23}$$

式中：$G(\tau, T)$ 为坝体混凝土自生体积变形；$k(M)$ 为 MgO 含量修正系数；$F(\tau, T)$ 为室内混凝土试件测得的自生体积变形；M_d 为坝体原级配混凝土 MgO 含量（kg/m³）；M_s 为试件混凝土（湿筛后）MgO 含量（kg/m³）；g 为试验常数，是抵消收缩变形所需 MgO 含量。

张国新曾提出过几个 $F(\tau, T)$ 计算公式[117]，下面是笔者提出的三参数公式[65]，在恒温条件下

$$F(\tau, T) = F_0[1-\exp(-aT^b\tau^c)] \tag{24}$$

最终变形 F_0 可从试验曲线查得，以 $\ln T$ 为横坐标，$\ln[-\ln(1-F/F_0)]$ 为纵坐标，很容易求得参数 a、b、c。变温条件下式（24）不再适用，应先由下式计算增量，然后累积求得总变形 F

$$\frac{dF}{d\tau} = F_0 acT^b\tau^{c-1}\left[1 - \frac{F(\tau, T)}{F_0}\right] \tag{25}$$

9   混凝土徐变理论

9.1   非均质弹性徐变体的两个基本定理[42]

实际工程结构多为非均质体，设结构含有 n 个子域，若受力后各子域的徐变变形与相应的弹性变形成比例，则称为比例变形，即

$$E_i(\tau)C_i(t,\tau) = E_j(\tau)C_j(t,\tau) \quad i,j = 1,2,\cdots,n \tag{26}$$

【定理一】 满足比例变形条件且泊松比为常量的非均质弹性徐变体，若无温度变化，部分边界给定外力，部分边界位移为零，则在边界力和体积力的作用下，徐变不影响其应力状态，只影响其应变，并可用徐变柔量 $J(t,\tau)$ 计算如下

$$\varepsilon(t) = \sigma(\tau_0)J(t,\tau_0) + \int_{\tau_0}^{t} J(t,\tau)\frac{\mathrm{d}\sigma}{\mathrm{d}\tau}\mathrm{d}\tau \tag{27}$$

【定理二】 满足比例变形条件且泊松比为常量的非均质弹性徐变体，若体积力为零，部分边界给定已知位移，部分边界外力为零，则在温度变化和边界已知强迫位移的作用下，其位移与弹性体位移完全相同，不受徐变影响，应力则受徐变影响，并可用松弛系数 $K(t,\tau)$ 计算如下

$$\sigma(t) = \sigma_0(\tau_0)K(t,\tau_0) \tag{28}$$

总之，如满足比例变形条件，则徐变不影响外荷载引起的应力；只影响温度应力，并可用松弛系数计算；否则，外荷载应力和温度应力均受徐变影响，且不能用松弛系数计算。

9.2   弹性徐变应力有限元隐式解法[44]

非均质结构一般不满足比例变形条件，不能用松弛系数法计算，在用有限元法分析时，需记录各点的应力历史，存储量惊人。辛克维茨（Zienkiewiz）首先提出等步长显式解法，笔者在文献 [158] 中改进为变步长显式解法，在文献 [44] 中进一步提出变步长隐式解法，提高了计算的精度和效率。假定在 $\Delta\tau_n$ 内应力速率 $\partial\sigma/\partial\tau$ =常量，得到弹性应变增量如下

$$\{\Delta\varepsilon_n^e\} = \frac{1}{E(\overline{\tau}_n)}[Q]\{\Delta\sigma_n\} \tag{29}$$

徐变应变增量 $\{\Delta\varepsilon_n^e\}$ 由下式计算

$$\{\Delta\varepsilon_n^c\} = \{\eta_n\} + C(t,\overline{\tau}_n)[Q]\{\Delta\sigma_n\} \tag{30}$$

式中

$$\{\eta_n\} = \sum_s (1 - \mathrm{e}^{-r_s\Delta\tau_n})\{\omega_{sn}\} \tag{31}$$

$$\{\omega_{sn}\} = \{\omega_{s,n-1}\}\mathrm{e}^{-r_s\Delta\tau_{n-1}} + [Q]\{\Delta\sigma_{n-1}\}\psi_s(\overline{\tau}_{n-1})\mathrm{e}^{-0.5r_s\Delta\tau_{n-1}} \tag{32}$$

应力增量与应变增量的关系为

$$\{\Delta\sigma_n\} = [\overline{D}_n](\{\Delta\varepsilon_n\} - \{\eta_n\} - \{\Delta\varepsilon_n^T\} - \{\Delta\varepsilon_n^0\}) \tag{33}$$

式中

$$\left[\bar{D}_n\right] = \bar{E}_n[Q]^{-1}, \left[\bar{E}_n\right] = \frac{E(\bar{\tau}_n)}{1 + E(\bar{\tau}_n)C(t_n, \bar{\tau}_n)} \tag{34}$$

9.3 晚龄期混凝土结构简谐应力分析的等效模量法[46]

晚龄期混凝土的弹性模量和徐变度可表示为

$$E(\tau) = E = 常数，\quad C(t,\tau) = C[1-e^{-r/(t-\tau)}]$$

笔者已证明，在简谐应力作用下，只需把弹性模量换成等效弹性模量 $E^* = \rho E$，即可按弹性体计算其应力，而

$$\rho = \frac{1}{\sqrt{a^2 + b^2}}, a = \frac{r^2(1+EC)+\omega^2}{r^2+\omega^2}, b = \frac{Ecr\omega}{r^2+\omega^2} \tag{35}$$

9.4 弹性模量、徐变度和松弛系数的表达式[45, 49, 50]

以前弹性模量和徐变度的表达式都不太理想，笔者提出了一套表达式，公式简洁，并与试验资料符合得比较好。

9.4.1 弹性模量表达式

$$E(\tau) = E_0\left(1-e^{-a\tau^b}\right) \tag{36}$$

$$E(\tau) = \frac{E_0\tau}{q+\tau} \tag{37}$$

$$E(\tau) = b\ln(\tau^c + 1) \tag{38}$$

式中：a、b、q、c 等为常数。

9.4.2 徐变度表达式

$$C(t,\tau) = \sum_{i=1}^{n}\psi_i(\tau)[1-e^{-r_i(t-\tau)}] \tag{39}$$

式中

$$\left.\begin{array}{l}\psi_i(\tau) = f_i + g_i\tau^{-p_i}, 当i=1,2,\cdots,n-1 \\ \psi_i(\tau) = De^{-S\tau} = De^{-r_n\tau}, 当i=n\end{array}\right\} \tag{40}$$

式中前面 $n-1$ 项为可复徐变，最后一项为不可复徐变。

$$C(t,\tau) = (\psi_0 + \psi_1\tau^{-p})\left\{1-\exp[-(r_0 + r_1\tau^{-q})(t-\tau)^s]\right\} \tag{41}$$

此式包含的常数很容易从试验资料中决定，从事徐变试验学者乐于应用。

$$C(t,\tau) = (a+b\tau^{-p})\ln(t-\tau+1) \tag{42}$$

9.4.3 松弛系数表达式

过去缺乏松弛系数表达式，笔者提出了以下两式

$$K(t,\tau) = 1 - \sum_{i=1}^{n}(a_i + b_i\tau^{-d_i})[1-e^{-h_i(t-\tau)}] \tag{43}$$

$$K(t,\tau) = 1 - \psi(\tau)\left\{1-\exp[-m(\tau)(t-\tau)^{n(\tau)}]\right\} \tag{44}$$

式中

$$\left.\begin{array}{l} \psi(\tau)=\psi_0+(1-\psi_0)\exp(-f\tau^g) \\ m(\tau)=m_0+m_1\tau^{-\lambda} \\ n(\tau)=n_0+n_1\tau^{-\beta} \end{array}\right\} \tag{45}$$

式（43）已为《水工混凝土结构设计规范》采用。

10 混凝土的半熟龄期——改善混凝土抗裂性能的新途径

我们提出了一个新理念：混凝土的半熟龄期 $\tau_{1/2}$，即混凝土强度、绝热温升等达到其最终值一半时的龄期，代表着混凝土强度、弹性模量和绝热温升增长的速度；半熟龄期越小，增长越快。如果半熟龄期太小、绝热温升增长太快，很快就达到很高的温度，将产生很大的温差和拉应力。研究结果表明，如果使混凝土绝热温升的半熟龄期从 1.2d 延长到 3.6d（这是可以做到的），就可使混凝土温差降低 4℃，其降温效果相当于掺用 50%粉煤灰。通过改变水泥矿物成分和细度，采用混合材和外加剂，完全可以改变混凝土的半熟龄期。因此，我们找到了一个改善混凝土抗裂性能的新途径。

11 有限元仿真计算

11.1 有限元仿真计算程序开发

1972 年笔者与宋敬廷合作，编制了我国第一个二维有限元弹性徐变温度应力仿真程序，对三门峡重力坝进行了我国第一次仿真应力分析，显示了有限元的巨大优势，为三门峡改建、乌江渡、葛洲坝等工程提供了大量计算成果[9]。

丁宝瑛、王国秉、胡平等开发了三维有限元弹性徐变应力程序，为很多工程提供了计算成果[152]。

张国新开发了 SAPTIS 三维非线性有限元徐变应力程序，除实体单元外，还有节理单元、非线性功能及高效求解器，广泛用于实际工程。

许平开发了 SIMU DAM 三维有限元温度徐变应力程序，程序具有较强的自动化功能，已用于多项实际工程。

11.2 有限元仿真计算的高效算法

混凝土坝是分块分层浇筑的，全坝全过程仿真计算，存储量和计算量都十分惊人，需要一套高效算法。

（1）多层混凝土复合单元[53, 54, 131]。上部新浇筑的几层混凝土，沿厚度方向温度和应力变化都较快，每个浇筑层都应划分 3～4 层单元，下部混凝土中，沿铅直方向的温度增量和应变增量的变化都已平缓，可把若干个浇筑层合并为一个复合单元，见图 8。复合单元内各浇筑层仍保持原来的弹性模量、徐变度和绝热温升。在计算单元传导矩阵、刚度矩阵、荷载及应力时，要考虑到单元内包含有 n 层不同的混凝土，因此，需要改变数值积分方法，改为分层计算后再累积。

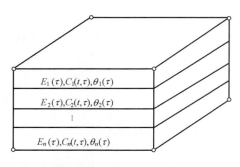

图 8　多层混凝土复合单元

（2）分区异步长算法[48, 25]。新混凝土需采用小时间步长，老混凝土可采用大时间步长，如全坝采用统一步长时，则必须采用小步长。分区异步长法是新混凝土采用小步长，老混凝土采用大步长。

（3）水管冷却的等效热传导方程与复合算法[19, 71, 74]。水管的半径只有 1.0～1.6cm，水管附近温度梯度很大，用有限元直接考虑水管冷却效果，必须采用非常密集的网格，计算量和前处理量都异常惊人，使混凝土坝的仿真难以实现。为了解决这个难点，笔者提出了两个方法。

第一，等效传热导方程[74]

$$\frac{\partial T}{\partial t} = a\left(\frac{\partial^2 T}{\partial x^2} + \frac{\partial^2 T}{\partial y^2} + \frac{\partial^2 T}{\partial z^2}\right) + (T_0 - T_w)\frac{\partial \varphi}{\partial t} + \theta_0 \frac{\partial \psi}{\partial t} + \frac{\partial \eta}{\partial t} \tag{46}$$

式中：$\partial\varphi/\partial t$ 考虑初始温差 T_0-T_w 的影响；$\partial\psi/\partial t$ 考虑混凝土绝热温升的影响；$\partial\eta/\partial t$ 考虑外界温度的影响。

第二，复合算法[71]，即以常规网格用三维有限元计算无水管冷却的温度场 $T_1(x, y, z, t)$，用一个有相当精度而比较简便的方法计算水管冷却引起的温差 $\Delta T(x, y, z, t)$，再由下式计算有冷却水管的温度场 $T_2(x, y, z, t)$

$$T_2(x, y, z, t) = T_1(x, y, z, t) - \Delta T(x, y, z, t) \tag{47}$$

复合算法可以考虑水管附近的不均匀温度场。

12　混凝土坝水管冷却[1, 2, 4, 19, 21, 33~35, 61, 74, 163~165]

12.1　水管冷却的新方式——小温差早冷却缓慢冷却

过去对水管冷却的自生温度应力重视不够，把混凝土与水温之差 T_0-T_w 控制在不大于 20～25℃，笔者给出了水管冷却自生温度应力的理论解，表明它能引起相当大的拉应力，20～25℃温差太大。提出了水管冷却的新方式——小温差早冷却缓慢冷却，在初期冷却之后，接着进行小温差的后期冷却，混凝土与水温之差可从 20～25℃降至 4～6℃，在不影响施工进度的前提下，可大幅度减小温度应力。

12.2　水管冷却计算方法

对水管冷却计算方法进行了系统而全面的研究，包括有热源水管冷却的理论解和数值解，非金属水管冷却计算方法与等效间距，冷却区高度、水管间距、水温分级对温度应力的影响等。

13　混凝土高坝全坝全过程温度与应力仿真决策支持系统[118]

混凝土坝只在少数几个观测断面埋设了少量观测仪器，在施工期和运行期，我们对坝体内部的温度场和应力场的变化实际是不够了解的。在水利部国科司的大力支持下，我们开发了混凝土坝全坝全过程温度和应力仿真决策支持系统，它包括3个子系统：①全坝全过程仿真和预报子系统，从浇筑第一方混凝土开始到投入运行，进行现场全过程仿真，并可在不同时刻对后续温度场和应力场进行预报；②温度场反分析子系统；③决策支持子系统。已在几个新老工程中应用，获得良好效果。

14　全面温控、永久保温，结束"无坝不裂"历史

到20世纪50年代，混凝土坝温控措施包括分缝分块、水管冷却、预冷骨料及表面保温已相继提出，但实际上仍然是"无坝不裂"。德沃歇克（Dworshak）、雷维尔斯托克（Revelstoke）等坝的裂缝还相当严重。经较深入研究，笔者发现主要原因是人们对表面保护在认识上存在误区。由于施工中往往是一次大寒潮后出现一批裂缝，因此，长期以来人们只重视混凝土早期的表面保护，而忽略后期的表面保护。DL/T 5144—2001《水工混凝土施工规范》规定："28d龄期内的混凝土，应在气温骤降前进行表面保护"，这里给人一种错觉，似乎28d龄期以后的混凝土，除了某些特殊情况外，一般不必进行表面保温了。实际情况并非如此，例如，某重力坝，在上、下游面出现了较多裂缝，这些裂缝并不是在28d内产生的。而是在混凝土浇筑后的第一、第二年冬季产生的。该坝仿真计算结果表明，在无保温措施时，水平拉应力和铅直拉应力均超过允许应力约1倍。DL／T 5144—2001《水工混凝土施工规范》规定："混凝土养护时间不宜少于28d"，实践经验表明，表面养护28d是不够的。

我们对这个问题进行了深入研究，研究结果表明，如果在严格控制基础温差、做好水平浇筑层面和接缝面的短期表面保护外，还能做好上、下游表面的长期表面保护，就能防止裂缝的出现，结束"无坝不裂"的历史[103]。近年江口拱坝及三江河拱坝，竣工后都未出现裂缝。

在三峡三期工程开始前，经过计算分析，笔者建议三峡三期工程在大坝上、下游表面用3～5cm厚聚苯乙烯泡沫板长期保温，在施工中得到执行，加上三期工程中进行了全面的严格的温度控制，大坝已浇筑到顶，到目前为止，未发现一条裂缝。实践经验表明，温度应力理论是正确的，只要全面温控、长期保温，就可以防止裂缝，结束无坝不裂的历史。

工程竣工后、表面保温板拆除或自然剥落了，坝体是否还会出现裂缝呢？回答是肯定的。因为运行期中坝上、下游表面如完全裸露，冬季又遇到寒潮，表面的拉应力仍然很大，尤其是寒冷地区的混凝土。为了防止混凝土坝在运行期出现裂缝，最有效的办法就是对长期暴露表面进行永久保温。在聚苯乙烯板外面加一保护层，使之成为永久保温板，保护层可以是聚合物砂浆或水泥砂浆，在碾压混凝土坝上游面和高拱坝的坝踵可以采用我们研发的保温防渗复合板[96]。保温板价格不贵，施工也方便，关键是要重视它的作用。

当然，不同地区、不同坝型及坝的不同部位，对表面保护的要求应有所区别。在一般地区，表面保护的重点是通仓浇筑重力坝的上游面、拱坝上游面，尤其是坝踵区及下游面受拉区。在寒冷地区，则下游面也应考虑进行保护。由于塑料工业的发展，目前表面保温板价格不高、施工也方便，应尽量采用以防止裂缝并提高坝的耐久性。

在文献[131]中，分析了利用塑料水管易于加密的特点，以强化混凝土冷却的效果；塑料水管接头少，管质柔软，可在混凝土浇筑过程中铺设，因而易于加密。如水管间距由过去

的 1.5m×1.5m 改为 1.0m×0.5m 或 0.5m×0.5m，冷却效果明显提高。

15 抗裂安全系数[94]

混凝土允许拉应力可按以下两式计算

$$\sigma \leqslant \frac{E\varepsilon_p}{K_1} \tag{48}$$

$$\sigma \leqslant \frac{R_t}{K_2} \tag{49}$$

式中：ε_p 为极限拉伸；R_t 为轴拉强度；K_1、K_2 为安全系数。

对于垂直于施工缝面的竖向拉应力，应按下式计算[131]

$$\sigma \leqslant \frac{rR_t}{K_2} \tag{50}$$

式中：r 为缝面抗拉强度折减系数。由式（48）、式（49）两式，$K_2/K_1=R_t/E\varepsilon_p=s$，从实际试验资料来看，比值 $s=0.80\sim0.85$。以前坝工规范中采用 $K_1=1.3\sim1.8$，换算后 $K_2=1.05\sim1.53$。进一步考虑试件尺寸效应、湿筛影响和时间效应，安全系数实际上只有 $0.55\sim1.11$，安全系数偏低是大体积混凝土出现大量裂缝的根本原因。

设混凝土拉应力为

$$\sigma_t = \sigma_{dt}a_1a_2a_3a_4a_5$$

式中：σ_{dt} 为计算拉应力；a_1 为建筑物重要性系数；a_2 为拉应力所在坝体部位重要性系数；a_3 为超载系数；a_4 为变形龄期系数；a_5 为考虑工程经验的校正系数。

混凝土实际抗拉强度为

$$R_t = R_{st}b_1b_2b_3$$

式中：R_{st} 为试件抗拉强度；b_1 为试件尺寸及湿筛系数；b_2 为时间效应系数；b_3 为强度龄期系数。

由 $\sigma_{dt}=R_t$，得到抗裂安全系数如下[94]

$$K_2 = \frac{a_1a_2a_3a_4a_5}{b_1b_2b_3} \tag{51}$$

由式（51）可计算不同条件下的抗裂安全系数，如文献［94］附表所示。

目前混凝土温控水平已显著提高，已有可能适当提高抗裂安全系数。笔者建议取 $K_1=1.6\sim2.2$，$K_2=1.4\sim1.9$。SL 319—2005《混凝土重力坝设计规范》根据笔者建议已把 K_1 从 $1.3\sim1.8$ 提高到 $1.5\sim2.0$。

16 几本专著

（1）《水工混凝土结构的温度应力与温度控制》（1976）[158]，本书较全面地阐述了水工混凝土结构温度场和温度应力场的变化规律、计算方法和控制温度、防止裂缝的技术措施。

（2）《大体积混凝土温度应力与温度控制》（1999）[159]，本书建立了大体积混凝土温度应力与温度控制比较完整的理论体系，包括：各种水工混凝土结构温度应力变化的基本规律和主要特点，一整套工程实用的计算方法，一套完整的、高效的数值仿真算法，温度应力控制标准及控制温度防止裂缝的技术措施。

（3）《有限单元法原理与应用》（第一版 1979，第二版 1998）[160]，本书系统地阐述了有限单元法的基本原理及其在各种工程问题中的应用，其特点是力学概念清晰，出版至今近 30 年仍颇受读者欢迎，一再重印，并被用作高校教材。

17 结束语

（1）我们建立了水工混凝土结构温度应力比较完整的理论体系，包括各种水工结构温度应力变化的基本规律和特点，一整套工程实用的计算方法，一套完整、高效的数值仿真算法和程序，温度应力控制准则及控制温度、防止裂缝的工程措施。

（2）我们提出了结束"无坝不裂"历史的关键技术措施，使我国在世界上首次实现了从"无坝不裂"到"无裂缝坝"的历史性跨越。

（3）工程结构多为非均质体，即使均质结构，它与弹性基础所构成的整体也是非均质的。我们提出了非均质弹性徐变体的两个基本定理，阐明了徐变对非均质结构应力与变形的影响。

（4）建立了混凝土坝全坝全过程温度和应力控制的决策支持系统。

（5）提出了混凝土半熟龄期的新理念，为改善混凝土抗裂性能找到了一个新途径。

（6）为三峡、小湾、龙滩、溪洛渡、锦屏、沙牌、普定、拉西瓦、刘家峡、三门峡、新安江等一系列重大工程提供了大量研究成果。

（7）我们坚持"来自生产、高于生产、用于生产"的求实创新技术路线，研究课题来自生产实践，通过创新力争研究成果高于现有国内外水平。不满足于论文的发表，积极在生产实践中应用，在应用中不断提高，研究成果在工程实践中得到广泛应用。并在拱坝、重力坝、船坞、水工结构、水工荷载等设计规范中被大量采用。甚至我们四五十年前的成果，如图 1（1957）、图 2（1964）至今仍保留在新编的拱坝和重力坝设计规范中。

（8）我们重视理论联系实际，研究课题主要来自生产实践，但除了具体工程问题外，对于水工混凝土结构的全局性问题及具有工程背景的理论问题，我们也抓紧研究。如关于混凝土徐变的两个基本定理、各种水工混凝土结构温度应力变化的基本规律和主要特点、抗裂安全系数的取值、混凝土高坝温度和应力决策支持系统及混凝土半熟龄期等。这些研究成果不但提高了水工混凝土温度应力的整体水平，对于指导温控防裂问题的解决也具有重要意义。

（9）新中国成立后进行的大规模水利水电建设，为我们提供了用武之地。建设的需要，是我们研究的动力，正是伟大的祖国为我们提供了研究的动力和研究平台。

参 考 文 献

[1] 朱伯芳. 混凝土坝的温度计算 [J]. 中国水利，1956（11）：8-20.（12）：43-60.

[2] 朱伯芳. 有内部热源的大块混凝土用埋设水管冷却的降温计算 [J]. 水利学报，1957（4）：87-106.

[3] 朱伯芳. 建筑物温度应力试验的相似律 [J]. 土木工程学报，1958（1）：272-277.

[4] Zhu Bofang. The effect of pipe cooling in mass concrete with internal source of heat [J]. Scientia Sinica, 1961，X（4）：483-489.

[5] 朱伯芳，王同生. 混凝土坝施工中相邻坝块高差的合理控制 [J]. 水利学报，1962（5）：51-55.

［6］朱伯芳. 国外混凝土坝分缝分块及温度控制的情况与趋势［J］. 水利水电技术，1962（3）：35-47.

［7］朱伯芳. 数理统计理论在混凝土坝温差研究中的应用［J］. 水利水电技术，1963（1）：30-33.

［8］朱伯芳，王同生，丁宝瑛. 重力坝和混凝土浇筑块的温度应力［J］. 水利学报，1964（1）：30-34.

［9］朱伯芳，宋敬廷. 混凝土温度场及温度徐变应力的有限元分析［A］. 水利水电工程应用电子计算机资料选编［C］. 北京：水利电力出版社，1977.

［10］朱伯芳. 基础梁的温度应力［J］. 力学，1979（3）：200-205.

［11］朱伯芳. 软基上船坞与水闸的温度应力［J］. 水利学报，1980（6）：23-33.

［12］朱伯芳. 论拱坝的温度荷载［J］. 水力发电，1984（2）：23-29.

［13］朱伯芳. 库水温度估算［J］. 水利学报，1985（2）：12-21.

［14］朱伯芳. 寒潮引起的混凝土温度应力计算［J］. 水力发电，1985（3）：13-17.

［15］朱伯芳，蔡建波. 混凝土坝水管冷却效果的有限元分析［J］. 水利学报，1985（4）：27-36.

［16］Zhu Bofang. Computation of thermal stresses in mass concrete with consideration of creep［A］. Proc. 15th International Congress on Large Dams［C］，1985，Ⅱ：529-546.

［17］朱伯芳. 大体积混凝土表面保温能力计算［J］. 水利学报，1987（2）：18-26.

［18］朱伯芳. 再谈寒潮引起的混凝土温度应力计算［J］. 水力发电，1987（12）：31-34.

［19］朱伯芳. 考虑水管冷却效果的混凝土等效热传导方程［J］. 水利学报，1991（3）：28-34.

［20］Zhu Bofang. Temperature loads on arch dams［A］. Proc. International Workshop on Arch Dams［C］. Coimbre，1987.

［21］Zhu Bofang，Cai Jiangbo. Finite element analysis of pipe cooling in mass concrete，a three dimensional problem［J］. Journal of Construction Engineering. ASCE，1989，115（4）：487-498.

［22］朱伯芳. 混凝土浇筑块的临界表面放热系数［J］. 水利水电技术，1990（4）：14-16.

［23］Zhu Bofang. Thermal stresses in beams on elastic foundations［J］. Journal of Hydraulic Engineering. 1992（1）.

［24］朱伯芳. 碾压混凝土拱坝的温度控制与接缝设计［J］. 水力发电，1992（9）：11-17.

［25］朱伯芳. 不稳定温度场有限元分区异步长解法［J］. 水利学报，1985（8）：46-52.

［26］朱伯芳，许平. 碾压混凝土重力坝的温度应力与温度控制［J］. 水利水电技术，1996（4）：18-25.

［27］Zhu Bofang. Compound layer method for stress analysis simulating construction process［J］. Dam Engineering，1995，6（2）：157-178.

［28］Zhu Bofang，Xu Ping. Thermal stresses in roller compacted concrete gravity dams［J］. Dam Engineering，Vol. 6，Issue 3，Oct 1995：199-220.

［29］Zhu Bofang，Xu Ping，Wang Shuhe. Thermal stresses and temperature control of RCC gravity dams［A］. Proceedings International Symposium on Roller Compacted Concrete Dam［C］. April 21-25，1999，Chengdu，China，65-76.

［30］朱伯芳. 大体积混凝土施工过程中受到的日照影响［J］. 水力发电学报，1999（3）：35-41.

［31］朱伯芳，许平. 通仓浇筑常态混凝土和碾压混凝土重力坝的劈头裂缝和底孔超冷问题［J］. 水利水电技术，1998（10）：14-18.

［32］朱伯芳，董福品. 拆除模板引起的混凝土温度应力［J］. 水利水电技术，1998（10）：61-62.

［33］朱伯芳. 高温季节进行坝体二期冷却时的表面保温［J］. 水利水电技术，1997（4）：10-13.

［34］朱伯芳. 大体积混凝土非金属水管冷却的降温计算［J］. 水利水电技术，1997（6）：30-34.

［35］Bofang Zhu．Effect of cooling by water fllowing in nonmetal pipes embedded in mass concrete ［J］．Journal of Construction Engineering．ASCE，1999，125（1）：61-68.

［36］Bofang Zhu，Ping Xu．New methods for thermal stress analysis simulating construction process of concrete dam ［A］．Proceedings Tenth International Conference for Numerical Methods in Thermal Problems ［C］．Swansea，UK：1997：742-753.

［37］Bofang Zhu，Ping Xu．Thermal stresses and temperature control of concrete gravity dams without longitudinal joint including RCC gravity dams ［A］．《Innovation in Concrete Structures：Design and Construction》［C］．Proceeding of International Conference on Creating in Concrete．Dundee，UK：8-10 1999：127-133.

［38］朱伯芳．RCC 坝仿真计算非均匀单元的初始条件 ［J］．水力发电学报，2000（1）.

［39］Bofang Zhu．Prediction of water temperature in deep reservoir ［J］．Dam Engineering，1997，18（1）：13-26.

［40］朱伯芳．蠕变引起的非均质结构应力重新分布 ［J］．建筑学报，1961（1）：14-18.

［41］朱伯芳．蠕变引起的拱坝应力重新分布 ［J］．力学学报，1962（1）：18-26.

［42］朱伯芳．在混合边界条件下非均质黏弹性体的应力与位移 ［J］．力学学报，1964（2）：162-167.

［43］朱伯芳．关于混凝土徐变理论的几个问题 ［J］．水利学报，1982（3）：35-40.

［44］朱伯芳．混凝土结构徐变应力分析的隐式解法 ［J］．水利学报，1983（5）：40-46.

［45］朱伯芳．混凝土的弹性模量、徐变度与应力松弛系数 ［J］．水利学报，1985（9）：54-61.

［46］朱伯芳．分析晚龄期混凝土结构简谐温度徐变应力的等效模量法和等效温度法 ［J］．水利学报，1986（8）：61-66.

［47］朱伯芳．混凝土徐变方程参数拟合的约束极值法 ［J］．水利学报，1992（7）：75-76.

［48］朱伯芳．弹性徐变体有限元分区异步长解法 ［J］．水利学报，1995（7）：24-27.

［49］朱伯芳．再论混凝土弹性模量的表达式 ［J］．水利学报，1996（3）：89-90.

［50］朱伯芳．混凝土徐变柔量的幂函数—对数函数表达式 ［J］．计算技术与计算机应用，1996（1）：1-4.

［51］朱伯芳．混凝土极限拉伸变形与混凝土龄期及抗拉、抗压强度的关系 ［J］．土木工程学报，1996（5）：72-75.

［52］朱伯芳．混凝土松弛系数与徐变系数的关系式 ［J］．计算技术与计算机应用，1996（2）.

［53］朱伯芳．多层混凝土结构仿真应力分析的并层算法 ［J］．水力发电学报，1994（3）：21-30.

［54］朱伯芳．混凝土坝仿真计算的并层接缝单元 ［J］．水力发电学报，1995（3）：14-21.

［55］朱伯芳．论微膨胀混凝土筑坝技术 ［J］．水力发电学报，2000（3）：1-12.

［56］Bofang Zhu．Joint element with key and the influence of joint on the stresses in concrete dams ［J］．Dam Engineering，2001，XII（2）：59-82.

［57］朱伯芳．利用预冷集料和水管冷却加快高碾压混凝土重力坝的施工速度 ［J］．水利水电技术，2001（3）：11-15.

［58］朱伯芳，许平．混凝土坝仿真应力分析方法 ［J］．中国水利，2000（9）：75-78.

［59］朱伯芳．RCC 坝仿真计算非均匀单元的初始条件 ［J］．水力发电学报，2000（1）：96-100.

［60］Zhu Bofang．Methods for stress analysis simulating the construction process of high concrete dams ［J］．Dam Engineering，2001，XI（4）.

［61］朱伯芳．聚乙烯冷却水管的等效间距 ［J］．水力发电，2002（1）：22-24.

［62］朱伯芳．混凝土高坝全过程仿真分析 ［J］．水利水电技术，2002（12）：14-17.

［63］朱伯芳．微膨胀混凝土自生体积变形的计算模型和试验方法 ［J］．水利学报，2002（12）：20-23.

[64] 朱伯芳. 考虑温度影响的混凝土绝热温升表达式 [J]. 水力发电学报，2003（2）：72-76.

[65] 朱伯芳. 微膨胀混凝土自生体积变形的增量型计算模型 [J]. 水力发电，2003（2）：22-25.

[66] 朱伯芳. 关于拱坝接缝灌浆时间的探讨 [J]. 水力发电学报，2003（3）：21-27.

[67] 朱伯芳. 兼顾当前温度与历史温度效应的氧化镁混凝土双温计算模型 [J]. 水利水电技术，2003（4）：16-17.

[68] 朱伯芳. 混凝土绝热温升的新计算模型与反分析 [J]. 水力发电，2003（4）：31-34.

[69] 朱伯芳，张国新，徐麟详，杨树明. 解决重力坝加高时温度应力的新思路和新技术 [J]. 水力发电，2003（11）：29-33.

[70] 朱伯芳. 寒冷地区有保温层拱坝温度荷载 [J]. 水利水电技术，2003（11）：46-49.

[71] 朱伯芳. 混凝土坝水管冷却仿真计算的复合算法 [J]. 水利水电技术，2003（11）：50-53.

[72] Zhu Bofang. Temperature control and design of joints for RCC arch dams [J]. Dam Engineering，2003，14.

[73] 厉易生，林乐佳，朱伯芳. 寒冷地区拱坝苯板保温层的效果及计算方法 [J]. 水利学报，1995（7）：54-58.

[74] 朱伯芳. 考虑外界温度影响的水管冷却等效热传导方程 [J]. 水利学报，2003（3）：51-56.

[75] 张国新，周立本，朱伯芳，徐润明. 五强溪船闸裂缝的流形元模拟 [J]. 水利学报，2003（11）：39-44.

[76] 朱伯芳. 建设高质量永不裂缝拱坝的可行性及实现策略 [J]. 水利学报，2006（10）：3-10.

[77] 朱伯芳. 混凝土坝温度控制与防止裂缝的现状与展望 [J]. 水利学报，2006（12）：27-35.

[78] 朱伯芳. 重力坝的劈头裂缝 [J]. 水力发电学报，1997（4）：86-94.

[79] 张国新. MgO微膨胀混凝土拱坝裂缝的非线性模拟 [J]. 水力发电学报，2004（3）：51-55.

[80] 朱伯芳. 地基上混凝土梁的温度应力 [J]. 土木工程学报，2006（8）：99-104.

[81] 赵佩钰，吕宏基，朱伯芳. 关于防止混凝土坝裂缝措施的探讨 [J]. 水利水电技术，1962（3）：8-16.

[82] 朱伯芳. 对宽缝重力坝的重新评价 [J]. 水利水电技术，1963（10）：35-39.

[83] 朱伯芳. 关于混凝土坝裂缝问题的商榷 [J]. 水利水电技术，1963（8）：40-47.

[84] 董福品，朱伯芳. 碾压混凝土坝温度徐变应力的研究 [J]. 水利水电技术，1987（10）：24-32.

[85] 厉易生，朱伯芳，沙慧文，肖田元. 响水拱坝裂缝成因及其处理 [J]. 水利水电技术，1997（5）：15-17.

[86] 王树和，许平，朱伯芳. 龙滩大坝温控方案的有限元仿真分析 [J]. 水利水电技术，1999（12）：22-24.

[87] 王树和，许平，朱伯芳. 高拱坝全过程温度应力仿真研究 [J]. 水利水电技术，2000（7）：11-14.

[88] 王树和，朱伯芳，许平. 龙滩碾压混凝土重力坝劈头裂缝研究 [J]. 水利水电技术，2000（8）：40-42.

[89] 张国新，朱伯芳. 整体拱坝的仿真与可行温控措施 [J]. 水利水电技术，2002（12）：22-25，74.

[90] 杨波，朱伯芳. 拱坝运行期非线性温差应力分析 [J]. 水利水电技术，2003（6）：24-26，67.

[91] 申献平，杨波，张国新，朱伯芳. 沙老河拱坝整体应力仿真与掺MgO效果分析 [J]. 水利水电技术，2004（2）：50-52.

[92] 许平，朱伯芳. 某重力坝温控仿真计算及上游面裂缝成因分析 [J]. 水利水电技术，2004（11）：78-81，87.

[93] 朱伯芳. 应用氧化镁混凝土筑坝的两种指导思想和两种实践结果 [J]. 水利水电技术，2005（6）：42-45.

[94] 朱伯芳. 论混凝土坝抗裂安全系数 [J]. 水利水电技术，2005（7）：36-40.

[95] 朱伯芳. 温度场有限元分析的接缝单元 [J]. 水利水电技术，2005（11）：48-50，64.

[96] 朱伯芳，买淑芳. 混凝土坝的复合式永久保温防渗板 [J]. 水利水电技术，2006（4）：16-21.

[97] 朱伯芳，张国新，吴龙坤，胡平，杨萍．重力坝加高工程全年施工可行性研究 [J]．水利水电技术，2006（10）：32-35．

[98] 朱伯芳．混凝土坝计算技术与安全评估展望 [J]．水利水电技术，2006（10）：27-31．

[99] 朱伯芳．拱坝温度荷载计算方法的改进 [J]．水利水电技术，2006（12）：22-25．

[100] 朱伯芳．混凝土坝安全评估的有限元全程仿真与强度递减法 [J]．水利水电技术，2007（1）：1-6．

[101] 朱伯芳．寒潮期间大体积混凝土两面散热与棱角保温 [J]．水力发电，1986（8）：21-24．

[102] 朱伯芳．重力坝横缝止水至坝面距离对防止坝面劈头裂缝的影响 [J]．水力发电，1998（12）：19-20，44．

[103] 朱伯芳，许平．加强混凝土坝面保护尽快结束"无坝不裂"的历史[J]．水力发电，2004（3）：28-31．

[104] 朱伯芳．混凝土拱坝运行期裂缝与永久保温 [J]．水力发电，2006（8）：24-27，33．

[105] 朱伯芳．论混凝土坝的几个重要问题 [J]．中国工程科学，2006（7）：25-33．

[106] 张国新，许平，朱伯芳，梁建文．龙滩重力坝三维仿真与劈头裂缝问题研究 [J]．中国水利水电科学研究院学报，2003（2）：34-40．

[107] 朱伯芳，张国新，吴龙坤，胡平．重力坝加高中减少结合面开裂研究 [J]．水利学报，2007（6）：639-645．

[108] 朱伯芳，吴龙坤，张国新．重力坝运行期年变化温度场引起的应力 [J]．水利水电技术，2007（9）：21-24．

[109] 朱伯芳．非均质各向异性体温度场有限元解及裂缝漏水对温度场的影响[J]．水利水电技术，2007（3）：33-35．

[110] 朱伯芳，吴龙坤，李玥，张国新．混凝土坝施工期越冬温度应力及表面保温计算方法[J]．水利水电技术，2007（8）：34-37．

[111] 朱伯芳．温度场有限元分析的接缝单元[J]．水利水电技术，2005（11）：45-47．

[112] 梁建文，刘有志，张国新，朱岳明．水工薄壁混凝土结构湿度及干缩应力非线性有限元分析 [J]．水利水电技术，2007（8）：38-41．

[113] 朱伯芳．论混凝土坝安全系数的设置 [J]．水利水电技术，2007（6）：35-40．

[114] 张国新．碾压混凝土坝的温度控制 [J]．水利水电技术，2007（6）：41-46．

[115] 朱伯芳，吴龙坤，郑璀莹，张国新．重力坝运行期纵缝开度的变化 [J]．水利水电技术，2007（4）：26-29．

[116] 张国新，杨为中，罗恒，杨波．MgO微膨胀混凝土的温降补偿在三江河拱坝的研究和应用 [J]．水利水电技术，2006（8）：20-23．

[117] 张国新，陈显明，杜丽惠．氧化镁混凝土膨胀的反应动力学模型 [J]．水利水电技术，2004（9）：88-91．

[118] 朱伯芳，张国新，许平，吕振江．混凝土高坝施工温度与应力控制决策支持系统 [J]．水利学报，2008（1）：1-6．

[119] 张国新，张丙印，王光伦．混凝土面板堆石坝温度应力研究 [J]．水利水电技术，2001（7）．

[120] 张国新，金锋，罗小青，杨波．考虑温度历程效应的氧化镁微膨胀混凝土仿真分析 [J]．水利学报，2002（8）：29-34．

[121] 杨波．江口拱坝温控措施研究 [J]．中国水利水电科学院学报，2003（2）．

[122] 张国新．龙滩重力坝三维仿真与劈头裂缝问题研究 [J]．中国水利水电科学院学报，2003（2）．

[123] 张国新，周立本，朱伯芳，徐润明．五强溪船闸裂缝的流形元模拟 [J]．水利学报，2003（11）．

[124] 朱伯芳．混凝土坝一期水管冷却效果的近似计算 [J]．水利水电技术，1986（5）：1-4．

[125] 张国新．MgO 微膨胀混凝土拱坝裂缝的非线性模拟 [J]．水力发电学报，2004（3）．

[126] 张国新，罗健，杨波．鱼简河 RCC 拱坝的温度应力仿真分析及温控措施研究 [J]．水利水电技术，2005（5）：28-29．

[127] 张国新．堆石坝面板收缩性贯穿裂缝的理论分析及防裂措施 [J]．水力发电学报，2005（3）．

[128] 张国新，赵仕杰，梁建文．龙滩碾压混凝土重力坝高温季节施工的温度应力问题 [J]．水力发电，2005（3）：39-41．

[129] 张国新，郑璀莹．高寒地区混凝土结构冻胀的数值模拟方法研究 [C]．大坝安全与堤坝隐患探测国际学术研讨会论文集．2005．

[130] 朱伯芳，李玥，杨萍，张国新．关于混凝土坝基础混凝土允许温差的两个原理 [J]．水利水电技术，2008（7）．

[131] 朱伯芳，杨萍，吴龙珅，张国新．利用塑料水管易于加密以强化混凝土冷却 [J]．水利水电技术，2008（5）．

[132] 朱伯芳，杨萍．混凝土的半熟龄期——改善混凝土抗裂性能的新途径 [J]．水利水电技术，2008（5）．

[133] 丁宝瑛，胡平，黄淑萍．水库水温的近似分析 [J]．水力发电学报，1987（4）．

[134] 王国秉，胡平．混凝土坝稳定温度场和准稳定温度场的三维有限元分析[J]．水利水电技术，1989（2）．

[135] 丁宝瑛，黄淑萍，胡平．混凝土坝温度应力与温度控制若干问题的研究 [C]．中国水利学会优秀学术论文集．1989．

[136] 丁宝瑛，岳耀真．大体积混凝土的表面保护 [J]．水利水电技术，1989（11）．

[137] 岳耀真，丁宝瑛．粉煤灰混凝土的早期抗裂性 [J]．水力发电学报，1991（1）．

[138] 王国秉，丁宝瑛，岳耀真，朱绎．东风水电站拱坝坝基深槽回填混凝土的温度徐变应力分析 [J]．水力发电，1991（11）．

[139] 岳耀真，丁宝瑛，胡平．等效温差荷载法在膨胀混凝土温度应力计算中的应用 [J]．水利水电技术，1992（11）．

[140] 岳耀真．考虑温度对混凝土性能影响的温度应力分析 [J]．水利水电技术，1993（1）．

[141] 丁宝瑛，黄淑萍，岳耀真，胡平．国内大坝混凝土裂缝综述及防范措施 [J]．水利水电技术，1994（4）．

[142] 黄淑萍，岳耀真，胡平．普定碾压混凝土拱坝整体碾压温控技术研究 [J]．水力发电，1995（10）．

[143] 黄淑萍，胡平．观音阁水库碾压混凝土大坝温度应力仿真计算研究 [J]．水力发电，1996（10）．

[144] 岳耀真．混凝土面板堆石坝面板温度和干缩应力分析及防裂措施研究 [J]．水利学报，1996，增刊．

[145] 岳耀真，黄淑萍，胡平．龙滩碾压混凝土坝的温度应力温度控制 [J]．红水河，1997（3）．

[146] 黄淑萍，胡平，杨萍．碾压混凝土温度控制技术研究十年回顾 [J]．碾压混凝土技术动态，1997（2）．

[147] 黄淑萍，胡平，岳耀真．The emulation analysis of thermal stresses on RCC arch dams [A]．99 碾压混凝土筑坝技术国际会议论文集 [C]．1999（4）．

[148] 岳耀真，黄淑萍，胡平．The key techniques to control thermal cracking in RCC dams in cold region [A]．99 碾压混凝土筑坝技术国际会议论文集 [C]．1999（4）．

[149] 黄淑萍，胡平，杨萍．碾压混凝土拱坝温控仿真分析手段及在实际工程中的应用 [A]．2001 年度全国碾压混凝土技术交流会论文集 [C]．2001．

[150] 黄淑萍，胡平，杨萍．混凝土大坝温控防裂研究综合软件介绍及工程应用实例 [A]．2002 年度全国

碾压混凝土技术交流会论文集 ［C］. 2002.

［151］胡平，黄淑萍，杨萍. Study on the thermal compensation method for high RCC dam using concrete with MgO ［A］. 第四届国际碾压混凝土大坝会议论文集 ［C］. 2003．11.

［152］黄淑萍，胡平，杨萍. The software package for the thermal control of concrete dams and its engineering applications ［A］. 第四届国际碾压混凝土大坝会议论文集 ［C］. 2003．11.

［153］杨萍，胡平，黄淑萍. 高面板堆石坝混凝土面板温度及干缩应力研究 ［A］. 2004 年国际水力发电研讨会论文集 ［C］. 2004.

［154］胡平，杨萍，黄淑萍. 掺氧化镁混凝土建造高碾压混凝土重力坝的温度补偿计算方法 ［J］. 中国水利水电科学研究院学报，2004（4）.

［155］胡平，杨萍，张国新. 黄河拉西瓦水电站混凝土双曲拱坝温控防裂研究 ［J］. 水力发电学报，2007（11）.

［156］胡平，杨萍，张国新. 龙滩碾压混凝土重力坝温控防裂研究 ［A］. 2007RCC 国际会议论文集 ［C］. 2007（11）.

［157］朱伯芳. 上犹水电站水工结构物中大体积混凝土浇制的初步经验介绍读后 ［J］. 水力发电，1956（12）.

［158］朱伯芳，王同生，丁宝瑛，郭之章. 水工混凝土结构的温度应力与温度控制 ［M］. 北京：水利电力出版社，1976.

［159］朱伯芳. 大体积混凝土温度应力与温度控制 ［M］. 北京：中国电力出版社，1999.

［160］朱伯芳. 有限单元法原理与应用. 第二版 ［M］. 北京：中国水利水电出版社，1998.

［161］朱伯芳. 水工结构与固体力学论文集 ［C］. 北京：水利电力出版社，1988.

［162］朱伯芳. 朱伯芳院士文选 ［C］. 北京：中国电力出版社，1997.

［163］朱伯芳，吴龙珅，杨萍，张国新. 混凝土坝后期水管冷却的规划 ［J］. 水利水电技术，2008（7）.

［164］朱伯芳. 小温差早冷却缓慢冷却是混凝土坝水管冷却的新方向 ［J］. 水利水电技术，2009（1）.

［165］朱伯芳，吴龙珅，张国新. 混凝土坝水管冷却自生温度徐变应力的数值分析 ［J］. 水利水电技术，2009（2）.

混凝土坝设计理论、体形优化及数字监控的研究[❶]
——为纪念中国水利水电科学研究院建院 50 周年而作

摘　要： 提出了拱坝体形优化的数学模型和求解方法，获广泛应用。提出了有限元等效应力方法及其允许应力值，已纳入新编拱坝设计规范，克服了有限元法应用于实际工程的障碍。提出了混凝土坝不宜采用基于 28d 龄期的混凝土强度等级，应继续采用 90d 或 180d 龄期的混凝土标号的建议，为新编混凝土坝规范所采纳。提出特高拱坝抗压安全系数偏低应适当提高的建议，已被溪洛渡拱坝采纳。提出了混凝土坝数字监控的新理念及混凝土坝设计方法现代化的一系列见解，已受到关注。提出了渗流场分析以夹层代孔列方法，效果颇好。阐明了混凝土坝耐强烈地震而不垮的机理，提出了考虑横缝温度变形的高拱坝抗震配筋计算方法。

关键词： 混凝土坝；设计理论；体形优化；数字监控

Researches on the Design Theory, Shape Optimization and Numerical Monitoring of Concrete Dams
——In Celebration of 50th Annicerary of Founding of China Institute of Water Resources and Hydropower Research

Abstract: The researches on the shape optimization and some important problems of arch dams by the author and his colleagues are summarized in this paper. The mathematical model of shape optimization of arch dams and methods of solution had been proposed and applied widely in practical engineering. The equivalent stress finite element method and the allowable stresses had been given and they were adopted in the Design Specifications of Arch Dams. The new idea about the numerical monitoring and the modernization of the design methods of concrete dams were proposed. A new method for analyzing the effect of drain holes in dam foundation was proposed. The reason why concrete dams can resist strong earthquakes without serious damage is explained.

---

❶ 原载朱伯芳著《混凝土坝理论与技术新进展（文选）》，中国水利水电出版社，2009.

Key words: concrete dam, design theory, shape optimization, numerical monitoring

1 前言

在 1949 年以前我国没有混凝土拱坝,在 20 世纪 50 年代建成响洪甸和流溪河两拱坝之后,混凝土拱坝得到迅速发展,我国已建成的拱坝数量早已居世界首位。目前在建的锦屏一级拱坝(305m)、小湾拱坝(292m)和溪洛渡拱坝(278m)的高度均超过了世界最高的英古里拱坝(272m),一个国家同时兴建三座世界上最高的混凝土拱坝是史无前例的,何况我国还同时在兴建拉西瓦拱坝(250m)等一大批其他混凝土拱坝,我国拱坝建设的规模在全世界都是空前的[1~5]。

笔者有幸参加了我国第一座拱坝响洪甸拱坝的设计,在我国首次进行了混凝土坝温度控制的全面分析,并提出了浇筑层水化热温升理论解和有热源水管冷却解法。1957 年调入中国水利水电科学研究院之后,也一直致力于混凝土拱坝的研究,提出了拱坝温度荷载及库水温度计算方法,为拱坝和水工荷载设计规范采纳[1];提出了拱坝满应力设计、体形优化、内力展开等方法,获广泛应用[6~46];提出有限元等效应力法及其允许应力值,克服了有限元法应用于混凝土坝的障碍,为新编拱坝设计规范采用[47, 48, 50]。我国新编混凝土重力坝规范采用了基于 28d 龄期的混凝土强度等级,当时其他几个编制中的混凝土坝设计规范也拟采用,笔者提出了混凝土坝不宜采用基于 28d 龄期的强度等级、应继续采用基于 90d 或 180d 龄期的混凝土标号的意见,已为新编规范采纳[49]。提出了我国特高拱坝抗压安全系数偏低,应适当提高的建议,已为小湾、溪洛渡等特高拱坝采用[51]。

我国当前混凝土坝建设的规模和高度是空前的,但混凝土坝主要设计方法仍然是七八十年以前的老方法。为此,我们建议吸收计算技术(包括硬件和软件)和固体力学近数十年所取得的丰富成果,使混凝土坝设计方法现代化、进行全坝全过程有限元仿真计算。较准确地计算混凝土坝的应力状态,对重要问题,用强度递减法求出安全系数;对于一般问题,用有限元等效应力法计算安全系数[54, 55]。运行阶段实际有的观测资料为变位、温度和扬压力,它们虽有助于判断坝的工作是否正常,但并不能给出坝的安全系数。目前运行阶段坝体安全评估实际上还是采用老的设计方法,我们建议改用有限元仿真方法。在施工阶段,对坝体内部各点的应力状态是不知道的,因此,建议重要的混凝土坝进行数字监控,在施工和运行阶段都进行全坝全过程现场有限元仿真计算,及时了解和预报坝体的应力状态,如发现问题,可及时采取对策[56, 82]。

渗流场对坝体应力和稳定有重要影响,排水孔是渗流场计算中的一个难点,笔者提出了以夹层代孔列法,使排水孔计算得到极大简化而且计算精度相当好。

2 拱坝满应力设计

本节说明笔者提出的拱坝满应力设计方法[6~8]。拱坝满应力设计是拱坝优化的初步方法,它是在坝体中面(或上游面)形状已确定的情况下,利用满应力条件决定坝体厚度,使材料强度得到充分利用。拱坝是连续介质,坝体应力是连续变化的、非均匀的,要求拱坝内部每点的应力都达到允许应力是不可能的;但我们可以要求在某些控制点上的应力达到允许应力,这种点称为满应力点。一般来说，满应力点越多，材料越节省。

取 x 轴为横河方向，y 轴为顺河方向，z 轴为铅直方向，用 3 个多项式描述拱冠梁厚度 t_c、右岸拱端厚度 t_{AR}、左岸拱端厚度 t_{AL} 如下

$$t_c = a_0 + a_1 z + \cdots + a_n z^n \tag{1}$$

$$t_{AR} = b_0 + b_1 z + \cdots + b_n z^n \tag{2}$$

$$t_{AL} = c_0 + c_1 z + \cdots + c_n z^n \tag{3}$$

$n=2\sim3$，水平方向坝体厚度表示如下

右半拱 $\qquad t(x) = t_c + (t_{AR} - t_c)(x/x_{AR})^\gamma$

左半拱 $\qquad t(x) = t_c + (t_{AL} - t_c)(x/x_{AL})^\gamma$ $\qquad\qquad$ (4)

式中：x_{AR}、x_{AL} 分别为右岸和左岸拱端 x 坐标；γ 为经验系数。在式（1）～式（3）中，每个多项式有 $n+1$ 个系数，只要求出 $n+1$ 个厚度，就可以反算出这些系数。由于拱坝应力状态很复杂，问题的难点在于如何使这些控制点上的应力等于允许应力。为此，我们给出一个迭代求解方法。设在第 k 次迭代中，控制点 i 的厚度为 t_i，应力为 σ_i。如果厚度变成 t_i'，应力随之变成 σ_i'。假定厚度与应力之间存在如下关系

$$\frac{t_i'}{t_i} = \left(\frac{\sigma_i}{\sigma_i'}\right)^{\beta_i} \tag{5}$$

式中：β_i 为一指数。在式（5）中令 σ_i' 等于允许应力 $[\sigma_i]$，可求得控制点 i 的新厚度如下

$$t_i' = \left(\frac{\sigma_i}{[\sigma_i]}\right)^{\beta_i} \tag{6}$$

设根据上游面的主应力（压或拉）等于允许应力而求出的需要厚度为 t_{iu}^k，根据下游面的主应力（压或拉）等于允许应力而求出的需要厚度为 t_{id}^k，允许最小厚度为 t_{im}。取三者中最大值为该点新的厚度

$$t_i^{k+1} = \max(t_{iu}^k, t_{id}^k, t_{im}^k) \tag{7}$$

在全部控制点的新厚度求出后，即得到一个新体形。当前后两次求出的满应力体形充分接近时，结束计算。

下面说明如何计算指数 β_i。由式（5）两边取对数，得到

$$\beta_i = \frac{\lg(t_i'/t_i)}{\lg(\sigma_i/\sigma_i')} \tag{8}$$

满应力设计只考虑了应力条件，它不能作为最终设计体形，还需进行适当修改，以满足其他条件。满应力设计具有如下优点：①断面修改是由计算机自动完成的，计算很快；②计算方法很简单；③它能给出一个满足应力条件的很节省的方案。

因此，用拱坝满应力设计方法可以给出初始方案，然后再利用人工修改、CAD 或优化方法进一步完善。显然，满应力设计所给出的初始方案，比以前利用经验公式给出的初始方案要好得多。

3　拱坝体形优化

拱坝体形优化是用数学规划方法求出拱坝的体形，包括拱坝中面（或上游面）的形状和

坝体厚度的变化[9~46]。

拱坝体形优化的第一篇论文发表于 1975 年[9]，虽然它在这个领域具有首创意义，但因数学模型过于简单，使读者感到难以用于实际工程，论文发表之后，并未得到积极响应，直到我们的几篇论文[10~11]发表后，拱坝优化的研究才得到迅速发展，并在实际工程中得到广泛应用。

3.1 拱坝体形优化的数学模型

拱坝体形优化就是用 n 个设计变量表示拱坝的体形，然后用数学规划法求出 n 个设计变量 x_i（$i=1\sim n$）的解，它们满足全部结束条件，并使目标函数取最小值。用数学方式表示，就是：

求 $\{x\}=[x_1 \quad x_2 \quad \cdots \quad x_n]^T$，使

$$\left.\begin{array}{c} f(x) \to \min \\ g_j(x) - 1 \leq 0, j = 1: m \end{array}\right\} \quad (9)$$

满足约束条件：

式中：x_i 为设计变量，$f(x)$ 为目标函数，$g_i(x) - 1 \leq 0$ 为约束条件。

笔者和宋敬廷合作，于 1976 年开始研究拱坝优化。笔者是搞设计出身的，深知拱坝优化能否成功应用于实际工程，关键在于数学模型是否实用。因此，我们特别重视数学模型的实用化。

（1）实用化的几何模型。文献 [9] 用两个双变量多项式分别描述拱坝中面的几何形状和坝体厚度，在数学上看来是可行的，但这种方式与实际工程中采用的几何模型相差较远，不易为工程设计人员所接受。我们另辟蹊径，采用实用化的几何模型，坝体厚度用式（1）～式（4）表示。为了表示拱坝中面（或上、下游表面）的形状，先用一个多项式表示拱冠梁轴线形状如下

$$y_c = d_0 + d_1 z + \cdots + d_n z^n \quad (10)$$

在水平方向，拱的中线采用传统的各种形式，包括单心圆、多心圆、抛物线、椭圆、双曲线、统一二次曲线、对数螺线、混合曲线等，例如，抛物线拱，可表示如下：

右半拱

$$\left.\begin{array}{c} y = y_c + \dfrac{x^2}{2R_R} \\ \\ y = y_c + \dfrac{x^2}{2R_L} \end{array}\right\} \quad (11)$$

左半拱

式中：R_R、R_L 分别为右半拱和左半拱在 $x=0$ 处的曲率半径。用 3 个 n 次多项式分别表示 y_c、R_R 和 R_L，就得到了拱中面的形状。

（2）约束条件满足拱坝设计规范。文献 [9] 中只考虑了自重和齐顶水压力两种荷载，显然过于简单。为了优化结果能应用于实际工程，我们构造的约束条件满足了拱坝设计规范的各项要求，包括荷载组合、允许拉应力、允许压应力、允许施工应力、允许倒悬度及厚度限制等，因此，优化结果能够满足设计规范的全部要求。

以坝的造价或体积为目标函数，优化结果，将得到一个最经济的体形。如果以坝的最小安全系数为目标函数，把坝的允许最大体积列入约束条件，优化过程中使目标函数取最大值，优化结果将得到一个在给定条件下最安全的体形。如果在优化过程中兼顾坝的造价和坝的安全度，可采用双目标优化模型，取目标函数如下

$$f(x) = V(x) + \dfrac{\omega}{k_{\min}(x)} \quad (12)$$

式中：$V(x)$ 为拱坝体积；$k_{\min}(x)$ 为最小安全系数；ω 为权系数。

除了坝的体积和最小安全系数外，还可以把坝体高应力区体积、受拉区深度等等列入目标函数，采用多目标优化方法进行优化，优化计算本身并无问题，困难在于如何决定权系数。比较实用的方法还是以坝的体积作为目标函数，把最小安全系数（或最大应力）、高应力区体积、受拉深度等列入约束条件。

实际经验表明，以坝的造价或体积为目标函数求得的拱坝最经济体形，与以坝的最大安全系数为目标函数求得的最安全体形，坝体主要几何特征十分相似，这就表明，拱坝体形优化的实质是坝体结构力学特性的优化，材料强度得到了最充分的发挥，"最经济"与"最安全"是坝体力学特性优化的两种不同表现形式。

3.2 内力展开法

在拱坝优化过程中，需要对几千个体形设计方案进行应力分析，优化过程中绝大部分计算是用于结构的应力分析，如何减少应力分析时间是拱坝优化中的一个关键问题。以前结构优化主要采用施米特（Schmit）的应力展开法[36]。但应力与拱坝厚度之间是高度非线性关系，应力线性展开精度低，收敛很慢，目前主要采用笔者提出的内力展开法[11, 17]。

内力是与荷载保持平衡的，当结构尺寸变化时，荷载基本保持不变，所以内力的变化也不大。基于这一原理，笔者提出了在结构优化中应用的内力展开法，即把结构控制点的内力 $F(x)$（包括轴力、弯矩、剪力、扭矩等）展开为一阶泰勒级数如下

$$F(x) = F(x^k) + \sum_{i=1}^{n} \frac{\partial F}{\partial x_i}(x_i - x_i^k) \tag{13}$$

在优化过程中，对于任何一个新的设计方案，不必进行常规的应力分析，而是由式（13）计算控制点的内力，然后由材料力学公式计算各控制点的主应力。

内力 F 为：$F = k^e \delta^e$，由此可知

$$\frac{\partial F}{\partial x} = k^e \frac{\partial \delta^e}{\partial x} + \frac{\partial k^e}{\partial x} \delta^e \tag{14}$$

而

$$\frac{\partial \delta}{\partial x_i} = K^{-1}\left(\frac{\partial P}{\partial x_i} - \frac{\partial K}{\partial x_i}\delta\right) \tag{15}$$

图 1 中表示了两种方法的收敛速度，可见内力展开法的收敛速度要快得多。内力展开法是一个普遍方法，不仅适用于拱坝，也可用于其他结构的优化。

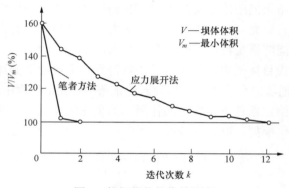

图 1 拱坝优化的收敛速度

3.3 ADASO 程序

我们研制的 ADASO 程序具有强大的应力分析和优化功能：①可对各种拱型进行优化，包括单心圆、双心圆、抛物线、椭圆、双曲线、统一二次曲线、对数螺线、混合曲线等；②可考虑各种约束条件；③可考虑分期施工、蓄水；④可考虑静荷载加地震荷载。该程序计算成果比较合理，得到包括小湾、拉西瓦、江口等拱坝在内的广泛应用。

拱坝体形设计实际上包含两个层次：①拱型优选，即从单心圆、多心圆、抛物线、椭圆、双曲线、统一二次曲线、对数螺线、混合曲线等多种拱型中进行优选。②对于一种拱型，具体选定其半径、中心角、厚度等。

在传统的体形设计中，一般是凭设计人员经验，先选定一种拱型，然后就这一拱型，做若干比较方案；最后从中选定一个方案。在拱坝体形优化中，是同时对各种拱型进行优化，求得各自最优体形，然后优中选优，决定最终采用的体形，因此，工作效率和设计质量都大大提高。

3.4 工程应用

我们建立了合理而实用的数学模型，并且有步骤地，由小型到中型、到大型和特大型，把拱坝优化应用到实际工程中，在应用中不断改进数学模型和计算方法。到目前为止，已应用于 100 个以上实际工程，一般可省坝体混凝土 5%~30%，收到了明显的经济效益和社会效益。

浙江省龙泉县瑞洋拱坝，最大坝高 54.5m。采用单心圆双曲拱坝，经我们优化，节省坝体混凝土 30.6% [40]。该坝完全按照优化设计体形施工，是世界上第一座应用优化方法设计的拱坝，已于 1987 年竣工蓄水，运行正常，被评为浙江省优秀工程。

瑞洋拱坝是世界上第一座实际采用优化方法设计的拱坝，它的成功，使拱坝优化方法在我国迅速得到推广，并用逐步由中、小型拱坝推广应用于高拱坝。

江口拱坝位于重庆市江口镇郊，电站装机 300MW，坝高 140m，原采用抛物线拱坝，体积 79.9 万 m³，经水科院与东北院合作，用水科院 ADASO 程序优化后改用椭圆拱坝，体积减到 57.3 万 m³，该坝已于 2003 年建成蓄水，运行良好，见图 2 [41]。

图 2 用优化方法设计的重庆江口椭圆形拱坝（高 140m，2003 年建成）

拉西瓦拱坝位于青海省境内黄河干流上，最大坝高250m，由水科院与西北院合作，用水科院 ADASO 程序，分别对抛物线、三心圆、双曲线、对数螺线和统一二次曲线共6种拱型进行优化，求出各自最优体形，然后优中选优，最后选定对数螺线拱型。该坝目前正在建设中，坝体混凝土已浇筑 2/3[81]。

在计划经济时代，拱坝优化虽然节约了投资，但并不能给设计院，特别是大设计院带来任何好处，因而限制了其应用。目前在市场经济条件下，许多工程的业主要求进行优化，江口拱坝即是一例。因此，近年拱坝优化的工程应用更趋活跃。

4 有限元等效应力及其允许值

有限元法有强大的计算功能，但坝因坝踵应力集中，未能用于拱坝设计。由于岩体存在裂隙及材料塑性变形，实际上应力集中不一定那么严重。我们提出了有限元等效应力法[47, 48, 1]及相应的应力控制标准[50]，为新编拱坝设计规范所采纳，从而为有限元法应用于拱坝开辟了道路。

用有限元法计算拱坝，得到整体坐标系（x'，y'，z'）中的应力$\{\sigma\}$，在结点 i 取局部坐标系（x，y，z），其中 x 轴平行于拱坝的切线方向，y 轴平行于半径方向，z 轴为铅直方向，局部坐标系中的应力$\{\sigma\}$由下式求得

$$\left.\begin{aligned}
\sigma_x &= \sigma_{x'}\cos^2\alpha + \sigma_{y'}\sin^2\alpha + \tau_{x'y'}\sin 2\alpha \\
\sigma_y &= \sigma_{x'}\sin^2\alpha + \sigma_{y'}\cos^2\alpha - \tau_{x'y'}\sin 2\alpha \\
\sigma_z &= \sigma_{z'} \\
\tau_{xy} &= (\sigma_{y'} - \sigma_{x'})\sin\alpha\cos\alpha + \tau_{x'y'}(\cos^2\alpha - \sin^2\alpha) \\
\tau_{yz} &= \tau_{y'z'}\cos\alpha - \tau_{z'x'}\sin\alpha \\
\tau_{zx} &= \tau_{y'z'}\sin\alpha + \tau_{z'x'}\cos\alpha
\end{aligned}\right\} \qquad (16)$$

式中：α为从x'到x的角度（逆时针为正）；z与z'同轴。

通过数值积分求出梁与拱内力，根据平截面假设可计算坝体应力，并消除应力集中现象如图3所示，大花水拱坝拱冠梁建基面上的应力分布。有的学者提出以二次曲线表示应力分布，取三点的应力决定其系数，经积分得到拱与梁的内力。二次曲线是没有拐点的，拱坝是偏心受压结构，一个典型的应力分布如图3所示，一边受拉，一边受压，是一条有拐点的高次曲线。上述算法显然不符合实际，带来不必要的误差，用数值积分方法直接计算内力，既简单又准确。

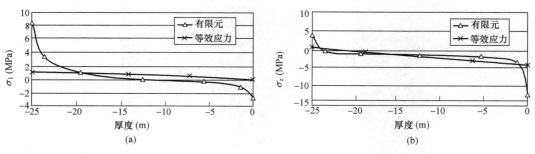

图3 大花水拱坝拱冠梁建基面上应力比较

（a）第一主应力σ_1；（b）竖向应力σ_z

在计算中如何考虑坝体自重，有以下 3 种假定：第一种假定，坝体自重全部由梁承担；第二种假定，在坝体竣工并形成整体后，自重一次性地施加于全坝，全部自重由拱梁共同承担；第三种假定，自重分步计算，考虑接缝灌浆过程。有限元计算以采用第三种假定为宜，也可采用第一种假定，与传统的拱梁分载法保持一致。

我们同时用有限元等效应力法和多拱梁法对国内外十几座拱坝进行了计算，发现两种方法算出的压应力数值相近，但有限元等效应力法的拉应力比多拱梁法约大 25%。因此，采用有限元等效应力法时，允许压应力不变，允许拉应力可从 1.20MPa 放宽到 1.50MPa，这些研究成果已纳入新编拱坝设计规范。

有限元等效应力法应用于重力坝也是合适的。

5 混凝土标号与混凝土强度等级[49]

过去我国混凝土坝一直采用基于 90d 龄期的混凝土标号，DL 5108—1999《混凝土重力坝设计规范》改用基于 28d 龄期的混凝土强度等级，由于水坝施工周期长达数年，笔者认为这一改变欠妥。当时正在编制中的水利行业《混凝土重力坝设计规范》和电力行业《混凝土拱坝设计规范》原稿也拟采用混凝土强度等级 C，在笔者提出意见后，经专家会议审议，均已决定采用混凝土标号 R（但拟采用 C_{90} 和 C_{180} 符号）。

混凝土标号 R_τ，系指龄期 τ，15cm 立方体试件，保证率 80% 的抗压强度。混凝土强度等级 C 系指 28d 龄期、15cm 立方体试件、保证率 95% 的抗压强度。

在筑坝历史上混凝土设计龄期早期采用过 28d 和 365d，后期逐步趋向于采用 90d（常态混凝土）和 180d（碾压混凝土），不用 28d 和 365d；这是由于：①在 28d 与 90d 之间混凝土强度增长较多，而且与多种因素有关，在 180d 以后强度增长不明显；②施工中按设计龄期检验设计强度合格率，如以 365d 为设计龄期，发现问题为时已晚。

现有设计安全系数取值的基础是 90d 龄期 80% 保证率，如改为 28d 龄期 95% 保证率，安全系数必须修改，如何修改是一个较难课题。文献［80］虽然设计龄期采用 28d，但安全系数仍然采用 90d（常态混凝土）和 180d（碾压混凝土），先由 C_{28} 换算成 R_{90} 和 R_{180}，再由 R_{90} 和 R_{180} 决定设计强度标准值，问题是比值 R_{90}/C_{28} 和 R_{180}/C_{28} 受到多种因素的影响，变化范围很大，文献［49］图 1 中列出了 R_{90}/C_{28} 比值的变化，可看出文献［80］采用了 R_{90}/C_{28} 的下包值，实际工程中 R_{90}/C_{28} 远远超过了此值。例如，假定设计中采用强度等级 C 为 10MPa，由文献［80］查得 R_{90} 为 14.6MPa，由文献［49］图 1 中可知几个实际工程相应 90d 龄期混凝土标号为：三峡 16.9MPa；五强溪 18.0MPa，漫湾 19.5MPa；二滩 21.2MPa。这些实际工程所达到的混凝土标号比文献［80］推荐值分别高出 16%、23%、33.6%、45.2%。实际的混凝土标号超出这么多，不但增加水泥用量造成严重的浪费，而且大幅度地增加了温度控制的难度。

水工混凝土施工规范规定："混凝土质量验收取用混凝土抗压强度的龄期应与设计龄期相一致"，并规定在设计龄期每 1000m³ 混凝土应成型一组试件用于质量评定。采用混凝土强度等级 C 后，设计龄期改为 28d，工程施工中没有 90d 和 180d 龄期的试件，而设计中实际上又利用了 90d（常态混凝土）和 180d（碾压混凝土）的后期强度，用 28d 龄期的试验资料进行验收，难以保证 90d 或 180d 龄期混凝土在各种可能情况下都是合格的。

综上所述，工业与民用建筑工程采用混凝土强度等级 C 是合理的，水坝工程采用混凝土强度等级 C 是不合理的，应该继续采用混凝土标号 R。

6 特高拱坝的抗压安全系数[51]

我国混凝土拱坝设计规范要求 90d 龄期混凝土抗压安全系数不小于 4.0。由于工程重要，特高拱坝安全系数本应适当提高，但实际情况正好相反。目前一些特高拱坝设计中，反而把抗压安全系数改为 180d 龄期不小于 4.0，如按 90d 龄期核算，安全系数实际上已降低到 3.5 左右，欠妥。

笔者对国内外拱坝实际采用安全系数进行分析后，得出以下几点结论[51]：

（1）拱坝的实际安全系数并不高。过去有人以混凝土设计标号与模型试验结果对比，求得拱坝安全系数 6～10，得出拱坝安全系数很高的结论，这是一种虚假现象。首先，室内小试件快速试验得出的强度与坝体原型有重大差别，考虑这个因素，安全系数要减少近一半。其次，模型试验中没有考虑温度荷载和扬压力，也没有考虑横缝影响，得出破坏荷载偏高，考虑试件尺寸及时间效应后，除个别情况外，多数拱坝实际抗压安全系数只有 2.4～3.2，数值并不很大[50, 51]。

（2）高拱坝安全系数低于低拱坝。一般来说，低拱坝抗压安全系数较大，而高拱坝抗压安全系数较小，这有两方面的原因，一方面高拱坝应力水平高于低拱坝；另一方面，过去人们误认为拱坝抗压安全系数很高、有较多富裕，在高拱坝设计中没有采用足够大的安全系数。

（3）中国特高拱坝安全系数偏低。换算成我国标准的拱坝抗压安全系数，国外高拱坝为4.46～8.67，绝大多数为 4.5～5.2，没有一个小于 4.4 的；唯独前苏联和中国的 3 个特高拱坝安全系数最低；英古里 3.90，二滩坝 3.64，小湾坝 3.75。

（4）必须适当提高特高拱坝的抗压安全系数。特高拱坝，由于工程重要，其安全系数本应高于一般拱坝，但目前我国特高拱坝的安全系数不但低于国外水平，而且低于国内的一般拱坝，欠妥。前苏联长期处于短缺经济状态，在结构设计中追求过度节省，安全系数低于世界平均水平，英古里拱坝设计即为一例。我国在改革开放以前，也存在着类似现象，二滩拱坝设计采用较低安全系数，也反映了这一情况。安全系数的降低，经济上的节省是很小的，但却给工程安全性带来不必要的危害，这种状态，应该予以改变。笔者的具体意见：特高拱坝的抗压安全系数按设计龄期 90d，15cm 立方体试件 80%保证率考虑，最好取 4.50，至少不应低于 4.00；如设计龄期为 180d，最好取 5.00，至少不应低于 4.50。

实际施工时强度可能超标，也可能不超标，设计文件只能要求施工质量合格，不能要求超标，因此，设计安全系数不能把超标作为安全系数的一部分。

溪洛渡拱坝已决定适当提高混凝土设计标号，按 90d 龄期抗压强度核算时，抗压安全系数不小于 4.0。

7 混凝土坝安全评估与监控方法的现代化[54~57]

7.1 现行混凝土坝主要计算方法的不足

现行混凝土坝设计中采用的应力分析和稳定分析方法基本上是七八十年前的老方法，其优点是具有长期应用的工程经验，但也存在着以下不足之处：

（1）拱坝应力分析中采用的拱梁分载法存在着如下缺点：用十分粗略的 Vogt 系数计算基础变形，在建基面结点上缺乏变形协调条件，不能计算库水影响，难以进行施工过程的仿真计算等。

（2）在坝体设计中忽略下列因素的影响：①作用于基础的水荷载；②施工过程；③施工期温度变化；④运行期非线性温差。

（3）在抗滑稳定分析中采用的刚体极限平衡法只考虑了力的平衡条件，忽略了应力状态及坝体与基础的相互影响。

7.2 混凝土坝的数字监控[56, 82]

通常只在混凝土坝的少数几个观测断面埋设少量观测仪器，对绝大多数坝段内部的温度场和应力场实际是不了解的。施工阶段也不能预测运行阶段坝体的应力，不能及时发现问题、及时采取对策。

运行期能够取得的观测资料包括变位、温度、扬压力等，对于判断大坝工作状态是否正常具有重要价值，但是实际上我们并不知道坝体各点的应力状态。变位观测资料并不能告诉我们大坝的安全系数是多少，在运行期对大坝进行安全评估，目前实际上也是采用设计规范中的方法，因而同样存在前述缺点。笔者提出在仪器监控之外，再进行数字监控，在工程施工和运行的全过程中，进行全坝全过程有限元仿真计算，可及时了解坝体的应力场和安全系数。

7.3 混凝土坝安全评估的有限元全程仿真与强度递减法[54, 55]

有限元全程仿真与强度递减法，简称 SR 法，可以模拟混凝土坝从基础开挖、混凝土浇筑、接缝灌浆到投入运行的全过程，可以求得比较符合实际的应力和变形状态，并对大坝安全作出比较切合实际的评价；可以克服现行安全评估方法的各种缺陷。

在设计阶段采用 SR 法，对坝的设计方案进行了比较精细的安全评估，如法国加日拱坝、托拉拱坝、中国梅花拱坝和响水拱坝那样的事故是可以避免的。在施工阶段，进行现场仿真分析，可随时了解当时大坝的应力状态，并可预报后期大坝应力状态，如发现问题可及时采取对策，像柯因布兰拱坝那样的重大事故有可能避免。在运行阶段，采用全程仿真可以对大坝的安全状态作出比较切合实际的评估，对陈村拱坝和丰满重力坝进行的安全评估证实了这点[84]。

在对坝体进行全程仿真计算之后，对于重要问题应用强度递减法求出安全系数；对于一般问题，也可用有限元等效应力法求出安全系数。目前应抓紧进行研究，提出相应的软件和准则，按目前的计算机水平，实际计算是不会有困难的。

8 渗流场分析的夹层代孔列法

渗流场对拱坝应力和变形有重要影响，排水孔是渗流场中的奇点，如何考虑排水孔的作用是渗流场有限元分析的一个难点。为此，朱伯芳提出杂交元法[58, 59]，张有天提出边界元与有限元耦合法[60]，王镭等提出子结构法[61]，这些方法用来分析单个坝段是方便的，但用于分析拱坝全坝的渗流场，仍有困难。笔者提出以等效排水夹层代替排水孔列，利用普通三维渗流程序，即可分析有排水孔的三维渗流场[62]。计算结果表明，这一算法在大大简化计算的同时，保持了良好的计算精度。研究了排水孔直径、间距和深度对排水效果的影响[83]。

9　混凝土坝抗地震[63~67, 87]

国内外每次强烈地震之后都有大量房屋、桥梁等结构倒塌，但除了 1999 年台湾 "9·21" 大地震中石冈重力坝因活断层穿过坝体而破坏外，至今还没有一座混凝土坝因地震而垮掉。许多混凝土坝经受烈度 8 度、9 度地震之后而损害轻微，笔者首次从理论上阐明了混凝土坝耐强烈地震而不垮的机理在于混凝土坝平时即以水平荷载为主并具有较大安全系数，在地震时它可调用平时抵抗静水推力的安全余度去抵御巨大的地震荷载。在强震区兴建特高拱坝时需配置跨缝钢筋，过去没有考虑横缝温度变形的影响，笔者首次提出了这个问题及计算方法，计算结果表明其影响相当大。1999 年，我国台湾省发生了百年来最强烈的地震，震区内有众多水利水电工程，笔者系统地介绍了此次地震对水利水电工程的影响。

"拱坝优化方法、程序与应用" 1988 年获国家科学进步二等奖，"高拱坝体形优化及结构设计研究" 1992 年获能源部科技进步一等奖，"高拱坝应力控制标准研究" 2002 年获中国电力科学技术一等奖。

10　结束语

（1）拱坝满应力设计用极简单方法即可对拱坝进行初步优化，计算十分方便，远优于传统的经验方法。

（2）拱坝体形优化可以求出拱坝最优体形，工程应用日益广泛，并已从应用于中、小型拱坝发展到应用于大型高拱坝。

（3）提出的有限元等效应力法及其允许应力标准，已被拱坝设计规范采纳，开拓了有限元方法应用于拱坝的广阔前景。

（4）混凝土坝不宜采用基于 28d 龄期的混凝土强度等级，应采用基于 90d 或 180d 龄期的混凝土标号，此建议已为新编混凝土坝规范所采纳。

（5）我国特高拱坝抗压安全系数偏低，建议适当提高，已为溪洛渡等特高拱坝所采纳。

（6）我国混凝土坝应力分析和稳定分析仍采用七八十年前的老方法，有必要也有条件进行现代化，改用基于全坝全过程有限元仿真的新方法，重要问题进行强度递减非线性计算求出其安全系数，一般问题用有限元等效应力法求出安全系数。

（7）大坝仪器观测并不能给出大坝应力场和安全系数。建议进行大坝数字监控，在施工阶段和运行阶段应进行现场有限元仿真计算，以便了解并预报大坝内部应力状态，便于及时发现问题，及时采取对策。

（8）渗流场分析的夹层代孔列法，计算简单，精度很高，有利于进行混凝土坝地基三维渗流场的分析。

（9）混凝土坝耐强烈地震而不垮的机理在于它平时即以水平荷载为主，而且具有较大的安全系数。

参 考 文 献

［1］朱伯芳，高季章，陈祖煜，厉易生．拱坝设计与研究［M］．北京：中国水利水电出版社，2002．

［2］朱伯芳，黎展眉，张壁城．结构优化设计原理与应用［M］．北京：水利电力出版社，1984．

［3］朱伯芳．有限单元法原理与应用．2 版［M］．北京：中国水利水电出版社，1998．

［4］朱伯芳．朱伯芳院士文选［C］．北京：中国电力出版社，1997．

［5］朱伯芳．中国拱坝建设的成就［J］．水力发电，1999（10）：38-40．

［6］朱伯芳，黎展眉．拱坝的满应力设计［A］．水利水电科学院论文集［C］．第 9 集．北京：水利电力出版社，1982．

［7］朱伯芳．结构满应力设计的松弛指数［J］．水利学报，1983（1）：27-31．

［8］朱伯芳．复杂结构满应力设计的浮动应力指数法［J］．固体力学学报，1984（2）：255-261．

［9］Ricketts R E，Zienkiewicz O C．Optimization of concrete dams［A］．Proc．Intern．Symp，on Numerical Analysis of Dams［C］．1975．

［10］朱伯芳，宋敬廷．双曲拱坝的最优化设计［J］．水利水运科学研究，1980（1）：13-23．

［11］朱伯芳，黎展眉．双曲拱坝的优化［J］．水利学报，1981（2）：11-21．

［12］朱伯芳，张宝康，黎展眉．用快速边界搜索法求解双曲拱坝优化问题［J］．数值计算与计算机应用，1983（4）：218-223．

［13］朱伯芳．双曲拱坝优化设计中的几个问题［J］．计算结构力学及应用，1984（3）：11-21．

［14］朱伯芳，黎展眉．结构优化设计的两个定理和一个新的解法［J］．水利学报，1984（10）：14-21．

［15］朱伯芳．结构优化设计的几个方法［J］．工程力学，1985（2）：43-51．

［16］Zhu Bofang．Optimum design of double-curvature arch dams［A］．Proc．2nd International Conference on Computing in Civil Engineering［C］．1985（11）：31-48．

［17］Zhu Bofang．Internal force expansion method for stress reanalysis in structural optimization［J］．Comm．Appl．Num．Meth．，1991，7：295-298．

［18］朱伯芳．智能优化辅助设计系统［J］．计算技术与计算机应用，1992（2）：27-29．

［19］朱伯芳，贾金生，饶斌．拱坝体形优化的数学模型［J］．水利学报，1992（3）：23-32．

［20］朱伯芳，贾金生，饶斌．在静力与动力荷载作用下拱坝体形优化的求解方法［J］．水利学报，1992（5）：20-26．

［21］Zhu Bofang，Jia Jinsheng，Rao Bin，Li Yiheng．Shape optimization of arch dams for static and dynamic loads［J］．Journal of Structural Engineering，ASCE，1992，118（11）：2996-3015．

［22］Zhu Bofang，Jia Jinsheng，Li Yiheng and Xu Shengyou．Intelligent optimal CAD for arch dams［J］．International Water Power and Dam Construction，March，1994．

［23］朱伯芳，贾金生，厉易生，徐圣由．拱坝的智能优化辅助设计系统—ADIOCAD［J］．水利学报，1994，（7）：32-37．

［24］朱伯芳．结构优化设计讲座．水力发电，1984（4-9）．第一讲，结构优化设计概论；第二讲，结构优化设计的准则法—满应力设计；第三讲，结构优化设计的直接解法；第四讲，结构优化设计的间接解法；第五讲（本讲由盛德举执笔），重力坝和支墩坝的优化设计；第六讲，拱坝、土坝和钢筋混凝土结构的优化设计．

［25］Zhu Bofang，Rao Bin，Jia Jinsheng，Li Yisheng．Shape optimization of arch dams for static and dynamic loads［A］．《Practice and Theory of Arch Dams》［C］．Proceedings of International Symposium on Arch Dams，Nanjing China，Oct．17-20，1992：142-156．

［26］Zhu Bofang. Rao Bin，Jia Jinsheng，Li Yisheng. Intelligent optimal CAD（IOCAD）for arch dams. idem，185-190.

［27］朱伯芳，谢钊. 弹性圆拱的最优中心解 ［J］. 水利水电技术，1986（12）：6-8.

［28］Zhu Bofang. Shape optimization of arch dams ［J］. International Water Power and Dam Construction. March，1987.

［29］朱伯芳，厉易生，张武，谢钊. 拱坝优化十年 ［J］. 基建优化，1987（2，3）.

［30］朱伯芳，谢钊. 高拱坝体形优化设计中的若干问题 ［J］. 水利水电技术，1987（3）：9-17.

［31］Zhu Bofang. Some problems in the optimum design of structures ［C］. Proc. 3rd Intern. Conf. Computing in Civ. Engineering，Vancouver，1988.

［32］Zhu Bofang. Optimum design of arch dams ［J］. Dam Engineering，1990，1（2）：131-145.

［33］朱伯芳，饶斌，贾金生，厉易生. 拱坝体形优化设计进展 ［J］. 混凝土坝技术，1990（1）.

［34］朱伯芳，贾金生，饶斌. 六种双曲拱坝体形优化与比较研究 ［J］. 砌石坝技术，1990（2）.

［35］厉易生，二次曲线拱坝及其体形优化模型 ［J］. 水利学报，1988（7）.

［36］Schmit L A and Miura H. An Advanced Structural Analysis. In：Synthesis Capability ACCESS 2，AIAA/ASME/SAE 17th Structures，Structural Dynamics and Material Conference. 1976：432-447.

［37］Zhu Bofang，Li Yisheng, Xie Zhao. Optimum Design of Arch Dams ［A］. in Serafim，J L and Clough R（editors）：Arch Dams，Proc. Inter. Workshop on Arch Dams[C]. Coimbre，5-9 April，1987，Published by Balkema，Rotterdam，1990.

［38］厉易生，贾金生，朱伯芳. 小湾拱坝优化设计 ［J］. 水力发电，1997（2）：27-29.

［39］厉易生. 拱坝优化设计的 SET 模型 ［J］. 水利学报，1986（10）.

［40］厉易生，范修其. 瑞洋拱坝优化设计 ［J］. 水利水电技术，1985（5）.

［41］厉易生，陈玉夫，杨波，贾金生. 江口椭圆拱坝优化设计 ［J］. 中国水利水电科学研究院学报，2003（3）：221-225.

［42］厉易生. 双目标优化的有效点集及拱坝双目标优化 ［J］. 水力发电，1998（11）.

［43］厉易生. 拱圈线型优选 ［J］. 水利学报，1996（1）：74-77.

［44］厉易生. 拱坝优化体形的坝体最小体积 ［J］. 水利水电技术，1995（10）.

［45］厉易生. 拱坝优化和拱厚曲线 ［J］. 水利学报，1985（11）.

［46］朱伯芳. 高拱坝新型合理体形的研究和应用 ［J］. 水力发电，2001（8）：64-66.

［47］朱伯芳. 国际拱坝学术讨论会专题综述 ［J］. 混凝土坝技术，1987（2）. 水力发电，1988（8）.

［48］朱伯芳. 拱坝的有限元等效应力及复杂应力下的强度储备 ［J］. 水利水电技术，2005（1）：43-36.

［49］朱伯芳. 论坝工混凝土标号与强度等级 ［J］. 水利水电技术，2004（8）：33-37.

［50］朱伯芳. 拱坝应力控制标准研究 ［J］. 水力发电，2000（12）：41-46.

［51］朱伯芳. 论特高拱坝的抗压安全系数 ［J］. 水力发电，2005（2）：27-30.

［52］朱伯芳. 论混凝土坝安全系数的设置 ［J］. 水利水电技术，2007（6）：35-39.

［53］朱伯芳. 关于可靠度理论应用于混凝土坝设计的问题 ［J］. 土木工程学报，1994（4）：10-15.

［54］朱伯芳. 混凝土坝安全评估的有限元全程仿真与强度递减法 ［J］. 水利水电技术，2007（1）：1-6.

［55］朱伯芳. 混凝土坝计算技术与安全评估展望 ［J］. 水利水电技术，2006（10）：32-35.

［56］朱伯芳，张国新，许平，吕振江. 混凝土高坝施工期仿真与温度控制决策支持系统 ［J］. 水利学报，2007（12）.

[57] 朱伯芳. 建设高质量永不裂缝拱坝的可行性及实现策略 [J]. 水利学报，2006（10）：1155-1162.

[58] 朱伯芳. 渗流场中考虑排水孔作用的杂交单元 [J]. 水利学报，1982（9）：32-40.

[59] Zhu Bofang. Hybrid elements considering the effects of draining holes in seepage field [C]. Proc. Intern, Conf. FEM, 1982, Shanghai, China.

[60] 张有天. 用边界元求解有排水孔的渗流场 [J]. 水利学报，1987（7）.

[61] 王镭，刘中，张有天. 有排水孔幕的渗流场分析 [J]. 水利学报，1992（4）.

[62] 朱伯芳，李玥，许平，张国新，渗流场分析的夹层代孔列法 [J]. 水利水电技术，2007（10）.

[63] 朱伯芳. 强地震区高拱坝抗震配筋问题 [J]. 水力发电，2000（7）：20-24.

[64] 朱伯芳. 1999 年台湾 921 集集大地震中的水利水电工程 [J]. 水力发电学报，2003（1）：72-76.

[65] 朱伯芳. 拱坝、壳体和平板的振动及地面运动相位差的影响 [J]. 水利学报，1963（2）：61-64.

[66] 朱伯芳. 论混凝土坝的抗地震问题 [J]. 水利水电技术，1963（3）：17-29.

[67] Zhu Bofang. Vibration of arch dams, shells and plates with special reference to the effects of phase difference of ground displacements [J]. Scientia Sinica, 1964, XIII（6）.

[68] 朱伯芳，宋敬廷，陈辉成. 复杂基础上混凝土坝的非线性有限单元分析 [J]. 技术参考资料，水利水电，1978，（7）.

[69] 朱伯芳，宋敬廷. 弹性厚壳曲面有限单元在拱坝应力分析中的应用 [J]. 水利水运科学研究，1979（1）：26-41.

[70] 朱伯芳. 计算拱坝的一维有限单元法 [J]. 水利水运科学研究，1979（2）：18-29.

[71] 朱伯芳. 对宽缝重力坝的重新评价 [J]. 水利水电技术，1963（10）：35-39.

[72] 朱伯芳，饶斌，贾金生. 变厚度非圆形拱坝应力分析 [J]. 水利学报，1988（11）：17-28.

[73] 朱伯芳，饶斌，贾金生. 拱坝应力分析及 ADAS 程序 [J]. 计算技术与计算机应用，1988（1）：7-34.

[74] Zhu Bofang. Rao Bin, Jia Jingsheng. Stress analysis of noncircular arch dams [J]. Dam Engineering, 1991, II（3）：253-272.

[75] 朱伯芳. 杆件—块体连接单元 [J]. 水利学报，1989（11）：18-27.

[76] 朱伯芳，贾金生，厉易生. 拱坝设计中的几个主要问题 [J]. 混凝土坝技术，1995（3）.

[77] 朱伯芳，栾丰. 拱与梁产生裂缝后的失效角 [J]. 水力发电学报，1997（3）：55-61.

[78] 朱伯芳，贾金生，栾丰. 拱坝多拱梁非线性分析 [J]. 水利水电技术，1997（7）：36-39.

[79] 朱伯芳，厉易生. 提高拱坝混凝土强度等级的探讨 [J]. 水利水电技术，1999（3）：15-19.

[80] DL 5108—1999《混凝土重力坝设计规范》. 北京：中国电力出版社，2000.

[81] 中国水利水电科学研究院，西北勘测设计研究院. 黄河拉西瓦拱坝体形优化研究报告 [R]. 2005.

[82] 朱伯芳. 混凝土坝的数字监控 [J]. 水利水电技术，2008（2）.

[83] 朱伯芳，李玥，张国新. 渗流场中排水孔间距、深度与直径对排水效果的影响 [J]. 水利水电技术，2008（3）.

[84] 朱伯芳，张国新，郑璀莹，贾金生. 混凝土坝运行期安全评估与全坝全过程有限元仿真分析 [J]. 大坝与安全，2007（6）：9-12.

[85] 朱伯芳. 水工结构与固体力学论文集 [C]. 北京：水利电力出版社，1988.

[86] 朱伯芳. 朱伯芳院士文选 [C]. 北京：中国电力出版社，1997.

[87] 朱伯芳. 混凝土坝耐强烈地震而不垮的机理 [J]. 水利水电技术，2009（1）.

关于我国退田还湖和封山植树问题的一些思考[❶]

摘　要：我国人口的过度膨胀极大地增加了治水的难度，导致在江河中、下游过度围垦，在江河上游滥垦滥伐，并使中、下游分洪区难以启用。在治水的同时，应严格贯彻计划生育、防止人口继续过度增加。行洪河滩上的围垦圩堤及有碍行洪的局部圩垸应该清除，但大面积的已围垦的圩垸已居住大量人口，退田还湖难以实行，似宜采用较低防洪标准、建立避水措施，以便平常年份可以正常生活、大水年份牺牲一季农作物、吸纳洪水为干流分洪。为防止水土流失，超过 25° 坡地禁止开垦、25° 以下坡地实现梯田化是十分必要的，为了遏制滥伐森林，短期内在江河上游严禁伐树也是必要的。但中国是木材资源贫乏的国家，长期封山未必有利，应从选育速生优良树种、建立合理的砍伐制度出发，研究一套合理利用江河上游森林资源的方法和制度。

关键词：退田还湖；封山植树；合理的砍伐制度

On the Recovery of Lost Lakes by Stopping of Farming and Closing Hillsides to Facilitate Afforestation in China

Abstract：As there are big population in the embanked area，it is difficult to restore the lost lakes by stopping of farming. It is suggested to adopt lower standard of flood protection for the polder than that of the main river and let the people to reside in a higher area. Because China is short of timber resources，it is disadvantageous to close hillsides forever to facilitate afforestation. It is more favorable to establish reasonable rules and regulations for cutting and afforestation.

Key words: recovery of lost lakes, stopping of farming, closing hillsides, afforestation

1　前言

1998 年我国长江、嫩江流域遭遇特大洪水，促使广大水利工作者进行思考，在文献 [1] 中笔者已提出过一些看法，现在再提出一些看法，供有关方面参考。

2　人口过度膨胀增加了治水的难度，在治水的同时必须坚决贯彻计划生育

美国受洪水威胁土地面积有 65 万 km²，但其间居民只有 3000 万，大江大河的防洪标准均

---

❶　本文系 1998 年底在水利部一次会议上的发言稿，原载《科技导报》1999 年第 4 期，原题为《关于我国防洪问题的一些思考》。

为 100 年一遇洪水，因此，虽然也频频发生洪水，但灾害相对较小。例如，1993 年密西西比河发生 500 年一遇洪水，造成 150 亿～200 亿美元损失，迁移人口只 54000 人。

中国人口众多，在受洪水威胁的 100 万 km² 土地上，居住着近 6 亿人口。人口的过度膨胀，极大地增加了治水的难度。

（1）人口过度膨胀的第一个后果是导致江河中、下游的过度围垦。在人口稀少的古代，人住在高处，河流行洪面积大，水位低。随着人口的增加，在洪泛区内筑堤开垦，这是发展生产所必需。但后来由于人口过度增加导致过度围垦，形成人与水争地的严重局面，对湖滩地大量围垦。40 年来，仅湖南、湖北、江西、安徽、江苏 5 省围垦湖泊的面积超过 12000km²，相当于目前洞庭湖面积的 4 倍多，围垦的结果，大湖变小，小湖消亡。因围垦而消失的湖泊达 1100 多个，如湖北省，20 世纪 50 年代初有湖泊 1066 个，水面 8300km²，由于围垦，到 80 年代仅余湖泊 83 个，水面 2484km²；洞庭湖水面由 4350km² 减少到 2740km²；鄱阳湖由 5000km² 减少到 3600km²。湖泊的消失和萎缩，使蓄洪能力大大减小。甚至在行洪河道的滩地上筑堤围垦，形成河道行洪的障碍。

（2）人口过度膨胀的第二个后果是导致江河上游的滥垦滥伐，山区坡地被大量开垦，山区森林被大量砍伐。滥垦滥伐的结果，形成严重的水土流失，不但破坏了生态平衡，而且使江河湖库淤积日趋严重。

（3）人口过度膨胀的第三个后果是导致洪水期间分洪区难以启用。如荆江分洪区，20 世纪 50 年代只有 17 万人口，目前已增加到 50 万人口，居民的大量增加，使得洪水期间难以下决心启用分洪区。

据报道，今年防洪中，发现有的农家竟有 2 男 3 女共 5 个子女，这说明我国农村计划生育问题的严重。为了解决我国的防洪问题，除了加大水利建设力度外，严格执行计划生育法规、防止人口的进一步过度增长是刻不容缓的。

3　关于退田还湖

退田还湖是一个良好的愿望，但实现起来难度很大，已经围垦的圩垸内居住着大量人口，退田之后，如何安置？即使由政府帮助寻找地方建立村镇、解决了居住问题，但要解决大量人口的生活问题绝非易事。

笔者认为，在河滩围垦的圩堤及局部有碍行洪的圩垸是应该坚决清除的，至于大面积的已经围垦的圩垸，从我国人口众多的现实出发，很难退田还湖，似以采用下列办法为宜。

（1）对围垦圩垸采用较低的防洪标准。对于围垦的圩垸采用比江河干流较低的防洪标准，例如，大江大河干流采用 100 年一遇，而围垦圩垸采用 10 年一遇标准，在低于 10 年一遇洪水时，圩垸内不受洪水淹没，居民可进行正常生产。当遇到超过 10 年一遇的洪水时，圩垸即任其被淹没，以吸纳洪水，起到分洪的作用，10 年之中，有 9 年正常收获，1 年被淹损失一季农作物，对当地人民的生活影响不大。

（2）采用有效的避水措施。根据当地实际情况，采取有效避水措施。一种办法是建筑多层（2～4 层）避水房屋，在房屋基础、建筑材料和房屋结构上采取措施，使水淹之后，房屋不至倒塌，人住上层，可安全度过汛期。另一种办法是把圩堤局部加高加宽，人住圩堤上；或筑台聚居，把村庄面积缩小，筑成土台，人住台上，为筑台而挖的坑塘，平常年份可以抗旱、养鱼。

这样，在平常年份，圩垸内可以正常耕作收获，碰到大水，圩垸被淹没，吸纳洪水，居民可安全度汛，只损失一季农作物。避水措施的实施虽然需要一定资金，但与退田还湖、安置大量居民相比，毕竟要容易得多。

4 关于封山植树

中国既是人口大国，又是资源贫国，这是我们研究一切问题必须面对的现实。

目前长江上游滥垦滥伐，造成严重水土流失，必须严格治理，超过 25°坡地严禁开垦，已开垦的 25°以下坡地应尽量梯田化，这些措施是绝对必要的。为了遏制滥伐森林，短期内禁止砍伐森林也是必要的，但从长远角度看，是否永远"封山"，似乎值得探讨。

中国的木材资源是贫乏的，西南地区由于雨水多、气温高，成材速度远高于东北地区，如何合理利用西南地区的森林资源是值得研究的。森林具有一定的涵蓄雨水的作用，但其作用是有限的。我国汛期长，在前期降水中森林涵蓄水分已经饱和之后，再降暴雨，森林涵蓄雨水的作用即将递减，而且长期封山，林木间通风、日照条件不良，底层植被减少，林床裸露，并不利于水土保持。从选育速生优良树种，建立合理的砍伐制度出发，研究出一套合理利用江河上游森林资源的方法和制度，似乎更适合于我国持续发展的需要。

参 考 文 献

[1] 朱伯芳. 增强忧患意识，变被动抗洪为主动防洪 [J]. 中国水利水电科学研究院院刊，第 2 卷第 2 期. 1998 年 10 月.

我国应大力加强应用研究❶

摘　要：从长远来看，基础研究和应用研究都是重要的，但我国仍是一个发展中国家，应用研究对我国更为迫切。基础研究成果是公开发表、不予保密的，应用研究重要成果多半是保密的，关键成果，花钱都买不来。应用研究也需要一定的技术储备，要有一部分超前的研究工作，这些工作主要依靠国家的支持。应用研究中有相当部分是为社会公益服务的非盈利的，只能依靠国家支持。

关键词：应用研究；技术储备；国家支持

On the Necessity of Strengthening Researches on Applied Science in China

Abstract：　Both the fundamental science and the applied science are important for a country from a long-term point of view. Being still a developing country，applied science is more urgent for China at present，so it is necessary to strengthen researches on applied science in our country.

Key words: applied science, technical storage, national support

1　作为一个发展中国家，我国迫切需要加强应用研究

从长远来看，基础研究和应用研究都是重要的，但我国目前仍是一个发展中国家，急需加强应用研究（包括应用基础研究和应用技术研究）。

基础研究成果是公开发表、不予保密的，应用研究重要成果多半是保密的，关键成果，花钱都买不来。我国是一个发展中国家，工业生产技术还比较落后，产品竞争力不强。与基础研究相比，在当前，应用研究对我国更为迫切。应用研究上不去，工业生产技术上不去，核心生产技术只好依赖外国，生产利润被外国人拿去大头，我们自己只能拿到小头甚至零头，国家富裕不了，就不可能长期拿出大量经费来支持基础研究。相反，如果应用研究搞好了，我们自己掌握了核心技术，产品有竞争力，企业才能富起来、国家才能富起来，国家富裕后就有可能拿出更多经费支持基础研究，这是一个辩证的关系。目前我国对科研的投入本来就偏少，而新增加的政府科研经费又大多投入到基础研究中去了，对应用研究，支持乏力。在国外，即使在发达国家，政府科技投入主要向应用研究倾斜。如 1985 年，应用研究占政府科

---

❶　本文原为 2004 年由笔者执笔向中国工程院提出的一份"院士建议"，提名人包括陈厚群、卢耀如、冯叔瑜、曹楚生、赵法箴、沙庆林、韩其为、黄熙龄、谢礼立、朱伯芳等 11 位院士和徐培福、姚燕两位研究员。

技投入的比例，日本为 87.0%，美国为 79.1%。

2003 年非典型肺炎首先在我国内地发生，但首先找到病原体（冠状病毒）的并不是首先发生疫情并拥有 13 亿人口的中国内地的科学家，而是后发生疫情并只有几百万人口的香港特区的科学家，原因何在？世界卫生组织传染病防治司来华考察小组负责人艾伦·施努尔说："中国的病毒学家是世界一流的，但设施有点落后"。"我们参观了一些非常漂亮的新医院，有的是耗资若干亿元建立起来的，再看北京的病毒研究机构：楼房是旧的，设施是旧的。这说明中国的公共卫生拨款跟不上它的长远需求。""中国宁愿不断兴建医院而不愿投资于科研，因为医院可以从患者手里收费，而科研工作不会马上产生经济效益"。（见《参考消息》2003年 4 月 23 日）

建议加大对应用研究的支持力度。

2 "企业办科研"不等于"科研单位企业化"

科研面向经济建设、为经济建设服务的方针是正确的。但总体来说，科研成果不是现成商品，多数不能直接投入市场去卖钱，即使在西方资本主义国家，科研单位本身作为企业进入市场是很少的。科研单位主要有两种形式：一种由政府办理，一种由企业办理。

一个大型生产企业，内部通常由三部分组成：一部分搞研究开发，主要研究开发新产品；一部分生产当前出售的产品；一部分搞产品销售及售后服务。三部分合起来作为一个整体进入市场竞争。在企业内部，搞研究开发的人是拿工资的，并不直接面向市场，这是企业办科研。

也有几个企业联合起来办科研单位的，例如日本中央电力研究所，由几个电力公司联合出资兴办，每年按固定比例从各公司出售的电费中拨款给该所，经费十分充裕，由各电力公司出人组成董事会指导该所研究方向。

在西方发达国家，也有不少科研单位是由政府办理的。如日本建设省下属土木研究所，每年政府给该所拨款约合人民币 15 亿元，人均 300 万元，经费是十分充足的。

我国的应用研究院所，如果能与生产企业合并，成为企业的研究开发部，应该说是合理的选择。把众多科研院所本身变为企业，直接进入市场，其中一部分开发出了自己的特色产品，转变为科技型企业，既能从事研究开发，又有产品投入市场，发展前景是好的；但也有相当多的院所，为了求生存，只好抓短平快，主要转变为搞生产，科研工作滑坡，科研队伍萎缩，从长远看，对国家发展是不利的。

"企业办科研"和"科研单位企业化"是两种不同的做法，我们应重视科研单位转制为企业所带来的一些负面影响，设法加以克服。

3 应用研究的发展离不开国家的支持

应用研究的发展急需国家的支持，因为：

（1）应用研究中有相当部分是为社会公益服务的、非盈利的，如农业、林业、水利、环保、医疗卫生等领域的诸多应用研究，不可能从市场赚钱，只能依靠国家出资（这方面科技部已有所筹划）。

（2）应用研究内容包括应用基础研究和应用技术研究两部分，在西方发达国家，应用技术研究主要靠企业支持，而应用基础研究，主要还是靠国家支持。如前述日本建设省下属土木（含土建、水利、交通）研究所，政府每年对该所拨款合人民币 15 亿元，从事土木工程的应用研究。我国土木工程建设规模全世界第一，每年投资 1.5 万亿元以上，远远超过日本，但科研投入很少，很不相称。

（3）各行各业都需要不断创新，不断研究新思路、新方法、新技术。因此，应用研究也需要一定的技术储备，要有一部分超前的研究工作，只有这样才能不断创新、不断提出高水平的研究成果。但超前的科研工作不可能百分之百地成功，总有一定风险，在我国目前情况下，这种作为技术储备的超前的应用研究，主要还是要依靠国家的支持。

（4）每个大的行业，都有一些共性的研究和技术标准、规程规范等研究，这些工作也要依靠国家的支持。

（5）我国大量中、小型企业，它们一般没有自己的研究开发部，如果每个大行业都有一个国家研究院所，对它们会有较大支持。

4 构建我国应用研究的"国家队"

我国体育有国家队，取得了举世瞩目的成绩，我国的应用研究也需要"国家队"，需要有一批国家办的应用型科研所，从事上节所述必须由国家支持的应用研究工作（当然，各省市还要有自己的"省队""市队"）。

我国当前企业的自主研究开发能力还比较薄弱，新技术主要靠引进，保持一支精干的、强有力的应用研究"国家队"是十分必要的。

本文初稿承陈厚群、卢耀如、冯叔瑜、曹楚生、赵法箴、沙庆林、韩其为、黄熙龄、谢礼立诸院士和徐培福、姚燕两研究员审阅，并提出了许多宝贵意见，特此致谢。

第 16 篇

用英文发表的论文
Part 16　Papers Published in English

The Effect of Pipe Cooling in Mass Concrete
with Internal Source of Heat[❶]

Abstract： An accurate solution for the plane problem of pipe cooling of mass concrete with internal source of heat was given by means of Laplace transformation. Then an approtimate solution of 3D cooling of mass concrete considering the rise of water temperature was obtained by integral equation. A group of dimensionless curves are given for the use of designers to avoid the cumbersome computation.

Key words： pipe cooling，mass concrete，internal source of heat，computing curves

In the design and construction of high concrete dams, the cooling of concrete is a very important problem. Experience shows that pipe cooling is a very convenient method for artificial cooling. It is now in common use in many countries. In order to determine the effect of pipe cooling, R. E. Glover solved the problem without internal source of heat[1]. But the internal source of heat is an important factor in the temperature control of mass concrete, on account of the heat of hydration of cement. Of course, the problem is more difficult and it is impossible to solve it by the classical method. The present writer has obtained the exact solution of the plane problem[2] and an approximate solution of the spatial problem[3]. The principal results and charts are presented in this paper.

The pipes are staggered in successive lifts of concrete, as shown in Fig.1. The cross section cooled by each pipe is in the form of a hexagon. Because of symmetry, there is no flow of heat across the outer boundary, where the temperature gradient equals to zero. The temperature at the inner boundary is equal to that of water. In the following discussion, the concrete cooled by each pipe will be assumed to be a hollow cylinder of outer radius b and inner radius c, with a cross-sectional area equal to that of the hexagonal prism, as shown in Fig.2.

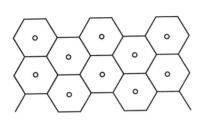

Fig.1

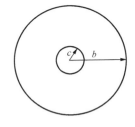

Fig.2

The heat generated by hydration of cement in unit volume of concrete per unit of time may be expressed by

❶ 原载 Scientia Sinica［《中国科学(英文版)》］，Vol. X，No.4，1961。

$$A = A_0 e^{-\beta t} \tag{1}$$

where t is the time, A_0 and β are constants determined by the thermal properties of cement and concrete.

First, we consider the plane problem. The differential equation of conduction of heat in polar coordinates is

$$\frac{\partial T}{\partial t} = a\left(\frac{\partial^2 T}{\partial r^2} + \frac{1}{r}\frac{\partial T}{\partial r}\right) + \frac{A_0}{c_0\rho}e^{-\beta t} \tag{2}$$

where T is the temperature, t the time, r the radius, a the diffusivity constant, c_0 the specific heat, and ρ the density.

Taking the temperature of cooling water as the zero point of temperature, and assuming the initial temperature of concrete to be T_0, we find that the initial and boundary conditions are

$$\left.\begin{array}{lll} t = 0, & c \leqslant r \leqslant b, & T = T_0 \\ t > 0, & r = c, & T = 0 \\ t > 0, & r = b, & \dfrac{\partial T}{\partial r} = 0 \end{array}\right\} \tag{3}$$

Since Eq.(2) is a linear differential equation, we may resolve our problem as follows

Let

$$T = U + V \tag{4}$$

where U satisfies the following equations

$$\frac{\partial U}{\partial t} = a\left(\frac{\partial^2 U}{\partial r^2} + \frac{1}{r}\frac{\partial U}{\partial r}\right) \tag{5}$$

$$\left.\begin{array}{lll} t = 0, & c \leqslant r \leqslant b, & U = T_0 \\ t > 0, & r = c, & U = 0 \\ t > 0, & r = b, & \dfrac{\partial U}{\partial r} = 0 \end{array}\right\} \tag{6}$$

and V satisfies the following equations

$$\frac{\partial V}{\partial t} = a\left(\frac{\partial^2 V}{\partial r^2} + \frac{1}{r}\frac{\partial V}{\partial r}\right) + \frac{A_0}{c_0\rho}e^{-\beta t} \tag{7}$$

$$\left.\begin{array}{lll} t = 0, & c \leqslant r \leqslant b, & V = 0 \\ t > 0, & r = c, & V = 0 \\ t > 0, & r = b, & \dfrac{\partial V}{\partial r} = 0 \end{array}\right\} \tag{8}$$

Thus, the cooling problem of concrete with initial temperature T_0 and internal source of heat $A_0 e^{-\beta t}$ is resolved into two problems: one with initial temperature T_0 and no internal source of heat, the other with zero initial temperature and internal source of heat $A_0 e^{-\beta t}$. The required solution may be obtained by superposition.

By means of the Laplace transform, we obtain the solution of Eqs. (5) and (6) as follows

$$U = T_0 \sum_{n=1}^{\infty} \frac{2e^{-a\alpha_n^2 t}}{\alpha_n} \times$$

$$\frac{J_1(\alpha_n b)Y_0(\alpha_n r) - Y_1(\alpha_n b)J_0(\alpha_n r)}{c[J_1(\alpha_n b)Y_1(\alpha_n c) - J_1(\alpha_n c)Y_1(\alpha_n b)] + b[J_0(\alpha_n c)Y_0(\alpha_n b) - J_0(\alpha_n b)Y_0(\alpha_n c)]} \quad (9)$$

In engineering practice, we are interested in the mean temperature, which is

$$U_m = \frac{4T_0 bc}{b^2 - c^2} \sum_{n=1}^{\infty} \frac{e^{-\alpha_n^2 b^2 \cdot at/b^2}}{\alpha_n^2 b^2} \times$$

$$\frac{Y_1(\alpha_n b)J_1(\alpha_n c) - Y_1(\alpha_n c)J_1(\alpha_n b)}{\frac{c}{b}[J_1(\alpha_n b)Y_1(\alpha_n c) - J_1(\alpha_n c)Y_1(\alpha_n b)] + [J_0(\alpha_n c)Y_0(\alpha_n b) - J_0(\alpha_n b)Y_0(\alpha_n c)]} \quad (10)$$

The solution of Eqs. (7) and (8) is

$$V = \theta_0 e^{-(b\sqrt{\beta/a})^2 at/b^2} \left[\frac{Y_1(b\sqrt{\beta/a})J_0(r\sqrt{\beta/a}) - J_1(b\sqrt{\beta/a})Y_0(r\sqrt{\beta/a})}{Y_1(b\sqrt{\beta/a})J_0(c\sqrt{\beta/a}) - J_1(b\sqrt{\beta/a})Y_0(c\sqrt{\beta/a})} - 1 \right] +$$

$$2\theta_0 \sum_{n=1}^{\infty} \frac{e^{-\alpha_n^2 b^2 at/b^2}}{\left[1 - \dfrac{\alpha_n^2 b^2}{(b\sqrt{\beta/a})^2}\right]\alpha_n b} \times \quad (11)$$

$$\frac{Y_0(\alpha_n r)J_1(\alpha_n b) - Y_1(\alpha_n b)J_1(\alpha_n r)}{\frac{c}{b}[J_1(\alpha_n b)Y_1(\alpha_n c) - J_1(\alpha_n c)Y_1(\alpha_n b)] + [J_0(\alpha_n c)Y_0(\alpha_n b) - J_0(\alpha_n b)Y_0(\alpha_n c)]}$$

The mean temperature is

$$V_m = \theta_0 e^{-(b\sqrt{\beta/a})^2 \cdot at/b^2} \left[\frac{2bc}{(b^2 - c^2)b\sqrt{\beta/a}} \times \frac{J_1(b\sqrt{\beta/a})Y_1(c\sqrt{\beta/a}) - J_1(c\sqrt{\beta/a})Y_1(b\sqrt{\beta/a})}{J_0(c\sqrt{\beta/a})Y_1(b\sqrt{\beta/a}) - J_1(b\sqrt{\beta/a})Y_0(c\sqrt{\beta/a})} - 1 \right] +$$

$$\frac{4\theta_0 bc}{b^2 - c^2} \sum_{n=1}^{\infty} \frac{e^{-(a_n b)^2 \cdot at/b^2}}{\left[1 - \dfrac{a_n^2 b^2}{(b\sqrt{\beta/\alpha})^2}\right]\alpha_n^2 b^2} \times \quad (12)$$

$$\frac{J_1(\alpha_n c)Y_1(\alpha_n b) - J_1(\alpha_n b)Y_1(\alpha_n c)}{\frac{c}{b}[J_1(\alpha_n b)Y_1(\alpha_n c) - J_1(\alpha_n c)Y_1(\alpha_n b)] + [J_0(\alpha_n c)Y_0(\alpha_n b) - J_0(\alpha_n b)Y_0(\alpha_n c)]}$$

where $\theta_0 = \displaystyle\int_0^{\infty} \frac{A_0 e^{-\beta t}}{c\rho} dt = \frac{A_0}{c\rho\beta}$ is the final adiabatic temperature rise of concrete without cooling

pipes, and α_n are the roots of the following characteristic equation

$$J_0(\alpha_n c)Y_1(\alpha_n b) - J_1(\alpha_n b)Y_0(\alpha_n c) = 0 \quad (13)$$

For $b/c=100$, the first five roots of Eq.(13) are $\alpha_1 b=0.7167$, $\alpha_2 b=4.290$, $\alpha_3 b=7.546$, $\alpha_4 b=10.766$, and $\alpha_5 b=13.972$.

J_0 and J_1 are the Bessel functions of the first kind of zero and first order respectively. Y_0 and Y_1 are the Bessel functions of the second kind of zero and first order respectively.

In the above discussion, the temperature of the water is assumed to be constant. Practically, when

concrete is cooled by water flowing in the pipes, the flow of heat from the concrete to the water will continually warm the water, as it moves toward the outlet end of the pipe. This results in different cooling rates for all points along the length of the pipe. It is necessary, therefore, to account for this varying rate of heat flow, if accurate formulas for cooling pipes are to be determined.

Owing to the linearity of the problem, the flow of heat may be resolved into two parts: (i) Q_1, the heat flowing from the concrete to the water when the temperature of the cooling water is kept constant; and(ii) Q_2, the heat flowing from the warmed water to the concrete with zero initial temperature.

From Eq. (11), the heat flowing to the water from unit length of the concrete cylinder per unit of time due to internal source of heat is

$$\frac{\partial Q_1}{\partial L} = 2\pi c\lambda \left[-\frac{\partial V}{\partial r} \right]_{r=c} \tag{14}$$

From Eq. (10), if at time τ the temperature of water rises 1℃, i.e. the initial temperature of concrete at time τ is $T_0=-1$℃, then at time t the heat flowing from the warmed water in unit length of pipe per unit of time due to unit initial temperature difference is

$$\pi(b^2 - c^2)C_0\rho \left[-\frac{dU_m}{dt} \right]_{T_0=1}$$

Let the temperature of water be $Y\theta_0$. Y is a function of time t and length L of the pipe. Then the heat flowing from the warmed water per unitr length of pipe per unit of time is

$$\frac{\partial Q_2}{\partial L} = \pi(b^2 - c^2)C_0\rho\theta_0 \int_0^t \left[-\frac{dU_m}{dt} \right]_{T_0=1} \frac{\partial Y}{\partial \tau} d\tau \tag{15}$$

The heat absorbed by the water in the interval 0–L, which results in the rise of temperature of water to $Y\theta_0$, is

$$Q_3 = q_w C_w \rho_w \theta_0 Y$$

where C_w is the specific heat of water, ρ_w the density of water, and q_w the discharge of water.

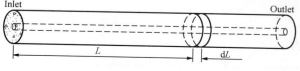

Fig.3

The three parts of heat found above must be balanced

$$Q_3 = \int_0^L \frac{\partial Q_1}{\partial L} dL - \int_0^L \frac{\partial Q_2}{\partial L} dL$$

or

$$c_w\rho_w q_w \theta_0 Y + 2\pi c\lambda L \left[\frac{\partial V}{\partial r} \right]_{r=c} -$$
$$\pi(b^2 - c^2)C_0\rho\theta_0 \int_0^t \int_0^L \left[\frac{dU_m(t-\tau)}{dt} \right]_{T_0=1} \frac{\partial Y}{\partial \tau} d\tau dL = 0 \tag{16}$$

This is an integral equation. Substituting in it the dimensionless parameters $\xi = \dfrac{\lambda L}{C_w\rho_w q_w}$ and

$d\xi = \dfrac{\lambda dL}{C_w \rho_w q_w}$, we obtain the following dimensionless equation

$$Y + \frac{2\pi c\xi}{\theta_0}\left[\frac{\partial V}{\partial r}\right]_{r=c} - \frac{\pi(b^2 - c^2)}{a}\int_0^t \int_0^\xi \left[\frac{dU_m(t-\tau)}{dt}\right]_{T_0=1} \frac{\partial V}{\partial \tau} d\xi d\tau = 0 \qquad (17)$$

Solving the above equation by the numerical method, we may obtain the temperature of water $Y\theta_0$. Then the mean temperature $Z\theta_0$ of the concrete cylinder at the section at a distance L from the inlet end may be calculated as follows

$$Z\theta_0 = V_m + \int_0^t \left\{1 - \left[\frac{dU_m(t-\tau)}{d\tau}\right]_{T_0=1}\right\}\frac{\partial Y}{\partial \tau} d\tau \qquad (18)$$

In engineering practice, we are interested in the mean temperature $X\theta_0$ of the whole concrete cylinder of total length L; this mean temperature may be calculated by the following equation

$$X = \frac{1}{\xi}\int_0^\xi Z d\xi \qquad (19)$$

The above calculation is quite laborious, principally on account of the integral equation(17). Thus, a pair of charts are prepared to facilitate the application. The charts are expressed in dimensionless parameters and are given for $b/c=100$. Since the rate of cooling of the

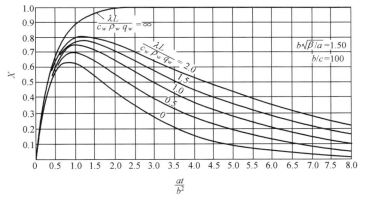

Fig.4

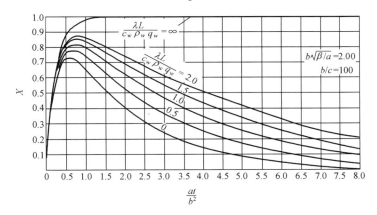

Fig.5

concrete is proportional to the diffusion constant for b/c different from 100, the charts may be used as they are, and the true diffusion constant may be replaced by an equivalent fictitious diffusion constant a_f obtained from the following formula

$$a_f = a \frac{\log 100}{\log(b/c)}, \quad 10 \leqslant b/c \leqslant 100$$

References

［1］ U. S. Bureau of Reclamation 1949 *Cooling of Concrete Dams*.

［2］ Zhu Bofang 1956 Calculation of temperatures in concrete dams, *Chinese Hydraulic Engineering*(in Chinese) , No. 11, pp. 8-20; No. 12, pp. 48-60.

［3］ Zhu Bofang. Calculation of temperatures in mass concrete with internal source of heat, cooled by embedded pipes 1957 *Journal of Hydraulic Engineering*, No. 4, pp. 87-106.

Hybrid Elements Considering the

Effect of Draining Holes in Seepage Field[0]

Abstract: A hybrid element is proposed to compute the seepage field with draining holes. Near the draining hole, a special element is designed to consider its effect. For the rest part, the conventional elements are used, and on the contact surface of the different elements, the Lagrange multiplier is applied so as to meet the requirements of the continuity conditions. The method of solution and relevant formulas are given for 2D and 3D seepage fields.

Key words: hybrid element, seepage field, draining hole

The draining hole is a kind of quite important measures often adopted in engineering. It is a rather difficult and unsolved problem as to how to consider the effect of the draining hole in the finite element analysis of the seepage field[1, 2]. This article deals with the solution of the problem by means of the hydrid element. Near the draining hole, a special element is designed to consider its effect. For the rest part, conventional elements are used, and on the contact surface of the different elements, the Lagrange multiplier is applied so as to meet the requirements of the continuity conditions. The method of calculation and relevant formulae are given respectively for the two-dimensional, the three-dimensional and the quasi-two-dimensional seepace fields.

1 Two-dimensional seepage field

It is assumed that the potential function of the seepage flow is φ, the region for solution is A, on the boundary ∂A_{φ}, $\varphi = \bar{\varphi}$, and on the boundary ∂A_{η}, $\partial A_{\eta} = \bar{\varphi}_{\eta}$, where η is the boundary normal, and on the edge of the draining hole $\partial \lambda_0$, $\varphi = \varphi_0$ as shown in fig.1. In the light of the variational principle, this problem can be transformed into that of the extreme value of a functional: In ∂A_{φ}, $\varphi = \bar{\varphi}$, in ∂A_0, $\varphi = \varphi_0$, and the functional

$$\Pi = \int_A \left[v \cdot \nabla \varphi - \frac{1}{2}(u^2 + v^2) \right] dA - \int_{\partial A_{\eta}} \varphi \bar{\varphi}_{\eta} ds \tag{1}$$

$$= \min$$

where

---

❶ 原载 Proc. Intern. Conf. on FEM, Shanghai; Science Press, 1982。

$$v = \begin{Bmatrix} v_X \\ v_Y \end{Bmatrix} = \begin{Bmatrix} U \\ V \end{Bmatrix} = \begin{Bmatrix} \partial\varphi/\partial X \\ \partial\varphi/\partial Y \end{Bmatrix} \tag{2}$$

On the interface of different elements, the continuity conditions $(V, \eta)_{\text{I}} + (V, \eta)_{\text{II}} = 0$ must be satisfied. Introducing thr Lagrange multiplier $\tilde{\varphi}$, which equals to φ in ∂A_η and $\bar{\varphi}$ in ∂A_φ, we define

$$\Pi' = \int \tilde{\varphi} [(v \cdot \eta)_{\text{I}} + (v \cdot \eta)_{\text{II}}] \mathrm{d}s \tag{3}$$

in which the integral is calculated along the whole element boundary. By Π plus Π' and meeting the requirements of $\nabla^2 \varphi = 0$ in the interior of each element, the following equation is thus obtained

$$\Pi_\text{h} = \Pi + \Pi' = \sum \Pi_\text{hm} \tag{4}$$

in which

$$\begin{aligned}
\Pi_\text{hm} = &\int \partial A_\text{m} \tilde{\varphi} v \eta \mathrm{d}s - \int A_\text{m} \frac{1}{2}(u^2 + v^2) \mathrm{d}A \\
&- \int \partial A_{\eta\text{m}} \tilde{\varphi}\bar{\varphi} \mathrm{d}s - \int \partial A_{0\text{m}} \varphi_0 v \eta \mathrm{d}s
\end{aligned} \tag{5}$$

where m represents the serial number of the elements. Special elements are adopted in the vicinity of the draining hole, while conventional elements being used for the rest part. The calculation of the conventional elements is shown in the reference [3]. The formulae for the special element with the draining hole are given as follows: It is required that $\nabla^2 \varphi = 0$ in the interior of the element and $\varphi = \varphi_0$, when $r = a$, where a is the radius of the draining holes. By the method of separation of variables, the solution is obtained as follows

$$\begin{aligned}
\varphi = &\varphi_0 + \beta_1 \ell\text{n}(r/a) - (\beta_2 \sin\theta + \beta_3 \cos\theta)(r - a^2/r) \\
&+ \cdots + (\beta_{2n} \sin n\theta + \beta_{2n+1} \cos n\theta)(r^n - a^{2n}/r^n)
\end{aligned} \tag{6}$$

where β_i represents the undetermined coefficients. From the above equation, the derivatives of φ with respect to r and θ are obtained, thus

$$v = \begin{bmatrix} v_r \\ v_\theta \end{bmatrix} = \begin{bmatrix} \partial\varphi/\partial r \\ \partial\varphi/r\partial\theta \end{bmatrix} = P\beta \tag{7}$$

where $\beta = [\beta_1 \beta_2 \cdots]^\text{T}$. Supposing on the edge of the element

$$\bar{\varphi} = Lq \tag{8}$$

where $q = [q_1\ q_2 \cdots]^\text{T}$ represents the element nodal function values and L represents the matrix of interpolation functions along the boundary of the element, equations (7) and (8) are substituted into the equation (5), then

$$\Pi_\text{hm} = \beta^\text{T} Gq - \frac{1}{2}\beta^\text{T} H\beta - q^\text{T} Q' + \beta^\text{T} F \tag{9}$$

in which $H = \int_{A_\text{m}} P^\text{T} p \mathrm{d}A, G = \int_{\partial A_\text{m}} P^\text{T} \eta L \mathrm{d}s$

$$Q' = \int_{\partial A_{\eta\text{m}}} \bar{\varphi}\eta L^\text{T} \mathrm{d}s, F^\text{T} = [2\pi\varphi_0, 0, 0, \cdots]$$

Making $\partial \Pi_{hm} / \partial \beta = 0$, $\beta = H^{-1}(Gq + F)$ is obtained, and with it substituted into the equation(5), the following equation is derived

$$\Pi_{hm} = \frac{1}{2}q^{\mathrm{T}}kq + q^{\mathrm{T}}Q + \frac{1}{2}F^{\mathrm{T}}H^{-1}F \tag{10}$$

in which

$$Q = G^{\mathrm{T}}H^{-1}F - Q', \ k = G^{\mathrm{T}}H^{-1}G \tag{11}$$

In the above equation k is the element stiffness matrix. In the equation (6), the number of β should be enough, such that $N_\beta = N_q - 1$, where N_β is the number of β and N_q, the number of q[3].

2 Three–dimensional seepage field

Assuming A is the three-dimensional region for solution, the equations(1), (3) and(4) are still tenable, but V and Π_{hm} should be calculated as follows

$$v = \begin{Bmatrix} v_X \\ v_Y \\ v_Z \end{Bmatrix} = \begin{Bmatrix} U \\ V \\ W \end{Bmatrix} = \begin{Bmatrix} \partial\varphi/\partial X \\ \partial\varphi/\partial Y \\ \partial\varphi/\partial Z \end{Bmatrix} \tag{12}$$

$$\Pi_{hm} = \int_{\partial A_m} \overline{\varphi}v \cdot \eta \mathrm{d}s - \int_{A_m} \frac{1}{2}(u^2 + v^2 + w^2)\mathrm{d}A$$
$$- \int_{\partial A_{\eta m}} \overline{\varphi}\varphi'_\eta \mathrm{d}s + \int_{\partial A_{0m}} \varphi_0 v \cdot \eta \mathrm{d}s \tag{13}$$

Special elements are adopted in the vicinity of the drainage hole whereas conventional elements are used for the rest part. On condition that $\nabla^2 \phi = 0$ in the interior of the element with draining hole, the cylindrical coordinates(r, θ, z) are applied and the method of separation of variables is used so as to get the solution which meets the requirements of the above-mentioned conditions

$$\varphi = (P_1 + P_2 z)[1 + \beta_1 \ln(r/a) + (\beta_2 \sin\theta + \beta_3 \cos\theta)(r - a^2/r) + \cdots + (\beta_{2n} \sin n\theta$$
$$+ \beta_{2n+1} \cos n\theta)(r^n - a^{2n}/r^n)] + \sum_s \beta_s[J_0(c_s r)Y_0(c_s a) - J_0(c_s a)Y_0(c_s r)](\mathrm{shc}_s z$$
$$+ \beta'_s \mathrm{chc}_s z) + \sum_n \sum_s \beta'_s[J_n(c_s I)Y_n(c_s a) - J_n(c_s a)Y_n(c_s r)](\sin n\theta + \beta''_s \cos n\theta)(\mathrm{shc}_s z$$
$$+ \beta'''_s \mathrm{chc}_s z) \tag{14}$$

in which $J_n(c_s r)$ and $Y_n(c_s r)$ are the 1st and 2nd kind of Bessel functions respectively, and β are undetermined coefficients. From the above equation, the derivatives of φ with respect to r, θ and z are obtained separately, thus resulting in

$$v = \begin{Bmatrix} v_r \\ v_\theta \\ v_z \end{Bmatrix} = \begin{Bmatrix} \partial\varphi/\partial r \\ \partial\varphi/r\partial\theta \\ \partial\varphi/\partial z \end{Bmatrix} = P\beta \tag{15}$$

The rest calculation is similar to that in the two-dimensional seepage field, so it is omitted here.

3 Ouasi–two–dimensional seepage field

Taking gravity dam for example, the drainage holes in the foundation are usually arranged along the axis of the dam with equal spacing(generally of 3 metres) as shown in Fig.2. Though the seepage field near the drainage hole is three-dimensional, yet it is close to the two-dimensional seepage field in most part of the space farther from the drainage hole. Along the middle plane between the separate drainage holes, the region A is cut into a series of subregions ΔA, in which special elements with three-dimensional seepage field are arranged along the drainage holes as shown in Fig.3. The elements with two-dimensional seepage field are used for the rest part of the subregion ΔA.

As for the element with drainage hole as illustrated in Fig.3 because of symmetry, there exist the relationship $q_1 = q_5$, $q_2 = q_6$, $q_3 = q_7$, $q_4 = q_8$. As the flow through the plane 1 2 3 4 as well as 5 6 7 8 equals to zero due to symmetry, it is unnecessary to calculate the relevant elements in the surface integral G and Q'. As for the rest four separate surfaces, the calculation of the surface integral may be simplified thanks to symmetry. For example, on the surface 2 3 6 7, in which S_{26} implies the thickness of the elements, S the distance starting from the point 2 and S_{23} the length of side 23.

$$\tilde{\varphi} = Lq = S_{26}\left[0, 1 - \frac{S}{S_{23}}, S, 0\right]\begin{Bmatrix} q_1 \\ q_2 \\ q_3 \\ q_4 \end{Bmatrix}$$

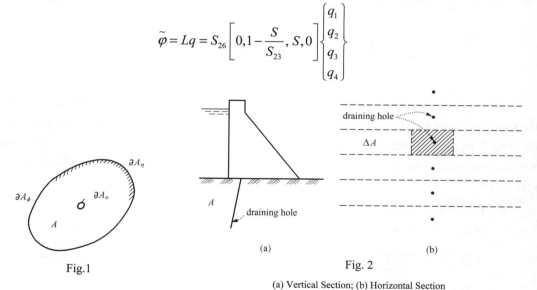

Fig.1

Fig. 2

(a) Vertical Section; (b) Horizontal Section

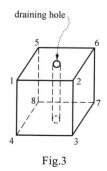

Fig.3

References

［1］ Zhu Bofang. The Finite Element Methods, Theories and Applications, Water Conservancy and Power Publishing House, 1979(in Chinese) .

［2］ O C Zienkiewicz. The Finite Element Method, McGraw-Hill Book Co., 1977.

［3］ Pin Tong, J N Rossettos. Finite Element Method, Basic Technique and Implementation, MIT Press, 1977.

Optimum Design of Arch Dams[❶]

Abstract: The method of mathematical programming is used to determine the optimum shape of arch dam. The shape of the upstream surface and the thickness of the crown cross-section of the dam are expressed by two polinomials. There are 6 types of horizontal arch, namely, two centered circle, three centered circle, parabola, hyperbola, ellipse and logarithmic spiral. The shape and thickness of the arch are also expressed by polinomials. There are 52 variables of all the curves which are determined by method of optimization. This method have been applied to the design of more than 20 practical arch dams with reduction of dam concrete 10%~30%. The mathematical model, methods of solution and examples of application are presented in this paper.

Key words: optimum design, arch dam, two centered circle, three centered circle, parabola, ellipse, hyperbola, logarithmic spiral

Experience shows that shape has a great influence on the economy and safety of an arch dam. At present, the shape of an arch dam is determined mainly by the method of "cut and try", which has a rather low efficiency, and the shape thus obtained is generally not the optimum under given conditions. To achieve optimum design for an arch dam, one must select an optimum shape by mathematical programming. Much progress has been made in China in the area of optimum design of arch dams in recent years[1-11]. Mathematical models and a series of methods of solution have been proposed, and applied to more than 20 practical projects with a considerable reduction in costs. The mathematical model, methods of solution and examples of application are presented in this paper.

1 Discrete geometric model

The suitability of the geometrical model is highly important for the optimum design of arch dams. This model must correspond to the stress state of the arch dam, capable of fully developing the structure's potential and rationally utilizing the strength of materials. On the other hand, in order to facilitate construction, the geometrical model should not be too complicated, otherwise it cannot be easily adopted for the practical project.

Three types of geometrical models for shape optimization of arch dams have been established, namely: the discrete geometrical model, the continuous geometrical model and the mixed

---

❶ 原载 Proc. Intern. Workshop on Arch Dam, Coimbra 5-9 April. 1987, Balkema, 原作者朱伯芳、厉易生、谢钊.

geometrical model. The discrete geometrical model is as follows:

1.1 High discrete geometrical model

As shown in Fig. 1 (a), the neutral plane of the dam is projected to the xy plane and divided into fine mesh with the n nodes. At each node, two design variables exist i.e. the dam thickness t_i and the coordinate z_i in direction of the river. The thickness t and the coordinate z vary linearly between the adjacent nodes. The coordinates x_i and y_i of the internal nodes are constans The boundary nodes on the contact surface of the dam and the foundation will move along the contour line of usable rock, so the coordinate y_i of the boundary node is constant while x_i is computed from z_i.

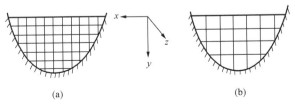

Fig.1   Discrete geometrical , model

(a)High discrete geometrical model; (b)Moderate discrete geometrical model

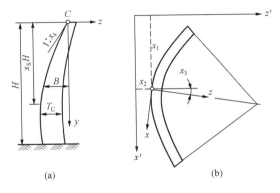

Fig.2   Continuous geometrical model

(a) Vertical section at the crown; (b) Horizontal cross-section

1.2 Moderate discrete geometrical model

As shown in Figure 1b, the neutral plane is also projected to the xy plane but it is divided into rather sparse mesh with less nodes. The thickness t and the coordinate z are also interpolated by spline functions between adjacent nodes.

1.3 Low discrete geometrical model

Continuous geometrical models such as circles, parabolas and logarithmic spirals are adopted in the horizontal direction, while discrete geometrical models are adopted in the vertical directions. For example, the dam is divided into seven layers in the vertical direction. Each horizontal section is a five-centered circular arch with seven design variables: coordinate z of the crown of the central arch, radius of the upstream face R_{UC} and the thickness T_C of the central arch, radius of the upstream face R_{UL}, radius of the upstream face R_{DL} of the left lateral arch, radius of the upstream face R_{UR} and the radius of the downstream face R_{DR} of the right lateral arch.

2 Continuous geometrical model

The shape of the arch dam is defined by a continuous function in the continuous geometrical model. A continuous geometrical model of a five-centered circular arch dam and a parabolic arch dam were established by Zhu and Zhu & Xie.[9, 11] In the following, the geometrical model of a logarithmic spiral arch dam is given.

2.1 Canyon shape and position of the dam axis

In the mathematical model presented here, the canyon shape is arbitrary and is divided into seven layers along the elevation.

The contour lines of the usable rock on both sides are represented by seven broken lines, the nodal coordinates of which are the original data input. The dam axis can move and turn within a designated range to search for the most favorable position.

As shown in Fig. 2, the horizontal coordinates of point C(the top of the upstream face of the central vertical cross-section) are

$$x'=x_1, z'=x_2$$

where x' and z' are the global coordinates. The angle between the plane of the central vertical cross-section and the y' 0 z' plane is x_3 • x_1, x_2 and x_3 are the three design variables which determine the position of the dam axis.

2.2 Shape of central vertical cross-section

The shape of the central vertical cross-section is determined by the curve of the upstream face and its thickness. The coordinate of the upstream face(Fig.2), is expressed by

$$x = B = -x_4 y + \frac{x_4 y^2}{2 x_5 H} \tag{1}$$

where H is the height of the dam and x_4 and x_5 are the two design variables. This formula satisfies the following condition

$$\frac{\mathrm{d}z}{\mathrm{d}y} = \begin{cases} -x_4, & \text{where } y = 0 \\ 0 & , \text{where } y = x_5 H \end{cases} \tag{2}$$

so that the slope at the crest is $-x_4$, and $y=x_5 H$ is the point where the slope of the upstream face changes from positive to negative.

The thickness of the central vertical cross-section is expressed as follows

$$\begin{aligned} T_c = x_6 + (\alpha_3 x_6 + \alpha_4 x_7 + \alpha_5 x_8 + \alpha_6 x_9)(y/H) \\ + (\beta_3 x_6 + \beta_4 x_7 + \beta_5 x_8 + \beta_6 x_9)(y/H)^2 \\ + (\gamma_3 x_6 + \gamma_4 x_7 + \gamma_5 x_8 + \gamma_6 x_9)(y/H)^3 \end{aligned} \tag{3}$$

where x_6, x_7, x_8, x_9 are the thicknesses of the cross-section at $y=0$, $y=bH$, $y=cH$ and $y=H$, respectively. The coefficients α_3, α_4 ... are computed as follows

$$\alpha_3 = -\alpha_4 - \alpha_5 - \alpha_6, \quad \alpha_4 = \frac{c^2(1-c)}{D}, \quad \alpha_5 = \frac{b^2(b-1)}{D}$$

$$\alpha_6 = \frac{b^2 c^2(c-b)}{D}, \quad \beta_3 = -\beta_4 - \beta_5 - \beta_6, \quad \beta_4 = \frac{c(c^2-1)}{D}$$

$$\beta_5 = \frac{b(1-b^2)}{D}, \quad \beta_6 = \frac{bc(b^2-c^2)}{D}, \quad \gamma_3 = -\gamma_4 - \gamma_5 - \gamma_6 \qquad (4)$$

$$\gamma_4 = \frac{c(1-c)}{D}, \quad \gamma_5 = \frac{b(b-1)}{D}, \quad \gamma_6 = \frac{bc(c-b)}{D}$$

$$D = b^2 c^3 - b^3 c^2 + b^3 c - bc^3 + bc^2 - b^2 c$$

The meaning of b and c is shown in Fig. 3.

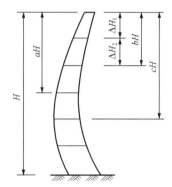

Fig.3　Vertical crown cross-section

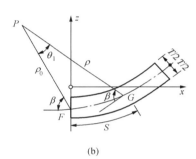

(a)　　　　　　　　　　　　(b)

Fig.4　Logarithmic spiral arch dam

(a) Vertical cross-section at crown; (b) Horizontal cross-section

2.3　Shape of horizontal cross-section

As shown in Fig. 4. the neutral axis of the horizontal cross-section of the dam is expressed by a logarithmic spiral as follows

$$\rho = \rho_0 e^{k\theta} \qquad (5)$$

where ρ—radius vector, θ—polar angle(polar axis is PF), k—constant of the spiral, $k=\cot\beta$ where β is the angle between the radius vector and the tangent to the spiral at any point. β is also a constant for the spiral.

k in Equation 5 may be expressed by

$$k = x_{10} + x_{11}(y/H) \qquad (6)$$

where x_{10} and x_{11} are two design variables.

The radius of curvature of the logarithmic spiral is

$$R = \frac{\mathrm{d}s}{\mathrm{d}\theta} = \sqrt{1+k^2}\,\rho \qquad (7)$$

Let the tangent to the spiral be parallel to the x axis at the crown, then the coordinates of pole

P are

$$x_p = -\rho_0 \cos\beta, \ z_p = \rho_0 \sin\beta + B + \frac{T_c}{2}$$

The length of the arc from crown to point G is

$$s = \frac{\rho_0 \sqrt{1+k^2}\,(e^{k\theta}-1)}{k} = \frac{\rho_0(e^{k\theta}-1)}{\cos\beta} \tag{8}$$

The coordinates of point G on the neutral axis are

$$x = \rho\cos(\beta-\theta) - \rho_0\cos\beta$$
$$y = \rho_0\sin\beta - \rho\sin(\beta-\theta) + B + \frac{T_c}{2} \tag{9}$$

ρ_{0R} of the right half of the arch is expressed as follows

$$\rho_{0R} = x_{12} + (\alpha_3 x_{12} + \alpha_4 x_{13} + \alpha_5 x_{14} + \alpha_6 x_{15})(y/H)$$
$$+ (\beta_3 x_{12} + \beta_4 x_{13} + \beta_5 x_{14} + \beta_6 x_{15})(y/H)^2 \tag{10}$$
$$+ (\gamma_3 x_{12} + \gamma_4 x_{13} + \gamma_5 x_{14} + \gamma_6 x_{15})(y/H)^3$$

where x_{12}, x_{13}, x_{14} and x_{15} are ρ_{0R} at $y=0$, $y=bH$, $y=cH$ and $y=H$, respectively.

The thickness at the right abutment T_{AR} is expressed by

$$T_{AR} = t_1 + (\alpha_3 t_1 + \alpha_4 x_{16} + \alpha_5 x_{17} + \alpha_6 t_2)(y/H)$$
$$+ (\beta_3 t_1 + \beta_4 x_{16} + \beta_5 x_{17} + \beta_6 t_2)(y/H)^2 \tag{11}$$
$$+ (\gamma_3 t_1 + \gamma_4 x_{16} + \gamma_5 x_{17} + \gamma_6 t_2)(y/H)^3$$

where t_1, x_{16}, x_{17} and t_2 are thickness at the abutment at $t=0$, $y=bH$, $y=cH$ and $y=H$, respectively, and

$$t_1 = s_1 x_6, \ t_2 = s_2 x_9$$

where s_1 and s_2 are constants given in advance; usually $s_1=1.00$ and $s_2=1.00\sim1.05$. Variation of the thickness in the horizontal direction is expressed by

$$T(s) = T_c + \frac{(T_{AR}-T_c)s^2}{s_A^2} \tag{12}$$

in which s is the length of the arch and s_A is the length of the arch at the abutment.

The shape of a symmetrical dam is determined by the above 17 design variables $x_1\sim x_{17}$. For a nonsymmetrical arch dam, it is necessary to add six design variables to depict the shape of the left half of the dam. This means there is a total of 23 design variables.

3　Mixed geometrical model

In the mixed geometrical model, both continuous functions and discrete values are used to depict the shape of the dam. For example, the upstream face of the dam is depicted by continuous functions and the thickness of the dam is expressed by discrete values.

One may design a locally discrete geometrical model, which also belongs to the mixed model. The shape of the dam is mainly defined by continous functions, but in some local regions, the shape is determined by discrete values. For example，the thickness at the ith point, T_i, the coordinate in the direction of the river of the jth point, z_j and the radius of curvature at kth point, R_k, are expressed by

$$T_i = T'_i + \Delta T_i, \ Z_j = Z'_j + \Delta Z_j, \ R_k = R'_k = \Delta R_k$$

where T'_i, Z'_j, R'_k are determined by continuous functions and ΔT_i, ΔZ_j, ΔR_k are discrete values. They constitute design variables used to improve the stress condition in a local region.

4 Comparison between geometrical models

The discrete geometrical model provides the greatest freedom in changing the shape of a dam, so that the cost of the dam may be the least possible. But there are two drawbacks; firstly more design variables exist, causing computation to be more time-consuming; secondly, the shape obtained may be irregular, which can hardly be adopted for practical projects.

For continuous geometrical models, there are less design variables, making computation easier, especially as the shape of the dam is regular and can be adopted for practical projects. Experience shows that the continuous geometrical model is generally best for shape optimization of an arch dam, but sometimes the mixed geometrical model may be used to improve the stress condition in some local regions.

5 Objective functions

The objective function is the cost of the dam, namely

$$C(x) = c_1 V(x) + c_2 \overline{V}(x) + c_3 A(x) \tag{13}$$

where $C(x)$ —cost of the dam, $V(x)$ —volume of the dam concrete $\overline{V}(x)$ —volume of foundation excavation, $A(x)$ —area of forms of dam concrete, c_1, c_2, c_3—unit price of dam concrete, foundation excavation and forms respectively.

As dam concrete is the principal factor of the cost of dam, generally the volume of concrete, $V(x)$ is used as the objective function.

6 Constraints

Constraints, including geometrical, stress and sliding stability constraints, must satisfy the requirements of design specifications.

6.1 Geometrical constraints

According to traffic requirements, etc., the minimun thickness at the crest must not be less than $[t_1]$, namely

$$x_6 \geqslant [t_1] \tag{14}$$

Sometimes the maximum thickness at the base of the dam must not be greater than $[t_2]$

$$x_9 \leqslant [t_2] \tag{15}$$

In order to facilitate construction, the maximum slope of overhang at the upstream and downstream faces should not be greater than $[m_1]$ and $[m_2]$, respectively

$$m_1 \leqslant [m_1], m_2 \leqslant [m_2] \tag{16}$$

where m_1 and m_2 are the maximum slope of overhang at the upstream and downstream face, respectively.

According to geological and topographical conditions, the range in which the dam axis shifts can be determined. Thus the range of variation of x_1, x_2 and x_3 can be determined.

6.2　Stress constraints

The stress of each control point in the dam must be computed. During the operation period, subject to hydrostatic pressure, silt pressure, temperature drops and dead load, stresses must satisfy the following conditions

$$\frac{\sigma_1}{[\sigma_1]} \leqslant 1, \ \frac{\sigma_2}{[\sigma_2]} \leqslant 1 \tag{17}$$

in which σ_1 and σ_2 are the first and second principal stress, respectively, and $[\sigma_1]$ and $[\sigma_2]$ are the corresponding allowable values.

During the construction period, before grouting the contraction joints, the vertical tensile stress caused by dead load in construction blocks of different heights(corresponding to different stages of construction) should be controlled as follows

$$\frac{\sigma_c}{[\sigma_c]} \leqslant 1 \tag{18}$$

where σ_c and $[\sigma_c]$ are the vertical tensile stresses due to weight of concrete and allowable value.

6.3　Sliding stability constraints

Two types of sliding stability constraints are as follows:

a) For small dams

$$\frac{1-[\eta]}{\eta} \geqslant 0 \tag{19}$$

in which η is the angle between the thrust of the arch at the abutment and the contour line of usable rock and $[\eta]$ is the required minimum value.

b) For large dams

$$\frac{1-[K_s]}{K_s} \geqslant 0 \tag{20}$$

where K_s is the coefficient of safety for sliding stability computed as the rock mass is three-dimensional rigid solid and $[K_s]$ is the corresponding required minimum value.

7 Method of linearizing internal force and successive approach

As stress analysis for an arch dam is rather complicated and time-consuming, it is important to reduce the time spent on it. Previously, stresses at the control point were expressed by Taylor's series.[14, 15]

Since stress is very sensitive to the variation of design variables(such as the thickness) , it converges slowly and normally 12 to 15 iterations are required.

Considering the fact that the variation of the internal force is gradual, it is suggested by the author that the internal forces at the control points are represented at x^k point by Taylor's series, neglecting the terms of higher order, giving

$$F_j(x) = F_j(x^k) + \nabla^T F_j(x^k)(x - x^k) \tag{21}$$

$$\nabla F_j(x^k) = \left[\frac{\partial F_j'}{\partial x_1}, \frac{\partial F_j}{\partial x_2}, \cdots \frac{\partial F_j}{\partial x_n} \right]^T \tag{22}$$

where$F_j(x)$ is the jth internal force(axial force, bending and twist moment, etc.) , k is the number of iterations,$\nabla F_j(x^k)$ is the sensitivity of internal force and T represents transpose matrix.

After the internal forces having been determined by Equation 21, stresses at the control points of the dam can be calculated by the formulae of the theory of strength of materials.

The computing procedure is as follows:

Firstly, an initial design scheme x^0 is assumed($x^0$is not necessarily a feasible point) , the internal force in the vicinity of x^0 is represented by Taylor's series as indicated by Equation 21. The optimum solution may then be found with the mathematical programming method. When the design point moves during searching, internal forces at the new point are determined by Equation 21 and stresses are computed by formulae of the strength of materials.

Since the computing of internal forces is approximate, x^1, the first optimum solution obtained is also approximate.

Secondly, denote the internal forces in the vicinity of x^1 by Taylor's series and search for the second approximate optimum solution x^2 with mathematical programming.

This computing procedure is repeated until the two successive solutions are in close proximity. Experience shows that, using the method suggested, the process converges in only two iterations and the first solution approximates the final solution with an error less than 1%. This method converges much faster than other current methods.

The coefficient of safety for sliding stability, $K_S(x)$ should also be represented by Taylor's series as follows

$$K_S(x) = K_S(x^k) + \nabla^T K_S(x^k)(x - x^k) \tag{23}$$

8 Sensitivity analysis

Let it be shown how to compute $\nabla F(x^k)$, the sensitivity of internal force.

8.1　Sensitivity analysis for displacement method

When the dam is analyzed by the displacement method, the equilibrium equation is

$$KU = P \tag{24}$$

where K is the stiffness matrix, U is the displacement vector and P is the load vector. By partial differentiation with respect to x_i, we have

$$\frac{\partial K}{\partial x_i} U + K \frac{\partial U}{\partial x_i} = \frac{\partial P}{\partial x_i}$$

thus

$$\frac{\partial U}{\partial x_i} = K^{-1} \left(\frac{\partial P}{\partial x_i} - \frac{\partial K}{\partial x_i} U \right) \tag{25}$$

The internal force of an element of the structure is given by

$$F = k^e U \tag{26}$$

where k^e is the stiffness matrix of the element. From Equation 26, we have

$$\frac{\partial F}{\partial x_i} = K^e \frac{\partial U}{\partial x_i} + \frac{\partial K^e}{\partial x_i} U \tag{27}$$

Thus, ∇F may be computed by Equations 25 and 27.

8.2　Sensitivity analysis for trial load method

The dam is divided into a series of arches and cantilevers. The displacement vector of the arch is given by

$$U_a = AP_a + U_{ao} \tag{28}$$

where U_a is the displacement vector of the arch, A is the flexibility matrix of the arch, P_a is the vector of loads distributed to the arch and U_{ao} is the vector of initial displacement of the arch.

The displacement vector of the cantilever is

$$U_b = BP_b + U_{bo} \tag{29}$$

where U_b is the displacement vector of the cantilever, B is the flexibility matrix of the cantilever, P_b is the vector of loads distributed to the cantilever and U_{bo} is the vector of initial displacement of the cantilever.

According to the continuity condition, one has $U_a = U_b$, and according to the principle of load distribution, $P_a + P_b = P$, where P is the external load vector. The fundamental equation of the trial load method is derived as follows

$$CP_b = AP + U_{ao} - U_{bo} \tag{30}$$

where $C = A + B$.

From Equation 30, we have

$$\frac{\partial P_b}{\partial x_i} = C^{-1}L \tag{31}$$

$$L = \frac{\partial}{\partial x_i}(AP + U_{ao} - U_{bo}) - \frac{\partial C}{\partial x_i}P_b \tag{32}$$

The internal forces are given by

$$F = HP_b \tag{33}$$

where H is a matrix. Thus the sensitivity of the internal forces is given

$$\frac{\partial F}{\partial x_i} = H\frac{\partial P_b}{\partial x_i} + \frac{\partial H}{\partial x_i}P_b \tag{34}$$

in which $\dfrac{\partial P_b}{\partial x_i}$ is given by Equation 31.

9　Optimization method

Since the optimization method depends on the character of constraints, solution methods

Tab. 1　　　　　　　　　　　　　Optimization methods for arch dams

Category	Stress analy-sis	Objective function	Optimization method	Number of iterations	Reference
I	Linearization of stress	Linear	1.SLP(Sequential Linear Programming)	12~15	14, 15
			2.SQP(Sequential Quadratic Programming)	6~10	16
			3.Complex	2	16, 18
II	Linearization of internal force	Non-Linear	4.SUMT or Multiplier	2	16, 18
			5.FBTA(Fast Boundary Tracking Algorithm)	2	16, 6

for optimum design of arch dams may be divided into two categories(as shown in Tab. 1) in which the number of interations is equal to the number of sensitivity analyses. To obtain optimum design in arch dams, most computing time is consumed in stress analysis, so that the efficiency of the method used in Category II is much greater than that of Category I.

10　Transformation of design variables

Reciprocal variables are sometimes adopted in the optimization of trusses, the members of which are subjected only to the action of axial forces. In complex structures such as arch dams, besides the axial forces there are also bending and twist moments, etc. For such structures, it is suggested that design variables be transformed as follows

$$\bar{x}_i = x_i^{\alpha_i} \tag{35}$$

and x_i be used as new design variables. Taking the normal stress of an arch as an example

$$\sigma = \frac{N}{x_i} \pm \frac{6M}{x_i^2} \tag{36}$$

where x_i represents the thickness of the arch. If $M=0$, then σ will be a linear function of $\bar{x}_i$ with $\alpha_i = -1$. If $N = 0$, then σ will be a linear function of $\bar{x}_i$ with $\alpha_i = -2$. If $N \neq 0$ and $M \neq 0$, then α_i must assume an intermediate value.

α_i may be given by the following equation

$$\alpha_i = \frac{\log(\sigma_1/\sigma_1')}{\log(x_i/x_i')} \tag{37}$$

where σ_i and σ_i' are the stresses at the control point for the k th and $(k+1)$ th iteration, respectively, and x_i and x_i' are the corresponding values of the design variables. During the optimization process the computer may give α_i values for different design variables and renew them according to the data obtained previously, after each interation.

11　Two types of mathematical models

For dam optimization, there are two types of mathematical models, namely, minimum cost and maximum safety.

11.1　Minimum cost model

In the shape optimization of an arch dam, the most important constraints are

$$\begin{aligned} K_1(x) &= [\sigma_1]/\sigma_1 \geqslant 1 \\ K_2(x) &= [\sigma_2]/\sigma_2 \geqslant 1 \\ K_3(x) &= K_s/[K_s] \geqslant 1 \end{aligned} \tag{38}$$

where σ_1, σ_2 are the maximum first and second principal stress respectively; $[\sigma_1]$, $[\sigma_2]$ are the allowable values for σ_1 and σ_2; K_S is the coefficient of sliding stability and $[K_S]$ is the required value for K_S.

During the optimization process, at least one of the three conditions of Equation 38 will assume an equal sign, so that the following equation may be substituted for Equation 38

$$\begin{aligned} K_{\min}(x) &= 1 \\ K_{\min}(x) &= \min(K_1, K_2, K_3) \end{aligned} \tag{39}$$

If it is required that

$$K_{\min}(x) = K_0$$

where $K_0 \geqslant 1$, then the optimum design of an arch dam may be expressed as follows

$$\left.\begin{array}{l} \min C(x), x \in E^n \\ \text{s.t. } g_j(x) \leqslant 0, j = 1, 2, \cdots, p \\ K_{\min}(x) = K_0 \end{array}\right\} \tag{40}$$

where $g_j(x) \leqslant 0$ are constraints other than the stress and stability constraints.

11.2 Maximum safety model

Given cost C_0, to find the optimum shape which will give maximum safety. This problem may be expressed as follows

$$\left.\begin{array}{l} \max k_{\min}(x), x \in E^n \\ \text{s.t. } g_j(x) \leqslant 0, j = 1, 2, \cdots, p \\ C(x) = C_0 \end{array}\right\} \tag{41}$$

11.3 Relation between the two types of models

It will be proved that the above two types of models are equivalent to each other. For the minimum cost model, Equation 40, construct the Lagrangian function L as follows

$$L = C(x) + \sum_{j=1}^{p} \lambda_j \left[g_j(x) + v^2_j \right] + \mu \left[k_{\min}(x) - k_0 \right] \tag{42}$$

in which λ_j and μ are the Lagrange multipliers and v_j are the slack variables. From Equation 42, the Kuhn-Tucker conditions of Equation 40 are derived as follows

$$\frac{\partial C(x)}{\partial x_1} + \sum_{j=1}^{p} \lambda_j \frac{\partial g_j(x)}{\partial x_1} + \mu \frac{\partial K_{\min}(x)}{\partial x_1} = 0 \ , i = 1, 2, \cdots, n$$

$$\left.\begin{array}{l} g_j(x) \leqslant 0, \quad j = 1, 2, \cdots, p \\ \lambda_j g_j(x) = 0, \ j = 1, 2, \cdots, p \\ \lambda_j \geqslant 0 \qquad j = 1, 2, \cdots, p \\ K_{\min}(x) = K_0 \end{array}\right\} \tag{43}$$

There is no requirement of non-negativity of multiplier μ because it is accompanied by equal constraints.

For the maximum safety model, Equation 41, construct the Lagrangian function L as follows

$$L = -K_{\min}(x) + \sum_{j=1}^{p} \bar{\lambda}_j \left[g_j(x) + v^2_j \right] + \bar{\mu} \left[C(x) - C_0 \right] \tag{44}$$

then the Kuhn-Tucker conditions of Equation 41 are derived

$$-\frac{\partial K_{\min}(x)}{\partial x_1} + \sum_{j=1}^{p} \bar{\lambda}_j \frac{\partial g_j(x)}{\partial x_1} + \bar{\mu} \frac{\partial C(x)}{\partial x_1} = 0 \ , i = 1, 2, \cdots, n$$

$$
\left.\begin{array}{ll}
g_j(x) \leqslant 0, & j = 1, 2, \cdots, p \\
\overline{\lambda}_j g_j(x) = 0, & j = 1, 2, \cdots, p \\
\overline{\lambda}_j \geqslant 0 & j = 1, 2, \cdots, p \\
C(x) = C_0 &
\end{array}\right\}
\tag{45}
$$

Supposing x^*, $\overline{\lambda}_j$, $\overline{\mu}$ are solutions of Equation 45 with corresponding $K_{\min}(x^*) = K_0$, let $\lambda_j = \dfrac{\overline{\lambda}_j}{\overline{\mu}}$, $\mu = \dfrac{-1}{\overline{\mu}}$, then x^*, λ, μ also satisfy Equation 43, so x^* is also the solution for the minimum cost model, Equation 40.

The physical meaning is that the cheapest design with constraint $K_{\min}(x) = K_0$ is also the safest design with constraint $C(x) = C_0$. In other words, an optimum design x^*, $C(x^*) = C_0$, $K_{\min}(x) = K_0$ is the cheapest design under constraint $K_{\min}(x) = K_0$ as well as the safest design under constraint $C(x) = C_0$. The equivalence between the two types of mathematical models indicates that the optimum design is in fact finding the best shape capable of fully developing the structure's potential and rationally utilizing the strength of materials.

12 Application to practical projects

The shape optimization of arch dams has been applied to more than 20 practical projects in China

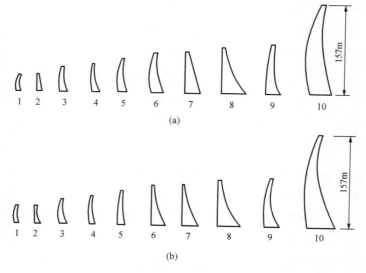

(a)

(b)

Fig. 5 Central vertical profiles of arch dams

（a）Profile of original design；（b）Profile of optimum design.

1—Nanshao dam；2—Wengkeng dam；3—Dashuixi dam；4—Huangxihe dam；5—Longtang dam；

6—Seven Star dam；7—Tielu dam；8—Xianghondian dam；9—Shimen dam；10—Donjiang dam

Tab. 2   **Application methods**

No.	Dam	Height (m)	Material	Allowable stress (MPa)		Dam volume (1000m³)		Saving $\frac{V_0 - V_1}{V_0}(\%)$
				Tensile	Compressive	Original V_0	Optimum V_1	
1	Nanshao	30	Masonry	1.00	−3.00	12.5	10.4	16.8
2	Wengkeng	32	Masonry	1.00	−3.00	13.6	10.3	24.3
3	Dashuixi	44	Masonry	1.50	−3.00	40.0	36.0	10.0
4	Huangxihe	55	Masonry	1.30	−3.50	50.3	31.8	36.7
5	Longtang	58	Masonry	0.80	−3.00	28.8	18.3	36.4
6	Seven Star	69	Masonry	1.00	−5.00	163	134	17.4
7	Tielu	71.8	Masonry	1.00	−4.00	160	122	23.8
8	Xianghongdian	79.4	Concrete	0.30	−3.20	249	222	10.8
9	Shimen	85	Concrete	1.50	−4.00	174	164	5.8
10	Dongjiang	157	Concrete	1.60	−6.66	902	750	16.9

since 1982 and has resulted in a considerable reduction in costs and faster design. Some examples are given in Tab. 2. The central vertical profiles before and after optimization are shown in Fig. 5.

13　Conclusion

The mathematical models presented in this paper are rational and suitable for practical application. The solution methods proposed by the authors have proved highly effective.

References

［1］ Zhu Bofang, Song Jinting 1980.Optimum design of double-curvature arch dams.*Proceedings of Chinese National Conference on Computing Mechanics* Peking University Press.

［2］ Zhu Bofang, Li Zhanmei 1981.Optimization of double-curvature arch dams.*Chinese Journal of Hydraulic Engineering* No.4.

［3］ Li Yisheng 1982.Optimum design of non-symmetrical three-centered arch dam.MSc Thesis, IWHR(China Institute of Water Conservancy and Hydroelectric Research) .

［4］ Zhu Bofang 1984.Some problems in the optimum design of double-curvature arch dams.*Chinese Journal of Computing Structural Mechanics* No.3.

［5］ Zhu Bofang, Li Zhanmei 1982.Fully stressed design of arch dams.*Collected Research Papers of IWHR* Vol.9.Publishing House of Water Conservancy and Electricity.　　.

［6］ Zhu Bofang, Zhang Baokang, Li Zhanmei 1983.Solving the optimization problem of double-curvature arch dam by fast boundary tracking algorithm.*Chinese Journal of Numerical Analysis and Application of Computers* No.4.　　.

［7］ Zhu Bofang 1985.Several methods for structural optimization.*Engineering Mechanic* No.2(in Chinese) .

［8］Zhu Bofang, Li Zhanmei 1984.A theorem and a new solving method for structural optimization. Chinese Journal of Hydraulic Engineering No.10.

［9］Zhu Bofang 1985.Optimum design of double-curvature arch dams. *Proceedings of Second International Conference on Computing in Civil Engineering.* Science Press.

［10］Zhu Bofang 1987.Shape optimization of arch dams.*Water Power and Dam Construction.*

［11］Zhu Bofang, XieZhao 1987.Some problems in the shape optimization of high arch dams.*Water Resources and Hydropower Engineering* No.3(in Chinese) .

［12］Li Yisheng 1986.The SET model for arch dam optimization.*Chinese Journal of Hydraulic Engineering* No.10

［13］Sharpe, R.1969 Optimum design of arch dams.*Proceedings of Institution of Civil Engineers,* Paper 7200s.

［14］Rickets, R E., O.C.Zienkiewicz 1975.Optimization of concrete dams. *Proceedings of International Symposium on Numerical Analysis of Dams.*

［15］Wassermann, K.1983.Shape optimization of arch dams. *Proceedings of Finite Element Methods.* Shanghai.

［16］Zhu Bofang, Li Zhanmei&Zhang Bicheng 1984.Optimum design of structures, theory and applications. *Publishing House of Water Conservancy and Electricity.*

［17］Zhu Bofang 1979.Finite element method, theory and applications. *Publishing House of Water Conservancy and Electricity.*

［18］Himmelblau, D.M.1972. *Applied Nonlinear Programming* McGraw-Hill.

Shape Optimization of Arch Dams[❶]

Abstract： The mathematic model for the design of arch dams by optimization method is given. In the process of optimization，the stresses of hundreds of design schemes must be computed. In the past，the stresses are expressed by Taylor's series which require 12-14 iterations. In this paper，the internal forces are expressed by Taylor's series which require only 2 iterations. An arch clam with height of 120m is designed by the optimization method，the volume of dam concrete is reduced from 626900 m^3 to 432700m^3 with a reduction of 30.9%.

Key words： shape optimization，arch dam，Taylor's expansion，internal forces，reduction of 30.9%

The optimum shape of an arch dam is determined by mathematical programming. Mathematical models and solution methods are presented here. Shape optimization has been applied to several arch dams in China and resulted in savings in dam volumes.

Shape optimization is the selection of the optimum shape of an arch dam by mathematical programming. Much progress has been made in China in shape optimization in recent years[1-5].

Experience indicates that the suitability of a geometric model is highly important for the optimum design of arch dams. On the one hand, this model must correspond with the stress state of the arch dam in favour of fully developing the potential of the structure and rationally utilizing the strength of materials. On the other hand, to facilitate construction, the geometric model should not be complicated, otherwise, it cannot easily be adopted in the project.

This paper presents geometric models of five-centred double-curvature and parabolic double-curvature arch dams. It introduces a method of obtaining some different geometric models by the reduction of design variables.

In the process of optimization, in addition to the rather complicated stress analysis, not only does the geometric shape change frequently, but the position of the dam axis shifts and turns repeatedly. As a result, a rather complicated shape optimization is derived. The method of linearizing internal force, the method of optimizing in two stages and the mixed method of optimization are proposed; these methods effectively realize the optimum design of arch dams with high-speed computing, which is more rapid than the method of sequential linear programming which has been frequently used before[6-8].

The shape optimization of arch dams has been applied to specific projects in China and has resulted in a considerable reduction in costs. For example, the optimal design of the Seven Star arch dam (70 m in height) and Taishan arch dam (50 m in height) cuts investments by 17.5 per cent and 19.3 per cent, respectively.

---

❶ 原载 Water Power & Dam Construction, March, 1987.

1 Geometric model of a five–centred, double–curvature arch dam

The horizontal cross-section of such a structure includes three segments of a circle; the central arch has a constant thickness while the two remaining arches have variable thicknesses and their upstream and downstream faces can have different centres and radii of curvature. Both the upstream and downstream curves of the dam's central vertical cross-section are parabolas. For the projects that are under poor geological conditions, a large lateral arch radius is adopted, so that the line of thrust at the abutment turns towards the interior of the horizontal foundations, improving the stability of the abutment. The canyon shape can be arbitrary. The axis of the dam can move and turn within a designated range, to search for the most favourable position. The parameters determining the position and shape of the dam are defined as follows.

2 Canyon shape

In the mathematical model, the canyon shape is divided into seven layers along its elevation and the contour lines of the usable rock on both sides are represented by seven broken lines, the nodal co-ordinates of which are the original data input.

3 Position of the dam axis

As illustrated in Fig. 1, the horizontal co-ordinates of point C(the top of the upstream face of the central vertical cross- section) are

$$x'=x_1 \quad , z'=x_2$$

where x', z', are global co-ordinates(x_3 is the angle between the plane of the central vertical cross-section and y'oz' plane).

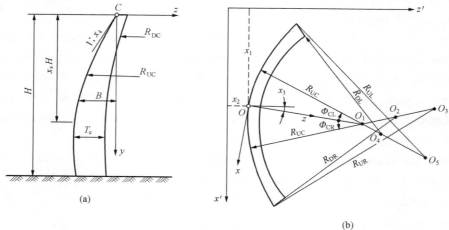

(a)

(b)

Fig.1　A five-centred arch dam

(a) vertical section at the crown of the dam; (b) horizontal section of the dam

x_1, x_2, and x_3 are the three design variables which determine the position of the dam axis.

4   Curve of the upstream face of the central vertical cross section

$$z=B=-x_4y+x_4y^2/\ (2x_5H) \tag{1}$$

where H is the height of the dam. This formula satisfies the following condition:

$$\frac{\mathrm{d}z}{\mathrm{d}y}=\begin{cases}-x_4, \text{when}\quad y=0\\0, \text{when}\quad y=x_5H\end{cases}$$

It is obvious that the slope at the crest is $-x_4$ and the point where the slope of the upstream face changes from positive to negative is $y=x_5H$.

5   Radius of the upstream face of the central arch

$$R_{\mathrm{UC}}=x_6+x_6\ (\alpha_0+\alpha_1x_7+\alpha_2x_8)\ (y/H)\ +x_6\ (\beta_0+\beta_1x_7+\beta_2x_8)\ (y/H)^2 \tag{2}$$

where x_6 is the radius of the upstream face of the central arch at the crest, x_7 is the ratio of R_{UC} at $y=aH$ to x_6, and x_8 is the ratio of R_{UC} at the base to x_6.

As shown in Fig. 2, the central vertical cross-section of the dam is divided into six segments. From the crest to the base, the increment height of the ith segment is ΔH_i(where $i=1-6$). Let $a=(\Delta H_1+\Delta H_2+\Delta H_3)/H$, so $y=aH$ is the height of the fourth arch. The coefficients in Eq.(2) are calculated by the following formulae

$$\alpha_0=-\ (1+a)\ /a,\ \alpha_1=1/a\ (1-a)\ ,\ \alpha_2=-a/\ (1-a)\ ,\ \beta_0=1/a,\ \beta_1=-\alpha_1,\ \beta_2=1/\ (1-a) \tag{3}$$

Eq. (2) satisfies the following conditions

$$R_{\mathrm{UC}}=\begin{cases}x_6, \text{when}\quad y=0\\x_6x_7, \text{when}\quad y=aH\\x_6x_8, \text{when}\quad y=H\end{cases}$$

The radius of the downstream face of the central arch (R_{DC}) can be calculated by the following formula

$$R_{\mathrm{DC}}=R_{\mathrm{UC}}-T_{\mathrm{C}} \tag{4}$$

where T_{C} is the thickness of the central arch , computed by Eq.(14) .

6   Radius of the upstream face of the right lateral arch

$$R_{\mathrm{UR}}=R_{\mathrm{UC}}+\overline{O_1O_3} \tag{5}$$

where $\overline{O_1O_3}$ is the distance between the centres O_1 and O_3 and can be expressed as follows:

$$\overline{O_1O_3}=x_9+x_9(\alpha_0+\alpha_1x_{10}+\alpha_2s_1)(y/H)+x_9(\beta_0+\beta_1x_{10}+\beta_2s_1)(y/H)^2 \tag{6}$$

where x_9 is the distance $\overline{O_1O_3}$ at the crest , x_{10} and s_1 are the ratio of $\overline{O_1O_3}$ at $y=aH$ to x_9 and the ratio of $\overline{O_1O_3}$ at $y=H$ to x_9 , respectively. x_9 and x_{10} are design variables, while s_1 is a constant , the value of which is given in advance .Generally we may assume that $s_1=0$.

Radius of the upstream face of the left lateral arch

$$R_{\mathrm{UL}} = R_{\mathrm{UC}} + \overline{O_2O_5} \tag{7}$$

$$\overline{O_1O_5} = x_{11} + x_{11}(\alpha_0 + \alpha_1 x_{12} + \alpha_2 s_2)(y/H) + x_{11}(\beta_0 + \beta_1 x_{12} + \beta_2 s_2)(y/H)^2 \tag{8}$$

where x_{11} is the distance $\overline{O_1O_5}$ at $y=0$, x_{12} and s_2 are the ratios of $\overline{O_1O_5}$ at $y=aH$ and at $y=H$ to x_{11}, respectively. s_2 is a constant given in advance .In general, $s_2=0$.

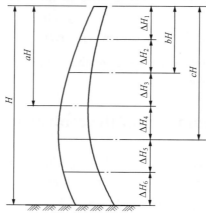

Fig.2　The central vertical cross-section of the dam

7　Radius of the downstream face of the right lateral arch

$$R_{\mathrm{DR}} = R_{\mathrm{UR}} + \overline{O_2O_3} - T_{\mathrm{C}} \tag{9}$$

$$\overline{O_2O_3} = s_3 + (\alpha_3 s_3 + \alpha_4 x_{13} + \alpha_5 x_{14} + \alpha_6 s_4)(y/H) + (\beta_3 s_3 + \beta_4 x_{13} + \beta_5 x_{14} + \beta_6 s_4)(y/H)^2 + \\ (\gamma_3 s_3 + \gamma_4 x_{13} + \gamma_5 x_{14} + \gamma_6 s_4)(y/H)^3 \tag{10}$$

in which s_3, x_{13}, x_{14}, s_4 are the distance $\overline{O_2O_3}$ at $y=0$, $y=bH$, $y=cH$ and $y=H$, respectively. s_3 and s_4 are constants. Generally $s_3=s_4=0$.The coefficients α_3, α_4, α_5 $\cdots$ are computed as follows

$$\begin{aligned}
&\alpha_3 = -\alpha_4 - \alpha_5 - \alpha_6, \alpha_4 = c^2(1-c)/D, \alpha_5 = b^2(b-1)/D, \\
&\alpha_6 = b^2 c^2(c-b)/D, \beta_3 = -\beta_4 - \beta_5 - \beta_6, \beta_4 = c(c^2-1)/D, \\
&\beta_5 = b(1-b^2)/D, \beta_6 = bc(b^2-c^2)/D, \ \gamma_3 = -\gamma_4 - \gamma_5 - \gamma_6, \\
&\gamma_4 = c(1-c)/D, \gamma_5 = b(b-1)/D, \gamma_6 = bc(c-b)/D, \\
&D = b^2 c^3 - b^3 c^2 + b^3 c - bc^3 + bc^2 - b^2 c
\end{aligned} \tag{11}$$

8　Radius of the downstream face of the left lateral arch

$$R_{\mathrm{DL}} = R_{\mathrm{UL}} - \overline{O_4O_5} - T_{\mathrm{C}} \tag{12}$$

$$\overline{O_4O_5} = s_5 + (\alpha_3 s_5 + \alpha_4 x_{15} + \alpha_5 x_{16} + \alpha_6 s_6)(y/H) \\ + (\beta_3 s_5 + \beta_4 x_{15} + \beta_5 x_{16} + \beta_6 s_6)(y/H)^2 \\ + (\gamma_3 s_5 + \gamma_4 x_{15} + \gamma_5 x_{16} + \gamma_6 s_6)(y/H)^3 \tag{13}$$

in which s_5, x_{15}, x_{16}, s_6 are the distances $\overline{O_4O_5}$ at $y=0$, $y=bH$, $y=cH$ and $y=H$, respectively, s_5

and s_6 are constants.In general $s_5=s_6=0$.

9 Thickness of the central arch

$$T_C = x_{17} + (\alpha_3 x_{17} + \alpha_4 x_{18} + \alpha_5 x_{19} + \alpha_6 x_{20})(y/H)$$
$$+ (\beta_3 x_{17} + \beta_4 x_{18} + \beta_5 x_{19} + \beta_6 x_{20})(y/H)^2 \tag{14}$$
$$+ (\gamma_3 x_{17} + \gamma_4 x_{18} + \gamma_5 x_{19} + \gamma_6 x_{20})(y/H)^3$$

in which x_{17}, x_{18}, x_{19}, x_{20} are the thicknesses of the central arch at $y=0$, $y=bH$, $y=cH$ and $y=H$ respectively.

The right half of the central angle of the central arch(ϕ_{CR}) and the left half of the central angle of the central arch(ϕ_{CL}) are calculated by the following formulae

$$\phi_{CR} = \phi_1 + (\phi_2 - \phi_1)(y/H) \tag{15}$$
$$\phi_{CL} = \phi_3 + (\phi_4 - \phi_3)(y/H)$$

in which ϕ_1, ϕ_2, $\phi_3$and ϕ_4 are input values. Usually, about a quarter of the central angle of the top arch is taken as the values of ϕ_1, ϕ_2, $\phi_3$and ϕ_4 .

At this point, for a five-centred double-curvature arch darn, the shape of the darn and the position of the darn axis are determiner by the 20 design variables, $x_1- x_{20}$. the geometrical model given above has the following advantages:

(1) Many other geometrical models of different types of arch dam can be obtained directly from this model by simple reduction of design variables.As a result, it can suit the needs of dam sites of different geological and topographical conditions.

(2) All the design variables have clear physical meanings，thus it is quite easy to give the upper and lower limits of each variable which is in favour of optimization.

10 The geometric model of a parabolic double–curvature arch dam

Both the upstream face and the downstream face of the horizontal arch are parabolas which are determined by the following fundamental equation

$$z = \frac{1}{2R_0}x^2 \tag{16}$$

where R_0 is the radius of curvature at the crown($x=0$). The radius of curvature at an arbitrary point x is

$$R = R_0 / \cos^3 \phi = (R_0^2 + x^2)^{3/2} / R_0^2 \tag{17}$$

in which ϕ is the angle between z-axis and the normal line of parabola at x and can be calculated by the following formula

$$\tan \phi = x/R_0 \tag{18}$$

For the purpose of fitting non-symmetrical canyon and arch thickening from crown to abutment, the horizontal cross-section of the dam is determined by the following four parabolas(Fig.3):

(1) at the upstream face on the right half of arch

$$z = \frac{1}{2R_{UR}}x^2 + B \qquad (19)$$

(2) at the downstream face on the right half of arch

$$z = \frac{1}{2R_{DR}}x^2 + B + T_C \qquad (20)$$

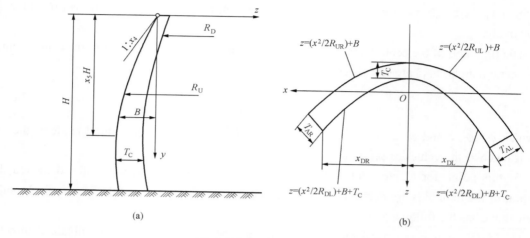

Fig.3　A parabolic arch dam

(a) vertical section at the crown of the dam and, (b) horizontal section of the dam

(3) at the upstream face on the left half of arch

$$z = \frac{1}{2R_{UL}}x^2 + B \qquad (21)$$

(4) at the downstream face on the left half of arch

$$z = \frac{1}{2R_{DL}}x^2 + B + T_C \qquad (22)$$

where R_{UR}, R_{DR}, R_{UL}, R_{DL} are four radii of curvature, B is the co-ordinate of the upstream face at the crown in the direction of stream, T_C is the thickness of arch at the crown.

The position of the dam axis is determined by three design variables x_1, x_2, and x_3. The quadratic curve is used for the upstream face of the central vertical cross-section, represented by Eq. (1). Thus, the five design variables, x_1–x_5 are similar to those of the five-centred double-curvature arch dam. Other design variables are represented by the following:

(5) Radius of curvature of the downstream face at the crown (R_{DR}) approaching from the right half of the arch

$$R_{DR} = x_6 + (\alpha_0 x_6 + \alpha_1 x_7 + \alpha_2 x_8)(y/H) + (\beta_0 x_6 + \beta_1 x_7 + \beta_2 x_8)(y/H)^2 \qquad (23)$$

where x_6, x_7, x_8 correspond to R_{DR} at $y = 0$, $y = aH$ and $y = H$, respectively.

(6) Radius of curvature of the downstream face at the crown (R_{DL}) approaching from the left half of the arch.

$$R_{DL} = x_9 + (\alpha_0 x_9 + \alpha_1 x_{10} + \alpha_2 x_{11})(y/H) + (\beta_0 x_9 + \beta_1 x_{10} + \beta_2 x_{11})(y/H)^2 \qquad (24)$$

in which x_9, x_{10}, x_{11}, correspond to R_{DL} at $y = 0$, $y = aH$ and $y = H$, respectively.

(7) Thickness of the crown section of the dam T_C

$$
\begin{aligned}
T_C = x_{12} &+ (\alpha_3 x_{12} + \alpha_4 x_{13} + \alpha_5 x_{14} + \alpha_6 x_{15})(y/H) \\
&+ (\beta_3 x_{12} + \beta_4 x_{13} + \beta_5 x_{14} + \beta_6 x_{15})(y/H)^2 \\
&+ (\gamma_3 x_{12} + \gamma_4 x_{13} + \gamma_5 x_{14} + \gamma_6 x_{15})(y/H)^3
\end{aligned}
\qquad (25)
$$

where x_{12}, x_{13}, x_{14}, x_{15} are the thicknesses of the crown section at $y=0$, $y=bH$, $y=cH$ and $y=H$, respectively.

(8) Radius of curvature of the upstream face at the crown (R_{UR}) approaching from the right half of the arch

$$
\begin{aligned}
R_{UR} = r_1 &+ (\alpha_3 r_1 + \alpha_4 x_{16} + \alpha_5 x_{17} + \alpha_6 r_2)(y/H) \\
&+ (\beta_3 r_1 + \beta_4 x_{16} + \beta_5 x_{17} + \beta_6 r_2)(y/H)^2 \\
&+ (\gamma_3 r_1 + \gamma_4 x_{16} + \gamma_5 x_{17} + \gamma_6 r_2)(y/H)^3
\end{aligned}
\qquad (26)
$$

in which r_1, x_{16}, x_{17}, r_2, correspond to R_{UR} at $y = 0$, $y=bH$, $y=cH$ and $y = H$, respectively. x_{16} and x_{17} are design variables. r_1 and r_2 are constants, the values of which are determined by substituting $T_{AR} = k_1 x_{12}$ and $T_{AR} = k_2 x_{15}$ in Eq. (28), where k_1 is the ratio of the thickness at the right abutment to the thickness at the crown of the arch for $y = 0$, and k_2 is that for $y = H$. (Generally, we may take $k_1 = k_2 = 1.05$–1.1).

Radius of curvature of the upstream face at the crown, (R_{UL}), approaching from the left half of the arch

$$
\begin{aligned}
R_{UL} = r_3 &+ (\alpha_3 r_3 + \alpha_4 x_{18} + \alpha_5 x_{19} + \alpha_6 r_4)(y/H) \\
&+ (\beta_3 r_3 + \beta_4 x_{18} + \beta_5 x_{19} + \beta_6 r_4)(y/H)^2 \\
&+ (\gamma_3 r_3 + \gamma_4 x_{18} + \gamma_5 x_{19} + \gamma_6 r_4)(y/H)^3
\end{aligned}
\qquad (27)
$$

where r_3, x_{18}, x_{19}, γ_4 are the values of R_{UL} at $y = 0$, $y=bH$, $y =cH$ and $y =H$, respectively. x_{18} and x_{19} are design variables. r_3 and r_4 are constants, the values of which are determined in a manner similar to r_1 and r_2.

When the thickness at the right abutment of the arch (T_{AR}) is given, R_{UR} can be computed by the following formula

$$R_{UR} = \frac{(x_{DR} + T_{AR} \sin \phi_{AR})^2}{2(T_C - T_{AR} \cos \phi_{AR} + 0.5 x^2_{DR}/R_{DR})} \qquad (28)$$

where

$$\phi_{AR} = \arctan[(X_{DR} + 0.5 O T_{AR} \sin \phi_{AR})/R_{NR}] \qquad (29)$$

$$R_{NR} = 2 R_{UR} R_{DR}/(R_{UR} + R_{DR}) \qquad (30)$$

ϕ_{AR} being the half central angle at the right abutment, R_{NR}, the radius of curvature of the neutral axis of the arch, approaching from the right half of arch. The method of iteration is used in the computing process. In the three formulae (28) - (30), if the subscript R is replaced by L, the formulae for computing the corresponding values of the left half of arch are obtained.

It is thus clear that the geometric shape and the position of the axis of the parabolic double-curvature arch dam are determined by the 19 design variables, x_1–x_{19}.

11　Reduction and transformation of design variables

There are different types of arch dam; in addition to parabolic double-curvature and five-centred double-curvature arch dams, there are three-centred double-curvature and single-curvature, constant radius arch dams. They fit different topographic and geological conditions and different scales of construction.

The following description illustrates how different types of geometric models of arch dams are obtained directly from the geometric model of five-centred double-curvature arch dam by reduction of design variables.

(1) Three-centred double-curvature arch dam with constant thickness in the horizontal plane.

In the geometric model pf a five-centred double-curvature arch dam, let $x_{13} - x_{16}$ and $s_3 - s_6$ equal zero, thus $\overline{O_2O_3} = \overline{O_4O_5} = 0$, then we obtain the geometrical model of a double-curvature arch dam, the horizontal section of which consists of three segments of circular arches of three different centres and has constant thickness.

(2) Three-centred, double-curvature arch dam with variable　thickness in horizontal direction.

For the horizontal section of the dam, the upstream face is a single-centred circle, while the downstream face includes three segments of circles of three different centres. To get the geometrical model of this type of dam

$$\text{let } x_9 = x_{10} = x_{11} = x_{12} = s_1 = s_2 = 0, \text{thus} \overline{O_1O_3} = \overline{O_1O_5} = 0$$

(3) Single-centred double-curvature arch dam with constant thickness in horizontal direction.

Let x_9–x_{16} and s_1–s_6 equal to zero, thus $\overline{O_1O_3} = \overline{O_2O_3} = \overline{O_1O_5} = \overline{O_4O_5} = 0$, then we obtain the geometrical model of a double-curvature arch dam, the horizontal section of which is a single-centred arch of constant thickness. This type of dam is suitable for small- and medium-sized arch structures.

(4) Three-centred single-curvature arch dam with constant centres.

$$\text{Let } x_4 = 0, x_5 = x_7 = x_8 = x_{10} = x_{12} = 1,$$
$$x_{13} = x_{14} = x_{15} = x_{16} = s_1 = s_2 \cdots = s_6 = 0$$

then we obtain the geometrical model of a three-centred single- curvature arch dam, which has a vertical upstream face of single-curvature.

(5) Single-centred single-curvature arch dam with constant centre.

$$\text{Let } x_4 = 0, x_5 = x_7 = x_8 = 1, x_9 = x_{10} = \cdots = x_{16} = 0, s_1 = s_2 = \cdots = s_6 = 0$$

then we obtain the geometrical model of a single-centred single-curvature arch dam, which is suitable for a U-shaped canyon.

Even for a five-centred double-curvature arch dam, in some circumstances, design variables can be reduced. For example, as the position of the dam axis has been determined in advance according to topographic and geological conditions, but not by optimization, x_1–x_3 will no longer be variables but constants: $x_1 = \bar{x}_1$, $x_2 = \bar{x}_2$ and $x_3 = \bar{x}_3$, in which $\bar{x}_1$, $\bar{x}_2$ and $\bar{x}_3$ are constants given by the designer.

To incorporate the above-mentioned controls in the computing program, an integer array η_i ($i=1$–n) is used. If $\eta_i = 0$, x_i denotes a variable and if $\eta_i = 1$, x_i denotes a constant and has a value given in advance.

Because the quantitative differences in the design variables may be very large, the following transformation is made to accelerate convergence

$$x_i' = x_i / x_i^0, \ i = 1 - n \tag{31}$$

in which x_i' is the new design variable and x_i^0 is the initial value of the design variable.

12　Objective function and constraints

Previously, the volume of the dam body was always the objective function when seeking the optimum design of an arch dam.

However, more recently, the cost of the dam has been considered the objective function, as described below

$$C(x) = c_1 V_1(x) + c_2 V_2(x) \tag{32}$$

where $V_1(x)$ is the volume of concrete in the dam body, $V_2(x)$ is the volume of foundation excavation, c_1 is the unit price for concrete, and c_2 is the unit price for the foundation excavation.

Constraint conditions include geometry, stress and stability. They should satisfy the demands of design specifications and take into account the requirements of structural arrangement and construction. These three constraints will be described below.

13　Geometry

According to geological and topographical conditions, the range in which the dam axis shifts can be determined, that is, the ranges in which x_1, x_2 and x_3 vary, are determined. According to the requirements of traffic and so on, the minimum width of the crest (the lower limit of x_6) is then decided.

To facilitate construction, the maximum slope of overhang at the upstream and downstream faces should be controlled. If there are poor foundation conditions, the maximum central angle or the angle between the dam axis and the contour line of the usable rock should be limited.

14　Stress

The stress of each control point in the dam has to be examined. Under the hydrostatic pressure, silt pressure, temperature drop and dead load, the stress needs to satisfy the following conditions

$$\sigma_1/[\sigma_1] \leqslant 1, \ \sigma_2/[\sigma_2] \leqslant 1 \tag{33}$$

in which σ_1 and σ_2 are the first and the second principal stress respectively, $[\sigma_1]$ and $[\sigma_2]$ are allowable tensile and compressive stress respectively. Before the time of grouting of the contraction joints, for safety during construction, the tensile stress caused by dead load in construction blocks of different heights (corresponding to different stages of construction) should be controlled within the range of allowable values.

Stability constraints

$$[K_i] \ / K_i \leqslant 1 \tag{34}$$

where K_i is the coefficient of sliding stability for point i and $[K_i]$ is the allowable minimum coefficient of sliding stability for point i.

15   Solution methods

The author proposes a series of new methods, for example, the method of linearization of internal forces, the method of optimizing in two stages and the mixed method of optimization.

Method of linearizing internal forces and successive approach.

There are about 20 design variables involved in the optimal design of arch dams. As the stress analysis for arch dams is rather complicated and time-consuming, it is important to reduce the time for analysis. Taylor's series method of stress analysis has recently been used[6-8]. Since the stress is very sensitive to the variation of design variables (such as thickness), it converges very slowly, and normally 12-15 iterations are required. Considering the fact that the variation of the internal force of a dam is gradual, the author of this paper suggests that those forces at the control points should be represented at x^k by Taylor's series, neglecting the terms of higher order, giving

$$F_i(x) = F_i(x^k) + \sum_{j=1}^{n} \frac{\partial F_i(x^k)}{\partial x_j}(x_j - x_j^k) \tag{35}$$

where $F_i(x)$ is the ith force (axial force, bending and twist moment, and so on) , k is the number of iterations. $F_1(x)$ can either be the force, or transformation of the force. Taking bending moment as an example, if we take $F_i(x) = M_i(x)/R^2$, the effect is much improved. Coefficient $\partial F_i(x) \ / \partial x_j$ can be calculated by the finite difference method.

After the internal forces have been determined by Eq. (35) , the stresses at the control points of the dam can be calculated by the formulae of the strength of materials.

The computing procedure is: first, an initial design scheme x^1 is assumed (x^1 is not necessarily a feasible point) ; the internal force in the vicinity of x^1 is represented by Taylor's series as indicated by Eq. (35) . Then the optimum solution may be found with the mathematical programming method. If the design point moves during the searching, the internal forces at the moving point can be obtained by Eq. (35) , the stresses being calculated by the formulae of the strength of materials.

Because the computing of the internal forces is approximately, x^2, the first optimum solution obtained is also approximate. Second, denote the forces in the vicinity of x^2 by Taylor's series and search for the second approximate optimum solution x^3 with the mathematical programming method. This computing procedure has to be repeated until the two successive solutions are in close proximity.

As shown in Fig. 4, using the method suggested by the author, the process converges in only two iterations, and the first solution approximates the final solution with an error of less than 1 per cent. This method converges much faster than other current methods.

16   Method of optimizing in two stages

Using the method of successive approach discussed above, the one-dimensional finite element method[9], or the crown-cantilever method considering the effect of twisting moment, is adopted for stress analysis for arch dams. The optimum design of arch dams can be accomplished on medium computers or minicomputers. However, if the complete trial-load method or three-dimensional finite element method is adopted, it is difficult to fulfil the optimum design of arch dams on this size of computer. To resolve this contradiction, the author proposes the method below of optimizing in two stages.

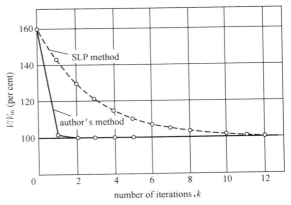

Fig.4. Speed of coucergence in the optimization of an arch dam design

The first stage of optimization. The method of one-dimensional finite element, or the crown-cantilever method considering the effect of twisting moment, is used for stress analysis. At the same time the method of successive approach, described above, is used for optimization, and an approximate solution x^* is obtained.

The second stage of optimization. Taking $x*$ as an initial point, the internal force is calculated by the following formula

$$F_i(x) = F_i(x^*) + \sum_{j \varepsilon P} \frac{\partial F_i(x^*)}{\partial x_j}(x_j - x_j^*) + \sum_{j \varepsilon Q} \frac{\partial F_i(x^*)}{\partial x_j}(x_j - x_j^*) \qquad (36)$$

The right-hand side of Eq. (36) is calculated with accurate methods of stress analysis, such as the complete trial-load method or three-dimensional finite element method, for the first two parts. The third term is calculated with simplified methods, such as the one-dimensional finite element method or the crown-cantilever method considering the effect of twisting moment. At this point the design variables are divided into two groups -group P and group Q .The variables in group P have a strong influence on the stress of arch dams. They are mainly the variables concerned with the thickness of arch dams (such as x_{13}–x_{20} of five-centred double-curvature arch dams). Others belong to group Q and their effect on the stress of an arch dam is relatively small.

In Eq. (36), only $F_i(x^*)$ and the partial derivative $\partial F_i/\partial x_j$ of the variables in group P are calculated by accurate methods of stress analysis. For example, when there are eight variables in group P, accurate stress analysis has to be repeated nine times; the other partial derivatives are calculated by simplified methods. Experience shows that the stress calculated by the one-dimensional finite element method is very close to that established by the complete trial-load method, so the approximate x^* obtained at the first stage will be similar to the accurate solution. As a result, usually one iteration is enough in the second stage of optimization.

Mixed method of optimization. Previously, designers have adopted the SLP method, the penalty function method and the complex method for the optimization of arch dams. Recently, the authors proposed the mixed method of optimization, which is a mixture of the method of fully-stressed design and the method of mathematical programming.

In the case of five-centred double-curvature arch dam, let

$$X_1 = \begin{Bmatrix} x_1 \\ x_2 \\ \vdots \\ x_{12} \end{Bmatrix}, X_2 = \begin{Bmatrix} x_{13} \\ x_{14} \\ \vdots \\ x_{20} \end{Bmatrix}$$

Thus we divide the design variables into two groups: X_1 and X_2. The variables in X_2 are concerned with the thickness and have a strong influence on the stresses of the dam. In the process of optimization, the variables in X_2 are determined by the method of fully stressed design[5, 11], and the variables in X_1 are determined by the method of mathematical programming such as the complex method[10, 13].

An example is shown in Fig. 5. The dam in the figure is a double-curvature arch dam, with a height of 120 m. The width of the valley is 285 m. The allowable tensile and compressive stresses are 15 kg/cm^2 and −50 kg/cm^2, respectively. The allowable slope of overhang at the upstream and downstream faces is 0.30. The initial scheme has the volume of 626900m^3, while the optimum scheme has the volume of 432700m^3.

17　Conclusion

The geometric models presented in this paper are rational and suitable for practical application. The methods of solution proposed by the author have proved quite effective.

The optimum design of double-curvature arch dams has been applied to practical projects in China and resulted in a reduction of investment and higher speed of design.

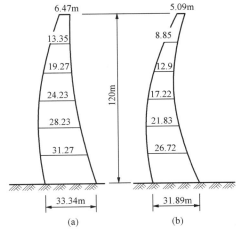

Fig.5   Example Vertical crown section of a double-curvature arch dam

(a) initial scheme; (b) optimum scheme

References

［1］ Zhu Bofang，Song Jinting. Optimum design of double-curvature arch dams. Proceedings of *Chinese National Conference* on *Computing Mechanics*, Peking University Press;1980.

［2］ Zhu Bofang，Li Zhanmei. Optimization of double-curvature arch dams. *Chinese Journal of Hydraulic Engineering*, No. 4; 1981.

［3］ Li Yisheng. Optimum design of non symmetrical three-centred arch dam. M.S. Thesis, IWHR (Institute of Water Conservancy and Hydroelectric Power Research) ; 1982.

［4］ Zhu Bofang. Some problems in the optimum design of double curvature arch dams. *Chinese Journal of Computing Structural Mechanics*, No. 3; 1984.

［5］ Zhu Bofang, Li Zhanmei. Fully Stressed Design of arch dams. Collected Research Papers of IWHR; 1982.

［6］ Sharper. Optimum design of arch.dams. Proceedings Institute Civil Engineers, Paper 7200 S, Suppl. Vol. 73-98; 1969.

［7］ Ricketts R E，Zienkihwicz O C. Optimization of concrete dams. Proceedings International Symposium Numerical Analysis of Dams; 1975.

［8］ Wassermann K. Shape optimization of arch dams. Proceedings of Finite Element Methods, Shanghai; 1983.

［9］ Zhu Bofang，Song Jingting. One-dimensional finite element method of analyzing arch dams. *Journal of Water Conservancy and Water Transportation*, No. 2; 1979.

［10］ Zhu Bofang, Li Zhanmei, Zhang Bicheng. Optimum Design of Structures, Theory and Applications. Publishing House of *Water Conservancy and Electricity;* 1984.

［11］ Zhu Bofang. The method of floating stress exponent for the fully stressed design of complex structures. *Chinese Journal of Solid Mechanics*, No. 2; 1984.

［12］ Zhu Bofang. Finite Element Method, Theory and Applications. Publishing House of *Water Conservancy and Electricity*; 1979.

［13］ Himmelblau D M. Applied Nonlinear Programming. McGraw-Hill; 1972.

Optimum Design of Arch Dams[①]

Abstract: Much progress has been made in the design optimumization of arch dams in China in recent years. Rational and practical mathematical models and effective methods of solution have been proposed. Great effort has been made to apply this new technique to practical projects. Methods of mathematical programming have been used to determine the optimum shapes of more than 20 arch dams, which resulted in a 20% reduction of dam concrete on average, and increased speeds of design. The mathematical models, the methods of solution and some examples of application to practical arch dams are presented in this article.

Key words: optimum design, arch dam, mathematical model, solution method, practical applications, 20% saving

1　Introduction

Generally, arch dams are designed by the method of "cut and try"; that is, the initial scheme is given and then analysed. If it satisfies the demands of the design specifications, it is adopted. Otherwise the shape of the dam is modified and re-analysed. The shape of the dam obtained in this way is feasible but not necessarily good. To get a better shape, several schemes can be proposed and analysed and one scheme is chosen from them. This will be the best solution of those proposed, but, again, it is not necessarily the optimum one. Moreover, the time for design is rather long.

The shape optimization of arch dams has been developed in the past twenty years. The optimum shape of an arch dam is found automatically on computers by means of mathematical programming. To date, shape optimization has not commonly been applied to actual arch dam projects, except in China. This is primarily because the mathematical model is not so rational and practical as to be accepted by design engineers.

Taking into account the fact that shape design is the most important part of the design of an arch dam, particular attention has been paid to the practicality of the mathematical model. The applicability to engineering, instead of the beauty of the mathematics, has been the main aim of the author's research. Great effort has been made to apply the new technique to practical dam engineering, and mathematical models and methods of solution have been improved continuously in the process of application.

Experience indicates that the suitability of the geometrical model is highly important for the optimum design of arch dams. On the one hand, this model must correspond with the stress state of

---

❶　原载 Dam Engineering, Vol I, Issue 2, 1990.

the arch dam in favour of fully developing the potential of the structure and rationally utilizing the strength of materials. On the other hand, to facilitate construction, the geometric model should not be complicated, otherwise, it cannot easily be adopted in the project.

Another important problem is how to define the functions of constraints. The demands of design specifications must be satisfied. Some empirical conditions proposed by the design engineers, though not included in the design specifications, must also be considered.

2 Geometric model

The dam axis may shift and turn in a range designated in advance. The upstream face of the dam may be either a single-curvature surface or a double-curvature one. The horizontal section of the dam may be one of the following types: single-centred arc, multi-centred arc, parabola, ellipse, hyperbola or logarithmic spire. The shape of the dam is completely determined by a group of variables $X_1, X_2, X_3, \cdots, X_n$ which are called the design variables.

2.1 Canyon shape

In the mathematical model, the canyon shape is divided into seven layers along its elevation and the contour lines of the usable rock on both sides are represented by seven broken lines, the nodal co-ordinates of which are the original data input.

2.2 Position of dam axis

As illustrated in Fig. 1, the horizontal co-ordinates of point C (the top of the upstream face of the central vertical section) are

$$x'=X_1, y'=X_2$$

where x', y' are the global co-ordinates. The angle between the radial plane of the central vertical section of the $y'oz'$ plane is X_3.

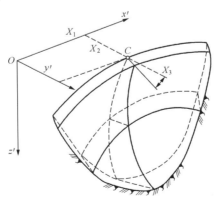

Fig. 1　Components of an arch dam

X_1, X_2, X_3 are the three design variables which determine the position of the dam axis. When X_1, X_2 and X_3 vary continuously in the process of optimization, the dam axis shifts and turns to seek an optimum position in the range designated in advance.

2.3 Design parameters and design variables

To determine the shape of an arch dam, the shape of the central vertical section is determined at first, and then the shape of the horizontal sections at various elevations are determined. One of three methods may be used to determine the shape of the vertical and horizontal sections:

(1) determine both the curve of the upstream boundary and the curve of the downstream boundary.

(2) determine the curve of an upstream boundary and the thickness of the section.

(3) determine the curve of the central line of the section and its thickness.

If, for example, the second method is used to determine the shape of the central vertical section of the dam. Its shape is entirely determined by the curve of the upstream boundary and the thickness. These are, therefore, the design parameters.

The design parameters vary with the z co-ordinate and may be expressed by polynomials of z as follows

$$f = k_0 + k_1(z/H) + k_2(z/H)^2 + \cdots + k_m(z/H)^m \tag{1}$$

where $f = a$ design parameter, $z =$ the vertical co-ordinate, $H =$ the height of dam, and $k_0, k_1, \cdots, k_m =$ coefficients.

If $\eta = z/H$, then

$$f = k_0 + k_1\eta + k_2\eta^2 + \cdots + k_m\eta^m \tag{2}$$

by the matrix notation, we have

$$f = \{\eta\}\{k\} \tag{3}$$

where

$$\{\eta\} = \{1, \eta, \eta^2, \cdots, \eta^m\}$$
$$\{k\} = \{k_0, k_1, k_2, \cdots, k_m\}^{\mathrm{T}} \tag{4}$$

with reference to Eq.(2), if $\eta = 0, \eta_1, \eta_2, \cdots, \eta_m$ successively, the following set of simultaneous equations is obtained

$$\begin{bmatrix} 1 & 0 & 0 & \dots & 0 \\ 1 & \eta_1 & \eta_1^2 & \dots & \eta_1^m \\ 1 & \eta_2 & \eta_2^2 & \dots & \eta_2^m \\ \dots & \dots & \dots & \dots & \dots \\ 1 & \eta_m & \eta_m^2 & \dots & \eta_m^m \end{bmatrix} \begin{Bmatrix} k_0 \\ k_1 \\ k_2 \\ \dots \\ k_m \end{Bmatrix} = \begin{Bmatrix} f_0 \\ f_1 \\ f_2 \\ \dots \\ f_m \end{Bmatrix} \tag{5}$$

where f_i is the value of f when $\eta = \eta_i$. Thus $k_0, k_1 \cdots, k_m$ are determined by $f_0, f_1, \cdots, f_m$. From Eq. (2) and Eq. (5), it is cleat thar $f(y)$ is completely determined by $f_0, f_1, \cdots, f_m$, which are used as variables in the process of optimization and are called the design variables. Let

$$\{x_i\} = [X_{i0}, X_{i1}, \cdots X_{im}]^{\mathrm{T}} = [f_0, f_1, \cdots f_m]^{\mathrm{T}} \tag{6}$$

then Eq. (5) may be re-written as

$$[A]\{k\}=\{X_i\} \tag{7}$$

which gives

$$\{k\}=[A]^{-1}\{X_i\} \tag{8}$$

By substituting into Eq. (3), we have

$$f=[\eta][A]^{-1}\{X_i\} \tag{9}$$

Thus the design parameter f is entirely determined by design variables $X_{i0}, X_{i1},\cdots, X_{im}$.

For the whole dam, there are n design variables in total, namely $X_1, X_2, \cdots, X_n$, where X_1, X_2, X_3 determine the position of dam axis and $X_4, X_5, \cdots, X_n$ determine the shape of the dam. The vector

$$\{X\}=\left[X_1,X_2,\cdots,X_n\right]^{\mathrm{T}}$$

is called the design vector, where n is the number of design variables in total. If the ith design parameter of the dam is expressed by a polynomial of m_ith order, n is given by

$$n=2+\sum(m_i+1) \tag{10}$$

2.4   Shape of central vertical section

The shape of the central vertical section is determined by the curve of the upstream boundary and its thickness, see fig.2(a). For a single-curvature arch dam, the upstream boundary is a straight line, so there is no need for a design variable. For a double-curvature arch dam, the curve of the upstream boundary is expressed by a polynomial of two or three degrees, which is determined by three design variable as follows

$$X_4 = B(z=z_1), X_5 = B(z=z_2), X_6 = B(z=H)$$

The thickness of the central vertical section is generally expressed by a polynomial of three degrees, which is determined by four design variables as follows

$$X_7 = T_C(z=0), X_8 = T_C(z=z_1), X_9 = T_C(z=z_2), X_{10} = T_C(z=H)$$

The shape of the horizontal section of the dam may be one of the six types described in the following sections.

2.5   Single-centred arch dam

As the horizontal section has a constant thickness, its shape is determined by R_U, which is the radius of the upstream face. R_U is generally expressed by a three-order polynomial, which is determined by the following four design variables

$$R_U(z=0), R_U(z=z_1), R_U(z=z_2), R_U(z=H)$$

The number of design variables are: three for the dam axis; m for B; $m+1$ for T; and, $m+1$ for R_U. The total number of design variables of the dam is $n=5+3m$. For $m=2,3,$ and $4, n=11,14$ and 17, respectively.

2.6   Multi-centred arch dams

The horizontal section of the dam may have two to five centres of curvature. In the following, we shall show how to determine the shape of a five-centred, double-curvature arch dam. The horizontal section includes three segments of arcs, the central arc has a constant thickness, while the two lateral arcs have variable thickness, and their upstream and downstream faces have different centres and radii of curvature. The shape of the horizontal section is completely determined by:

(1) R_{UC}, the radius of the upstream face of the central arc;

(2) T_C, the thickness of the central arc;

(3) R_{UR} and R_{UL}, the radius of the upstream face of the right and left lateral arc;

(4) R_{DR} and R_{DL}, the radius of the downstream face of the right and left lateral arc;

(5) ϕ_{CR} and ϕ_{CL}, the central angle of the right and left part of the central arc.

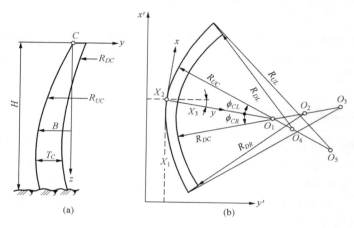

Fig. 2 A five-centred arch dam

(a) central vertical section; (b) horizontal section

From Figure2(b), the following relationship can be determined

$$R_{DC} = R_{UC} - T_C, R_{UR} = R_{UC} + \overline{O_1O_3}, R_{DR}$$
$$= R_{UR} - T_C - \overline{O_2O_3}, R_{UL} = R_{UC} + \overline{O_1O_5}, R_{DL} = R_{UL} - \overline{O_4O_5} - T_C \tag{11}$$

Thus, the horizontal section is completely determined by R_{UC}, T_C, $\overline{O_1O_3}, \overline{O_2O_3}, \overline{O_1O_5}, \overline{O_4O_5}$, ϕ_{CR} and ϕ_{CL}.

Usually, ϕ_{CR} and ϕ_{CL} may be expressed by

$$\phi_{CR} = X_i + (X_{i+1} - X_i)(z/H)$$
$$\phi_{CL} = X_{i+2} + (X_{i+3} - X_{i+2})(z/H) \tag{12}$$

where $X_i, \cdots, X_{i+3}$ are the values of ϕ_{CR} and ϕ_{CL} at $z = 0$ and $z = H$, respectively, $X_i, \cdots, X_{i+3}$ are design variables.

Generally, the thickness at the top of the dam is controlled by the minimum thickness, so T_A is equal to T_C when $z = 0$. Thus $\overline{O_2O_3}$ and $\overline{O_4O_5}$ are equal to zero when $z = 0$ and only m design variables are required for each of them. However, $m+1$ design variables are necessary for R_{UC}, T_C, $\overline{O_1O_3}$ and $\overline{O_1O_5}$. The number of design variables will be 3 for the dam axis, 4 for ϕ_{CR} and ϕ_{CL}, $3m$ for B, $\overline{O_2O_3}$ and $\overline{O_4O_5}$ and $4(m+1)$ for T_C, R_{UC}, $\overline{O_1O_3}$ and $\overline{O_1O_5}$. The total number of design variables will be $n = 11 + 7m$. If $m = 2, 3, or4, n$ will be 25, 32 and 39, respectively.

The shape of arch dams of two to four centres may be derived from the above mentioned five-centred arch dam. For example, let $\overline{O_2O_3} = \overline{O_4O_5} = 0$, we get a three-centred arch dam, the horizontal section of which is an arch of three segments of constant thickness, with three different radii.

2.7 Parabolic arch dam

As shown in Fig.3, the axis of the arch is expressed by two parabolas: for the right half

$$y = B + x^2 / (2R_R) \tag{13}$$

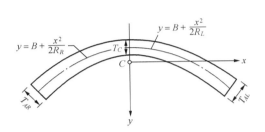 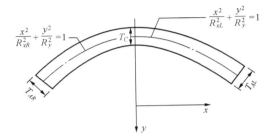

Fig. 3   Horizontal section of a parabolic arch dam   Fig. 4   Horizontal section of an elliptical arch dam

for the left half

$$y = B + x^2 / (2R_L) \tag{14}$$

where B is the y co-ordinate of the crown and R_R and R_L are the radii of curvature of the right and left half when $x = 0$.

The thickness of the horizontal section is expressed as follows: for the right half

$$T(s) = T_C + (T_{AR} - T_C)(s / s_{AR})^2 \tag{15}$$

for the left half

$$T(s) = T_C + (T_{AL} - T_C)(s / s_{AL})^2 \tag{16}$$

in which T_C, T_{AR}, T_{AL} are the thicknesses of the arch at the crown, right abutment and left abutment, respectively , s is the length of arc from the crown, and s_{AR} and s_{AL} are the lengths of arc at the right and left abutments, respectively.

B, T_C, T_{AR}, T_{AL}, R_R, and R_L are the design parameters which determine the shape of a parabolic arch dam. If all these design parameters are expressed by polynomials of m th degree, the total number of design variables is given by $n = 8 + 6m$ .If $m = 2, 3, or4, n$ will be 20, 26 and 32, respectively.

2.8 Elliptical arch dams

As shown in Figure 4, the origin of the local co-ordinate system is at the centre of the ellipse. The axis of the arch is expressed as follows: for the right half

$$x^2 / R^2{}_{xR} + y^2 / R^2{}_y = 1 \tag{17}$$

for the left half

$$x^2 / R^2_{xL} + y^2 / R^2_y = 1 \tag{18}$$

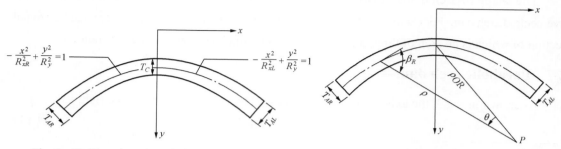

Fig. 5　Horizontal section of a hyperbolic arch dam　　　　Fig. 6　Horizontal section of a logarithmic spiral arch dam

in which $2R_{xR}, 2R_y$, and $2R_{xL}$ are the length of the axis of the ellipse. The thickness of the arch is also expressed by Eq.(15) and Eq. (16) .

Thus, $R_{xR}, R_{xL}, R_y, B, T_C, T_{AR}$ and T_{AL} are the design parameters determining the elliptical arch dam. The total number of design variables is $n = 9 + 7m$. For $m = 2, 3$ and $4, n = 23$, 30 and 37, respectively.

2.9　Hyperbolic arch dams

The origin of the local co-ordinate system is at the centre of the hyperbola, see figure 5. The axis of the arch is expressed as: for the right half

$$y^2 / R^2_y - x^2 / R^2_{xR} = 1 \tag{19}$$

for the left half

$$y^2 / R^2_y - x^2 / R^2_{xL} = 1 \tag{20}$$

The thickness of the arch is expressed by Eq. (15) and Eq. (16) .

The design parameters are $R_{xR}, R_{xL}, R_y, B, T_C, T_{AR}$, and T_{AL} .The total number of design variables is $n = 9 + 7m$. For $m = 2, 3,$ and $4, n = 23$, 30 and 37, respectively.

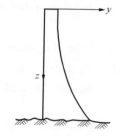

Fig. 7　A single-curvature arch dam

2.10　Logarithmic spiral arch dams

As shown in figure 6, the axis of the horizontal arch is a logarithmic spire, which is expressed as follows: for the right half

$$\rho = \rho_0 \, \mathrm{Re}^{k_R \theta} \tag{21}$$

for the left half

$$\rho = \rho_0 L e^{k_L \theta} \tag{22}$$

in which ρ is the radius vector , θ is the polar angle, $k_R = \cot \beta_R, k_L = \cot \beta_L$ and β is the angle between the radius vector and the tangent to the curve , which is constant along the curve.

Taking $\rho_{OR}, \rho_{OL}, k_R$ and k_L as the design parameters , ρ_{OR} and ρ_{OL} may be expressed by a third-order polynomial, each with four design variables. k_R and k_L may be expressed by first-order polynomials, each with two design variables.

The thickness of the arch is also expressed by Eq.(15) and (16) . In addition to the position of the dam axis, the design parameters of the dam are B, T_C, T_{AR}, T_{AL}, ρ_{OR}, ρ_{OL}, k_R and k_L .If k_R and k_L are expressed by straight lines, while all the rest are expressed by polynomials of m th order, the total number of design variables is $n = 12 + 6m$ .For $m = 2, 3$ and 4, $n = 24$, 30 and 36, respectively.

2.11   Single-curvature arch dams

All the above mentioned arch dams have a double-curvature. As shown in Fig. 7, the upstream face of a single-curvature arch dam is a vertical cylindrical surface. Thus, the upstream boundary of the central vertical section is a vertical straight line, where R_U is the radius of curvatureof the upstream face and does not vary with the vertical co-ordinate z .Only one design variable is required to determine R_U . With the thickness of the dam expressed by a mth-order polynomial, the total number of design variables is $n = 5 + m$. For $m = 2$, 3 and 4, $n = 7$, 8 and 9, respectively.

3   Objective function and constraints

3.1   Objective function

The objective function is the cost of the dam, which may be expressed by

$$C(X) = c_1 V_1(X) + c_2 V_2(X) \tag{23}$$

in which $V_1(X)$ is the volume of concrete in the dam body, $V_2(X)$ is the volume of foundation excavation, c_1 is the unit price of concrete and c_2 is the unit price for foundation excavation. Generally, the cost of foundation excavation is much less than that of dam concrete, so the volume of dam concrete is usually used as the objective function.

Conditions of constraint will include geometry, stress and stability. These should satisfy the demands of design specification and take into account the requirements of structural arrangement and construction. These three kinds of constraints will be described below.

3.2   Geometrical constraints

According to geological and typographical conditions, the range in which the dam axis shifts can be determined, that is, the ranges in which X_1, X_2 and X_3 vary, are determined. According to the requirements of traffic and so on, the minimum width of the crest is then decided. Sometimes, the maximum width of the base of the dam is limited to control the length of the construction block.

To facilitate construction, the maximum slope of overhang at the upstream and downstream faces should be controlled

$$s \leqslant [s] \tag{24}$$

where s is the maximum slope of overhang at the upstream and downstream faces of the dam, $[s]$ is the allowable value. Usually $[s] = 0.3$.

3.3 Stress constraints

The stress of each control point in the dam has to be examined. Under the hydrostatic pressure, silt pressure, temperature changes and dead load, the stress needs to satisfy the following conditions

$$\sigma_1/[\sigma_1] \leqslant 1, \sigma_2/[\sigma_2] \leqslant 1 \qquad (25)$$

in which σ_1 and σ_2 are the first and the second principal stresses respectively. $[\sigma_1]$ and $[\sigma_2]$ are allowable tensile and compressive stresses, respectively.

Before grouting contraction joints, for safety during construction, the tensile stress σ_t, caused by the dead load in construction blocks of different heights, corresponding to different stages of construction, should be controlled within the range of allowable values as follows

$$\sigma_t \leqslant [\sigma_t] \qquad (26)$$

3.4 Stability constraints

In the light of the importance of the dam and the geological conditions, the constraints ensuring the sliding stability of the dam may be expressed by one of the following three equations.

(1) Constraint of coefficient of sliding stability

$$K_i \geqslant [K_i] \qquad (27)$$

where K_i is the coefficient of sliding stability at point i and $[K_i]$ is the allowable minimum value.

(2) Constraint of the angle of thrust at the abutment

$$\psi \geqslant [\psi] \qquad (28)$$

where ψ is the angle of thrust at the abutment as shown in Fig. 8. $[\psi]$ is the allowable minimum value.

(3) Constraint of the central angle of the arch

$$\phi \leqslant [\phi] \qquad (29)$$

where ϕ is the central angle of the arch.

3.5 Normalization of constraints

To increase the speed of computing, which will be explained later, all of the constraints are normalized in the form

$$g_j(X) \leqslant 1 \qquad (30)$$

For example, Eq. (27), (28) and (29) are transformed into the following expressions

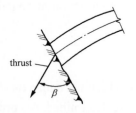

Fig. 8　Angle of thrust at the abutment

$$[K_i]/K_i \leqslant 1, [\psi]/\psi \leqslant 1, \phi[\phi] \leqslant 1$$

3.6 Mathematical model

Now the problem may be summarized in the following form

Minimize $C(X)$

subjected to
$$g_j(X) \leqslant 1, j = 1, 2, \cdots, q \qquad (31)$$

where q is the number of constraints. As $C(X)$ and $g_j(X)$ are non-linear functions of the design variables, this is a problem of non-linear programming.

3.7 Reduction of constraints

Usually only a few constraints actually play the role of control in the process of optimization. To reduce the amount of computation, the following criterion is suggested to reduce the constraints

if
$$1 - g_j \geqslant \Delta \qquad (32)$$

then the constraint $g_j(X) \leqslant 1$ is deleted.

At the early stage of optimization, the variations of design variables are remarkable, so Δ should be large. At later stages Δ may be small. For the $(k+1)$ th iteration, we may take
$$\Delta^{(k+1)} = c\Delta^{(k)} \qquad (33)$$

in, which c $(\leqslant 1)$ is a coefficient and k is the number of iterations, c and $\Delta^{(1)}$ are determined by experience. For example, we may take $\Delta^{(1)} = 0.8$ and $c = 0.94$.

4 Internal force expansion method

As the stress constraints are non-linear implicit functions of the design variables, calculation of the constraints at any design point requires re-analysis of the dam. Experience shows that the most part of computing time is used in the stress re-analysis in the process of optimization. To reduce the time for stress re-analysis, the first-order Taylor's series expansion of the stress are often used

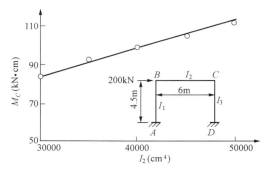

Fig. 9 The relationship between M_C and I_2

$$\sigma(X) = \sigma(X^0) + \sum \frac{\partial \sigma}{\partial X_i}(X_i - X^0_i) \qquad (34)$$

As the relation between the stress $\sigma(X)$ and the design variables X is highly non-linear, between 6 and 20 iterations are required.

A steel frame is shown in Fig. 9. When I_2 (I is the moment of inertia) changes, the value of M_C (the bending moment at point C) changes also. This relationship is nearly linear. It is proposed that the internal force $F(X)$ is expanded into the first-order Taylor's series as follows

$$F(X) = F(X^0) + \sum \frac{\partial F}{\partial X_i}(X_i - X^0_i) \qquad (35)$$

The internal force is given by
$$F = k^e \delta \qquad (36)$$

where k^e is the stiffness matrix of the element of the structure and δ is the vector of displacements.

By partial differentiation the following equation is derived

$$\frac{\partial F}{\partial X_i} = k^e \frac{\partial \delta}{\partial X_i} + \frac{\partial k^e}{\partial X_i} \delta \qquad (37)$$

The equilibrium equation is

$$K\delta = P \qquad (38)$$

where K is the stiffness matrix of the dam and P is the vector of the loads. Partial differentiation of Eq.(38) gives

$$\frac{\partial \delta}{\partial X_i} = K^{-1}\left(\frac{\partial P}{\partial X_i} - \frac{\partial K}{\partial X_i} \delta \right) \qquad (39)$$

From Eqs. (37) and (39), $\partial F / \partial X_i$ may be computed.

In the process of optimization, at any new design point X, the internal forces are determined by Eq.(35), then the stresses are calculated by the exact formula in the theory of strength of materials. Experience shows that, because of the high precision of Eq.(35), only two iterations are required for this method.

Sometimes the trial-load method is used for stress analysis of arch dams. We shall show how to compute the sensitivities of the internal forces $\partial F / \partial X_i$, for the trial-load method in the following.

The arch dam is divided into the arch system and the beam system. The vector of arch displacements is given by

$$U_a = AP_a + U_{ao} \qquad (40)$$

in which U_a is the vector of arch displacements; A is the arch flexibility matrix; P_a is the vector of arch loads; and, U_{ao} is the vector of initial arch displacements.

The displacements of the beam is

$$U_b = BP_b + U_{bo} \qquad (41)$$

where U_b is the vector of beam displacements; B is the flexibility matrix of beam; P_b is vector of beam loads; and, U_{bo} is the vector of initial beam displacements.

According to the condition of compatibility of deformation, $U_a = U_b$. From the principle of load division, $P_a + P_b = P$ (where P is the vector of external loads). Thus the fundamental equation for the trial-load method is derived as follows

$$CP_b = AP + U_{ao} - U_{bo} \qquad (42)$$

where $C = A + B$.

By solving the above equation, P_b is obtained and $P_a = P - P_b$. The internal forces are given by

$$F = HP_b \qquad (43)$$

where H is a matrix.

By partial differentiation of the above equation, we get

$$\frac{\partial F}{\partial X_i} = H \frac{\partial P_b}{\partial X_i} + \frac{\partial H}{\partial X_i} P_b \qquad (44)$$

By partial differentiation of Eq.(42), we have

$$\frac{\partial P_b}{\partial X_i} = C^{-1}L, L = \frac{\partial A}{\partial X_i} P + A \frac{\partial P}{\partial X_i} - \frac{\partial C}{\partial X_i} P_b + \frac{\partial}{\partial X_i}(U_{ao} - U_{bo}) \qquad (45)$$

Substituting $\partial P_b / \partial X_i$ into Eq.(44), we get $\partial F / \partial X_i$.

5 Methods of optimization

To solve the non-linear programming problem given in Eq. (31), the Sequential Linear Programming (SLP) method has been used. This method usually converges after 12 to 20 iterations. To reduce the number of iterations, the following two methods of optimization have been adopted.

5.1 Sequential quadratic programming (SQP) method

The objective function is expanded into a second-order Taylor's series and the constraints are expanded into the first-order Taylor's series, thus Eq.(31) is transformed into the following form

$$\text{minimize} \quad C(X) = [D]\{X\} + (1/2)\{X\}^{\mathrm{T}}[G]\{X\}$$
$$\text{subjected to} \quad [A]\{X\} \leqslant \{b\}, \{X\} \geqslant \{0\} \tag{46}$$

where $[A]$ and $[G]$ are matrices and $\{X\}$, $\{b\}$ and $\{0\}$ arc vectors. The design variables relevant to the thickness of the dam are replaced by the new variables as follows

$$\overline{X_i} = X_i^{\alpha} \tag{47}$$

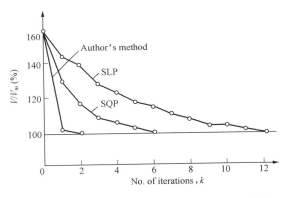

Fig. 10   Rates of convergence of different methods

where

$$\alpha_i = \log(\sigma_i'/\sigma_i)/\log(X_i'/X_i) \tag{48}$$

When the design variable changes from X_i to X_i' the stress will change from σ_i to σ_i'. After transforming the design variable as Eq. (47), the relation between $\overline{X_i}$ and σ_i will be approximately linear.

The stresses are expanded as Eq.(34), and Eq.(46) is solved by the Lemke method. This usually converges after 6 to 7 iterations.

5.2 Penalty function method

Rather than trying to solve the constrained problem shown in Eq.(31), a penalty term that takes care of the constraints is added to the original objective function $C(X)$. An interior penalty function $P(X, r)$ is defined and the problem is transformed to the minimization of

$$P(X,r) = C(X) - r\sum 1/(g_j - 1) \tag{49}$$

or

$$P(X,r) = C(X) - r\sum \log(1 - g_j) \tag{50}$$

$P(X, r)$ is minimized for a sequence of values of r and the solutions is forced to converge to that of the constrained problem.

In this case the internal force expansion method is used for the stress re-analysis. Experience shows that only two iterations are required. Here one iteration means that Eq.(35) is established once, that is, the coefficients $\partial F / \partial X_i$ in Eq.(35) are computed once.

The rates of convergence are shown in Fig. 10.

6　Application to practical arch dams

More than 20 arch dams have been optimized in China and this has resulted in a reduction of investment and an increased speed of design. Some results are given in the Tab. 1.

Ruiyang arch dam, the final shape of which was entirely determined by the optimization method, was completed in 1987 and has operated successfully for three years now.

Initially, the shape of an arch dam was optimized after it had been designed by the conventional "cut and try" method. However, as Chinese design engineers have become acquainted with the merits of the optimization method , some important arch dams (such as the Laxiwa arch dam, 250m in height) have been optimized from the start. Six types of arch dams, (single-centred arc, five-centred arc, the parabola, ellipse, hyperbola, and logarithmic spire) have been optimized. Finally, the logarithmic spiral type was chosen for the Laxiwa dam, the highest arch dam currently under design in China.

Tab.1　　　　　Chinese dams designed by the optimization method

Dam	Height (m)	Dam volume ($10^3 m^3$)		Reduction in volume (%)
		Original	Optimum	
Ruiyang	50.5	38.2	26.5	30.6
Seven Stars	69	162.5	134.4	17.8
Tielu	71.8	160	122	23.8
Nanshao	30	12.5	10.4	16.8
Wengkeng	32	13.6	10.3	24.3
Huangxihe	55	50.3	36.3	28
Nei An	74	74.6	57.8	22.4
Lijiaxia	165	1070	813	24
Longtan	218	5120	4370	14.6
Laxiwa	250	n/a*	2209	*

* The original design for the Laxiwa dam was by the optimization method.

7 Conclusion

The mathematical model proposed by the author, including the geometrical model and the function of constraints, are rational and practical. The arch shapes given by them are reasonable and have been adopted by Chinese design engineers.

The methods of solution are effective , especially as the author's internal force expansion method requires only two iterations, which is much less than other current methods.

Particular attention has been made to allow the application of these methods to actual dams.

Bibliography

[1] Sharpe R. Optimum design of arch dams. *Proceedings*, Institute of Civil Engineers, Paper 7200s, Supplementary Vol. 73 - 98; 1969.

[2] R E Ricketts, O C Zienkiewicz. Optimization of concrete dams. *Proceedings*, International Symposium on Numerical Analysis of Dams; 1975.

[3] Zhu Bofang, Song Jinting. Optimum design of double-curvature arch dams. *Proceedings*, First Chinese National Conference on Optimization Method; 1979, see also Journal of Water Conservancy and Water Transport, No.l; 1980.

[4] Zhu Bofang, Li Zhanmei. Optimization of double-curvature arch dams. *Chinese Journal of Hydraulic Engineering*, No.4; 1981.

[5] Zhu Bofang，Li Zhanmei. Fully-stressed design of arch dams. *Collected Research Papers,* IWHR (Institute of Water Conservancy and Hydroelectric Power Research) ; 1982.

[6] Wassermann K. Three-dimensional shape optimization of arch dams with prescribed shape functions. *Journal of Structural Mechanics*, Vol. 11, 465; 1983 - 1984.

[7] Zhu Bofang. Some problems in the optimum design of double- curvature arch dams. *Chinese Journal of Computing Structural Mechanics and Applications*, No.3; 1984.

[8] Li Yisheng，Zhu Bofang. The optimum design of arch dams and the curve of arch thickness. *Chinese Journal of Hydraulic Engineering*, No.11; 1985.

[9] Zhu Bofang. Shape optimization of arch dams. *Water Power and Dam Construction*, March 1987.

[10] L M C Simoes, J A M Lapa， J H Negrao. Search for arch dams with optimal shape. *Proceedings*, International Workshop on Arch Dams, Coimbra, Portugal; 1987.

[11] Zhu Bofang. Optimum design of double-curvature arch dams. *Proceedings*, 2nd International Conference on Computing in Civil Engineering, Hangzhou; 1985.

[12] Zhu Bofang. Some problems in the optimum design of structures. *Proceedings*, 3rd International Conference on Computing in Civil Engineering, Vancouver; 1988.

[13] Zhu Bofang, Li Zhanmei, Zhang Bicheng. Optimum Design of Structures, Theory and Applications. Publishing House of Water Resources and Electricity; 1984.

[14] Zhu Bofang, Jia Jinsheng，Rao Bin. Optimum Design of Laxiwa Arch Dam. *Report*, IWHR; 1989.

Internal Force Expansion Method for Stress Reanalysis in Structural Optimization❶

Abstract: In the optimum design of large structures, the greater part of the computation time is consumed in stress reanalysis. The internal force expansion method is proposed to reduce the computation time; it is more efficient than the well-known stress expansion method. Experience shows that only two iteration cycles are required when this method is applied in structural optimization.

Key words: internal force expansion, stress reanalysis, structure optimization

1　Introduction

Since the stress constraints are usually non-linear implicit functions of the design variables, calculation of the constraints' value at any design point requires analysis of the structure. To reduce the number of exact stress analyses during the process of optimization, the first-order Taylor series expansions of the stress are often used as follows [1]

$$\sigma(x) = \sigma(x^k) + \sum_{j=1}^{n} \frac{\partial \sigma}{\partial x_j}(x_j - x^k_{\ j}) \tag{1}$$

Because the relation between the stress $\sigma(x)$ and the design variable x is highly non-linear, generally 12-20 iterations are required for this method.

A steel frame is shown in Fig. 1. When I_2, the moment of inertia of the member 2, changes, the value of M_c, the bending moment at point C, changes also, but the relation between M_c and I_2 is nearly linear. This shows that the relation between the internal force and the design variables is nearly linear when the design variables change in the process of optimization. Considering this fact, it is suggested that the internal forces at the control points of the structure are represented by the first-order Taylor series as follows

$$F_i(x) = F_i(x^k) + \sum_{j=1}^{n} \frac{\partial F}{\partial x_j}(x_j - x^k_{\ j}) \tag{2}$$

where $F_i(x)$ is the ith internal force (axial force, bending and twist moment, and so on), and k is the number of iterations. In the process of optimization, at any new design point x the internal forces are determined by Eq.(2), and then the stresses can be calculated by the appropriate formulae in the theory of strength of materials. For example, the normal stresses may be

---

❶　原载 Communications in Applied Numerical Methods, Vol.7, 295-298.1991.

computed by

$$\sigma = N/A + M_x/Z_x + M_y/Z_y \tag{3}$$

where N is the axial force, A is the cross-sectional area, M_x and M_y are the bending moments in the x and y directions and Z_x and Z_y are the section moduli, respectively.

The computing procedure is as follows. First, an initial design scheme x^1 is given (x^1 is not necessarily a feasible point), the internal force in the vicinity of x^1 is represented by Taylor's series as indicated by Eq. (2). Then the optimum solution can be found with the non-linear programming method SUMT. When the design point moves during the search, the internal forces for the new point can be obtained by Eq. (2), the stresses being calculated by the formula in the theory of strength of materials. Because the computing of the internal forces is approximate, x^2, the first optimum solution obtained is also approximate.

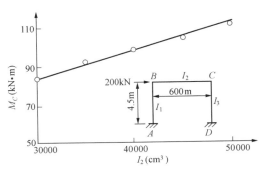

Fig. 1   Relation between M_c and I_2

Second, denote the internal forces in the vicinity of x^2 by Taylor's series and search for the second approximate optimum solution x^3 with the non-linear programming method. This computing procedure has to be repeated until two successive solutions are in close proximity. Experience shows that, due to the high precision of Eq. (2), the process converges in only two iterations. This method converges much faster than other current methods.

In the following it is explained how to compute $\partial F/\partial x_j$ in Eq. (2). The internal force is given by

$$F = k^e \delta \tag{4}$$

where k^e is the stiffness matrix of the element of the structure. By partial differentiation the following equation is derived

$$\frac{\partial F}{\partial x_j} = k^e \frac{\partial \delta}{\partial x_j} + \frac{\partial k^e}{\partial x_j} \delta \tag{5}$$

The equilibrium equations of the structure are

$$K\delta = P \tag{6}$$

where K is the stiffness matrix of the structure and P is the vector of loads. Partial differentiation of Eq. (6) gives

$$\frac{\partial \delta}{\partial x_j} = K^{-1} \left(\frac{\partial P}{\partial x_j} - \frac{\partial K}{\partial x_j} \delta \right) \tag{7}$$

From Eqs. (5) and (7), $\partial F/\partial x_j$ may be calculated.

2   Example

The shape of a double-curvature arch dam shown in Fig. 2 is optimized by nonlinear programming.

Two methods of stress reanalysis are adopted in the process of optimization. By the stress expansion method, 12-15 iterations are required. By the internal force expansion method, only two iterations are required and the error of the first iteration is less than 1 per cent. The process of convergence is shown in Fig. 3.

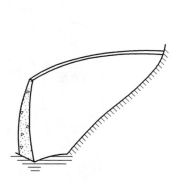

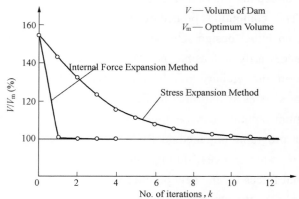

Fig. 2　Double-curvature arch dam　　　　Fig. 3　Rate of convergence of shape optimization of an arch dam

3　Conclusions

Several methods have been developed to reduce the computation time for stress reanalysis of the modified structures in the process of optimization.[1-4] The stress expansion method proposed by Schmit[1] is now widely adopted. The internal force expansion method introduced in this paper is more efficient than the present methods. Experience shows that only two or three iterations are required. It accelerates the computing speed a great deal. This method was proposed by the author ten years ago[5, 6] and is now widely used in China. Owing to the difficulty of the Chinese language, this method is still unknown outside China. So it is briefly introduced here again.

References

［1］　L A Schmit，H Miura. A new structural analysis/synthesis capability. ACCESS l, AIAA J., 14, 661-671, 1976.

［2］　J S Arora. Survey of structural reanalysis techniques. J. Stuct. Div. ASCE, ST4, 1976.

［3］　A J Morris. Foundations of Structural Optimization: A Unified　Approach. Wiley, 1982.

［4］　U Kirsch, Optimum Structural Design. McGraw-Hill, 1981.

［5］　Zhu Bofang，Li Zhanmei. The optimization of double-curvature arch dam. J. Hydraulic Eng. (in Chinese) , No. 2, 1981.

［6］　Zhu Bofang. Optimum Design of Structures, Theory and Applications, Publishing House of Water Resources and Electric Power, Beijing, 1984.

Stress Analysis of Non−circular Arch Dams with Variable Thickness[❶]

Abstract：A recent trend in the design of arch dams is to adopt a flat and non-circular horizontal section of variable thickness to improve the sliding stability and stress condition of the dam. A method is proposed for analysing stresses in dams of this type. Today, the trial load method is still in common use for the design of arch dams. Although modern computers can improve this method, it still has some intrinsic drawbacks. It requires a complicated program, a large memory capacity and consumes much CPU time. In this paper, the basic principles of trial load method are retained while the concept of the finite element method (FEM) is used to organize the computation, thus the computer program is simplified, and the memory capacity and CPU time are reduced a great deal. The stiffness matrices of arch elements and beam elements of variable thickness are derived. A method is given to analyse a cantilever of twisted shape. There are eight unknowns at each node: four nodal displacements and four loadings allotted to the cantilever. ADAS (Arch Dam Analysis System) , a computer program based on this method, has proved to be capable and efficient, and requires a minimum memory capacity. It can analyse almost all types of arch dam, such as circular, single centre, multi-centre, parabola, ellipse, hyperbola or logarithmic spiral. Experience has shown that the speed of ADAS is five to six times faster than a more traditional program based on the trial load method.

Key words：stress analysis method, non-circular arch dam, high efficiency

1 Introduction

To improve the sliding stability of dam abutments, the modern trend in the design of arch dams is to adopt a flat and non-circular horizontal section, such as parabolic, elliptic or logarithmic spiral arch. The maximum central angles of arch dams are now between 75° and 100°, which is approximately 20° less than those adopted previously. Thus the direction of thrust of the arch is turned about 10° toward the interior of the rock mass and the sliding stability of the abutment is improved a great deal. To improve the stress condition of arch dams, the thickness of the arch increases from the crown to the abutment in the horizontal direction. In short, the modern trend in the design of arch dams is to adopt a flat and non-circular horizontal section of variable thickness. A method for analysing stresses in dams of this type is

---

❶ 原载 Dam Engineering, Vol.11, Issue 3. 原作者朱伯芳、饶斌、贾金生。

proposed in this paper.

Owing to the stress concentration, the stresses in arch dams calculated by FEM are generally greater than those calculated by the trial load method. Because the allowable stresses in the design specifications mainly stem from the experiences of arch dams designed by the trial load method in the past sixty years, the trial load method is still in use in many countries such as USA, Japan, China and so on. It is stipulated in the Design Specifications of Arch Dams of China that the trial load method should be used to determine the shape of arch dams. The trial load method was developed for hand computing sixty years ago. Although electronic computers are used now, it has some intrinsic drawbacks. It requires a complicated program, a big memory capacity and much CPU time. If the basic principles of the trial load method are retained while the concept of FEM is used to organize the computation, then the computer program will be simplified, the memory capacity and CPU time will be reduced. This idea was first suggested by Zhu Bofang [1979] and later developed by Sun Yangbiao [1982] and by Yang Yanyi [1985] and by Lin Shaozhong and Yang Zhonghou [1987].

In this paper, a method is proposed for analysing stresses in the flat and non-circular arch dam with variable thickness in the horizontal direction. The basic principles of trial load method are retained while the concept of FEM is used to organize the computation. The explicit formulas for the stiffness matrix and the loading matrix of the non-circular arch element and twisted cantilever element, both with variable thickness, are derived. A mixed coding method is proposed to formulate the global equilibrium equation so as to reduce the bandwidth of the coefficient matrix and to minimize the required memory capacity. In the formulation of the global equilibrium equation, any node is related to the adjacent four nodes only, and the coefficient matrix of this equation has a very narrow bandwidth. Thus, the program is simplified and the memory capacity and CPU time are reduced a great deal. A similar method is proposed to analyse the dynamic stresses in arch dams. Finally, some examples of application are given.

ADAS (Arch Dam Analysis System) can analyse six types of arch dams, namely, arch dams of single-centred circle, multi-centred circle, parabola, ellipse, hyperbola and logarithmic spiral. To date, ADAS has been applied to the design of several high arch dams in China.

2　Arch element analysis

The network of computation is shown in Fig. 1. The number of arches and cantilevers is arbitrary. There are four nodal displacements at each node, that is, the radial displacement w, the tangential displacement u, the horizontal twisting angular displacement θ and the vertical twisting angular displacement ψ.

There are four types of loads, that is, the radial load p, the tangential load q, the horizontal twisting load m and the vertical twisting load $\overline{m}$, as shown in Fig. 2.

The nodal forces F_a^e and the nodal displacement δ^e of the arch element is shown in Fig. 3 and are expressed as follows

$$F_a^e = \left[Q_i^a N_i^a M_i^a \bar{M}_i^a Q_j^a N_j^a M_j^a \bar{M}_j^a \right]^{\mathrm{T}} \tag{1}$$

$$\delta^e = \left[w_i u_i \theta_i \psi_i w_j u_j \theta_j \psi_j \right]^{\mathrm{T}} \tag{2}$$

The load intensity of the arch element is expressed by

$$L_a^e = \left\{ \begin{matrix} L_i^a \\ L_j^a \end{matrix} \right\}, L_i^a = \left\{ \begin{matrix} p_i^a \\ q_i^a \\ m_i^a \\ \bar{m}_i^a \end{matrix} \right\}, L_j^a = \left\{ \begin{matrix} p_j^a \\ q_j^a \\ m_j^a \\ \bar{m}_j^a \end{matrix} \right\} \tag{3}$$

where $p_i^a, q_i^a, m_i^a, \bar{m}_i^a$ are four kinds of arch element load intensity at the node i and $p_j^a, q_j^a, m_j^a, \bar{m}_j^a$ are those at the node j. Supposing that the load intensity varies linearly along the neutral axis of the arch, the load intensity at the point where the length of the arc is s, and is given by

$$L_s^a = f_i(s) L_i^a + f_j(s) L_j^a \tag{4}$$

in which $f_i(s) = (s_j - s)/(s_j - s_i)$, $f_j(s) = (s - s_i)/(s_j - s_i)$, s_i and s_j are the lengths of arcs at node i and j respectively.

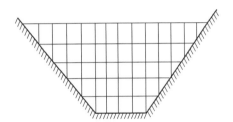

Fig. 1   Network of computation

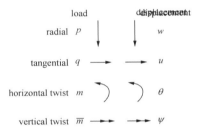

Fig. 2   Notation

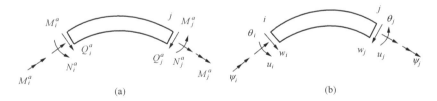

Fig. 3   Nodal force

(a) and nodal displacement; (b) of an arch element

The temperature of the arch element is

$$T^e = \left[T_{mi}, T_{di}, T_{mj}, T_{dj} \right]^{\mathrm{T}} \tag{5}$$

where T_{mi} and T_{mj} are the mean temperatures at nodes i and j respectively; T_{di} and T_{dj} are the equivalent linear temperature differences at nodes i and j; $T_{di} = T_{idw} - T_{iup}$; and , T_{idw} and T_{iup} are the temperatures at downstream face and upstream face respectively.

The nodal forces and load intensity of arch element are calculated as follows

$$F_a^e = K_a^e \delta^e, P_a^e = -H_a^e L_a^e - D_a^e T^e \qquad (6)$$

where K_a^e is the stiffness matrix of the arch element, H_a^e is the loading matrix of the arch element, and D_a^e is the temperature influence matrix of the arch element. The explicit formulas for K_a^e, H_a^e and D_a^e are derived by the elastic centre method in the following way. A non-circular arch element ij with variable thickness is shown in Fig. 4. The clastic centre, 0, is taken as the origin of the coordinate system, the x axis is parallel to the chord ij, the left end of the element is fixed and the right end is free and connected to the elastic centre by a rigid arm. The three statically indeterminate forces acting at the elastic centre are $X_{1(\text{moment})}$, X_2 and X_3, and the displacements at the elastic centre are

$$\begin{aligned}
\Delta_1 &= \theta = X_1 \delta_{1P} + \Delta_{1T} \\
\Delta_2 &= \Delta_x = X_2 \delta_{22} + X_3 \delta_{23} + \Delta_{2P} + \Delta_{2T} \\
\Delta_3 &= \Delta_y = X_2 \delta_{32} + X_3 \delta_{33} + \Delta_{3P} + \Delta_{3T}
\end{aligned} \qquad (7)$$

where δ_{ij} is the displacement Δ_i caused by $X_j = 1$, Δ_{iP} and Δ_{iT} are the statically determinate displacements at the elastic centre 0 caused by external loads and temperature changes.

Taking the coefficient of distribution of shearing stress $k = 1.25$ and the Poisson's ratio as $\mu = 0.20$, the following formula is derived by the principle of virtual work

$$\delta_{ij} = \int \frac{M_i M_j}{EJ} ds + \int \frac{N_i N_j}{EA} ds + 3 \int \frac{Q_i Q_j}{EA} ds \qquad (8)$$

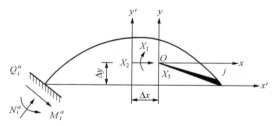

Fig. 4　The elastic centre

2.1　Computation of K_a^e

Supposing that there is no external load and no temperature change in the arch element, then $\Delta_{iP} = \Delta_{iT} = 0$, from Eq. (7), the statically indeterminate forces caused by the displacements of elastic centre θ, Δ_x and Δ_y are

$$X_1 = d_1 \theta, X_2 = d_2 \Delta_x - d_3 \Delta_y, X_3 = d_4 \Delta_y - d_3 \Delta_x \qquad (9)$$

where

$$d_1 = 1/\delta_{11}, d_2 = \delta_{33}/d_0, d_3 = \delta_{23}/d_0, \ d_0 = \delta_{22}\delta_{33} - \delta_{23}^2 \qquad (10)$$

Now the displacements θ_j, w_j, u_j are applied at the right end of the element. Because of the rigid arm, the displacement at the elastic centre are

$$\theta = -\theta_j, \ \Delta_x = u_j \cos\phi_j - w_j \sin\phi_j + \theta_j y_j, \Delta_y = -u_j \sin\phi_j - w_j \cos\phi_j - \theta_j x_j \qquad (11)$$

in which ϕ_j is the angle between the radius at node j and the y axis. Substituting the above formulas into Eq.(9), the statically indeterminate forces caused by θ_j, w_j, u_j are derived and the stiffness coefficients in matrix H_a^e corresponding to these displacements are obtained. Similarly, let the right end of the arch element be fixed and the left end be free, the stiffness coefficients relevant to θ_i, w_i and u_i are derived.

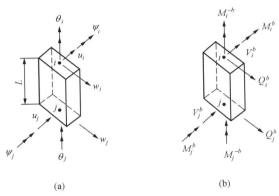

(a)   (b)

Fig. 5   Nodal displacement (a) and nodal force (b) of the cantilever element

2.2   Computation of H_a^e and D_a^e

As shown in Fig. 4, suppose that the two ends of the arch element are fixed, so $\Delta_1 = \Delta_2 = \Delta_3 = 0$, from Eq.(7), the following formulas are derived

$$X_1 = -d_1(\Delta_{1P} + \Delta_{1T}), \ X_2 = -d_2(\Delta_{2P} + \Delta_{2T}) + d_3(\Delta_{3P} + \Delta_{3T})$$
$$X_3 = -d_4(\Delta_{3P} + \Delta_{3T}) + d_3(\Delta_{2P} + \Delta_{2T}) \tag{12}$$

where $d_1 \sim d_4$ are given in Eq.(10).

Substituting $\Delta_{i\rho}$ and Δ_{iT} in Eq.(12), X_1, X_2, X_3 are derived. From the equilibrium condition, the nodal forces at nodes i and j, that is, the relevant elements in matrices H_a^e and D_a^e are obtained. The calculation of the vertical twisting moments is similar to the trial load method so it is omitted here. The matrices K_a^e, H_a^e, and D_a^e are given in the Appendix[0].

3   Analysis of the beam element

The beam element is shown in Fig. 5, the nodal displacements of the beam element is still expressed by Eq.(2), the nodal forces of the beam element are expressed by

$$F_b^e = \left[Q_i^b V_i^b M_i^b \bar{M}_i^b Q_j^b V_j^b \bar{M}_j^b M_j^b \right]^{\mathrm{T}} \tag{13}$$

The load intensity of the beam element is expressed by

---

[0] A copy of the appendix to accompany this paper can be obtained from the editorial office of *Dam Engineering*.

$$L_b^e = \left\{ \begin{array}{c} L_i^b \\ L_j^b \end{array} \right\}, \quad L_i^b = \left[p_i^b q_i^b m_i^b \overline{m}_i^b \right]^{\mathrm{T}}, \quad L_j^b = \left[p_j^b q_j^b m_j^b \overline{m}_j^b \right]^{\mathrm{T}} \tag{14}$$

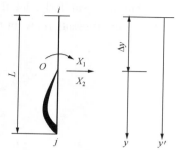

Fig. 6　Analysis of cantilever element by the elastic centre method

where p_i^b, $q_i^b, m_i^b, \overline{m}_i^b$ are the four kinds of load intensity of beam at node i, and p_j^b, $q_j^b, m_j^b, \overline{m}_j^b$ are those at node j. It is assumed that the load intensity varies linearly along the axis of the beam element.

The nodal forces and nodal loads are given by

$$F_b^e = K_b^e \delta_b^e, P_b^e = -H_b^e L_b^e - D_b^e T^e \tag{15}$$

in which K_b^e is the stiffness matrix of the beam element, H_b^e is the loading matrix of the beam element, and D_b^e is the temperature influence matrix of the beam element. The beam element with variable thickness is analysed in the following. As shown in Fig.6, the origin of the y axis is located at the elastic centre, the upper end of the element is fixed, the lower end is free and is connected to the elastic centre by a rigid arm. There are two statically indeterminate forces $X_{1(moment)}$ and X_2 at the elastic centre, the displacements of the elastic centre are

$$\Delta_1 = \psi = X_1 \delta_{11} + \Delta_{1P} + \Delta_{1T}, \Delta_2 = w = X_2 \delta_{22} + \Delta_{2P} + \Delta_{2T} \tag{16}$$

Taking k=1.25 and μ=0.20, δ_{ij} is given as

$$\delta_{ij} = \int \frac{M_i M_j}{EJ} \mathrm{d}y + 3 \int \frac{Q_i Q_j}{EA} \mathrm{d}y \tag{17}$$

3.1　Computation of K_b^e

Supposing that there is no external load and no temperature change in the beam element, thus $\Delta_{iP} = \Delta_{iT}$ =0. The forces caused by Δ_1 and Δ_2 are given by

$$X_1 = \Delta_1 / \delta_{11}, X_2 = \Delta_2 / \delta_{22} \tag{18}$$

The upper end of the element being fixed, the displacements ψ_j and w_j are applied at the lower end. Because of this rigid arm, the displacements at the elastic centre are given by

$$\Delta_1 = \psi_j, \Delta_2 = w_j + y_j \psi_j \tag{19}$$

Substituting the above equation into Eq.(18), the forces at the elastic centre caused by ψ_j and w_j are obtained and the stiffness coefficients in K_b^e relevant to Δ_1 and Δ_2 are derived.

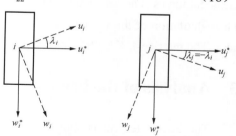

Fig. 7　Displacement at the ends of the twisted cantilever element

(a) upper end, (b) lower end

3.2　Computation of H_b^e and D_b^e

The elements in the matrices H_b^e and D_b^e are the forces caused by the unit external load intensity and unit temperature change in the beam element with two ends fixed. In this case, the displacements of the elastic centre are zero, that is, $\Delta_1 = \Delta_2 = 0$, so from Eq.(16), X_1 and X_2 are derived

$$X_1 = -(\Delta_{1P} + \Delta_{1T})/\delta_{11},\ X_2 = -(\Delta_{2P} + \Delta_{2T})/\delta_{22} \qquad (20)$$

where Δ_{iP} and Δ_{iT} ($i=1$ or 2) are the statically determinate displacements of the elastic centre caused by external load and temperature change. After X_1 and X_2 are obtained, the nodal forces at nodes i and j may be derived from the equilibrium condition, thus the elements in H_b^e and D_b^e are obtained. The tangential shearing deformation and twist of the beam element may be computed simply by the theory of strength of materials and are omitted here.

4 Analysis of the twisted beam element

In the analysis of arch dams, the beam is cut in the radial direction. For a modern arch dam with variable radius, the radial directions in different elevations are different to each other, thus the beam is twisted in shape. In the establishment of the global equilibrium equations, the z axis is along the radial direction. Because of the twisting of the beam, there is an angle $2\lambda_i$ between the z axis of ith point and that of ($i+1$)th point of the beam. Now the original twisted beam is substituted by n straight beam elements, the z axis of the local coordinate system of each element is along the mean radial direction of the upper and lower ends.

4.1 Vertical twisted beam element

For the i th beam element, we establish three local coordinate systems as follows:

(1) System coordinate xyz of the beam element. The y axis is in the vertical direction and the z axis is along the mean radial direction of the upper and lower ends.

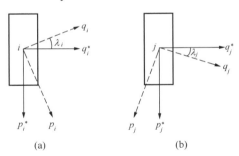

(2) Local coordinate system $\dot{x}\dot{y}\dot{z}$ of the upper end. The $\dot{y}$ axis is vertical and the $\dot{z}$ axis is along the radial direction of the upper end.

(3) Local coordinate system $\overline{x}\,\overline{y}\,\overline{z}$ of the lower end. The $\overline{y}$ axis is vertical, the $\overline{z}$ axis is along the radial direction of the lower end.

Fig. 8   Twisted cantilever element loads

(a) upper end (i); (b) lower end (j)

Thus the y axes of the three coordinate systems are collinear. The angle between the z axis and the $\dot{z}$ axis is λ_i, and that between the $\overline{z}$ axis and the z axis is $-\lambda_i$.

Considering the fact that the angular displacement around the normal to the neutral surface of the arch dam is zero, the vector of displacements of the twisted beam element is expressed as follows

$$\delta^e = \rho\delta^{*e} \qquad (21)$$

in which

$$\rho = \begin{bmatrix} \gamma_i & 0 \\ 0 & \gamma_j \end{bmatrix}$$

$$\gamma_i = \begin{bmatrix} \cos\lambda_i & \sin\lambda_i & 0 & 0 \\ -\sin\lambda_i & \cos\lambda_i & 0 & 0 \\ 0 & 0 & 1 & 0 \\ 0 & 0 & 0 & \cos\lambda_i \end{bmatrix}$$

$$\gamma_j = \begin{bmatrix} \cos\lambda_i & -\sin\lambda_i & 0 & 0 \\ \sin\lambda_i & \cos\lambda_i & 0 & 0 \\ 0 & 0 & 1 & 0 \\ 0 & 0 & 0 & \cos\lambda_i \end{bmatrix} \qquad (22)$$

where δ^e is the nodal displacements in the local coordinate system of the upper and lower ends, and δ^{*e} is the nodal displacements in the local coordinate system of the beam element.

Similarly, the nodal forces of the twisted beam element is given by

$$F_b^e = \rho F_b^{*e} \qquad (23)$$

where F_b^e is the nodal forces in the local coordinate systems of the upper and lower ends, and F_b^{*e} is the nodal forces in the local coordinate system of the beam element.

The relation between the nodal forces and nodal displacements of the beam element is expressed by

$$F_b^{*e} = K_b^{*e}\delta_b^{*e} \quad \text{in the coordinate system of the beam element}$$

$$F_b^e = K_b^e\delta^e \quad \text{in the coordinate system of the two ends} \qquad (24)$$

where
$$K_b^e = \rho K_b^{*e}\rho^{-1} \qquad (25)$$

K_b^e is the stiffness matrix of the twisted beam element which must be used in the formulation of global equilibrium equations.

Now we can derive the loading matrix of the twisted beam element. From Fig. 8, the relation between the load intensity in different coordinate systems is given by

$$L_b^e = \overline{\rho}L_b^{*e} \qquad (26)$$

where L_b^e is the load intensity in the local coordinate system of the two ends, L_b^{*e} is the load intensity in the local coordinate system of the beam element, and $\overline{\rho}$ is a coordinate transformation matrix similar to Eq.(22). The difference between ρ and $\overline{\rho}$ is that the influence of R_u/r for the radial water load is considered in $\overline{\rho}$, where R_u and r are the radius of the upstream face and the neutral surface of the dam respectively. The fixed-end loads in the local coordinate system of the beam element is

$$P_b^* = -H_b^*L_b^* - D_b^{*e}T^e \qquad (27)$$

The fixed-end loads in the local coordinate system of the two ends is

$$P_b = \rho P_b^* \qquad (28)$$

Substituting Eqs. (26) and (27) in Eq. (28), the following equation is derived

$$P_b = -H_b^e L_b^e - D_b^e T^e = -\rho H_b^{*e} \bar{\rho}^{-1} L_b^e - \rho D_b^{*e} T^e \tag{29}$$

Thus

$$H_b^e = \rho H_b^{*e} \bar{\rho}^{-1}, D_b^e = \rho D_b^{*e} \tag{30}$$

4.2　Inclined beam

As the arch elements are horizontal, the y axes of the local coordinate system of the upper and lower ends of the beam element are vertical. For an inclined beam, the angle between the y axis of local coordinate system of the beam element(along the neutral axis of the beam) and the vertical direction is ϕ. From Fig. 9, the following relationship can be shown

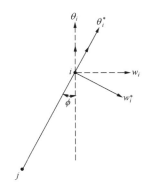

$$\delta^e = \rho_1 \delta^{*e}, F_b^e = \rho_1 F_b^{*e} \tag{31}$$

where ρ_1 is the coordinate transform matrix.

By derivation similar to the section above, the following equation is derived

Fig. 9　Inclined cantilever element

$$K_b^e = \rho_1 K_b^{*e} \rho_1^{-1}, H_b^e = \rho_1 H_b^{*e} \rho_1^{-1}, D_b^e = \rho_1 D_b^{*e} \tag{32}$$

4.3　Inclined twisted beam

To analyse an inclined twisted beam, two coordinate transformations are made in succession, one for the twisting of the beam and the other for the inclination of the beam. Let

$$\rho_2 = \rho\rho_1, \bar{\rho}_2 = \bar{\rho}\rho_1 \tag{33}$$

Substituting ρ and $\bar{\rho}$ in Eqs.(25) and (30) by ρ_2 and $\bar{\rho}_2$ the relevant matrices are obtained.

5　Stiffness of foundation matrix

As shown in Fig. 10, the x and y axes are put in the plane of the foundation and a strip of unit width is cut from the plane of the foundation surface. The nodal displacements δ_f^* and nodal forces F_f^* of the foundation are expressed by

$$\delta_f^* = [w_f^* u_f^* \theta_f^* \psi_f^* v_f^*]^T \tag{34}$$

$$F_f^* = \left[Q_f^* V_f^* \overline{M_f^*} M_f^* N_f^* \right]^T \tag{35}$$

By the well-known Vogt's hypothesis, the following relation is derived

$$F_f^* = K_f^* \delta_f^* \tag{36}$$

where K_f^* is the foundation stiffness matrix in the foundation coordinate system and is given as follows

$$K_f^* = \begin{bmatrix} \dfrac{k_1 E_f}{k_6} & 0 & 0 & \dfrac{-k_5 E_f t}{k_6} & 0 \\[2ex] 0 & \dfrac{E_f}{k_3} & 0 & 0 & 0 \\[2ex] 0 & 0 & \dfrac{E_f t^2}{k_4} & 0 & 0 \\[2ex] \dfrac{-k_5 E_f t}{k_6} & 0 & 0 & \dfrac{k_3 E_f t^2}{k_6} & 0 \\[2ex] 0 & 0 & 0 & 0 & \dfrac{E_f}{k_2} \end{bmatrix} \qquad (37)$$

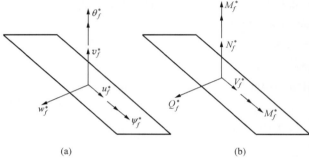

Fig. 10　Displacements(a) and nodal forces (b) of the foundation

where E_f is the Young's modulus of the foundation and k_1 to k_5 are the Vogt coefficients given by Bureau of Reclamation [1976] and $k_6 = k_1 k_3 - k_5$.

As shown in Fig. 11, the relation between δ_f^* and δ_f is given by

$$\delta_f^* = \Omega \delta_f \qquad (38)$$

where

$$\Omega = \begin{bmatrix} 1 & 0 & 0 & 0 & 0 \\ 0 & \sin\psi_L & 0 & 0 & -\cos\psi_L \\ 0 & 0 & \sin\psi_L & \cos\psi_L & 0 \\ 0 & 0 & -\cos\psi_L & \sin\psi_L & 0 \\ 0 & \cos\psi_L & 0 & 0 & \sin\psi_L \end{bmatrix} \qquad (39)$$

δ_f^* is the nodal displacements of the foundation in the foundation coordinate system and δ_f is the nodal displacements of the foundation in the dam coordinate system.

Similarly, the relation between the nodal forces in the two coordinate systems is given by

$$F_f^* = \Omega F_f \qquad (40)$$

Substituting Eqs. (36) and (38) into the above equation, the following equation is derived

$$\Omega F_f = F_f^* = K_f^* \delta_f^* = K_f^* \Omega \delta_f$$

Multiplying the above equation by Ω^{-1}, the following equation is obtained

$$F_f = K_f \delta_f \qquad (41)$$

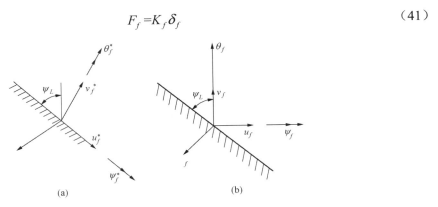

(a)　　　　　　　　　　(b)

Fig. 11　Foundation displacements in two kinds of coordinate system

(a) foundation coordinate system; (b) global coordinate system of the dam

where

$$K_f = \Omega^{-1} K_f^* \Omega \qquad (42)$$

K_f is the stiffness matrix of the foundation in the dam coordinate system and is a 5×5 matrix. Because the vertical displacement v_f is omitted in the present analysis, the required stiffness matrix of the foundation is derived when the row and column relevant to v_f are deleted.

6　Global equilibrium equations

There are eight unknowns on each node, that is , four nodal displacements w_i , u_i , θ_i ψ_i and four load intensities distributed to the beam p_i^b, q_i^b, m_i^b and $\overline{m}_i^b$.

Two types of global equilibrium equations are given in the following.

6.1　Displacement method

6.1.1　Global equilibrium equations for internal nodes

By assembling the appropriate stiffness matrices, loading matrices and temperature influence matrices of the beam elements, the equilibrium equation of a cantilever is derived as follows

$$K_b \delta + H_b L_b + D_b T = 0 \qquad (43)$$

Similarly, the equilibrium equation of an arch is expressed by

$$K_a \delta + H_a L_a + D_a T = 0 \qquad (44)$$

From Eq.(43) , we get

$$L_b = -H_b^{-1} K_b \delta - H_b^{-1} D_b T \qquad (45)$$

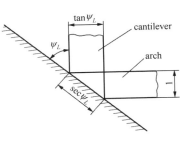

Fig. 12　The foundation boundary

From the principle of load distribution in an arch dam, we have

$$L_a + L_b = L_e$$

where L_e is the external load intensity, thus we have

$$L_a = L_e - L_b \tag{46}$$

Substituting Eqs. (45) and (46) into Eq. (44), the displacement-based equilibrium equation of the arch dam for the internal nodes and the nodes on top of the dam are derived as follows

$$K\delta = P \tag{47}$$

in which

$$K = K_a + H_a H_b^{-1} K_b, \quad P = -H_a L_e - (H_a H_b^{-1} D_b + D_a)T \tag{48}$$

6.1.2 Global equilibrium equations for nodes on the foundation boundary

As shown in Fig. 12, with respect to the arch of unit height, the corresponding width of the beam element is $\tan \psi_L$ and the width on the foundation is $\sec \psi_L$. The condition of equilibrium of the node is expressed by

$$F_a + \tan \psi_L \cdot F_b + \sec \psi_L \cdot F_f = -H_a L_a - D_a T - \tan \psi_L \cdot (H_b L_b + D_b T) \tag{49}$$

Substituting Eqs. (45) and (46) into the above equation, the equilibrium equation of the node on the foundation boundary is derived in the following

$$K'\delta = P \tag{50}$$

where

$$K' = K_a + H_a H_b^{-1} K_b + \sec \psi_L \cdot K_f, \quad P = -H_a L_e - (H_a H_b^{-1} D_b + D_a)T \tag{51}$$

in which K_f is the stiffness matrix of the Vogt foundation, given by Eq.(42).

On the internal and top nodes, there are two groups of equilibrium conditions which are just enough to determine the two groups of unknowns (displacements and loads distributed to the beam). On the nodes of the foundation boundary, there is only one group of equilibrium conditions which must be used to determine the nodal displacements, so the load intensities at the foundation boundary must be extrapolated from the adjacent nodes, as it is done in the trial load method.

By a similar operation, a load-based global equation may be derived.

6.2 Mixed method

6.2.1 Global equilibrium equations for internal nodes

For any internal or top node, the equilibrium equations for the beam and arch are given in the following (respectively)

$$K_b \delta + H_b L_b + D_b T = 0 \quad \text{beam} \tag{52}$$

$$K_a \delta + H_a (L_e - L_b) + D_a T = 0 \quad \text{arch} \tag{53}$$

Eqs. (52) and (53) represent eight equilibrium equations for each node, which are just enough to determine eight unknowns for each node: four nodal displacements and four load intensities on the beam.

6.2.2 Equilibrium equation for a node on the foundation boundary

For the node on the foundation boundary, the equilibrium equation is given by

$$(K_a + \tan\psi_L \cdot K_b + \sec\psi_L \cdot K_f)\delta = (H_a - \tan\psi_L \cdot H_b)L_b$$
$$- H_a L_e - (D_a + \tan\psi_L \cdot D_b)T \qquad (54)$$

6.2.3　Mixed coding method

The equilibrium equations for any node contain its own unknowns and those of adjacent nodes. By the coding method in FEM, these equations may be established easily. As there are two kinds of unknowns in each node

$$\delta = [\delta_1 \, \delta_2 \cdots \delta_n]^T \text{ and } L_b = \left[L_1^b L_2^b \cdots L_n^b \right]^T$$

If the equilibrium equations were formulated by the usual coding method, the band width of the coefficient matrix will be very large, because the numeral of δ_i is far from that of L_i^b. The difference is $4n$, where n is the number of nodes. To reduce the band width of the coefficient matrix, it is suggested to adopt the mixed coding method, as in the following. Let ξ be such an unknown:

for an internal node

$$\xi_i = \left(\frac{\delta_i}{L_i^b} \right)$$

for a foundation node

$$\xi_i = \delta_i \qquad (55)$$

Then the global equilibrium equation is expressed by

$$B\xi = P \qquad (56)$$

where P is the vector of loads caused by temperature variations and external loads; and B is a coefficient matrix with a very small hand width. Eq. (56) can be solved by the usual method of banded matrix.

In the formulation of　Eq.(56), as in FEM, any node i is related to the four adjacent nodes only, so the computer program is as simple as that of FEM, and is much simpler than that of the trial load method.

6.3　Comparison of the two methods

From Eq. (48), it is clear that in the formulation of K for the displacement method，there involves the matrix operation of $H_a H_b^{-1} K_b$　and　$H_a H_b^{-1} D_b$.

Thus a much more complicated computer program and a bigger memory capacity are required for the displacement method than for the mixed method .

7　Dynamic analysis

In the following, it is explained how to analyse　the dynamic stresses in an arch dam by the mixed method. By the method of mode super position, the key to the problem is to determine the natural modes and frequencies of free vibration of the dam. In the case of free vibration, ignoring the inertia force of rotation, the intensity of inertia force at node i is

$$L_e^i = m_i \, \ddot{\delta}_i \qquad (57)$$

where

$$m_i = \frac{\gamma t_i}{g} \begin{bmatrix} 1 & 0 & 0 & 0 \\ 0 & 1 & 0 & 0 \\ 0 & 0 & 0 & 0 \\ 0 & 0 & 0 & 0 \end{bmatrix} \tag{58}$$

in which t_i is the thickness at node i.

Assuming that the intensity of inertia force varies linearly along the arc, the principle of load distribution is given by

$$L_a + L_b = L_e = m\ddot{\delta} \tag{59}$$

Replacing Eq. (46) by Eq. (59), the following global equilibrium equations for free vibration of the arch dam are derived

at an internal node

$$K_b\delta + H_bL_b = 0, \quad H_a m\ddot{\delta} + K_a\delta - H_aL_b = 0$$

at a foundation node

$$H_a m\ddot{\delta} + (K_a + \tan\psi_L \cdot K_b + \sec\psi_L \cdot K_f)\delta = (H_a - \tan\psi_L \cdot H_b)L_b \tag{60}$$

By transforming Eq. (55), the above equations take the following forms

$$A\ddot{\xi} + B\xi = 0 \tag{61}$$

Let

$$\xi = \xi_0 \cos\omega\tau \tag{62}$$

where ω is the circular frequency of free vibration, and τ is time. Substituting into Eq. (61), the fundamental equation for free vibration of the arch dam is obtained in the following

$$(B - \omega^2 A)\xi_0 = 0 \tag{63}$$

The natural modes and frequencies of free vibration are solved from the above equation by the sub-space iteration method. Then the dynamic response of the dam is determined by the method of mode superposition.

Tab. 1　　　　　　Frequencies of free vibration of a hyperbolic arch dam (Hz)

n	1	2	3	4	5	6
ADAS	1.500	1.607	2.111	2.424	2.801	3.296
Trial load	1.498	1.630	2.246	2.808	3.060	3.225

8　ADAS and its application

Based on the method and formulas proposed above, the computer program ADAS was compiled. Already, ADAS has been applied to many arch dams in China, such as the Tongfeng parabolic arch dam (168m in height), the Ertan parabolic arch dam (240m) and the Longtan logarithmic spiral arch dam(218m). So far, ADAS has been used to analyse six types of arch dams(two-centred circle, three centred circle, logarithmic spiral, parabola, ellipse, hyperbola). The results of computation have proved satisfactory, and some results are given in the following as examples.

8.1　Ertan

The Ertan parabolic arch dam, 240m high, is shown in Fig. 13. The stresses caused by the hydrostatic pressure are shown in Fig. 14. The results of ADAS are in agreement with those by model test and by the trial load method.

8.2   Laxiwa

The hyperbolic arch dam scheme of Laxiw a dam, 250m high, is shown in Fig. 15. The natural frequencies of free vibration of the first six modes computed by ADAS and trial load method are given in Tab. 1. The results computed by these two methods are in agreement with each other. The radial components of the first and second modes of vibration are shown in Fig. 16.

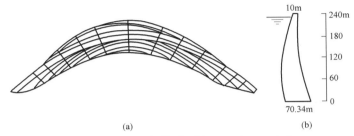

Fig. 13   Ertan parabolic double curvature arch dam

(a) plan; (b) cross section

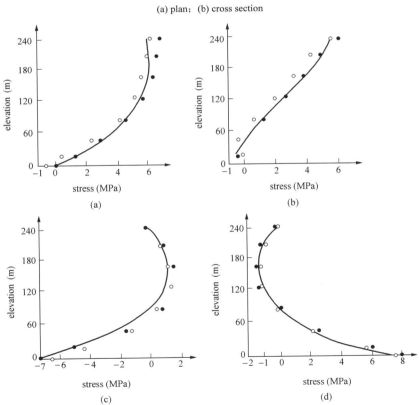

Fig. 14   Stresses on the central cross section of   Ertan dam

(a) horizontal stress on the upstream face; (b) horizontal stress on the downstream face; (c) vertical stress on the upstream face;

(d) vertical stress on the downstream face

——the author ●—trial load ○—model test

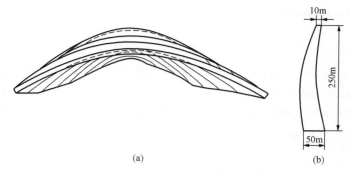

Fig. 15　Laxiwa hyperbolic double curvature arch dam

(a) plan; (b) cross section

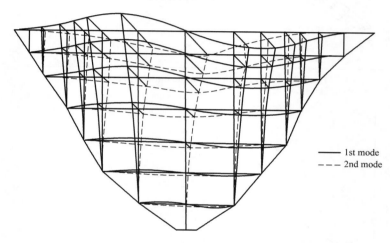

Fig. 16　Laxiwa dam: radial components of the natural modes of vibration

9　Conclusion

The method and formulas presented here can be used to analyse various types of non-circular arch dams with variable thickness, such as arch dams of multi-centred circle, parabola, ellipse, hyperbola and logarithmic spiral. In the formulation of the global equilibrium equations, each node is related to the four adjacent nodes only，so the coefficient matrix has a very narrow band. As compared with the traditional trial load method, the computing program is much simplified and the memory capacity and the CPU time are reduced a great deal .

Reference

［1］Zhu Bofang, Song Jingting. One Dimensional Finite Element Method for Analysing Arch Dams. *Water Resources and Water Transport Research*, No. 2; 1979.

［2］Sun Yangbiao. Crown Cantilever Method for Arch Dams with Finite Elements. *Arch Dam Technique*, No. 2;

1982.

[3] Yang Yanyi. Five Dimensional Stress Analysis Program of Arch Dams. *Report*, East China Design Institute of Hydropower;1985.

[4] Lin Shaozhong，Yang Zhonghou. Displacement Method for Analysing Arch Dams. *Journal of Hydraulic Engineering*, No.1 ; 1987.

[5] U.S. Bureau of Reclamation. Design of Arch Dams. *Report*, BUREC Water Resources Technical Publication, Denver, Colorado; 1976.

Shape Optimization of Arch Dams for Static and Dynamic Loads[1]

Abstract: In recent years, progress has been made in the shape optimization of arch dams in China for static and dynamic loads. The paper proposes rational and practical mathematical models and a series of effective methods of solution such as the internal force expansion method, the exponential transformation of design variables, and the methods for analyzing the stresses and stress sensitivities of an arch dam under static and dynamic loads. Special effort was made to apply this new technique to practical projects. Methods of mathematical programming were used to determine the optimum shapes of about 30 arch dams, which resulted in considerable reduction of dam concrete and higher speed of design. The writers were awarded the National Prize of Technical Progress of China for this research. The mathematical models, the methods of solution and some examples of application to practical arch dams are presented in this paper.

Key words: shape optimization, arch dam, static load, dynamic load, internal force expansion

1 Introduction

It is well known that the design of shape has a great influence on the economy and safety of an arch dam. Generally, arch dams are designed by cut and try; that is, an initial scheme is given and then analyzed. If it satisfies the demands of the design specifications, the scheme is adopted. Otherwise, the shape of the dam is modified and reanalyzed. The shape of the dam obtained in this way is feasible but not necessarily optimal or even good. To get a better shape, several schemes can be proposed and analyzed, with one scheme selected from among them. This will be the best solution of those proposed, but, again, it is not necessarily the optimum one. Moreover, the time for design is rather long.

In the search for the optimum shape of an arch dam, early research investigations(Fialho 1955; Serafim 1966) dealt mainly with membrane-type solutions that ignored foundation elasticity and bending stresses, and considered a single, simple loading condition (water pressure and the weight of concrete). These methods can provide only useful starting points for more-comprehensive studies.

The shape optimization of arch dams has been developed in the past 20 years. The Ritter method (Sharpe 1969) and the finite element method(FEM) (Ricketts and Zienkiewicz 1975;

---

❶ 原载 Journal of Structural Engineering, ASCE.1992.11. 原作者朱伯芳、饶斌、贾金生、厉易生。

Wasserman 1983) were used for stress analysis, and the SLP(sequential linear programming) method was used to search for the optimum shape for static loads. To date, shape optimization has not been applied to actual arch dams, except in China. This is primarily because the mathematical model is not rational and practical enough to be accepted by design engineers.

Some progress has been made in this area in China in recent years. Mathematical models for single-centered arch dams(Zhu and Song 1979), three-centered arch dams(Li and Zhu 1985), and parabolic arch dams(Zhu 1984) have been developed. The internal-force expansion method for stress reanalysis (Zhu and Li 1981) has been proposed. Particular effort has been made to apply this new technique to practical arch dams. The shapes of about 30 arch dams have been determined by this optimization method. Because many arch dams are located in seismic regions of China, special effort has been made in recent years to develop methods for shape optimization of arch dams for dynamic loads.

2　Shape optimization of arch dams

Methods of shape optimization have been applied with success to many practical arch dams in China. The experiences gained in the research work, which in the writers' opinion may be more valuable than the specific concrete methods, can be summed up as follows.

Special effort must be made to apply the new technique to practical arch dams because success in the application to practical projects will encourage more design engineers to adopt this technique, and the mathematical models and methods of solution will be improved continuously in the process of application.

Particular attention must be paid to the practicality of the mathematical models, because shape design is one important part of the design of an arch dam. The applicability to practical dam engineering, rather than the beauty of mathematics, has been the main aim of the writers' research work.

The suitability of the geometrical model is highly important for the optimum design of arch dams. On the one hand, the model must correspond with the stress state of the arch dam, aiming toward fully developing the potential of the structure and rationally utilizing the strength of materials. On the other hand, to facilitate construction, the geometric model should not be complicated, otherwise, it cannot easily be adopted in the project.

An important problem is the definition of constraint functions that ensure that the design specifications will be fully satisfied. Some empirical conditions proposed by the design engineers, though not included in the design specifications, must also be considered. Several loading cases must be analyzed in the process of optimization.

The majority(80%-90%) of computing time is used in the stress reanalysis of the dam in the process of optimization. It is important to develop a highly efficient method for stress reanalysis.

3 Geometrical Model

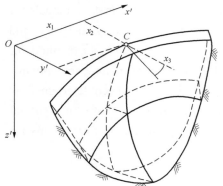

Fig. 1 Arch Dam

As shown in Fig.1, the dam axis may shift and turn in a range designated in advance. The upstream face of the dam may be either a single-curvature surface or double-curvature. The horizontal section of the dam may be one of the following types: single-centered arc, multicentered arc, parabola, ellipse, hyperbola, or logarithmic spiral. The shape of the dam is completely determined by a group of variables X_1, X_2, X_3, $\cdots$, X_n, which are called design variables.

3.1 Canyon shape

In the mathematical model, the canyon shape is divided into seven layers along its elevation, and the contour lines of the usable rock on both sides are represented by seven broken lines, the nodal coordinates of which are the original data input.

3.2 Position of dam axis

As illustrated in Fig. 1, the horizontal coordinates of point C(the top of the upstream face of the central vertical section) are $x' = X_1$; and $y' = X_2$; where x', y' are the global coordinates. The angle between the radial plane of the central vertical section and the $y'oz'$ plane is X_3; X_1, X_2, and X_3 are the three design variables that determine the position of the dam axis.

When X_1, X_2, and X_3 vary continuously in the process of optimization, the dam axis shifts and turns to seek an optimum position in the range designated in advance.

3.3 Design parameters and design variables

To determine the shape of an arch dam, the shape of the central vertical section is determined at first, and then the shape of the horizontal sections at various elevations are determined.

One of three methods may be used to determine the shape of the vertical and horizontal sections: ① determine the curves of the upstream and downstream boundaries; ② determine the curve of the upstream boundary and the thickness of the section; and ③ determine the curve of the central line of the section and its thickness.

For example, if the second method is used to determine the shape of the central vertical section of the dam, then the shape is entirely determined by the curve of the upstream boundary and the thickness. These, therefore, are the design parameters.

The design parameters vary with the coordinate z and may be expressed by polynomials of z as follows

$$f(z) = k_0 + k_1 z + k_2 z^2 + \cdots + k_m z^m \tag{1}$$

in which $f(z)$ = a design parameter; z =vertical coordinates; $k_0, k_1, k_2, \cdots, k_m$ = coefficients.

In Eq.(1), let $z = 0, z_1, z_2, \cdots, z_m$ successively; the following equation is obtained

$$
\begin{bmatrix}
1 & 0 & 0 & \cdots & 0 \\
1 & z_1 & z_1^2 & \cdots & z_1^m \\
1 & z_2 & z_2^2 & \cdots & z_2^m \\
\cdots & \cdots & \cdots & \cdots & \cdots \\
1 & z_m & z_m^2 & \cdots & z_m^m
\end{bmatrix}
\begin{Bmatrix}
k_0 \\ k_1 \\ k_2 \\ \cdots \\ k_m
\end{Bmatrix}
=
\begin{Bmatrix}
f_0 \\ f_1 \\ f_2 \\ \cdots \\ f_m
\end{Bmatrix}
\tag{2}
$$

where $f_i = f(z_i)$. By solving Eq. (2), the coefficients $k_0, k_1, \cdots, k_m$ are determined by the design parameters $f_0, f_1, \cdots, f_m$, which are used as variables in the process of optimization and are called the design variables. The merit of this method is that all the design variables have physical meanings.

Altogether, there are n design variables for the dam, namely, $X_1, X_2, X_3, \cdots, X_n$, where X_1, X_2, and X_3 determine the position of dam axis; and $X_4, X_5, \cdots, X_n$ determine the shape of the dam.

3.4 Shape of central vertical section

For a single-curvature arch dam, the upstream boundary of the central vertical section is generally a vertical straight line; and only one polynomial, of mth order, is needed to determine the thickness of the section.

For the central vertical section of a double-curvature arch dam, as shown in Fig. 2(a), one polynomial of mth order is used to determine the curve of the upstream boundary or the central line of the section and another polynomial is used to determine the thickness.

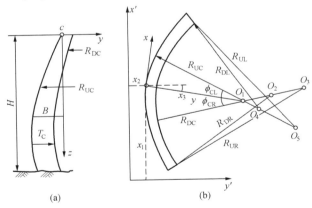

Fig.2 Five-Centered Double-Curvature Arch Dam

(a) Central Vertical Section; (b) Horizontal Section

3.5 Shape of Horizontal Section

The shape of the horizontal section of the dam may be one of the following six types:

(1) In a single-centered arch dam, the horizontal section has a constant radius of curvature and

a constant thickness; R_U, the radius of the upstream face, and T_C, the thickness of the section, are expressed by two polynomials of z.

(2) In a multicentered arch dam, the horizontal section of the dam may have two to five centers of curvature. In the following, we show how to determine the shape of a five-centered, double-curvatured arch dam. The horizontal section includes three segments of arcs; the central arc has a constant thickness, while the two lateral arcs have variable thickness and their upstream and downstream faces have different centers and radii of curvature.

From Fig.2(b) it is clear that the horizontal section is completely determined by the eight design parameters R_{UC}, T_C, $\overline{O_1O_3}$, $\overline{O_2O_3}$, $\overline{O_1O_5}$, $\overline{O_4O_5}$, ϕ_{CR}, and ϕ_{CL}. Generally, the first six parameters are expressed by six polynomials of third order and the last two parameters are expressed by two polynomials of first order.

The shape of arch dams of two to four centers may be derived from the aforementioned five-centered arch dam. For example, let $\overline{O_2O_3} = \overline{O_4O_5} = 0$; we get a three-centered arch dam, the horizontal section of which is an arch of three segments of constant thickness, with three different radii.

(3) As shown in Fig.3(a), the axis of the arch of a parabolic arch dam is expressed by two parabolas as follows. For the right half

$$y = B + \frac{x^2}{2R_R} \tag{3}$$

and for the left half

$$y = B + \frac{x^2}{2R_L} \tag{4}$$

where B=y-coordinate of the crown; and R_R and R_L=radii of curvature of the right and left halves at x=0.

The thickness of the horizontal section is expressed as follows. For the right half

$$T(s) = T_C + (T_{AR} - T_C)\frac{s^2}{s_{AR}^2} \tag{5a}$$

and for the left half

$$T(s) = T_C + (T_{AL} - T_C)\frac{s^2}{s_{AL}^2} \tag{5b}$$

in which T_C, T_{AR}, and T_{AL}= thickness of the arch at crown, right abutment, and left abutments, respectively; s=length of arc from the crown; S_{AR} and S_{AL}=length of arc at the right and left abutments, respectively; and B, T_C, T_{AR}, T_{AL}, R_R, R_L=design parameters that determine the shape of a parabolic arch dam. If all these design parameters are expressed by polynomials of mth degree, the total number of design variables is given by n=8+6m. If m= 2, 3, or 4, n will be 20, 26, and 32, respectively.

(4) As shown in Fig.3(b), the axis of the arch of an elliptical arch dam is expressed by two ellipses, and the thickness is, again, expressed by Eq.(5). The design parameters determining the shape of the dam are R_{xL}, R_{yL}, R_{xR}, R_{yR}, B, T_C, T_{AR}, and T_{AL}. The total number of design variables is n=10+8m.

(5) As shown in Fig.3(c), the axis of the arch of a hyperbolic arch dam is expressed by two hyperbolas, and the thickness by Eq.(5); $n=10+8m$.

(6) As shown in Fig.3(d), the axis of the arch of a logarithmic spiral arch dam is expressed as follows. For the right half

$$\rho = \rho_{OR}e^{k_R\theta} \tag{6a}$$

and for the left half

$$\rho = \rho_{OL}e^{k_L\theta} \tag{6b}$$

where ρ = radius vector; and θ = polar angle. The thickness is expressed by Eq.(5). The design parameters are ρ_{OR}, ρ_{OL}, k_R, k_L, B, T_C, T_{AR}, and T_{AL}. If k_R and k_L are expressed by linear equation of z and the remaining design parameters expressed by polynomials of mth order of z, then $n=12+6m$.

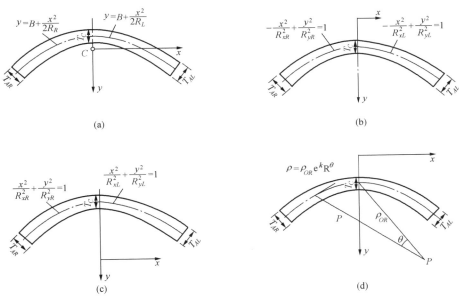

Fig.3   Horizontal Sections of Noncircular Arch Dams

(a) Parabolic; (b) Elliptical; (c) Hyperbolic; (d) Logarithmic Spiral

4   Objective function and constraints

4.1   Objective Function

The objective function is the cost of the dam, which may be expressed by

$$C(X) = c_1V_1(X) + c_2V_2(X) \tag{7}$$

in which $V_1(X)$ = volume of concrete in the dam body; $V_2(X)$ = volume of foundation excavation; c_1 = unit price of concrete; and c_2 = unit price for foundation excavation. Generally, the cost of foundation excavation is much less than that of dam concrete, so the volume of dam concrete is usually used as the objective function.

Constraint conditions include geometry, stress, and stability, which should satisfy the demands of design specifications and take into account the requirements of structural arrangement and construction. These three kinds of constraints are described in the inflowing.

4.2　Geometrical constraints

According to geological and topographical conditions, the range in which the dam axis shifts can be determined; that is, the ranges in which X_1, X_2, and X_3 vary, are determined. According to the requirements of traffic and so on, the minimum width of the crest is then decided. Sometimes the maximum width of the base of the dam is limited to control the length of construction block.

To facilitate construction, the maximum slope of overhang at the upstream and downstream faces should be controlled as follows

$$s \leqslant (s) \tag{8}$$

where s = maximum slope of overhang at the up and downstream faces of the dam; and (s) = allowable value. Usually $(s) = 0.30$.

4.3　Stress constraints

The arch dams are constructed by mass concrete without reinforcement, and are designed by allowable principal stresses. Under the hydrostatic pressure, silt pressure, temperature changes, and dead loads, the stresses need to satisfy the following conditions

$$\sigma_1 \leqslant (\sigma_1) ; \sigma_2 \leqslant (\sigma_2) \tag{9}$$

in which σ_1 and σ_2 = first and second principal stresses, respectively; (σ_1) and (σ_2) = allowable tensile and compressive stresses，respectively.

Before the time of grouting contraction joints, for safety during construction the tensile stress σ_t caused by the dead load in construction blocks of different heights(corresponding to different stages of construction) should be controlled within the range of allowable values as follows

$$\sigma_t \leqslant (\sigma_t) \tag{10}$$

4.4　Stability Constraints

In the light of the importance of the dam and the geological conditions, the constraints ensuring the sliding stability of the dam may be expressed by one of the following three equations.

Constraint of coefficient of sliding stability

$$K_i \geqslant (K_i) \tag{11}$$

where K_i = coefficient of sliding stability at point i; and (K_i) =allowable minimum value.

Constraint of the angle of thrust at the abutment

$$\psi \geqslant (\psi) \tag{12}$$

where ψ = angle of thrust at the abutment; and (ψ) =allowable minimum value.

Constraint of central angle of the arch

$$\phi \leqslant (\phi) \tag{13}$$

where ϕ =central angle of the arch.

All the constraints are normalized in a form
$$g_i (X) \leqslant 1 \tag{14}$$

4.5 Mathematical model

Now our problem may be summarized in the following form
$$\text{minimize } C (X) \tag{15a}$$
$$\text{subject to} \qquad g_j (X) \leqslant 1; j=1, 2, \cdots, s \tag{15b}$$
where s = number of constraints. Because $C(X)$ and $g_j (X)$ are nonlinear functions of the design variables, this is a problem of nonlinear programming.

One basic loading case and three special loading cases may be considered. All the loads are calculated according to the *Design Specifications of Concrete Arch Dams*(1985) of China.

5 Method for static stress analysis of noncircular arch dams

Owing to the stress concentration, the stresses in arch dams calculated by FEM are generally greater than those calculated by the trial load method.

Because the allowable stresses in the design specifications are primarily derived from the experiences of arch dams designed by the trial load method in the past 60 years, the trial load method is still in use in many countries such as the United States, Japan, China, and so on(*Design* 1978; *Design* 1985) . It is stipulated in the *Design Specifications of Concrete Arch Dams* of China that the trial load method be used to determine the shape of arch dams. The trial load method was developed 60 years ago for hand computing. Although electronic computer is used for it now, the method has some intrinsic drawbacks. It requires a complicated program and much central processing unit(CPU) time. If the basic principles of the trial load method are retained while the concept of FEM is used to organize the computation, then the computer program will be simplified, the CPU time will be reduced, and, especially, the method will be more suitable fro dynamic calculations. This idea was first suggested by Zhu and Song (1979) and later developed by Sun (1982) , Lin and Yang (1987) , and Zhu et al.(1988) .

In the following, it is shown how to compute the stresses in noncircular arch dams with variable thickness in the horizontal direction. the basic principles of the trial load method are retained, while the concept of FEM is used to organize the computation.

The network of computation is shown in Fig. 4. Both the arches and the cantilevers are divided into elements, which are connected at the nodes. There are five nodal displacements at each node, i.e., the radial displacement w, the tangential displacement u, the vertical displacement v, the horizontal twisting angular displacement θ, and the vertical twisting angular displacement ψ. There are five types of loads, i.e., the radial load p, the tangential load q, the vertical load r, the horizontal twisting load m, and the vertical twisting load $\overline{m}$.

The nodal forces F_a^e and the nodal displacements δ^e of the arch element ij are shown in Fig. 5, and are expressed in the following

$$F_a^e = [Q_i^a N_i^a V_i^a M_i^a \bar{M}_i^a Q_j^a N_j^a V_j^a M_j^a \bar{M}_j^a]^T \qquad (16)$$

$$\delta^e = [w_i u_i v_i \theta_i \psi_i w_j u_j v_j \theta_j \psi_j]^T \qquad (17)$$

The load intensity of the arch element is given by

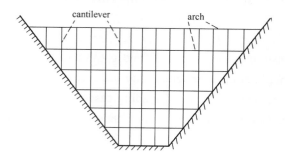

Fig. 4　Network of Computation

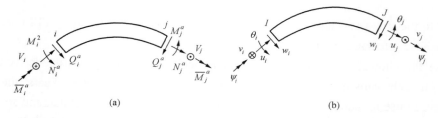

(a)　　　　　　　　(b)

Fig. 5　(a) Nodal Force; (b) Nodal Displacement of Arch Element

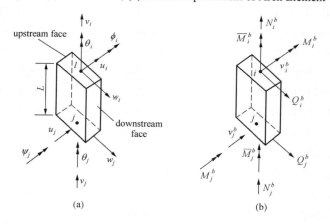

(a)　　　　　　　　(b)

Fig.6　(a) Nodal Displacement; (b) Nodal Force of Cantilever Element

$$L_a^e = [p_i^a q_i^a r_i^a m_i^a \bar{m}_i^a p_j^a q_j^a r_j^a m_j^a \bar{m}_j^a]^T \qquad (18)$$

where p_i^a, q_i^a, r_i^a, m_i^a, $\bar{m}_i^a$ = five kinds of load intensity of arch element at node i; and p_j^a, q_j^a, r_j^a, m_j^a, $\bar{m}_j^a$ = five kinds of load intensity of arch element at node j. It is supposed that the load intensities vary linearly along the neutral axis of the arch between two nodes.

The temperature variation of the arch element is

$$T^e = [T_{mi}, T_{di}, T_{mj}, T_{dj}]^{\mathrm{T}} \tag{19}$$

where T_{mi} and T_{mj} = mean temperatures at nodes i and j, respectively; and T_{di} and T_{dj} =equivalent linear temperature differences at nodes i and j; $T_{di} = T_{idw} - T_{iup}$; and T_{idw} and T_{iup} = temperatures at downstream and upstream faces, respectively.

The nodal forces and nodal loads of arch element are calculated as follows:

$$F_a^e = K_a^e \delta^e \tag{20a}$$

$$P_a^e = -H_a^e L_a^e - D_a^e T^e \tag{20b}$$

where K_a^e= stiffness matrix of arch element; H_a^e= loading matrix of arch element; D_a^e=temperature influence matrix of arch element. The explicit formulas for K_a^e, H_a^e, and D_a^e are derived by the method of elastic center.

The beam element is shown in Fig.6; the nodal displacements of the beam element are again expressed by Eq.(17) . The nodal forces of the beam element are expressed by

$$F_b^e = [Q_i^b V_i^b N_i^b \bar{M}_i^b M_i^b Q_j^b V_j^b N_j^b \bar{M}_j^b M_j^b]^{\mathrm{T}} \tag{21}$$

Because u_1 is the displacement in the middle plane of the dam, it induces only shear force and not bending moment.

The load intensity of the beam element is expressed by

$$L_b^e = [p_i^b q_i^b r_i^b m_i^b \bar{m}_i^b p_j^b q_j^b r_j^b m_j^b \bar{m}_j^b]^{\mathrm{T}} \tag{22}$$

where p_i^b, q_i^b, r_i^b, m_i^b and $\bar{m}_i^b$ = five kinds of load intensity of the beam at node i; and p_j^b, q_j^b, r_j^b, m_j^b and $\bar{m}_j^b$ = five kinds of load intensity of the beam at node j. It is assumed that the load intensities vary linearly between nodes.

The nodal forces and nodal loads of the beam element are given by

$$F_b^e = K_b^e \delta^e \tag{23a}$$

$$P_b^e = -H_b^e L_b^e - D_b^e T^e \tag{23b}$$

in which K_b^e=stiffness matrix of the beam element; H_b^e=loading matrix of the beam element; D_b^e=temperature influence matrix of the beam element.

Two types of global equilibrium equations are given in the following.

5.1　Mixed method

First, there are global equilibrium equations for internal nodes. By assembling the appropriate stiffness matrices, loading matrices, and temperature-influence matrices of the beam elements, the equilibrium equation of a cantilever is derived as follows

$$K_b \delta + H_b L_b + D_b T = 0 \tag{24}$$

Similarly, the equilibrium equation of an arch is expressed by

$$K_a \delta + H_a L_a + D_a T = 0 \tag{25}$$

From the principle of load distribution of arch dam, we have $L_a = L_e - L_b$, where L_e is the external load intensity. Thus, the equilibrium equation of an arch is simplified as follows

$$K_a\boldsymbol{\delta} + H_a(L_e - L_b) + D_a T = 0 \qquad (26)$$

Eqs. (24) and (26) represent 10 equilibrium equations for each node, which are just enough to determine 10 unknowns for each node: five nodal displacements and five load intensities on the beam.

Second, there are global equilibrium equations for nodes on the foundation boundary. With respect to the arch of unit height, the corresponding width of the beam element is $\tan\psi_L$, and the width of the foundation is $\sec\psi_L$, where ψ_L is the angle between the z-axis and the surface of the foundation. The condition of equilibrium of the node is expressed by

$$(K_a + \tan\psi_L K_b + \sec\psi_L K_f)\boldsymbol{\delta} = (H_a - \tan\psi_L H_b)L_b - H_a L_e - (D_a + \tan\psi_L D_b)T \qquad (27)$$

in which K_f = stiffness matrix of the Vogt foundation.

On the internal and top nodes there are two groups of equilibrium conditions, which are just enough to determine the two groups of unknowns (displacements and loads distributed to the beam). On the nodes on the foundation boundary there is only one group of equilibrium conditions which must be used to determine the nodal displacements; so, the load intensities at the foundation boundary must be extrapolated from the adjacent nodes, as is done in the trial load method.

Third, in the mixed Coding Method the equilibrium equations for any node contain only the unknowns of this node and the adjacent nodes. Using the coding method in FEM, these equations may be established easily. There are two kinds of unknowns in each node: $\boldsymbol{\delta} = [\delta_1 \delta_2 \cdots \delta_n]^T$; and $L_b = [L_1^b L_2^b \cdots L_n^b]^T$. If the equilibrium equations were formulated by the usual coding method, the bandwidth of the coefficient matrix will be very large, because the numeral of δ_i is far away from that of L_i^b. The difference is $5n$, where n is the number of nodes. To reduce the bandwidth of the coefficient matrix, it is suggested to adopt the mixed coding method, as in the following. Let ξ be an unknown; for the internal node

$$\xi_i = \begin{Bmatrix} \delta_i \\ L_i^b \end{Bmatrix} \qquad (28a)$$

and for the foundation node

$$\xi_i = \delta_i \qquad (28b)$$

Then the global equilibrium equation is expressed by

$$B\boldsymbol{\xi} = P \qquad (29)$$

where P = vector of loads due to temperature variations and external loads; and B = a coefficient matrix with very small bandwidth. Eq. (29) can be solved by the usual method of banded matrix.

In the formulation of Eq. (29), as in FEM, any node i is related to the four adjacent nodes only, so the computer program is as simple as FEM, and it is much simpler than that of trial load method.

5.2　Displacement Methods

From Eq. (24) we get

$$L_b = -H_b^{-1}K_b\delta - H_b^{-1}D_bT \qquad (30)$$

By substituting Eq. (30) into Eq.(26), the displacement-based equilibrium equation of the arch dam for the internal nodes and the nodes on top of dam are derived as follows

$$K\delta = P \qquad (31)$$

in which

$$K = K_a + H_a H_b^{-1} K_b \qquad (32a)$$

$$P = -H_a L_e - (H_a H_b^{-1} D_b + D_a)T \qquad (32b)$$

Substituting Eq.(30) into Eq.(27), the equilibrium equation of the node on the foundation boundary is derived in the following

$$K'\delta = P \qquad (33)$$

where

$$K' = K_a + H_a H_b^{-1} K_b + \sec\psi_L K_f \qquad (34a)$$

$$P = -H_a L_e - (H_a H_b^{-1} D_b + D_a)T \qquad (34b)$$

K and K' = banded matrices.

6   Dynamic stress analysis of arch dams

In Eq.(32), let $T=0$, the global equilibrium equation of the dam is

$$K\delta + H_a L_e = 0 \qquad (35)$$

When the dam is subjected to an earthquake, the external loads are the inertia force and the damping force, expressed as follows

$$L_e = -m(\ddot{\delta} + \ddot{\delta}_g) - C\dot{\delta} \qquad (36)$$

where m = mass matrix; C = damping matrix; $\ddot{\delta}_g$ = acceleration of the ground; and $\ddot{\delta}$ = acceleration of the dam relative to the ground. By substituting (36) into (35), the equation of motion of the arch dam is derived

$$K\delta - H_a C\dot{\delta} - H_a m\ddot{\delta} = H_a m\ddot{\delta}_g \qquad (37)$$

Neglecting the damping force, the equation for free vibration is

$$K\delta - H_a m\ddot{\delta} = 0 \qquad (38)$$

Let $\delta = U\cos\omega\tau$, the characteristic equation of free vibration is

$$(K + \lambda H_a m)U = 0 \qquad (39)$$

where U = natural mode of vibration; λ = eigenvalue; $\lambda = \omega^2$; and ω = natural frequency of vibration (rad/s). The subspace iteration method is now widely used to solve large eigenvalue problems. Generally, the matrix K is symmetrical, but K in Eq.(39) is nonsymmetrical (a new algorithm for the solution of large eigenvalue problems with nonsymmetrical matrix has been devised by the writers and is published elsewhere).

After the natural frequencies and modes of free vibration are computed, the dynamic response of the arch dam is calculated by the method of mode superposition.

7　Internal force expansion method

Since the stress constraints are nonlinear implicit functions of the design variables, computation of the constraint values at any design point requires reanalysis of the dam. Experience shows that the majority of computing time is used for the stress reanalysis of the dam in the process of optimization. To reduce the time for stress reanalysis, the first-order Taylor's series expansion of the stress is often used as follows(Schmit and Miura 1976)

$$\sigma(x) = \sigma(X^k) + \sum \frac{\partial \sigma}{\partial X_i}(X_i - X_i^k) \tag{40}$$

Because the relation between the stress $\sigma(X)$ and the design variables X is highly nonlinear, generally $10-20$ iterations are required for this method.

Considering the fact that the variation of the internal force is gradual, it is suggested that the internal forces at the control points be represented in the vicinity of X^k by Taylor's series, neglecting the terms of higher order, giving

$$F_j(X) = F_j(X^k) + \sum \frac{\partial F}{\partial X_i}(X_i - X_i^k) \tag{41}$$

where $F_j(X) = j$th internal force (axial force, bending and twist moment, etc.) ; k = number of iterations. The internal forces having been determined by Eq.(41) , stresses at the control points of the dam can be calculated by the formulas of the theory of strength of materials.

The computing procedure is as follows: First, an initial design scheme X^0 is assumed (X^0 is not necessarily a feasible point) , the internal forces are given by Eq.(41) .The optimum solution is found with the mathematical programming method.

Since the computing of internal force is approximate, X^1, the first optimum solution obtained is also approximate.

Second, denote the internal forces in the vicinity of X^1 by Taylor's series and search for the second approximate optimum solution X^2 with mathematical programming.

This computing procedure is repeated until the two successive solutions are in proximity. Experience shows that when using the method suggested the process converges in only two iterations, and the first solution approximates the final solution with an error less than 1%. This method converges much faster than other current methods. This method was proposed by Zhu and Li (1981) , but, owing to the difficulty of language, it is unknown outside China.

The method for computing the sensitivities of internal forces is similar to that for computing the sensitivities of stresses given by Schmit and Miura (1976) . The internal force of an element is given by $F = K^e \delta$, where K^e is the stiffness matrix of the element. By partial differentiation with respect to X_i, we obtain

$$\frac{\partial \boldsymbol{F}}{\partial X_i} = \boldsymbol{K}^e \frac{\partial \boldsymbol{\delta}}{\partial X_i} + \frac{\partial \boldsymbol{K}^e}{\partial X_i} \boldsymbol{\delta} \tag{42}$$

From the global equilibrium equation $K\delta=P$, the following equation is derived

$$\frac{\partial \delta}{\partial X_i} = K^{-1}\left(\frac{\partial P}{\partial X_i} - \frac{\partial K}{\partial X_i}\delta\right) \tag{43}$$

Thus, $\partial F/\partial X_i$ may be computed by Eq.(42) and Eq.(43).

The coefficient of safety for sliding stability, $K_s(X)$, should also be represented by Taylor's series, as follows

$$K_s(X) = K_s(X^k) + \sum \frac{\partial K_s}{\partial X_i}(X_i - X_i^k) \tag{44}$$

8 Dynamic sensitivities of arch dams

Because the method of mode superposition is used for dynamic stress analysis, we have to calculate the sensitivity of the natural modes of the dam. At present, there are four methods for computing sensitivities of natural modes, i.e., the finite difference method, the direct method, the mode superposition method, and the revised mode superposition method (Nelson 1976; Ojalvo 1987). Experience shows that the last method is the most efficient. However, the current method is only applicable to symmetrical matrices. In our case, the matrix of the fundamental equation of motion for an arch dam is nonsymmetrical. Formulas for sensitivity analysis of natural modes for a nonsymmetrical matrix are derived in the following.

From Eq.(39), the fundamental equation of ith mode is

$$(K - \lambda_i M)U_i = 0 \tag{45}$$

where $M = -H_a m$. By partial differentiation of (45), we have

$$\left(\frac{\partial K}{\partial X} - \lambda_i \frac{\partial M}{\partial X}\right)U_i + (K - \lambda_i M)\frac{\partial U_i}{\partial X} - \frac{\partial \lambda_i}{\partial X}MU_i = 0 \tag{46}$$

Let

$$\frac{\partial U_i}{\partial X} = P_i + \sum_{j=1}^{p} C_{ij}U_j \tag{47}$$

and

$$P_i = K^{-1}\left[\frac{\partial \lambda_i}{\partial X}MU_i - \left(\frac{\partial K}{\partial X} - \lambda_i \frac{\partial M}{\partial X}\right)U_i\right] \tag{48}$$

where $q<p<n$; q=number of modes to be calculated; and n= total number of modes. By substituting Eq. (47) into Eq. (46), we have

$$\left(\frac{\partial K}{\partial X} - \lambda_i \frac{\partial M}{\partial X}\right)U_i + (K - \lambda_i M)\left(P_i + \sum_{j=1}^{p} C_{ij}U_j\right) - \frac{\partial \lambda_i}{\partial X}MU_i = 0 \tag{49}$$

Multiplying the Eq. (49) by $-U_j^T H_a^{-1}$ and simplifying by the condition of modal orthogonality, the coefficients C_{ij} in Eq. (47) are derived as follows

$$C_{ij} = \frac{\lambda_i}{\lambda_i(\lambda_i - \lambda_j)} U_j^{\mathrm{T}} H_a^{-1} \left(\frac{\partial K}{\partial X} - \lambda_i \frac{\partial M}{\partial X} \right) U_i \tag{50}$$

The sensitivity of the characteristic value is given by

$$\frac{\partial \lambda_i}{\partial X} = -U_i^{\mathrm{T}} H_a^{-1} \left[\frac{\partial K}{\partial X} - \lambda_i \frac{\partial M}{\partial X} \right] \tag{51}$$

The natural mode of vibration and characteristic value at the new point $X + \Delta X$ is given by

$$\lambda_i(X + \Delta X) = \lambda_i(X) + \sum \frac{\partial \lambda_i}{\partial X_i} X_j \tag{52a}$$

$$U_i(X + \Delta X) = U_i(X) + \sum \frac{\partial U_i}{\partial X_i} X_j \tag{52b}$$

In the process of optimization, the natural modes of vibration and characteristic values are computed by the foregoing method, then the dynamic internal forces are calculated by the method of mode superposition and added to the static ones, and the optimum shape of the dam is found by mathematical programming. All types of arch dams can be optimized in our computer program.

9　Methods of optimization

Generally, the SLP(sequential linear programming) method is used to solve the nonlinear programming problem Eq. (15) . It usually converges after 10-20 iterations. To reduce the number of iterations, we adopt the following methods of optimization.

9.1　Penalty function method

Rather than trying to solve the constrained problem Eq.(15) , a penalty term that takes care of the constraints is added to the original objective function $C(X)$. An interior penalty function $P(X, r)$ is defined, and the problem is transformed to the minimization of(Fiacco and MacCormick 1968)

$$P(X,r) = C(X) - r \sum \log(1 - g_j) \tag{53}$$

$P(X, r)$ is minimized for a sequence of values of r and the solution is forced to converge to that of the constrained problem.

In this case, the internal force expansion method is used for the stress reanalysis. Experience shows that only two to three iterations are required. Here, one iteration means that Eq. (41) is established once. namely, the coefficients $\partial F/\partial X_i$ in Eq. (41) are computed once. The rates of convergence are shown in Fig. 7.

9.2　Sequential quadrative programming(SQP) method

The objective function is expanded into a second-order Taylor's series, and the constraints are expanded into first-order Taylor's series; thus, Eq. (15) is transformed into the following form

minimize
$$C(X) = DX + \frac{1}{2} X^{\mathrm{T}} GX \tag{54a}$$

subjected to
$$A(X) \leqslant b; X \geqslant O \qquad (54b)$$

where A and G=matrices; and X, b, and O=vectors.

Eq.(54) is solved by method of Lemke [see, for example, Wismer and Chattergy (1978)] and usually converges after six to eight iterations.

9.3 Revised sequential quadrative programming(RSQP) method

In the process of optimization by SQP method, the majority of computing time is for the calculating of stress sensitivities. To reduce computing time, the SQP method is revised as follows: Eq. (15) is also transformed into Eq. (54) , but the internal force expansion method is used to compute the stress sensitivities in the following manner.

Stage 1——the internal force in the vicinity of X^0 is represented by Eq. (41) . The stress sensitivities at X^0 are computed from the internal forces given by (41) , and the

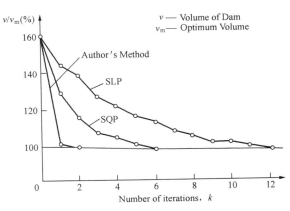

Fig.7　Rates of Convergence of Different Methods

optimum solution X^1 is found by the SQP method. Then the new stress sensitivities at X^1 are computed by the internal force given by Eq. (41) , and the optimum solution X^2 is found. This computing procedure is repeated until the two successive solutions X^{k-1} and X^k are in proximity.

Stage 2——a new formula [Eq. (41)] is given to represent the internal forces in the vicinity of X^k, and the new optimum solution is found by calculation similar to that in stage 1.

Owing to the high precision of Eq. (41) , generally, the final optimum solution can be found in two to three stages.

10　Application to Practical Arch Dams

The mathematical model presented here is rational and suitable for practical application. Approximately 30 arch dams have been optimized in China, resulting in a reduction of investment and a higher speed of design. Some results are given in Table 1.

From Table 1, it is clear that on the average the dam volume was reduced by 20% after shape optimization.

The Ruiyang arch dam, the shape of which was entirely determined by the optimization method, was completed in 1987 and has operated successfully until present (see Fig.8) .

In the past, the shape of an arch dam was usually optimized after it had been designed by the conventional trial-and-error method. Since design engineers in China have become acquainted with the merits of the presented optimization method, some important arch dams. such as the Laxiwa arch dam (250 m in height) , have been optimized right from the beginning of design. Six types of arch dams (i.e., the two-centered arc, the five-centered arc, the parabola, the ellipse, the hyperbola and the logarithmic spiral) have been optimized with the method. The order of volume of dam concrete (10^6m^3) is as follows：①Five-centered arc (2.165); ②logarithmic spiral(2.209); ③parabola(2.220); ④ellipse(2.340); ⑤two-centered arc (2.397); and ⑥ hyperbola (2.539) .

Tab.1　　　　　　**Arch　Dams　Designed　by Optimization　Method**

Dam (1)	Province of China (2)	Height (m) (3)	Dam Volume (m³)		Reduction in volume (%) (6)
			Original (4)	Optimum (5)	
Ruiyang	Zhejiang	50.5	38200	26500	30.6
Seven Star	Jiangxi	69.0	162500	134400	17.4
Tielu	Jiangxi	71.8	160000	122000	23.8
Nanshao	Guizhou	30.0	12500	10400	16.8
Wengkeng	Guizhou	32.0	13600	10300	24.3
Huangxihe	Shandong	55.0	50300	36300	28.0
Nei An	Zhejiang	74.0	74600	57800	22.4

Fig. 8　Ruiyang Arch Dam, Designed by Optimization Method

According to the dam volume, the latter three types are eliminated in the first round. The volumes of the former three types of dam are very close to each other, so it is necessary to consider some other factors, The number of full constraints where $g_j(X) = 1$ are as follows: Logarithmic spiral (two), five-centered arc (five) , and parabola (five). This means that the logarithmic spiral arch has more margin of safety than the other two types. A conference was held to discuss the results of shape optimization during the design of the Laxiwa dam. After comprehensive examination the logarithmic spiral type was chosen for this dam, the highest arch dam now in China.

11　Conclusions

The mathematical model proposed by the writers, including the geometrical model and the functions of constraints, is rational and practical. The shapes of arch dams given by the model are reasonable and acceptable to design engineers.

The methods of solution are effective. Especially, the writers' internal force expansion method, which requires only two iterations—much less than other current methods.

Particular attention has been paid to application of the method to practical dams. About 30 dams have been optimized by the writers, resulting in a considerable reduction in the investment of resources and a higher speed of design.

Appendix I   References

［1］ Design specifications of concrete arch dams[S]. Ministry of Water Resources and Electric Power of The People's Republic of China. Beijing：China Publishing House of Water Resources and Electric Power, 1985.

［2］ Design specifications of dams [S]. Tokyo：Large Dam Committee of Japan, 1978.

［3］ Fiacco A V, McCormick G P. Nonlinear Programming[M]. New York：John Wiley and Sons, 1968.

［4］ Fialho J F L. Leading principles for the design of arch dams—a new method of tracing and dimensioning [R]. LNEC, Lisbon, Portugal, 1955.

［5］ Li Y, Zhu B. The optimum design of arch dams and the curve of arch thickness [J]. Chinese J. Hydr. Engr., 1985, (11): 26-34.

［6］ Lin S, Yang Z. Displacement method for analysing arch dams [J]. Chinese J. Hydr. Engrg., 1987, (1): 17-25.

［7］ Ricketts R E, Zienkiewicz O C. Optimization of concrete dams. Proc., Int. Symp. on Numerical Analysis of Dams, 1975.

［8］ Schmit L A, Miura H. A new structural analysis/synthesis capability-ACCESS [J]. AIAA J., 1976，14: 661-671.

［9］ Serafim J L . New shapes for arch dams [J]. Civ. Engrg., ASCE, 1966，36(2) .

［10］ Sharpe R. Optimum design of arch dams [J]. Proc., Inst. Civ. Engrs., Suppl. 1969.

［11］ Sun Y. Crown cantilever method for arch dams with finite elements [J] (in Chinese) , Arch Dam Techniques, 1982,(2): 13-14.

［12］ Wassermann K. Three dimensional shape optimization of arch dams with prescribed shape functions [J]. J. Struct. Mech., 1984，11: 465.

［13］ Wismer D A, Chattergy R. Introduction of nonlinear optimization [M]. New York：Elsevier North-Holland, 1978.

［14］ Zhu B. Some problems in the optimum design of double-curvature arch dams [J]. Chinese J. Computational Struct. Mech., 1984, 1(3): 11-21.

［15］ Zhu B. Internal force expansion method for stress reanalysis in structural optimization [J]. Communications in Appl. Numerical Methods. 1991, 7(4): 295-298.

［16］ Zhu B. Some problems in the optimum design of structures. Proc., 3rd Int. Conf. on Computing in Civ. Engrg., Vancouver, Canada. 1988.

［17］ Zhu B, Li Z. Optimization of double-curvature arch dams [J]. Chinese J. Hydr. Engrg., 1981, (4): 11-21.

［18］Zhu B, Li Z, Zhang B. Optimum design of structures; theory and applications [M] (in Chinese). Beijing：China Water Resources and Electricity Press, 1984.

［19］ Zhu B, Rao B, Jia J. Stress analysis of noncircular arch dams with variable thickness [J]. Chinese J. Hydr. Engrg., 1988, (11) .

［20］ Zhu B, Song J. Optimum design of double-curvature arch dams [J]. Hangzhou：Proc., 1st Chinese Nat. Conf. on

Optimization Method, 1979.

Appendix Ⅱ Notation

The following symbols are used in this paper:

$C(X)$ = objective function;

F_a^e, F_b^e = vector of internal forces of arch and beam elements, respectively;

$g_j(X)$ = constraint   function;

$\boldsymbol{K}$ = stiffness matrix;

K_s = coefficient of safety for sliding stability;

k = number of iteration;

$\boldsymbol{L}_a^e, \boldsymbol{L}_b^e$ = vector of load intensity of arch and beam elements, respectively;

$\boldsymbol{P}$ = vector of loads;

R_U, R_D = radius of curvature of upstream and downstream faces，respectively;

T_C = thickness of central section of dam;

T_{AR}, T_{AL} = thickness of right and left abutments of dam, respectively;

$\boldsymbol{T}^e$ = vector of temperature variations of arch and beam elements;

U_i = natural mode of free vibration;

u, v, w = displacement in the x, y, and z directions, respectively;

$X_1, X_2, \cdots, X_n$ = design variables;

x, y, z = Cartesian coordinates;

$\boldsymbol{\delta}^e$ = vector of displacements of element;

θ, ψ = horizontal and vertical twisting angular displacements, respectively;

$\lambda = \omega^2$ = characteristic value of free vibration; and

ω = natural frequency of vibration (rad/s) .

Intelligent Optimal CAD for Arch Dams[❶]

Abstract: The artificial intelligence, the optimization method and the computer aided design (CAD) techniques are mixed to develop an integrated system for design of arch dams. The initial scheme for the type, material and layout of the arch dam are given by the engineer with the aid of an expert system. The shape and the dimensions of the dam are mainly determined by the optimization method. The drawings and structural details are given by CAD and the expert system. The various strong points of the engineer, the expert system, the optimization method and CAD are fully brought into play.

Key words: artificial intelligence, CAD, arch dam

Artificial intelligence, optimization methods and computer aided design (CAD) techniques are mixed to develop an integrated system for design of arch dams. The system includes a knowledge base, database, stress analysis systems, optimization and CAD systems.

With its help, one can choose the position of a dam axis, and the type and shape of an arch dam. The system can produce the design drawings, data and report automatically. The merits of expert systems, optimization and CAD techniques have been integrated to improve the efficiency of arch dam design.

Much progress has been made in the design of arch dams in China in the last 20 years. Optimization methods have been used to design the shapes of more than 30 arch dams. In recent years, CAD and expert systems have been developed for shape design of arch dams.

In this paper, an Intelligent Optimal CAD (ICOAD) for arch dams will be introduced, describing the results of a project supported finacially by both China Electricity Council and China Natural Science Foundation. By combining expert systems and optimization methods with CAD techniques, an integrated system is formed with the merits of all three.

In IOCAD, the initial schemes for the type, material and layout of the arch dam are given by the engineer with the aid of an expert system. The shape and the dimensions of the cross sections are mainly determined by the optimization methods. Drawings and structural details are given by CAD and the expert system.

The principal decisions about the dam are made by the engineer with the aid of the expert system. Thus, the various strong points of the engineer, the expert system, the optimization method and CAD are fully brought into play.

---

❶ 原载 International Water Power and Dam Construction, 1994 年 3 月，原作者朱伯芳、贾金生、厉易生。

1   The structure of the system

In the design of an arch dam, the following work must be done:

（1）Determine the material to be used in the dam. It is necessary to consult the experience of the similar arch dams. Thus, it would be best for a designer to solve this problem with the aid of expert system. Sometimes, two design schemes may be made and compared.

（2）Layout the dam axis. According to the topographical and geological conditions of the dam site, a preliminary position of the dam axis is given by the designer. The best position of the dam axis is then established by the optimization method.

（3）Choose the type of the dam. The arch dam may be single - curvature or double-curvature. The axis of the horizontal arch may be a single-centred arc, a three-centre arc, a parabola, an ellipse, a hyperbola or a logarithmic spiral. Altogether, there are 12 types of arch dams. According to the importance of the dam, the topographical and geological conditions of the dam site, and with the aid of the expert system, the designer may choose one type or several types of the dam. In the latter case, the final decision is made after one design scheme is worked out for each type of the dam.

（4）Design the shape of the dam. It is time - consuming to get a favourable shape of the arch dam by the traditional "cut and try" method. Experience shows that an optimum shape can be found quickly by optimization. Due to the complication of the actual problem, sometimes the designer must make some local modifications to the optimised shape. In the process of design, all the stresses and sliding stabilities are computed and displayed automatically by the computer.

（5）Design the structural details of the dam. These details include dam joints and steel reinforcement around galleries. This work may be accomplished by CAD with the aid of the expert system.

（6）Write the design report, with drawings and tables as well as text. The structure of reports on shape design of conventional arch dams are similar. Thus, the first draft of the report on shape design of the arch dam may be written by the computer with the aid of the expert system. The report must, of course, be examined by the engineer and modified.

From the facts mentioned above, it is clear that in the design of an arch dam some problems can be solved using expert systems, some by optimization methods and some through the interaction with the computer. Therefore, the most efficient system to aid the designer in the shape design of an arch dam should be an integrated system, combining the expert system and optimization methods with CAD techniques.

2   Steps in the integrated system

The steps in intelligent optimal CAD for arch dams are as follows:

Step 1 - Input the original design data, such as the topographical and geological data, the loads and the relevant design parameters.

Step 2 - The designer produces, with the aid of the expert system, several initial schemes for the material, type and layout of the dam.

Step 3 - The optimal schemes of various types of the dam are found be applying the optimization method.

Step 4 - Optimum schemes, from the previous step, are examined by the engineer using the expert system. Some modifications are made, if necessary. Return to step 3 for further optimization until a favourable scheme is obtained for each type of the dam.

Step 5 - With the aid of the expert system, the engineer chooses the final design scheme from several optimised types of dam.

Step 6 - Design of the structural details with the aid of CAD and the expert system.

Step 7 - The expert system produces a first draft report of shape design of the arch dam. The report includes illustrations as well as information on materials and cost, and ends with a conclusion.

Step 8 - The first draft design report is examined and revised by the engineer.

Step 9 - Output the design report.

The shape of an arch dam given by IOCAD is shown in Fig. 1. The contours of the principal stresses on the downstream face of the dam are shown in Fig. 2.

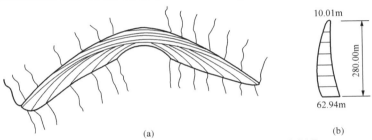

Fig. 1   The shape of an arch dam designed by IOCAD
(a)Plan; (b)Vertical cross section

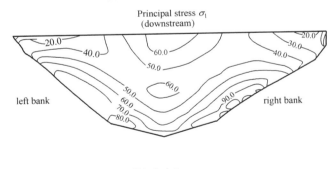

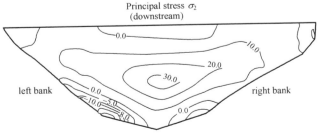

Fig.2   The contours of principal stresses(MPa) on the downstream face of the arch dam

3　Conclusion

In the intelligent optimal CAD for arch dams, the strong points of the designer, the expert system, the optimization method and CAD techniques are fully brought into play.

The man-machine interactions are retained at the critical points so that the designer can control the process of design and bring his innovative skill into play. But the interactions have been reduced to the minimum to improve the efficiency of the system.

IOCAD is an integrated arch dam design system of high efficiency. All the design works, except the innovative skill of the designer, are accomplished quickly and automatically by the computer.

References

［1］Jinsheng J, Bofang Z. Expert system (ES) for shape design of arch dams. Journal of Computing and Computer Applications, 1990, (2).

［2］Zuojun X, Lida W, Gongyao S. Computer aided design (CAD) systems for arch dams. Journal of Computing and Computer Applications, 1989, (2).

［3］Bofang Z. Optimum design of double-curvature arch dams. Proceedings of the 2nd International Conference on Computing in Civil Engineering, 1985.

［4］Bofang Z. Shape optimization of arch dams. J. Water Power and Dam Construction, March，1987.

［5］Bofang Z. Computer aided writing of technical reports. Journal of Computing and Computer Applications, 1991, (2).

［6］Bofang Z. Intelligent Optimal CAD (IOCAD). Symposium on CAD and Expert Systems, Sanya, China, March 1992：22-26.

［7］Bofang Z, BIN R，Jinsneng J. Shape optimization of arch dams for static and dynamic loads. Journal of Structural Engineering, ASCE, 1992, 118(11).

［8］Bofang Z, Jinting S. Optimum design of double-curvature arch dams. First Chinese National Conference on Optimization Method, 1979.

Compound Layer Method for Stress Analysis Simulating Construction Process of Concrete Dam[❶]

Abstract: Concrete dams are constructed layer by layer. Due to their different ages, the modulus of elasticity, unit creep and temperature are different in different layers. The stress field in a concrete dam is influenced by the construction process in order to reflect the process of construction: the stresses in the dam must be computed layer by layer. This is difficult, because there are 100-200 layers in a high concrete dam. A new method, the compound layer method is proposed in this article. The dam is divided into several regions. In the upper part of the dam, the stresses are computed layer by layer and in the lower part, when the moduli of elasticity and unit creep of different layers are close to each other, several layers are combined into one layer. As a result, the number of layers of the dam is reduced from 100-200 to about 10-20, thus the computation is simplified a great deal. Methods are given to compute the stresses in the dam such that the influence of layered construction is retained after the combination of layers.

Key words: compound layer method, stress analysis, construction process, concrete dam

1   Introduction

Due to the effect of temperature, weight of concrete, sequential changes of configuration of structure and probable partial water loading during the construction period, the process of construction has a great influence on the stress distribution in a high concrete dam. In order to assess the true stress state of the dam, it is desirable to simulate the process of construction in the analysis of stresses in high concrete dams by finite element method (FEM) . The dam is constructed layer by layer. Due to the difference in age of concrete, the modulus of elasticity and the unit creep of the concrete in the dam are different for each layer. For a dam of conventional concrete with a height of 150m, there will be 100 layers if the thickness of lift is 1.50m. For a roller compacted concrete (RCC) dam with height of 100m, there will be 200 layers allowing 0.5m for each layer. As several elements are required in the vertical direction of each layer, the number of elements is very large. Furthermore, 1000-2000 time increments are necessary to compute the history of stress and temperature by incremental finite element method to cover the full period of construction. Thus, it is difficult to compute the stresses and temperatures in a high concrete dam with 100-200 layers by FEM, especially for 3D problems.

❶ 原载 Dam Engineering, Vol.VI, Issue 2.

The compound layer method is proposed in this paper. In the upper part of the dam, i.e. in the region of new concrete, the stresses and temperatures are computed layer by layer. In the lower part, i.e. in the region of old concrete, as the moduli of elasticity and unit creep of concrete of different layers are close to each other, several layers are combined into one layer. As a result, the number of layers of the dam is reduced from 100-200 to about 10-20, thus the computation by FEM is simplified a great deal. Methods are given to compute the stresses in the dam such that the influence of layered construction is retained after the combination of layers.

2 Combination of layers considering the variation of modulus of elasticity with age of concrete

Let τ_i be the age of concrete of the i th layer and τ_j the age of the jth layer. Assume

$$\frac{E(\tau_j) - E(\tau_i)}{E(\tau_i)} \leqslant \varepsilon_1 \tag{1}$$

where ε_1 is the allowable relative variation of modulus of elasticity, and $E(\tau)$ is the modulus of elasticity. If the layers from ith to jth are combined into one layer and the mean value of modulus of elasticity is adopted, then the relative variation of modulus of elasticity will not be greater than $\varepsilon_1/2$.

From Eq.(1), we have

$$E(\tau_j) \leqslant (1 + \varepsilon_1) E(\tau_i) \tag{2}$$

$E(\tau)$ can be expressed by

$$E(\tau) = E_0 f(\tau) \tag{3}$$

in which E_0 is the final modulus of elasticity as $\tau \to \infty$. By substituting into Eq. (2), we have

$$f(\tau_j) \leqslant (1 + \varepsilon_1) f(\tau_i) \tag{4}$$

On the basis of a vast amount of experimental results, the writer suggested that $f(\tau)$ be expressed by a complex exponential formula or a hyperbolic formula, the former is better for the conventional concrete while the latter is better for RCC[1, 2].

2.1 Complex exponential formula

The function $f(\tau)$ in Eq. (3) is given by

$$f(\tau) = 1 - \exp(-a\tau^b) = 1 - e^{-a\tau^b} \tag{5}$$

where a and b are constants determined by tests. For conventional concrete, a=0.40, b=0.34. Substituting Eq. (5) into Eq. (4), the following formula is derived

$$\tau_{j1} = \left\{ -\frac{1}{a} \ln\left[(1 + \varepsilon_1) e^{-a\tau_i^b} - \varepsilon_1 \right] \right\}^{1/b} \tag{6}$$

As $E(\tau) < E(\tau_j)$ when $\tau < \tau_j$, it is clear from Eq. (1) that

$$\frac{E(\tau)-E(\tau_j)}{E(\tau_i)} \leqslant \varepsilon_1$$

with $\tau_i \leqslant \tau \leqslant \tau_j$. Thus all layers of concrete with age τ between τ_i and τ_j can be combined into one compound layer.

From Eq. (5), the function $f(\tau)$ approaches 1.00 when $\tau \to \infty$. Actually, from a certain age of concrete on, the modulus of elasticity of concrete becomes age independent, thus there exists an age τ_{i1}^* such that

$$f(\infty)-f(\tau_{i1}^*)=1-f(\tau_{i1}^*)=\varepsilon_1$$

or

$$f(\tau_{i1}^*)=1-\varepsilon_1 \tag{a}$$

As $f(\tau) < f(\infty)$, for any age $\tau > \tau_{i1}^*$ we have

$$f(\tau)-f(\tau_{i1}^*)<f(\infty)-f(\tau_{i1}^*)=\varepsilon_1 \tag{b}$$

so all the layers of concrete with age $\tau \geqslant \tau_{i1}^*$ may be combined into one layer.

Substituting Eq. (5) into Eq. (a) above, we get

$$\tau_{i1}^* = \left(-\frac{1}{a}\ln \varepsilon_1\right)^{1/b} \tag{7}$$

Before τ_{i1}^*, only several layers with age τ between τ_i and τ_j may be combined into one layer while after τ_{i1}^*, all the layers of concrete with age $\tau \geqslant \tau_{i1}^*$ may be combined into one layer.

2.2 Hyperbolic formula

The function $f(\tau)$ is expressed as follows

$$f(\tau)=\frac{\tau}{s+\tau} \tag{5a}$$

where s is a material constant. By derivations similar to the above, we have

$$\tau_{j1} = sh/(1-h) \tag{6a}$$

and

$$\tau_{i1}^* = s/\varepsilon_1 \tag{7a}$$

where

$$h=(1+\varepsilon_1)\tau_i/(s+\tau_i)$$

For example, consider a concrete dam which is constructed one layer every 10 days. The modulus of elasticity of concrete is given by $E(\tau)=3000\times\left[1-\exp(-0.04\tau^{0.34})\right]$ MPa. When a new layer is cast on the top of the dam under construction, the age of concrete of the new layer is 0 and the ages of the old concrete layers below it are $\tau=$ 10, 20, 30, 40, 50, 60, $\cdots$d respectively. The corresponding moduli of elasticity of each layer are $E=$0, 17497, 20090, 21587, 22617, 23389, 23999, $\cdots$MPa. If we use $\varepsilon_1 = 8\%$, the first two layers with $\tau=0$, and 10 days cannot be combined. The two layers with $\tau=20$ and 30 days can be combined into one layer with $\varepsilon_1 = 7.45\%$.

The three layers with ages τ=40, 50 and 60 days can be combined into one layer with $\varepsilon_1 = 6.11\%$. From Eq. (6), the layers with ages between 70-120d, 130-270d, and 280-790d can be combined into one layer respectively. From Eq. (7), all the layers with age >226d can be combined into one layer.

3 Combination of layers considering the variation of unit creep with age of concrete

The unit creep of concrete may be expressed in the following form [1, 2]

$$C(t,\tau) = \sum_s \phi_s \left[1 - e^{-r_s(t-\tau)}\right] \tag{8}$$

and

$$\phi_s = \frac{1}{E_0} a_s (1 + b_s \tau^{-c_s})$$

where t is time, τ is age of concrete, E_0 is the final modulus of elasticity and a_s, b_s, c_s, r_s are the material constants to be determined by experiments. The creep experiments of concrete are time consuming, generally, 2 years are required. When there are no experimental results, as a preliminary estimate, the unit creep of conventional mass concrete may be expressed by the following empirical formula given by the author[1, 2]

$$C(t,\tau) = \frac{0.230}{E_0}(1 + 9.20\tau^{-0.45})\left[1 - e^{-0.30(t-\tau)}\right] + \frac{0.520}{E_0}(1 + 1.70\tau^{-0.45})\left[1 - e^{-0.0050(t-\tau)}\right] \tag{9}$$

in which E_0 is the final modulus of elasticity.

Let $t \to \infty$ in Eq. (8), the final unit creep of concrete is obtained as follows

$$C(\tau) = C(\infty,\tau) = g(\tau)/E_0 = \sum \phi_s \tag{10}$$

where $g(\tau) = E_0 \sum \phi_s$. From Eq. (9), we can write

$$g(\tau) = m + p\tau^{-\beta} \tag{11}$$

where m, p and β are material constants. In preliminary computation, we may take m=0.750, p=3.00, β=0.450 for conventional concrete.

The layers from i th to j th are combined into one layer. Let

$$\frac{C(\tau_i) - C(\tau_j)}{C(\tau_i)} = \frac{g_i - g_j}{g_i} = 1 - \frac{g_j}{g_i} i \leqslant \varepsilon_2 \tag{12}$$

By substituting Eq. (11) into Eq. (12), we have

$$\tau_{j2} \leqslant \left[\frac{p}{(1-\varepsilon_2)g_i - m}\right]^{1/\beta} \tag{13}$$

where $g_i = g(\tau_i)$. If all the layers with age τ between τ_i and τ_{j2} are combined into one layer and the mean unit creep is adopted for the compound layer, the relative variation of unit creep will not be greater than $\varepsilon_2/2$.

Substituting Eq. (11) into Eq. (12) and letting $\tau_j \to \infty$, we have

$$\tau_{i2}^* = \left[\frac{p(1-\varepsilon_2)}{m\varepsilon_2} \right]^{1/\beta} \qquad (14)$$

All the layers with age $\tau \geqslant \tau_{i2}^*$ can be obtained into one layer.

4　Combination of layers considering variation of adiabatic temperature rise with age of concrete

The thermal conductivity and thermal diffusivity of concrete are practically age independent, but the adiabatic temperature rise of concrete is strongly age dependent and may be expressed by the exponential formula or the hyperbolic formula[3].

4.1　Exponential formula

The adiabatic temperature rise of concrete may be expressed by

$$\theta(\tau) = \theta_0(1 - e^{-m\tau}) \qquad (c)$$

where $\theta(\tau)$ is the adiabatic temperature rise, θ_0 is the final temperature rise and m is a material constant, generally $m = 0.30$ to 0.40 (1/d). Let ε_3 be the relative variation of adiabatic temperature rise after combination of layers, namely

$$\frac{\theta(\tau_i) - \theta(\tau_i)}{\theta(\tau_i)} \leqslant \varepsilon_3 \qquad (d)$$

Then τ_{j3} is derived as follows

$$\tau_{j3} \leqslant -\frac{1}{m} \ln \left[(1+\varepsilon_3)e^{-m\tau_i} - \varepsilon_3 \right] \qquad (15)$$

Let $\tau_j \to \infty$ in Eq. (d), we have

$$\tau_{j3}^* \geqslant -\frac{1}{m} \ln \left(\frac{\varepsilon_3}{1+\varepsilon_3} \right) \qquad (16)$$

4.2　Hyperbolic formula

The adiabatic temperature rise of concrete is expressed by

$$\theta(\tau) = \frac{\theta_0 \tau}{n + \tau} \qquad (e)$$

where n is a material constant. From Eq. (d) and (e), we have

$$\tau_{j3} \leqslant \frac{nh}{1-h} \qquad (17)$$

where $h = (1+\varepsilon_3)\tau_i / (n+\tau_i)$.

Let $\tau_j \to \infty$ in Eq. (d), we have

$$\tau_{j3}^* = n/\varepsilon_3 \tag{18}$$

5 Determination of limit of age for combination of layers

The layers of concrete with ages from τ_i to τ_j are combined into one layer. For the same τ_i we have given three τ_j:

1) τ_{j1}—for modulus of elasticity, given by Eq. (6) or (6a).

2) τ_{j2}—for unit creep, given by Eq. (13).

3) τ_{j3}—for adiabatic temperature rise, given by Eq. (15) or (17).

In order to control the relative variations of modulus of elasticity, unit creep and adiabatic temperature rise in the allowable limits after combination of layers, the smallest one of the three τ_{js} must be used. Let

$$\tau_{jm} = \min(\tau_{j1}, \tau_{j2}, \tau_{j3}) \tag{19}$$

then τ_{jm} is used as the limit of age for combination of layers. Because the adiabatic temperature rise of concrete develops more rapidly with age than the modules of elasticity and unit creep, generally, the limit of age for combination of layers is controlled by τ_{j2} or τ_{j1}, not by τ_{j3}. This is clear from Tab. 1.

6 Equivalent Age of Concrete of the Compound Layer

The actual ages of concrete are different for each layer, but after the combination of layers, one age of concrete instead of several ages must be used to compute the modules of elasticity and unit creep of concrete in the compound layer. If we use the mean age τ_m of concrete

$$\tau_m = (\tau_i + \tau_j)/2 \tag{f}$$

then, the error of modulus of elasticity in the i th and j th layer will be

$$\varepsilon_4 = \frac{E(\tau_m) - E(\tau_i)}{E(\tau_m)} = 1 - f_j/f_m$$

and

$$\varepsilon_5 = 1 - f_j/f_m$$

respectively, where $f_j = f(\tau_j) = 1 - \exp(-a\tau_j^b)$. If $E(\tau)$ is a linear function of τ, the absolute values ε_4 and ε_5 will be identical. Actually, $E(\tau)$ is a nonlinear function of τ, so the absolute values of ε_4 and ε_5 are not identical. Define the equivalent age τ_{s1} such that

$$E(\tau_s) = \frac{1}{2}\left[E(\tau_i) + E(\tau_j)\right] \tag{20}$$

or

$$f(\tau_s) = \frac{1}{2}\left[f_i + f_j\right] \tag{21}$$

Substituting Eq. (5) into the above equation, we get the equivalent age τ_s for modulus of elasticity as follows

$$\tau_{s1} = \left[-\frac{1}{a} \ln\left(1 - \frac{f_i + f_j}{2} \right) \right]^{1/b} \tag{22}$$

For example, τ_i=155d, τ_j=350d, a=0.40, b=0.34. If the mean age τ_m is used to compute the modulus of elasticity, then ε_4=0.03860, ε_5= −0.02075. From Eq.(22), the equivalent τ_{s1}=223d. Using τ_{s1} to compute the modulus of elasticity, ε_4=0.02994, ε_5= −0.02997. The absolute values of them are practically identical.

Now consider the relative variation of unit creep. If the mean age τ_m is used to compute the unit creep after the combination of layers, the relative variations of the ith and jth layer will be

$$\varepsilon_6 = 1 - g_i / g_m \tag{23}$$
$$\varepsilon_7 = 1 - g_j / g_m \tag{24}$$

Defining the equivalent age τ_{s2} such that $g(\tau_{s2}) = (g_i + g_j)/2$, we have

$$\tau_{s2} = \left(\frac{2p}{g_i + g_j - 2m} \right)^{1/\beta} \tag{25}$$

in which $g_i = g(\tau_i)$. For example, τ_i=155d, τ_j=350d, m=0.750, p=3.00, β=0.450, τ_m=252.5d, from Eq. (23) and (24), ε_6=−0.06119 and ε_7=0.03405. By Eq. (25), τ_{s2}=225d, using τ_{s2} to compute the unit creep, ε_6=−0.04729 and ε_7=0.04671. Using τ_{s2} instead of τ_m, the maximum relative variation of unit creep is changed from 0.06119 to 0.04729.

There are two equivalent ages of concrete, τ_{s1} for modulus of elasticity and τ_{s2} for unit creep. One of them is based in practical computation. Generally, they are close to each other, so the choice between them is not difficult.

7 Stress Analysis

Taking the concrete as linear elasto—creeping solid with unit creep given by Eq. (8) and using the incremental finite element method, we can write the fundamental equation for the nth time increment as follows[1, 4, 5, 6]

$$[K_n]\{\Delta\delta_n\} = \{\Delta P_n^c\} + \{\Delta P_n^c\} + \{\Delta P_n^T\} \tag{26}$$

in which

$$[K_n] = \int [B]^T [D_n][B] dv \tag{27}$$

$$\{\Delta P_n^c\} = \int [B]^T [D_n][\eta_n] dv \tag{28}$$

$$[D_n] = \frac{1}{1 + q_n E(\tau_{n-0.5})} [D_n] \tag{29}$$

where $[K_n]$ is the stiffness matrix, $\{\Delta\delta_n\}$ is the vector of increments of nodal displacements, $\{\Delta P_n^e\}$ is the vector of increments of external load, $\{\Delta P_n^c\}$ is the vector of increments of loads due to creep of concrete, $\left\{\Delta P_n^T\right\}$ is the vector of increments of loads due to changes of temperature, $[D_n]$ is the elastic stiffness matrix, $\Delta t_n = t_n - t_{n-1}$, and $E(\tau_{n-0.5})$ is the modulus of elasticity of concrete at $\tau_n - 0.5\Delta\tau_n$.

The stresses are given by

$$\{\sigma_n\} = \sum\{\Delta\sigma_n\} \qquad (30)$$

where

$$\{\Delta\sigma_n\} = [D_n]\left([B]\{\Delta\sigma_n\} - \{\Delta\varepsilon_n^c\} - \{\Delta\varepsilon_n^T\}\right) \qquad (31)$$

in which $\left\{\Delta\varepsilon_n^c\right\}$ is the vector of increments of strain due to creep of concrete in Δt_n and is given by

$$\{\Delta\varepsilon_n^c\} = \{\eta_n\} + q_n[Q]\{\Delta\sigma_n\} \qquad (32)$$

in which

$$q_n = C(t_n, \tau_{n-0.5}) \qquad (33)$$

$$\{\eta_n\} = \sum[1 - \exp(-r_s\Delta\tau_n)]\{\omega_{sn}\} \qquad (34)$$

where $\left\{\omega_{sn}\right\}$ is computed by the following recurrence formula

$$\{\omega_{sn}\} = \{\omega_{s,n-1}\}\exp(-r_s\Delta\tau_{n-1}) + [Q]\{\Delta\sigma_{n-1}\}\phi(t_{n-2} + 0.5\Delta t_{n-1})\exp(-0.5r_s\Delta\tau_{n-1}) \qquad (35)$$

in which $\{Q\}$ is given in the Appendix. $\{\omega_{sn}\}$ are vectors on the Gaussian points of integration taking into account the effect of creep and the history of stress. We shall explain how to make the computation in practice in the following. As an example, let us consider a concrete gravity dam 180m in height constructed one layer of 1.50m every 10 days. In order to favour the comparison between the conventional FEM and the compound layer method, the peculiarities of them are described separately in the following.

7.1 Conventional incremental FEM

By the conventional incremental FEM, the peculiarities of computation are as follows:

(1) The network of computation changes every 10 days because the configuration of the structure changes after the casting of a new layer of concrete. The number of layers of concrete of the dam body (not including the foundation) is equal to the number of lifts of concrete casting. The maximum number of layers is 120 (=180/1.50).

(2) Because the modulus of elasticity and unit creep of new concrete change rapidly with age, for each 10 days period, the time increments are generally given as follows

$$\Delta\tau = 0.2, \ 0.3, \ 0.5, \ 0.5, \ 0.5, \ 1.0, \ 2.0, \ 2.0, \ 3.0d \qquad (g)$$

There are 9 times increments for each 10 days period. For the first time interval in the 10 days period, the age of new concrete layer is $\tau = 0$ and the ages of the old concrete layers below it are $\tau = 10, 20, 30, \cdots d$. respectively. For the 2nd time increment in the 10 days period, the ages of the different layers of concrete are $\tau = 0.2, 10.2, 20.2, 30.2, \cdots$ d. respectively. As the mechanical properties depend on the age of concrete, so $[K_n]$ and $\{P_n\}$ in Eq. (26) must be computed for each time increment. Thus, the configuration and network of computation change every 10 days and

$[K_n]$ and $\{P_n\}$ change for each time increment. This is why the simulation of process of construction makes the stress analysis much more difficult.

7.2 Compound layer method

（1）The network of computation changes every 10 days, but due to combination of layers, the number of layers is reduced. Experience shows that the maximum number of layers in the compound layer method is about 10 for the conventional concrete dam and 20 for RCC dam.

（2）The time increments for every 10 days period are also given by Eq. (g). For the compound layer, one unified equivalent age of concrete τ_s given by Eq. (22) or (25) is used instead of the natural ages of the concrete.

（3）From Eq. (35), in order to get the stress increments $\Delta\sigma_n$ for Δt_n, it is necessary to compute $\{\omega_{sn}\}$ from $\{\omega_{s,n-1}\}$, which are the values for the preceding time interval Δt_{n-1}. After combination of layers, the network of computation and the position of Gaussian points will change. $\{\omega_{sn}\}$ are the values on the new Gaussian points while $\{\omega_{s,n-1}\}$ are the values on the old Gaussian points. Before computing $\{\omega_{sn}\}$ by Eq. (35), we must first calculate $\{\omega_{s,n-1}\}$ on the new Gaussian points from $\{\omega_{s,n-1}\}$ on the old Gaussian points by method of interpolation.

（4）In the conventional FEM, $\Delta\sigma_n$ are given on the nodal points and Gaussian points of integration. In the compound layer method, the position of nodal points and Gaussian points change after combination of layers every 10 days. Thus, except $\Delta\sigma_n$ given on the Gaussian points, $\Delta\sigma_n$ for the points the stresses of which are of interest are given by method of interpolation for each time increment.

The temperature field is computed by FEM with the same network and time increments as stress analysis but the computation is easier. The fundamental equation for computation is

$$[H]\{T_n\}+[R]\{T_{n-1}\}=\{F_n\} \tag{36}$$

where $\{T_n\}$ and $\{T_{n-1}\}$ are the temperatures on the nodal points at time t_n and t_{n-1} respectively. The matrix $[H]$ and $[R]$ change when the configuration of the structure changes, i.e., they change every 10 days, but the vector $\{F_n\}$ changes for each time increment. After the change of configuration and network of computation, $\{T_{n-1}\}$ on the new nodal points are calculated from $\{T_{n-1}\}$ on the old nodal points by method of interpolation.

As an example, we consider a concrete gravity dam 180m in height which is constructed one layer of 1.50m every 10 days. The modulus of elasticity, the final unit creep and the adiabatic temperature rise are given as follows

$$E(\tau) = 3000 \times [1 - \exp(-0.40\tau^{0.34})] \quad \text{MPa} \tag{h}$$

$$g(\tau) = 0.750 + 3.00\tau^{-0.45} \tag{i}$$

$$\theta(\tau) = 25.0\tau/(2.30 + \tau) \tag{j}$$

There are 120 layers of concrete in the dam body altogether. The period of construction is 1200 days. The configuration and network of computation change every 10 days. In order to explain how the compound layer is applied, we consider the case when the dam has been constructed 120m in height as shown in Fig. 1. When a new layer of concrete is cast on the top of the dam under

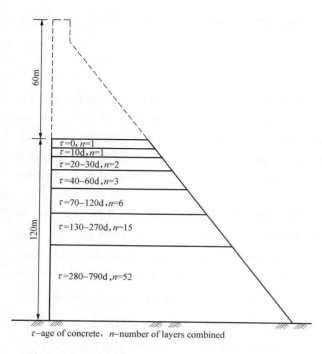

τ—age of concrete，n—number of layers combined

Fig.1   Example, of compound layer method applied to

a concrete gravity dam

construction, the age of the new layer is $\tau = 0$ and the ages of the layers below are $\tau = 10, 20, 30, 40, 50, 60, \cdots$ d respectively. There are 80 layers of concrete in total at this time. Give $\varepsilon_1 = 0.080$, $\varepsilon_2 = 0.090$ and $\varepsilon_3 = 0.080$. It is apparent that the first two layers can not be combined because their mechanical properties are quite different. Beginning from the 2nd layer with $\tau_i = 10$d, from Eq. (6), (13) and (17), the limits of combination of layers are $\tau_{j1} = 14.54$d, $\tau_{j2} = 14.47$d and $\tau_{j3} = 16.56$d which are all less than 20d, the age of the 3rd layer. Thus the 2nd and 3rd layers cannot be combined. With $\tau_i = 20$d, $\tau_{j1} = 30.92$d, $\tau_{j2} = 30.80$d and $\tau_{j3} = 70.97$d which are greater than 30d, the age of the 4th layer, so the 3rd and 4th layers of concrete can be combined into one compound layer. As shown in Tab. 1, the layers with ages $\tau = 40-60$d, 70-230d, 130-270d and 280-790d are combined. After combination of layers, the total number of layers of concrete is reduced from 80 to 7, as shown in Fig. 1. It is clear from Tab. 1 that τ_{j3} for adiabatic temperature rise generally does not control the age of combination of layers.

Tab.1   **Limit of age for combination of layers**

age of upper layer τ_i (d)	τ_{j1} (d) for modulus of elasticity	τ_{j2} (d) for unit creep	τ_{j3} (d) for adiabatic temp. rise	adopted τ_j (d)	ages of layers combined (d)	number of layers combined n
10	14.54	14.47	16.56	10	10	1
20	30.92	30.80	70.97	30	20-30	2
40	68.46	67.21	∞	60	40-60	3
70	138.0	129.2	∞	120	70-120	6
130	351.1	279.0	∞	270	130-270	15
280	∞	792.0	∞	790	280-790	52

For the first compound layer with $\tau_i = 20$d and $\tau_j = 30$d, by Eq.(22), the equivalent age for modulus of elasticity is $\tau_{s1} = 24.4$d. Instead of the original ages of concrete, 30d and 30d, if 24.4d is used to compute the modulus of elasticity, the relative errors will be $\varepsilon_4 = 0.0358$ and $\varepsilon_5 = -0.0358$ for the 3rd and 4th layer respectively. From Eq.(25), $\tau_{s2} = 24.3$d, the relative errors of unit creep of the 3rd and 4th layer are $\varepsilon_6 = -0.0444$ and $\varepsilon_7 = 0.0444$. In practice, a round number $\tau_s = 24d$ is adopted. The equivalent ages for the other compound layers are shown in Tab. 2.

Tab. 2   **Equivalent age of concrete for compound layer**

τ_i (d)	τ_j (d)	for modulus of elasticity			for unit creep			adopted τ_s (d)
		τ_{s1} (d)	ε_4	ε_5	τ_{s2} (d)	ε_6	ε_7	
20	30	24.4	0.0358	−0.0358	24.3	−0.0444	0.0444	24
40	60	48.8	0.0297	−0.0297	48.5	−0.0374	0.0373	48
70	120	90.6	0.0314	−0.0314	90.2	−0.0417	0.0422	90
130	270	181.5	0.0303	−0.0304	181.1	−0.0453	0.0452	182
280	790	426.0	0.0235	−0.0236	443.0	−0.0469	0.0469	443

8   Conclusions

The process of construction has a great influence on the stresses in a high concrete dam. It is difficult to simulate the process of construction in the stress analysis because there are 100-200 layers or more in the dam. By the compound layer method proposed in this paper the number of layers can be reduced to 10-20. Thus the computation is simplified a great deal while the effect of layered construction is considered in the stress analysis.

References

[1] Bofang Zhu. Computation of thermal stress in mass concrete with consideration of creep effect. Transactions of 15th International Congress on Large Dams, 1985, 2:529-546.

[2] Bofang Zhu. Modulus of elasticity, unit creep and coefficient of stress relaxation of concrete. Journal of Hydraulic Engineering, 1983, (9).

[3] Bofang Zhu et al. Thermal Stresses and Temperature Control of Hydraulic Concrete Structures. Water Resources and Hydropower Press, 1976.

[4] Bofang Zhu. An implicit- method for the stress analysis of concrete structures considering the effect of creep. Journal of Hydraulic Engineering, 1983, (5).

[5] Bofang Zhu. Finite Element Method. Theory and Applications. Water Resources and Hydropower Press, 1979.

[6] Selected Papers of Bofang Zhu on Hydraulic Structures and Solid Mechanics. Water Resources and Hydropower Press, 1988.

Appendix: Formulae for $[Q]^{-1}$ and $\{\Delta\varepsilon_n^I\}$

1. Plane Stress Problem

$$[Q]^{-1} = \frac{1}{1-\mu}\begin{bmatrix} 1 & \mu & 0 \\ \mu & 1 & 0 \\ 0 & 0 & \dfrac{1-\mu}{2} \end{bmatrix}, \quad \{\Delta\varepsilon_n^I\} = \begin{Bmatrix} \alpha\,\Delta T_n \\ \alpha\,\Delta T_n \\ 0 \end{Bmatrix}$$

2. Plane Strain Problem

$$[Q]^{-1} = \frac{1-\mu}{(1+\mu)(1-2\mu)}\begin{bmatrix} 1 & \dfrac{\mu}{1-\mu} & 0 \\ \dfrac{\mu}{1-\mu} & 1 & 0 \\ 0 & 0 & \dfrac{1-2\mu}{2(1-\mu)} \end{bmatrix}, \quad \{\Delta\varepsilon_n^I\} = \begin{Bmatrix} (1+\mu)\alpha\Delta T_n \\ (1+\mu)\alpha\Delta T_n \\ 0 \end{Bmatrix}$$

3. Spatial Problem

$$[Q]^{-1} = \frac{1-\mu}{(1+\mu)(1-2\mu)}\begin{bmatrix} 1 & \dfrac{\mu}{1-\mu} & \dfrac{\mu}{1-\mu} & 0 & 0 & 0 \\ & 1 & \dfrac{\mu}{1-\mu} & 0 & 0 & 0 \\ & & 1 & 0 & 0 & 0 \\ & & & \dfrac{1-2\mu}{2(1-\mu)} & 0 & 0 \\ & & & & \dfrac{1-2\mu}{2(1-\mu)} & 0 \\ \text{symmetrical} & & & & & \dfrac{1-2\mu}{2(1-\mu)} \end{bmatrix}$$

$$\{\Delta\varepsilon_n^I\} = [\alpha\Delta T_n, \alpha\Delta T_n, \alpha\Delta T_n, 0, 0, 0]^T$$

where α —— coefficient of linear expansion,

μ —— Poisson's ratio,

ΔT_n —— increment of temperature.

Thermal Stress in Roller Compacted Concrete Gravity Dams[❶]

Abstract: The problem of thermal stresses in a RCC (Roller Compacted Concrete) gravity dam is analyzed. The crack resistance of RCC is lower than that of conventional concrete. When the temperature in the interior of a RCC gravity dam drops to the final stable temperature, the dam is already completed, so the horizontal tensile thermal stresses in the dam body are partially compensated by the compressive stresses due to water load and weight of concrete. There are high tensile stresses on the upstream and downstream faces of the dam in the winter, which may give rise to horizontal and vertical cracks. The horizontal dimension of a RCC gravity dam is large in comparison with the concrete blocks of the conventional concrete gravity dam with longitudinal joints, so the vertical temperature difference due to seasonal variation of temperature will lead to large thermal stresses. The thermal stresses in Three Gorge RCC gravity dam are given in the paper.

Key words： thermal stress, RCC, gravity dam

1　Introduction

Although the cement content is lower in RCC than that in the conventional concrete, yet less heat is dissipated through the horizontal lift surface due to the rapid rise of dam.

The extensibility and unit creep of RCC are somewhat lower than those of conventional concrete. In practice, some cracks have appeared in RCC gravity dams. Thus it is necessary to pay attention to the thermal stress and temperature control of RCC gravity dams.

The China Three Gorge Engineering Company entrusted the research work on thermal stress and temperature control of the Three Gorge RCC gravity dam to authors of this paper. The principal results are introduced in this paper.

2　Peculiarities of thermal stresses in RCC gravity dams

Up to the present, many writers have researched the problem of thermal stresses in RCC gravity dams　with the viewpoints and methods which they used formerly in the study of conventional concrete gravity dam. In practice, there are some important peculiarities in the thermal stresses in RCC gravity dams. In order to get correct conclusions, it is necessary to take these

---

❶　原载 Dam Engineering, Vol. Ⅵ，Issue 3, 199-220, 1995. 原作者朱伯芳、杨萍。

peculiarities into full account.

2.1 Material characteristics

The Young's modulus E and the coefficient of linear thermal expansion, α, of RCC are approximately equal to those of conventional concrete. The adiabatic temperature rise, θ, due to heat of hydration of RCC is somewhat lower but the tensile extensibility is also lower than that of conventional concrete.

Let $t \rightarrow \infty$ in unit creep $C(t, \tau)$, we get the final unit creep $C(\tau) = C(\infty, \tau)$, then

$$E(\tau)C(\tau) = C(\tau)/[1/E(\tau)]$$

thus $E(\tau)C(\tau)$ is the ratio of the final unit creep to the instantaneous elastic strain of concrete at age τ. The lower $E(\tau)C(\tau)$ is, the higher is the thermal stress for unit temperature difference. The ratio $E(\tau)C(\tau)$ for two RCC dams and for conventional concrete are shown in Tab. 1. It is clear that $E(\tau)C(\tau)$ for RCC is lower than that for conventional concrete. This is unfavorable to prevention of cracks.

Tab. 1　　　　　**Value of $E(\tau)C(\tau)$ for RCC and conventional concrete**

Age	7 days	8 days	90 days
Three Gorge RCC Dam	0.546	0.390	0.250
Yangtan RCC Dam	1.12	0.69	0.47
Conventional Concrete	1.08	1.01	0.96

2.2 Superficial thermal stresses due to temperature difference between the surface and interior of dam

The variation of superficial thermal stresses caused by the temperature difference between the surface and interior of dam are quite different for RCC dam and for the conventional concrete dam.

Due to the heat of hydration, the temperature in the interior of the dam rises after casting of concrete, while the surface temperature is low because heat is dissipated into the air. As a result, there are tensile stresses in the surface of a concrete dam. For a conventional concrete gravity dam with longitudinal joints, the internal temperature is reduced to the final stable temperature by pipe cooling before joint grouting, so the superficial stress will become compressive after joint grouting. It is due to this reason that the superficial cracks in the conventional concrete gravity dam appear generally in the early age of concrete, except for the dams in cold regions.

There are no longitudinal joint and generally no pipe cooling in RCC gravity dams, so the internal temperature drops very slowly, yet the surface temperature will be low in the winter, thus, high tensile stress will occur as shown in Fig. 1 which may cause horizontal or vertical cracks.

2.3 Thermal stress due to restraint of foundation

Due to the conduction of heat from the dam body into the foundation, the distribution of temperature drop in the concrete near the rock is not uniform, thus tensile stress is greater in a larger dam block, as shown in Fig. 2.

In Fig. 2(a), T is temperature, ℃; E_c is modulus of elasticity of concrete, MPa; E_R is modulus of elasticity of rock foundation, MPa; σ_x is horizontal stress, MPa.

The maximum stress is

$$\sigma_{max} = \frac{-0.45E_c\alpha T_r}{1-\mu}$$

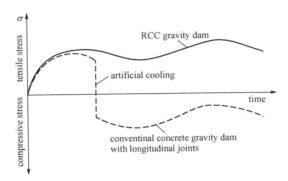

Fig. 1　Sketch of superficial thermal stress due to temperature difference between surface and interior of dam

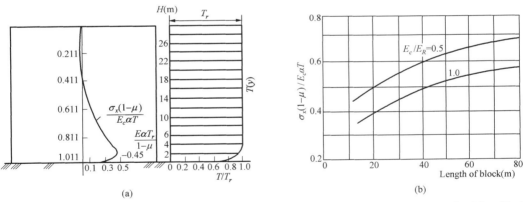

(a)　　　　　　　　　　　　　　　　　(b)

Fig. 2　Relation between the maximum thermal stress due to foundation restraint and the length of dam block

（a）$\sigma_x(1-\mu)/E_c\alpha T$ for mass concrete block；（b）relation between σ_x and lengh of block

There is no longitudinal joint in RCC gravity dam, so the thermal stresses are greater than those in the conventional concrete gravity dam with longitudinal joints.

2.4　Thermal stresses due to vertical temperature difference

The vertical temperature difference is caused by the seasonal variation of the placing temperature of the concrete and by stopping construction due to flood or severe cold temperature in the winter. For a conventional concrete gravity dam with longitudinal joints, the thermal stresses induced by the vertical temperature difference are not high when the length of dam block is not more than 25m. As there is no longitudinal joint in RCC gravity dam, experience shows that the thermal stresses caused by vertical temperature difference may be large. In order to obtain the relation between the tensile stress due to vertical temperature difference and the length of dam block, concrete blocks of different length are analysed. According to the schedule of construction, the temperature distribution and thermal stresses are computed by FEM (Finite Element Method). The results are shown in Fig. 3. For the 20m-long block, there is no high tensile stress except in the region near the foundation, but for blocks of greater length, the thermal stresses may be high.

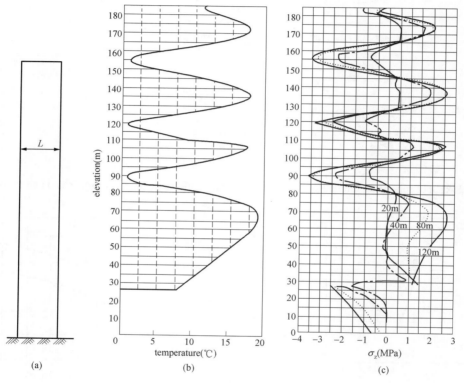

Fig.3   Relation between the length of dam block and the thermal
stress caused by vertical temperature difference

(a) dam block; (b) vertical temperature distribution; (c) horizontal stress

2.5   Influence of weight of concrete and water pressure

For a conventional concrete gravity dam with longitudinal joints, generally the dam block is not very high and there is no water load during the artificial pipe cooling for joint grouting, so the stresses caused by weight of concrete and water load may be ignored when the temperature drops to the final stable temperature of the dam. The temperature drop need be considered only in the study of temperature control of the dam.

For RCC gravity dam，the case is quite different, because there is no longitudinal joint and no artificial pipe cooling for joint grouting. When the temperature in the interior of dam drops to the final stable temperature the dam is already completed. Thus, the temperature drop, the weight of concrete and the water load must be superimposed in the stress analysis for the study of temperature control of RCC gravity dams.

In order to study the influence of the weight of concrete and water load on the tensile thermal stresses of RCC gravity dam, the following seven loading cases are computed by FEM:

Temperature drop alone $\Delta T = -11℃$ in the dam body

Weight of concrete alone

Water load at low level (elevation 135m) alone

Temperature drop + weight

Temperature drop + weight + low water level(135m)

Temperature drop + weight + mean water level (155m)

Temperature drop + weight + high water level (175m)

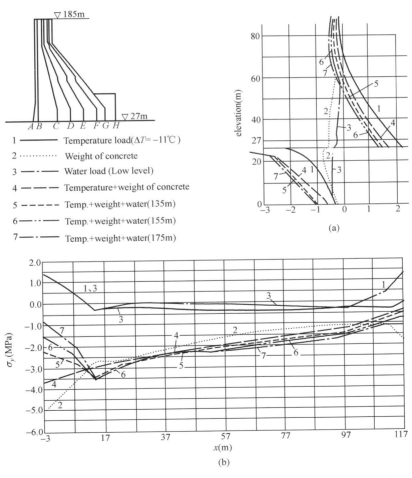

Fig. 4   Stresses due to temperature drop, weight of concrete and water load

(a)horizontal stress σ_x; (b) vertical stress σ_y on horizontal section at elevation 30m

The results of computation are shown in Fig. 4. For the maximum horizontal tensile stress, 0.5MPa is cut down by the weight of concrete and low water level (135m) .

2.6 Influence of openings in the dam body

In a solid gravity dam, the temperature difference inducing thermal stresses is the difference between the highest temperature and the final stable temperature. In a gravity dam with openings, such as penstocks through the dam, the temperature in the openings in winter is generally lower than the final stable temperature for a solid gravity dam, so the thermal stresses around the openings may be greater than those in a solid gravity dam. This is why cracks often appear around the openings in a concrete dam. The influence of openings on thermal stresses may be greater in a RCC gravity dam than in a conventional concrete gravity dam with longitudinal joints because the length of dam block is longer.

3 Method of computation and allowable tensile stresses

3.1 Computation of temperature field

The equation of conduction of heat is

$$\frac{\partial T}{\partial t} = a\left(\frac{\partial^2 T}{\partial x^2} + \frac{\partial^2 T}{\partial y^2} + \frac{\partial^2 T}{\partial z^2}\right) + \frac{\partial \theta}{\partial t} \tag{1}$$

the initial condition is

$$T(x, y, z, t) = T_0(x, y, z) \text{ when } t = 0 \tag{2}$$

and the boundary condition is

$$\lambda \frac{\partial T}{\partial n} = -\beta(T - T_c) \tag{3}$$

where T is the temperature, a is the coefficient of diffusivity, λ is the coefficient of thermal conductivity, β is the coefficient of surface heat transfer, θ is the adiabatic temperature rise due to hydration heat of cement, T_c is the surrounding temperature, such as air or water temperature. By finite element discretization in space field and finite difference discretization time field, we have

$$\left(s[H] + \frac{1}{\Delta t}[C]\right)\{T_{n+1}\} + \left((1-s)[H] - \frac{1}{\Delta t}[C]\right)\{T_n\} - \{P\} = 0 \tag{4}$$

where $\{T_{n+1}\}$ and $\{T_n\}$ represent the vectors of nodal temperatures at time T_{n+1} and T_n respectively; $\Delta t_n = t_{n+1} - t_n$ is the step length of time; $[H]$ and $[C]$ are the relevant matrices; s is a coefficient, $s = 0$ for forward difference and $s = 1$ for backward difference in time domain; $\{P\}$ is a vector relevant to the boundary condition and internal source of heat. In order to take into account the effect of pipe cooling, we proposed the following equivalent equation of conduction of heat

$$\frac{\partial T}{\partial t} = a\left(\frac{\partial^2 T}{\partial x^2} + \frac{\partial^2 T}{\partial y^2} + \frac{\partial^2 T}{\partial z^2}\right) + (T_0 - T_w)\frac{\partial \Phi}{\partial t} + \theta_0 \frac{\partial \psi}{\partial t} \tag{5}$$

where T_0 is the initial temperature of concrete, T_w is the temperature of the cooling water at the inlet, θ_0 is the final adiabatic temperature rise of concrete due to heat of hydration of cement, Φ and Ψ are two functions dependent on the length and spacing of cooling pipes given by Reference 5.

3.2 Computation of elastocreeping thermal stresses

By the implicit method proposed by the first author [1, 2, 7], the fundamental equation for computing stresses in the elastocreeping solid as concrete by FEM is as follows

$$[K_n]\{\Delta\delta_n\}=\{\Delta P_n\}+\{\Delta P_n^c\}+\{\Delta P_n^T\} \tag{6}$$

where $[K_n]$ is the stiffness matrix, $\{\Delta\delta_n\}$ is the vector of increments of nodal displacements, $\{\Delta P_n\}$ is the vector of increments of external loads, $\{\Delta P_n^c\}$ is the vector of increments of loads due to creep of concrete, $\{\Delta P_n^T\}$ is the vector of increments of loads due to temperature

$$[K_n]=\int[B]^{\mathrm{T}}[\overline{D_n}][B]\mathrm{d}V \tag{7}$$

$$[\overline{D_n}]=\overline{E_n}[Q]^{-1} \tag{8}$$

$$[\overline{E_n}]=\frac{E_n^*}{1+q_nE_n^*} \tag{9}$$

$$E_n^*=E(t_{n-1}+0.5\Delta t_n) \tag{10}$$

where [B] is the geometrical matrix, the vector of increments of stresses is given by

$$\{\Delta\sigma_n\}=[\overline{D_n}]\big([B]\{\Delta\delta_n\}-\{\eta_n\}-\{\Delta\varepsilon_n^T\}\big) \tag{11}$$

The vectors of increments of loads are computed as follows

$$\{\Delta P_n^c\}=\int[B]^{\mathrm{T}}[\overline{D_n}]\{\eta_n\}\mathrm{d}V \tag{12}$$

$$\{\Delta P_n^T\}=\int[B]^{\mathrm{T}}[\overline{D_n}]\{\Delta\varepsilon_n^T\}\mathrm{d}V \tag{13}$$

Suppose the unit creep be given by

$$C(t,\tau)=\sum_s\Phi_s(\tau)\big[1-\exp\big(-r_s(t-\tau)\big)\big] \tag{14}$$

where t is the time, and τ is the age of loading, then $\{\eta_n\}$ and q_n in Eq. (11) and Eq. (12) are computed by

$$\{\eta_n\}=\sum_s\big[1-\exp\big(-r_s\Delta t_n\big)\big]\{\omega_{sn}\} \tag{15}$$

$$\{\omega_{sn}\}=\{\omega_{s,n-1}\}\exp\big(-r_s\Delta t_{n-1}\big)+ \tag{16}$$

$$[Q]\{\Delta\sigma_{n-1}\}\Phi_s\big(t_{n-2}+0.5\Delta t_{n-1}\big)\exp(0.5r_s\Delta t_{n-1}) \tag{17}$$

$$\{\omega_{s1}\}=[Q]\{\sigma_0\}\Phi_s(t_0) \tag{17}$$

$$q_n=C(t_n,t_{n-1}+0.5\Delta t_n) \tag{18}$$

For plane strain problem, $[Q]^{-1}$ and $\{\varepsilon_n^T\}$ are given by

$$[Q]^{-1}=\frac{1-\mu}{(1+\mu)(1-2\mu)}\begin{bmatrix} 1 & \mu/(1-\mu) & 0 \\ \mu/(1-\mu) & 1 & 0 \\ 0 & 0 & (1-2\mu)/2(1-\mu) \end{bmatrix} \tag{19}$$

$$\{\Delta\varepsilon_n^T\} = \begin{Bmatrix} (1+\mu)\alpha\Delta T_n \\ (1+\mu)\alpha\Delta T_n \\ 0 \end{Bmatrix} \tag{20}$$

$[Q]$ and $\{\varepsilon_n^T\}$ for plane stress and spatial problem are given in Reference [2].

The concrete dam is constructed layer by layer. The modulus of elasticity and unit creep are different in each layer due to different age of concrete. The layered construction process has great influence on the stress state of the dam, so the thermal stress in RCC gravity dams must be computed layer by layer. As there are too many layers of concrete, the first author's compound layer method was adopted[8] and the computation is simplified a great deal.

3.3 The allowable tensile stresses

Two types of cracks often appear in concrete gravity dams: one is vertical crack caused by horizontal tensile stress and the other is a horizontal crack along a construction joint caused by vertical tensile stress. The allowable tensile horizontal stress or principal stress is given by

$$[\sigma] = E\varepsilon_t / K \tag{21}$$

where E is the modulus of elasticity, ε_t is the extensibility, and K is the coefficient of safety .Taking $K=1.50$, and E and ε_t for age of 90 days, we get the allowable tensile horizontal stress shown in Tab. 2.

Tab.2   **Allowable tensile stress of concrete(90 day)**

	Compressive strength (MPa)	Horizontal tensile stress (MPa)	Vertical tensile stress (MPa)
RCC	15	1.18	0.61
	20	1.38	0.66
Conventional concrete	10	1.26	0.65
	20	1.70	0.90

Because the tensile strength of horizontal construction joint is lower than that of concrete, the construction join may open under vertical tensile stress before the tensile strain in the concrete reach the extensibility. Thus the allowable vertical tensile stress cannot be computed by Eq. (21) . It is suggested that it can be given by

$$[\sigma'] = rR_t / K \tag{22}$$

where R_t is the tensile strength of concrete, r is the ratio of tensile strength of horizontal construction joint to that of concrete, experience shows that $r=0.5-0.7$, and K is the coefficient of safety. Taking $r=0.6$, and $K=1.5$, we get the allowable vertical tensile stress shown in Tab. 2.

4   Measures to control temperature in RCC gravity dams

Some measures must be adopted to control the thermal stresses in a RCC gravity dam within the allowable limits.

4.1 Precooling of concrete and thermal insulation of horizontal lift surface

When RCC is cast in high temperature, precooling is necessary. As the lift is very thin, it is very important to take measures to preserve the effect of precooling. We have studied the following measures: (a) increasing the thickness of lift, (b) reducing time of intermission between lifts, and (c) insulating the new concrete lift surface with foamed polyethylene plate after roller compacting; the conclusion is that (c) is the best one.

4.2 Superficial thermal insulation on the upstream and downstream faces of dam

The temperatures in the interior of a RCC gravity dam drop very slowly and the temperatures on the upstream and downstream faces are very low in the winter. As a result, horizontal or vertical cracks may appear. To prevent these cracks, the best measure is to insulate the upstream and downstream faces with foamed polystyrene plate during the period of construction and operation.

4.3 Pipe cooling

In the past pipe cooling has seldom been adopted in RCC dams. It was successfully used in RCC for the first time in Shuikou dam in China[10]. In order to cast RCC in the summer, it is proposed to use pipe cooling to control the temperatures in Three Gorge RCC gravity dam.

5 Thermal stress in a RCC gravity dam

Entrusted by the China Three Gorge Authority of Yangtze River, the authors have computed the stress in the Three Gorge RCC gravity dam simulating the construction process. In order to find a reasonable scheme for temperature control, 9 design schemes were computed by the compound layer method. The results of one design scheme will be given in the following.

The annual mean air temperature at the damsite is 17.3℃, the maximum monthly mean temperature（July） is 28.7℃ and the minimum monthly mean air temperature(January) is 6.0℃. The water temperature in the reservoir after the completion of dam construction is computed by the first author's formulas[9]. For RCC 20 (90d) , the coefficient of thermal diffusivity is $a=0.00355 m^2/h$, the coefficient of linear thermal expansion is $\alpha=0.85\times10^{-5}℃^{-1}$, the adiabatic temperature rise of concrete is given by

$$\theta = 18.41 \tau / (3.627 + \tau) \ (℃)$$

the modulus of elasticity is

$$E(\tau) = 37900 \tau / (25.63 + \tau) \ (MPa)$$

the unit creep of concrete is given by

$$C(t,\tau) = (2.63 + 330\tau^{-0.99})[1 - \exp(-0.25(t-\tau))]$$
$$+(0.876 + 110\tau^{-0.99})[1 - \exp(-0.030(t-\tau))]$$

The unit of t and τ is day. The modulus of foundation E_r is 45000MPa. The coefficient of surface heat transfer between concrete surface and air β is 62.8kJ/(m^2 · h · ℃), the coefficient of surface heat transfer between concrete surface and water β is ∞, and the coefficient of thermal conductivity of foamed plastics λ is 0.1256kJ/(m^2 · h · ℃).

The elevation of the base of dam is 27.0m, the elevation of the top of the dam is 185.0m. Between elevation 27.0m and 28.5m is the conventional concrete CC 20 (the compressive strength at age 90d is 20MPa), between elevation 28.5m and 48.0m is RCC 20, between elevation 48.0m and 90.0m is RCC 15, between elevation 90.0m and 185.0m is the conventional concrete CC 15. There is conventional concrete CC20 with thickness 3.0m to 5.0m in the exterior of RCC between elevation 28.5m and 90.0m.

The construction process is simulated in the computation. From the beginning of construction to the time when the final stable temperature state is arrived, the history of stress goes through 326 years.

In mid and south China, the casting of RCC is stopped in the summer for control of the temperature. In order to cast RCC in the summer in the Three Gorge dam, a series of measures for temperature control have been investigated. Eventually, it is proposed that the concrete is precooled from April to October every year, the thickness of lift of RCC is 300mm, the time for casting and roller-compacting is 8 hours, the 10mm-thick plates of foamed polyethylene are spread over the surface of new concrete after 2 hours for insulation of heat, and pipe cooling is adopted in the summer of the first and second year. The 50mm-thick plates of foamed polystyrene are used on the upstream and downstream faces to prevent cracking in the winter.

The temperature distribution at different times in section D in the interior of dam are shown in Fig. 5. As pipe cooling is used in the first two summers, the first two peaks of temperature are

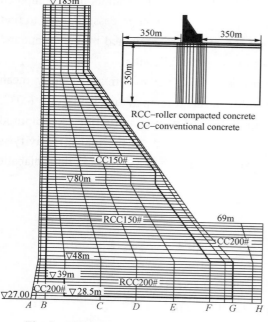

Fig. 5　The cross section and finite element network of the dam

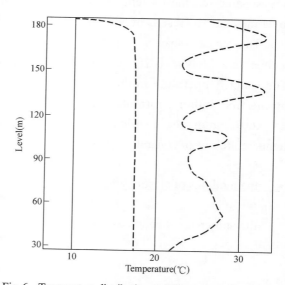

Fig. 6　Temperature distribution at different time on section D in the dam Approximate envelope of extreme temperature

lower than those of the following years. The distribution of horizontal stress σ_x at different times on section D are shown in Fig. 6. In order to record the maximum stress, all the stresses are plotted, thus they are crowded together, however, the maximum stress is clear in the figure. The vertical stresses σ_y on the upstream face of dam are shown in Fig. 7. As a series of measures are taken to control the temperature, all the tensile stresses do not exceed the allowable values.

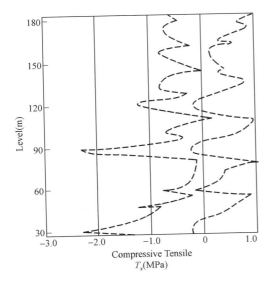

Fig. 7　Horizontal stress σ_x at different time for section D in the dam Approximate envelope of extreme stresses

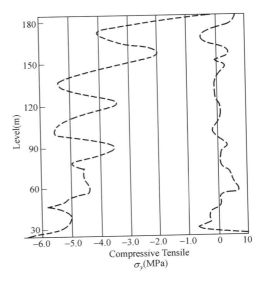

Fig. 8　Vertical σ_y on the upstream face of the dam at different time Approximate envelope of extreme stresses

6　Conclusions

（1）The temperature in the interior of a RCC gravity dam drops very slowly, cracks may appear on the upstream and downstream face in the winter, thus some measures must be taken to prevent these cracks. The most effective measure is to insulate the concrete surface with foamed plastics in the period of construction and operation.

（2）The stresses caused by vertical temperature difference in a RCC gravity dam are greater than those in the conventional concrete gravity dam with longitudinal joints.

（3）The tensile thermal stresses in a RCC dam are partially compensated by the action of weight of concrete and water pressure.

（4）Artificial pipe cooling is an effective measure for temperature control when RCC is cast in high temperature.

References

［1］Bofang Zhu. Computation of the thermal stresses in mass concrete with consideration of creep effect, Proc. 15th International Congress on Large Dams, 1985, II:529-546.

［2］Bofang Zhu. Substructure method for stress analysis of mass concrete structures, Communications in Applied Numerical Methods, 1990, 6:137-144.

［3］Bofang Zhu, et al. Thermal Stresses and Temperature Control of Hydraulic Concrete Structures. China: Water Power Press, 1976.

［4］Bofang Zhu and Jianbo Cai. Finite element analysis of effect of pipe cooling in mass concrete, a 3D problem, Journal of Construction Engineering, ASCE, 1989.

［5］Bofang Zhu. Equivalent equation of heat conduction in mass concrete considering the effect of pipe cooling, Journal of Hydraulic Engineering, March, 1991.

［6］Bofang Zhu. The modulus of elasticity, unit creep and coefficient of stress relaxation of concrete, Journal of Hydraulic Engineering, 1985, (9).

［7］Bofang Zhu. The implicit method for stress analysis in elastocreeping solids, Journal of Hydraulic Engineering, 1983, (5).

［8］Bofang Zhu. Compound layer method for stress analysis simulating construction process of concrete dam. Dam Engineering, 1995, VI(2).

［9］Bofang Zhu. Prediction of water temperature in reservoirs, Journal of Hydraulic Engineering, 1985, (2).

［10］Shujun Cui，Xiaoyi Xie. Application of RCC in Shuikou dam, Concrete Dam Engineering (in Chinese), 1994, (4).

Prediction of Water Temperature
in Deep Reservoirs[●]

Abstract: Formulae are proposed for the prediction of water temperature in deep reservoirs.Methods are given to determine the parameters involved in these formulae.Results computed by these formulae agree well with those observed in practical reservoirs.

Key words: prediction, water temperature, reservoirs

1 Introduction

In the design of a high dam it is necessary to predict the water temperature at various depths in the reservoir. For example, in order to determine the temperature of the dam body at which the contraction joints of a gravity dam are grouted, the yearly mean temperature of water must be known. To determine the temperature loads on an arch dam, the amplitude of variation of water temperature must be given. There is no appropriate method for determining water temperature at present. On the basis of a large amount of observational data, a series of formulae are proposed for determining water temperature in a deep reservoir (with depth not less than 30m) . These formulae have been adopted in the "Design Specifications for Concrete Arch Dams" (SL 282—2003)of China.[1]

2 Formula for water temperature in a deep reservoir

The observed water temperature of two reservoirs, one in a mild climate and the other in a cold region, are shown in Fig. 1 and 2. According to a vast amount of observed data, the water temperature at depth y and time τ may be expressed as follows

$$T\ (y,\ \tau)\ =T_m(y)+A(y)\cos\omega\ (\tau-\tau_0-\varepsilon) \tag{1}$$

in which y is depth of water, m;

τ is time, month;

$T(y,\ \tau)$ is water temperature at depth y and time τ, ℃;

$T_m(y)$ is yearly mean temperature at depth y, ℃;

$A(y)$ is amplitude of annual variation of water temperature at depth y;

ε is phase difference between annual variation of water temperature and air temperature;

● 原载 Dam Engineering, Vol. Ⅷ, Issue 1, 2002.

$\omega = 2\pi/P$, is circular frequency of temperature variation;

P is period of temperature variation, which is 12 months.

The physical meanings of τ_0 and ε are shown in Fig. 3.

The air temperature is maximum when $\tau = \tau_0$ and the water temperature is maximum when $\tau = \tau_0 + \varepsilon$.

In the Northern Hemisphere, $\tau_0 = 6.5$ months.

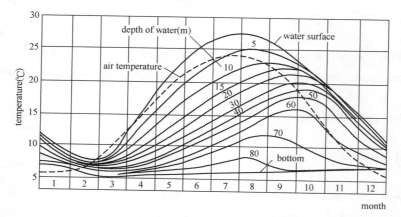

Fig. 1   Observed water temperature of Fontana reservoir (USA)

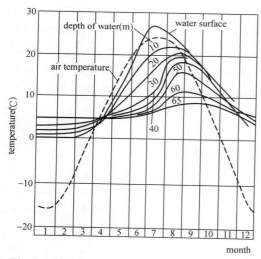

Fig. 2   Observed water temperature of Fengman
reservoir (China)

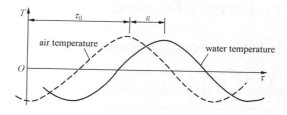

Fig. 3 τ_0 and ε

3   The yearly mean temperature of water

The yearly mean water temperature, $T_m(y)$, varies with the depth y and may be expressed by

$$T_m (y) = c + (T_s - c) e^{-0.04H} \tag{2}$$

$$c = (T_b - gT_s) / (1 - g), g = e^{-0.04H} \tag{3}$$

where T_s is yearly mean water temperature at the surface of reservoir, ℃;

T_b is yearly mean water temperature at the bottom of reservoir, ℃;

H is depth of reservoir, m.

3.1 Yearly mean water temperature at the surface, T_s

In the region where the surface of the reservoir does not freeze in the winter, the yearly mean water temperature at the surface of reservoir, T_s, may be given by

$$T_s = T_a + \Delta b \tag{4}$$

in which T_a is the yearly mean air temperature, ℃;

Δb is temperature increment primarily due to solar radiation, ℃.

According to the observed data, in the mild region(T_a=10～20℃), Δb=2～4℃; and in the hot region (T_a>20℃), Δb=0～2℃.

In the preliminary design, we may take Δb=3℃ for the mild region and Δb=1℃ for the hot region.

In the cold region, where the surface of the reservoir freezes in the winter, the water is separated from the air by ice and the temperature of water beneath the ice remains at zero when the air temperature is below zero. In this case, the yearly mean water temperature at the surface of reservoir must be computed by the following formulae

$$T_s = T_a' + \Delta b \tag{5}$$

$$T_a' = \frac{1}{12}\sum_{i=1}^{12} T_i \tag{6}$$

$$T_i = \begin{cases} T_{ai}, \text{when } T_{ai} \geqslant 0 \text{ ℃} \\ 0, \text{when } T_{ai} < 0℃ \end{cases} \tag{7}$$

where T_a' is the modified yearly mean air temperature, ℃;

T_{ai} is mean air temperature of the i th month, ℃;

Δb is temperature increment primarily due to solar radiation，$\Delta b \cong 2$℃ according to observed data.

3.2 Yearly mean water temperature at the bottom, T_b

In the mild region, according to observed data, the yearly mean water temperature at the bottom, T_b, is approximately equal to the mean value of the air temperature in the three months in the winter and may be given by

$$T_b = (T_1 + T_2 + T_{12}) /3 \tag{8}$$

where T_1, T_2, T_{12} are the monthly mean air temperature in January, February and December in the Northen Hemisphere. Because the density of water is the greatest at 4℃，the water temperature at bottom is 4～6℃ in the cold region. In the extremely cold region such as Siberia, T_b=2～4℃.

In the "Design Specifications of Concrete Arch Dams" of China, it is suggested using the values of T_b shown in Tab. 1.

Tab. 1   Values of T_b in China

Climate	Extremely cold	Cold	Mild	Hot
Region of China	Northeastern	Northern	Eastern, Middle, Southwestern	Southern
T_a (℃)	5~10	10~12	12~18	18~24
T_b (℃)	4~6	6~7	7~10	10~12

In a river with a high silt content, the silt-laden water can have a higher density than pure water at 4℃, even though its temperature is considerably higher. It is therefore able to displace the cooler water in the bottom of the reservoir. In this case, special studies are needed for the determination of T_b. In the preliminary design, it is suggested to take $T_b = 11 \sim 13℃$.

4   Amplitude of annual variation of water temperature $A(y)$

The amplitude of annual variation of water temperature, $A(y)$, is greatest at the surface of reservoir and decreases with the depth of water. It may be expressed as follows

$$A（y）=A_0 e^{-0.018y} \tag{9}$$

where A_0 is the amplitude of variation at the surface of reservoir. In the general region, A_0 may be computed by

$$A_0 =（T_7-T_1）/2 \tag{10}$$

where T_7 and T_1 are the maximum and the minimum monthly mean air temperature respectively. They are the mean air temperature of July and January in the Northern Hemisphere. In the cold region where the surface of the reservoir freezes in the winter. A_0 is given by

$$A_0 =(T_7/2)+\Delta a \tag{11}$$

where Δa is the increment of amplitude due to solar radiation. $\Delta a=1\sim2℃$ according to observed data. Generally, it is suggested a value of $\Delta a =1.5℃$ be used.

5   Phase difference of variation of water temperature ε

The phase difference of annual variation of water temperature depends on the depth of water. On the basis of observed data, it is suggested to compute ε by

$$\varepsilon=2.15-1.30 e^{-0.085y} \tag{12}$$

where y is the depth of water, m.

6   Two examples

Example 1: Fengman reservoir, located in Northeastern China, the depth of reservoir H is 70m. The air temperature is shown in Tab. 2. By Eq.(6), the modified annual mean air temperature is $T_a'=9.10℃$. From Eq.(5), $T_s=11.10℃$. From Tab. 1, $T_b=6℃$. From Eq.(2), the yearly mean water temperature at depth y is

$$T_m(y)=5.67+5.43e^{-0.04y} \tag{13}$$

Tab. 2   **Air Temperature**

Month	Jan.	Feb.	Mar.	Apr.	May	June	July	Aug.	Sep.	Oct.	Nov.	Dec.	Yearly mean temperature (℃)
Monthly mean air temperature (℃)	−16.4	−11.5	−4.0	5.8	14.4	20.4	23.8	22.0	15.8	7.0	−3.0	−3.5	5.1
Modified monthly mean air temperature (℃)	0	0	0	5.8	14.4	20.4	23.8	22.0	15.8	7.0	−0	0	9.1

From Eq.(11), A_0=13.4℃. From Eq.(9), the amplitude of annual variation of water temperature is

$$A(y)=13.4e^{-0.018y} \tag{14}$$

The phase difference ε is given by Eq.(12).

Example 2: Xinfengjiang reservoir, located in Southern China, the depth of reservoir H is 70m. The yearly mean air temperature is 21.7℃. The amplitude of the annual variation of air temperature is 7.40 ℃. From Tab. 1, T_b=12℃, and from Eq. (2), the yearly mean water temperature is

$$T_m(y)=11.37+10.33e^{-0.04y} \tag{15}$$

From Eq. (9), the amplitude of annual variation of water temperature is

$$A(y)=7.40e^{-0.018y} \tag{16}$$

The yearly mean water temperature of the two reservoirs computed by Eq. (13) and (15) are shown in Fig. 4. They are in close agreement with the observed data.

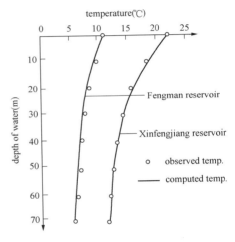

Fig. 4. Comparison of computed and observed water temperature

7 General formulae

The general formulae for water temperature in reservoirs are as follow:

（1）The water temperature at depth y and time τ

$$T(y,\tau)=T_m(y)+A(y)\cos\omega(\tau-\tau_0-\varepsilon) \tag{17}$$

（2）The yearly mean water temperature

$$T_m(y)=c+(T_s-c)e^{-\alpha y} \tag{18}$$

（3）The amplitude of annual variation of water temperature

$$A(y)=A_0e^{-\beta y} \tag{19}$$

（4）The phase difference of annual variation

$$\varepsilon=d-fe^{-\gamma y} \tag{20}$$

According to observed data, usually we may take α=0.040, β=0.018, γ=0.085, d=2.15, f=1.30. Thus Eq.(2), (9), (12) are derived.

For some important engineering projects, these constants may be determined on the basis of observed data in the reservoirs where there are similar conditions.

References

［1］SL 282—2003, Design Specifications for Concrete Arch Dams ［S］. Beijing: China Water Resources and Electric Power Press, 1984.

［2］Zhu Bofang. Prediction of Water Temperature in Reservoirs [J]. Journal of Hydraulic Engineering(in Chinese) , 1985, (2).

［3］Zhu Bofang et a1. Thermal Stress and Temperature Control of Hydraulic Concrete Structures[M]. Beijing:China Water Resources and Electric Power Press, 1976.

Effect of Cooling by Water Flowing in Nonmetal Pipes Embedded in Mass Concrete[1]

Abstract: Although roller compacted concrete was developed in recent years, artificial pipe cooling still is used widely to control the temperature of mass concrete in dam construction. There is a tendency to replace the metal pipes with nonmetal pipes, but there is not an appropriate method to compute the effect of cooling by nonmetal pipes. This problem is studied in this paper. Four methods are given to compute the effect of cooling, one formula is given to compute the radius of pipe, one formula is given to compute the horizontal spacing between pipes, and one formula is given to compute the time required for two different kinds of pipes to get the same cooling effect. All these methods and formulas are very convenient to use. The radius, the spacing, the time required to get a predetermined temperature in mass concrete and the economy of the artificial cooling by nonmetal pipes relative to the metal pipes may be determined by these formulas.

Key words: pipe cooling, nonmetal pipe, mass concrete

1 Introduction

Pipe cooling—cooling by water flowing in pipes embedded in mass concrete—is an important measure for temperature control in dam construction and has been used in almost all the conventional concrete dams, even in the concrete gravity dams without longitudinal joints, such as the Revelstoke Dam in Canada, and the Dworshak Dam in the United States, since it was first used in the construction of the Hoover Dam in the 1930s. Instead of the conventional concrete, the roller compacted concrete (RCC) was used in some concrete dams in recent years. Generally, pipe cooling is not used in RCC; even so, pipe cooling still is used widely in the construction of concrete dams. This is because of the following reasons: ①Because there are many orifices in the dam for flood discharging and diversion and the surfaces of the orifices are in contact with water flowing with high velocity, the conventional concrete is still used in many high concrete dams, e.g., the Ertan arch dam (240 m high) and the Three Gorge gravity dam (175 m high) now under construction in China. Pipe cooling is used in both of these dams; ②although the cement content is lower in RCC than in the conventional concrete, less heat is dissipated through the horizontal lift surface because of the rapid rise of the dam. The extensibility and unit creep of RCC are somewhat lower than those of conventional concrete. In practice, some cracks have appeared in RCC dams. Thus it is now

---

❶ 原载 Journal of Construction Engineering and Management January/February, Vol.125, No.1, 1999.

recognized that it also is necessary to control the temperature in RCC dams (Dong and Zhu 1987; Zhu 1992; Hollingworth and Geringer 1992; Zhu and Xu 1995) . Precooling and pipe cooling are the two basic measures for temperature control in concrete dams. Because the thickness of lift is small and the area of lift surface is large for RCC dams, the temperature of the precooled concrete will rise rapidly after placing; precooling is not an effective measure for temperature control in RCC dams. So attention is paid to pipe cooling in RCC dams. The steel cooling pipe was used first in the Shuikou RCC gravity dam in 1994 and in the RCC cofferdam of the Three Gorge project in 1996. The polythene cooling pipe is used in the RCC arch cofferdam of the Dachaoshan project in 1998. Experience shows that the polythene cooling pipes may be used successfully to control temperature in the construction of RCC dams.

Thus, pipe cooling is still an important measure for temperature control of mass concrete in dam construction up to the present.

The method for computing the effect of artificial cooling by metal pipes in mass concrete without internal source of heat was given by R. E. Glover (1949) and that for mass concrete with internal source of heat (heat of hydration of cement) was given by the writer (Zhu 1957) . Method of finite element for analyzing the simultaneous cooling of lift surface and metal pipe was given by the writer and Jianbo Cai (Zhu and Cai 1989) . A method for computing the effect of cooling by water flowing in bamboo pipes embedded in mass concrete was given by the writer in 1959 (Zhu 1959) but it was not published in journals because the bamboo pipes were investigated only in the laboratory and had not been used in practical projects. In recent years, there is a tendency to replace the metal pipes with plastic pipes for artificial cooling of mass concrete, but it seems that there is not an appropriate method to compute the effect of cooling by nonmetal pipes in the published literature. A method for computing the effect of cooling by bamboo pipes also is applicable to plastic pipes; so the method given by the writer in 1959 is published here, but in this paper some new formulas are given for computing the diameter and the spacing of nonmetal pipes and the time required for two different kinds of pipes to get the same cooling effect.

The finite-element method (FEM) may be used to compute the effect of cooling by nonmetal pipes, but because the temperature of cooling water varies along the length of pipe and depends on the transmission of heat between the concrete and the water, a special program is required, so FEM is not convenient for use. On the contrary, the methods and formulas given in this paper are very convenient for use. The diameter, the spacing, the time required to get a predetermined temperature of concrete, and the economy of cooling by nonmetal pipes relative to the metal pipes may be determined by these formulas after simple calculations. This paper allows for more accurate design of cooling systems.

2 Two–dimensional（2D）problem of mass concrete without internal source of heat cooled by nonmetal pipes

The cooling pipes are staggered in successive lifts of concrete and the concrete cooled by each pipe is a hexagonal prism (Fig. 1) ,which may be simplified as a hollow cylinder with outer radius b

and inner radius c, as shown in Fig. 2. A nonmetal cooling pipe with outer radius c and inner radius r_0 is embedded in the concrete, and the inner surface of concrete is integrated closely with the outer surface of the cooling pipe. In the computation of the cooling effect of metal pipes, the thermal resistance of the pipe is omitted and it is assumed that the temperature of the inner surface of concrete is equal to the temperature of cooling water. In the case of nonmetal cooling pipes, the thermal resistance of the pipe cannot be omitted so the temperature of the inner surface of concrete is not equal to that of cooling water. The temperature of the inner surface of the cooling pipe is equal to the temperature of water T_w. Let T_w be taken as the origin of coordinate of temperature, i.e., $T_w=0$, and then the temperature of the inner surface of the pipe is zero. The temperature of the outer surface of the pipe is equal to the temperature of the inner surface of concrete T_c. Thus the boundary condition of the cooling pipe is as follows:

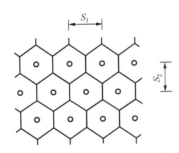

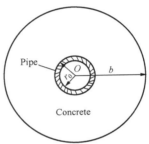

Fig.1 Arrangement of Cooling Pipes in
Dam Construction

Fig.2 Cross Section of Equivalent Concrete
Cylinder Cooled by Water Flowing in Pipes

$$\text{when} \quad r = r_0 \quad T = 0$$
$$\text{when} \quad r = c \quad T = T_c$$

The radial discharge of heat in the cooling pipe is

$$q = -\frac{\lambda_1 T_c}{c \ln(c/r_0)} = -kT_c \tag{1}$$

where

$$k = \frac{\lambda_1}{c \ln(c/r_0)} \tag{2}$$

where λ_1=coefficient of thermal conductivity of cooling pipe; c=outer radius of cooling pipe; r_0=inner radius of cooling pipe; and ln=natural logarithm. The q given by Eq. (1) must be equal to the discharge of the heat of the concrete at the inner surface $r=c$; so the initial and boundary condition of the concrete cylinder is

$$\text{when} \quad \tau = 0 \quad T(r,\tau) = T_0 \tag{3a}$$
$$\text{when} \quad \tau > 0, r = c \quad -\lambda\frac{\partial T}{\partial r} + kT = 0 \tag{3b}$$
$$\text{when} \quad \tau > 0 \quad r = b, \frac{\partial T}{\partial r} = 0 \tag{3c}$$

where λ=coefficient of thermal conductivity of concrete. The differential equation of conduction of heat in the concrete cylinder is

$$\frac{\partial T}{\partial \tau} = a\left(\frac{\partial^2 T}{\partial r^2} + \frac{1}{r}\frac{\partial T}{\partial r}\right) \tag{4}$$

where a=coefficient of thermal diffusivity of concrete; τ=time; and T_0=initial temperature of concrete.

By means of Laplace transformation, the writer obtained the solution of Eqs. (3) and (4) as follows

$$T = T_0 \sum_{n=1}^{\infty} \frac{2e^{-a\alpha_n^2\tau}}{\alpha_n b} \cdot \frac{J_1(\alpha_n b)Y_0(\alpha_n r) - Y_1(\alpha_n b)J_0(\alpha_n r)}{R(\alpha_n b)} \tag{5}$$

$$R(\alpha_n b) = -\frac{\lambda}{kb}\alpha_n b\left\{\frac{c}{b}[J_1(\alpha_n b)Y_0(\alpha_n c) - J_0(\alpha_n c)Y_1(\alpha_n b)]\right.$$

$$\left. + [J_0(\alpha_n b)Y_1(\alpha_n c) - J_1(\alpha_n c)Y_0(\alpha_n b)]\right\} + \frac{c}{b}[J_1(\alpha_n b)Y_1(\alpha_n c) \tag{6}$$

$$- J_1(\alpha_n c)Y_1(\alpha_n b)] + [J_0(\alpha_n c)Y_0(\alpha_n b) - J_0(\alpha_n b)Y_0(\alpha_n c)]$$

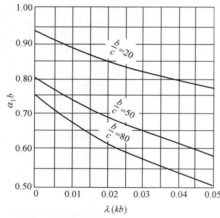

Fig.3 Characteristic Root $\alpha_1 b$ for Nonmetal Cooling Pipe

where $\alpha_n b$ =root of the following characteristic equation

$$-\frac{\lambda}{k}\alpha_n[J_1(\alpha_n c)Y_1(\alpha_n b) - J_1(\alpha_n b)Y_1(\alpha_n c)]$$

$$+ [J_1(\alpha_n b)Y_0(\alpha_n c) - J_0(\alpha_n c)Y_1(\alpha_n b)] = 0 \tag{7}$$

where J_0 and J_1=the Bessel functions of first kind of zero and first order, respectively; and Y_0 and Y_1 =the Bessel functions of second kind of zero and first order, respectively.

The first characteristic root $\alpha_1 b$ of Eq.(7) for nonmetal cooling pipes is given in Fig. 3 and Tab. 1.

The mean temperature of the concrete cylinder is given by

Tab. 1   **Characteristic Root $\alpha_1 b$ for Nonmetal Cooling Pipes**

b/c (1)	$\lambda/(kb)$					
	0 (2)	0.010 (3)	0.020 (4)	0.030 (5)	0.040 (6)	0.050 (7)
20	0.926	0.888	0.857	0.827	0.800	0.778
50	0.787	0.734	0.690	0.652	0.620	0.592
80	0.738	0.668	0.617	0.576	0.542	0.512

$$T_m = T_0 \sum_{n=1}^{\infty} H_n e^{-\alpha_n^2 a\tau} \tag{8}$$

in which

$$H_n = \frac{4bc}{b^2 - c^2} \cdot \frac{Y_1(\alpha_n b)J_1(\alpha_n c) - J_1(\alpha_n b)Y_1(\alpha_n c)}{\alpha_n^2 b^2 R(\alpha_n b)} \tag{9}$$

Eq. (8) converges very rapidly; in practical computation only the first term is required with error less than 1.2%. Furthermore, $H_1 \approx 1.00$, so the mean temperature T_m may be computed practically by the following equation

$$T_m = T_0 e^{-(\alpha_1 b)^2 a\tau/b^2} = T_0 e^{-\alpha_1^2 a\tau} \tag{10}$$

If the temperature of water is T_w and the initial temperature of concrete is T_0, the mean temperature of concrete at time τ is given by the following formula

$$T_m = T_w + (T_0 - T_w)e^{-\alpha_1^2 a\tau} \tag{11}$$

Example 1: 2D problem of mass concrete cooled by water flowing in embedded polythene pipes. The coefficient of thermal diffusivity of concrete is a=0.0040 m²/h; the coefficient of thermal conductivity of concrete is λ=8.37kJ/(m•h•℃); the outer and inner radius of the cooled concrete cylinder is b=0.845 m and c=0.0160 m, respectively. The outer and inner radius of the polythene pipe is c=1.60 cm and r_0=1.40 cm and the coefficient of thermal conductivity of polythene pipe is λ_1=1.66kJ/(m•h•℃). The initial temperature of the concrete is T_0=20℃ and the temperature of the cooling water is T_w=0. Try to compute the variation of mean temperature of the concrete with time.

From Eq.(2)

$$k = \frac{\lambda_1}{c \cdot \ln(c/r_0)} = \frac{1.66}{0.016 \cdot \ln(0.016/0.014)} = 777.0$$

$$\frac{\lambda}{kb} = \frac{8.37}{777.0 \times 0.845} = 0.01275$$

$$\frac{b}{c} = \frac{0.845}{0.0160} = 52.81$$

From Fig. 3, $\alpha_1 b$ =0.712. By substituting in Eq.(11), the mean temperature of concrete is

$$T_m = T_w + (T_0 - T_w)e^{-(\alpha_1 b)^2 a\tau/b^2} = 0 + 20e^{-0.712^2 \times 0.0040\tau/0.845^2} = 20e^{-0.002840\tau}$$

where the unit of τ is in hours.

If the concrete is cooled by steel pipe with outer radius c=1.60 cm, $k = \infty$, and $\lambda/(kb)$=0, from Figs. 3 or 5, $\alpha_1 b$ =0.783, and from Eq.(11) the mean temperature of concrete is

$$T'_m = 20e^{-0.783^2 \times 0.004\tau/0.845^2} = 20e^{-0.003435\tau}$$

The T_m and T'_m are shown in Fig. 4.

3　2D problem of mass concrete with internal source of heat cooled by nonmetal pipes

Suppose the adiabatic temperature rise in the concrete caused by heat of hydration of cement in the time interval $d\tau$ at time τ is $d\theta$. This is equivalent to the case that the concrete has initial temperature $d\theta$ at $t-\tau=0$ and according to Eq.(10), because of the cooling effect of pipe, the residual mean temperature of concrete cylinder at the time t is

$$dT_m = e^{-\alpha_1^2 a(t-\tau)}d\theta \tag{12}$$

Integrating from 0 to t, the mean temperature of concrete with adiabatic temperature rise $\theta(\tau)$ and cooled by water flowing in polythene or steel pipe is given by

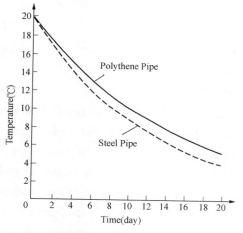

Fig. 4   2D Problem, Mean Temperature of Mass Concrete with Uniform Initial Temperature Cooled

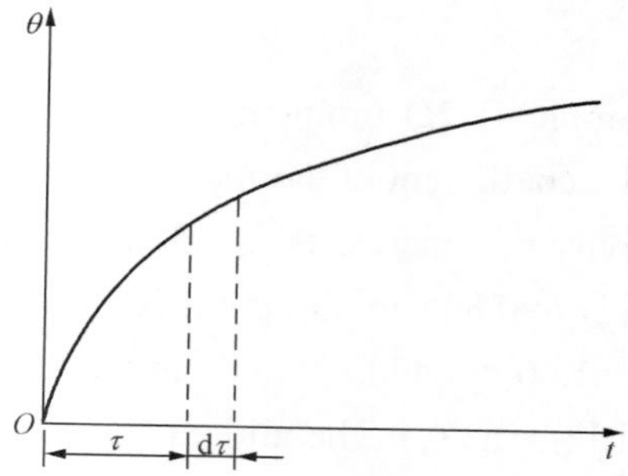

Fig. 5   Adiabatic Temperature Rise of Concrete Caused by Hydration Heat

$$T_m = \int_0^t e^{-\alpha_1^2(t-\tau)} \frac{\partial \theta}{\partial \tau} d\tau \tag{13}$$

Assuming $T_w = 0$, $T_0 = 0$ and the adiabatic temperature rise of concrete is given by

$$\theta(\tau) = \theta_0(1 - e^{-\beta\tau}) \tag{14}$$

where θ_0 = final adiabatic temperature rise of concrete as $\tau \to \infty$; and β = a material constant. Substituting Eq. (14) into (13), the mean temperature of concrete with adiabatic temperature rise $\theta(\tau)$ cooled by water flowing in embedded nonmetal pipe with $T_w = 0$ and $T_0 = 0$ is given by

$$T_m = \frac{\beta\theta_0}{\beta - a\alpha_1^2}(e^{-a\alpha_1^2 t} - e^{-\beta t}) \tag{15}$$

Example 2: the basic data is the same as example 1, but $T_0 = 0$, $T_w = 0$, and the adiabatic temperature rise of concrete is

$$\theta(\tau) = 25(1 - e^{-0.35\tau})$$

This means that $\theta_0 = 25\,^\circ\text{C}$ and $\beta = 0.350$. The unit of time is measured in days. For polythene pipe $\alpha_1 b = 0.712$ and $\alpha_1 = \alpha_1 b / b = 0.712/0.845 = 0.8426$. The coefficient of thermal diffusivity of concrete is $a = 0.0040$ m^2/h $= 0.0960$ m^2/day. Substituting into Eq. (15), the mean temperature of concrete with internal source of heat cooled by water flowing in polythene pipe is

$$T_m = \frac{\beta\theta_0}{\beta - a\alpha_1^2}(e^{-a\alpha_1^2 t} - e^{-\beta t})$$

$$= \frac{0.350 \times 25}{0.350 - 0.096 \times 0.8426^2}(e^{-0.096 \times 0.8426^2 t} - e^{-0.350 t})$$

$$= 31.04(e^{-0.06815 t} - e^{-0.350 t})$$

For steel pipe, $\alpha_1 b = 0.783$ and $\alpha_1 = 0.783/0.845 = 0.9266$; from Eq. (15), the mean temperature of concrete with internal source of heat cooled by water flowing in steel pipe is

$$T'_m = \frac{0.350 \times 25}{0.350 - 0.096 \times 0.9266^2}(e^{-0.096 \times 0.9266^2 t} - e^{-0.35t})$$
$$= 32.70(e^{-0.08242t} - e^{-0.35t})$$

in which the unit of time is days. The T_m and T'_m are shown in Fig. 6.

4　Three–dimensional (3D) problem of artificial cooling of mass concrete by metal pipes

In the foregoing analysis of the 2D problem, the temperature of water is assumed to be constant. Practically, when concrete is cooled by water flowing in the pipe, the flow of heat from the concrete to the water will continually warm the water, as it moves toward the outlet end of the pipe. Thus, the temperature of water increases gradually along the length of pipe. This results in different cooling rates for all points along the length of the pipe. Therefore, it is necessary to account for this varying rate of heat flow, if accurate formulas for cooling pipes are to be determined.

Strictly speaking, pipe cooling of mass concrete is a spatial problem of heat conduction, which is difficult to solve. But the length of cooling pipe generally is 100-200 m and the spacing between two pipes is only 1-2 m. As shown in Fig. 7,$b/L \approx 1/200$. The temperature difference between the outer and inner surface of concrete generally is 10-20℃ and the difference of temperature of water between the inlet and outlet ends is 2-4℃. The ratio of the temperature gradient in the longitudinal direction to that in the radial direction is approximately 0.001. Thus, the temperature gradient in the longitudinal direction may be omitted in comparison with that in the radial direction in the analysis of temperature field in the concrete, but the variation of the temperature of water along the length of pipe must be considered. As shown in Fig. 7, the temperature field in the concrete cylinder cooled by pipes is analyzed under the following assumptions:

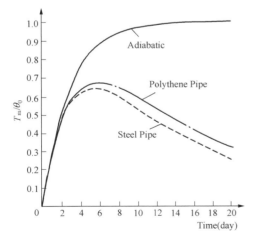

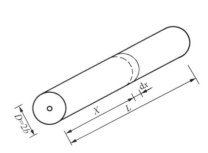

Fig. 6　2D Problem, Mean Temperature of Mass Concrete with Internal Source of Heat Cooled by Water Flowing in Polythene or Steel Pipe

Fig.7　3D Problem of Pipe Cooling

(1) The temperature of water T_w is varying along the length of pipe; i.e., $T_w = f(x)$, where $f(x)$ is a function of x.

(2) The temperature field in any cross section of the cylinder is analyzed as a 2D problem, but T_w is different at different cross sections.

(3) The Q_1, the heat flowing from the concrete to the water, must be balanced by Q_2, the heat absorbed by the water, which results in the rise of its temperature along x; i.e., $Q_1 = Q_2$.

On the basis of the foregoing assumptions, for mass concrete without internal source of heat cooled by steel pipes, R. E. Glover (1949) obtained an integral equation, which was solved by numerical method and charts for practical computation were compiled. These charts have been used widely in the design and construction of concrete dams. The mean temperature of a concrete cylinder with length L cooled by water flowing in metal pipes is given by the following equation

$$T_m = T_w + (T_0 - T_w)\Phi \qquad (16)$$

where T_m=mean temperature of concrete cylinder with length L; T_0=initial temperature of concrete; T_w=temperature of the water at the inlet end; and Φ=a coefficient, which may be found in the charts given by R. E. Glover, but they are not convenient for use on computers. For the convenience of use on computers the following formula was given by the writer (Zhu 1991)

$$\Phi = \exp\left[-k_1\left(\frac{a\tau}{D^2}\right)^s\right] = \exp\left[-k_1 z^s\right] \qquad (17)$$

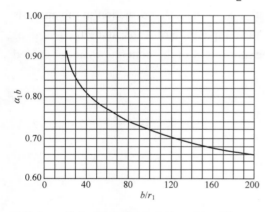

where

$$k_1 = 2.08 - 1.174\xi + 0.256\xi^2 \qquad (18)$$
$$s = 0.971 + 0.1485\xi - 0.0445\xi^2 \qquad (19)$$

in which

$$\xi = \frac{\lambda L}{c_w \rho_w q_w} \qquad (20)$$

$$z = \frac{a\tau}{D^2} \qquad (21)$$

where L=length of the concrete cylinder; D=diameter of the concrete cylinder; λ=coefficient of thermal conductivity of concrete; and c_w, ρ_w and q_w=specific heat, density, and discharge of the cooling water, respectively.

Fig.8 $\alpha_1' b$ for Concrete Cylinder with Different b/c Cooled by Metal Pipes

Eq. (17) and the charts given by R. E. Glover are applicable only for the special case b/c=100 and $\alpha_1 b$ =0.716691. If $b/c \neq 100$, instead of compiling a series of new charts or given a new formula for Φ, it is only necessary to replace the coefficient of thermal diffusivity of concrete a by an equivalent coefficient of thermal diffusivity a', as follows

$$a' = a\left(\frac{\alpha_1' b}{0.716691}\right)^2 = 1.947(\alpha_1' b)^2 \qquad (22)$$

where $\alpha_1' b$ =root of the characteristic equation in Eq.(7) for $b/c \neq 100$ and $k = \infty$ and 0.716691 is that for $b/c = 100$ and $k = \infty$. For concrete cylinder with outer radius b and inner radius r_1 and cooled by metal pipe with outer radius r_1, $\alpha_1' b$ is given in Fig. 8 and it also may be computed by the following formula given by the writer

$$\alpha_1' b = 0.926 \exp\left[-0.0314\left(\frac{b}{r_1} - 20\right)^{0.48}\right], 20 \leqslant \frac{b}{r_1} \leqslant 130 \qquad (23)$$

5 First method for computing 3D problem of cooling of mass concrete by nonmetal pipes

It is clear from Eq.(10) that Eq.(16) also can be used to compute the effect of artificial cooling by nonmetal pipes if the coefficient of thermal diffusivity of concrete a is replaced by an equivalent coefficient of thermal diffusivity a'' as follows

$$a'' = a\left(\frac{\alpha_1 b}{0.716691}\right)^2 = 1.947(\alpha_1 b)^2 a \qquad (24)$$

In the foregoing formula, 0.716691 is the characteristic root for metal pipe with $b/c = 100$ and $\alpha_1 b$ is the characteristic root of Eq.(7) for nonmetal pipe with $b/c \neq 100$.

The times required for two different kinds of pipes to get the same cooling effect are inversely proportional to the equivalent coefficients of thermal diffusivity, thus

$$\frac{t''}{t'} = \frac{a'}{a''} \qquad (25)$$

where t' and t'' =cooling time for metal and nonmetal pipes, respectively; and a' and a'' =equivalent coefficients of thermal diffusivity of concrete cooled by metal and nonmetal pipes.

Example 3: 3D problem. For the cooled hollow concrete cylinder, the length, the outer radius, and the inner radius are, respectively, L=200m, b=0.845 m, and c=0.0160 m. The coefficient of thermal diffusivity is a=0.0040 m²/h and the coefficient of thermal conductivity is λ=8.37 kJ/ (m•h•℃). For the polythene pipe, the outer radius is c=1.60 cm, the inner radius is r_0=1.40 cm, and the coefficient of thermal conductivity is λ_1=1.66 kJ/(m•h•℃). The specific heat, the density, and the discharge of cooling water are, respectively, c_w=4.187 kJ/ (kg • ℃), ρ_w=1000kg/m³, and q_w= 0.90m³/h. The initial temperature of concrete is T_0=20℃ and the temperature of the water at the inlet is T_w=4℃. Compute the mean temperature of the concrete cylinder with length L after artificial cooling of 40 days.

From (2), $k = \lambda_1 /[c \cdot \ln(c/r_0)] = 777.0$, $\lambda/(kb) = 0.01275$, and $b/c = 52.8$. From Fig. 3, $\alpha_1 b$= 0.712. Substituting into Eq.(24), the equivalent coefficient of thermal diffusivity for concrete cooled by water flowing in the polythene pipe is

$$a = 1.947(\alpha_1 b)^2 a = 1.947 \times 0.712^2 \times 0.0040 = 0.00395 \text{ (m²/h)}$$

$$\xi = \frac{\lambda L}{c_w \rho_w q_w} = \frac{8.37 \times 200}{4.187 \times 1000 \times 0.90} = 0.4442$$

$$z = \frac{a\tau}{D^2} = \frac{a\tau}{(2b)^2} = \frac{0.00395 \times 24 \times \tau}{(2 \times 0.845)^2} = 0.03319\tau$$

From Eq.(18) and Eq. (19)

$$k_1 = 2.08 - 1.174 \times 0.4442 + 0.256 \times 0.4442^2 = 1.609$$

$$s = 0.971 + 0.1485 \times 0.4442 - 0.0445 \times 0.4442^2 = 1.0282$$

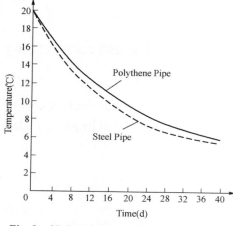

Fig. 9   3D Problem, Cooling of Concrete by
Water Flowing in Polythene or Steel Pipe

From Eq. (16) and (17), the mean temperature of concrete cooled by water flowing in polythene pipe is

$$T_m = 4.0 + (20 - 4)\exp\left[-1.609(0.03319\tau)^{1.0282}\right]$$

By substituting a different value of τ in the foregoing equation, we will get a different value of T_m; e.g., for τ=40 days, T_m =5.86℃. The variation of mean temperature of concrete with time is shown in Fig. 9.

If the concrete is cooled by water flowing in metal pipe with the same outer radius c=1.60 cm as b/c=0.845/0.016=52.8 and λ/kb=0, from Fig. 8, $\alpha_1' b$ =0.783 and from Eq.(22)

$$\alpha' = 1.947 \times 0.783^2 \times 0.0040 = 0.00477 \ (\text{m}^2/\text{h})$$

By substituting into Eq. (16) and Eq. (17), we get the mean temperature of concrete cooled by water flowing in steel pipe as follows

$$T_m = 4.0 + (20 - 4)\exp\left[-1.609(0.04008\tau)^{1.0282}\right]$$

For example, for τ=40 days, T_m=5.17℃. From (25), the ratio of cooling time required to get the same cooling effect for polythene and steel pipe is

$$t''/t' = a'/a'' = 0.00477/0.00395 = 1.208$$

As compared with metal pipe with the same radius, the cooling time for polythene pipe is 20.8% longer. If the outer radius of metal pipe is c=0.0125 m and the outer radius of polythene pipe is c=0.0160 m, then the cooling time for polythene pipe will be 12.0% longer.

6　Second method for computing 3D problem of cooling of mass concrete by nonmetal pipes

For a hollow cylinder with inner radius r_0 and outer radius c, the boundary temperature are T=0 at r=r_0 and T=T_c at r=c, the solution of the steady temperature field is

$$T(r) = \frac{T_c \ln(r/r_0)}{\ln(c/r_0)} \tag{26}$$

the temperature gradient is

$$\frac{\partial T}{\partial r} = \frac{T_c}{r \ln(c/r_0)} \tag{27}$$

The following is the original problem: for a composite cylinder, the outer part is a concrete cylinder with outer radius b, inner radius c, and coefficient of thermal conductivity λ and the inner part is the cooling pipe with outer radius c, inner radius r_0, and coefficient of thermal conductivity λ_1. Replacing the composite cylinder by a homogeneous cylinder with equivalent thermal properties, we get a new problem: a homogeneous concrete cylinder with outer radius b, inner radius r_1, coefficient of heat conductivity λ, and the temperature at the inner boundary ($r=r_1$) is equal to the water temperature. It means that the nonmetal pipe ($r_0 \leqslant r \leqslant c$) is replaced by a concrete pipe with $r_1 \leqslant r \leqslant c$. The new problem can be analyzed by the conventional method. The key to the problem is the determination of r_1. It is required that the radial flow of heat at $r=c$ for the original composite cylinder is equal to the radial flow of heat at $r=r_1$ for the equivalent homogeneous cylinder. Eq. (27) may be used to determine the temperature gradient in a thin hollow cylinder. Thus

$$\frac{\lambda T_c}{c \ln(c/r_1)} = \frac{\lambda_1 T_c}{c \ln(c/r_0)} \qquad (28)$$

or

$$\ln \frac{c}{r_1} = \eta \ln \frac{c}{r_0} = \ln \left(\frac{c}{r_0} \right)^{\eta}$$

thereby

$$r_1 = c \left(\frac{r_0}{c} \right)^{\eta} \qquad (29)$$

where $\eta = \lambda / \lambda_1$. As $r_0/c < 1$, if the cooling pipe is made of insulative material, $\lambda_1 = 0$, $\eta \to \infty$, and then $r_1 \to 0$.

Now we get a homogeneous concrete cylinder with outer radius b and inner radius r_1, which has the same cooling effect as the original composite cylinder. The characteristic root $\alpha_1 b$ for the equivalent homogeneous cylinder is given by Fig. 8 or Eq.(23) with b/c being replaced by b/r_1.

By substituting $\alpha_1 b$ in Eq.(24), we can get the equivalent coefficient of thermal diffusivity a'' for the original problem.

Physically, r_1 is the equivalent outer radius of metal pipe, which has the same cooling effect as the original nonmetal pipe.

Example 4: The basic data is the same as in example 3: $a=0.0040$ m^2/h, $\lambda=8.37$ kJ/(m •h •℃), $b=0.845$ m, $c=0.016$ m, $r_0=0.014$ m, and $\lambda_1=1.66$ kJ/(m • h • ℃)

$$\eta = \frac{\lambda}{\lambda_1} = \frac{8.37}{1.66} = 5.04$$

From Eq.(29)

$$r_1 = c \left(\frac{r_0}{c} \right)^{\eta} = 0.016 \left(\frac{0.014}{0.016} \right)^{5.04} = 0.00816 \text{ (m)}$$

$b/r_1 = 0.845/0.00816 = 103.55$. From Fig. 8 $\alpha_1 b = 0.713$. From Eq.(23) $\alpha_1 b = 0.712$. From Eq.(24), we get the equivalent coefficient of thermal diffusivity as follows

$$a'' = 1.947(\alpha_1 b)^2 \; a = 1.947 \times 0.712^2 \times 0.0040 = 0.00395 (\text{m}^2/\text{h})$$

which is the same as the value given by the first method.

7 Third method for computing 3D problem of cooling of mass concrete by nonmetal pipes

The equivalent coefficient of thermal diffusivity a'' may be given by the following semiempirical formula

$$a'' = a \cdot \frac{\ln 100}{\ln(b/r_1)} \tag{30}$$

where r_1 is given by Eq.(29).

Example 5: The basic data is the same as in Example 3, so $r_1 = 0.00816$ m. By substituting r_1 into Eq.(30), we get the equivalent coefficient of thermal diffusivity

$$a'' = 0.0040 \cdot \frac{\ln 100}{\ln(0.845/0.00816)} = 0.00397 (\text{m}^2/\text{h})$$

8 Fourth method for computing 3D problem of cooling of mass concrete by nonmetal pipes

Suppose that

$$\frac{\ln(b/r_1)}{\lambda} = \frac{\ln(b/c)}{\lambda} + \frac{\ln(c/r_0)}{\lambda_1} \tag{31}$$

substituting in Eq.(30), we get the equivalent coefficient of thermal diffusivity as follows

$$a'' = \frac{a \ln 100}{\ln(b/c) + (\lambda/\lambda_1)\ln(c/r_0)} \tag{32}$$

Example 6: The basic data is the same as in example 3, so $\lambda/\lambda_1 = 8.37/1.66 = 5.04$. From Eq.(32), the equivalent coefficient of thermal diffusivity is

$$a'' = \frac{0.0040 \ln 100}{\ln(0.845/0.016) + (8.37/1.66)\ln(0.016/0.014)} = 0.00397 (\text{m}^2/\text{h})$$

Theoretically speaking, the first and the second method are more precise than the third and the fourth method. From Example 3 to Example 6, the equivalent coefficient of thermal diffusivity a'' given by the first and second methods is $a'' = 0.00395$ m²/h and that given by the third and fourth method is $a'' = 0.00397$ m²/h. They are close to each other.

9 Equivalent outer radius of nonmetal pipe

Let r_1 be the outer radius of a metal pipe, it is required to determine the outer radius c of a nonmetal pipe with thickness t, which has the same cooling effect as the metal pipe.

From Eq.(29), we have

$$\frac{r_1}{c} = \left(\frac{r_0}{c}\right)^\eta = \left(\frac{c-t}{c}\right)^\eta = \left(1 - \frac{t}{c}\right)^\eta \tag{33}$$

Expanding the right part of the foregoing equation into Taylor's series, we get

$$\frac{r_1}{c} = 1 - \eta\frac{t}{c} + m\left(\frac{t}{c}\right)^2 + \cdots \tag{34}$$

where $m = \eta(\eta-1)/2$ and $\eta = \lambda/\lambda_1$.

If only two terms are reserved in the right part of Eq.(34), we get the first approximate value of c as follows

$$c_1 = r_1 + \eta t \tag{35}$$

If three terms are reserved in the right part of (34), we get the second approximate value of c as

$$c_2 = (c_1 + \sqrt{c_1^2 - 4mt^2})/2 \tag{36}$$

Example 7: Determine the outer radius of a plastic pipe with thickness t=0.20cm, which has the same cooling effect as a metal pipe with outer radius r_1=1.25 cm, and $\eta = \lambda/\lambda_1$=5.04.

From (35), the first approximate value of the outer radius of the nonmetal pipe is $c_1 = r_1 + \eta t$ =0.0125+ 5.04 × 0.0020=0.0226(m). From Eq.(36), the second approximate value of c is c_2=0.0206 m. It means that a plastic pipe with outer radius c=2.06 cm and thickness t=0.20 cm will have the same cooling effect as a metal pipe with outer radius r_1=1.25 cm.

Check. With c=0.0206 m, r_0=c−t=0.0186 m; substituting into Eq.(29), we get $r_1 = c(r_0/c)^\eta =$ 0.0206(0.0186/0.0206)$^{5.04}$ = 0.0123 (m), which is close to the true value r_1=0.0125 m, and the error is only 1.6%.

10　Equivalent spacing of nonmetal pipes

To improve the cooling effect of nonmetal pipe, one way is to increase the radius of pipe and another way is to reduce the spacing between pipes. Consider the following two cases:

Case Ⅰ. Plastic pipe with outer radius c, thickness t, inner radius r_0=c−t, horizontal spacing s_1, vertical spacing s_2, outer radius of cooled cylinder $b = 0.5836\sqrt{s_1 s_2}$, and coefficient of thermal diffusivity of concrete a.

Case Ⅱ. Metal pipe, outer radius r_1, horizontal spacing s_1', vertical spacing s_2', outer radius of cooled cylinder $b' = 0.5836\sqrt{s_1' s_2'}$, and coefficient of heat diffusivity of concrete a.

From Eq.(32), the equivalent coefficient of thermal diffusivity in case Ⅰ is

$$a'' = \frac{a \ln 100}{\ln(b/c) + (\lambda/\lambda_1)\ln(c/r_0)}$$

From Eq.(30), the equivalent coefficient of thermal diffusivity in case Ⅱ is

$$a'' = \frac{a \ln 100}{\ln(b'/r_1)}$$

Let $a' = a''$, and we get

$$\ln(b/c) + (\lambda/\lambda_1)\ln(c/r_0) = \ln(b'/r_1)$$

thus

$$\frac{b}{b'} = \frac{c}{r_1}\left(\frac{r_0}{c}\right)^{\lambda/\lambda_1} \tag{37}$$

As $b = 0.5836\sqrt{s_1 s_2}$ and $b' = 0.5836\sqrt{s_1' s_2'}$, if the vertical spacing is not changed, i.e., $s_2 = s_2'$, we have the equivalent horizontal spacing between nonmetal pipes as follows

$$s_1 = s_1' \left(\frac{b}{b'}\right)^2 \tag{38}$$

where b/b' is given by Eq.(37).

Example 8: Plastic pipe with outer radius c=1.60 cm, inner radius r_0=1.40 cm, coefficient of thermal conductivity λ_1=1.66 kJ/ (m • h • ℃). The vertical spacing between plastic pipes is s_2=1.50 m. It is required to determine the horizontal spacing s_1 such that it will have the same cooling effect as metal pipes with outer radius r_1=1.25cm, horizontal spacing s_1'=1.50m, and vertical spacing s_2'=1.50m. The coefficient of thermal conductivity of concrete is λ=8.37 kJ/(m • h • ℃).

From Eq.(37)

$$\frac{b}{b'} = \frac{1.60}{1.25}\left(\frac{1.40}{1.60}\right)^{8.37/1.66} = 0.6528$$

From Eq.(38)

$$s_1 = s_1' \left(\frac{b}{b'}\right)^2 = 1.50 \times 0.6528^2 = 0.6393(\text{m})$$

Thus, the horizontal spacing between plastic pipes must be 0.6393 m in order to have the same cooling effect as the metal pipes with horizontal spacing 1.50 m.

Check. For concrete cooled by plastic pipes with s_1=0.6393 m and s_2=1.50 m, $b = 0.5836\sqrt{s_1 s_2} = 0.5836\sqrt{(0.6393 \times 1.50)} = 0.5715(\text{m})$.

From Eq.(32), the equivalent coefficient of thermal diffusivity of concrete cooled by plastic pipes is

$$a'' = \frac{0.0040 \ln 100}{\ln(0.5715/0.016) + (8.37/1.66)\ln(1.60/1.40)} = 0.004335(\text{m}^2/\text{h})$$

For concrete cooled by metal pipes with s_1=1.50 m and s_2=1.50, $b = 0.5836\sqrt{s_1' s_2'} = 0.875(\text{m})$.

From Eq.(30), the equivalent coefficient of thermal diffusivity of concrete cooled by metal pipes is

$$a' = \frac{0.0040 \times \ln 100}{\ln(0.875/0.0125)} = 0.004335(\text{m}^2/\text{h})$$

Thus, $a_1' = a_2''$.

11 Conclusions

In comparison with steel pipes, polythene pipes have less joints and are convenient in the construction. There is a tendency to replace metal pipes by nonmetal pipes in the pipe cooling of mass concrete in dam construction. In this paper, four methods are given to compute the effect of cooling by nonmetal pipes, one method is given to compute the equivalent radius of nonmetal pipe and one method is given to compute the equivalent horizontal spacing of nonmetal pipes. All these methods are convenient to use.

Appendix Ⅰ. References

［1］ Carslaw H S, Jaeger J C. Conduction of heat in solids, 2nd Ed., Clarendon, Oxford, England, 1986.

［2］ Dong F Zhu B. Thermal stresses in RCC gravity dams. Water Resour. and Water Power, 1987, 10: 22-30 (in Chinese) .

［3］ Glover R E. Cooling of concrete dams. "Final Report". Boulder Canyon Projects, Part Ⅶ, Bureau of Reclamation, Denver. 1949.

［4］ Hollingworth F, Geringer J J. Cracking and leakage in RCC dams. Water Power and Dam Constr., 1992, 2: 34-36.

［5］ Zhu B. The effect of pipe cooling in mass concrete with internal source of heat. Chinese J. Hydr. Engrg., 1957, 4: 87-106.

［6］ Zhu B. Effect of cooling by water flowing in bamboo pipes embedded in mass concrete. Beijing: Res. Rep., China Institute of Water Resources and Hydropower Research, 1959.

［7］ Zhu B. Equivalent equation of heat conduction in mass concrete considering the effect of pipe cooling. Chinese J. Hydr. Engrg., 1991, 3: 28-34.

［8］ Zhu B. The temperature control and design of transverse joints in RCC arch dams. China Water Power, 1992, 9: 55-61.

［9］ Zhu B, Cai J. Finite element analysis of effect of pipe cooling in concrete dams. J. Constr. Engrg. and Mgmt., ASCE, 1989, 115 (4): 487-498.

［10］ Zhu B, Xu P. Thermal stresses in RCC gravity dams. Dam Engrg., 1995, 6 (3): 199-220.

Appendix Ⅱ. Notation

The following symbols are used in this paper:

a=coefficient of thermal diffusivity of concrete;

a'=equivalent coefficient of thermal diffusivity of concrete cylinder with $b/c \neq 100$ and cooled by water flowing in metal pipe;

a''=equivalent coefficient of thermal diffusivity of concrete cylinder with $b/c \neq 100$ and cooled by water flowing in nonmetal pipe;

b=outer radius of concrete cylinder (m) ;

c=inner radius of concrete cylinder (m) ;

c_w=specific heat of cooling water [kJ/(kN · ℃)];

L=length of pipe (m) ;

q_w=discharge of cooling water (m³/d) ;

r_0=inner radius of nonmetal cooling pipe (m) ;

r_1 =equivalent outer radius of metal pipe, which has same cooling effect as original nonmetal pipe;

s_1 =horizontal spacing between cooling pipes (m) ;

s_2 =vertical spacing between cooling pipes (m) ;

T_m =mean temperature of concrete (℃) ;

T_w =temperature of water at inlet end (℃) ;

T_0 =initial temperature of concrete (℃) ;

t=time (d) ;

$\alpha_1 b$ =characteristic root for nonmetal cooling pipe;

$\alpha_1' b$ =characteristic root for metal cooling pipe;

θ=adiabatic temperature rise of concrete caused by hydration heat of cement (℃) ;

θ_0 =final value of θ(℃) ;

λ=coefficient of thermal conductivity of concrete [kJ/(m • h • ℃)];

λ_1 =coefficient of thermal conductivity of nonmetal cooling pipe [kJ/(m • h • ℃)];

ρ_w =density of cooling water (kg/m^3) ; and

τ=time (d) .

Joint Element with Key and the Influence of Joint on the Stresses in Concrete Dams[①]

Abstract： A three-dimensional isoparametric joint element of finite thickness,with keys simulating the action of joints in concrete dams, is given in this paper It is pointed out that the magnitude of the initial clearance of joints,due to shrinkage of grout, is very small and generally may be neglected. Joints with keys can resist compression and shearing, but cannot resist tension. The horizontal stresses in an arch dam may be tensile or compressive, thus the transverse joints which cannot resist tensile stress will influence the distribution of stresses in an arch dam. An explanation is given as to how this problem is related to the following factors:

(1) depth a of the region subjected to tensile stress;

(2) ratio a/L of the depth a of region subjected to tensile stress to the spacing L between transverse joints;

(3) thickness of the dam; and

(4) climatic condition of dam site. In the upper part of a thin arch dam, in a cold region, the full vertical cross-section may be subjected to tensile stress in the winter. In this case, the influence of transverse joints on the stress distribution in the dam may be remarkable. On the contrary, on a thick arch dam, in a mild region, the depth of region subjected to tensile stress is small, so the influence of transverse joints is little.

Key words: Concrete dam, joint element, key, initial clearance, transverse joints

1　Introduction

During the construction process concrete dams are generally divided into blocks by joints with keys, which are grouted after the concrete temperature is dropped to the pre-determined value by artificial cooling. The influence of this construction process on the stress-state of the dam is a complicated problem, relating to many factors.

In this paper,a three-dimensional isoparametric solid joint element of finite thickness with keys is given, which can simulate the action of joints when the dam is analysed by finite element method. Then, how the stresses in the dam are influenced by the initial clearance of joints, the quality of joint grouting, and the zero tensile strength of joint are analysed, and corresponding conclusions derived.

---

❶　原载 Dam Engineering, Vol. XII, Issue 2。

2 Three–dimensional joint element with key

The finite element method seems to be the best for analysing stresses in dams with joints. Fu and Zhang [1] had given a joint element of zero thickness with key, which cannot give accurately the stresses in the joints. For simulating contraction joints in dams, Espandar and Lotfi [2] used the fixed smeared crack model, which does not consider the effect of keys.

In the following,a three-dimensional joint element of finite thickness with key is given,which can consider the action of key and simulate the stress-state in the joint more precisely.

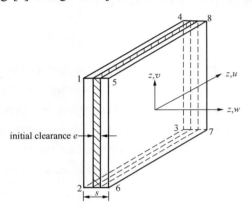

Fig. 1　Three dimensional joint element of finite thickness

As shown in Fig. 1, the joint element is a three-dimensional isoparametric element of thickness s with $8\sim20$ nodes. The axis z is normal to the plane of joint, and the axis x and y are in the plane of joint. The initial clearance e is contained in the element. For the element with 8 nodes, shown in Fig. 1, the displacements of the left and right side of the element are given by

$$\left.\begin{aligned} u_L &= N_1u_1 + N_2u_2 + N_3u_3 + N_4u_4 \\ u_R &= N_1u_5 + N_2u_6 + N_3u_7 + N_4u_8 \\ &\cdots \end{aligned}\right\} \tag{1}$$

where u_L is the displacement in the x direction of the left side;

u_R is the displacement in the x direction of the right side;

N_1, N_2, N_3, N_4 are the shape functions;

$u_1, u_2, \cdots, u_8$ are the nodal displacements.

The displacement differences are given by

$$\Delta u = N_1(u_5 - u_1) + N_2(u_6 - u_2) + N_3(u_7 - u_3) + N_4(u_z - u_4)$$
$$\cdots$$

and so

$$\left\{\begin{matrix} \Delta u \\ \Delta v \\ \Delta w \end{matrix}\right\} = [N]\{\delta^e\} \tag{2}$$

$$[N] = \begin{bmatrix} -N_1 & 0 & 0 & -N_2 & 0 & 0 & \cdots & N_4 & 0 & 0 \\ 0 & -N_1 & 0 & 0 & -N_2 & 0 & \cdots & 0 & N_4 & 0 \\ 0 & 0 & -N_1 & 0 & 0 & -N_2 & \cdots & 0 & 0 & N_4 \end{bmatrix} \tag{3}$$

$$\{\delta^e\} = \begin{bmatrix} u_1 & v_1 & w_1 & u_2 & v_2 & w_2 & \cdots & u_8 & v_8 & w_8 \end{bmatrix} \tag{4}$$

The strains at any point in the element are given by

$$\{\varepsilon\} = \begin{Bmatrix} \gamma_{zx} \\ \gamma_{zy} \\ \varepsilon_z \end{Bmatrix} = \frac{1}{S} \begin{Bmatrix} \Delta u \\ \Delta v \\ \Delta w \end{Bmatrix} = [B]\{\delta^e\} \tag{5}$$

$$[B] = \frac{1}{S}[N] \tag{6}$$

The stresses at any point in the element are given by

$$\{\sigma\} = \begin{Bmatrix} \tau_{zx} \\ \tau_{zy} \\ \sigma_z \end{Bmatrix} = [D](\{\varepsilon\} - \{\varepsilon_0\}) = \frac{1}{S}[D]\left(\begin{Bmatrix} \Delta u \\ \Delta v \\ \Delta w \end{Bmatrix} - \begin{Bmatrix} \Delta u_0 \\ \Delta v_0 \\ \Delta w_0 \end{Bmatrix} \right) \tag{7}$$

where S=thickness of the element;
Δu_0、Δv_0、Δw_0=initial displacement differences.
The elasticity matrix $[D]$ is given by

$$[D] = \begin{bmatrix} G_x & 0 & 0 \\ 0 & G_y & 0 \\ 0 & 0 & E_z \end{bmatrix} \tag{8}$$

By the principle of virtual displacement, the stiffness matrix of the element is derived as follows

$$[k^e] = \frac{1}{S} \iint [N]^{\mathrm{T}}[D][N]\mathrm{d}x\mathrm{d}y \tag{9}$$

As shown in Fig. 2, two types of keys, i.e. the key in one direction and the key in two directions, are considered.

As shown in Fig. 3, the initial clearance of the joint planes before loading in the normal direction

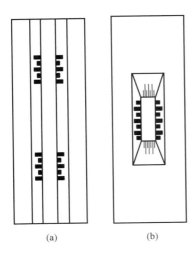

(a)   (b)

Fig. 2   Two types of key

(a) key in one direction; (b) key in two directions

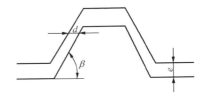

Fig. 3   The clearance of joint with key

is e, and the initial clearance of the key in the direction parallel to the plane of joint is given by

$$d=e\cot\beta \tag{10}$$

where β=the angle between the plane of key and the plane of joint.

After loading, the displacement difference in the normal direction is Δw and the displacement differences in the directions parallel to the plane of joint are Δu and Δv.

The stress displacement relations are given in the following:

（1）when $w_1-w_5=e$, i.e., $w_5-w_1+e=\Delta w+e=0$, the planes of joint are just in contact with each other, $\sigma_z=0$;

（2）when $w_1-w_5>e$, i.e., $w_5-w_1+e=\Delta w+e<0$, the planes of joint are subjected to compression, the displacement difference is $\Delta w+e$;

（3）when $w_1-w_5<e$, i.e., $w_5-w_1+e>0$, the planes of joint are separated, $\sigma_z=0$.

Thus, the stress displacement relation in the z direction is

$$\sigma_z=\frac{E_z}{S}(\Delta w+e), \qquad E_z=\begin{cases}E, \text{when } \Delta w+e\leqslant0 \\ 0, \text{when } \Delta w+e>0\end{cases} \tag{11}$$

For the initial temperature rise T_0, the initial strain is $\varepsilon_0=\alpha T_0$. The initial joint clearance e is displacement due to shrinkage, thus the initial displacement difference in Eq. (7) is $\Delta w_0=-e$.

The clearance between the planes of key in x direction is

$$(\Delta w+e)\cot\beta_x$$

Because Δu may be either to the left or to the right, only when

$$|\Delta u|-(\Delta w+e)\cot\beta_x<0$$

the two sides of key will be separated and $\tau_{zx}=0$, so the stress displacement relation is

$$\tau_{zx}=\frac{G_x}{S}[|\Delta u|-(\Delta w+e)\cot\beta_x]\text{sign}\Delta u, G_x=\begin{cases}G, \text{when}|\Delta u|-(\Delta w+e)\cot\beta_x\geqslant0 \\ 0, \text{when}|\Delta u|-(\Delta w+e)\cot\beta_x<0\end{cases} \tag{12}$$

Similarly

$$\tau_{zy}=\frac{G_y}{S}[|\Delta v|-(\Delta w+e)\cot\beta_y]\text{sign}\Delta v, G_y=\begin{cases}G, \text{when}|\Delta v|-(\Delta w+e)\cot\beta_y\geqslant0 \\ 0, \text{when}|\Delta v|-(\Delta w+e)\cot\beta_y<0\end{cases} \tag{13}$$

where

$$\text{sign } x=\begin{cases}+, \text{when } x>0 \\ -, \text{when } x<0\end{cases}$$

E=the Young's modulus of concrete,

$G=E/2(1+\mu)$ =the shear modulus of concrete.

The shearing stresses must be checked as follows

$$G_x=G_y=0 \quad \text{when } \tau\geqslant f|\sigma_z|+c \tag{14}$$

in which $\tau=\sqrt{\tau_{zx}^2+\tau_{zy}^2}$ is the maximum shearing stress in the plane of joint, and c is the equivalent cohesive strength of joint plane as follows

$$c = c_0\left(1 - \frac{A_s}{A}\right) + \frac{r\tau_0 A_s}{A} \qquad (15)$$

where A=area of joint;

A_s=area of key;

c_0=cohesive strength of joint grout;

τ_0=cohesive strength of concrete of the key;

r=effective coefficient.

3 On the initial clearance of joint

From Eq. (11)-(13), it is apparent that the initial clearance of joint will influence the stress state of concrete dams and the degree of influence depends on the magnitude of clearance which will be estimated in the following.

Let L=spacing between two joints;

ΔT=temperature drop before joint grouting;

α=linear coefficient of expansion.

Therefore the opening of joint before grouting is

$$b=\alpha L \Delta T \qquad (16)$$

Let ε_0=shrinkage of grout after grouting, the initial clearance of joint due to shrinkage of grout will be

$$e=b\varepsilon_0 \qquad (17)$$

As an example, let

$$L=15\text{m}$$
$$\Delta T=30°C$$
$$\alpha=1\times10^{-5}\ (1/°C)$$

By Eq. (16), the opening of joint before grouting is

$$b=\alpha L \Delta T=10^{-5}\times30\times15\times1000=4.5(\text{mm})$$

The autogenous shrinkage of mass concrete measured by a no-stress meter in the dam is approximately $40\times10^{-6}\sim50\times10^{-6}$. As there is no aggregate, the shrinkage of grout may be larger than that of concrete. Assuming the shrinkage of grout is 200×10^{-6}, the clearance of joint due to shrinkage of grout is

$$e=b\varepsilon_0=4.5\text{mm}\times200\times10^{-6}=0.0009(\text{mm})$$

If this clearance is distributed to the whole dam block, the equivalent temperature drop is

$$\Delta T' = \frac{e}{\alpha L} = \frac{0.0009}{10^{-5}\times15\times1000} = 0.006\ (°C)$$

Thus it is clear that the initial clearance of joint, due to shrinkage of grout, after grouting of joint, is very small and may be neglected practically. This is an important conclusion because:

（1）if initial clearance of joint is considered in the stress analysis of concrete dams, the load P must be divided into a series of incremental loads ΔP and iterative computation is needed for each ΔP, so the computation is very tedious;

（2）if the initial clearance cannot be neglected，the influence of it on the stress state of dam may be remarkable.

It is necessary to consider the climatic condition of dam site, the water temperature in the reservoir and the autogenous volume change of dam concrete, in determining the concrete temperature before grouting of joints. There may be some error in determining the temperature before grouting of joints, or there may be some difference between the practical temperature of concrete and the pre-determined temperature before grouting. These temperature differences may be included in the temperature loads of dams.

4　Influence of quality of grouting on the stress–state of the dam

Generally speaking, there is no problem for cement grouting when the opening of joint is greater than 0.5mm. If the spacing between joint is 15m, only a 3.3 ℃ temperature drop is necessary to producing 0.5mm opening of joints. Thus, in general, there is no difficulty for the cement grout gel to enter the joint under pressure, the so-called "quality of grouting" means that the water-cement ratio of grout gel may be big. This problem will be analysed in the following.

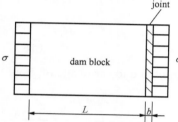

Fig. 4　Dam block and joint

As shown in Fig. 4, if the spacing between joints is L, and the opening of joint before grouting is b, after full hydration of grout gel,under the action of stress σ,the displacement will be

$$w = \frac{\sigma L}{E} + \frac{\sigma b}{E_j} = \frac{\sigma L}{E}(1+r) \tag{18}$$

$$r = \frac{bE}{LE_j} \tag{19}$$

where L is the Young's modulus of dam concrete；

E_j is the Young's modulus of grout.

The "r"in Eq.（18）represents the influence of grout on the displacement. Let the spacing between joints L=15m, the opening of joint before grouting b=4.5mm, considering the fact that the water cement ratio may be large, let the Young's modulus of grout E_j=0.1E, from Eq.（19）

$$r = \frac{bE}{LE_j} = \frac{4.5E}{15000E_j} = 0.0003\frac{E}{E_j} = 0.003$$

thus, the displacement only increase 0.3% under the assumption that the Young's modulus of grout is only one tenth of that of dam concrete.

The following conclusion is derived from the foregoing analysis. It is absolutely necessary for the joints to be grouted by cement gel. Because the ratio of opening to spacing between joint, b/L, is very small, the influence of the quality of grouting on the stresses and displacement of dam is small.

5 Influence of zero tensile strength on stresses in an arch dam

Generally speaking, the grouted joints can resist compressive stress but cannot resist tensile stress. The influence of zero tensile strength of joints on the stresses in arch dams is a matter of interest to many engineers. This problem is analysed in the following.

5.1 Depth of region subjected to tensile stress

Assuming that the joint can resist tensile stress and the dam is analysed by elastic method, as shown in Fig. 5, the thickness of the dam is t, the depth of region subjected to tensile stress is a, the maximum tensile stress is σ_t, the maximum compressive stress is σ_c (σ_t and σ_c are absolute values), the axial force is N_0, the moment is M_0, from the theory of bending of beam, the following equations are derived

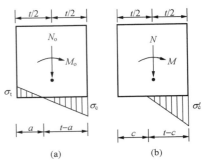

Fig. 5　Stress distribution on joint
(a) tension and compression on joint;
(b) no tension on joint

$$N_0 = \frac{(\sigma_c - \sigma_t)t}{2}$$
$$M_0 = \frac{(\sigma_c + \sigma_t)t^2}{12}$$
$$\frac{a}{t} = \frac{\sigma_t}{\sigma_c + \sigma_t} = \frac{\rho}{1+\rho} \tag{20}$$

where

$$\rho = \sigma_t / \sigma_c = (a/t)/(1 - a/t)$$

If the joint cannot resist tensile stress, as shown in Fig. 5 (b), let the depth of cracking be c, the axial force be N, the moment be M, the maximum compressive stress be σ'_c, assuming that the compressive stress varies linearly, the following equations are derived

$$N = \frac{\sigma'_c(t - c)}{2}$$
$$M = \frac{\sigma'_c(t - c)(t + 2c)}{12} \tag{21}$$

Because arch dam is a highly indeterminate structure, the internal forces will redistribute after cracking of joints, so generally $N \neq N_0, M \neq M_0$. Let

$$N=nN_0, \quad M=mM_0 \tag{22}$$

where n and m are two coefficients. By substituting Eq.（20） into Eq.（21）, we get

$$\frac{c}{t}=\frac{1}{2}\left[\frac{m(1+\rho)}{n(1-\rho)}-1\right] \tag{23}$$

$$\frac{\sigma'_c}{\sigma_c}=\frac{2n^2(1-\rho)^2}{3n(1-\rho)-m(1+\rho)} \tag{24}$$

from which we can get the depth of cracking c and the new maximum compressive stress σ'_c. Assuming $n=1$ and $m=1$, the following equations are derived

$$\frac{c}{t}=\frac{\rho}{1-\rho}=\frac{\eta}{1-2\eta} \tag{25}$$

$$\frac{\sigma'_c}{\sigma_c}=\frac{(1-\rho)^2}{1-2\rho}=\frac{(1-2\eta)^2}{(1-\eta)(1-3\eta)} \tag{26}$$

where $\rho=\sigma_t/\sigma_c$=the ratio of tensile stress to compressive stress before cracking;

$\eta=a/t$=the ratio of depth of region subjected to tensile stress to the thickness of dam block before cracking.

As shown in Fig. 6, if the joint cannot resist tensile stress, the ratio of depth of cracking to thickness, c/t, and the ratio of maximum compressive stresses, σ'_c/σ_c, increase rapidly with the ratio of depth of tensile region to thickness, a/t. Of course, as the internal forces will redistribute after cracking of joints, the increments of σ'_c/σ_c and c/t will be less than those shown in Fig. 6.

5.2 Ratio of depth of region subjected to tensile stress to spacing between joints

If the joint can resist tensile stress, the distribution of stress across the joint will be like the solid line shown in Fig. 7 (a). If the joint cannot resist tensile stress, the stress distribution across the

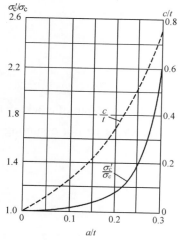

Fig. 6   Relation between σ'_c/σ_c, c/t and a/t

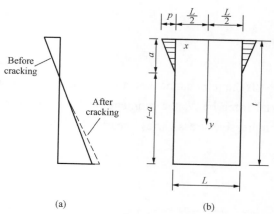

Fig. 7   Stress distribution on the face of joint
(a) stress distribution before and after cracking;
(b) difference of stress in the tensile region

joint will be like the broken line shown in Fig. 7 (a) . If the difference of stresses in the compressive region is neglected, the influence of no-tension on the joint is primarily equivalent to the fact that linearly distributed compressive stresses were applied in the tensile region as shown in Fig. 7 (b) to make the original tensile region to be free of stress.

When two sides of a square dam block ($L=t$) are subjected to triangularly distributed pressure as shown in Fig. 7 (b), the horizontal stresses σ_x on the symmetric plane ($x=0$) are shown in Fig. 8 (a) . When $a/t=0.2$, the maximum stress is $\sigma_x=-0.49p$ and when $a/t=0.4$, the maximum stress is $\sigma_x=-0.78p$. The distribution of horizontal stress along the upstream face of the dam block is shown in Fig. 8 (b) (Fig. 8 and Fig. 9 are computed by FEM by my assistant, Dr. Bo Yang) .

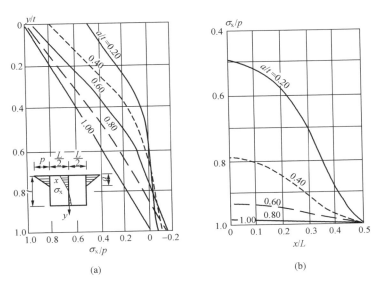

(a)   (b)

Fig. 8   Stresses in a square dam block ($L=t$) induced by the pressure shown in Fig.7 (b)

(a) horizontal stress σ_x on the symmetric plane ($x=0$) of dam block; (b) horizontal stress σ_x along the upstream face of dam block

Let a be the depth of region subjected to tensile stress and L be the spacing between joints. The influence of the ratio a/L on the stresses in the dam block is shown in Fig. 9. It is clear from Fig. 9 that σ_{xo}/p is closely related to a/L, where σ_{xo} is the maximum horizontal stress on the upstream face of dam block. The bigger a/L, the bigger σ_{xo}/p. Thus, when an arch dam with joints is analysed by FEM, the spacing between joints must be simulated accurately, at least in the zone subjected to horizontal tensile stresses. There must be at least 2-3 layers of elements in the horizontal direction between two transverse joints. In the analysis of arch dams with transverse joints in the past, frequently there are only a few joints in the computation model in order to reduce the number of elements. Practically this is equivalent to increase of spacing L and decrease of a/L. As a result, the influence of no tension on transverse joint is decreased.

5.3 Climatic condition at dam site

The stress-state of an arch dam is influenced strongly by the climatic condition of dam site. If the annual temperature variation is big, the magnitude of tensile stress and the depth of region subjected to tensile stress will be large. Sometimes the whole vertical section of the upper part of the dam may be subjected to tensile stresses in the winter. In this case, no tension on transverse joints will influence the stress state in the dam a great deal.

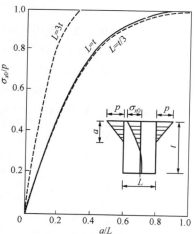

Fig. 9　Relation between σ_{x0}/p and a/L

5.4 Thickness of dam

The influence of climatic conditions on the stresses in an arch dam is closely related to the thickness of dam. The thinner the dam, the bigger the influence of annual temperature variation. For a thin arch dam in cold region, the influence of no tension on transverse joints will influence the stresses in the dam remarkably. On the contrary, for thick arch dam in mild region, this influence is small.

5.5 Earthquake

During severe earthquake excitation, particularly when the water level in the upstream side is low, the low tensile strength of joints will influence the stress-state in an arch dam remarkably.

6 Conclusions

（1）The three-dimensional isoparametric joint element of finite thickness with keys given in this paper can simulate the stress-state in the joint and consider the effect of keys.

（2）The initial clearance of joints due to shrinkage of grout is very small and generally may be neglected.

（3）It is necessary for transverse joints in arch dams to be grouted. Even if the quality of grout gel is not very good, the influence of joints with keys on the stresses in an arch dam is not very remarkable.

（4）The transverse joints, which cannot resist tensile stress, will influence the stress distribution in an arch dam. This problem is related to the depth a of the region subjected to tensile stresses, the ratio a/L of the depth of region subjected to tensile stress to the spacing between joints, the climatic condition of dam site, the thickness of dam and possible earthquake excitation.

References

［1］Fu Z，Zhang L. Stress analysis of massive concrete structures with construction joints with keys. Journal of Civil Engineering (in Chinese) , 1994, (4): 63-69.

［2］Espander R, Lotfi V. Application of the fixed smeared crack model in earthquake analysis of arch dams. Dam Engineering, 2000, Ⅹ(4): 219-248.

［3］Zhu B．Finite element method, theory and applications，2nd. Beijing：China Water Resources Press, 1998.

Methods for Stress Analysis Simulating Construction Process of Concrete Dams [❶]

Abstract: A lot of computation time and huge memory capacity are needed for stress analysis simulating the construction process of a high concrete dam, new methods—"compound layer method" and "methods of different time steps in different regions"—are proposed in this paper, by which, the process of simulating calculation is simplified greatly.

Key words: concrete dam, simulation of construction process, compound layer method, different time steps in different regions

1 Introduction

A concrete dam is constructed layer by layer. The temperature field and stress field in the dam are influenced strongly by the construction process. In order to simulate the process, the temperature and stress in the dam must be computed layer by layer. This is difficult, because ①there are 100-200 layers in a high dam and several years may last for the construction process; ②due to the violent variance of temperature and stresses in a newly-placed layer, at least 3-4 layers of finite elements and short time steps should be used in the layer to ensure necessary precision.

New algorithms— "compound layer method" and "methods of different time steps in different regions"—are proposed in this paper.

In the compound layer method, the domain considered is divided into several regions. As the dam rises. In the newly-placed layers, the temperature and stresses are computed layer by layer while in the lower regions, when the hydration heat is exhausted and the moduli of elasticity and creep of different layers are close to each other，several layers are combined into one compound layer and a coarser mesh is used. As a result, the number of layers of the dam is reduced from 100-200 to about 10-20.

The methods of different time steps in different regions are proposed for computing the temperature field and stress field. Short time steps are used for the new concrete and long time steps are used for the old concrete. As a result, the calculation is simplified a great deal. [3,4]

The methods are applied to analysis of temperature and stress field of The Three Gorges Dam under construction.

---

❶ 原载 Dam Engineering, Vol.11, Issue 4, 2001. 原作者朱伯芳、许平。

2 Compound layer method

2.1 Calculation of age of compound layers in terms of elastic modulus

Let τ_i and τ_j be the ages of the ith and jth layers of concrete respectively.

Let

$$\frac{E(\tau_j)-E(\tau_i)}{E(\tau_i)} \leqslant \varepsilon_1 \tag{1}$$

where ε_1 is the allowable error and $E(\tau)$ the elastic modulus of concrete. $E(\tau)$ can be expressed as

$$E(\tau) = E_0\,[1-\exp(-a\tau^b)] \tag{2}$$

where E_0, a, b are material constants. By substituting Eq. (2) into Eq. (1), we get

$$\tau_{j1} = \left\{ -\frac{1}{a}\,\ln[(1+\varepsilon_1)\exp(-a\tau_i^b)-\varepsilon_1] \right\}^{1/b} \tag{3}$$

Then the concrete layers with age τ between τ_i and τ_{j1} can be combined into one layer.

2.2 Calculation of age of compound layer in terms of unit creep

Let

$$\frac{C(\tau_i)-C(\tau_j)}{C(\tau_i)} \leqslant \varepsilon_2 \tag{4}$$

where ε_2 is the allowable error and $C(\tau)=C(\infty,\tau)$, the unit creep of concrete. $C(\tau)$ can be expressed as

$$C(\tau) = (m+\rho\tau^{-\beta})/E_0 = g(\tau)/E_0 \tag{5}$$

where m, p, β, E_0 are material constants. By substituting Eq.(5) into Eq. (4), we get

$$\tau_{j2} = \left[\frac{p}{(1-\varepsilon_2)g(\tau_1)-m} \right]^{1/\beta} \tag{6}$$

The concrete layers with age $\tau_i \leqslant \tau \leqslant \tau_{j2}$ can be combined into one layer which satisfy Eq. (4).

2.3 Calculation of age of compound layers in terms of adiabatic rise of temperature due to hydration heat

Let

$$\frac{\theta(\tau_j)-\theta(\tau_i)}{\theta(\tau_i)} \leqslant \varepsilon_3 \tag{7}$$

where ε_3 is the allowable error and $\theta(\tau)$ the adiabatic rise of temperature of concrete. $\theta(\tau)$ can be expressed as

$$\theta(\tau) = \frac{\theta_0 \tau}{n+\tau} \tag{8}$$

where θ_0 and n are material constants. By substituting Eq. (8) into Eq.(7), we get

$$\tau_{j3} = \frac{nh}{1-h} \tag{9}$$

where $h=(1+\varepsilon_3)\tau_i/(n+\tau_i)$; The concrete layers with age between τ_i and τ_{j3} can be combined into one layer which satisfy Eq. (7).

Now we get τ_{j1}, τ_{j2} and τ_{j3}, let

$$\tau_j = \min(\tau_{j1}, \tau_{j2}, \tau_{j3})$$

Then the concrete layers with age $\tau_i \leqslant \tau \leqslant \tau_j$ can be combined into one layer which satisfy Eqs. (1), (4), (7) simultaneously. The adiabatic rise of temperature of concrete usually develops more rapidly than the elastic modulus and unit creep of concrete and weighs little in determining the age of compound layer.

After the concrete layers being combined, the calculation is carried out with new mesh. The temperature field is directly calculated in terms of the temperatures at nodes and no significant difference in calculation occurs. The stresses in the new layer after combination may be computed in one of the following two ways.

2.4　Combined homogeneous layer

When the concrete layers with $\tau_i \leqslant \tau \leqslant \tau_j$ are combined into one layer, the new layer is a homogeneous layer with modulus of elasticity $E(\tau)$ and unit creep $C(t, \tau)$ which have the mean value of concrete layers with age τ_i and τ_j.

2.5　Compound layer

n layers with $\tau_1 \leqslant \tau \leqslant \tau_j$ are combined into one non-homogeneous compound layer. In computing the stiffness matrix K, the load increment due to creep ΔP_c and the stress increment $\Delta \sigma$ of the new element, the modulus of elasticity and the unit creep of each layer are used in the numerical integration.

3　The algorithm of different time steps in different regions for elasto–creeping solids

The time steps for finite element analysis of elasto-creeping solids are related to the properties of materials. The elastic modulus, unit creep and adiabatic rise of temperature of concrete are all closely related to concrete age. In the early age, they vary sharply. Therefore, when the finite element method being applied to stress analysis, very short time steps ($\Delta \tau = 0.2$-1.0d) should be used for the early age so as to ensure necessary precision. A concrete dam is constructed layer by layer and new concrete is continuously placed on the top of dam blocks. The time steps for the whole dam is controlled by newly-placed concrete and very short time steps have to be used from the beginning to the end of construction process, necessitating a lot of computer time. To adopt the algorithm of different time steps in different regions, that is, to adopt short time steps in the region of newly-placed concrete and long time steps in the region of old concrete, can greatly simplify the calculation[2].

In Fig. 1, the concrete block is divided into two regions, a and b, with cc as the interface between them. From time t_n to t_m, a long time step, $\Delta t_{nm} = t_m - t_n$, is adopted in calculation for region a, while m short time steps, Δt_{n+1}, Δt_{n+2}, $\cdots$, Δt_{n+m}, are adopted for region b and the following requirement should be satisfied

$$\Delta t_{nm} = \sum_{i=1}^{m} \Delta t_{n+i} \tag{10}$$

so that the two regions are temporarily linked up at t_m.

The methods and procedures of calculation are as follows:

Step 1: Calculation in region b. Firstly, m short time steps are used and the interface cc is fixed, that is to set $u=v=w=0$ on cc. Then the stress increment $\{\Delta\sigma_{n+1}\}$ in region b and the reaction increment $\{\Delta F_{n+i}\}$ on cc at each time step from t_n to t_m can be calculated by the theory of elasto-creep[4]. The stress increment in region b and the reaction on the interface cc are

$$\{\Delta\sigma_b'\} = \sum_{i=1}^{m}\{\Delta\sigma_{n+i}\}, \quad \{F_{nm}^b\} = \sum_{i=1}^{m}\{\Delta F_{n+i}\} \tag{11}$$

Step2: Calculation in region a. A long time step is used and the stress increment $\{\Delta\sigma_a'\}$ in region a and the reaction $\{F_{nm}^a\}$ on plane cc are calculated by the theory of elasto-creep.

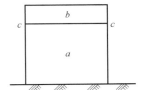

Step3: The stress increment in the whole structure caused by the release of reaction on the interface cc.

In this way the stress increments in regions a and b — $\Delta\sigma_a''$ and $\Delta\sigma_b''$ are calculated. Summing up the stress increments calculated through the above three steps, we get the stress increments in regions a and b as

Fig. 1 concrete block

$$\{\Delta\sigma_a\} = \{\Delta\sigma_a'\} + \{\Delta\sigma_a''\}, \quad \{\Delta\sigma_b\} = \{\Delta\sigma_b'\} + \{\Delta\sigma_b''\} \tag{12}$$

4   The Algorithm of different time steps in different regions for unsteady temperature field

In the algorithm of different time steps in different regions for unsteady temperature field, short time steps are used in the region of sharp temperature variation and long time steps are used in the other region of moderate temperature variation, so as to raise the efficiency of calculation[3]. As shown in Fig.2, the region of sharp temperature variation is R_1, the transitional region is R_2, and the region of moderate temperature variation is R_3, with the external boundaries of them as B_1, B_2, and B_3 and the interface between them are Ω_1 and Ω_2. The temperature of surrounding media is also divided into three parts correspondingly: the temperature of media on boundary B_1 is $T_{c1}+f(t)$, in which T_{c1} is the temperature of moderate variation (e.g., annual variation) and $f(t)$ the temperature of sharp variation (e. g., daily variation or cold wave). T_{c2} is the temperature on B_2 and T_{c3} the temperature on B_3.

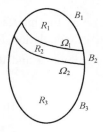

Fig. 2　calculating regions

The problem to be solved is:

In R_1:

Initial condition : $t=0$

boundary condition : on B_1

on Ω_1

$$
\left.
\begin{aligned}
&\frac{\partial T}{\partial t}=a\nabla^2 T+\frac{\partial\theta_1}{\partial t}\\
&T(0)=T_1(0)\\
&-\lambda\frac{\partial T}{\partial n}=\beta_1[T-Tc_1-f(t)]\\
&T_1=T_2,\frac{\partial T_1}{\partial n}=\frac{\partial T_2}{\partial n}
\end{aligned}
\right\}\quad(13)
$$

In R_2:

Initial condition : $t=0$,

boundary condition : on B_2

on Ω_2

$$
\left.
\begin{aligned}
&\frac{\partial T}{\partial t}=a\nabla^2 T+\frac{\partial\theta_2}{\partial t}\\
&T(0)=T_2(0)\\
&-\lambda\frac{\partial T}{\partial n}=\beta_2(T-T_{c2})\\
&T_2=T_3,\quad\frac{\partial T_2}{\partial n}=\frac{\partial T_3}{\partial n}
\end{aligned}
\right\}\quad(14)
$$

In R_3:

Initial condition : $t=0$

boundary condition : on B_2

$$
\left.
\begin{aligned}
&\frac{\partial T}{\partial t}=a\nabla^2 T+\frac{\partial\theta_3}{\partial t}\\
&T(0)=T_3(0)\\
&-\lambda\frac{\partial T}{\partial n}=\beta_3(T-T_{c3})
\end{aligned}
\right\}\quad(15)
$$

Tab. 1　　　　　　　　　　Decomposition of the temperature field

	Region	Original problem	Decomposed problem	
		T	U	V
Adiabatic rise of temperature θ	R_1	θ_1	θ_1	0
	R_2	θ_2	0	θ_2
	R_3	θ_3	0	θ_3
Initial temperature $T(0)$	R_1	$T_1(0)$	$T_1(0)$	0
	R_2	$T_2(0)$	0	$T_2(0)$
	R_3	$T_3(0)$	0	$T_3(0)$
Boundary air temperature T_c	B_1	$T_{c1}+f(t)$	$f(t)$	T_{c1}
	B_2	T_{c2}	0	T_{c2}
	B_3	T_{c3}	0	T_{c3}

The problem is linear and thus can be decomposed. Set

$$T=U+V \qquad (16)$$

The adiabatic temperature rises θ_i, initial temperature and boundary conditions in the three regions are shown in Tab. 1, in which $\theta, T(0), T_c, f(t)$, etc. are all known functions of (x,y,z,t).

Take a concrete dam for example. In region R_1, the factors inducing sharp variation of temperature field include: ①the adiabatic rise of temperature θ_1 of newly-placed concrete varying sharply with time; ②the initial temperature of newly-placed concrete significantly different from the temperature of old concrete or that of surrounding media; ③the non-negligible effects of daily temperature variation or cold wave, that is, the effects of $f(t)$, on the surface of newly-placed concrete. It can be seen from Tab.1 that these three factors are all in field U of R_1. Therefore, the sharp variation of temperature field is mainly limited to region R_1. It may extend to the portion of R_2 near R_1 and already tends towards zero on the interface between R_2 and R_3. We have $U=0$ on Ω_2 for $t \leqslant t_s$ (t_s can be estimated by experience). Thus in region R_3, U satisfies the following conditions:

In R_3:

Initial condition : $t = 0$

boundary condition : on B_3

on Ω_2

$$\left. \begin{array}{r} \dfrac{\partial U}{\partial t} = a\nabla^2 U \\[2mm] U(0) = 0 \\[2mm] -\lambda \dfrac{\partial U}{\partial n} = \beta_3 U \\[2mm] U = 0 \end{array} \right\} \qquad (17)$$

Obviously, the solution satisfying the above conditions is

In R_3: $\qquad\qquad\qquad U=0 \qquad\qquad\qquad (18)$

Therefore, field U needs to be solved only in region R_1+R_2. Because field U varies sharply with time, short time steps should be adopted in calculation. Field V must be solved in the whole region $R_1+R_2+R_3$. Because of its moderate variation, longer time steps can be used in calculation so as to raise the efficiency of calculation.

5　Example

Based on the above mentioned algorithms, we developed a FORTRAN program "SimuDam" on personal computer and calculated the temperature field and stress field in the flood discharging monolith of the Three Gorges Dam. A flood discharging bottom outlets is provided and beneath it, there are 2 halves of cross-monolith diversion bottom outlets on both sides of the monolith. Considering the symmetry, half of the monolith is taken for calculation. Fig.3 shows the coordinate system, finite element mesh and profile numbers. Totally 8204 eight nodes spatial isoparametric elements and 10708 nodes were used in the calculation. The process of construction and operation of the Three Gorges Dam were simulated for 41273 days. Fig.4 shows the stress distributions along intersecting line B1 (the intersecting line of profiles B-B and 1-1) at different times.

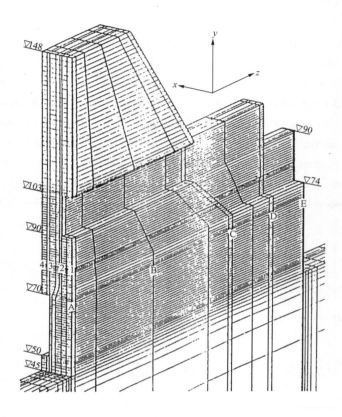

Fig.3 Coordinate system and finite element mesh

6 Conclusions

The process of construction of a concrete dam exerts important effects on the temperature and stress of dam body. It needs a lot of computer time and huge memory capacity to simulate the process of construction of large-sized concrete dam by conventional algorithms.

By taking advantage of the difference of spatial and temporary variation rates of temperature and stress field between newly-placed concrete and old concrete, the algorithms of compound layers and different time steps in different regions employ different mesh density and different time steps in different regions. With these methods, the process of construction and operation of a high concrete dam can be simulated on personal computers.

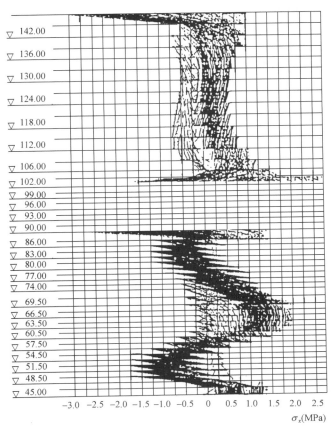

Fig.4 Stress distribution along line B1 at different times

References

[1] Bofang Zhu. Method for stress analysis simulating construction process of high concrete dams. Computing Technology and Application of Computers, 1993, (2): 1-5.

[2] Bofang Zhu. Compound layer method for stress analysis simulating construction process of concrete dam. Dam Engineering, 1995, Ⅵ(2): 157-178.

[3] Bofang Zhu. A numerical method using different time increments in different regions for analyzing stresses in elasto-creeping solids, Journal of Hydraulic Engineering, 1995, (7): 23-27.

[4] Bofang Zhu. A method using different time increments in different regions for solving unsteady temperature field by numerical method, Journal of Hydraulic Engineering, 1995, (8): 46-52.

[5] Bofang Zhu. Selected Papers of Academician Bofang Zhu. Beijing: China Electric Power Press, 1997.

[6] Bofang Zhu. Finite Element Method, Theory and Applications. Beijing: China Water Resources and Hydropower Press,1998.

[7] Bofang Zhu. Thermal Stress and Temperature Control of Mass Concrete. Beijing: China Electric Power Press, 1999.

Temperature Control and Design of Joints for RCC Arch Dams[1]

Abstract: The construction technology of RCC arch dam is similar to that of RCC gravity dam. The main difference between these two types of RCC dams is the temperature control and design of joints .There are no transverse joints but only some crack inducers in the first three RCC arch dams constructed in the world. In 1992, the author pointed out that transverse joints and temperature control are necessary to RCC arch dams except the small dams, which can be constructed in winter months (Zhu 1992). Thereafter, transverse joints and temperature control were adopted in RCC arch dams in China. The method for computing the temperature loads, the method for the control of thermal stresses and the principles for design of joints for RCC arch dams are given in this paper.

Key words: temperature control, transverse joint, RCC, arch dam

The construction technology of RCC arch dam is similar to that of RCC gravity dam.The main difference between these two types of RCC dams is the temperature control and design of joints.

Sections of gravity dams are stable on their own, so transverse joints without grouting may be adopted in gravity dams to release the restraint to thermal deformation in the axial direction of the dam. The height of region of remarkable foundation restraint to thermal deformation in the direction of the river is about 0.20L, where L is the width of the base of the dam. Thus, if the concrete of the lower part of the dam subjected to severe foundation restraint is poured in the months of lower temperature of a year, the temperature control of the upper part of the gravity dam is not difficult. On the contrary, the water loads on an arch dam are transferred to the abutments by the horizontal arch action, the safety of an arch dam relies on the continuity through the dam, and so transverse joints without grouting are not permitted in an arch dam. The thermal deformations are restrained by the foundation rock on the two sides from the base to the top of the dam. If concrete is poured in warm months, remarkable thermal stresses and cracks may be induced in the dam. Thus the main difference between RCC arch dam and RCC gravity dam is temperature control and design of joints.

There are no transverse joint but only some crack inducers in the first three RCC arch dams constructed in the world (Knellport dam and Wolwedans dam in South Africa and Puding dam in China). After a thorough study of this problem, in 1992, the author pointed out that grouted transverse joints and relevant temperature control generally are necessary to RCC arch dams except the small ones constructed in winter months and suggested that transverse joints may be made by

---

❶ 原载 Dam Engineering,Volume Ⅺ , Issue 3, 2003.

precast concrete and the dam can be cooled by water flowing in embedded pipes (Zhu 1992). Thereafter, transverse joints grouted after proper cooling are generally adopted in RCC arch dams in China. The method for computing the temperature loads, the method for control of thermal stresses and the principles for design of joints for RCC arch dams are given in the following.

1　Temperature loads for RCC arch dams without transverse joint

In the warm region, such as the south of China, because the final qusi-steady temperature of the dam is high, a small RCC arch dam can be constructed in the winter months. In this case, the temperature drop of the concrete is not great and there will be possibly no cracking if the dam is constructed without transverse joint. It will be shown how to analyze this possibility in the following.

As shown in Fig. 1, the temperature in the section of a dam at any time can be divided into three parts: the mean temperature T_m, the equivalent linear temperature difference T_d and the nonlinear temperature difference T_n as follows

$$T_m = \frac{1}{L} \int_{-L/2}^{L/2} T(x) dx \tag{1}$$

$$T_d = \frac{12}{L^2} \int_{-L/2}^{L/2} T(x) x dx \tag{2}$$

$$T_n = T(x) - T_m - T_d x / L \tag{3}$$

where L is the thickness of the dam.

The nonlinear temperature difference T_n is an important factor leading to superficial cracks but it does not affect the displacements and internal forces of the dam, therefore, only mean temperature T_m and equivalent linear temperature difference T_d are considered in the stress analysis of arch dam in the Design Specifications for Concrete Arch Dams of China.

For an arch dam without transverse joints, the temperature loads may be computed by the following formulas

$$\left. \begin{array}{l} T_m = T_{m1} - T_{m0} \pm T_{m2} \\ T_d = T_{d1} - T_{d0} \pm T_{d2} \end{array} \right\} \tag{4}$$

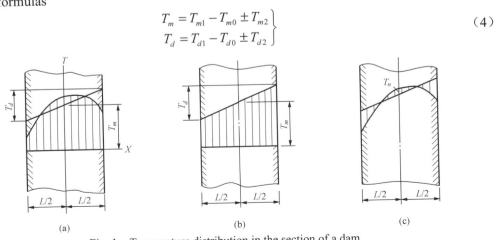

Fig. 1　Temperature distribution in the section of a dam

(a)actual temperature; (b) mean temperature and equivalent temperature difference; (c) nonlinear temperature difference where T_m and T_d are the mean temperature and the equivalent linear temperature difference for computing thermal stresses in the arch dam; T_{m0} and T_{d0} are the highest mean temperature and equivalent linear temperature difference in the process of construction; T_{m1} and T_{d1} are the mean temperature and equivalent linear temperature difference (along x axis) of the annual mean temperature in the period of operation; T_{m2} and T_{d2} are the mean temperature and equivalent linear temperature difference induced by the variation of the water temperature on the upstream face and the air temperature on the downstream face.

1.1 Computation of T_{m1} and T_{d1}

As shown in Fig. 2 , the annual mean temperature of the upstream face of the dam is equal to the annual mean temperature of the water in the reservoir ,which can be expressed as follows (Zhu 1997)

$$T_{wm} = c + (b - c) e^{-0.04y} \qquad (5)$$

in which $c = \dfrac{T_b - b}{1 - g} g$, $g = e^{-0.04H}$, where y is the depth of water, m; H is the depth of the

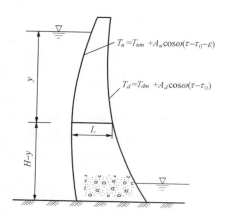

reservoir, m; T_b is the water temperature at the bottom; b is the annual mean water temperature at the surface of reservoir; T_{wm} is the annual mean water temperature at depth y.

The annual mean temperature of the downstream face of the dam is given by the following equation

$$T_{dm} = T_{ma} + \Delta T \qquad (6)$$

where T_{ma} is the annual mean air temperature, ΔT is the increment of mean temperature of downstream face due to solar radiation. The mean temperature of the downstream face below the tail water may be computed by an equation similar to Eq. (5).

Fig. 2   Boundary temperatures of arch dam

Because arch dams are generally not very thick, the distribution of annual temperature along the thickness is practically linear, so the mean temperature T_{m1} and equivalent linear temperature difference T_{d1} (along x axis) of the annual mean temperature in the period of operation may be computed as follows

$$\left. \begin{array}{l} T_{m1} = \dfrac{1}{2}(T_{dm} + T_{um}) \\[2mm] T_{d1} = \dfrac{1}{2}(T_{dm} - T_{um}) \end{array} \right\} \qquad (7)$$

1.2 Computation of T_{m0} and T_{d0}

If no special measures are taken, the distribution of temperatures in the direction of thickness of the dam is generally symmetrical, so the equivalent linear temperature difference

$$T_{d0} = 0 \qquad (8)$$

The maximum mean temperature of concrete in the process of construction is given by

$$T_{m0} = T_p + k_r T_r \tag{9}$$

in which T_p is the placing temperature of concrete, T_r is the maximum temperature rise due to heat of hydration of cement, k_r is a coefficient of reduction considering the influence of the compression due to the temperature rise in the early age which will offset a part of the tensile stress induced by the temperature drop in the later age of concrete. k_r is approximately equal to 0.70~0.85. To be on the safe side, we may take k_r=1.0, then

$$T_{m0} = T_p + T_r \tag{10}$$

Let the adiabatic temperature rise of concrete be given by

$$\theta(\tau) = \theta_0 \left(1 - e^{-m\tau}\right) \tag{11}$$

where τ is age of concrete (d) ; m is a constant and θ_0 is the final adiabatic temperature rise.

For a RCC dam with thickness L, considering the loss of heat from the two lateral sides as well as from the surface of lift, the maximum mean (across the thickness) temperature rise due to heat of hydration may be given by the following formula

$$T_r = sN\theta_0 \tag{12}$$

where N is the coefficient of heat loss from the two lateral sides, given by a theoretical solution (Zhu 1999) ; s is the coefficient of heat loss from the surface of lift, given by numerical method, the value of s primarily depends on the rate of rising of the dam concrete. N and s may be found from Fig. 3 and Fig. 4.

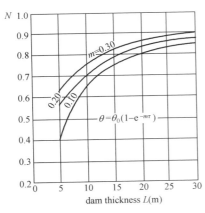
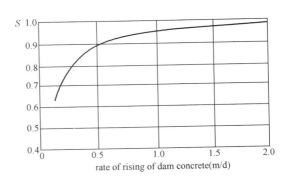

Fig. 3   Coefficient N for heat loss from lateral sides   Fig. 4   Coefficient s for heat loss from surface of lift

1.3   Computation of T_{m2} and T_{d2}

As shown in Fig. 2, the temperature of the upstream face of the dam is given by (Zhu 1997)

$$T_u(y,\tau) = T_{um}(y) + A_u(y)\cos w(\tau - \tau_0 - \varepsilon) \tag{13}$$

where τ is time; y is the depth of water;

$T_{um}(y)$ is the annual mean temperature of water; $A_u(y)$ is the amplitude of annual variation of water temperature; $\tau_o = 6.5$ month is the time of maximum air temperature; ε is the phase difference between the maximum temperatures of water and air; $\omega = 2\pi / P$, $P=12$ month is the period of variation of temperature.

T_{um} is given by Eq. (5) and A_u is computed as follows

$$A_u = A_o e^{-0.018y} \qquad (14)$$

where A_0 is the amplitude of annual variation of the water temperature at the surface of reservoir ($y=0$).

The temperature of the downstream face of the dam is given by

$$T_d(y,\tau) = T_{dm}(y) + A_d(y)\cos\omega(\tau - \tau_o) \qquad (15)$$

The mean temperature T_{m2} and the equivalent linear temperature difference T_{d2} induced by the annual variation of water temperature on the upstream face and air temperature on the downstream face are computed as follows

$$T_{m2} = k_m \left[A_d(y)\cos\omega(\tau - \tau_o - \theta_m) + A_u(y)\cos\omega(\tau - \tau_o - \varepsilon - \theta_m) \right] \qquad (16)$$

$$T_{d2} = k_d \left[A_d(y)\cos\omega(\tau - \tau_o - \theta_d) - A_u(y)\cos\omega(\tau - \tau_o - \varepsilon - \theta_d) \right] \qquad (17)$$

in which

$$k_m = \frac{1}{2\eta}\sqrt{\frac{2(\mathrm{ch}\,\eta - \cos\eta)}{\mathrm{ch}\,\eta + \cos\eta}}$$

$$\theta_m = \frac{1}{w}\left[\frac{\pi}{4} - \arctan\left(\frac{\sin\eta}{\mathrm{sh}\,\eta}\right)\right]$$

$$k_d = \sqrt{a_1^2 + b_1^2},\; \theta_d = \frac{1}{\omega}\arctan\left(\frac{b_1}{a_1}\right)$$

$$a_1 = \frac{6\sin\omega\theta_m}{k_m\eta^2},\; b_1 = \frac{6}{\eta^2}\left(\frac{1}{k_m}\cos\omega\theta_m - 1\right)$$

$$\eta = L\sqrt{\frac{\pi}{aP}},\; \omega = \frac{2\pi}{P}$$

where a is the thermal diffusivity of concrete, and $P=12$ month.

Example. As shown in Fig. 5, the height of dam is 75m, the thickness at top is 6m and the thickness at base is 30m.The final adiabatic temperature rise $\theta_0=18\,^\circ\!\mathrm{C}$,the coefficient of rate of heat hydration $m=0.15$ (1/d), the rate of rising of dam concrete is 0.50m/d, from Fig. 4 $s=0.89$, N is given in Fig. 3.

The annual mean air temperature is 14.7℃,the increment of temperature due to solar radiation is 3℃,so the annual mean temperature of the downstream face of dam is $T_{dm}=17.7$℃. The annual mean temperature of water at the surface of reservoir is 16.7℃,from Eq. (5), the annual mean water temperature at the upstream face of dam is given by

$$T_{um} = 11.62 + 5.08e^{-0.04y} \qquad (18)$$

The amplitude of annual variation of water temperature is

$$A_u = 9.55e^{-0.018y} \tag{19}$$

The temperature loads of the dam are computed by Eqs. (4)、(7)、(10)、(16) and (17) and the results of computation are given in Tab. 1.

Tab. 1 Temperature loads for a RCC arch dam

Elevation (m)		0	15	30	45	60	75
Thickness (m)		30.0	25.2	20.4	15.6	10.8	6.0
Coefficient N		0.870	0.855	0.825	0.770	0.710	0.530
Temperature rise T_r (℃)		13.94	13.70	13.21	12.33	11.37	8.49
Placing time		Dec.	Dec.	Jan.	Jan.	Feb.	March
Placing temperature T_P (℃)		6.7	6.7	5.0	5.0	6.7	11.6
$T_{m0}=T_p+T_r$		20.64	20.4	18.21	17.33	18.07	20.09
T_{d0}		0	0	0	0	0	0
T_{m1}		13.70	14.44	15.17	15.60	16.37	17.20
T_{d1}		2.47	4.52	5.06	4.21	2.67	1.00
T_{m2}		0.794	1.054	1.360	1.939	3.586	8.141
T_{d2}		1.962	3.855	4.205	4.160	2.346	0
Temperature loads in winter (℃)	T_m	−7.73	−7.01	−4.40	−3.67	−5.29	−11.03
	T_d	0.51	0.67	0.86	0.05	0.32	1.00
Temperature loads in summer (℃)	T_m	−6.15	−4.91	−1.68	+0.21	1.89	5.25
	T_d	4.43	8.38	9.27	8.37	5.02	1.00

For the loading case: water pressure+weight+temperature loads in winter, the dam is analyzed by the program ADASO (Arch Dam Analysis System and Optimization) (Zhu et al.1991) .The stresses are shown in Fig. 6.The maximum tensile stress is 1.05MPa,which is less than the allowable tensile stress 1.20MPa, stipulated in the Design Specifications of Concrete Arch Dam of China. Although there is no transverse joint in the dam, as the dam is constructed in winter months, the thermal stresses are small, so it is possible that there will be no cracking . To be on the safe side,

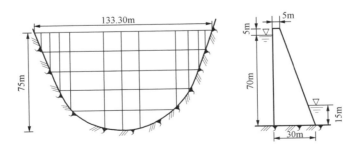

Fig. 5 A RCC arch dam, example

some crack. inducers may be set up in the dam. It is necessary to use superficial insulation and curing in the process of construction to prevent cracking due to cold wave and drying shrinkage.

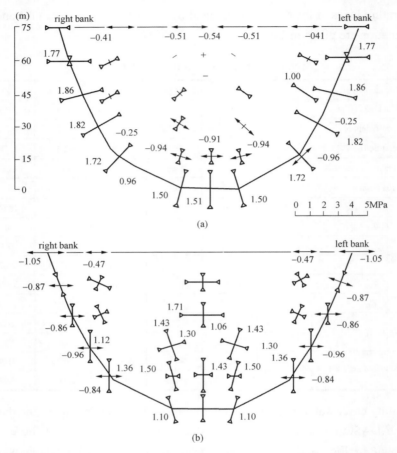

Fig. 6　Principal stresses in dam (water pressure+weight+temperature loads in winter) (negative stress is tensile)

(a)Principal stresses on upstream face;(b)Principal stresses on downstream face

2　RCC arch dams with transverse joints

If the dam concrete cam not be poured in winter months, or the dam site locates in cold region where the final mean temperature of the dam is low, the inevitable big temperature difference will induce remarkable cracking. In this case, it is necessary to adopt transverse joints grouted after proper cooling in the dam.

2.1　Principles for setting up transverse joints in RCC arch dams

First, it is suggested to pour the concrete in lower part of the dam in winter months to the greatest extent so as to increase the height H_1 of the part of dam without joint as great as possible (Fig. 7) . Transverse joints are necessary in the part above H_1 because the temperature differences are big. As RCC generates less heat of hydration, the distances between transverse joints may be somewhat greater than those in conventional concrete arch dams. According to the length of the crest of dam, there may be 1~4 transverse joints, as shown in Fig. 7. Some steel reinforcements must be put beneath the lower end of the joint standing on concrete to prevent the joint from extending downward in the course of cooling of the dam.

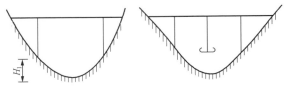

Fig. 7   Transverse joints in RCC arch dam

2.2   Cooling of the dam before joint grouting

Before grouting of the transverse joints, the dam must be cooled to predetermined temperature; for example, the mean temperature of the dam must be not higher than the annual mean temperature of the dam in the period of operation. This requirement may be fulfilled by natural cooling when the thickness of the dam is small; otherwise, artificial pipe cooling must be used. In Shuikou RCC gravity dam, steel cooling pipe had been used (Chen 1991). In the cofferdam of Dachaoshan dam, a RCC arch dam, PVC cooling pipe had been used successfully (Chen 2002) .PVC cooling pipe is more suitable than steel pipe, because PVC pipe has less connections and it is so flexible that it can be installed easily before pouring of concrete.

If the reservoir can be emptied of water in the period of operation, instead of cooling pipe, the repeated grouting system may be used to grout the transverse joints after the dam concrete having been cooled, but there are some uncertainties in this case, for example, if the water level is high in the process of natural cooling of dam, remarkable tensile stresses may appear in the dam which will induce cracking and worsen the stress state of the dam.

2.3   Crack inducers

Crack inducers reduce the effective area of the cross-section of the dam. When the tensile stresses in other part are not higher than those acting on the section of crack inducers, they will open; otherwise, cracks may appear in other part of the dam and crack inducers will not open, as in Puding RCC arch dam. When the dam is thick, a long time is required for the temperature in the dam to fall to the final quasi-steady temperature. Under the simultaneous action of the water pressure and temperature drop in the process of natural cooling of dam, the axial force of the arch is generally compressive (except the upper part of the dam) ,the stresses will be tensile on one side and compressive on the opposite side, so it is impossible for the full section to open and the stress state in the dam may be worsened. The action of crack inducers is different from that of transverse joints, which are grouted after the dam having been fully cooled. Thus crack inducers can be used only as auxiliary measures and not as principal measures to control cracking in RCC arch dams.

2.4   Construction of transverse joints

The author proposed to use precast concrete to form transverse joints in RCC arch dam (Zhu

1992). This idea was realized and developed in the design of Shapai RCC arch dam (Chen 2002). As shown in Fig. 8. the transverse joint is formed by a series of pairs of gravity type precast concrete forms with length of 1.00m and height of 0.30m,which is equal to the thickness of layer of concrete. The height of grouting zone is 6.0m.

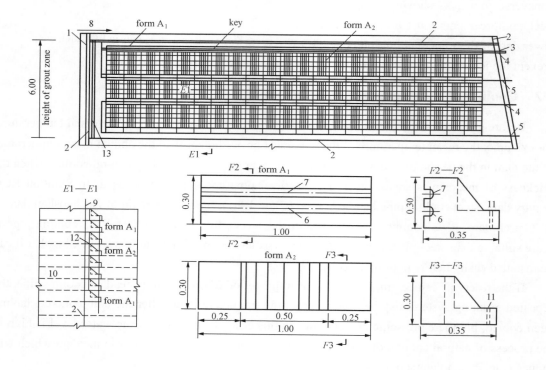

Fig. 8   The transverse joint of Shapai RCC arch dam (unit: m)

1—water stop; 2—grout stop; 3—air exhaust pipe; 4—grout return pipe; 5—grout inlet pipe; 6—hole for installing grout pipe;

7—hole for installing air exhaust pipe; 8—direction of river; 9—plane of transverse joint; 10—layer of concrete;

11—hole for fixing bar; 12—mortar; 13—cavity leading to open

There are two types of forms: A_1 and A_2.The grouting system is installed in form A_1 and the keys of joint are in form A_2. In the process of construction of dam, the precast concrete forms are installed before the pouring of concrete.

The dam is cut by transverse joints, which are grouted after the dam concrete having been cooled to predetermined temperature. The structural action of transverse joints is clear and reliable.

3   Conclusions

(1) In the warm region, the final qusi-steady temperature of the dam is high. A small RCC arch dam can be constructed in winter months, so the temperature drop of the dam concrete is not great and it is possible that there will be no cracking if the dam is constructed without transverse joint.

(2) If the dam cannot be constructed in winter months or the dam site locates in cold region where the final mean temperature of the dam is low, it is necessary to adopt transverse joints grouted after proper cooling of the dam. The joints may be formed by precast concrete blocks with height 0.30m which is equal to the thickness of layer of concrete.

(3) If the dam is thin, it may be cooled to predetermined temperature by natural cooling, otherwise, PVC cooling pipe may be used which is convenient for RCC.

References

［1］Chen Jilun. Application of RCC in Shuikou gravity dam (unpublished) . East China Investigation and Design Institute，1991.

［2］Chen Qiuhua. New techniques for construction of joints in RCC arch dams. Water Power (in Chinese) , 2002, (1): 23-26.

［3］Hollingworth F, Hooper D J，Geringer J J. Roller compacted concrete arched dams. Water Power and Dam Construction, 1989：29-34.

［4］Zhu Bofang. Temperature loads on arch dams, in J L Serafim, R W Clough (eds) . Arch Dams, 1990：217-225.

［5］Zhu Bofang. Temperature control and design of RCC arch dam. Water Power (in Chinese) , 1992，（9）：11.

［6］Zhu Bofang. Prediction of water temperature in deep reservoirs. Dam Engineering, 1997, Ⅷ (1): 13-26.

［7］Zhu Bofang. Thermal Stresses and Temperature Control of Mass Concrete. Beijing: China Electric Power Press, 1999.

［8］Zhu Bofang, Rao Bin, Jia Jinsheng. Stress analysis of noncircular arch dams. Dam Engineering, 1991，Ⅱ, Issue 3, 253-272.

Optimum Central Angle of Arch Dam[❶]

Abstract: The central angle of the horizontal arch is an important parameter in the design of arch dams. It has great influence on the stress, sliding stability and cost of dam. It is well known that when the arch is assumed to be a circular hoop, neglecting the moment and the deformation of foundation, the optimum central angle of the arch is 133.56°. In this paper, it is shown that when the moment, the deformation of foundation and the sliding stability condition are considered, the optimum central angle of the arch is the biggest central angle allowed by the sliding stability condition of the rock foundation.

Key words: optimum central angle, arch dam, sliding stability

1 Optimum central angle from theory of circular hoop

Assuming that the arch is a simple circular hoop, neglecting the moment and considering only the axial force, the stress in the arch is $\sigma = pr/t$, where: p=radial water pressure acting on the axis of arch; r=radius of the axis of arch; t=thickness of the arch. If L is the span of the arch, and ϕ is the half-central angle, then $r = L/(2\sin\phi)$. If the allowable stress is $[\sigma]$, let $\sigma = [\sigma]$, then the thickness of arch is $t = pr/[\sigma]$, and the volume of the arch of unit height is

$$V = 2\phi rt = \frac{PL^2}{2[\sigma]\sin^2\phi} \tag{1}$$

From the extreme condition $dV/d\phi=0$, the optimum central angle is derived as $2\phi=133.56$[1].

2 Optimum central angle of elastic arch considering condition of stress

In the derivation given in the above paragraph, the following important factors are ignored:

(1) In the stress analysis, only axial force is considered. The bending moment is ignored;

(2) Only the water pressure is considered, the temperature effect is ignored;

(3) The deformation of the foundation is ignored;

(4) The sliding stability condition of the abutment is ignored.

If all factors are considered, what will be the optimum central angle? This question will be answered in the following sections. The influence of stress will be studied in the former and the influence of sliding stability will be studied in the latter.

An elastic arch on rock foundation is shown in Fig. 1. The radius of the axis is r, the thickness

❶ 原载 Dam Engineering, Volume VII, Issue 1, 2001.

is t and the central angle is 2ϕ. The basic assumptions of computation are:

(1) the stresses are computed by the theory of elastic arch;

(2) the deformation of foundation is computed by Vogt coefficients;

(3) the loads acting on the arch are the water pressure p and the temperature variations.

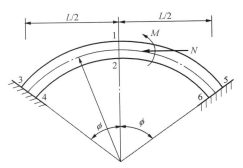

2.1 Fully stressed computation of the arch

Fig. 1　Elastic arch on rock foundation

We define the fully stressed arch as the arch in which at least the stress at one control point reaches the allowable stress. For the arch of uniform thickness,as shown in Fig. 1, there are generally six stress control points, namely the points 1~6. In the so-called fully stressed arch, there is at least one control point at which the stress reaches the allowable stress. If the arch is symmetrical, then the stress control points are 1~4.

Let the central angle of the arch be 2ϕ, the radius be r, the water pressure be p and the moduli of elasticity of the arch and the rock foundation be E and E_f respectively. The procedure for computing the thickness of the fully stressed arch is explained in the following:

(1) Give the initial thickness of arch, t;

(2) Calculate the temperature change by the empirical formula, or by the method given in [2];

(3) Compute the axial force N and the bending moment M at the crown and the abutments of the arch by theory of elastic arch;

(4) Let the stresses at the control points 1~6 be equal to the allowable compressive or tensile stress

$$\sigma = \frac{N}{t} \pm \frac{6M}{t^2} = [\sigma] \qquad (2)$$

where $[\sigma]$ is the allowable stress which is positive for tensile stress and negative for compressive stress.

From Eq. (2), the critical thickness of the arch is derived as follows

$$t = \frac{-b \pm \sqrt{b^2 - 4ac}}{2a} \qquad (3)$$

where $a=[\sigma]$, $b=N$, $c=6M$ (upstream face) or $c=-6M$ (downstream face).

There are two solutions for t, and the greater one is taken. Corresponding to the control points 1~6, there are six critical thicknesses, $t_1 \sim t_6$. The greater is taken as the allowable thickness of the arch. This allows at least the stress at one control point to reach the allowable stress and the stresses at the other control points will not be greater than the allowable stress.

There will be some changes of the internal forces of the arch after the change of thickness. Thus,the iteration method of computation is adopted. After the thickness is computed by the above mentioned method, steps 2~4 are repeated. This method of iteration converges very rapidly, and generally only one or two iterations are needed.

2.2 Computation of the optimum central angle of the elastic arch

The optimum central angle of elastic arch must satisfy the following two conditions:

(1) The strength of material must be fully utilized, and at least one control point must reach the allowable stress, namely, the arch must be fully stressed.

(2) The volume of concrete must be minimum.

According to the above—mentioned conditions, we may compute in the following procedure: give n values of central angles $2\phi_i (i=1-n)$, find the thickness t_i and volume $V_i=2r\phi_i t_i$ of the fully stressed arch for each central angle. From $V\sim\phi$ curve, we can find the central angle 2ϕ with minimum volume, which will be the optimum central angle of elastic arch determined by stress condition.

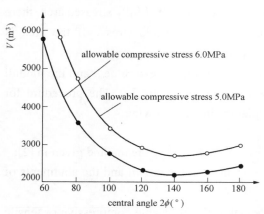

Fig. 2　The optimum central angle controlled by stress condition

In example 1. the span of arch is L=292m, the water pressure is p=200kPa, the temperature drop is given by the empirical formula $T_m= -57.24/(t+2.44)$ (℃), the allowable tensile stress is $[\sigma_+]$=1.5MPa, two allowable compressive stresses are considered: $[\sigma_-]= -5$MPa and $[\sigma_-]= -6$MPa. The rock foundation has the same modulus of elasticity as the concrete.

The computation was made by the method given in this paragraph and the results are shown in Fig. 2. It is clear from Fig. 2 that the optimum central angle of the elastic arch for two different allowable compressive stresses lie in the vicinity of 140°.

3　Optimum central angle of elastic arch considering both the cond–ition of stress and the condition of sliding stability

Besides the condition of stress, the condition of sliding stability of the abutment is also an important factor in the design of practical arch dam. Thus, the optimum central angle of arch must satisfy the following conditions:

(1) Full utilisation of the allowable stress;

(2) The sliding stability coefficient K must not be less than the allowable value $[K]$;

(3) The volume of concrete is the minimum.

By the method given in the preceding paragraph, the curve $V\sim\phi$ for the fully-stressed arch is obtained, compute the sliding-stability coefficient of the abutment for each central angle 2ϕ. If both the right and left part of the arch are non-symmetrical (geometrically or mechanically), the lower one must be taken. Then, draw the $K\sim\phi$ curve. From the intersection of $K\sim\phi$ curve and the horizontal line $K=[K]$,we get the optimum central angle of elastic arch which satisfies both the condition of stress and the condition of sliding stability.

In example 2. the basic data is the same as example 1. The allowable tensile stress $[\sigma_+]=1.5$MPa and the allowable compressive stress$[\sigma_-]= -5$MPa,the left and the right part are symmetrical. The angle between the sliding plane of the rock foundation and the reference plane of arch is $\theta=10°$ (Fig. 3). On the plane of sliding,the coefficient of friction $f=0.8$,the cohesion $c=0$,the allowable minimum coefficient of sliding stability $[K]=1.2$. Try to find the optimum central angle of the arch.

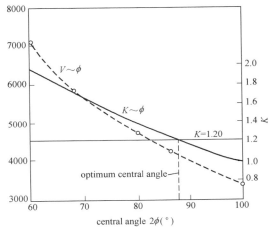

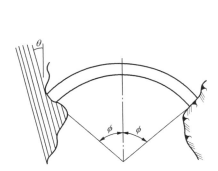

Fig. 3   Example 2

Fig. 4   The optimum central angle satisfying both the condition of stress and the condition of sliding stability

Compute and draw the $V\sim\phi$ curve of the fully-stressed arch by the method given in the preceding paragraph, and then compute the $K\sim\phi$ curve, as shown in Fig. 4. The intersection of $K\sim\phi$ curve and the horizontal line $K=1.2$ lies at $2\phi=87.6℃$. From Fig. 4, it is clear that:

(1) When $2\phi>87.60°$, $K<1.2$,the condition of sliding stability will not be satisfied.

(2) When $2\phi<87.6°$, the volume of concrete V will increase with the decrease of ϕ. Thus, 87.6° is the angle which can satisfy the condition of stress, the condition of sliding stability and the condition of minimum volume.

For this example,if only the condition of stress is considered,the optimum central angle is 140°,but if both the condition of stress and the condition of sliding stability are considered, the optimum central angle will be 87.6°. The condition of sliding stability plays an important role in determining the optimum central angle of arch.

4   Conclusion

Now the following conclusions are derived:

(1) If only the condition of stress is considered, the optimum central angle of arch is rather large, the value may be $130°\sim140°$.

(2) If both the condition of stress and the condition of sliding stability are considered, the optimum central angle of arch is generally controlled by the latter. The value of the optimum central angle depends on the geological and topographical conditions of the foundation.

(3) In the range allowed by condition of sliding stability,the bigger the central angle, the less the concrete of arch.

(4) In order to reduce the volume of dam concrete to the possible minimum,it is necessary to adopt the maximum central angle allowed by the condition of sliding stability.

The choice of central angle is a very important problem in the design of arch dams. On the basis of the above-mentioned analysis, the following criterion is derived: the optimum central angle of arch dam is the biggest central angle allowed by the sliding stability condition of the rock foundation.

References

［1］ Creager W P，Justin J D，Hinds J. Engineering for Dams, 1948.

［2］ Bofang Zhu. The temperature loads in arch dams. Water Power (in Chinese) , 1984, (2): 23-29.

Thermal Stresses in Beams on Elastic Foundations[1]

Abstract: A method is proposed to calculate the thermal stresses in beams on elastic foundations. The stresses are divided into two parts: stresses due to self-restraint of the beam and those due to the restraint of the foundation, which is treated as an elastic half-plane. The normal and shearing stresses on the contact surface of the beam and the foundation are expressed by Tchebyshev polynomials. The calculated stresses are very close to the results of photo-elastic experiments.

Key words： thermal stress, beam, elastic foundation

1　Introduction

Cracks often appear on concrete beams on elastic foundations. This indicates that it is necessary to consider thermal stresses in the design of these structures. However, proper methods of calculation are still lacking. This paper proposes a rational and practical calculation method.

In the analysis of a beam on elastic foundation under the action of external loads, shear on the contact surface is usually ignored. But, in the analysis of thermal stress, the foundation restraint on the horizontal thermal displacement of the beam results primarily from the action of shear. Thus, both the shearing stress and the normal stress on the contact surface will be taken into consideration in this paper.

The thermal stresses of beams on elastic foundations consist of two parts, namely, stresses due to self-restraint and stresses due to foundation restraint. The former is caused by the internal restraint of the beam itself, while the latter is caused by the external restraint of the foundation. After superposition of the stresses due to both foundation restraint and self-restraint，the thermal stresses of the beam will be obtained.

2　Stresses due to self–restraint of the beam

Let a multilayered beam of length $2l$ be given as shown in Fig.1.

---

❶　原载 Journal of Mechanics, 1977, 3。

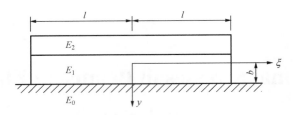

Fig.1　Beam on elastic foundation

The temperature within the beam varies along the direction y. First, determine height b of the weighted centroid of the area for the cross section of the beam with the following equation

$$\int E(y) y \mathrm{d}y = 0 \tag{1}$$

Place the origin of coordinates on the weighted centroid of the cross section of the beam and cut along the contact surface of the beam and the foundation. Then the beam is free from the foundation restraint, and the calculation can be made for the stress due to the self-restraint of the beam according to the Bernoulli-Euler assumption with Eq. (2) below[2]

$$\sigma_x = \frac{E(y)\alpha}{1-\mu} \left[T_m + \psi y - T(y) \right] \tag{2}$$

where

$$T_m = \frac{\int E(y) T(y) \mathrm{d}y}{\int E(y) \mathrm{d}y} \tag{3}$$

$$\psi = \frac{\int E(y) T(y) y \mathrm{d}y}{\int E(y) y^2 \mathrm{d}y} \tag{4}$$

in which T_m is the mean temperature with $E(y)$ as weight; ψ is the temperature gradient with $E(y)$ as weight; $E(y)$ is the Young's modulus of the beam varying with the coordinate y; α, the coefficient of thermal expansion and μ,Poisson's ratio.

Being unrestrained by the foundation,the axial displacement w_t and the deflection of the neutral axis y_t of the beam (according to plane strain) are now, respectively, as follows

$$w_t = (1+\mu)\alpha T_m \xi \tag{5}$$

$$y_t = -\frac{(1+\mu)\alpha\psi}{2}\xi^2 \tag{6}$$

3　Stresses due to foundation restraint

Let

$$D = \int \frac{E(y) y^2 \mathrm{d}y}{1-\mu^2} \qquad F = \int \frac{E(y) \mathrm{d}y}{1-\mu^2} \tag{7}$$

where D is the flexural rigidity of the beam and F, the tensile rigidity.

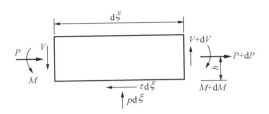

Fig.2　A differential element of the beam

Consider an element of length $\mathrm{d}\xi$ cut from the beam, as shown in Fig. 2. From the condition of equilibrium of forces acting on the element, the following relations will be obtained

$$\frac{\mathrm{d}M}{\mathrm{d}\xi} = V - b\tau \tag{8}$$

$$\frac{\mathrm{d}V}{\mathrm{d}\xi} = -p \tag{9}$$

$$\frac{\mathrm{d}p}{\mathrm{d}\xi} = \tau \tag{10}$$

in which M is moment; V, shear; P, axial force; p and τ, the normal and the shearing stress, respectively, on the contact surface of the beam and the foundation. From the stress-strain relationship and the Bernoulli-Euler assumption, the following relations will be obtained

$$M = D\frac{\mathrm{d}^2 y}{\mathrm{d}\xi^2} \tag{11}$$

$$P = F\frac{\mathrm{d}w}{\mathrm{d}\xi} \tag{12}$$

Where w is the axial displacement of the beam, and y, its deflection. In order to make the coordinate a dimensionless quantity, let

$$x = \xi/l \tag{13}$$

and substitute the above into Eqs. (8) - (12) to obtain the following

$$M = \frac{D}{l^2}\frac{\mathrm{d}^2 y}{\mathrm{d}x^2} \tag{14}$$

$$V = \frac{D}{l^3}\frac{\mathrm{d}^3 y}{\mathrm{d}x^3} + b\tau \tag{15}$$

$$P = \frac{F}{l}\frac{\mathrm{d}w}{\mathrm{d}x} \tag{16}$$

$$\frac{D}{l^4}\frac{\mathrm{d}^4 y}{\mathrm{d}x^4} + p + \frac{b}{l}\frac{\mathrm{d}\tau}{\mathrm{d}x} = 0 \tag{17}$$

$$\frac{F}{l^2}\frac{\mathrm{d}^2 w}{\mathrm{d}x^2} - \tau = 0 \tag{18}$$

Eqs. (17) and (18) constitute a group of differential equations of equilibrium. Our objective is to find the solution for this group of equations with the appropriate boundary conditions.

Because of the symmetry of the beam, the reaction force $p(x)$ of the foundation is an even function of x and $\tau(x)$, an odd function. Let

$$p(x) = \frac{A_0 H_0(x)}{\sqrt{1-x^2}} + \frac{A_2 H_2(x)}{\sqrt{1-x^2}} + \frac{A_4 H_4(x)}{\sqrt{1-x^2}} + \cdots \tag{19}$$

$$\tau(x) = \frac{B_1 H_1(x)}{\sqrt{1-x^2}} + \frac{B_3 H_3(x)}{\sqrt{1-x^2}} + \cdots \tag{20}$$

$$H_n(x) = \cos(n \arccos x) \tag{21}$$

where $H_n(x)$ is a Tchebyshev polynomial, which may be expressed as follows

$$\left.\begin{array}{l} H_0(x) = 1 \quad H_1(x) = x \quad H_2(x) = 2x^2 - 1 \\ H_3(x) = 4x^3 - 3x \\ H_4(x) = 8x^4 - 8x^2 + 1 \ldots \end{array}\right\} \tag{22}$$

$H_n(x)$ forms the $(1-x^2)^{-1/2}$ weighted orthogonal polynomials, i. e.

$$\int_{-1}^{+1} \frac{H_n(x) H_m(x)}{\sqrt{1-x^2}} dx = \begin{cases} 0, & \text{when} \quad n \neq m \\ \pi/2, & \text{when} \quad n = m > 0 \\ \pi, & \text{when} \quad n = m = 0 \end{cases} \tag{23}$$

Now take $m=0$, that is, $H_m(x) = H_0(x) = 1$. From Eqs. (19) and (23) and the condition that the external load of the beam must be equal to zero, we deduce

$$A_0 = 0 \tag{24}$$

The other coefficients A_2, A_4, B_1, B_3 in Eqs. (19) and (20) are dependent on continuity of deformation of the beam and the foundation on the contact surface. The calculation shows that the characteristics of Tchebyshev polynomials have made it possible to take only one term each from $p(x)$ and $\tau(x)$ in practical calculation to obtain satisfactory results. Substituting the expressions of $p(x)$ and $\tau(x)$ into Eq. (17) and letting $A_0 = 0$, we obtain, after integration.

$$\begin{aligned} y(x) = \frac{l^4}{D} \Bigg\{ & \frac{c_1 x^3}{6} + \frac{c_2 x^2}{2} + c_3 x + c_4 \\ & - \frac{A_2}{120} \left[15x \arcsin x - (2x^4 - 9x^2 - 8)\sqrt{1-x^2} \right] \\ & + \frac{B_1 r}{6} \left[(x^2 + 2)\sqrt{1-x^2} + 3x \arcsin x \right] + \cdots \Bigg\} \end{aligned} \tag{25}$$

in which

$$r = b/l \tag{26}$$

After differentiating, we have

$$\begin{aligned} y'(x) = \frac{l^4}{D} \Bigg\{ & \frac{c_1 x^2}{2} + c_2 x + c_3 - \frac{A_2}{24} \left[(5 - 2x^2) x \sqrt{1-x^2} + 3\arcsin x \right] \\ & + \frac{B_1 r}{2} \left(x\sqrt{1-x^2} + \arcsin x \right) \cdots \Bigg\} \end{aligned} \tag{27}$$

With Eqs. (14) and (15), we obtain

$$M = l^2 \left[c_1 x + c_2 - \frac{A_2}{3} \left(1 - x^2 \right) \sqrt{1 - x^2} + B_1 r \sqrt{1 - x^2} \cdots \right] \qquad (28)$$

$$V = l \left[c_1 + A_2 x \sqrt{1 - x^2} \cdots \right] \qquad (29)$$

The boundary conditions of the beam are

$$\begin{aligned} &\text{when } x = 0, \quad y'(x) = 0, V(x) = 0 \\ &\text{when } x = \pm 1, \quad M(x) = V(x) = 0 \end{aligned} \right\} \qquad (30)$$

From the above-mentioned conditions we obtain $c_1 = c_2 = c_3 = 0$. In Eq. (30), there is a condition that is a repetition of $A_0 = 0$. Therefore, only three coefficients have been determined, with c_4 left undetermined. In Eq. (25), let $x = 0$ to obtain

$$y(0) = \frac{l^4}{D} \left(c_4 - \frac{A_2}{15} + \frac{B_1 r}{3} \cdots \right) \qquad (31)$$

To eliminate c_4, take the relative displacement $y^0(x) = y(x) - y(0)$, that is

$$\begin{aligned} y^0(x) &= y(x) - y(0) \\ &= \frac{l^4}{D} \left\{ -\frac{A_2}{120} \left[15x \arcsin x - \left(2x^4 - 9x^2 - 8 \right) \sqrt{1 - x^2} - 8 \right] \right. \\ &\quad \left. + \frac{B_1 r}{6} \left[\left(x^2 + 2 \right) \sqrt{1 - x^2} + 3x \arcsin x - 2 \right] + \cdots \right\} \\ &\approx \frac{l^4}{D} \left[x^2 \left(\frac{-A_2}{6} + \frac{B_1 r}{2} \right) + \cdots \right] \end{aligned} \qquad (32)$$

It is necessary for the axial displacement $w(x)$ to satisfy the following boundary conditions

$$\begin{aligned} &\text{when } x = 0, \quad w = 0 \\ &\text{when } x = \pm 1, \quad P(x) = \frac{F}{l} \frac{dw}{dx} = 0 \end{aligned} \right\} \qquad (33)$$

Substituting Eq. (20) into Eq. (18) we find a general solution of $w(x)$, the coefficients of which are determined by the boundary condition Eq. (33). The solution of $w(x)$ is finally obtained as follows

$$w(x) = -\frac{B_1 l^2}{F} \left(\frac{x}{2} \sqrt{1 - x^2} + \frac{1}{2} \arcsin x \right) + \cdots \approx -\frac{B_1 l^2 x}{F} + \cdots \qquad (34)$$

From the theory of elasticity, the displacements of the surface of the foundation under the action of surface forces $p(x)$ and $\tau(x)$ may be determined by the following formula (plane strain)[1]

$$u = -\frac{(1 + \mu_0)(1 - 2\mu_0)l}{2E_0} \left[\int_{-1}^{x} p(\eta) d\eta - \int_{x}^{+1} p(\eta) d\eta \right] - \frac{2(1 - \mu_0^2)l}{\pi E_0} \int_{-1}^{+1} \tau(\eta) \ln|x - \eta| d\eta \qquad (35)$$

$$v = -\frac{2(1 - \mu_0^2)l}{\pi E_0} \int_{-1}^{+1} p(\eta) \ln|x - \eta| d\eta + \frac{(1 + \mu_0)(1 - 2\mu_0)l}{2E_0} \left[\int_{-1}^{x} \tau(\eta) d\eta - \int_{x}^{+1} \tau(\eta) d\eta \right] \qquad (36)$$

where E_0 and μ_0 are the Young's modulus and Poisson's ratio, respectively, of the foundation. Substituting Eqs. (19) and (20) into Eqs. (35) and (36), the displacements of the surface of the foundation are obtained

$$u(x) = \frac{(1+\mu_0)(1-2\mu_0)lA_2x}{E_0}\sqrt{1-x^2} + \frac{2(1-\mu_0^2)lB_1}{E_0}x + \cdots$$

$$\approx \frac{(1-\mu_0^2)lx}{E_0}(sA_2 + 2B_1) + \cdots \tag{37}$$

$$v(x) = \frac{(1-\mu_0^2)lA_2}{E_0}(2x^2 - 1) - \frac{(1+\mu_0)(1-2\mu_0)lB_1}{E_0}\sqrt{1-x^2} + \cdots$$

$$v^0(x) = v(x) - v(0) = -\frac{2(1-\mu_0^2)lA_2}{E_0}x^2 + \frac{(1+\mu_0)(1-2\mu_0)lB_1}{E_0}(1-\sqrt{1-x^2}) + \cdots$$

$$\approx \frac{(1-\mu_0^2)l}{E_0}\left(2A_2 + \frac{s}{2}B_1\right)x^2 + \cdots \tag{38}$$

where $s = (1-2\mu_o)/(1-\mu_o)$.

The deformation of the beam and the foundation on the contact surface should remain continuous, that is

$$\left.\begin{array}{l} w + w_t = u \\ y + y_t = v \end{array}\right\} \tag{39}$$

Substituting the expressions of $w_t, y_t, w, y, u,$ and v into Eq. (39) and comparing the coefficients on both sides, we obtain

$$B_1 = \frac{c_{32}\beta + c_{12}\lambda}{\Delta} \qquad A_2 = \frac{-c_{31}\beta - c_{11}\lambda}{\Delta} \tag{40}$$

in which

$$c_{11} = 15(kr - s); c_{12} = -5k - 60; c_{31} = -15i - 30; c_{32} = -15s$$

$$\Delta = c_{11}c_{32} - c_{12}c_{31}; s = \frac{1-2\mu_0}{1-\mu_0}; i = \frac{E_0l}{F(1-\mu_0^2)}; k = \frac{E_0l^3}{D(1-\mu_0^2)}; r = \frac{b}{l}$$

$$\beta = \frac{15(1+\mu)\alpha\psi E_0l}{1-\mu_0^2}; \lambda = \frac{15(1+\mu)\alpha T_m E_0}{1-\mu_0^2} \tag{41}$$

From Eqs. (14) and (16), we obtain

$$\left.\begin{array}{l} M(x) = l^2\left[B_1r\sqrt{1-x^2} - \frac{A_2}{3}(1-x^2)\sqrt{1-x^2}\right] \\ P(x) = -B_1l\sqrt{1-x^2} \end{array}\right\} \tag{42}$$

From the above equations, it may be seen that the maximum tensile stress appears on the central section. In practical engineering, cracks often occur at the central part of the beam, therefore, the stresses on the central section are of special interest. In the above two equations, let $x=0$, then the moment M_0 and the axial force P_0 of central section are as follows

$$P_0 = -lB_1 \qquad M_0 = l^2\left(B_1r - \frac{A_2}{3}\right) \tag{43}$$

After finding M and P, the calculation of the stresses in the beam may be made with

$$\sigma_x = \frac{E(y)}{1-\mu^2}\left(\frac{P}{F} - \frac{yM}{D}\right) \tag{44}$$

The stresses found with Eq. (44) are due to foundation restraint, which, after superposition with the stresses due to self-restraint given by Eq. (2) ,will give the thermal stresses of the beam.

If the beam is homogeneous (single layer) with thickness $2h$ and length $2l$, then $b = h$, $F = 2Eh/(1-\mu^2)$, $D = 2Eh^3/3(1-\mu^2)$, and $r = b/l = h/l$.

Let $\eta = E/E_0$ and $\mu = \mu_0 = 1/6$ .Substituting them into the above mentioned equations, we obtain

$$T_m = \frac{1}{2h}\int_{-h}^{h} T\mathrm{d}y \tag{45}$$

$$\psi = \frac{3}{2h^3}\int_{-h}^{h} yT\mathrm{d}y \tag{46}$$

$$B_1 = \left(\frac{22.5}{\eta r^3} + 180\right)\frac{E\alpha T_m}{(1-\mu)\Delta} + \frac{36E\alpha\psi h}{(1-\mu)r\Delta} \tag{47}$$

$$A_2 = \left(\frac{67.5}{\eta r^2} - 36\right)\frac{E\alpha T_m}{(1-\mu)\Delta} - \left(\frac{22.5}{\eta r^2} + \frac{90}{r}\right)\frac{E\alpha\psi h}{(1-\mu)\Delta} \tag{48}$$

$$\Delta = 331.2\eta + \frac{90}{r} + \frac{54}{r^2} + \frac{45}{r^3} + \frac{11.25}{\eta r^4} \tag{49}$$

$$P_0 = -lB_1, \quad M_0 = l^2\left(B_1 r - \frac{A_2}{3}\right) \tag{50}$$

$$\sigma_u = \frac{P_0}{2h} + \frac{3M_0}{2h^2}, \quad \sigma_1 = \frac{P_0}{2h} - \frac{3M_0}{2h^2} \tag{51}$$

where σ_u is the stress at the upper edge and σ_1 ,the stress at the lower edge of the central section of the beam.

Example I

A single-layer beam with $E = E_0$, i.e., $\eta = 1,0$ and $\mu = \mu_0 = 1/6$, is subjected to the action of uniform temperature T (Fig.3).

The stresses calculated with Eqs. (50) and (51) are found in Tab.1, which also gives the results of a photoelastic experiment for comparison. It can be seen from the table that the calculated and experimental stresses are very close to each other with the difference falling practically within the scope of experimental error.

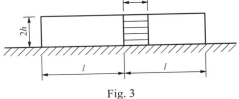

Fig. 3

Tab. 1 $\qquad \sigma_x(1-\mu)/E\alpha T$ of the Single-Layered Beam $(E = E_0)$

l/h	Computed stresses		Experimental stresses	
	Upper edge	Lower edge	Upper edge	Lower edge
4.0	−0.26	−0.63	−0.22	−0.62
8.0	−0.59	−0.68	−0.57	−0.68
12.5	−0.73	−0.75	−0.79	−0.80

Example Ⅱ

Fig. 4 shows a double-layered concrete beam on the rock foundation, each layer having a thickness of $2h$ and a length of $2l$, $h/l = 1/8$, $E_0 : E_1 : E_2 = 3 : 2 : 1$, with the upper layer being subjected to the action of uniformly distributed temperature T. The stresses calculated with the method described in this paper are shown in Fig. 5, the figures bracketed being the results calculated with the method of theory of elasticity[2]. Both show good conformity in value.

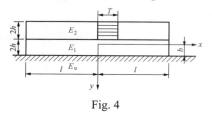 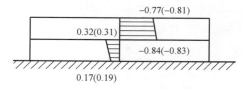

Fig. 4

Fig. 5 $(1-\mu)\,\sigma_x/E\alpha T$ of double-layered beam on rock foundation

4 Treatment of Time –dependent Young's Modulus

Young's modulus of concrete varies with time (age of concrete). The variation of Young's modulus produces a significant effect on temperature stresses. In order to take this factor into consideration, time may be divided into a series of intervals each having a mean modulus of elasticity

$$\overline{E}_i = \frac{E_{i-1} + E_i}{2}$$

The temperature increment engendered within such an interval of time is

$$\Delta T_i = T_i - T_{i-1}$$

On the basis of mean Young's modulus $\overline{E}_i$, and temperature increment ΔT_i, the stress increment $\Delta\sigma_i$, engendered within the time interval i may be computed with the

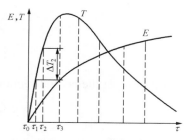

Fig.6 Time-dependent Young's modulus

above-mentioned method. On accumulation, the temperature stress for different time may, thus, be

$$\sigma = \sum \Delta\sigma_i \tag{52}$$

The influence of concrete creep is ignored in the above calculation. Taking into consideration the effect of creep, the temperature stresses may be computed approximately by the following formula

$$\sigma(t) = \sum \Delta\sigma_i(\tau_i) K(t,\tau_i) \tag{53}$$

where t is the time, τ, the age of concrete, and $K(t,\tau)$, the coefficient of stress relaxation of concrete, which is given by the author's formula as follows

$$K(t,\tau) = 1 - \left(0.40 + 0.60\mathrm{e}^{-0.62\tau^{0.17}}\right)\left[1 - \mathrm{e}^{-\left(0.20 + 0.27\tau^{-0.23}\right)(t-\tau)^{0.36}}\right] \tag{54}$$

For more detailed discussion on the effect of concrete creep, see references[3],[4],[5],and [6].

5 Concluding Remarks

A rational and practical method has been proposed to compute the temperature stresses in beams on elastic foundation. The beam may be homogeneous or multilayered. The calculated results are very close to the results of experiments.

References

[1] S Timoshenko, J N Goodier. Theory of Elasticity. 2nd.. New York: McGraw-Hill, 1951.

[2] Zhu Bofang, Wang Tongsheng, Ding Baoying, Guo Zhizhang. Thermal Stress and Temperature Control of Hydraulic Concrete Structures. Beijing: Water Resources and Electric Power Press, 1976.

[3] Zhu Bofang. Computation of Thermal Stresses in Mass Concrete with Consideration of Creep Effect. Lausanne Proc. 15th International Congress on Large Dams, 1985, II: 529-545.

[4] Zhu Bofang. Some Problems in the Theory of Creep of Concrete. Journal of Hydraulic Engineering (in Chinese), 1982, (3): 35-40.

[5] Zhu Bofang. An Implicit Method for Stress Analysis of Concrete Structures Considering the Effect of Creep. Journal of Hydraulic Engineering (in Chinese), 1983, (5): 40-46.

[6] Zhu Bofang. Substructure Method for Stress Analysis of Heterogeneous Elasto-Creeping Solids, Journal of Hydraulic Engineering (in Chinese), 1984, (2): 20-24.

Temperature Loads on Arch Dams[1]

Abstract: In the past, in the formula for computing the temperature loads on arch dam, only the influence of the thickness of the dam is considered which is inadequate. The more rational formulas are proposed to compute the temperature loads on arch dam. The factors considered in these formulas include the climatic condition of the dam site, the temperature of water in the reservoir and the thickness of the dam. These formulas have been adopted in the design specifations of arch dams in China.

Key words: temperature loads, arch dam, climatic condition, temperature of water in reservoir, thickness of dam

Usually,an arch dam is divided into many blocks by contraction joints in the construction period. Before the grouting of joints, the dam cannot act as a monolith but thermal stresses can be calculated for the concrete blocks[1]. This paper will explain how to compute the temperature loads in an arch dam after the grouting of contraction joints. The authors' methods of computation described here have been adopted in the Design Specifications of Concrete Arch Dams' of the People's Republic of China.[2]

1 Boundary temperature

Temperature loads in an arch dam are affected by the boundary temperatures (Fig.1). The temperature of the downstream face may be expressed as follows

$$T_D = T_{DM} + A_D \cos \omega(\tau - \tau_0) \tag{1}$$

where

T_D=temperature of the downstream face;

T_{DM}=annual mean temperature of the downstream face;

A_D=amplitude of the annual variation of the downstream face temperature;

τ=time, month;

τ_0=the time at which the downstream face temperature is maximum;

$\omega = 2\pi / P$ =circular frequency;

P=period of variation, 12 months.

T_{DM} is determined by the following equation

$$T_{DM} = T_{am} + \Delta T_s \tag{2}$$

---

❶ 原载 International Workshop on Arch Dam,Coimbra, 5-9, April, 1987. 原作者朱伯芳、黎展眉。

where

T_{am} =annual mean air temperature;

ΔT_s =increment of mean temperature due to solar radiation.

A_D is determined by the following equation

$$A_D = A_a + \Delta A_s \tag{3}$$

where

A_a =amplitude of annual variation of the air temperature;

ΔA_s =increment of amplitude of variation due to solar radiation.

The temperature of the upstream face is expressed as follows

$$T_U = T_{UM} + A_U \cos \omega (\tau - \tau_0 - \varepsilon) \tag{4}$$

in which

T_U =temperature of the upstream face

T_{UM} =annual mean temperature of the upstream face

A_U =amplitude of annual variation of the upstream face temperature

ε =phase difference of variation of the upstream face temperature and the downstream face temperature.

According to actual measurement data, the water temperature at different depths of the reservoir may be expressed approximately as follows

$$T_w(y,\tau) = T_{wm}(y) + A_w(y) \cos \omega (\tau - \tau_0 - \varepsilon) \tag{5}$$

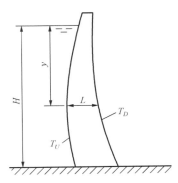

Fig. 1 Boundary temperatures

where:

$T_w(y,\tau)$ =water temperature at depth y and at time τ;

$T_{wm}(y)$ =annual mean water temperature at depth y;

$A_w(y)$ =amplitude of annual variation of water temperature at depth y.

The annual mean water temperature $T_{wm}(y)$ varies with the depth y and may be expressed as follows

$$T_{wm}(y) = c + (T_{surf} - c) e^{-0.04y} \tag{6}$$

in which

$$\left. \begin{array}{l} c = \dfrac{(T_{bot} - g\, T_{surf})}{(1-g)} \\[2mm] g = e^{-0.04H} \end{array} \right\} \tag{7}$$

where

T_{bot} =annual mean water temperature at the bottom of the reservoir;

T_{surf} =annual mean water temperature at the surface of the reservoir;

H =depth of reservoir in meters;

y=depth of water in meters.

On the basis of actual measurement data,the amplitude of variation of water temperature, $A_w(y)$, may be expressed as follows

$$A_w(y) = A_{wo}e^{-0.018y} \tag{8}$$

where

A_{wo} =amplitude of annual variation of water temperature at the surface of the reservoir.

A_{wo}, T_{bot} and T_{surf} may be determined in the light of local climatic conditions[3].

The phase difference of variation of water temperature, ε ,also varies with the depth of water and may be expressed as follows

$$\varepsilon = 2.15 - 1.30e^{-0.085y} \quad (\text{month}) \tag{9}$$

The temperature of the upstream face of the dam below the water level is equal to the water temperature, namely

$$T_U = T_w(y, \tau) \tag{10}$$

thereby

$$T_{UM} = T_{wm}(y) = c + (T_{surf} - c)e^{-0.04y} \tag{11}$$

$$A_U = A_w(y) = A_{wo}e^{-0.018y} \tag{12}$$

2 Resolution of the temperature field

The distribution of the temperature in the direction of thickness of the dam is nonlinear. On the basis of the hypothesis of plane section in the theory of strength of materials,the temperature field in the dam may be resolved into three parts, i. e. the mean temperature T_m ,the equivalent linear temperature difference T_d and the nonlinear temperature difference T_n , determined by the following equations (Fig.2)

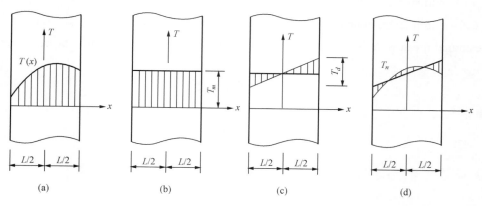

(a)　　　　　　　(b)　　　　　　　(c)　　　　　　　(d)

Fig. 2　Resolution of temperature field

(a) Practical temperature $T(x)$; (b) Mean temperature T_m; (c) Equivalent linear temperature difference T_d;

(d) Nonlinear temperature difference T_n

$$T_m = \frac{1}{L} \int_{-L/2}^{L/2} T(x) \, dx \tag{13}$$

$$T_d = \frac{12}{L^2} \int_{-L/2}^{L/2} T(x) \, x \, dx \tag{14}$$

$$T_n = T(x) - T_m - T_d x / L \tag{15}$$

where

L=thickness of the dam;

T_m=mean temperature of the dam;

T_d=equivalent linear temperature difference;

T_n=nonlinear temperature difference.

The meaning of T_d is that the moment of actual temperature $T(x)$ in Fig. 2(a) about the centre of the section is equal to the moment of linear temperature $T_d x / L$. On the basis of the hypothesis of the plane section, the stresses caused by the nonlinear temperature difference T_n can be calculated by the following equation

$$\sigma = -\frac{E\alpha T_n}{1-\mu} = \frac{E\alpha}{1-\mu} \left[T_m + \frac{T_d x}{L} - T(x) \right] \tag{16}$$

where

σ=stress;

E=Young's modulus;

α=coefficient of thermal expansion;

μ=Poisson's ratio.

The nonlinear temperature difference T_n given by Eq.(15) does not give rise to axial force, moment or displacement of the dam section, so usually only T_m and T_d are considered in the design of arch dams. Of course, T_n is an important cause of superficial cracks of the dam.

3   Three characteristic temperature fields of arch dams

The temperature field of an arch dam always varies with time. There are three characteristic temperature fields, as follows:

(1) $T_0(x)$ =joint grouting temperature

$T_0(x)$ is the temperature field of the dam when the contraction joints are grouted. T_m is the mean value of $T_0(x)$ and T_{d0} is the equivalent linear temperature difference of $T_0(x)$, determined by Eq. (13) and 14 respectively. Usually, pipe cooling is used to reduce the concrete temperature to the desired contraction joint grouting temperature, so $T_0(x)$ can be determined by the method in Reference 1.

(2) $T_1(x)$ =annual mean temperature in operating period

$T_1(x)$ is the annual mean temperature at x point of the dam in the operating period. T_{m1} is the mean value of $T_1(x)$ across the thickness of the dam and T_{d1} is the equivalent linear temperature difference of $T_1(x)$. The distribution of $T_1(x)$ across the thickness of the dam is approximately linear, therefore T_{m1} and T_{d1} may be determined as follows

$$
\left.\begin{array}{l}
T_{m1} = \dfrac{T_{UM} + T_{DM}}{2} \\[4mm]
T_{d1} = T_{DM} - T_{UM}
\end{array}\right\} \tag{17}
$$

T_{DM} and T_{UM} are determined by Eqs. (2) and (11).

(3) $T_2(x,\tau)$=temperature varying with time in the operating period

$T_2(x,\tau)$ is the temperature at point x of the dam varying with time in the operating period. T_{m2} is the mean value of $T_2(x,\tau)$ across the thickness of the dam and T_{d2} is the equivalent linear temperature difference of $T_2(x,\tau)$. The methods of computing T_{m2} and T_{d2} will be given in the following two sections of this paper.

4   General equations for temperature loads of arch dams

According to the three characteristic temperature fields mentioned above, the temperature loads of an arch dam may be determined by the following equations

$$
\left.\begin{array}{l}
T_m = T_{m1} + T_{m2} - T_{m0} \\
T_d = T_{d1} + T_{d2} - T_{d0}
\end{array}\right\} \tag{18}
$$

where

T_m, T_d =mean temperature and equivalent linear temperature difference of any section of the dam;

T_{m0}, T_{d0} =mean temperature and equivalent linear temperature difference of joint grouting temperature;

T_{m1}, T_{d1} =mean temperature and equivalent temperature difference of the annual mean temperature of the dam in the operating period;

T_{m2}, T_{d2} =mean temperature and equivalent linear temperature difference across the thickness of the dam of the temperature field varying with time in the operating period.

Before the grouting of joints, the temperature of the dam is usually lowered by cooling pipes with equal spacings so that

$$
\left.\begin{array}{l}
T_{m0} = T_{m1} - \Delta C \\
T_{do} = 0
\end{array}\right\} \tag{19}
$$

where

ΔC =temperature difference of extra cooling.

In order to reduce the thermal stresses in the dam, the temperature gradient as well as the mean temperature can be adjusted by cooling pipes with variable horizontal and vertical spacings so that

$$
\left.\begin{array}{l}
T_{m0} = T_{m1} - \Delta C \\
T_{do} = T_{d1}
\end{array}\right\} \tag{20}
$$

5   Calculation of T_{m2} and T_{d2}

Using the theory of complex variables, we obtain the following formulae for the mean temperature T_{m2} and equivalent linear temprature difference T_{d2}, across the thickness of the dam, of the temperature field varying with time in the operating period with the boundary temperature given by Eqs. (1) and (4)

$$\left.\begin{array}{l} T_{m2} = \dfrac{\rho_1}{2}\left[A_D\cos\omega(\tau-\theta_1-\tau_0)+A_U\cos\omega(\tau-\omega-\theta_1-\tau_0)\right] \\ T_{d2} = \rho_2\left[A_D\cos\omega(\tau-\theta_2-\tau_0)-A_U\cos\omega(\tau-\omega-\theta_2-\tau_0)\right] \end{array}\right\} \quad (21)$$

where

$$\rho_1 = \frac{1}{\eta}\sqrt{\frac{2(\mathrm{ch}\eta-\cos\eta)}{\mathrm{ch}\eta-\cos\eta}}$$

$$\rho_2 = \sqrt{a_1^2+b_1^2}$$

$$\theta_1 = \frac{1}{\omega}\left(\frac{\pi}{4}-\arctan\frac{\sin\eta}{\mathrm{sh}\eta}\right)$$

$$\theta_2 = \frac{1}{\omega}\arctan\frac{b_1}{a_1}$$

$$a_1 = \frac{6}{\rho_1\eta^2}\sin\omega\theta_1 \quad\quad (22)$$

$$b_1 = \frac{6}{\eta_2}\left(\frac{1}{\rho_1}\cos\omega\theta_1-1\right)$$

$$\eta = \sqrt{\frac{\pi}{ap}}\cdot L$$

$$\omega = \frac{2\pi}{P}$$

After determining A_D and A_U by Eqs. (3) and (12), substitute them into Eq. (21), then T_{m2} and T_{d2} can be determined. They are positive in summer and negative in winter.

6 Simplified calculation of T_{m2} and T_{d2}

The following equations may be used to determine T_{m2} and T_{d2} in preliminary designs. Above the water level of the reservoir

$$T_{m2} = \pm\rho_1 A_D, \, T_{d2} = 0 \quad\quad (23)$$

Below the water level of the reservoir

$$T_{m2} = \pm\frac{\rho_1}{2}\left(A_D+\frac{13.1A_{w0}}{14.5+y}\right) \quad\quad (24)$$

$$T_{d2} = \pm\rho_3\left[A_D-A_{w0}\left(\xi+\frac{13.1}{14.5+y}\right)\right] \quad\quad (25)$$

when $L \geqslant 10$m

$$\rho_1 = \frac{4.66}{L - 0.90}$$

$$\rho_3 = \frac{18.76}{L + 12.60}$$

$$\xi = \frac{3.80e^{-0.022y} - 2.38e^{-0.081y}}{L - 4.50}$$

(26)

when $L < 10\text{m}$

$$\rho_1 = e^{-0.00067L^{3.0}}$$

$$\rho_3 = e^{-0.00186L^{2.0}}$$

$$\xi = \left(0.069e^{-0.022y} - 0.0432e^{-0.081y}\right)L$$

(27)

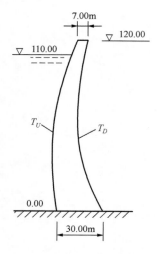

Fig. 3   Example

The above approximate equations are computed for February and August, which are the most unfavourable months for the temperature loads of an arch dam. Taking positive sign in Equations 23 to 25, the temperature loads for August (temperature rise) are obtained and taking negative sign, the temperature loads for February (temperature drop) are obtained.

7   Example

The profile of the dam is shown in Fig. 3. It is a 120m high dam located in northeast China. The annual mean local air temperature is 5℃. With a temperature rise of 3℃ due to the effect of solar radiation, the annual mean temperature of the downstream face, $T_{DM} = 8℃$. Taking the effect of surface freezing into consideration, the annual mean water temperature of the surface of the reservoir is $T_{swf} = 11℃$, the annual mean water temperature at the bottom of the reservoir is $T_{b0t} = 6℃$. From Eq. (11), the annual mean temperature of the upstream face is

Tab. 1   **Example: Temperature loads in an arch dam** (℃)

Elevation	Depth of water	Dam thickness					Approximate formulae (23to 25)		Accurate formulae (21 and 22)		Temperature loads 1 $T_{m0}=T_{m1}, T_{d0}=T_{d1}$		Temperature loads 2 $T_{m0}=T_{m1}, T_{d0}=0$	
	y	L												
(m)	(m)	(m)	T_{UM}	T_{dm}	T_{m1}	T_{d1}	T_{m2}	T_{d2}	T_{m2}	T_{d2}	T_m	T_d	T_m	T_d
120	Top	7.0	6.0	8.00	7.00	2.00	−15.88	0	−15.42	0	−15.88	0	−15.88	2.00
110	0	8.0	11.00	8.00	9.50	−3.00	−10.94	−5.93	−10.56	−5.63	−10.94	−5.93	−10.94	−8.93
100	10	9.2	9.33	8.00	8.66	−1.33	−7.84	−8.20	−7.85	−7.68	−7.84	−8.20	−7.84	−9.53
80	30	11.7	7.46	8.00	7.73	0.54	−5.08	−10.46	−5.08	−10.78	−5.08	−10.46	−5.08	−9.96
60	50	15.0	6.62	8.00	7.31	1.38	−3.71	−11.00	−3.56	−11.91	−3.71	−11.00	−3.71	−9.62
40	70	18.0	6.24	8.00	7.12	1.76	−2.88	−10.49	−2.75	−11.32	−2.88	−10.49	−2.88	8.73
20	90	23.8	6.08	8.00	7.04	1.92	−2.18	−9.36	−2.11	−9.67	−2.18	−9.36	−2.18	−7.44
0	110	30.0	6.00	8.00	7.00	2.00	−1.70	−8.18	−1.65	−8.11	−1.70	−8.18	−1.70	−6.18

$$T_{UM} = 5.94 + 5.06e^{-0.04y}$$

Substituting T_{DM} and T_{UM} into Eq. (17), T_{m1} and T_{d1} are obtained. The amplitude of annual temperature variation of the downstream face is $A_D = A_a = 20°C$. Taking into consideration the effect of freezing. the amplitude of water temperature variation of the surface of the reservoir will be $A_{wo} = 12°C$, From Eq. (12), the amplitude of annual temperature variation of the upstream face is

$$A_U = 12e^{-0.018y}$$

T_{m2} and T_{d2} are determined by substituting A_D and A_U into Eqs. (21) to (25).

T_m and T_d are calculated by Eq. (18) for two cases:

Case I : $T_{m0} = T_{m1}$, $T_{d0} = T_{d1}$

Case II : $T_{m0} = T_{m1}$, $T_{d0} = 0$

The results of calculation are shown in Tab. 1.

References

[1] Zhu Bofang, et al. Thermal stresses and temperature control of hydraulic concrete structures. Publishing House of Water Conservancy and Electric Power, 1976.

[2] The Ministry of Water Conservancy and Electric Power of the People's Republic of China. Design specifications of concrete arch dams. Publishing House of Water Conservancy and Electric Power, 1985.

[3] Zhu Bofang. Prediction of water temperature in reservoirs. Chinese Journal of Hydraulic Engineering, 1985, 2.

[4] Zhu Bofang, Li Zhanmei. Calculation of temperature loads in arch dams. Institute of Water Conservancy and Hydroelectric Power Research, 1982.

Finite Element Analysis of Effect of Pipe Cooling in Concrete Dams[1]

Abstract: Pipe cooling is now widely adopted to control the temperature of concrete dams. There is no suitable method to compute the effect of simultaneous cooling of the embedded pipe and the lift surface of concrete. In this paper, the finite element method is used for calculation. This is a complicated three-dimensional problem. The key to the question is the determining of the temperature of the cooling water. Three methods are given in this paper for analyzing the interaction between the cooling water and the concrete. The formulas required in computation are derived and a computer program for common use has been compiled. Some problems encountered in engineering practice are investigated. A practical computing method and relevant charts are presented for the converience of engineers.

Key words: finite element analysis, pipe cooling, concrete dam

1 Introduction

Pipe cooling is an important measure for temperature control in the construction of concrete dams. Generally, pipe cooling is carried out in two stages. First-stage pipe cooling is operated immediately after the concrete is poured and lasts for about two weeks. Second-stage pipe cooling is operated before the grouting of contraction joints of the dam. The problems of cooling with pipe alone have already been solved by R.E. Glover and the first writer of this paper (Glover 1949; Zhu 1956, 1957). Because of the mathematical difficulties, there is no suitable method to compute the effect of simultaneous cooling of the pipe and the lift surface of concrete in first-stage pipe cooling. The finite element method is used for computation. The formulas required in calculation are derived. Some practical problems are analyzed. A practical computing method and relevant charts are given for engineers.

2 Finite element method

Practically, pipe cooling is a spatial problem of heat conduction. But the calculation is lengthy and tedious if three-dimensional finite element method is used. Moreover, special measure must be taken to consider the sharp variation of temperature gradient in the vicinity of cooling pipes. This is

❶　原载 Journal of Construction Engineering and Management, ASCE, Vol. 115, No. 4, 1989. 原作者朱伯芳、蔡建波。

more difficult for spatial problems; thus the computer program will be complicated. Generally, the length of cooling pipe is 100-200 m and the spacing between two pipes is only 1-2 m. It is well known from the theory of heat conduction that the speed of propagation of a heat wave is inversely proportional to the square of distance. Because the spacing is much less than the length of the pipe, the heat is conducted in the concrete primarily in the plane perpendicular to the cooling pipe. As shown in Fig. 1, a series of cross sections with spacing ΔL are taken in the direction perpendicular to the cooling pipe. The temperature field in each cross section is analyzed by two-dimensional finite element method.

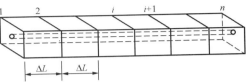

Fig. 1　Concrete Cooled by Embedded Pipe

When concrete is cooled by water flowing in embedded pipes, the flow of heat from the concrete to the water will continually warm the water as it moves toward the outlet end of the pipe. This results in different cooling rates for all points along the length of the pipe. It is necessary, therefore, to account for this varying rate of heat flow if an accurate method for computing the effect of cooling by long embedded pipes is to be developed. The key to the question is the determining of temperature of cooling water. After the water temperature is known, the temperature field in the concrete can be determined by the usual finite element method (FEM) .

3　Two–dimensional temperature field

For a plane problem, as shown in Fig. 2, the differential equation of conduction of heat is

$$\frac{\partial T}{\partial \tau} = a\left(\frac{\partial^2 T}{\partial x^2} + \frac{\partial^2 T}{\partial y^2}\right) + \frac{\partial \theta}{\partial \tau} \tag{1}$$

where T=temperature; τ=time; a=diffusivity of concrete or rock; and θ=adiabatic temperature rise of concrete due to heat of hydration of cement, which may be expressed by (Zhu and Wang 1976)

$$\theta = \frac{\theta_0 \tau}{\tau + n} \tag{2}$$

in which θ_0=the final adiabatic temperature rise; and n=a constant determined from data of material test (Zhu and Wang 1976) .

The initial condition is given by

$$T = T_0(x, y) \qquad \text{for } \tau=0 \tag{3}$$

The boundary conditions are given as :

on B_0, the outer edge of the pipe

$$T = T_w \tag{4}$$

on B_1, the boundary exposed to air

$$\lambda\frac{\partial T}{\partial r} + \beta(T - T_u) = 0 \tag{5}$$

on B_2, the boundary of symmetry or thermal insulation

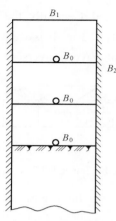

Fig. 2　Cross Section

$$\frac{\partial T}{\partial r} = 0 \qquad (6)$$

where λ=the thermal conductivity of concrete; β=the surface conductance; r=the normal to the boundary; T_a=the air temperature; and T_w=the temperature of the cooling water.

The use of finite element discretization in the above problem results in a system of simultaneous equations of the form

$$\left(H + \frac{1}{\Delta\tau}R\right)T_{\tau+\Delta\tau} - \frac{1}{\Delta\tau}RT_\tau + F_{\tau+\Delta\tau} = 0 \qquad (7)$$

where $T_{\tau+\Delta\tau}$=the vector of the nodal temperatures at the time $\tau+\Delta\tau$; $\Delta\tau$=the time increment; H, R, $F_{\tau+\Delta\tau}$ =the relevant matrices and vector whose definitions are shown in books on FEM (Zhu 1979).

4　Three–dimensional temperature field

The temperature field in each cross section shown in Fig. 1 can be computed by Eq.（7）if the temperature of the cooling water is known. Thus the three-dimensional temperature field of the concrete can be computed after the water temperature is determined.

According to the balance of heat, the increment of water temperature between two cross sections with spacing ΔL, is given by

$$\Delta T_w = \frac{\lambda\Delta L}{c_w\rho_w q_w}\int_{B_0}\frac{\partial T}{\partial\tau}\mathrm{d}s \qquad (8)$$

where ΔT_w=the increment of water temperature; C_w, ρ_w, q_w= specific heat, density, and flow of the cooling water, respectively; $\partial T/\partial\tau$=the radial gradient of the temperature field of the concrete at the outer edge of the pipe; and B_0=the outer boundary of the pipe. As the temperature gradient varies rapidly near the pipe, the following measures are taken to increase the precision of computation of $\partial T/\partial\tau$. As shown in Fig. 3, a fine network for elements is adopted and the nodes near the pipe are located in the radial direction. After the nodal temperatures are determined by Eq.(7), they are approached by the Lagrange interpolation formula in the radial direction

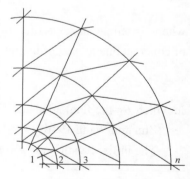

Fig. 3　FEM Network Near Pipe

$$T_n(r) = \sum_{k=1}^{n} T_k\left(\prod_{\substack{j=1\\j\neq k}}^{n}\frac{r-r_j}{r_k-r_j}\right) \qquad (9)$$

where n=the number of nodes taken in the radial direction. Generally n=5 or 7. By differentiation of Eq.（9），the radial temperature gradient at the outer edge of the cooling pipe is obtained.

5 Method for computing water temperature

Simple Method

Assuming that $\partial T / \partial r$ is constant between the ith and the $(i+1)$th cross sections and is equal to that at the ith cross section, the water temperature is given by

$$T_{wi+1} = T_{wi} + \Delta T_{wi} \tag{10}$$

$$\Delta T_{wi} = \frac{\lambda \Delta L}{C_w \rho_w q_w} \int_{B_0} \left(\frac{\partial T}{\partial r} \right)_i \, ds \tag{11}$$

This method is the simplest and roughest one. To get computation results with the required precision ΔL must be small, so the quantity of calculation is the biggest among the three methods.

5.1 Iteration method

Assuming that $\partial T / \partial r$ varies linearly between the i th and $(i+1)$ th cross section, the increment of water temperature is given by

$$\Delta T_{wi} = \frac{\lambda \Delta L}{2 C_w \rho_w q_w} \int_{B_0} \left[\left(\frac{\partial T}{\partial r} \right)_i + \left(\frac{\partial T}{\partial r} \right)_{i+1} \right] ds \tag{12}$$

T_{wi+1} is still given by Eq. (10). When the computation has been carried out in ith cross section, T_{wi} and $(\partial T / \partial r)_i$ are known, while T_{wi+1} and $(\partial T / \partial r)_{i+1}$ are still unknown. Thus the iteration method must be used as follows:

Step 1. Assuming that $(\partial T / \partial r)_{i+1}$ is equal to $(\partial T / \partial r)_i$, ΔT_{wi} and T_{wi+1} are determined by Eq. (12) and Eq. (10), then $(\partial T / \partial r)_{i+1}$ is determined by Eq. (7).

Step 2. ΔT_{wi} and T_{wi+1} are given by Eq.(12) and Eq.(10), then the new and more accurate values of $(\partial T / \partial r)_{i+1}$ and T_{wi+1} are determined by Eqs. (7), (12), and (10).

Step 3. Check to see if the error of T_w has become tolerably small as follows

$$\max_{i=1,2\cdots} \left(\left| \frac{T_{wi}^k - T_{wi}^{k+1}}{T_{wi}^{k+1}} \right| \right) \leqslant \varepsilon \qquad \varepsilon > 0 \tag{13}$$

where k=the number of iteration; and ε =the tolerable error. If so, the calculation is terminated. If not, return to Step 2 and repeat the calculation.

Experience shows that 3-4 iterations are required when ε =0.01.

5.2 Prediction method

T_{wi+1} is given by

$$T_{wi+1} = T_{wi} + \alpha_{ik} \Delta T_{wi}^0 \tag{14}$$

where ΔT_{wi}^0 =the increment of water temperature given by Eq.(11); and α_{ik}=a coefficient for the ith point along the pipe in the kth time interval and is given as follows:

For the first time interval (k=1)

$$\alpha_{ik} = \alpha_v \qquad \text{when } i=1 \tag{15a}$$

$$\alpha_{ik} = \frac{\Delta T'_{wi-1}}{\Delta T^0_{wi-1}} \qquad \text{when } i \geqslant 2 \tag{15b}$$

where $\Delta T'_{wi-1}$=the increment of water temperature given by Eq. (12); and α_0=a coefficient of experience. Generally α_0=0.8 to 1.0.

For the k th time interval ($k\geqslant2$), α_{ik} is given by

$$\alpha_{ik} = \frac{(\Delta T'_{wi})_{k-1}}{(\Delta T^0_{wi})_{k-1}} \tag{16}$$

Experience shows that generally the prediction method is the best one of the three methods. The computation is rapid and the precision is high. The iteration method suits some complicated cases that cannot be analyzed by the other two methods.

A computer program based on the prediction method of computation has been compiled. Both the edge of pipe, B_0, and the lift surface of concrete, B_1, are considered in the finite element analysis, so the effect of simultaneous cooling of B_0 and B_1 has been taken into account.

6   Effect of pipe cooling

6.1   Effect of pipe cooling on temperature field of mass concrete

As an example, three lifts of concrete, each 1.50 m thick, are poured on a rock foundation with a seven-day interval between pours. For convenience, the temperature of the cooling water at the inlet end is assumed to be 0℃. The initial temperature of rock and concrete are 10℃ and 20℃, respectively. The air temperature is 10℃. The final adiabatic temperature rise of concrete due to heat of hydration is θ_0=27.3℃. The temperature field of a cross section at τ=7 days (one lift) and τ=9 days (two lifts) are shown in Fig. 4, where the dotted line represents the temperature of concrete without pipe cooling and the solid line represents the temperature with pipe cooling. The temperature of the cooling water is computed by the prediction method.

The mean temperature along the horizontal line in a cross section is shown in Fig. 5, where L=the length of pipe from this cross section to the inlet end of pipe.

From Fig. 4 and 5, it is clear that pipe cooling has reduced the temperature of the concrete a great deal.

6.2   Effect of change of flow direction of cooling water on temperature field

The flow direction of cooling water is alternated every day in the construction of high concrete dams. Its effect on the temperature field is analyzed. In this case, only the iteration method can be used to calculate the water temperature. From the results of computation, the following conclusions are drawn: ①Due to the effect of change of flow direction, the temperature field in the whole lift of concrete tends to become more uniform. The variation of the mean temperature of different cross sections along the length of the cooling pipe is shown in Fig. 6; and ②the mean temperature of the whole lift is not affected appreciably by change of flow direction, as shown in Fig. 7.

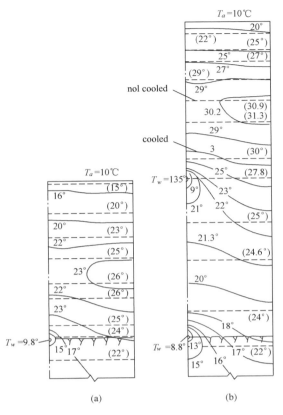

Fig. 4   Temperature Field In Cross Section

of Mass Concrete

(a) τ=7day; (b) τ=9day

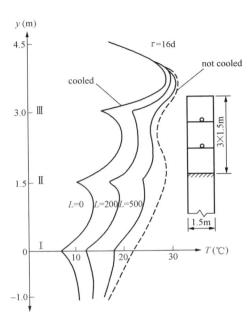

Fig. 5   Mean Temperature along Horizontal

Line In Cross Section

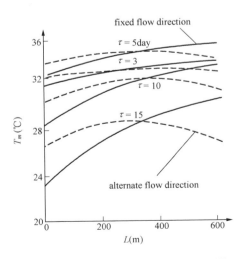

Fig. 6   Variation of Mean Temperature of Different

Cross Sections along Length of Cooling Pipe

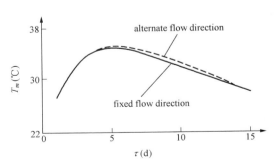

Fig. 7   Effect of Change of Flow Direction on Mean

Temperature of Whole Lift

6.3 Effect of "drawing a pipe coil into a straight one" in computation

In engineering practice, the cooling pipe is laid out in coil as shown in Fig. 8. To simplify calculation, it is generally assumed that the pipe coil is drawn into a straight one.

The iteration method is used to compute the water temperature in the coil of pipe shown in Fig. 8. Eq. （12） is adopted to calculate the increment of water temperature in the order of A_1–A_n–B_n–B_1–C_1–C_n–D_n–D_1. It is assumed that the pipes embedded in the concrete are connected outside concrete so that $T_{wAn} = T_{wBn}$, $T_{wB1} = T_{wC1}$, ······The results of calculation are shown in Fig. 9. It is clear that the cooling effect of a pipe coil is nearly equivalent to that of a straight pipe of equal length.

7 Practical Computation Method

On the basis of the three methods presented in this paper, a computer program has been compiled. It can be used in the design of important projects. For ordinary projects, a practical method is proposed:

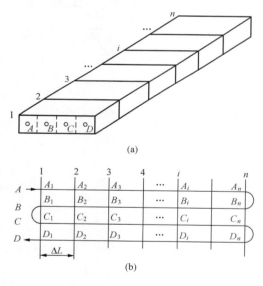

(a)

(b)

Fig. 8 Layout of Coil on Cooling Pipe

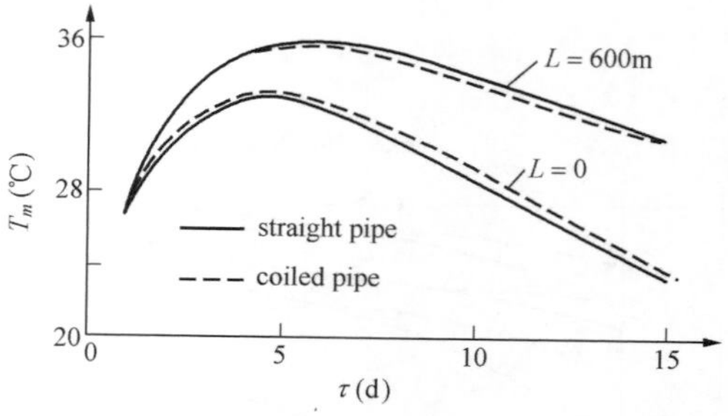

Fig. 9 Mean Temperature of Concrete Lift Cooled by Pipe Coil and Straight Pipe

As shown in Fig. 2, the concrete is poured in lifts, each of thickness h. A pipe coil is laid on the surface of each lift. The spacing of pipe is also h and the length of pipe coil is L. The time interval between two lifts is τ_J, and is required to compute the mean temperature of the concrete lift (in the whole length L of pipe) .

The temperature of the first and second lift is influenced by the rock foundation, which has no heat of hydration. The mean temperature of each lift above the third one is not influenced by the rock foundation and can be given as

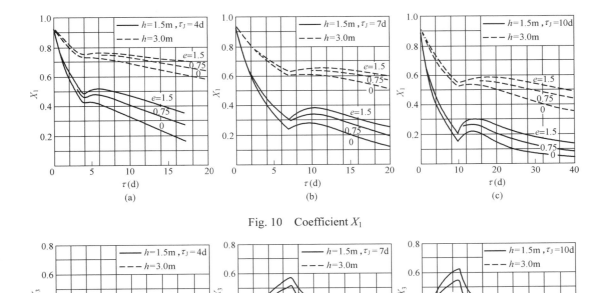

Fig. 10   Coefficient X_1

Fig. 11   Coefficient X_3

$$T_m = X_1(T_0 - T_w) + X_2\theta_0 + X_3(T_0 - T_w) + T_w \qquad (17)$$

in which T_m=the mean temperature of concrete lift; T_w =the temperature of cooling water at the inlet end; T_0=the initial temperature of concrete; T_a =the air temperature; X_1, X_2, X_3=coefficients calculated by the writers' finite element program and are given in Figs. 10-12.

Example 1. T_0 =20℃; T_a =10℃; T_w=2℃; θ_0=27.3℃; n=2 days; λ=237 kJ/(m • d • ℃); h= 1.50m; q_w=21.60m³/d; c_w=427 kJ/(kN • ℃); ρ_w =9.806 kN/m³; τ_J=7 d; and L=200 m. To compute the mean temperature of the concrete three days after pouring, first calculate the parameter

$$e = \frac{\lambda L}{c_w \rho_w q_w} = \frac{237 \times 200}{427 \times 9.806 \times 21.60} = 0.524 \qquad (18)$$

Then, from Figs. 10-12, for h=1.5 m; τ_J=7 d; n=2 d; τ=3 d; and e=0.524, one gets X_1=0.497; X_2=0.402; and X_3=0.405. Substituting these coefficients into Eq. 17, the mean temperature of concrete is T_m=25.16℃.

Example 2. The basic data are the same as Example 1, except that n=1.8 d. In this example, X_1 and X_3 are the same as in Example 1. By the method of interpolation, from Fig. 12, for n=1.8 d, one gets X_2=0.414. From Eq. （17）, T_m=25.49℃.

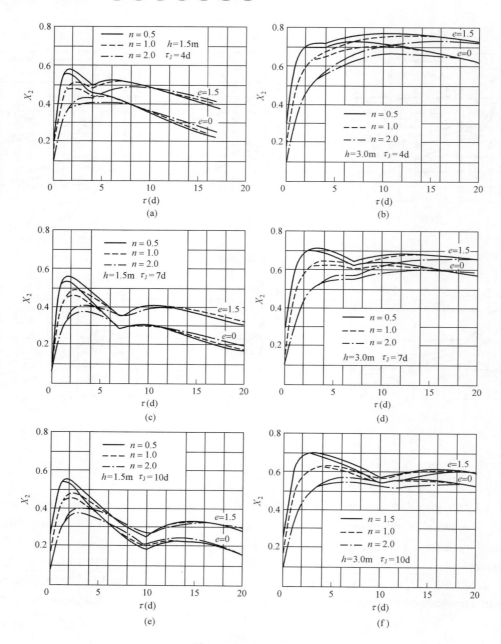

Fig. 12　Coefficient X_2

8　Conclusions

In this paper, a numerical method and a simplified method are proposed for analyzing the effect of simultaneous cooling through the lift surface and the embedded pipe. Some problems encountered in engineering practice are investigated. The numerical method can be used in important projects and the simplified method can be used in common projects.

Appendix Ⅰ References

［1］ Glover R E. Cooling of Concrete Dam. Final Reports of Boulder Canyon Project, Part Ⅶ, Bureau of Reclamation, Denver, Colo. 1949.

［2］ Zhu Bofang. Computation of temperature in concrete dams. China Water Conservancy, 1956: No. 11, 12.

［3］ Zhu Bofang. The effect of pipe cooling in mass concrete with internal source of heat. Chinese J. Hydraulic Engrg., 1957, 4.

［4］ Zhu Bofang. Finite element, method: theory and applications. China Water Resources and Electricity Press, Beijing, China (in Chinese)，1979.

［5］ Zhu Bofang, Wang Tongsheng. Thermal stresses and temperature control of hydraulic concrete structures. China Water Resources and Electricity Press, Beijing, China (in Chinese), 1976.

Appendix Ⅱ Notation

The following symbols are used in this paper:

c_w =specific heat of the cooling water [kJ/(kN · ℃)];

h=thickness of lift (m) ;

L=length of pipe (m) ;

n=material constant in Eq. (2) (d) ;

q_w=flow of the cooling water (m^3/d) ;

T_a=air temperature (℃) ;

T_m=mean temperature (℃) ;

T_w=temperature of the cooling water (℃) ;

β=surface conductance [kJ/(m^2 · d · ℃)];

θ=adiabatic temperature rise of concrete due to hydration heat of cement (℃) ;

θ_0=final value of θ (℃) ;

λ=thermal conductivity of concrete [kJ/(m · d · ℃)];

ρ_w =density of the cooling water (kN/m^3) ;

τ=time (d) ; and

τ_f=interval of time between pours of concrete (d) .

Temperature Stresses Due to Cold Wave and the Effect of Surface Insulation for Mass Concrete[❶]

Abstract: Cold wave is an important cause to induce superficial cracks some of which may develop to deep cracks and are harmful to the dam. In this paper, the methods to prevent superficial cracks of mass concrete by means of surface insulation are described in detail.

Key words: cold wave, cracks, mass concrete, surface insulation

According to statistical data, most cracks in concrete dams are caused by cold waves in the construction period. They are superficial cracks at the outset with depth not greater than 30 cm. But some of them may become harmful deep cracks later on. Thus, it is very important to prevent superficial cracks in the construction of concrete dams. Experience shows that the most effective method for preventing superficial cracks is to reduce the temperature drop and thermal stresses of the concrete by surface insulation.

In the following, I shall propose a method for calculating the temperature stresses due to cold waves and for analyzing the effect of surface insulation. The mean daily temperature of the air generally drops continuously in several days during a cold wave. The law of variation may be expressed approximately as follows (Fig. 1)

$$T_a = -A\sin\frac{\pi}{2Q}(\tau - \tau_1), \tau \geqslant \tau_1 \tag{1}$$

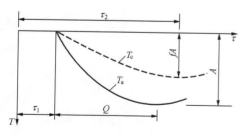

Fig. 1　Temperature Variation of Air and Concrete Surface

where T_a—air temperature, A—maximum drop of the air temperature, τ — time, Q — the duration of temperature drop in a cold wave.

Generally $Q \leqslant 5$ days, the depth of influence of the temperature variation is not greater than 1 meter, while the thickness of the block of concrete dam is greater than 10 meters usually. Therefore, the temperature and stresses due to cold wave may be computed on the assumption that the concrete block is a semi-infinite elasto-creeping solid.

As shown in Fig.1, the maximum temperature drop of the concrete surface is

$$\Delta T = fA \tag{2}$$

which will occur at the time

---

❶　原载 Transactions Fifteenth Congress on Large Dams,1985,Vol.5.

$$\tau_2=\tau_1+(1+g)Q \tag{3}$$

The coefficients f and g may be obtained from Fig. 2, the abscissa of which is

$$u=\frac{\lambda}{\beta}\sqrt{\frac{\pi}{Qa}}$$

where λ—coefficient of heat conductivity of concrete, β—coefficient of boundary conductance, a—coefficient of thermal diffusivity of concrete.

After taking the effect of creep and age of concrete into consideration, the maximum thermal stress on the surface is given by the following formula

$$\sigma=\frac{\rho f E\alpha A}{1-\mu} \tag{4}$$

where E—Young's modulus of concrete, α—coefficient of thermal expansion, μ—Poisson's ratio, ρ—coefficient of the influence of creep of concrete.

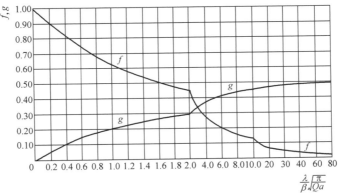

Fig. 2   Coefficients f and g

The coefficient ρ is given in Fig. 3. The Young's modulus is dependent on the age of concrete and may be calculated by the author's formula

$$E=E_0\psi(\tau) \tag{5}$$

$$\psi(\tau)=1-e^{-0.40\tau^{0.34}} \tag{6}$$

in which E_0 is the final Young's modulus when $\tau\to\infty$ and may be computed approximately as follows

$$E_0\approx1.40E(28)\approx1.20E(90)\approx1.05E(360) \tag{7}$$

where $E(28)$, $E(90)$, $E(360)$ are the Young's moduli at the age of 28, 90, 360 days respectively. $\psi(\tau)$ is also given in Fig. 3.

After the influence of surface insulation is considered, the coefficient of boundary conductance is given by the formula

$$\beta=\frac{1}{\dfrac{1}{\beta_0}+\dfrac{h}{\lambda_s}} \tag{8}$$

in which β_0—coefficient of boundary conductance of the exposed surface, h—thickness of the insulation material, λ_s—coefficient of heat conductivity of the insulation material.

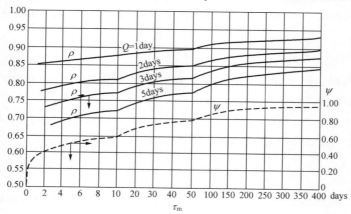

Fig. 3   Coefficients ρ and ψ

Now, we can analyze the effect of surface insulation by means of the above formulas. The maximum temperature stress, occurring at the surface of concrete, may be computed by the following formula

$$\sigma = k\sigma_0 \tag{9}$$

where

$$k = \rho f \psi(\tau_m) \tag{10}$$

$$\sigma_0 = \frac{E_0 \alpha A}{1-\mu} \tag{11}$$

τ_m is the mean value of the age of the concrete during the cold wave and may be calculated as follows

$$\tau_m = \tau_1 + \frac{1}{2}(1+g)Q \tag{12}$$

When foamed plastics is used as the insulation material, the coefficient $k = \sigma/\sigma_0$ may be obtained from Fig. 4, in which it is assumed $\lambda_s = 0.03 \text{kcal/(m} \cdot \text{h} \cdot ℃)$. Fig. 4 shows that the effect of surface insulation is remarkable.

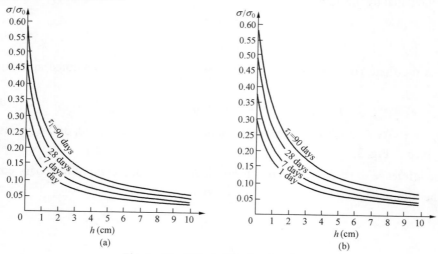

Fig. 4   The Effect of Surface Insulation
(a)Q=3d; (b)Q=5d

Let $[\sigma]$ be the allowable stress, the thickness of the insulation material may be determined by the formula

$$\sigma \leqslant [\sigma] \tag{13}$$

For insulation material having $\lambda_s \neq 0.03$ kcal/(m $\cdot$ h $\cdot$ ℃), we may substitute h in Fig. 4 by an equivalent thickness h' as follows

$$h' = \frac{0.03}{\lambda_s} h \tag{14}$$

At the corner D (Fig. 5), the maximum temperature stress is given by the following formula

$$\sigma_D = \rho f_D E \alpha A \tag{15}$$

in which f_D is computed by the following approximate formula

$$f_D \approx 1 - (1 - f_1)(1 - f_2) \tag{16}$$

The coefficients f_1 and f_2 are determined by Fig. 2 and Eq. (8) by substituting h in Eq. (8) by h_1 and h_2 respectively.

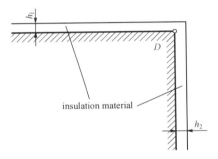

Fig. 5

The Equivalent Stress of FEM for Analyzing Arch Dams[❶]

Abstract: Before the appearance of FEM, the trial load method is the only available method for analyzing arch dams. FEM is very powerful and has not the intrinsic drawbacks possessed by the trial load method,such as using Vogt's coefficients to compute the foundation deformations, but due to stress concentration,the tensile stresses given by FEM may be 5-10MPa which is two to four fold of the tensile strength of concrete, so the application of FEM to arch dams is also restricted. The equivalent stress FEM, proposed by the author in 1987 is now adopted in the new "Design Specification for Concrete Arch Dam" in China.In this paper the equivalent stress method will be introduced.

Key words: Equivalent stress FEM, arch dam, stress concentration

1 Introduction

Before 1930, the arch dam was analyzed on the condition that the radial displacements of the crowns of arches are equal to those of the crown cantilever. In 1923-1935, U.S.Bureau of Reclamation developed the trial load method, the basic condition is that the radial, tangential and twist displacements of several arches are equal to those of several cantilevers at the points of intersection[1,2]. Before the appearance of FEM (Finite Element Method) , the trial load method is the only available method for analyzing arch dams.

The trial load method has the following intrinsic drawbacks:

(1) The foundation deformations are computed by Vogt's coefficients, which are inaccurate.

(2) At the nodes on the surface of foundation, the displacements of arches are equal to those of cantilevers naturally, so there are no equations of consistency of displacements to determine the load distribution between arch and cantilever at nodes on surface of foundation.

(3) It is unable to compute the influences of orifices on the stress state of the dam.

(4) It is unable to simulate the construction process of the dam.

Possessing powerful capability of computing, FEM can overcome all the above mentioned drawbacks of the trial method, but due to stress concentration, the tensile stresses in the arch dam given by FEM may be 5-10MPa, which is two to fourfold of the tensile

---

❶ Supported by China National Nature Science Foundation No. 50309010 & 50309020. Published in Water Conservancy and Hydropower Technique, No.1 2005.

strength of concrete, moreover, the values of stresses depend on the fineness of mesh of computation, so the application of FEM to arch dams is also restricted.The nonlinearity of stress-strain relationship of the materials and the existence of many fissures in the rock foundation will alleviate the stress concentration and the fact that many arch dams designed by the trial load method work very well indicates that the stress concentration may be not so severe as shown by FEM.

There are three methods to overcome the trouble of stress concentration of FEM as follows:

(1) The nonlinear FEM is applied to the arch dam, thus cracks will appear where tensile stresses are too large and the stresses in the dam will redistribute after cracking. The range of cracking and the maximum compressive stress will be controlled in the design. This may be used as a check method for the important arch dams but it is too tedious for the design of ordinary arch dams.

(2) The shell elements are used in the dam body while the solid elements are used in the rock foundation with transition elements between the different types of elements[3]. The stress concentration is eliminated in the dam body but there are the following drawbacks: ①It is unable to compute the temperature field and thermal stresses in the construction period and simulate the construction process taking into account the variation of the temperation field; ②It is unable to compute the stresses near the orifices; ③It is unable to compute the influence of an enlarged, gravity dam type abutments; ④a special program is required.

(3) The Equivalent Stress FEM proposed by the author in 1987[4,5] can eliminate the stress concentration in the dam analysed by the commercial FEM program and reserves all the merits of the conventional FEM,such as it can give the variations of the temperature field and stress field in the dam and the seepage field in the foundation in the construction and operation period and so on.

After thorough investigation of the above mentioned three methods, the new "Design Specification for Concrete Arch Dams" of China[6] stipulates that the Equivalent Stress FEM may be used as well as the trial load method in the design of arch dams. It can be predicted that the Equivalent Stress FEM will be applied to the design of arch dam more extensively in the near future and it will be explained in the following.

2   The equivalent stress FEM

In the process of analyzing arch dams by the equivalent stress FEM, firstly the arch dam is analyzed by FEM; secondly, the internal forces (axial force, shearing force, bending moment, twisting moment, etc.) are given by integration of the stresses and their moments in the radial direction across the thickness of the dam; thirdly, the stresses in the dam are computed from these internal forces by the theory of strength of materials[1,2,5], thus the stress concentration is eliminated.

The stresses $\{\sigma'\}$ in the global coordinate system (x',y',z') are given by FEM. As shown in Fig.1, let $(x,$

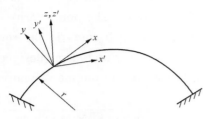

Fig.1　coordinate system

y, z) be the local coordinate system at node i of an arch, where the x-axis is parallel to the tangent to the axis of arch, the y-axis is parallel to the radial direction and the z-axis is in the vertical direction, the origin lies on the axis of arch. The local coordinate system (x,y,z) is related to the global coordinate system (x', y', z') by the following relation

$$\begin{Bmatrix} x \\ y \\ z \end{Bmatrix} = \begin{bmatrix} l_1 & m_1 & n_1 \\ l_2 & m_2 & n_2 \\ l_3 & m_3 & n_3 \end{bmatrix} \begin{Bmatrix} x' \\ y' \\ z' \end{Bmatrix} \tag{1}$$

Where l_i, m_i, n_i are the directional cosines of x, y and z. As z and z' are co-axial and the angle from x' to x is α (positive in the counterclockwise direction), we have

$$l_1 = \cos\alpha, \ m_1 = \sin\alpha, \ n_1 = 0; \ l_2 = -\sin\alpha, \ m_2 = \cos\alpha, \ n_2 = 0; \ l_3 = 0, \ m_3 = 0, \ n_3 = 1 \tag{2}$$

Let the stresses in the global coordinate system be $\{\sigma'\} = [\sigma_{x'} \ \sigma_{y'} \ \sigma_{z'} \ \tau_{x'y'} \ \tau_{y'z'} \ \tau_{z'x'}]^T$, the stresses in the local coordinate system $\{\sigma\} = [\sigma_x \ \sigma_y \ \sigma_z \ \tau_{xy} \ \tau_{yz} \ \tau_{zx}]^T$, is given by

$$\{\sigma\} = [T_\sigma]\{\sigma'\} \tag{3}$$

in which

$$[T_\sigma] = \begin{bmatrix} l_1^2 & m_1^2 & n_1^2 & 2l_1m_1 & 2m_1n_1 & 2l_1n_1 \\ l_2^2 & m_2^2 & n_2^2 & 2l_2m_2 & 2m_2n_2 & 2l_2n_2 \\ l_3^2 & m_3^2 & n_3^2 & 2l_3m_3 & 2m_3n_3 & 2l_3n_3 \\ l_1l_2 & m_1m_2 & n_1n_2 & l_1m_2+l_2m_1 & m_1n_2+m_2n_1 & l_1n_2+l_2n_1 \\ l_2l_3 & m_2m_3 & n_2n_3 & l_2m_3+l_3m_2 & m_2n_3+m_3n_2 & l_2n_3+l_3n_2 \\ l_1l_3 & m_1m_3 & n_1n_3 & l_1m_3+l_3m_1 & m_1n_3+m_3n_1 & l_1n_3+l_3n_1 \end{bmatrix} \tag{4}$$

By expanding Eq. (4), the following relations are derived:

$$\left. \begin{aligned} \sigma_x &= \sigma_{x'}\cos^2\alpha + \sigma_{y'}\sin^2\alpha + \tau_{x'y'}\sin2\alpha \\ \sigma_y &= \sigma_{x'}\sin^2\alpha + \sigma_{y'}\cos^2\alpha + \tau_{x'y'}\sin2\alpha \\ \sigma_z &= \sigma_{z'} \\ \tau_{xy} &= (\sigma_{y'} - \sigma_{x'})\sin\alpha\cos\alpha + \tau_{x'y'}\cos2\alpha \\ \tau_{yz} &= \tau_{y'z'}\cos\alpha - \tau_{z'x'}\sin\alpha \\ \tau_{zx} &= \tau_{y'z'}\sin\alpha + \tau_{z'x'}\cos\alpha \end{aligned} \right\} \tag{5}$$

Taking unit thickness on the central axis of arch, the width of horizontal section of cantilever at point y will be $1+y/r$, where r is the radius of the central axis of arch. By integration of the stress and its moment in the direction y, we get the internal forces of cantilever as follows:

the vertical force of cantilever

$$W_c = -\int_{-t/2}^{t/2} \sigma_z \left(1 + \frac{y}{r}\right) dy \tag{6}$$

the bending moment of cantilever

$$M_c = -\int_{-t/2}^{t/2} (y - y_0)\sigma_z \left(1 + \frac{y}{r}\right) dy \tag{7}$$

the tangential shear of cantilever

$$Q_c = -\int_{-t/2}^{t/2} \tau_{zx}\left(1+\frac{y}{r}\right)dy \tag{8}$$

the radial shear of cantilever

$$V_c = -\int_{-t/2}^{t/2} \tau_{yz}\left(1+\frac{y}{r}\right)dy \tag{9}$$

the twisting moment of cantilever

$$\overline{M}_c = -\int_{-t/2}^{t/2} \tau_{zx}(y-y_0)\left(1+\frac{y}{r}\right)dy \tag{10}$$

where y_0 is the coordinate of the centroid of horizontal section of cantilever and t is the thickness of cantilever.

In the radial section of arch with unit thickness, by integration of stresses in the arch and its moment in the direction y, we get the internal forces of arch in the following:

the horizontal thrust of arch

$$H_a = -\int_{-t/2}^{t/2} \sigma_x dy \tag{11}$$

the bending moment of arch

$$M_a = -\int_{-t/2}^{t/2} \sigma_x y dy \tag{12}$$

the radial shear of arch

$$V_a = -\int_{-t/2}^{t/2} \tau_{xy} dy \tag{13}$$

Taking the local coordinate system (x,y,z) as shown in Fig.1, from the theory of strength of materials, the vertical normal stress σ_z caused by the vertical force W_b and bending moment M_b of the cantilever is given by the following formula

$$\sigma_z = \frac{W_b}{A_b} + \frac{W_b y}{I_b} \tag{14}$$

where A_b and I_b are the area and moment of inertia of the cantilever respectively. The shearing stress τ_{zx} caused by the tangential shearing force Q_b and twisting moment $\overline{M}_b$ of the cantilever is computed as follows

$$\tau_{zx} = \frac{Q_b}{A_b} + \frac{\overline{M}_b y}{I_b} \tag{15}$$

The horizontal normal stress σ_x caused by the horizontal thrust H_a and bending moment M_a of the arch is

$$\sigma_x = \frac{H_a}{A_a} + \frac{M_a y}{I_a} \tag{16}$$

where A_a, I_a are the area and moment of inertia of the arch.

The radial shearing stress τ_{zy} of the cantilever, the radial shearing stress τ_{xy} of the arch and the horizontal normal stress σ_y are expressed by the following formulas

$$\tau_{zy} = a_1 + b_1 y + c_1 y^2 \tag{17}$$

$$\tau_{xy} = a_2 + b_2 y + c_2 y^2 \tag{18}$$

$$\tau_y = a_3 + b_3 y + c_3 y^2 \tag{19}$$

where a_i、b_i、c_i (i=1、2、3) are constants determined by the conditions of equilibrium of the whole section and the boundary conditions on the upstream and downstream surfaces of the dam, as shown in References [1,2,5]. In Eq. (3) and (5), the stresses are given by FEM, thus tensile stress is positive and in Eq. (6)-(13), the stresses are computed by the formulas used in the traditional trial load method, the tensile stress is negative.

How the weight of concrete is applied to the dam is important in the analysis of arch dam by FEM. The weight of concrete may be applied to the dam in the following ways:

(1) the concrete weight is 100% undertaken by the cantilever;

(2) the concrete weight is applied to the whole dam after its completion;

(3) the concrete weight is applied to the dam by incremental method taking into account the process of construction and the grouting of the transverse joints.

The first method is adopted in the traditional trial load method, the second method, sometimes adopted in the FEM, is incorrect and the tensile stresses given by it are generally too large. The third method is the best one. In the following, we shall show how to analyze the arch dam by the third method. The dam is divided into n increments (n=8-10)

$$H_i = \Delta H_1 + \Delta H_2 + \cdots + \Delta H_i, i = 1, \cdots, n$$

Because the transverse joints are not grouted, the weight of concrete is 100% applied to the cantilever in the first increment ΔH_1, and then the transverse joints will be grouted step by step. When the joints below H_i having been grouted, the dam body below H_i is an entirety and the weight below H_i is zero. In the (i+1) th increment, independent blocks with height ΔH_{i+i} and unit weight γ are standing on the top of arch dam with height H_i, the incremental stress $\Delta\sigma_{i+1}$ may be computed by one of the following methods:

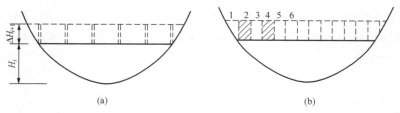

(a)　　　　　　　　　　　　　　　　(b)

Fig. 2　Computing of stresses due to concrete weight

(a) joint element; (b) air element

(1) Joint element in Fig.2 (a), joint elements are set in the dam to simulate the action of transverse joints. The joints below H_i having been grouted, the coefficients of rigidity of the joint

elements k_n and k_s take the normal values, the unit weight of concrete γ_c=0 and the part of dam below H_i is an entirety. In the ungrouted part ΔH_{i+i}, the unit weight is $\gamma \neq 0$, the coefficients of rigidity of the joints $k_n=k_s$=0, in this way, we get the (i+l) th stress increments $\Delta\sigma_{i+1}$.

(2) Air element. the air elements being shown in Fig.2 (b), in the (i+1) th step, the dam below H_i having been grouted, in this part of dam, the modulus of elasticity is E and the unit weight γ=0.

The ungrouted part ΔH_{i+i} is analyzed in two steps:

Step (a): the elements in odd numbers are solid elements, with modulus of elasticity $E\neq0$ and unit weight $\gamma\neq0$, the elements in even numbers are air elements with E=0 and γ=0, the stress increments in step (a) are $\Delta\sigma'_{i+1}$.

Step (b): the elements in even numbers are solid elements with $E\neq0$ and $\gamma\neq0$, the elements in odd numbers are air elements with E=0 and γ=0, the stress increments in step (b) are $\Delta\sigma''_{i+1}$.

The stress increments in the (i+1) th step are

$$\Delta\sigma_{i+1} = \Delta\sigma'_{i+1} + \Delta\sigma''_{i+1} \qquad (20)$$

3 Example: stresses in Dahuashui arch dam

Dahuashui arch dam is located in Guizhou Province of China. The maximum height of the dam is 134.5m and the thickness at the top and bottom of the vertical crown section are 7.00m and 23.00m respectively.

The mesh of FEM computation is shown in Fig. 3.

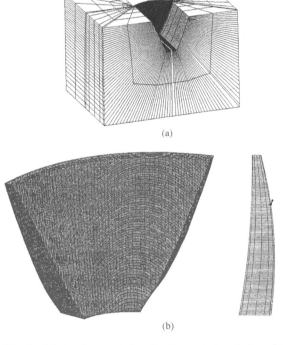

(a)

(b)

Fig. 3　Mesh of computation for Dahuashui arch dam（1）
(a) global mesh; (b) mesh of dam body

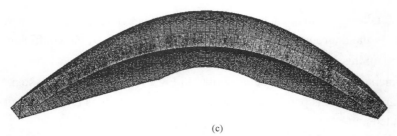

(c)

Fig. 3   Mesh of computation for Dahuashui arch dam（2）

(c) top view of mesh of dam body

The loads acting on the dam are the concrete weight + the normal water pressure + the temperature drop due to annual variations of water and air temperatures[7].The stresses on the upstream and downstream surfaces of the dam computed by the Equivalent Stress FEM are shown in Fig.4 and 5. Those computed by the conventional FEM are shown in Fig. 6 and 7. The first principal stress σ_1 and the vertical normal stress σ_y on the bottom of the vertical crown section of the dam computed by the two methods are shown in Fig. 8 where it is apparent how the stress concentration is eliminated by the Equivalent Stress FEM. The maximum stresses of this dam are shown in Table 1 from which the differences of results of FEM and Equivalent Stress FEM and the influences of methods of applying concrete weight are clear. The computation was conducted by Mr. Zhang Jinghua.

Tab. 1   The maximum stresses in Dahuashui arch dam (MPa)   (tensile stress is positive)

Method of applying concrete weight	Stresses computed by FEM					
	Upstream face			Downstream face		
	σ_1	σ_3	σ_z	σ_1	σ_3	σ_z
Whole dam	12.11	−3.41	7.54	0.52	−20.69	−11.60
Incremental	9.17	−3.52	4.46	0.53	−19.39	−12.01
Method of applying concrete weight	Stresses computed by Equivalent Stress FEM					
	Upstream face			Downstream face		
	σ_1	σ_3	σ_z	σ_1	σ_3	σ_z
Whole dam	1.89	−3.47	1.87	0.42	−5.22	−4.11
Incremental	1.37	−3.57	0.52	0.43	−4.67	−4.15

Notes: σ_1—the first principal stress, σ_3—the third principal stress, σ_z—the vertical normal stress on the bottom of crown section.

4   The allowable stresses

Many practical arch dams were analysed both by the trial load method and the Equivalent Stress FEM for the same loading conditions. The results of computing show that the maximum compressive stresses given by the two methods are close to each other and the maximum tensile stresses given by the Equivalent Stress FEM are somewhat larger than those given by the trial load method, which is due to the fact that in trial load method the concrete weight is 100% undertaken by the cantilever while in Equivalent Stress FEM the concrete weight is applied incrementally. After extensive investigations, "Design specification for concrete arch dams" SL 282—2003 of China stipulates the allowable stresses in arch dam as shown in Tab. 2.

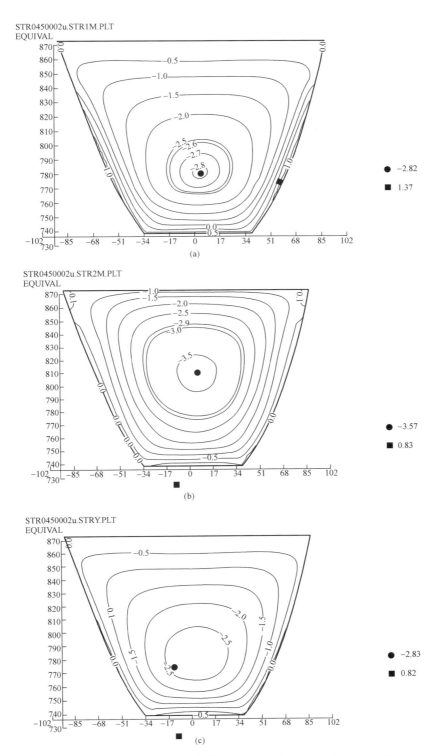

Fig. 4   The equivalent stress on the upstream face (MPa) under loads: weight of concrete (incremental) +normal
water pressure + temperature drop

(a) the first principal stress σ_1 (equivalent stress) ; (b) the third principal stress σ_3 (equivalent stress) ;

(c) the vertical normal stress σ_z (equivalent stress)

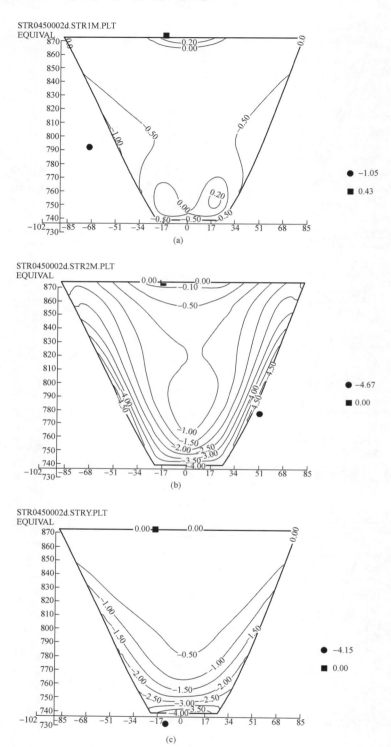

Fig. 5　The equivalent stress on the downstream face (MPa) under loads: weight of concrete (incremental) +normal water pressure + temperature drop

(a) the first principal stress σ_1　(equivalent stress)；(b) the third principal stress σ_3 (equivalent stress)；

(c) the vertical normal stress σ_z (equivalent stress)

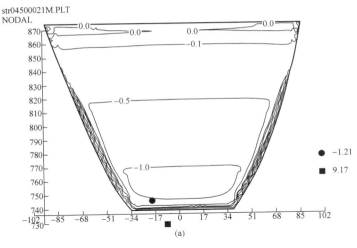

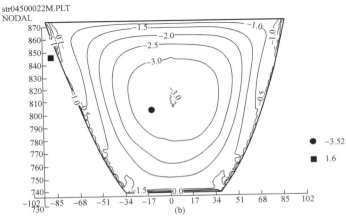

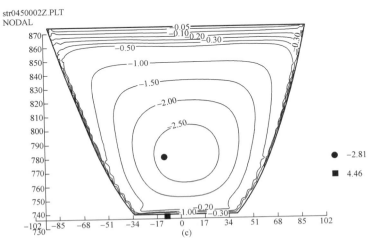

Fig. 6   Stress (MPa) on the upstream face computed by FEM under loads: weight of concrete

(incremental) + normal water pressure + temperature drop

(a) the first principal stress σ_1 (FEM) ; (b) the third principal stress σ_3 (FEM) ; (c) the vertical normal stress σ_z (FEM)

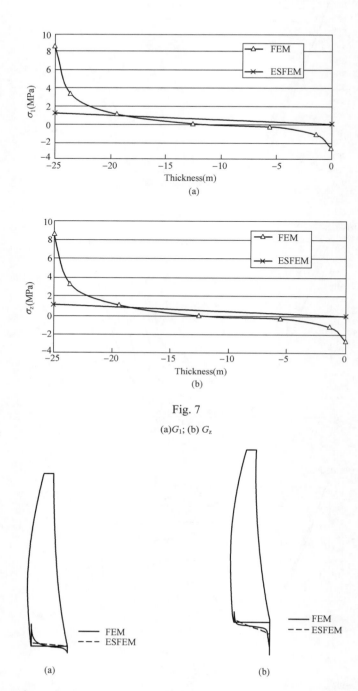

Fig. 7

(a)G_1; (b) G_z

Fig. 8　Comparison of stress distribution along the bottom of the vertical crown section of the dam

(a) the first principal stress σ_1; (b) the vertical normal stress σ_z

Tab. 2   **Allowable stress in arch dams**

	Computing method	Basic loading case	Special loading case
Allowable tensile stress (MPa)	Trial load method	1.20	1.50
	Equivalent stress FEM	1.50	2.00
Allowable compressive stress	Trial load method and Equivalent Stress FEM	$\dfrac{f_c}{K_1}$	$\dfrac{f_c}{K_2}$

Notes: (1) f_c—compressive strength of concrete for 90d age, 15cm cubic specimen and 80% assurance;

      (2) for arch dams of class 1 and 2, $K_1=4.0, K_2=3.5$; for arch dams of class 3, $K_1=3.5, K_2=3.0$;

      (3) basic loading case: concrete weight + normal water level + temperature drop or rise, special loading case: concrete weight+ special water level + temperature drop or rise.

5   Conclusions

(1) One of the fundamental assumptions of the trial load method is the straight normal assumption, i.e., the normal line to the middle surface of the dam remains a straight line after its deformation. The main drawback of trial load method is using Vogt's coefficients to compute deformations of foundation. In Equivalent Stress FEM, the deformations of foundation are computed by FEM, so the precision of computation of the deformation of foundation and the internal forces of the dam is higher. Because the straight normal assumption is used to compute the stresses from the internal forces, the stress concentration is eliminated and the obstructions of applying FEM to arch dam design are removed.

(2) Because the most part of arch dams were designed by the trial load method formerly and the stresses in these dams were computed by the straight normal assumption, the experiences of these dams may be consulted in the arch dams designed by Equivalent Stress FEM hereafter.

(3) Possessing powerful capability of analyzing, the Equivalent Stress FEM can overcome all the drawbacks of the trial load method. It can be predicted that the equivalent stress FEM will be applied to the design of arch dams more extensively in the near future.

References

［1］U.S.Bureau of Reclamation. Trial Load Method of Analyzing Arch Dams. Boulder Canyon Project Final Reports, Part V. Bulletinl, 1938.

［2］U.S.Bureau of Reclamation. Design of Arch Dams ［M］.Water Resources Technical Publication, Denver, 1976.

［3］Zhu Bofang, Song Jingting. The application of shell elements in the analysis of stresses in arch dams［J］. Journal of Water Resources and Water Transport, 1979, (1).

［4］Zhu Bofang. Summary of International Workshop on Arch Dams, Coimbra, 5-9, April, 1987. Concrete Dam Techniques, 1987, (2).

［5］Zhu Bofang, Gao Jizhang, Chen Zuyu, Li Yisheng. Design and Research for Concrete Arch Dams［M］. Beijing:

China Water Power Press, 2002.

［6］Ministry of Water Resources of People's Republic of China. Design specification for concrete arch dam. SL 282—2003, Beijing：China Water Power Press, 2003.

［7］Zhu Bofang, Li Zhanmei. External temperature loads in arch dams. Arch Dams. 217-225, edited by J.L. Serafim and R.W. Clough, Rotterdam: Balkema, 1990.

Semi–Mature Age of Concrete — A New Method for Improving the Crack Resistance of Mass Concrete[❶]

Abstract: In this paper a new idea has been proposed, i.e. the semi-mature age ($\tau_{1/2}$) of concrete. The adiabatic temperature rise of concrete increases gradually with age and, finally, reaches its ultimate value. At present, there is no index for expressing its rate of growth. The semi-mature age of concrete is defined as the age when the temperature rise reaches one half of its ultimate value, and the smaller the value of the semi-mature age, the faster the speed of concrete maturity. For mass concrete structures like dams, temperature control is a necessary measure for crack prevention. If the semi-mature age of the adiabatic temperature rise of concrete is high the temperature in the interior of the structure increases more slowly, and the effect of natural cooling and artificial pipe cooling will be more significant. Thus the thermal stresses will be smaller, which is favorable for the control of temperature and the prevention of cracks. Therefore, the semi-mature age is an important index for mass concrete. The definition, influences, and methods for adjusting the semi-mature age of concrete are also discussed.

Key words: Mass concrete, semi-mature age ($\tau_{1/2}$), crack resistance, heat of hydration, strength

1 Introduction

The adiabatic temperature rise, strength, and modulus of elasticity of concrete increases gradually with age, before finally reaching an ultimate value[1,2] and, at present, there is no appropriate index for expressing the rate of growth of these properties.

Now, the age when the adiabatic temperature rise, strength, and modulus of elasticity reach half their final value is defined as their semi-mature age, which is denoted by $\tau_{1/2}$. The value of $\tau_{1/2}$ reflects the rate of maturity of concrete. The lower the value of $\tau_{1/2}$, the greater the rate of maturity of concrete and, conversely, the higher the value of $\tau_{1/2}$, the lower the rate of maturity. For mass concrete structures like dams, the age of concrete for undertaking full loads is long.

During the early years of a concrete structure, strength poses no problem. However, there are requirements for the prevention of cracks. Generally, the temperature in a concrete dam is controlled by the natural dissipation of heat from the surface, and pipe cooling in the interior. If the semi-mature age of concrete is too small the adiabatic temperature rise will increase rapidly, causing the temperature in the interior of the concrete to also increase rapidly. When the measures

❶ 原载 Dam Engineering,Vol. XXIII Issue 3. 原作者朱伯芳、杨萍。

of natural surface cooling and internal pipe cooling have not yet performed their function, the temperature in the concrete has already reached its maximum value.

On the contrary, if the semi-mature age of concrete is high the adiabatic temperature rise will increase more slowly, and there is sufficient time for both natural cooling and pipe cooling to perform their function, so the maximum temperature within the concrete will be lower, and the thermal stresses smaller. Therefore, the semi-mature age is an important index for mass concrete.

In order to prevent cracking, pipe cooling, pre-cooling, and reducing the amount of cement have been successfully applied in the past. In this paper the authors present the concept of the semi-mature age ($\tau_{1/2}$) of concrete, and show that thermal stresses may be remarkably reduced by adjusting it. Thus, a new method for the temperature control of mass concrete is proposed. The semi-mature age will be an important index for mass concrete and, furthermore, the measures for adjusting it are also introduced.

2   Definition of semi−mature age of concrete

Suppose the property of concrete, $y(\tau)$, is a function of age, τ. Generally, it increases monotonically with τ and finally reaches an ultimate value, i.e.

$$\left.\begin{array}{l} y(\tau) = 0, \text{when } \tau = 0 \\ y(\tau) = y_0, \text{when } \tau \to \infty \\ \dfrac{\mathrm{d}y}{\mathrm{d}\tau} \geq 0, \text{when } 0 \leq \tau \leq \infty \end{array}\right\} \tag{1}$$

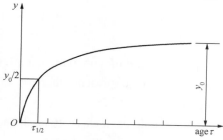

Fig. 1   Semi-mature age of concrete ($\tau_{1/2}$)

Therefore the semi-mature age ($\tau_{1/2}$) of concrete can be defined as the age when $y(\tau)$ reaches one half of the final value, y_0 (see Fig. 1)

$$y(\tau_{1/2}) = \frac{y_0}{2}, \text{when } \tau = \tau_{1/2} \tag{2}$$

where τ is the age of the concrete, y_0 is the final value of $y(\tau)$, and $y(\tau)$ represents a specific property of the concrete.

3   Method for determining the semi−mature age of concrete

The semi-mature age of concrete can be determined directly from test results. For example, the test results of the adiabatic temperature rise of mass concrete are shown in Fig. 2. A smooth curve of $\theta(\tau)$ is drawn through the points of the test results, and the final value of $\theta(\tau)$ is θ_0. By drawing a horizontal line of $\theta(\tau) = \theta_0 / 2$, which intersects the curve of $\theta(\tau)$ at $\tau = \tau_{1/2}$, then $\tau_{1/2}$ is the semi-mature age for the adiabatic temperature rise of concrete.

The semi-mature age of concrete for the modulus of elasticity, tensile strength, and extensibility, may be determined in the same way.

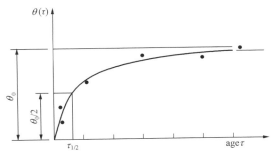

Fig. 2   Adiabatic temperature rise [$\theta(\tau)$]

4   Formulas for computing the semi–mature age of concrete

Let one property of concrete be expressed by the following equation

$$y(\tau) = y_0 f(\tau) \tag{3}$$

where y_0 is the final value of $y(\tau)$.

Then the semi-mature age, $\tau_{1/2}$, is determined by

$$f(\tau_{1/2}) = 1/2 \tag{4}$$

For some functions, expressing the property of concrete are given in the following:

(1) Exponential function $f(\tau) = 1 - e^{-m\tau}$. From Eq. (4), $\exp(-m\tau_{1/2}) = 0.5$, by taking the logarithm on both sides we get

$$\tau_{1/2} = \frac{0.693}{m} \text{ or } m = \frac{0.693}{\tau_{1/2}} \tag{5}$$

(2) Hyperbolic function $f(\tau) = \tau/(n + \tau)$

$$\tau_{1/2} = n \tag{6}$$

(3) Compound exponential function $f(\tau) = 1 - \exp(-g\tau^d)$

$$\tau_{1/2} = \exp\left[\frac{1}{d} \ln\left(\frac{0.693}{g}\right)\right] \tag{7}$$

The semi mature ages of concrete for some concrete dams are provided in Tab. 1.

5   The meaning of semi–mature age in engineering

If the semi-mature age of concrete is too low, the adiabatic temperature rise will increase rapidly. Therefore there is not enough time for natural surface cooling and pipe cooling in the interior of the dam to take place, so the maximum temperature and thermal stress in the interior of the dam, due to the heat of hydration of cement, will be high. On the contrary, if the semi-mature age of concrete is high, the adiabatic temperature rise will increase more slowly, and there is enough time for natural cooling and pipe cooling to reduce the maximum temperature of the concrete. The maximum temperature rise in the dam, and the thermal stresses will, therefore, be smaller. Thus, the semi-mature age is an important index for mass concrete.

Tab. 1   **Semi-mature ages of concrete of some concrete dams**

Dam	Concrete mix	Concrete mark	Semi-mature age $\tau_{1/2}$ (days)				
			For adiabatic temp. rise	For modulus of elasticity	For tensile strength	For compressive strength	For extensibility
Xiaowan	1	$C_{180}45$	1.35	3.30	6.80	10.50	1.20
	2	$C_{180}40$	1.25	4.79	7.43	14.90	1.70
	3	$C_{180}35$	1.30	6.86	6.87	14.95	2.40
	4	$C_{180}30$	1.30	6.70		15.30	3.00
Xiluodu	1	$C_{180}35$	2.58	7.76	1.95	11.20	3.71
	2	$C_{180}30$	2.46	6.92	5.72	11.80	2.65
	3	$C_{180}25$	2.58	5.71	6.67	11.10	3.51
Jingping 1	1	$C_{180}40$	3.63	5.41		10.80	7.76
	2	$C_{180}35$	3.59	5.72		10.70	7.64
	3	$C_{180}30$	3.47	5.26		12.40	7.71

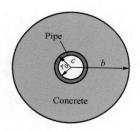

Fig. 3   Concrete cylinder cooled by pipe

6   The problem of pipe cooling

In order to explain the idea of the semi-mature age of concrete in a simple way, we first consider the pipe cooling of a concrete cylinder with outer radius b, inner radius c, and insulated outer surface, as shown in Fig. 3. The outer and inner radius of the cooling pipe are c and r_0. The initial temperature of concrete is T_0, the adiabatic temperature rise of concrete is

$$\theta(\tau) = \theta_0(1 - e^{-m\tau}) \tag{8}$$

and the temperature of cooling water is T_W.

The problem to be solved is as follows:

The equation of heat conduction

$$\frac{\partial T}{\partial \tau} = a\left(\frac{\partial^2 T}{\partial r^2} + \frac{1}{r}\frac{\partial T}{\partial r}\right) + \frac{\partial \theta}{\partial \tau} \tag{9}$$

The initial and boundary conditions

$$\left.\begin{aligned} T(r,0) &= 0, \text{ when } \tau = 0, c \leqslant r \leqslant b \\ -\lambda\frac{\partial T}{\partial r} + \frac{\lambda_1}{c - r_0}T &= 0, \text{ when } \tau > 0, r = c \\ \frac{\partial T}{\partial r} &\geqslant 0, \text{ when } \tau > 0, r = b \end{aligned}\right\} \tag{10}$$

where λ is the conductivity of concrete, and λ_1 is the conductivity of the cooling pipe.

The solution to this problem has been provided by the author in a previous paper[1], and the mean temperature of the concrete cylinder is

$$T_m = T_0 + (T_0 - T_w)\phi(\tau) + \theta_0 \psi(\tau) \qquad (11)$$

in which

$$\phi(\tau) = e^{-p\tau} \qquad (12)$$

$$\psi(\tau) = \frac{m}{m-p}(e^{-p\tau} - e^{-m\tau}) \qquad (13)$$

$$p = (\alpha_1^2 b^2)a/b^2 \qquad (14)$$

where θ_0 and a are material constants, and $\alpha_1 b$ is the first characteristic value, which may be given by the following equation

$$\alpha_1 b = 0.926 \exp\left\{-0.0314\left[\frac{b}{c}\left(\frac{c}{r_0}\right)^{\lambda/\lambda_1} - 20\right]^{0.48}\right\} \qquad (15)$$

From Eq. (13), and $d\psi/d\tau = 0$, the time for maximum ψ is

$$\tau_m = \frac{1}{m-p}\ln\left(\frac{m}{p}\right) \qquad (16)$$

Substituting this into Eq. (13), we obtain the maximum value of $\psi(\tau)$ as follows

$$\psi_m = \psi(\tau_m) = \frac{m}{m-p}(e^{-p\tau_m} - e^{-m\tau_m}) \qquad (17)$$

If $\theta(\tau) = \theta_0(1 - e^{-m\tau})$, from Eq. (5) $m = 0.693/\tau_{1/2}$.

Practically, the body of cooling in the dam is a concrete prism with rectangular spacing of cooling pipes. Now the prism is replaced by an equivalent cylinder with radius b, as follows

$$b = \sqrt{1.07 s_1 s_2/\pi} = 0.5836\sqrt{s_1 s_2} \qquad (18)$$

For example, if $s_1 = s_2 = 1.50\text{m}$, $c = 0.010\text{m}$, $r_0 = 0.008\text{m}$, $\lambda/\lambda_1 = 8.37/1.66 = 5.04$, from Eq. (18), $b=0.8754\text{m}$, from Eqs. (15) and (14), we have

$$\alpha_1 b = 0.926 \exp\left\{-0.0314\left[\frac{0.8754}{0.010}\left(\frac{0.010}{0.008}\right)^{5.04} - 20\right]^{0.48}\right\} = 0.594$$

$$p = 0.5940^2 \times 0.10/0.8754^2 = 0.0460 \ (1/\text{d})$$

If the spacing of the cooling pipes is 1.5m×1.5m, $p = 0.0460 \ (1/\text{d})$; $\theta(\tau) = \theta_0(1 - e^{-m\tau})$, the diffusivity of concrete is $a = 0.10\text{m}^2/d$, consider two kinds of concrete as follows

$$\left.\begin{array}{l} \text{Concrete A}: \tau_{1/2} = 1.0\text{d}, m = 0.693, p = 0.0460, \psi_1(\tau) = 1.074(e^{-0.0460\tau} - e^{-0.693\tau}) \\ \text{Concrete B}: \tau_{1/2} = 3.0\text{d}, m = 0.231, p = 0.0460, \psi_2(\tau) = 1.262(e^{-0.0460\tau} - e^{-0.231\tau}) \end{array}\right\} \qquad (19)$$

Functions of temperature rise — $\psi_1(\tau)$ and $\psi_2(\tau)$ — are shown in Fig. 4. If $\theta_0 = 25.0℃$, from Fig. 4, when $\tau_{1/2} = 1.0\text{d}$, and the maximum $\psi_1 = 0.82$, the maximum temperature rise is 0.82×25=20.5℃. If $\tau_{1/2} = 3.0\text{d}$, the maximum value of temperature rise function $\psi_2 = 0.66$, the maximum temperature rise is 0.66×25=16.5(℃), which is 4.0℃ less than 20.5℃. Thus, if the semi-mature age of $\theta(\tau)$ is changed from $\tau_{1/2}=1.0d$ to $\tau_{1/2}=3.0d$, the maximum temperature rise will change from 20.5℃ to 16.5℃ —a difference of 4.0℃— which is approximately equal to the effect of mixing the cement with 50% fly ash.

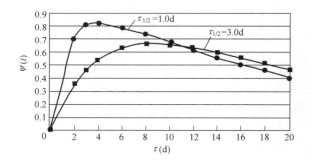

Fig.4　$\psi(t)$ —function of temperature rise due to heat of hydration of concrete with insulated surfaces and pipe cooling (spacing of cooling pipes: 1.5m×1.5m)

Functions τ_m and ψ_m, computed by Eqs. (16) and (17),are shown in Fig. 5. It is apparent that the coefficient of maximum temperature rise, ψ_m, decreases with the increase of the semi-mature age ($\tau_{1/2}$) of concrete. Hence, concrete with a bigger $\tau_{1/2}$ is more favorable for crack prevention.

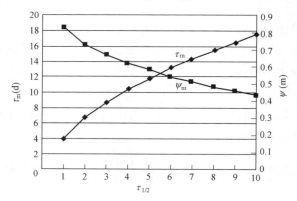

Fig. 5　Relationship between ψ_m, τ_m and $\tau_{1/2}$

7　The influence of semi–mature age on the temperature and stress fields of massive concrete structures

In this section the influence of semi-mature age ($\tau_{1/2}$) on the temperature and stress fields of massive concrete structures will be shown by two examples, considering two kinds of concrete with different semi-mature ages as follows

$$\left.\begin{array}{l}\text{Concrete C}: \theta(\tau)=25.0\tau/(1.2+\tau)^{\circ}\text{C}, E(\tau)=350000\tau/(1.5+\tau)\text{MPa}\\\text{Concrete D}: \theta(\tau)=25.0\tau/(3.6+\tau)^{\circ}\text{C}, E(\tau)=350000\tau/(4.5+\tau)\text{MPa}\end{array}\right\} \quad (20)$$

Example 1: A massive concrete wall with free surface, as shown in Fig. 6, with length × width × thickness=10m×10m×2m, initial temperature of concrete T_0=10℃, and air temperature T_a=10℃. The temperature and stress fields in the wall, induced by the adiabatic temperature rise, $\theta(\tau)$, are computed by the finite element method. The variation of the temperature at the centre of the wall is shown in Fig. 7. The maximum temperature of concrete A with $\tau_{1/2}$=1.2d is 4℃ higher than that of concrete B with $\tau_{1/2}$=3.6d. The variation of the thermal stress at the centre of the lateral surface of the wall is shown in Fig. 8. Both the maximum tensile stress, and the maximum compressive stress of concrete A, are bigger than those of concrete B.

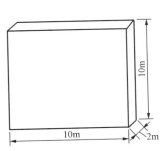

Fig. 6　Example 1: a concrete wall with free surfaces, i.e. all surfaces are free from external restraint

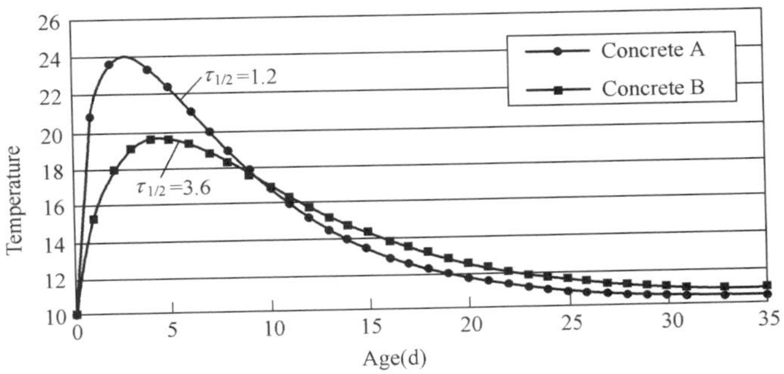

Fig. 7　Variation of temperature at the centre of the wall cooled naturally

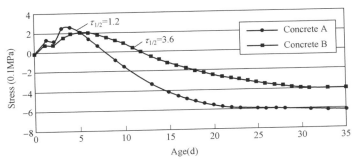

Fig. 8　Variation of the thermal stress, σ_x, at the centre of the lateral surface of the wall

Example 2: A massive concrete block on rock foundation (Fig. 9) cooled naturally by the dissipation of heat from the top surface into the air, length×width×thickness=20m×20m×1.5m. Two kinds of concrete are considered, as shown in Tab. 2. The initial temperature of the concrete and rock is 20℃. The top and lateral surfaces of the concrete block are free, but the bottom surface is restrained by the rock foundation. The temperature and stress fields are computed by the finite element method, taking into account the effect of creep of concrete. Variation of temperature at the centre of the concrete block is shown in Fig. 10. The envelope of temperatures along the centerline of the concrete block are shown in Fig. 11. The maximum temperature of concrete B, with $\tau_{1/2}$=3.6d, is 3.8℃ lower than that of concrete A, with $\tau_{1/2}$=1.2d. The variation of thermal stresses at the centre of the block are shown in Fig.12. The envelope of stresses along the centerline of the concrete block are shown in Fig.13. The maximum tensile stress in concrete B is 30.4% (0.38MPa) lower than that of concrete A.

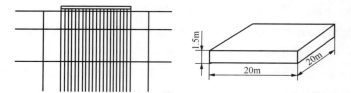

Fig. 9　Massive concrete block on rock foundation and the network of FEM computation

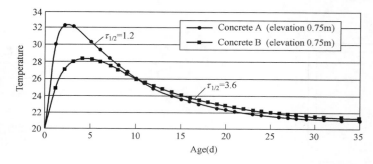

Fig. 10　Variation of temperature at the centre of the concrete block cooled naturally

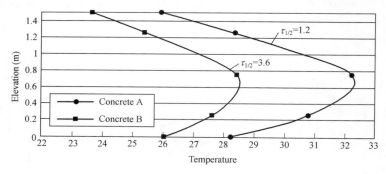

Fig. 11　Envelopes of temperatures along the vertical centerline of the concrete block
on rock foundation cooled naturally

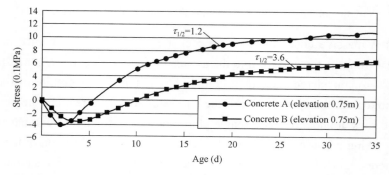

Fig. 12　Variations of temperatures at the centre of a concrete block on rock foundation cooled naturally

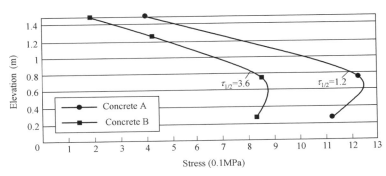

Fig. 13   Envelopes of thermal stresses, σ_x, along the vertical centerline of a concrete block
on rock foundation cooled naturally

8   Measures for Adjusting the Semi–mature Age of Concrete

As mentioned previously, if the semi-mature age of concrete is high it will be favorable for the prevention of cracking in mass concrete. The following methods may be used to change the semi-mature age of concrete:

8.1   Changing the mineral composition and fineness of cement

In order to prevent cracking, the reasonable properties of mass concrete are: high strength in late age, low total quantity of heat, and low rate of discharge of heat of hydration. It is necessary to reduce the content of C_3A and C_3S, and to increase the content of C_2S. The finer the cement, the quicker the rate of hydration, so it is reasonable to reduce the specific surface of cement.

In the 1930s common Portland cement contained only about 30% C_3S, and its specific surface was about 220m^2/kg. The rate of hydration of cement, and the rate of growth of strength are low, which is favorable for crack prevention. As the designed age of the conventional reinforced concrete structure is generally 28d, under the drive for catering to market need cement factories pursued a higher strength at 28d age, and the content of C_3S and the specific surface of cement have continued to get higher and higher.

At present, for Portland cement manufactured in China, the content of C_3S exceeds 50%, and the specific surface is 340-370m^2/kg. The rate of discharge of the heat of hydration and growth of strength are high, which is unfavorable for crack prevention. It is therefore necessary to reduce the content of C_3S, and the specific surface of cement.

8.2   Mixed fly ash and admixture agent with cement

By mixing fly ash with cement the rate of discharge of the heat of hydration will be slower, and the semi-mature age of concrete will be higher. Formerly the admixture agent was used to change initial setting time, now it may be used to change the semi-mature age of concrete.

9　Conclusions

(1) The age when adiabatic temperature rises, and the strength or modulus of elasticity reaches one half of its final value, is defined as the semi-mature age, $\tau_{1/2}$, of concrete.

(2) If the semi-mature age of adiabatic temperature rise is higher, the temperature inside mass concrete structures will increase more slowly, the effect of natural superficial cooling and artificial pipe cooling will be greater, and the thermal stresses may be remarkably reduced. This is favorable for crack prevention.

(3) The semi-mature age introduced in this paper is a new and important index for mass concrete.

(4) The semi-mature age of concrete may be adjusted by reducing the content of C_3S and C_3A, along with the specific surface of cement, and by mixing the cement with fly ash and admixture agent.

References

［1］ Zhu Bofang. Thermal Stresses and Temperature Control of Mass Concrete [M]. Beijing: China Electric Power Press, 1999.

［2］ Zhu Bofang. The Modulus of Elasticity, Creep and Coefficient of Stress Relaxation of Concrete[J]. Journal of Hydraulic Engineering, 1985, 9: 54-61.

Computation of Thermal Stresses in Mass Concrete with Consideration of Creep Effect[1]

Abstract: This paper is formulated in four parts. In the first part, the author proposes a set of new formulae to evaluate the basic parameters of concrete such as the elastic modulus, unit creep and stress relaxation coefficient. These new formulae give the results of higher accuracy and in better conformity with the experimental data. In the second part, an implicit method is introduced in the numerical analysis and in the third part, the substructure method is suggested to simplify the computation a great deal. By means of these two methods, higher accuracy can be guaranteed and the speed of computation is increased remarkably. Finally, two numerical examples are given in the fourth part.

Key words : thermal stress, mass concrete, formula, properties of concrete, implicit method

1 Introduction

Cracks in mass concrete are primarily caused by thermal stresses. In order to prevent the concrete from cracking effectively, it is necessary to know the magnitude of thermal stress. At present, thermal stresses are calculated mainly by means of F.E.M., which can tackle many problems in various complex situations. This is an obvious advance. However, there still exist some problems such as those concerning basic material parameters and computation speed. The basic material parameters needed in the calculation, including the Young's modulus, unit creep and stress relaxation coefficient, vary greatly with the age of concrete. Both Young's modulus and unit creep of concrete given by the current widely-used formulae often deviate from the experimental data and hence the accuracy of the calculation is lowered. New formulae are presented in this paper to evaluate the Young's modulus and unit creep with the results in better agreement with the experimental data. The suggested formulae are concise and their coefficient can be easily worked out from the experimental data. As to the stress relaxation coefficient, no formula is available up to now, though some experimental data have been obtained. New formulae of comparatively high accuracy are recommended to calculate it in this paper.

The computation speed in the thermal stress analysis is lowered mainly by two factors. One is the creep effect and the other is the aging effect. The creep of concrete has great influence upon the thermal stress. At present the initial strain method (an explicit method) is used to take this influence into account. However, the computation accuracy of this method is considerably low unless very

---

❶　原载第十五届国际大坝会议论文集, 529-545.

small time step length is taken at the expense of great amount of computation work. An implicit scheme is introduced in the numerical analysis in this paper to improve the accuracy. The computation speed can be accelerated by about five times with the same accuracy maintained.

Since both Young's modulus and unit creep are the functions of the age of concrete, it is necessary to establish a large stiffness matrix and find out its inverse matrix in each time interval. The amount of computation work is therefore enormous. A generalized substructure method is suggested in this paper and it can reduce the computation work a great deal.

Mass concrete is usually poured one lift after another. The single lift and multi-lift blocks are very common in dam construction. For these two types of block, the elastocreeping thermal stress due to hydration heat and natural cooling is analyzed and some results of computation are given.

2 Young's modulus, unit creep and stress relaxation coefficient of concrete

2.1 Young's modulus of concrete

As the hydration in concrete develops gradually, the Young's modulus of concrete varies with the loading age. There are several formulae already in use. However, some of them often give results not in good agreement with the experimental data, while the others are very complicated and inconvenient for use. A new formula suggested by the author takes the form

$$E(\tau)=E_0(1-e^{-a\tau^b}) \tag{1}$$

in which τ is the loading age of concrete and $E(\tau)$ is the Young's modulus at the age τ. E_0, a and b are constants, which can be determined by experimental data. Eq. (1) can be rewritten as

$$\ln a + b\ln\tau = \ln[-\ln(1-E/E_0)] \tag{2}$$

in which 1n denotes natural logarithm. By taking $\ln\tau$ as the abscissa and $\ln[-\ln(1-E/E_0)]$ as the ordinate, the experimental data can be treated as a straight line with its intercept and slope equal to $\ln a$ and b respectively. Based upon the experimental data obtained from a gravity dam in China, the Young's modulus, according to the author's

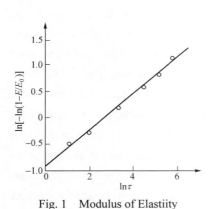

Fig. 1　Modulus of Elastiity

treatment, can be expressed as

$$E(\tau)=38.5\times10^4\times(1-e^{-0.402\tau^{0.335}}) \tag{3}$$

The comparison between the evaluated values and experimental data is illustrated in Fig. 1. It shows that there is a good agreement between them.

2.2 Unit creep of concrete

Unit creep $C(t,\tau)$ is defined as the strain due to creep at time t caused by a unit sustained uniaxial stress beginning from age τ. It depends not only on load age τ but also on time duration $t-\tau$ when creep deformation develops. Two kinds of formulae are suggested by the author to evaluate it.

2.2.1   The first kind of formula for unit creep in concrete

$$C(t,\tau) = (\phi_0 + \phi_1\tau^{-P})[1 - e^{-(\tau_0 + r_1\tau^{-q})(t-\tau)^s}] \tag{4}$$

or

$$C(t,\tau) = \phi(\tau)[1 - e^{-r(\tau)(t-\tau)^s}] \tag{4a}$$

in which

$$\phi(\tau) = \phi_0 + \phi_1\tau^{-\rho}$$
$$r(\tau) = r_0 + r_1\tau^{-q} \tag{5}$$

r_0, r_1, s, p and q in the above formulae are all constants, which can be determined by experimental data. For a specific age, the experimental data can be approximated by a straight line with its intercept and slope equal to $\ln r(\tau)$ and s respectively if $\ln(t-\tau)$ is taken as the abscissa and $\ln\{-\ln[1 - C(t,\tau)/\phi(\tau)]\}$ as the ordinate. According to the experimental data of a gravity dam, the author obtained the expression for the unit creep of the concrete in the form of the first kind as follows (in cm^2/kg)

$$C(t,\tau) = (2.30 + 9.16\tau^{-0.45})[1 - e^{-(0.118+0.296\tau^{-0.625})(t-\tau)^{0.440}}] \tag{6}$$

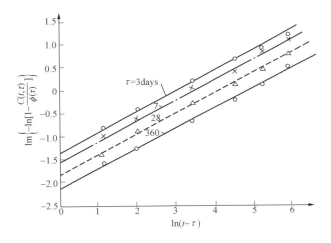

Fig.2   Unit Creep

Fig. 2 shows that there exists good conformity between the evaluated results and the experimental data.

2.2.2   The second kind of formula for unit creep in concrete

The suggested formula takes the form

$$C(t,\tau) = \sum_{i=1}^{n}(f_i + g_i\tau^{-P_i})[1 - e^{-r_i(t-\tau)}] \tag{7}$$

or

$$C(t,\tau) = \sum_{i=1}^{n}\phi_i(\tau)[1 - e^{-r_i(t-\tau)}] \tag{7a}$$

in which

$$\phi_i(\tau) = f_i + g_i\tau^{-p_i} \qquad (8)$$

Eq. (7) will become Aroutiounian's formula if $p=1$ and only one term is taken. It is obvious that Aroutiounian's formula is just a special case of the suggested formula. Experience shows that Aroutiounian's formula often gives results deviating from the experimental data. In the suggested formula (7), the parameter p_i is deemed as dependent on experimental data and so the estimated value $C(t,\tau)$ is in better agreement with the experimental data. Based upon the experimental data concerning the creep of the concrete used in a gravity dam in China, the author has obtained the following formula

$$C(t,\tau) = (0.70 + 6.44\tau^{-0.45})[1 - e^{-0.30(t-\tau)}] \times 10^{-6} + (1.60 + 2.72\tau^{-0.45})[1 - e^{-0.0050(t-\tau)}] \times 10^{-6} \quad (9)$$

in which $C(t,\tau)$ is in cm^2/kg. The results from the above formula agree with the experimental data rather well.

As far as two kinds of formulae are concerned, the first kind is concise and simple while the second is suitable for F. E. M., in which the laws for exponential function can be used to reduce memory space requirements.

2.3 Stress relaxation coefficient of concrete

The creep of concrete causes the thermal stress to decrease. For homogeneous structures or heterogeneous ones which satisfy the proportional deformation condition proposed by the author [4], the effect of creep upon thermal stress can be calculated by means of the stress relaxation method. Up to now, no formula has been established for evaluating the stress relaxation coefficient, though a lot of experimental data have been accumulated. Two kinds of formulae given by the author are as follows:

2.3.1 The first kind of formula for the stress relaxation coefficient

$$K(t,\tau) = 1 - \psi(\tau)[1 - e^{-m(t-\tau)^{n(\tau)}}] \qquad (10)$$

in which $K(t,\tau)$ is the stress relaxation coefficient, and

$$\psi(\tau) = \psi_0 + (1-\psi_0)e^{-f\tau^g}$$
$$m(\tau) = m_0 + m_1\tau^{-\lambda} \qquad (11)$$
$$n(\tau) = n_0 + n_1\tau^{-\beta}$$

in which ψ_0, f, g, m_0, m_1, λ, n_0, n_1 and β are all constants dependent on experimental data.

According to the experimental data of the concrete used in a gravity dam in China, the expression for the stress relaxation coefficient obtained by the author takes the form

$$K(t,\tau) = 1 - (0.47 + 0.53e^{-0.623\tau^{0.170}})[1 - e^{-(0.20 + 0.271\tau^{-0.225})(t-\tau)^{(0.326 + 0.125\tau^{-0.583})}}] \qquad (12)$$

The results obtained from the above formula are in good agreement with the experimental data.

2.3.2 The second kind of formula for the stress relaxation coefficient

$$K(t,\tau) = 1 - \sum_{i=1}^{n} k_i(\tau)[1 - e^{-r_i(t-\tau)}] \qquad (13)$$

in which

$$k_i(\tau) = f_i + g_i\tau^{-q_i} \qquad (14)$$

g_i, q_i, and r_i are all constants and can be determined by the experimental data.

2.4 Formulae suggested for preliminary design

Because of its large amount of work and long duration, the creep test of concrete usually lasts for more than two years, and the experimental data are often deficient in the preliminary stage of design. After a vast amount of experimental data have been analyzed and treated, the following formulae are suggested by the author to evaluate the Young's modulus, unit creep and stress relaxation coefficient of mass concrete in the preliminary design

$$E(\tau)=E_0(1-e^{-0.40\tau^{0.34}}) \tag{15}$$

$$C(t,\tau)=C_1(1+9.20\tau^{-0.45})[1-e^{-0.30(t-\tau)}]+C_2(1+1.70\tau^{-0.45})[1-e^{-0.0050(t-\tau)}] \tag{16}$$

$$K(t,\tau)=1-(0.40+0.60e^{-0.62\tau^{0.17}})[1-e^{-(0.20+0.27\tau^{-0.23})(t-\tau)^{0.36}}] \tag{17}$$

where $C_1=0.23/E_0, C_2=0.52/E_0$ and $E_0=1.05E(360)$ or $E_0=1.20E(90)$, and $E(360)$ and E (90) are the instantaneous Young's moduli at the age of 360 days and 90 days respectively. Numerical examples show that the above formulae are of good accuracy and can meet the needs of preliminary design.

3 Implicit method for elasto–creeping thermal stress analysis in mass concrete

It is well known that the thermal stress is greatly affected by creep. For homogeneous structures the relaxation coefficient method is used for calculation, while the conventional method for heterogeneous structures is the initial strain method, which often causes considerably large error under assumption that the stress within each time interval is constant. As shown in Fig. 3a, the stepped stress-time relationship curve deviates from the real smooth one. In order to ensure the accuracy of calculation, the only way in the past was to shorten the time interval and as a result the amount of computation work is increased a great deal. An implicit method is suggested in this paper, as shown in Fig. 3(b), under the assumption that the stress within each time interval is linear, i.e. in $\Delta\tau_i$

$$\frac{\partial\sigma}{\partial\tau}=\varsigma_i=\text{constant}$$

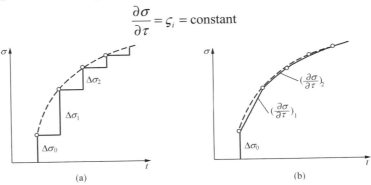

Fig. 3 Explicit Method and Implicit Method

(a) Explicit method; (b) Implicit method

Thus the stress-time relationship curve is described by a broken line. Because the error is dependent upon the deviation of the adopted curve from the real one, it is obvious that the error can be greatly reduced if the broken line approximation is used instead of the stepped one. By using Eqs. (1) and (7) to evaluate $E(\tau)$ and $C(t,\tau)$ and by dividing the whole time into a series of intervals: $\Delta\tau_1, \Delta\tau_2, \cdots \Delta\tau_i, \cdots \Delta\tau_n$, it is possible to establish the equilibrium equations of F.E.M. for each interval as follows

$$K_n \Delta U_n = \Delta P_n^L + \Delta P_n^C + \Delta P_n^I = \Delta P_n \qquad (18)$$

in which K_n is the stiffness matrix, ΔU_n is the in cremental nodal displacement vector, ΔP_n^L is the applied load vector and ΔP_n^C and ΔP_n^I are incremental pseudo-load vectors due to creep deformation and temperature variations respectively.

After the displacement increments ΔU_n are found out by solving Eq. (18), the stress increments can be calculated by using the following equation

$$\Delta\sigma_n = \overline{D_n}(B\Delta U_n - \eta_n - \Delta\varepsilon_n) \qquad (19)$$

where B is the strain geometrical matrix in F.E.M. The expression of $\overline{D_n}$ takes the form

$$\overline{D_n} = \frac{E_n^*}{1 + E_n^* q_n} Q^{-1} \qquad (20)$$

where Q^{-1} denotes the inverse matrix of Q (see appendix), and K_n, η_n, ΔP_n^C and ΔP_n^I can be calculated as follows

$$K_n = \int B^{\mathrm{T}} \overline{D_n} B \mathrm{d}V \qquad (21)$$

$$\Delta P_n^C = \int B^{\mathrm{T}} \overline{D_n} \eta_n \mathrm{d}V \qquad (22)$$

$$\Delta P_n^I = \int B^{\mathrm{T}} \overline{D_n} \Delta\varepsilon_n^I \mathrm{d}V \qquad (23)$$

$$\eta_n = (1 - \mathrm{e}^{-r_1\Delta\tau_n})\omega_{1n} + (1 - \mathrm{e}^{-r_2\Delta\tau_n})\omega_{2n} \qquad (24)$$

where ω_{1n} and ω_{2n} can be computed by the following recurrence formula

$$\omega_{in} = \omega_{i,n-1}\mathrm{e}^{-r_i\Delta\tau_{n-1}} + Q\Delta\sigma_{n-1}\phi(t_{n-2} + \Delta\tau_{n-1}/2)\mathrm{e}^{-r_i\Delta\tau_{n-1}/2}$$
$$\omega_{i1} = Q\Delta\sigma_0\phi_i(\tau_0), i = 1, 2 \qquad (25)$$

and $E^* = E(\tau_{n-1} + \Delta\tau_{n/2}), q_n = C(t_n, t_{n-1} + \Delta\tau_{n/2})$.

It can be seen that the implicit method presented in this paper is only a little more complicated than the conventional one, however, higher accuracy can be guaranteed by using a better approximation of the stress-time relationship curve to the real one. Experience obtained from numerical examples shows that much longer step length of time than that of the conventional method can be adopted with the same accuracy maintained and with the speed of computation accelerated by about five times.

4 Substructure method for elasto-creeping thermal stress analysis of concrete structures

Concrete structures are often heterogeneous. The heterogeneity may lie in the structure themselves, for example, dams built of the concrete of different grades. Some structures, though homogeneous in themselves, should be treated as heterogeneous ones if their foundations with different material properties are taken into consideration. At present F. E. M. is used to analyze the elasto-creeping thermal stress in the structures. For each time interval Eq. (18) needs to be established and solved, because Young's modulus $E(\tau)$ and unit creep $C(t,\tau)$ and hence stiffness matrix K_n are dependent on the age of τ. It is really an enormous work to calculate K_n and its inverse matrix for each time interval.

A generalized substructure method is suggested in this paper to raise the computation speed. Provided that a structure can be divided into a series of domains from 1 to m with different materials respectively, each domain is taken as a substructure. For each substructure with the same material, the relevant matrices need to be calculated only once and can be reused for all the following time intervals. Therefore the amount of computation work is reduced a great deal.

It can be seen from Eqs. (20) and (21) for the stiffness matrix that $\overline{D_n}$ is dependent on the material properties. Let

$$\overline{E_n} = \frac{E_n^*}{1 + E_n^* q_n} \tag{26}$$

$\overline{E_n}$ may be moved out of the integral symbol since it is a constant in each substructure with the same material and thus

$$K_n = \overline{E_n}\lambda \tag{27}$$

in which

$$\lambda = \int B^{\mathrm{T}} Q^{-1} B \mathrm{d}V \tag{28}$$

It should be mentioned here that matrix λ depends only on the geometric dimension but not on the material properties, therefore it needs to be evaluated only at the beginning and can be used later without any change.

By classifying the nodes of a substructure concerned into two categories, one including those inside it or on the free boundaries; the other including those on the common edges of different substructures or on the constrained boundaries. The relation between the incremental nodal forces ΔF_n and the corresponding displacements ΔU_n becomes

$$\left\{ \begin{array}{c} \Delta F_{ni} \\ \Delta F_{nb} \end{array} \right\} = \overline{E_n} \left[\begin{array}{cc} \lambda_{ii} & \lambda_{ib} \\ \lambda_{bi} & \lambda_{bb} \end{array} \right] \left\{ \begin{array}{c} \Delta U_{ni} \\ \Delta U_{nb} \end{array} \right\} \tag{29}$$

in which i denotes the interior and free boundaries of the substructure, and b denotes the common edges between the substructures and the restrained boundaries, while n implies the nth time interval $\Delta \tau_n$. The expansions of the above equations are

$$\Delta F_{ni} = \overline{E_n}(\lambda_{ii}\Delta U_{ni} + \lambda_{ib}\Delta U_{nb}) \tag{30}$$

$$\Delta F_{nb} = \overline{E_n}(\lambda_{bi}\Delta U_{ni} + \lambda_{bb}\Delta U_{nb}) \tag{31}$$

The incremental loads ΔP_{ni} applied at the internal nodes should be in equilibrium with the corresponding force increments ΔF_{ni}. By substituting ΔP_{ni} for ΔF_{ni} in Eq.(30) and finding out the inverse matrix of λ_{ii}, the following equation is derived

$$\Delta U_{ni} = \lambda_{ii}^{-1}(\Delta P_{ni} / \overline{E}_n - \lambda_{ib}\Delta U_{nb}) \tag{32}$$

Substitution of Eq.(32) into Eq. (31) gives

$$\Delta F_{nb} = \overline{E}_n \lambda_{sb} \Delta U_{nb} + R_{sb} \tag{33}$$

in which

$$\lambda_{sb} = \lambda_{bb} - \lambda_{bi}\lambda_{ii}^{-1}\lambda_{ib} \tag{34}$$

$$R_{sb} = \lambda_{bi}\lambda_{ii}^{-1}\Delta P_{ni} \tag{35}$$

By assembling the stiffness matrix with respect to all the substructures, the global equilibrium equation becomes

$$K_{nb}\Delta U_{nb} = \Delta P_{nb} - R_{nb} \tag{36}$$

in which

$$K_{nb} = \sum_s \overline{E}_n \lambda_{sb} \tag{37}$$

$$R_{nb} = \sum_s R_{sb} \tag{38}$$

in which $\sum_s$ implies the summation with respect to all the substructures, K_{nb} is the condensed global stiffness matrix, ΔU_{nb} is the incremental displacements, ΔP_{nb} is the incremental loads applied at the nodes on the common edges and restrained boundary and R_{nb} is the incremental reacting forces due to the loads inside the substructures and on the non-restrained boundaries. ΔU_{ni} in Eq. (32) can be calculated by substituting for ΔU_{nb} from Eq. (36), then $\Delta\sigma_n$ can be obtained from Eq. (19).

In order to reduce the memory storage for K_{nb}, the nodes on common boundaries should be numbered in sequence with the degrees of freedom on the restrained boundaries deleted. For example, Fig. 4 shows a two-lift concrete block on rock foundation. The structure is divided into three substructures and each of them possesses 300 nodes.

On the restrained boundary ABCD the degrees of freedom can be deleted because of zero displacements on it. Since the nodes on the common boundaries are numbered from 301 to 330, ΔU_{nb} corresponds only to 30 nodes with 60 degrees of freedom in the plane problem. Therefore K_{nb} is reduced to a (60, 60)-matrix in contrast to the original (1800, 1800)-matrix K_n. The time period in the computation is taken as 50 time intervals. It is necessary to establish a (1800, 1800)-matrix K_n and to evaluate its inverse matrix for each interval by using the conventional method while only a (60, 60)-matrix needs to be treated by using the method suggested in this paper. It is evident that the amount of computation work is reduced a great deal.

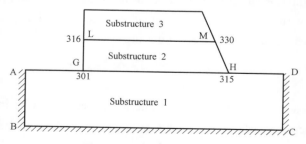

Fig. 4　Substructure Method

5　Numerical Examples

In concrete blocks on rock foundations, the temperature field, Young's modulus and stresses vary continuously as the hydration heat develops and disperses in natural conditions. The thermal stresses in a single lift block, 20 m in length and 1.50 m in height are given below as an example. For the reason of symmetry, only half of it is taken in the calculation. The Young's modulus of the rock foundation is 300000 kg/cm², the unit creep of concrete is obtained from Eq. (16), and the Young's modulus $E(\tau)$ and adiabatic temperature rise $\theta(\tau)$ of the concrete are evaluated as follows

$$E(\tau) = 360000(1 - e^{-0.42\tau^{0.34}}) \, \text{kg/cm}^2$$
$$\theta(\tau) = 25\tau / (1.28 + \tau)^{\circ}\text{C}$$

Fig. 5 shows the changing process of stresses at surface points 1 and 3 and at the center 2.

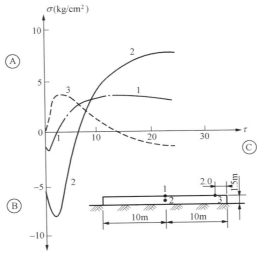

Fig. 5　Thermal Stresses in Different Points of a Single Lift Concrete Block du to Heat of Hydration of Cement

A—Tensile stress; B—Compressive stress; C—Time (d)

Fig. 6 shows a multi-lift concrete block, 30 m in length. Each lift was poured every six days with the thickness of each upper lift equal to 3.0 m and that of each lower lift equal to 1.5 m. The history of temperature and stress for the four lower lifts is illustrated in Fig. 7. It can be seen from the figure that the stress on the contact surface between two lifts is discontinuous because the Young's modulus of the upper lift is different from that of the lower one and there exists initial stress in the lift which was poured earlier.

Fig. 8 gives the history of stress on the surface of each lift. At points 1, 2, 3 and 4, the stresses were compressive at the early period but tensile at the later period, however they became compressive again after the upper lift was poured. The final stress distribution is illustrated in Fig. 6. The maximum tensile stress occurred at the level of 2.1 m above the foundation with its value equal to 12.8 kg/cm².

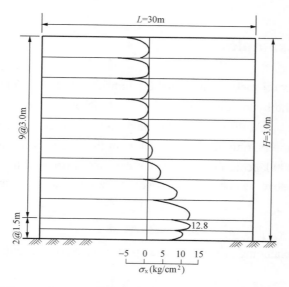

Fig. 6　Final Thermal Stresses in Multi-lift Concrete Block due to Heal of Hydration of Cement

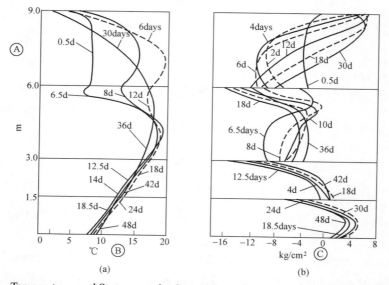

Fig. 7　Temperatures and Stresses on the Central Section of a Concrete Block of Four Lifts
(a) Temperatures；(b) Stresses
A—Elevation；B—Temperature；C—Stress

6　Conclusions

(1) The formulae presented in this paper for evaluating the Young's modulus, unit creep and stress relaxation coefficient can give the results in good agreement with experimental data. Besides, they are concise and the coefficients needed in them can be easily determined by experimental data.

(2) The implicit scheme and substructure method suggested by the author for numerical analysis greatly simplify the elasto-creeping stress analysis of concrete and accelerate the

computation speed a great deal.

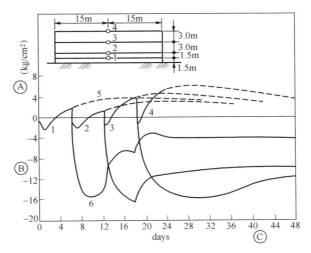

Fig. 8   Thermal Stress on the Surfaces of Concrete Block of Multi-lifts

A—Tensile stress；B—Compressive stress；C—Time (days)；1—Stress at point 1； 2—Stress at point 2; 3—Stress at point 3;
4—Stress at point 4; 5—Stress at point 1, when the surface exposed to air; 6—Stress at point 1, when the surface covered by new concrete

References

[1] Zhu Bofang, et al. Thermal Stress and Temperature Control in Hydraulic Concrete Structures. Beijing：Publishing House of Water Conservancy and Electric Power, 1976.

[2] Zhu Bofang. Finite Element Method, Theory and Applications. Beijing：Publishing House of Water Conservancy and Electric Power, 1979.

[3] Zhu Bofang. Some Problems in the Theory of Creep in Concrete. Chinese Journal of Hydraulic Engineering, 1982, (3).

[4] Zhu Bofang. Stresses and Displacements in Heterogeneous Viscoelastic Solids. Chinese Journal of Mechanics, 1964, (2).

[5] Aroutiounian N Kh. Applications de la theorie du fluage. Editions Eyrolles, 1957.

[6] Zhu Bofang. Temperature Stresses in Docks and Sluices on Soft Foundations. Chinese Journal of Hydraulic Engineering, 1980, (6).

Appndix: Formulae for Q^{-1} and $\Delta\varepsilon_n^I$

1. Plane Stress Problem

$$Q^{-1} = \frac{1}{1-\mu}\begin{bmatrix} 1 & \mu & 0 \\ \mu & 1 & 0 \\ 0 & 0 & \dfrac{1-\mu}{2} \end{bmatrix}, \quad \Delta\varepsilon_n^I = \begin{Bmatrix} \alpha\Delta T_n \\ \alpha\Delta T_n \\ 0 \end{Bmatrix}$$

2. Plane Strain Problem

$$Q^{-1} = \frac{1-\mu}{(1+\mu)(1-2\mu)}\begin{bmatrix} 1 & \dfrac{\mu}{1-\mu} & 0 \\[2ex] \dfrac{\mu}{1-\mu} & 1 & 0 \\[2ex] 0 & 0 & \dfrac{1-2\mu}{2(1-\mu)} \end{bmatrix}, \quad \Delta\varepsilon_n^I = \begin{Bmatrix} (1+\mu)\alpha\Delta T_n \\ (1+\mu)\alpha\Delta T_n \\ 0 \end{Bmatrix}$$

3. Spatial Problem

$$Q^{-1} = \frac{1-\mu}{(1+\mu)(1-2\mu)}\begin{bmatrix} 1 & \dfrac{\mu}{1-\mu} & \dfrac{\mu}{1-\mu} & 0 & 0 & 0 \\[2ex] & 1 & \dfrac{\mu}{1-\mu} & 0 & 0 & 0 \\[2ex] & & 1 & 0 & 0 & 0 \\[2ex] & & & \dfrac{1-2\mu}{2(1-\mu)} & 0 & 0 \\[2ex] & & & & \dfrac{1-2\mu}{2(1-\mu)} & 0 \\[2ex] \text{symmetrical} & & & & & \dfrac{1-2\mu}{2(1-\mu)} \end{bmatrix}$$

$$\Delta\varepsilon_n^I = \left[\alpha\Delta T_n, \alpha\Delta T_n, \alpha\Delta T_n, 0, 0, 0\right]^T$$

where α — coefficient of linear expansion,

μ — Poisson's ratio,

ΔT_n — increment of temperature.

Substructure Method for Stress Analysis of Mass Concrete Structures[❶]

Abstract: In the finite-element stress analysis of a mass concrete structure, owing to the effect of age of the concrete, it is necessary to compute a stiffness matrix and its inverse for every time increment. The computation is quite lengthy. In this paper a generalized substructure method is offered. It is assumed that the structure, consisting of m zones of different materials, is divided into m substructures, one for each zone. As every substructure is a homogeneous solid, the computation relevant to the substructure is required at the beginning only, and can be utilized repeatedly thereafter. Thus the computation is simplified remarkably.

Key words: substructure method, stress analysis, mass concrete structure

1　Introduction

Mass concrete structures are often heterogeneous. The heterogeneity may lie in the structures themselves, e.g. in dams built of concrete of different grades. Some structures, though homogeneous in themselves, should be treated as heterogeneous ones if their foundations with different material properties are taken into consideration. At present the finite-element method (FEM) is used to analyse the elasto-creeping stresses, especially the thermal stresses in mass concrete structures, such as concrete dams. The whole time is divided into a series of time intervals: $\Delta t_1, \Delta t_2, \Delta t_3, \cdots \Delta t_n$. For each time interval an equilibrium equation needs to be established and solved. Because Young's modulus and the unit creep strain of concrete are dependent on the age of the concrete, the stiffness matrix is also dependent on it. It is really an enormous work to calculate a stiffness matrix and its inverse for each time interval.

A generalized substructure method is suggested in this paper to raise the computation speed. Provided that a structure can be divided into a series of domains from 1 to m with different materials, respectively, each domain is taken as a substructure. For each substructure with the same material, the relevant matrices need to be calculated only once and can be reused for all the following time intervals. Therefore the amount of computation work is reduced a great deal.

2　Equilibrium equation for each time interval

The equilibrium equation for each time interval Δt_n is given in the following.

---

❶　原载 Communications in Applied Numerical Methods. Vol.6.137-144, 1990.

2.1　Strain under unidirectional stress

Assuming that the concrete is subjected to a constant unit unidirectional stress $\sigma(t) = 1$ from time $t = \tau$, the strain at time t is given by creep compliance $J(t, \tau)$ as follows

$$J(t, \tau) = \frac{1}{E(\tau)} + C(t, \tau) \tag{1}$$

where $E(\tau)$ is the instantaneous Young modulus at time τ and $C(t, \tau)$ is the unit creep of concrete.

$E(\tau)$ is expressed by[1]

$$E(\tau) = E_0(1 - e^{-a\tau^b}) \tag{2}$$

where τ is the age of the concrete, E_0 is the final instantaneous Young modulus as $\tau \to \infty$ and a and b are constants determined by experiments.

The unit creep of concrete, $C(t, \tau)$, may be expressed as follows[1]

$$C(t, \tau) = \sum_{j=1}^{m} \phi_j(\tau)\left[1 - e^{-r_j(t-\tau)}\right] \tag{3}$$

for the reversible creep

$$\phi_j(\tau) = f_j + g_j\tau^{-p_j} \tag{4}$$

and for the irreversible creep

$$\phi_j(\tau) = f_j\tau^{-r_j\tau} \tag{5}$$

where f_j, g_j, r_j and p_j are all constants determined by experiments. Generally, we may take m = 2 or 3 in Eq. (3).

If the concrete is subjected to variable unidirectional stress $\sigma(\tau)$ from time $t = t_0$, the strain at time t is given by

$$\varepsilon(t) = \Delta\sigma_0 J(t, t_0) + \int_{t_0}^{t} J(t, \tau)\frac{\partial\sigma}{\partial\tau}d\tau \tag{6}$$

where $\Delta\sigma_0$ is the stress increment at $t = t_0$. From Eqs. (1) and (6), the strain $\varepsilon(t)$ may be divided into two parts as follows:

$$\varepsilon(t) = \varepsilon^e(t) + \varepsilon^c(t) \tag{7}$$

where $\varepsilon^e(t)$ is the instantaneous elastic strain given by

$$\varepsilon^e(t) = \frac{\Delta\sigma_0}{E(t_0)} + \int_{t_0}^{t} \frac{1}{E(\tau)}\frac{\partial\sigma}{\partial\tau}d\tau \tag{8}$$

and $\varepsilon^c(t)$ is the strain due to creep, given by

$$\varepsilon^c(t) = \Delta\sigma_0 C(t, t_0) + \int_{t_0}^{t} C(t, \tau)\frac{\partial\sigma}{\partial\tau}d\tau \tag{9}$$

By dividing the whole time into a series of intervals: $\Delta t_1, \Delta t_2, \cdots \Delta t_n, \cdots$, from the mean value theorem and Eq. (8), the increment of instantaneous elastic strain of the nth time interval is given as follows:

$$\Delta\varepsilon_n^e = \varepsilon^e(t_n) - \varepsilon^e(t_{n-1}) = \frac{1}{E(t_{n-0.5})}\Delta\sigma_n \tag{10}$$

where $E(t_{n-0.5})$ is the instantaneous Young modulus at $t = t_n - 0.5\Delta t_n$.

Assuming that $\partial\sigma/\partial\tau$ is constant in each time interval but different in different time intervals, from Eq. (9) the increment of strain due to creep in the nth time interval is given by the following formula[2]

$$\Delta\varepsilon_n = \varepsilon^c(t_n) - \varepsilon^c(t_{n-1}) = \eta_n + q_n\Delta\sigma_n \tag{11}$$

where

$$\eta_n = \sum_{j=1}^{m}(1 - e^{-r_j\Delta t_n})\omega_{jn} \tag{12}$$

$$q_n = C(t_n, t_{n-1} + 0.5\Delta t_n) \tag{13}$$

and ω_{jn} can be computed by the following recurrence formula

$$\omega_{jn} = \omega_{j,n-1}e^{-r_j\Delta t_{n-1}} + \Delta\sigma_{n-1}\phi(t_{n-1.5})e^{-0.5r_j\Delta t_{n-1}} \tag{14}$$

$$\omega_{j1} = \Delta\sigma_0\phi_j(t_0)$$

2.2 Strain due to creep under complex stress state

Let

$$\left.\begin{array}{l}
\sigma = \begin{bmatrix} \sigma_x & \sigma_y & \sigma_z & \tau_{xy} & \tau_{yz} & \tau_{zx} \end{bmatrix}^{\mathrm{T}} \\
\varepsilon = \begin{bmatrix} \varepsilon_x & \varepsilon_y & \varepsilon_z & \gamma_{xy} & \gamma_{yz} & \gamma_{zx} \end{bmatrix}^{\mathrm{T}}
\end{array}\right\} \tag{15}$$

The increment of strain due to creep under complex stress state may be computed as follows

$$\Delta\varepsilon^c = \eta_n + q_n Q\Delta\sigma_n \tag{16}$$

where

$$\eta_n = \sum_{j=1}^{m}(1 - e^{-r_j\Delta t_n})\omega_{jn} \tag{17}$$

$$\omega_{jn} = \omega_{j,n-1}e^{-r_j\Delta t_{n-1}} + Q\Delta\sigma_{n-1}\phi(t_{n-2} + 0.5\Delta t_{n-1})e^{-0.5r_j\Delta t_{n-1}} \tag{18}$$

$$\omega_{j1} = Q\Delta\sigma_0\phi_j(t_0) \tag{19}$$

Q is given in the Appendix and q_n is given in Eq. (13).

2.3 Equilibrium equation

The equilibrium equation of the finite-element method for each time interval is as follows

$$K_n\Delta U_n = \Delta P_n^L + \Delta P_n^C + \Delta P_n^I = \Delta P_n \tag{20}$$

in which K_n is the stiffness matrix, ΔU_n is the incremental nodal displacement vector, ΔP_n^L is the applied load vector, and ΔP_n^C and ΔP_n^I are incremental pseudo-load vectors due to creep deformation and temperature variations, respectively.

After the displacement increments ΔU_n are found by solving Eq. (20), the stress increments can be calculated by using the following equation

$$\Delta\sigma_n = D_n(B\Delta U_n - \eta_n - \Delta\varepsilon_n) \tag{21}$$

where B is the strain geometrical matrix in the FEM. The expression of D_n takes the form

$$D_n = \frac{E_n^*}{1 + E_n^* q_n} Q^{-1} \tag{22}$$

where Q^{-1} denotes the inverse matrix of Q (see Appendix), and K_n, ΔP_n^C and ΔP_n^I can be calculated as follows

$$K_n = \int B^{\mathrm{T}} D_n B \mathrm{d}V \tag{23}$$

$$\Delta P_n^C = \int B^{\mathrm{T}} D_n \eta_n \mathrm{d}V \tag{24}$$

$$\Delta P_n^I = \int B^{\mathrm{T}} D_n \Delta\varepsilon_n^I \mathrm{d}V \tag{25}$$

η_n is given by Eq. (17), $E^* = E(\tau_{n-1} + \Delta\tau_{n/2})$ and $q_n = C(t_n, t_{n-0.5})$.

3 Substructure method for elasto–creeping stress analysis

Because K_n is dependent on τ, it is necessary to calculate K_n and its inverse for each time interval. It is really an enormous task. Provided that the structure consists of m domains with different materials, respectively, each domain is taken as a substructure. From Eqs. (22) and (23), let

$$\overline{E_n} = \frac{E_n^*}{1 + E_n^* q_n} \tag{26}$$

$\overline{E_n}$ may be moved out of the integral symbol since it is a constant in each substructure with the same material, and

$$K_n = \overline{E_n}\lambda \tag{27}$$

in which

$$\lambda = \int B^{\mathrm{T}} Q^{-1} B \mathrm{d}V \tag{28}$$

It should be mentioned here that matrix λ depends only on the geometric dimension but not on the material properties, and therefore it needs to be evaluated only at the beginning and can be used later without any change.

The nodes of the substructure concerned may be classified into two categories, one including those inside it or on the free boundaries and the other including those on the common edges of different substructures or on the constrained boundaries. The relation between the incremental nodal forces ΔF_n and the corresponding displacements ΔU_n becomes

$$\left\{ \begin{array}{c} \Delta F_{ni} \\ \Delta F_{nb} \end{array} \right\} = \overline{E_n} \left[\begin{array}{cc} \lambda_{ii} & \lambda_{ib} \\ \lambda_{bi} & \lambda_{bb} \end{array} \right] \left\{ \begin{array}{c} \Delta U_{ni} \\ \Delta U_{nb} \end{array} \right\} \tag{29}$$

in which i denotes the interior and free boundaries of the substructure, and b denotes the common edges between the substructures and the restrained boundaries, while n implies the nth time interval Δt_n. The expansions of the above equations are

$$\Delta F_{ni} = \overline{E_n}(\lambda_{ii}\Delta U_{ni} + \lambda_{ib}\Delta U_{nb})$$ (30)

$$\Delta F_{nb} = \overline{E_n}(\lambda_{bi}\Delta U_{ni} + \lambda_{bb}\Delta U_{nb})$$ (31)

The incremental loads ΔP_{ni} applied at the internal nodes should be in equilibrium with the corresponding force increments ΔF_{ni}. By substituting ΔP_{ni} for ΔF_{ni} in (30) and finding out the inverse matrix of λ_{ii}, the following equation is derived

$$\Delta U_{ni} = \lambda_{ii}^{-1}(\Delta P_{ni}/-E_n - \lambda_{ib}\Delta U_{nb})$$ (32)

Substitution of Eq.(32) into Eq.(31) gives

$$\Delta F_{nb} = \overline{E_n}\lambda_{sb}\Delta U_{nb} + R_{sb}$$ (33)

in which

$$\lambda_{sb} = \lambda_{bb} - \lambda_{bi}\lambda_{ii}^{-1}\lambda_{ib}$$ (34)

$$R_{sb} = \lambda_{bi}\lambda_{ii}^{-1}\Delta P_{ni}$$ (35)

By assembling the stiffness matrix with respect to all the substructures, the global equilibrium equation becomes

$$K_{nb}\Delta U_{nb} = \Delta P_{nb} - R_{nb}$$ (36)

in which

$$K_{nb} = \sum_s \overline{E_n}\lambda_{sb}$$ (37)

$$R_{nb} = \sum_s R_{sb}$$ (38)

in which $\sum_s$ implies the summation with respect to all the substructures, K_{nb} is the condensed global stiffness matrix, ΔU_{nb}, is the incremental displacements, ΔP_{nb} is the incremental loads applied at the nodes on the common edges and restrained boundary and R_{nb} is the incremental reacting forces due to the loads inside the substructures and on the non-restrained boundaries. ΔU_{ni} in Eq.(32) can be calculated by substituting for ΔU_{nb} from Eq.(36), then $\Delta \sigma_n$ can be obtained from Eq.(21).

In order to reduce the memory storage for K_{nb}, the nodes on common boundaries should be numbered in sequence with the degrees of freedom on the restrained boundaries deleted. For example, Fig. 1 shows a two-lift concrete block on rock foundation. The structure is divided into three substructures and each of them possesses 300 nodes.

On the restrained boundary *ABCD* the degrees of freedom can be deleted because of zero displacements on it. Since the nodes on

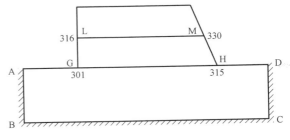

Fig. 1   Substructure method

the common boundaries are numbered from 301 to 330, ΔU_{nb} corresponds only to 30 nodes with 60 degrees of freedom in the plane problem. Therefore K_{nb} is reduced to a (60, 60)-matrix in contrast to the original (1800, 1800)-matrix K_n. The time period in the computation is taken as 50 time intervals. It is necessary to establish an (1800, 1800)-matrix K_n and to evaluate its inverse matrix for each interval by using the conventional method, while only a (60, 60)-matrix needs to be treated by using the method suggested in this paper. It is evident that the amount of computation required is thus reduced a great deal.

4   Numerical examples

As the first example, let us consider the analysis of the thermal stresses due to hydration heat of cement in a concrete block, 20 m in length and 1.5 m in height, lying on a rock foundation, as shown in Fig. 2. The temperature field, Young's modulus and the stresses vary continuously with time as the hydration heat develops and disperses in natural conditions. Young's modulus of the rock foundation is 30000 MPa and that of concrete is given by the following formula

$$E(\tau) = 36000(1 - e^{-0.42\tau^{0.34}}) \quad (\text{MPa}) \tag{39}$$

The unit creep of concrete is

$$C(t,\tau) = 6.39 \times 10^{-6} \times (1 + 9.20\tau^{-0.45})[1 - e^{-0.30(t-\tau)}] + 14.44 \times 10^{-6} \times (1 + 1.70\tau^{-0.45})$$
$$[1 - e^{-0.0050(t-\tau)}](1/\text{MPa}) \tag{40}$$

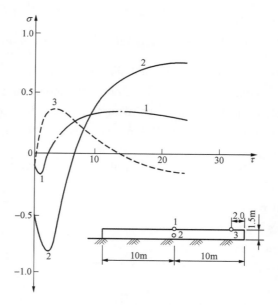

Fig. 2   Thermal stresses in different points of a concrete block on rock foundation

due to heat of hydration of cement

1—stress at point 1; 2—stress at point 2; 3—stress at point 3

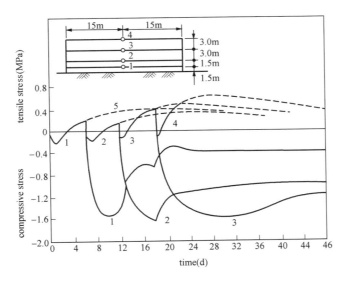

Fig. 3   Thermal stresses in a multi-lift concrete block on rock foundation

The stress analysis must be preceded by heat conduction analysis to determine the temperature distribution within the structure. The equation of heat conduction is

$$\frac{\partial T}{\partial \tau} = a\left(\frac{\partial^2 T}{\partial x^2} + \frac{\partial^2 T}{\partial y^2}\right) + \frac{\partial \theta}{\partial \tau} \tag{41}$$

where θ is the adiabatic temperature rise of concrete due to heat of hydration of cement and is given by

$$\theta(\tau) = 25\tau/(1.28 + \tau) \quad (\text{℃}) \tag{42}$$

The temperature field is computed by the FEM with the same network as adopted for stress analysis. The rock foundation is also modelled by finite elements. The structure is divided into two substructures, one for the concrete block and the other for the rock foundation. The computed horizontal stresses σ_x at points 1 and 2 are shown in Fig. 2. It is clear that the stresses at points 1 and 2 are quite different.

For the second example, let us consider the computing of the thermal stresses due to hydration heat in a multi-lift concrete block, 30 m in length, lying on a rock foundation, as shown in Fig. 3. Each lift was poured every six days, with 3.0 m-thick upper lifts and 1.5 m-thick lower lifts. Young's modulus, unit creep and adiabatic temperature rise are the same as for the first example. The structure is divided into five substructures, one for the foundation and four for the four concrete lifts. The horizontal stresses at points 1, 2, 3 and 4 are shown in Fig. 3.

Experience shows that, owing to the application of if the substructure method proposed in this paper, the computing speed increases by more than 2000 percent.

5   Conclusions

The substructure method proposed in this paper greatly simplifies the elasto-creeping stress

analysis of concrete structures and greatly accelerates the computing speed.

$$\text{Appendix: Formulae for } Q^{-1} \text{ and } \Delta\varepsilon_n^I$$

1. Plane Stress Problem

$$Q^{-1} = \frac{1}{1-\mu}\begin{bmatrix} 1 & \mu & 0 \\ \mu & 1 & 0 \\ 0 & 0 & \dfrac{1-\mu}{2} \end{bmatrix}, \quad \Delta\varepsilon_n^I = \begin{Bmatrix} \alpha\Delta T_n \\ \alpha\Delta T_n \\ 0 \end{Bmatrix}$$

2. Plane Strain Problem

$$Q^{-1} = \frac{1-\mu}{(1+\mu)(1-2\mu)}\begin{bmatrix} 1 & \dfrac{\mu}{1-\mu} & 0 \\ \dfrac{\mu}{1-\mu} & 1 & 0 \\ 0 & 0 & \dfrac{1-2\mu}{2(1-\mu)} \end{bmatrix}, \quad \Delta\varepsilon_n^I = \begin{Bmatrix} (1+\mu)\alpha\Delta T_n \\ (1+\mu)\alpha\Delta T_n \\ 0 \end{Bmatrix}$$

3. Spatial Problem

$$Q^{-1} = \frac{1-\mu}{(1+\mu)(1-2\mu)}\begin{bmatrix} 1 & \dfrac{\mu}{1-\mu} & \dfrac{\mu}{1-\mu} & 0 & 0 & 0 \\ & 1 & \dfrac{\mu}{1-\mu} & 0 & 0 & 0 \\ & & 1 & 0 & 0 & 0 \\ & & & \dfrac{1-2\mu}{2(1-\mu)} & 0 & 0 \\ \text{(symmetrical)} & & & & \dfrac{1-2\mu}{(1-2\mu)} & 0 \\ & & & & & \dfrac{1-2\mu}{2(1-\mu)} \end{bmatrix}$$

$$\Delta\varepsilon_n^I = [\alpha\Delta T_n, \alpha\Delta T_n, \alpha\Delta T_n, 0, 0, 0]^{\mathrm{T}}$$

where α is the coefficient of linear expansion, μ is Poisson's ratio and ΔT_n is the increment of temperature.

References

[1] Zhu Bofang. Modulus of elasticity, unit creep and coefficient of stress relaxation of concrete. Chin.J. Hydraul. Eng., 1985, (9).

[2] Zhu Bofang. An implicit method for the stress analysis of concrete structures considering the effect of creep. Chin. J. Hydraul. Eng., 1984, (2).

[3] Zhu Bofang, el al. Thermal Stresses and Temperature Control of Hydraulic Concrete Structures. Publishing House of Water Resources and Electricity, 1976.

Measures for the Termination of the History of "No Concrete Dam without Crack"

Abstract : Although a series of measures have been developed to prevent cracking in concrete dams since 1930, practically there is no dam without cracking. After systematic investigation, the author discovered that the basic reason is the neglect of superficial thermal insulation in the later age of concrete. It is possible to prevent cracking in concrete dams by permanent superficial thermal insulation in addition to comprehensive temperature control in the construction period. There are three concrete dams without cracking after completion in China. The cost of permanent superficial thermal insulation is rather low.

Key words : concrete dam, crack, permanent superficial thermal insulation

1 Introduction

Although a series of measures for preventing cracks in concrete dams have been developed since 1930, such as, dividing the dam into blocks, pipe cooling, precooling and superficial thermal insulation at early age, but practically there is no dam without cracking. After systematic investigation, the author discovered that the basic reason for the widespread cracks in concrete dams is the neglect of superficial thermal insulation in the later age of concrete. It is possible to prevent cracking in concrete dams by permanent superficial thermal insulation in addition to comprehensive temperature control in the construction period. The cost is rather low. There are now three concrete dams without cracking in China which indicates that the ending of the history of "no dam without cracking" is possible.

2 Putting prevention first in the guard against cracking

It is necessary to carry out the policy of putting prevention first in the guard against cracking in concrete dams. The reasons are as follows:

(1) The big cracks are very harmful to the dam but sometimes it is difficult to repair them.

A big crack in Norfork dam is shown in Fig.1(a) and the stresses given by FEM are shown in Fig.1(b)~Fig.1(d)[2]. There is no vertical tensile stress in the dam before cracking and remarkable vertical tensile stress appeared after cracking. The shear is undertaken principally by the portion of dam on the upstream side of crack and the shearing stress increased after cracking.

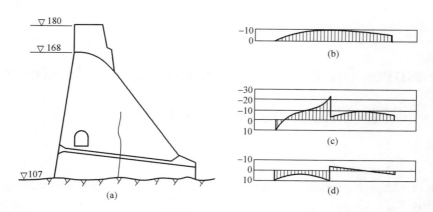

Fig. 1　The crack in the 16th block of Norfork dam and the
stresses(0.10MPa) before and after cracking

(a)crack; (b)vertical stress σ_y before cracking; (c)vertical stress σ_y
after cracking; (d)shearing stress τ after cracking

The crack in the 35th block of Dworshak dam in shown in Fig.2. The width of opening of the crack was 2.5mm and the discharge of water into the gallery was 29m^3/min.

The above mentioned big cracks have not been grouted because there is a danger that the cracks may develop under the pressure of grouting. It is apparent that the cracks are very harmful to the dams.

(2) The cost of repairing of cracked dam is far bigger than the cost of temperature control.

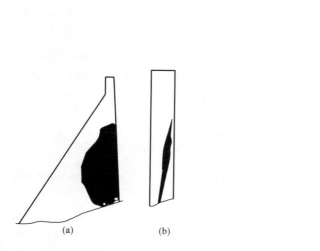

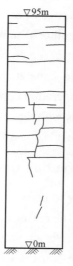

Fig.2　The crack in the 35th block of Dworshak dam　　Fig.3　Cracks on the upstream face of a gravity dam
　　(a)lateral face; (b)upstream face

(3) It is difficult to discover some cracks in the interior of dam which will be hidden troubles.

3 Cracks may be prevented by permanent superficial thermal insulation in addition to comprehensive temperature control

3.1 Misunderstanding of superficial thermal insulation

The most part of cracks in concrete dams are superficial cracks, but some of them may develop to large ones in the later. Great attention has been paid to superficial thermal insulation of concrete dam, but there is misunderstanding.

In the construction period, some cracks appear frequently after a cold wave, thus much attention is paid to the superficial thermal insulation in the early age of concrete and the superficial thermal insulation at the later age is ignored. For example, Specifications for construction of hydraulic concrete (DL/T 5144—2001) in China stipulates that "the concrete before 28d age must be insulated before cold wave"[4]. Here a false impression is given to people that superficial thermal insulation is not necessary to concrete after 28d age. The practical situation is not so.

For example, many cracks appeared on the upstream surface of a concrete gravity dam, as shown in Fig.3. these cracks appeared in the first and second winter after the placing of concrete, not before 28d of age. The results of simulation computation are shown in Tab. 1, The horizontal and vertical tensile stresses are twice as mush as the allowable stresses in the winter when there is no superficial insulation[5].

Tab.1   **Stresses in winter on the upstream surface of a concrete gravity dam**   MPa

Thickness of polystyrene plate on upstream and downstream surfaces	0	5cm	3cm	Allowable tensile stress (later age)
Thickness of polythene sheet on horizontal surfaces	0	2cm	1cm	
Horizontal tensile stress	4.2	1.6	1.9	2.2
Vertical tensile stress	2.6	−0.1	0.1	1.33

DL/T 5144—2001 stipulates that "The curing time for concrete should not be less than 28d". Experiences show that 28d is not enough for curing of concrete and if curing ceased at 28d of age, shrinkage cracks may appear after half or one year.

The above mentioned misunderstanding of superficial thermal insulation exists widely in the world. For example, in the construction of Dworshak dam, the placing temperature was 4.4~6.6℃, cooling pipe was embedded in the region of foundation restraint, the control of concrete temperature was very well, but only temporary、not permanent superficial thermal insulation was adopted and the temperature in winter was rather low. As a result, serious cracks appeared in the dam.

3.2　No crack in the construction period

A series of measures for prevention of cracking in dam concrete have been developed since 1930, including dividing the dam into blocks, pipe cooling, precooling, superficial thermal insulation at early age, water-reducing agent, admixing of fly-ash, but the practical situation is that there is "no concrete dam without cracking". The basic reason is the neglect of superficial thermal insulation at later age of concrete.

From Tab. 1, it is clear that the tensile stresses in the surface of dam are reduced remarkably by superficial thermal insulation at later age. After systematic investigations, the author discovered that it is possible to prevent cracking in concrete dam by superficial thermal insulation at later age in addition to the control of maximum temperature drop in the region of foundation restraint and the temperature difference between the upper and lower parts of the dam and the superficial thermal insulation of the horizontal surface of new concrete. The history of "no dam without cracking" may be ended[5, 6]. There is no crack in Jiangkou arch dam, 140m high and completed in April 2003, shown in Photo 1, and in Sanjianghe arch dam, 72m high and completed in June 2003, shown in Photo 2.

In the second stage of Three Gorge gravity dam, 175m high, some cracks appeared on the upstream and downstream surfaces. Before the initiation of the 3rd stage of this dam, the author suggested that 3-5cm thick polystyrene foamed plates be attached on the upstream and downstream surfaces in addition to the comprehensive conventional temperature control. This suggestion was accepted by the owner and the designer. Now the dam of $5 \times 10^6 m^3$ concrete was completed as shown in Photo 3 and no crack was discovered.

Experiences show that the theory of thermal stress is correct and it is possible to prevent cracking and finish the history of "no dam without cracking" by strictly controlling the thermal stresses.

Photo 1　Jiangkou arch dam

Photo 2　Sanjianghe arch dam

3.3 No crack in the operation period

As mentioned above, it is possible to prevent cracking by comprehensive temperature control and superficial thermal insulation. If the polystyrene foamed plates were removed or destroyed by weathering after completion of the dam, will cracks appear in the dam in the operation period? The answer is in the affirmative. If the surfaces of the dam are uncovered, the tensile stresses will be remarkable in the winter, especially the dam in the cold region. The most effective measure to prevent cracking in the operation period is the permanent superficial thermal insulation.

Photo 3   3rd stage of Three Gorge gravity dam

There is no tensile stress in a gravity dam under the action of weight of concrete and water pressure. The tensile stresses in a gravity dam are caused by variation of temperature[7]. Because the shape is complex, tensile stresses may be arosed by weight of concrete and water pressure in an arch dam[8], thus, in addition to temperature control, it is necessary to conduct whole course simulation computation and adjust the shape of arch dam to reduce the tensile stresses due to weight of concrete and water pressure. The stress state in the heel of arch dam is rather complex, it is suggested to lay the permanent compound thermal and water insulation plate, developed by the author[9-11], in the heel of arch dam.

4   Superficial insulation

The superficial insulation means the curing as well as the thermal insulation of surface of concrete dam.

4.1 Superficial insulation material

The superficial insulation materials used in concrete dams are polystyrene, polythene and polyurethane. The properties of them are given in Tab. 2.

Tab. 2   **Properties of foamed plastics**

material	density (kg/m³)	conductivity kJ/(m · h · ℃)	water absorbability (%)	compressive strength (kPa)	tensile strength (kPa)
polystyrene of expansive type(EPS)	15~30	0.148	2~6	60~280	130~130
polystyrene of pushing type(XPS)	42~44	0.108	1	300	500
polythene(PE)	22~40	0.160	2	33	190
polyurethane thane(PUF)	35~55	0.080~0.108	1	150~300	500

For concrete dams under construction, the polystyrene foamed plates are suitable to the upstream and downstream surfaces, the polythene foamed sheets are suitable to the surfaces of horizontal construction joints and vertical contraction joints. The polyurethane is suitable for the surfaces of a completed dam.

There are two methods to fix the polystyrene foamed plates on the surface of dam. One is the internal-attaching method, the polystyrene plate is fixed on the forms of concreting, when the forms are removed form the concrete, the polystyrene plates remained on the surface of dam. The other one is the external-attaching method. After forms have been removed, the polystyrene plates are attached on the surface of new concrete by bonding agent.

4.2　Permanent thermal insulation plates

The plastics will be destroyed by weathering for long time. If a protective layer is put on the outside of polystyrene foamed plate, it will become a permanent thermal insulation plate. There are two kinds of protective layers: ① polymer mortar, consisting of acrylic resin, cement and sand, with thickness 5mm, as shown in Fig.4 (a); ② cement mortar, consisting of cement, water and sand, with thickness 20mm, the water-cement ratis must be 0.35~0.40, as shown in Fig.4(b). Generally, EPS plates are used for insulation at construction period and XPS plates are used for permanent insulation at operation period[12].

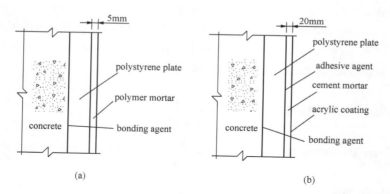

Fig. 4　The permanent insulation plate and its protective layer

(a) protective layer of polymer mortar；(b) protective layer of cement mortar

4.3　Permanent compound plate of thermal and water insulation

The permanent compound plate of thermal and water insulation, developed by the author, is shown in Fig.5[12]. The construction is : adhesive bonding agent + polymer cement mortar + membrane antileakage + adhesive bonding agent + XPS plate + protective layer. It is suitable to the upstream surface of RCC dams to prevent cracking and leakage through the horizontal construction joints. It is also suitable to the heel of high arch dam where the stress state is rather complex and sometimes cracks may appear.

4.4　Cost of insulation plate

The cost of insulation plate may be estimated as follows:

$$c = a + bt \tag{1}$$

where c – the cost, ＄$/m^2$, bt – cost of the materials, ＄$/m^2$; t – thickness of plate, cm; for EPS plate, b=0.53 ＄$/(m^2 \cdot cm)$, for XPS plate, b=1.31 ＄$/(m^2 \cdot cm)$; a – cost for manual work, subsidiary materials and protective layer of permanent insulation plate, for insulation plates fixed on the dam by internal attaching method, a=1.3 ＄$/m^2$; for insulation plate fixed on the dam by external attaching method, a=4.0, ＄$/m^2$; for permanent insulation plate including protective layer and being fixed to the dam by external attaching method, a=6.7 ＄$/m^2$.

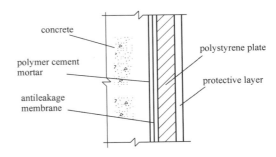

Fig. 5　The permanent compound plate of thermal and water insulation

Fox example, a concrete gravity dam with length 500m and mean height 100m, a permanent 3cm XPS insulation plate with protective layer is put on the upstream surface of the dam by external attaching method, the cost is 530000＄; a temporary 3cm EPS insulation plate is put on downstream surface of the dam by internal attaching method, the cost is 360000＄; If 3cm permanent insulation plates are put on both the upstream and downstream surface the cost is 1200000＄. These insulation plates will prevent cracking and will enhance the durability, the cost is low.

5　Various needs of superficial insulation

The needs of superficial insulation for different regions, different types of dam and different parts of dam are given in Tab. 3.

Tab. 3　　　　　　　Needs of superficial insulation for concrete dams

type of dam			position	common region			cold region		
				important dam	common dam	secondary dam	important dam	common dam	secondary dam
conventional concrete dam	arch dam	upstream	heel	A	A	C	A	A	B
			other	B	B	C	B	B	B
		downstream	tensile region	B	B	C	B	B	B
			other	B	C	D	B	B	C
	gravity dam	upstream	above minimum water level	B	B	C	B	B	B
			below minimum water level	B	B	C	B	B	B
		downstream		B	C	D	B	B	C

Continued

type of dam		position	common region			cold region		
			important dam	common dam	secondary dam	important dam	common dam	secondary dam
RCC dam	arch dam	upstream	A	A	A	A	A	A
		downstream	B	C	D	B	B	B
	gravity dam	upstream	A	A	A	A	A	A
		downstream	B	C	D	B	B	C

A—Permanent thermal insulation and anti-leakage; B—Permanent thermal insulation; C—long time thermal insulation in construction period; D—short time thermal insulation in construction period。

6　Conclusions

(1) It is necessary to carry out the policy of putting prevention first in the guard against cracking of concrete dams.

(2) The basic reason for "no dam without cracking" is neglect of superficial thermal insulation at later age of concrete.

(3) The permanent superficial thermal insulation in addition to the comprehensive temperature control will prevent cracking in the operation period as well as the construction period.

(4) There are three concrete dams without cracking in China. It is possible to finish the history of "no dam without cracking".

(5) The permanent compound plate of thermal and water insulation is suitable to the upstream face of RCC dam and the heel of high arch dams.

(6) The compound plates have the ability of thermal insulation, anti shrinkage, anti-leakage, anti-cracking and anti-freezing. The cost is rather low.

References

［1］Zhu Bofang. Thermal stresses and temperature control of mass concrete[M]. Beijing: China Electric Power Press, 1999.

［2］Sims F W, Rhodes J A, Clough R W. Cracking in Norfork dam[J]. Journal ACI, 1964, 61(3).

［3］Houghton DL, Measures being taken for prevention of cracks in mass concrete at Dworshak and Libby dam[J]. 10th ICOLD, Vol.IV, 241-271.

［4］DL/T 5144—2001, Specifications for construction of hydraulic concrete [S].

［5］Zhu Bofang, Xu Ping. Strengthen superficial insulation of concrete dam to terminate the history of "no dam without cracking" [J]. Water Power, 2004, (3): 25-28.

［6］Zhu Bofang. Current situation and prospect of temperature control and cracking prevention technology for concrete dam [J]. Journal of Hydrulic Engineering, 2006, (12): 1424-1432.

［7］Pan Jiazheng. Design of gravity dam [M]. Beijing：Water Resources and Electric Power Press, 1987.

［8］Zhu Bofang, Gao Jizhang, Chen Zuyu，Li Yisheng. Design and research for concrete arch dams [M]. Beijing:

China Water Power Press, 2002.

[9] Zhu Bofang. On the feasibility of building high quality arch dams without cracking and the relevant techniques [J]. Journal of Hydraulic Engineering, 2006, (10): 1155-1162.

[10] Zhu Bofang. On permanent superficial thermal insulation of concrete arch dams [J]. Water Power, 2006, (8): 21-24.

[11] Zhu Bofang. Finite element whole course simulation and sequential strength reduction method for safety appraisal of concrete dams [J]. Water Resources and Hydropower Engineering, 2007: 1-6.

[12] Zhu Bofang. Permanent compound plate of thermal and water insulation for concrete dams [J]. Water Resources and Hydropower Engineering, 2006, (4): 13-18.

Why Concrete Dam Can Resist Strong Earthquake without Serious Damage?

Abstract: Each time after a strong earthquake, a large number of houses and bridges were destroyed, but no concrete dam had been destroyed except three blocks of Shigang gravity dam were damaged where the active fault ran through. It is clear that concrete dams have stronger anti-earthquake capacity than houses and bridges. It is firstly clarified that the strong anti-earthquake capacity of concrete dams results from their big horizontal water loads and higher safety factor.

Key words: concrete dam, earthquake, horizontal load, safety factor

1   Introduction

Each time after a strong earthquake, there were many houses and bridges seriously damaged, even broken down. But till now, except the three blocks of the Shigang Gravity Dam damaged in 912 Earthquake in Taiwan, 1999, no concrete dams failed. Many of the concrete dams were damaged slightly after suffering 8, 9 degree of intense earthquakes. It can be said that among various kinds of civil engineering projects, concrete dams have the biggest earthquake resistant capability.[1-3]

The author explains theoretically for the first time that the concrete dams with strong earthquake resistance are mainly because of the big static horizontal water loads and higher safety factor. Of course, we should pay special attention to the security when building dams in strong earthquake districts, dams should keep far away from the active faults, the stability of foundation and the quality of project design and construction should be given great attention and necessary anti-earthquake measures should be taken.

2   Concrete dams are the strongest anti-earthquake structure

On September 21, 1999, in Nantou County, Taiwan province of China, a 7.3 scale earthquake happened. The maximum ground acceleration of the epicenter reached 1.01g. 20, 815 houses were completely destroyed and another 17, 978 were partially damaged. Many high buildings fell down. In the seismic areas, there are many dams; three blocks of the Shigang Gravity Dam were destroyed for an active fault ran through the foundation, other dams were slightly damaged.[1]

The Shigang Concrete Gravity Dam is 21.4m high and 352m long. At the dam crest, 18 radial gates of 12.8m wide and 8.0m high have been installed. See Fig. 1.

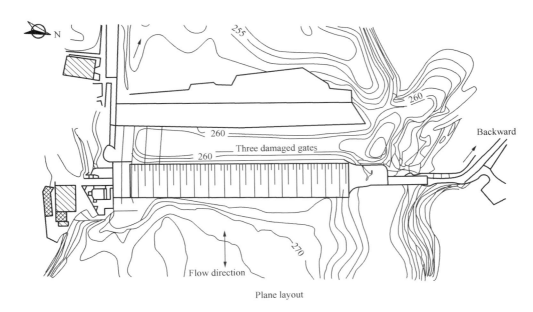

Plane layout

Dam axis

Fig. 1   The Shigang Gravity Dam(m)

Prior to the earthquake, the Chelongpu Fault runs through the area 3km downstream of the Shigang Dam. When the 921 Earthquake occurred, some new faults came into being in the vicinity of the dam site, leading to stratum fracture. One of the faults ran through the dam axis on right side of the Shigang Dam. The left-side of the fault was jacked up by about 9.8m and the right-side of the fault was jacked up by only 2.2m, resulting in a vertical displacement of 7.6m between both sides of the fault. Three dam blocks where the active fault ran through failed. The maximum acceleration measured by the nearby

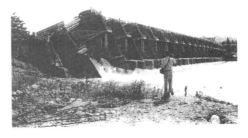

Fig. 2   Damage to the three blocks of the
Shigang Gravity Dam

seismograph was 0.581g in the east-west direction, 0.418g in the south-north direction, 0.489g in the

vertical direction. It has been so far the only partially destroyed concrete dam by the earthquake all over the world.

The Shigang Gravity Dam has more than 20 blocks. Most blocks, even very close to the active fault, withstood strong vibrations without damage except that the three blocks where the active fault ran through were destroyed. After the earthquake, an upstream cofferdam was constructed to circle the three destroyed blocks and the project was still in use. Blocks located very close to the active fault were not damaged, indicating that concrete dams have a great anti-earthquake capacity.

There are many concrete dams in this seismic area which were only slightly damaged after earthquake. The Deji thin arch dam (181m high) was in good condition overall after the earthquake. The actual maximum horizontal acceleration at the dam foundation was estimated 0.4g-0.5g. For the Wushe gravity dam (114m high), the measured maximum horizontal acceleration of the dam body was 1.018g and 0.282g respectively. The dam did not suffer damage. In Guguan arch dam (85.1m high), only the lengths of some existing cracks increased after the earthquake. The maximum horizontal acceleration was about 0.4g.

The Pacoima Arch Dam (113m high), located in California, USA, has been the only one arch dam that suffered heavy damage from the earthquake in the world. On February 9, 1971, the dam was subject to a 6.6 scale earthquake. A strong motion seismograph was set on the left-bank ridge which was 37m from the dam and 15m higher than the dam crest. The measured maximum horizontal acceleration was 1.25g and the vertical acceleration was 0.7g. Because the strong motion seismograph was set on the steep ridges with joint development, the ground peak acceleration of the valley was estimated at 0.50g taking the terrain and geological conditions into account. After the earthquake, the entire mountain was uplifted by 1.28m vertically and moved 2.0m horizontally. The dam axis had a clockwise rotation of 30". The contraction joint between the left abutment and the buttress opened 6.35-9.7mm.The arch dam itself and the contact surface between the dam and the bedrock suffered no damage. The rock foundation near the left abutment moved 0.2m vertically and 0.25m horizontally. After the earthquake remedial measures were taken to strengthen the left-bank rock mass. In mid-January 1994, another 6.6 scale earthquake with a ground acceleration of 0.49g occurred nearby. The joint between the left abutment and the buttress opened 47mm. The buttress also cracked and moved 13mm downwards in the vertical direction and 13mm towards the downstream in the horizontal direction. The dam suffered no serious damage.

An earthquake measuring 8 on the Richter scale hit Wenchuan, Sichuan Province, China on May 12, 2008. The Shapai RCC Arch Dam with a height of 132m and 30km from the epicenter suffered slight damage. The local intensity was 8 degree. The Baozhusi Concrete Gravity Dam with a height of 130m suffered no damage; the seismic intensity was 7 degree. Others were almost low-head concrete dams, the dam bodies of which only suffered slight damage.

The Xinfengjiang Single Buttress Dam constructed in 1959 with the maximum height 105m. A 6.1 scale reservoir-induced earthquake took place on March 19, 1962. The epicentral distance is of 6km, the seismic intensity at the dam site was 8 degree. After the earthquake, a horizontal crack of 82m appeared on the right-bank section near the top cross-section. There were also some small discontinuous cracks at the left bank with the same elevation. The dam body was reinforced then.

The Ambiesta Arch Dam, located in northern Italy, having peripheral joint, is 59m high. On May 6, 1976, it was subject to a 6.5 scale earthquake with epicenter 22km from the dam, the seismic intensity reached 9 degree, and the measured maximum acceleration is 0.33g on the left side of the dam.

The Rapel Arch Dam, located at the northern Chile, is 112m high. The dam was subject to a 7.7 scale earthquake centered 80km from the dam site on March 3, 1985. The instrument located near the dam recorded the maximum acceleration is of 0.31g in horizontal direction, 0.114g along upstream-downstream direction and 0.11g in vertical direction. The arch dam performed satisfactorily in this event.

The Naruko Arch Dam in Japan is 95m high. When the Niigata Earthquake took place in 1964, it was only 140km from the epicenter. From the joints and the gallery of the arch dam, there were increased leakage and muddy water, and then it returned to normal gradually. The Kamishiba Dam (110m high) and the Lingbei Arch Dam (75m high) also had undergone moderate seism. The Kurobe Arch Dam (180m high) was subject to an earthquake with 0.18g before the end of the construction. They all suffered no damage.

On December 11, 1967, a reservoir-induced earthquake of 6.4 degree occurred in Koyna, India, with the epicenter 15km from the dam. It resulted in serious cracks in the Koyna gravity dam. The dam was constructed by cyclopean concrete, with 103m high and 70.2m wide at the dam foundation. The maximum ground acceleration along dam axis direction is 0.63g, 0.49g in the upstream-downstream direction and 0.34g in the vertical direction. After the earthquake, cracks appeared on the upstream and downstream faces where the slopes of downstream face of the dam change. Buttress was constructed to reinforce the dam body on the downstream face.

To sum up, the practical experience showed that, in civil and hydraulic engineering, concrete dams have the strongest anti-earthquake capacity.

3   The importance of the direction of earthquake load

There are horizontal as well as vertical earthquake loads in practice. For example, for a 9degree earthquake the horizontal acceleration of the ground may be 0.4g and the vertical acceleration may be 0.2g.

If there were no horizontal acceleration and only vertical acceleration, the houses and bridges will not be destroyed by earthquake. In the static design, 1.0g is taken into account. In the dynamic design, the vertical acceleration 0.2g must be considered. There will be 1.20g-1.40g (taking into account the dynamic effect) in total, which is less than 2.0g when the coefficient of safety is k=2.0. Thus, in this case, the houses and bridges as well as dams will not be destroyed by earthquake.

It is concluded that the damages to structures are primarily due to the horizontal earthquake load for which there is remarkable difference between the concrete dams and the ordinary civil buildings, such as houses and bridges. Generally the horizontal loads of houses and bridges are

wind loads which are relatively small and the horizontal loads of concrete dams are the static horizontal water loads which are very big. It is this difference leading to the result that many houses and bridges were destroyed and no concrete dam was destroyed by strong earthquake.

4　Concrete dams can resist strong earthquake without serious damage due to its big horizontal water loads and higher safety factor

Practical experience showed that every time after a violent earthquake, lots of houses, bridges and roads were damaged or totally ruined, but no concrete dams have failed due to earthquakes, except Shigang Gravity Dam because of the active fault running through it. Many concrete dams can survive 8-9 magnitude earthquakes with only some slight damage. It is clear that among various civil engineering structures, concrete dams have strongest anti-earthquake capacity. But what's the reason? In the following part, a theoretical analysis will be given by the author.

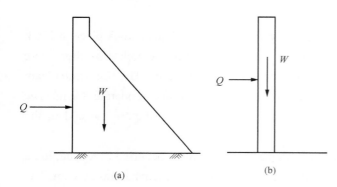

Fig. 3　Structure load

(a)Dam; (b)House, chimney

Loads that all structures bear can be categorized into vertical load W and horizontal load Q (See Fig. 3). For industrial and civil buildings such as houses and chimneys, we can get

$$\left.\begin{array}{l} W = W_1 + W_2 \pm W_3 \\ Q = Q_1 + Q_2 \end{array}\right\} \tag{1}$$

In formula (1), W_1 stands for the dead load of self weight, equipment weight, and etc, W_2 for the active load, and W_3 for the vertical seismic load; Q_1 stands for the wind load, and Q_2 for the horizontal seismic load. While for dams

$$\left.\begin{array}{l} W = W_1 \pm W_3 - U \\ Q = Q_1 + Q_2 \end{array}\right\} \tag{2}$$

In formula (2), W_1 stands for the self weight of dam body, W_3 for the vertical seismic load, and U for the uplift pressure; Q_1 stands for the water load and Q_2 for the horizontal seismic load, including hydrodynamic pressure and horizontal inertia force against the dam body.

For ordinary industrial and civil buildings, the vertical load is the main load, and among horizontal loads, the wind load is much weaker than the seismic load. For example, for a reinforced concrete chimney of 100m high, diameter of 5.0m and thickness of 0.30m, the wind load $Q_1=350kN$, and the horizontal seismic loads for 7, 8 and 9 degree earthquakes are $Q_2=1627kN$, 3255kN, and 6510kN respectively. If earthquake is not considered in the design, the horizontal seismic load Q_2 should be 4.65 times of the wind load in a 7 degree earthquake, and the chimney can hardly survive. And if only 7 degree earthquake is considered in the design, the actual horizontal load will be 4 times of the designed load when a 9 degree earthquake befalls. The chimney can hardly escape from the accident.

The situation for concrete dams is totally different. The function of a dam is to block water and the huge water pressure is the basic load the dam must bear. The safety factors adopted in the design code are relatively high: Shear friction factor should be no smaller than 3.0 and the factor of safety on compressive stress should be no smaller than 4.0[4-6], which means that a normally designed and constructed concrete dam can bear the horizontal load about 3 times of the water load, the destructive power of an earthquake mainly comes from horizontal thrust. For example, for a concrete gravity dam of 155m high, the hydrostatic pressure $Q_1=112500kN$, the horizontal seismic load of an 8 degree earthquake (including the hydrodynamic pressure and the inertia force against the dam body) $Q_2=97000kN$. So, even in an 8 degree earthquake, $(Q_1+Q_2)/Q_1=1.86<3.0$. Under condition of full reservoir, the dam is still safe. And this is the fundamental reason why concrete dams can be safe while a great number of houses and bridges collapse in 8 or 9 degree earthquakes.

Tab. 1   Ratio of Dynamic Horizontal Load Q_2 (kN) to Static Horizontal Load Q_1 (kN)

Structure	Q_1 at normal time	Q_2 in 8 degree earthquake		Q_2 in 9 degree earthquake	
		Q_2	Q_2/Q_1	Q_2	Q_2/Q_1
100m high chimney	350	3255	9.30	6510	18.60
155m high gravity dam	112500	97000	0.862	194000	1.724

In Tab. 1, the ratios of the horizontal seismic load Q_2 to the static horizontal load Q_1 are listed. In a 9 degree earthquake, for the chimney, $Q_2/Q_1=18.60$, for the gravity dam, $Q_2/Q_1=1.724$, the former is 10.8 times to the latter. And this explains the fundamental reason why concrete dams are much better than common industrial and civil buildings in anti-earthquake capacity.

The following are 2 specific examples for further explanation.

[Example 1] The concrete gravity dam, as illustrated in Fig.4, is 155m high, 15m wide at the crest, 120m wide at the bottom. The upstream water depth is 150m, sedimentation depth is 50m, and downstream water depth is 30m. The shear friction factor of the dam body can be determined using the following equation

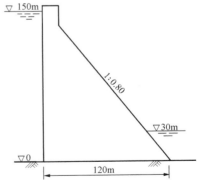

Fig. 4   Example 1, the concrete gravity dam

$$K = \frac{f(W-U)+CA}{Q_1+Q_2} \tag{3}$$

in which: f—friction coefficient, c—cohesion, A—area, Q_1—water load, Q_2—dynamic horizontal load, W—self weight, U—uplift pressure. The seismic load is determined according to the "Specifications for seismic design of hydraulic structures" DL 5073—1997[8], and the dam body stress is determined by the formula in theory of materials.

Tab. 2   Shear-friction factor K on the Base Surface of the Gravity Dam

Rock type	I	II
Deformation modulus E_0 (GPa)	40-20	20-10
Friction coefficient f	1.50	1.30
Cohesion c (MPa)	1.50	1.30
Safety factor against sliding of static force with full reservoir	3.85	3.34
Full reservoir +8 degree earthquake	2.13	1.85
Full reservoir +9 degree earthquake	1.48	1.28

Tab. 3   Normal Stress of Upstream and Downstream Base Face of the Gravity Dam (Compressive Stress is Positive)

Load case	Upstream face σ_{up}	Downstream face σ_{down}
Static load (self weight + water pressure)	0.65	2.17
Full reservoir + 8 degree earthquake (0.2g)	−1.97	4.79
Full reservoir + 9 degree earthquake (0.4g)	−4.59	7.41

In Tab. 2, Shear-friction factors determined by formula (3) are listed. K is over 1.0 in the load case of "foil reservoir +9 degree earthquake".

In Tab. 3, stresses of the dam are listed. There is no problem about the compressive stress. In a 9 degree earthquake, the tensile stress at the dam toe is relatively high. But because the seismic load is cycling load, as indicated by practical experience, even tensile stress of the dam is slightly bigger it is still not a big problem.

[Example 2] Concrete arch dam, as showed in Fig. 5, is 220m high with arch length of crest of 385m; the rock type is II, and on the base surface, f= 1.08, c=1.12MPa. Concrete grade is $C_{180}35$.

In Tab. 4, the maximum principal stresses of the dam are listed. Under static load case, the maximum compressive stress is 7.54MPa, and the maximum tensile stress is −1.02MPa. In the load case of "static load + 8 degree earthquake", the maximum compressive stress is 9.81 MPa, the maximum tensile stress is −3.14MPa, and the dam is safe. In the load case of "static load + 9 degree earthquake", the maximum compressive stress is 12.16MPa, and compared to the concrete strength, the safety factor is 2.88, which is a guaranteed value; the maximum principal tensile stress −6.36MPa which exceeds the concrete tensile strength.

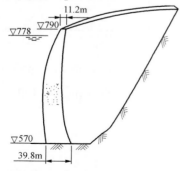

Fig. 5   Example 2: The concrete arch dam Some cracks may appear, but practically the tensile stress

will be reduced by the transverse joints. Anyway, there will not be a big problem.

Tab. 4   The Maximum Principal Stress of Arch Dam (Compressive Stress is Positive: MPa)

Load case		Upstream Face		Downstream Face	
		Tensile Stress	Compressive Stress	Tensile Stress	Compressive Stress
Static load (normal water level + self weight + temperature drop)	Stress	−0.78	6.99	−1.02	7.54
	Position	630m right	660m crest	570m left	630m right
Static load + 8 degree earthquake (0.2g)	Stress	−3.14	8.70	2.65	9.81
	Position	750m right	750m crest	600m right	630m right
Static load + 9 degree earthquake (0.4g)	Stress	−6.1	12.54	−6.36	12.16
	Position	780m right	750m crest	750m left	630m right

Tab. 5   Radial Shear-friction Safety Factor K on the Surface of Abutment of the Arch Dam

Elevation (m)	Static load (normal water level + self weight + temperature drop)		Static load + 8 degree earthquake		Static load + 9 degree earthquake	
	Left bank	Right bank	Left bank	Right bank	Left bank	Right bank
780	62.67	11.63	10.34	6.10	6.70	4.71
720	6.13	5.66	4.04	4.00	3.22	3.31
660	3.86	4.52	3.28	3.76	2.92	3.31
600	3.29	3.30	3.10	3.07	2.95	2.90

In Tab. 5, the radial shear-friction safety factors K on the surface of arch abutment are listed. At the upper part, K can be influenced greatly by earthquake because of the dynamic magnification, but K itself at the upper part is quite big, so it is not a big problem. At the lower part of the arch dam, K is less influenced by earthquake. In a 9 degree earthquake, the minimum K=2.90, and anti-sliding capability is enough (Example 2 is calculated with the assistance of Dr. Yang Bo).

5   Conclusion

(1) After a violent earthquake, each time lots of houses, bridges and roads got damaged or totally ruined. Three blocks of the Shigang Gravity Dam where the active fault ran through were destroyed, but other blocks very close to the active fault withstood strong vibrations without damage. No concrete dams have failed by earthquakes in the world; many concrete dams can survive 8-9 degree earthquakes only with some slight damage. It is clear that, among civil engineering structures, concrete dams have the strongest anti-earthquake capacity.

(2) The fundamental reason for concrete dams having strong anti-earthquake capacity is that, the horizontal water load is big and the safety factor is high. The high safety factor for big horizontal water load in the static design ensures the security during earthquake.

(3) In case dam-break happened, reservoir water would release down, causing extremely great destruction, it is natural that special attention should pay to the security when constructing dams in strong earthquake districts. Dams should keep far away from the active faults, the stability of foundation and the quality of project design and construction should be given great attention and necessary anti-earthquake measures should be taken.[7,8]

References

［1］ Zhu Bofang. Damages to hydraulic structures caused by 921 Earthquake of Taiwan in 1999 ［J］, Journal of Hydroelectric Engineering, 2003, (1): 21-33.

［2］ Zhu Bofang. On earthquake resistance of Concrete Dams, Water Resources and Hydropower Engineering, 1963, (3): 17-29.

［3］ Zhu Bofang, Gao Jizhang, Chen Zuyu, Li Yisheng. Arch Dam Design and Study ［M］. Beijing: China Water Power Press, 2002.

［4］ Criterion of Concrete Gravity Dam Design, SL 319—2005.

［5］ Design Specification for Concrete Arch Dams，SL 282—2003.

［6］ Specifications for seismic design of hydraulic structures, DL 5073—1997.

［7］ Zhu Bofang, Yang Bo. Mechanism on why the concrete dam possess high resistance to strong earthquake ［J］. Water Resources and Hydropower Engineering, 2009, (1).

［8］ Zhu Bofang. New ideas in construction and design of concrete dams ［J］, Journal of Hydraulic Engineering, 2008, (10).

Stress Level Coefficient and Safety Level Coefficient for Arch Dams[❶]

Abstract: Lombardi has suggested the slenderness coefficient for comparing the safety of one arch dam with that of other existing dams. It is pointed out in this paper that arch dams with different heights, which have the same slenderness coefficient, will have different coefficients of safety. The stress level coefficient $D=CH=A^2/V$ is suggested in this paper, where C=slenderness coefficient, H = height of dam, A= area of the middle surface of the arch dam, V= volume of the dam. Two arch dams with the same stress level coefficient will have the same stress level. By using stress level coefficients, we can compare the safety of one arch dam with that of existing dams elsewhere in the world. The safety level coefficient $J= 100\ R/D$ is also suggested in this paper, where R is the strength of dam concrete. The coefficient J represents the relative safety level of different arch dams.

Key words : stress level coefficient, safety level coefficient, arch dam

1 Analysis of the slenderness coefficient

Lombardi suggested that an empirical appraisal of the safety of an arch dam could be given by the slenderness coefficient C, which is expressed as[1]

$$C = \frac{A^2}{VH} \tag{1}$$

where

A=area of the middle surface of the arch dam,

H=height of the dam,

V=volume of the dam.

It is clear that C is a dimensionless number. The slenderness coefficients of some arch dams are shown in Fig. 1. For arch dams with the same height, the smaller the value of C, the greater the safety of the dam. By way of illustration, serious cracks appeared in Kölnbrein dam, which has the largest slenderness coefficient of all the dams with the same height, as shown in Fig. 1.

The slenderness coefficient of Kölnbrein dam is 17.5. As shown in Figure 1, many arch dams have smaller height and slenderness coefficients bigger than 17.5, but these arch dams work normally. Therefore when we give an empirical appraisal of safety of arch dams by considering the slenderness coefficient, the height of the dam is an important fact which cannot be ignored.

❶ 原载 Dam Engineering, Vol.XI Issue 3, 2000.

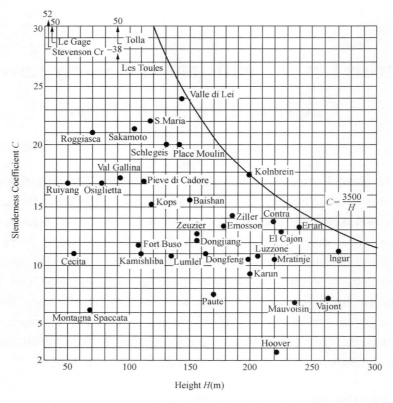

Fig. 1 The slenderness coefficients of existing arch dams

Let:

t_m = the mean thickness of the arch dam,

S_m = the mean length of arc of the dam, then

$V = A t_m$,

$A = H S_m$.

Substituting them in Eq. (1), we get

$$C = \frac{A^2}{VH} = \frac{S_m}{t_m} \qquad (2)$$

so the slenderness coefficient C is the ratio of the mean length of the arc S_m to the mean thickness t_m.

Let:

Φ = half central angle of the arch,

R = radius of the arch,

L_m = span of the arch, then

$S_m = 2R\varphi$

$L_m = 3R\sin\varphi$

Therefore:

$$\frac{S_m}{L_m} = \frac{\varphi}{\sin\varphi} \tag{3}$$

and

$$C = \frac{S_m}{t_m} = \frac{L_m}{t_m} \cdot \frac{\varphi}{\sin\varphi} \tag{4}$$

The values of $\varphi/\sin\varphi$ are shown in Tab. 1, from which it is apparent that the variance of $\varphi/\sin\varphi$ is small in the practical range of the central angle 2φ. For the existing arch dams in the world, the variance of the span of the dams is large, the variance of the central angle is relatively small and the variance of $\varphi/\sin\varphi = S_m/L_m$ is very small. The variance of the slenderness coefficient C in practical terms represents the variance of the ratio of the mean span L_m to the mean thickness t_m.

Tab. 1　　　　　**The relation between the central angle 2φ and $\varphi/\sin\varphi$**

Central angle 2φ (°)	30	50	70	90	110
$\varphi/\sin\varphi$	1.011	1.032	1.064	1.111	1.172

From Fig. 1 it is clear that for two arch dams with the same slenderness coefficient C, the low arch dam will be safer than the high arch dam. In the following it will be shown why it is so.

Consider dam 1 and dam 2, being similar in geometry and having the same slenderness coefficient, $C_1=C_2$. Their heights are H_1 and H_2, the maximum stresses in them are σ_1 and σ_2 and the densities of loads (water pressure and weight of concrete) are γ_1 and γ_2. The dimensions of γ, H and σ are t/m^3, m and t/m^2, respectively, while $\gamma H/\sigma$ is a dimensionless number, so

$$\frac{\gamma_1 H_1}{\sigma_1} = \frac{\gamma_2 H_2}{\sigma_2} \tag{5}$$

The densities of water for different dams are the same, the densities of concrete for different dams are practically the same also, so $\gamma_1=\gamma_2$ and from Eq. (5), we have

$$\frac{\sigma_1}{\sigma_2} = \frac{H_1}{H_2} \tag{6}$$

Thus, the stresses m the arch dams with the same slenderness coefficient are in proportion to the heights of the dam. When we appraise the safety of an arch dam, we must take mto account not only the slenderness coefficient but also the height of the dam.

2　The stress level coefficient of arch dam

As the stress level in the dam body and foundation of an arch dam is not only related to the slenderness coefficient C but also is in proportion to the height of the dam, a new coefficient D is suggested in the following

$$D = CH = \frac{A^2}{V^2} = \frac{S_m}{t_m} H \tag{7}$$

The coefficient D represents the stress level in the dam body and foundation, so it may be called the stress level coefficient. Some stress level coefficients of the existing arch dams in the world are shown in Fig. 2.

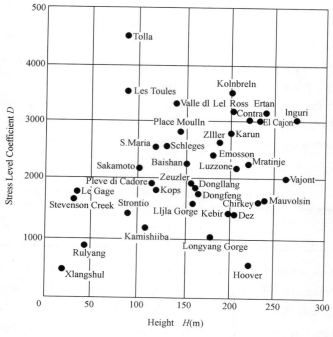

Fig. 2　Stress level coefficient D for some existing arch dams in the world

The stress level coefficient D represents approximately the level of stresses in an arch dam, including the level of the tensile stress, compressive stress and shearing stress in the dam body and the foundation. In the examination of a tentative configuration of an arch dam, we may compute its stress level coefficient D and compare it with the stress level coefficients of the existing arch dams in the world shown in Fig. 2, then we will know the approximate stress level of this configuration. Of course when we appraise the safety of an arch dam, in addition to stress level coefficient D, we must consider the strength of the dam concrete and rock foundation.

If D_0 is the upper limit of stress level coefficient, from Eq. (7), the following equation is derived

$$C \leqslant D_0 / H \tag{8}$$

which is a hyperbola. For example, if the stress level coefficient of Kölnbrein arch dam is taken as the limit, $D_0 = 3500$, we get the curve $C = 3500/H$, shown in Fig. 1.

The cracking, crushing and sliding of the dam body or foundation is caused by the fact that the tensile stress, the compressive stress or the shearing stress in the dam body or foundation exceeds the tensile strength, the compressive strength or shearing strength of concrete or rock. It is more rational to use the stress level coefficient D, instead of the slenderness coefficient C, to give empirical appraisal of the safety of an arch dam. When the stress level coefficient D is used to appraise the safety of an arch dam, it can be compared with the stress level coefficients of many existing arch dams in the world and the practical experiences of many existing arch dams are reflected in this way. This is an important merit, but the stress level coefficient is only an empirical coefficient after all.

In fact, the safety of an arch dam depends not only on the volume of dam and the strength of concrete and foundation, but also on the level of design. For example, if an arch dam is constructed with the same volume of concrete, the stresses in the dam will be lower and the coefficient of safety will be higher after shape optimization [2], but the level of design is not reflected in the stress level coefficient and the slenderness coefficient. Besides, for arch dams in cold regions the thermal effect is remarkable but it is not considered in coefficients C and D.

3   The safety level coefficient of arch dam

The stress level coefficient D represents the stress level of an arch dam, but the safety of an arch dam depends not only on the stress level, but also on the strength of dam concrete and foundation.

Let us define the safety level coefficient J of an arch dam as follows

$$J = \frac{100R}{D} = \frac{100RV}{A^2} \tag{9}$$

where

J = the safety level coefficient of arch dam,

R = strength of dam concrete,

D = the stress level coefficient,

V = volume of dam,

A = area of middle surface of dam.

In order to make the value of J close to 1, the right part of Eq. (9) is multiplied by 100 – otherwise R/D will be a very small number, because D is very large. The safety level coefficients of some existing arch dams are shown in Tab. 2.

Tab. 2   **The safety level coefficients of some existing arch dams**

Dam	Ertan	Dongfeng	Dongjiang	Longyang Gorge	Lijia Gorge	Baishan	Ruiyang	Contra	Kamishilba
Safety level coefficient J	1.05	1.69	1.82	2.39	1.55	1.08	2.33	1.59	3.22
Height (m)	240	162	157	178	155	149.5	50.5	230	110

The safety level coefficients in Tab. 2 are computed by the strength of dam concrete. If the influence of rock foundation is considered, then the shearing strength of rock foundation must be used in Eq. (9).

It is necessary to point out that the safety level coefficient J given by Eq. (9) represents only the relative level of safety of various arch dams and they do not represent the true values of coefficients of safety.

4　Conclusions

In conclusion, the stress level coefficient D and the safety level coefficient J suggested in this paper seem to be more valuable than the slenderness coefficient C. It is easier to obtain the geometrical dimensions of a dam than the strength of dam concrete for many old dams. Therefore, the stress level coefficients are more practical than the safety level coefficients.

References

［1］ Lombardi G, Kölnbrein dam: an unusual solution for an unusual problem; International Water Power & Dam Construction, 1991: 31-34.

［2］ Bofang Zhu, Jinsheng Jia, Bin Rao，Yisheng Li. Shape optimisation of arch dams for static and dynamic loads. Journal of Structural Engineering, ASCE, 1992, 118(11): 2996-3015.

第 17 篇

自 述 与 回 忆

Part 17　Memory and Account
of the Own Words of the Writer

谈科技工作者成长之路——在全国水利行业高层次专业技术人才研讨班上的报告❶

摘　要：当前我国水利水电建设的规模是史无前例的，这就为我国广大水利科技工作者提供了一个千载难逢的建功立业的机遇，但能否把握住这个机遇，干出一番事业，还取决于本人的主观努力：干一番事业的意志，坚实的专业基础，勤于工作，勤于学习，勤于思考，联系实际，勇于创新，艰苦奋斗，自强不息。

关键词：成长；立志；基础；勤奋；刻苦；创新

On the Way of Growing up for the Scientific and Technical Personnel

Abstract: The scale of engineering construction of water resources and hydropower in China is very large, so a golden opportunity is given to the scientific and technical personnel to perform meritorious deeds. But whether they can succeed depends on their subjective efforts, namely: the strong aspiration to make contributions, diligence in working, studying, and thinking, courage to make innovations and great willpower to overcome all obstacles.

Key words: growing up, aspiration to make contributions, diligence in working, studying and thinking, courage to make innovation

1　千载难逢的机遇，建功立业的时代

古人云"时势造英雄"，一个人的一生能否在事业上有所成就，与当时的机遇有密切关系。作为一个水利水电工程师，根据本人毕生经验，我总结出一句话："工程出专家"。旧中国水利工程很少，大学水利系学生毕业以后，很难找到施展才能的机会，因此很难成长为优秀的水利专家。今天情况完全变了，当今中国是全世界最大的水利水电建设工地，水利水电工程数量之多，规模之大，均居世界首位。如：三峡是全世界最大的水电站，南水北调是全世界最大的调水工程，锦屏、小湾、溪洛渡是全世界最高的 3 座混凝土拱坝，龙滩是全世界最高的碾压混凝土坝，水布垭是全世界最高的面板堆石坝。在今后几十年，我国还要继续兴建一大批世界水平的水利水电工程，这些工程的兴建，主要将依靠我国自己的科技力量，这就为

❶　原载《水利水电技术》，2010，1，1-5。

我国广大水利水电科技工作者提供了一个千载难逢的建功立业的机遇，通过大规模水利水电建设，我国将造就一大批优秀的水利水电工程专家。

同一个时代、同样的条件，各人的贡献是不同的。能否抓住难得的机遇，干出一番事业，还要看本人的主观努力，包括：①立志，干一番事业的雄心壮志；②基础，坚实的专业基础；③勤奋，勤于工作，勤于学习，勤于思考；④方法，求实创新的工作方法；⑤毅力，艰苦奋斗，自强不息的坚强毅力；⑥关系，和谐的人际关系。

2　有志者事竟成

人生在世，无不有所追求，追求目标随人而异，大致有：事业、财富、生活等等，在国家公共系统工作，不可能收获大量财富，因此只能在事业的艰辛与生活的舒适之间寻找一个平衡点。

一分耕耘，一分收获，追求不同，付出不同，收获不同，这是客观规律。人生工作数十年，在漫漫征途中，充满了艰辛，如果没有干一番事业的坚强意志，就不可能披荆斩棘在崎岖道路上持续前进，就不可能付出异乎常人的努力，也就不可能取得异乎常人的成果。因此，立志是事业成功的首要条件。

3　打好坚实的专业基础

要搞好专业工作，必须打好坚实的基础。

3.1　精通理论

只有精通理论，在分析问题时，才能看得深看得透，抓住问题的关键，你要成为本行业的专家，就必须精通本专业的理论，不能满足于了解一般的专业知识。例如，作为一个坝工专家，除了坝工学和水工结构学之外，你还必须熟悉弹性力学、塑性力学、徐变力学、断裂力学、岩石力学、土力学、流体力学、混凝土学、工程地质学、工程地震学、计算力学、计算数学等。

3.2　熟悉工程

以坝工为例，必须了解工程的全貌及各个环节，工程的结构及材料性能，工程的建造过程以及在不同荷载下的正常及异常表现，国内外重要工程的情况，发生过的事故，坝工技术的发展方向等。

3.3　了解相邻学科，拓宽视野

相邻学科的互相渗透可以促成科学技术的进步，因此必须重视对相邻学科的了解，例如，在20 世纪60 年代初我对有限元的发展进行了调研，为我在70 年代初进行有限元研究打下了基础。

4　勤奋是立业之本

机遇、智慧和勤奋是事业成功的三个因素，对于水利科技专家来说，在当前的中国有着千载难逢的机遇，今天在座的都是博士、硕士、学士，你们从小学、中学到大学，层层筛选，身经百战，智力是好的，剩下的决定性因素是勤奋。如何做到勤奋？我总结为三点：勤于工作，勤于学习，勤于思考。

4.1　勤于工作

国家设立各种水利机构的目的，就是为了完成各种水利水电建设的任务，因此做好本职工作，是国家赋予我们的任务。另外，从干部的成长来说，工作做得越多、经验就越丰富、认识就越深入、学术水平也就越高；不勤勤恳恳地做好本职工作的人，不可能成长为一个优秀的水利水电专家。勤奋工作，既是国家建设的需要，也是个人成长的需要，因此，首先必须勤于工作。

4.2　勤于学习

为了解决我国水利水电建设中关键性的复杂技术问题，必须掌握丰富的理论知识和生产知识，大学里学的那点知识是远远不够的，必须本着学以致用、远近结合的原则，勤奋学习。学些什么呢？

第一，学好与工作有关的基本理论，从根本上提高自己的理论水平，使自己在研究问题时，可以看透它的本质、搞清它的机理。

第二，要广泛阅读国内外有关的科技文献，其所以必要，一是避免重复前人的工作，二是广泛吸取营养，扩大视野。

第三，深入实际，向生产实践学习，对实际工程中存在的各种问题，心中有数，以便研究时可以对症下药。

第四，跟踪世界新技术的发展趋势，把其他领域最新科技成果吸收到自己的专业工作中来。

我大学只在土木系读了三年就提前毕业，数学只学过微积分和常微分方程，力学只学过材料力学和结构力学，连弹性力学、偏微分方程、水工结构等都未学过，基础很差。毕业以后，工作很忙，从未得到过进修机会，还经常加班加点地工作，我现在的基础理论和专业知识，97%以上都是靠业余时间自学来的。

1951～1954年，我参加佛子岭和梅山连拱坝设计，首先利用业余时间，学习了水工结构和坝工学，从而可以胜任当时的工作，但我并不满足于简单的完成工作任务，由于连拱坝是体形复杂的薄壁结构，为了深入了解它的结构特性和材料特性，我还学习了混凝土学、工程地质学、弹性力学、板壳力学、结构动力学（坝址在地震区）、偏微分方程等等。这就加深了我对连拱坝的认识，也提高了我的工作能力，使我不但完成了设计任务，掌握了混凝土坝现代设计技术，还在技术上有所创新；如以往混凝土坝全坝采用统一标号，我提出根据应力水平的不同，分区采用不同混凝土标号，节省了大量水泥。又如当时计算坝体内部应力，采用重力法，由于大数相减，必须采用手摇计算机，十分费事，我因已掌握弹性力学，提出了变厚度支墩坝应力的理论解，使计算效率大大提高。这些成果后来都得到推广和应用。

当时的困难：①工作太忙，经常加班加点，靠一点一滴地挤业余时间学习。②买书难，当时是现场设计，在大别山深处，买不到书，当时出差机会也很少，只好乘有的同志回上海探亲之机，开列书单委托他们到上海代买当时龙门书局影印的一些书；有的书，如热传导理论，上海也买不到，我就寄信到几所大学图书馆，同济大学图书馆热情地寄了一本借给我们。

1955～1956 年，我调至蚌埠治淮委员会设计院担任我国第一座混凝土拱坝响洪甸拱坝的设计，当时设计院图书资料十分缺乏，我专程到南京水利实验处收集外文拱坝资料，发现西欧拱坝设计风格和方法不同于美国，美国拱坝体形简单而厚实，并主要依靠多拱梁法计算；西欧则多采用双曲薄拱坝，主要依靠模型试验。当即去信清华大学水利系，商请进行响洪甸拱坝试验，从而完成了我国第一个拱坝结构模型试验，并迅速得到推广。

在 50 年代初期，国内基本上找不到关于混凝土坝温度应力的资料，佛子岭连拱坝只采取了分缝浇筑等最简单的温控措施，完工后裂缝很多，吸取佛子岭坝的经验，梅山连拱坝改进了温控措施，裂缝少得多，但仍有一些裂缝。接手响洪甸拱坝设计任务后，下决心要进一步减少坝的裂缝，一方面决定在国内首次采用冷却水管，另一方面鉴于当时人们对混凝土坝温度应力的认识十分贫乏，决定在繁忙的业务工作之余，利用业余时间研究混凝土坝的温度应力，系统地学习了有关的基本理论和应用数学，在我国第一次完成了关于混凝土坝温度应力的一套完整的计算分析，并首次提出了有热源水管冷却的理论解及混凝土浇筑层水化热温升的理论解，这些成果在 50 年后的今天仍被引用，有的已纳入我国坝工设计规范。推导这些成果所用到的数理方程、拉普拉斯变换、特殊函数、积分方程等，完全是利用业余时间自学的。

我在大学三年学到的知识是很浅显的，以后之所以能不断完成一些任务，主要得力于不断地学习。

4.3 勤于思考

有的同志，工作勤快，学习努力，也做过不少工作，但终其一生，缺乏突出成绩，原因何在？我认为主要是思考不够。要创造较好业绩，一定要勤于思考。

第一，不满足于简单地完成任务，要追求工作的至善至美，提出较高的工作目标，反复琢磨，加以解决。

第二，在研究过程中，要找出各个关键因素，特别要千方百计抓住主要矛盾。

第三，从各个不同角度去思考，去探索，多做方案，避免片面性。

第四，认真分析中间成果，当计算或试验中出现一些异常现象时，不要轻易否定，要仔细分析，它们往往孕育着一些新成果。

4.4 白天好好工作，晚上好好学习

既要勤于工作，又要勤于学习，时间从哪里来？ 解决的办法：白天好好工作，晚上好好学习。经验表明，每天只工作 8h 的人，很难成为优秀的水利水电专家。

5 求实创新，勇于进取

何谓求实？①研究目标，瞄准实际工作中的问题；②提出的办法，切实可行；③力争把研究成果应用于实际工程，在应用过程中再不断充实提高。

何谓创新？①提出新思路、新方法、新理论、新体形；②提出新的研究方向。

如何才能创新？①打好创新的基础，精通理论，熟悉工程，了解国内外情况，了解相邻

学科；②开动脑筋，勤于思考，缜密思考。

总之，我认为求实创新之路可概括为四句话：围绕工作，发现问题，解决问题，超越前人。

换言之，求实创新的道路就是，围绕你的工作，去发现问题，想办法解决问题，并力求在技术上超越前人。

下面列举一些例子。

例 1，有限元等效应力法。多拱梁法计算拱坝，存在如下问题：伏格特系数计算基础变形过于粗略，不能进行仿真计算，不同程序算出的拉应力相差较大。有限元法功能强大，可克服上述缺点，但存在应力集中，算出的拉应力太大，难以用于实际工程。20 世纪 80 年代初期我提出有限元等效应力法，对有限元应力沿断面积分，求出内力，再根据平截面假设计算应力，即消除了应力集中，但当时缺乏应力控制标准，未能在实际工程中应用。90 年代研究并提出了有限元等效应力的控制标准。新编拱坝设计规范初稿，在引入有限元法时，本以不限应力大小而以限制拉应力范围不超过坝厚 0.15 倍为准则，但我指出，对于薄拱坝，尤其是寒冷地区的薄拱坝，上述准则不可行。在我系统介绍有限元等效应力法及其控制标准后，审查会议一致决议把有限元等效应力法用于新编拱坝设计规范。

例 2，混凝土坝数字监控。仪器观测是重要的，它是目前混凝土坝安全监控的依据。但仪器观测存在着如下缺点：①观测断面太少，如一个 30 坝段的工程，只有 3～4 个观测坝段，80%以上坝段内没有应变计。②即使在观测剖面，只在 3～4 个高程埋设应变计，而坝内实际应力十分复杂，观测高程太少，即使在观测断面也不能求出实际应力场。③仪器观测资料不能给出坝的安全系数。笔者提出以仿真分析、反分析和仪器观测相结合而形成大坝数字监控，可以给出任一时间大坝的温度场、变位场、应力场、渗流场和安全系数，并可以根据预定的运行条件，预报今后的应力场和安全系数，形成功能强大的大坝安全监控的新平台。

例 3，混凝土半熟龄期。提高混凝土抗裂能力的传统方法是粉煤灰、减水剂和氧化镁，笔者提出一个新的方法：半熟龄期，它是混凝土水化热散发一半时的龄期，它代表着混凝土成熟的速度，分析结果表明，当混凝土半熟龄期由 1.2d 改变为 3d 时，混凝土温度应力可减小 40%，从而为提高混凝土抗裂能力找到了一个新途径。

6 艰苦奋斗，自强不息

人的一生不可能一帆风顺，身处逆境要艰苦奋斗，自强不息。

十年动乱期间，水科院被撤销，我被下放到三门峡水电站工地，住的是山区里用土坯砌筑的工棚，烧饭用的蜂窝煤都要用板车到几十里外的市区去买，生活条件相当艰苦；更严重的是三门峡大坝早已完工，我们搞结构的人没有科研任务，无事可做。当时摆在我面前的有两条道路：一条是随波逐流，无所事事，浪费大好年华；另一条是艰苦奋斗，自己创造条件，积极开展研究工作。我选择了后者，联合宋敬廷同志，搞有限元研究，研制了我国第一个不稳定温度场程序、第一个混凝土温度徐变应力程序、第一个弹性厚壳程序等 5 个有限元程序，为乌江渡、葛洲坝、龙羊峡等一系列工程进行了大量计算，进行了我国第一个大坝（三门峡）仿真计算；并出版了《有限单元法原理与应用》一书，此书于 1979 年初版，1998 年第二版，今年出第三版，中间还曾多次重印，为在我国推广有限元法发挥了较大作用。

1976 年以后，我又在三门峡的大山深处开拓了拱坝优化的研究，当时我国正在兴建一批拱坝，拱坝体形复杂，用人工方法设计拱坝体形，既费时间，效果又不好，我建立了拱坝优化的数学模型，并提出了一套高效求解方法，使这一拱坝设计新技术，在我国得以开花结果。瑞洋拱坝是世界上第一座用优化方法设计的拱坝，节省 30.6%，运行良好。拱坝优化得到广泛应用。

改革开放以后，我国迎来了知识分子的春天，水科院恢复了，我的工作条件和生活条件都大大改善，心情愉快地夜以继日地工作着。1998 年以后，我已年逾古稀，年龄大，精力差，并患有高血压病和糖尿病，本来可以放下工作，在家颐养天年，但出于对水利水电事业的热爱，我仍然一直忙忙碌碌地工作着。在 70 岁以后的 10 年中，发表论文 70 余篇，出版 120 万字专著一本，成果获国家二等奖 1 项，电力部一等奖 1 项和水利部二等奖 1 项。

现在回过头来看，我在下放的 10 年和 70 岁以后的 10 年，如果自己稍微松懈一些，必然一事无成，但我仍然抓紧时间、勤奋工作，完成了大量工作。可见，在人的一生中，艰苦奋斗，自强不息的毅力是十分重要的。

7 及时总结，多写文章，写好文章

为了总结和交流经验，科技人员应多写文章，写好文章。对文章的要求：司马迁说过要"通古今之变，成一家之言"，这是文章中的极品，如共产党宣言、爱因斯坦的相对论，影响全球，流传千古。一般工程技术方面的文章，很难达到这种水平，但在本专题范围内成一家之言，应用几十年是可以做到的。

应该做到：有的放矢，言之有物，言人所未言。不要无病呻吟，绝对不能模仿甚至抄袭，抄袭的结果必然毁了你自己的前程，甚至影响工作单位的声誉。

对文章的具体要求：①有新内容；②有价值，有理论价值、实用价值，或兼而有之。价值可大可小，但一定要有价值。

写文章的基础：能否写出好文章，写作方法当然也是重要的，但关键不在"写"，而在是否有新思路，新思路从何而来？来自业务基础，来自学术积累，来自工作中的钻研。

8 长期积累，自成体系

如果有较长时间固定在一个方向工作，应争取经过长期积累，在某个课题上建立自己完整的理论体系，这不但有利于我国的建设事业，也有利于我国的学术繁荣。

以混凝土坝温度应力为例，我是 1955 年开始研究这个题目的，1956 年，美国垦务局编《混凝土坝冷却》一书传来中国，此书包含了混凝土平板和后期水管冷却温度场的理论解，但完全没有触及温度应力及预冷骨料、表面保护等温控措施，除此以外，当时国外杂志上也只有很少的一些零星的温度控制和温度应力方面的论文。经过近 10 年的研究，我们 1964 年交稿的《水工混凝土温度应力与温度控制》一书（后因十年动乱拖至 1976 年出版）已建立了混凝土温度应力完整的理论体系，包括：①混凝土温度场、温度徐变应力场的理论解和数值解；②混凝土徐变的两个基本定理；③各种水工结构温度应力变化的基本规律和特点；④各种温度控制措施；⑤全套实用的、理论的和数值计算方法和图表。

此书理论体系完整，实用性也较强，出版后较受欢迎，并已被译成日文。《大体积混凝土温度应力与温度控制》（1999 年出版，2003 年重印）则内容更为完整和充实，被广泛引用，至今国外还没有出现过类似的著作。

9　营造和谐的人际关系

搞基础研究，有的可以单干（有的也不行），我们搞工程科技，单干是不行的，要依靠单位、依靠集体，因此需要营造和谐的人际关系，关键是处理好两个关系：内部关系和外部关系。

内部关系：①在上下左右关系中，摆好自己的位置，应该做的事，认真做好；不该做的事，坚决不做。②乐于助人，搞好团结协作。

外部关系：①乐于交朋友，建立广泛的外部联系。②高质量地完成自己承担的任务，使人感到你是可以信赖的人。

产品有品牌效应，人也有品牌效应。

希望大家做一个：勤勉的人，能干的人，容易合作的人，可以信赖的人。

最后，提出几句共勉的话：

勤于工作，勤于学习，勤于思考；

精通理论，熟悉工程，勇于创新；

志向远大，目标实际，思维缜密；

宽以待人，自强不息，事业有成。

谢谢大家！

科研工作一夕谈^❶

摘　要:本文阐述了作者从事科研工作 40 年的一些体会,包括保持研究课题的相对稳定、从生产实践中选择研究课题、从尽可能高的起点进行研究、以解决生产中实际问题为目的。勤于工作、勤于学习、勤于思考。在客观形势不利条件下自强不息。

关键词:科学研究;选题;务实;勤奋

Experience of Forty Years in Scientical Research

Abstract: The author's experience of forty years in scientical research are summed up in this paper. It is explained how to select the problem of research, how to make scientical researches from a starting point of high level, how to aim at the key problem in practical engineering and how to work hard in unfavourable condition. It is pointed out that if one wishes to be a successful scientist he must be diligent in work, diligent in learning and diligent in thinking.

Key words:scientical research, selection of problem, practical engineering, diligence

一、前言

"出成果出人才",这是我国科研工作的重要方针。为了实现这一方针,除了组织上需要采取一系列政策外,科技工作者本人的努力也是一个重要因素。作为一个科技工作者,怎样才能迅速成长起来,并创造出有用的科研成果呢?这是每一个青年科技工作者十分关心的问题。作者曾应张镜剑院长之邀,在华北水利水电学院对青年教师作过一个报告,结合本人的体会,讲如何搞好科研工作。会后,有一些同志向作者索取当时的讲稿,也不断有一些年轻人找作者讨论这个问题,说明大家对这个问题是感兴趣的,今不揣冒昧,加以发表,以便抛砖引玉。

二、科研题目必须相对稳定

根据作者几十年的经验,科研题目必须相对稳定,在一个相当长的时间内,集中精力研究一个课题,绝不能广泛出击,打一枪换一个地方。为什么呢?首先,研究工作是要解决前任所没有解决的问题,通常都有一定的难度,只有相对稳定,才能钻得深、摸得透、提出高

---

❶　原载《中国水利》1992 年第 4 期。

水平的成果。其次，相对稳定，有利于在一个方向进行全面、系统、深入的研究，可提出一系列的成果，把问题解决得透彻一些。第三，每接触一个新问题，总需要花费相当多的时间和精力去阅读有关文献，调查情况。每换一个题目，都要从头做起。经常换题目，在时间上是不经济的。

有的同志看到作者所发表的论文涉及面较广，以为作者是广泛出击，其实不然。刚毕业时，作者搞了 6 年水工设计，调到水电科学院后，前十年主要搞混凝土温度徐变应力，十年动乱期间主要搞有限元方法，从 70 年代末到目前，主要研究拱坝。在一个时期，只搞一个课题，只是因为工作时间长了，工作面才比较宽。

我们说的是"相对"稳定，意思是说，不要把稳定绝对化了。如果生产上的需要改变了，研究题目当然就要随之而改变。

三、来自生产，高于生产，用于生产

如何选题是科研工作者碰到的第一个问题。大体说来，有两种办法。一种是从文献中选题，即广泛阅读文献，然后挑选一个别人没有做过而又适合于自己的题目。另一种是从生产实践中找题目，但由于我们是在生产部门的科研单位或高校工作，生产上的需要是第一位的。所以我们应该从实践中找题目，挑选那些生产上迫切需要解决而现有文献上还没有很好解决的问题来进行研究。也就是说，我们的研究课题应来自生产上的需要。

所谓高于生产，是指不要局限于现有的生产水平上，在力所能及的范围内，工作的起点要尽可能高一些，要抓住问题的关键，提出新的更好的解决办法，要注意解决那些带普遍性的问题，要采用科技发展中的新技术，尽量提出高水平的成果，使生产水平有所提高。

所谓用于生产，是指要特别重视把科研成果用于生产实践。一方面，通过应用，可以发挥科研成果的作用，使生产水平提高一步。另一方面，通过应用，还可以发现已有成果的不足之处，从而不断改进我们的成果，推陈出新。

以温度应力的研究为例。50 年代初期，作者参加了佛子岭、梅山两座连拱坝的设计。虽然当时根据国内所能找到的参考资料，在设计中采取了一些防止裂缝的措施，但实际上还是产生了不少裂缝。使我感到混凝土温度应力是一个值得深入研究的课题。当时（1955 年）作者在设计院工作，决定利用业余时间对水工混凝土的温度应力进行研究。那时人们对混凝土温度应力的认识是非常肤浅的，往往只是描述一下裂缝的产状，然后指出是温度应力引起的。当时国内能找到的温度应力的研究成果只有约束系数等十分简单的计算方法，而实际问题要复杂得多。作者决心从一个比较高的起点开始，着手研究混凝土温度应力产生和发展的基本规律。1958 年被调到水电科学研究院后，成立了一个温度应力研究小组，工作条件更好一些。我们提出了一批研究成果，其中不少已纳入我国重力坝和拱坝设计规范，得到了比较广泛的应用。在这一阶段工作的基础上，我们于 1964 年写成了"水工混凝土结构温度应力与温度控制"一书，详细阐明了水工混凝土温度应力的基本规律、计算方法和控制技术，使人们对混凝土温度应力的认识有了深化，1991 年日本建设省大坝技术中心已将此书全文译成日文。

再以拱坝优化为例。拱坝体形设计是拱坝设计中的一个关键问题，过去依靠反复修改，不但效率低，而且难以找到给定条件下的最优体形。从 1976 年开始，作者决定用最优化方法来进行拱坝体形设计。由于拱坝设计问题比较复杂，当时不少同志对此事能否成功是持怀疑态度的。作者本人搞过拱坝设计，坚信经过充分的研究是可以成功的，因而不为所动。但在具体研究工作中充分考虑拱坝设计中的各种复杂因素，尽量使我们所建立的数学模型合理而实用化。并且有步骤有计划地从小型拱坝的应用开始，逐步应用到中型、大型和特大型拱坝。到目前为止已应用于近 30 个实际工程，其中包括拉西瓦拱坝（高 250m）和小湾拱坝（高 290m）等世界第一流拱坝的设计。可节省坝体工程量 5%～30%。今年已被列为全国重点推广的科技成果。我们研制的拱坝优化软件已向国外出口，相比之下，国外不少国家都在进行拱坝优化的研究，但至今停留在研究阶段，未能应用于实际工程。两条不同的技术路线，导致两种不同的结果。

四、勤于工作

科研工作是一种创造性的工作，要取得一些有意义的成果，勤奋是必不可少的。

要勤于工作，工作时间必须抓得紧紧的，不浪费一分一秒，全身心地投入。经验的积累，认识的深化，都是与所完成的工作量成比例的。工作做得越多，经验就越丰富，认识就越深入。长时期的辛勤工作，必然积累丰富的经验，带来丰硕的成果。

为了搞好工作，应重视工作效率的提高。加强工作的计划性和条理性，合理安排工作时间。在工作头绪多、杂事多的情况下，如果不合理安排时间，往往把研究工作挤掉了。一天忙下来，办的全是杂事，正经的研究工作什么也办不成。在这种情况下，不妨把时间划分一下，例如，用半天时间处理各种杂事、信件等，用半天时间专心搞研究。大体上做到两不误。从长远考虑，为了身体健康，应坚持工间操。

五、勤于学习

为了搞好科研工作，必须掌握丰富的理论知识和生产知识。大学只是打个基础，对于从事科研工作的人来说，大学里学的那点知识是远远不够的。在作者目前的知识库中，大学里学到的知识大约只占 2%～3%。换句话说，97%～98%的知识都是大学毕业后自学得来的。

学习些什么呢？学以致用是我们的根本原则，但具体安排上要远近结合。

（1）学好与工作有关的基本理论。为了从根本上提高自己的理论水平，应学好与自己工作有关的一些基本理论，并且要精读，务求彻底理解。只有这样，才能使自己在研究具体问题时，可以看透它的本质，搞清它的机理，不至于迷失方向。另外，为了提高自己的分析能力和理解能力，还必须学好一些重要的应用数学。

作者是 1951 年从上海交通大学土木系提前毕业参加治淮的，大学三年中，数学只学过内容很浅的三氏微积分和常微分方程，力学只学过材料力学和结构力学，连水工结构都没有学过。根底是很浅的。参加工作后，担任连拱坝的设计。当时工作很忙，经常加班加点，但作者仍下决心在业余挤时间学习了坝工学、混凝土学、弹性力学、板壳力学、结构动力学（抗震）和工程数学。这对于当时搞好坝工设计曾经发挥过相当好的作用。从 1955 年到 60 年代初期，为了配合混凝土温度应力的研究，作者又系统地学习了塑性力学、黏滞弹性力学、混凝土徐变理论、混凝土性能、热传导理论、断裂力学、热力学、积分方程、偏微分方程、积分变换、变分法、复变函数、数值计算方法、矩阵、张量、概率论、数理统计、随机过程等。这些对于搞好温度应力研究都发挥了作用。

如何选择书本是自学者碰到的一个问题。在学校里读书，书籍是教师选择好了的，书籍内容的安排以及本书与其他学科内容的衔接，都是经过教师精心安排的，在学习过程中，对于学习中的难点，教师会作详细的讲解，学生容易理解。自学的情况就不同了。在未学之前，本人并不了解书的内容。书的内容太深了，不易读懂，太浅了，收获不大。对这个问题，最好的办法是向有经验的人请教，没有条件向人请教时，不妨这样：①尽量把有关的书找来，先大体翻一下，然后挑选其中一本精读，其余供参考；②过去书出版得少，我们读的数学书大多是数学系课本，从实用角度看，过于侧重理论。现在已出版了很多为工科研究生写的数学书，内容比较实用，应尽量读这些书，以节省时间；③对于比较深的基本理论，可以分两步走，先读一本较浅的书，然后再读内容较深的书，困难就不大了。

（2）广泛阅读国内外有关科技文献。为了做好科研工作，必须广泛阅读与本课题有关的国内外科技文献。其所以必要，一是了解前人已经做过的工作，避免自己做重复工作；二是从中吸取营养，扩大视野，尽量在自己的工作中利用前人已有的成果，提高自己工作的起点。

现代科技文献浩如烟海，查阅文献需要花费大量时间和精力。如何查阅呢？①从有关专著的文献目录中，一般可找到该书出版前重要文献出处；②尽量先查阅有关的综述文章，一则可以了解一下概貌，二则文末多附有较详细的文献目录；③通过电子计算机进行检索，先列出目录，再挑选一批文章，打印其摘要。更重要的文章，则设法阅读全文；④对世界上与本课题有关的主要期刊的最近 10～20 年的论文，详细查阅一遍。

查阅科技文献，要耗费大量时间，但这一工作是非做不可的。

（3）向生产实践学习。为了摸清生产中存在的问题，必须深入调查生产情况，在研究混凝土坝温度应力的几年中，作者几乎跑遍了国内所有的混凝土坝工地。因而对实际工程中存在的各种问题，心中有数，研究工作中可以对症下药。

（4）跟踪世界新技术的发展趋势。现代科技发展速度极快，如不紧跟，几年下来就可能落伍。因此，必须围绕自己的研究课题，适当地涉猎周围的有关学科，跟踪国际新技术的发展趋势，把国外有用的最新科技成果吸收到自己的研究工作中来。

例如，近年来人工智能和计算机辅助设计发展很快。在查阅有关资料后，作者把它们引用到拱坝优化设计中来，建立一个拱坝体形设计的智能优化辅助设计系统，使拱坝优化设计上到一个新的台阶。

（5）白天好好工作，晚上好好学习。既要勤于工作，又要勤于学习，时间从哪里来？唯一的出路是，白天好好工作，晚上好好学习，工作学习互相促进。作者参加工作 40 年来，只有一次在 1954 年脱产 20d 学习速成俄文，此外，从未脱产学习过。水利水电科学研究院是一个生产部门的科研单位，生产任务一直很重，白天很少有时间看书。从基本理论的学习，到文献的阅读，主要靠业余时间。甚至论文写作也主要靠业余时间。在这里，关键是两个字："挤"和"恒"。要千方百计挤出业余时间来学习，并且持之以"恒"。科学是一个奇妙的海洋，当你遨游其中而不断有所收获时，你会感到其乐无穷。记得 1960 年夏天，作者和王同生同志等在丹江口水电站工地出差，气温高达 40℃，当时还没有电扇，更没有冷饮，我们每天晚上都看书几个小时，虽然汗流浃背，并不以为苦，整个夏天，天天如此。作者的体会是，当你钻进学术的海洋以后，时间是一定能挤出来的。如你每天业余能挤出 3～4h 用于学习，并持之以恒，十年下来，成绩一定很可观。

六、勤于思考

人们一说到勤奋，往往想到的是工作勤快、学习努力。这些当然都是重要的。但对于一个科技工作者来说，光有这些还不够，还要勤于思考。生活中不乏这样的人，工作很勤快，学习也很努力，读了不少书，看过不少文献，搞了多年的科研工作，但好的科研成果并不多。为什么？一个重要的原因是思考不够。

如何思考呢？

（1）任何事物的发展都受到许多因素的影响，要进行认真的分析，把影响因素都找出来，特别要找出主要的、关键性的因素。

（2）对于一个问题的解决，要从各种不同的角度去思考、去探索，就像工程设计中做各种不同的设计方案一样。有时还可借用其他领域的解决办法。

（3）对于自己所研究的课题，要提出一个比较高的目标，然后反复琢磨，如何实现它。经验表明，这样做，有利于提出高水平的结果。

（4）对于自己所研究的课题，要经常检查分析中间成果，并提出一些问题来，在思想上反复琢磨。有的问题当时就解决了。有的问题当时也许解决不了，但过些时候，你可能会感到豁然开朗，得到一个好的解决办法，这也许就是灵感吧。灵感不是天上掉下的，而是勤于思考而瓜熟蒂落的结果。

七、及时总结

每当一项科技工作告一段落时，应及时进行总结，把工作成果系统地整理一下，形成文字、便于查考、交流、汇报。

总结的形式有如下三种：

（1）科技报告。报告可长可短，取决于目的和内容，必要时可写得长一些，详细一些，对于自己所写报告应要求做到：条理清楚，内容确切，文字通顺，图文并茂，结论正确。

（2）论文。论文是要在刊物上发表的，篇幅不能太长，一般限于6000～8000字。文字一定要精炼，主要写作者得到的新概念、新方法、新技术和新经验。

值得一提的是，外国人很少能看懂中文，重要的科研成果，最好能在国外刊物上发表，这对于宣扬我国的科技成就是十分必要的。下面列举两个事例。

隧洞设计中的山岩压力过去采用普氏公式，不尽合理。作者1960年提出"黏弹性介质内地下建筑物所受山岩压力"一文，在三峡科研会议上交流。文中提出考虑山岩流变和地应力等因素以计算山岩压力的新方法。这正是目前国际上普遍采用的方法。该文收入水电科学院论文集，到1965年才出版，由于文字关系，在国外影响很小。国外在1964年第一次发表这方面论文。如果我1960年向国外投稿，1961年可发表，影响就要大得多了。

在结构优化中，应力重分析是一个关键问题。国外采用应力展开法，需迭代10～20次才收敛。作者于1981年在水利学报发表了内力展开法，迭代2～3次即可收敛。在1991年东京的一次国际会上，一美国学者竟大谈他如何提出了内力展开法，作者即席发言指出在10年前已发表这个方法，他说没见到。

以上两例都说明，重要的成果最好及时在国外发表，否则，本来属于我们的首创权，可能归于外国人了。

（3）专著。在工作若干年、完成了大量研究、成果比较丰富时，可写一本专著，对所研究的课题进行全面、系统的总结。写作的方法有两种。一种是只写出自己的成果。另一种是以自己的成果为核心，全面总结当时国内外的有关成果。至于采用何种方法为宜，取决于具体条件。如果对于有关课题，国内已出过一本甚至几本类似的书，那么以第一种方式为宜，可避免不必要的重复。如果国内过去没有出过类似的书，或虽出过书，但内容已陈旧，那么就以第二种方式为好。向读者提供当时国内外全面的最新资料，参考价值较大。

八、主观与客观

中国有句古话："谋事在人，成事在天。"似乎一切全靠命运。我们当然不能同意这种观点。不可否认，机运对于一个人的事业是有影响的。但在相同的环境下，各人的成就并不相同，说明本人的主观努力还是起着主要作用。作为科技工作者，我们从事的是具体的业务工作，对客观大环境是难以改变的，但主观努力是自己可以把握的。在不利的环境下，只要自己努力，也是可以做一些工作的。例如，十年动乱期间，水电科学院被撤销，我们被下放到三门峡工地。当时既没有科研设备，科研任务也很少，在这种客观条件下，作者与几个志同道合的同志搞起了有限单元法研究。工地缺乏图书资料。我们就利用到北京等地出差机会查阅文献，几年下来，也阅读了近三百篇文献，基本上掌握了当时国际上的动态，在这个基础上我们编制了我国第一个混凝土温度徐变应力程序和几个其他程序，先后在三门峡改建、乌江渡、朱庄、龙羊峡等工程设计中应用，并出版了"有限单元法原理与应用"一书。在当时条件下，因为没有科研任务，如果不开展这些工作，谁也不会责备我们，但几年宝贵时间就只好付之东流了。

现在回想起早年离开学校参加治淮的情景，当时的一切，历历在目，就像发生在昨天的事情一样，但屈指算来，已经过去 40 年了。不能不感到人生是多么短促，光阴的流速是多么飞快！今天刚参加工作的年轻人，转瞬之间就会走完工作的历程。各人的主观与客观条件千差万别，各人对社会的贡献也是多种多样的。但我想，一个人在一生中只要做到了"一生勤奋，上进不息"八个字，在各种有利和不利的客观环境中，都尽了自己最大的努力，也就聊以自慰了。

八十自述[❶]

摘　要：出生于一个知识分子家庭，1951年9月毕业于上海交大土木系后从事治淮工程，参加了我国首批佛子岭、梅山和响洪甸三坝的设计，1957年后调至中国水利水电科学研究院，从事混凝土高坝研究。采用"来自生产、高于生产、用于生产"的科研思路，坚持"勤于工作，勤于学习，勤于思考"。建立了混凝土坝温控防裂的完整理论体系，我国已在世界上首次建成数座无裂缝混凝土坝。建立了拱坝优化的数学模型，在世界上首次实现了拱坝体形自动优化。提出了混凝土徐变的两个定理、有限元等效应力、仿真计算基本方程、混凝土坝数字监控等一系列新理念、新方法，获广泛应用。共发表论文210篇、出版著作8本、获国家自然科学奖一项、国家科技进步奖两项、国际大坝会议奖一项，曾任第八、九两届全国政协委员，并荣获国家级有突出贡献科技专家称号，为我国水利行业中论文和著作被引用最多的作者之一。

关键词：勤奋；创新；温度应力；拱坝优化；数字监控

Memory of 80 Years of Me

Abstract: Born in a family of intellectuals. Graduated in 1951 from Shanghai Jiaotong University. Had participated in the design of the first three concrete dams of China，Engaged in the research of high concrete dams since 1957. Had established the system of theory of thermal stress and temperature control of concrete dam and several concrete dams without crack had been constructed in China. Had established the mathematical model for optimization of arch dams which results in 5%～30% saving of dam concrete. Had proposed two theorems for creep of concrete，the equivalent FEM stress，the foundamental equation for simulation computation and the numerical monitoring of concrete dams. Had published 210 papers and 8 books. He was awarded the National Prize of Natural Science in 1982 and the National Prize of Scientific Progress in 1988 and 2000.

Key words： diligence, innovation, thermal stress, optimization of arch dam, numerical monitoring

1　故乡和家庭

　　我于1928年10月17日出生于江西省余江县马岗乡下朱村，今年84岁。信江支流白塔河发源于闽赣两省边境的武夷山，流经龙虎山、马荃、邓埠，在锦江镇汇入信江。我家下朱

---

❶　原载《水利水电技术》，2012,7。

村即位于白塔河下游的小冲积平原上，距邓埠镇 5 华里，附近有马岗岭，故名马岗乡，当地土地肥沃，人口密集，密布着许多小村庄，每村住着同姓的几十户人，各村之间相距约半华里，鸡犬之声相闻。当地主要有朱、张、黄、赵等姓。白塔河当年可通帆船，浙赣铁路经过邓埠镇，交通便利。自然条件不错，可惜当年流行血吸虫病，疫区中心，十室九空，下朱村处于疫区边缘。我小时候也感染了血吸虫病，因而身材矮小，但当时并不知道是什么病，到上海上大学时，一次体检发现患有血吸虫病，才进行了一次治疗。

曾祖父以前世代务农，祖父朱际春是前清末年秀才，在家乡教私塾为生，家境清贫。父亲朱祖明毕业于国立北平大学电机系后在江西省公路局工作，抗日战争期间回到余江县，在县立中学教书，抗日战争胜利后，到南昌江西农业专科学校和南昌大学教书，1952 年院系调整后，到武汉大学教书，1958 年去世。祖母和母亲都是家庭妇女。

我于 1955 年与易冰若结婚，她贤淑勤奋，因我工作繁忙，她承担了全部家务，对我的工作给予了全力支持。女儿慧玲、儿子慧珑先后于 1956 年和 1958 年出生，两人均获得博士学位，分别从事外事和科研工作。

2 学生时代

因父母长住南昌，我小时候主要跟随祖父母住在老家，六岁左右在祖父私塾里开始读四书。1938 年夏，我家搬到邓埠镇，进入县立第三小学读高小，1940 年上半年转到锦江镇（当时是县城）县立一小，暑期毕业。因日寇大肆轰炸，没有到外地考中学，在家休学一年。1941年暑假后考入因抗战迁到铅山县杨村镇的省立九江中学读初一，1942 年下半年生了一场大病，休学养病一年。1943 年秋季，父亲应聘到余江县立中学教书，我也转学到县立中学，一直读完高一，抗战胜利后，1946 年秋季转学到省立南昌第一中学，1948 年高中毕业后，考入上海交通大学土木系。1951 年 9 月提前毕业分配到安徽佛子岭水库参加工作。

因是长孙，祖父母对我十分钟爱，对我的学习，祖父十分宽容，基本不太管束，整个小学期间，我晚上是不读书的。初一在九江中学，学生都很用功，晚上虽无电灯，都在菜油灯下认真读书，我也跟着同学们一块儿学习。初二转学到余江县立中学，学习风气也不错，在这以前，我在学习上一直是随大流，从不关心考试成绩的名次，但初二代数的期中考试，试题较难，全班 30 多人，我考了 100 分，另有三人分别得了 90、80、60 分，其余的都不及格，这次考试，使我意识到自己在数理化学习方面可能具有一定潜力。父亲是大学毕业的，讲课效果好，颇受同学尊重，我当时开始有了想法，希望自己将来也能读大学，因家境较差，不可能上私立大学，意识到只有用功读书，考上国立大学才有较好的前途，因而开始用功，各科成绩都名列前茅。

抗日战争胜利后，我于 1946 年秋季转学到省立南昌一中，读高中二年级，这时开始考虑将来上什么大学，江西工业落后，我所能接触到的就是铁路和公路，因此，以上海交通大学土木工程系作为自己的第一志愿。南昌一中是江西著名中学，自己的学习成绩又名列前茅，毕业后报考一般大学，应该是没有问题的，但上海交大当年是国内最难考的大学之一，江西全省每年能考取交大的人寥寥无几，为了顺利考取交大，除了学校的功课外，自己又补充学习了不少参考书，例如高中代数，南昌一中采用的课本是美国范氏大代数，内容相当丰富，但习题较容易，我又找来习题难度大的日本上野清编的大代数讲义，把其中习题都做了，使解题能力得到较大的提升。当年大学招生是按总分录取的，除了刻苦学习中文英文数理化等主课外，还认真学习了历史地理等各项辅课。功夫不负苦心人，1948 年夏，以总分第一名的成绩考取了上海交大土木系。

上海交大学习氛围非常浓厚，同学们学习都很用功，我因患慢性胃病身体不太好，不敢太用功，只维持一般的学习。1949 年上海解放后，设置班长，我被同学们推选担任了一年班长，但因要兼做家庭教师，身体也不太好，经我再三推辞，三年级不再担任了。

当时，国内各大学工学院一般只设有三四个系，而交大工学院设有 13 个系，是当时国内最大的工学院。从三年级开始，各系分设专业组，土木系下设结构、铁路、公路、市政 4 个专业组，我当时对都市规划和都市建设很感兴趣，因此选择了市政工程组，希望毕业后能从事都市规划和都市建设。

我是先天高度近视，上大学后才配上 900 度的眼镜，中小学期间，因没有眼镜，坐在教室内第一排也看不清黑板上的字，主要依靠自学，因此培养了我较强的自学能力。同样由于高度近视，很少与人接触，养成了较孤僻的性格。

3 走上水利水电科研之路

1950 年淮河发生严重水灾后，中央决定治理淮河，成立治淮委员会，缺乏技术干部，中央决定华东、中南两个大区内各高校土木、水利四年级学生参加治淮一年，按大学毕业实习生待遇，实习一年后返校再读一年书，以后逐年轮换，我于 1951 年 9 月离校到安徽参加治淮，在佛子岭水库技术室设计组工作。按原计划实习一年后返校再读一年书，但 1952 年全国高校院系调整，大学本科改为三年，组织上通知我们提前毕业，留在淮委正式参加工作，于是我只得放弃搞都市建设的梦想，从此搞了一辈子的水利水电工程。应该说这是一个很好的机遇，让我参加了中国波澜壮阔的水利水电建设事业。

1951～1956 年，我先后参加了中国第一批三座混凝土高坝（佛子岭连拱坝、梅山连拱坝、响洪甸拱坝）的设计和施工。

1949 年以前，除了日本人在东北兴建的丰满大坝以外，中国没有自己兴建过一座混凝土坝，在混凝土坝的设计和施工方面是一片空白，当时淮河上承担设计和施工的技术骨干主要就是我们这些刚从大学出来的学生，毫无经验可言，除了汪胡桢先生外，我们这些年轻人没有一个见过真实的大坝。

佛子岭是我国自行设计建造的第一座混凝土高坝，梅山是当时世界上最高的连拱坝，响洪甸是我国第一座混凝土拱坝。这一段时间里，在汪胡桢先生指引下，由原任交大土木系助教的曹楚生先生率领我们这些大学四年级的学生白手起家，通过这三座大坝的建设，掌握了现代混凝土高坝的一整套设计技术。当时条件艰苦，缺乏经验，但我们这些年轻人工作认真，刻苦钻研，克服重重困难，顺利完成了三座大坝的设计，现在这些大坝已经运行了 50 多年，情况良好。

1951 年能找到的参考资料只有美国德维斯主编的水工设计手册和克里格等三人编写的坝工学，但设计工作非常细致，单靠这两本书做设计显然是不够的，当时燃料工业部水电总局存有一套美国垦务局的技术备忘录，为该局几十年积累的课题总结报告，一题一份，共 600 多份，内容丰富而实用，对大坝设计富有参考价值。1952 年佛子岭水库指挥部派我到北京借阅，但被婉拒，我们只好依靠自己的努力来完成全部设计工作。这件事第一次使我意识到，虽然全国人民都在为建设新中国而奋斗，但部门之间的隔阂有时还是存在的。此事还表明，中国人民是有志气和能力的，没有美国资料，我们也成功地设计了中国第一批三座混凝土坝，且运行良好。

在完成佛子岭、梅山、响洪甸等我国第一批混凝土高坝设计的过程中，还有所创新。例如：当时美国所有混凝土坝都是全坝采用统一的混凝土标号，佛子岭坝向美国学习，开始也是如此，经过认真研究，我提出大坝采用分区标号，根据应力水平的不同，不同部位采用不同的混凝土标号，节省了大量水泥，这一套大坝标号分区方法后来得到广泛应用；又如支墩坝应力用材料力学方法计算是简单的，但当时佛子岭坝支墩内因施工需要而设置了许多大孔口，计算孔口配筋需要支墩内部主应力，支墩是变厚度的板，当时内部主应力没有理论解，用差分法计算，利用手摇计算机，两个人同时计算，逐步校核，几十天才能算出结果，非常费事，我自学了弹性力学并给出了变厚度支墩内部应力的理论解，只需用计算尺，几分钟就可以得到结果。由于工作刻苦，我在 1955 年被评为安徽省治淮优秀团员，1956 年被评为安徽省先进工作者。

20 世纪 50 年代初期，我们主要向美国学习。1955 年开始设计的响洪甸坝是我国建造的第一座拱坝，治淮委员会是 1950 年新成立的机构，图书资料非常缺乏，因此我专程到南京水利实验处（南科院前身）收集资料，该处拥有丰富的国外期刊，我用了四五天时间进行系统的查阅，收获很大，归纳起来有两点：第一，西欧建造的是双曲薄拱坝，远比美国习惯于建造的单曲厚拱坝更为优越；第二，西欧对拱坝除了计算外，还进行结构模型试验。为此，我撰写了"略论各种混凝土坝的经济性与安全性"一文，发表于《水力发电》1957 年第 2 期，着重介绍了西欧双曲薄拱坝的优越性，同时积极建议进行了我国第一次响洪甸拱坝结构模型试验，接着各单位纷纷仿效，风行全国，直到有限元方法广泛应用后，拱坝结构模型试验才逐渐衰落。

1956 年在北京成立了水利部水利科学研究院，我于 1957 年调到该院，从此走上了混凝土坝研究的道路。

4 来自生产、高于生产、用于生产

在水利水电部门的科研单位工作，第一位的任务当然是承担实际水利水电工程的试验研究任务，但如只限于这些工作，学科水平就难以提高，为此，我提出并实行"来自生产、高于生产、用于生产"的科研路线。我们在完成大量工程试验研究任务的同时，一直坚持挑选那些生产上迫切需要解决而现有文献上还没有很好解决的问题来进行研究，也就是说，我们的研究课题应来自生产上的需要。

所谓高于生产，是指不要局限于现有生产水平上，工作的起点要尽可能高一些，要抓住问题的关键，提出新的更好的解决方法，要注意解决那些带普遍性的问题，要采用新技术，尽量提出高水平的成果，使生产水平有所提高。

所谓用于生产，是指要特别重视把科研成果用于生产实践。一方面，通过应用，可以发挥科研成果的作用，使生产水平提高一步；另一方面，通过应用，还可以发现已有的成果的不足之处，从而不断改进我们的成果，推陈出新。

5 勤于工作、勤于学习、勤于思考

科研工作是一种创造性的工作，要取得一些有意义的成果，勤奋是必不可少的。

第一，要勤于工作。工作时间必须抓得紧紧的，不浪费一分一秒，全身心地投入。经验的积累，认识的深化，都是与所完成的工作量成正比的。工作做得越多，经验就越丰富，认识就越深刻。长期的辛勤工作，必然积累丰富的经验，带来丰硕的成果。

第二，要勤于学习。为了搞好科研工作，必须掌握丰富的理论知识和生产知识。大学只是打个基础，对于从事科研工作的人来说，大学里学的那点知识是远远不够的。在我目前的知识库中，大学里学的知识只占了 2%～3%。换句话说，97%～98%的知识都是大学毕业之后自学得来的。

第三，要勤于思考。人们说到勤奋，往往想到是工作的勤奋、学习的努力。这些当然都是重要的。但对于一个科技工作者来说，光有这些还不够，还要勤于思考，在工作中要多动脑子。

6 混凝土坝温度应力与温度控制

在混凝土坝设计和施工中，温度应力和温度控制是一个重要问题，在 20 世纪 50 年代，国外唯一的温控著作是美国垦务局编《混凝土坝的冷却》一书（1949），书中有一套温度场理论解和曲线，是比较有用的，但该书完全没有接触混凝土温度应力，除了水管冷却外，没有全面的论述表面保护、预冷混凝土等各种温控方法，也没有温度场数值算法，靠这本书解决混凝土温控防裂问题显然是不够的。国外期刊除了有些零星的混凝土温度场计算的文章外，关于混凝土坝温度应力的文章也很少。混凝土裂缝是温度应力超过抗拉强度而引起的，我们以解决混凝土坝裂缝问题为目的，以温度应力作为研究的主线，着重研究混凝土坝全过程的温度应力、温控方法和温控准则，在十分艰难的条件下，完成了大量的工作，最终解决了这个世界性的难题，建立了完整的混凝土坝温控防裂理论体系，在其指引下，我们在世界上首次建成了数座无裂缝混凝土坝，其中包括江口拱坝、三江拱坝和三峡重力坝三期工程，结束了全世界"无坝不裂"的历史。

我们在混凝土坝温度应力和温度控制方面共发表论文 100 余篇，出版了著作两本，建立了完整的理论体系，提出了有效的防裂方法，主要内容如下。

6.1 混凝土温度场的计算

提出了一系列的新的理论解，如有热源水管冷却、寒潮、库水温度等，更重要的是引入有限元法进行温度场数值计算，可以完全模拟施工过程中的实际条件进行温度场计算，为混凝土坝的温度控制提供了有力的工具。

6.2 混凝土浇筑块温度应力

研究了浇筑块形状对温度应力的影响，揭示"薄块长间歇"可能引起贯穿性裂缝的危险，给出了浇筑块温度应力的影响线算法，提出了在气温日变化、年变化以及寒潮作用下的浇筑块表面和棱角上温度应力计算方法。

首次研究了正负台阶形温度的重大差别，提出了关于基础允许温差的两个原理：原理一，对于正台阶形温差，适当压缩强约束区高度并适当放宽弱约束区温差，既有利于改善温度应力，又有利于施工；原理二，对于负台阶形温差，必须降低强约束区温差并防止弱约束区出现过低的温度。据此，提出了两套新的允许温差，既方便了施工，又提高了抗裂的安全度。研究了浇筑块长度与温度应力的关系，从理论上说明了浇筑块越长允许温差应越小的关系。

6.3　混凝土重力坝温度应力

国外对重力坝温度应力缺乏系统研究，我们进行了全面而系统的研究，提出通仓浇筑重力坝与柱状分块重力坝温度应力的重大差别。柱状分块重力坝在蓄水前内部温度已经降到坝体稳定温度，内外温差较小，产生劈头裂缝的可能性就小，通仓浇筑重力坝无后期水管冷却，坝体内部温度降低缓慢，长期受到内外温差的作用，冬季遇到寒潮容易产生表面的裂缝。竣工蓄水后，冬季水温很低，坝体内部温度很高，在内外温差和裂隙水的劈裂作用下，原有的表面裂缝容易扩展为较深的劈头裂缝。柱状分块重力坝，因浇筑块尺寸很小，上下层温差一般不起控制作用，通仓浇筑重力坝，因浇筑块长，上下层温差可产生较大拉应力。通仓浇筑重力坝受到底孔超冷影响更大。

碾压混凝土问世之初，由于水泥用量少，人们一度认为它不存在温度控制问题，经过笔者研究，发现碾压混凝土坝也存在温度控制问题，必须进行温度控制。这是由于：碾压混凝土上升的速度快，虽然水泥用量少，它的水化热温升比常态混凝土低得并不多；碾压混凝土抗裂能力较常态混凝土略低，经过预冷，常态混凝土机口温度可以降到 7℃，而碾压混凝土只能降低至 12℃，预冷效果较差；碾压混凝土浇筑仓面大，暴露时间长，温度回升较多。

提出了重力坝加高温度应力的弹性力学解法和材料力学解法，通常基础浇筑块温差算式为 $\Delta T_1 = T_p + T_r - T_f$。笔者提出重力坝加高中温差算式为：$\Delta T_2 = T_c - T_f$，其中 T_c 为加高进行到封顶时新混凝土的温度，T_f 为稳定温度。通常，$T_c < T_p + T_r$，故 $\Delta T_2 < \Delta T_1$，重力坝加高的温度控制准则为 $T_c \leqslant T_f$。

在我国气候条件下，把新浇筑的混凝土最高温度 $T_p + T_r$ 控制到不超过稳定温度 T_f 是不可能的，但是控制坝体加高封顶温度 T_c 不超过 T_f 是可能做到的，而且只需采用水管冷却、预冷骨料、表面保护等常规温控措施就可以做到。

经验表明，重力坝加高后，新老混凝土接合面绝大部分将脱开，经研究提出，在新混凝土内设置横向切缝并在下游面设置永久保温板，可使结合面基本不脱开。

6.4　混凝土拱坝温度应力

1985 年以前，我国拱坝温度荷载采用美国垦务局经验公式计算，只考虑了坝体厚度一个因素，完全忽略了当地的气候以及坝体温控等实际条件，受《混凝土拱坝设计规范》（SD 145—1985）编制组的委托，笔者研究并提出了一套新的拱坝温度荷载计算公式如下

$$\Delta T_m = T_{m1} + T_{m2} - T_{m3} \tag{1}$$
$$\Delta T_d = T_{d1} + T_{d2} - T_{d3} \tag{2}$$

式中：T_m、T_d 为拱坝的平均温度和等效线性温差。

把当地气温和水库温度公式代入上式，即可算出拱坝温度荷载。问题是以前没有一个水温计算公式。为此笔者提出库水温度 $T_w(y,\tau)$ 计算公式如下

$$T_w(y,\tau) = T_{um}(y) + A(y)\cos\omega(\tau - \tau_0 - \varepsilon) \tag{3}$$

式中：y 为水深；τ 为时间；$\omega = 2\pi/P, P = 1$ 年，为水温变化周期；$T_w(y,\tau)$ 为水深 y 处在时间 τ 的水温。

这套公式为拱坝设计规范所采用，经过 20 多年的运用，效果良好。

世界上早期兴建的几座碾压混凝土拱坝都只设置了诱导缝而没有设置横缝，这种方式是否合理？笔者认为，这关系到拱坝温度荷载计算中的初始温度，如果不设置横缝，初始温度是混凝土最高温度 $T_p + T_r$，如果设置横缝，初始温度是横缝灌浆时的坝体温度 T_0。显然，T_0 和 $T_p + T_r$ 相差较大。进一步的研究表明，如果不能在低温季节浇筑全部混凝土，碾压混凝土拱坝必须设置横缝，笔者还提出了碾压混凝土拱坝中设置横缝的原则，埋设水管的必要性，并建议利用预制混凝土块形成横缝。这些建议均为后来兴建的碾压混凝土拱坝所采纳。

6.5 船坞和水闸的温度应力

船坞和水闸多建筑在软基上，地基的约束作用很小，但实际上坞墙和闸墩往往产生不少贯穿裂缝。这个问题过去很少研究，笔者首次进行了研究，发现出现裂缝的根本原因是先行浇筑的底板已充分冷却，在它上面浇筑的坞墙或闸墩的温度变形受到底板的约束，产生了拉应力和裂缝。笔者给出了一个级数解法和一个简化解法。

6.6 基础梁温度应力

这是一个工程上经常遇到而没有很好解决的问题，笔者提出用切比雪夫多项式求解的方法，计算精度很好，计算又十分简单，该算法得到许多设计规范采用。

6.7 混凝土的半熟龄期

过去人们只注意到控制混凝土水泥水化热总量，并没有设法控制水泥水化热产生的速度，也缺乏发热速度的指标。笔者提出了一个新的理念：混凝土的半熟龄期 $\tau_{1/2}$，它是混凝土强度、绝热温升达到其最终值一半时的龄期，代表着强度、绝热温升增长的速度，半熟龄期越小，增长越快。研究结果表明，混凝土绝热温升半熟龄期从 1.2d 延长到 3.6d（这是可以做到的），可使混凝土温差降低 4℃，其降温效果相当于掺用 50%粉煤灰。通过改变水泥的矿物成分和细度，采用混合材料和外加剂，完全可以改变混凝土的半熟龄期，从而找到了改善混凝土抗裂性能的一个新途径。

6.8 长期保温，全面温控，有效防止裂缝

经过长期研究，笔者提出了"长期保温、全面温控、防止裂缝"的新理念。在这一理念的指引下，我国建成了数座无裂缝的坝。事实证明，在混凝土坝温控中，这是能确保大坝不裂缝的最重要理念。

过去国内外混凝土坝实际是无坝不裂。这些坝都进行了温度的控制和表面保温，为什么还会出现裂缝？经反复分析，我发现主要原因是只重视早期的表面保温，忽略了长期暴露表

面的长期保温。混凝土坝施工中往往一次寒潮之后，出现一批裂缝，因而人们重视早期的表面保温，但是混凝土坝块在人工冷却达到坝体稳定温度前，内部温度很高，冬季在表面会出现较大拉应力，足以导致裂缝，坝体蓄水以后，在缝内压力水的劈裂作用下，上游面的表面裂缝就可能发展成为深层甚至贯穿性裂缝。因此，在通常的温控之外，必须加上长期暴露表面的长期保温才能有效地防止裂缝。三峡二期工程开始前，笔者建议在常规控制之外，在大坝上下游面粘贴泡沫塑料板进行长期保温，业主和设计方面都同意，但施工中未能执行，结果产生不少裂缝。在三峡三期的工程中，经过我再次建议，采用了常规的温控加长期保温，效果很好，未产生裂缝。

6.9　为重大水利水电工程提供大量研究成果

我们长期坚持理论联系实际的道路，为三峡、小湾、龙滩、溪洛渡、锦屏、沙牌、普定、拉西瓦、刘家峡、三门峡、新安江、古田等一系列重大水利水电工程提供了大量研究成果，获得广泛应用。

专著《大体积混凝土温度应力与温度控制》全面阐述了大体积混凝土温度应力的计算方法、控制准则和控制温度防止裂缝的技术措施。据中国科学院信息中心统计，为我国建筑学科引用最多的十本书之一。

7　拱坝体形优化

传统的拱坝设计方法，参照类似工程的经验，先选定一种线型，例如抛物线拱，然后拟定几个体形方案，分别计算出抗滑稳定、坝体应力和坝体体积，最后通过比较从中选择一个方案作为设计方案，显然这只是较好的可行性方案，而不是最优的方案。

笔者与厉易生、贾金生、饶斌、杨波、黎展眉等合作建立了拱坝优化数学模型，编制了ADASO程序，在全世界首次实现了拱坝体形自动优化，并得到了广泛的应用。

拱坝体形的设计实际包含了两个层次：①拱型比选，即从单心圆、多心圆、抛物线、椭圆、双曲线、统一二次曲线、对数螺旋线等多种拱型中选定一种；②对于一种拱型，选定其半径、中心角、厚度等几何参数变化规律。

拱坝优化设计全面考虑各项设计因素，对于每一种拱型都用最优化的方法求出它的最优体形，然后从各种拱型的优化体形中，优中选优，从而求出最优体形，实际上同时选定了最好的拱型和它的最优体形。

为了保证优化成果能应用于实际工程，我们建立了实用化的数学模型：首先，在几何模型上，用两个多项式表示拱冠梁剖面的形状和厚度，再用一组多项式表示在水平方向的体形变化规律，以各多项式的系数作为优化的设计变量，这种几何表示方式与传统的拱坝设计中的表达方式相近，容易为设计人员所接受。但由于采用了自动优化方法，在各种复杂条件下都可以很快找到优化方案，既可以提高工效，又可以节省投资，优化设计中考虑的荷载、设计准则、应力分析方法与手工设计相同，完全满足设计规范的要求，因此优化结果可以直接应用于工程。

在拱坝优化过程中需要对几千个设计方案进行应力分析，优化过程中绝大部分计算是用于结构的应力分析，为了减少应力计算时间，笔者提出内力展开法，使优化效率大为提高。

浙江龙泉县瑞洋拱坝，最大坝高 54.5m，单心圆双曲拱坝，经我们优化，节省坝体混凝土 30.6%，完全按照优化设计体形施工，是世界上第一座用优化方法设计的拱坝，已于 1987 年竣工蓄水，运行正常，被评为浙江省优秀工程。

江口拱坝，电站装机 300 MW，坝高 140m，原采用抛物线拱坝，体积 79.9 万 m³，经水科院与东北院合作，用水科院 ADASO 程序优化后改用椭圆拱坝，体积减少到 57.3 万 m³，节省 28.3%，2003 年建成蓄水，运行良好。

拉西瓦拱坝位于黄河干流上，最大坝高 250m，由于水科院与西北院合作，用水科院 ADASO 程序，分别对抛物线、三心圆、双曲线、对数螺旋线和统一二次曲线共 6 种拱型进行优化，最后选定对数螺旋线拱坝。

8 混凝土徐变理论与应用

8.1 混凝土弹性模量、徐变度和松弛系数的表达式

混凝土弹性模量过去采用的公式与试验资料吻合很差，笔者提出两个公式

$$E(\tau) = E_0(1 - e^{-a\tau^b}) \tag{4}$$

$$E(\tau) = E_0\tau/(n+\tau) \tag{5}$$

式中：E_0 为最终弹性模量；a、b、n 等为系数。

以上两式，结构紧凑而且与试验资料吻合得比较好。笔者给出的混凝土徐变的一个较好的公式

$$C(t,\tau) = C_1(1+t_1\tau^{-h_1})\left[1-e^{-r_1(t-\tau)}\right] + C_2(1+t_2e^{-b_2})\left[1-e^{-r_2(t-\tau)}\right] + D(e^{-s\tau}-e^{-st}) \tag{6}$$

混凝土松弛系数以前没有通用的表达式，笔者首次提出了两个松弛系数表达式如下

$$K(t,\tau) = 1 - \sum(a_i + b_i\tau^{-d_i})\left[1-e^{-b_i(t-\tau)}\right] \tag{7}$$

$$K(t,\tau) = 1 - \psi(\tau)\left\{1-\exp\left[-m(\tau)(t-\tau)^{n(\tau)}\right]\right\} \tag{8}$$

这些表达式目前已获广泛应用，并已纳入我国坝工设计规范。

8.2 非均质弹性徐变体的两个基本定理

混凝土徐变对结构应力和变位有重要影响。笔者提出并证明了两个定理：定理一，对于符合比例变形条件的非均质弹性徐变体，在外力作用下，其应力不受徐变影响。定理二，符合比例变形条件的非均质弹性徐变体，在温度和边界强迫位移作用下，其应力可用松弛系数法计算。换言之，如不符合比例变形条件，则在外力作用下，徐变将影响结构的应力状态，在温度和强迫变形作用下，严格说来，应力不能用松弛系数法计算。

8.3 混凝土结构徐变应力分析的隐式解法

混凝土结构徐变应力分析，以前采用等时段初应变法，计算精度差，计算效率低，笔者

提出变时段隐式解法，计算精度和计算效率显著提高。

9 有限元方法研究与应用、有限元等效应力

在 1960 年左右，从国外文献中看到了新出现的有限元方法，当时即认为这是一个对实际工程很有用的方法，1964 年，笔者已正式组织人力进行有限元方法和程序的研究，可惜 1965 年初奉命"下楼出院" 到刘家峡水电站工地搞"设计革命"，有限元的研究计划未能实行。到 1969 年，水科院被撤销，我被下放到三门峡工地，劳动一年后，到水电部十一局设计大队科研组工作，我就联合宋敬廷同志，搞有限元研究，那时还没有计算机语言，采用手编程序，先后编制了我国第一个混凝土不稳定温度场程序，第一个混凝土温度徐变应力程序，第一个弹性厚壳计算拱坝程序等共 5 个有限元程序，为三门峡改建、乌江渡、葛洲坝等工程提供了大量计算成果，受到用户的广泛欢迎，并对三门峡改建进行了我国第二次仿真计算，显示了有限元的巨大优势。

由于应力集中的影响，有限元计算的应力在坝踵和坝趾比结构力学计算的应力要大得多，为有限元法在坝工设计中的应用构成了障碍，为此，笔者首次提出了等效应力的概念。在上海设计院主编的《混凝土拱坝设计规范》（SL 282—2003）初稿中，对有限元应力的控制方法是不控制应力数值，只控制拉应力范围，在规范审议会上，笔者用大量算例说明这种方法是不可行的，建议采用有限元等效应力法，并提出允许拉应力 1.50MPa，允许压应力不变，这一建议为拱坝设计规范采纳，从而为有限元方法在坝工设计中应用开辟了道路。

为了在我国推广有限元方法，我编写了"有限单元法原理与应用"一书，该书取材力求实用，着重阐述基本概念及计算公式，阐述了有限元方法在各种复杂工程问题中的应用，包括弹性力学、塑性力学、板壳力学、流体力学、热传导、岩体力学、土力学、徐变、结构动力学、结构稳定及断裂力学等。这些问题都十分复杂，过去缺乏有效计算方法，只能在过分简化的条件下求出一些简单解答，计算条件与实际工程相差很远。应用有限元方法后，可以针对实际的工程结构和实际的边界条件进行定量的分析计算，由于前处理和后处理技术的发展，可以进行大量方案的比较分析，迅速用图形表示计算结果，从而有利于对工程方案进行优化，有利于提高工程设计质量。我的本来目的是为工程师写一本有限元参考书，所以在书的取材和写作方法上与当时国内外已出版的有限元书籍都有较大差别，书籍出版后，颇受欢迎，不但受到了工程师的欢迎，也受到高等学校教授和学生的欢迎，并被用作研究生和力学系本科生的教材。1979 年第一版，1998 年第二版，2009 年第三版，30 多年来一直被广泛引用，为我国水利行业被引用最多的 10 本书之一。

10 混凝土坝仿真计算

混凝土坝的实际应力状态比较复杂，与施工过程有密切关系，其原因有二：首先，混凝土坝体积庞大，实际是利用铅直和水平接缝对大坝进行分段分层浇筑的；其次，混凝土坝的施工要经历几个寒暑，坝内应力变化比较复杂，无论是自重，水压力还是温度引起的应力，都受到了施工过程的重大影响，为了获得混凝土坝的实际应力状态，必须考虑分块分层施工

的实际过程，进行仿真计算。

1973 年笔者与宋敬廷对三门峡重力坝底孔的温度应力进行了仿真计算，计算中完全模拟了大坝实际施工过程，这是第一次对混凝土坝进行仿真分析，计算结果表明，施工过程对应力场有重大影响。

其后，我国兴建的混凝土坝的高度越来越高，坝体应力水平也越来越高，混凝土坝仿真分析越来越受到重视，但在混凝土坝仿真分析中也遇到了一些难题。

首先是冷却水管计算的困难，冷却水管的半径只有 1～1.5cm，在水管周围必须采用密集的计算网格，单元尺寸必须是厘米级的，单元数量非常庞大，一个 18m×30m×300m 坝块，约有 240 万个结点，实际上很难计算，笔者提出了水管冷却等效热传导方程如下

$$\frac{\partial T}{\partial \tau} = a\left(\frac{\partial^2 T}{\partial x^2} + \frac{\partial^2 T}{\partial y^2} + \frac{\partial^2 T}{\partial z^2}\right) + (T_0 - T_\omega)\frac{\partial \phi}{\partial \tau} + \theta_0\frac{\partial \psi}{\partial \tau} + \frac{\partial \eta}{\partial \tau} \tag{9}$$

水管冷却的影响包含在函数 ϕ、ψ 和 η 中，因此采用普通的计算网格就可以考虑水管的影响，无需加密网格。此外，为了提高仿真计算的效率，笔者还提出了并层算法和分区异步长算法。

11 混凝土坝数字监控

目前主要依靠仪器观测对混凝土坝进行监控。仪器监测是重要的，但混凝土坝是分块分层浇筑的，温度场和应力场十分复杂，仪器观测只能给出少数观测点的值，很难给出大坝温度场和应力场的全貌及发展过程，无法给出大坝安全系数，即使运行期大坝安全评估目前也还是依靠传统的计算方法，例如用材料力学方法计算重力坝应力，用拱梁分载法计算拱坝应力，用刚体极限平衡法计算坝的抗滑稳定性。在坝的施工期和运行期，本来积累了非常丰富的实际资料，但在目前的安全评估方法中都难以充分利用，使得安全评估的结果不能及时反映大坝的真实状态，例如旧丰满重力坝，虽然施工质量很差，问题很多，但用传统方法算出的安全系数却相当高，完全脱离实际。

笔者提出，在仪器监控之外，增加大坝的数字监控，从地基开挖开始，完全按照大坝实际施工状态，考虑实际的气候条件、施工过程、温度控制、地基开挖和处理、地应力、渗流场等各项因素，与大坝施工和运行的同时，进行全坝过程仿真计算，计算中采用的热学和力学参数，除了试验结果外，还利用观测成果进行反分析，更符合实际情况。

大坝施工期长达数年，数值监控并不需要每天不停地计算，一般施工期每隔 3～7d，运行期每月计算一次即可，关键是它必须与大坝施工同时进行，从而保证计算条件和参数符合实际。

大坝数字监控的优越性：在施工期间，可了解当时各坝块的温度场和应力场，并可根据当时实际状态和施工计划，预报后期的温度场、应力场和安全系数，如发现问题，可及早采取对策。在运行期可充分考虑坝体实际施工过程和各种实际因素的影响，给出坝体实际应力场和安全系数，对大坝进行比较切合实际的安全评估。

总之，数字监控可使大坝安全评估上一个新台阶。

12 混凝土坝设计的几个问题

12.1 混凝土标号和混凝土强度等级

过去我国混凝土坝一直采用基于 90d 龄期的混凝土标号,《混凝土重力坝设计规范》(DL 5108—1999)改用基于 28d 龄期的混凝土强度等级,当时水利行业的《混凝土重力坝设计规范》和电力行业的《混凝土拱坝设计规范》初稿也都拟改用基于 28d 龄期的混凝土强度等级 C,在一次设计规范审查会议上笔者提出,工业与民用建筑施工期短,采用基于 28d 龄期的混凝土强度等级 C 是合理的,水坝工程施工期长达数年,现有设计安全系数取值的基础是 90d 和 180d 龄期,新规范虽然设计龄期采用 28d,但安全系数仍然采用 90d(常态混凝土)和 180d(碾压混凝土)龄期,先由 C_{28} 换算 R_{90} 和 R_{180},再由 R_{90} 和 R_{180} 决定设计强度标准值,问题是比值 R_{90}/C_{28} 和 R_{90}/C_{28} 变化范围很大,为了安全,新规范采用了 R_{90}/C_{28} 的下包值,经核算,三峡、五强溪、漫湾、二滩等工程按新规范推荐的混凝土标号比实际混凝土标号分别高出 16%、23%、33.6%、45.2%。混凝土标号超出这么多,不但增加水泥用量和造价,也增加了温控的难度。因此,水坝采用基于 28d 龄期的混凝土强度等级 C 是不合理的,应继续采用基于 90d 或 180d 龄期的混凝土标号。在笔者提出意见后,经专家会审议,后续编制的坝工设计规范均已继续采用基于 90d 或 180d 龄期的混凝土标号,但采用 C_{90} 和 C_{180} 符号。

12.2 特高拱坝安全系数

我国混凝土坝设计规范要求 90d 龄期混凝土抗压安全系数不小于 4.0,特高拱坝工程重要,其安全系数本应适当提高,但实际情况正好相反,目前一些特高拱坝设计中反而把抗压安全系数改为 180d 龄期不小于 4.0,如按 90d 龄期核算,安全系数实际上已降至 3.5 左右,显然欠妥。

笔者对此问题研究结果如下:①室内小试件快速试验得出的强度偏高,与坝体原型有重大差别,考虑这个因素,拱坝实际安全系数要减小近一半;②换算成我国 90d 龄期和 15cm 立方体试件 80% 保证率安全系数,国外高拱坝安全系数为 4.46~8.67,没有小于 4.40 的,唯独中国和前苏联特高拱坝安全系数偏低,英古里 3.90,二滩 3.64,小湾 3.75。因此在特高拱坝审议会上,笔者建议适当提高特高拱坝安全系数,按 90d 龄期,抗压安全系数不应低于 4.0,已为小湾、溪洛渡等特高拱坝采纳。

12.3 混凝土坝抗震能力较强是由于承受水平荷载的安全余度较大

每次强烈地震之后,都有不少房屋、桥梁、烟囱等建筑物严重受损,甚至倒塌,但混凝土坝一般损害轻微,1999 年台湾"9·21"大地震中石冈重力坝由于活断层穿过坝体,在断层穿过处有 3 个坝段被破坏外,其余坝段并未破坏。此外,至今还没有一座混凝土坝因地震而破坏,许多混凝土坝遭受Ⅷ、Ⅸ度强烈地震后,损害轻微,可以说,在各种土木水利工程中,混凝土坝是抗震能力最强的。

为什么出现这种现象?这是偶然现象还是必然结果?笔者认为这是结构特点所决定的必然结果,房屋、桥梁等建筑物主要承受铅直荷载,水平荷载中风荷载数值很小,远小于地震荷载；因此在强烈地震中，设计中没有考虑地震或地震设防烈度偏低的房屋、桥梁等建筑物大多受到严重损害甚至倒塌，混凝土坝平时即承受着库水产生的巨大水平荷载，而且安全系数较高，一般抗压和抗滑安全系数分别为 4.0 和 3.5，混凝土坝拥有巨大的抗水平荷载的安全余度，当遭受到超过原设计标准的强烈地震时，正是这一巨大的水平荷载安全余度保护了混凝土坝，使之免受破坏。

13　自强不息，不断求索

人的一生，很难自始至终一帆风顺，难免遇到一些艰难险阻，只有自强不息，才能克服困难，不断前进。

我家经济不宽裕，从进入上海交大后，学习费用难以供应，我便到校外担任家庭教师。交大穷学生多，每学期开学时，由学生会主办一次校内交易会，拍卖同学们的旧书籍和旧衣物，我每次都是卖掉上学期已学过的书籍，买回下学期要用的书，这比新书便宜多了。大学期间添加的少量衣服也是从交易会买来的旧衣，整个大学阶段，没有穿过一件新衣服。我从小没有穿过毛衣，1951 年参加治淮，算是实习，原计划一年后返校再读一年书，当时每月工资 29 元，吃饭用去 10 元，其余全部节省下来，准备返校读书时不再担任家庭教师，专心读书，但第二年中央决定让我们不再返校，这时我手头已有存款约 200 元，于是买了两斤毛线，请人织了毛衣和毛背心，平生第一次穿上毛衣。

1951 年至 1957 年，先后在佛子岭水库工地、梅山水库工地和淮委设计院（蚌埠）工作，工作热情和学习热情都很高，并先后被评为安徽省治淮优秀团员和安徽省先进工作者。我是一个很单纯的人，当时自己每天所思考的就是如何把工作做得更好一些，心情是非常愉快和兴奋的。1957 年底调到北京水利部水利水电科学院工作，当时本以为工作平台更好了，今后有可能把工作做得更好，但是由于大形势的变化，实际情况远比在淮委时要困难得多。

1958 年 4 月，水科院开展反右之后的"拔白旗"运动，调到水科院不到半年的我，竟成为"拔白旗"的对象。原来年初时，我写了一个报告，向组织请示 1957 年发表的混凝土坝一期水管冷却解法能否译成外文寄国外发表，"拔白旗"动员大会上，会议主席说"既然水利学报已经发表，还要寄国外发表，这不是名利思想是什么？"接下来是一批大字报和批评会，当时自己毫无思想准备，但看到多少无辜的人被打成右派，只有逆来顺受，赶快检讨，从此夹着尾巴做人。接下来水利科学院和水电科学院合并，结构材料所下面设立了一个混凝土温控研究小组，由我负责，当时全国已掀起大跃进风暴，水电总局要求我们参加古田水电站的大坝高块浇筑试验，这又给我出了一个难题，因为对于上犹江水电站在没有强有力的温控措施下进行高块浇筑，我曾发表论文公开表示质疑，现在要我来支持这个工作，这是多么困难？但在当时政治气氛下，除了逆来顺受，别无选择。

十年动乱中水科院被撤销，我下放到三门峡水电十一局，先是到木工厂锻炼了一年，然后到十一局新成立的设计研究大队，但三门峡是一个已完建工程，我们这些搞科研的人实在无事可干，当时摆在我面前有两条路，一条是随大流，无所事事，工资照拿，但大好年华付之东流；另一条路是自己找米下锅，自己找事干。经过认真考虑，我决定走第二条路，与宋敬廷合作，搞有限元研究，编写了我国第一个不稳定温度场程序，第一个混凝土温度徐变应力程序，第一个弹性厚壳程序等五个有限元程序，获广泛应用，并写了"有限单元法原理与应用”一书，出版后颇受欢迎。从 1976 年开始，我又在国际上首次开拓了拱坝体形优化的研究，并取得成功。现在回想，下放的 10 年，如果自己不主动找事干，必然一事无成，我是夜以继日地工作了 10 年，从而完成了大量工作。

70 岁以后，因年纪大，精力差，按理完全可以放下工作，安度晚年，但我实际上一直仍然忙忙碌碌地工作着，在 70 岁以后的十几年间，以耄耋之年发表论文 80 余篇，出版 120 万字学术著作一本，获国家二等奖、部一等奖、部二等奖各一项。

古人云“老骥伏枥，志在千里”，说实话，我并没有千里之志，也没有做过什么惊天动地的大事，但我是一个敬业的人，是一个追求超越的人，不管身处逆境还是顺境，不管是工作日还是节假日，一直辛勤地工作着，力求把自己的工作做到最好并在技术上超越前人，不断地为水利水电工程科技大厦添砖加瓦，60 年的日积月累，到目前为止，共发表论文 210 篇，出版著作 8 本，获国家自然科学奖一项、国家科技进步奖两项、国际大坝会议奖一项，并荣获国家级有突出贡献科技专家称号，1993~2002 年，任第八、九届全国政协委员。于 1995 年当选中国工程院院士。由于成果被引用较多，据中国科学院信息中心的统计，被列为我国水利行业每年发表论文最多和论文被引用最多的作者，拙著《有限单元法原理与应用》和《大体积混凝土温度应力和温度控制》两书分别被列为我国水利行业和建筑行业被引用最多的十本著作之一。看到这些统计结果，内心感到欣慰。回顾过去，感到所以能够完成一些工作，从个人方面来说，主要是依靠务实、勤奋和不断追求创新，从大环境方面来说，1951 年参加工作，有幸赶上了中国水利水电建设的伟大历程，获得了良好的工作平台，对一个工程技术人员来说，这是千载难逢的机遇，如果没有这样的机遇，个人再努力，成果也有限，我赶上并抓住了这个机遇，因而完成了一些工作。因此，归根结底，个人所以能取得一些成果主要应归功于伟大祖国的社会主义建设。

生 平 记 事[❶]
——从大学四年级学生到中国工程院院士的经历

摘 要：出生于一个知识分子家庭，1951 年以上海交通大学四年级学生的身份到淮河实习，从而参加了我国首批三座混凝土高坝的设计。1957 年调至中国水科院后从事混凝土高坝研究，建立了混凝土坝温度应力和温度控制完整的理论体系，我国已在世界上首次建成数座无裂缝的混凝土坝；建立了拱坝优化的数学模型，在世界上首次实现了拱坝体型自动化优化设计，提出了混凝土坝数字监控、有限元等效应力、混凝土坝仿真等一系列新理念和新方法，获广泛应用。共发表论文 200 篇、著作 10 本、获国家自然科学奖 1 项、国家科技进步奖 2 项、国际大坝会议奖 1 项和国家级有突出贡献科技专家称号。曾担任第八、九届全国政协委员、1995 年当选为中国工程院院士。

关键词：上海交通大学；治淮工程；中国水科院；混凝土坝温度应力；拱坝优化；有限元；数字监控；仿真计算

Chronicle of My Life

Abstract: After graduated from Shanghai Jiaotong University in 1951，the writer participated in the design and construction of the first three high concrete dams in China and was transferred to China Institute of Water Resources and Hydropower Research in 1957 where the writer had been engaged in the research of high concrete dams in China. The writer had established the theory of thermal stress and temperature control of mass concrete 、the optimum design of arch dams、the numerical monitoring of concrete dams and a lot of new techniques in the finite element method. The writer had published 10 books and 200 scientifical papers.

Key words: Shanghai Jiao Tong University，China Institute of Water Resources and Hydropower Research，concrete dam design，optimization，thermal stress，temperature control，numerical monitoring

　　新中国成立以来，我国在水利水电建设上取得的成就是伟大的，这是我国全体水利水电建设者多年奉献和全国人民大力支持的结果，本文把笔者从事水利水电建设 62 年的一些往事加以记述，使后人可以看到新中国成立 60 多年来，我国水利水电建设者从事学习、工作和研

---

　　❶ 原载《水力水电技术》2014 年第 7 期。

究的一些情况。

1 1~5岁（1928~1933）幼年时期

1928年10月17日（农历9月5日）出生于江西省余江县马岗乡下朱村。

曾祖父为农民，祖父朱际春为清朝末期秀才，毕生在农村教私塾为生，家境清贫，祖母仇氏为家庭妇女。

父亲朱祖明，1929年考取上海国立劳动大学电机系公费生，一·二八淞沪事变中，劳动大学被日寇炸毁后停办，学生转入国立北平大学；1933年毕业后在江西省公路局工作；1938年日寇入侵江西后，离开公路局，在各中学任教。1948年到江西农业专科学校和南昌大学任教，1952年在武汉水电学院任教，1958年病逝，母亲卢彩凤为家庭妇女，共生育5个子女，即我和弟弟仲芳、毓芳，还有一妹一弟均幼年夭折。

2 6~9岁（1934~1937）诵读四书

6岁入祖父的私塾开始读书，读的是四书，第一本书是孟子，第一课是孟子见梁惠王，每天读一段四书，写一张大字。父亲大学毕业后在南昌工作，母亲随父亲住在南昌，我由祖父母带领。因是长孙，备受祖父母钟爱。

3 10~12岁（1938~1940）余江县立第三、第一小学高小

10岁时，我家由农村搬到邓埠镇（即今余江县）居住；1938年9月入余江县立第三小学读高小；1940年2月离家到锦江镇（当时的县城）入余江县立第一小学；暑假毕业后返回邓埠家中，邓埠没有中学。当年日本飞机大肆轰炸，没有外出考中学，在家休学一年，几乎每天早饭后就用小车推着弟弟到郊外农村躲避日本飞机的轰炸。

4 13~14岁（1941~1942）省立九江中学初一

1941年9月考入省立九江中学初中，因日军已占领九江，九江中学内迁到铅山县的杨村镇。1942年9月读初二时，患疟疾加痢疾，战时缺药，久病不愈，回家请中医治疗，休学一年。1943年9月入余江县立中学读初二。

5 15~17岁（1943.9~1946.8）余江县立中学初二至高一

1943年9月~1946年7月在余江县立中学读初二至高一。在初二以前，与多数男孩一样，我也是很爱玩的，读书并不用功，一次偶然的机会改变了我的学习态度，初二代数期中考试，题目较难，我考了100分，还有三人分别考了90、80、60分，其余30多人都不及格，这次考试使我意识到自己在数理化学习方面可能具有较大潜力，当时父亲讲课效果也很好，深受同学欢迎。我家经济情况较差，不可能上私立大学，只有考上国立大学才可能读大学，因而

开始用功读书，各科成绩都名列前茅。

6 18～19岁（1946.9～1948.8）省立南昌一中高二至高三

1945年抗日战争胜利后，各省立中学都迁回原址。1946年夏，我考入全省著名的省立南昌第一中学读高二，1948年夏以最优成绩毕业于该校。

7 20～22岁（1948.9～1951.8）上海交通大学土木工程系

南昌一中是江西著名学校，我学习勤奋，各科成绩都名列前茅，不论文科理科，估计都能考上全国著名大学。由于我不善交际，经过反复考虑，决定考工科，江西也没有什么工业，我所接触到的就是铁路和公路，于是希望将来能做一名铁路工程师。当时我国理科以清华大学最著名，工科以上海交通大学最著名，我决定报考上海交大，1948年夏，以第一名成绩考取上海交大土木工程系。1949年秋季后，校内设立班长，我被同学推荐担任了一年班长，但因我身体欠佳，又要在校外担任家庭教师，经再三推辞，三年级不再担任了。

因家庭经济困难，读大学时，同时在校外兼做家庭教师，每月收入15元，9元用于吃饭，6元用于买书及零用。

大学读书期间，眼界开阔了，不再想做铁路工程师，三年级分组时，土木系分结构、铁路、公路和市政4组，我选择市政工程组，希望毕业后从事都市规划和建设。

8 23～29岁（1951.9～1957.10）中国第一座坝的设计，混凝土坝标号分区

1950年淮河大水，中央决定治淮，缺乏干部，由华东、中南两大区各大学的土木水利系四年级学生参加一年治淮，按实习待遇，一年后返校再读一年书即为大学毕业。1951年9月我以大学四年级学生到淮委，分配在佛子岭水库技术室参加连拱坝设计，第二年大学改为3年，淮委通知我们已经毕业，正式参加工作，从此放弃从事都市建设的梦想，搞了一辈子的水利水电工程。

1951.9～1954.4参加佛子岭坝的设计，白手起家，从零开始。工作十分忙碌，经常加班加点，星期日也不休息。当时国外全坝采用统一的混凝土标号，佛子岭也一样，实际坝体应力不均匀，根据最大的应力决定全坝标号，坝体绝大部分的混凝土标号都偏高。我首次提出大坝分区采用不同标号，节约了大量水泥，这一技术迅速在全球推广，沿用至今。

1954.5～1955.7参加梅山连拱坝设计，梅山坝址地质条件较好，岩石强度高，但节理发育、右岸坝基前有一大冲沟，坝基岩体暴露在冲沟中，渗透水极易侵入岩基。当时我建议用混凝土把坝前暴露在冲沟中的岩基保护起来，防止渗水，但这一方案因较费事没有获得批准，大坝蓄水后，渗透水由冲沟进入坝基，造成坝基移位、大坝大变形，被迫放空水库，用混凝土把坝前冲沟进行保护。

佛子岭连拱坝支墩内由于施工的需要，设置了大型孔口，为了布设钢筋，需要了解支墩

内部主应力，当时没有理论解，需两人同时用手摇计算机和差分法，几十天才能算出一个结果，我自学弹性力学后，求出了双向变厚度支墩应力的理论解，几分钟就可以算出结果，计算效率大大提高。

1955.8～1958.11，从工地调到安徽蚌埠淮委设计院水工室参加我国第一座拱坝响洪甸拱坝设计，任小组长，淮委是新成立的单位，国外资料十分缺乏，我特地到南京水科院进行文献调研。发现：①西欧拱坝建设先进，多为双曲拱坝，断面很薄，体形优美，远胜于美国的单曲拱坝。②西欧拱坝除简单计算外，还进行结构模型试验，因而我提了两点建议：①给水利部主管科技的冯仲云副部长写信，建议组团赴西欧考察。部里接受了我的建议，组织了高镜莹、黄文熙、曹楚生、周太开等人赴西欧考察，写了一个很好的考察报告，并邀请意大利著名坝工专家马泽洛和谢孟查来华讲学，打开了国际交流的大门，影响较大。无独有偶，约10年后，美国也专门组团赴西欧考察坝工技术。②当时没有电子计算机，拱坝应力分析采用拱冠梁法，精度较低，建议响洪甸拱坝进行结构模型试验，这是我国第一个拱坝结构模型试验，委托清华大学承担，不久即风行全国，直到有限元方法流行后，才逐渐衰落。

在佛子岭、梅山两坝设计和施工中，参照国外文献，采取了一些简单的混凝土温度控制措施，但实际工程中出现了不少裂缝，使我意识到温控防裂是混凝土坝的一个重要问题，决心依托响洪甸拱坝，进行较系统的研究。1955年对混凝土坝从施工到运行的温度场变化进行了首次全面系统的计算分析，《混凝土坝的温度计算》一文发表于中国水利1956年11、12期，这是我国在混凝土坝温度应力方面的第一篇论文，《有内部热源的大块混凝土用埋设冷却水管冷却的降温计算》发表于水利学报1957年第4期，首次解决了有内热源的混凝土一期水管冷却问题。我在大学里只学过微积分和常微分方程，这两篇论文中所用到的偏微分方程、运算微积、复变函数、特殊函数、积分方程、差分方程等数学工具全部是我短期内通过自学而掌握的。通过这两篇论文一方面使我在国内水利界被认为是一个有潜力的新秀，另一方面也使我对于自己从事科研的能力有了较大的信心，感觉到自己有可能解决一些比较复杂的科研问题，经过努力有可能成长为一个高水平的水利工程师和科学家。

在6年治淮工作中，我工作非常勤奋，经常加班加点，在大坝施工中，有一年除夕之夜我都加班赶画设计图。社会工作也很努力，多年担任团支部书记和总支委员，经过6年的锻炼，我从一个大学四年级的学生成长为一位能力较强的水利工程师。

1954年被评为安徽省治淮系统优秀团员，1956年被评为安徽省先进工作者。1952年被定为12级技术员，1954年升为11级技术员，1956年连升3级为8级工程师，1957年调水科院后，水科院认为我级别太高，毫无理由地降低一级，被降为9级工程师。1961年提升一级，为8级工程师。

1956年党中央提出向科学进军的号召后，治淮委员会曾举行盛大的向科学进军誓师大会，根据会议的安排，我做了一个发言，我说，今后我国人民一定要兢兢业业，艰苦奋斗，把我国建设成一个世界一流、国富民强的伟大国家。我个人也决心，刻苦学习，认真工作，在工作中锻炼成一个世界一流的坝工专家。会后觉得有点后悔，担心别人说我在吹牛，但这番话确实是我内心的真实想法，而且以后的几十年中，自己一直是朝着这一目标兢兢业业地工作和学习，并实现了这一目标。

1955年7月与易冰若同志结婚，婚后她几乎担负了全部家务，使得我有充分时间进行工作，1956年4月13日女慧玲出生，1958年11月11日子慧珑出生。女儿和儿子长大后都获得博士学位，分别从事外事和科研工作，女儿在国务院一个办公室任司长，儿子原在美国工作，现已回国，是国家千人计划的特聘专家。

9 30～41岁（1957.11～1969.10）混凝土温度应力研究

调到北京水科院后，经过文献调研，发现我提出的有热源混凝土水管冷却理论解国外还没有人发表过，由于这是一个工程中实际存在的问题，外国人也不懂中文，于是我写了一个报告，请示能否译成英文寄国外发表，由室主任转给院长，院里一直没有答复，我也一直没有动手翻译。不料由此竟引来一次"灾难"，1958年4月拔白旗运动中，来水科院不到半年的我竟成为"拔白旗"的对象。动员大会上，大会主席说"有人（未点名）的文章已在水利学报发表，还要求译成英文寄国外发表，这不是名利思想是什么？"大会结束时，有人问这是谁，主席说"朱伯芳"，于是铺天盖地地对我进行批判的大字报贴出来了，结构室接着开了一次批判会，我当时内心十分委屈，但还是违心地做了检讨。从此，我成为水科院的"白专典型"。作为科技工作者，发表论文本是件好事，但当时左倾观点盛行，发表论文多的人就被认为名利思想重。我当年工作非常努力，科研成果很多，发表论文也很多，因而被认为名利思想较重，一有风吹草动，往往就成为批判对象。

1958年5月左右，原水利部下属的水利科学院、电力部下属的水电科学院和中科院下面的水工研究室合并，成立中国水利水电科学研究院，由新成立的水利电力部和中科院双重领导。全院设置了十来个研究所，我分配在结构材料研究所，所长是留苏归国的赵佩钰先生，下设6个研究组，我在第4研究组，组长是留美归国的朱可善先生，主要研究预应力结构，我任副组长，主要研究混凝土坝温度应力和温度控制。

1958年后，我与王同生、丁宝瑛、郭之章等合作，在世界上首次建立了混凝土坝温度应力和温度控制完整的理论体系，解决了混凝土坝裂缝问题，并获广泛应用。"大跃进"的号角已吹响了，说实话，开始阶段我对"大跃进"是相信的，觉得中国积贫积弱百余年，现在到了该"翻身"的时候了，每天除了上班8h外，在家里还加班3～4h，工作和学习是非常努力的。

水电工程界有一些专家反对混凝土坝温度控制，主张不进行严格温控而实行混凝土坝高块浇筑，我发表文章详细说明其技术路线不合理，会引起大坝裂缝（发表于《水力发电》1956，12期），但他们不接受我的意见，1958年又要在古田水电站实行高块浇筑。当时水电总局的一位高级工程师来到水科院结构所，要求我们参加并支持这项工作，这又给我出了一个难题：要去参加并支持一项自己不赞成的施工方法。我于是到古田工地出差，但他们十分自信，听不进任何不同意见，无法进行讨论。在"大跃进"的浪潮中，当时全国各地都在搞高块浇筑，我不敢反对，当时就搞了一套混凝土坝块温度应力的实用计算方法，各工程单位利用它可以计算高块浇筑的温度应力以及必要的温控措施，以便取代当时某些单位的盲目高块浇筑。

从施工技术看，混凝土坝在施工过程中划分为几十个坝块，各坝块轮流浇筑混凝土，每坝块两次浇筑之间有间歇时间，应利用间歇时间进行散热，实行高块浇筑是没有实际意义的。但在当时形势下，谁反对高块浇筑，可能被视为反对大跃进，我刚被拔过白旗，当然不可能反对，只能违心地表示支持。但我们并没有主持过高块浇筑，只是为他们进行一些温度应力的计算，提出必要的温控要求，以便高块浇筑的混凝土不至于裂缝。

1960 年开始实行"调整、巩固、充实、提高"的国策后，科研工作走上正轨，我们进行了以下几方面工作：①对前几年实际工程的温控和裂缝进行分析总结。②提出一套混凝土坝温度徐变应力较详细而又实用的计算方法。③以我为主、王同生、丁宝瑛、郭之章为辅，编写"水工混凝土结构的温度应力与温度控制"一书，1964 年交稿，1965 年已排好清样，经我校阅，在 1965 年 5 月校核完毕，送回出版社，本来预计当年即可出书，可是"文化大革命"爆发了，出版工作全面停顿，一直拖到 10 年后的 1976 年 9 月才出版。当然，拖后 10 年也带来了一个好处，在新稿中，我增加了两章，一章说明如何用有限元方法计算温度场，一章说明如何用有限元方法计算应力场，为把有限元方法作为混凝土温度徐变应力计算的基本方法奠定了基础。

在大跃进的几年中，整年忙于到全国各水电工地出差，很难安下心来做研究工作，三年困难时期，出差任务少一些，在院里做研究工作的时间多一些。1964 年我提出两个研究目标：有限元方法和断裂力学，准备从 1965 年开始，做一些科技前沿的研究工作，混凝土断裂力学试模都已加工好了，但 1965 年初奉命全组人员下楼出院到刘家峡工地搞"设计革命化"，于是这一计划胎死腹中，使我国水工有限元和混凝土断裂力学的研究工作拖后大约 10 年。

"在混合边界条件下非均质黏弹性体的应力与位移"在力学学报 1964 年 2 期发表，提出并证明了两个定理，解决了徐变对实际工程中大量存在的非均质结构的应力和位移的影响问题。

"对宽缝重力坝的重新评价"一文发表于水利水电技术 1963 年 8 期，对当时流行的宽缝重力坝容易散热、容易控制温度的错误观点进行批判，指出宽缝重力坝由于暴露面积大，比实体重力坝更易裂缝。此文后来逐渐为工程界接受，加上碾压混凝土的应用，宽缝重力坝趋于消失。

1965 年国内政治形势已趋于紧张，1966 年"文化大革命"初期，我又成为冲击对象。我在"略论各种混凝土坝的经济性与安全性"（水力发电，1957，2）一文中，曾有下面一段话："第二次世界大战中，德国的两个重力坝曾遭轰炸，炸弹落在水库内爆炸，两坝均被毁。…至于原子弹和氢弹，则似非任何人工建筑物所能抵抗得了，只有加强主观防空力量才是上策。"这段本来正确的话竟被一位留苏回国的党员副博士抓住，写出大字报，说我在为帝国主义宣传原子弹威力，使我又成为运动冲击对象，直到 5.16 通知发表后，已经知道"文化大革命"的对象是走资本主义道路的当权派，而不是我这样的党外知识分子，我的处境才稍为好些。

"文化大革命"正式开始后，所有科技刊物都停办了，1966～1976 的 11 年间，一篇论文都没有发表，在我的论文目录中形成一段空白。

1960 年水电部派了一个工作组驻丹江口工地处理大坝裂缝问题，我是工作组成员，长住工地 5 个月，当时当地正流行肝炎，我不幸感染了肝炎。一般人患肝炎，经过几个月的休息和治疗就可痊愈，我小时患血吸虫病对肝脏已有损害，这次肝炎是第二次打击，不易痊愈，经医生诊断为迁延性肝炎，一直到 70 岁后才恢复正常，但我对业务工作又放不下手，所以实际上我是带病工作了 40 年，其间完成了我的绝大部分科研成果。

10 42～50 岁（1969.11～1978.10）下放三门峡，有限元研究

1969 年水利电力部决定撤销部属各研究院和设计院，交通部不同意撤销南京水科院、成都设计院党委坚决抵制被撤销，这两个单位幸运地被保留下来，其余全被撤销。中国水科院

被撤销后，干部主要下放到三门峡、刘家峡和裕子溪三个水电站。我被下放到三门峡水电部十一局，家住在大安，宿舍是水电站施工时期的工棚，墙是土坯砌筑的，没有地板也没有顶棚，室内有多个老鼠洞通到室外，晚上老鼠在室内外自由通行，晚上睡觉时还能从房顶掉下蝎子。我们就以钉子钉入土墙，拉紧几根铁丝，在铁丝上糊上报纸，形成顶棚，防止蝎子掉下来。一到工地，我被分配到木工厂劳动锻炼，每天早上乘 7 点多的火车去工地，在木工厂劳动，工人师傅对我们挺照顾，分配我们干一些力所能及的轻活，工作时间是上午 8 点到下午 4 点，下午 4 点半有火车回大安，但我们晚上还要开会学习，学习完已是晚上 7、8 点，步行四五公里回到大安的家里，已经很晚了，科研工作只能完全放下。

水电部十一局把从北京设计院和水科院下放的近千名干部组成了勘测设计研究大队，下设勘测、设计、科研等组。我在木工厂劳动锻炼一年后，调到科研组，当时三门峡水电站正在改建，重新打开 8 个已经堵塞的导流孔，改为永久泄水孔，以便降低库前水位，我们为大坝改建做一些科研工作。一年后，改建工程完成，我们就无事可做了。

当时南京水科院、长江水科院、黄河水科院和各大学的试验室都保留了，外单位的科研任务不可能委托给大山沟里的十一局科研组，我们每天按时上班，但无事可做，于是只好聊天、下棋、看报纸，每月工资照拿，但宝贵的光阴却浪费了，那时也不知道国家的动乱局面何时能结束。当时我只有四十几岁，已经是国内比较知名的水工结构专家，如果这样耗下去，将一事无成。经过反复考虑，我决定自己"找米下锅"，当时十一局科研组是新成立的，缺乏试验设备，难以承担重要的试验任务，而我在计算分析方面具有较好的功底，决定在计算技术方面做些工作，宋敬廷同志当时还在浇筑队劳动，我问他愿不愿意跟我一块搞计算技术方面的研究工作，他表示愿意，于是我建议组织把他调到设计队科研组来，从 1972 年开始与我合作进行研究。

当时中科院计算所崔俊芝、杨真荣等已编制了平面有限元程序，为在我国推广有限元方法发挥了较大的作用，但没有考虑不稳定温度场和徐变，程序也是保密的，水电系统还是用差分法算温度场，用影响线算应力，于是我们决定编制一个用有限元法计算不稳定温度场的程序和考虑温度变化、徐变和施工过程计算混凝土坝应力场的程序。全部计算公式和计算框图由我推导，经宋敬廷校核后，由他具体编程，当时还没有程序语言，采用手编程序，三门峡没有计算机（当时还没有微机），程序编好后，至北京酒仙桥四机部 738 厂（我国制造计算机的工厂）在他们午休时间，我们利用他们一台工作用的计算机调制我们的程序，他们也不收费。这个程序可以对混凝土坝进行仿真计算，当时对乌江渡、三门峡等实际工程进行了仿真计算，结果非常好，使我国混凝土坝计算水平大幅度提高，实际上已达到当时世界领先水平。接下来，我们又编制了弹性厚壳、复杂基础等三个程序。

当时我认为，对于复杂工程结构的应力分析，理论解无能为力，差分法的边界条件不好处理，模型试验费时费钱，有限元法是最好的方法，因而集中精力编写了"有限单元法原理与应用"一书，（水利电力出版社 1979 年第 1 版，1998 年第 2 版，2009 年第 3 版，第 5 次印刷）。写书的目的是为大学毕业的工程师提供一本自学有限元法的参考书，写作中掌握了几个原则：①内容实用，覆盖面尽可能广泛些；②概念清楚，先易后难；③公式的推导，尽可能用较简单而准确的方法；④容易读懂。此书出版后颇受欢迎，不但受到工程师的欢迎，也受到大学教师和学生的欢迎，被许多大学用作有限元课的教材。据中科院信息中心发布的统计资料，此书为我国水利行业被引用最多的十本书之一。

11 51～86岁（1978.11～目前）混凝土温度应力的深化研究，拱坝优化、数字监控、仿真计算、有限元等效应力、对混凝土坝的全面研究

1978年中国水科院恢复，我告别黄河三门峡，回到北京。经我向水科院推荐，宋敬廷也回到北京，但他被分配到他原来所属的计算中心，后来担任中心主任，回京后我们的工作就分开了。

我参加过中国第一批三座混凝土坝的设计和施工，对混凝土坝比较熟悉，通过自学，数学力学的功底比较厚实，爱动脑子，能在工作中进行创新，我本人的这些特点以前在混凝土温度应力和有限元法的研究和应用中已经得到了体现，回水科院后搞些什么呢？混凝土坝温度应力问题当时尚未完全解决，应继续进行深入研究，但根据我知识面较宽、理论基础较扎实、又爱动脑子这些特点，我觉得应该搞一些新学科，经过调研，我决定拓宽当时国内外对水工结构研究的范围，除继续深化温度应力研究外，开展了拱坝体形优化、混凝土坝全过程仿真、混凝土坝数字监控等新课题的研究。

11.1 混凝土坝温度应力完整理论体系

笔者与王同生、丁宝瑛、郭之章等合作，从1955年开始研究混凝土坝温度应力，于1976年出版了《水工混凝土结构的温度应力与温度控制》一书。在此后的20年中，我又取得了大量新的研究成果，建立了混凝土温度应力与温度控制完整的理论体系。中国电力出版社1999年出版了我写的《大体积混凝土温度应力与温度控制》一书，此书包含了大体积混凝土温度应力与温度控制的完整理论体系。混凝土坝体积庞大，分层浇筑，一座300m高的混凝土坝，含有100～200个浇筑层。由于龄期不同，各层的力学与热学性质均不同。过去无法计算，不能了解大坝全过程的温度应力情况。实际坝内拉应力很大，以致无坝不裂。根据笔者建立的方法，可以计算大坝从施工到运行全过程的应力状态，根据计算结果，采取工程措施，可把拉应力降至允许应力以下，从而可防止大坝出现裂缝，提高了大坝的耐久性和安全性。据中国科学院信息中心的统计，此书历年被列为建筑和水利行业被引用最多的十本书之一。在此书的指引下，经过广大科技人员的努力，我国已在世界上首次建成数座无裂缝的混凝土坝。

11.2 拱坝优化

过去全世界的拱坝设计，都是从几个比较方案中选择一个应力较好、体积较小的方案，这仅是一个可行方案，而不是最优方案。笔者与厉易生、贾金生、饶斌、杨波、黎展眉等合作，在世界上首次建立了拱坝优化的数学模型和计算程序，并广泛应用于实际工程。

重力坝基本断面是三角形，体型比较简单，通过方案比较和修改试算，得到的断面基本上接近最优解，优化的余地不大。拱坝体型复杂，坝体应力还受到河谷形状的影响，通过简单的方案比较和修改试算，很难得到最优解，优化的余地比较大，通过优化，可获取较大的效益。

拱坝体形优化最终归结为一个非线性优化问题，在数学上已发展得比较成熟，已经有比较成熟的求解方法，如序列线性规划法、罚函数法等，因此最重要的是建立合理的数学模型。

最简单的办法是用两个多项式分别表示拱的中心面和厚度的变化，取多项式中的系数作为设计变量，进行优化。这种方法理论上是可行的，但实用上是不行的，因为工程界采用的拱坝体形不是这样表示的，为了优化结果能直接用于实际工程，我们利用拱坝设计中实际采用的方法描述拱坝体形，拱冠梁用二次曲线表示，拱圈可用各种形状：单心圆、多心圆、抛物线、椭圆等。厉易生提出用统一曲线表示拱圈，方程中系数取值不同就可得到圆、椭圆、抛物线。拱坝优化中需要对不同体形的拱坝方案重复进行应力分析，耗费大量机时，我提出内力展开法，使计算速度大幅提高。

优化程序开发完成后，首次对正在设计中的浙江龙泉县瑞洋拱坝进化优化，优化体形比原体形节省30.6%，该坝按优化体形施工，1987年竣工蓄水，运行良好。

瑞洋拱坝是世界上第一座实际采用优化方法设计的拱坝，它的成功使拱坝优化方法在我国迅速得到推广。

拉西瓦拱坝，高250m，我们与西北设计院合作，用优化方法在短期内求得了双心圆、三心圆、抛物线、椭圆、双曲线及对数螺旋线等6种拱坝的最优体形，从中选定了对数螺旋线拱坝，经西北设计院核算，与传统设计相比，节省了混凝土20万m^3，节省基岩开挖13万m^3。其后，我们与昆明水电设计院合作进行了世界最高的小湾拱坝的优化设计。

11.3 混凝土坝全过程仿真分析

混凝土坝的施工要经历几个寒暑，施工过程对坝体应力影响很大，要了解坝体应力的实际状态，必须考虑施工过程进行仿真计算，笔者在国内外首次提出了混凝土坝仿真计算的概念和计算方法，解决了仿真计算中存在的一些难题。

首先是冷却水管计算的困难，水管的半径只有1～1.5cm，水管周围单元尺寸必须是厘米级的，一个18m×30m×300m坝块，约有240万个结点，实际上很难计算，笔者提出了水管冷却等效热传导方程如下

$$\frac{\partial T}{\partial \tau} = a\left(\frac{\partial^2 T}{\partial \chi^2} + \frac{\partial^2 T}{\partial y^2} + \frac{\partial^2 T}{\partial z^2}\right) + (T_\text{o} - T_\text{w})\frac{\partial \phi}{\partial \tau} + \theta_0 \frac{\partial \psi}{\partial \tau} \qquad (1)$$

水管冷却的影响包含在函数ϕ和ψ中，采用普通网格就可以考虑水管影响，进行混凝土坝的仿真计算。此外，提出了并层算法和分区异步长算法，以加快计算速度。

混凝土徐变与应力历史有关，混凝土坝应力计算，需要考虑应力历史，计算比较复杂，笔者提出混凝土徐变的隐式解法，使计算效率和精度得以提高。

11.4 混凝土坝数字监控

笔者提出了混凝土坝数字监控的新理念（水利水电技术，2008，2）。混凝土坝是分层浇筑的，由于测点太少，仪器观测不可能给出坝体应力状态和安全系数，目前大坝安全评估实际上主要还是依靠计算求出安全系数。笔者首次提出了混凝土坝的数字监控，在大坝施工和运行过程中，进行全坝全过程仿真计算，可计算大坝施工和运行过程中的应力状态和安全系数，对大坝进行比较切合实际的安全评估。大坝观测资料通过反分析也可得到充分利用。数字监控可使大坝安全监控水平上一个新台阶，目前已开始在一些大型工程中应用。

11.5 混凝土坝标号分区

1952 年以前，全世界的混凝土坝都是全坝采用一种相同的混凝土标号，其值决定于坝体的最大应力，但坝体应力是不均匀的，全坝采用一种标号，坝体大部分的混凝土标号都偏高。1952 年笔者在佛子岭坝设计中首次提出混凝土坝采用分区标号，在坝体下部、中部和上部分别采用高、中、低三种不同混凝土标号，节省了大量水泥，并迅速在全球推广。

11.6 拱坝有限元等效应力

用有限元法计算拱坝应力，可以较好地考虑复杂岩基的变形、施工过程及温度场实际变化等多种因素对坝体应力的影响，计算结果可更好地反映实际情况，但由于应力集中，坝踵经常出现较大拉应力，其数值往往远远超过混凝土的抗拉强度，因此计算结果难以在实际工程中采用。笔者首次提出拱坝有限元等效应力概念，即对坝基面上的有限元应力进行积分，求出拱座轴向力、剪力、弯矩及扭矩等，再用传统的基于平截面假设的公式计算坝基面上的应力，即消除了应力集中的影响，为有限元法应用于拱坝设计创造了条件。

11.7 水利水电工程计算机应用

笔者与傅作新、周剑峯、孙恭尧等先生合作，经水电部科技信息中心批准，于 1987 年建立了水利水电计算技术与计算机应用信息网。10 年间先后召开了 8 次全国性的水利水电计算机应用学术交流会议，编辑出版了网刊"计算技术与计算机应用" 27 期，共 320 万字。先后举办 4 次计算机应用讲习班，对促进我国水利水电系统的计算机应用发挥了良好作用。

11.8 大型水利水电工程的科学研究、设计审查和工程咨询

我因参加了我国第一批三座大坝佛子岭、梅山、响洪甸的设计和施工，对各种混凝土坝都有所了解和一定的研究。通过文献调研，对国内外混凝土坝的情况也较了解。在参加工程问题的讨论时，我也能认真地研究问题和提出建议，因此经常被邀请参与我国大型混凝土坝如古田、新安江、丹江口、恒仁、乌江渡、龙滩、小湾、溪洛渡、三峡等大坝的科学研究、设计审查和工程咨询。笔者十分重视对这些实际工程的研究和咨询，对此付出了大量时间和精力。

11.9 参与国际学术活动

先后多次在国外参加国际大坝会议、国际土木工程计算技术大会、国际拱坝会议、国际混凝土创新会议等国际学术会议。1985 年在参加国际大坝会议之后，受瑞士方面邀请考察了瑞士的水电工程。1988 年 8 月率中国土木工程学会代表团，到加拿大温哥华参加国际土木工程计算机应用会议，会后应加方邀请参观了 Mica 坝。1989 年 9 月到前苏联全苏水电科学院讲学。1990 年 5 月受伊朗方面邀请，参加德黑兰国际混凝土结构会议。1991 年 7 月在东京出席第四届国际土木建筑工程计算机应用会议。1992 年 5 月，代表中国土木工程学会，到加拿大 Quebec 出席加拿大土木工程学会年会。1992 年 12 月到伊朗德黑兰 Mahab Ghoss 顾问公司讲学。1994 年 9 月到意大利 Assisi 参加国际结构安全度会议，会后到德国 Essen 大学讲学。1995 年 7 月率中国代表团到德国柏林出席国际土木工程计算机应用会议。1999 年 9 月到英

国 Dundee 参加国际混凝土创新会议，任分会主席，2002 年 4 月到我国台北中兴顾问公司讲学。

11.10　参与社会活动

1993～2003 年，我担任第八、九届全国政协委员，认真参加了每年的大会和分组会议。会议内容都相当不错，发言十分热烈，我也写过几个提案，每年还有一次到各省市的视察活动，由政协领导人员带队，省市非常重视，活动内容非常丰富。我因为工作太忙，10 年中只参加了三次，分别去广东、山西和甘肃三省。现在回想起来，觉得每年都应该参加，我放弃了 7 次机会，至今感到遗憾。

1999 年国庆节，我和女儿慧玲分别受到全国政协和国务院侨办的邀请，参加了建国 50 周年大庆典礼。典礼非常隆重，白天在天安门广场进行了百万人的盛大阅兵游行，天上飞机列队飞行，地面上由坦克、装甲车、各种兵种方阵开道，百万人群举着彩旗和鲜花列队进行，我们站在观礼台上参观，真是盛况空前，心潮澎湃。因邀请单位不同，我们站在观礼台的不同部位，并未谋面。晚上在天安门广场和人大会场还举行了各种盛大的庆祝活动。

12　获奖情况

1954 年，获安徽省治淮优秀青年团员称号。

1956 年，获安徽省先进工作者称号。

1982 年，以"水工混凝土温度应力的研究"获国家自然科学三等奖（第一获奖者）。

1984 年，获首批国家级"中青年有突出贡献专家"称号。

1988 年，以"拱坝优化方法、程序与应用"获国家科学技术进步二等奖（第一获奖者）。

2001 年，以"混凝土高坝全过程仿真分析及温度应力的研究"获国家科学技术进步二等奖（第一获奖者）。

2007 年，在俄罗斯圣彼得堡，在第 75 届国际大坝会议上获国际大坝会议荣誉奖会员称号。此外先后获部级奖 8 项。

13　勤奋、务实、创新

从 20 世纪 50 年代开始一直到目前为止，在我国水利水电建设宏伟规模的激励下，笔者及所率领的团队，一直站在混凝土坝研究的最前沿、不断提出新理念、不断取得大量丰硕科研成果，本人先后获得国家级有突出贡献科技专家称号、国家自然科学奖一项、国家科技进步奖两项和国际大坝会议终身荣誉奖。1995 年当选为中国工程院院士。到目前为止，本人共发表论文 210 篇，出版著作 8 本。

根据中国科学院信息中心发布的统计资料，笔者多年来一直是我国水利水电系统中每年提出新成果最多的一人，也是科研成果被引用最多的一人，拙著"大体积混凝土温度应力与温度控制"和"有限单元法原理与应用"两书分别列入我国土木和水利行业被引用最多的十本书之中。

笔者没有出国留过学、没有读过研究生，只读了三年大学，大学还没有毕业，就以四年级大学生身份参加工作，业务上的根底是很浅薄的。但有幸参加了我国第一批混凝土大坝（佛子岭、梅山、响洪甸）的设计和施工，熟悉了混凝土坝工程；调入水科院后，又有机会接触全国和全世界的坝工技术。这些客观条件，为笔者提供了良好的工作平台。

笔者深知参加中国伟大的水利水电建设是一个千载难逢的机遇，应该努力工作，不辜负这一个难得的机遇，尽最大努力，取得一些好的成果。从 1951 年参加治淮，到今天的 60 多年，我一直是每天辛勤地工作着。经过反复思考，认为笔者的所以能取得一些成果，最重要的是三点：勤奋、务实、创新。

关于勤奋，对自己提出并实行了三条："勤于工作、勤于学习、勤于思考"。年轻时，不论是工作日还是节假日，每天都工作 11～12h，从 1957 年调到北京，到 1969 年水科院撤销，在北京 12 年都没有去过长城，不是不想参观长城，而是舍不得宝贵的时间。当年大多数星期天都是带着开水和馒头在北京图书馆查阅国外科技文献（当时还没有微机）。

关于务实，向自己提出并实现了三条："来自实际、高于实际、用于实际"，即深入实际工程，从工程实践中提出研究课题，研究出来的方法和技术要高于当时工程中实际采用的方法和技术，研究成果要应用于工程实际，一方面通过应用取得实际效益，另一方面通过应用，可以检验和改进所取得的成果。

创新是科技工作的灵魂，通过创新，才能提出新理念、发展新技术、打开新局面，在工程技术上取得较大成果。

务实和创新是相辅相成的。如不务实，创新就可能脱离实际，如不创新，务实就可能变成墨守成规。既务实又创新，才可能取得较重要的成果。

笔者毕生致力于混凝土坝理论和技术的创新，提出了较多的新理论和新技术，如前所述，包括：混凝土坝标号分区，混凝土坝温度应力和温度控制完整的理论体系，拱坝体形优化的数学模型和求解方法，混凝土坝数字监控方法和技术，混凝土坝全过程仿真分析方法，有限元等效应力等。并在实际工程中得到广泛应用，使混凝土坝技术上了一个新台阶。

笔者还特别重视对实际水利水电工程的研究和咨询，花费了大量精力和时间，对设计规范的审查也特别重视。例如：①20 世纪末，混凝土重力坝和拱坝设计规范拟改用基于 28d 龄期的混凝土强度等级 C，笔者在审查会议上说明，工业与民用建筑施工期短，采用 28d 龄期是合理的，水坝工程施工期长达数年，仍应继续采用基于 90d 或 180d 龄期的混凝土标号，但可用符号 C_{90} 和 C_{180}，笔者的意见为会议所采纳。②我国混凝土坝设计规范要求 90d 龄期抗压安全系数不小于 4.0，特高拱坝工程重要，其安全系数本应适当提高，但某些特高拱坝反而把抗压安全系数改为 180d 不小于 4.0，如按 90d 龄期核算，已降至 3.5 左右，笔者在有关会议上强调，室内小试件快速试验得出的强度比实际强度偏高近一倍，按 90d 龄期，特高拱坝抗压安全系数不应小于 4.0。此意见已为小湾、溪洛渡等特高拱坝采纳。③MgO 混凝土，以前直接把室内试验结果用于设计，笔者研究后发现，室内试件断面小，试验前剔除了大骨料，使 MgO 含量偏高，得出的 MgO 混凝土膨胀变形偏大近一倍，工程设计中必须考虑这一重要因素。

14　实践与理论并重

笔者 1951 年离开上海交大，到水利部治淮委员会参加工作，先后参加了佛子岭、梅山和响洪甸等我国第一批三座混凝土坝的设计和施工。除了日本人在东北兴建过一座质量低劣的丰满重力坝外，我国以前没有自行设计过混凝土坝。因此当时完全是白手起家来进行这些高坝的设计和施工的。1957 年调到北京中国水利科学研究院后，也一直担任着国内大型水利水电工程的科研和咨询任务。因此，几十年来我的大部分精力一直是从事混凝土坝实际问题的研究和解决，因而积累了较多的实践经验。但是一个科技专家在处理疑难复杂的工程问题时，光有实际经验是不够的，还必须掌握精湛的基本理论，这样他才能看透问题的本质，提出正确的解决方法。

笔者只读过三年大学，数学只学过微积分和常微分方程，力学只读过材料力学、结构力学和水力学。像偏微分方程、弹性力学、塑性力学、板壳力学、结构动力学等都没有学过，更不用说复变函数、运算数学、积分方程、差分方程、蠕变力学了。参加工作以后，工作中不断碰到一些疑难问题，深感自己基础太差，决心利用业余时间，在阅读大量科技文献的同时再尽量挤出时间好好学习基本理论，提高自己的理论水平。到了 1960 年代初期，笔者曾托人找来一份北京大学数学力学系的课程表，发现除了微分几何外，其他全部数学力学课程笔者都自学过了。除了数学力学外，笔者还花了大量时间阅读工程材料和工程地质方面的书籍和文献。经过多年不懈的努力，笔者不但积累了较丰富的工程经验，也打下了较扎实的理论基础。应该说，这是笔者后来能在学术上取得一些成果的重要原因。

笔者有幸从 1951 年开始就参加了我国一系列大型水利水电工程的设计、施工和研究，一方面使笔者有机会为这些重大工程进行研究、提供科研成果和咨询意见；另一方面也使笔者本人在在实际工作中得到锻炼，从一个大学生成长为一个较高水平的水利水电工程师和科学家。笔者在工作中所取得一些成果 ，归根结底，应归功于祖国伟大的社会主义水利水电建设事业！

真知来自实践　成果出于勤奋❶

摘　要： 科研课题应来自生产实践的需要，科研成果应力争高于当时的国内外水平，并力争在生产实践中加以应用。为了取得好的科研成果，必须勤于工作，勤于学习，勤于思考，勇于创新，自强不息。

关键词： 生产实践；勤奋；创新

True Knowledge Originates from Practice, Results of Research Come from Diligence

Abstract: The problems of research must come from practical engineering, the results of research should be better than the present knowledge. In order to get good research results, it is necessary to be diligent in work, diligent in learning and diligent in thinking.

Key words: engineering practice, diligence, innovation

一、学生时代

我出生在江西省余江县的一个农村，曾祖父以前世代务农，祖父属于清朝末年的最后一批秀才，一生在农村以教私塾为业，家境清贫。父亲依靠勤工俭学读完大学，20 世纪 30 年代初毕业于国立北平大学电机系，先在中学后在大学教书，时值抗日战争和解放战争年代，物价飞涨，教师收入菲薄，家境一直不富裕。我小时先在祖父的私塾里读了几年论语、孟子等四书，后来祖父年老不再教书，我即进入余江县立小学直接读高小。1941 年秋天考入因抗战而内迁至铅山县杨村镇的省立九江中学读初中，初二时因病在家休学一年。1943 年秋，父亲到余江县立中学教书，我也进入该校就读。抗战胜利后，我于 1946 年秋转入南昌一中，1948年夏高中毕业。

当年多数私立学校学习气氛差一些，公立学校的学习气氛一般都比较浓厚。在我就读的省立九江中学、余江县立中学和省立南昌一中，学生们都很用功。两个省立中学的教师水平较高，全部是大学本科毕业，县立中学里有一部分教师只是高中毕业，但每个学期的全部课程都能教完，考试也是认真的，当然学生的平均素质差一些，整体水平要低一些，不如省立中学。

南昌一中和九江中学（今九江一中）都是省立中学，学习气氛都很浓厚，教师教课都很认真，我觉得最大差别在于校长对学生健康的关心不同。九江中学当时的校长不关心学生健

---

❶　原载《南昌一中老校友传略》。

康，抗战期间，物价天天上涨，他没有设法搞好学生膳食，不但终年见不到荤菜，实际上蔬菜和米饭也很少，经常吃不饱，学生患病的很多，我读了一年，就生了一场大病，被迫辍学回家养病一年。1946～1948年在一中，当时是解放战争时期，物价也天天上涨，但吴自强校长关心学生健康，想尽办法搞好学生膳食，他自己也与学生一块吃饭，当年不但能吃饱饭，每天还有些鱼、肉等荤菜以改善营养，学生读书虽很用功，但健康情况都不错。

在一中期间，有几位老师讲课讲得特别好，如雷世懋老师讲的物理，杨雄老师讲的解析几何，范祖仁老师讲的地理，都讲得层次分明、概念清楚、引人入胜，我至今仍保留着深刻的印象。

我是先天高度近视眼，抗战期间物资困难，没有配眼镜，坐在教室的第一排也看不见黑板上的字，只好自己看书，这就养成了我较强的自学能力。由于高度近视，几米之外就认不出人，我很少与人交往，有时间就读书，因此，在中小学阶段，中文、英语、数、理、化等各科成绩都名列前茅。

江西余江没有什么工业，当地比较现代化的设施只有一条浙赣铁路，从小在铁路边长大，希望将来做一名铁路工程师。读高中时，决心投考上海交通大学。南昌一中是江西著名中学，教学水平在江西是一流的，但与江浙沪宁的名牌中学相比，似仍有一定差距，上海交通大学当年是国内最难考的一所工科大学，为了准备考试，除了学校规定的课本外，我又找来日本上野清编的大代数讲义、英国霍尔和乃特编的解析几何和美国德明编的化学（大学教材）等书，这些书的习题多而且难，我全都做了。因此，虽然江西省的中学教育水平不如江浙沪宁，但最终我以第一名的优异成绩考取了上海交大土木系，由于过去江西人考取上海交大的很少，而我考取了第一名，这一事情当时在江西省引起了一次小小的轰动，江西的报纸还进行了报导。这件事对我的影响也比较大，使我认识到，在困难面前，只要做好充分准备，就可无攻不克。在我以后的工作中碰到过不少困难，但我从不畏惧，总是知难而进。

进入交大以后，因为家庭经济困难，我是一边读书，一边做家庭教师以维持学习和生活的。念过几年大学后，眼界开阔了，不再想做铁路工程师了，希望从事都市规划和建设工作，在大学三年级分组时，我选择了市政组。1951年中央决定华东、中南两个大区大学土木、水利系的四年级学生全部参加治淮工程，我被分配到了安徽佛子岭水库搞连拱坝设计。本来说好工作一年后回学校再念一年书，才算大学毕业，由于工作需要，第二年治淮委员会把我留了下来，算是提前毕业，这样我就只好放弃搞都市建设的梦想，改行搞了一辈子水利工程。在淮河，我先后参加了佛子岭、梅山、响洪甸三个混凝土坝的设计。1949年以前，除了日本人在东北兴建了丰满重力坝以外，中国自己没有兴建过一座混凝土坝，在混凝土坝的设计和施工方面是一片空白。当时在淮河上承担设计和施工的技术骨干就是我们这一批刚从大学出来的学生，毫无经验可言，但由于大家工作十分认真，刻苦钻研，克服了一个又一个困难，尽管客观条件很艰难，设计和施工质量都很好，这些水坝至今已运行40多年，情况良好。

1956年中央提出向科学进军的方针，中央各部门纷纷成立科研院所，水利部在北京成立了水利水电科学研究院，我于1957年调到该院从事混凝土高坝的研究工作，一直到现在。两院院士中的绝大多数都是国外留学归来或在国内读过博士、硕士学位，我只读了三年大学，严格说来大学都未毕业，根基是很浅的，离开学校以后一直忙于工作，从未得到过进修的机会，也没有得到过名师的指导，我之所以能做出一些成果，主要靠三条：①重视工程实践；②勤奋；③勇于进取。

二、来自生产，高于生产，用于生产

如何选题是科研工作者碰到的第一个问题。大体说来，有两种办法：一种是从文献中选题，即广泛阅读文献，然后挑选一个别人没有做过而又适合自己的题目；另一种是从生产实践中找题目。对于我们这些在产业部门的科研院所或工科高等院校中工作的人来说，生产的需要是第一位的，所以我们应该从生产实践中找题目，挑选那些生产实践中迫切需要解决而现有文献上还没有很好解决的问题来进行研究。也就是说，我们的研究课题应来自生产上的需要。

所谓高于生产，是指不要局限于现有的生产水平，要更上一层楼，在力所能及的范围内，工作的起点要尽可能高一些，要抓住问题的关键，提出新的更好的解决办法，要注意解决那些带普遍性的问题，要尽量采用新技术，尽量提出高水平的成果，使生产水平有所提高。

所谓用于生产，是指要特别重视把科研成果用于生产实践。一方面，通过应用，可以发挥科研成果的作用，使生产水平提高一步；另一方面，通过应用，还可以发现已有成果的不足之处，从而不断改进我们的成果，推陈出新。

以温度应力的研究为例。20 世纪 50 年代初期，我参加了佛子岭、梅山两座连拱坝的设计。虽然当时根据国内所能找到的参考资料，在设计中采取了一些防止裂缝的措施，但实际上还是产生了不少裂缝。使我感到混凝土温度应力是一个值得深入研究的课题。当时（1955 年）我在设计院工作，决定利用业余时间对水工混凝土的温度应力进行研究。那时人们对混凝土温度应力的认识是非常肤浅的，往往只是描述一下裂缝的产状，然后指出是温度应力引起的。当时国内能找到的温度应力的研究成果只有约束系数等十分简单的计算方法，而实际问题要复杂得多。我决心从一个比较高的起点开始，着手研究混凝土温度应力产生和发展的基本规律。1958 年被调到水电科学研究院后，成立了一个温度应力研究小组，由我主持，工作条件更好一些。我们提出了一批研究成果，其中不少已纳入我国重力坝、拱坝和船坞设计规范，得到了比较广泛的应用。在这一阶段工作的基础上，我们于 1964 年写成了"水工混凝土结构温度应力与温度控制"一书，详细阐明了水工混凝土温度应力的基本规律、计算方法和控制技术，使人们对混凝土温度应力的认识有了深化，在我国水工混凝土结构的设计和施工中发挥了重要作用。此书实际上是世界上第一本系统阐述水工混凝土温度应力的书籍，1991 年日本建设省大坝技术中心已将此书全文译成日文。

我在 20 世纪五六十年代发表的一些论文，至今仍被广泛引用，在科技发展十分迅速的今天，这种现象是不多见的，这说明我所选择的"来自生产、高于生产、用于生产"的科技路线是有生命力的。

三、勤于工作

科研工作是一种创造性的工作，要取得一些有意义的成果，勤奋是必不可少的。首先，要勤于工作。一个人对社会的贡献主要表现在他的工作业绩上，因此工作时间必须抓得紧紧的，不浪费一分一秒，全身心地投入，才能多做贡献。此外，经验的积累，认识的深化，都是与所完成的工作量成比例的。工作做得越多，经验就越丰富，认识就越深入。长时期的辛勤工作，必然积累丰富的经验，带来丰硕的成果。

为了搞好工作，应重视工作效率的提高。加强工作的计划性和条理性，合理安排工作时间。在工作头绪多、杂事多的情况下，如果不合理安排时间，往往把研究工作挤掉了。一天忙下来，办的全是杂事，正经的研究工作什么也办不成。在这种情况下，不妨把时间划分一下，例如，用半天时间处理各种杂事、信件等，用半天时间专心搞研究。大体上做到两不误。从长远考虑，为了身体健康，应坚持工间操。

四、勤于学习

为了搞好科研工作，必须掌握丰富的理论知识和生产知识。大学只是打个基础，对于从事科研工作的人来说，大学里学的那点知识是远远不够的。在我目前的知识库中，大学里学到的知识大约只占 2%～3%。换句话说，97%～98%的知识都是大学毕业后自学得来的。

学习些什么呢？学以致用是我们的根本原则，但具体安排上要远近结合。

（1）学好与工作有关的基本理论。要精读，务求彻底理解，只有这样，才能使自己在研究具体问题时，可以看透事物的本质，搞清其机理，不至于迷失方向。

我是 1951 年从上海交通大学土木系提前毕业参加治淮的，大学三年中，数学只学过内容很浅的三氏微积分和常微分方程，力学只学过材料力学和结构力学，连水工结构都没有学过，根底是很浅的。参加工作后，担任结构十分复杂的连拱坝的设计。当时工作很忙，经常加班加点，但我仍下决心在业余挤时间学习了坝工学、混凝土学、弹性力学、板壳力学、结构动力学（抗震）和高等工程数学。这对于当时我搞好坝工设计曾经发挥过相当好的作用。当时我们工作的地方处于大别山腹地，非常闭塞，没有图书馆，也没有科技书店，那时也很少有机会出差，想买书都买不到，我总是趁一些家在上海的同志回上海探亲之便，开列单子，请他们代为买书。从 1955 年到 60 年代初期，为了配合混凝土温度应力的研究，我又系统地学习了塑性力学、黏滞弹性力学、混凝土徐变理论、混凝土性能、热传导理论、断裂力学、热力学、积分方程、偏微分方程、积分变换、变分法、复变函数、数值计算方法、矩阵、张量、概率论、数理统计、随机过程等。这些对于我搞好温度应力研究都发挥了作用。

（2）广泛阅读国内外有关科技文献。一是了解前人已经做过的工作，避免自己做重复工作；二是从中吸取营养，扩大视野，尽量在自己的工作中利用前人已有成果，提高自己工作的起点。

（3）向生产实践学习。为了摸清生产中存在的问题，必须深入调查生产情况，在研究混凝土坝温度应力的几年中，我几乎跑遍了国内所有的混凝土坝工地。因而对实际工程中存在的各种问题，心中有数，在研究工作中可以对症下药。

（4）跟踪世界新技术的发展趋势。现代科技发展速度极快，如不紧跟，几年下来就可能落伍。因此，必须围绕自己的研究课题，适当地涉猎周围的有关学科，跟踪国际新技术的发展趋势，把国外有用的最新利技成果吸收到自己的研究工作中来。

（5）白天好好工作，晚上好好学习。既要勤于工作，又要勤于学习，时间从哪里来？唯一的出路是，白天好好工作，晚上好好学习，工作学习互相促进。我参加工作 50 年来，只有一次在 1954 年脱产 20 天学习速成俄文，此外，从未脱产学习过。水电科学院是一个生产部门的科研单位，生产任务一直很重，白天很少有时间看书。从基本理论的学习，到文献的阅读，乃至论文和专著写作，主要靠业余时间。在这里，关键是两个字："挤"和"恒"。要千方百计挤出业余时间来学习，并且持之以"恒"。科学是一个奇妙的海洋，当你邀游其中而不断有所收获时，你会感到其乐无穷。记得 1960 年的整个夏天，我在湖北丹江口水电站工地出差，气温高达 40℃，当时还没有电扇，更没有冷饮，为了研究工程中出现的复杂问题，我每天晚上阅读文献几个小时，虽然汗流浃背，并不以为苦，整个夏天，天天如此。我的体会是，当你钻进学术的海洋以后，时间是一定能挤出来的，并会感到其乐无穷。如你每天业余能挤出 3～4h 用于学习，并持之以恒，十年下来，成绩一定很可观。

五、勤于思考

人们一说到勤奋，往往想到的是工作勤快、学习努力。这些当然都是重要的。但对于一个科技工作者来说，光有这些还不够，还要勤于思考。生活中不乏这样的人，工作很勤快，学习也很努力，读了不少书，看过不少文献，搞了多年科研工作，但好的科研成果并不多。为什么？一个重要原因是思考不够。

如何思考呢？

（1）抓住事物的本质，任何事物的发展都受到许多因素的影响，要进行认真的分析，把影响因素都找出来，进行筛选，从中找出主要的、关键性的因素。

（2）对于一个问题的解决，要从各种不同的角度去思考、去探索，就像工程设计中做各种不同的设计方案一样。有时还可借用其他领域的解决办法。

（3）对于自己所研究的课题，要提出一个比较高的目标，然后反复琢磨，如何实现它。经验表明，这样做，有利于提出高水平的结果。

（4）对于自己所研究的课题，要经常检查分析中间成果，并提出一些问题来，在思想中反复琢磨。有的问题当时就解决了。有的问题当时也许解决不了，但过些时候，你可能会感到豁然开朗，得到一个好的解决办法，这也许就是灵感吧。灵感不是天上掉下的，是勤于思考从而瓜熟蒂落的结果。

六、勇于创新

科技研究贵在创新，科技人员最重要的品质就是勇于创新：不满足现状，不怕困难，抓住生产实践中的关键问题，披荆斩棘，不断地开拓、创新，勇往直前。只有这样，才能不断提出新的成果。

在各种水坝中，拱坝是比较经济的一种坝型，中国兴建的拱坝很多，约占全世界的一半。在拱坝设计中，体形设计是一个关键问题，且难度较大。从 1976 年开始，我探索用最优化方法来进行拱坝体形设计。由于拱坝体形设计问题很复杂，当时很多专家对此事能否成功是持怀疑态度的。经过认真的分析后，我坚信经过努力是可以成功的，因而不为所动，经过几年的艰苦努力，这个问题比较满意地解决了。目前已获广泛应用，其中包括世界第一流拱坝的设计。工作效率提高了 50～100 倍，而且可节省坝体工程量 5%～30%。已获国家科技进步二等奖，并被列为全国重点推广的科技成果。我们研制的拱坝优化软件已向国外出口。

七、在逆境中要自强不息

中国有句古话："谋事在人，成事在天"。似乎一切全靠命运。我们当然不能同意这种观点。不可否认，机遇对于一个人的事业是有影响的。但在相同的环境下，各人的成就并不相同，说明本人的主观努力还是起着主要作用。作为科技工作者，我们从事的是具体的业务工作，对客观大环境是难以改变的，但主观努力是自己可以把握的。在不利的环境下，只要自己努力，也是可以做一些工作的。例如，十年动乱期间，水电科学院被撤销，我们被下放到三门峡工地。当时既没有科研设备，科研任务也很少，住在土坯砌筑的简易工棚中，连炊饭用煤都要自己拉板车到几十里外的三门峡市去购买，工作上无事可干，生活上相当困难，不少善良的人们都消沉下去了，当时也不知道四人帮何时会垮台，前途茫茫，不知所终。我也面临着严峻的抉择：要么随波逐流，消沉下去，自己经过多年辛勤劳苦所积累的知识和经验都将付之东流；要么振作起来，自己主动找工作干，当时我才 40 来岁，至少还能工作 20 年，还能干不少事情。经过认真的考虑，我选择了第二条道路，决定自己主动找活干，联合宋敬廷同志，把当时国外刚兴起的有限元方法引进到国内来。工地缺乏图书资料，我们就利用到北京等地出差机会查阅文献，几年下来，也阅读了近 300 篇文献，基本上掌握了当时国际上的动态，结合本人工作经验还提出了一些新的算法，在这个基础上我们编制了中国第一个不稳定温度场程序，第一个混凝土温度徐变应力程序、第一个弹性厚壳程序等 5 个有限元程序；先后在三门峡改建、乌江渡、葛洲坝、朱庄、龙羊峡等水电工程设计中应用，提供了大量计算成果，并出版了 75 万字的《有限单元法原理与应用》一书，为在我国推广有限元方法发挥了较好作用，获广泛好评。那时候当地没有计算机，为了调试程序和进行计算，我每年一半以上的时间都在外地出差，幸亏妻子给了我很大的理解和支持，独自承担了全部家务。此外，十年动乱中，我还在温度应力等方面发表了十几篇论文。在当时条件下，因机构撤销，上面没有人布置科研任务，生活条件又十分艰难，很多人都是无所作为，浪费了十年宝贵的年华，但我却夜以继日地工作了十年，完成了大量工作，日子过得非常充实。尽管在当年的极左条件下，对于我所完成的大量工作不可能给予任何物质上的报酬和精神上的鼓励，但我自己却因没有虚度年华而在内心获得极大的安慰，感到对得起国家、对得起帮助过我的师长和朋友们、对得起支持我的妻子儿女、对得起自己过去多年的苦学和辛勤工作。

八、忙碌的晚年

我目前没有退休（院士不退休），仍在科研一线坚持工作，担任博士生导师、研究室主任，主持国家科技攻关的课题研究，每年发表论文 5～7 篇，一天到晚，身不由己地忙忙碌碌。夫人易冰若同志已经离休；女儿在日本留学获硕士学位后归来，在国内又获博士学位，现在国务院侨务办公室任司长；儿子是物理学博士，原在美国的一个计算机研制公司任主任工程师，并被 IBM 公司授予 IBM 发明大师称号，目前已回国，被聘为国家千人计划的特聘专家。

九、简历

1928 年 10 月 17 日生，江西余江人，男，汉族，1948 年 7 月毕业于南昌一中，1951 年 9 月毕业于上海交通大学土木工程系。

1951～1956 年，参加治淮工程，先后参加了安徽佛子岭、梅山、响洪甸三水库的设计，任技术员、工程师、坝工组长。

1957～1969 年，在水利电力部水利水电科学研究院结构材料研究所任工程师、组长，从事混凝土高坝研究，在我国开辟了混凝土温度应力、混凝土徐变理论等新的研究领域，提出了一系列研究成果，广泛应用于实际工程。

1969 年 12 月～1978 年，在水利电力部第十一工程局勘测设计研究大队任工程师、组长，研究了三门峡大坝改建的温度应力问题，从 70 年代初开始，积极推广有限单元法。

1978 年 12 月～目前，在中国水利水电科学研究院任教授级高级工程师、博士生导师、研究室主任、兼任国家电力公司（前电力部）科学技术委员会委员，1984 年被授予首批国家级有突出贡献科技专家称号，1995 年当选为中国工程院院士，是第八、九届全国政协委员。

从 1976 年开始，在我国开辟了拱坝优化这一新的研究领域，建立了数学模型和求解方法，在全国得到了广泛应用。

著书 6 本，以第一作者发表论文 210 余篇。

曾任中国土木工程学会常务理事、国际土木与结构工程计算机应用学会理事。中国土木工程计算机应用学会理事长、国务院学位委员会学科评议组成员。

曾先后兼任清华大学、天津大学、华北水利水电学院教授。

现任土木工程学报、工程力学、计算力学及应用、水力发电、基建优化等杂志编委。

先后十余次应邀到国外讲学和在重要国际学术会议上作学术报告。

获奖情况

（1）1956，安徽省先进工作者（因坝工设计创新）。

（2）1982，以"水工混凝土结构温度应力研究"获国家自然科学三等奖（第一获奖者）。

（3）1984 年获首批国家级有突出贡献科技专家称号。

（4）1988 年以"拱坝优化方法、程序与应用"获国家科技进步二等奖（第一获奖者）。此外，获水利部、电力部一、二等科技进步奖 6 项（其中 5 项为第一获得者）。

（5）2000 年以"混凝土高坝全过程仿真分析及温度应力的研究和应用"获国家科技进步二等奖（排名第一）。

十、论著

1. 专著、论文集

（1）朱伯芳，大体积混凝土温度应力与温度控制，北京：中国电力出版社，1999 年第 1 版，2012 年第 2 版。

（2）朱伯芳，有限单元法原理与应用，北京：中国水利水电出版社，1979 年第 1 版，1998 年第 2 版，2009 年第 3 版第 5 次印刷。

（3）朱伯芳，朱伯芳院士文选，北京：中国电力出版社，1997。

（4）朱伯芳，水工结构与固体力学论文集，北京：水利电力出版社，1988。

（5）朱伯芳，王同生等，水工混凝土结构的温度应力与温度控制，北京：水利电力出版社，1976。

（6）朱伯芳，王同生等，水工ユンケリート构造物にぉけゐ温度应力と温度制御，郑京哲译，东京：日本建设省タム技术セソター，平成 3 年（1991 年）。

（7）朱伯芳，黎展眉，张璧城，结构优化设计原理与应用，北京：水利电力出版社，1984。

（8）朱伯芳，混凝土坝理论与技术新进展，中国水利水电出版社，2009。

（9）Zhu Bofang（朱伯芳）. Thermal Stresses and Temperature Control of Mass Concrete, Elsevier Inc. and Tsinghua University Press，2013（在美国出版）。

（10）朱伯芳，高季章，陈祖煜，厉易生，拱坝设计与研究，中国水利水电出版社，2002。

（11）朱伯芳，张超然，张国新，王仁坤，李文伟著，高拱坝结构安全关键技术研究，中国水利水电出版社，2010。

2. 工程手册、数学手册

（1）朱伯芳，水工设计手册第 24 章，混凝土温度应力与温度控制，北京：水利电力出版社，1987 年。

（2）朱伯芳，现代工程数学手册第 37 章，加权余量法，武汉：华中工学院出版社，1986 年。

（3）朱伯芳，等，中国土木工程指南第 13 篇，计算机应用（第二版），北京：科学出版社，1999 年。

3. 论文

在国内外以第一作者公开发表论文 210 余篇。

勤奋　求实　自强不息❶

摘　要：勤于工作，勤于学习，勤于思考。研究课题来自生产实践，研究成果力争高于当时国内外水平，并积极应用于实际工程。

关键词：勤奋；务实；创新；混凝土温度应力；拱坝优化；有限元方法

Diligence, Practicality, Constantly Strive to Become Stronger, Innovation

Abstract: Diligent in work, diligent in learning, diligent in thinking. Research practical problems and applied in engineering.

Key words: diligence, practicality, innovation, thermal stress in mass concret, optimum design of arch dam, finite element method

人的一生在事业上能否有所成就，取决于三个因素：智慧、勤奋和机遇。智慧包括智力和知识两个方面，智力是先天的，但知识的积累主要依靠勤奋。在同一个时期，机遇对于很多人是相同的，能否充分利用机遇，取决于本人的智慧和勤奋。因此，归根结底，勤奋是最重要的。

我的座右铭是"勤于工作、勤于学习、勤于思考"。在参加工作以后，做好工作是最重要的。因此，一定要兢兢业业，做好本身工作。勤于思考是要开动脑子，抓住问题的关键，提出最好的解决方法。

下面着重谈谈如何勤于学习，我是先天的高度近视眼，中小学阶段处于战争年代，没有配眼镜，坐在教室的第一排也看不见黑板上的字，主要依靠自学，在小学五年级前，很爱玩耍，不用功，学习成绩平平。小学六年级以后，开始用功，成绩一直名列前茅。那时当地没有什么工业，唯一的近代化设施是一条浙赣铁路。我中学时代的梦想是长大后做一名铁路工程师，决定报考上海交通大学。当时上海交大是全国最难考的名校之一，我高中在南昌一中就读，南昌一中是江西省的名校，教学水平是不错的，但与江浙沪名校相比，还有一定差距。为了报考上海交大，我加大了学习力度，例如，当时采用的大代数课本是美国范氏大代数，应该说那是一本内容不错的书，但习题难度不大，我就找来难题较多的日本上野清编的大代数讲义，把书中的难题都做了。同样，解析几何、物理、化学等，都在教学课本之外，自学了难度更大的课本。上海交大入学考试题目难度大，由于我做好了充分的准备，1948年以第一名考取上海交大土木系，这在江西省似乎是一件难得的事，当时省里的报纸都

---

❶　原载《院士手札》。

进行了报导。

1950 年淮河发生大洪水，中央决定治理淮河，成立了治淮委员会，但缺乏技术干部，决定华东、中南两大区大学土木、水利系四年级学生参加治淮，作为实习，一年后回校再换另一批学生。我是 1951 年第二批参加治淮的大学生，但 1952 年院系改革，大学改为三年制，我即被留下来，搞了一辈子水利工程。1951 年 9 月我到淮河，被分配在佛子岭水库搞连拱坝设计。这是我国自行设计施工的第一座混凝土坝。国内没有坝工设计经验，完全从零开始，我是土木系学生，连水工结构都没有学过，交大土木系培养目标是土木工程师，测量、制图等课程的分量很重，而数学力学课程很浅，只有材料力学、结构力学、微积分和常微分方程，我当时的数学力学根底很浅薄，而连拱坝是非常复杂的薄壁结构，当地又是地震区，为了搞好连拱坝的设计，需要较好的数学力学功底，只能边干边学。当时佛子岭工程是边施工边设计，工作非常紧张，节假日都忙于工作，甚至有一年除夕之夜我还在画图。为了提高设计水平，我还是挤出点点滴滴的业余时间进行学习。佛子岭位于大别山腹地，当地买不到任何技术书籍。那时国内图书资料也非常缺乏，只有上海龙门书局出版了一些影印外文书，当时也没有出差机会，我就开列了一串书名，委托每年春节回上海探亲的同志，到上海买参考书籍。在这种十分困难的条件下，我系统地学习了水工结构、混凝土学、工程地质学、弹性力学、板壳力学、结构动力学、偏微分方程、复变函数等等，使我的设计水平得到急剧提高，不但完成了设计任务，还有所创新。例如，提出了变厚度支墩坝的弹性力学解答、有热源水管冷却的三维温度场解答，虽然 50 年过去了，这些解答至今仍经常被引用。我 1955 年写的第一篇坝工论文中，已采用了积分方程、积分变换、贝赛尔函数、复变函数等高等数学作为求解工具，在当时水利工程界可谓罕见。

1956 年中央提出向科学进军的方针，各部成立科学研究院，我于 1957 年调至水利科学研究院，从事混凝土高坝的研究，当时全国已在兴建大批混凝土坝，工作任务繁重，经常加班加点。我仍然挤出时间学习，除了 8h 工作外，每天都要挤出 3～4h 用于工作和学习。星期天往往是带上一个馒头和一壶白开水，到北京图书馆去查阅国外技术资料，直到 1969 年水科院在动乱中被撤销。在北京 13 年之中，连长城和十三陵都未去过，每年春季水科院组织春游，去那些地方的机会很多，但我舍不得时间，都未参加。星期天都用在业务工作和学习上。

由于工作忙，我从未得到过进修的机会，而我后来从事的温度应力、混凝土徐变、拱坝优化、有限元法、大坝仿真等研究，需要较深的数学力学基础，我全部是依靠业余时间自学的。在我今天的知识库中，大学里学的东西不过 2%～3%。换句话说，97%～98%的知识，都是参加工作以后自学得来的。

我主要研究混凝土高坝，属于技术科学范畴，怎样才能做好工作呢？我认为关键在于求实。我概括为三句话：来自生产、高于生产、用于生产。

如何选题是科研工作者碰到的第一个问题，大体说来，有两种选题方法：一种是从文献中选题，即广泛阅读文献，然后挑选一个别人没有做过，有一定发展前景而适合自己做的题目。另一种方法是来自生产，即从生产实践中找题目，挑选生产实践中迫切需要解决而目前还没有解决的问题来研究。我认为从事技术科学的人，采取第二种方法较好。

所谓高于生产就是要创新，不要局限于现有的生产水平，工作起点尽可能高一些，要抓住问题的关键，提出新的更好的解决方法，要注意解决那些带普遍性的问题，尽量提出高水平的成果，使生产水平有所提高。

所谓用于生产，指不能满足于论文的发表，而要在生产实践中推广应用；一方面，通过应用，可发挥科研成果的作用，使生产水平提高一步；另一方面，通过应用还可发现已有成果的不足之处，不断改进，推陈出新。

以混凝土温度应力的研究为例，混凝土坝由素混凝土构成，往往由于温度应力而产生裂缝，是一个世界性难题。我在 20 世纪 50 年代中期选定这个题目作为研究对象。当时国内外对这个问题的研究水平还比较低，虽然提出了一些温控措施，但缺乏完整的理论体系的指导，实际上国内外都是无坝不裂。经过我和同事的多年努力，已建立了水工混凝土温度应力与温度控制比较完整的理论体系，在这一理论体系的指导下，我国已在世界上首先实现了从"无坝不裂"到"无裂缝坝"的历史性跨越。

再以拱坝体型优化为例，我国建设的拱坝很多，拱坝体形设计比较复杂，过去要经过长时间反复试算才能得到一个可行的设计方案，但并不是给定条件下的最优方案。我对此进行了深入研究，提出用优化方法进行设计，建立了拱坝体形优化的数学模型，提出了一套有效的求解方法，并在实际工程中，从低坝到高坝，逐步推广应用。我们优化的瑞洋拱坝是世界上第一座用优化方法设计的拱坝，节省投资 30.6%，已运行多年，情况良好，被评为优秀工程。目前拱坝优化已应用于江口拱坝（高 140m）、拉西瓦拱坝（高 250m）等 170 多个实际工程，一般可节省坝体混凝土 5%～30%，而且工作效率大大提高，收到了明显的经济效益和社会效益。

我只读了三年大学，没有出国留过学，没有读过研究生，也没有得到名师指导，在我国先后开辟了温度应力、混凝土徐变力学、拱坝优化、大坝仿真等新的研究领域，并取得了较好的成果，完全得力于"来自生产、高于生产、用于生产"这样一条求实的科技路线，它引导我们沿着正确的方向前进，没走弯路，我们的研究成果在实际工程中得到广泛应用，有十几项成果已纳入我国坝工设计规范，甚至我们在四五十年前提出的成果至今仍保留在我国新编的坝工设计规范中。

在人的一生中，不可能一直处于顺利环境，在逆境中如何自处，是一个十分重要的问题，我的经验是，要"身处逆境，自强不息"。

十年动乱期间，水电科学院被撤销，我全家被下放到黄河三门峡工地。那是一个荒凉的山区，住的是土坯砌筑的房子，上面没有顶棚，晚上睡眠时竟然有蝎子从房顶掉下来，做饭用的蜂窝煤要到几十里外去购买，生活条件相当困难，更大的问题是科研任务极少，几乎无所事事，面对这样的环境，怎么办？一种办法是听其自然，其结果必然是蹉跎岁月，浪费宝贵的年华。另一种办法就是自己"找米下锅"，尽量做些研究工作。经过认真的思考，我决定走第二条路，找了志同道合的宋敬廷同志一块，研究当时正在兴起的有限单元法。工地没有图书资料，我们利用出差的机会，到北京查阅了近 300 篇文献，基本上掌握了当时国际上的动态，在这个基础上，根据水利水电工程的需要，提出了一些新的解法，并编制了有限元法计算程序。那时还没有微机，工地没有计算机，我们就出差到北京到酒仙桥四机部制造计算机的 738 厂，他们有一台晶体管计算机为厂内编制操作系统服务，利用他们中午吃饭休息和下午下班后的时间，我们进行程序的调试和计算。在这样的条件下，经过几年努力，我们先后编制了我国第一个不稳定温度场程序、第一个混凝土温度徐变应力程序、第一个弹性厚壳程序等 5 个有限元程序，为乌江渡、朱庄、龙羊峡、三门峡改建等工程，提供了大量计算成果，并出版了《有限单元法原理与应用》一书，此书出版至今已 30 年，仍颇受读者欢迎，一再重印。从 1976 年开始，我们又开展了拱坝优化的研究，在世界上建成了第一个用优化方法设计的拱坝，节省投资 30%。当年我们在大山深处最简陋的土坯房中，夜以继日地进行着当时世界上最先进的科研工作，虽然生活条件很差、工作很忙碌，但心情却非常愉快。在当时的条件下，因为没有科研任务，如果不开展这些工作，谁也不能责备我们，我们完全可以过着十分清闲的生活，但 10 年宝贵的年华只好付之东流。

最大限度地发出自己的光和热[❶]

摘　要： 今天中国水电建设的规模是巨大的，我们一定要努力工作。科研题目要来自生产实践，研究成果的水平力争高于当前，并争取在实践中应用。为了取得好的科研成果，必须勤于工作，勤于学习，勤于思考。

关键词： 生产实践；勤于工作；勤于学习；勤于思考

Tax My Ingenuity to the Limit

Abstract: The scale of hydroelectric construction of China is very great, we must work hard. The problems of research must come from practical engineering, the results of research should be applied to practical projects. We should be diligent in work, diligent in learning and diligent in thinking.

Key words: practical engineering, diligent in work, diligent in learning, diligent in thinking

目前，我国水利水电事业兴旺发达，正在兴建的三峡水利枢纽是全世界最伟大的水利工程，小浪底、二滩等也都是具有世界规模的水利水电工程。正在设计的南水北调工程也是世界上规模最大的调水工程，292m 高的小湾拱坝、295m 高的溪洛渡拱坝是世界上最高的混凝土坝。今天的中国是世界上最大的土木、水利工地，要想在水利方面一显身手，干一番事业，最好的地方就是中国。我们一定要珍惜这个千载难逢的机遇，在改变祖国面貌的伟大水利事业中，建功立业，最大限度地发出自己的光和热。

我长期在科研部门工作，就如何搞好科研工作谈一些自己的体会。

一、来自生产，高于生产，用于生产

如何选题是科研工作者碰到的第一个问题。大体说来，有两种办法。一种是从文献中选题，即广泛阅读文献，然后挑选一个别人没有做过而又适合于自己的题目。另一种是从生产实践中找题目。由于我们是在生产部门的科研单位工作，生产上的需要是第一位的，所以应该从实践中找题目，挑选那些生产上迫切需要解决而现有文献上还没有很好解决的问题来进行研究。研究时，不要局限于现有的生产水平上，在力所能及的范围内，工作的起点要尽可能高一些，要抓住问题的关键，提出新的更好的解决办法，要注意解决那些普遍性的问题。同时要特别重视把科研成果用于生产实践，使生产水平有所提高。

---

❶　原载《中国水利》1997 年 3 期，系 1997 年 1 月 7 日在水利部首届青年学术交流会暨青年科技英才表彰大会上所做的报告。

以温度应力的研究为例。50 年代初期我参加了佛子岭、梅山两座连拱坝的设计。虽然当时根据国内所能找到的参考资料，在设计中采取了一些防止裂缝的措施，但实际上还是产生了不少裂缝。这使我感到混凝土温度应力是一个值得深入研究的课题。当时（1955 年）我在设计院工作，决定利用业余时间对水工混凝土的温度应力进行研究。那时人们对混凝土温度应力的认识是非常肤浅的，往往只是描述一下裂缝的产状，然后指出是温度应力引起的。当时国内能找到的温度应力的研究成果只有约束系数等十分简单的计算方法，而实际问题要复杂得多。我决心从一个比较高的起点开始，着手研究混凝土温度应力产生和发展的基本规律。1958 年我调到中国水利水电科学研究院后，成立了一个温度应力研究小组，工作条件稍好一些。我们研究出了一批科研成果，其中不少已纳入我国重力坝和拱坝设计规范，得到了比较广泛的应用。在这一阶段工作的基础上，我们于 1964 年写成了《水工混凝土结构温度应力与温度控制》一书，详细阐明了水工混凝土温度应力的基本规律、计算方法和控制技术，使人们对混凝土温度应力的认识有了深化。1991 年日本建设省大坝技术中心已将此书全文译成日文。

再以拱坝优化为例。拱坝体形设计是拱坝设计中的一个关键问题，过去依靠反复修改，不但效率低，而且难以找到给定条件下的最优体形。1976 年在对一个高拱坝体形设计时，我想用最优化方法来设计。由于拱坝设计问题比较复杂，当时不少同志对此事能否成功持怀疑态度。我本人搞过拱坝设计，坚信经过充分的研究是可以成功的。在具体研究工作中我充分考虑拱坝设计中的各种复杂因素，尽量使建立的数学模型合理而且实用化。并且有步骤、有计划地从小型拱坝的应用开始，逐步应用到中型、大型和特大型拱坝。到目前为止该成果已应用于近 30 个实际工程，其中包括拉西瓦拱坝（高 250m）和小湾拱坝（高 292m）等世界第一流拱坝的设计，可节省坝体工程量 5%～30%，被列为全国重点推广的科技成果。我们研制的拱坝优化软件已向国外出口。相比之下，国外不少国家都在进行拱坝优化的研究，但至今仍停留在研究阶段，未能应用于实际工程。

二、勤于工作、勤于学习、勤于思考

科研工作是一种创造性的工作，要取得一些有意义的成果，勤奋是必不可少的。首先，要勤于工作。工作时间必须抓得紧紧的，不浪费一分一秒，全身心地投入。经验的积累，认识的深化，都是与所完成的工作量成正比例的。工作做得越多，经验就越丰富，认识就越深刻。经过长期的辛勤工作，必然积累丰富的经验，带来丰硕的成果。

其次是勤于学习。搞好科研工作，必须掌握丰富的理论知识和生产知识，这就要勤于学习。学习些什么呢？学以致用是我们的根本原则，但具体安排上要远近结合。

学好与工作有关的基本理论。为了从根本上提高自己的理论水平，应学好与自己工作有关的一些基本理论，并且要精读，务求彻底理解。只有这样，才能使自己在研究具体问题时，可以看透它的本质，搞清它的机理，不至于迷失方向。另外，为了提高自己的分析能力和理解能力，还必须学好一些重要的应用数学。我是 1951 年从上海交通大学土木系提前毕业参加治淮工作的，大学三年中，数学只学过内容很浅的三氏微积分和常微分方程，力学只学过材料力学和结构力学，连水工结构都没有学过，根底是很浅的。参加工作后，担任连拱坝的设计。当时工作很忙，经常加班加点，但我仍下决心在业余挤时间学习了坝工学、混凝土学、弹性力学、板壳力学、结构动力学（抗震）和工程数学。这对于当时我搞好坝工设计曾经发挥过相当好的作用。从 1955 年到 60 年代初期，为了配合混凝土温度应力的研究，我又系统地学习了塑性力学、粘滞弹性力学、混凝土徐变理论、混凝土性能、热传导理论、断裂力学、热力学、积分方程、偏微分方程、积分变换、变分法、复变函数、数值计算方法、矩阵、张量、概率论、数理统计、随机过程等。这些对于我搞好温度应力研究都发挥了作用。

广泛阅读国内外有关科技文献。为了做好科研工作，必须广泛阅读与本课题有关的国内外科技文献。其所以必要，一是了解前人已经做过的工作，避免自己做重复工作；二是从中吸取营养，扩大视野，尽量在自己的工作中利用前人已有的成果，提高自己工作的起点。现代科技发展速度极快，如不紧跟，几年下来就可能落伍。因此，必须围绕自己的研究课题，适当地涉猎周围的有关学科，跟踪国际新技术的发展趋势，把国外有用的最新科技成果吸收到自己的研究工作中来。例如，近年来人工智能和计算机辅助设计发展很快。在查阅有关资料后，我把它们引用到拱坝优化设计中来，建立了一个拱坝体形设计的智能优化辅助设计系统，使拱坝优化设计上到一个新台阶。查阅科技文献，要耗费大量时间，但这一工作是非做不可的。

向生产实践学习。为了摸清生产中存在的问题，必须深入调查生产情况。在研究混凝土坝温度应力的几年中，我几乎跑遍了全国所有的混凝土坝工地。因而对实际工程中存在的各种问题，心中有数，研究工作可以对症下药。

白天好好工作，晚上好好学习。既要勤于工作，又要勤于学习，时间从哪里来？唯一的出路是白天好好工作，晚上好好学习，工作学习互相促进。在这里，关键是两个字："挤"和"恒"。要千方百计挤出业余时间来学习，并且持之以"恒"。科学是一个奇妙的海洋，当你遨游其中而不断有所收获时，你会感到其乐无穷。

第三是勤于思考。如何思考呢？任何事物的发展都受到许多因素的影响，要进行认真的分析，把影响因素都找出来，特别要找出主要的、关键性的因素。对于一个问题的解决，要从各种不同的角度去思考、去探索，就像工程设计中做各种不同的设计方案一样。有时还可借用其他领域的解决办法。灵感不是天上掉下的，而是勤于思考而瓜熟蒂落的结果。

三、及时总结

每当一项科技工作告一段落时，应及时进行总结，把工作成果系统地整理一下，形成文字，便于查考、交流、汇报。

总结的形式有如下三种：

（1）科技报告。报告可长可短，决定于目的和内容，必要时可写得长一些，详细一些。

（2）论文。论文是要在刊物上发表的，篇幅不能太长，一般限于 6000～8000 字。文字一定要精炼，主要写作者得到的新概念、新方法、新技术和新经验。

（3）专著。在工作若干年、完成了大量研究、成果比较丰富时，可写一本专著，对所研究的课题进行全面、系统地总结。写作的方法有两种：一种是只写自己的成果；另一种是以自己的成果为核心，全面总结当时国内外的有关成果。至于采用何种方法为宜，取决于具体条件。如果对于有关课题，国内已出过一本甚至几本类似的书，那么以第一种方案为宜，可避免不必要的重复。如果国内过去没有出过类似的书，或虽出过书，但内容已陈旧，那么就以第二种方式为好，以向读者提供当时国内外全面最新资料，参考价值较大。

访 苏 印 象❶

摘　要：笔者应邀到全苏水电科学院讲学，受到热情接待，苏方重视基础理论研究、原型观测和结构试验，计算机应用和数值计算有待加强。苏联的环境优美，吃饭便宜，水果蔬菜较少，乳制品丰富。

关键词：讲学；基础理论；原型观测；结构试验；计算机应用；数值计算

Impression of Soviet Union

Abstract: Lectures were given by me on the invitation of Hydraulic Research Institute of Soviet Union, where attention were paid to the research of fundametal science, original observation and structural test, but the application of electronic computers and numerical computation are weak. The environment of the country is beautiful. Food is cheap. Fruites are rare. Milk is abundant.

Key words: lecture, fundametal science, original observation, structural test, application of electronic computers, numerical computation

1989 年初，笔者寄了一册本人的论文选集（《水工结构与固体力学论文集》，水电出版社出版，1988 年）给苏联同行、全苏水利科学研究院的特拉别兹尼柯夫博士，意在抛砖引玉，建立学术上的交流；对方十分热情，不久由其院长卡捷列夫出面邀请笔者前去讲学，并说可去 3～4 人的代表团，经有关领导研究，决定由笔者与于骁中、董哲仁一行三人于 1989 年 9 月 4～18 日去苏联讲学访问，下面就记忆所及，谈些印象。

一、热情友好的接待

全苏水科院设在列宁格勒市，他们派了该院外事办公室主任和一位副博士专程到莫斯科迎接。我们 9 月 4 日上午 8 时从北京起飞，中午 12 点到达莫斯科（实际飞行 9h，其中有 5 小时的时差）。由苏方陪同，游览了红场，晚上看了一场芭蕾舞。当晚半夜乘火车离开莫斯科，次日早上 9 点到达列宁格勒。该院结构所所长赫拉普柯夫教授在车站迎候。随后驱车到院，当即与院长卡捷列夫会见。该院专门组织了一个 4 人组成的接待班子，安排我们的讲学、参观和生活。赫拉普柯夫教授几乎每天都陪着我们，卡捷列夫院长专门抽出一整天时间陪同我们参观列宁格勒郊外的保罗宫。

---

❶　原载《计算技术与计算机应用》1990，1。

在全苏水科院，我们共讲学 4 次，每次一个上午。由笔者讲授混凝土温度应力、徐变理论和拱坝优化。于骁中同志讲混凝土断裂力学、董哲仁同志讲钢衬-钢筋混凝土压力管道的非线性分析、我们的讲学引起了苏联学者的很大兴趣，每次讲课后都有不少人围上来提问和讨论。

我们参观了该院结构方面的全部实验室，并且每个实验室都安排了座谈讨论。此外，还参观了投资 40 亿美元的规模巨大的芬兰湾列宁格勒防洪工程。

全苏水科院创建于 1931 年，总院设于列宁格勒，在西伯利亚的克拉斯诺亚尔斯克设有一分院。总院现有职工 1800 人，其中有技术科学博士 19 名，副博士 180 余人，并正培养研究生 30 余人。

总院设有水力学、混凝土与钢筋混凝土结构、地基和土工、水工金属结构、物理数学方法、科技情报等研究所，在外地还有两个大比尺试验基地。

该院的混凝土和钢筋混凝土结构研究所设有结构力学、钢筋混凝土、混凝土坝、原型观测、混凝土工艺、结构动力学、热应力与断裂及仪器自动化等 8 个实验室。该所职工 190 余人，其中技术科学博士 4 人。该所人员分布：基础理论研究 20%，混凝土工艺研究 20%，数值计算 30%，模型试验 30%。

9 月 14 日结束了在列宁格勒的讲学访问，当晚乘车离开，次日晨到达莫斯科。莫斯科土建学院的奥列霍夫教授等在车站迎接，当天参观了该院，并与该院水工结构教研室的教授和教师、研究生们进行了座谈，18 日访问了全苏水工设计院科研所并进行了座谈，当晚 10 时乘机回国。

在整个讲学访问期间，苏方的接待是十分友好热情的，他们对我国近十年来在科研工作中取得的成就表示赞赏。

二、苏联水利科技工作点滴

我们在苏期间，主要任务是讲学，但讲学之余，我们抓紧一切机会，了解苏联水利科技的进展，下面是我们所了解的一些情况。

1. 重视基础理论研究

苏联一向重视基础理论研究，目前仍然如此。例如，全苏水科院结构所有 20% 人员从事基础理论研究即是一例。因此他们在基础理论方面取得了不少高水平的成果。如近年在混凝土断裂力学方面即取得了世界上第一流的成果。

2. 结构模型试验不景气

全苏水科院仿效意大利的 ISMES，于 20 世纪 60 年代兴建了一个很大的圆柱形结构试验厅，房子很壮观，但目前厅里只放了三个小模型，发挥不了大厅的作用，而且其中还有一个是仅供参观的老模型。

我们在莫斯科土建学院访问时，本来很想看看拱坝模型，但已没有这种模型了，他们向我们介绍的都是数值计算方面的工作。

全苏水工设计院科研所因是设计院下属的科研所，还在做几个模型。

以上谈的是脆性模型，至于光弹模型，这次一个都没看到。

结构模型试验不景气的原因有两个，一是近年苏联水利水电投资减少了，另一个更重要的原因是许多问题现在可以用计算机计算，不必做模型试验了。

3. 计算机应用有待加强

全苏水利院和莫斯科土建学院都有一台 100 万次/s 的计算机，但微机很少。像全苏水科院结构所就只有一台从西德进口的微机，内存 256KB。在模型试验厅摆着的用于整理试验成果的计算机都有一个大衣柜那么大。至于计算机绘图、CAD 工作站等，都未见到。

4. 数值计算发展较慢

苏联目前也广泛采用有限元，但程序功能不强，全苏水科院只有平面元、壳元和线性三维元，还没有非线性三维元。温度应力方面，有一个半解析的平面多层浇筑块程序和空间稳定温度场有限元程序，还没有三维不稳定温度场和温度应力程序。

我们访问的三个单位都在搞拱坝优化，但尚未应用于实际工程，计算方法也较陈旧，在百万次计算机上优化一个拱坝要用 50～80h。

5. 重视原型观测

苏联对大坝原型观测很重视，有始有终，工作很系统，在许多大型水电站中，取得了很多宝贵的观测资料，但观测仪器革新不够，自动监测系统刚起步。

6. 重视钢筋混凝土结构试验

在钢衬-钢筋混凝土结构方面做了大量试验研究工作，坝下背管已广泛应用。据称目前已可预制 7.5m 直径的钢衬-钢筋混凝土管道，内压可达 12kg/cm^2，混凝土壁厚仅 40cm。

7. 设计规范较先进

在苏联，水工设计规范由全苏水科院主持编制，能较及时地把先进科技成果纳入规范，如在强度和稳定校核中已应用可靠度及概率论方法，重力坝坝踵允许受拉、拱坝允许应力计算中考虑三向受力条件等，产生了巨大的经济效益。

三、环境优美、物价有高有低

从飞机上俯视，莫斯科郊外有大片的森林，在莫斯科到列宁格勒铁路两边，树木也十分茂盛，在列宁格勒近郊，树木和花草也培植得很好，看来苏联对环境保护还是比较重视的。

苏联人民月工资大致如下：普通职工 200～300 卢布，大学毕业生 150 卢布，大学教授 400～500 卢布，大学校长 500～600 卢布。他们比较重视学位、拿到一个副博士学位，在原有工资基础上加 100 卢布，再拿到博士学位，又加 100 卢布。

近年来物价也在上涨，但涨势尚较平稳，在莫斯科街上自助餐厅吃一顿饭，大约只要 1 卢布，在正式饭店（有侍者服务）吃一顿饭，约 4 卢布。总的看来，吃饭还是便宜的。但水果很少、蔬菜品种也少、乳制品则较丰富。

商店里高档轻工产品较缺乏，也较贵，电子产品，质次价高，彩色电视机还很少、肥皂、白糖等凭证供应。

我们在苏时间短，接触面也很窄，以上所述，只是一个侧面。

深切怀念潘家铮院士❶

摘　要： 潘家铮院士天资聪敏、学识丰富、工作勤奋，为我国水利水电建设作出了杰出贡献。他勤于著述，出版了大量书籍和论文，为指引我国水工结构的设计发挥了重要作用。他为祖国做出的巨大贡献是永存的。

关键词： 才智；勤奋；实际贡献；学术著作

Deeply Cherish the Memory of Academician Pan Jiazheng

Abstract: Academician Pan Jiazheng was intelligent, fund of study and diligent in work. He had made great contributions to the hydroelectric construction of China and published many books and papers which are very valuable. His constribution to our country will remain forever.

Key words: ability and wisdom, diligence, practical contributions, writings

　　我与潘家铮院士相识 50 余年，对他的学识、贡献和为人，我十分敬佩，我们之间的友情也相当深厚，惊悉他因病辞世的噩耗，心情十分沉痛。

　　潘家铮院士 1950 年从浙江大学土木系毕业后即被分配到水电系统工作，由于他天赋聪敏、工作勤奋、刻苦钻研、贡献突出，从技术员、工程师、设计总工程师、一直做到部总工程师和两院院士，他是伴随着我国水利水电建设事业的发展而成长起来的有真才实学、有重大贡献，并享有崇高声誉的我国和全世界水利水电工程界的泰斗。

　　潘家铮院士对祖国的贡献是多方面的，首先当然是对我国水利水电工程建设的重大贡献。他早期从事黄坛口水电站设计，1955 年即担任广东流溪河水电站水工组组长，设计了我国第一个坝顶溢流的薄拱坝。当时，在拱顶溢流问题上与苏联专家有严重分歧，他坚持自己的看法，建成后运行实践证明，拱顶溢流方案是合理的。1957 年开始，他担任我国自行设计建设的第一座大型水电站新安江水电站的设计副总工程师，长驻工地三年之久，提出了抽排设计等一系列新技术。经过流溪河和新安江两个水电站的建设，他在国内已声誉鹊起，虽年纪轻轻，实际上已被公认为我国水利水电界的一位十分优秀的专家，他的工作也就从此超出了上海水电设计院的范围，不断被水电部派到全国各重点水电工程帮助和指导锦屏、磨房沟、乌江渡等水电站的设计。1973 年，他调至北京水电部工作后，参与了全国各主要水电站的设计审查和重要决策，为安康、白山、凤滩、葛洲坝、二滩、五强溪、鲁布革、紧水滩、龚嘴、

---

❶　原载《水利水电技术》2013，2.

大化、龙羊峡、棉花滩、天生桥、李家峡、安康等一系列水电站贡献了宝贵的智慧和汗水。1985年，在就任水电部总工程师后，他全面负责水电部技术指导工作，三峡、小湾、漫湾、景洪、小浪底、隔河岩、水布垭、龙滩、溪洛渡、紫坪铺等一系列大型和特大型水电站的设计审查和重大技术问题都是由他主持研究解决的。他对三峡工程的贡献尤为突出，在三峡工程上马之前，国内对是否建设三峡工程曾经有过一些争论，他通过文章、讲演等多种方式多方说明三峡工程的重要作用，力争三峡工程的上马。开工后，他又担任三峡公司技术委员会主任，主持解决了工程建设中出现的一系列技术问题。在1949年以前，中国除了兴建过一些小型土坝外，在筑坝技术上基本上是一穷二白，经过60几年的努力，到目前为止，我国已建成的大坝数量和最大坝高都居世界第一。水利枢纽是牵涉到地质、结构、材料、施工众多学科的复杂系统，每一个大工程的建设过程中都会遇到不少技术难题，实践证明，我国水利枢纽的建设是成功的，没有出现过重大事故，这当然是全体水利水电建设者共同努力的结果，其中潘院士的贡献是特别突出的。

潘家铮院士的另一个重要贡献是著作，他出版了《重力坝的设计和计算》《水工结构应力分析丛书》等专著和近百篇学术论文，他的著作的最大特点就是"实用"，讨论的问题都是水工结构设计施工中经常出现的实际问题，在总结国内外科技成果和他本人研究成果的基础上，系统地阐述了相关问题的计算和解决方法，多年来深受水利水电工程技术人员的欢迎，在实际工程中得到广泛应用，他的这一套著作可以说是我国水利水电工程技术中的宝库。

我本人也是搞设计出身的，我知道设计院的工作是十分忙碌的，除了设计文件和工程总结之外，在上班时间一般不可能抽出时间写书，因此潘院士的这些著作显然都是利用业余时间写成的，由于工作量浩大，著作质量很高，不难想象他付出了多少时间和精力。有一次我和他都带着夫人去承德出差，返京时我们正好坐在同一节火车内，只隔着几排座位，我见他火车一开就把技术资料拿出来，埋头工作，快到北京时才收拾资料准备下车，一路上既没有看沿途风光，也没有与夫人聊天，他的勤奋、确实令人感动。

潘家铮院士对待工作认真细致的作风是难能可贵的。我们经常在一起参加工程审查或技术研讨会，我每次都是在听完工程单位汇报并看过有关技术资料后，经过思考，写一个发言提纲，然后在会上发言。潘院士不同，每次都是在头天晚上写好很详细的发言稿，第二天在会上逐字逐句地念一遍，可见这要花费多大工夫。他每次主持会议时，也是特别认真，从头到尾仔细听取大家的发言，在会议总结中，能够全面反映各方面的意见。

潘家铮院士作风正派，待人诚恳，虽然后来身居高位，仍然保持着谦虚谨慎的作风，即使与年轻同志讨论问题，都采取商讨的口气。他上下左右各方面的关系都非常融洽，要做到这些是颇不容易的。

潘院士虽然离开我们了，但他经手过的那么多的水利水电工程将长久发挥作用，他的大量著作、他的学术思想和勤劳奉献精神是永存的。

第 18 篇

同行人士评述
Part 18　Comments of Colleagues

我所知道的朱伯芳院士[1]

Academician Zhu Bofang as I Know

新中国成立以来，我国在水利水电建设上取得的成就是十分巨大、举世公认的。在建成一大批规模宏伟影响深远的大型水利水电工程和遍地开花的中小型工程的同时，也培养出一批高素质的设计、施工和科研专家。朱伯芳院士就是一位极其出色的水利工程科学家。

我和伯芳同志是同代人和同行，交往已有 40 余年历史，对他也有较深的了解。他有一些特点，在我脑海中留下极深刻的印象。

第一，他从大学毕业后，首先是作为一名设计人员参加工作的，在 50 年代初根治淮河的伟大战斗中，他接连参加佛子岭、梅山和响洪甸三座工程的设计，由于其出色的表现才被选调到水利水电科学研究院做研究工作。作为一名搞设计出身的研究人员，他深知设计工作的甘苦和困难，他在研究工作中的一个重要特点就是重视理论与实践的结合，他从生产实践中找出最迫切需要解决的问题作为研究课题，研究的成果不仅有理论和学术价值，更可为生产所用。所以他的大量论文发表后，能得到广泛应用，不少成果已纳入我国重力坝、拱坝、船坞、水工混凝土结构等设计规范。许多五六十年代获得的成果，至今仍广泛应用。"生产建设依靠科研，科研面向生产建设"这一正确的方针，伯芳同志在很早就自觉地做到了，而且身体力行数十年不变，这是值得一提的。

第二，伯芳同志的天资和勤奋，也使我十分感佩。他现在是中国工程院院士，博士生导师，国内外知名的水利工程科学家。但他没有出国留过学、镀过金，他完全是在我国的土地上依靠勤奋努力脚踏实地苦干成才的专家。严格讲来，他连大学也没有念完（读了三年大学，提前毕业参加治淮工程），那时候三年大学里能学到多少知识是可以想象的。大约力学上只学过材料力学和结构力学，数学上只学过微积分和常微分方程，他就带了这点"本钱"去工地承担起中国首批连拱坝和拱坝的设计了。设计工作是十分紧张的，日夜加班。伯芳同志全心全力投入到祖国建设事业中去，发现自己的不足后，又挤出分分秒秒时间如饥似渴地自学了一系列课程，阅读了大量的文献，依靠他优异的天赋，更重要的是依靠他百倍的勤奋努力，他迅速掌握甚至精通了现代数学力学知识，娴熟地运用它解决坝工中许多重大问题，崭露头角。以后，他不断跃登新的台阶，取得一批又一批的成果，终于成为我国水利界的出色科学家和学术带头人。现在有很多青年同志认为不出国就没有前途。中国人到发达国家去深造当然是必要和有益的，但朱伯芳同志的奋斗道路说明在祖国的黄土地上同样可以造就伟大的学者，可以攀登世界顶峰，可以使外国人折服而要到中国来学习取经的。我觉得，中国目前确实还比较贫穷和落后，但作为一名炎黄子孙，决不能丧失自信，一味拜倒在外国人脚下。伯

---

❶ 原载《朱伯芳院士文选》，中国电力出版社，1997，原作者潘家铮。

芳同志在这方面给我们树了个好的样板。

第三，伯芳同志在科研工作中百折不挠、锲而不舍的执著精神十分可贵。为祖国而研究成为他做人的唯一追求，在顺境中他固然拼搏前进，在逆境中无论条件如何艰苦，他都置之度外，决不放弃研究工作。十年动乱中，我曾遇见过他，当时他全家下放工地，住在真正"聊避风雨"的破棚中，连取暖烧饭的煤都要去40里外的三门峡市购买，生活十分艰难。科研人员当时是最不受重视的"臭老九"中的末流，既无任务，更无设备，在这种情况下许多好同志消沉了。伯芳同志却从不消沉，他注意国际上的发展趋势，找同志合作、找米下锅研究有限元方法。工地上没有图书和计算机，他跑到外地去借阅资料，回工地研究推导公式，编制程序，再到外地去借机调试。历尽艰辛，自学自研，竟然编制出我国第一个不稳定温度场分析程序，第一个混凝土温度徐变应力程序，第一个弹性厚壳程序等等，而且发展了许多新的计算方法，为乌江渡、三门峡改建、龙羊峡等工程提供了大量计算成果。当时我也在参与一些工程设计和审查工作，得到过他的许多帮助，遇到技术难题时，我往往会想到："找朱伯芳商量去"。这又说明一条真理："天下无难事，只怕有心人！"我们常常把自己的缺少建树归咎于"条件不利"、"环境不好"、"实逼此处无可奈何"，对比之下是应该感到惭愧的。

第四，随着岁月飞逝，任何科学家都要步入暮年。有些同志受健康影响，有些同志政治、社会职务缠身，实际上都不能做研究工作了。因此常常出现知识老化、因循过日的情况，有些人甚至晚节不忠，走上搞封建迷信，宣传伪科学的道路。伯芳同志在"耳顺"之后，健康情况也在下降，但这同样阻挡不了他前进的步伐。他不仅是"老骥伏枥志在千里"，而是仍然率领着年轻一辈在一线拼搏，承担着许多重点科研任务。他的研究领域也不断深化和发展。在五六十年代，他在混凝土温度场和温度应力领域中所得到的成果最多最著名；70年代后进而研究徐变与有限元方法；然后进入拱坝优化设计这一难度极大的领域；现在更进展到人工智能、仿真计算和反馈设计等等课题。他的研究工作始终处于世界水利科技发展的前沿，在他的身上不存在知识老化的问题，我想这主要因为他有一颗永远年轻的进取之心，而且培养造就了一大批接班人。这说明，科学家进入暮年，甚至离开一线、退职退休后并非无事可为了。对于一位真正的科学家来说，他虽不能阻止夕阳西下，但可以在最后的岁月中发射出更加灿烂夺目的万丈霞光。

当然伯芳同志也有缺点，有的同志说他比较傲慢，不易相处。其实，和他长期相处过的人都会知道，他秉性耿直，说话坦率爽快，从不隐瞒自己观点，也不会"虚与逶蛇"。和他相交，可能在学术、技术问题上会有争论，但他从来不在肚子里做文章，在背后搬弄是非，算计人。在别人有困难时会毫不犹豫地加以援助，这也是许多中国知识分子的共同特性。

伯芳院士著作等身，除专著外，发表在国内外著名刊物上的论文达110余篇。现中国电力出版社精选了57篇编成选集出版，水利水电工程界必将先睹为快。出版社嘱我作序，我感到这些论文的意义和价值读者自会有评论，不必由我饶舌，不如把我知道的这位作者的情况向读者特别是年轻的读者做个介绍，也许更有意义一些。因此就扶病写了这篇短文，供读者们参考吧。

中国工程院院士、副院长
中国科学院院士
电力工业部顾问
潘家铮
1996年5月25日于三门峡

才思敏捷　勇于开拓
辛勤耕耘　硕果累累❶
——贺朱伯芳教授当选为中国工程院院士

Quick in Imagination, Brave in Developing New Techniques, Diligent in Work, Numerous Significant Achievements
——Congratulate Professor Zhu Bofang Beijing Elected the Academician of Chinese Academy of Engineering

朱伯芳教授当选为中国工程院院士，作为他的弟子，我们感到非常高兴。在此我们特向朱教授表示祝贺。

朱伯芳教授于 1928 年 10 月出生于江西省余江县。1948 年以第一名考入上海交通大学土木系，1951 年提前毕业参加治淮，先后参加了佛子岭、梅山两座连拱坝和我国第一个拱坝（响洪甸）的设计工作。1958 年调到水利水电科学研究院从事混凝土高坝的研究。他在我国开辟了混凝土温度应力、混凝土徐变和拱坝优化三个新的研究领域，取得了一系列国际领先水平的成果。这些成果已在国家经济建设中广泛应用，获得显著经济效益，仅拱坝优化节约投资已超过 1.5 亿元。出版专著 3 本，以第一作者发表学术论文 110 余篇，出版论文集一本，并培养了一批人才。

朱伯芳教授是我国著名水工结构和固体力学专家，博士生导师，全国政协委员，天津大学和华北水利水电学院兼职教授，1984 年被授予国家级有突出贡献的专家称号。另外他还担任了中国土木工程学会理事、计算机应用学会理事长、中国水利学会及中国水力发电学会计算机应用专委会副主任、国务院学位委员学科评议组成员以及土木工程学报、工程力学、计算结构力学及应用、基建优化等多种刊物的编委。他多次出国讲学，多次出国担任国际学术会议学术顾问。他的研究成果先后获国家自然科学三等奖、国家科技进步二等奖及水利部和能源部一、二等科技进步奖 7 项，其中不少科研成果已纳入国家坝工设计规范。

一、混凝土温度应力的开拓性研究

温度应力是水工混凝土结构设计和施工的一个关键问题。从 1956 年开始，朱伯芳教授对混凝土温度应力问题进行了系统深入的开拓性的研究。他从一个高起点进行研究，发表几十

---

❶ 原载《工程力学》1995 年第 4 期，原作者董福品、厉易生、贾金生、许平、栾丰。

篇论文，阐明了混凝土温度应力发展的基本规律，提出了混凝土浇筑块、基础梁、重力坝、拱坝、船坞、孔口、库水温度、寒潮等一系列计算方法，广泛应用于实际工程，其中 9 项已纳入我国重力坝、拱坝、船坞、水工混凝土结构等设计规范。

以他本人成果为核心的《水工混凝土结构的温度应力与温度控制》一书（75 万字）是大体积混凝土方面的重要著作，在指导大体积混凝土的设计和施工中发挥了重要作用，获得国内外广泛好评。1991 年日本建设省坝工中心已将此书全文译成日文。

他的"水工混凝土温度应力研究"于 1982 年获国家自然科学三等奖。此后又陆续发表论文 20 余篇，在混凝土温度应力方面始终处于国际领先水平。

二、拱坝优化改变了拱坝设计的传统面貌

体形设计和基础处理是拱坝设计的两个关键问题。拱坝体形设计比较复杂，过去主要依靠设计人员的经验和反复试算，设计一个拱坝体形一般需半年以上时间，效率低，又不经济。朱伯芳教授进行的拱坝优化研究，使这一局面有所改观。现在用优化方法设计拱坝体形只需 3～5d，一般可节约投资 10%～25%，效益显著。

拱坝优化问题难度较大，国外至今仍停留在研究阶段，未能实用化。朱伯芳教授已把拱坝优化完全实用化：建立了合理而实用的数学模型，充分考虑了实际工程中的各项因素，使优化结果既经济又切实可用；提出了一整套有效的解法，如内力展开法，比国外方法快 8～10 倍。

朱伯芳教授的拱坝优化方法已先后应用于 30 多个实际工程，节约投资已超过 1.5 亿元。例如瑞洋拱坝是世界上第一座用优化方法设计的拱坝，节省投资 30.6%，已竣工 7 年，运行良好，被评为优秀工程；拉西瓦拱坝，高 250m，居世界第三；小湾拱坝，高 290m，居世界第一，都是他们优化设计的，效果很好。

朱伯芳教授对拱坝优化的方法，从数学模型、求解方法到工程应用，各方面都领先于国外，达到国际领先水平（"七五"国家科技攻关鉴定结论）。"拱坝优化方法、程序与应用"于 1988 年获国家科技进步二等奖，已列为国家重点新技术推广项目。

近年来又建立了一个拱坝智能优化辅助设计系统，使拱坝优化、计算机辅助设计、专家系统和设计者的独创性可互为补充并发挥各自优势。除提高效率，节约投资外，还可由计算机自动绘制有关图纸，使我国拱坝设计水平上了一个新台阶。

三、混凝土徐变力学的深化与实用化

实际工程结构绝大多数为非均质结构，其徐变影响问题过去一直没有解决，朱伯芳教授提出并证明了非均质弹性徐变体在混合边界条件下的两个基本定理，解决了这个问题。他还提出了徐变应力分析的隐式解法、子结构法和简谐徐变应力分析的等效模量法，使计算精度和效率得到很大提高。施工过程对坝体应力有重要影响，混凝土坝是分层施工的（可多达数百层），各层材料性质不同并随时间而变化，使仿真计算十分困难，他提出并层算法和分区异步长算法，解决了这一关键问题。他还提出了混凝土弹性模量、徐变度、应力松弛系数等计算公式，均为我国新编水工混凝土结构规范所采纳。他的一系列成果使我国在混凝土徐变温

度应力方面处于世界领先水平。

四、来自生产、高于生产、用于生产

朱伯芳教授从事科研工作的特点，可用他本人提出的三句话来概括："来自生产、高于生产、用于生产。"

如何选题是科研工作者碰到的第一个问题，也是最重要的问题。题目选好了，才有可能提出好的成果。大体说来，有两种选题办法：一种是从文献中选题，即广泛阅读文献，然后挑选一个别人没有做过而又适合于自己的题目；另一种是从生产实践中找题目。朱伯芳教授一直强调：由于我们是在生产部门的科研单位工作，生产上的需要是第一位的。所以我们应该从生产实践中找题目，挑选那些生产上迫切需要解决而现有文献上还没有很好解决的问题来进行研究，也就是说，我们的研究课题应来自生产上的需要。

所谓高于生产，是指不要局限于现有的生产水平上，在力所能及的范围内，工作的起点要尽可能高一些，在时间上要超前一些，要抓住问题的关键，提出新的更好的解决办法，要注意解决那些带普遍性的问题，要采用科技发展中的新技术，尽量提出高水平的成果，使生产水平有所提高。

所谓用于生产，是指要特别重视把科研成果用于生产实践。一方面，通过应用，可以发挥科研成果的作用，使生产水平提高一步。另一方面，通过应用，还可以发现已有成果的不足之处，从而不断改进我们的成果，推陈出新。

以温度应力的研究为例。20世纪50年代初期，朱伯芳教授参加了佛子岭、梅山两座连拱坝的设计。虽然当时根据国内所能找到的参考资料，在设计中采取了一些防止裂缝的措施，但实际上还是产生了不少裂缝。使他感到混凝土温度应力是一个值得深入研究的课题。当时（1955年）他在设计院工作，决定利用业余时间对水工混凝土的温度应力进行研究。那时人们对混凝土温度应力的认识是非常肤浅的，国内能找到的温度应力资料很少，而实际问题很复杂。他从一个比较高的起点开始，着手研究混凝土温度应力产生和发展的基本规律。1958年调到水利水电科学研究院后，成立了一个温度应力研究小组，工作条件更好一些。他提出了一系列重要研究成果，并建立了一支高水平的研究队伍，使我国在混凝土温度应力研究方面始终居于世界领先地位。

再以拱坝优化为例。拱坝体形设计是拱坝设计中的一个关键问题，过去依靠反复修改，不但效率低，而且难以找到给定条件下的最优体形。鉴于我国拱坝很多，但设计效率比较低，从1976年开始，朱伯芳教授决定用最优化方法来进行拱坝体形设计。由于拱坝设计问题比较复杂，当时不少专家对此事能否成功持怀疑态度。他本人搞过拱坝设计，坚信经过充分的研究是可以成功的，因而不为所动。在具体研究工作中，充分考虑拱坝设计中的各种复杂因素，尽量使所建立的数学模型合理而实用化。并且有步骤有计划地从小型拱坝的应用开始，逐步应用到中型、大型和特大型拱坝。到目前为止已应用于近30个实际工程，其中包括拉西瓦拱坝（高250m）和小湾拱坝（290m）等世界一流拱坝的设计，可节省坝体工程量5%～30%。已被列为全国重点推广的科技成果，他们研制的拱坝优化软件已向国外出口。相比之下，国外不少国家都在进行拱坝优化的研究，但至今仍停留在研究阶段，未能应用于实际工程。

朱伯芳教授善于从生产实践中提炼问题，工作起点又定得比较高，所以他的研究成果极富生命力。他在 30 多年前提出的一些研究成果至今仍广泛应用于生产实际。他 20 世纪 50 年代发表的论文，目前仍被广泛引用。这种情况在科技发展十分迅速的今天颇不多见。

五、勤于工作、勤于学习、勤于思考

新中国成立初期朱伯芳教授参加了佛子岭、梅山、响洪甸等重点水利工程的设计工作，为我国从"零"开始，掌握水坝的现代设计方法做出了重要贡献，并有不少创新，因此于 1956 年获安徽省先进工作者称号。调水利水电科学研究院以后，先后承担了三门峡、新安江、刘家峡、隔河岩、李家峡、拉西瓦、小湾、三峡等一系列大型水电站的科研工作，并参加了我国重力坝和拱坝设计规范的编制。他著书三本，以第一作者发表论文 110 篇，加上参著的论文，共 130 余篇，硕果累累。

朱伯芳教授经常告诫我们要"勤于工作、勤于学习、勤于思考"。实际上，他本人之所以能取得累累硕果，正是由于他在工作、学习、思考方面毕生勤奋的结果。

朱伯芳教授对工作抓得很紧，分秒必争，全身心地投入。他非常重视工作的计划性和条理性，不但重视长期的科研计划，而且每天晚上都把第二天要做的工作写在纸上，第二天逐一做下去，工作效率极高。虽年逾花甲，仍承担着"八五"国家科技攻关的 6 个子题，并每年在国内外刊物上发表五六篇论文。这些中英文论文都是他亲自撰写的，其中的计算方法和公式大都是他亲自推导的。

朱伯芳教授 1951 年从上海交大提前毕业参加治淮，大学只读了三年。数学只学过微积分和常微分方程，力学只学过材料力学和结构力学，连水工结构都没有学过，根底是很浅的。参加工作以后，他的工作一直很忙，但他一直非常重视自己知识的更新。用他自己的话说，就是"白天好好工作，晚上好好学习"。他利用晚上时间，阅读了大量的科技文献，并系统地学习了基本理论。虽然他在大学里学的数学、力学很少．但在他 1956 年发表的第一篇论文中已运用了积分方程、特殊函数、复变函数、积分变换等现代数学工具。作为一个大学毕业不久的从事设计工作的年轻工程师，在当时实属罕见。

他利用业余时间勤奋学习，不断加深自己的理论基础，并阅读大量科技文献，紧密掌握世界科技发展的新趋势。他重视工程实践，善于从工程实践中提炼问题，因此几十年来他一直站在国际科技的最前沿，不断开拓新领域，不断创新，成为我国水利水电工程界重要学术带头人之一。

朱伯芳教授常对我们说："对于科技工作者来说，勤于工作，勤于学习是必要的，但光有这两条还不够，还要勤于思考。""生活中不乏这样的人，工作和学习都很勤快，读了不少书，看了不少文献，搞了多年的研究工作，但好的科研成果不多。为什么？一个重要的原因是思考不够。"他是一个勤于思考的人，对于自己的研究课题，常常提出一个比较高的目标，然后反复琢磨，如何实现。对于一个问题，常常把各种影响因素都找出来，进行排队。他在研究工作中经常从不同角度去思考，去探索。在研究过程中，他非常重视对中间成果的检查分析，以便从中发现问题。

六、身处逆境仍孜孜不倦

十年动乱期间，水利水电科学研究院被撤销，他全家从北京下放到三门峡工地，住在土坏砌筑的简陋工棚里，不但生活条件十分困难，而且没有科研设备和科研任务。在这种条件下，他找了一个同志合作，搞起了有限元研究，在十分困难的条件下，夜以继日地工作着。工地没有图书资料，也没有计算机，他们就到外地查阅资料，回到工地，推导公式，编制程序，再到外地上机调试。就是在这种条件下，他们编制了我国第一个不稳定温度场有限元程序，第一个混凝土温度徐变应力有限元程序，第一个弹性厚壳有限元程序等共五个程序，为我国一系列大型水电工程提供了大量计算成果，并出版了《有限单元法原理与应用》一书，获得广泛好评，为我国推广有限元发挥了重要作用。在下放期间，他还修改了混凝土温度应力一书的底稿，并发表了一批论文，总计约 100 万字。下放的 10 年，他虽身处逆境，仍夜以继日地工作，取得如此丰硕的成果，确属难能可贵。

朱伯芳教授所取得的成果与他的家庭背景是分不开的。他出身书香之家，祖父朱际春老先生是前清秀才，一生以教书为业。父亲朱祖明先生毕业于北大电机系，一生从事技术和教学。夫人易冰若女士是他中学同学，在水利水电科学研究院从事混凝土徐变试验工作，对他的工作给予了极大的支持，几乎承担了全部繁重的家务劳动，以保证朱教授每天有 3～4h 的业余工作时间。他的两个小孩也都学有所成，儿子取得博士学位后，目前在美国一所大学工作，女儿从日本留学归来，在国务院工作。

朱伯芳教授思维敏捷、工作勤奋，早在 20 世纪 50 年代末即已享誉国内外，如前苏联 1959 年编制的三门峡重力坝设计书中就已说明"本坝冷却水管的计算采用了中国朱伯芳方法"。但朱教授一向待人诚恳，平易近人。不论对同事，还是对学生，都很热情，很谦虚，同志们都乐于与他共事，乐于与他交谈，把他看成自己的良师益友。作为一位院士，今后朱伯芳教授的担子更重了，我们祝他身体健康，为我国水利水电事业做出更大贡献。

勤于工作　勤于学习　勤于思考的人[1]
——记朱伯芳院士

Diligent in Working, Diligent in Learning,
Diligent in Thinking
——about Academician Zhu Bofang

24 岁时，他针对当时国外坝工建设中，全坝均采用统一混凝土标号的做法，提出根据不同应力水平，在坝体不同部位采用不同的混凝土标号的理念，运用于工程中后，节省了大量资金。如今，这种做法已成为大坝设计中的常规理念。25 岁时，他提出变厚度支墩坝应力的弹性力学解法。27 岁时，他提出了有热源水管冷却解法及浇筑层水化热温升理论解。这些成果早在 20 世纪 50 年代末即已享誉国内外。30 岁时，作为一名坝工领域的科学家，他已是声名鹊起。从拱坝设计开始，此后若干年里，他的研究涉及了混凝土温度场和温度应力、徐变与有限元方法、拱坝优化设计、人工智能、仿真计算和反馈设计等课题。他的研究工作始终处于世界水利科技发展的前沿。然而，值得一提的是，这位创造了很多个"第一"的水利专家，后来的中国工程院院士，却并非水利专业出身。

采访朱伯芳院士的那天天气很冷，中国水利水电科学研究院结构所的院士办公室略显简陋，房间里的温度也不高，但是这位年近八旬的老者身上所散发出来的活力和他对水利事业的那份热情，却足以使我们感到温暖。高度近视眼镜下的目光矍铄依然，他习惯打着手势和我讲述那些往事，包括他的童年，他的青春以及那些梦想。这位水利坝工领域的领军人物，虽然已是年近八旬，却仍然在不断地创新，不断研究着新的领域。如果说他已取得的成就令人敬佩，他那种学习不止、创新不止的精神则让我们折服。我原本试图用赞美的词句来描写他那在很多人看来近乎华丽的一生，可是几个小时的交谈之后，我才发现，我所需要做的，只是认真地去聆听、去记录、去思考。

铁路工程师——童年的梦想

朱伯芳的家乡江西余江因毛泽东的一首《送瘟神》而得名，"绿水青山枉自多，华佗无奈小虫何"的诗句说的是"血吸虫"病在这里肆虐。然而，小时候的朱伯芳生活得悠然自得，水在他年幼的记忆中依然美好。因为小时候并不知道什么是疾病，血吸虫的阴影也从来没有

---

❶　原载《中国水利报》2007 年 3 月 8 日，原作者中国水利报现代水利周刊记者庞亚斌、谢群。

影响到他。"直到后来参军时体检，我才知道原来自己是得了'血吸虫'病，幸而病得较轻，加之治疗及时，很快就痊愈了。"说到这里，朱伯芳爽朗地笑了。

朱伯芳的祖父是清朝最后一批秀才，科举制度被废除后在家乡做私塾先生，生活很是清贫。他的父亲勤工俭学，于 20 世纪 30 年代毕业于北平大学电机系。这样的家庭背景，在一定程度上影响了朱伯芳以后的人生。

朱伯芳小时候在祖父的私塾里读了几年四书，后来祖父年老不再教书，他便进入余江县立小学直接读高小。1941 年，朱伯芳考入因抗战而内迁至铅山县杨村镇的省立九江中学读初中，初二时因病在家休学一年。1943 年秋，父亲到余江县立中学教书，他也进入该校就读。抗战胜利后，他于 1946 年转入南昌一中。"我先天高度近视，抗战时期物资紧张，没有配眼镜，坐在教室第一排也看不到黑板。也是因为近视的原因，我很少与人交往，有时间就自己看书，养成了较强的自学能力。我是一个用功的人，中学阶段成绩很好。"

"那时候余江县还是比较封闭的，也没有什么工业，当地比较现代化的设施只有一条浙赣铁路，从小在铁路边长大，我就希望将来能做一名铁路工程师。"说起自己年少时的理想，朱伯芳的眼神中有种温暖的光。

1948 年高中毕业，朱伯芳以总分第一名被上海交通大学土木工程系录取。

机缘巧合与水利结缘

进入交大以后，由于家庭经济困难，朱伯芳一边读书一边做家庭教师维持生活。大学期间，朱伯芳开始改变自己的研究方向。"通过几年的学习，我的眼界开阔了，兴趣也随之改变。我不再想做铁路工程师，而是希望从事都市规划和建设工作，在大学三年级分组时，我选择了市政工程组，希望毕业后从事城市工程建设。"

1951 年，中央决定华东、中南两个大区大学的土木、水利系四年级学生全部参加治淮工程，朱伯芳被分配到了安徽佛子岭水库参与连拱坝设计。于是，当时正在读大学四年级的朱伯芳来到了治淮一线。"原本说好工作一年后回学校完成学业，可是由于工作需要，1952 年，治淮委员会把我留了下来，算是提前大学毕业。这样，我就放弃了搞都市建设的梦想，自此改行搞了一辈子水利工程。"

这个时期（1951～1956 年），朱伯芳先后参加了我国第一批三座混凝土高坝——佛子岭连拱坝、梅山连拱坝、响洪甸拱坝的设计，并担任响洪甸坝工组组长。

"1949 年以前，除了日本人在东北建了丰满重力坝以外，中国没有自己兴建过一座混凝土坝，在混凝土坝的设计和施工方面是一片空白。当时淮河上承担设计和施工的技术骨干就是我们这一批刚从大学出来的学生，毫无经验可言。当时，除了汪胡桢先生，我们这些年轻人没有一个见过真正的大坝。"

佛子岭是我国自行设计建造的第一座混凝土高坝，梅山是当时世界上最高的连拱坝，响洪甸是我国第一座混凝土拱坝。这段时间里，在汪胡桢、曹楚生的领导下，朱伯芳与裘允执、周允明、薛兆炜等一起，通过这三座大坝的建设，掌握了现代混凝土高坝的一整套设计技术，并有所创新。尽管当时条件艰苦，加之没有经验，但是设计人员工作认真，刻苦钻研，克服了很多困难。这些大坝至今已运行了 50 多年，情况良好。"这段时间的经历，对我以后的人生有很大的影响。我在学校没有学习过水工结构，我的水利工程专业知识，都是在工作中边干边学得来的。"

1956年，中央提出向科学进军的方针，中央各部门纷纷成立科研院所，水利部在北京成立了水利科学研究院（编者注：1956年水利部成立水利科学研究院，燃料工业部成立水电科学研究院，1958年水利电力部成立，两院合并为水利水电科学研究院）。朱伯芳于1957年调到水科院从事混凝土高坝的研究工作，一直到现在。

我们俩问他，是否会觉得没能实现年少时的梦想而遗憾？朱伯芳笑笑说，"我这一辈子还是很幸运的，大学毕业就参加治淮，这是一个很好的机遇，让我能够在一个较高的层次上把所学与实践结合起来。投身水利事业，我从未后悔过。"

混凝土温度应力的开拓者

温度应力是水工混凝土结构设计和施工的一个关键问题。朱伯芳以他敏锐的洞察力，早在1955年即在国内首先开辟了混凝土温度应力和温度控制的研究领域，并凭借他多年的工程设计实践和深厚的理论功底，阐明了混凝土温度应力的基本规律，建立了完整的计算分析和理论体系；提出了混凝土浇筑块、基础梁、船坞、水闸、重力坝、拱坝、孔口、库水温度、寒潮、水管冷却等一系列温度应力研究成果和计算方法，广泛应用于实际工程。其中11项成果已经纳入国家重力坝、拱坝、船坞、水工荷载、水工混凝土结构等设计规范。

以他本人成果为核心的《水工混凝土结构的温度应力与温度控制》一书，是大体积混凝土方面的重要著作，在水工混凝土结构设计和施工中发挥了重要作用，并获得国内外高度重视和广泛好评。1982年，他以"水工混凝土结构温度应力研究"，获得国家自然科学三等奖。此后，他又继续在温度应力和温度控制方面积极研究，发表技术论文30余篇。对通仓浇筑常态混凝土重力坝、碾压混凝土重力坝、碾压混凝土拱坝的温度应力和温度控制进行了系统研究，于1999年出版了专著《大体积混凝土温度应力与温度控制》。

有人评价朱伯芳与纯粹的理论家和单纯的实践家不同，他恰恰集两者于一身，将水工混凝土结构的理论和实际完美地结合在一起，造就出了我国杰出的水利工程和固体力学专家。他不断开拓新的研究领域，始终站在科学研究的第一线。为了摸清生产中存在的问题，他几乎跑遍了国内所有混凝土坝工地；面对现代科学技术的飞速发展，他广泛涉猎周围学科，跟踪国际新技术的发展趋势；他紧密联系实际，勇于开拓，不断为我国水利水电工程的设计、科研和施工提供一系列开拓性的成果。

"无坝不裂"成为历史

朱伯芳常常强调，研究课题要为生产服务，理论应该去解决实际问题。

国内外混凝土坝"无坝不裂"是长期困扰水工界的一个世界性难题，朱伯芳对此进行了长期的系统研究。他先后提出了加强混凝土施工质量控制、优化材料抗裂性能、适当提高抗裂安全系数、严格控制基础温差和内外温差等新思路，特别着重批判了广为流行的混凝土龄期28d后无需表面保护的片面观点，强调多数情况下应进行全年保温。在他指导下进行温控设计的江口拱坝和三江河拱坝，由于温控措施得当，竣工数年未出现裂缝。长江三峡二期工程开始前，他建议加强表面保护，采用上游面 5cm、下游面 3cm 泡沫塑料长期保温。当时，三峡公司的领导和长江设计院都同意采用这种方法，可是由于种种原因，实际施工时未被采纳，施工后产生了较多裂缝。三峡三期工程采纳了他的意见，加上施工中进行了全面、严格的温度控制，工程竣工后未出现一条裂缝。"过去，我们不重视对大坝的保护，或者说重视得不够。目前，中国已有 3 座大坝没有裂缝：重庆的江口拱坝、贵州的三江河拱坝和三峡三期工程。世界上'无坝不裂'的历史已经结束了！"朱伯芳兴奋地说。

混凝土徐变力学的深化与实用化

混凝土坝等实际工程结构绝大多数为非均质结构，其徐变影响问题，过去一直没有解决。朱伯芳首先给出比例变形条件，然后提出并证明了非均质弹性徐变体的两个基本定理，解决了非均质结构的徐变影响问题。他提出的混凝土弹性徐变体有限元的隐式解法、子结构法和简谐徐变应力分析的等效模量法，使计算精度和计算效率得到很大提高，获得广泛应用。他还提出了混凝土弹性模量、徐变度、应力松弛系数等计算公式，均为我国新编水工混凝土结构规范所采用。

此外，1960 年朱伯芳提出了计算岩基内地下结构山岩压力的新思路和方法，比国外同类计算方法早提出 4 年，可惜该论文因种种原因被拖至 1965 年才正式出版，正式发表时间反而比国外的成果晚了一年。目前该方法已成为工程设计界广泛接受的计算方法。

朱伯芳还提出了并层算法和分区异步长算法，解决了混凝土大坝分层施工的仿真分析计算的关键问题。这一系列研究成果，使我国在混凝土徐变温度应力分析方面的研究工作，处于世界领先水平。

研究推广有限元法，开辟混凝土坝仿真分析的研究领域

"文化大革命"期间，水利水电科学院被撤销，朱伯芳被下放至河南省三门峡市远郊黄河边上的一个水利工地。"在当时的条件下，因为机构撤销，既没有科研设备，也很少有科研任务。工作上无事可做，生活上相当困难，不少人都消沉下去了，感觉前途茫茫，不知所终。"

逆境中，朱伯芳并没有沉沦。从 1972 年开始，他联合宋敬廷，把当时国外刚刚兴起的有限单元法引进到国内。他们一起编制了我国第一个不稳定温度场程序，第一个混凝土温度徐变应力程序（1972 年），第一个弹性厚壳程序等 5 个有限元程序，并应用于大量工程计算；提出了徐变应力的隐式解法，中国第一个混凝土坝仿真计算（1972 年，三门峡底孔坝段）；提出了混凝土高坝仿真的一整套高效率、高精度的计算方法；撰写出版《有限单元法原理及应用》一书，在设计、科研、工程、教学中发挥了积极的作用。

2000 年，他以"混凝土高坝全过程仿真分析及温度应力研究"，获国家科技进步二等奖。

我国拱坝优化第一人

从 1976 年开始，朱伯芳在我国开辟了拱坝优化这一新的研究领域，建立了数学模型和求解方法。由于问题很复杂，当时许多专家对此方法并不看好，然而，朱伯芳用实际成果说服

了大家：用优化方法设计拱坝体形，只需 3～5d 时间，一改过去拱坝设计效率低又不经济的缺点，大大提高了工作效率，一般可以节省投资 10%～25%，效益显著。目前，这项研究成果已获得广泛应用，所建立的拱坝优化模型已应用于 100 多个工程，包括世界第一流拱坝的设计。1988 年，"拱坝优化方法、程序与应用"获得国家科技进步二等奖，并被列为全国重点推广的科技成果。课题组研制的拱坝优化软件，已推向国外市场。

拱坝优化问题的难度较大，国外至今仍停留在研究阶段，未能实用化。而朱伯芳的最大贡献，是将拱坝优化完全实用化。他提出的有限元等效应力法还被新编的拱坝设计规范采纳。

为工程献策，为国家进言

朱伯芳个性刚毅，脾气耿直，性情直爽。这样的性格也决定了他能够在很多事情上秉持自己的观点，不人云亦云。

从 20 世纪 50 年代末开始，朱伯芳就经常参加国内一系列大型水利水电工程的评审和咨询工作。他以一个科学家的真诚与执著，为工程献策，为国家进言。

在三峡工程大坝采用碾压混凝土坝还是常态混凝土坝的问题上，朱伯芳以他多年积累的对水工混凝土的认知，本着实事求是、对工程负责的原则，力排众议，坚持提出了自己的建议：就三峡当时的具体条件而言，不适于采取碾压混凝土的浇筑方式。他的意见最终被工程采纳，实践结果证明，他的意见是正确的。

在混凝土坝的设计和施工中，如何正确地决定混凝土的强度指标，是一个十分重要的问题。朱伯芳认为，混凝土强度等级用于工业民用建筑是合适的，而用于大坝是不合适的。正在编制中的水利行业《混凝土重力坝设计规范》和电力行业《混凝土拱坝设计规范》，原稿本拟改用混凝土强度等级，经朱伯芳提出建议后，决定不采用混凝土强度等级，继续沿用混凝土标号。这一决定对我国今后的混凝土坝设计和施工将产生重要的影响。

另外，朱伯芳对特高拱坝安全系数的建议，已被目前建设中世界最高的小湾和溪洛渡拱坝采纳。朱伯芳还以他强烈的社会责任感，积极参与到各项社会活动之中，对我国目前关于防洪、退田还湖、封山育林、科技体制改革等涉及的问题，在各个不同的场合，积极进言。

如今朱伯芳已是年逾古稀的老人，仍孜孜不倦，坚持学习，思维仍十分锐利清晰，始终引领本专业方向。潘家铮院士在评价朱伯芳时说，朱伯芳院士是一位极其出色的水利工程科学家，虽然已步入暮年，但是他的研究领域仍然在不断深化，他的研究工作始终处在世界水利科技发展的前沿，在他的身上不存在知识老化的问题。对于一位真正的科学家来说，他虽不能阻止夕阳西下，但可以在最后的岁月中发射出更加灿烂夺目的光芒。

现代水利周刊记者：作为一名水利专家，同时又是一名水利学教授和第八届、第九届全国政协委员，您认为自己的第一身份是什么？

朱伯芳：确切地讲，我是一名水利工程师和水利科学家。因为我一生都致力于高坝的设计和研究工作。

现代水利周刊记者：您是否有座右铭？

朱伯芳：我的座右铭可以总结为"勤于工作、勤于学习、勤于思考"，而且我一生也都是这样做的。我始终坚持"白天好好工作，晚上好好学习"，在设计和科研工作之余，争分夺秒地系统学习与工作有关的基本理论与科技文献。

记得刚参加工作时，身处大别山腹地，非常闭塞，没有书店，没有图书馆。我就利用同事出差、探亲到大城市的机会，开出长长的书单，托他们代为买书。功夫不负苦心人，勤奋学习的结果，使得我在迅速积累工作经验的同时，快速提高了自己的理论水平。

我常常和自己的学生讲，对于一个科研工作者来说，勤于工作、勤于学习是必要的，但光有这两条还不够，还要勤于思考。对于自己的研究课题，要常常提出比较高的目标，然后反复琢磨；对于一个问题，更要把各种影响因素找出来，梳理排序，并在研究工作中从不同角度反复思考、探究。

现代水利周刊记者：有人评价您与纯粹的理论家和单纯的实践家不同，恰恰集两者于一身，您怎样看待这样的评价？

朱伯芳：两院院士中的绝大多数都是国外留学归来或者在国内攻读过硕士、博士学位，我只读了 3 年大学，严格说来大学都未毕业，根基是很浅的。离开学校后一直忙于工作，从未得到过进修的机会，也没有得到过名师的指导。我之所以能取得一些成果，主要靠两条：一是具有比较丰富的实践经验，二是依靠自学掌握了比较深厚的理论知识。因此，在遇到比较复杂的工程问题时不会被表面现象所迷惑，而是依靠事物变化的机理，抓住问题的核心予以解决。

对于一名科研工作者来说，大学里学的那点知识是远远不够的。在我目前的知识库中，大学里学到的东西大约只占 2%～3%。也就是说，其他的知识都是大学毕业后自学得来的。

现代水利周刊记者：目前，您的研究领域有何新的进展？您最关心的问题是什么？

朱伯芳：我国水利水电建设的规模是史无前例的，目前，我国已成为世界上首屈一指的混凝土坝大国。但是，我们的设计方法、安全评估方法（包括应力分析、稳定分析）还是七八十年前的老方法。这些方法太老了，有很多缺点。我现在提出要用一种新的思路，利用新技术的巨大潜力来改变这种现状。

我建议，在拱坝应力分析中，以有限元等效应力法取代拱梁分载法；在坝体坝基稳定分析中以有限元强度递减法取代极限平衡法，对重要工程建议进行非线性有限元全过程仿真分析；坝体安全评估应采用有限元全过程仿真与强度递减法；对重要工程应建立数字监控和数字水电站。这样，我国在混凝土坝设计、施工、科研和管理上就可以更上一层楼，达到新的水平。当然，现在还只是一个思路，需要大量的工作，变成具体的软件和准则。相信有一天，这套软件和准则将会在我国坝工领域产生很大的影响。

我现在比较关心的问题是：目前，我国在水利方面的科技投入还是可以的，但是在水电方面欠缺些，科技的投入是不够的。水电科技投入与水电建设的规模不相符，这个问题应该受到重视。

朱伯芳院士传略[1]

（1928—　　）

Introduction to Academician Zhu Bofang（1928—　　）

朱伯芳，著名水工结构和固体力学专家，中国工程院院士。我国混凝土温度徐变应力、拱坝优化及混凝土坝仿真的创建者和奠基人。提出非均质弹性徐变体两个基本定理及有限元徐变应力隐式解法。提出了库水温度、温度荷载及重力坝、拱坝、船坞、水闸、浇筑块等一系列水工结构温度徐变应力计算方法，建立了混凝土温度应力和温度控制较完整的理论体系，提出了结束"无坝不裂"历史的策略和技术，并已在部分工程实现。提出了拱坝优化数学模型和求解方法，用优化方法设计的拱坝已建成 170 余座，可节约 10%～30%。提出了混凝土坝仿真的一整套计算方法。提出的各种计算方法和设计准则获广泛应用，纳入我国重力坝、拱坝等设计规范的即有 14 种。

朱伯芳 1928 年 10 月 17 日出生于江西省余江县马岗乡下朱村的一个书香之家。其祖父朱际春老先生系前清秀才，一生以教书为业；其父朱祖明先生，毕业于北平大学电机系，一生从事技术和教学工作。朱伯芳从小学到中学，正值抗日战争时期，生活与求学之路，颠沛流离，历尽坎坷。敌寇入侵，国运危殆，激励着他勤奋学习，各科成绩一直名列前茅。

新中国成立前江西余江极少工业，当地比较现代化的设施只有一条浙赣铁路。朱伯芳中学时代的人生目标，就是希望做一名铁路工程师，1948 年从南昌一中高中毕业后，以第一名的成绩考取上海交通大学土木系。进入上海交大后，因为经济拮据，只好半工半读，一边读书，一边做家庭教师。大学生活开阔了眼界，他立志都市规划建设，大学三年级选择了市政工程专业。然而，一场天灾改变了他的命运。1950 年淮河发生了历史上罕见的洪水，国家成立了治淮委员会，并决定华东、中南两个大区所有大学土木、水利系的四年级学生，中断学习参加治淮工程。朱伯芳被分配到了安徽，参加佛子岭水库连拱坝的设计。国家原定这批学生一年后回校继续完成学业，但一年期满后，大坝的设计工作尚未完成，由于工作需要，他提前毕业，留在了治淮委员会。从此，他彻底放弃了都市建设的梦想，结束了求学生涯，开始了为之奋斗一生的水利事业。

在淮河，朱伯芳参加了我国第一批建造的佛子岭、梅山、响洪甸三个混凝土坝的设计。为我国从无到有掌握现代混凝土坝设计技术作出了贡献，并有所创新。

---

❶ 原载《中国科学家传略·工程技术编·水利卷》，中国水利水电出版社，2009。原作者胡平。

1956 年，党中央提出向科学进军的方针，中央各部门均成立科研院所。水利部在北京成立了水利水电科学研究院，朱伯芳于 1957 年调至该院从事混凝土高坝的研究工作后，在我国开辟了混凝土温度应力和混凝土徐变两个新的研究领域，建立了完整的计算分析和理论体系，取得了一系列国际领先水平的成果，已在国家经济建设中广泛应用。"文革"期间，水科院被撤销，朱伯芳被下放至河南三门峡工地，在十分艰难的条件下，他仍夜以继日地工作着，在有限元及温度应力等方面取得了丰硕成果。1978 年他回到重建的水科院后，积极从事拱坝优化、有限元仿真及温度应力等方面的研究工作，取得大量高水平成果。

朱伯芳获得的主要奖励有：1956 年，安徽省先进工作者；1982 年，以"水工混凝土结构温度应力研究"获国家自然科学三等奖（第一获奖者）；1984 年，获首批国家级有突出贡献科技专家称号；1988 年，以"拱坝优化方法、程序与应用"获国家科技进步二等奖（第一获奖者）；2000 年，以"混凝土高坝全过程仿真分析及温度应力研究"获国家科技进步二等奖（第一获奖者）。

朱伯芳 1995 年当选为中国工程院院士。曾先后当选为第八、九届全国政协委员。现任中国水利水电科学研究院科学技术委员会副主任、水利部和国务院南水北调办公室科学技术委员会委员、中国水力发电工程学会常务理事，小湾拱坝等多个大型水利水电工程和设计院的顾问。曾任中国土木工程学会常务理事、国际土木与结构工程计算机应用学会理事、中国土木工程计算机应用学会理事长、国务院学位委员会学科评议组成员。

现代混凝土坝设计技术的优秀实践者

1949 年以前，我国只有一座日本人建造的丰满混凝土重力坝，没有自行设计的混凝土高坝，中国在混凝土坝的设计和施工方面是一片空白。1951～1956 年，朱伯芳参加了我国第一批三座混凝土高坝——佛子岭连拱坝、梅山连拱坝、响洪甸拱坝的设计，并担任响洪甸坝工组长。佛子岭是我国自行设计建造的第一座混凝土高坝，梅山是当时世界上最高的连拱坝，响洪甸是我国第一座混凝土拱坝。在汪胡桢、曹楚生的领导下，朱伯芳与裘允执、周允明、薛兆炜等一起，通过这三座大坝的建设，掌握了现代混凝土高坝的一整套设计技术，并有所创新。

早在 1952 年，朱伯芳就针对当时国外坝工建设中，全坝均采用统一混凝土标号的做法，提出了根据不同应力水平，在坝体不同部位采用不同的混凝土标号的理念，运用于工程中后，节省了大量资金。此种做法如今已成为大坝设计中的常规理念；1953 年，朱伯芳提出变厚度支墩坝应力的弹性力学解法；1955 年，朱伯芳提出了有热源水管冷却解法及浇筑层水化热温升理论解，该成果早在 20 世纪 50 年代末即已享誉国内外。如前苏联 1959 年编制的三门峡重力坝设计书中即有以下记载："本坝冷却水管的计算，采用了中国朱伯芳方法……"

1956 年，由于在设计工作中的突出成就，朱伯芳当选为安徽省先进工作者。

混凝土温度应力的开拓者、结束"无坝不裂"历史的关键技术

温度应力是水工混凝土结构设计和施工的一个关键问题。朱伯芳以他敏锐的洞察力，早在 1955 即在国内首先开辟了混凝土温度应力和温度控制的研究领域，并凭借他多年的工程设

计实践和深厚的理论功底，阐明了混凝土温度应力的基本规律，建立了完整的计算分析和理论体系，提出了混凝土浇筑块、基础梁、船坞、水闸、重力坝、拱坝、孔口、库水温度、寒潮、水管冷却等一系列温度应力研究成果和计算方法，广泛应用于实际工程，其中 11 项成果已经纳入国家重力坝、拱坝、船坞、水工荷载、水工混凝土结构等设计规范。

以他本人成果为核心的《水工混凝土结构的温度应力与温度控制》一书（75 万字），是大体积混凝土方面的重要著作，在水工混凝土结构设计和施工中发挥了重要作用，并获得国内外高度重视和广泛好评，1991 年，日本建设省已将全书译成日文。1982 年，他以"水工混凝土结构温度应力研究"，获得国家自然科学三等奖。此后，他又继续在温度应力和温度控制方面积极研究，发表技术论文 30 余篇，对通仓浇筑常态混凝土重力坝、碾压混凝土重力坝、碾压混凝土拱坝的温度应力和温度控制进行了系统研究，于 1999 年出版了专著《大体积混凝土温度应力与温度控制》（115 万字）。

国内外混凝土坝"无坝不裂"是长期困扰水工界的一个世界性难题，朱伯芳对此进行了长期的系统研究。他先后提出了加强混凝土施工质量控制、优化材料抗裂性能、适当提高抗裂安全系数、严格控制基础温差和内外温差等指导思想，特别着重批判了广为流行的混凝土龄期 28d 后无需表面保护的片面观点，强调多数情况下应进行全年保温。在他指导下进行温控设计的江口拱坝和三江河拱坝，由于温控措施得当，竣工数年未出现裂缝。三峡二期工程开始前，他建议加强表面保护，采用上游面 5cm、下游面 3cm 泡沫塑料长期保温，当时未被工程采纳，施工后产生了较多的裂缝。三峡三期工程采纳了他的意见，施工三年来，未出现一条裂缝。全世界"无坝不裂"的历史可望结束。

朱伯芳在国内外首次建立了混凝土温度应力和温度控制的完整理论体系，主要包括以下几方面：①冷却水管计算方法：有热源，非金属水管，等效热传导方程；②浇筑块温度应力：应力影响线，应力与块长的关系，相邻坝块高差；③重力坝温度应力：劈头裂缝，无应力条件，坝体加高新方法；④库水温度及拱坝温度荷载；⑤碾压混凝土拱坝温度荷载与接缝设计方法，碾压混凝土重力坝温度应力特点和同时考虑降温、自重和水压的算法；⑥船坞和水闸的温度应力；⑦基础梁温度应力；⑧寒潮应力；⑨氧化镁混凝土筑坝的基本理论；⑩结束"无坝不裂"历史的指导思想和工程措施及在江口拱坝、三江河拱坝和三峡工程中的实现。

混凝土徐变力学的深化与实用化

实际工程中的结构绝大多数为非均质结构，其徐变影响问题，过去一直没有解决。朱伯芳首先给出比例变形条件，然后提出并证明了非均质弹性徐变体的两个基本定理，解决了非均质结构的徐变影响问题。当结构符合比例变形条件时，在外力的作用下，徐变不影响应力，只影响变位。在温度的作用下，徐变不影响变位，只影响应力，而且可用松弛系数法计算；如果结构不符合比例变形条件，则徐变对应力和变位都有影响，而且不能采用松弛系数法计算。他提出的混凝土弹性徐变体有限元的隐式解法、子结构法和简谱徐变应力分析的等效模量法，使计算精度和计算效率得到很大提高，获得广泛应用。他还提出了混凝土弹性模量、徐变度、应力松弛系数等计算公式，均为我国新编水工混凝土结构规范所采用。

此外，1960 年，朱伯芳提出计算岩基内地下结构山岩压力的新的思路和方法，即考虑岩体蠕变和地应力计算山岩压力的方法，比国外同类计算方法早提出 4 年，可惜该论文在 1960 年三峡科研会议上交流后，收入水科院论文集，而正值"三年困难时期"，论文被拖至 1965 年才正式出版，正式发表时间反而比国外的成果晚了一年。目前该方法已成为工程设计界广泛接受的计算方法。

朱伯芳的一系列研究成果，使我国在混凝土徐变温度应力分析方面的研究工作，处于世界领先水平。

研究推广有限元法，开辟混凝土坝仿真分析的研究领域

"十年动乱"期间，朱伯芳被下放至河南省三门峡市郊的水利工地。逆境中他并没有沉沦，从 1972 年开始，他联合宋敬廷，把当时国外刚刚兴起的有限单元法引进到国内。朱伯芳的主要贡献有：①与宋敬廷合作，编制我国第一个不稳定温度场程序，第一个混凝土温度徐变应力程序（1972 年），第一个弹性厚壳程序等 5 个有限元程序，并应用于大量工程计算；②徐变应力的隐式解法；③中国第一个混凝土坝仿真计算（1972 年，三门峡底孔坝段）；④提出了混凝土高坝仿真的一整套高效率、高精度的计算方法，包括并层算法、分区异步长算法、并层坝块接缝单元、水管冷却等效热传导方程等；⑤撰写出版《有限单元法原理及应用》一书，为设计、科研、工程、教学发挥了积极的作用。

随着时代的发展，有限元方法的推广和计算机技术的逐步普及，随之而来的是混凝土坝仿真分析研究的实用性及可行性增强，适用范围进一步扩大，成果水平日益提高，从而为 21 世纪水利工程的设计和施工起到了关键性作用。目前，我国的高混凝土坝温度应力及温度控制仿真分析水平，在世界上处于领先地位。已经用这套方法，对国内数十座大中型水电站进行了温度应力及温度控制仿真分析，所得成果，被广泛应用于设计和施工。

2000 年，他以"混凝土高坝全过程仿真分析及温度应力研究"，获国家科技进步二等奖。

拱坝优化改变了拱坝设计的传统面貌

中国兴建的拱坝很多，约占全世界的一半。拱坝的体形设计比较复杂，且难度较大。过去主要依靠设计人员的经验和反复试算，设计一个拱坝体形，往往需要几个月甚至半年以上时间，效率低，又不经济。

从 1976 年开始，朱伯芳即探索用最优化方法来进行拱坝体形设计。由于问题很复杂，当时很多专家对此能否成功持怀疑态度。经过认真研究，朱伯芳比较满意地解决了此问题，用优化方法设计拱坝体形，只需 3~5d 时间，研究成果已获得广泛应用，所建立的拱坝优化模型已应用于 100 多个工程，包括世界第一流拱坝的设计，使得工作效率大大提高，一般可以节省投资 10%~25%，效益显著。用该方法优化设计的瑞洋拱坝，是世界上第一座用优化方法设计的拱坝，节约投资 30.6%，已竣工十多年，运行良好，被评为优秀工程。1988 年，"拱坝优化方法、程序与应用"获得国家科技进步二等奖，并被列为全国重点推广的科技成果。课题组研制的拱坝优化软件，已向推向国外市场。

拱坝优化问题的难度较大，国外至今仍停留在研究阶段，未能实用化。而朱伯芳的最大贡献，是将拱坝优化完全实用化。他在该领域的主要研究成果是：①建立了合理而实用的优

化数学模型，充分考虑了实际施工的各项因素，使优化结果既经济又切实可行；②提出了一整套高效的优化解法——如内力展开法，比目前国外的方法快 8～10 倍；③提出了拱坝动力优化方法，可在优化中考虑地震荷载；④已优化设计 100 余座拱坝，节约了巨额投资。如世界上第一座用优化方法设计的拱坝——瑞洋拱坝，节约投资达 30.6%；⑤主持编制的大型拱坝应力分析和优化程序 ADASO，可广泛应用于各种类型的拱坝；⑥改进了拱坝应力控制标准；⑦提出有限元等效应力法及相应控制标准，已被拱坝新设计规范采用。

为工程献计献策，为国家谏言把关

作为国内一流的水利工程专家，从 20 世纪 50 年代末开始，朱伯芳就经常参加国内一系列大型水利水电工程的评审和咨询工作。他以一个科学家的真诚与执著，为工程献计献策，为国家谏言把关。

在三峡工程大坝采用碾压混凝土坝还是常态混凝土坝的问题上，朱伯芳以他多年积累的对水工混凝土的认知，本着实事求是、对工程负责的原则，力排众议，坚持提出了自己的建议：认为就三峡的具体条件而言，不适于采取碾压混凝土的浇筑方式。他的意见最终被工程采纳，实践结果证明，他的意见是正确的。

在混凝土坝的设计和施工中，如何正确地决定混凝土的强度指标，是一个十分重要的问题。1997 年发布的《水工混凝土结构设计规范》（DL/T 5057）和《混凝土重力坝设计规范》都停止使用混凝土标号，改用混凝土强度等级。朱伯芳认为，混凝土强度等级用于工业民用建筑是合适的，而用于大坝是不合适的。正在编制中的水利行业《混凝土重力坝设计规范》和电力行业《混凝土拱坝设计规范》，原稿本拟改用混凝土强度等级，经朱伯芳提出建议后，已决定不采用混凝土强度等级，继续沿用混凝土标号。这一决定对我国今后的混凝土坝设计和施工将产生重要的影响。

另外，朱伯芳对特高拱坝安全系数的建议，已被目前建设中世界最高的小湾拱坝采纳。朱伯芳还以他强烈的社会责任感，积极参与到各项社会活动之中，对我国目前关于防洪、退田还湖、封山育林、科技体制改革等涉及到的问题，在各个不同的场合，积极谏言，参政议政。

善于学习　勤于思考　源于实践　勇于创新

两院院士中的绝大多数人，都是从国外留学归来，或在国内取得博士、硕士学位，而朱伯芳只读了三年大学，严格说来大学都未毕业，用他自己的话来说，之所以能够作出一些成绩，主要靠三条：①重视工程实践；②勤奋；③勇于进取。

朱伯芳思维敏捷，才智过人，工作勤奋。他 1951 年从上海交大提前毕业参加治淮，大学 3 年中，数学只学过内容很浅的微积分和常微分方程，力学只学过材料力学和结构力学，连水工结构和弹性力学都没有学过。参加工作后，一直忙于工作，从未得到过进修机会，但他几十年如一日坚持"白天好好工作，晚上好好学习"的信条，在繁重的设计和科研工作之余，利用业余时间，争分夺秒地系统学习与工作有关的基本理论与科技文献。刚参加工作初期，身处大别山腹地，非常闭塞，没有书店，没有图书馆，想买书都买不到。朱伯芳就利用同事出差、探亲到大城市的机会，开出长长的书单，托他们代为买书。功夫不负苦心人，勤奋学习的结果，使得他在迅速积累工作经验的同时，急剧提高了自己的理论水平。早在 1953 年，他就用弹性力学求出了变厚度支墩坝应力的理论解，在 1955 年，用拉普拉斯变换、贝塞尔函数和积分方程给出了有热源水管冷却和浇筑层水化热温升的理论解。这些在 50 年后的今天仍不断被人们引用的高水平的成果，表明他当时不但掌握了现代坝工设计技术，还具备了精湛的理论水平。

"文化大革命"期间下放三门峡工地，既没有科研设备，科研任务也很少，全家人住在土坯砌筑的简易工棚中，连炊饭用煤都要自己拉板车到几十里外的三门峡市去购买。生活上的艰苦和工作上的无事可干，使得不少善良的人们逐渐消沉下去。然而朱伯芳不顾客观条件的艰难，选择了自强不息的道路。10 年里，在大山深处最简陋的土坯房中，夜以继日地研究着当时世界最先进的有限元和拱坝优化，主编了 5 个有限元程序，出版了两本专著，发表了 20 多篇论文，为一系列水利工程提供了大量研究成果。他的一系列著作，在几十年后的今天，仍被大量应用。如今朱伯芳已是年逾古稀的老人，仍孜孜不倦，坚持学习，思维仍十分锐利清晰，始终引领本专业方向。以至于他周围的许多年轻人，都感叹跟上他的思维节奏不是一件容易的事情。

难能可贵的是，与纯粹的理论家和单纯的实践家不同，朱伯芳集两者为一身，将水工混凝土结构的理论和实际完美地结合在一起，造就出我国杰出的水利工程和固体力学专家。他的个人经历，涉及设计、施工、科研各个领域。从朱伯芳身上，我们看到了科学家兼工程师的许多优良品质。他不断开拓新的研究领域，始终站在科学研究的第一线。为了摸清生产中存在的问题，他几乎跑遍了国内所有混凝土坝工地；面对现代科学技术的飞速发展，他广泛涉猎周围学科，跟踪国际新技术的发展趋势；他紧密联系实际，勇于开拓，不断为我国水利工程的设计、科研和施工提供一系列开拓性的成果。

朱伯芳个性刚毅，脾气耿直，性情直爽。由于这种性格，他身处逆境不气馁，在十年动乱人生境遇最困难的时期，仍自强不息，积极研究有限元方法、拱坝优化及混凝土筑坝技术的关键问题，奠定了日后事业的辉煌；也还是由于这种性格，他能抓住关键、独立思考、坚持原则、不随大流，在许多重大问题上提出自己独到的见解。

朱伯芳热情关怀年轻人的培养与成长，循循善诱，不遗余力。他担任 20 多年研究生导师，培养出一批博士、硕士，如今都是各自岗位的骨干力量。他开创的混凝土温度应力、混凝土徐变和拱坝优化三个研究领域，造就了许多专业人才。他关心周围同事的成长，严格要求身边的每一个人。朱伯芳经常告诫他的学生们，要"勤于工作，勤于学习，勤于思考。"要求学生做到的，他自己首先做到。他对工作抓得很紧，分秒必争，全身心投入。他的工作效率极高，虽年逾古稀，仍主持着国家重点科研项目，每年在国内外刊物上发表 5~6 篇论文。所有文章的中英文都是他亲自撰写，其中的计算方法和公式大都是他亲手推导。

朱伯芳常对年轻人说："对于一个科技工作者来说，勤于工作，勤于学习是必要的，但光有这两条还不够，还要勤于思考。""生活中不乏这样的人，工作和学习都很勤奋，读了不少书，看了不少文献，搞了多年的研究工作，但好的科研成果不多，为什么？一个重要的原因是思考不够。"他是一个勤于思考的人，对于自己的研究课题，他常常提出比较高的目标，然后反复琢磨；对于一个问题，他经常是把各种影响因素找出来，梳理排序，并在研究工作中从不同角度反复思考、探究。他非常重视对中间成果的检查分析，以便从中发现问题。朱伯芳把他的毕生精力和智慧，都奉献给了中国的水利水电事业，硕果累累，从而得到人们的尊敬和推崇。

朱伯芳院士简历

Brief Biography of Academician

1928 年 10 月 17 日　出生于江西省余江县。

1948～1951 年　　上海交通大学土木工程系学习。

1951～1956 年　　参加治淮工程，先后参加了安徽佛子岭、梅山、响洪甸三个水库的设计，任技术员、工程师、坝工组长。

1957～1969 年　　水利电力部水利水电科学研究院结构材料研究所任工程师、组长，从事混凝土高坝研究，在我国开辟了混凝土温度应力、混凝土徐变理论等新的研究领域。

1969～1978 年　　水利电力部第十一工程局勘测设计研究大队任工程师、课题组长，从 20 世纪 70 年代初开始，积极推广有限单元法；从 1976 年开始，开辟了拱坝优化这一新的研究领域。

1978 至今　　　　中国水利水电科学研究院教授级高级工程师、博士生导师、研究室主任，兼任水利部和国务院南水北调办公室科学技术委员会委员。

1984 年被授予首批国家级有突出贡献科技专家称号；1995 年当选为中国工程院院士，第八、九届全国政协委员；2007 年当选为国际大坝会议荣誉会员。